"十二五"普通高等教育本科国家级规划教材

Zoology
普通动物学 第4版

主编 刘凌云 郑光美

编写人员（按姓氏笔画排列）
刘凌云 李兆华 张正旺 张雁云 郑光美 程 红

高等教育出版社·北京

图书在版编目（CIP）数据

普通动物学/刘凌云，郑光美主编. —4 版. —北京：
高等教育出版社，2009.8（2024.11重印）
ISBN 978-7-04-026713-6

Ⅰ. 普… Ⅱ. ①刘… ②郑… Ⅲ. 动物学—高等
学校—教材 Ⅳ. Q95

中国版本图书馆 CIP 数据核字（2009）第 129827 号

PUTONG DONGWUXUE

策划编辑	潘 超	责任编辑	张晓晶 潘 超	封面设计	张 楠
责任印制	存 怡				

出版发行	高等教育出版社	网 址	http://www.hep.edu.cn
社 址	北京市西城区德外大街 4 号		http://www.hep.com.cn
邮政编码	100120	网上订购	http://www.hepmall.com.cn
印 刷	保定市中画美凯印刷有限公司		http://www.hepmall.com
开 本	889×1194 1/16		http://www.hepmall.cn
印 张	37	版 次	1978 年 5 月第 1 版
字 数	980 000		2009 年 8 月第 4 版
购书热线	010-58581118	印 次	2024 年 11 月第 32 次印刷
咨询电话	400-810-0598	定 价	56.00 元

第4版前言

《普通动物学》第3版问世至今已近12年，累计印刷超过30万册。这反映出它基本上能满足全国综合性大学、师范院校生物类专业的教学需求以及作为农、林、医学等有关专业人员的参考教材。《普通动物学》第4版是"高等教育百门精品课程教材建设计划"的立项项目成果，该计划已被整体列入新闻出版总署"十五"国家重点图书出版规划。同时本书也是普通高等教育"十一五"国家级规划教材。这是所有参加过编写工作的专家学者以及编辑、出版人员辛勤劳动的成果。

随着高等学校教学改革的深入，教学计划、课程设置以及教学方式和课时等均有不少调整。动物科学在相关学科的理论和方法的促进下，正在突飞猛进、日新月异。生物多样性保护的迫切性日益被人们所接受。修订出版《普通动物学》第4版的需求迫在眉睫。然而由于原来参加编写的人员有较大变动：有的已经辞世，有的旅居海外，有的年事已高、难以动笔。根据高等教育出版社的建议，新邀请了一些在教学第一线从事教学改革实践的教师，参与第4版编写大纲和内容的讨论以及部分章节的修订和编写。针对读者在第3版使用中所发现的问题，以及当前教学改革和社会的需求，对编写大纲做了适当调整。在编写中注重形态与机能的结合、理论与实际的结合，以生物演化、适应为主线，着重介绍有关生物多样性保护的理念，力求删减一些描述性的以及不必要的比较解剖学内容。根据动物学科的发展现状，在加强基础的同时，适当拓宽口径，介绍一些新的观点和知识，以激发学生学习兴趣、培养创新意识。在第4版的编写、修订过程中，我们依照全国科学技术名词审定委员会公布的《动物学名词》，规范了有关名词的使用。

本书的修订分工是：1~9章，12章（北京师范大学刘凌云）；11章（北京师范大学李兆华）；10、13、23章（北京师范大学张雁云）；14~17章（北京大学程红）；18~22章（北京师范大学郑光美）；24章（北京师范大学张正旺）。全书1~13章由刘凌云统稿；14~24章由郑光美统稿。

在编写过程中，承蒙美国加州大学洛杉矶分校曾丽瑾同学帮助绘制一些插图，特致谢意。

限于编者学识，错误及不当处敬希指正。

编　者

2009年5月于北京

第 3 版前言

本教材第 1 版是根据 1977 年 10 月在成都召开的生物学教材会议讨论修改的北京师范大学《普通动物学》教学大纲编写的，于 1978 年 5 月作为试用教材出版。1983 年修订编写第 2 版。

教材第 2 版又使用了 10 年，受到使用院校的鼓励，荣获 1986 年国家教委优秀教材二等奖。但与当前国内外动物学科的迅速发展以及教学实践的要求相比，许多内容已显陈旧或编排不够合理，实有修订必要。1990 年 12 月，在理科生物学教学指导委员会动物学教材建设组主持下，召开了《普通动物学》教材研讨会，讨论有关修订事项及读者反映的意见，参加人员有高等教育出版社朱秀丽，华东师范大学堵南山、赖伟、孙帼英，复旦大学黄正一，辽宁大学季达明，陕西师范大学王廷正，湖南师范大学沈猷慧，苏州铁道师范学院赵肯堂，青岛海洋大学杨德渐，大连水产学院谢祚浑，河南师范大学和振武，北京大学马莱龄，南京大学孟文新以及北京师范大学刘凌云、郑光美。会议对教材修订的原则和教材内容的进一步完善进行了充分的讨论，并对第 2 版的教学大纲进行了修订。其中比较大的变动有：去掉"脊椎动物躯体的基本结构和功能"的代表动物专论以及"脊椎动物身体结构和功能综述（比较解剖）"两章，以节省大量篇幅和减少重复，引导学生更注意动物体的基本结构、功能和与实践有关的生态学基础，而不必在细微的比较解剖上花费精力，因为"脊椎动物比较解剖学"另有专业课；将"脊索动物的起源与进化"专设一章，置于哺乳纲之后集中介绍，更方便学生的学习和接受；将"动物进化概述"改为"动物进化基本原理"，力求对动物进化理论特别是当前在细胞、分子水平对动物进化的研究成果加以简介，使学生能初步接触现代动物学理论的研究热点和方法。此外，在各有关章节内加强与动物资源保护与持续利用的保护生物学知识，以利于为社会主义建设服务。

由于第一、二版的编者有的年事已高、难以动笔，以及一些人员的工作调动等，第 3 版邀请了一些新编者参加修订。其中绪论、第 1~6 章由刘凌云修订；第 7~9 章、11~12 章由和振武修订；第 10 章由堵南山修订；第 13~18 章、23 章由赵肯堂修订；第 19~20 章、24 章由郑光美修订；第 21~22 章由马莱龄修订。新邀请的编者均是多年从事教学并在本领域研究卓著的专家，显然使本书的质量大为提高。全书由刘凌云、郑光美统稿。综观全书，少数章节篇幅过大，虽经适当删减，仍显超出。考虑到编者广为搜集资料不易以及当前国内参考书十分缺乏，使用本书时教师可根据教学要求及教学时数而加以选择。

本书虽经多次修订，这一版在编排及内容上又有较大的变动，但肯定会有不足之处，尚希读者指正。

编　者
1994 年于北京

第 2 版前言

    本教材是根据 1977 年 10 月在成都召开的生物学教材会议讨论修改的北京师范大学《普通动物学》教学大纲编写的，于 1978 年 5 月作为试用教材出版。这次，我们根据几年来的教学实践和本学科的进展，对全书进行了修订。

    教材中在系统讲述有关动物学的基本知识和基础理论的基础上，力求结合我国的科学实际，并注意介绍当前本学科的进展情况。在内容安排上仍采用系统动物学的形式，但尽可能地把结构和功能结合起来。同时，另立专章讲述动物进化、动物地理和动物生态，介绍动物界生命活动的一些基本规律，为有关的后继课程奠定基础。

    参加编写和修订的单位有武汉大学、南京大学和北京师范大学。其中 1~5 章由北京师范大学刘凌云同志编写和修改；6 章由南京大学童远瑞同志编写和修改；7~8 章由南京大学许智芳同志编写和修改；绪论、9~12 章由武汉大学高镇光同志编写，由李群同志修改；13~18 章、23~24 章由武汉大学吴熙载同志编写，由吴熙载、王光中同志修改；19~22 章、25~26 章由北京师范大学郑光美同志编写和修改。由于参加编写和修改的人员较多和水平所限，虽然在章节安排上作了适当调整，对一些章节内容作了必要的修改和补充，但还有不足之处，与教学大纲还有一定距离。因此，在使用本教材时，各校可根据实际情况加以调整和增删，并希在使用过程中，将所发现的缺点和错误函告高等教育出版社或有关编写单位，以便再版时改正。

编 者

1983 年 6 月于北京

第 1 版前言

　　本教材是根据 1977 年 10 月在成都召开的生物学教材会议讨论修改的北京师范大学《普通动物学》教学大纲编写的。在有关单位的大力支持以及编、审人员的共同努力下，在较短的时间内胜利地完成了编写任务。教材初稿完成后，于 1978 年 3 月受教育部委托，召集编写单位及中山大学、南开大学、四川大学、兰州大学、上海师范大学和福建师范大学的代表，对初稿进行了审查修改，认为本教材基本上符合教学大纲的要求，可以作为试用教材出版。

　　教材中在系统讲述有关动物学的基本知识和基础理论的基础上，力求结合我国的科学实际，并注意介绍当前本学科的进展情况。在内容安排上仍采用系统动物学的形式，但尽可能地把结构和功能结合起来。同时，另立专章讲述动物进化、动物地理和动物生态，介绍动物界生命活动的一些基本规律，为有关的后继课程奠定基础。

　　参加本教材编写的单位有武汉大学、南京大学和北京师范大学。其中 1~4 章由北京师范大学刘凌云同志编写；5 章由南京大学童远瑞同志编写；6~7 章由南京大学许智芳同志编写；绪论、8~11 章由武汉大学高锡光同志编写；12~17 章、22~23 章由武汉大学吴熙载同志编写；18~21 章、24~25 章由北京师范大学郑光美同志编写。由于编写时间仓促，参加编写的人员较多和水平所限，对某些章节的内容安排、取材繁简和处理上，可能与教学大纲还有一定距离。因此，在使用本教材时，各校可根据实际情况加以调整和增删，并希在使用过程中，将所发现的缺点和错误函告人民教育出版社或有关编写单位，以便再版时改正。

编　者
1978 年 3 月于北京

目 录

第1章 绪 论 …………………………… 1

1.1 生物的分界及动物在其中的地位 ………… 1

1.2 动物学及其分科 ………………………… 3

1.3 研究动物学的目的意义 ………………… 4

1.4 动物学发展简史 ………………………… 6

  1.4.1 西方动物学的发展 ………………… 6

  1.4.2 我国动物学的发展 ………………… 7

1.5 动物学的研究方法 ……………………… 8

  1.5.1 描述法 ……………………………… 8

  1.5.2 比较法 ……………………………… 9

  1.5.3 实验法 ……………………………… 9

1.6 动物分类的知识 ………………………… 9

  1.6.1 分类依据 …………………………… 9

  1.6.2 分类等级 …………………………… 10

  1.6.3 物种的概念 ………………………… 11

  1.6.4 动物的命名 ………………………… 11

  1.6.5 动物的分门 ………………………… 12

思考题 ………………………………………… 12

第2章 动物体的基本结构与机能 ………… 13

2.1 细胞 ……………………………………… 13

  2.1.1 细胞的一般特征 …………………… 13

  2.1.2 细胞的化学组成 …………………… 13

  2.1.3 细胞的结构 ………………………… 15

  2.1.4 细胞周期 …………………………… 19

  2.1.5 细胞分裂 …………………………… 20

2.2 组织和器官系统的基本概念 …………… 22

  2.2.1 组织 ………………………………… 22

  2.2.2 器官和系统 ………………………… 29

思考题 ………………………………………… 30

第3章 原生动物门（Phylum Protozoa）………… 31

3.1 原生动物门的主要特征 ………………… 31

3.2 鞭毛纲（Mastigophora）………………… 32

  3.2.1 代表动物——眼虫（Euglena）……… 32

  3.2.2 鞭毛纲的主要特征 ………………… 36

  3.2.3 鞭毛纲的重要类群 ………………… 36

3.3 肉足纲（Sarcodina）…………………… 39

  3.3.1 代表动物——大变形虫（Amoeba proteus）………………………………… 39

  3.3.2 肉足纲的主要特征 ………………… 43

  3.3.3 肉足纲的重要类群 ………………… 43

3.4 孢子纲（Sporozoa）…………………… 46

  3.4.1 代表动物——间日疟原虫（Plasmodium vivax）…………………………… 46

  3.4.2 孢子纲的主要特征 ………………… 49

  3.4.3 孢子纲的重要类群 ………………… 50

3.5 纤毛纲（Ciliata）……………………… 51

  3.5.1 代表动物——草履虫（Paramecium caudatum）…………………………… 51

  3.5.2 纤毛纲的主要特征 ………………… 54

  3.5.3 纤毛纲的常见种类 ………………… 55

3.6 原生动物与人类 ………………………… 56

3.7 原生动物的起源和演化 ………………… 57

思考题 ………………………………………… 57

第4章 多细胞动物的起源 ………………… 59

4.1 从单细胞到多细胞 ……………………… 59

4.2 多细胞动物起源于单细胞动物的证据 …… 60

  4.2.1 古生物学方面 ……………………… 60

  4.2.2 形态学方面 ………………………… 61

4.2.3 胚胎学方面 …………………… 61
4.3 胚胎发育的重要阶段 …………… 61
4.3.1 受精与受精卵 ……………… 61
4.3.2 卵裂 ………………………… 61
4.3.3 囊胚的形成 ………………… 62
4.3.4 原肠胚的形成 ……………… 62
4.3.5 中胚层及体腔的形成 ……… 63
4.3.6 胚层的分化 ………………… 63
4.4 生物发生律 ……………………… 63
4.5 关于多细胞动物起源的学说 …… 64
4.5.1 群体学说 …………………… 64
4.5.2 合胞体学说 ………………… 65
思考题 …………………………………… 66

第5章 多孔动物门（Phylum Porifera）
（海绵动物门 Phylum Spongia） ……… 67
5.1 多孔动物的形态结构与机能 …… 67
5.1.1 体型多数不对称 …………… 67
5.1.2 没有器官系统和明确的组织 … 67
5.1.3 具有水沟系 ………………… 70
5.2 多孔动物的生殖和发育 ………… 71
5.2.1 无性生殖 …………………… 71
5.2.2 有性生殖 …………………… 71
5.2.3 再生和体细胞胚胎发生 …… 73
5.3 多孔动物门的分类及演化地位 … 73
5.4 多孔动物与人类 ………………… 74
附门：
扁盘动物门（Phylum Placozoa） …… 74
思考题 …………………………………… 76

第6章 腔肠动物门（Phylum Coelenterata）
（刺胞动物门 Phylum Cnidaria） ……… 77
6.1 腔肠动物门的主要特征 ………… 77
6.1.1 辐射对称 …………………… 77
6.1.2 两胚层、原始消化腔 ……… 77
6.1.3 组织分化 …………………… 78
6.1.4 肌肉结构 …………………… 78
6.1.5 原始神经系统——神经网 … 78
6.2 腔肠动物门代表动物——
水螅（Hydra） …………………… 79
6.2.1 形态结构与机能 …………… 79

6.2.2 生殖与再生 ………………… 82
6.3 腔肠动物门的分纲 ……………… 83
6.3.1 水螅纲（Hydrozoa） ……… 83
6.3.2 钵水母纲（Scyphozoa） …… 86
6.3.3 珊瑚纲（Anthozoa） ……… 89
6.4 腔肠动物的起源和演化 ………… 93
附门：
栉水母动物门（Phylum Ctenophora） …… 94
思考题 …………………………………… 96

第7章 扁形动物门（Phylum Platyhelminthes） … 97
7.1 扁形动物门的主要特征 ………… 97
7.1.1 两侧对称 …………………… 97
7.1.2 中胚层的形成 ……………… 97
7.1.3 体壁 ………………………… 98
7.1.4 消化系统 …………………… 98
7.1.5 排泄系统 …………………… 98
7.1.6 神经系统 …………………… 98
7.1.7 生殖系统 …………………… 98
7.2 涡虫纲（Turbellaria） ………… 99
7.2.1 代表动物——三角涡虫
（Dugesia japonica） ……… 99
7.2.2 涡虫纲的主要特征 ………… 104
7.2.3 涡虫纲的分类 ……………… 106
7.3 吸虫纲（Trematoda） ………… 108
7.3.1 代表动物——华枝睾吸虫
（Clonorchis sinensis） …… 108
7.3.2 吸虫纲的主要特征 ………… 112
7.3.3 吸虫纲的分类 ……………… 112
7.4 绦虫纲（Cestoidea） ………… 118
7.4.1 代表动物——猪带绦虫（Taenia solium） 118
7.4.2 绦虫纲的主要特征 ………… 121
7.4.3 绦虫纲的分类 ……………… 122
7.5 寄生虫和寄主的相互关系及防治原则 …… 124
7.5.1 寄生虫对寄主的危害 ……… 124
7.5.2 寄主对寄生虫感染的免疫性 … 125
7.5.3 寄生虫更换寄主的生物学意义 … 125
7.5.4 防治原则 …………………… 126
7.6 扁形动物的起源和演化 ………… 126
附门：
1. 纽形动物门（Phylum Nemertea） …… 126

2. 颚口动物门（Phylum Gnathostomulida）·········· 128

3. 微颚动物门（Phylum Micrognathozoa）·········· 129

4. 黏体门（Phylum Myxozoa）·········· 130

　　思考题 ········· 131

第8章　假体腔动物（Pseudocoelomate）········· 132

8.1　假体腔动物的共同特征 ········· 132

8.1.1　假体腔 ········· 132

8.1.2　消化管 ········· 132

8.1.3　其他的特征 ········· 132

8.1.4　假体腔动物是异质性很强的一大类群 ········· 133

8.2　线虫动物门（Phylum Nematoda）········· 133

8.2.1　代表动物1——人蛔虫

（Ascaris lumbricoides）········· 133

8.2.2　代表动物2——秀丽线虫

（Caenorhabditis elegans）········· 138

8.2.3　线虫动物门的主要特征 ········· 140

8.2.4　线虫动物门的分类 ········· 141

8.3　轮虫动物门（Phylum Rotifera）········· 146

8.3.1　形态结构与机能 ········· 147

8.3.2　生殖与发育 ········· 149

8.3.3　隐生 ········· 150

8.4　假体腔动物的起源和演化 ········· 150

附门：

1. 腹毛动物门（Phylum Gastrotricha）········· 151

2. 线形动物门（Phylum Nematomorpha）········· 152

3. 棘头动物门（Phylum Acanthocephala）········· 153

4. 动吻动物门（Phylum Kinorhyncha）········· 155

5. 兜甲动物门（Phylum Loricifera）········· 155

6. 曳鳃动物门（Phylum Priapulida）········· 156

7. 内肛动物门（Phylum Entoprocta＝Kamptozoa）········· 157

8. 圆环动物门（Phylum Cycliophora）········· 157

　　思考题 ········· 160

第9章　环节动物门（Phylum Annelida）········· 161

9.1　环节动物门的主要特征 ········· 161

9.1.1　体分节 ········· 161

9.1.2　真体腔 ········· 162

9.1.3　疣足和刚毛 ········· 163

9.1.4　循环系统 ········· 164

9.1.5　排泄系统 ········· 165

9.1.6　神经系统 ········· 166

9.1.7　生殖与发育 ········· 167

9.2　多毛纲（Polychaeta）········· 168

9.2.1　代表动物——沙蚕（Nereis）········· 168

9.2.2　多毛纲的主要特征 ········· 171

9.2.3　多毛纲的分类 ········· 172

9.3　寡毛纲（Oligochaeta）········· 175

9.3.1　代表动物——环毛蚓（Pheretima）········· 175

9.3.2　寡毛纲的主要特征 ········· 180

9.3.3　寡毛纲的分类 ········· 181

9.4　蛭纲（Hirudinea）········· 182

9.4.1　形态结构与机能 ········· 182

9.4.2　蛭纲的分类 ········· 186

9.5　环节动物与人类 ········· 187

9.6　环节动物的起源和演化 ········· 188

附门：

1. 螠虫动物门（Phylum Echiura）········· 189

2. 星虫动物门（Phylum Sipuncula）········· 190

3. 须腕动物门（Phylum Pogonophora）········· 191

　　思考题 ········· 193

第10章　软体动物门（Phylum Mollusca）········· 194

10.1　软体动物门的主要特征 ········· 194

10.1.1　身体分区 ········· 194

10.1.2　消化系统 ········· 195

10.1.3　体腔和循环系统 ········· 196

10.1.4　呼吸器官 ········· 196

10.1.5　排泄系统 ········· 197

10.1.6　神经和感官 ········· 197

10.1.7　生殖和发育 ········· 197

10.2　无板纲（Aplacophora）········· 197

10.3　单板纲（Monoplacophora）········· 198

10.4　多板纲（Polyplacophora）········· 199

10.5　腹足纲（Gastropoda）········· 200

10.5.1　代表动物——中国圆田螺

（Cipangopaludina chinensis）········· 200

10.5.2　腹足纲的主要特征 ········· 203

10.5.3　腹足类体制不对称的起源和演化 ········· 204

10.5.4　腹足纲的分类 ········· 205

10.6　掘足纲（Scaphopoda）········· 207

10.7 双壳纲（Bivalvia）·················· 208
　　10.7.1 代表动物——无齿蚌（Anodonta）········ 208
　　10.7.2 双壳纲的主要特征 ··············· 212
　　10.7.3 双壳纲的分类 ················· 213
10.8 头足纲（Cephalopoda）··············· 215
　　10.8.1 代表动物——乌贼（Sepia）·········· 215
　　10.8.2 头足纲的主要特征 ··············· 220
　　10.8.3 头足纲的分类 ················· 221
10.9 软体动物与人类 ·················· 223
10.10 软体动物的起源和演化 ··············· 223
思考题 ························· 224

第11章 节肢动物门（Phylum Arthropoda）······ 225
11.1 节肢动物门的主要特征 ··············· 225
　　11.1.1 身体异律分节 ················· 225
　　11.1.2 几丁质外骨骼 ················· 225
　　11.1.3 附肢分节 ·················· 227
　　11.1.4 肌肉系统的特点 ··············· 227
　　11.1.5 体腔与循环系统 ··············· 227
　　11.1.6 呼吸系统 ·················· 228
　　11.1.7 排泄系统 ·················· 228
　　11.1.8 神经系统 ·················· 228
11.2 节肢动物种类繁多的原因 ·············· 228
11.3 三叶虫亚门（Subphylum Trilobitomorpha）·········· 230
11.4 甲壳亚门（Subphylum Crustacea）·········· 230
　　11.4.1 代表动物——中国对虾（Penaeus orientalis）··· 231
　　11.4.2 甲壳亚门的主要特征 ············· 235
　　11.4.3 甲壳亚门的重要类群 ············· 237
11.5 螯肢亚门（Subphylum Chelicerata）·········· 240
　　11.5.1 肢口纲（Merostomata）············ 240
　　11.5.2 蛛形纲（Arachnida）············· 241
11.6 多足亚门（Subphylum Myriapoda）·········· 246
　　11.6.1 多足亚门的主要特征 ············· 246
　　11.6.2 多足亚门的重要类群 ············· 246
11.7 六足亚门（Subphylum Hexapoda）·········· 248
　　11.7.1 昆虫纲代表动物——东亚飞蝗（Locusta migratoria manilensis）············· 248
　　11.7.2 六足亚门的主要特征 ············· 253
　　11.7.3 昆虫的行为 ················· 260
　　11.7.4 六足动物的主要类群 ············· 262

11.8 节肢动物与人类 ·················· 271
11.9 节肢动物的起源和演化 ··············· 272
附门：
　　1. 有爪动物门（Phylum Onychophora）········· 273
　　2. 缓步动物门（Phylum Tardigrada）········· 274
思考题 ························· 275

第12章 触手冠动物（Lophophorates）········· 276
12.1 触手冠动物的共同特征 ··············· 276
12.2 苔藓动物门（Phylum Bryozoa＝外肛动物门 Phylum Ectoprocta）··· 276
　　12.2.1 个体的形态结构与机能 ············ 277
　　12.2.2 生殖和发育 ················· 280
　　12.2.3 苔藓动物门的分类 ·············· 281
12.3 腕足动物门（Phylum Brachiopoda）·········· 282
　　12.3.1 形态结构和机能 ··············· 282
　　12.3.2 生殖和发育 ················· 284
　　12.3.3 腕足动物门的分类 ·············· 284
12.4 帚虫动物门（Phylum Phoronida）·········· 285
　　12.4.1 形态结构与机能 ··············· 285
　　12.4.2 生殖和发育 ················· 286
12.5 触手冠动物的起源和演化 ·············· 287
思考题 ························· 287

第13章 棘皮动物门（Phylum Echinodermata）········ 288
13.1 棘皮动物门的主要特征 ··············· 288
　　13.1.1 辐射对称 ·················· 288
　　13.1.2 体腔和水管系统 ··············· 288
　　13.1.3 血系统和围血系统 ·············· 289
　　13.1.4 骨骼 ···················· 289
　　13.1.5 神经系统 ·················· 290
　　13.1.6 生殖和发育 ················· 290
13.2 代表动物——海盘车（Asterias）·········· 290
　　13.2.1 外部形态 ·················· 290
　　13.2.2 结构与机能 ················· 291
13.3 棘皮动物的分类 ·················· 295
　　13.3.1 有柄亚门（Pelmatozoa）············ 296
　　13.3.2 游移亚门（Eleutherzoa）··········· 296
13.4 棘皮动物与人类 ·················· 301
13.5 棘皮动物的起源和演化 ··············· 301

附门：

　毛颚动物门（Phylum Chaetognatha）･･････ 302

　思考题 ･････････････････････････････････ 302

第 14 章　半索动物门（Phylum Hemichordata）･････ 303

14.1　半索动物的形态结构和重要种类 ･････ 303

　14.1.1　代表动物——柱头虫（Balanoglossus）･ 303

　14.1.2　半索动物羽鳃纲（Pterobranchia）的结构
　　　　　和代表种类 ･･････････････････････ 305

14.2　半索动物在动物界系统演化的地位 ･･･ 306

　思考题 ･････････････････････････････････ 307

第 15 章　脊索动物门（Phylum Chordata）･････ 308

15.1　脊索动物门的主要特征和分类 ･･･････ 308

　15.1.1　脊索动物门的主要特征 ･･･････････ 308

　15.1.2　脊索动物的分类 ･･････････････････ 309

15.2　尾索动物亚门（Urochordata）･･･････ 310

　15.2.1　代表动物——柄海鞘（Styela clava）310

　15.2.2　尾索动物的分类 ･････････････････ 312

15.3　头索动物亚门（Cephalochordata）･･･ 314

　15.3.1　文昌鱼的形态结构 ･･･････････････ 314

　15.3.2　胚胎发育 ･･･････････････････････ 318

　15.3.3　幼体期和围鳃腔的形成 ･･･････････ 319

15.4　脊椎动物亚门（Vertebrata）･･･････ 320

　15.4.1　脊椎动物的主要特征 ･････････････ 320

　15.4.2　脊椎动物各胚层的分化 ･･･････････ 321

15.5　寒武纪大爆发与脊索动物门的
　　　起源和演化 ･････････････････････････ 323

　15.5.1　寒武纪大爆发和澄江动物群 ･･･････ 323

　15.5.2　脊索动物的起源和演化 ･･･････････ 323

　思考题 ･････････････････････････････････ 325

第 16 章　圆口纲（Cyclostomata）･････ 327

16.1　代表动物——东北七鳃鳗
　　　（Lampetra morii）･･････････････････ 327

　16.1.1　外形 ･･･････････････････････････ 327

　16.1.2　骨骼和肌肉系统 ･････････････････ 327

　16.1.3　消化系统 ･･･････････････････････ 328

　16.1.4　呼吸系统 ･･･････････････････････ 328

　16.1.5　循环系统 ･･･････････････････････ 329

　16.1.6　神经系统 ･･･････････････････････ 329

　16.1.7　感官 ･･･････････････････････････ 329

　16.1.8　泄殖系统 ･･･････････････････････ 330

16.2　圆口纲的生殖行为和变态 ･･･････････ 330

16.3　圆口纲的分类 ･････････････････････ 331

　16.3.1　盲鳗目（Myxiniformes）･･････････ 331

　16.3.2　七鳃鳗目（Petromyzoniformes）･･･ 332

16.4　圆口纲的起源和演化 ･･･････････････ 332

　思考题 ･････････････････････････････････ 333

第 17 章　鱼纲（Pisces）･････････････ 334

17.1　鱼纲的主要特征 ･･･････････････････ 334

　17.1.1　外形 ･･･････････････････････････ 334

　17.1.2　皮肤及其衍生物 ･････････････････ 335

　17.1.3　骨骼系统 ･･･････････････････････ 336

　17.1.4　肌肉系统 ･･･････････････････････ 340

　17.1.5　消化系统 ･･･････････････････････ 342

　17.1.6　呼吸系统 ･･･････････････････････ 343

　17.1.7　循环系统 ･･･････････････････････ 346

　17.1.8　排泄系统和渗透压调节 ･･･････････ 348

　17.1.9　生殖系统 ･･･････････････････････ 350

　17.1.10　神经系统 ･･････････････････････ 351

　17.1.11　感觉器官 ･･････････････････････ 353

17.2　鱼纲的分类 ･･･････････････････････ 356

　17.2.1　软骨鱼类（Chondrichthyes）･･･････ 356

　17.2.2　硬骨鱼类（Osteichthyes）･･････････ 358

17.3　鱼类的洄游 ･･･････････････････････ 366

　17.3.1　生殖洄游 ･･･････････････････････ 366

　17.3.2　索饵洄游 ･･･････････････････････ 367

　17.3.3　越冬洄游 ･･･････････････････････ 367

17.4　鱼类的起源和演化 ･････････････････ 368

　思考题 ･････････････････････････････････ 369

第 18 章　两栖纲（Amphibia）･･････････ 370

18.1　从水生到陆生的转变 ･･･････････････ 370

　18.1.1　水陆环境的主要差异 ･････････････ 370

　18.1.2　从水生过渡到陆生所面临的主要矛盾 ･･ 370

　18.1.3　五趾型附肢及其在脊椎动物演化史上的
　　　　　意义 ･･･････････････････････････ 371

　18.1.4　两栖类对陆生的初步适应和不完善性 ･ 372

18.2　两栖纲的主要特征 ･････････････････ 372

　18.2.1　外形 ･･･････････････････････････ 372

18.2.2 皮肤 ······ 372
18.2.3 骨骼系统 ······ 373
18.2.4 肌肉系统 ······ 375
18.2.5 消化系统 ······ 376
18.2.6 呼吸系统 ······ 377
18.2.7 循环系统 ······ 377
18.2.8 泌尿生殖系统 ······ 380
18.2.9 神经系统 ······ 381
18.2.10 感官 ······ 382
18.3 两栖纲的分类 ······ 383
18.3.1 蚓螈目 （Gymnophiona） ······ 383
18.3.2 有尾目 （Urodela） ······ 383
18.3.3 无尾目 （Anura） ······ 384
18.4 两栖类的起源和演化 ······ 386
18.5 两栖类的生存与环境 ······ 388
18.5.1 两栖类的生存压力 ······ 388
18.5.2 两栖类对胁迫环境的适应——休眠 ······ 389
思考题 ······ 391

第19章 爬行纲 （Reptile） ······ 392

19.1 爬行纲的主要特征 ······ 392
19.1.1 羊膜卵及其在脊椎动物演化史上的意义 ······ 392
19.1.2 爬行纲动物的躯体结构 ······ 393
19.2 爬行纲的分类 ······ 401
19.2.1 龟鳖目 （Chelonia） ······ 401
19.2.2 喙头目 （Rhynchocephalia） ······ 403
19.2.3 有鳞目 （Squamata） ······ 403
19.2.4 鳄目 （Crocodylia） ······ 407
19.3 爬行类的起源及适应辐射 ······ 407
19.3.1 爬行类的起源 ······ 407
19.3.2 爬行类的适应辐射 ······ 407
19.4 爬行动物和人类的关系 ······ 411
19.4.1 爬行类的益害 ······ 411
19.4.2 毒蛇的防治原则 ······ 411
思考题 ······ 413

第20章 鸟纲 （Aves） ······ 414

20.1 鸟纲的主要特征 ······ 414
20.1.1 恒温及其在动物演化史上的意义 ······ 414
20.1.2 鸟纲动物的躯体结构 ······ 415
20.2 鸟纲的分类 ······ 429

20.2.1 平胸总目 （Ratitae） ······ 429
20.2.2 企鹅总目 （Impennes） ······ 430
20.2.3 突胸总目 （Carinatae） ······ 431
20.3 鸟类的起源和适应辐射 ······ 439
20.4 鸟类的繁殖、生态及迁徙 ······ 443
20.4.1 鸟类的繁殖 ······ 443
20.4.2 鸟类的迁徙 ······ 447
20.5 鸟类与人类的关系 ······ 449
20.5.1 鸟类的捕食作用 ······ 450
20.5.2 狩猎鸟类 ······ 452
20.5.3 鸟害 ······ 452
思考题 ······ 453

第21章 哺乳纲 （Mammalia） ······ 454

21.1 哺乳纲的主要特征 ······ 454
21.1.1 胎生、哺乳及其在动物演化史上的意义 ······ 454
21.1.2 哺乳纲动物的躯体结构 ······ 456
21.2 哺乳纲的分类 ······ 478
21.2.1 原兽亚纲 （Prototheria） ······ 479
21.2.2 后兽亚纲 （Metatheria） ······ 479
21.2.3 真兽亚纲 （Eutheria） ······ 480
21.3 哺乳类的起源和适应辐射 ······ 487
21.3.1 哺乳类的起源 ······ 487
21.3.2 哺乳类的适应辐射 ······ 487
21.3.3 类人猿和人类的起源与进化 ······ 488
21.4 哺乳类的保护、持续利用与害兽防治原则 ······ 491
21.4.1 野生动物资源的持续利用与保护 ······ 491
21.4.2 害兽及与其斗争的原则 ······ 493
思考题 ······ 494

第22章 动物进化基本原理 ······ 496

22.1 生命起源 ······ 496
22.2 动物进化的例证 ······ 499
22.2.1 比较解剖学 ······ 499
22.2.2 胚胎学 ······ 500
22.2.3 古生物学 ······ 500
22.2.4 动物地理学 ······ 502
22.2.5 免疫学 ······ 504
22.2.6 分子生物学 ······ 505
22.3 进化原因的探讨——进化理论 ······ 508

22.3.1 达尔文学说 …………………… 508

22.3.2 达尔文以后的进化论发展 …… 510

22.4 动物进化型式与系统发育 …… 515

22.4.1 进化型式 ……………………… 515

22.4.2 绝灭 ……………………………… 518

22.4.3 系统发育 …………………… 518

22.5 物种与物种形成 …………… 521

22.5.1 物种 ……………………………… 521

22.5.2 物种形成 …………………… 521

思考题 ……………………………………… 522

第23章 动物地理 …………………… 523

23.1 动物的分布 ………………… 523

23.1.1 动物的栖息地 …………… 523

23.1.2 动物的分布区与发生中心 …… 524

23.1.3 分子钟和分子系统地理学 …… 524

23.1.4 动物分布 …………………… 525

23.1.5 岛屿动物地理学 …………… 528

23.2 动物地理区系划分 ………… 530

23.2.1 大陆漂移学说 …………… 530

23.2.2 世界动物地理分区 ……… 533

23.2.3 我国动物地理区系概述 …… 536

思考题 ……………………………………… 541

第24章 动物生态 …………………… 542

24.1 生态因子 …………………… 542

24.1.1 非生物因子 ………………… 542

24.1.2 生物因子 …………………… 543

24.2 种群 ………………………… 544

24.2.1 种群特性 …………………… 544

24.2.2 种群的增长及调节 ………… 547

24.3 群落 ………………………… 548

24.3.1 群落特性 …………………… 548

24.3.2 影响群落结构的因素 ……… 550

24.4 生态系统 …………………… 551

24.4.1 生态系统的结构 …………… 551

24.4.2 食物链与食物网 …………… 551

24.4.3 生态系统的能量流转 ……… 552

24.4.4 自然保护 …………………… 554

思考题 ……………………………………… 555

参考文献 ……………………………… 556

索引 …………………………………… 563

1.1　生物的分界及动物在其中的地位

自然界的物质分为生物和非生物两大类。前者绝大多数由细胞构成（除病毒外），都具有新陈代谢、自我复制繁殖、生长发育、遗传变异、应激性和适应性等生命现象。因此，生物世界也称生命世界（Vivicum）。生物的种类繁多，形形色色，千姿百态，目前已鉴定的约200 万种。随着时间的推移，新发现的种还会逐年增加，有人（R. C. Brusca 等，1990）估计，有 2 000 万~5 000 万种有待发现和命名。为了研究、利用如此丰富多彩的生物世界，人们将其分门别类系统整理，分为若干不同的界（Kingdom）。

生物的分界随着科学的发展而不断地深化。在林奈时代，对生物主要以肉眼所能观察到的特征来区分，林奈（Carl von Linné，1735）以生物能否运动为标准明确提出动物界（Animalia）和植物界（Plantae）的两界系统，这一系统直至 20 世纪 50 年代仍为多数教材所采用。显微镜广泛使用后，发现许多单细胞生物兼有动物和植物的特性（如眼虫等），这种中间类型的生物是进化的证据，却是分类的难题，因而霍格（J. Hogg，1860）和赫克尔（E. H. Haeckel，1866）将原生生物（包括细菌、藻类、真菌和原生动物）另立为界，提出原生生物界（Protista）、植物界、动物界的三界系统，这一观点直到 20 世纪 60 年代才开始流行，并被一些教科书采用。

电子显微镜技术的发展，使生物学家有可能揭示细菌、蓝藻细胞的细微结构，并发现与其他生物有显著的不同，于是提出原核生物（Prokaryote）和真核生物（Eukaryote）的概念。考柏兰（H. F. Copeland，1938）将原核生物另立为一界，提出了四界系统，即原核生物界（Monera）、原始有核界（Protoctista）（包括单胞藻、简单的多细胞藻类、黏菌、真菌和原生动物）、后生植物界（Metaphyta）和后生动物界（Metazoa）。随着电镜技术的完善和广泛应用以及生化知识的积累，将原核生物立为一界的见解，获得了普遍的接受，成为现代生物系统分类的基础。1969 年惠特克（R. H. Whittaker）又根据细胞结构的复杂程度及营养方式提出了五界系统，他将真菌从植物界中分出另立为界，即原核生物界、原生生物界、真菌界（Fungi）、植物界和动物界。这一系统逐渐被广泛采用，直到现在有些教材仍在沿用（图 1-1，图 1-2，图 1-3）。

生命的进化历史经历了几个重要阶段，最初的生命是非细胞形态的，即非细胞阶段。从非细胞到细胞是生物发展的第二个

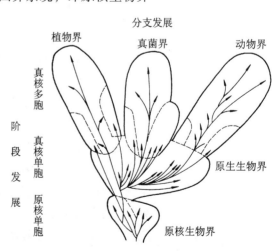

■ 图 1-1　惠特克的五界系统简图（仿陈世骧）

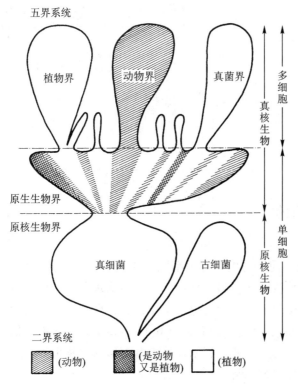

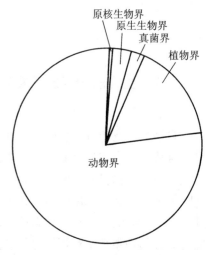

■ 图1-2 五界系统及其与动植物二歧分支的关系
（仿 Barnes 等）

■ 图1-3 各界现存物种数的大致比例
（转引自 Barnes 等）

阶段。初期的细胞是原核细胞，由原核细胞构成的生物称为原核生物（细菌、蓝藻），从原核到真核是生物发展的第三个阶段，从单细胞真核生物到多细胞真核生物是生物发展的第四个阶段。五界系统反映了生物进化的 3 个阶段和多细胞生物阶段的 3 个分支，即原核生物代表了细胞的初级阶段，进化到原生生物代表了真核生物的单细胞阶段（细胞结构的高级阶段），再进化到真核多细胞阶段，即植物界、真菌界和动物界。植物、真菌和动物代表了进化的 3 个方向，即自养、腐生和异养。

　　五界系统没有反映出非细胞生物阶段。我国著名昆虫学家陈世骧（1979）提出 3 个总界六界系统，即非细胞总界（包括病毒界）、原核总界（包括细菌界和蓝藻界）、真核总界（包括植物界、真菌界和动物界）（表1-1）。有些学者认为不必成立原生生物界，把藻类和原生动物分别划归植物界和动物界，成为比较紧凑的四界系统。另一些学者主张扩大原生生物界，把真菌划归在内成为另一种四界系统。由于病毒是一类非细胞生物，究竟是原始类型还是次生类型仍无定论，因此，将病毒列为最初生命类型的一界的观点，学者们尚有争议。

　　近年有学者提出与上述六界不同的六界系统（如 R. C. Brusca 等，2003），将古细菌另立为界，即真细菌界（Eubacteria）、古细菌界（Archaebacteria，也有译为原细菌，包括厌氧产甲烷细菌等）、原生生物界、真菌界、植物界和动物界。还有学者（T. Cavalier-Smith，1989）提出八界系统，将原核生物分为古细菌界、真细菌界，将真核生物分为古真核生物和后真核生物（Metakaryota）两个超界，前一超界只含一个界，即古真核生物界（Archezoa），后一超界包括原生动物界、藻界（Chromista，该界包括隐藻 Cryptophyta 和有色藻 Chromophyta 两个亚界）、植物界、真菌界、动物界。有学者认为这一分界系统是较为合理和清楚的。

■ 表1-1 生物的界级分类（自陈世骧）

五界系统	六界系统
Ⅰ. 原核阶段	Ⅰ. 非细胞生物
1. 原核生物界	1. 病毒界
Ⅱ. 真核单细胞阶段	Ⅱ. 原核生物
2. 原生生物界	2. 细菌界
Ⅲ. 真核多细胞阶段	3. 蓝藻界
3. 植物界	Ⅲ. 真核生物
4. 真菌界	4. 植物界
5. 动物界	5. 真菌界
	6. 动物界

综上所述，可知目前人们对生物的分界尚无统一的意见。但无论是30亿年古生物的化石记录或当前地球上现存生物的情况，还是形态比较、生理、生化等的例证，都揭示了生物从原核到真核、从简单到复杂、从低等到高等的进化方向。而生物的分界则显示了生命历史所经历的发展过程。

生物间的关系错综复杂，但它们对于生存的基本要求都不外是摄取食物获得能量、占据一定的空间和繁殖后代。生物解决这些问题的途径是多种多样的。在获取营养方面，凡能利用二氧化碳、无机盐及能源合成自身所需食物的称为自养生物，绿色植物和紫色细菌是自养生物。故植物是食物的生产者，生物间的食物联系由此开始。动物则必须从自养生物那里获取营养，植物被植食性动物所食，而后者又是肉食性动物的食料，故动物属于掠夺摄食的异养型，在生物界中是食物的消费者。真菌为分解吸收营养型，处于还原者的地位。这些都显示出三界生物是最基本的，在进化发展中营养方面相互联系的整体性和系统性，以及生物在生态系统中相互协调，在物质循环和能量流转过程中所起的作用。

1.2 动物学及其分科

动物学（zoology）是一门内容十分广博的基础学科，它研究动物的形态结构、分类、生命活动与环境的关系以及发生发展的规律。随着科学的发展，动物学的研究领域也越来越广泛和深入。动物学依据研究内容的不同而分为许多不同的分支学科，主要有以下几类：

动物形态学：研究动物体内外的形态结构以及它们在个体发育和系统发展过程中的变化规律。其中研究动物器官的结构及其相互关系的称为解剖学。用比较动物器官系统的异同来研究进化关系的称为比较解剖学。研究动物器官显微结构及细胞的称为组织学和细胞学。现代的解剖学、组织学、细胞学不仅研究形态结构，也研究机能，细胞学已发展为细胞生物学。研究绝种动物化石以阐明古动物群的起源、进化及与现代动物群之间关系的称为古动物学。

动物分类学：研究动物类群（包括各分类阶元）间的异同及其异同程度，阐明动物间的亲缘关系、进化过程和发展规律。

动物生理学：研究动物体的机能（如消化、循环、呼吸、排泄、生殖和刺激反应性等）、机能的变化发展以及对环境条件所起的反应等。与之有关的学科还有内分泌学、免疫学等。

动物胚胎学：研究动物胚胎形成、发育的过程及其规律。近些年来应用分子生物学和细胞生物学等的理论和方法，研究个体发育的机制是胚胎学发展的新阶段，称为发育生物学。

动物生态学：研究动物与环境间的相互关系。包括个体生态、种群生态、群落生态，乃至生态系统的研究。

动物地理学：研究动物种类在地球上的分布以及动物分布的方式和规律。从地理学角度研究每个地区中的动物种类和分布的规律，常被称为地动物学。

动物遗传学：研究动物遗传变异的规律，包括遗传物质的本质、遗传物质的传递和遗传信息的表达调控等。

此外，动物学按其研究对象划分，可分为无脊椎动物学、脊椎动物学、原生动物学、寄生动物学、软体动物学、甲壳动物学、蛛形学、昆虫学、鱼类学、鸟类学和哺乳动物学等。按研究重点和服务范畴又可分为理论动物学、应用动物学、医用动物学、资源动物学、畜牧学、桑蚕学和水产学等。

由于学科发展和广泛的交叉渗透，使动物学研究向微观和宏观两极展开又相互结合，形成了分子、细胞、组织、器官、个体、群体和生态系统等多层次的研究。然而尽管各个学科正在飞速发展，动物学仍始终是处于不同学科错综复杂关系网中的一个基础学科，这从新兴的保护生物学的发展过程可以清楚地看出。

保护生物学（conservation biology）是生命科学中新兴的一个多学科的综合性分支，研究保护物种、保护生物多样性（biodiversity）和持续利用生物资源等问题。生物多样性包括物种多样性、遗传多样性和生态系统多样性。随着人口的迅速增加，人类经济活动的加剧，作为人类生存极为重要的基础的生物多样性受到了严重威胁，许许多多的物种已经灭绝或濒临灭绝，因此生物多样性的研究、保护保存和合理开发利用急待加强，这已成为全球性的问题。1992 年联合国环境署主持制订的《生物多样性公约》，为全球生物多样性的保护提供了法律保障。

1.3 研究动物学的目的意义

由于动物学是一门具多种分支学科的基础学科，不仅学科本身的理论研究内容广博，与农、林、牧、渔、医、工等多方面的实践也有密不可分的关系。纷纭多彩的动物界不仅为人类的衣、食、住、行提供了宝贵资源，也为美化人们的生活、满足人们精神生活的需要提供了丰富内容。因此，学习和研究动物学具有十分重要的意义。

（1）动物资源的保护、开发和持续利用方面　我国的动物资源十分丰富，动物种类及数量居世界前列，其中许多是我国的特有动物和珍贵动物，有些是珍稀濒危动物。为了开发利用动物资源，需要首先调查研究摸清动物资源的情况，这在我国尚是一项需要进一步完成的基础工作。在保护动物资源方面，如何挽救濒危物种、保护受胁动物，都需要了解有关动物的生活环境、食性、繁殖规律以及与其他生物的关系等知识，因为物种的进化是不可逆的，一旦灭绝不可能再现。例如大熊猫、朱鹮等的保护工作已深受世界关注，我国动物学科技工作者已进行了多年深入研究并取得了重要进展，尚有大量工作要做。随着工业发展，污染加剧、环境日趋恶化的今天，保护物种多样性、遗传多样性及生态系统多样性已成为当今世界面临的重要任务。在资源开发和持续利用方面，动物界是一个取之不尽的宝库，但如果不注意保护、合理利用，就不是用之不竭，这需要动物科学与其他学科结合不断探索研究。

（2）在农业和畜牧业的发展方面　在控制农业害虫、生物防治以及家畜、家禽、经济水产动物、蜂和蚕的养殖等方面，动物学都是必要的基础。例如，为了发展这些有益动物，就需要了解和掌握它们的形态结构、生命活动规律，满足其所需生活条件，防治对其有害生物等，才能使其健康迅速发展。为了不断改良品质培育新品种，也需要动物学与其他学科交叉的先进技术。如自从帕米特（R. D. Palmiter）于1982年将大鼠的生长激素基因注入小鼠的受精卵内培育出巨型小鼠以来，转基因鱼、兔、猪、羊等工作不断有所报道。1996年历史上第一只"克隆羊"多莉（Dolly）在苏格兰诞生后，受到世界瞩目，轰动了科学界。继之克隆鼠、克隆牛、克隆猪等克隆动物在世界各地相继问世，包括我国取得了很大成绩，使人类改造动物的工作提高到了一个新水平。对大量农林害虫的防治，需要掌握各有关害虫的形态结构、生活习性及生活史等，这是害虫预测预报的基础，也是掌握最适时机消灭害虫不可缺少的知识。通过对害虫及其天敌昆虫（或动物）关系的研究，了解天敌昆虫的结构特点及其生活规律，人工大力培养害虫的天敌昆虫，用以控制、消灭害虫。例如人工培养赤眼蜂（该蜂产卵于棉铃虫幼虫体内）杀灭棉铃虫。这种利用生物防治害虫，既避免了农药的污染，又能达到控制以至消灭害虫的目的，在我国这方面已取得了很大成绩。以昆虫的外激素诱杀不同性别的害虫，或利用培育的雄性不育昆虫来控制其繁殖的方法，也是从动物学的研究中发展起来的。此外，一些昆虫作为农作物、蔬菜、果树的传粉媒介，对提高这些虫媒授粉植物的产量起重要作用。

（3）在医药卫生方面　动物学及其许多分支学科，诸如动物解剖、组织、细胞、胚胎、生理和寄生虫学等是医药卫生研究不可缺少的基础。有些寄生虫直接危害人体健康，甚至造成严重的疾病，如疟原虫、黑热病原虫、血吸虫、钩虫及丝虫所致的我国有名的五大寄生虫病，对这些疾病的诊断治疗及预防，如果没有动物学研究的配合是难以完成的。只有掌握其形态特征、生活史或中间寄主、终末寄主的各个环节的生物学特点，才有可能考虑如何切断其生活史进行治疗及综合防治措施，以达到控制和消灭的目的。在这方面，新中国成立后取得了惊人的进展。有些动物虽然本身不能直接使人致病，但它是许多危险的流行病病原体的传播媒介，如蚊、蝇、跳蚤及一些蜱螨、老鼠等。可供药用的动物种类繁多，例如，广泛应用的动物药牛黄、鹿茸、麝香、蜂王浆、蜂毒、全蝎及蜈蚣等。许多医学中难题的解决以及新药物的研制，也必须先在动物体上进行试验或探索。实验动物已成为专门的学科，为药物试验提供实验对象，还为动物药物（包括活性物质）的开发利用提供线索，如用于抗血凝的蚂蟥的蛭素，用于医治偏瘫的蝮蛇的抗栓酶，用于治疗心脑血管栓塞疾病、能溶解血栓、抑制血栓形成的蚯蚓的蚓激酶，治疗癫痫的蝎毒的抗癫痫肽等，这方面深入的工作虽属生物化学和医学的范畴，但也需配合以动物学的研究。

（4）在工业工程方面　许多轻工业原料来源于动物界，例如哺乳动物的毛皮是制裘或鞣革的原料，优质的裘皮如紫貂、石貂、水獭等；麂皮为鞣革的上品。产丝昆虫如家蚕、柞蚕、蓖麻蚕所产的蚕丝及羊毛、驼毛、兔毛等为丝、毛纺织提供原料。我国是世界上养蚕历史最悠久的国家，产丝量居世界首位。虽然化学纤维形形色色日新月异，但丝、毛纤维织物仍有其无比的优越性。又如紫胶虫产的紫胶、白蜡虫分泌的虫白蜡均广泛用于工业。珊瑚的骨骼及一些软体动物的贝壳可加工制成工艺品和日用品，珍珠贝类所产生的珍珠，其经济价值更为突出。

在当代工业工程技术方面应用的仿生学，也离不开动物科学的研究。动物在亿万年的进化过程中，形成了各种奇特结构、功能或行为，其高度自动化和高效率是精密仪器所无法比拟的。如模仿蛙眼研制的电子蛙眼，可准确灵敏地识别飞行的飞机和导弹，人造卫星的跟踪系统也是模仿蛙眼的工作原理。根据蜜蜂准确的导航本领制成的偏光天文罗盘，已用于航海和航空，避免迷失方向。模仿海洋漂浮动物水母的感觉器制成的"水母耳"风暴预测仪，能准确预报风暴。模拟人体的结构与功能研制的人工智能机器人，具有完善的信息处理能力，能按最佳方案进行操作装配等。仿生学正在探索一些意义更为重大而深远的课题，潜力巨大，前景诱人。

1.4 动物学发展简史

动物学也像其他任何一门科学一样，有它自己的发生和发展的历史。动物学的历史，一方面反映了人们同自然作斗争的历史，另一方面，也反映了社会发展的变迁史，它的全部发展史是与人类社会生产力的发展分不开的。

1.4.1 西方动物学的发展

在西方，动物学的研究开始于古希腊学者亚里士多德，他总结了劳动人民在生产斗争中得来的动物学知识，并对各种动物作细致深入的观察，记述了 450 种动物，首次建立起动物分类系统，将它们分为有血动物和无血动物两大类，且对比较解剖学、胚胎学也有巨大贡献，被誉为动物学之父。

亚氏之后，欧洲进入封建社会。宗教的统治反映到一切学术领域之中。维护神权和形而上学唯心主义阻碍了动物学及其他科学的自由探讨和发展，这种现象一直延至资本主义因素萌芽的文艺复兴时期。

16 世纪以后，许多动物学方面的著作纷纷问世。动物分类学及解剖学方面的成就很大。17 世纪，显微镜的发明，大大地推进了对微观结构的认识，组织学、胚胎学及原生动物学等都相继得到了发展。18 世纪，人们已经积累了相当丰富的动物学知识。在分类学方面，瑞典生物学家林奈（Carl von Linné，1707—1778）作出了伟大贡献，创立了动物分类系统，将动物划分为哺乳纲、鸟纲、两栖纲、鱼纲、昆虫纲和蠕虫纲 6 个纲，又将动植物分成纲、目、属、种及变种 5 个分类阶元，并创立了动植物的命名法——双名法，为现代分类学奠定了基础。他提出生物皆有种的概念。但他和当时的许多自然科学家一样，持有物种不变的观点，并认为一切物种都是神创造的。

与林奈物种不变的观点相反，这个时期进化论的思想也逐渐传播开来。法国生物学家拉马克（J. B. Lamarck，1744—1829）激烈地反对林奈的观点，提出物种进化的思想，并且证明动植物在生活条件影响下可以变化、发展和完善。"用进废退"及"获得性遗传"是他的著名论点。另一个与拉马克同时代的学者是法国自然科学家居维叶（G. Cuvier，1769—1832），他认为有机体各个部分是相互关联的，确立了器官相关定律。运用这个规律，能够根据所发现的有机体的某一块骨头或碎片，恢复它整个的骨骼、外貌，甚至还能概括出化石动物生活方式的某些详细情节。在比较解剖学及古生物学方面作出了巨大贡献。然而，他是物种不变观点的拥护者，以"激变论"对抗拉马克的进化论。

19 世纪中叶，两位德国学者施莱登（M. Schleiden，1804—1881）和施旺（T. Schwann，1810—1882）提出了细胞学说，认为动植物的基本结构是细胞。英国科学家达尔文（C. Darwin，1809—1882）在他的伟大著作《物种起源》（1859）一书中，总结了他自己的观察，并综合动植物饲养、栽培方面的丰富材料，认为生物没有固定不变的种。种与种之间，至少在当初是没有明确界限的，物种不仅有变化，而且不断地向前发展，由简单到复杂，从低等到高等。同时他以"自然选择"学说解释了动物界的多样性、同一性、变异性等。《物种起源》的出版，对生物学中的先进思想和工作起了极大的促进作用。马克思和恩格斯都曾高度评价达尔文的著作，马克思认为达尔文的著作给了自然科学中的目的论一个致命的打击。恩格斯把《物种起源》和上面所说的细胞学说，分别列为 19 世纪自然科学的三大发现之一。

达尔文虽然从饲养学家那里了解到动植物可以遗传这一事实，但是他却完全不知道遗传的机制。奥地利学者孟德尔（G. Mendel，1822—1884）用豌豆进行杂交试验，发现后代各相对性状的出现遵循着一定的比例，称为孟德尔定律。这一发现和后来发现的细胞分裂时染色体的行为相吻合，成为摩尔根（T. H. Morgan，1866—1945）派基因遗传学的理论基础之一。

1953 年沃森（J. D. Watson）和克里克（F. H. C. Crick）提出了 DNA 双螺旋结构模型，于是 DNA 复制、转录、遗传信息的传递等问题得到了更精确的回答，这方面研究的发展，出现了分子生物学这门新兴学科，极大地促进了动物科学在分子水平上的研究和发展。动物学与数学、物理、化学等相关学科以及动物学科内各分支学科间的相互渗透交叉和综合，使得动物科学的发展速度加快，许多分支学科处于领先地位，并不断开拓新的研究领域。

1.4.2 我国动物学的发展

我国是一个文明古国，动物资源非常丰富，我国人民在与自然界长期斗争的过程中，积累了极为丰富的动物学知识。早在公元前 3 000 多年的原始社会里，我们的祖先就知道养蚕和饲养家畜。从出土的甲骨文记载，在夏商时期（约公元前 21 世纪—公元前 11 世纪），马、牛、羊、鸡、犬、豕等家畜饲养都已发展起来。公元前 2 000 年关于物候方面的著作《夏小正》，记每月之物候，其中也谈到动物，如 5 月浮游（今称为蜉蝣）出现，12 月蚂蚁进窝，就是对蜉蝣与蚂蚁生活观察的纪实。说明我国古代劳动人民很早就重视自然季节现象与农业生产的关系。至西周和春秋、战国时期（公元前 11 世纪—公元前 221 年），奴隶社会逐渐转变为封建社会，农牧业更加发展，《诗经》记载的动物达 100 多种，从文字的"虫"、"鱼"、"犭"等偏旁，也可看出当时已具备一些动物分类知识。在《周礼》一书中将生物分为两大类，相当于动物和植物，将动物分为毛物、羽物、介物、鳞物和嬴物 5 类，相当于现代动物分类中的兽类、鸟类、甲壳类、鱼类、软体动物和无壳动物。较之西欧 18 世纪林奈所分的哺乳类、鸟类、两栖类、鱼类、昆虫、蠕虫 6 类只少一类。自秦（公元前 221 年—公元前 207 年）汉至南北朝，许多农业种子和马匹等优良品种的广泛培育和交换，进一步促进了农业和畜牧业的发展。晋朝（公元 265—420 年）已开始编撰动植物图谱，晋朝稽含著的《南方草木状》，虽然是植物方面的著作，但其中记载了利用蚂蚁扑灭柑橘害虫，这是世界上最早利用天敌消灭害虫的事例。北魏贾思勰（公元 486—534 年）著的《齐民要术》一书总结了农民的生产经验，内容广博，包括农业（谷类、油料、纤维、染料等作物）、畜牧业（家畜、家禽）、养蚕、养鱼和农副产品加工等技术经验。自隋唐至明朝，我国的生物科学知识继续发展。唐朝（公元 618—907 年）陈藏器著的《本草拾遗》记有鱼类的分类，所依据的分类特征有侧鳞的数目。目前鱼类的分类仍以此作为依据之一。书中还提到不少动物的名称。明朝李时珍（1518—1593）所著《本草纲目》总结修订了前人的本草著作，加上他本人的研究，描记了 1 800 余种药用动植物，其中有 400 多种动物，并附图 1 100 余幅，载明动植物的名称、性状、习性、产地及功用，还将动物分为虫、鳞、介、禽、兽几类，全书 52 卷，是我国古代科学著作的伟大典籍，受到世界各国人民的重视，已译成许多种文字发行，至今仍受人推崇。

我国古代医药学的成就也是非常卓越的。在甲骨文中已有关于疾病的字，《黄帝内经》和公元前 4 世纪战国时期秦越人所著的《扁鹊难经》都是我国早期著名的医学著作。这两本著作包括了人体解剖、生理、病理、治疗等方面的丰富知识，当时秦越人对血液循环已有认识，并估计了每一循环所需的时间，还首创了基于血液循环的脉诊。可见我国发现血液循环较之西方英国人哈维（W. Harvey）的"心血运动论"（1628）要早 1 900 多年。宋朝王维德的《铜人针灸经》已把人体的穴位做成铜质人体模型用于教学，可见当时针灸学之发达。除上面讲到的秦越人（扁鹊）、李时珍等外，我国古代在医药学方面作出重要贡献的医学家还不少，如张仲景（公元 150—219 年）、华佗（公元?—208 年）、葛洪（公元 283—363 年）、陶弘景（公元 452—536 年）、孙思邈（公元 581—682 年）等，使中国医学在全世界的医学上独成一派。

由上述可见，在明朝以前，中国动物学知识及结合农医实践成就在世界上并不落后。不过自欧洲文艺复兴后，西欧国家进入资本主义社会，在新兴的资本主义制度下自然科学得到迅速发展，而我国仍处于封建时期，鸦片战争后又沦为半殖民地半封建社会，阻碍了科学的发展，致动物学的发展极为缓慢而落后了。

我国在 20 世纪初才开始有现代动物学的研究，除在高等学校开办生物学系科培养人才外，于 20 年代在南京、北京相继建立了动物学的研究机构，开展了一些较零散的研究工作，但旧中国由于人力、经费不足以及战乱等影响，动物学的研究进展缓慢。新中国成立后，在党的领导下，发生了根本性的变化，从此动物学的发展与其他学科一样，进入了一个崭新的阶段，取得了辉煌的成就。进入 80 年代以来，在改革开放政策的指引下，广泛开展了国际学术交流与合作，使动物学的科学研究提高到了一个新的水平。

我国现代动物科学经过广大动物科技工作者的不懈努力，在基础研究、应用基础研究和应用研究方面均取得了很大的成绩。对我国动物的形态、分类、发生、生态、生理、进化及遗传等的研究，发表了大量论文、动物志和其他论著，为丰富我国动物学教育的内容，为解决生产和科研中的问题，为查清我国的动物资源及保护、开发和持续利用，为学科的进一步发展，提供了丰富的基础资料。在诸如农、林、牧、渔业的发展规划，长江葛洲坝水利工程、三峡工程，三北防护林工程，黄淮海平原中低产地区综合治理，黄土高原综合治理等项目中，动物学的研究对于规划的制定和实施，都发挥了应有的作用。此外，像农、林业重大害虫发生的控制，鼠疫、血吸虫病（中间宿主钉螺）、疟疾、乙型脑炎（媒介昆虫为蚊）等的预防和控制方面所进行的动物学研究，成绩显著，令世人瞩目。

我国的动物科学，正向着前所未有的深度和广度发展，向着起点高、难度大、科学意义和应用前景明显的高层次的研究发展。

1.5 动物学的研究方法

21 世纪是生命科学发展的新时期。发展的大趋势是对生命现象的研究不断深入和扩大，向宏观和微观两极发展及交叉发展。生命科学发展最根本的是科学研究的思想理念、教学思想理念发生了变革，包括基础学科动物学。这种变革也推动了研究内容、研究方法的变革与进步。表现为宏观与微观统一，分析与综合统一，结构与机能统一，多样性与一致性统一，基础研究与应用研究统一。研究过程不外是问题的提出，分析、制定研究方案，确定研究方法。动物科学的研究方法基本属于以下几方面。

1.5.1 描述法

观察和描述的方法是动物学研究的基本方法。传统的描述主要是通过观察将动物的外部特征、内部结构、生活习性及经济意义等用文字或图表如实地系统地记述下来。尽管随着科技的进步，实验技术已获得了巨大发展，仍然离不开在不同水平、不同层次上的观察和描述。例如，光学显微镜使观察深入到组织、细胞水平，而电子显微镜以及分子生物学技术进一步深入到细胞及其细胞器的亚微或超微结构，深入到分子水平。

1.5.2 比较法

比较法是通过对不同动物的系统比较来探究其异同，可以找出它们之间的类群关系，揭示出动物生存和进化规律。动物学中各分类阶元的特征概括，就是通过比较而获得的。从动物体宏观形态结构深入到细胞、亚细胞和分子的比较，是当今研究的热点之一，例如，对不同种属动物的细胞、染色体组型、带型的比较，核酸序列的测定和比较，细胞色素 c 的化学结构测定和比较等，都已为阐明动物的亲缘关系及进化做出了重要贡献。

1.5.3 实验法

实验法是在一定的人为控制条件下，对动物的生命活动或结构机能进行观察和研究。实验法经常与比较法同时使用，并与方法学及实验手段的进步密切相关。例如，用超薄切片透射电镜术与扫描电镜术研究动物的组织、细胞和细胞器的亚微或超微结构等；用同位素（放射性核素）示踪法研究动物的代谢过程和生态习性等；层析、电泳，超速离心技术，显微分光光度术，气相色谱和液相色谱分析技术，基因工程技术及电子计算机技术，均已应用于各有关实验工作的不同方面，从而推动着动物学科的发展。

以上是几种常常用来研究动物的方法，但不管哪一种，最重要的还是忠于事实，准确认真，思考周密精细，记载详明。将观察到的现象分析、归纳，作出科学的解释，把最本质的问题揭示出来。

1.6 动物分类的知识

动物分类的知识是学习和研究动物学必需的基础。任何领域的科学研究，包括宏观的、微观的以及与农林牧渔等有关领域，都首先需要正确地鉴定判明研究材料或对象是哪一个物种（species），否则，再高水平的研究，也会失去其客观性、对比性、重复性和科学价值。恩格斯曾指出：没有物种概念，整个科学便都没有了。科学的一切部门都需要物种概念作为基础，他曾列举了生物科学的各个部门，包括动物学在内。

1.6.1 分类依据

现在所用的动物分类系统，是以动物形态或解剖的相似性和差异性的总和为基础的。根据古生物学、比较胚胎学、比较解剖学上的许多证据，基本上能反映动物界的自然亲缘关系，称为自然分类系统。

近 30 余年来，动物分类学的理论和研究方法有了很大的发展。在分类理论方面出现了几大学派，虽然在基本原理上有许多共同之处，但各自强调的方面不同。支序分类学派（cladistic systematics 或 cladistics）认为最能或唯一能反映系统发育关系的依据是分类单元之间的血缘关系，而反映血缘关系的最确切的标志为共同祖先的相对近度；进化分类学派（evolutionary systematics）认为建立系统发育关系时单纯靠血缘关系不能完全概括在进化过程中出现的全部情况，还应考虑到分类单元之间的进化程度，包括趋异的程度和祖先与后裔之间渐进累积的进化性变化的程度；数值分类学派（numerial systematics）认为不应加权（weighting）于任何特征，通过大量的不加权特征研究总体的相似度，以反映分类单元之间的近似程度，借助电子计算机的运算，根据相似系数，来分析各分类单元之间的相互关系。

在分类特征的依据方面，迄今形态学特征尤其是外部形态仍然是最直观而常用的依据。扫描电镜的应用，可观察到细微结构的差异，使动物分类工作更加精细。生殖隔离、生活习性、生态要求等生物学特征均为分类依据。细胞学特征，如染色体数目变化、结构变化、核型、带型分析等，均已应用于动物分类工作。随着生化技术的发展，生化组成也逐渐成为分类的重要特征，DNA、RNA 的结构变化决定遗传特征的差异，蛋白质的结构组成直接反映基因组成的差异，这些都可作为分类的依据。DNA 核苷酸和蛋白质氨基酸的新型快速测序手段及 DNA 杂交等方法，均已受到分类工作者的重视和应用。

1.6.2 分类等级

分类学根据生物之间相同、相异的程度与亲缘关系的远近，使用不同等级特征，将生物逐级分类。动物分类系统，由大而小有界（Kingdom）、门（Phylum）、纲（Class）、目（Order）、科（Family）、属（Genus）、种（Species）等几个重要的分类阶元（分类等级）（category）。任何一个已知的动物均可无例外地归属于这几个阶元之中，例如：

	狼		意大利蜜蜂	
界 Kingdom	动 物 界	Animal	动 物 界	Animal
门 Phylum	脊索动物门	Chordata	节肢动物门	Arthropoda
纲 Class	哺 乳 纲	Mammalia	昆 虫 纲	Insecta
目 Order	食 肉 目	Carnivora	膜 翅 目	Hymenoptera
科 Family	犬 科	Canidae	蜜 蜂 科	Apidae
属 Genus	犬 属	*Canis*	蜜 蜂 属	*Apis*
种 Species	狼	*lupus*	意 大 利 蜂	*mellifera*

以上两种动物在动物系统中各自的地位可以从这个体系中相当精确地表示出来。有时，为了更精确地表达种的分类地位，还可将原有的阶元进一步细分，并在上述阶元之间加入另外一些阶元，以满足这种要求。加入的阶元名称，常常是在原有阶元名称之前或之后加上总（Super-）或亚（Sub-）而形成。于是就有了总纲（Superclass）、亚纲（Subclass）、总目（Superorder）、亚目（Suborder）等名称。为此，一般采用的阶元如下：

界 Kingdom
　门 Phylum
　　亚门 Subphylum
　　　总纲 Superclass
　　　　纲 Class
　　　　　亚纲 Subclass
　　　　　　总目 Superorder
　　　　　　　目 Order
　　　　　　　　亚目 Suborder
　　　　　　　　　总科 Superfamily（-oidea）
　　　　　　　　　　科 Family（-idae）
　　　　　　　　　　　亚科 Subfamily（-inae）
　　　　　　　　　　　　属 Genus
　　　　　　　　　　　　　亚属 Subgenus
　　　　　　　　　　　　　　种 Species
　　　　　　　　　　　　　　　亚种 Subspecies

按照惯例，亚科、科和总科等名称都有标准的字尾（科是-idae，总科是-oidea，亚科是-inae）。这些字尾是加在模式属的学名字干之后的。因而对一些不常见的类群名称，也可以一见就知道是亚科名、科名或总科名。

在上述所有分类阶元中，除种以外，其他较高的阶元，都是同时具有客观性和主观性的。客观性：由于它们都是客观存在的，可以划分的实体；主观性：则是由于各阶元的水平以及阶元与阶元之间的范围划分完全是由人们主观确定的，并没有统一的客观准则。例如，林奈所确定为属的准则，后来的分类学家却把它作为划分科的特征。同样地，像昆虫，有的人把它列为节肢动物门的一个纲，而另一些人却把它分作一个亚门。此外，尽管同是目这一阶元，在不同的类群中其含义也是不相等的，例如鸟类目与目之间存在的差异远比昆虫或软体动物目与目之间的差异为小。

至于种下的分类，过去多从单模概念出发，现今从种群的概念出发，则多以亚种作为种下分类阶元，也是种内唯一在命名法上被承认的分类阶元。亚种是一个种内的地理种群，或生态种群，与同种内任何其他种群有别。人工选育的动植物种下分类单元称为品种。

1.6.3 物种的概念

物种是分类系统中最基本的阶元，它与其他分类阶元不同，纯粹是客观性的，有自己相对稳定的明确界限，可以与别的物种相区别。关于物种的概念、对于物种的认识，也随着科学的发展而发展，随着人们对自然界认识的不断深入而加深。在林奈时代，种的概念远比现在简单，18世纪时认为物种是固定不变的。当进化的概念被广泛接受以后，人们逐渐公认当前地球上生存的物种，是物种在长期历史发展过程中，通过变异、遗传和自然选择的结果。种与种间在历史上是连续的，但种又是生物连续进化中一个间断的单元，是一个繁殖的群体，具有共同的遗传组成，能生殖出与自身基本相似的后代。物种是变的又是不变的，是连续的又是间断的。变是绝对的，是物种发展的根据，不变是相对的，是物种存在的根据。形态相似（特征分明、特征固定）和生殖隔离（杂交不育）是其不变的一面，为藉以鉴定物种的依据。因而物种的定义可以表达如下：

物种是生物界发展的连续性与间断性统一的基本间断形式；在有性生物，物种呈现为统一的繁殖群体，由占有一定空间，具有实际或潜在繁殖能力的种群所组成，而且与其他物种这样的群体在生殖上是隔离的。

1.6.4 动物的命名

国际上除订立了上述共同遵守的分类阶元外，还统一规定了种和亚种的命名方法，以便于生物学工作者之间的交流。目前统一采用的物种命名法是"双名法"（binominal nomenclature）。它规定每一个动物都应有一个学名（science name）。这一学名是由两个拉丁字或拉丁化的文字所组成。前面一个字是该动物的属名，后面一个字是它的种本名。例如狼的学名为 *Canis lupus*，意大利蜂的学名是 *Apis mellifera*。属名用主格单数名词，第一个字母要大写；后面的种本名用形容词或名词，第一个字母不需大写。学名之后，还附加当初定名人的姓氏，例如 *Apis mellifera* Linnaeus 就是表示意大利蜂这个种是由林奈定名的。写亚种的学名时，须在种名之后加上亚种名，构成通常所称的三名法。例如北狐是狐的一个亚种，其学名为 *Vulpes vulpes schiliensis*。

1.6.5 动物的分门

动物学者根据细胞数量及分化、体型、胚层、体腔、体节、附肢以及内部器官的布局和特征等，将整个动物界分为若干门，有的门大，包括种类多，有的则是小门，包括种类很少。正如前面已指出的种以上各阶元既具有客观性又具有主观性，学者们对于动物门的数目及各门动物在动物演化系统上的位置持有不同的见解，并根据新的准则、新的证据，不断提出新的观点。根据近年来许多学者的意见，将动物界分为如下 36 门：

原生动物门（Protozoa）	腹毛动物门（Gastrotricha）	软体动物门（Mollusca）
中生动物门（Mesozoa）	动吻动物门（Kinorhyncha）	缓步动物门（Tardigrada）
多孔动物门（Porifera）	曳鳃动物门（Priapulida）	有爪动物门（Onychophora）
扁盘动物门（Placozoa）	兜甲动物门（Loricifera）	节肢动物门（Arthropoda）
腔肠动物门（Coelenterata,	线虫动物门（Nematoda）	腕足动物门（Brachiopoda）
或称刺胞动物门 Cnidaria）	线形动物门（Nematomorpha）	苔藓动物门（Bryozoa,
栉水母动物门（Ctenophora）	棘头动物门（Acanthocephala）	或称外肛动物门 Ectoprocta）
扁形动物门（Platyhelminthes）	圆环动物门（Cycliophora）	帚虫动物门（Phoronida）
纽形动物门（Nemertea）	内肛动物门（Entoprocta）	毛颚动物门（Chaetognatha）
颚口动物门（Gnathostomulida）	环节动物门（Annelida）	棘皮动物门（Echinodermata）
微颚动物门（Micrognathozoa）	螠虫动物门（Echiura）	半索动物门（Hemichordata）
黏体门（Myxozoa）	星虫动物门（Sipuncula）	脊索动物门（Chordata）
轮虫动物门（Rotifera）	须腕动物门（Pogonophora）	

作为基础课教材，本书重点介绍在演化上、科学上有价值以及对人类影响较大的一些重要门类。其他一些小门类，附在各有关门类之后，供学有余力、有兴趣、有需要者参考。

思考题

1. 生物分界的根据是什么，如何理解生物分界的意义？为什么五界系统被广泛采用？
2. 什么是动物学，如何理解它是一门内容十分广博的基础学科？有哪些主要分支学科？学习研究动物学有何意义？
3. 生产实践和社会变革对动物学的发展有什么影响和作用？
4. 动物分类是以什么为依据的，为什么说它基本上反映动物界的自然亲缘关系？
5. 何谓物种，为什么说它是客观性的？
6. 你如何理解恩格斯说的"没有物种概念，整个科学便都没有了"？
7. "双名法"命名有什么好处，它是怎样给物种命名的？

第2章
动物体的基本结构与机能

"一切有机体，除了最低级的以外，都是由细胞构成的……"[*]

2.1 细胞

动物的种类很多，体形结构千变万化，但是它们身体结构的基本单位却是一样，都是由细胞构成的。植物体也是如此。因此，可以说细胞（cell）是生物体结构与机能的基本单位。

2.1.1 细胞的一般特征

细胞一般比较微小，需要用显微镜才能看见，通常以微米（μm）计算其大小。但也有少数例外，如一些鸟卵（不包括蛋清），直径可达几个厘米（cm）。细胞的形态结构与机能也是多种多样的（图2-1）。游离的细胞多为圆形或椭圆形，如血细胞和卵；紧密连接的细胞有扁平、方形、柱形等；具有收缩机能的肌细胞多为纺锤形或纤维形；具有传导机能的神经细胞则为星形，多具长的突起。细胞虽然形形色色，但是它们在形态结构与机能上又有共同的特征。

细胞的共同特征：在形态结构方面，一般细胞都具有细胞膜、细胞质（包括各种细胞器）和细胞核的结构。少数单细胞有机体不具核膜（核物质存在于细胞质中的一定区域），称为原核细胞（prokaryotic cell），如细菌、蓝藻。具核膜的细胞就是细胞有真正的细胞核，称为真核细胞（eukaryotic cell）。在机能方面：① 细胞能够利用能量和转变能量，例如细胞能将化学键能转变为热能和机械能等，以维持细胞各种生命活动；② 具有生物合成的能力，能把小分子的简单物质合成大分子的复杂物质，如合成蛋白质、核酸等；③ 具有自我复制和分裂繁殖的能力，如遗传物质的复制，通过细胞分裂将细胞的特性遗传给下一代细胞。此外，还具有协调细胞机体整体生命的能力等。

2.1.2 细胞的化学组成

细胞的形态和机能多种多样，化学成分也各有差别，但其组成元素是基本一致的。在自然界存在的107种元素中，有24种是细胞中所具有的，也是生命所必需的。在这24种中，有6种——碳（C）、氢（H）、氧（O）、氮（N）、磷（P）及硫（S）——对生命起着特别重要的作用。大部分有机分子是由这6种元素构成的。还有钙（Ca）、钾（K）、钠（Na）、

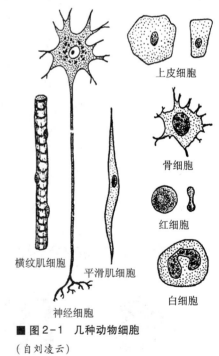

■ 图2-1　几种动物细胞
（自刘凌云）

上皮细胞
骨细胞
红细胞
白细胞
横纹肌细胞
平滑肌细胞
神经细胞

---

[*] 恩格斯：反杜林论，人民出版社，1970年，74页。

氯（Cl）、镁（Mg）和铁（Fe）6 种元素在细胞中虽然较少，但也是必需的。其他有锰（Mn）、碘（I）、钼（Mo）、钴（Co）、锌（Zn）、硒（Se）、铜（Cu）、铬（Cr）、锡（Sn）、钒（V）、硅（Si）和氟（F）12 种微量元素也是生命所不可缺少的。

由上述元素形成各种化合物。细胞中的化合物可分为无机物（如水、无机盐）及有机物（如蛋白质、核酸、脂质、糖类）。据分析，动物细胞含有 75 %～85 %的水、10 %～20 %的蛋白质、2 %～3 %的脂质、1 %核酸、1 %糖类和 1 %无机物。有人还分析，细胞中每有 1 个脱氧核糖核酸分子，就有 44 个核糖核酸分子、700 个蛋白质分子、7 000 个脂质分子、$6.8×10^4$ 个无机分子、$1.2×10^7$个水分子……这些数字只能作参考，因不同种类的细胞有差异。细胞内的无机物或是游离，或是和有机物结合，大部分无机物呈离子状态。水是无机离子和其他物质的自然溶剂，同时是细胞代谢不可缺少的。这些物质在细胞内各有其独特的生理机能，其中蛋白质、核酸、脂质、糖类在细胞内常常彼此结合，组成更复杂的大分子，如核蛋白、脂蛋白、糖蛋白等。蛋白质与核酸在细胞内占有突出的重要地位。

2.1.2.1 蛋白质（protein）

蛋白质是细胞的基本物质，也是细胞各种生命活动的基础。蛋白质由氨基酸组成，组成蛋白质的氨基酸已知有 20 多种。氨基酸借肽键连成肽链。即一个氨基酸分子的氨基与另一个氨基酸分子的羧基脱水缩合成为肽键。蛋白质是由几十、几百甚至成千上万的氨基酸分子通过肽键按一定次序相连而成长链，又按一定的方式盘曲折叠形成极其复杂的生物大分子（图 2-2）。其相对分子质量以万来计算，有些可达数千万。蛋白质具有一定氨基酸组成及排列次序的平面结构称为蛋白质的一级结构，肽链可以按一定的螺旋方式卷曲而成为立体的二级结构，螺旋又进一步弯曲折叠起来成为一种看来很不规则的三级结构，由两条或两条以上的肽链卷曲折叠并以副键相连而成为蛋白质的四级结构。由此可见，蛋白质的分子结构极为复杂多样化。而且几乎所有这 20 多种氨基酸通常存在于每一种蛋白质中，随着这些氨基酸在数量和排列上的千变万化，蛋白质的特性也随之多种多样。结构的细微差异都能影响到机能。如镰形细胞贫血病（sickle cell anemia）的血红蛋白（血红素）含有 574 个氨基酸，与正常血红蛋白的差别，只是一个谷氨酸被一个缬氨酸分子所代替，结果造成红细胞生理行为的很大变化，成为致命的疾病。这就容易理解为什么存在有如此多样化的生物、细胞及其各种生命现象。现在知道，细菌细胞内有 500～1 000 种蛋白质，人体细胞内以万种计。不同的生物种有不同的特有蛋白质。两个种的动物亲缘关系越近，它们的蛋白质越相似。由于蛋白质具有"种"的特异性，因此可作为种类鉴别及种类间亲缘关系的证据，以及应用于组织移植等方面的实践。我国 1965 年在世界上首次用化学方法合成了具有全部生物活性的蛋白质——结晶牛胰岛素。人工合成蛋白质的成功，标志着人类在认识生命、揭开生命奥秘的伟大历程中又迈进了一大步。

2.1.2.2 核酸（nucleic acid）

核酸在生命活动中起着极其重要的作用，生物的遗传、变异可以说主要由核酸决定。核酸可分为核糖核酸（RNA）和脱氧核糖核酸（DNA）。细胞质与细胞核都含有核糖核酸。脱氧核糖核酸是细胞核的主要成分。构成核酸的基本单位是核苷酸。一个核苷酸是由一个五碳糖（或脱氧五碳糖）、一个含氮碱基（嘌呤或嘧啶）和磷酸结合而成的。核酸就是由几十到几万甚至几百万个核苷酸聚合而成的大分子。其相对分子质量很大，一般是几万、几百万，已知的有些达若干亿。

(300±)

赖–谷–苏–丙–丙–丙–赖–苯丙---丙–丝–缬

一级结构

二级结构

三级结构

四级结构

■ 图2-2 蛋白质结构示意图

（仿 Brown 等稍改）

核苷酸的种类虽不多，但可因核苷酸的数目、比例和排列次序而构成各种不同的核酸。DNA分子（图2-3）是由两条多核苷酸链平行围绕着同一轴盘旋成一双链螺旋（像螺旋软梯），双链之间由氢键连接一定的碱基对：腺嘌呤（A）与胸腺嘧啶（T），鸟嘌呤（G）与胞嘧啶（C）。嘌呤与嘧啶的连接好像软梯的阶梯。在DNA分子中，含这4种碱基的核苷酸有各种的排列方式，如果一个DNA分子有100个核苷酸，就可能有 4^{100} 种的排列方式。实际上一个DNA分子不只有100个核苷酸，而是几万甚至几百万个核苷酸。由此看出，DNA作为遗传物质基础，对生物的多样性和传递遗传信息具有很大的优越性。DNA的这种双链结构为遗传物质的复制提供了条件。在DNA复制过程中，两条多核苷酸链，由于氢键的断裂，彼此松开，再各以自己为样板，根据碱基对应的规律，各形成一条新链，与原来的一条链并列盘旋起来，又成为双链结构，这就保证了遗传物质的相对稳定性。RNA也有4种碱基，与DNA的不同，只是由尿嘧啶（U）代替了DNA的胸腺嘧啶（T）。DNA指导蛋白质的合成，是由DNA双链中的一条链根据碱基对应规律被转录成为信使核糖核酸（mRNA），由转移核糖核酸（tRNA）把氨基酸运到mRNA上，以mRNA为模板合成蛋白质。这种合成方式，普遍存在于生物界。有些病毒没有DNA，而由RNA控制遗传。虽然核酸指导蛋白质的合成，但核酸决不能离开蛋白质孤立起作用，而是共同结合起作用，每个生化步骤都需要有酶参加，绝大多数酶本身就是蛋白质。恩格斯说"生命是蛋白体的存在方式"，由现代科学来了解"蛋白体"，其主要是由核酸和蛋白质组成的复杂体系。

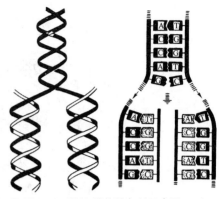

■图2-3 DNA结构及复制示意图
（仿藤井隆）

2.1.2.3 糖类（carbohydrate）

糖的基本单位是由碳、氢、氧组成的，化学式为 $C_xH_yO_z$，其中H与O的比例绝大多数为2:1，与水相同，所以也称为碳水化合物。当 x 与 y 的值分别等于3或大于3时，才有糖的一般性质，如甜味等。葡萄糖的 x、y 的值为6（己糖）时为单糖。两个单糖分子脱水缩合而成的糖为双糖，如蔗糖、乳糖等。多个单糖脱水缩合而成为多糖，如肝糖原、肌糖原等。糖可由植物的光合作用生成，是细胞的主要能源，也是构成细胞的成分。

2.1.2.4 脂质（lipid）

比较重要的脂质（脂类）有脂肪（即甘油酯）、磷脂及固醇3大类。最简单的脂肪是由甘油和脂肪酸构成的。脂质是一种能源（每克脂肪要比每克糖或蛋白质多供应一倍以上的热量），也是细胞各种结构的组成成分，尤其是细胞膜、核膜以及细胞器的膜，主要由蛋白质和磷脂组成。

2.1.3 细胞的结构

细胞是一团原生质（protoplasm），由它分化出细胞膜、细胞核、细胞质和细胞质中的各种细胞器等（图2-4）。原生质这个概念一直在沿用着，有人认为从分子水平看，原生质这个名称是笼统的、不明确的。

2.1.3.1 细胞膜或质膜（cell membrane 或 plasma membrane，plasmolemma）

细胞膜包围在细胞的表面，为极薄的膜。一般在光学显微镜下看不见。不过，在显微解剖镜下，如用微针轻轻地压细胞的表面，可见细胞有明显的皱纹。如果把不能透过细胞膜的染料用微吸管注入细胞，结果细胞就变得有颜色，而且只限在质膜以内。用电子显微镜观察，大部分细胞膜为3层（内外两层为致密层，中间夹着不太致密的一层），称为单位膜（unit membrane），厚度一般为5~10 nm，主要由蛋白质和脂质构成。一般认为两层致密层相

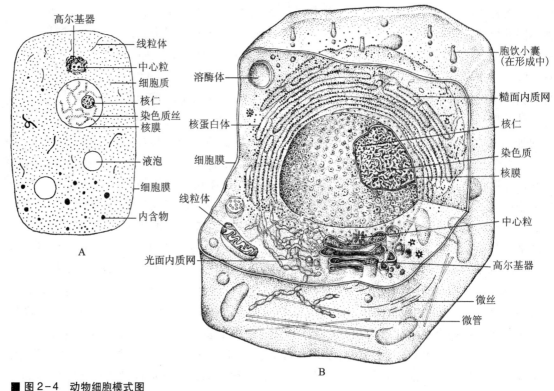

■ 图2-4　动物细胞模式图

A. 显微结构；B. 亚显微结构立体观（A. 仿 Keeton 稍改；B. 仿 Nason 等稍改）

当于蛋白质成分，中间的一层由两层磷脂分子所组成（不同种膜的脂质和蛋白质的化学组成不同），蛋白质排列很不规则，在磷脂双分子层的内外表面，并以不同的深度伸进脂质双分子层中，有的从膜内伸到膜外（图2-5）。对膜的分子结构存在着不同的看法。20 世纪 70 年代以来，不少科学家用各种物理化学新技术研究膜的结构，提出膜不是静止的，而是动态的结构。主要认为质膜是由连续的脂质双分子层和球形蛋白分子构成的流体。由于膜脂具有流动性，所以质膜也有流动性。现在对膜的分子结构已有较为一致的看法（图2-5）。细胞膜有维持细胞内环境恒定的作用，通过细胞膜有选择地从周围环境吸收养分，并将代谢产物排出细胞外。现在已有大量实验证据说明，细胞膜上的各种蛋白质，特别是酶，对多种物质出入细胞起着关键性作用。同时细胞膜还有信息传递、代谢调控、细胞识别与免疫等作用。正确认识细胞膜的结构与机能，对深入了解有关人和动物的一些生理机能的作用机制、对控制动物和医学实践都有重要意义。

2.1.3.2　细胞质（cytoplasm）

在细胞膜以内、细胞核以外的部分为细胞质。用光学显微镜观察活的细胞（如成纤维细胞），可见细胞质呈半透明、均质的状态，黏滞性较低。若用微针刺细胞膜时感到有阻力，但穿过细胞膜到细胞质中则不感到有阻力，微针能自由活动。在细胞质中还可见不同大小的折光颗粒，这是细胞器和内含物等。细胞器（organelle）又称"细胞器官"，简称"胞器"，是细胞生命活动所不可缺少的，具有一定的形态结构和功能。内含物（inclusions）是细胞代谢的产物或是进入细胞的外来物，不具代谢活性。除去细胞器和内含物，剩下的均质、半透明的似无什么结构的胶体物质，称为基本细胞质或细胞质基质（fundamental or basic or ground cytoplasm 或 cytoplasmic matrix）。虽然它在光学显微镜下看来没什么结构，但在电子显微镜下

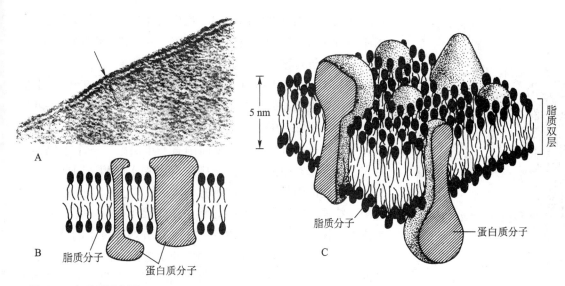

■ 图 2-5 细胞膜结构图

A. 人红细胞膜的电镜照片，示单位膜；B，C. 图解示细胞膜的二维结构（B）和三维结构（C）（A. 自 J. D. Robertson；B，C. 仿 B. Alberts）

却呈现出很复杂的内膜系统，即内质网。因此，细胞质基质的概念受电子显微镜检的影响很大，不过有条件的理解，基质的含义仍然不变，即在细胞中除了可见的结构外，均质透明的部分为基质。在细胞质中包含下列各重要的细胞器：

（1）内质网（endoplasmic reticulum，ER） 首次在电子显微镜下发现这种膜系统是在细胞的内质中（K. R. Porter 和 A. D. Claude，1945），因此称为内质网（图 2-4B）。它是由膜形成的一些小管、小囊和膜层（扁平的囊）构成的。普遍存在于动植物细胞中（哺乳动物的红细胞除外），形状差异较大，在不同类的细胞中，其形状、排列、数量、分布不同，即使在同种细胞，不同发育时期也不同。但在各类型的成熟细胞内，内质网有一定的形态特征。根据内质网形态的不同可分为几种，主要的是糙面或颗粒型（rough ER 或 granular ER）及光面或无颗粒型（smooth ER 或 agranular ER）。糙面内质网的主要特点，是在内质网膜的外面附有颗粒，这些颗粒称为核糖核蛋白体（ribosome）或称核糖体，常简称为核蛋白体。核蛋白体由两个亚单位构成，它们相互吻合构成直径约 20 nm 的完整单位。核蛋白体含有丰富的核糖核酸和蛋白质，是蛋白质合成的主要部位。这种类型的内质网常呈扁平囊状，有时也膨大成网内池（cisterna）。光面内质网的特点是膜上无颗粒，膜系常呈管状，小管彼此连接成网。这两种内质网可认为是一个系统，因为它们在一个细胞内常是彼此连接的，而且糙面内质网又与核膜相连。糙面内质网不仅能在其核蛋白体上合成蛋白质，而且也参与蛋白质的修饰、加工和运输。光面内质网与脂质物质的合成、糖原和其他糖类的代谢有关，也参与细胞内的物质运输。整个内质网提供了大量的膜表面，有利于酶的分布和细胞的生命活动。

（2）高尔基器（Golgi apparatus） 或称高尔基体（Golgi body）、高尔基复合体（Golgi complex）。用一定的固定、染色技术处理高等动物的细胞，高尔基器呈现网状结构，大多数无脊椎动物则呈现分散的圆形或凹盘形结构。但在电子显微镜下观察，高尔基器也是一种膜结构（图 2-4B，图 2-6）。它是由一些表面光滑的大扁囊和小囊构成的。几个大扁囊平行重叠在一起，小囊分散于大扁囊的周围。高尔基器参与细胞分泌过程，将内质网核蛋白体上合成的多种蛋白质进行加工、分类和包装，或再加上高尔基器合成的糖类物质形成糖蛋白转

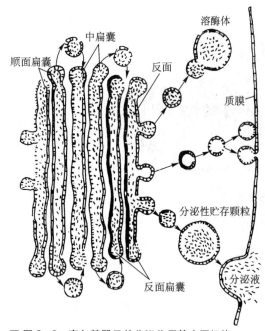

■ 图 2-6　高尔基器示其分泌作用等主要机能
（仿 Rothman 稍改）

图中标注：中扁囊　顺面扁囊　溶酶体　反面　质膜　分泌性贮存颗粒　反面扁囊　分泌液

运出细胞，供细胞外使用，同时也将加工分类后的蛋白质及由内质网合成的一部分脂质加工后，按类分送到细胞的特定部位。高尔基器也进行糖的生物合成。

（3）溶酶体（lysosome）　这种细胞器是 1955 年才发现的。应用生化和电子显微镜技术的研究已经证明，溶酶体是一些颗粒状结构（图 2-4B），大小一般在 0.25～0.8 μm 之间，实际界于光学显微镜的分辨范围。表面围有一单层膜（一个单位膜），其大小、形态有很大变化。其中含有多种水解酶，因此称为溶酶体，就是能消化或溶解物质的小体。目前已鉴定出 60 多种水解酶，特征性的酶是酸性磷酸酶。这些酶能把一些大分子（如蛋白质、核酸、多糖、脂质等大分子）分解为较小的分子，供细胞内的物质合成或供线粒体的氧化需要。溶酶体主要有溶解和消化的作用。它对排除生活机体内的死亡细胞、排除异物保护机体，以及胚胎形成和发育都有重要作用。对病理研究也有重要意义。比如当细胞突然缺乏氧气或受某种毒素作用时，溶酶体膜可在细胞内破裂，释放出酶，消化了细胞本身，同时也向细胞外扩散损伤其他结构。又如过量的维生素 A 可使溶酶体膜破裂，造成自发性骨折等。根据上述对溶酶体作用的了解，可以考虑以药物来控制溶酶体膜的破裂。比如对溶酶体膜有稳定作用的药物，可在临危条件下，用来保护细胞；或对膜有特异性削弱作用的药物，可以用来清除不需要的甚至是对机体有害的细胞（如癌细胞等）。已制成人工溶酶体，它在试管中的作用与在机体内的作用相同。

（4）线粒体（mitochondrium）　线粒体是一些线状、小杆状或颗粒状的结构（图 2-4）。在活细胞中可用詹纳斯绿（Janus green）染成蓝绿色。在电子显微镜下观察，线粒体表面是由双层膜构成的。内膜向内形成一些隔，称为线粒体嵴（cristae）。在线粒体内有丰富的酶系。线粒体是细胞的呼吸中心，它是生物有机体借氧化作用产生能量的一个主要机构，它能将营养物质（如葡萄糖、脂肪酸、氨基酸等）氧化产生能量，储存在 ATP（腺苷三磷酸）的高能磷酸键上，供给细胞其他生理活动的需要，因此有人说线粒体是细胞的"动力工厂"。根据对线粒体功能的了解，近些年来试验用"线粒体互补法"进行育种工作，即将两个亲本的线粒体从细胞中分离出来并加以混合，如果测出混合后呼吸率比两亲本的都高，证明杂交后代的杂种优势强，应用这种育种方法，能增强育种工作的预见性，缩短育种年限。

（5）中心粒（centriole）　这种细胞器的位置是固定的，具有极性的结构。在间期细胞中，经固定、染色后所显示的中心粒仅仅是一或两个小颗粒（图 2-4）。而在电子显微镜下观察，中心粒是一个柱状体，长度为 0.3～0.5 μm，直径约为 0.15 μm，它是由 9 组小管状的亚单位组成的，每个亚单位一般由 3 个微管构成。这些管的排列方向与柱状体的纵轴平行。中心粒通常是成对存在，两个中心粒的位置常成直角。中心粒在有丝分裂时有重要作用。

在细胞质内除上述结构外，还有微丝（microfilament）和微管（microtubule）等结构，它们的主要机能不只是对细胞起骨架支持作用，以维持细胞的形状，如在红细胞微管成束平行排列于盘形细胞的周缘，又如上皮细胞微绒毛中的微丝；它们也参加细胞的运动，如丝分裂的纺锤丝，以及纤毛、鞭毛的微管。此外，细胞质内还有各种内含物，如糖原、脂肪、结晶、色素等。

2.1.3.3 细胞核 （nucleus）

细胞核是细胞的重要组成部分。细胞核的形状多种多样，一般与细胞的形状有关。如在球形、立方形、多角形的细胞中，核常为球形；在柱形的细胞中，核常为椭圆形，但也有不少例外。通常每一个细胞有一个核，也有双核或多核的。在核的外面包围一层极薄的膜，称为核膜或核被膜 （nuclear membrane 或 nuclear envelope）。在活细胞核膜的里边，在暗视野下呈光学"空洞"，只可见其中有一两个核仁 （nucleolus）。经固定、染色后，一般可分辨出核膜、核仁、核基质 （或称核骨架，nuclear matrix 或 nuclear skeleton）和染色质 （chromatin）。

在电子显微镜下，可见核膜是由双层膜 （两个单位膜）构成的，内外两层膜大致是平行的 （图 2-4B）。外层与糙面内质网相连。核膜上有许多孔，称为核孔 （nuclear pore），是由内、外层的单位膜融合而成的，直径约 50 nm，它们约占哺乳动物细胞核总表面积的 10%。核膜对控制核内外物质的出入，维持核内环境的恒定有重要作用。核仁是由核仁丝 （nucleolonema）、颗粒和基质构成的，核仁丝与颗粒是由核糖核酸和蛋白质结合而成的，基质主要由蛋白质组成。没有界膜包围核仁。核仁的主要机能是合成核蛋白体 RNA （rRNA），并能组合成核蛋白体亚单位的前体颗粒。在核基质中进行很多代谢过程，提供戊糖、能量和酶等。染色质是一种嗜碱性的物质，能用碱性染料染色，因而得名。染色质主要是由 DNA 和组蛋白结合而成的丝状结构——染色质丝 （chromatin filament）。染色质丝在间期核内是分散的，因此在光学显微镜下一般看不见丝状结构。在细胞分裂时，由于染色质丝螺旋化，盘绕折叠，形成明显可见的染色体 （chromosome）。在染色体内不仅有 DNA 和组蛋白，还有大量的非组蛋白和少量的 RNA。染色体上具有大量控制遗传性状的基因 （gene）。基因是遗传信息的基本单位，即基因相当于 DNA （有些病毒为 RNA）分子的一段核苷酸序列，也就是决定某种蛋白质或 RNA 分子结构的相应的一段 DNA。现在认为生物体各种性状的控制，都是以遗传密码 （genetic code）的形式编码在核酸分子上，通过核酸复制把遗传信息 （genetic information）传递到后代。遗传信息通过转录 （由 DNA 密码转录为 mRNA 密码）和翻译 （由 mRNA 密码翻译为蛋白质的过程）（图 2-7），把上一代的遗传特性遗传到后代去。现在人们正在深入研究、利用遗传工程技术，并将其应用于医学实践和定向地控制、改造生物。在这方面已获得了有价值的重大突破。

细胞核的机能是保存遗传物质，控制生化合成和细胞代谢，决定细胞或机体的性状表现，把遗传物质从细胞 （或个体）一代一代传下去。但细胞核不是孤立地起作用，而是和细胞质相互作用、相互依存而表现出细胞统一的生命过程。细胞核控制细胞质，细胞质对细胞的分化，发育和遗传也有重要的作用。

2.1.4 细胞周期

细胞在生活过程中不断地进行生长和分裂，它的生长和分裂是有周期性的。细胞由一次分裂结束到下一次分裂结束之间的期限称为细胞周期 （cell cycle），它包括分裂间期和分裂期 （图 2-8）。在细胞生长时，其

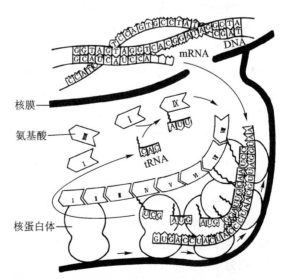

■ 图 2-7　DNA 通过 RNA 合成蛋白质示意图
（仿藤井隆）

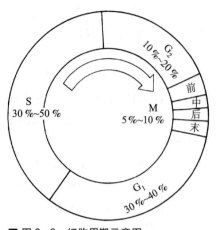

■ 图2-8 细胞周期示意图
（仿 Nason 等）

体积逐渐增大，为细胞分裂提供了基础。在分裂期细胞分裂为两个子细胞。两次细胞分裂之间的时期称为分裂间期（interphase）。分裂间期又根据 DNA 的复制分为 3 个时期。在分裂间期的中间，DNA 合成复制，称为合成期即 S 期（synthesis），在 S 期之前和 S 期之后分别称为合成前期即 G_1 期（presynthetic phase）和合成后期即 G_2 期（postsynthetic phase）。一般认为在 G_1 期合成 DNA 复制所需要的酶和底物、RNA 等，在 G_2 期合成纺锤体和星体的蛋白质。细胞分裂间期所需要的时间远较分裂期为长。如人的细胞在组织培养中需要 18~22 h 才能完成一个细胞周期，而细胞分裂所需时间只占此周期的 1 h。细胞已经分化执行特殊的机能时，常不再进行分裂，但在某些刺激下，如创伤愈合或对生长素的反应中，又重新开始生长分裂。把细胞已经分化但不处于生长分裂期的这个阶段称为 G_0 期。癌细胞虽不属于分化细胞，但在密度过大、营养缺乏的条件下也可转入 G_0 期，在一定的条件下，又开始增殖。

细胞周期的研究，对实践有重要意义。它为肿瘤化学疗法提供了理论基础。例如对白血病的治疗已取得显著效果。化疗的中心问题是如何彻底消灭癌的 G_0 期细胞，因为 G_0 期细胞对药物杀伤最不敏感，往往成为复发的根源。在临床上常采用先给周期非特异性药物大量杀伤癌细胞，从而诱发大量的 G_0 期细胞进入周期，然后，再用周期特异性药物，如 S 期特异性药物消灭之，多次反复进行以达到最大程度地杀伤癌细胞。过去急性白血病患者一般生存数天到半年，现在达到 20 年缓解者已不乏其人。

2.1.5 细胞分裂

"……一切多细胞的机体——植物和动物，包括人在内——都各按细胞分裂规律从一个细胞中成长起来"。[*]

细胞分裂可分为无丝分裂、有丝分裂和减数分裂。

2.1.5.1 无丝分裂（amitosis）

无丝分裂也称直接分裂，是一种比较简单的分裂方式。在无丝分裂时看不见染色体的复杂变化，核物质直接分裂成两部分。一般是从核仁开始，延长横裂为二，接着核延长，中间缢缩，分裂成两个核；同时，细胞质也随着拉长并分裂，结果形成两个细胞（图2-9A）。这种分裂不如有丝分裂普遍和重要。

2.1.5.2 有丝分裂（mitosis）

有丝分裂也称间接分裂，这个分裂过程较复杂。整个有丝分裂过程是连续的，一般把它分为前期、中期、后期和末期（图2-9B）。

（1）前期（prophase） 细胞核中开始呈现出一定数目的长丝状染色体。每条前期染色体是由两条染色单体（chromatid）螺旋细丝所组成。随着前期继续进行，染色体螺旋化逐渐加强，染色体也随之逐渐缩短变粗。中心粒开始向细胞的两极移动。在中心粒的周围出现星芒状细丝称为星体，同时在两星体之间出现一些细丝呈纺锤状，称为纺锤体（spindle），每条细丝

---

[*] 恩格斯：自然辩证法，人民出版社，1971年，176页。

称为纺锤丝（spindle fiber）。现已证明纺锤丝是由微管蛋白所形成的微管（microtubule）构成的。核膜、核仁逐渐崩解、消失，染色体逐渐向细胞的中央移动，直到染色体排列到细胞的赤道面上，这时就进入了下一个分裂时期。

（2）中期（metaphase）　从染色体达到了细胞的赤道面、停止移动时开始。动物细胞的染色体在赤道面上一般呈辐射状排列在纺锤体的周围。在此期中纺锤体已达到最大的程度。一些纺锤丝从纺锤体的两极分别与染色体的着丝粒相连接，另一些纺锤丝不与染色体相连，而是直接伸到两极的中心粒。中期时染色体高度螺旋化，呈浓缩状，因此中期是观察染色体形态、计算染色体数目最合适的时期。当染色体的着丝粒分裂，两个染色单体分开，这时分裂又进入了下一个时期。

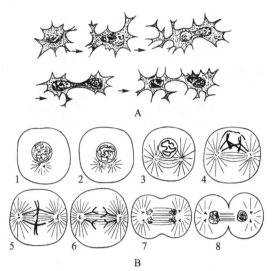

■ 图2-9　动物细胞分裂

A. 小鼠腱细胞无丝分裂；B. 有丝分裂图解：1~4. 前期；5. 中期；6. 后期；7~8. 末期（A. 仿 Wilson；B. 仿 Mazia）

（3）后期（anaphase）　从每个染色体的两个染色单体分开向两极移动开始，这分开的染色体称为子染色体（daughter chromosome）。子染色体移向两极的整个过程，都属于后期。

（4）末期（telophase）　两组子染色体已移至细胞的两极，染色体移动停止，即进入末期。此期主要进行核的重建过程和细胞质分裂。可见核膜、核仁重新出现。染色体的浓缩状态逐渐减低，直到恢复成间期核的状态。在核重建的同时，胞质发生分裂，在动物细胞首先在细胞的赤道区域发生缢缩，缢缩逐渐加强，直到分裂成两个细胞。

上述的有丝分裂过程，主要发生在高等动物、植物，包括人在内。实际上有丝分裂的形式并不完全一样，尤其在低等生物，特别是单细胞生物。

2.1.5.3　减数分裂（meiosis）

这种细胞分裂形式是随着配子生殖而出现的，凡是进行有性生殖的动、植物都有减数分裂过程。减数分裂与正常的有丝分裂的不同点，在于减数分裂时进行两次连续的核分裂，细胞分裂了两次，其中染色体只复制一次，结果染色体的数目减少一半。

减数分裂发生的时间，每类生物是固定的，但在不同生物类群之间可以是不同的。大致可分为3种类型，一是合子减数分裂（zygotic meiosis）或称始端减数分裂（initial meiosis），减数分裂发生在受精卵开始卵裂时，结果形成具有半数染色体数目的有机体。这种减数分裂形式只见于很少数的低等生物。二是孢子减数分裂（sporic meiosis）或称中间减数分裂（intermediate meiosis），发生在孢子形成时，即在孢子体和配子体世代之间。这是高等植物的特征。三是配子减数分裂（gametic meiosis）或称终端减数分裂（terminal meiosis），是一般动物的特征，包括所有后生动物、人和一些原生动物。这种减数分裂发生在配子形成时，发生在配子形成过程中成熟期的最后两次分裂，结果形成精子和卵（图2-10）。

在成熟期的两次细胞分裂中，是在初级精母细胞（primary spermatocyte）（$2n$）分裂（减数第一次分裂）到次级精母细胞（secondary spermatocyte）（n）时，染色体减少了一半，后者再分裂（减数第二次分裂），产生4个精细胞（spermatid）（n），这些精细胞通过分化过程转变成精子（spermatozoon）（n）。在雌体中这些相应的阶段是初级卵母细胞（primary oocyte）

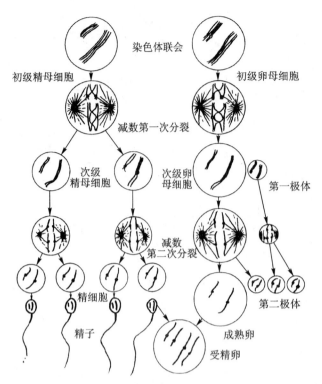

■ 图 2-10　减数分裂过程图解（仿 Colin）

（2n）、次级卵母细胞（secondary oocyte）（n）和卵（egg）（n）。所不同的在于每个初级卵母细胞不是产生 4 个有功能的配子，而只产生一个成熟卵和另外 3 个不孕的极体（polar body）。这种不平均的分裂使卵细胞有足够的营养以供将来发育的需要，而极体则失去受精发育能力，所以卵的数量不如精子多（图 2-10）。

减数分裂的具体过程很复杂，它包括两次细胞分裂。第一次分裂的前期较长，一般把这个前期分为细线期、偶线期、粗线期、双线期和终变期，前期Ⅰ（表示第一次分裂前期）之后是中期Ⅰ、后期Ⅰ和末期Ⅰ；经过减数分裂间期（很短或看不出来），进入前期Ⅱ、中期Ⅱ、后期Ⅱ、末期Ⅱ，也有的不经过间期。

在减数分裂过程中，细胞分裂两次，但染色体只复制一次，结果染色体数目减少了一半。一般，第一次分裂是同源染色体（homologous chromosome）分开，染色体的数目减少一半，是减数分裂。第二次分裂是姊妹染色单体（sister chromatid）分开，染色体的数目没有减少，是等数分裂。但严格意义上，这样说是笼统的。如果从遗传上来分析，并不如此简单，因为它涉及染色体的交换、重组等。

减数分裂对维持物种的染色体数目的恒定性，对遗传物质的分配、重组等都具有重要意义，这对生物的进化发展都是极为重要的。

以上简单地介绍了 3 种细胞分裂。细胞分裂是生物生长、发育、分化、繁殖的基础。如高等动、植物，包括人在内，不管如何复杂，它们的身体都是由一个细胞（受精卵）经过细胞分裂、生长、分化而来的。据报道，小孩出生时大约有 20 000 亿个细胞，达到这样大的数字，由一个受精卵，要经过 42 代的细胞分裂，再增加 5 个细胞分裂代，就能达到约 600 000 亿个细胞、77 kg 重的成年人。通过细胞分裂不断长大，不断补充衰老死亡的细胞以及各种原因而经常损失的细胞。当然不是所有的细胞分裂速度和代数都是一样的，有的出生时就停止了分裂，如神经细胞（神经干细胞 neural stem cell，NSC 除外）。细胞分裂在胚胎时比较快，以后随年龄的衰老速度下降。细胞寿命的长短也不一样，如红细胞约活 120 d，而神经细胞可活几十年，直到个体的死亡。

2.2　组织和器官系统的基本概念

2.2.1　组织

多细胞动物是由不同形态和不同机能的组织构成的。组织（tissue）是由一些形态相同或类似、机能相同的细胞群构成的。在组织内不仅有细胞，也有非细胞形态的物质称为细胞间质（如基质、纤维等）。每种组织各完成一定的机能。在高等动物体（或人体）具有很多不同形态和不同机能的组织。通常把这些组织归纳起来分为4大类基本组织，即上皮组织、结缔组织、肌肉组织和神经组织。

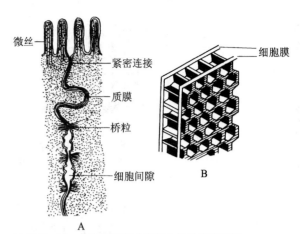

■ 图2-11 上皮细胞间连接复合体的微细结构

A. 两个柱状上皮细胞间的连接复合体；B. 蜂窝桥粒的微细结构（多见于无脊椎动物）（A. 仿 Hickman 稍改；B. 仿 Welsch 等）

2.2.1.1 上皮组织（epithelial tissue）

上皮组织是由密集的细胞和少量细胞间质（intercellular substance）组成，在细胞之间又有明显的连接复合体（junctional complex）（图2-11）。一般细胞密集排列呈膜状，覆盖在体表和体内各种器官、管道、囊、腔的内表面及内脏器官的表面。上皮组织因位于表面，因此就必然有一面向着外界或腔隙，称为游离面。另一面则借着基膜（basal membrane）与深部结缔组织连接，因为游离面与基底面的结构、分化不同，所以上皮细胞具有极性。上皮组织具有保护、吸收、排泄、分泌和呼吸等作用。根据上皮组织机能的不同，分为被覆上皮、腺上皮和感觉上皮等。

（1）被覆上皮（cover epithelium） 覆盖在机体内外表面的上皮组织。由于它所处的位置和机能的不同而有分化。根据细胞层数和形状的不同分为单层上皮和复层上皮，又各再分为扁平、立方、柱状上皮等（图2-12）。无脊椎动物的体表上皮通常是单层的。高等动物的体表上皮通常是复层的，上面的几层细胞角质化，经常脱落，由基底层的细胞增生加以补充。上皮细胞又由于适应不同的机能，有的细胞表面形成纤毛（如呼吸道的纤毛上皮），有的细胞有微绒毛（如肾近曲小管上皮刷状缘、小肠柱状上皮纹状缘）等。

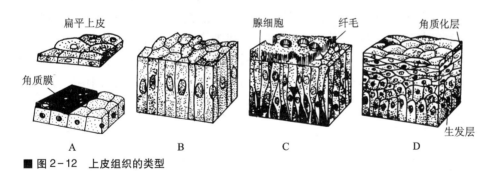

■ 图2-12 上皮组织的类型

A. 立方上皮；B. 单层柱状上皮；C. 柱状纤毛上皮；D. 复层扁平上皮（仿江静波等）

（2）腺上皮（glandular epithelium） 由具有分泌机能的腺细胞（gland cell）组成，大多为单层立方上皮。有的是单独的腺细胞分散在上皮中，称为单胞腺。有的以腺上皮为主构成腺体或腺（gland），有管状、囊状、管泡状腺等（图2-13）。腺细胞的分泌物通过导管排到腺体腔或体外的称为外分泌腺（exocrine gland），不经过导管而将分泌物直接分泌到血液中的称为内分泌腺（endocrine gland）。

（3）感觉上皮（sensory epithelium） 由上皮细胞特化而成，具有感受机能，如嗅觉上皮、味觉上皮、视觉上皮、听觉上皮等。

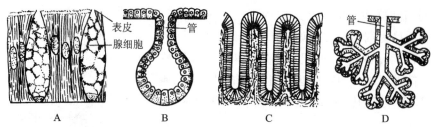

■ 图 2-13　腺体的类型

A. 单胞腺（蚯蚓）；B. 囊状腺；C. 管状腺；D. 复泡状腺（仿江静波等）

2.2.1.2　结缔组织（connective tissue）

结缔组织是由多种细胞和大量的细胞间质构成的。细胞的种类多，分散在细胞间质中。细胞间质有液体、胶状体、固体基质和纤维，形成多样化的组织；具有支持、保护、营养、修复和物质运输等多种功能。如疏松结缔组织、致密结缔组织、软骨、骨和血液等。

（1）疏松结缔组织（loose connective tissue）　在动物体内分布很广，是由排列疏松的纤维与分散在纤维间的多种细胞构成的，纤维和细胞埋在基质中，它分布于全身组织间与器官间（图 2-14）。纤维主要有两种：胶原纤维（collagenous fiber）和弹力（或弹性）纤维（elastic fiber）。胶原纤维有韧性，常集合成束，由胶原蛋白组成，于沸水中溶解成为胶水称动物胶。弹力纤维有弹性，较细，由弹性蛋白组成，能耐受沸水和弱酸。疏松结缔组织的细胞有多种，主要的如成纤维细胞（fibroblast），它是产生纤维和基质的细胞，对伤口愈合有重要作用（图 2-15）。又如组织细胞（histiocyte 或巨噬细胞 macrophage）具有活跃的吞噬能力，能吞噬侵入机体的异物、细菌、病毒以及死细胞碎片等，具保护作用。

（2）致密结缔组织（dense connective tissue）　与疏松结缔组织的不同点，主要是由大量的胶原纤维或弹力纤维组成，基质和细胞较少。如肌腱（图 2-16）由大量平行排列的胶原纤维束组成，成纤维细胞成行排列在纤维束间。皮肤的真皮层的胶原纤维交织成网。而韧带及大动脉管壁的弹性膜，是由大量弹性纤维平行排列构成，呈束状或膜状。

（3）脂肪组织（adipose tissue）　由大量脂肪细胞聚集而成，在成群的脂肪细胞之间，由疏松结缔组织将其分隔成许多脂肪小叶。脂肪组织的特点是含大量脂肪细胞，其中储有大量脂肪，分布在许多器官和皮肤之下（图 2-14B）。具有支持、保护、维持体温等作用，并参与能量代谢。

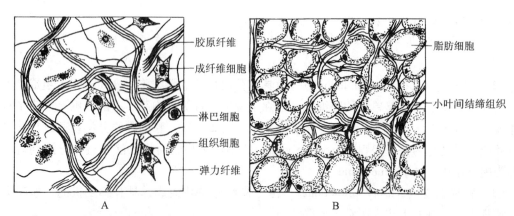

■ 图 2-14　疏松结缔组织和脂肪组织

A. 疏松结缔组织；B. 脂肪组织（自刘凌云）

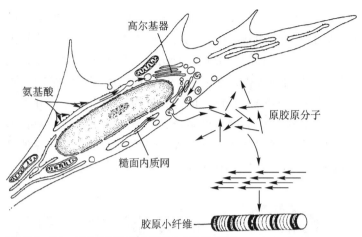

■ 图2-15 成纤维细胞形成胶原小纤维示意图

成纤维细胞摄取所需氨基酸（如脯氨酸、赖氨酸等），在糙面内质网的核蛋白体上合成为多肽，通过内质网腔，再转运到高尔基器，排出细胞，成为原胶原分子，许多原胶原分子成行平行排列成胶原小纤维，再聚集成胶原纤维（仿Bloom等）

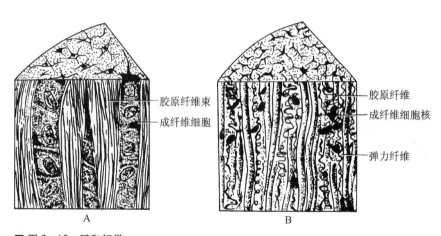

■ 图2-16 腱和韧带

A. 腱；B. 牛韧带（自刘凌云）

（4）软骨组织（cartilage tissue） 由软骨细胞、纤维和基质构成。根据基质中纤维的性质分为透明软骨、纤维软骨和弹性软骨（图2-17）。透明软骨分布最广，主要如关节软骨、肋软骨、气管软骨等。透明软骨作为机体支架的一部分，关节软骨还能缓冲骨间冲击。透明软骨的基质是透明凝胶状的固体，软骨细胞埋在基质的陷窝（lacuna）内。每个窝内常有由一个细胞分裂的2~4个细胞聚在一起，基质内还有胶原纤维。纤维软骨的特点是基质内有大量成束的胶原纤维，软骨细胞分布在纤维束间，如椎间盘、关节盂等。弹性软骨的特点是基质内含有大量的弹力纤维，如外耳壳、会厌等。

（5）骨组织（osseous tissue） 一种坚硬的结缔组织，也是由细胞、纤维和基质构成的。纤维为骨胶纤维（和胶原纤维一

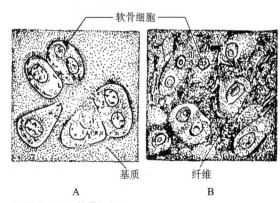

■ 图2-17 软骨组织

A. 透明软骨；B. 纤维软骨（仿江静波等）

样），基质含有大量的固体无机盐。骨分密质骨与松质骨（图2-18）。密质骨由骨板紧密排列而成，骨板是由骨胶纤维平行排列埋在钙质化的基质中形成的，厚度均匀一致，在两骨板之间，有一系列排列整齐的陷窝，陷窝有具多突起的骨细胞，彼此借细管相连。骨板在骨表面排列的为外环骨板，围绕骨髓腔排列的为内环骨板，在内、外环骨板之间有很多呈同心圆排列的为哈氏骨板，其中心管为哈氏管（Haversian canal），该管和骨的长轴平行并有分支连成网状，在管内有血管神经通过。松质骨是由骨板形成有许多较大空隙的网状结构，网孔内有骨髓，松质骨存在于长骨的骺端、短骨和不规则骨的内部。骨组织是构成骨骼系统各种骨的主要成分。骨骼为机体的支架，保护柔软器官，其上附有肌肉，是运动器官的杠杆。

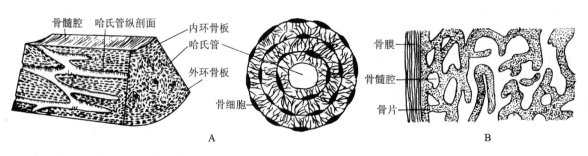

■ 图2-18 密质骨（A）与松质骨（B）（仿江静波等）

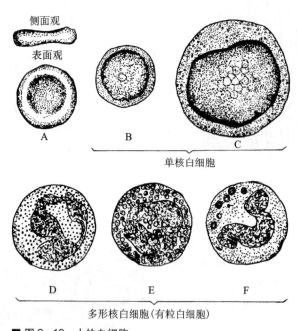

■ 图2-19 人的血细胞

A. 红细胞；B. 淋巴细胞；C. 单核细胞；D. 中性白细胞；
E. 嗜酸性白细胞；F. 嗜碱性白细胞（仿江静波等）

（6）血液（blood） 也是一种结缔组织，由各种血细胞和血浆组成。血浆就是液体的细胞间质，它在血管内没有纤维出现，但出了血管就出现纤维，这是由血浆内的纤维蛋白原转变成的。除了纤维外，剩下浅黄透明的液体为血清。血清相当于结缔组织的基质。血细胞有红细胞及多种白细胞、血小板等（图2-19）。红细胞中的血红蛋白能与氧结合，携带氧至身体各部。白细胞有许多种，其中中性白细胞和单核细胞能吞噬细菌、异物和坏死组织，淋巴细胞能产生抗体或免疫物质，参与机体防御机能。血小板（blood platelet）存在于哺乳动物的血液中，相当于哺乳动物以下的其他脊椎动物的血栓细胞（thrombocyte），在电子显微镜下，外有细胞膜，内有少量线粒体，内质网呈泡状，在血管破裂时聚集成团，附在伤口表面，放出凝血酶，对血液凝固起一定作用。

2.2.1.3 肌肉组织（muscular tissue）

肌肉组织主要由收缩性强的肌细胞构成。肌细胞一般细长呈纤维状，因此也称为肌纤维，其主要机能是将化学能转变为机械能，使肌纤维收缩，机体进行各种运动。根据肌细胞的形态结构分为横纹肌、心肌、斜纹肌和平滑肌。

（1）横纹肌（striated muscle） 也称骨骼肌（skeletal muscle），主要附着在骨骼上（图2-20）。肌细胞呈长圆柱状，为多核的细胞，一个肌细胞内可有100多个核，位于肌膜（肌细胞膜）的下面；在细胞质内有大量纵向平行排列的肌原纤维（myofibril），是肌肉收缩的主要成分。在纵切面上肌细胞各肌原纤维显示有明带（Ⅰ带）与暗带（A带）交替排列。

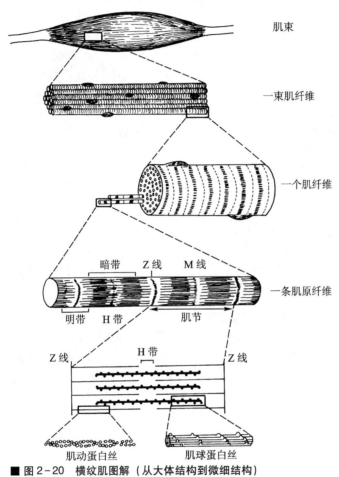

肌束

一束肌纤维

一个肌纤维

暗带　Z线　M线

明带　H带　肌节　一条肌原纤维

Z线　H带　Z线

肌动蛋白丝　　肌球蛋白丝

■ 图2-20　横纹肌图解（从大体结构到微细结构）

（仿 Hickman 等修改）

而每个肌原纤维的明带、暗带都与邻近肌原纤维的明带、暗带准确地排在同一水平面上，因此整个肌细胞显示出横纹。在电子显微镜下，每一肌原纤维是由许多更细的肌丝组成的。肌丝有两种，一种粗的为肌球蛋白丝（myosin filament），一种细的为肌动蛋白丝（actin filament）。粗细肌丝有规则地相间排列。肌肉的收缩与舒张一般认为是由于这两种肌丝相互滑动，具体地说，是肌动蛋白丝在肌球蛋白丝之间滑动所形成的（图2-21）。横纹肌一般受意志支配，也称随意肌。

（2）心肌（cardiac muscle） 心脏所特有的肌肉组织，由心肌细胞组成。心肌细胞为短柱状或有分支，一般有一个细胞核，位于细胞的中心部分（图2-22）。肌原纤维的结构与骨骼肌的相似，但横纹不明显。其显著不同点在于心肌细胞有闰盘（intercalated disc）。在电子显微镜

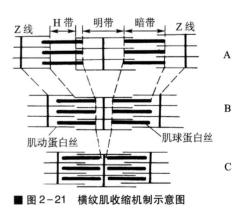

Z线　H带　明带　暗带　Z线

A

B

肌动蛋白丝　　肌球蛋白丝

C

■ 图2-21　横纹肌收缩机制示意图

A. 舒张状态；B～C. 逐步收缩状态；A～C. 肌动蛋白丝在肌球蛋白丝之间滑动形成肌肉收缩

（仿 Weisz 等）

下已清楚显示，闰盘是心肌细胞之间的界限，在该处相邻两细胞膜凹凸相嵌（图2-22下），细胞膜特殊分化，紧密连接或缝隙连接。闰盘对兴奋传导有重要作用。心肌除有收缩性、兴奋性和传导性外，还有自动的节律性。

（3）斜纹肌或螺旋纹肌（obliquely striated muscle 或 spirally striated muscle 或 helically striated muscle）　这种类型的肌细胞广泛存在于无脊椎动物，如腔肠动物、涡虫、线虫、环节和软体等动物。肌原纤维与横纹肌的基本相同，只是各肌原纤维节不是排列在同一水平面上，

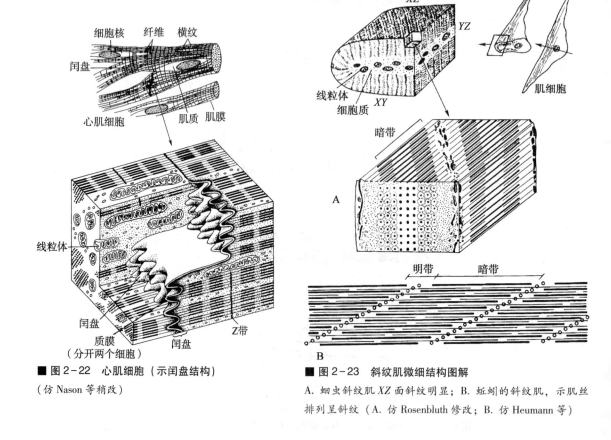

■ 图2-22　心肌细胞（示闰盘结构）

（仿 Nason 等稍改）

■ 图2-23　斜纹肌微细结构图解

A. 蛔虫斜纹肌 XZ 面斜纹明显；B. 蚯蚓的斜纹肌，示肌丝排列呈斜纹（A. 仿 Rosenbluth 修改；B. 仿 Heumann 等）

而是错开排列呈斜纹，暗带特别明显，像一个围绕细胞的暗螺旋（图2-23）。

（4）平滑肌（smooth muscle）　广泛存在于脊椎动物的各种内脏器官。平滑肌的活动不受意志支配，也称不随意肌。肌细胞一般呈梭形，但也有具3个或更多个突起（如外分泌腺的星形细胞），也有的具分支、互相吻合形成合胞体（如膀胱与子宫肌层中的平滑肌细胞）。肌细胞中的肌原纤维一般不见横纹，但在电子显微镜下观察，证明其超微结构与骨骼肌的相同，也由粗细相间的肌丝组成，其不同处在于平滑肌的肌丝排列无一定次序，且粗细不均（15~100 nm）。一般认为肌原纤维的收缩过程大抵与横纹肌的一致（图2-24）。

2.2.1.4　神经组织（nervous tissue）

神经组织是由神经细胞或称神经元（neuron）和神经胶质细胞（neuroglia cell）组成（图2-25）。神经细胞具有高度发达的感受刺激和传导兴奋的能力。神经胶质细胞还没有证明有传导兴奋的能力，但有支持、保护、营养和修补等作用。神经细胞是神经组织中形态与机能的单位，它的形态与一般细胞大不相同。一个神经细胞包括一个胞体（即细胞体）和由

胞体发出的若干胞突。胞突有 2 种，一种如树状，有主干及粗细分支，称为树突（dendron）；另一种细而长，称为轴突（axon）。有的轴突外围以髓鞘（myelin sheath），称为有髓神经纤维（myelinated nerve fiber）；无髓鞘者称为无髓神经纤维（nonmyelinated nerve fiber）。轴突的长短，各种神经细胞差异很大，如运动神经细胞的轴突可长达 1 m，而有些神经细胞的轴突只有十余 μm。据报道，若把人脑的全部神经细胞（约 10^{10} 个）连接起来，全长约 30 万 km，相当于由地球到月球的距离。一个神经细胞可有一个到多个树突，但轴突只有一个。在机能上，

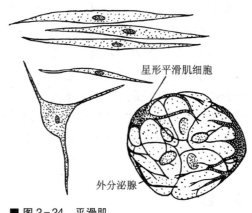

■ 图 2-24 平滑肌

（仿 Hickman，Welsch 等）

树突是接受刺激传导冲动至胞体，轴突则传导冲动离开胞体。胞体由细胞核、细胞质和细胞膜组成。在胞质内有一种嗜碱性染料的小体称为尼氏小体（Nissl's body），实际是成堆的糙面内质网，它存在于树突，但不存在于轴突，也不存在于轴突起源的地方（轴丘），因此可用以区别轴突和树突。神经细胞的形态多种多样，按胞突的数目可分为假单极、双极与多极神经细胞 3 大类。神经组织是组成脑、脊髓以及周围神经系统其他部分的基本成分，它能接受内外环境的各种刺激，并能发出冲动联系骨骼肌和机体内部脏器协调活动。

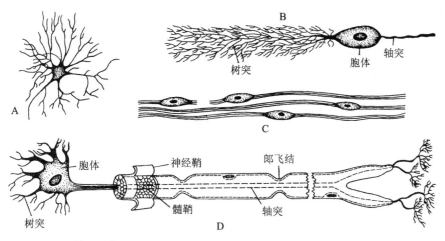

■ 图 2-25 神经细胞

A. 多极神经细胞；B. 小脑中浦肯野细胞；C. 无髓神经纤维；D. 有髓神经纤维（仿江静波等）

2.2.2 器官和系统

器官（organ）由不同的组织形成。所谓器官就是由几种不同类型的组织联合形成的，具有一定的形态特征和一定生理机能的结构。例如小肠是由上皮组织、疏松结缔组织、平滑肌以及神经、血管等形成的，外形呈管状，具有消化食物和吸收营养的机能。器官虽然由几种组织所组成，但不是各组织的机械结合，而是相互关联、相互依存，成为有机体的一部分，不能与有机体的整体相分割。如小肠的上皮组织有消化吸收的作用，结缔组织有支持、联系的作用，其中由血液供给营养、经血管输送营养并输出代谢废物，平滑肌收缩使小肠蠕动，神经纤维能接

受刺激、调节各组织的作用。这一切作用的综合才能使小肠完成消化和吸收的机能。

一些在机能上有密切联系的器官，联合起来完成一定的生理机能即成为系统（system）。如口、食道、胃、肠及各种消化腺等，有机地结合起来形成消化系统。高等动物体（或人体）内有许多系统，如皮肤系统、骨骼系统、肌肉系统、消化系统、呼吸系统、循环系统、排泄系统、内分泌系统、神经系统和生殖系统。这些系统又主要在神经系统和内分泌系统的调节控制下，彼此相互联系、相互制约地执行其不同的生理机能。只有这样，才能使整个有机体适应外界环境的变化和维持体内外环境的协调，完成整个的生命活动，使生命得以生存和延续。

思考题

1. 细胞的共同特征是什么？

2. 组成细胞的重要化学成分有哪些，各有何重要作用？从蛋白质、核酸的基本结构特点，初步了解生物多样化的原因。

3. 细胞膜的基本结构及其最基本的机能是什么？

4. 细胞质各重要成分（如内质网、高尔基器、线粒体、溶酶体和中心粒等）的结构特点及其主要机能是什么？

5. 细胞核包括哪些部分，各部分的结构特点及其主要机能是什么？

6. 什么是细胞周期，它包括哪些内容？初步了解研究细胞周期的实践意义。

7. 有丝分裂一般分为几个时期，各期的主要特点是什么？

8. 减数分裂与有丝分裂有何区别？

9. 4 类基本组织的主要特征及其最主要的机能是什么？

10. 掌握器官、系统的基本概念。

第3章

原生动物门（Phylum Protozoa）

原生动物是动物界里最原始、最低等的动物。它们的主要特征是身体由单个细胞构成，因此也称为单细胞动物。所有的多细胞动物都是经过单细胞动物阶段发展起来的。

原生动物的身体微小，一般必须用显微镜才能看见。这类动物分布很广，生活在淡水、海水以及潮湿的土壤中，如常见的变形虫、眼虫、草履虫等。也有不少种类是寄生的，包括使人致病的种类，如疟原虫、黑热病原虫、痢疾内变形虫、睡病虫等。一般认为约有30 000种。也有人认为有60 000多种（其中化石种类20 000种，营自由生活的17 000多种，寄生的约6 800种）。

3.1 原生动物门的主要特征

原生动物是真核单细胞动物（eukaryotic unicellular animal）。构成原生动物体的单个细胞，既具有一般细胞的基本结构——细胞质、细胞核、细胞膜，又具有一般动物所表现的各种生活机能，如运动、消化、呼吸、排泄、感应和生殖等。因此它和高等动物体内的一个细胞不同，而和整个高等动物体相当，是一个能营独立生活的有机体。它没有像高等动物那样的器官、系统，而是由细胞分化出不同的部分来完成各种生活机能。如有些种类分化出鞭毛或纤毛完成运动的机能，有些种类分化出胞口、胞咽，摄取食物后，在体内形成食物泡进行消化，完成营养的机能等。完成这些机能的部分和高等动物体内的器官相当，因此称为细胞的器官，简称为细胞器（organelle）。

原生动物除单细胞的个体外，也有由多个个体聚合形成的群体（colony），很像多细胞动物，但是它又不同于多细胞动物，这主要在于细胞分化程度不同。多细胞动物体内的细胞一般分化成为组织，或再进一步形成器官、系统，协调活动成为统一的整体。组成群体的各个个体，细胞一般没有分化，最多只有体细胞与生殖细胞的分化。体细胞没有什么分化，在群体内的个体各有相对的独立性。

原生动物的分类较为复杂，近些年来在一些教科书和专著中意见颇不一致。自20世纪60年代以来，在国际上不断地出现一些专家集体参与修订原生动物分类系统。1964年以B. M. Honigberg为首的原生动物学家协会分类学及分类学问题委员会11名委员对原生动物分类进行修正，这一修正系统仍视原生动物为动物界的一门，下设4个亚门（肉足鞭毛亚门、孢子亚门、丝孢子亚门和纤毛亚门），其下又分若干总纲和纲。1980年以N. D. Levine为首的原生动物学家协会进化分类学委员会的16名委员，基于1964年以后的研究进展和新的发现，又对原生动物分类加以修正，这次修正，视原生动物为一亚界，按生物三界系统应属于动物界的一个亚界，按五界系统应属于原生生物界的一个亚界。分为7个门（肉足鞭毛门、盘蜷门、顶复体门、微孢子门、精细孢子门、腹虫门和纤毛门），其下又设若干亚门、总纲及纲、亚纲等。1985 年，由于几年来对原生动物研究的不断深入，特别是超微结构和分子分类方面的研究，J. J. Lee 等 3 人主编的由 5 个国家 23 名原生动物学家合著的《原生动物图解指南》(An Illustrated Guide to the Protozoa) 一书，分为 6 个门，其中有 5 个门与 1980 年的分类系统相同，只是去掉了精细孢子门，因该门下属的类群归属一直有争议而未被纳入。

近些年来，原生动物学者多从原生动物的显微、超微结构和/或分子探索研究原生动物的分类和系统发展。结果各学者意见不一。如有的将原生动物除原来肉足纲分为 4 个门外，还分为眼虫门（Euglenozoa 或 Euglenida）、绿藻门（Chlorophata）、领鞭毛门（Choanoflagellata）、曲滴虫门（Retortamonata）、轴杆门（Axostylata）和表膜泡门（Alveolata）。其中表膜泡门包括纤毛虫、腰鞭毛虫和孢子虫 3 个亚门。这 3 类差异极大的动物，基于它们具有相似的 rDNA 序列和表膜泡而列入一个门。还有分为 12、13、15、17 个门和 35 个门等。众说纷纭，现仍继续深入研究中。

作为基础课教材，我们现在仍将原生动物视为动物界中的一个门，其下分为 4 个纲：鞭毛纲、肉足纲、孢子纲、纤毛纲。原生动物的这 4 大类群是过去长期得到认可的，是原生动物中最基本的内容，也是上述分类探索研究的起始点。目前，持此相同见解者不乏其人。

3.2 鞭毛纲 (Mastigophora)

3.2.1 代表动物——眼虫 (*Euglena*)

生活在有机物质丰富的水沟、池沼或缓流中。温暖季节可大量繁殖，常使水呈绿色。

3.2.1.1 形态结构与机能

（1）表膜 眼虫（图 3-1）体呈绿色，梭形，长约 60 μm，前端钝圆，后端尖。在虫体中部稍后有一个大而圆的核，生活时是透明的。体表覆以具弹性的、带斜纹的表膜（pellicle）。过去很多人认为表膜是由原生质分泌的角质膜，经电子显微镜研究，表膜就是质膜，即分成

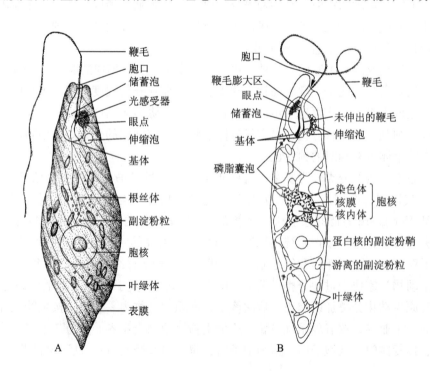

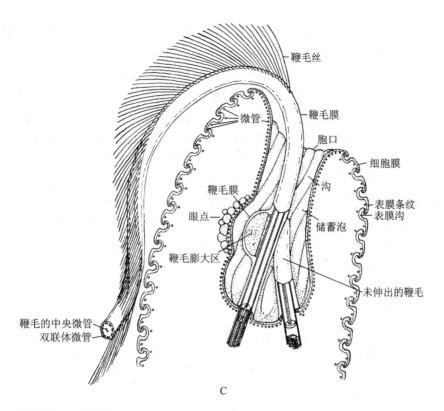

鞭毛丝
微管
鞭毛膜
胞口
细胞膜
沟
表膜条纹
表膜沟
鞭毛膜
眼点
储蓄泡
鞭毛膨大区
鞭毛的中央微管
双联体微管
未伸出的鞭毛

C

■ 图3-1　眼虫

A. 示一般结构；B. 纤细眼虫（*E. gracilis*），示叶绿体的形状及其内的蛋白核，在蛋白核外面具有同化产物副淀粉组成的鞘，有些种类色素体内无蛋白核或有蛋白核而无副淀粉鞘；C. 眼虫前端中部纵切面示眼虫的亚显微结构（A. 自刘凌云；B. 仿Leedale；C. 自 E. C. Bovee）

三部分的质膜或称三分质膜（tripartite plasmalemma）。表膜是由许多螺旋状的条纹联结而成。每一个表膜条纹的一边有向内的沟（groove），另一边有向外的嵴（crest）。一个条纹的沟与其邻接条纹的嵴相关联（似关节）（图3-2）。沟与嵴是表膜条纹的重要结构。眼虫生活时，表膜条纹彼此相对移动，可能是由于嵴在沟中滑动的结果。表膜下的黏液体（mucus body）外包以膜，与体表膜相连续，有黏液管通到嵴和沟。黏液对沟嵴联结的"关节"可能有润滑作用。表膜覆盖整个体表、胞咽、储蓄泡、鞭毛等（图3-1C），使眼虫保持一定形状，又能作收缩变形运动。表膜条纹是眼虫科的特征，其数目多少是种的分类特征之一。

（2）鞭毛与运动　体前端有一胞口（cytostome），向后连一膨大的储蓄泡（reservoir），从胞口中伸出一条鞭毛（flagellum）。鞭毛是能动的细胞表面的突起。鞭毛下连有两条细的轴丝（axoneme）。每一轴丝在储蓄泡底部和一基体（basal body）* 相

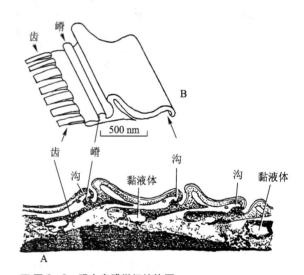

齿
嵴
B
500 nm
齿
嵴
沟
沟
沟
黏液体
沟
黏液体
A

■ 图3-2　眼虫表膜微细结构图

A. 旋眼虫（*E. spirogyra*）表膜横切，放大41 500倍；B. 一个表膜条纹的图解，示沟和嵴（仿Leedale）

---

* basal body＝basal granule＝basal corpuscle＝kinetosome＝blepharoplast

连，由它产生出鞭毛。基体对虫体分裂起着中心粒的作用。从一个基体连一细丝（根丝体 rhizoplast）至核，这表明鞭毛受核的控制。

在电子显微镜下观察鞭毛的结构（图3-3），最外为细胞膜，其内由纵行排列的微管（microtubule）组成。周围有9对联合的微管（双联体 doublets），中央有两个微管。每个双联体上有两个短臂（arms），对着下一个双联体，各双联体有放射辐（radial spokes）伸向中心。在双联体之间又有具弹性的连丝（links）。微管由微管蛋白（tubulin）组成，微管上的臂由动力蛋白（dynein）组成，具有ATP酶的活性。过去曾认为一侧微管收缩，使鞭毛向一侧弯曲，又由于外层胞质的弹性使其恢复原位。现已有实验证明，鞭毛的弯曲不是由于微管的收缩，而是双联体微管彼此相对滑动的结果，如图3-3E所示，在弯曲的内、外侧放射辐的间隔不改变，弯曲是由于弯曲外侧的微管和放射辐对于弯曲内侧的微管和放射辐的相对滑动。一般认为臂能使微管滑动（很像肌肉收缩时，横桥在粗、细肌丝间的滑动），臂上的ATP酶分解ATP提供能量。眼虫借鞭毛的摆动进行运动。

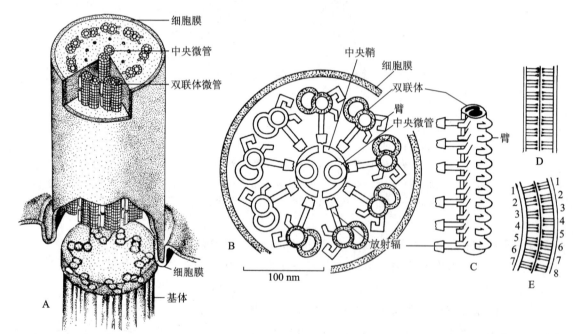

■ 图3-3　鞭毛微细结构模式图

A. 立体图（放大150 000倍）；B. 横切面；C. 一个双联体具臂及放射辐；D, E. 鞭毛直立状态与弯曲部分纵切示意图。放射辐3个一组重复排列。注意E图7组放射辐的位置（A. 仿Nason稍改；B~E. 自Alexander）

（3）趋光性与营养　眼虫在运动中有趋光性，这是因为在鞭毛基部紧贴着储蓄泡有一红色眼点（stigma），靠近眼点近鞭毛基部有一膨大部分，能接受光线，称光感受器（photoreceptor）。眼点是由埋在无色基质中的类胡萝卜素（carotenoid）的小颗粒组成的。也有人认为是由胡萝卜素（carotene）组成的，或是由β-胡萝卜素与血红素组成的。眼点呈浅杯状，光线只能从杯的开口面射到光感受器上，因此，眼虫必须随时调整运动方向，趋向适宜的光线。现在有些学者认为，眼点是吸收光的"遮光物"（light absorbing "shade"），在眼点处于光源和光感受器之间时，眼点遮住了光感受器，并切断了能量的供应，于是在虫体内又形成另一种调节，使鞭毛打动，调整虫体运动，让光线能连续地照到光感受器上。这样连续调节使眼虫趋向光线（图3-4）。眼点和光感受器普遍存在于绿色鞭毛虫，这与它们进行光合作用的营养方式有关。

在眼虫的细胞质内有叶绿体（chloroplast）。叶绿体的形状（如卵圆形、盘状、片状、带状和星状等）、大小、数量及其结构（有无蛋白核及副淀粉鞘）为眼虫属、种的分类特征。在叶绿体内含有叶绿素（chlorophyll）。眼虫主要通过叶绿素在有光的条件下利用光能进行光合作用，把二氧化碳和水合成糖类，这种营养方式（与一般绿色植物相同）称为光合营养（phototrophy）。制造的过多食物形成一些半透明的副淀粉粒（paramylum granule）储存在细胞质中。副淀粉粒与淀粉相似，是糖类的一种，但与碘作用不呈蓝紫色。副淀粉粒是眼虫类特征之一，其形状大小也是其分类的依据。在无光的条件下，眼虫也可通过体表吸收溶解于水中的有机物质，这种营养方式称为渗透营养（osmotrophy）。

（4）水分调节、排泄与呼吸 眼虫前端的胞口，是否取食固体食物颗粒还有异议。但是已肯定经过胞口可以排出体内过多的水分。在储蓄泡旁边有一个大的伸缩泡（contractile vacuole），它的主要功能是调节水分平衡，收集细胞质中过多的水分（其中也有溶解的代谢废物），排入储蓄泡，再经胞口排出体外。

眼虫和其他动物一样，必须借呼吸（氧化）作用产生能量来维持各种生命活动，因此需要不断供给游离氧及不断排出二氧化碳。眼虫在有光的条件下，利用光合作用所放出的氧进行呼吸作用，呼吸作用所产生的二氧化碳，又被利用来进行光合作用。在无光的条件下，通过体表吸收水中的氧，排出二氧化碳。

（5）生殖与包囊形成 眼虫的生殖方式一般是纵二分裂（图3-5A~C），这也是鞭毛虫纲的特征之一。先是核进行有丝分裂，在分裂时核膜不消失，基体复制为二，继之虫体开始从前端分裂，鞭毛脱去，同时由基体再长出新的鞭毛，或是一个保存原有的鞭毛，另一个产生新的鞭毛。胞口也纵裂为二，然后继续由前向后分裂，断开成为两个个体。在环境不良的条件下，如水池干涸，眼虫体变圆，分泌一种胶质形成包囊，将自己包围起来（图3-5D）。刚形成的包囊，可见有眼点、绿色，以后逐渐变为黄色，眼点消失，代谢降低，可以生活很久，随风散布于各处。当环境适合时，虫体破囊而出，在出囊前进行一次或几次纵分裂。包囊形成对眼虫渡过不良环境是一种很好的适应性（很多原生动物都能形成包囊）。

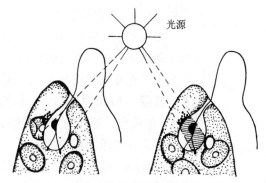

■ 图3-4 眼点遮光功能假说示意图（仿 Farmer）

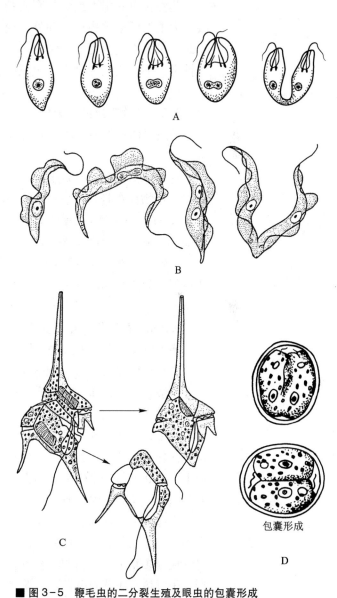

■ 图3-5 鞭毛虫的二分裂生殖及眼虫的包囊形成
A. 眼虫纵二分裂；B. 锥虫纵二分裂；C. 腰鞭毛虫（Ceratium）斜二分裂，每一子细胞生出其失去的部分；D. 眼虫的包囊形成（A. 仿 Ratcliffe；B. 自 Brusca 等；C. 仿 Grell；D. 仿陈义）

3.2.1.2 研究的意义

多年来用眼虫进行基础理论的研究取得不少成果。如把小眼虫（*Euglena gracilis*）培养在黑暗条件下，几周就失去叶绿素，这样连续培养在黑暗条件下，甚至长达15年，一旦放回阳光下，在几小时后又重新变绿。但有的种如梅氏眼虫（*Euglena mesnili*）则不能变绿。也有用高温（如35℃）和链霉素等抗生素或紫外线处理眼虫，使其丧失绿色，变为永远"漂白"的眼虫，这样人工创造的无色眼虫如豆形眼虫（*Euglena pisciformis*），即使再放回阳光下，也会因饥饿而死亡。有人用小眼虫获得了无色眼虫与自然界存在的无色类型漂眼虫（*Astasia longa*）极为相似。这些实验不仅对遗传变异理论的探讨有意义，而且对了解有色、无色鞭毛虫类动物间的亲缘关系，对了解动、植物的亲缘关系都有重要意义。

此外，也有用眼虫作为有机物污染环境的生物指标，用以确定有机污染的程度，如绿眼虫为重度污染的指标。此外，由于眼虫有耐放射性的能力，许多种放射性核素（radionuclide）对眼虫生活无什么影响。如把小眼虫密集的群体放在多达 25.8×10^2 C/kg（^{60}Co）的条件下，不影响其死亡率，也没损伤其繁殖率，因此眼虫对净化水的放射性物质也有作用。

3.2.2 鞭毛纲的主要特征

一般身体具鞭毛，以鞭毛为运动器。鞭毛通常有1~4条或稍多。少数种类具有较多的鞭毛。

营养方式：有些种类体内有色素体，能进行光合作用制造食物，这种营养方式称为光合营养（植物性营养），也称自养。有的通过体表渗透吸收周围呈溶解状态的物质，称为渗透营养（osmotrophy）（腐生性营养）。还有的吞食固体的食物颗粒或微小生物，称为吞噬营养（phagotrophy）（动物性营养）。渗透营养和吞噬营养也称异养。

生殖：无性生殖一般为纵二分裂，有性生殖为配子结合或整个个体结合。在环境不良的条件下一般能形成包囊。

3.2.3 鞭毛纲的重要类群

鞭毛纲根据营养方式的不同，可分为两个亚纲：

3.2.3.1 植鞭亚纲（Phytomastigina）

一般具有色素体，能行光合作用，自己制造食物；如无色素体，其结构也与相近的有色素体种类无大差别，这是因为它们在演化过程中失去了色素体。自由生活在淡水或海水中。种类很多，形状各异。眼虫即属于此亚纲。

此外也有群体，如盘藻（*Gonium*）（图3-6）。盘藻一般由4个或16个个体排在一个平面上如盘状。每个个体都具两根鞭毛，有纤维素的细胞壁，有色素体，每个个体都能进行营养和繁殖。又如团藻（*Volvox*）（图3-6），它由成千上万的个体构成，排成一空心圆球形，每个个体排列在球的表面形成一层，彼此有原生质桥相连。个体之间有分化，大多数为营养个体，无繁殖能力；少数的个体有繁殖能力，一个个体细胞可形成一个卵，另一个个体细胞可形成很多精子。由精卵结合发育成一新群体。也有少数生殖细胞在春天开始进行孤雌生殖形成子群体。团藻对分析和了解多细胞动物的起源问题很有意义。

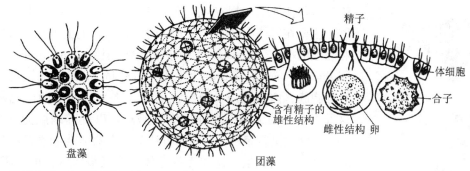

■ 图3-6 盘藻和团藻（仿 Keeton 等）

生活在海水中的，如夜光虫（*Noctiluca*）（图3-7），属腰鞭毛目，由于海水波动的刺激，在夜间可见其发光，因而得名。虫体为圆球形，直径有1 mm 左右，颜色发红，细胞质密集于球体的一部分，其内有核，其他部分由细胞质放散成粗网状，在网眼间充满液体。有两根鞭毛，一根大（又名触手），一根小。繁殖有分裂法和出芽法，后者在虫体表面生出很多小个体，脱离母体后发育成新个体。如果这类动物繁殖过剩密集在一起时，可以使海水变色，称为赤潮，这对渔业危害很大。

除了夜光虫外，其他腰鞭毛虫如沟腰鞭虫（*Gonyaulax* spp.）、裸甲腰鞭虫（*Gymnodinium* spp.），大量繁殖时也能引起赤潮。新中国成立初期，在渤海、黄河口及浙江定海沿海曾发生过赤潮。近年也有发生。在世界邻海各国都有赤潮及其危害的报道。如美国加利福尼亚州每二三年就发生一次，1971年美国佛罗里达州出现了大规模的赤潮，被毒死的鱼估计达2 270万 kg 以上。据研究，小丽腰鞭虫（*Gonyaulax calenella*）产生一种神经毒素（saxitoxin），能储存在甲壳类动物体内，对甲壳类动物无害，而人或其他动物吃甲壳动物后则引起中毒。

还有不少淡水生活的鞭毛虫能使水污染，如钟罩虫（*Dinobryon*）、尾窝虫（*Uroglena*）、合尾滴虫（*Synura*）等（图3-8）。但是大多数的植鞭毛虫是浮游生物的组成部分，是鱼类的自然饵料。

3.2.3.2 动鞭亚纲（Zoomastigina）

这类鞭毛虫无色素体，不能自己制造食物，其营养方式是异养的。有不少寄生种类，对人和家畜有害，如利什曼原虫等。

利什曼原虫（*Leishmania*）：是一种很小的鞭毛虫，寄生于人体的有3种。在我国流行的是杜氏利什曼原虫（*L. donovani*），它能引起黑热病，又名黑热病原虫，其生活史有两个阶段，一个阶段寄生在人体（或狗），另一阶段寄生在白蛉子体内。黑热病主要靠白蛉子传染。

一个被感染的白蛉子，在其消化道内有很多活动的利什曼原虫，称为前鞭毛体（promastigote ＝鞭毛体 mastigote ＝细滴型 leptomonad）（图3-9），体梭形（长15～25 μm），中央有一个核，核前有一基

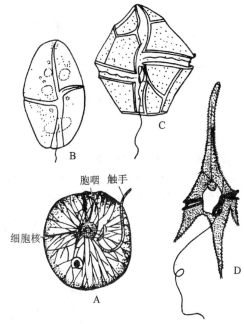

■ 图3-7 几种腰鞭毛虫

A. 夜光虫；B. 裸甲腰鞭虫；C. 沟腰鞭虫；
D. 角鞭虫（*Ceratium*）（仿 Hickman 等）

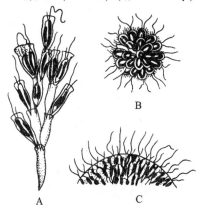

■ 图3-8 几种淡水鞭毛虫

A. 钟罩虫；B. 合尾滴虫；C. 尾窝虫（A，C. 仿 Kudo；B. 仿 Meglitsch）

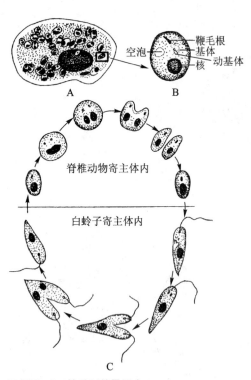

■图3-9 杜氏利什曼原虫

A. 巨噬细胞内的无鞭毛体；B. 无鞭毛体放大；
C. 生活史（仿中国医大，人体寄生虫学稍改）

体，由基体伸出一根鞭毛。当白蛉子叮人时，将原虫注入到人体，主要在人体内脏的巨噬细胞内发育，鞭毛消失呈一种圆形或椭圆形的小体（2～3 μm），称为无鞭毛体（amastigote＝利杜体 Leishman-Donovan bodies＝利什曼型 Leishmanial）。无鞭毛体外具有细胞膜，内有胞质、胞核、基体（将来的鞭毛即由此发出）。这种不活动的无鞭毛体在巨噬细胞里，以巨噬细胞为营养，长大，不断地进行繁殖。繁殖的方法是二分裂。当繁殖到一定数量时，巨噬细胞破裂，这样无鞭毛体出来又侵入其他的巨噬细胞，如此引起巨噬细胞的大量破坏和增生，使肝脾肿大，发高烧（热），贫血，以至死亡。死亡率可达90％以上。

新中国成立前，全国黑热病患者较多。主要流行于长江以北广大地区，为我国五大寄生虫病之一。新中国成立后，在各流行区建立专门的防治机构，发动群众从治病、消灭病犬和白蛉子三方面进行防治。现已在全国范围内基本上控制了黑热病的流行。

锥虫（*Trypanosoma*）（图3-10）：多生活于脊椎动物的血液中，其形状与利什曼原虫基本相似，只是基体向后移至体后端，鞭毛由基体发出后，沿着虫体向前伸，与细胞表面拉成一波动膜。其运动主要靠波动膜及鞭毛，波动膜很适合于在黏稠度较大的环境中运动。锥虫广泛存在于各种脊椎动物中，从鱼类、两栖类，一直到鸟类、哺乳类的马、牛、骆驼甚至人，都有锥虫寄生。

寄生于人体的锥虫能侵入脑脊髓系统，使人发生昏睡病，故又名睡病虫，这种病只发现在非洲，我国还没发现。在我国发现的锥虫，主要危害马、牛、骆驼等。对马危害较重，引起马苏拉病，使马消瘦、体浮肿发热，有时突然死亡。

隐鞭虫（*Cryptobia*）：如鳃隐鞭虫（*C. branchialis*）（图3-11），寄生于鱼鳃。虫体形状似一柳叶，有两根鞭毛，一根向前称为前鞭毛，一根向后称为后鞭毛，后鞭毛与体表成一波动膜，伸出体外像一条尾巴。身体缓慢地向前扭动，不运动时即将后鞭毛插入鳃表皮的细胞里，破坏鳃细胞，还可分泌毒素，使鳃的微血管发炎，影响血液循环，使鱼呼吸困难。被害的鱼，常常离群独游于水面，或靠近岸边，体色暗黑，不久即死亡。预防主要是注意清塘和选择优良的鱼种下塘。

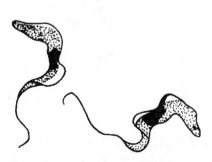

■图3-10 伊万氏锥虫（*T. evansi*）
（仿陈心陶等）

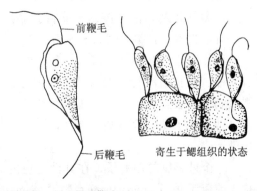

■图3-11 鳃隐鞭虫

在本亚纲中还有两类鞭毛虫，鞭毛的数目较多，一般在3条以上，大多数是寄生的。一类是多鞭毛虫，不仅鞭毛数目多，而且核的数目也多；另一类是超鞭毛虫，鞭毛数目特多，而核只有一个。前者有的寄生在人体，后者全部生活在昆虫肠内。如披发虫（*Trichonympha*）（图3-12），生活在白蚁肠中，与白蚁为共生关系。白蚁以木质纤维为食物，但是消化纤维素是靠这些鞭毛虫的作用。实验证明，如用高温（40 ℃）处理白蚁，其肠内的鞭毛虫死亡，可是白蚁还活着，白蚁同样可以吃木头，但吃后不能消化，以致饿死。

此外，在动鞭亚纲中也有些自由生活的种类。其中有趣的如领鞭毛虫（*Choanoflagellates*）。在领鞭毛虫体前端鞭毛基部，有一领状结构围绕着鞭毛，它是由细胞质突起形成的（见海绵动物的领细胞），后端有一柄，常附于其他物体上营固着生活，如双领虫（*Diplosiga*）（图3-13B）。营群体生活的如原绵虫（*Proterospongia*）（图3-13C），是一个疏松的群体，外周为领细胞，里边为变形细胞，埋在一团不定形的胶质中，对了解海绵动物与原生动物的亲缘关系有意义。另一类鞭毛虫既有鞭毛又有伪足，称为变形鞭毛虫（*Mastigamoeba*）（图3-13A），这类动物对探讨鞭毛类与肉足类的亲缘关系有意义。

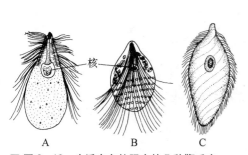

■ 图3-12 生活在白蚁肠中的几种鞭毛虫

A. 披发虫；B. 裸冠鞭毛虫（*Stephanympha nelumbium*）；C. 脊披发虫（*Stirotrichonympha*）

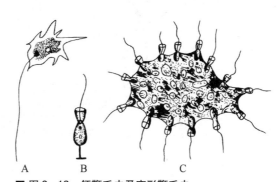

■ 图3-13 领鞭毛虫及变形鞭毛虫

A. 变形鞭毛虫；B. 双领虫；C. 原绵虫（A. 仿Villee等；B. 仿陈义；C. 仿Hickman等）

3.3 肉足纲（Sarcodina）

3.3.1 代表动物——大变形虫（*Amoeba proteus*）

大变形虫分布很广，生活在清水池塘或在水流缓慢、藻类较多的浅水中。通常在浸没于水中的植物上就可找到。

3.3.1.1 形态结构与机能

大变形虫（图3-14）是变形虫中最大的一种，直径为200~600 μm。活的变形虫体形不断地改变。结构简单。体表为一层极薄的质膜。在质膜之下为一层无颗粒、均质透明的外质（ectoplasm）。外质之内为内质（endoplasm），内质流动，具颗粒，其中有扁盘形的细胞核、伸缩泡、食物泡及处在不同消化程度的食物颗粒等。内质又可再分为两部分，处在外层相对固态的称为凝胶质（plasmagel），在其内部呈液态的称为溶胶质（plasmasol）。

（1）伪足与运动　变形虫在运动时，由体表任何部位都可形成临时性的细胞质突起，称为伪足（pseudopodium），它是变形虫的临时运动器。伪足形成时，外质向外凸出呈指状，内质流入其中，即溶胶质向运动的方向流动，流动到临时的突起前端后，又向外分开，接着又

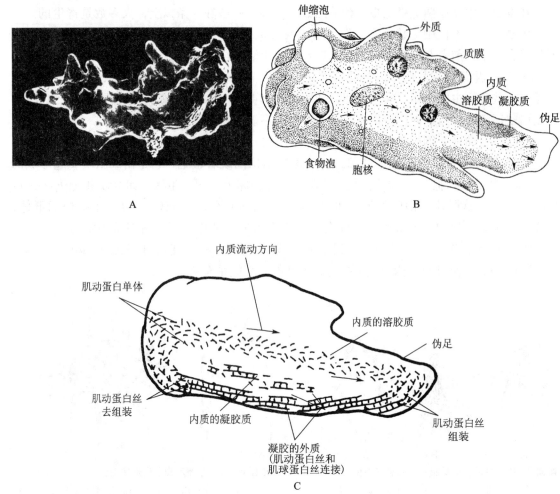

■ 图 3-14 大变形虫

A. 扫描电子显微照片；B. 大变形虫的结构及伪足形成；C. 变形运动分子机制图解，肌球蛋白单体显示为在肌动蛋白丝之间交联（A. 自 Small 等；B. C. 自刘凌云）

变为凝胶质，同时后边的凝胶质又转变为溶胶质，不断地向前流动，这样虫体不断向伪足伸出的方向移动。这种现象称为变形运动（amoeboid movement）。变形运动的形式在不同肉足动物有所不同。变形运动的机制，大体上了解，细胞质溶胶质⟷凝胶质的转变是细胞骨架肌动蛋白和肌球蛋白动态的相互作用，肌动蛋白组装和去组装的结果（图 3-14C）。肌动蛋白在临时后端去组装形成单体，由凝胶质变为溶胶质，随内质向前流动。在临时前端肌球蛋白单体（不是像典型肌肉组装成粗丝）与肌动蛋白交联，肌动蛋白组装，溶胶质变为凝胶质，在 Ca^{2+} 和 ATP 存在时引起收缩。大致可以确定变形虫在运动时，由于外质收缩提供力量，促使内质向前流动。但是，精确的机制还不完全了解。变形运动不止存在于变形虫类，也发生在所有动物体内的某些细胞，如胚胎的间质细胞、免疫系统细胞以及转移癌细胞等。

（2）吞噬、胞饮与消化　伪足不仅是运动器，也有摄食作用。变形虫主要以单胞藻类、小的原生动物为食。当变形虫碰到食物时，即伸出伪足进行包围（吞噬作用 phagocytosis）（图 3-15），随着食物也带进一些水分，形成食物泡（food vacuole），与质膜脱离，进入内质中，随着内质流动。食物泡和溶酶体融合，由溶酶体所含的各种水解酶消化食物，整个消

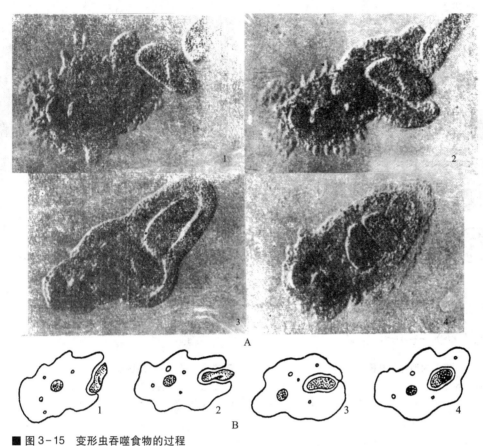

■ 图 3-15　变形虫吞噬食物的过程
A. 大变形虫吞噬草履虫显微照片；B. 示意图（1~4 示吞噬过程）（A. 自 Grell；B. 自刘凌云）

化过程在食物泡内进行。已消化的食物进入周围的细胞质中；不能消化的物质，随着变形虫的前进，则留于相对后端，最后通过质膜排出体外（图 3-16），这种现象称为排遗。

变形虫除了能吞噬固体食物外，还能摄取一些液体物质，这种现象很像饮水一样，因此称为胞饮作用（pinocytosis）（图 3-17）。即在液体环境中的一些分子（一般是大分子化合物）或离子吸附到质膜表面，使膜发生反应，凹陷下去形成管道，然后在管道内端断下来形成一些液泡，移到细胞质中，与溶酶体结合形成多泡小体（在一个囊泡膜内可有几个胞饮小泡），经消化后营养物质进入细胞质中。胞饮作用必须有某些物质诱导才能发生，诱导胞饮作用的实验大多是应用变形虫做的。它在纯水、糖类溶液中不发生胞饮作用，如加蛋白质、氨基酸或某些盐类就发生胞饮作用。这种现象较普遍地存在于各种细胞，很多细胞类型的胞饮小囊是在电子显微镜的分辨范围内（0.01~0.1 μm），变形虫和组织培养细胞的是在光学显微镜的分辨范围内（1~2 μm）。

（3）伸缩泡与渗透调节　在内质中可见一泡状结构的伸缩泡，有节律地膨大、收缩，排出体内过多水分（其中也有代谢废物），以调节水分平衡。由于变形虫的细胞质是高渗性的，因此淡水通过质膜的渗透作用不断地进入体内，同时随着摄食也带进一些水分。海水中的变形虫一般无伸缩泡，因为它们生活在与细胞质等渗的海水中，如把它们放在淡水中，它们能形成伸缩泡。如果用实验抑制伸缩泡的活性，则变形虫膨胀，最后破裂死亡。由此可见伸缩泡对调节水分平衡的重要作用。

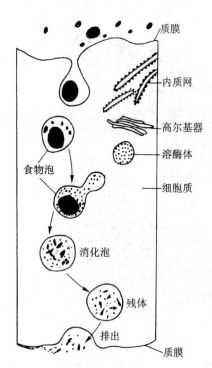

■ 图3-16 细胞内消化示意图
（仿 Keeton 稍改）

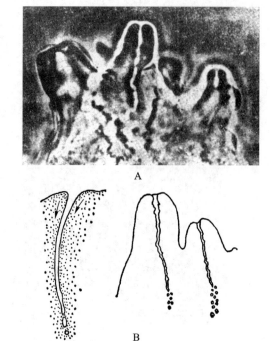

■ 图3-17 变形虫胞饮
A. 大变形虫胞饮显微照片；B. 示意图（A. 自 Holter；
B. 仿 Holter）

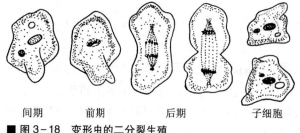

间期　前期　后期　子细胞

■ 图3-18 变形虫的二分裂生殖
（仿 Hickman）

变形虫和其他动物一样需要和利用能量进行呼吸作用。呼吸作用所需 O_2 和排出 CO_2，主要通过体表进行。

（4）生殖与包囊　变形虫进行二分裂生殖，是典型的有丝分裂（图3-18），一般条件下约进行 30 min。在分裂过程中，虫体变圆，有很多小伪足，中期时核膜消失，体伸长，然后分裂，分成两个子细胞。在一般条件下，变形虫约需 3 天达到再分裂的大小。孢子形成和出芽虽有报道，但二分裂仍是经常的生殖方式。

某些变形虫（但不是大变形虫）在不良环境下能形成包囊。伪足缩回，分泌一囊壳，在包囊内虫体也可进行分裂生殖，并在适宜的条件下从包囊中出来进行正常生活。

3.3.1.2 研究的意义

变形虫结构简单，容易培养，是研究生命科学的好材料。如细胞核与细胞质的关系问题，有关物质代谢的问题，形态发生与核的关系问题等，过去用变形虫做了很多实验。如观察去核与不去核虫体的物质代谢变化，证明细胞质中的 RNA 来源于细胞核。用 ^{32}P 标记的四膜虫喂变形虫，则变形虫被标记，再将这标记的变形虫的核移植到正常的去核变形虫体内，用放射自显影术可见到细胞质中也有放射性，显然是核的物质进入了细胞质，从化学成分上证明放射性来自核的 RNA。另外，把标记的核移植到正常的没有去核的变形虫内，不久细胞质中出现了放射性，但正常核一直没有放射性，这说明细胞质的 RNA 不能输送到核内。用变形虫做的实验非常多，可见变形虫对科学实验和探讨一些生命的基本问题是很有用的。

3.3.2 肉足纲的主要特征

肉足纲以伪足为运动器，伪足有运动和摄食的机能。根据伪足形态结构的不同，可分为：① 叶状伪足（lobopodium），为叶状或指状，如变形虫、表壳虫；② 丝状伪足（filopodium），一般由外质形成，细丝状，有时有分支，如鳞壳虫；③ 根状伪足（rhizopodium），细丝状，分支，分支又愈合成网状，如有孔虫；④ 轴状伪足（axopodium），伪足细长，在其中有由微管组成的轴丝（axial filament），如太阳虫、放射虫。

体表没有坚韧的表膜，仅有极薄的细胞质膜。细胞常分化为明显的外质与内质，内质包括凝胶质和溶胶质。虫体有的种类为裸露的，有的种类具石灰质或几丁质的外壳，或有硅质的骨骼。

二分裂生殖，有的种类具有性生殖，形成包囊者极为普遍。生活于淡水、海水，也有寄生的。

3.3.3 肉足纲的重要类群

肉足纲根据伪足形态的不同可分为两亚纲。

3.3.3.1 根足亚纲（Rhizopoda）

伪足为叶状、指状、丝状或根状。大变形虫即属于本亚纲。变形虫的种类很多，它们的伪足都与大变形虫的相似，生活在水中，也有生活在潮湿土壤中的，有些种类是寄生的，与人类关系密切的，如痢疾内变形虫。

痢疾内变形虫（*Entamoeba histolytica*）也称溶组织阿米巴，寄生在人的肠道里，能溶解肠壁组织引起痢疾。痢疾内变形虫的形态，按其生活过程可分为 3 型：大滋养体、小滋养体和包囊（图 3-19）。所谓滋养体，一般指原生动物摄取营养阶段，能活动、摄取养料、生长和生殖，是寄生原虫的寄生阶段。痢疾内变形虫的大、小滋养体结构基本上相同，不同的是大滋养体个大，为 12~40 μm，运动较活泼，能分泌蛋白分解酶，溶解肠壁组织。而小滋养

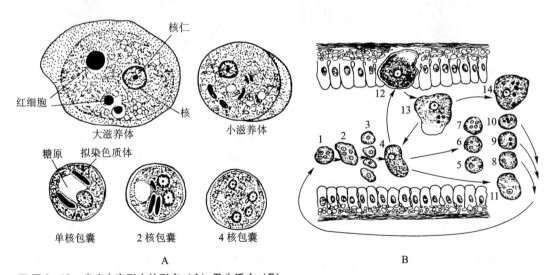

■ 图 3-19　痢疾内变形虫的形态（A）及生活史（B）

1. 进入人肠的 4 核包囊；2~4. 小滋养体形成；5~7. 含 1，2，4 核包囊；8~10. 排出的 1，2，4 核包囊；11. 从人体排出的小滋养体；12. 进入组织的大滋养体；13. 大滋养体；14. 排出的大滋养体（A. 仿中国医大；B. 仿上海第二医学院）

体个小，为 7~15 μm，伪足短，运动较迟缓，寄生于肠腔，不侵蚀肠壁，以细菌和霉菌为食物。包囊指原生动物不摄取养料阶段，周围有囊壁包围，富有抵抗不良环境的能力，是原虫的感染阶段。痢疾内变形虫的包囊，新形成时是一个核，核仁位于核的正中（滋养体也如此，对鉴别种类很重要）。以后核经过两次分裂，形成 2 个核→4 个核。4 个核的包囊是感染阶段。

当人误食包囊后，经过食道、胃，很少有变化，到小肠的下段，囊壁受肠液的消化，变得很薄，囊内的变形虫破壳而出，每个核各据一部分胞质形成 4 个小滋养体。小滋养体在肠腔中以细菌及肠腔中的碎屑为食物，行分裂生殖。过一时期，小滋养体可形成包囊，随粪便排出体外，又可感染新寄主。当寄主身体抵抗力降低时（如感冒或其他疾病），小滋养体就可变成大滋养体，分泌溶组织酶（蛋白质水解酶），溶解肠黏膜上皮，侵入黏膜下层，溶解组织、吞食红细胞，不断地增殖，破坏肠壁。由于肠壁被破坏，血管也被破坏，所以有出血现象。因此，在患者的大便中常是血多脓少。大滋养体一般不直接形成包囊，可以在肠腔中形成小滋养体，也可以随粪便排出。

感染痢疾内变形虫以后，不发高热，一般比较缓和。但有时大滋养体可使肠壁溃烂造成腹膜炎。甚至有的也可至肝、肺、脑、心各处，形成脓肿。如至肝形成肝脓肿，则长期发热，肝痛肿大。因此，要经常注意预防，防止食入包囊，注意卫生，消灭苍蝇，对粪便进行合理的处理等。消灭包囊来源和防止包囊进入人体是预防的根本环节。此外，还有的种类在其质膜外覆以保护性的外壳，如表壳虫、砂壳虫、有孔虫和足衣虫（*Chlamydophrys*）等（图 3-20）。

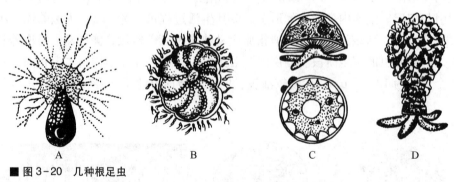

■ 图 3-20　几种根足虫

A. 足衣虫；B. 有孔虫（周围为配子）；C. 表壳虫（下为顶面观）；D. 砂壳虫（仿陈义等）

表壳虫（*Arcella*）体形如表壳，壳由细胞本体分泌而成，为黄褐色，其上有花纹。壳口向下，指状伪足由壳口伸出进行运动。砂壳虫（*Difflugia*）的壳是由分泌的胶质物混合以自然界中的小砂粒构成的，指状伪足由壳口伸出。这两种动物都属于有壳目，在采到的浮游生物水样中经常看到。它们的身体周围伸出很多细胞质丝连在壳的内部，壳和本体之间空隙很多，充满气体，这样就增加了浮力，因此它们经常漂浮在水中，成为浮游生物的组成部分。

有孔虫生活在海洋中，大多为底栖。一般具有石灰质或其他物质形成的外壳，壳多室或单室，形状多种多样（图 3-21）。伪足根状，从壳口和壳上的小孔伸出，融合成网状。生活史较复杂，有世代交替。有性生殖过程中配子具鞭毛。如球房虫（*Globigerina*）。有孔虫类是古老的动物，从寒武纪到现代都有它的遗迹，而且数量非常大，现在的海底约有 35 % 是被有孔虫的壳沉积的软泥所覆盖，据统计每克泥沙中约有 5 万个有孔虫的壳。有孔虫不但化石多，

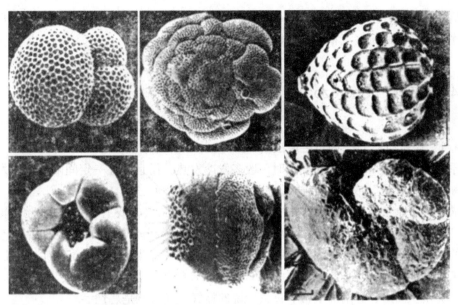

■ 图3-21 几种有孔虫壳的扫描电子显微照片
（自 Grell 等）

而且在地层中演变快，不同时期有不同的有孔虫。根据有孔虫类的化石不仅能确定地层的地质年代和沉积相，而且还能揭示出地下结构情况，从而对找寻沉积矿产、发现石油、确定油层和拟定油井位置，有着重要的指导作用。

3.3.3.2 辐足亚纲（Actinopoda）

具有轴伪足，一般体呈球形，多营漂浮生活，生活在淡水或海水中。常见的如太阳虫、放射虫。

太阳虫（*Actinophrys*）（图3-22）：多生活在淡水中，细胞质呈泡沫状态，伪足由球形身体周围伸出，伪足较长，内有轴丝，这些结构都有利于增加虫体浮力，适于漂浮生活。太阳虫也是浮游生物的组成部分，为鱼的自然饵料。

放射虫（图3-22）：这类动物一般具硅质骨骼，身体呈放射状，在内、外质之间有一几丁质囊，称为中央囊，在囊内有一或多个细胞核，在外质中有很多泡，增加虫体浮力，适于

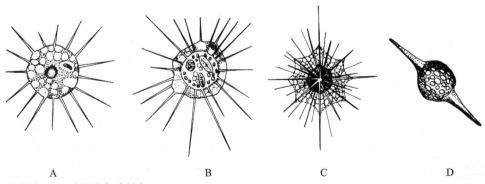

| A | B | C | D |

■ 图3-22 太阳虫与放射虫

A. 放射太阳虫（*Actinophrys sol*）；B. 艾氏辐射虫（*Actinosphaerium eichhorni*）；C. 等辐骨虫；D. 一种放射虫（*Sphaerostylus ostracion*）的中央囊（仿 Meglitsch）

漂浮生活。如等辐骨虫（*Acanthometron*）。放射虫也是古老的动物类群，当虫体死亡后其骨骼沉于海底，也能形成海底沉积。其作用与意义和有孔虫类相似。

3.4 孢子纲（Sporozoa）

3.4.1 代表动物——间日疟原虫（*Plasmodium vivax*）

疟原虫能引起疟疾，这种病发作时一般多发冷发热，而且是在一定间隔时间内发作，有些地方称为"打摆子"或"发疟子"，是我国五大寄生虫病之一。

已描述的疟原虫有 50 多种，其中寄生在人体的疟原虫主要有 4 种：间日疟原虫（*P. vivax*）、三日疟原虫（*P. malaria*）、恶性疟原虫（*P. falciparum*）和卵形疟原虫（*P. ovale*）。疟原虫的分布极广，遍及全世界。在我国以间日疟和恶性疟为最常见，卵形疟在我国极少发生。在东北、华北、西北等地区主要为间日疟，三日疟较少。恶性疟主要发生在我国西南，如云南、贵州、四川、海南岛一带。过去所说的瘴气，其实就是恶性疟。

这 4 种疟原虫的生活史基本相同。现以间日疟原虫为例说明疟原虫的形态和生活史。

间日疟原虫有两个寄主：人和按蚊。生活史复杂，有世代交替现象。无性世代在人体内，有性世代在某些雌按蚊体内，借蚊传播。

3.4.1.1 在人体内（进行裂体生殖）

疟原虫在肝细胞和红细胞内发育。有些学者把在肝细胞发育分为红细胞前期和红细胞外期。有些学者把红细胞前期称为红细胞外期。在红细胞内发育包括红细胞内期及有性时期的开始（配子体形成）（图 3-23）。

红细胞前期（pre-erythrocytic stage）：当被感染的雌按蚊叮人时，其唾液中疟原虫的长梭形子孢子（sporozoite）随唾液进入人体，随着血流先到肝，侵入肝细胞内，以胞口摄取肝细胞质为营养（这时称滋养体 trophozoite），逐渐增大，成熟后通过复分裂进行裂体生殖（schizogony）。即核首先分裂成很多个，称为裂殖体（schizont），裂殖体也以胞口摄取肝细胞质为营养，然后细胞质随着核而分裂，包在每个核的外边，形成很多小个体，称裂殖子或潜隐体（merozoite 或 cryptozoite）。当裂殖子成熟后，破坏肝细胞而出，才能侵入红细胞。因此把疟原虫侵入红细胞以前，在肝细胞里发育的时期称为红细胞前期（即病理上的潜伏期）。在此期中一般抗疟药对疟原虫没有什么作用。此期在间日疟原虫一般为 8~9 天，恶性疟原虫需 6~7 天。这是属于短潜伏期的，但也有长潜伏期的。我国学者江静波教授等曾对河南省间日疟原虫多核亚种（*P. vivax multinucleatum*）进行长潜伏期的研究，经 3 位参加该项工作的同志献身作试验，用人工感染的蚊虫叮咬，结果

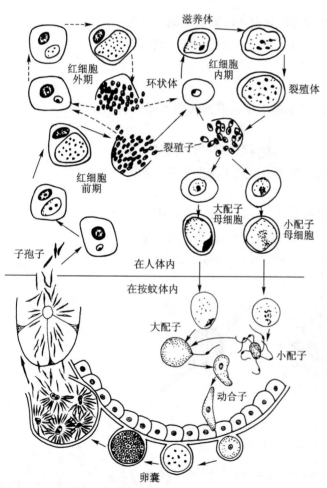

■ 图 3-23　间日疟原虫生活史

（自刘凌云）

图中标注：滋养体、红细胞外期、环状体、红细胞内期、裂殖体、红细胞前期、裂殖子、大配子母细胞、小配子母细胞、子孢子、在人体内、在按蚊体内、大配子、小配子、动合子、卵囊

证明该间日疟原虫在人体内潜伏期分别为312、321和323天。这是我国首次以实验的方法证明长潜伏期间日疟原虫在我国的存在，并获得了长潜伏期具体时间的精确记录。

裂殖子成熟后，胀破肝细胞，散发在体液和血液中，一部分裂殖子可被吞噬细胞吞噬，一部分侵入红细胞，开始红细胞内期的发育。一些学者认为，还有一部分又继续侵入其他肝细胞，进行红细胞外期发育。

红细胞外期（exo-erythrocytic stage）：由于此时在红细胞内已有疟原虫，因此相应地称为红细胞外期。用抗疟药物治疗，红细胞内疟原虫虽被消灭，但外期的疟原虫并没有被消灭，当它们在肝细胞内行裂体生殖所产生的裂殖子出来以后，侵入红细胞可使疟疾复发，因此认为外期的存在是疟疾复发的根源。近些年许多学者认为红细胞外期尚未完全证实，而认为疟疾愈后的复发，是由于子孢子进入人体侵入肝细胞后，一部分立即进行发育（也称为早发型或速发型子孢子 tachysporozoite），引起初期发病。其余的子孢子处于休眠状态（也称为迟发型子孢子 bradysporozoite），经过一个休眠期，到一定时候休眠的子孢子才开始发育，经裂体生殖形成裂殖子，侵入红细胞后引起疟疾复发。

红细胞内期（erythrocytic stage）：由红细胞前期所产生的裂殖子，侵入红细胞，体积渐渐长大，当中有一空泡，核偏在一边，很像一个带印的戒指，所以称为环状体（或环状滋养体）。在几小时内环状体增大，细胞质变得活跃，像变形虫一样向各方面伸出伪足，称阿米巴样体或大滋养体。此时疟原虫摄取红细胞内的血红素为养料，其不能利用的分解产物（正铁血红素）成为色素颗粒，积于细胞质内，称为疟色粒（pigment granules）（在肝细胞中的疟原虫无疟色粒）。成熟的滋养体几乎占满了红细胞，由此再进一步发育，形成裂殖体。裂殖体成熟后，形成很多个裂殖子，红细胞破裂，裂殖子散到血浆中，又各自侵入其他的红细胞，重复进行裂体生殖。这个周期所需要的时间在各种疟原虫不同，间日疟原虫需48 h（三日疟原虫需72 h，恶性疟原虫需36~48 h）。这也是疟疾发作所需间隔的时间，即裂殖子进入红细胞在其中发育的时间里疟疾不发作。当新形成的裂殖子从红细胞出来时，由于大量的红细胞被破坏，同时裂殖子及其代谢产物也放出来，于是引起患者生理上一系列变化，以致表现出发冷发热等症状。

这些裂殖子经过几次裂体生殖周期以后，或机体内环境对疟原虫不利时，有一些裂殖子进入红细胞后，不再发育成裂殖体，而发育成大、小配子母细胞。在间日疟原虫，大配子母细胞（macrogametocyte，雌）较大，有时较正常红细胞可大一倍，核偏在虫体的一边，较致密，疟色粒也较粗大。小配子母细胞（microgametocyte，雄）较小，核在虫体的中部，较疏松，疟色粒较细小（恶性疟原虫的配子母细胞形状如腊肠，雌的两端稍尖，核较致密，雄的两端钝圆，核较疏松）。这些配子母细胞在人体内如不被按蚊吸去，不能继续发育。在血液中可能生存30~60天。

3.4.1.2　在按蚊体内（进行配子生殖和孢子生殖）

疟疾患者红细胞内的大、小配子母细胞达到相当密度后，如被按蚊吸去，在蚊的胃腔中进行有性生殖，大、小配子母细胞形成配子。大配子母细胞成熟后称大配子（或称雌配子）（macrogamete），形状变化不大。小配子母细胞的核分裂成几小块移至细胞周缘，同时胞质活动，由边缘突出4~8条活动力很强的毛状细丝，每个核进入到一个细丝体内，之后鞭毛状细丝一个个脱离下来形成小配子（或称雄配子）（microgamete）（图3-27）。小配子在蚊胃腔内游动与大配子结合（受精）而成合子（zygote）。合子逐渐变长，能蠕动，因此称动合子（ookinate）。动合子穿入蚊的胃壁，定居在胃壁基膜与上皮细胞之间，体形变圆，外层分泌囊壁，发育成卵囊（oocyst）。在一个蚊胃上可有一至数百个卵囊。卵囊里的核及胞质进行多

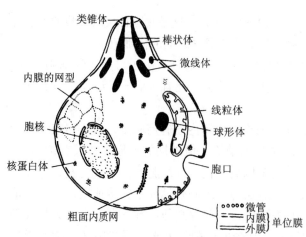

■ 图 3-24　裂殖子（鸟疟原虫）微细结构图解

注意它具有厚的不连续的内膜（实为网状膜）（仿 J. D. Smyth）

次分裂，形成数百至上万的子孢子，一簇簇地集在卵囊里，成熟后，卵囊破裂，子孢子出来，到体腔里，可以穿过各种组织，但最多的是到蚊的唾液腺中。在唾液腺子孢子可达 20 万之多，子孢子在蚊体生存可超过 70 天，但生存 30～40 天后其传染力大为降低。当蚊再叮人时这些子孢子就随着唾液进入人体。

疟原虫的亚显微结构：对许多种寄生于动物和人的疟原虫进行电镜观察，了解了其微细结构，有利于进一步探讨其功能，也改变了过去一些不确切的看法，例如过去认为疟原虫寄生于肝细胞和红细胞内通过体表吸收营养，现已证明它们是以胞口摄取营养，并证实疟原虫实际不是穿过寄主的红细胞膜进入细胞内，而只是在红细胞形成的凹陷内，然后虫体被包进细胞内，虫体外包一层红细胞膜（图 3-24，图 3-25，图 3-26）。因此，有些学者认为，疟原虫的机体，严格地说，并不是细胞内寄生，而是细胞间寄生的。还表明小配子具有鞭毛的 "9+2" 的微管结构（图 3-27）等。电镜所显示的各种疟原虫的亚显微结构，基本上是相似的。

疟原虫对人的危害很大，它能大量地破坏红细胞，造成贫血，使肝脾肿大，近年来发现间日疟原虫也能损害脑组织，严重地影响人们的健康甚至造成死亡。新中国成立前，危害极为严重，如云南南部一流行区，据 1924 年统计人口为 10 万，到 1938 年人口只剩下 2 万，由于疟疾使人口在 14 年间减少 80 %。新中国成立后，党和政府对此极为重视，在各流行区设立专门抗疟机构，贯彻了积极防治与采取综合措施的方针，治病与灭蚊并进。疟疾发病率迅速下降，基本上控制了大量流行。各种防治药物不断被发现。原产南美热带高海拔地区的金

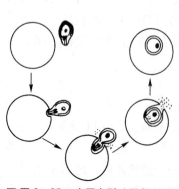

■ 图 3-25　疟原虫裂殖子侵入红细胞的过程示意图（仿中山医学院等）

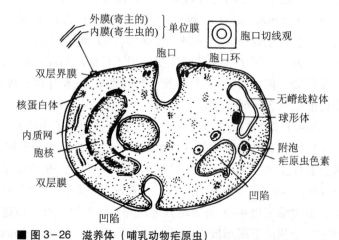

■ 图 3-26　滋养体（哺乳动物疟原虫）

注意：线粒体无嵴，外膜来自寄主细胞膜，裂殖子时所具有的网状内膜、微管层、类锥体、棒状体和球形体等已消失（仿 J. D. Smyth）

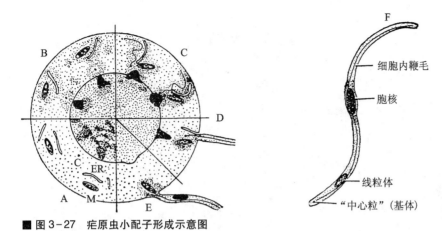

■ 图3-27 疟原虫小配子形成示意图

A. 小配子形成前的小配子母细胞（C. 中心粒；M. 线粒体；ER. 内质网）；B. 中心粒复制，染色质定位于核周围；C. 染色质更明显，从中心粒发生鞭毛，ER接近于小配子母细胞膜；D. 小配子形成：鞭毛伸出小配子母细胞，染色质很显著；E. 染色质移入小配子，形成小配子的核，线粒体可能也移入小配子，小配子断下，游离出来；F. 小配子（仿 J. N. Farmer）

鸡纳树（能提取疟疾特效药物金鸡纳霜，即奎宁），在云南也已大量种植。近些年来又开展了疟疾免疫的研究，进展十分迅速，特别是单克隆抗体、分子生物学和遗传工程技术的应用，已对红细胞与疟原虫的相互关系，疟原虫不同发育期的抗原及其编码基因都有了较深入的认识，而且已合成了越来越多的保护性抗原。但疟疾疫苗目前仍未见突破性进展。这主要由于受各种因素的影响。如疟原虫有多个时期，每个时期有多种抗原，每个抗原有多个表位，还有的抗原有多个等位基因，相同抗原又有多种结构形式，免疫系统有多种作用因子，不同寄主免疫反应不同的影响等诸多的因素影响，以致疟疾疫苗的研制面临不少困难，有待解决。

3.4.2 孢子纲的主要特征

孢子纲的动物都是营寄生生活的，无运动器，或只在生活史的一定阶段以鞭毛或伪足为运动器，这可说明孢子虫与鞭毛虫和肉足虫的亲缘关系。孢子纲动物很多具有顶复合器（apical complex）结构，因此近年来有学者将具有顶复合器的孢子虫另列为顶复体门（Apicomplexa）〔原孢子纲的微孢子虫、黏孢子虫也分别立为门。近年发现黏孢子虫不属于原生动物，而是后生动物（见第7章附门）〕。顶复合器包括类锥体、极环、棒状体、微线体等结构。对这些胞器的功能还不很了解，有人认为类锥体、棒状体和微线体等与寄生虫侵入寄主细胞有关。营养方式为异养。

生活史复杂，有无性世代与有性世代的两个世代的交替，这两个世代多数在两个寄主体内进行，无性世代在脊椎动物（或人）的体内，有性世代在无脊椎动物体内。也有些种类在同一寄主体内进行。无性生殖是裂体生殖。有性生殖是配子生殖，其后为无性的孢子生殖。也有人将配子生殖与孢子生殖合称为有性生殖。其生活史大多经过以下几个时期，图解如下：

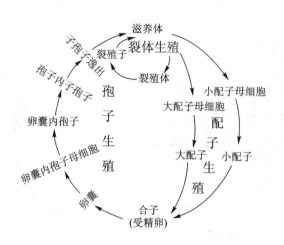

3.4.3 孢子纲的重要类群

球虫类 (Coccidia)：这类孢子虫多寄生于脊椎动物消化器官的细胞内。生活史与疟原虫的基本相同，不同的是，它只寄生在一个寄主体内，卵囊必须在寄主体外进行发育。孢子有厚壁。主要寄生于羊、兔、鸡、鱼等动物体内。如兔球虫，寄生在肝胆管上皮细胞的为兔肝艾美球虫 (*Eimeria stiedae*) （图3-28），寄生在兔肠上皮细胞的有穿孔艾美球虫 (*E. perforans*) 等。据调查我国至少有9种兔球虫，这几种球虫一般多混合感染，对家兔危害很大，尤其对断奶前后的幼兔更为严重，有时可引起家兔大量死亡，对养兔业是很大威胁。其生活史与疟原虫基本相同，即兔误食了卵囊（感染阶段）后，子孢子在小肠内从囊内出来，侵入肝胆管的上皮细胞或肠上皮细胞内发育成滋养体，进行裂体生殖。过一段时期后产生大小配子母细胞，进行配子生殖，形成合子，在其外分泌厚壳，称为卵囊，卵囊随粪便排出体外。在合适的外界条件下卵囊发育，核分裂形成4个孢子母细胞，每个孢子母细胞外分泌外壳，成为4个孢子，每个孢子内又分裂成为2个子孢子，即每个卵囊内有8个子孢子。在此阶段的卵囊，如被另一兔吃下就可被感染，或者重复感染。卵囊对外界条件的抵抗力很强，根据实验，用低于1%的石炭酸、高锰酸钾、来苏儿以及饱和盐水和碱水等不能杀死卵囊，但用80℃以上水处理可使卵囊迅速死亡，因此用开水洗刷兔笼及用具或用80~100℃高温处理是预防的有效措施。

血孢子虫 (Haemosporidia)：在其生活史中

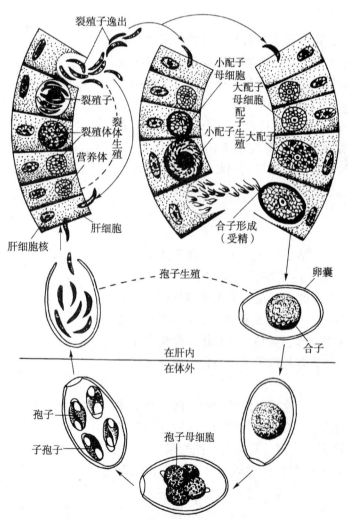

■ 图3-28 兔肝艾美球虫的生活史

（仿江静波等）

经过两个寄主。裂体生殖时期寄生在脊椎动物或人体内（血液中或血细胞中），配子生殖和孢子生殖是在吸血的节肢动物（蚊或蜱）体内。由于其整个生活史在寄主体内进行，所以孢子无壳，如疟原虫。又如在我国巴贝斯焦虫（*Babesia*）和泰勒焦虫（*Theileria*）* 对家畜均有危害，可引起家畜患焦虫病。焦虫有许多种，通常寄生在家畜的红细胞内，虫体呈圆形、环形、梨形（单个或成对）等不同形态（图3-29）。不同的家畜各有其一定的焦虫致病，彼此互不感染，其中以牛焦虫种类最多，其他家畜的较少。病原体通过硬蜱传播。当被感染的硬蜱吸取家畜血液时，焦虫即可进入家畜的红细胞（泰勒焦虫先进入淋巴细胞和组织细胞中繁殖，再进入红细胞内寄生），然后以二分裂或成对出芽法进行繁殖（图3-29）。当红细胞破裂后，虫体再侵入其他的红细胞。如此反复进行，破坏大量红细胞。严重时一部分血红素由肾排出，成为血尿。焦虫在蜱体内发育繁殖较复杂，有些具体过程尚不完全清楚或无一致结论。有些种类在蜱内发育一段时间后，一部分虫体侵入蜱的卵巢，随着蜱卵的形成，被包在卵内，并借此传递给下一代，当蜱的幼虫到家畜体上吸血时又传给家畜。或者不经过卵传递，蜱在幼虫或若虫阶段吸血感染焦虫，焦虫即在蜱体内发育繁殖，等蜱长成若虫或成虫吸血时再传给家畜。焦虫对家畜危害较大，有的死亡率可高达90％。

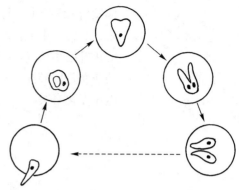

■ 图3-29　牛双芽巴贝斯焦虫（*Babesia big-emina*）在红细胞内发育图解
（仿北京农大等）

3.5　纤毛纲（Ciliata）

3.5.1　代表动物——草履虫（*Paramecium caudatum*）

草履虫生活在淡水中。一般池沼、小河中都可采到。

3.5.1.1　形态结构与机能

草履虫（图3-30）形状很像草鞋。全身长满了纵行排列的纤毛。从体前端开始有一道沟斜着伸向身体中部，在沟之后端有口，所以称为口沟（oral groove）。游泳时，全身的纤毛有节奏地摆动，由于口沟的存在和该处的纤毛较长，摆动有力，所以使虫体旋转前进。

（1）表膜泡、动纤丝与刺丝泡　虫体的表面为表膜（pellicle），其内的细胞质分化为内质与外质。在电子显微镜下，表膜由3层膜组成，最外面一层膜在体表和纤毛上面是连续的（图3-31）。最里面一层和中间一层膜形成表膜泡（pellicle alveoli）的镶嵌系统。表膜泡对增加表膜的硬度有作用，同时又不妨碍虫体的局部弯曲，还可能是保护细胞质的一种缓冲带，并可避免内部物质穿过外层细胞膜。

纤毛的结构与鞭毛相同。每一根纤毛是由位于表膜下的一个基体发出来的，在普通显微镜下的活标本中看不清基体，但用一定的染色方法可以显示出来。在电子显微镜下，可见每个基

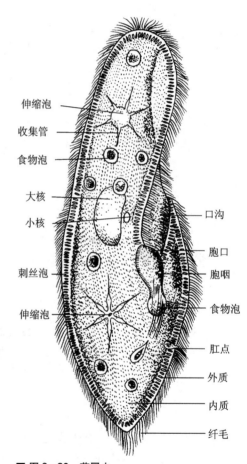

■ 图3-30　草履虫
（自刘凌云）

标注：伸缩泡、收集管、食物泡、大核、小核、刺丝泡、伸缩泡、口沟、胞口、胞咽、食物泡、肛点、外质、内质、纤毛

---

* 因为它们的生活史中，无纤毛、鞭毛或孢子，所以现在有人已把它们列入肉足纲（Sarcodina）中。

体发出一细纤维（称为纤毛小根，ciliary rootlet），向前伸展一段距离与同排的纤毛小根连系起来，成为一束纵行纤维，称为动纤丝（kinetodesmas）。此外，有一套与纤毛结合的、很复杂的小纤维系统（fibrillar system）（图 3-31），各种小纤维联结成网状，有的学者认为，它们的作用是传导冲动和协调纤毛的活动；也有人认为，纤毛摆动的协调作用与它无关，而与膜电位变化有关。

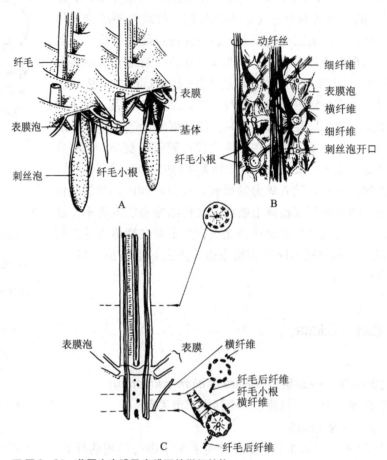

■ 图 3-31 草履虫表膜及表膜下的微细结构

A. 表膜及表膜下结构的一部分立体图解；B. 表膜平面观；C. 纤毛和基体纵切图解及其 3 个部位（箭头所指）的横切。注意表膜、表膜泡与纤毛的关系（仿 Jurand，Selman）

在表膜之下有一些小杆状结构，整齐地与表膜垂直排列，此为刺丝泡（trichocyst），有孔开口在表膜上，当动物遇到刺激时，刺丝泡射出其内容物，遇水成为细丝。如用 5% 亚甲基蓝、稀醋酸或墨水刺激时，可见放出刺丝。一般认为刺丝泡有防御的机能。

（2）摄食与消化　内质多颗粒，能流动，其内有细胞核、食物泡、伸缩泡等。草履虫有一大核一小核，大核在显微镜下为透明略呈肾形的结构，小核位于大核的凹处，大核主要管营养代谢，为多倍体，小核主要管繁殖、遗传（也有的种类有两个或多个小核）。食物泡的形成：在口沟的后端有一胞口，其下连一漏斗形的胞咽（cytopharynx）或称口腔，在胞咽内有特殊的纤毛组不断摆动，可以引起水流进入胞口，由水流中带来的食物（如细菌或其他小的生物及腐烂的有机物）于胞咽下端形成小泡，小泡逐渐胀大落入细胞质内即为食物泡。食物泡形成后在体内流动，有固定的路线，在流动过程中，溶酶体融合于食物泡，在食物泡内进行消化。不能消化的残渣由身体后部的胞肛（cytoproct）排出。胞肛平常不易看见。如将酵母菌或细菌用刚果红染色，喂草履虫，可以看到食物泡的形成过程及其在体内的流动。

（3）伸缩泡与水分调节　在内质与外质之间有两个伸缩泡（图3-32），一个在体前部，一个在体后部。每个伸缩泡向周围细胞质伸出放射排列的收集管。在电子显微镜下，这些收集管端部与内质网的小管相通连。在伸缩泡主泡及收集管上有收缩丝（contractile filament），有人认为它是由一束微管（microtubules）组成。由于收缩丝的收缩使内质网收集的水分（其中也有代谢废物）排入收集管，注入伸缩泡的主泡，通过表膜小孔（或称排泄孔）排出体外。前后两个伸缩泡交替收缩，不断排出体内过多的水分，以调节水分平衡。呼吸作用主要通过体表吸入氧气，排出二氧化碳。

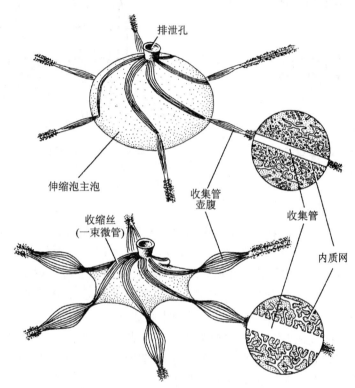

■ 图 3-32　草履虫伸缩泡的微细结构

（仿 Schneider）

（4）生殖　无性生殖为横二分裂（图3-33）。分裂时小核先行有丝分裂，大核行无丝分裂，接着虫体中部横缢，分成两个新个体。有性生殖为接合生殖（conjugation）（图3-34）。当接合生殖时，两个草履虫口沟部分互相黏合，该部分表膜逐渐溶解，细胞质相互通连，小核脱离大核，拉长成新月形，接着大核逐渐消失。小核分裂两次形成4个小核，其中有3个解体，剩下的一个小核又分裂为大小不等的两个核，然后两个虫体的较小核互相交换，与对方较大的核融合，这一过程相当于受精作用。此后两个虫体分开，接合核分裂3次成为8个核，4个变为大核，其余4个核有3个解体，剩下一个小核分裂为两个，再分裂为4个；每个虫体也分裂两次，结果是原来两个相接合的亲本虫体各形成4个草履虫，新形成的草履虫和原来亲本一样，有一大核一小核。

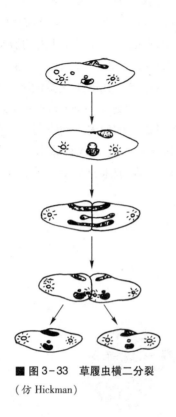

■ 图3-33 草履虫横二分裂

（仿 Hickman）

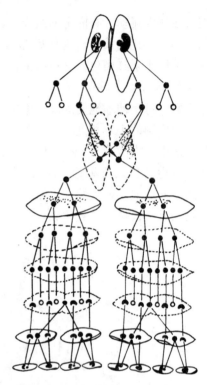

■ 图3-34 草履虫接合生殖图解

（仿陈义）

3.5.1.2 研究的意义

草履虫因为其个体较大，结构典型，繁殖快，观察方便，容易采集培养，因此一般作为代表动物。同时，它也是研究细胞遗传的好材料。多年来遗传学者们用它研究了细胞质遗传、细胞质和细胞核在遗传中的相互作用，以及细胞类型的转变等，取得了不少成果。近年来通过对纤毛虫分子生物学的研究，已知其在很多方面都显示了分子的独特性。如纤毛虫大、小核同时存在又不相同，引起了人们对基因组组成和基因结构等有关的研究兴趣。在大核中有成千上万独立的线性 DNA，使之成为研究端粒结构与形成的最佳材料。大核基因组的独特结构也是研究基因表达的理想选择。在遗传密码的使用上，也有其独特性。纤毛虫近万种，目前深入研究的仅有几种（如四膜虫、草履虫、棘尾虫、游仆虫……），可见原生动物对分子生物学的发展，会作出更大贡献。

3.5.2 纤毛纲的主要特征

纤毛纲以纤毛为运动器，一般终生具纤毛。纤毛的结构与鞭毛相同，其不同点是纤毛较短，数目较多，运动时节律性强。纤毛可成排分散存在；也可由多数纤毛黏合成叶状小膜、排列在口的边缘，称为小膜带（由其协调运动将食物驱入口内）；也可由一单排纤毛黏合形成波动膜，通常在胞咽中（驱动食物入口）；还有的纤毛成簇黏合成束，称为棘毛（在虫体腹面爬行用）（图3-35，图3-36）。

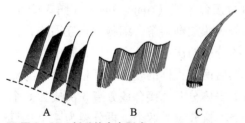

■ 图3-35 纤毛的愈合形式

A. 叶状小膜；B. 波动膜；C. 棘毛（自江静波等）

纤毛纲结构一般较复杂，在原生动物中这类

动物是分化最多的。细胞核一般分化出大核
与小核。大部分纤毛虫具有摄食的胞器。

生殖：无性生殖是横二分裂，有性生殖
是接合生殖。

生活在淡水或海水中，也有寄生的。

3.5.3 纤毛纲的常见种类

纤毛虫的种类很多。不同类的纤毛虫，
其纤毛的多少和分布的位置不同。有些全身
都有纤毛（属全毛类），如草履虫、小瓜虫
等。小瓜虫（*Ichthyophthirius*）（图 3-37A ～
C）寄生在鱼的皮肤下层、鳃、鳍等处，形
成一些白色的小点，称为小瓜虫病。如把病

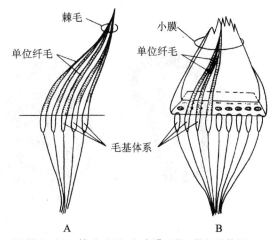

■ 图 3-36 棘毛（A）和小膜（B）微细结构图
（仿 Brusca）

鱼体表刮取物放在显微镜下，可见虫体呈圆球形，全身长满很多纵行排列的纤毛，在前端有
一胞口和一呈马蹄形的大核。小核紧靠大核，在生活的标本不易看到小核。这种纤毛虫对鱼
危害很大，病鱼的死亡率很高。用 10^{-6} 的硝酸亚汞给鱼洗澡效果较好。

有些种类纤毛不发达，仅限于虫体的腹面（属腹毛类），如棘尾虫（*Stylonychia*）、游仆
虫（*Euplotes*）（图 3-38A，B），用腹面粗大的棘毛爬行。有些是纤毛在围口部形成口缘小膜
带（属缘毛类），如钟虫（*Vorticella*）（图 3-38C），口缘小膜带由左向右旋，其他部分无纤
毛，体下端有一能伸缩的柄，可营固着生活。又如车轮虫（*Trichodina*）（图 3-37D，E），

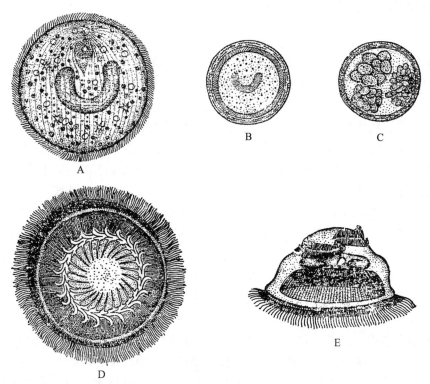

■ 图 3-37 多子小瓜虫（A～C）和车轮虫（D～E）

A. 成虫；B. 形成包囊的虫体；C. 虫体在包囊内不断进行分裂，形成许多幼虫；D. 虫体的反口
面观；E. 虫体的侧面观（自江静波等）

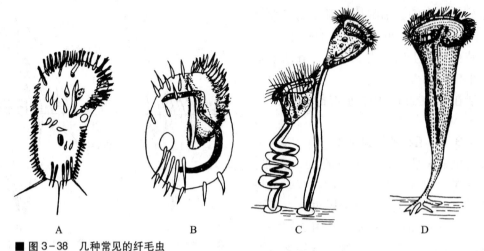

■ 图3-38　几种常见的纤毛虫

A. 棘尾虫；B. 游仆虫；C. 钟虫；D. 喇叭虫（Stentor）（A，B. 仿 Sleigh；C. 仿 Grell；D. 仿 Marshall 修改）

寄生于淡水鱼的鳃或体表。虫体像一车轮，为扁圆形，从侧面看也呈钟形，有两圈纤毛，借纤毛的摆动，使虫体在鱼体上滑行。在两圈纤毛之间有一胞口，能吃鳃组织细胞和红细胞，对鱼苗、鱼种危害较大。自由生活的纤毛虫，大部分为浮游生物的组成部分，是鱼类的饵料。

3.6　原生动物与人类

　　原生动物不仅对了解动物演化是重要的，而且是世界上数量和生物量（biomass）极其丰富的动物。它们的重要作用是作为细菌的消费者。细菌在保持地球适合其他生物居住方面，起着必需的重要作用。而原生动物在控制它们的数量和生物量方面起重要作用。其他，比如寄生的种类如疟原虫、利什曼原虫、痢疾内变形虫等直接对人有害。还有些与国民经济有直接关系，如焦虫危害家畜，小瓜虫、车轮虫危害鱼类。一些寄生在害虫体内的原生动物，也是研究害虫生物防治的材料。自由生活的原生动物，有些种类能污染水源，淡水中如合尾滴虫、钟罩虫；在海水中一些腰鞭毛虫如夜光虫、裸甲腰鞭虫等大量繁殖可造成赤潮，危害渔业。另一方面，有的种类如眼虫等又可作为有机污染的指标动物。大多数植鞭毛虫、纤毛虫和少数根足虫是浮游生物的组成部分，是鱼类的自然饵料。海洋和湖泊中的浮游生物又是形成石油的重要原料。在千百万年的漫长地质年代里，浮游生物的尸体和泥沙一起渐渐下沉到水底，保存于淤泥中，由于和空气隔绝，这些生物体的有机物质，在微生物的作用以及覆盖层的压力和温度的作用下，不断发生极其复杂的化学变化而变为石油。又如有孔虫、放射虫的壳对地壳形成有意义。因此它们又是探测石油矿的标志。

　　此外，原生动物结构较简单，繁殖快，易培养，因此是研究生命科学基础理论的好材料，如眼虫、变形虫、草履虫，已如前述。生命科学基础理论中，细胞生物学是一个重要部分，而原生动物本身就是单个细胞，已知原生动物（如纤毛虫）在许多方面显示出其分子的独特性，因此在揭示生命的一些基本规律中，原生动物已经显示并将要显示其更大的科学价值。

3.7　原生动物的起源和演化

　　原生动物是单细胞动物，要讨论原生动物的起源问题，必然要涉及生命起源和细胞起源的问题。从原则上讲，在亿万年的发展过程中，首先是由无机物发展到简单的有机物，由简单的有机物发展到复杂的有机物，发展成像蛋白质、核酸等那样复杂的大分子，发展出具有新陈代谢机能但还无细胞结构的原始生命。恩格斯说："生命是蛋白体的存在方式，这个存在方式的基本因素在于和它周围的外部自然界的不断的新陈代谢……"。现代科学已揭示"蛋白体"主要是由核酸和蛋白质组成的复杂体系，这是最初的生活物质、生命形态。以后又经过漫长的年代，才由非细胞形态的生活物质发展成为有细胞结构的原始生物。由原始生物进化发展，成为现代的形形色色的原生动物。

　　在原生动物这4纲中一般认为鞭毛纲是最原始的。在鞭毛纲中最早出现的不是有色鞭毛虫，而是无色渗透性营养的鞭毛虫，结构比较简单，假定把它称为原始鞭毛虫。由原始鞭毛虫，经过漫长的岁月，形成现在的形形色色的鞭毛虫。还有人认为领鞭毛虫是最原始的，它是所有多细胞动物的祖先。传统观点认为肉足纲、孢子纲和纤毛纲动物都是在原始鞭毛虫向鞭毛纲动物发展过程中不同时期分化发展来的。

　　现在根据分子数据几乎完全改变了过去对原生动物系统发育的概念，否定了原生动物的起源是单源的，而认为是多源的，似乎祖先真核生物分化成许多进化枝（clade）。目前各学者意见尚难一致，甚至在各家意见间很难找到其可比性。有少数可比者，也有不一致，如眼虫类（Euglenozoa or Euglenida）有的认为包括动基体类（Kinetoplastida），是一个单源分类群（monophyletic taxion），而有的则认为不包括，各自为单源类群；表膜泡类包括腰鞭毛虫、孢子虫和纤毛虫是一个单元分类群，而有些人则认为这3类动物各自为一个单源类群；至于变形虫类的意见更不一致，虽然有的认为分为2个、3个或4个不完全相同的单源类群，但是较新的专著认为它是属于不同亲缘关系的几个单源类群。许多系统发育分析主要来自对原生动物分子及细胞器结构的研究结果。看来，对细胞器必须区分其出现的前后，是古老的，还是次生的，如某细胞器缺失，需要有方法能区分它是否存在过，还是后来失去的，或从来就不存在。这需进一步研究核基因组（genome）和基因（gene）产物。例如线粒体酶，通过核基因产生，能区分是原始不存在的还是后来失去的结构。

　　原生动物的系统发育是一个极为复杂、解决难度较大的问题。需要多方面研究数据的累积和分析，也需要有对原生动物系统分类的各级标准的一致。相信在不断深化研究和热烈争论中，有朝一日会构建出反映进化实际的原生动物系统演化的蓝图。

思考题

1. 原生动物门的主要特征是什么？理解并掌握原生动物如何完成运动、营养、呼吸、排泄和生殖等各种生活机能。

2. 如何理解原生动物是动物界里最原始、最低等的一类动物？原生动物群体与多细胞动物有何不同？

3. 原生动物门有哪几个重要纲，分纲的主要根据是什么？

4. 掌握眼虫、变形虫和草履虫的主要形态结构与机能特点，并通过它们理解和掌握鞭毛纲、肉足纲和纤毛纲的主要特征，初步了解这些动物在科学或实践上的价值。

5. 掌握疟原虫的主要形态结构特点及其生活史、危害和防治原则，初步了解我国在抗疟方面的主要成就。通过疟原虫掌握孢子纲的主要特征。

6. 掌握各亚纲的简要特点，并通过各纲和亚纲中的一些重要种类初步了解各类群动物与人类的关系。

7. 初步了解原生动物起源和演化研究的简要概况。现代原生动物学者多从哪些方面研究原生动物的分类和演化？

第4章
多细胞动物的起源

4.1 从单细胞到多细胞

在动物界里除了单细胞动物外，其余都是多细胞动物。从单细胞到多细胞是生物从低等向高等发展的一个重要过程，代表了生物演化史上一个极为重要的阶段。一切高等生物虽然都是多细胞的，但发展是不平衡的。动物的发展水平远远高于植物，它们演化发展的速度也远较植物为快。动物的基本特点之一是有对称的体型。两侧对称的体型不仅有利于活动，且促使身体分为前后、左右和背腹。在演化过程中，神经感官和取食器官逐渐向前端集中，形成了头部。对称体型和头部的形成是动物体复杂化的关键。一切高等动物以至于人都是在这一体型基础上发展起来的。

单细胞动物在形态结构上虽然有的也较复杂，但它只是一个细胞本身的分化。它们之中虽然也有群体，但是群体中的每个个体细胞，一般还是独立生活，彼此间的联系并不密切，因此，在发展上它们是处于低级的、原始阶段，属于原生动物。

绝大多数多细胞动物称为后生动物（Metazoa），这和原生动物的名称是相对而言的。

在原生动物和后生动物之间，长期以来学者们认为还有一类中生动物（Mesozoa）（图4-1），中生动物这个名字就是因为，认为中生动物介于原生动物和后生动物之间。有学者将原生动物、中生动物、后生动物并列为3个动物亚界。现在一般认为中生动物为动物界中的一门。中生动物是一类小型的内寄生动物，结构简单，已知约50种，分为菱形虫纲（Rhombozoa）和直泳虫纲（Orthonecta）（现有人将此两纲各立为门），前者包括双胚虫（dicyemida）和异胚虫（heterocyemida）两类。菱形虫纲的动物寄生在头足类软体动物的肾内，体长0.5~10 mm，虫体由20~40个细胞组成，细胞数目在每个种内是恒定的。这些细胞基本上排列成双层，但又不同于高等动物的胚层。外层是单层具纤毛的体细胞，包围着中央的一个或几个延长的轴细胞。虫体前端的8~9个体细胞排成两圈，用以附着寄主。其余的体细胞多少呈螺旋形排列（图4-1A，B）。体细胞具营养的功能，轴细胞具生殖功能。行无性生殖和有性生殖。生活史较为复杂，尚不完全了解。直泳虫纲的动物寄生在多种海生无脊椎动物体内（如扁形动物、纽形动物、环节动物、双壳贝类及棘皮动物）。成虫多数雌雄异体（图4-1C），雌性个体较雄性大，外层亦为单层具纤毛的体细胞，呈环形整齐排列，前端体细胞的纤毛指向前方，其余的纤毛向后方，体细胞中央围绕着许多生殖细胞（卵或精子）。少数种类，成虫雌雄同体，其精细胞在卵细胞的前方。没有轴细胞。性成熟后，雄性个体释放精子到海水中，精子进入雌性个体内与卵受精，并在雌体内发育成具纤毛的幼虫（一层纤毛细胞包围几个生殖细胞）（图4-1D）。幼虫离开母体又感染新寄主。当幼虫侵入寄主组织，其外层具纤毛的细胞消失，生殖细胞多分裂形成多核的变形体（plasmodium）

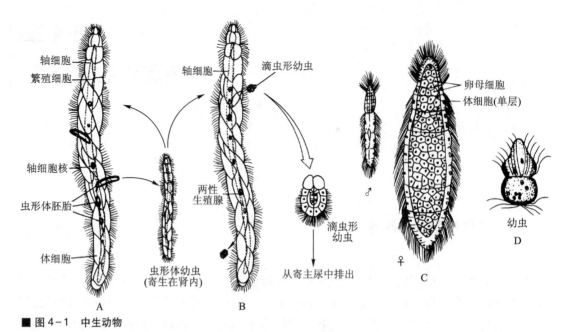

■ 图4-1 中生动物

A，B. 双胚虫（dicyemid）的成体——虫形体（vermiforms）。A. 从繁殖细胞无性发育为虫形体幼虫；B. 在一定条件下，繁殖细胞发育成两性生殖腺，由受精卵发育成滴虫形幼虫（infusoriform larva），从寄主尿中排出；C. 直泳虫（orthonectid）的成体及其幼虫（D）（仿 Hickman 等）

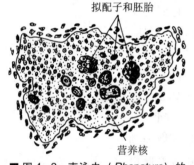

■ 图4-2 直泳虫（*Rhopature*）的多核变形体

（仿 Cenllery 和 Mesnil）

（图4-2）。变形体由无性的碎裂方法产生很多变形体，然后由它们发育成雌、雄个体。

近些年来对中生动物的系统发育、亚显微结构、生理、生殖、发育、生态以及生化分类等进行了多方面的研究。目前对中生动物的系统发育关系仍存在着争议。有些学者基于中生动物全部为寄生，且生活史较复杂，结构简单是适应寄生生活的退化现象，因此认为它是退化的扁形动物。甚至认为可以作为一纲列入扁形动物门。还有一些学者基于其身体结构有体细胞和生殖细胞的分化，体表具纤毛，且其寄生历史较长，因此认为中生动物是原始的种类，是由最原始的多细胞动物进化来的，或认为是早期后生动物的一个分支。近年来经生化分析表明，中生动物细胞核 DNA 中鸟嘌呤和胞嘧啶的含量（23 %）与原生动物纤毛虫类的含量相近，而低于其他多细胞动物，包括扁形动物（35 % ~ 50 %）。因此认为中生动物和原生动物的纤毛虫类的亲缘关系较近，更可能是真正原始的多细胞动物。但也有分子证据支持中生动物和扁虫的系统发育关系，且指出中生动物门的两个纲不是姐妹群。可见，中生动物的分类地位尚有争议。

4.2 多细胞动物起源于单细胞动物的证据

一般公认多细胞动物起源于单细胞动物。其证据是：

4.2.1 古生物学方面

古代动、植物的遗体或遗迹，经过千百万年地壳的变迁或造山运动等，被埋在地层中形成了化石。已经发现在最古老的地层中，化石种类也是最简单的。在太古代的地层中有大量有孔虫壳化石，而在晚近的地层中动物的化石种类也较复杂，并且能看出生物由低等向高等发展的顺序。说明最初出现单细胞动物，后来才发展出多细胞动物。从辩证唯物主义的观点来看，事物的发展是由简单到复杂、由低等到高等，生物的发展也不例外。

4.2.2 形态学方面

从现有动物来看，有单细胞动物、多细胞动物，并形成了由简单到复杂、由低等到高等的序列。在原生动物鞭毛纲中有些群体鞭毛虫，如团藻，其形态与多细胞动物很相似，可推测这类动物是从单细胞动物过渡到多细胞动物的中间类型，即由单细胞动物发展成群体以后，又进一步发展成多细胞动物。

4.2.3 胚胎学方面

在胚胎发育中，多细胞动物是由受精卵开始，经过卵裂、囊胚、原肠胚等一系列阶段，逐渐发育成成体。多细胞动物的早期胚胎发育基本上是相似的。根据生物发生律，个体发育简短地重演了系统发展的过程，可以说明多细胞动物起源于单细胞动物，并且说明多细胞动物发展的早期所经历的过程是相似的。恩格斯说："有机体的胚胎向成熟的有机体的逐步发育同植物和动物在地球历史上相继出现的次序之间有特殊的吻合。正是这种吻合为进化论提供了最可靠的根据。"

4.3 胚胎发育的重要阶段

多细胞动物的胚胎发育比较复杂。不同类的动物，胚胎发育的情况不同，但是早期胚胎发育的几个主要阶段是相同的。

4.3.1 受精与受精卵

由雌、雄个体产生雌雄生殖细胞，雌性生殖细胞称为卵。卵细胞较大，里面一般含有大量卵黄。根据卵黄多少可将卵分为少黄卵、中黄卵和多黄卵。卵黄相对多的一端称为植物极（vegetal pole），另一端称为动物极（animal pole）。雄性生殖细胞称为精子，精子个体小，能活动。精子与卵结合产生的细胞称为受精卵，这个过程就是受精（fertilization）（图4-3）。受精卵是新个体发育的起点，由受精卵发育成新个体。

4.3.2 卵裂

受精卵进行卵裂（cleavage），它与一般细胞分裂的不同点在于每次分裂之后，新的细胞未长大，又继续进行分裂，因此分裂成的细胞越来越小。这些细胞也称为分裂球（blastomere）。由于不同类动物卵细胞内卵黄多少及其在卵内分布情况的不同，卵裂的方式也不同：

（1）完全卵裂（total cleavage）（图4-4） 整

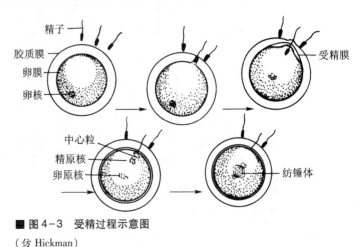

图4-3 受精过程示意图
（仿 Hickman）

个卵细胞都进行分裂，多见于少黄卵。卵黄少、分布均匀，形成的分裂球大小相等的称为等裂，如海胆、文昌鱼。如果卵黄在卵内分布不均匀，形成的分裂球大小不等的则称为不等裂，如海绵动物、蛙类。

（2）不完全卵裂（partial cleavage）（图4-4）　多见于多黄卵。卵黄多，分裂受阻，受精卵只在不含卵黄的部位进行分裂。分裂区只限于胚盘处的称为盘裂（discal cleavage），如乌贼、鸡卵。分裂区只限于卵表面的称为表面卵裂（peripheral cleavage），如昆虫卵。

各种卵裂的结果，其形态虽有差别，但都进入下一发育阶段。

4.3.3　囊胚的形成

卵裂的结果是分裂球形成中空的球状胚，称为囊胚（blastula）（图4-4）。囊胚中间的腔称为囊胚腔（blastocoel），囊胚壁的细胞层称为囊胚层（blastoderm）。

4.3.4　原肠胚的形成

囊胚进一步发育进入原肠胚形成（gastrulation）阶段，此时胚胎分化出内、外两胚层和原肠腔。原肠胚形成在各类动物有所不同，其方式有：

（1）内陷（invagination）　由囊胚植物极细胞向内陷入。最后形成两层细胞，在外面的细胞层称为外胚层（ectoderm），向内陷入的一层为内胚层（endoderm）。内胚层所包围的腔，将形成未来的肠腔，因此称为原肠腔（gastrocoel）。原肠腔与外界相通的孔称为原口或胚孔（blastopore）（图4-5）。

（2）内移（ingression）　由囊胚一部分细胞移入内部形成内胚层。开始移入的细胞充填于囊胚腔内，排列不规则，接着逐渐排成一层内胚层。有的移入时就排列成内胚层。这样的原肠胚没有孔，以后在胚的一端开一胚孔（图4-5）。

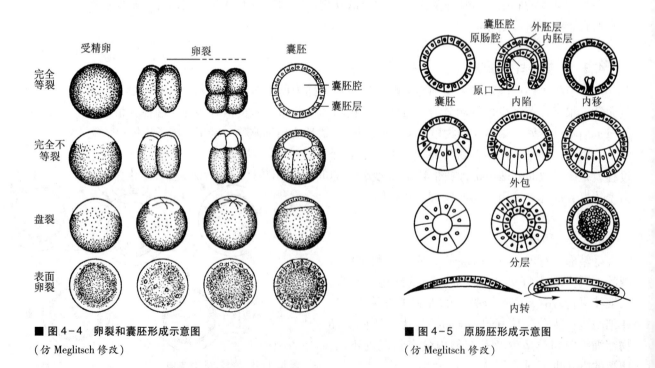

■ 图4-4　卵裂和囊胚形成示意图
（仿Meglitsch修改）

■ 图4-5　原肠胚形成示意图
（仿Meglitsch修改）

（3）分层（delamination）　囊胚的细胞分裂时，细胞沿切线方向分裂，这样向着囊胚腔分裂出的细胞为内胚层，留在表面的一层为外胚层（图4-5）。

（4）内转（involution）　通过盘裂形成的囊胚，分裂的细胞由下面边缘向内转，伸展成为内胚层（图4-5）。

（5）外包（epiboly）　动物极细胞分裂快，植物极细胞由于卵黄多分裂极慢，结果动物极细胞逐渐向下包围植物极细胞，形成为外胚层，被包围的植物极细胞为内胚层（图4-5）。

以上原肠胚形成的几种类型常常综合出现，最常见的是内陷与外包同时进行，分层与内移相伴而行。

4.3.5　中胚层及体腔的形成

绝大多数多细胞动物除了内、外胚层之外，还进一步发育，在内外胚层之间形成中胚层（mesoderm）。在中胚层之间形成的腔称为真体腔。主要由以下方式形成：

（1）端细胞法　在胚孔的两侧，内、外胚层交界处各有一个细胞分裂成很多细胞，形成索状，伸入内、外胚层之间，为中胚层细胞。在中胚层之间形成的空腔即为体腔（真体腔）。由于这种体腔是在中胚层细胞之间裂开形成的，因此又称为裂体腔（schizocoel），这样形成体腔的方式又称为裂体腔法（schizocoelous method 或 schizocoelic formation）。原口动物都是以端细胞法形成中胚层和体腔（图4-6）。

（2）体腔囊法　在原肠背部两侧，内胚层向外突出成对的囊状突起称体腔囊。体腔囊和内胚层脱离后，在内外胚层之间逐步扩展成为中胚层，由中胚层包围的空腔称为体腔（图4-6）。因为体腔囊来源于原肠背部两侧，所以又称为肠体腔（enterocoel）。这样形成体腔的方式又称为肠体腔法（enterocoelous method 或 enterocoelic formation）。后口动物的棘皮动物、毛颚动物、半索动物及脊索动物均以这种方式形成中胚层和体腔。高等脊索动物是由裂体腔法形成体腔，但具体的形成过程比较复杂，各个类群之间的发育细节也有差异。

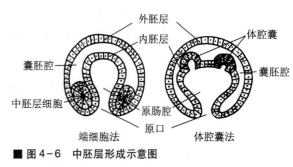

■ 图4-6　中胚层形成示意图
（仿 Hickman）

4.3.6　胚层的分化

胚胎时期的细胞，开始出现时，相对地说是较简单、均质和具有可塑性。进一步发育，由于遗传性、环境、营养、激素以及细胞群之间相互诱导等因素的影响，而转变为较复杂、异质性和稳定性的细胞。这种变化现象称为分化（differentiation）。动物体的组织、器官都是从内、中、外三胚层发育分化而来的。如内胚层分化为消化道的大部分上皮、肝、胰、呼吸器官以及排泄与生殖器官的小部分。中胚层分化为肌肉、结缔组织（包括骨骼、血液等）、生殖与排泄器官的大部分。外胚层分化为皮肤上皮（包括上皮各种衍生物如皮肤腺、毛、角、爪等）、神经组织、感觉器官、消化道的两端。

4.4　生物发生律

生物发生律（biogenetic law）也称为重演律（recapitulation law），是德国人赫克尔（E. Haeckel，1834—1919）用生物进化论的观点总结了当时胚胎学方面的工作提出来的。当时在胚胎发育方面已揭示了一些规律，如在动物胚胎发育过程中，各纲脊椎动物的胚胎都是由受精卵开始发育的，在发育初期极为相似，以后才逐渐变得越来越不相同。达尔文用进化论的观点曾作过一些论证，认为胚胎发育的相似性，说明它们彼此有亲缘关系，起源于共同的祖先，个体发育的渐进性是系统发展中渐进性的表现。达尔文还指出了胚胎结构重演其过去祖先的结构，"它重演了它们祖先发育中的一个形象"。

赫克尔明确地论述了生物发生律。1866 年他在《普通形态学》一书中是这样写的："生物发展史可分为两个相互密切联系的部分，即个体发育（ontogeny）和系统发育（或系统发展 phylogeny），也就是个体的发育历史和由同一起源所产生的生物群的发展历史。个体发育史是系统发展史的简单而迅速的重演。"如青蛙的个体发育，由受精卵开始，经过囊胚、原肠胚、三胚层的胚、无腿蝌蚪和有腿蝌蚪，到成体青蛙。这反映了它在系统发展过程中经历了像单细胞动物、单细胞的球状群体、腔肠动物、原始三胚层动物和鱼类动物，发展到有尾两栖到无尾两栖动物的基本过程。说明了蛙个体发育重演了其祖先的进化过程，也就是个体发育简短重演了它的系统发展，即其种族发展史。

生物发生律对了解各动物类群的亲缘关系及其发展线索极为重要。因而对许多动物的亲缘关系和分类位置不能确定时，常由胚胎发育得到解决。生物发生律是一条客观规律，它不仅适用于动物界，而且适用于整个生物界，包括人在内。当然不能把"重演"理解为机械的重复，而且在个体发育中也会有新的变异出现，个体发育又不断地补充系统发展。这二者的关系是辩证统一的，二者相互联系、相互制约，系统发育通过遗传决定个体发育，个体发育不仅简短重演系统发育，而且又能补充和丰富系统发育。

4.5　关于多细胞动物起源的学说

多细胞动物起源于单细胞动物，至于是哪一类单细胞动物发展成多细胞动物，以及多细胞动物起源的方式如何，有不同学说。

4.5.1　群体学说

群体学说（colonial theory）认为后生动物来源于群体鞭毛虫，这是后生动物起源的经典学说，有一些日益增多的证据，因而是当代动物学中最广泛接受的学说。这一学说是由赫克尔（1874）首次提出，后来又由梅契尼柯夫（Мечников，1887）修正，海曼（Hyman，1940）又给以复兴。现分述如下：

（1）赫克尔的原肠虫学说　认为多细胞动物最早的祖先是由类似团藻的球形群体，一面内陷形成多细胞动物的祖先。这样的祖先，因为和原肠胚很相似，有两胚层和原口，所以赫克尔称之为原肠虫（gastraea）（图 4-7）。

（2）梅契尼柯夫的吞噬虫学说（实球虫或无腔胚虫学说）　梅契尼柯夫观察了很多低等多细胞动物的胚胎发育，他发现一些较低等的种类，其原肠胚的形成主要不是由内陷的方法，而是由内移的方法形成的。同时他也观察了某些低等多细胞动物，发现它们主要是靠吞噬作用进行细胞内消化，很少为细胞外消化。由此推想最初出现的多细胞动物是进行细胞内消化，细胞外消化是后来才发展的。梅契尼柯夫提出了吞噬虫学说，他认为多细胞动物的祖先是由一层细胞构成的单细胞动物的群体，后来个别细胞摄取食物后进入群体之内形成内胚层，结果就形成为二胚层的动物，起初为实心的，后来才逐渐地形成消化腔，所以梅契尼柯

夫便把这种假想的多细胞动物的祖先，称为吞噬虫
（phagocitella）（图4-7）。

这两种学说虽然在胚胎学上都有根据，但在最低等的
多细胞动物中，多数是像梅契尼柯夫所说的由内移方法形
成原肠胚，而赫克尔所说的内陷方法，很可能是以后才出
现的。所以梅氏的学说容易被学者所接受。同时梅氏的说
法看来更符合机能与结构统一的原则。不能想象先有一个
现成的消化腔，而后才有进行消化的机能。可能是由于在
发展过程中有了消化机能，同时逐渐发展出消化腔的。恩
格斯说："整个有机界在不断地证明形式和内容的同一或不
可分离。形态学的现象和生理学的现象、形态和机能是互
相制约的。"

从现有的原生动物看，其中鞭毛类动物形成群体的能
力较强，如果原始的单细胞动物群体进一步分化，群体细
胞严密分工协作，形成统一整体，这就发展成了多细胞动
物。但是单细胞动物群体多种多样，有树枝状、扁平和球
形的，前二者其个体在群体中的连接一般较疏松。根据多
细胞动物早期胚胎发育的形状看，球形群体（类似团藻形
状）与之一致，因此，群体学说认为由球形群体鞭毛虫发

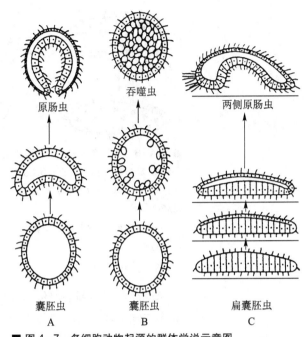

■ 图4-7　多细胞动物起源的群体学说示意图

A. 赫克尔的原肠虫学说；B. 梅契尼柯夫的吞噬虫学说；
C. Grell-Butschli 的扁囊胚虫学说（Grell 于 1981 对 Butschli 的
图作了很多修改）（自 R. D. Barnes）

展成为多细胞动物符合生物发生律。此外，具鞭毛的精子普遍存在于后生动物，具鞭毛的体
细胞在低等的后生动物间也常存在，特别是在海绵和腔肠动物，这些也可作为支持鞭毛虫是
后生动物的祖先的证据。梅契尼柯夫所说的吞噬虫，很像腔肠动物的浮浪幼虫，它被称为浮
浪幼虫样的祖先（planuloid ancestor）。低等后生动物是从这样一种自由游泳浮浪幼虫样的祖
先发展来的。根据这种学说，腔肠动物为原始辐射对称，可以推断它直接来源于浮浪幼虫样
的祖先。扁虫两侧对称是后来发生的。

现在还有学者（Barnes，1987）认为，团藻样动物虽被作为鞭毛虫群体祖先的原型，但
是这些具有似植物细胞的自养有机体不可能是后生动物的祖先，超微结构的证据表明，原生
动物领鞭毛虫更可能是后生动物的祖先。领鞭毛虫有些是单体的，有些是群体的。

最近20年来有一个古老的学说在恢复生机，即 Otto Butschli （1883）所提出的扁囊胚虫
（plakula）学说（图4-7C），他认为原始的后生动物是两侧对称的有两胚层的扁的动物，称
此动物为扁囊胚虫。根据 Butschli 的看法，扁囊胚虫通过腹面细胞层的蠕动、爬行、摄食，
最后该动物背腹细胞层分开成为中空的，这样逐渐地腹面的营养细胞内陷形成消化腔，同时
产生了内外胚层，形成了两胚层动物。这里所提的扁囊胚虫与现存的扁盘动物丝盘虫
（Trichoplax）相似。有些学者认为丝盘虫是扁囊胚虫现存种类的证据。

4.5.2 合胞体学说

合胞体学说（syncytial theory）主要是由 Hadzi（1953）和 Hanson（1977）提出的，认为
多细胞动物来源于多核纤毛虫的原始类群（图4-8）。后生动物的祖先开始是合胞体结构，
即多核的细胞，后来每个核获得一部分细胞质和细胞膜形成了多细胞结构。由于有些纤毛虫
倾向于两侧对称，所以合胞体学说主张后生动物的祖先是两侧对称的，并由其发展为无肠类
扁虫，认为无肠类扁虫是现在生存的最原始的后生动物。对该学说，持反对意见者较多，因

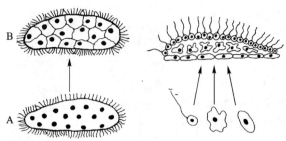

■ 图4-8 合胞体学说（左）和共生学说（右）示意图

左：A. 原始的多核纤毛虫；B. 合胞体细胞化，形成多细胞结构，然后进一步发展成为无肠类涡虫样的两侧对称的动物

右：示不同种类的单细胞生物共生在一起，然后发展为多细胞动物

（自 R. S. K. Barnes）

为任何动物类群的胚胎发育都未出现过多核体分化成多细胞的现象，实际上无肠类合胞体是在典型的胚胎细胞分裂之后出现的次生现象。最主要的反对意见是不同意将无肠类扁虫视为最原始的后生动物。体型的进化是从辐射对称到两侧对称，如果认为无肠类扁虫两侧对称是原始的，那么腔肠动物的辐射对称倒成为次生的，这显然与已揭明的进化过程相违背。

此外，还有共生学说（symbiosis theory）（图4-8），认为不同种的原生生物共生在一起，发展成为多细胞动物。这一学说存在一系列的遗传学问题，因为不同遗传基础的单细胞生物如何聚在一起形成能繁殖的多细胞生物，这在遗传学上是难以解释的。

对多细胞动物起源，多数进化理论者倾向于单元说，但事实上已有一些提示，认为多细胞动物的来源是多元的。即起源于不止一类原生动物的祖先。这些观点的大部分集中在祖先类群是鞭毛虫还是纤毛虫，并仍在找寻从原生动物过渡到多细胞动物的中间类型。

思考题

1. 了解中生动物的简要特征以及对其分类地位的不同看法。

2. 根据什么认为多细胞动物起源于单细胞动物？

3. 初步掌握多细胞动物胚胎发育的共同特征（从受精卵、卵裂、囊胚、原肠胚、中胚层与体腔形成和胚层分化等方面）。

4. 什么叫生物发生律，它对了解动物的演化与亲缘关系有何意义？

5. 关于多细胞动物起源有几种学说，各学说的主要内容是什么？哪个学说易被多数人接受，为什么？你的看法如何？

第 5 章

多孔动物门（Phylum Porifera）
（海绵动物门 Phylum Spongia）

多孔动物（海绵动物）可以说是最原始、最低等的多细胞动物*。传统上认为这类动物在演化上是一个侧支，因此又名"侧生动物"（Parazoa）。

它们主要生活在海水中，极少数（只一科）生活在淡水中。成体全部营固着生活，附着于水中的岩石、贝壳、水生植物或其他物体上。遍布全世界，从潮间带到深海，以至淡水的池塘、溪流、湖泊都可见海绵。

5.1 多孔动物的形态结构与机能

多孔动物的形态结构表现出很多原始性的特征，也有些特殊结构。

5.1.1 体型多数不对称

海绵的体型各种各样，有不规则的块状、球状、树枝状、管状和瓶状等（图 5-1）。虽然有些海绵有一定的形状和辐射对称，但是多数是像植物一样不规则地生长，形成各种不对称的体型，甚至有些连个体都分不清。如把海绵切成一些小块，每块的行为都像一个小海绵。海绵体表有无数小孔（故名多孔动物），是水流进入体内的孔道，与体内管道相通，然后从出水孔排出。群体海绵有很多出入水孔。通过水流带进食物、氧气并排出废物。

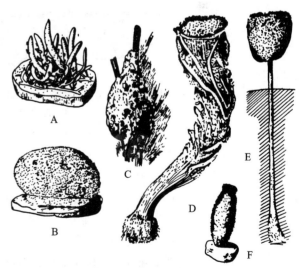

5.1.2 没有器官系统和明确的组织

海绵体壁的基本结构：由两层细胞构成，在电子显微镜下观察，它们一般是疏松地结合（没有细胞间连接，一般没有基膜），在两层细胞之间为中胶层（图 5-2）。体表的一层细胞为扁细胞（pinacocyte），有保护作用（图 5 - 2，图 5-3）。扁细胞内有能收缩的肌丝（myoneme），具有一定的调节功能。有些扁细胞变为肌细胞（myocyte），围绕着入水小孔或出水口形成能收缩的小环控制水流。在扁细胞之间穿插有无数的孔细胞（porocyte），形成单沟系海绵的入水小孔。

■ 图 5-1　几种海绵

A. 白枝海绵在木块上；B. 浴海绵在木片上；C. 淡水海绵在木柱上；D. 偕老同穴；E. 拂子介；F. 樽海绵（自陈义等）

---

* 有人认为中生动物是最原始的多细胞动物，但意见不一。

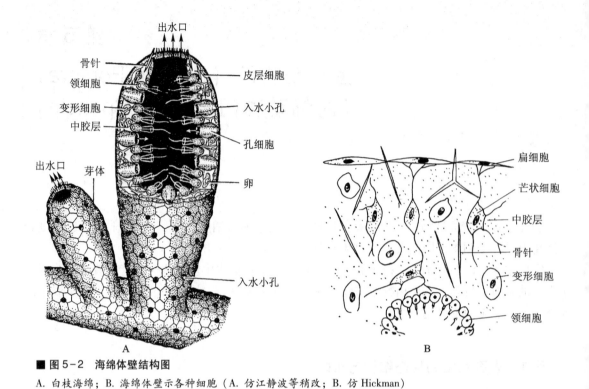

■ 图5-2　海绵体壁结构图

A. 白枝海绵；B. 海绵体壁示各种细胞（A. 仿江静波等稍改；B. 仿 Hickman）

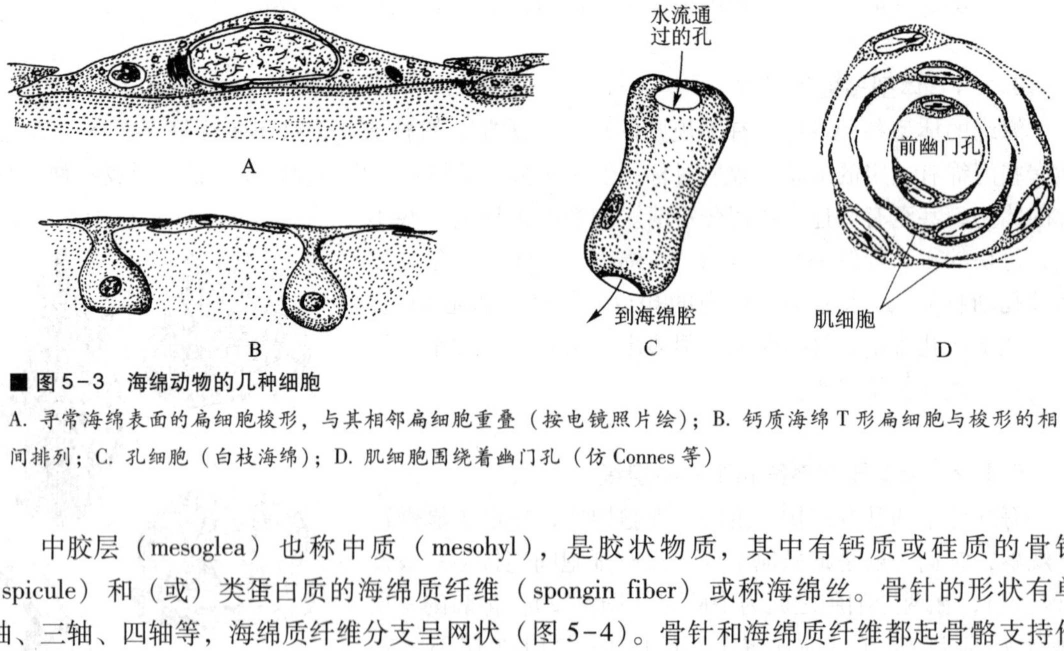

■ 图5-3　海绵动物的几种细胞

A. 寻常海绵表面的扁细胞梭形，与其相邻扁细胞重叠（按电镜照片绘）；B. 钙质海绵 T 形扁细胞与梭形的相间排列；C. 孔细胞（白枝海绵）；D. 肌细胞围绕着幽门孔（仿Connes 等）

　　中胶层（mesoglea）也称中质（mesohyl），是胶状物质，其中有钙质或硅质的骨针（spicule）和（或）类蛋白质的海绵质纤维（spongin fiber）或称海绵丝。骨针的形状有单轴、三轴、四轴等，海绵质纤维分支呈网状（图5-4）。骨针和海绵质纤维都起骨骼支持作用，也是分类的依据。中胶层内并有几种类型的变形细胞（amoebocyte）：有能分泌骨针的成骨针细胞（scleroblast），有能分泌海绵质纤维的成海绵质细胞（spongioblast），以及有许多具全能性的原细胞（archeocyte）（也译为原始细胞），是大的变形细胞，有一明显的核和许多大的溶酶体。它能分化成海绵体内任何其他类型的细胞，不断地移动游走于海绵体内中胶层中。原细胞还能吞噬食物颗粒并消化食物，又能形成卵和精子。在中胶层里还有芒状细胞（collencyte），有些学者认为它具有神经传导的功能。近来，我国学者通过实验证明它是原始的神经细胞。

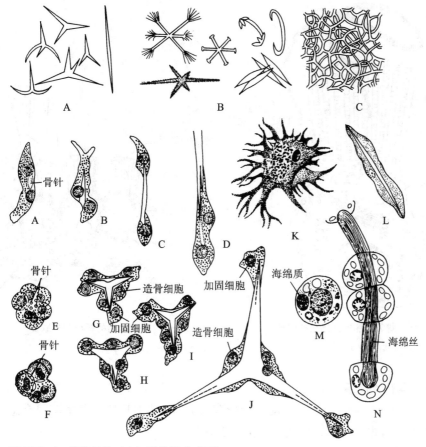

■ 图5-4 海绵骨骼（上）及其形成（下）

上：A. 钙质骨针；B. 硅质骨针；C. 海绵丝

下：A～D. 单轴骨针的形成；E～J. 三轴骨针的形成；K. 钙质分泌细胞；L. 淡水海绵
单轴硅质骨针的形成；M，N. 海绵丝的形成（仿江静波等，仿Hyman）

　　身体里面的一层细胞在单沟系海绵为领细胞（choanocyte）层。每个领细胞有一透明领围绕一条鞭毛，在光学显微镜下，领看来像一薄膜，但在电子显微镜下，领是由一圈细胞质突起（=微绒毛，有人称触手或伪足）及各突起间的很多微丝相连构成的（图5-5），很像塑料羽毛球的羽领。由于鞭毛摆动引起水流通过海绵体，在水流中带有食物颗粒（如微小藻类、细菌和有机碎屑）和氧，食物颗粒附在领上，通过其网孔滤出食物，然后落入细胞质中形成食物泡。这种具有将水与悬浮食物颗粒分开，滤食性取食功能，在多细胞动物中，海绵是首例。食物在领细胞内消化（这点与原生动物相同，行细胞内消化），或将食物传给变形细胞消化（图5-6）。不能消化的残渣，由变形细胞排到流出的水流中。在一些淡水生活的海绵，细胞中还有伸缩泡。

　　由上述结构可见，海绵动物的细胞分化较多，身体的各种机能是由或多或少独立活动的细胞完成的，因此一般认为海绵是处在细胞水平的多细胞动物。细胞排列一般较疏松，在细胞之间有些联系而又不是那么紧密协作。体内、外表层细胞接近于组织，或者说是原始组织的萌芽，但又不同于真正的组织，因此可认为它还没形成明确的组织。正如恩格斯所说："绝对分明的和固定不变的界限是和进化论不相容的……'非此即彼'是愈来愈不够了……除了'非此即彼'，又在适当的地方承认'亦此亦彼'。"海绵动物组织的概念也正是如此。

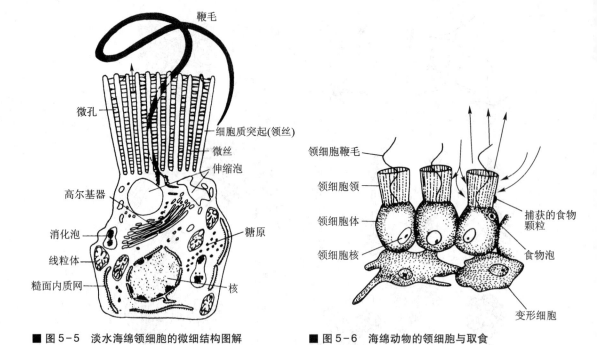

■ 图5-5 淡水海绵领细胞的微细结构图解
（仿 Welsch 和 Meglitsch 修改）

■ 图5-6 海绵动物的领细胞与取食
箭头示水流方向（仿 Barnes）

5.1.3 具有水沟系

水沟系（canal system）是海绵动物所特有的结构，它对适应固着生活很有意义。不同种的海绵其水沟系有很大差别，但其基本类型有3种：

（1）单沟型（ascon type） 最简单的水沟系。水流自入水小孔（ostium）流入，直接到中央腔（central cavity）或称海绵腔（spongiocoel）。中央腔的壁是领细胞，然后经出水口（osculum）流出，如白枝海绵（*Leucosolenia*）（图5-7A）。

（2）双沟型（sycon type） 相当于单沟型的体壁凹凸折叠而成，领细胞在辐射管的壁上。水流自流入孔（incurrent pore）流入，经流入管（incurrent canal）、前幽门孔（prosopyle）、辐射管（radial canal）、后幽门孔（apopyle）和中央腔，由出水口流出。如毛壶（*Grantia*）（图5-7B）。

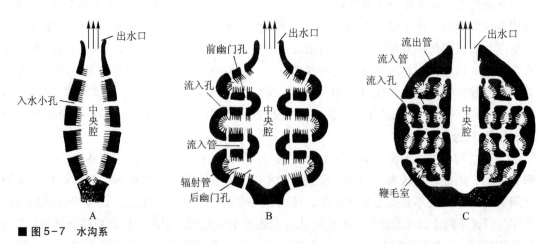

■ 图5-7 水沟系
A. 单沟型；B. 双沟型；C. 复沟型（仿江静波等）

（3）复沟型（leucon type） 最为复杂，管道分支多，在中胶层中有很多具领细胞的鞭毛室，中央腔壁由扁细胞构成。水流由流入孔流入，经流入管、前幽门孔、鞭毛室（flagellated chamber）、后幽门孔、流出管（excurrent canal）和中央腔，再由出水口流出。如浴海绵（*Euspongia*）、淡水海绵等多属此类（图5-7C）。

由以上3种水沟系的类型，可看出海绵的进化过程是由简单到复杂，由单沟型的简单直管到双沟型的辐射管，再发展到复沟型的鞭毛室，领细胞数目逐渐增多，这就相应地增加了水流通过海绵体的速度和流量，同时扩大了摄食面积，在海绵体内每天能流过大于它身体上万倍体积的水，这能使海绵得到更多的食物和氧气，同时不断地排出废物，对海绵的生命活动和适应环境都是很有利的。

5.2 多孔动物的生殖和发育

多孔动物有无性生殖和有性生殖。

5.2.1 无性生殖

无性生殖又分出芽和形成芽球两种。出芽（budding）是由海绵体壁的一部分向外突出形成芽体，与母体脱离后长成新个体，或者不脱离母体形成群体。芽球（gemmule）（图5-8）的形成是在中胶层中，由一些储存了丰富营养的原细胞聚集成堆，外包以几丁质膜和一层双盘头或短柱状的小骨针，形成球形芽球。当成体死亡后，无数的芽球可以生存下来，渡过严冬或干旱，当条件适合时，芽球内的细胞从芽球上的一个开口出来，发育成新个体。所有的淡水海绵和部分海产种类都能形成芽球。

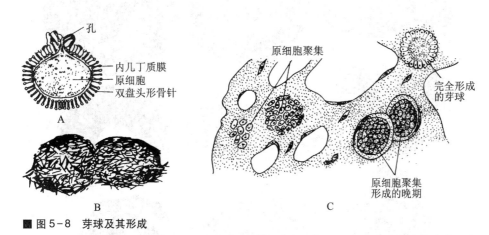

■ 图5-8 芽球及其形成

A. 淡水海绵的芽球（切面观）；B. 海产硅质海绵的芽球（表面观）；C. 海产海绵芽球的形成

（B. 自 Marshall 等；C. 自 Bayer, Owre）

5.2.2 有性生殖

海绵有些为雌雄同体（monoecism），有些为雌雄异体（dioecism）。精子和卵是由原细胞或领细胞发育来的。卵在中胶层里，精子不直接进入卵，而是领细胞吞食精子后，失去鞭毛和领成为变形虫状，将精子带入卵，进行受精（图5-9）。这是一种特殊的受精形式。就钙质海绵来说受精卵进行卵裂（图5-10），形成囊胚，动物极的小细胞向囊胚腔内生出鞭毛，另一端的大细胞中间形成一个开口，后来囊胚的小细胞由开口倒翻出来，里面小细胞具鞭毛的一侧翻到囊胚的表面。这样，动物极的一端为具鞭毛的小细胞，植物极的一端为不具鞭毛的大细胞，此时称为两囊幼虫（amphiblastula）。幼虫从母体出水孔随水流逸出，然后具鞭毛的小细胞内陷，形成内层，而另一端大细胞留在外边形成外层细胞，这与其他多细胞动物原肠胚形成正相反（其他多细胞动物的植物极大细胞内陷成为内胚层，动物极小细胞形成外胚层），因此称为逆转（inversion）。幼虫游动后不久即行固着，发育为成体。这种明显的逆转

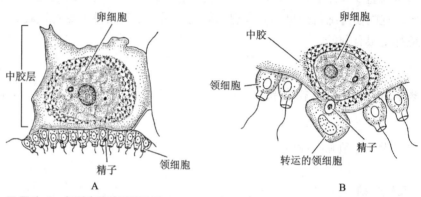

■ 图5-9 钙质海绵的受精作用

A. 精子被领细胞捕获；B. 领细胞转运精子到卵（转引自 Barnes）

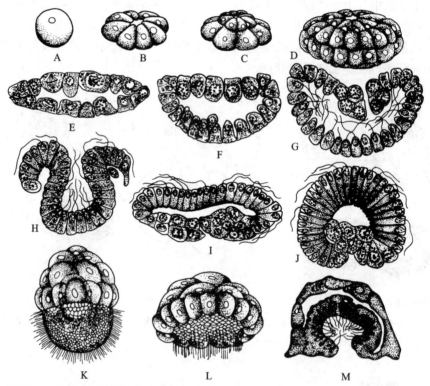

■ 图5-10 海绵动物的胚胎发育

A. 受精卵；B. 8 细胞期；C. 16 细胞期；D. 48 细胞期；E, F. 囊胚期（切面）；G. 囊胚的小细胞向囊腔内生出鞭毛（切面）；H, I. 大细胞一端形成一个开孔，并向外包，里面的变成外面（鞭毛在小细胞的表面）（切面）；J. 两囊幼虫（切面）；K. 两囊幼虫；L. 小细胞内陷；M. 固着（纵切面）（自江静波等）

现象存在于钙质海绵纲如毛壶属（*Grantia*）、樽海绵属（*Sycon*）、白枝海绵属（*Leucosolenia*）及寻常海绵纲的少数种类如糊海绵属（*Oscurella*）。其多数种类形成实胚幼虫（parenchymula larva），为另一种逆转形式（图5-11）。

5.2.3 再生和体细胞胚胎发生

海绵有惊人的再生（regeneration）能力，并能进行体细胞胚胎发生（somatic embryogenesis）。前者指机体受损伤后，能恢复其失去的部分，这一过程称为再生。后者是指机体所有细胞参与结构和机能的完全重新组织（reorganization），形成一新个体。如把海绵切成极小碎片，每块都能独立生活，继续长大。如将海绵捣碎过筛，再混合在一起，同一种海绵能重新组成小海绵个体。有人将橘红海绵（也称为 *Microciona* 细芽海绵）与黄海绵（也称为 *Cliona* 穿贝海绵）分别捣碎作成细胞悬液，两者混合后，各按自己的种排列和聚合，逐渐形成了橘红海绵与黄海绵。有实验证实，这是由于在海绵细胞表面有一种糖蛋白分子，具有种的特异性，能识别同种细胞或异种细胞所致。这对研究细胞如何结合很有意义。还有人用细胞松弛素（cytochalasin）处理分离的海绵细胞，则能抑制其分离细胞的重聚合。

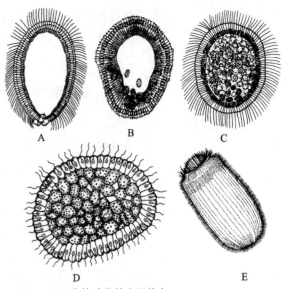

■ 图5-11 海绵动物的实胚幼虫
A～C. 白枝海绵通过单极移入，形成实胚幼虫的不同阶段；D. 南瓜海绵（*Tethya*，属寻常海绵纲）的幼虫；E. 一种寻常海绵的幼虫（A～C. 仿 Hyman；D，E. 仿 R. C. Brusca）

5.3 多孔动物门的分类及演化地位

多孔动物已知约有10 000种，根据其骨骼特点分为3个纲：

钙质海绵纲（Calcarea）：骨针为钙质，水沟系简单，体型较小，多生活于浅海。如白枝海绵和毛壶。

六放海绵纲（Hexactinellida）：骨针为硅质、六放形，复沟型，鞭毛室大，体型较大，生活于深海。如偕老同穴（*Euplectella*）、拂子介（*Hyalonema*）。

寻常海绵纲（Demospongiae）：硅质骨针（非六放）或海绵质纤维，复沟型，鞭毛室小，体型常不规则，生活在海水或淡水。如浴海绵、淡水的针海绵（*Spongilla*）。

海绵动物是古老的多细胞动物，出现在寒武纪早期，占据了古生代海洋大量的礁石、暗礁。海绵从远古走来经过漫长的历史变化很少。现在的海绵动物和其化石差别不大，具有许多原始性特征。如体型多不对称，没有真正组织，没有口和消化道等器官系统，细胞分化较多，许多机能主要由细胞完成。与原生动物相似较多（细胞内消化、呼吸排泄及渗透调节机制）。而且具独特的水沟系，个体发育有逆转现象。这些与其他后生动物不同，说明海绵的发展道路不同于其他后生动物。又由于其体内具发达的、与原生动物领鞭毛虫相似的领细胞，因此一般认为海绵是很早由原始的群体领鞭毛虫（类似原绵虫）发展来的一个侧支，已得到分子系统分类（根据 SSU-rRNA 基因序列分析）的支持。

近年一些最新的研究，根据海绵的另一些特征，说明海绵动物也是处于原生动物和后生动物之间的中间类型。例如海绵在多细胞动物中首次出现滤食性取食功能；具有动态的组织（dynamic tissue，由原细胞移位、分化为另种细胞形成的稳定组织重排）和细胞全能性等。

我国学者张小云等发现了海绵动物的原始神经细胞和神经类物质。从神经系统的演化上说明海绵动物介于原生动物和后生动物之间，占有不可取代的位置。

5.4　多孔动物与人类

多孔动物对人有用的是海绵的骨骼，如浴海绵，因为海绵质纤维较软，吸收液体的能力强，可供沐浴及医学上吸收药液、血液或脓液等用。其他有些种类纤维中或多或少含有硅质骨骼，所以较硬，可用以擦机器等。天然产的海绵不够用，有些地方还用人工方法繁殖，办法是把海绵切成小块，系在石架上，然后沉入海底，一般二三年即可长成。有些种类常长在牡蛎的壳上，会把壳封闭起来，造成牡蛎死亡。淡水海绵大量繁殖可以堵塞水道，这些对人类不利。有些淡水海绵要求一定的物理化学生活条件，因此可用于水环境的鉴别。古生物学的研究表明，海绵的特殊沉积物对分析过去环境的变迁有意义。近些年发现海绵体内某些含氮生物活性物质有抗抑郁作用及抗癌的生理活性，一些生物碱有抗菌消炎作用。

对海绵的研究，近年来发展也较快，不仅是研究海绵动物本身，而更重要的是用它作为研究生命科学基本问题的材料，如细胞和发育生物学等方面的一些基本问题，因此，海绵动物对科学研究也有其特殊的意义。

附门：

扁盘动物门（Phylum Placozoa）

扁盘动物门是 1971 年西德学者 Grell 新建立的一个门。目前只有丝盘虫（*Trichoplax adhaerens* Schulze）一种（或可能两种）。这类动物最早是由 Schulze（1883 年）在奥地利 Graz 大学的海洋水族馆里发现的。标本采自亚德里亚海，当时定名为丝盘虫。这门动物的形状、大小、运动方式与变形虫很相似。但经组织学研究，确知它是属于多细胞动物。因此又称为多细胞变形虫。

扁盘动物体为扁平薄片状，直径一般为 2～3 mm，最大不超过 4 mm。体形经常改变，边缘不规则，缺乏前后极性及对称性（图 5-12A）。无体腔及消化腔，无神经协调系统。整个虫体由几千个细胞构成，排列成双层，虫体有恒定的背腹方向（图 5-12B，图 5-13）。背面（上表面）由一薄层扁平细胞构成，其中很多细胞生有一根鞭毛。腹面（下表面）的细胞层较厚，包括两种类型的细胞：具鞭毛的柱状细胞和分散于其中的无鞭毛的腺细胞。在背腹两层细胞之间为来源于腹细胞层的星状纤维细胞（stellate fibre cell），也有人称之为星状变形虫样细胞的间质层（mesenchymal layet of stellate ameboid cells），这些星状纤维细胞埋在胶状基质中。腹面的细胞层能暂时凹进去，可能与取食有关。扁盘动物以微小的原生生物为食，腹细胞层的腺细胞能分泌一些酶消化食物。然后又被同样的腺细胞所吸收，因此它是部分地进行体外消化。其运动一方面借体表鞭毛的摆动进行，腹面的鞭毛摆动使虫体进行滑动；另一方面形状改变像变形虫样的运动是由于中胶里的星状纤维细胞协调地进行收缩和松弛所致。通常经分裂和出芽进行无性生殖，虽然也能进行有性生殖，但对有性过程及其胚胎发育了解得很少。

由于扁盘动物体仅有 4 种类型的细胞，且细胞内 DNA 的含量比其他任何动物的都少，染色体也很小（不大于 1 μm），因此认为它是已知最简单的多细胞动物之一。几乎近百年来一直认为这类动物是一些海绵或腔肠动物的幼虫。直到 20 世纪 60 年代后期才发现它具有性生殖及受精卵的早期发育，才证实它是成体。与此同时前苏联的 Иванов 对丝盘虫进行了细胞组织学的研究和生态观察，认为该虫的鞭毛上皮细胞有吞噬作用，由此他提出应定为吞噬动物门。

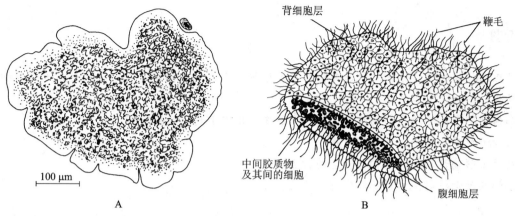

■ 图5-12　丝盘虫背面观（A）及其立体切面示意图（B）
（A. 仿 K. G. Grell；B. 仿 Margulis 和 Schwartz）

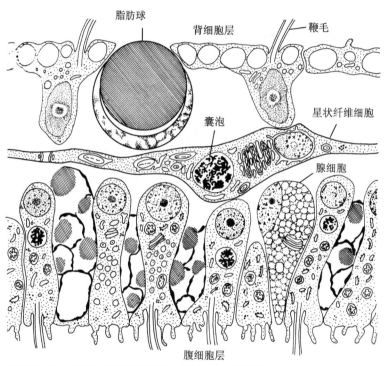

■ 图5-13　丝盘虫切面图解示背、腹层及其间的细胞
（仿 K. G. Grell）

关于系统发生，Иванов 提出应将吞噬动物门立为一个亚界。Barnes 将其列入侧生动物，但扁盘动物在个体发育中无逆转现象，因此有学者建议将扁盘动物置于多孔动物门之后。Grell（1982 年）认为丝盘虫是真正两胚层的后生动物，并指出背面和腹面的上皮分别同源于外胚层和内胚层，但是在上皮之下的基膜尚未得到证实。由此，有学者认为扁盘动物和真正的两胚层动物相比，可能更接近于多孔动物。近年来又有学者认为扁盘动物丝盘虫是最原始的后生动物，并认为它是多细胞动物起源早期的一个群体学说（Otto Butschli，1883 年）所提的扁囊胚虫（plakula）现存种类的证据。

思考题

1. 多孔动物的体型、结构与机能有何特点？根据什么说多孔动物是最原始、最低等的多细胞动物？
2. 如何理解多孔动物在动物演化上是一个侧支，现在有何新见解？
3. 初步了解多孔动物与人类的关系。
4. 初步了解扁盘动物的结构与机能的特点。
5. 了解扁盘动物对探讨动物演化有何意义？

第6章
腔肠动物门（Phylum Coelenterata）
（刺胞动物门 Phylum Cnidaria）

多孔动物在动物演化上一般认为是一个侧支，腔肠动物才是真正后生动物的开始。这类动物在进化过程中占有重要位置，所有其他后生动物都是经过这个阶段发展起来的。腔肠动物为辐射对称、具两胚层、有组织分化、有原始的消化腔及原始神经系统的低等后生动物（Metazoa）。

腔肠动物门和刺胞动物门是同一类动物的不同名称。后者是指这类动物的个体都具有刺细胞。而前者是最早提出的名字，是指这类动物都具有腔肠（coelenteron）。由于有些学者认为栉水母也具有腔肠，而无刺细胞，为了与之区别，故名刺胞动物门。这些年应用较多。我们考虑从动物进化发展来看，具两胚层、腔肠的动物是动物在发展的历史长河中发生质变的一个重要阶段，是真后生动物的起点；而刺细胞只是在遗传上一种细胞的变异，仅是一个特征，它不能反映其系统发育的特征和演化地位。而称为腔肠动物门，代表了动物系统发展的一个重要阶段，对认识这类动物个体发育、系统发育的特点、演化地位更具有代表性和实际意义。

这门动物绝大多数生活在海水中，少数生活在淡水，包括许多稀奇可爱的动物，如像花一样的海葵，构成海底花园的千姿百态、色彩缤纷的多种珊瑚，以及晶莹飘逸的各种水母，可供食用的海蜇等。

6.1 腔肠动物门的主要特征

6.1.1 辐射对称

多孔动物的体型多数是不对称的。从腔肠动物开始，体型有了固定的对称形式。本门动物一般为辐射对称（radial symmetry）。即大多数腔肠动物，通过其体内的中央轴（从口面到反口面）有许多个切面可以把身体分为两个相等的部分。这是一种原始的低级的对称形式。这种对称只有上下之分，没有前后左右之分，只适应于在水中营固着的或漂浮的生活。利用其辐射对称的器官从周围环境中摄取食物或感受刺激。在腔肠动物中有些种类已由辐射对称发展为两辐射对称（biradial symmetry），即通过身体的中央轴，只有两个切面可以把身体分为相等的两部分。这是介于辐射对称和两侧对称的一种中间形式。

6.1.2 两胚层、原始消化腔

多孔动物虽然具有两胚层，但从发生来看，它与其他后生动物不同，因此一般只称为两层细胞。腔肠动物才是具有真正两胚层（内、外胚层）的动物。在两胚层之间有由内、外胚层细胞分泌的中胶层（mesoglea）。由内外胚层细胞所围成的体内的腔，即胚胎发育中的原肠腔。它与海绵的中央腔不同，具有消化的功能，可以行细胞外及细胞内消化。因此，可以说从这类动物开始有了消化腔。这种消化腔又兼有循环的作用，它能将消化后的营养物质输送到身体各部分，所以又称为消化循环腔（gastrovascular cavity）。有口，没有肛门，消化后的残渣仍由口排出。它的口有摄食和排遗的功能。口即为胚胎发育时的原口，与高等动物比较，可以说腔肠动物相当于处在原肠胚阶段。

6.1.3　组织分化

海绵动物主要是有细胞分化。腔肠动物不仅有细胞分化，而且开始分化出简单的组织。动物的组织一般分为上皮、结缔、肌肉、神经4类，而在腔肠动物上皮组织却占优势，由它形成体内、外表面，并分化为感觉细胞、消化细胞等。它的特点是在上皮细胞内包含有肌原纤维。这种细胞具有上皮和肌肉的功能，所以称为上皮肌肉细胞（epithelio-muscular cell），简称皮肌细胞。同时腔肠动物的上皮还具有像神经一样的传导功能，这是近些年来应用电生理学技术和电子显微镜来研究腔肠动物神经的一个发现。非神经的传导（non-nervous conduction）或类神经（neuroid）传导，首先是在腔肠动物得到证实的。

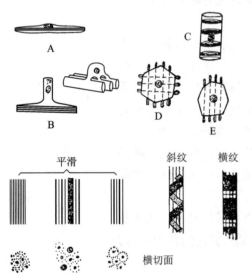

■ 图 6-1　腔肠动物上皮肌细胞的类型

上：A. 上皮成分不发达肌原纤维沿细胞长轴分布；B. 上皮细胞基部伸出一或几个突起，突起中有肌原纤维；C. 上皮成分发达呈圆柱状，周围有一系列平滑肌环；D，E. 上皮成分发达，呈扁平状肌原纤维单向排列（E），或肌原纤维两排呈垂直排列（D）

下：肌原纤维类型及横切面，示每一肌原纤维由粗丝和细丝相间排列的方式（仿 Chapman）

6.1.4　肌肉结构

上皮肌细胞既属于上皮，也属于肌肉的范围。这表明上皮与肌肉没有分开，是一种原始的现象。一般在上皮肌细胞的基部延伸出一个或几个细长的突起，其中有肌原纤维（myofibrils）（图 6-1B），也有的上皮成分不发达，成为肌细胞（myocyte）（图 6-1A），有的是上皮成分发达，细胞呈扁平状，肌原纤维呈单向排列（图 6-1E），或者两排肌原纤维呈垂直排列（图 6-1D），也有的上皮成分发达，呈圆柱状，周围有一系列的平滑肌环（图 6-1C）。肌纤维也分为横纹肌、斜纹肌和平滑肌（图 6-1 下）。每个肌原纤维都是由一束细丝组成，这些丝又分粗、细两种，与高等动物粗（肌球蛋白）、细（肌动蛋白）丝相似，其收缩机制也和高等动物的相似。关于肌肉的神经支配了解得不多，近年来有的实验证明，腔肠动物的神经与肌肉的接触部分——神经肌肉突触（neuromuscular synapses）的超微结构和神经肌肉连接（neuromuscular junction），也都与高等动物的相似。

6.1.5　原始神经系统——神经网

神经网（nerve net）是动物界里最简单、最原始的神经系统。一般认为它基本上是由二极和多极的神经细胞组成。这些细胞具有形态上相似的突起，相互连接形成一个疏松的网，因此称神经网。有些种类只有一个神经网，存在于外胚层的基部（图 6-2）；有些种类有两个神经网，分别存在于内、外胚层的基部；还有些除了内外胚层的神经网外，在中胶层中也有神经网（图 6-3）。神经细胞之间的连接，经电子显微镜证明，一般是以突触相连接，

■ 图 6-2　上皮肌细胞与神经网

（仿 Mackie 和 Passano）

也有非突触的连接。这些神经细胞又与内、外胚层的感觉细胞、皮肌细胞等相联系。感觉细胞接受刺激，通过神经细胞传导，皮肌细胞的肌纤维收缩产生动作，这种结合形成神经肌肉体系（neuromuscular system）。这样，对外界刺激（光、热、化学的、机械的和食物等）可产生有效的反应，如捕食、避敌以及协调整体的活动等。但腔肠动物没有神经中枢，神经的传导一般是无定向的，因此称为扩散神经系统（diffuse nervous system）。同时，神经的传导速度也较慢，它比人的神经传导速度慢 1 000 倍以上，这都说明这种神经系统的原始性。

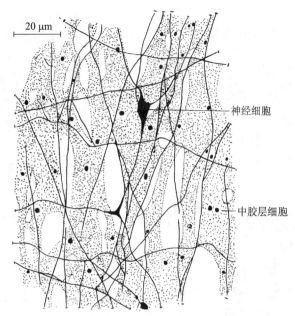

■ 图 6-3 海笔（*Veretillum*）中胶层的神经网
（自 Chapman）

近些年来对腔肠动物神经突起的超微结构的研究，看到神经连接的突触，在形态上有极化现象，就是只在神经交接的一个突起上有泡，而另一个没有。在没有极化的突触上，两个突起都有泡。这种形态上的极化可能是传导系统中极化传导的基础。

6.2 腔肠动物门代表动物——水螅（*Hydra*）

水螅生活在淡水中，在水流较缓、水草丰富的清水中常可采到。水螅分布较广，容易采集和培养，且便于观察其结构，因此常用作实验材料。通过它可了解这类动物的基本结构。

6.2.1 形态结构与机能

水螅体为圆柱状，能伸缩，遇到刺激时可将身体缩成一团。一端附于水草或其他物体上，附着端称为基盘（basal 或 pedal disk）。另一端有口，口长在圆锥形的突起——垂唇（hypostome）上，平常口关闭呈星形，当摄食时口张开，在口之周围，有细长的触手（tentacle），一般 6~10 条，呈辐射排列，主要为捕食器官（图 6-4）。当水螅饥饿时，触手伸得很长。如狩猎一样，捕到食物后由触手缩回来送到口中。也可借助于触手和身体弯曲作尺蠖样运动或翻筋斗运动（图 6-5）。

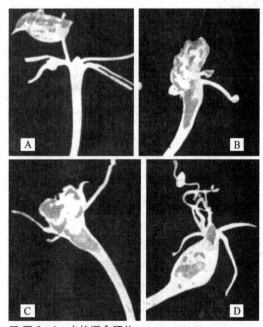

■ 图 6-4 水螅摄食照片
（自 Hickman）

■ 图6-5 水螅的运动

1. 收缩；2. 伸展；3~7. 翻筋斗运动；8~10. 尺蠖样运动；11，12. 借黏液气泡上升及漂动

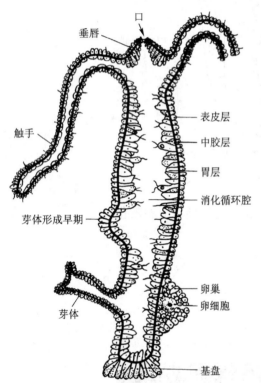

■ 图6-6 水螅的纵剖面图

（自刘凌云）

水螅的体壁由两层细胞构成，在两层细胞之间为中胶层。体表的一层为外胚层形成的表皮层（epidermis），主要有保护和感觉的功能。里面的一层为内胚层形成的胃层（gastroder-mis），主要有营养功能。体壁内为一空腔，由口与外界相通，为消化循环腔（图6-6）。

表皮层包括皮肌细胞（称上皮肌细胞或外皮肌细胞）、腺细胞、感觉细胞、神经细胞、刺细胞和间细胞（图6-7）。在表皮层中皮肌细胞数目最多，皮肌细胞基部的肌原纤维沿着身体之长轴排列，如一层纵行的肌纤维，收缩时可使水螅身体或触手变短。感觉细胞（sensory cell）分散在皮肌细胞之间，特别在口周围、触手和基盘上较多，其体积很小，细胞质浓，端部有感觉毛，基部与神经纤维连接。神经细胞（nerve cell）位于表皮层细胞的基部，接近于中胶层的部分，神经细胞的突起彼此连接起来形成网状（图6-2，图6-8），传导刺激向四周扩散，所以当其身体的一部分受较强的刺激时，全身都发生收缩反应，以避开有害刺激。刺细胞（cnidoblast 或 cnidocyte 或 nematocyte）是腔肠动物所特有的，它遍布于体表，触手上特别多。每个刺细胞有一核位于细胞之一侧，并有囊状的刺丝囊（nematocyst 或 cnida），囊内贮有毒液及一盘旋的丝状管。水螅有4种刺丝囊（图6-9）：穿刺刺丝囊，其中有一条细长中空的刺丝，当受刺激时，刺丝向外翻出，像手套的指端从内向外翻一样，就可把毒素射入捕获物或其他小动物体内，将其麻醉或杀死。卷缠刺丝囊，不注射毒液，而只缠绕被捕物。还有两种黏性刺丝囊，对捕食和运动有作用。间细胞（interstitial cell）主要在表皮层细胞之间，有一堆堆的小细胞，大小与皮肌细胞的核差不多，它是一种多能干细胞（multipotent stem cell），来源于胚胎的内胚层，移至外胚层，对水螅的研究较多，已知它可分化成刺细胞、腺细胞、神经细胞和生殖细胞等。腺细胞（gland cell）身体各部都有，以基盘和口周围最多，能分泌黏液，可使水螅附着于物体上或在其上滑行。也可分泌气体，由黏液裹成一气泡，使水螅由水底上升至水面。

中胶层薄而透明，为内外胚层细胞分泌的胶状物质，在身体和触手都是连续的。在电子显微镜下，中胶层中有很多小纤维，皮肌细胞突起也伸入其中（图6-10）。中胶层像是有弹性的骨骼，对身体起支持作用。

胃层包括内皮肌细胞、腺细胞和少数感觉细胞与间细胞（图6-7）。在胃层细胞的基部也有分散的神经细胞，但未连接成网。内皮肌细胞或称营养肌肉细胞（nutritive muscular cell），是一种具营养机能兼收缩机能的细胞，在细胞之顶端通常有两条鞭毛（1~5条），由于鞭毛的摆动能激动水流，同时也可伸出伪足吞食食物，细胞内常常有不少食物泡，其基部的肌原纤维，沿着体轴或触手之中心呈环形排列，收缩时可以使身体或触手变细。在口周围，皮肌细胞的肌原纤维还有括约肌的作用。腺细胞在内皮肌细胞之间，分散于胃层各部分。腺细胞所处的部位不同，其功能也不一样，如在垂唇部分的可分泌黏液，有润滑作用，

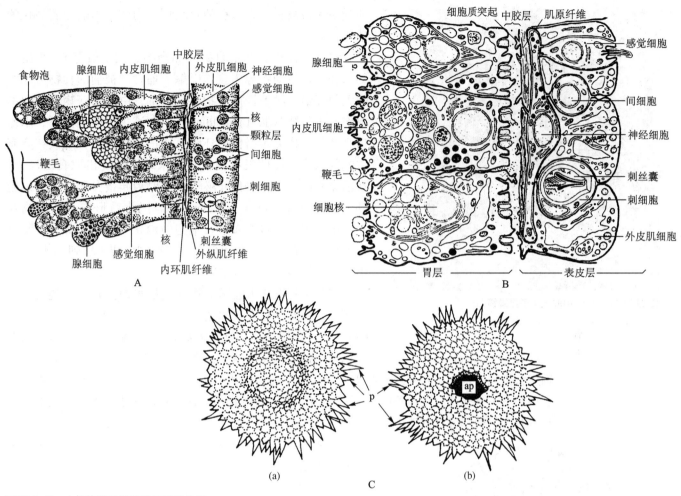

■ 图 6-7 水螅体壁显微及亚显微结构图

A. 显微结构（横切面一部分）；B. 亚显微结构（纵切面一部分）；C. 水螅基盘吸附水面的两种状态：（a）反口孔关闭，（b）反口孔开启，p. 伪足，ap. 反口孔（A. 仿 Hyman；B. 仿 Lentz；C. 自汪安泰）

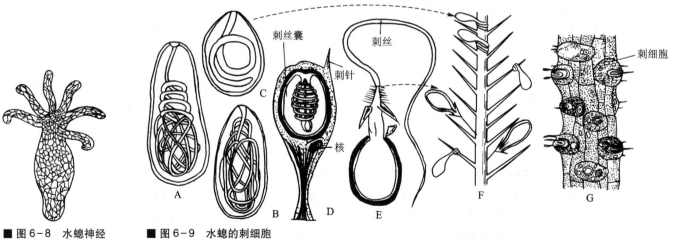

■ 图 6-8 水螅神经系统

（自江静波等）

■ 图 6-9 水螅的刺细胞

A，B. 黏性刺丝囊；C. 卷缠刺丝囊；D. 刺细胞（内含有穿刺刺丝囊）；E. 穿刺刺丝囊的刺丝向外翻出；F. 翻出的卷缠刺丝囊在甲壳动物的刺毛上；G. 触手的一段，示其上的刺细胞（自江静波等）

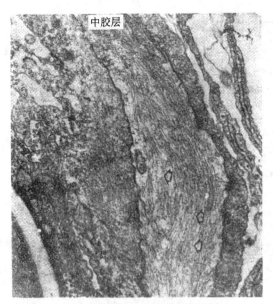

■ 图6-10 水螅中胶层电子显微镜照片

箭头所指为小纤维（自 Davis 和 Hagnes）

使食物容易被吞进去；在消化循环腔内的，则能分泌消化酶消化食物。

水螅以各种小甲壳动物（如溞类、剑水蚤等）、小昆虫幼虫和小环节动物等为食。以触手捕食，被捕的食物可比水螅大很多倍。触手将捕获物移向口部，由于捕获物受刺丝的损伤放出谷胱甘肽（glutathione），在该物质的刺激下，水螅口张开，食物进入消化循环腔。如把商品谷胱甘肽放在盛有水螅的水中，即使没有捕获物，水螅也表现出取食的动作。在消化腔内，由腺细胞分泌酶（主要为胰蛋白酶）进行细胞外消化（extracellular digestion），经消化后形成一些食物颗粒，由内皮肌细胞吞入进行细胞内消化。食物大部分在细胞内消化。消化后的食物可储存在胃层细胞或扩散到其他细胞。不能消化的残渣再经口排出体外。

多年来一般认为腔肠动物（包括水螅类）只通过口与外界相通。但有学者发现水螅属（*Hydra*）、柄水螅属（*Pelmatohydra*）和绿水螅属（*Chlorahydra*）的种类，在基盘中央有一反口孔（aboral pore）。观察水螅基盘的超微结构时发现，肌原纤维以反口孔为中心呈定向辐射状排列。这种排列方式有利于控制反口孔的开启和关闭。反口孔静止时，基盘附着层外表中心看不到孔迹（图6-7C），反口孔开启时，有废物或气体从孔内排出。看来水螅的反口孔具有肛门的部分生理功能。

呼吸和排泄没有特殊的器官，由各细胞吸氧、排出二氧化碳和废物。

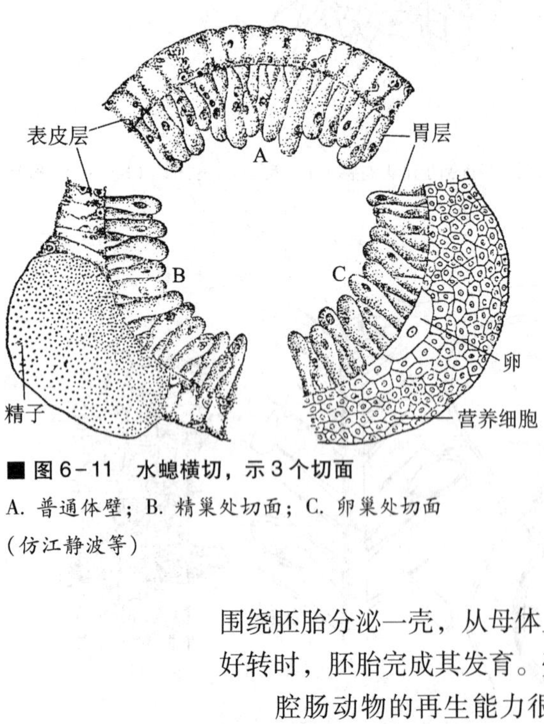

6.2.2 生殖与再生

水螅的生殖分无性和有性两种。经常进行无性生殖——出芽生殖。即体壁向外突出，逐渐长大，形成芽体。芽体的消化循环腔与母体相通连，芽体长出垂唇、口和触手，最后基部收缩与母体脱离，附于他处营独立生活。有性生殖是精卵结合。大多数种类为雌雄异体，少数为雌雄同体。生殖腺是由表皮层的间细胞分化形成的临时性结构，精巢为圆锥形，卵巢为卵圆形（图6-11）。卵巢内一般每次成熟一个卵，也有的种类一次成熟几个卵。卵在成熟时，卵巢破裂，使卵露出。精巢内形成很多精子，成熟的精子出精巢后，游近卵子与之受精。受精卵进行完全卵裂，以分层法形成实心原肠胚。

■ 图6-11 水螅横切，示3个切面

A. 普通体壁；B. 精巢处切面；C. 卵巢处切面
（仿江静波等）

表皮层 胃层 卵 营养细胞 精子

围绕胚胎分泌一壳，从母体上脱落下来，沉入水底，渡过严冬或干旱等条件，至春季或环境好转时，胚胎完成其发育。壳破裂，胚胎逸出，发育成小水螅（图6-12）。

腔肠动物的再生能力很强，如把水螅切成几小段，每段都能长成一个小水螅，但是只有单独的触手不能再生成完整的动物。通过水螅的垂唇和口切开，能长成双头水螅（图6-13）。近年来有人将水螅（*Hydra oligactis*，*H. pseudoligactis*）内外胚层细胞分开，结果两层细胞都各自再生成为完整的水螅。在水螅的再生和出芽方面，过去认为间细胞起重要的不可缺少的作用，由间细胞分化为各种类型的细胞。现在有人认为，间细胞在再生和出芽作用中不是不可缺少的，如用 X 线或含氮芥子气（nitrogen mustard）处理破坏间细胞，仍能进行再生或出芽（正确认识这一问题的关键在于实验，但如何分析呢？）。

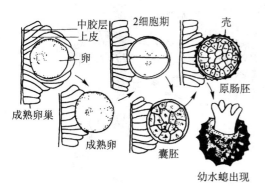

■ 图 6-12　水螅发育各时期示意图
（仿 R. A. Booloofian）

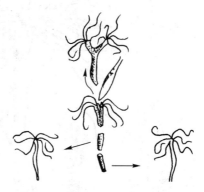

■ 图 6-13　水螅的再生
（仿 Hickman）

6.3　腔肠动物门的分纲

腔肠动物有 10 000 多种。一般分为 3 纲：水螅纲、钵水母纲、珊瑚纲。现在也有将立方水母目从钵水母纲分出，列为立方水母纲（Cubozoa），共 4 纲。

6.3.1　水螅纲（Hydrozoa）

本纲动物绝大多数生活在海水中，少数生活在淡水。生活史中大部分有水螅型和水母型，即有世代交替现象，如薮枝虫（*Obelia*）（图 6-14）。

薮枝虫生活于浅海，固着在海藻、岩石或其他物体上，为一树枝状的水螅型群体（图 6-14A）。群体基部的构造很像植物的根，故称螅根（hydrorhiza），由螅根上生出很多直立的茎，称为螅茎（hydrocaulus）。螅茎上分出两种个体——水螅体（hydranth）与生殖体（gonangium）。整个群体外面，包围着由外胚层分泌的一层透明的角质膜，称围鞘（perisarc），具保护和支持的功能。水螅体主要管营养，其构造与水螅基本相同，有口及触手，触手是实心的，垂唇较水螅的长大，其外有一透明的杯形鞘，称为水螅鞘（hydrotheca）。生殖体无口及触手，只有一中空的轴，称为子茎（blastostylus），子茎的周围，有透明的瓶状鞘，称为生殖鞘（gonotheca）。生殖体能行无性生殖，其营养主要靠水螅体供给，因为水螅体和生殖体彼此由螅茎中的共肉（coenosarc）连接，整个群体的消化循环腔是相通连的。群体中任一水螅体捕食消化后，可通过消化循环腔输送给其他部分或其他个体。

生殖体成熟后，子茎以出芽的方法产生许多水母芽。水母芽成熟，脱离子茎，小水母由生殖鞘顶端的开口出来，在海水中营自由生活。水母结构较简单，很小，1~2 mm，体形如一圆伞，伞边缘生有很多细的触手（初生时 16 个），下伞面中央有一短的垂唇，口向内通到胃，再由胃伸出 4 个辐管，与伞边缘的环管相通。口、胃、辐管、环管构成水母的消化循环系。水螅水母特征之一是在伞下面边缘有一圈薄膜，称为缘膜（velum），而薮枝虫的水母缘膜退化。在伞边缘有 8 个平衡囊，司平衡。在 4 条辐管上有 4 个由外胚层形成的精巢或卵巢

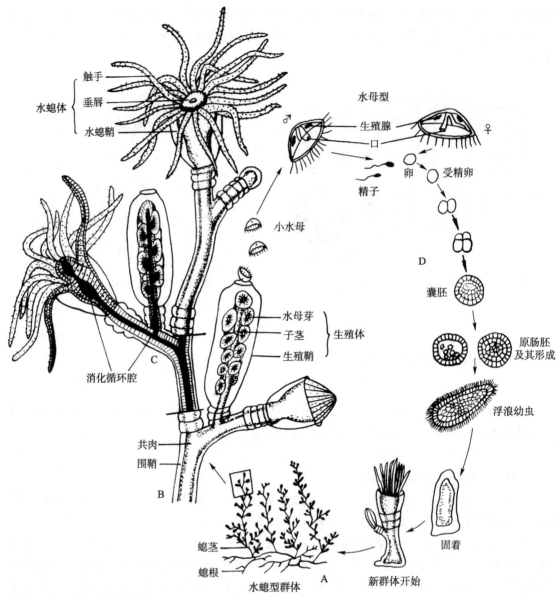

图6-14　薮枝虫及其生活史
A. 群体；B. 群体部分放大；C. 部分剖面观；D. 生活史（自刘凌云）

（雌雄异体）。精、卵成熟后在海水中受精。受精卵发育，以内移的方式形成实心的原肠胚，在其表面生有纤毛，能游动，称为浮浪幼虫（planula）。浮浪幼虫游动一段时期后，固着下来，以出芽的方式发育成水螅型的群体。

薮枝虫的生活史经过两个阶段。水螅型群体以无性出芽的方法产生单体的水母型，水母型又以有性生殖方法产生水螅型群体，这两个阶段互相交替，完成世代交替的生活史。

由薮枝虫的结构与生活史可看出本纲动物的主要特征：

（1）一般是小型的水螅型或水母型动物。

（2）水螅型结构较简单，只有简单的消化循环腔。

（3）水母型一般有缘膜，触手基部有平衡囊。

（4）生活史大部分有水螅型与水母型，即有世代交替现象（如薮枝虫）。少数种类水螅型发达，无水母型（如水螅）或水母型不发达（如筒螅，*Tubularia*）；也有水母型发达，水螅型不发达或不存在，如钩手水母（*Gonionemus*）、桃花水母（*Craspedacusta*）；还有的群体发展为多态现象，如僧帽水母（*Physalia*）（图6-15，图6-16）。

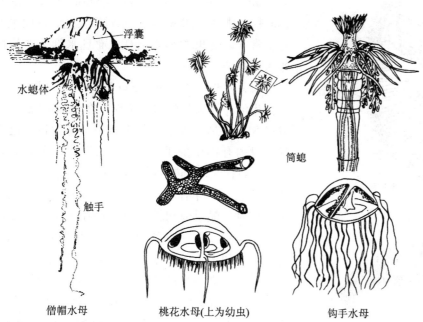

■ 图 6-15 水螅纲的几种代表

（仿陈义，Paker 等）

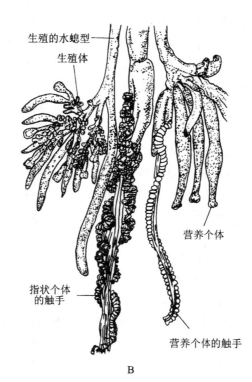

■ 图 6-16 僧帽水母

A. 照片示群体的自然状态，浮囊漂于水面上，其他个体在水面下，可见捕食鱼的情况；B. 群体部分放大，示其各个个体（转引自 R. D. Barnes）

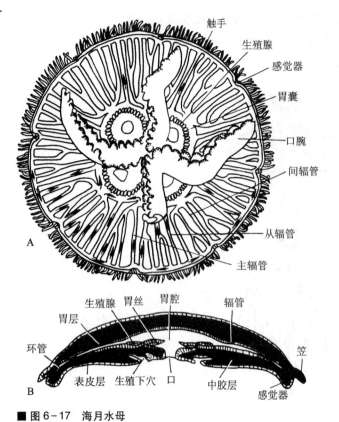

■ 图 6-17　海月水母
A. 口面观；B. 剖面观（A. 自刘凌云；B. 仿陈义）

6.3.2　钵水母纲 (Scyphozoa)

本纲动物全部生活在海水中，大多为大型的水母类（如有一种霞水母 *Cyanea arctica* 伞部直径大的有 2 m 多，触手长 30 多 m）。水母型发达，水螅型非常退化，常常以幼虫的形式出现，而且水母型的构造比水螅水母复杂，如海月水母。

海月水母 (*Aurelia aurita* Lamarck)（图 6-17）营漂浮生活，体为盘状白色透明，在伞的边缘生有触手，并有 8 个缺刻，每个缺刻中有一个感觉器，也称触手囊。囊内有钙质的平衡石 (statolith)，囊上面有眼点 (ocellus)，囊下面有缘瓣 (lappet)，缘瓣上有感觉细胞和纤毛，另外有两个感觉窝（图 6-18）。当水母体不平衡时，触手囊对感觉纤毛的压力不同，而产生不平衡的感觉。在内伞的中央有一呈四角形的口，由口的四角上伸出 4 条口腕 (orallobe)。消化循环系统比较复杂，由口进去为胃腔，位于体中央，向四方扩大成 4 个胃囊，由胃囊上和胃囊之间伸出分支的和不分支的辐管 (radial canal)，这些辐管均与伞边缘的环管 (ring canal) 相连。水流由口进去至胃腔，经过一定的辐管至环管，然后再由一定的辐管流至胃囊，经口流出。在胃囊的里面，有 4 个由内胚层产生的马蹄形的生殖腺，位于胃囊底部的边缘。在生殖腺内侧，长有很多丝状的结构，称为胃丝，也是由内胚层形成的，其上有很多刺细胞。食物进入胃囊后，即被刺丝杀死，经消化后（细胞内和细胞外消化）由辐管分布到全身各部。胃丝也起着保护生殖腺的作用。

由生殖腺产生精子或卵（钵水母为雌雄异体）（图 6-19）。精子成熟后随水流至雌体内受精，也有的在海水中受精。受精卵经完全均等卵裂形成囊胚，再由内陷方式形成原肠胚，此时胚胎表面长出纤毛，成为浮浪幼虫，在海水中游动一个时期后，附于海藻或其他物体上，发育成小的螅状幼体 (hydrula)，有口和触手，可营独立生活，然后进行横裂，由顶而下分层为钵口幼体 (scyphistoma)，再进行连续横分裂形成一个个碟状个体，称横裂体 (strobila)。横裂体成熟后一个个依次脱落下来，称为碟状幼体 (ephyra)，由它发育成水母成体。由此可见，钵水母的生活史虽有世代交替，但水母型发达，而水螅型则退化成为幼虫。也有的钵水母无世代交替现象，只有水母型。

钵水母与水螅水母的主要不同点在于：

（1）钵水母一般为大型水母，而水螅水母为小型的。

（2）钵水母无缘膜，而水螅水母有缘膜。钵水母的感觉器官为触手囊，水螅水母为平衡囊。

（3）钵水母的结构较复杂，在胃囊内有胃丝，而水螅水母则无。

（4）钵水母的生殖腺来源于内胚层，水螅水母的生殖腺来源于外胚层。

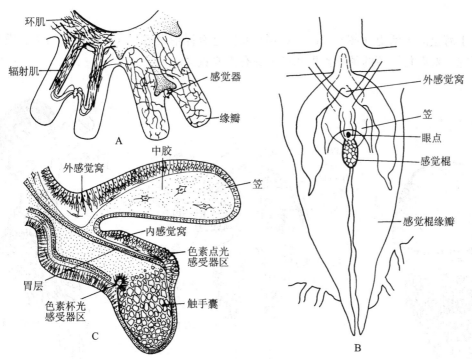

■ 图6-18 海月水母的感觉器

A. 伞边缘切面图解示神经网、缘瓣和感觉器的位置；B. 海月水母的感觉器（触手囊）（反口面观）；C. 触手囊的纵切面，示笠及各感觉区（转引自 R. D. Barnes）

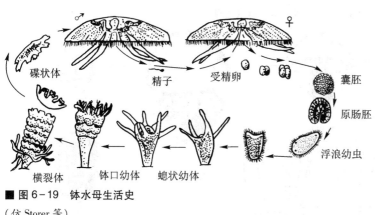

■ 图6-19 钵水母生活史

（仿 Storer 等）

　　钵水母类在腔肠动物中是经济价值较高的一类动物，比如海蜇即属此类。海蜇（*Rhopilema esculentum*）（图6-20）的结构与海月水母基本上是一致的，不同的是：海蜇的伞为半球形，中胶层很厚，含有大量的水分和胶质物。伞的边缘无触手，由8个感觉器将伞缘平分为8个区，每个区的伞缘有14~20个小舌状的缘瓣（lappets，其数目为种的分类依据之一）。口腕愈合，大型口消失。在口柄的基部有8对翼状肩板，在口柄下部各有8个口腕。每个口腕又分成三翼，在其边缘上形成很多小孔，称为吸口。在口腕上长有很多触手（或称丝状附属器、棒状附属器），棒状附属器与腕管相通。各腕末端有一条长的棒状附属器。肩板上也有很多吸口及触手。海蜇就是靠吸口吸食一些微小的动植物为食物，由吸口周围的触手先把小动物麻痹或杀死，然后送入口，经口腕中很多分支的小管到胃腔，这种构造和取食的情况有点像植物根吸收养料，因此将海蜇这一类的钵水母归为一目，称为根口水母目（Rhizos-

87

tomae）。

关于海蜇的生活史（图6-21），近年来我国已有详细报道。这对繁殖生物学和发育生物学的研究，对海蜇资源的预测预报和增殖都有重要意义。

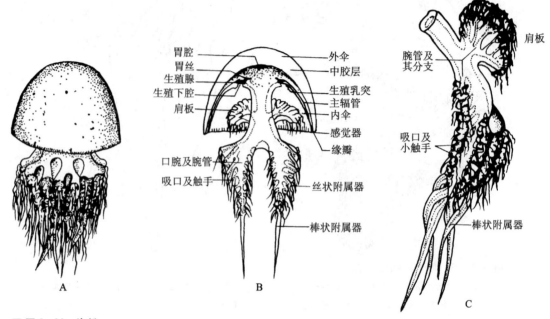

■ 图6-20 海蜇

A. 外形图；B. 纵剖面；C. 口腕，示腕管及吸口（仿洪惠馨等）

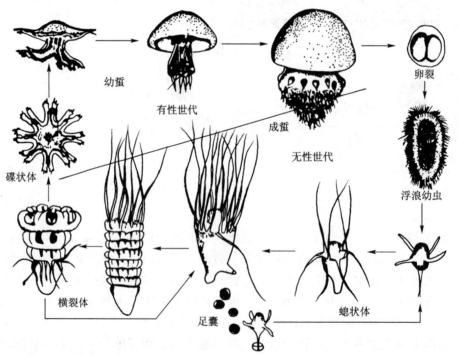

■ 图6-21 海蜇生活史示意图

（自丁耕芜，陈介康）

海蜇的营养价值较丰富，含有蛋白质、维生素 B_1、维生素 B_2 等。经加工处理后的蜇皮，是海蜇的伞部，蜇头或蜇爪为海蜇的口柄部分。我国食用海蜇的历史悠久，在我国沿海海蜇的产量非常丰富，浙江、福建沿海一带最多。

除海蜇外，大多数的钵水母对渔业生产有害，不仅危害幼鱼、贝类，而且能破坏网具。如 1952 年在福建连江沿海发生了一种钵水母为灾的情况。渔民的网具被破坏后几个月不能生产。据新近报道，新变种海月水母将威胁地球生态系统。已发现有 16 种新变种，它们搭乘船只（贴在船只外壳上，或通过海水压载舱）周游世界各地。这些新变种都是入侵物种，具有侵害当地物种的潜力，威胁当地生态系统。如何使其"脚步"停下来，还不清楚。腔肠动物的刺丝囊对人的危害很大，如一些大的水母或海蜇螫刺人体后，可造成严重创伤。刺丝囊里的毒性物质的成分，可作为新的药物来源或其他生物医学化合物。从 1972 年就已发现在 4 种腔肠动物的提取物中有抗肿瘤的药物。

仿生学也在研究水母，制作预测风暴的报警仪器。以前预测海上风暴要用雷达站、水声站甚至气象卫星进行综合观测，十分不便，而生活在海水中的水母在演化过程中发展了一套预测风暴的报警装置，使它在风暴来临前许多小时就游向大海。模仿水母感觉器的风暴预报仪器能提前 15 个小时作出预报，并指出风暴来的方向，装置简单，操作方便。又如海蜇的运动是由脉冲式的喷射而推进的，而喷气式飞机是连续不断的气流喷射而推进的。有的科学家曾设想把海蜇的推进方式用于喷气式飞机的设计，这样既能节省能量，又能最好地利用所产生的动力。

6.3.3 珊瑚纲（Anthozoa）

这纲动物与前两纲不同，只有水螅型，没有水母型，且水螅体的结构较水螅纲的螅体复杂。全为海产，多生活在暖海、浅海的海底。构成"海底花园"的主要为珊瑚虫。一般所见到的珊瑚为其骨骼。沿海常见的为海葵。

海葵（图 6-22）无骨骼，身体呈圆柱状，一端附于海中岩石或其他物体上，该端称为基盘。另一端有口，呈裂缝形，口周围部分称为口盘，其周围有几圈触手，触手上有刺细胞，可用以捕食鱼虾及活的小动物。捕捉食物后经口，进入口道（stomodaeum），口道壁是口部的外胚层细胞褶入形成的（此为进化现象）。在口道的两端各有一纤毛沟或称为口道沟（siphonoglyph），有些种类只有一个口道沟，口道沟内壁的细胞具纤毛。当海葵收缩成一团时，水流仍可由口道沟流入消化循环腔。

消化循环腔的结构较复杂，其中有宽、窄不同的隔膜（mesentery 或 septum），隔成很多小室。隔膜是由体壁上内胚层细胞增多向内突出形成两层胃层，在两胃层之间为中胶层。隔膜的作用主要为支持，并增加消化面积。根据隔膜的宽度可分一、二、三级，只有一级隔膜与口道相连（图 6-22A~C）。在隔膜游离的边缘有隔膜丝（mesenteric 或 septal filament）。隔膜丝沿隔膜的边缘下行，一直达到消化循环腔的底部。有的达底部时形成游离的线状物，称为毒丝，其中含有丰富的刺细胞，当动物收缩时经常由口或壁孔射出，有防御及进攻的机能（图 6-22A）。隔膜丝主要由刺细胞和腺细胞构成，能杀死摄入体内的捕获物，并由腺细胞分泌消化液，行细胞外消化和细胞内消化（图 6-22D~F）。肌肉较发达，在较大的隔膜上都有一纵肌肉带，称为肌旗（muscle band），隔膜和肌旗的排列是分类的依据之一。

海葵为雌雄异体，生殖腺长在隔膜上接近隔膜丝的部分，由内胚层形成。精子成熟后，由口流出，进入另一雌体内与卵结合形成受精卵，也有的在海水中受精，在母体内发育形成浮浪幼虫，出母体，游动一时期后，固着下来发育成新个体。但也有的海葵不经浮浪幼虫，直接发育成为海葵后出母体。无水母型。无性生殖为纵分裂或出芽。

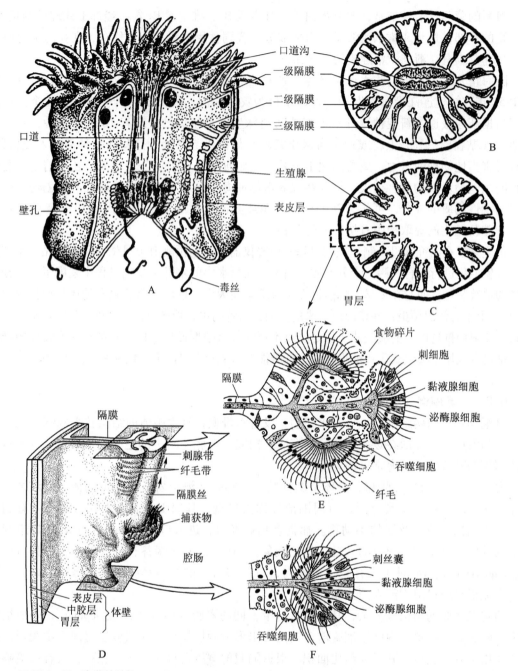

■ 图6-22　海葵的结构

A. 部分体壁纵横切；B. 过口道横切；C. 过消化循环腔横切；D~F. 隔膜及隔膜丝放大（A~C. 自刘凌云；D~F. 自 Ruppert 等，自 M. Van-Praet）

从海葵可了解珊瑚虫的基本结构，它与水螅纲的水螅体的不同点在于：

（1）珊瑚纲只有水螅型，其结构较复杂，有口道、口道沟、隔膜和隔膜丝。水螅纲的水螅体结构较简单，只有垂唇，无上述结构。

（2）珊瑚纲水螅型的生殖腺来自内胚层，水螅纲水螅型的生殖腺来自外胚层。

海葵是单体的，无骨骼。很多珊瑚虫为群体，大多具骨骼。

珊瑚骨骼的形成：大多数珊瑚虫的外胚层细胞能分泌骨骼。在八放珊瑚亚纲（Octocorallia）

（触手和隔膜各 8 个），由外胚层的细胞移入中胶层中分泌角质或石灰质的骨针或骨片。这些骨针存在于中胶层中或突出于体表面，如海鸡冠（*Alcyonium*）和海鳃（*Pennatula*）。有的种类小骨片连接成管状的骨骼，如笙珊瑚（*Tubipora*）。还有的骨针或骨片愈合成中轴骨，如红珊瑚（*Corallium*）（图 6-23，图 6-24）。常见的六放珊瑚亚纲（Hexacorallia）（触手和隔膜一般为 6 的倍数）的石珊瑚目（Medreporaria）有单体与群体，每个虫体与海葵相似，其基盘部分与体壁的表皮层细胞能分泌石灰质物质，积存在虫体的底面、侧面及隔膜间等处，好像每个虫体都坐在一个石灰座上，称为珊瑚座（corallite）（图 6-25），如石芝（*Fungia*）。群体珊瑚虫其共同部分的表皮层也分泌石灰质，由于群体的形状不同，其骨骼的形状也不一样。有的为圆块状，如脑珊瑚（*Meandrina*），有的为树枝状，如鹿角珊瑚（*Madrepora＝Acropora*）（图 6-26）。

近年，D. Kortschak 等（2003）报道，在一种鹿角珊瑚（*Acropora millepora*）的 cDNA 文库中获得约 2 500 个表达序列标签（expressed sequence tag，ESTs，即代表基因表达信息的 cDNA 序列片段），发现了一组基因，过去一直认为它是脊椎动物所特有，无脊椎动物不存在。这一发现意义非同寻常。现在看来，许多被认为起源于脊椎动物的基因，并非完全如此。在演化过程中已经消失的古老后生动物的基因出现在珊瑚虫。还发现其与人类基因组（genome）在序列水平上有相似性，与脊椎动物和无脊椎动物都有同源序列。但与脊椎动物的序列更相似。诸多问题，值得探索研究。

此外，Kusserow，Arne 等（2005）报道，从一种海葵（*Nematostella vectensis*）分离出 12 个 *Wnt* 基因家族。它编码分泌信号分子，控制动物发育的细胞命运，对真后生动物体制多样化起决定作用。脊椎动物已有 12 个 *Wnt* 基因亚家族被确定，腔肠动物和两侧对称动物至少有 11 个是共有的。意想不到的是 *Wnt* 基因家族的复杂性，竟出现在 6 亿 5 千万年前的动物体内。

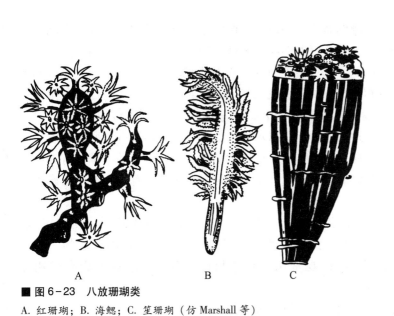

■ 图 6-23　八放珊瑚类
A. 红珊瑚；B. 海鳃；C. 笙珊瑚（仿 Marshall 等）

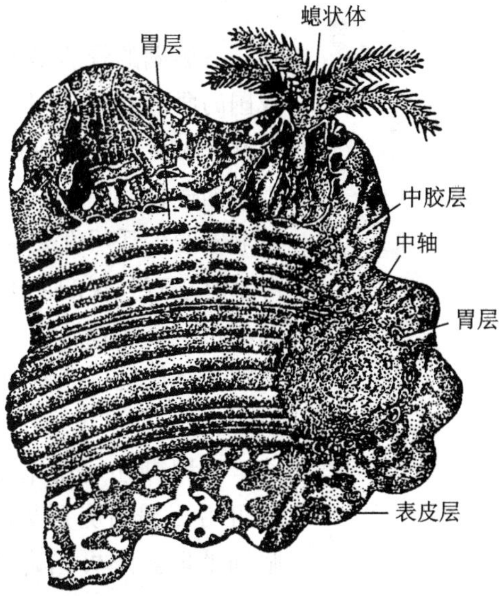

■ 图 6-24　红珊瑚的构造
（自江静波等）

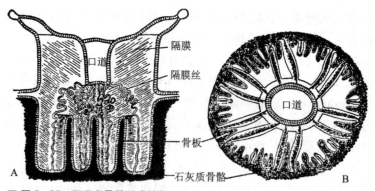

■ 图6-25 石珊瑚骨骼形成的部位

A. 纵切面；B. 横切面（仿江静波等）

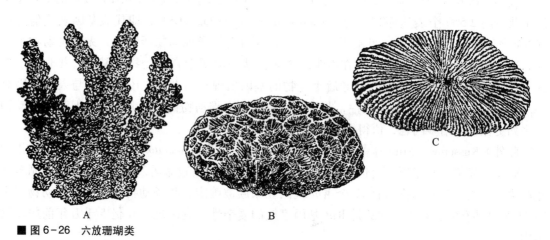

■ 图6-26 六放珊瑚类

A. 鹿角珊瑚；B. 菊珊瑚；C. 箽珊瑚（仿江静波等）

石珊瑚的骨骼是构成珊瑚礁和珊瑚岛的主要成分。由大量的珊瑚骨骼堆积成的岛屿，如我国的西沙群岛、印度洋的马尔代夫岛、南太平洋的斐济群岛等。造礁的石珊瑚虫胃层细胞中常有大量的单细胞虫黄藻（*Zooxanthella*）与其共生，有利于珊瑚虫从虫黄藻补充氧气和糖类，加速骨骼的生长（虫黄藻获得珊瑚虫的代谢废物如 CO_2、氮等，以利其进行光合作用）。石珊瑚的生活习性要求温暖（一般要求水温 22~30 ℃）、浅水（水深在 45 m 以内）的环境，海水对它有一定的冲击力量，靠海边的珊瑚承受海水冲击的部分生活得最好，所以随着骨骼的堆积，常沿着海岸逐渐向海里推移，逐渐扩展，形成大的岛屿。在沿海的岸礁，有如海边上的天然长堤，能使海岸坚固。在海底的暗礁成为鱼类和海洋生命的栖息地，有的暗礁可碍航行。

石珊瑚还可用来盖房子，如海南沿海一带用珊瑚建造的房子坚固耐用，便宜美观。还可用石珊瑚烧石灰制水泥、铺路等。我国台湾的许多街道都是用石珊瑚铺成的，路面坚固平坦。还可用来养殖石花菜，或作观赏用、制作装饰品等，总之这类珊瑚的用途很广。

珊瑚骨骼对地壳形成也有一定作用。在地质上常见到石灰质珊瑚骨骼形成的石灰岩，一般称为珊瑚石灰岩。有这种石灰岩的地方，说明这里在亿万年以前曾经是温暖的浅海。如我国四川、陕西交界的强宁、广元间就有这种石灰岩，考证其地质年代应在志留纪。古珊瑚礁和现代珊瑚礁可形成储油层，对找寻石油也有重要意义。

据报道，由于环境污染和全球气候变暖的影响，世界上已有超过 1/4 的珊瑚死亡，大西洋的珊瑚礁尤为濒危。最近估计，在过去 30 年间其数量减少了 80 %（大西洋的很多珊瑚属于只出现在该洋的古代种系）。这对海洋、对全球有巨大影响。海洋中的珊瑚对地球上的 CO_2 有调节作用。失去这种调节，地球的气候、环境会变得更加恶劣，同时也会带来经济效益的损失；失去珊瑚，海洋生态链将受到严重影响，由此造成的连锁反应，也必将超出人们的想象和预期。2007 年 9 月 12 日世界自然保护联盟公布 2007 年度世界濒危物种"红色名单"。其中海洋珊瑚有史以来首次被列入濒危物种红色名单。

6.4 腔肠动物的起源和演化

关于腔肠动物的起源，一般认为起源于像浮浪幼虫样的祖先。因为从个体发育看，一般海产腔肠动物都经过浮浪幼虫阶段，按梅契尼柯夫所假设的群体鞭毛虫，细胞移入后形成为两胚层的动物，发展成腔肠动物。至于腔肠动物各纲之间的关系，有不同的学说，争议的焦点：哪类是最早出现的，是水螅型还是水母型动物？传统的水母型学说（medusa theory）认为最早的腔肠动物是水母型。由浮浪幼虫样祖先，产生触手和口，形成像放射幼虫（actinula）样的动物，很像现存的硬水母类（Trachylina），由放射幼虫发育为水母成体。在发展过程中，有的放射幼虫样动物，固着、底栖，行无性出芽生殖，产生水螅型群体，它再经出芽生殖产生水母型个体，这样发展出水螅型世代。由放射幼虫固着后出芽形成水螅型群体，在现存的水螅纲一些动物也可看到。推断在动物发展过程中，一旦水螅型世代确定，有的水母型便受到抑制，在现有的水螅纲也可看到水螅型和水母型发达程度不同的世代交替。这种趋势的极点表现在珊瑚纲完全没有水母世代。由上述可见，水螅纲是最低等的一类，水螅纲的水母型是最早出现的腔肠动物。由原始的水螅纲的水母型祖先发展成现代的水螅纲动物。水螅型与水母型结构较简单，常有世代交替。钵水母纲和珊瑚纲可能是由水螅纲水母型的祖先向不同方向演化的结果。钵水母纲的水母型趋于大型、结构复杂、适于漂浮生活，向远洋深海发展，珊瑚纲可能是水螅型幼体适于固着生活继续发展复杂化的结果。

另一个认为得到分子数据支持的是水螅型学说（polyp theory），认为珊瑚纲动物是最原始的，由它发展为钵水母纲和水螅纲动物。对其若干解释中最好的是动物体积大小与复杂性之间的关系。珊瑚虫水螅体复杂性主要是胃层向内折叠形成隔膜所致。这增加了胃层的表面积，减少了腔肠的容积，有利其生存。而水螅纲的小型水螅体更适宜的表面积对体积比例的进化，导致结构简单。对这一学说，不少学者认为最有力的分子证据是：在腔肠动物中只有珊瑚虫为环形线粒体 DNA，这与其他后生动物相同。钵水母纲（包括立方水母）和水螅纲动物都具有线形的 mtDNA，认为这是腔肠动物内衍生的。我们知道，线形 mtDNA 存在于一些藻类和原生动物，而环形 mtDNA 存在于扁虫、昆虫等以及所有哺乳动物。应该说线形 mtDNA 比环形 mtDNA 为原始。实际这支持了传统学说。这些问题有待进一步研究。

附门：

栉水母动物门 (Phylum Ctenophora)

栉水母过去曾被列入腔肠动物门，作为无刺胞亚门，或作为栉水母纲。现在一般把它另列为一门。也有人把它与腔肠动物门并列，统称为辐射动物。

这一类动物的种类（不到100种）和数量都比较少，全部生活在海水中，营浮游生活，也有的能爬行。体型有球形、瓜形、卵圆形以及扁平带状等（图6-27）。形态结构像腔肠动物的有：体型基本上属于辐射对称，但两侧辐射对称很明显；身体也分内、外胚层分化的两层细胞及中胶层；消化循环腔与钵水母的相似，具有分支的辐管，除此之外，体内无其他腔。

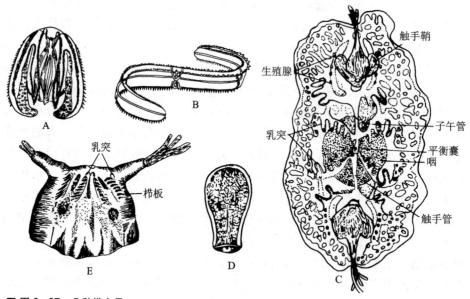

■ 图6-27　几种栉水母

A. *Mnemiopsis*；B. 带水母；C. 腔栉虫（*Coeloplana*）；D. 瓜水母（*Beroë*）；E. 扁栉虫（*Ctenoplana*）（A，B，D. 仿 Store 和 Usinger；C，E. 仿 Hyman）

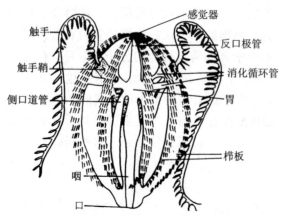

■ 图6-28　侧腕水母（*Pleurobrachia*）结构图
（自 Hickman）

本门动物也具有其他动物所没有的特点：

（1）栉水母体表具有 8 行纵行的栉板（comb plate）（图6-28），每一栉板是由一列基部相连的纤毛所组成。栉板下面有肌纤维能使栉板运动，栉板为运动器。

（2）有触手的栉水母在体两侧各有一触手囊或称触手鞘（tentacle sheath），囊内各有一条触手，触手上没有刺细胞（*Euchlora rubra* 例外，有刺细胞，无黏细胞），而有大量的黏细胞（colloblast），该细胞表面分泌黏性物质，可用以捕食，细胞内侧有螺旋状丝，捕获物被黏着后，不致因其挣扎而损坏细胞（图6-29）。

（3）在反口面有一集中的感觉器（sense or-

gan），结构较复杂（图 6-30）。在平衡囊内，由 4 条平衡纤毛束支持一个钙质的平衡石（statolith），在平衡
纤毛束基部有纤毛沟（ciliated furrow）和 8 行纵行的栉板相连。栉水母的感觉器是司平衡的器官。

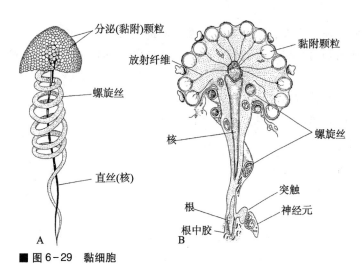

■ 图 6-29　黏细胞

A. 显微结构；B. 亚显微结构（纵切面）（A. 仿 Bayer, Owre；B. 仿 Franc）

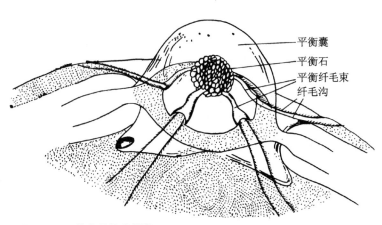

■ 图 6-30　栉水母的感觉器

（自 Hickman）

（4）神经系统也较集中，虽然在外胚层基部有神经网，但已向 8 行栉板集中，形成 8 条辐射神经索。

（5）胚胎发育中，可认为已开始出现不发达的中胚层细胞，由它发展成肌纤维。

由以上看出，栉水母类在演化上为特殊的一群，与腔肠动物接近，但较腔肠动物略为高等。有的学者
认为爬行栉水母可能演化为扁形动物，但一般认为栉水母类在演化上是一盲端支流，与高等动物没有直接
关系。

栉水母类以浮游生物为食，同时它本身又是鱼类的饵料，因此它们在食物链中有一定作用。栉水母类
还能吃牡蛎幼虫、鱼卵和鱼苗，对牡蛎养殖和某些鱼的繁殖有一定影响。

这类动物虽然数量不多，又是进化的盲端，但却引起了科学家们对它的兴趣，希望用它来解决一些一
般生物学问题，并已取得一定的成果。比如近年来发现栉水母有 4 种传导系统（栉板活动系统、上皮下神
经网的栉板抑制系统、肌细胞间的传导系统、协调发光系统），希望以此来了解由原始的传导系统如何产生
出这 4 种传导系统，以及以后在神经传导进化过程中又如何产生出像高等动物那样的中枢神经系统。可见
在这个很特化的小类群，相当简单的协调系统却显示出了行为控制和进化的一般原理。

思考题

1. 腔肠动物门的主要特征是什么，如何理解它在动物进化上的重要位置？
2. 掌握水螅的基本结构如内外胚层细胞的分化等，通过它了解腔肠动物的体壁结构、组织分化等基本特征。
3. 腔肠动物分哪几个纲，各纲的主要特征是什么？有何价值？
4. 初步了解腔肠动物的起源和演化及当前存在的问题。

第 7 章

扁形动物门（Phylum Platyhelminthes）

扁形动物在动物演化史上占有重要地位。从这类动物开始出现了两侧对称和中胚层，这对动物体结构和机能的进一步复杂、完善和发展，对动物从水生过渡到陆生奠定了必要的基础。与此相关的在扁形动物阶段出现了原始的排泄系统和梯型神经系统等。

扁形动物约 20 000 种。它们是在更广阔的环境中成功的居住者。海绵、腔肠动物主要生活在海水中，少数在淡水；而扁形动物自由生活种类（涡虫纲）分布于海水、淡水或潮湿的土壤中；多数寄生种类（吸虫纲、绦虫纲）则寄生于人、家畜、家禽或其他动物的体内或体表。曾危害严重的我国五大寄生虫病之一的血吸虫即属于此类。

7.1 扁形动物门的主要特征

7.1.1 两侧对称

从扁形动物开始出现了两侧对称（bilateral symmetry）的体型，即通过动物体的中央轴，只有一个对称面（或说切面）将动物体分成左右相等的两部分，因此，两侧对称也称为左右对称。从动物演化上看，这种体型主要是由于动物从水中漂浮生活进入到水底爬行生活的结果。已发展的这种体型对动物的进化具有重要意义。因为凡是两侧对称的动物，其体可明显地分出前后、左右、背腹。体背面发展了保护功能，腹面发展了运动功能，向前的一端总是首先接触新的外界条件，促进了神经系统和感觉器官越来越向体前端集中，逐渐出现了头部，使得动物由不定向运动变为定向运动，使动物的感应更为准确、迅速而有效，使其适应的范围更广泛。两侧对称不仅适于游泳，又适于爬行。从水中爬行才有可能进化到陆地上爬行。因此，两侧对称是动物由水生发展到陆生的重要条件。

7.1.2 中胚层的形成

从扁形动物开始，在外胚层和内胚层之间出现了中胚层（mesoderm）。中胚层的出现对动物体结构与机能的进一步发展有很大意义。一方面由于中胚层的形成减轻了内、外胚层的负担，引起了一系列组织、器官、系统的分化，为动物体结构的进一步复杂完善提供了必要的物质条件，使扁形动物达到了器官系统水平。另一方面，由于中胚层的形成，促进了新陈代谢的加强。比如由中胚层形成复杂的肌肉层，增强了运动机能，再加上两侧对称的体型，使动物有可能在更大的范围内摄取食物，这无疑促进了新陈代谢机能的加强。由于代谢机能的加强，所产生的代谢废物也增多了，因此促进了排泄系统的形成。扁形动物开始有了原始的排泄系统——原肾管系。又由于动物运动机能的提高，经常接触变化多端的外界环境，促进了神经系统和感觉器官的进一步发展。扁形动物的神经系统比腔肠动物有了显著的进步，已开始集中为梯型神经系统。此外，由中胚层所形成的实质（parenchyma）组织有储存养料和水分等多种功能，动物可以耐饥饿以及在某种程度上抗干旱，因此，中胚层的形成也是动物由水生进化到陆生的基本条件之一。

7.1.3 体壁

由于中胚层的形成而产生了复杂的肌肉结构，如环肌（circular muscle）、纵肌（longitudinal muscle）、斜肌（diagonal muscle）。与外胚层形成的表皮相互紧贴而组成体壁（body wall＝皮肌囊 dermo-muscular sac），包裹全身，如囊状，故称为"皮肌囊"，它除有保护功能外，还强化了运动机能，加上两侧对称，使动物能迅速有效地摄取食物或避开敌害，更有利于动物的生存和发展。

在皮肌囊之内，为来自中胚层的实质组织所充填，体内所有的器官都包埋于其中。

7.1.4 消化系统

消化系统（digestive system）与一般腔肠动物相似，通到体外的开孔既是口又是肛门，仅单咽目（Hyplopharyngida）涡虫，如单咽虫（Haplopharynx）有临时肛门，故称为不完全消化系统（imcomplete digestive system）。除了肠以外没有广大的体腔。肠是由内胚层形成的盲管，营寄生生活的种类，消化系统趋于退化（如吸虫纲）或完全消失（如绦虫纲）。

7.1.5 排泄系统

从扁形动物开始出现了原肾管（protonephridium）的排泄系统（excretory system）。它存在于这门动物（除无肠目外）所有类群。原肾管是由身体两侧外胚层陷入形成的，通常由具许多分支的排泄管构成，有排泄孔通体外。每一小分支的最末端，由焰细胞（flame cell）组成盲管。实际焰细胞是由帽细胞（cap cell）和管细胞（tubule cell）组成（图7-3）。帽细胞位于小分支的顶端，盖在管细胞上，帽细胞生有两条或多条鞭毛，悬垂在管细胞中央。鞭毛打动，犹如火焰，故名焰细胞。电镜下，在两个细胞间或管细胞上有无数小孔，管细胞连到排泄管的小分支上。原肾管的作用可能是通过焰细胞鞭毛的不断打动，在管的末端产生负压，引起实质中的液体经过管细胞上细胞膜的过滤作用，Cl^-、K^+等离子在管细胞处被重新吸收，产生低渗液体或水分，经过管细胞膜上的无数小孔进入管细胞、排泄管经排泄孔排出体外。原肾管的功能主要是调节体内水分的渗透压，同时也排出一些代谢废物。一些真正的排泄物如含氮废物是通过体表排出的。

7.1.6 神经系统

扁形动物的神经系统（nervous system）比腔肠动物有显著的进步。表现在神经细胞逐渐向前集中，形成"脑"及从"脑"向后分出若干纵神经索（longitudinal nerve cord），在纵神经索之间有横神经（transverse commisure）相连。在高等种类，纵神经索减少，只有一对腹神经索发达，其中有横神经连接如梯形，或称梯型神经系统（ladder-type nervous system）。脑与神经索都有神经纤维与身体各部分联系。可以说扁形动物出现了原始的中枢神经系统（central nervous system）。这种神经系统虽比腔肠动物的网状神经系统高级，但它又是原始的，因为神经细胞不完全集中于"脑"，也分散在神经索中。

7.1.7 生殖系统

大多数雌雄同体，由于中胚层的出现，形成了产生雌雄生殖细胞的固定的生殖腺及一定的生殖导管，如输卵管（oviduct）、输精管（vas deferens）等，以及一系列附属腺，如前列腺（prostate gland）、卵黄腺（vitellaria）等。这样使生殖细胞能通到体外，进行交配和体内受精。

扁形动物一般分为3纲：涡虫纲、吸虫纲、绦虫纲。

7.2 涡虫纲（Turbellaria）

7.2.1 代表动物——三角涡虫（*Dugesia japonica*）

在国内过去对涡虫纲这一有代表性的动物，各书写法不一，较混乱，如三角真涡虫（*Dugesia gonocephala*）、真涡虫（*Planaria gonocephala*）、真涡虫（*Euplanaria gonocephala*）、真涡虫（*Dugesia*）等，或误认为它们是3个不同的属。实际，它们是同物异名，*Dugesia*（=*Planaria*=*Euplanaria*）*gonocephala*，这是欧洲三角涡虫。但在东亚，在我国、日本、朝鲜分布的不是欧洲三角涡虫，而是日本三角涡虫（*Dugesia japonica*）。日本三角涡虫在我国分布极为广泛，从台湾、香港、云南、福建至北京、辽宁、吉林绝大多数省市均有分布。

涡虫生活在淡水溪流中的石块下，以活的或死的蠕虫、小甲壳类及昆虫的幼虫等为食物。

7.2.1.1 外形特征

涡虫体柔软，扁平叶状（图7-1A），背面稍凸，多褐色，腹面色浅，前端头部呈三角形（故得名），两侧各有一发达的耳突（auricle），司触觉和嗅觉，头部背面有两个黑色眼点（eyespots），可感觉光线的明暗，口位于腹面近体后1/3处，稍后方为生殖孔，无肛门，身体腹面密生纤毛，与涡虫运动有关。

7.2.1.2 结构与机能

（1）体壁与运动　涡虫的体壁是典型的皮肌囊（图7-1B）。表皮（epidermis）由外胚层来的柱状上皮细胞组成，其间有大量的腺细胞、杆状体（rhabdites）。杆状体是由上皮的一种腺细胞（成杆状体细胞或称杆状体腺细胞 rhabdite gland cell）分泌的，细胞体常沉入表皮之下的实质中（图7-1B）。其他腺细胞成熟时也常沉入于实质，仅其"颈部"留在表皮，它们分泌黏液有多种功能（如保护虫体免于干燥，利于气体交换，有助于运动等）。杆状体是涡虫特有的一种分泌物，为一种特殊分层的超微结构（图7-1C）。当涡虫受刺激时排出体表，遇水常弥散出有毒性的黏液，以捕食和防御敌害。腹面的表皮有纤毛，纤毛之间有短的微绒毛。表皮之下为非细胞结构有弹性的基膜（basal lamina 或 basal membrane），其下面是中胚层形成的肌肉层，由外

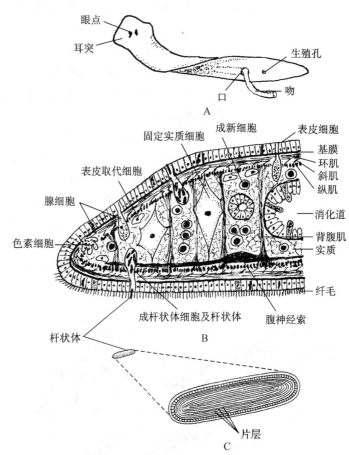

■ 图7-1　涡虫

A. 三角涡虫外形；B. 涡虫的横切面，大部分涡虫（包括三肠目、多肠目）实质像典型的结缔组织，有细胞及细胞外间质；C. 示由涡虫体壁的成杆状体细胞所分泌的杆状体的结构——由连续的显微片层构成（A，B. 自刘凌云；C. 自Smith, J.P.S等）

向内分3层，依次为环肌、斜肌和纵肌。涡虫主要依纤毛摆动，借助于其分泌的黏液，滑动于物体表面，由于涡虫具有发达、复杂的肌肉系统，能使其做出不同的运动，如爬行蠕动、收缩伸展、扭动、波动、翻转和翻跟斗等。

（2）实质与其潜能　实质（parenchyma）来源于中胚层，充满于体壁和内部器官之间，疏松地互相连接在一起，可储存养分和水分。一般说，实质是一种结缔组织，更像疏松结缔组织，有细胞和细胞外间质〔纤维和/或液体（图7-1B）。仅无肠目涡虫例外，几乎无细胞外间质〕。实质细胞多种多样，已确定功能的细胞为：表皮取代细胞（epidermal replacement cell），紧贴体壁之下，从实质移至体表，取代任何被损伤或破坏的细胞；成新细胞（neoblast，也译为成年未分化细胞）是全能细胞（totipotent cell），它对损伤愈合和再生很重要，也可产生表皮取代细胞；另一种为固定实质细胞（fixed parenchyma cell），是大的分支细胞，它与其他实质细胞以及表皮和胃层细胞构成间隙连接（gap junction）。这使虫体所有组织层连接在一起。间隙连接是代谢物低阻力运输的细胞间通道。而且它们的存在表明，由它们连接的细胞网状结构，在缺乏循环系统的扁虫，或许是一种特殊的细胞间运输系统。此外，有些涡虫有实质的色素细胞（pigment cell）和载色体（chromatophore）。后者在细胞中的色素集中或分散时，能使动物变浅或变深。载色体受脑的控制。

（3）摄食和消化　消化系统　口在腹中线后1/3处，口后为咽，在发生中管状咽进一步向内翻折形成咽鞘及肌肉质的咽，两者之间的空间称为咽囊或咽腔，这种咽称为折叠咽（plicate pharynx）。咽可从口伸出或缩回。咽后为肠，肠壁来自内胚层，为一单层柱状上皮细胞，其中有大量的腺细胞和吞噬细胞（图7-1B）。肠分3支主干，一支向前，两支向后，分别位于咽囊两侧，每支主干又反复分出末端为盲端的小支，无肛门（图7-2），不能消化的食物仍由口排出。

已知涡虫的取食行为是由食物放出的物质诱发的。取食时虫体先分泌黏液，黏缠固定捕获物，借助咽腺分泌蛋白水解酶将咽管插入捕获物体内，吮其内组织液体，或将食物进行部分消化，然后吸入肠内，由肠腺细胞分泌内肽酶（endopeptidase）先行细胞外消化，消化后的碎片由吞噬细胞吞噬，并在小囊泡中由内肽酶低 pH 下开始细胞内消化。吞噬作用后 8~12 h，小囊泡变为碱性，它标志外肽酶（exopeptidase）、脂酶（lipase）和糖酶（carbohydrases）的出现，进行完全消化。由于肠分支较多，无疑增加了消化吸收面积，也运输营养到身体各部分。可见其作用仍属胃循环系。

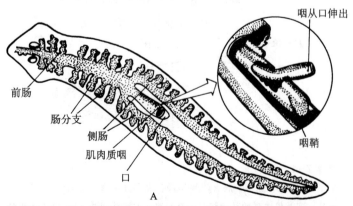
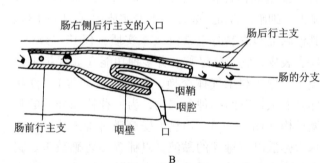

■ 图7-2　涡虫消化系统（A）及咽部、肠结构纵切示意图（B）
（A. 仿 Moore, Olsen; B. 自 Barnes）

（4）呼吸与循环　涡虫无特殊的呼吸、循环器官，依靠体表扩散作用进行气体交换，借网状的实质组织增加表面面积，由其中的液体运送和扩散新陈代谢的产物。

（5）排泄与渗透调节　排泄系统为原肾管型，由焰细胞和排泄管组成（图7-3A）。在虫体两侧有一对弯曲、多次分支的纵行排泄管，每一小分支细管的末端连着焰细胞（即帽细胞和管细胞）（图7-3B，C）。通过焰细胞收集体内多余的水分和液体废物，经排泄管由体背面的排泄孔排出体外。原肾管的主要功能是调节体内水分的渗透压，同时也排除一些代谢废物。详见本门动物主要特征部分。

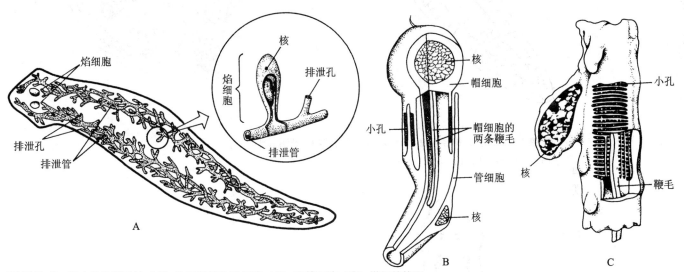

■ 图7-3　涡虫的排泄系统（A）的原肾管的焰细胞（B）和管细胞（C）微细结构图
（A. 自 Moore 和 Olsen；B. 自 R. S. K. Barnes；C. 自 R. D. Barnes）

（6）神经与感官　梯型神经系统，头部有一对脑神经节，由此分出一对腹神经索通向体后，在腹神经索之间有横神经相连，因而构成梯型（图7-4A）。涡虫背部的一对眼点是由色素细胞和视觉细胞所构成，它们只能辨别光线的明暗，不能看物像；耳突在头的两侧，有许多感觉细胞，司触觉和嗅觉（图7-4B，图7-8D，E），在表皮内还分布着许多触觉细胞，涡虫对食物是正向反应，对光线的刺激是避强光，寻找暗的微光，夜间活动强于白昼。

7.2.1.3　生殖与发育

涡虫具有性和无性生殖两种方式。有性生殖雌雄同体，雌雄生殖系统相当复杂。

（1）雄性生殖系统　在体之两侧有很多精巢，每一精巢有一输出管（vas efferens），汇合在两侧各成一输精管（vas deferens），到身体中部膨大，一般称为贮精囊（seminal vesicle），两贮精囊汇入多肌肉的阴茎（penis），在阴茎基部有很多单细胞腺体称前列腺（prostate glands），开口于生殖腔（genital atrium）（图7-5）。

（2）雌性生殖系统　在身体前方两侧各有一卵巢，每一卵巢有一条输卵管（oviduct）向后行，同时收集由卵黄腺（vitellaria）来的卵黄，两条输卵管在后端汇合形成阴道（vajina，即为雌生殖腔），通入生殖腔中，由阴道前端向前伸出一条受精囊（seminel receptacle，也称交配囊，copulatory bursa）在交配时接受和储存对方的精子（图7-5）。涡虫虽为雌雄同体，但需要交配进行异体受精（cross-fertilization）。

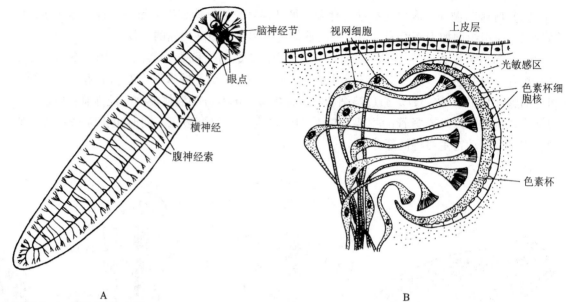

■ 图7-4 涡虫的神经系统（A）及涡虫眼的结构示意图（B）

（A. 自 Moore，Olsen；B. 自 Brusca）

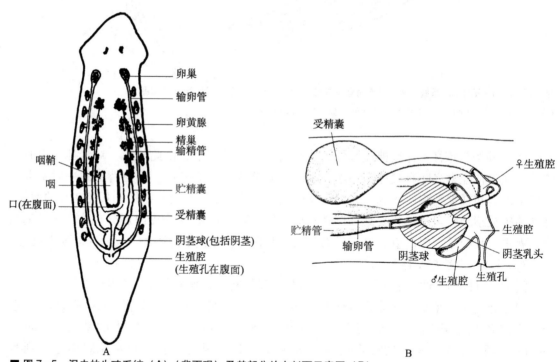

■ 图7-5 涡虫的生殖系统（A）（背面观）及其部分放大剖面示意图（B）

（A. 自刘凌云；B. 自 R. D. Barnes 稍改）

涡虫交配时，两虫各翘起体尾端的一段，腹面贴合，各从生殖孔内伸出阴茎进入对方的生殖腔内，输入精子，行体内受精，然后两虫分开。对方的精子暂时储存在受精囊内，当卵巢排卵时，从囊内游出，沿阴道、输卵管到达输卵管前段与卵受精。受精卵附以卵黄腺所产的卵黄细胞移至生殖腔，几个受精卵和不少卵黄细胞一起被生殖腔分泌的黏液（形成皮膜）裹住，成为卵囊（egg capsule）或称卵袋（cocoon），最后从生殖孔排出。三角涡虫的卵袋是圆球形，有一小柄附于浸在水中的石块或其他物体上（图7-6）。夏季产生的受精卵，卵袋较薄，几天后即可孵化；秋季产生的受精卵，卵袋较厚，为休眠卵，翌春孵化。直接发育（淡水和陆地生活者），幼虫孵出后就吸食卵袋中的卵黄，然后离开卵袋，发育为成虫。

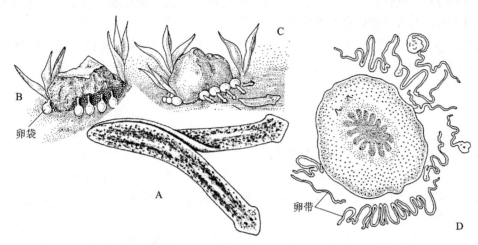

■ 图7-6　涡虫交配（A）、卵袋（B）及其孵化（C），以及多肠目涡虫及其卵带（D）

（A~C. 仿 Boolootian 和 Stiles；D. 仿 Hyman）

涡虫除进行有性生殖外，尚可进行无性生殖。淡水及陆地的涡虫以分裂方式进行无性生殖。分裂时以虫体后端黏于底物上，虫体前端继续向前移动，直到虫体断裂为两半。其分裂面常发生在咽后，然后各自再生出失去的一半，形成两个新个体。有些小型涡虫（如微口涡虫 *Microstomum*）经数次分裂后的个体并不立即分离，彼此相连，形成一个虫体链（见图7-12B），当幼体生长到一定程度后，再彼此分离营独立生活。

7.2.1.4　再生

涡虫的再生能力很强，若将它横切为两段，每一段都会再长出其失去的一半，成为一条完整的涡虫，甚至分割为许多段时每一段也能再生成一完整的涡虫。还能进行切割或移植，产生二头或二尾的涡虫（图7-7）。涡

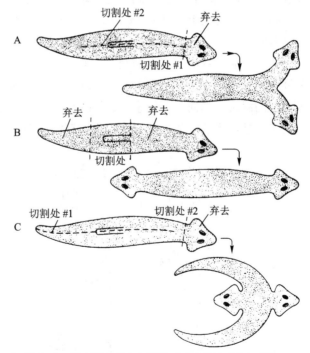

■ 图7-7　涡虫再生的3个实验（用清洁的刀片切割）

（转引自 Jan A. Pechenik）

虫的再生表现出明显的极性，再生的速率由前向后呈梯度递减，即前端生长发育最快，后端最慢。现代研究的中心，在于回答两个问题：① 是什么控制结构类型的重建？② 再生细胞的来源是什么？目前看来，实质中的成新细胞（neoblast）是全能的、未分化细胞，它可构成

胚基（blastema）来源的细胞。成新细胞相当于海绵的原细胞（archeocyte）和腔肠动物的间细胞（interstitial cell）。但也有人认为，胚基未分化的细胞可从已分化的细胞产生，如肌细胞通过去分化或细胞反转到全能的胚胎未分化状态。现正研究探索寻找控制再生的机制。例如，生长因子（growth factor）可能开始再生。HOX基因控制前后端极性，并可表明前后端、背腹极性的特异区域标志（蛋白质）。一旦这些控制因子被鉴别出来，有希望通过刺激再生作用，用于治疗如人类脊髓损伤等疾病。

此外，当涡虫饥饿时，内部的器官（如生殖系统等）逐渐被吸收消耗，唯独神经系统不受影响，一旦获得食物后，各器官又可重新恢复，变成正常的体型，这也是一种再生方式。

7.2.2　涡虫纲的主要特征

涡虫纲是扁形动物中主要营自由生活的一类。除极少数种类过渡到寄生生活外，绝大多数种类生活在海水中，少数进入到淡水生活，极少数种类进入到陆地的湿土中。

适应于自由生活的方式，涡虫的体表一般具有纤毛并有典型的皮肌囊，强化了运动机能，表皮中的腺细胞杆状体有利于运动捕食和防御敌害；感觉器官和神经系统一般比较发达，能对外界环境如光线、水流及食物等迅速发生反应。感觉器官包括眼、耳突、触角、平衡囊等。眼通常为一对，也有2~3对或很多个眼（如多目涡虫），其结构一般与三角涡虫的相同，仅在无肠目涡虫，眼是由感光细胞和色素细胞在体表的上皮中聚集形成一些小点，分布在头及体两侧。自由生活涡虫的体表特别是耳突、触角分布有丰富的触觉感受器（tangore-ceptor）、化学感受器（chemoreceptor）及水流感受器（rheoreceptor）（图7-8E），它们分别感受触觉、化学及水流的刺激。平衡囊主要存在于一些原始的种类，包埋在脑中或靠近脑，其结构与腔肠动物的相似。神经系统有不同的形式（图7-8A~C），较原始的种类具有脑及3~4对纵神经索及上皮下神经网（subepithelial nerve net）。与腔肠动物有相似之处。通常，较高等的涡虫，趋向于神经索的数目减少，其中两条腹神经索最为发达，与"脑"形成了原始的中枢神经系统。如三角涡虫，为典型的梯型神经系统。

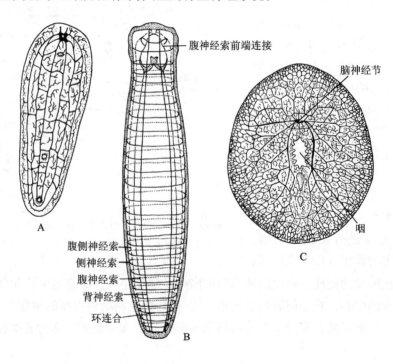

A

腹侧神经索
侧神经索
腹神经索
背神经索
环连合

B

腹神经索前端连接

脑神经节

咽

C

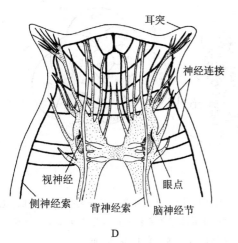

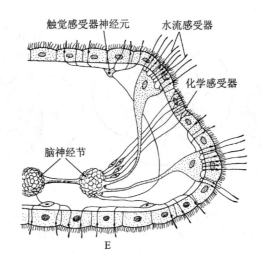

■ 图7-8 几种涡虫的神经系统和感觉器官

A. 无肠目旋涡虫的网状神经系统；B. 单肠目 Bothrioplana 梯型神经系统；C. 多肠目平角涡虫的神经
系统；D. 三肠目 Grenobia 的脑神经节及结合的神经；E. 单肠目中口涡虫（*Mesostoma*）的前端横切
面，示触觉、化学及水流感受器（自 Brusca）

　　涡虫类具有消化系统，有口，一般无肛门（单咽目涡虫有临时性肛门），其消化管复杂
程度不同，最原始的没有消化管（无肠目），由口通到体内一团来源内胚层的吞噬细胞（或
称营养消化细胞），呈合胞体状，具消化功能；简单的消化管为一囊状或盲管状（如大口虫
目、单肠目）；有些消化管由中央肠管向两侧伸出许多侧支（如多肠目），有些则如三角涡虫
消化管分为3支（一支向前，两支向后），再分多支（如三肠目）（图7-9）。行细胞内和细
胞外消化。呼吸，通过体表从水中获得氧，并将二氧化碳排至水中。原始的排泄系统为具焰
细胞的原肾管系，具有渗透调节（osmoregulation）和排泄功能。

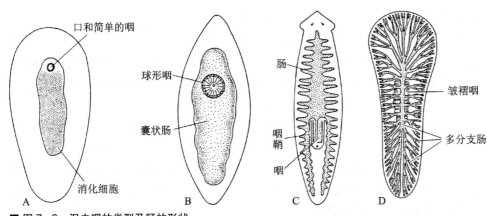

■ 图7-9 涡虫咽的类型及肠的形状

A. 无肠目；B. 单肠目；C. 三肠目；D. 多肠目（自 Brusca）

　　生殖系统除少数单肠类为雌雄异体外，其余均为雌雄同体。一般生殖系统相当复杂，见
前已述及的三角涡虫。一些海产种类（如多肠目）个体发育经螺旋卵裂（图7-10）和牟勒
氏幼虫阶段（图7-11）。涡虫纲另一个值得注意的特征是它们具有无性生殖的能力（主要是
通过横分裂）。与此相关的，它们具有强大的再生能力（经人工切割证实）。且具有极性，再
生速率由前向后呈梯度递减。现正进行控制再生机制的研究。

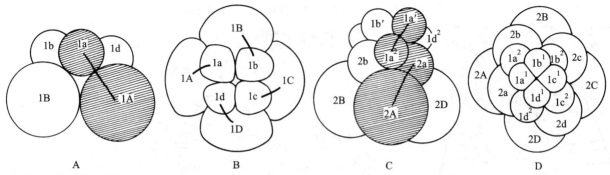

■ 图 7-10 螺旋卵裂

A，C. 为侧面观，所有来源于 A 的分裂球均划上阴影；B，D. 分别与前两者同期（从动物极看）。此种卵裂为不等完全卵裂，在细胞纵裂为 4 个细胞期后，再横分裂为 4 个大分裂球和 4 个小分裂球（如 B），此时分裂成的大小分裂球不是互相垂直而是与纵轴成一角度（斜的方向），这样每个小分裂球恰好处在两个大分裂球之间的上方。如此分裂层层排列，呈螺旋形（转引自 R. D. Barnes）

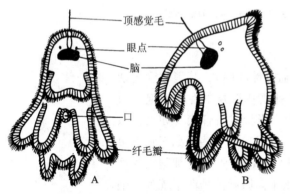

■ 图 7-11 牟勒氏幼虫

A. 正面；B. 侧面（自 Hyman）

7.2.3 涡虫纲的分类

涡虫纲的分目，过去一直根据消化管的有无及其复杂程度分为无肠目、单肠目、三肠目及多肠目。近年来许多学者认为以生殖系统为主要依据并结合消化管的结构进行分类较为确切、合理。但各学者的意见不完全一致，有的学者根据生殖系统卵黄腺的有无，及是否为典型的螺旋卵裂分为两个亚纲：原卵巢涡虫亚纲（Archoophoran turbellarians）和新卵巢涡虫亚纲（Neoophoran turbellarians），其下分为 9 个目或 11 个目不等。有的不列亚纲，直接分为 12 个目（R. S. K. Barnes 等，1993）。现仅举常见的或与探讨演化关系有意义的几个目。

（1）无肠目（Acoela）　生活在海水中，小型涡虫，体长 1～12 mm，通常约 2 mm。体长圆形，口位于近中央的腹中线上，有的具一简单的咽，无消化管，有一团来源于内胚层的营养细胞进行吞噬和消化。无原肾管，神经系统很不发达（包括脑及多条神经索并连成网状），有的为上皮神经网。具平衡囊。生殖细胞直接来自实质细胞，无输卵管，螺旋卵裂，直接发育。如旋涡虫（*Convoluta*）（图 7-12A）。

（2）大口虫目（Macrostomida）　生活在海水或淡水中，小型涡虫。具简单的咽及囊状具纤毛的肠，有一对腹侧神经索。生殖系统结构完全，常行无性生殖，虫体横分裂后常不分开形成虫链。大口虫目是从过去分类的单肠目分出的一目（单肠目还分为链虫目 Catenulida 和新单肠目 Neorhabdocoela。后者也有的仍称为单肠目）。代表种如大口虫（*Macrostomum*）、微口涡虫（*Microstomum*）（图 7-12B）。

（3）多肠目（Polycladida）　海产，体扁圆形或叶形，体长 3～20 mm，通常在体之前缘或背部具一对触手（tentacle），有许多眼，肠位于体中央向四周分出很多分支盲管，故名多肠目。具折叠咽（plicate pharynx）。神经系统也包括脑及成网状的神经索。生殖系统完全。无卵黄腺，螺旋卵裂，个体发育中经牟勒氏幼虫（Muller's larva）。常见的如平角涡虫（*Planocera*）（图 7-12E）。

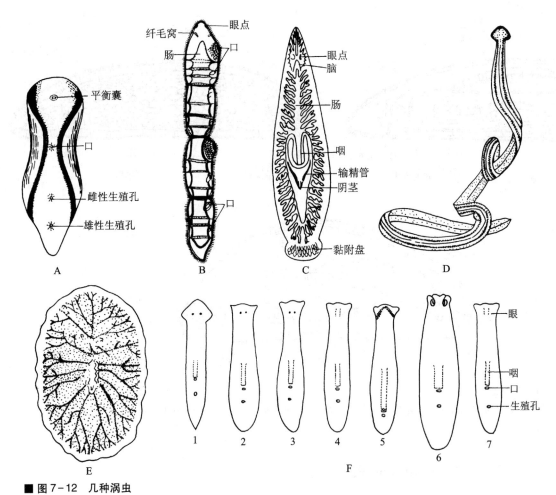

■ 图7-12　几种涡虫

A. 旋涡虫；B. 微口涡虫；C. 鲎涡虫（*Bdelloura candida*）；D. 笄蛭涡虫；E. 平角涡虫；F. 我国7种淡水涡虫：1. 日本三角涡虫；2. 山地细涡虫（*Phagocata vivida*）；3. 宫地细涡虫（*P. miyadii*）；4. 上野细涡虫（*P. Runenoi*）；5. 西藏多目涡虫（*Polycelis tibetica*）；6. 蛭形头涡虫（*Bdellocephala*）；7. 乳白枝肠涡虫（*Dendrocoelopsis lactea*）（自刘德增）

（4）三肠目（Tricladida）　生活在海水、淡水中，也有的生活在陆地上。体长2～50 mm，折叠咽，肠分3支（一支向前，两支向后），每支上各有许多分支。原肾管一对，卵巢一对，具分支的卵黄腺。个别种营体外共生，如蛭态涡虫（*Bdelloura*，也称鲎涡虫），还有一些陆生种，如笄蛭涡虫（*Bipalium*）（图7-12C，D），我国常见的代表种为日本三角涡虫等。

以上4个目，前3个目属于原卵巢涡虫亚纲，最后一目属新卵巢涡虫亚纲，目前一般认为原卵巢涡虫类是低等的种类，新卵巢涡虫类是较为进化的种类。但是哪类是最原始的，学者们有些认为大口虫目是最接近祖先的类群，因为它们具简单的咽、盲囊状不分支的肠，神经索放射排列，具额腺（frontal gland，也称头腺）及平衡囊，无卵黄腺，螺旋卵裂，这些为原始特征（图7-13A）。无肠目和链虫目是由大口虫目祖先分出的分支。另一些学者认为无肠目是最原始的涡虫类，因为它们没有肠管，简单的咽直接与来源于内胚层的吞噬细胞相连，无原肾管，神经也呈放射状（图7-13B）。又有学者（Karling，1974）提出涡虫的祖先是介于无肠目和大口虫目之间的一类动物，认为其消化管为囊状如大口虫目，但无原肾管，又像无肠目，神经系统为上皮神经网（图7-13C）。总之，这一问题还没有定论，尚待进一步研究。

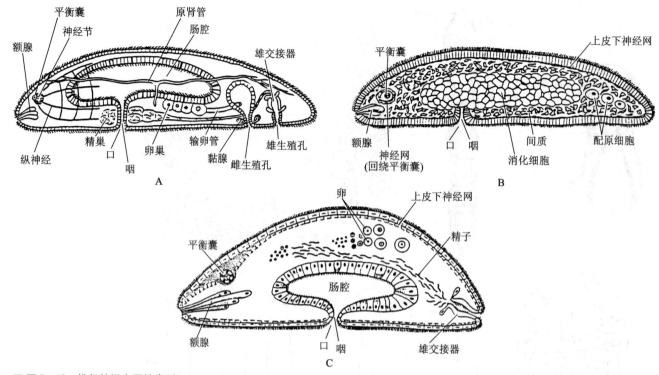

■ 图 7-13　推想的涡虫原始类型

A. 像大口虫样的原始类型；B. 像无肠涡虫的原始类型；C. Karling 提出的原始类型（A. 仿 Ax；B. 仿 Barnes 等；C. 仿 Karling）

7.3　吸虫纲（Trematoda）

7.3.1　代表动物——华枝睾吸虫（*Clonorchis sinensis*）

华枝睾吸虫的成虫寄生在人、猫、狗等的肝胆管内，在人体内寄生而引起的疾病就称为华枝睾吸虫病。过去在我国主要流行于广东、台湾，以及四川、福建、江西、湖南、辽宁、安徽、河南、河北和山东部分地区，江苏徐州地区也有散在流行。国内寄生于猫、狗者居多，尤以猫为著；人体也有感染，患者有软便、慢性腹泻、消化不良、黄疸、水肿、贫血、乏力、胆囊炎及肝肿等，主要并发症是原发性肝癌，可引起死亡。

7.3.1.1　外形特征

虫体柔软、扁平如叶片状，较透明，前端较窄，后端略宽，虫体长为 10~25 mm，体宽为 3~5 mm。虫体的大小与寄主胆管的大小和寄生的数目多少有关。具口吸盘和腹吸盘（图 7-14）。口吸盘（oral sucker）大于腹吸盘，在虫体的前端，腹吸盘（acetabulum）位于虫体腹面前约 1/5 处。吸盘富有肌肉，是附着器官。生活的华枝睾吸虫呈肉红色，固定后灰白色，体内器官隐约可见，在虫体后 1/3 处有两个前后排列的树枝状睾丸，为该虫主要特征之一，故称枝睾吸虫。

7.3.1.2　结构与机能

（1）体壁　吸虫体壁的最表层，过去一直认为是一层角质膜，是由上皮细胞分泌的非生活物质。经电子显微镜研究证实，其表层不是分泌物，而是由许多大细胞的细胞质延伸、融合形成的一层合胞体（syncytium）（图 7-15）。其中有线粒体、内质网以及胞饮小泡、结

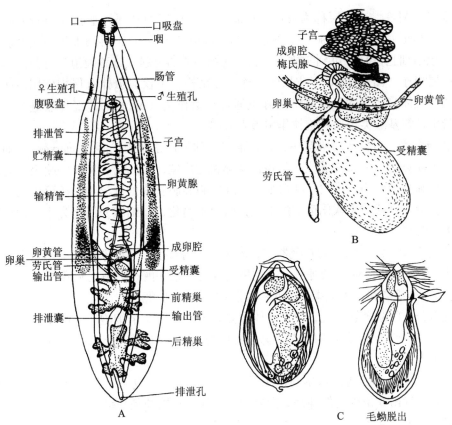

口
口吸盘
咽
肠管
♀生殖孔
腹吸盘
♂生殖孔
排泄管
贮精囊
子宫
输精管
卵黄腺
卵巢
卵黄管
成卵腔
劳氏管
受精囊
输出管
前精巢
排泄囊
输出管
后精巢
排泄孔
A

子宫
成卵腔
梅氏腺
卵巢
卵黄管
劳氏管
受精囊
B

C　毛蚴脱出

■ 图7-14　华枝睾吸虫（A）及其雌性生殖系统部分放大（B）、虫卵与毛蚴图（C）

（A. 仿中国医科大学，人体寄生虫学；B，C. 仿王福溢等）

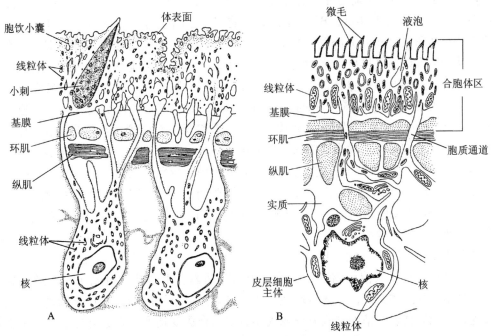

胞饮小囊
体表面
线粒体
小刺
基膜
环肌
纵肌
线粒体
核
A

微毛
液泡
线粒体
合胞体区
基膜
胞质通道
环肌
纵肌
实质
皮层细胞
主体
核
线粒体
B

■ 图7-15　复殖吸虫（肝片吸虫）体壁纵切面（A）及绦虫体壁横切面（B）

（转引自 Brusca）

晶蛋白所形成的小刺等，这一层称为皮层（tegument）。皮层的基部为基膜（basement membrane），其下为环肌（circular muscle）、纵肌（longitudinal muscle），再其下为实质细胞。大细胞的本体（包括细胞核）下沉到实质中，由一些细胞质的突起（或称通道）穿过肌肉层与表面的细胞质层相连（图 7-15A）。皮层的这种特殊结构，不仅对虫体有保护作用，而且虫体与环境之间的气体交换、含氮废物的排除也通过扩散作用（diffusion）经体表进行。一些营养物质，特别是氨基酸类也通过胞饮作用摄入虫体。

（2）消化与营养　口位于口吸盘中央，口下接一球形而富肌肉的咽（pharynx），咽下为短的食道（oesophagus），后接二肠支，沿虫体两侧直达后端，无肛门。华枝睾吸虫主要以寄主肝胆管的上皮细胞为食物，也吃一些白细胞、红细胞和胆管内的分泌物，还可以通过体表吸收一些养料，也可分泌酶来软化宿主的组织，以便于消化，以细胞外消化为主。食物以糖原、脂肪的形式贮藏。

（3）呼吸与排泄　没有特别的呼吸器官，因为是体内寄生，其周围环境中多缺乏游离的氧，所以行厌氧性（anaerobic）的呼吸，能利用其体内的某些酶来分解已贮藏的养分（如糖原），而产生几种有机酸和二氧化碳，由此释放能量，供其利用。

排泄系统为分支的原肾管系统，位于身体两侧，末端终止于焰细胞。两侧分支的小管收集代谢废物，经左右两排泄管送到身体后部，由两管汇合而形成略呈 S 形的排泄囊，最后由末端的排泄孔排出体外。

（4）神经和感觉　不发达，基本与涡虫的神经系统相似，也是梯型，咽旁有一对神经节，由此向前后各发出 6 条纵行的神经，向后的 6 条神经有横神经联络。

（5）生殖和受精　生殖系统结构复杂，雌雄同体。

雄性生殖系统（图 7-14A）：精巢一对，呈树枝状分支，在虫体后 1/3 处前后排列，每个精巢发出一条输精小管（或称输出管），两条输精小管汇合成一条输精管，向前扩大成贮精囊，贮精囊前行并开口于腹吸盘前的雄性生殖孔通出体外。无阴茎、阴茎囊（cirrus sac）和前列腺。

雌性生殖系统（图 7-14A，B）：在精巢之前有一个略呈分叶状的卵巢。受精囊长椭圆形，位于精巢和卵巢之间。劳氏管（Laurer's canal）一端与输卵管相接，另一端开口在身体背面，其功能有人认为是排出多余卵黄或精子，也有人认为它是退化的阴道，还有人认为可能是交配器官。众多的卵黄腺分布于虫体的两侧，各侧的腺体相互汇合成一卵黄管（vitelline duct），在虫体中部合成总卵黄管（common vitelline duct），然后与输卵管相连接。输卵管上有一成卵腔（ootype，也称卵模），它是由输卵管、受精囊、劳氏管及卵黄管汇合而成。成卵腔周围有一群单细胞腺体，称为梅氏腺（Mehlis' gland），其分泌物一部分与卵黄球的分泌物相结合而形成卵壳，另一部分可能具有一定的润滑作用。成卵腔之前为子宫（uterus），其内常充满虫卵，子宫迂回前行于腹吸盘与卵巢之间，开口于腹吸盘前的雌性生殖孔（图 7-14）。华枝睾吸虫无生殖腔，复殖亚纲的吸虫，除有上述结构外一般都有生殖腔，子宫与阴茎囊皆通入生殖腔内。

华枝睾吸虫雌雄同体，能自体受精（self-fertilization），也能行异体受精（cross-fertilization）。自体受精，精子从精巢出来，经输精管、贮精囊、生殖孔，再到子宫，最后达受精囊。异体受精，两虫体交配，虫体从雌性生殖孔接受另一个体的精子，到受精囊，也可由劳氏管接受精子到受精囊，精卵在输卵管或成卵腔中结合成受精卵，在成卵腔中，每个受精卵的外面，包围很多来自卵黄腺的卵黄细胞，卵黄细胞可作为受精卵发育的营养，同时又可分泌一些物质形成卵壳。梅氏腺的功能是对卵壳的形成起作用或刺激卵黄细胞释放卵黄物质以及活化精子，也有学者认为它的分泌物对卵有润滑作用。由成卵腔形成的卵，向前移至子宫，最后从生殖孔排出。

7.3.1.3 生活史（图 7-16）

受精卵由虫体排出后，到人（或猫、狗）的胆管或胆囊里，经总胆管进入小肠，然后随人（或猫、狗）的粪便排出体外。虫卵产出后便已成熟，里面含有毛蚴（图 7-14C）。虫卵呈黄褐色，略似电灯泡形，顶端有盖，盖的两旁可见肩峰样小突起，底端有一个小突起称小疣。虫卵平均大小为 29 μm×17 μm。

虫卵在一般情况下不能孵化，只有进入水中，被第一中间寄主（first intermediate host）（纹沼螺、中华沼螺、长角沼螺等）吞食后，毛蚴（miracidium）在螺的消化道内从卵中逸出，穿过肠壁到达肝。在此移行中，一个毛蚴发育成为胞蚴（sporocyst）。在胞蚴中的许多胚细胞团各形成一雷蚴（redia）。雷蚴体内的胚细胞团成批分裂繁殖，故成批产出大量的尾蚴（cercaria）。尾蚴形似蝌蚪，分体部和尾部，体部有眼点、溶组织腺、成囊细胞和方形的排泄囊等；尾部长，有似鳍状的背膜及腹膜。尾蚴成熟后自螺体逸出，在水中可活 1~2 天，游动时如遇第二中间寄主（second intermediate host）某些淡水鱼或虾，则侵入其体内。国内已报道可作本虫的第二中间寄主的，主要是鲤科鱼类，如鲩、鳊、鲤、鲫、土鲮、麦穗鱼及米虾、沼虾等。在寄主体内脱去尾部，形成囊蚴（metacercaria）。囊蚴椭圆形，排泄囊颇大，无眼点，大多数囊蚴寄生在鱼的肌肉中，也可在皮肤、鳍部及鳞片上。囊蚴是感染期，人或动

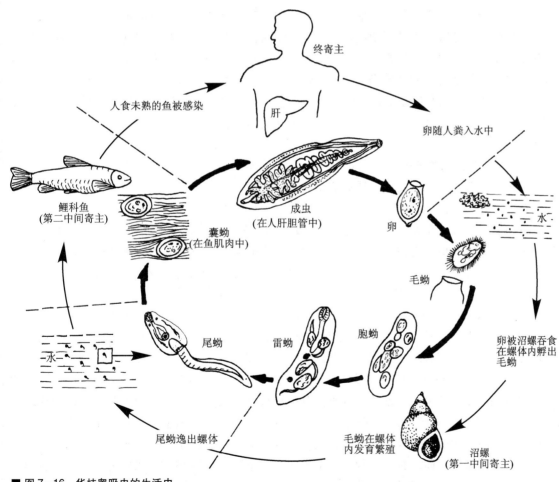

■ 图 7-16 华枝睾吸虫的生活史

（自刘凌云）

物吃了未煮熟或生的含有囊蚴的鱼、虾而感染。囊蚴在十二指肠内，囊壁被胃液及胰蛋白酶消化，幼虫逸出，经寄主的总胆管移到肝胆管发育成长，一个月后成长为成虫，并开始产卵。因此，人和猫、狗是华枝睾吸虫的终寄主（final host）。有人认为成虫寿命可达 15~20 年之久。

囊蚴抵抗力虽不强，浸于 70 ℃ 热水内经 8 秒即可死亡，但冷冻、盐腌或浸在酱油内均不能在短期内杀死囊蚴。

防治原则：首先切断华枝睾吸虫生活史的各主要环节。由于华枝睾吸虫病是经口感染，囊蚴集中在鱼、虾体内，因此不吃生的或不熟的鱼、虾，加强粪便管理，防止未经处理的新粪便落入水中；治疗患者和管理猫、狗等动物。

7.3.2 吸虫纲的主要特征

吸虫纲的种类均为寄生的，少数营外寄生，多数营内寄生生活。它们与涡虫类在系统发展上较为接近，表现在体型及消化、排泄、神经和生殖系统等结构有许多一致或相似之处。但是由于吸虫类适应寄生生活，其形态结构和生理相应地发生了一系列变化。寄生生活的特点是：环境相对稳定，有局限，营养丰富。适应这类环境，其运动机能退化，体表无纤毛、无杆状体，也无一般的上皮细胞，而大部分种类发展有具小刺的皮层；神经、感觉器官也趋于退化，除外寄生种类有些尚有眼点外，内寄生的种类眼点感觉器官消失；同时发展了吸附器，如肌肉发达的吸盘和小钩等，用以固着于寄主的组织上。

消化系统相对趋于退化，一般较简单，有口、咽、食道和肠；呼吸由外寄生的有氧呼吸到内寄生的厌氧呼吸；生殖系统趋向复杂，生殖机能发达；生活史也趋向复杂，外寄生种类生活史简单，通常只有一个寄主，一个幼虫期；内寄生的复杂，常有 2 个或 3 个寄主，具有多个幼虫期，如从受精卵开始经毛蚴、胞蚴、雷蚴、尾蚴和囊蚴到成虫（在不同种吸虫、幼虫期有所差别），且幼虫期（胞蚴、雷蚴）能进行无性的幼体繁殖，产生大量的后代，无疑它有利于几次更换寄主。这些都是适应寄生生活的结果。

7.3.3 吸虫纲的分类

吸虫纲一般分为单殖亚纲、盾腹亚纲和复殖亚纲。

7.3.3.1 单殖亚纲（Monogenea）

现在有些学者将单殖亚纲上升为纲与吸虫纲并列。此亚纲为体外寄生吸虫。生活史简单，直接发育，不更换寄主。主要寄生于鱼类、两栖类、爬行类等的体表和排泄器官或呼吸器官内，如鳃、皮肤、口腔，少数寄生在膀胱内。常缺少口吸盘，体后有发达的附着器官，其上有锚和小钩。眼点有或无。排泄孔一对，开口在体前端。

（1）三代虫（Gyrodactylus） 侵害淡水鱼类（鲤、鲫、鳟等）的寄生虫，寄生于鱼类体表及鳃上，也寄生于两栖类。有 20 余种，淡水鱼场中常发现，使鱼类患三代虫病。三代虫身体扁平纵长，前端有两个突起的头器，能够主动伸缩，又有单细胞腺的头腺一对，开口于头器的前端。没有眼点，口位于头器下方中央，下通咽、食道，两条盲管状的肠在体之两侧。体后端的固着器为一大型的固着盘，盘中央有两个大锚，大锚之间由两条横棒相连，盘的边缘有 16 个小钩有序地排列（图 7-17A）。三代虫用后固着器上的大锚和小钩固着在寄主的体上，同时前端的头腺也分泌黏液，用以黏着在寄主体上或像尺蠖一样慢慢爬行。

三代虫是雌雄同体，有卵巢两个及精巢一个，位于身体后部。三代虫为卵胎生，在卵巢的前方有未分裂的受精卵及发育的胚胎，在大胚胎内又有小胚胎，因此称为三代虫。三代虫繁殖最适温度为 20 ℃ 左右，越冬鱼池内放养当年鲤、鲫都易感染；两年以上的鱼不会害病，但为本虫的带虫者。三代虫感染主要靠接触传染，脱离母体的幼虫能在水中自由游泳寻觅寄主。

（2）指环虫（*Dactylogyrus*） 虫体通常为长圆形，动作像尺蠖，寄生在各种鱼类的鳃上。身体前端有 4 个瓣状的头器，常常伸缩，头部背面有 4 个眼点，体后端腹面有一个圆形的固着盘，盘的中央有两个大锚，盘的边缘有 14 个小钩，在两大钩之间有 1~2 条横棒相连。口通常呈管状，可以伸缩，位于身体前端腹面靠近眼点附近，口下接一圆形的咽，咽下为食道，接着是分两支的肠，两条肠的末端通常在后固着盘的前面相连，使整个肠成环状，但也有不相连而呈盲管状的（图 7-17B）。

指环虫也为雌雄同体，有一个精巢和一个卵巢，卵大而量少，通常在子宫中只有一个卵，但能继续不断地产卵，繁殖率相当高。卵产出后就沉入水底，经数日后即孵出幼虫，幼虫在水中游动，遇到适当的寄主时附于其鳃上，脱去纤毛发育为成虫。

指环虫病通常发生在夏季，流行迅速。严重感染时可引起鱼的死亡，特别对草鱼的鱼苗和鱼种危害更为严重。预防三代虫、指环虫病可在冬季进行清池、杀灭病鱼及病原生物等。

7.3.3.2 盾腹亚纲（Aspidogastrea）

吸虫纲中很小的一类。其最显著的特征是吸附器官，或者是单个的大吸盘覆盖在整个虫体腹面，吸盘上有纵行及横行肌肉将吸盘纵横分隔成许多小格，如盾腹虫（*Aspidogaster*）（图 7-17C），或者是一纵列吸盘。具口、咽及一个肠盲管。生殖系统基本上像复殖吸虫，典型的仅有一个精巢。大部分为内寄生，寄生在鱼和爬行类动物的消化道和软体动物的围心腔或肾腔内。生活史中有一个或两个寄主。许多种类没有寄主的专一性，在软体动物及鱼体上均可生活及产卵。这一类动物似能说明由自由生活到寄生生活的过渡。

7.3.3.3 复殖亚纲（Digenea）

吸虫在体内寄生，主要寄生在内部器官中。生活史复杂，需要两个以上的寄主。一般幼虫期的寄主是软体动物，成虫期的寄主为人及其他脊椎动物，危害性严重。成虫有吸盘一个或两个，体后部无复杂的固着器，成虫无眼点，幼虫有退化的感光器。这类寄生虫寄生在肠内的，一般称为肠吸虫，例如布氏姜片虫；寄生在肝、胆管内的称为肝吸虫，如肝片吸虫；寄生在血液中的则称为血吸虫。

（1）肝片吸虫（*Fasciola hepatica*） 分布于世界各地，尤以中南美、欧洲、非洲等地比较常见。我国动物虽有感染，但人体感染少见。

肝片吸虫又称羊肝蛭（图 7-18）。虫体较大，体长为

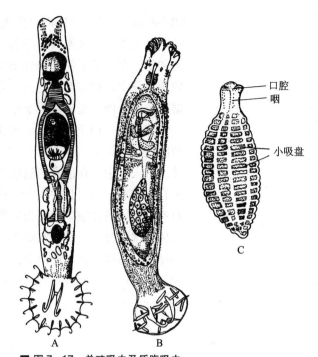

■ 图 7-17 单殖吸虫及盾腹吸虫
A. 三代虫；B. 指环虫；C. 盾腹虫（A. 自 Meglitsch；B. 自徐岢南）

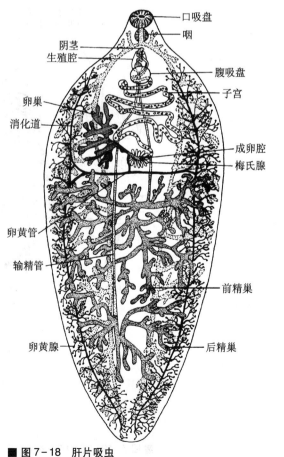

■ 图 7-18 肝片吸虫
（仿 Meglitsch）

20~40 mm，宽5~13 mm。体表有细棘，前端突出，略似圆锥，叫头锥。口吸盘在虫体的前端，在头锥之后腹面具腹吸盘。生殖孔在腹吸盘的前面。口吸盘的中央为口，口经咽通向食道和肠，在一肠干的外侧分出很多侧支，精巢两个，前后排列呈树枝状分支，卵巢一个，呈鹿角状分支，在前精巢的右上方；劳氏管细小，无受精囊。虫卵椭圆形，淡黄褐色，卵的一端有小盖，卵内充满卵黄细胞。

　　生活史（图7-19）：成虫寄生在牛、羊及其他草食动物和人的肝胆管内，有时在猪和牛的肺内也可找到。在胆管内成虫排出的虫卵随胆汁排在肠道内，随寄主的粪便一起排出体外，落入水中。在适宜的温度下经过2~3周发育成毛蚴。毛蚴从卵内出来，体被纤毛，在水中自由游动。当遇到中间寄主椎实螺，即迅速穿进其体内进入肝。毛蚴脱去纤毛变成囊状的胞蚴，胞蚴的胚细胞发育为雷蚴。雷蚴长圆形，有口、咽和肠。雷蚴破胞蚴皮膜出来，仍在螺体内继续发育，每个雷蚴再产生第二代雷蚴，然后形成尾蚴。尾蚴有口吸盘、腹吸盘和长的尾部。尾蚴成熟后即离开椎实螺在水中游动若干时间，尾部脱落成为囊蚴，固着在水草上和其他物体上，或者在水中保持游离状态。牲畜饮水或吃草时吞进囊蚴即可被感染。囊蚴在

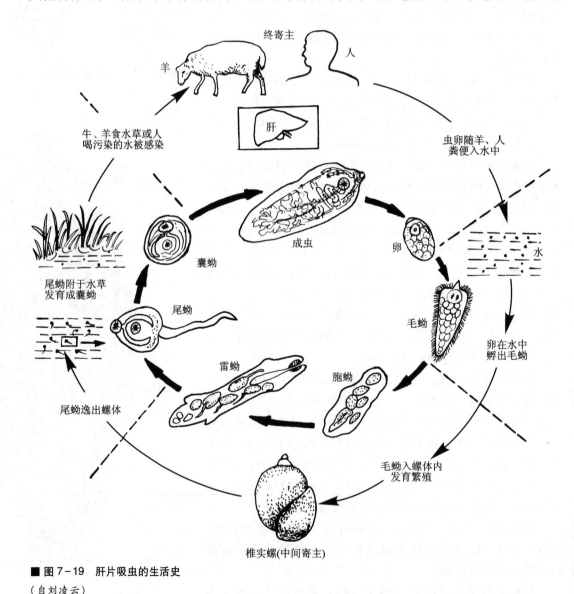

■ 图7-19　肝片吸虫的生活史

（自刘凌云）

肠内破壳而出，穿过肠壁经体腔而达肝。牛、羊的肝胆管中如被肝片吸虫寄生，肝组织被破坏，引起肝炎及胆管变硬，同时虫体在胆管内生长发育并产卵，造成胆管的堵塞，影响消化和食欲；同时，由于虫体分泌的毒素渗入血液中，溶解红细胞，使家畜发生贫血、消瘦及浮肿等中毒现象。人体感染可能是食生水、生蔬菜所致，因此在牧场中应改良排水渠道，消灭中间寄主椎实螺，禁止饮食生水、生菜，可使人免受感染。

（2）布氏姜片虫（*Fasciolopsis buski*）　成虫是人体寄生吸虫中最大的一种。虫体扁平，卵圆形，皮层有体棘，生活时肉红色，固定后为灰白色，体形像姜片，故名姜片虫。虫体平均长为 30 mm，宽为 12 mm 左右，其大小常因肌肉伸缩而有较大变化。口吸盘位于虫体前端，腹吸盘靠近口吸盘（图 7-20），比口吸盘大；口吸盘中央有口，其后为咽，肠管分两支，每支常有 4~6 个波浪形弯曲。在前精巢之前及前后两精巢之间弯曲较大。精巢两个，前后排列，高度分支，有长袋状的阴茎囊，在腹吸盘的后方、子宫的背面，囊内有卷曲的贮精囊、射精管、阴茎。卵巢呈鹿角状，分为 3 支，每支又分细支，在精巢之前右侧，子宫盘曲于腹吸盘与梅氏腺之间，开口于生殖孔（在腹吸盘前）。虫体两侧卵黄腺发达，成卵腔周围被梅氏腺所包围。虫卵椭圆形，淡黄色至无色，卵壳很薄，一端有小盖，卵内有未分裂的卵细胞和 20~40 个卵黄细胞，是人体寄生虫卵中最大的一种。

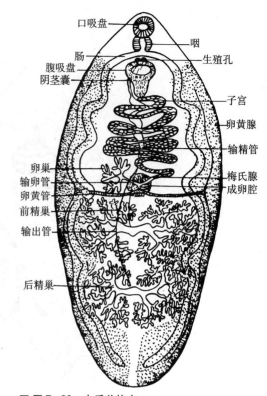

■ 图 7-20　布氏姜片虫
（自徐岁南，甘运兴，动物寄生虫学）

生活史（图 7-21）：成虫寄生于人或猪的小肠内，偶见于大肠。虫卵随粪便排出，落入水中，在一定温度下（27~32 ℃）经 3~7 周孵出毛蚴。毛蚴在水中找到中间寄主扁卷螺，便钻入螺体，经过胞蚴、雷蚴和第二代雷蚴发育成许多尾蚴。尾蚴从螺体内逸出，在水中游动，遇到菱角、荸荠、茭白等水生植物，即吸附于其表面，脱尾而成囊蚴。囊蚴扁平略呈圆形，囊蚴具有感染性，借水生植物的媒介作用，人或猪生食带囊蚴的菱角、荸荠等，囊蚴即被吞入，在小肠上段经过消化液和胆汁的作用，囊壁破裂，幼虫脱囊而出，吸附在十二指肠或空肠黏膜上，约经 3 个月发育为成虫，并开始产卵。成虫以肠内的食物为营养，一般可存活 2 年左右。

姜片虫病多见于儿童和青壮年，症状轻重与虫数的多少以及患者的体质有关。姜片虫以吸盘附着于寄主肠壁而且常转移吸着部位，引起局部黏膜损伤、发炎、出血甚至溃疡，加上虫体本身夺取营养，可使患者营养不良、消瘦、贫血，儿童可引起发育障碍。

分布于越南、泰国、印度、马来西亚、印尼和日本等；国内有些省区也有分布。

防治原则：由于此病的流行常与种植某些水生植物和养猪业有密切关系，因此预防姜片虫感染，关键在于避免吃入活的囊蚴，不吃生菱角、生荸荠等。加强粪便管理，杜绝传染源。

（3）日本血吸虫（*Schistosoma japonicum*）　在人体内寄生的血吸虫有 6 种，其中主要的有 3 种，即埃及血吸虫（*S. haematobium*）、曼氏血吸虫（*S. mansoni*）和日本血吸虫。在我国流行的为日本血吸虫，它所引起的疾病简称血吸虫病。

形态特征：成虫雌雄异体，体为长圆柱形（图 7-22）。雄虫粗短，乳白色，体表光滑，口吸盘和腹吸盘各一个。口吸盘在前端，腹吸盘略后于口吸盘，突出如杯状。自腹吸盘以

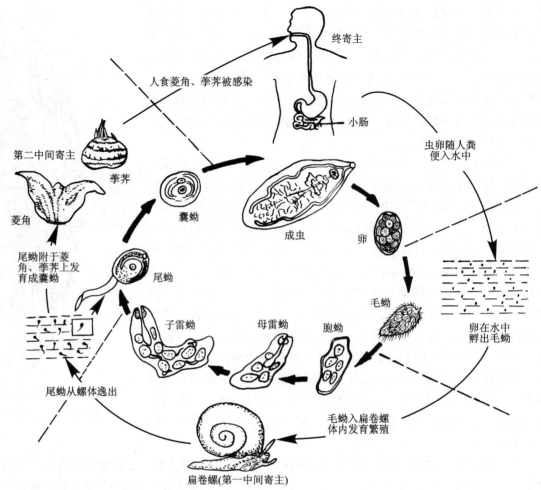

■ 图7-21 姜片虫生活史
（自刘凌云）

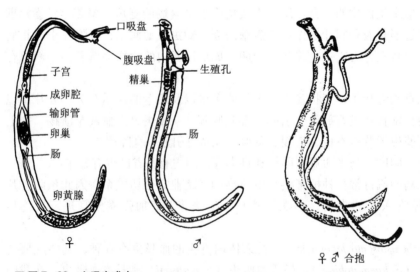

■ 图7-22 血吸虫成虫
（自浙江医科大学编，病原生物学）

后，虫体两侧向腹侧内褶，形成抱雌沟，雌虫停留其中，呈合抱状态。雌虫较雄虫细长，暗黑色，前端细小，后端粗圆。口吸盘与腹吸盘等大。虫卵椭圆形，淡黄色，卵无盖，其一侧有一小刺，排出的虫卵已发育至毛蚴阶段。

生活史（图7-23）：血吸虫成虫寄生于人体或哺乳动物的门静脉及肠系膜静脉内，雌雄虫在肠系膜静脉的小静脉管内交配后，雌虫于此处产卵，虫卵可顺着血流进入肝内或其他脏器，或逆血流而入肠壁，初产出的虫卵尚未成熟，在肠壁或肝内逐渐成熟。由于卵内毛蚴分泌酶的刺激，溶解周围的组织，虫卵经肠壁穿入肠腔，随粪便排出体外。在自然界存活的时间受环境影响极大，一般存活时间不超过20天。干燥可加速虫卵死亡，与水接触后适宜的孵化温度为25~30℃，粪质愈少，水愈澄清和一定的光照，虫卵的孵化率也愈高。从卵内孵出的毛蚴呈梨形，半透明，灰白色，周身被有纤毛，在水中游动。毛蚴的抵抗力较弱，在水中存活1~3天。当毛蚴遇到钉螺，自钉螺软体部分侵入螺体，进行无性繁殖，先形成母胞蚴，母胞蚴成熟破裂后释放出多个子胞蚴；子胞蚴成熟后即不断放出尾蚴，一条毛蚴进入螺

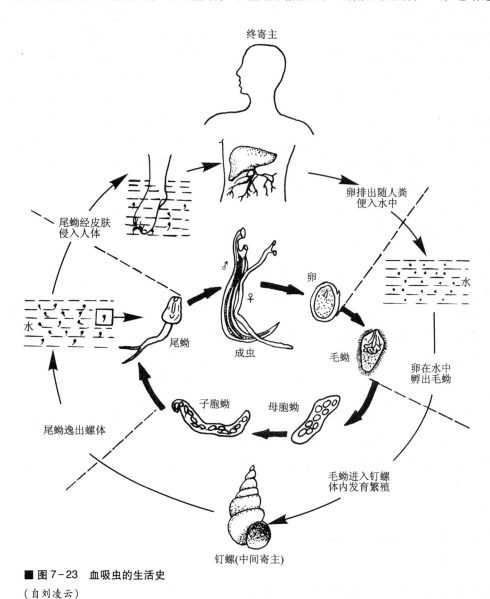

■ 图7-23　血吸虫的生活史

（自刘凌云）

体后能增殖到数万条甚至十万条尾蚴。毛蚴发育至成熟尾蚴的时间，夏季约需1个半月，冬季需5~6个月。

尾蚴体部圆筒状，后部稍膨大，尾部分尾干及尾叉，体部有吸盘及头腺。在有水的条件下，成熟尾蚴才能从钉螺体内逸出，光线的刺激，温度在15~35℃，水的pH在6.6~7.8均适于尾蚴逸出。在5℃以下的环境中，尾蚴不逸出。尾蚴是血吸虫的感染期，其侵袭力夏季可保持3天，秋冬季则达3天以上。尾蚴从螺体逸出后，一般密集在水面上，当接触人、畜的皮肤（或黏膜）时，借其头腺分泌物的溶解作用及本身的机械伸缩作用侵入皮肤，脱去尾部成为童虫，而后侵入小静脉和淋巴管，在体内移行。移行途径：尾蚴→皮肤→静脉系或淋巴系→右心房→右心室→肺动脉→肺毛细血管→肺静脉→左心房→左心室→主动脉→肠系膜动脉→毛细血管→肝门静脉。

血吸虫在人体内移行发育过程中，未能到达门静脉系统的一般不能发育为成虫。在移行过程中，由于血吸虫对机体的刺激而遭机体免疫力的作用，有相当一部分童虫在移行过程中死亡。

自尾蚴感染至成虫产卵约需4周，产出的虫卵发育成熟最少需要11天，故粪便中最早出现成熟虫卵是在感染后35天；成虫在人体内的寿命估计在10~20年之间。

危害及分布：血吸虫病主要分布于亚洲、非洲和拉丁美洲的热带与亚热带地区，严重危害人类健康，是当代世界上6种主要热带病（疟疾、血吸虫病、丝虫病、利什曼病、锥虫病和麻风）之一。流行分布在一定地区，主要因为其中间寄主——钉螺有一定的地理分布。日本血吸虫病是严重危害我国人民健康的一种寄生虫病，其流行区分布于长江流域及长江以南广大地区。祖国医学很早就有类似血吸虫病的记载，1972年在湖南马王堆出土的西汉古尸的肝中查见了日本血吸虫卵，证明在2 100多年前，我国已有血吸虫病的流行。受感染者，成人丧失劳动力，儿童不能正常发育而成侏儒，妇女不能生育，甚至丧失生命。

人感染血吸虫，主要由于接触疫水，如下水劳动或皮肤接触被尾蚴污染的露水、雨水及潮湿地面等。此外，饮水时尾蚴也可经口腔黏膜侵入人体。感染季节一般是春、夏、秋三季，尤以春末、夏季和早秋感染率最高。

防治原则：贯彻以防为主的方针。采取综合措施，包括查病治病、查螺灭螺、粪管、水管及预防感染等几个方面。以切断血吸虫生活史的各个环节。钉螺是血吸虫唯一的中间寄主，钉螺的分布广、量大，地理条件复杂，我国人民在实践中创造出许多结合生产，因时因地制宜的有效灭螺方法。管好粪便和水源可预防多种寄生虫病。此外，针对上述血吸虫的感染途径进行个人防护，我国从新中国成立后在血吸虫病的防治方面，取得了伟大成就。

由于免疫学和分子生物学研究的快速发展，现在对血吸虫病的免疫学和免疫病理学已有许多新认识。血吸虫自尾蚴侵入人体后，童虫、成虫及虫卵3个阶段均侵害人体多种组织器官，诱发人体一系列免疫应答和反应。由于其多样性和复杂性，血吸虫病免疫学不仅受到寄生虫学者的重视，也是免疫学者一个重要的研究对象，以其作为研究免疫学复杂性的一个模型，预期对人体免疫将获得更深入的认识，直接应用于寄生虫学的防治，且对防治癌症等危害人类健康的重大疾病提供启发和参考。

7.4 绦虫纲 (Cestoidea)

7.4.1 代表动物——猪带绦虫 (*Taenia solium*)

猪带绦虫的成虫寄生在人的小肠中，中间寄主为猪，故得名。

7.4.1.1 外形特征

成虫白色带状，全长为 2~4 m，有 700~1 000 个节片（proglottid）。虫体分头节（sco-lex）、颈部（neck）和节片3个部分（图7-24）。头节圆球形，直径约为1 mm，头节前端中央为顶突（rostellum），顶突上有25~50个小钩，大小相间或内外两圈排列，顶突下有4个圆形的吸盘，这些都是适应寄生生活的附着器。生活的绦虫以吸盘和小钩附着于肠黏膜上。头节之后为颈部，颈部纤细，不分节片，与头节间无明显的界限，能继续不断地以横分裂方式产生节片，是绦虫的生长区。节片愈靠近颈部的愈幼小，愈近后端的则愈宽大和成熟。依据节片内生殖器官的成熟情况可分为未成熟节片（immature proglottid）、成熟节片（mature proglottid）和孕卵节片或称妊娠节片（gravid proglottid）3种。未成熟节片宽大于长，内部构造尚未发育。成熟节片近于方形，内有雌雄生殖器官。孕卵节片长方形，几乎全被子宫所充塞。

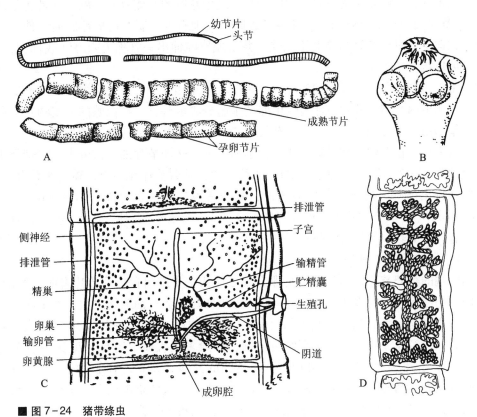

■ 图7-24 猪带绦虫
A. 成虫；B. 头节；C. 成熟节片；D. 孕卵节片（A. 仿 Brusca 等；B~D. 仿中国医科大学编，人体寄生虫学，稍改）

7.4.1.2 结构与机能

（1）体壁与营养 绦虫的体壁与吸虫的基本相同（图7-15），不同点是在皮层的表面具有很多微毛（microtriches），能增加表面积。绦虫没有消化系统，没有口及肠，而是通过皮层直接吸收食物，微毛的存在增加了吸收的表面积。在皮层内具有大量的线粒体，这表明吸收可能需要能量，可能有主动运输（active transport）的过程。皮层也可通过寄主的酶促进食物的消化作用。绦虫吸收的营养物主要以糖原的形式储存于实质中。通过厌氧呼吸获得能量。

（2）排泄 排泄器官也属原肾管型，由焰细胞和许多小分支汇入身体两侧的两对侧纵排泄管（一对在背面，一对在腹面）组成。在每个节片的后端，两条腹排泄管间又有一横排泄管相连，在成熟节片中背排泄管消失，在头节两对排泄管间形成一排泄管丛，在最末一个节片的后方左右两腹排泄管会合，并由一总排泄孔通出体外，若该节片脱离身体，则两条纵排泄管末端与外界相通的孔即为排泄孔，不再形成总排泄孔。

（3）神经系统　头节上的神经节不发达，由此发出的神经索贯穿整个节片，最大的一对神经索是在两纵行排泄管的外侧，节片边缘之内侧。没有特殊的感觉器官。

（4）生殖和受精　生殖系统最发达。雌雄同体。在每个成熟节片内，都有成套的雌雄生殖系统（图7-24）。

雄性生殖系统：在成熟节片的背侧有150~200个泡状的精巢散布在实质中，每个精巢都连有输出管（输精小管），输出管汇合成输精管，输精管稍膨大盘旋曲折，成为贮精囊（有人仍称为输精管），其后为阴茎，被包在阴茎囊内，开口于生殖腔。由生殖腔孔与体外相通。

雌性生殖系统：卵巢分为左右两大叶，在靠近生殖腔的一侧有一小副叶（此为该种特征之一），由卵巢发出的输卵管通入成卵腔，成卵腔周围有梅氏腺。由成卵腔向上伸出一盲囊状的子宫，向下通过卵黄管与卵黄腺相连。并由成卵腔伸出一管称为阴道（或称膣），通至生殖腔，可以接受精子。

受精可以是同一节片，或不同节片，或两个个体互相受精。精子从阴道到成卵腔，一般在成卵腔或阴道内受精，并在成卵腔内由卵黄细胞分泌成外壳。梅氏腺的分泌物对卵起润滑作用。受精卵由成卵腔到子宫，子宫逐渐长大，节片中的其他部分逐渐消失，最后子宫分成许多支，其中储存很多卵，此时的节片称为孕卵节片。孕卵节片的子宫分支，猪带绦虫一般每侧分成约9支（7~13支）。虫体后端的孕卵节片，常数节连在一起，逐渐地和虫体脱离，随寄主粪便排出体外。被排出体外的节片，其子宫内的卵已发育成六钩蚴（oncosphere 或 hexacanth embryo），具3对小钩，卵为圆形，直径31~43 μm，其外壳在卵排出时已消失。但在卵外包有较厚的具放射状纹的胚膜（图7-25）。

7.4.1.3　生活史（图7-25）

虫体后端的孕卵节片，随寄主粪便排出或自动从寄主肛门爬出的节片有明显的活动力。节片内的虫卵随着节片的破坏，散落于粪便中。虫卵在外界可活数周之久。当孕卵节片或虫卵被中间寄主（猪）吞食后，在其小肠内受消化液的作用，胚膜溶解，六钩蚴孵出，利用其小钩钻入肠壁，经血流或淋巴流带至全身各部，一般多在肌肉中经60~70天发育为囊尾蚴（cysticercus）。囊尾蚴为卵圆形，乳白色，半透明的囊泡，头节凹陷在泡内，可见有小钩及吸盘。此种具囊尾蚴的肉俗称为"米粒肉"或"豆肉"。这种猪肉被人吃了后，如果囊尾蚴未被杀死，在十二指肠中其头节自囊内翻出，借小钩及吸盘附着于肠壁上，经2~3个月后发育成熟。成虫寿命较长，据称有的可活25年以上。

此外，人误食猪带绦虫虫卵，其也可在肌肉、皮下、脑、眼等部位发育成囊尾蚴。其感染的方式有：经口误食被虫卵污染的食物、水及蔬菜等，或已有该虫寄生，经被污染的手传入口中，或由于肠之逆蠕动（恶心呕吐）将脱落的孕卵节片返入胃中，其情形与食入大量虫卵一样。由此可知，人不仅是猪带绦虫的终寄主，也可为其中间寄主。

危害与分布：猪带绦虫病可引起患者消化不良、腹痛、腹泻、失眠、乏力和头痛，儿童可影响发育。猪囊尾蚴根据其寄生部位不同，可引起不同症状。如寄生在人的脑部，可引起癫痫、阵发性昏迷、呕吐、循环与呼吸紊乱；寄生在肌肉与皮下组织，可出现局部肌肉酸痛或麻木；寄生在眼的任何部位可引起视力障碍，甚至失明。此虫为世界性分布，但感染率不高，我国也有分布。

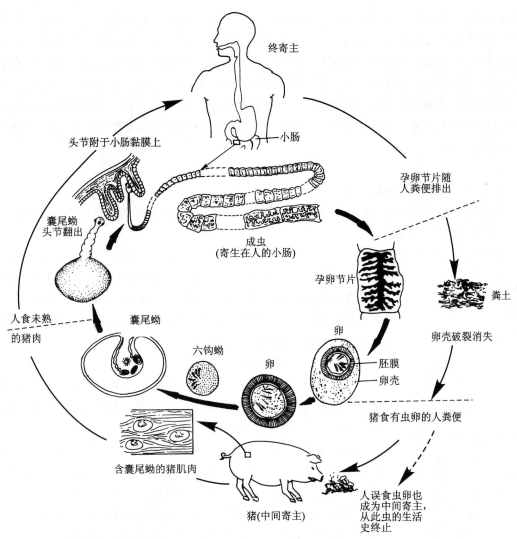

■ 图 7-25 猪带绦虫的生活史

（自刘凌云）

　　此虫的流行与饮食习惯及猪的饲养方法有密切关系，有些地区习惯于吃生的猪肉；或切生熟肉时同用一砧板，致使熟食污染了从生肉脱落的囊尾蚴而致感染。某些地区猪只在野外放养，或将猪圈筑在厕所旁边，猪因吞食人粪而感染。

　　防治原则：从切断寄生虫生活史的总原则考虑，改善饮食习惯，不食未熟的或生的猪肉，注意防止猪囊尾蚴污染食物；加强猪的饲养管理和肉品检疫；及时治疗患者，处理病猪，以杜绝传染源。

7.4.2 绦虫纲的主要特征

　　所有绦虫都是寄生在人及脊椎动物体内，它们的寄生历史可能比吸虫还要长，因此其身体结构也表现出对寄生生活的高度适应。由于在寄主肠内长期适应的结果，它们的身体呈背腹扁平的带状，一般由许多节片构成，少数种类不分节片。身体前端有一个特化的头节，附着器官都集中于此，有吸盘、小钩或吸沟等构造，用以附着寄主肠壁，以适应肠的强烈蠕动。体表纤毛消失，感觉器官完全退化，消化系统全部消失，通过体表来吸收寄主小肠内已消化的营养。绦虫体表具皮层微毛，以增加吸收营养物的面积，它可直接吸收并输入实质组织中。生殖系统高度发达，在每一个成熟节片内都有雌、雄性的生殖系统，因此每一节片的生殖系统与一条吸虫的生殖系统相当，繁殖力高度发达，每条绦虫平均每天可生出十几个新节片，每天也可脱落十几个节片，假如每个节片含卵 3 万个（每节片含卵 3 万~8 万），那么 10 个节片就含有卵 30 万个，在孕卵节片的子宫内充满了成熟的虫卵，虫卵可以因节片破裂或随节片与寄主粪便一同排出体外。一般也有幼虫期，其幼虫也为寄生的，大多数只经过一个中间寄主。

7.4.3 绦虫纲的分类

绦虫纲分为单节亚纲（Cestodaria）和多节亚纲（Cestoda，或称为真绦虫 Eucestoda）。

7.4.3.1 单节亚纲

一小类群，与吸虫纲动物有些相似，缺乏头节和节片，如旋缘绦虫（*Gyrocotyle*），虫体仅有雌雄同体的生殖系统，有时存在像吸虫的吸盘（图 7-26A），但是无消化系统，具有与绦虫相似的幼虫（十钩蚴）（图 7-26B），主要寄生在鲨鱼、鳐和原始的硬骨鱼的消化道或体腔内，中间寄主为水生的无脊椎动物幼虫或甲壳类等。

7.4.3.2 多节亚纲

体由多个节片构成。幼虫为六钩蚴。成虫全部寄生在人或脊椎动物的消化道内。常见的绦虫均属于此类。除前述的猪带绦虫外，还有一些重要的种类。例如：

（1）牛带绦虫（*Taenia saginatus*）　牛带绦虫的成虫寄生于人的小肠，幼虫寄生于黄牛、水牛、长颈鹿、山羊和绵羊等的肌肉里。虫卵污染草场，牛等食草时吞食虫卵后，卵在十二指肠内孵化，六钩蚴逸出，穿过肠壁进入血流或淋巴管，带至肌肉，2 个月后即发育为牛囊尾蚴，头节上无钩（表 7-1）。牛犊较老牛易于感染，水牛感染较少，人吃未煮熟含有牛囊尾蚴的牛肉，囊内的头节凸出，吸着于肠壁，3 个月后发育为成虫。牛带绦虫的妊娠节片可自动爬出肛门。牛带绦虫世界各地都有，我国西北及西南如西藏、青海、广西、贵州等地也有分布。

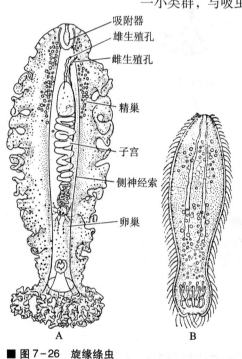

吸附器
雄生殖孔
雌生殖孔
精巢
子宫
侧神经索
卵巢

A　　　B

■ 图 7-26　旋缘绦虫

A. 成虫；B. 幼虫（仿 Hyman）

■ 表 7-1　牛带绦虫与猪带绦虫的主要区别

特征＼种类	牛带绦虫	猪带绦虫
成虫长度	5~10 m	2~4 m
节片数	1 000~2 000 片	700~1 000 片
头节形状	方形	圆球形
顶突	无顶突和小钩	略伸出，并有两行小钩
卵巢	分左右两大叶	分左右两大叶，还有一小副叶
妊娠节片子宫每侧分支数	15~30 支	7~13 支
节片脱落情况	分节脱落，能自动爬出	常数节同时脱落
中间寄主	牛	猪或人
幼虫型	牛囊尾蚴寄生于牛肉内	猪囊尾蚴寄生在猪或人的肌肉内

（2）细粒棘球绦虫（*Echinococcus granulosus*） 细粒棘球绦虫的成虫寄生在狗、狼和狐等动物的小肠内，幼虫名棘球蚴（hydatid cyst），寄生在人及牛、羊、骆驼、马等的肝、肺、肾、脑等部位，是危害人类最严重的绦虫，分布广泛，尤以牧区为多。国内分布在西藏、新疆、青海、甘肃、宁夏及陕西等牧区。人容易感染此病，多在儿童期被感染，由于棘球蚴生长缓慢，故发病年龄多在 20～40 岁。

形态：成虫长 3～6 mm，通常由头节和 3 个节片组成（图 7-27）。头节梨形，上有 4 个吸盘，顶突上有小钩，排列成内外两圈；颈部细短。未成熟节片正方形；成熟节片长大于宽，内有雌雄生殖系统各一套，精巢略呈圆形，卵巢马蹄形，生殖孔开口于节片侧缘。孕卵节片最长，子宫有不明显的分支，数目 12～15，子宫被虫卵充满膨胀而破裂，此种破裂现象，在孕卵节片脱离母体前后都可发生。虫卵形态与猪带绦虫和牛带绦虫卵相似。

棘球蚴呈囊状，大小不等，小的直径有数厘米，大的如婴儿头大小。囊内充以棘球蚴液。棘球蚴分单房性棘球蚴和多房性棘球蚴两种。单房性棘球蚴的囊壁具内外两层，外层为角质层，有支持、保护的作用，内层为生发层，从生发层的内壁形成无数突起，每个突起可变成生发囊，由生发囊中生出许多头节，其构造和成虫的头节一样。多房性棘球蚴略似恶性肿瘤，只有生发层，内有很多子囊，能恶性增殖，极易移至其他组织，特别是肺和脑，危险性大。多房性棘球蚴在人体较少见，通常多见于牛体。

生活史（图 7-28）：成虫多寄生于犬、狼等动物的小肠，虫卵随终寄主的粪便排出体外，污染牧场、畜舍、水源和周围环境。虫卵被中间寄主（牛、羊、骆驼等）吞食后至小肠，自卵内孵出六钩蚴，六钩蚴穿过肠壁进入门静脉系统，大部分停留在肝，部分随血流到达肺及其他器官组织寄生，经数月发育、长大为棘球蚴。成熟的单房性棘球蚴囊内有许多子囊，子囊内又有许多头节。狗吞食含棘球蚴的牛、羊内脏组织后，棘球蚴内的头节在狗的小肠内散出，并吸附于肠壁上寄生，经 3～10 周发育为成虫。

危害：棘球蚴可在人体内各器官成长。其严重性则依寄生位置、棘球蚴的体积和数量而不同。其在人体致病的过程很慢，常可数年无明显症状。生长中的棘球蚴主要的危害是压迫所寄生的器官，破坏周围的组织。如在肝中寄生，患者消瘦、乏力、失眠，小儿发育受影响，如在肺中可使患者窒息致死，在脑内因寄生部位不同可引起不同症状，如引起癫痫和失明。破裂的棘球蚴更为危险，因随棘球蚴液释出大量抗原，可很快被寄主吸收，导致严重的甚至致死的过敏反应。同时，棘球蚴中的突起（原头蚴）或生发层的碎块，可在腹腔或胸腔及其附近的器官很快地发育成为新的棘球蚴。

防治原则：人体感染主要是由于接触病犬或吃了附在食物或水中的虫卵，所以必须做到不接触、抚弄病犬或接触牛、羊等家畜后洗手；不吃生菜、生水；饭前洗手，保护水源不受污染。加强肉品卫生检疫工作。严格处理患病的牛、羊，不要用病牛、病羊的内脏喂狗，以免狗受感染。

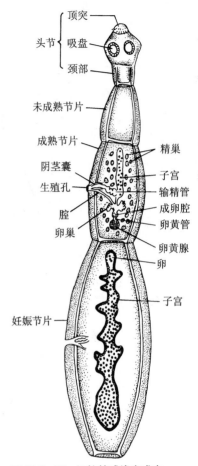

顶突
头节 { 吸盘
颈部
未成熟节片
成熟节片
阴茎囊
生殖孔
腔
卵巢
精巢
子宫
输精管
成卵腔
卵黄管
卵黄腺
卵
子宫
妊娠节片

■ 图 7-27 细粒棘球绦虫成虫
（仿 Brown）

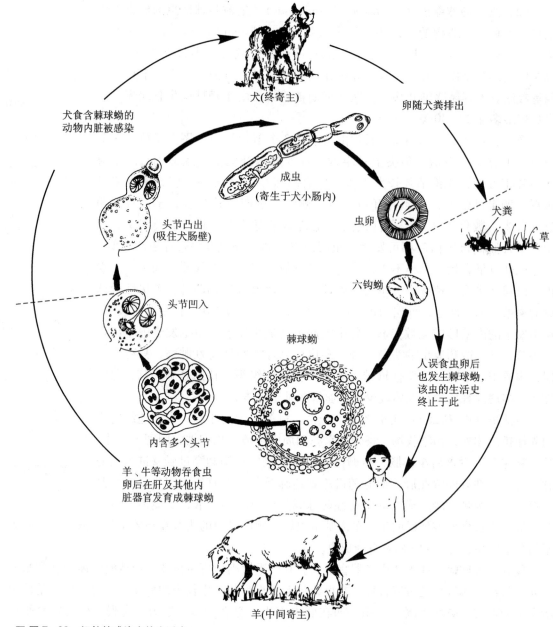

犬(终寄主)

卵随犬粪排出

犬食含棘球蚴的
动物内脏被感染

成虫
(寄生于犬小肠内)

头节凸出
(吸住犬肠壁)

虫卵

犬粪

草

头节凹入

六钩蚴

棘球蚴

人误食虫卵后
也发生棘球蚴,
该虫的生活史
终止于此

内含多个头节

羊、牛等动物吞食虫
卵后在肝及其他内
脏器官发育成棘球蚴

羊(中间寄主)

■ 图 7-28　细粒棘球绦虫的生活史
（自刘凌云）

7.5　寄生虫和寄主的相互关系及防治原则

7.5.1　寄生虫对寄主的危害

寄生虫对寄主的致病作用,有的表现为全身性的,或主要为局部性的,有时是激烈的,有时则比较缓慢。其危害主要有以下 4 个方面:

（1）夺取营养和正常生命活动所必需的物质　寄生虫寄生在寄主体内,以寄主的血液、组织液或半消化食物等为营养,以供寄生虫生长、发育和繁殖的需要。因此,寄生虫会夺去寄主的大量营养,以致对寄主产生严重的影响。例如,人在幼年时期遭受连续严重的寄生虫

（如日本血吸虫）感染，便会影响生长发育，还可能导致侏儒症。

（2）化学性作用　寄生虫的分泌物和排泄物，或虫体死亡和解体时，放出大量异性蛋白，被寄主吸收后，可使机体产生各种反应，刺激局部组织发生炎症，引起过敏反应，表现为发热、荨麻疹、哮喘，同时还会引起血象的改变；血中嗜酸性粒细胞增多，导致局部或全身的毒性作用。

（3）机械性作用　由于寄生虫附着在组织上或寄生于组织内，常可压迫组织和破坏组织，或阻塞腔道。如姜片虫大量成团，可充塞肠腔而形成肠梗阻；猪囊尾蚴寄生于脑部时，由于脑组织受压而坏死，因而使患者发生四肢麻痹及癫痫等症状。

（4）传播微生物，激发病变　肠内寄生蠕虫用吸盘、钩等附着器官附于肠壁，破坏黏膜，使细菌容易侵入，引起溃疡、糜烂、感染，而产生炎症。如华枝睾吸虫寄生于胆管内，因继发性细菌感染，可引起胆囊炎或胆管炎，或结缔组织增生，使胆管腔逐渐狭窄，发生阻塞；严重的由于纤维组织增生，还可发展为肝硬化，并发胆结石。

血吸虫的影响更甚，由于虫卵的反复沉积和寄主机体免疫力的增强，肠壁组织的破坏与增生常同时存在。因此，纤维结缔组织增生，以致肠壁增厚，形成息肉甚至可转变为癌肿。

7.5.2　寄主对寄生虫感染的免疫性

人体对寄生虫具有防御机能，先天免疫（天然免疫）对于非人体固有的寄生虫表现特别明显，例如人绝对不会感染鸡疟原虫。后天免疫（获得性免疫）一般表现为带虫免疫，即当虫体存在时，寄主对该虫保持一定的免疫作用。虫体减少或消失时，免疫力则逐渐下降，甚至完全不具免疫力。例如，人体感染疟疾后就有明显的带虫免疫，这种带虫免疫力可以影响寄生虫在人体内的寄生，寄生虫可被排出。如果带虫者的免疫力较弱，可重复感染，但有的寄生虫病如黑热病在完全恢复健康后，常出现对该虫的长期免疫力，很少发生再感染。

总之，寄生虫感染和寄主的免疫是一个斗争的过程，主要决定于机体的反应性。两者相互作用的结果，或是寄生虫被寄主消灭；或是寄主体内虽有寄生虫寄生，但不出现任何症状，而成为带虫者；或是呈现疾病状态即患寄生虫病。

7.5.3　寄生虫更换寄主的生物学意义

有些寄生蠕虫，发育过程中不需要更换寄主，其开始发育阶段在外界环境中进行，如单殖吸虫。有些蠕虫需要更换寄主才能完成其生活史，如复殖吸虫普遍存在着更换寄主的现象。更换寄主一方面是与寄主的进化有关，最早的寄主应该是在系统发展中出现较早的类群，如软体动物，后来这些寄生虫的生活史推广到较后出现的脊椎动物体内。一般，较早的寄主便成为寄生虫的中间寄主；后来的寄主便成为终寄主。更换寄主的另一种意义是寄生虫对寄生生活方式的一种适应，因为寄生虫对其寄主来说，总是有害的，若是寄生虫在寄主体内繁殖过多，就有可能使寄主迅速死亡，寄主的死亡对寄生虫也是不利的，因为它会跟着寄主一起死亡，如果以更换寄主方式，由一个寄主过渡到另一个寄主，如由终寄主过渡到中间寄主，再由中间寄主过渡到另一个终寄主，使繁殖出来的后代能够分布到更多的寄主体内。这样，可以减轻对每个寄主的危害程度，同时也使寄生虫本身有更多的机会生存。但是在寄生虫更换寄主时，会遭受到大量的死亡；在长期发展过程中，繁殖率大的、能产生大量的虫卵或进行大量的无性繁殖的种类就能生存下来。这种更换寄主及高繁殖率的现象对寄生虫的寄生生活来讲，是一种很重要的适应，是长期自然选择演化的结果。

7.5.4　防治原则

总的原则是，切断寄生虫生活史的各主要环节。贯彻"预防为主"的方针，加强卫生宣传教育工作。应采取综合性防治措施。

（1）减少传染源，使用药物治疗患者和带虫者，以及治疗或处理保虫寄主。

（2）切断传播途径，杀灭和控制中间寄主及病媒，加强粪管、水管以及改变生产方式和生活习惯。

（3）防止被感染，进行积极的个人防护（如服药预防、涂防护剂等），注意个人卫生和饮食卫生等。

7.6　扁形动物的起源和演化

关于扁形动物的起源问题，学者们的意见尚未一致。一种学说是郎格（Lang）所主张的，认为扁形动物是由爬行栉水母进化来的。因栉水母在水底爬行，丧失了游泳机能，体形扁平，口在腹面中央等特征与涡虫纲的多肠目极相似。另一种学说是由格拉夫（Graff）所提出的，认为扁形动物的祖先是浮浪幼虫样的，这像浮浪幼虫的祖先适应爬行生活后，体形扁平，神经系统移向前端，原口留在腹方，而演变为涡虫纲中的无肠目。这两种学说都有它们的根据，但是无肠目的有机结构是最简单和最原始的，因此后一种学说可能易被接受。这是多年来多数学者们一致的看法。但是近年来也有些学者认为大口目涡虫是最原始的一类。无肠目及链虫目涡虫是由大口目祖先分出的分支。详见涡虫纲的分类部分。

扁形动物中，自由生活的涡虫纲是最原始的类群。吸虫纲无疑是由涡虫纲适应寄生生活的结果而演变来的。吸虫的神经、排泄等系统的形式与涡虫纲单肠目极为相似；部分涡虫营共栖生活，纤毛和感觉器官趋于退化，与吸虫很相似，而吸虫的幼虫时期也有纤毛，寄生后才消失。这些事实都可以证实营寄生生活的吸虫是起源于自由生活的涡虫。

关于绦虫纲的起源问题有两种看法：一种认为它是吸虫对寄生生活进一步适应的结果，因为单节绦虫亚纲体不分节，形态很像吸虫，但是单节绦虫亚纲和其他绦虫的关系不大；一种认为绦虫起源于涡虫纲中的单肠目，因为它们的排泄系统和神经系统都很相似，而且单肠目中有借无性繁殖组成链状群体的现象，这和绦虫产生节片的能力可能有关。因此，后一种看法易被接受。

附门：

1. 纽形动物门（Phylum Nemertea）

纽形动物是种类较少的一门动物，有 500～600 种，几乎全是海产，大多数栖于温带的海岸，生活在岩石和藻类之间，有的居于自身分泌的黏液管里，埋于泥沙中；极少数是淡水种；也有一些生活在热带和亚热带的潮湿土壤中。它们大多数是线状、带状或圆柱形（图 7-29A），小的仅数毫米，个别长的可达 30 m。大多数暗灰色或无色，有些种类色泽鲜艳。

这门动物和扁形动物有很多相似之处，都为两侧对称、三胚层、无体腔的动物。有带纤毛的柱状表皮，有的种类还有杆状体或腺细胞。在表皮和肌肉之间还有一些结缔组织，称下皮层。肌肉通常有两层（环肌和纵肌）或 3 层（多一层环肌或纵肌）。有的环肌在外，有的纵肌在外（图 7-29C）。肌肉的层数和排列，是重要的分类根据。纽虫的排泄系统也为原肾管系统，具焰细胞的基本结构（图 7-29D）；没有特殊的呼吸系统，靠体表进行气体交换。但在另一些构造上又较扁形动物完善，如纽虫有一完全的消化管，有口和肛门（图 7-29A，B）。消化道两旁有许多侧囊，它和生殖腺都前后间隔地在体侧作对称排列。在消化管的上方还有一个能翻转的吻，可自由活动于吻腔中。吻端有刺和毒腺，用以捕捉食物和防御敌害。有人认为，吻腔是真体腔的部位。从纽虫起，开始出现了初级的闭管式循环系统：有一背血管和两侧血管、三纵管前后

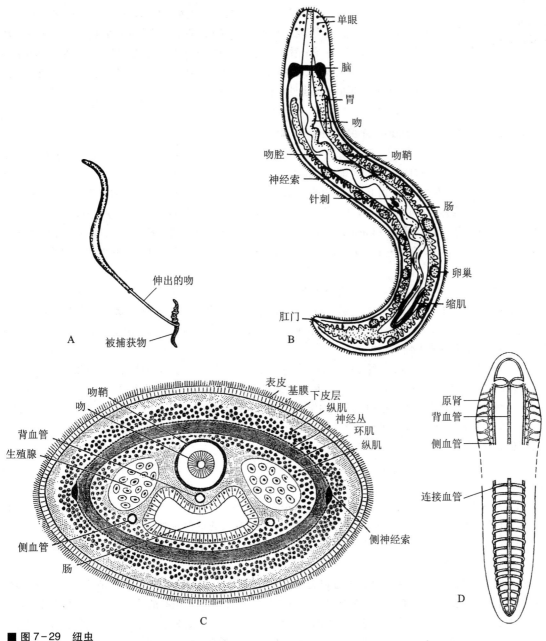

■ 图 7-29 纽虫

A. 纽虫的吻伸出取食状；B. 纽虫的结构（♀）；C. 纽虫的横切面；D. 纽虫的排泄和循环系统，注意沿着肾管的焰球与侧血管紧密结合（A，B，D. 自 Hickman；C. 自 Parker 和 Haswell）

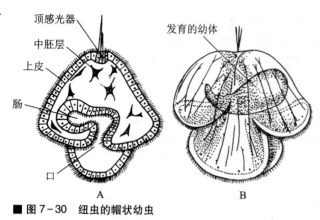

顶感光器

中胚层

上皮

肠

口

发育的幼体

A

B

■ 图 7-30　纽虫的帽状幼虫

A. 切面观；B. 晚期幼虫中有发育的幼体 （仿 Brusca）

都是相连的，血液在背血管中由后向前流，经两侧血管由前向后流。除少数种类的血细胞有血红蛋白外，一般纽虫的血是无色的。神经系统相当发达，比涡虫集中，有较大的脑，由两对神经节组成。背神经联结在吻道上，腹神经联结在吻道下，环神经围绕吻道。感觉器官除了单眼外，头部还有纤毛沟，为化学感受器。大多数雌雄异体，生殖腺成对排列，发育有直接的，也有间接的，间接发育的经帽状幼虫 （图 7-30）。

　　纽虫的再生能力很强，在一定季节能自割成数段，每段可再生为一成虫。

　　从纽虫的结构看，有些特征和扁形动物相同，有人把它们列入扁形动物中，两者似有亲缘关系，但从消化道具肛门和闭管式循环系统来看，要比扁形动物进步很多；又如假分节现象是向真分节动物发展的趋向，而帽状幼虫又和环节动物的担轮幼虫相似。这些特点说明，纽虫与环节动物也有相似之处，因此把它们分出自成一门；分类地位应介于扁形动物与环节动物之间。

2. 颚口动物门　（Phylum Gnathostomulida）

　　多年来，国内有些书 （包括无脊椎动物名称） 译为颚胃动物门。Gnathostomulida，按希腊字 Gnatho 是 "颚" 的意思。Stoma 是 "口" 的意思，确切地应译为颚口动物门。

　　这是一类小型的动物，首次由 Peter Ax 1956 年作为涡虫描述，后来由 Riedl （1969） 确立为门。目前已报道了 18 属，80 余种。近年有将颚口动物门、微颚动物门 （Micrognathozoa，新近发现的一门）、轮虫动物门和棘头动物门合在有颚动物 （Ganathifera） 超门之下，认为它们的咽部都具有一种独特的角质颚器 （cuticular jaw apparatus），应是一个单源分类群 （monophyletic taxon）。但颚口动物与其他类群的关系，争议颇多。

　　颚口动物生活在海洋中，世界性分布，从潮间带到几百米的深海，主要生活在海底沙粒之间的空隙，特别是缺氧和高浓度硫化氢的地方。颚口动物体长多为 0.5～1 mm，直径约为 50 μm，最长可达 4 mm。体呈圆柱形或线形，略透明，由头、颈 （稍缢缩） 和躯干构成 （图 7-31A，B），有的头向前伸展成为能动的感觉喙 （rostrum）。躯干后端变细成为尾。

　　体表无角质膜，上皮细胞是单纤毛的 （其他有颚动物上皮是多纤毛的）。有些上皮也分泌黏液，上皮之下为很薄的基膜，其下为环肌 （图 7-31C），纵肌常为 3 对，列于环肌内侧，收缩时可使虫体缩短或扭转。通过上皮细胞纤毛的同步搏动，借助于肌肉的作用使虫体不仅能进行滑动，也能有限地游动、转弯，弯着头左右摇摆等。有人认为颚口动物没有结缔组织，也有人认为具疏松的实质，充填于内部器官之间。一般认为它是无体腔动物。

　　消化管是由单层微绒毛、无纤毛的上皮细胞构成。有口，无肛门，包括口、口腔、咽、食道及肠 （图 7-31A，B，D）。口位于虫体前端腹面，咽部肌肉发达呈球形，称为咽球 （pharynx bulb），其中包括横纹肌、分泌上皮、由硬角质构成的颚器 （jaw apparatus） 和一个神经节 （图 7-31D）。颚器包括一梳状的基板 （basal plate，在腹唇后到口） 和埋在咽两侧壁一对复杂的带齿的颚 （图 7-31E）。颚是由咽上皮细胞分泌的，它是以电子致密物质为核心围绕以透明的鞘。这很相似于轮虫和微颚动物的咀嚼器。有些咽肌可能是上皮肌肉细胞 （epitheliomuscular cell），但大部分是肌细胞 （myocytes），两者在上皮基膜的对侧。由于咽肌的收缩和弛缓可使基板通过口突出 （图 7-31F），刮取食物 （主要以细菌、真菌等为食）并用两个颚猛咬迅速闭合使食物进入消化管。颚口动物一般无肛门。（但有的种在肠的后端和表皮层之间有一组织相连。或者在肠后端没有基膜插入的叉指状的表皮层和胃层细胞构成的一种特殊结构。这谜一般的特征已有不同的解释：是临时性的肛门，或在进化中消失的肛门的残迹，还是未完全发育的肛门？尚无定论。）

128

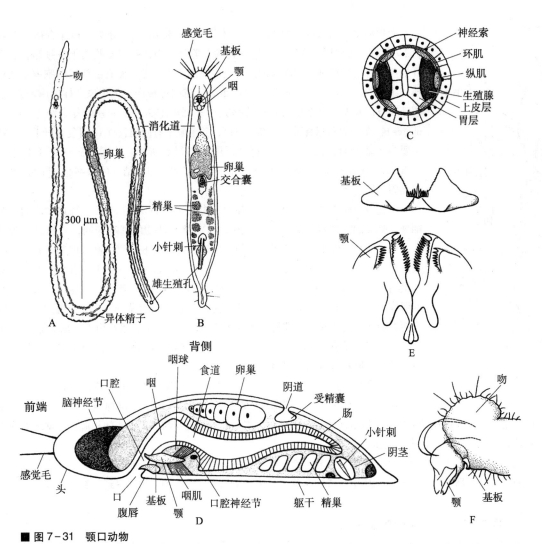

■ 图7-31 颚口动物

A. 单颚虫（*Haplognathia simplex*）；B. 颚口虫（*Gnathostomula jenneri*）；C. 颚口虫的躯干横切面（简化）；

D. 颚口虫（*G. paradoxa*）的矢状切面；E. 颚口虫（*G. mediterrane*）的颚和基板（背面观）；F. 突颚虫

（*Problognathia minima*）的颚和基板的取食位置（A，B，D，E. 自Sterrer；C. 自Ruppert 等；F. 自Lammert）

颚口动物有2~5对原肾管沿体两侧排列。每个原肾管包括一单纤毛的端细胞、一个管细胞和一个在表面的孔细胞，各有短管通到体外。呼吸和循环主要通过扩散作用进行。上皮内的神经系统，包括脑神经节和一个支配咽的口神经节，以及1~3对纵神经索。脑神经节和口神经节由一对连接围绕消化管。有一个神经节作用于阴茎，尾神经节支配体后部。感觉器为纤毛窝和感觉纤毛，在头部较发达。

雌雄同体（图7-31A，B，D）。雌性生殖系统：单个卵巢位于体前部背侧，并有一储存异体精子的受精囊（seminal receptacle）。有的种还有阴道（vagina）。雄性生殖系统：1或2个精巢，位于体后半部，常具阴茎，雄孔在体后端。还未观察到其交配行为。但是单鞭毛或无鞭毛的精子，如何到达对方体内，并在体壁皮层下授胎，虽有种种不一致的推测，但一致认为是体内受精，单个的受精卵沉积于其栖息地。螺旋卵裂，直接发育。对其发育的细节尚缺乏研究。

3. 微颚动物门（Phylum Micrognathozoa）

微颚动物门是由 R. M. Kriatensen 和 P. Funch（2000 年）首次描述的，标本来自 Disko 岛和 Greenland（北纬70°）在冷泉水的苔藓层上。有趣的是这类动物咽部的颚器结构与颚口动物、轮虫的很相似，这支持了其相互关系的假说。现仅发现一个种，湖沼颚虫（*Limnognathia maerski*），附生在藓类植物上。

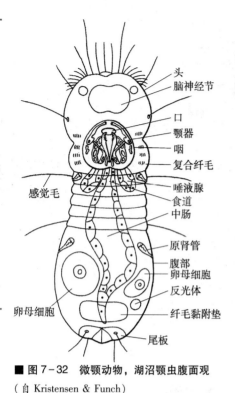

头
脑神经节

口
颚器
咽
复合纤毛

唾液腺
食道
中肠

原肾管

腹部
卵母细胞
反光体

纤毛黏附垫

尾板

感觉毛

卵母细胞

■ 图 7-32　微颚动物，湖沼颚虫腹面观
（自 Kristensen & Funch）

微颚动物是显微的、两侧对称，体长可达 150 μm，体分头、胸（有褶）和腹（图 7-32）。表皮层不像其他有颚动物的合胞体，而像颚口动物为上皮细胞，有多纤毛和单纤毛的细胞。背部和侧面的表皮层细胞无纤毛，而有由两层细胞内基质构成的细胞内板（intracellular lamina），重叠交搭的侧板产生像手风琴样的胸部褶皱。腹面表皮层有发达复杂的纤毛，许多是由多纤毛细胞产生的硬的复合纤毛（ciliophores），在口的两侧有 4 对（图 7-32），并沿躯干有两列长排 18 对复合纤毛。这些主要为运动器官，纤毛同步地打动，用于爬行和游泳。体后端腹面纤毛黏附垫（ciliated adhesive pad）是由 10 个复合纤毛构成的。与垫结合的腺细胞产生分泌物，起黏附作用。

消化管由腹面的口、咽、食道和中肠构成（图 7-32）。咽部与颚口动物同样为咽球，咽球的结构以及其内颚器结构，虽与颚口动物的基本相同，但较其更为复杂，颚也能从口伸出抓食硅藻等食物，压碎后通过短的食道，进入中肠，有两个唾液腺开口于中肠，可能分泌消化酶。中肠的后端为盲端，终止于背肛板。但是中肠的最后端，细胞常为指状组合（呈锥形）（图 7-32），一层上皮细胞结合有一对小的肌肉（类似结构也存在于有的颚口动物）。它是否有临时肛门的功能尚不清楚。有两对原肾管位于胸、腹部的两侧（图 7-32）。每个原肾管是由 4 个端细胞（terminal cell）、2 个管细胞和 1 个肾孔细胞（nephridiopore cell）构成，所有 7 个细胞都是单纤毛的。原肾管可能有渗透调节作用。

神经系统包括头部一个大的脑神经节和一对腹侧神经索，口神经在咽球内，但口神经节尚未证实，在胸部发现一对神经节，体后端有一尾神经节。现在尚不知脑神经节是位于上皮内还是上皮下，但是神经索看来是在上皮下的。感觉器与颚口动物的相似。感觉纤毛在头部和体各部成对存在，以头部最多。

微颚动物没发现有雄性个体。可能是孤雌生殖。雌的有一对卵巢含有单个的卵母细胞。没发现有输卵管或生殖孔。没有卵黄腺和在卵母细胞中合成的卵黄。卵母细胞每次成熟一个。未观察到卵裂。直接发育。

4. 黏体门（Phylum Myxozoa）

黏体门即黏孢子门，原来一直属于原生动物，孢子虫类，后来又另立为门。根据近年研究认为应是多细胞的两侧对称的动物。

黏体虫大部分寄生在鱼类，极少数寄生于两栖、爬行，也寄生于环节动物和苔藓动物。已描述的种类约 1 200 种。如寄生于鱼类的碘泡虫（Myxobolus），几乎能寄生于每个器官。在寄主的肌肉、皮下、鳃以及内脏等部位生长发育，刺激寄主的组织逐渐形成小肿瘤，在其内发育的很多黏体虫，形成很多孢子（spore）。过去认为孢子是单细胞的，具 1~4 个极囊（polar capsule）和极丝（polar filament）（图 7-33）。当小肿瘤破裂时，孢子逸出翻出极丝刺到另一寄主体上，再进行发育。现在发现碘泡虫的孢子是多细胞的（图 7-33C），并具有后生动物的一些特征，如细胞间连接，细胞外的基质等。同时认为极囊、极丝就是刺丝囊和刺丝。

由于黏体虫的极囊、极丝很像腔肠动物的刺细胞，因此曾认为黏体门动物是极端退化的腔肠动物。但是根据 HOX 基因更近的研究表明，它起源于两侧对称的动物。特别是 Buddenbrockia 的发现（2002），给予了强有力的支持。Buddenbrockia（图 7-33D，E），虫形，苔藓动物的寄生虫，长约 2 mm，属黏体门，遗传上与其他类型黏体虫几乎没区别，有像黏体虫样的孢子囊。但它保持两侧对称的体型，具有纵肌。这可视为黏体门动物与其他多细胞动物祖先的联系者。

但是黏体门动物的分类等级以及它与哪类动物亲缘关系较近尚待进一步研究。

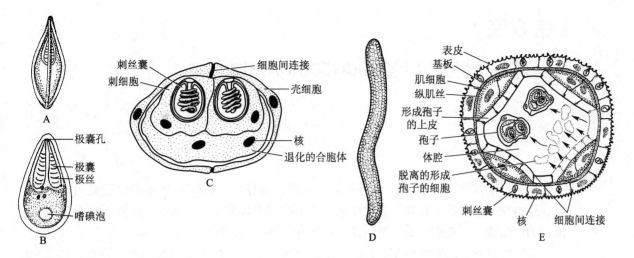

■ 图 7-33 黏体虫

A, B. 碘泡虫（过去认为是单细胞的）孢子（A. 缝面观；B. 表面观），现在发现是多细胞的孢子（C）。注意，细胞间连接（后生动物的特征）、刺丝囊、刺丝（腔肠动物的特征）；D. 生活的 *Buddenbrockia plumatellae* 的外形：寄生于淡水苔藓动物体腔内；E. *B. plumatellae* 横切面，注意形成孢子上皮细胞和肌细胞成束排成 4 部分。当虫体成熟时，所有形成孢子的上皮细胞被此分开进入体腔，分裂分化成为多细胞孢子（如箭头所示），每个孢子有 4 个刺丝囊。成熟虫体的体腔内充满了孢子。肌肉的排列视为与两侧对称的线虫相似，据此认为 *B. plumatellae* 为高度分化的两侧对称动物（A, B. 仿陈启鎏；C. 自 Hausmann 和 Hülsmann；D, E. 自 B. Okamura 和 A. Curry 等）

思考题

1. 扁形动物门的主要特征是什么，根据什么说它比腔肠动物高等（要理解两侧对称和三胚层的出现对动物演化的意义）？

2. 扁形动物门分成哪几纲，各纲的主要特征是什么（注意适应于自由生活和寄生生活的特点）？

3. 通过对涡虫简要特征的了解，掌握涡虫纲的主要特征。在涡虫纲哪一类涡虫是最原始的？

4. 掌握华枝睾吸虫的形态结构、机能和生活史的特点，并通过它掌握吸虫纲的主要特征。

5. 比较并掌握肝片吸虫、布氏姜片虫的结构、生活史的特点，了解寄生虫病的防治原则。

6. 掌握血吸虫形态结构和生活史的特点及其危害、防治等，了解我国在防治血吸虫方面的成就。

7. 猪带绦虫的形态结构如何适应寄生生活？掌握其生活史，通过它掌握绦虫纲的主要特征并了解其危害和防治原则。

8. 牛带绦虫的结构和生活史与猪带绦虫有何异同？细粒棘球绦虫生活史的哪个阶段对其寄主危害严重，为什么？

9. 盾腹吸虫和旋缘绦虫各属于哪一纲、亚纲？试从其形态结构和生活习性的简要特征，考虑这两类动物能否说明动物演化方面的一些问题。

10. 比较并掌握涡虫、吸虫和绦虫的结构、机能及生活史的特点。

11. 通过吸虫和绦虫，理解寄生虫与寄主之间的相互关系。

12. 理解扁形动物门的起源和演化以及它们与人类的关系。

第 8 章
假体腔动物（Pseudocoelomate）

从扁形动物开始出现了两侧对称，三胚层，无体腔。假体腔动物不仅两侧对称，三胚层，还出现了假体腔。在动物演化中从没有体腔到有体腔是一个进步；出现了完全的有口有肛门的消化管。一般在体表有角质膜，还具有其他一些共同特征。

假体腔动物是动物界中庞大而又复杂的一大类群，包括线虫（如蛔虫、蛲虫、钩虫和丝虫等）、轮虫、腹毛类等 9 个门类（另有一新门）。它们的形态结构差异较大，有些形态稀奇古怪。在演化上对其起源、亲缘关系，意见纷纭，其说不一，现已将其各自独立为门。但是它们仍具有共同特点。

8.1 假体腔动物的共同特征

8.1.1 假体腔

假体腔（pseudocoelom 或 pseudocoel）又名原体腔（protocoelom），是体腔的一种类型。它是从胚胎期的囊胚腔（blastocoel）发育来的，与高等动物的真体腔不同。真体腔是在中胚层中间形成的腔。假体腔仅在体壁上有中胚层来源的组织结构，在肠壁外无中胚层分化的结构，没有体腔膜（peritoneum）。假体腔动物与无体腔动物的结构相比，在体制上属不同的等级。假体腔内充满了体腔液或一些间质细胞的胶状物。与真体腔相同的是，它也代表了某种适应的功能，比如加大了运动的自由度，为消化、排泄和生殖系统的发育和分化提供了空间，体腔液对全身的物质循环和分布有重要作用，对运动起着流体静力骨骼（hydrostatic skeleton）的作用。

8.1.2 消化管

大部分假体腔动物（除棘头动物、线形动物外），具有口有肛门完全的消化管。消化管分为前肠、中肠和后肠。前肠（口、咽、食道）和后肠（直肠、肛门）是由外胚层内陷形成的；中肠来自内胚层，是主要消化、吸收的场所。这是高等动物的特征。大部分假体腔动物在消化管的前端有一特化的肌肉性咽，适于取食，这样从口摄入食物，使其能被机械地破碎、消化、吸收和形成粪便，有序地连续从前端向后端移动，最后排除粪便，这在演化上是高于消化系统有口无肛门的动物。

8.1.3 其他的特征

大部分假体腔动物体表被有非细胞的角质膜（cuticle），它是由其下的上皮细胞分泌形成的。许多假体腔动物具有恒定的细胞数目。排泄系统仍属原肾管系，大多数是雌雄异体，这比大多为雌雄同体的扁形动物又进了一步。

8.1.4　假体腔动物是异质性很强的一大类群

假体腔动物包括：线虫动物门（Nematoda）、轮虫动物门（Rotifera）、腹毛动物门（Gastrotricha）、动吻动物门（Kinorhyncha）、曳鳃动物门（Priapulida）、线形动物门（Nematomorpha）、兜甲动物门（Loricifera）、棘头动物门（Acanthocephala）和内肛动物门（Entoprocta）。还有一新门——圆环动物门（Cycliophora），根据其分子数据与轮虫和棘头动物关系最近，故附于此。

上述的前 6 个门过去曾被作为纲列入袋形动物门（Aschelminthes）内（Hyman，1951）。后来考虑到这些类群动物形态结构差异很大，起源和亲缘关系又模糊不清，尚有争议，因此又将其各自列为独立的门。现在有学者将假体腔动物的各门均列在 Aschelminthes 超门之下。有的将其分为环神经超门（Cycloneuralia，包括腹毛动物门、线虫动物门、线形动物门、曳鳃动物门、兜甲动物门和动吻动物门）和有颚动物超门（Gnathifera，包括颚口动物门、微颚动物门、轮虫动物门和棘头动物门）。还有人将假体腔动物分为蜕皮动物（Ecdysozoan）门类（线虫动物门、线形动物门、动吻动物门、兜甲动物门和曳鳃动物门）和触手冠担轮动物（Lophotrochozoan）门类（轮虫动物门、棘头动物门、腹毛动物门和内肛动物门）。我们为了教与学的方便将其归为一大类群。实际其中有不同看法，如腹毛动物是无体腔动物还是具有假体腔？曳鳃动物是假体腔还是真体腔的？内肛动物很早就被列为假体腔动物的一个门（Hyman，1951），经过后来的研究，仍认为它与其他假体腔动物关系模糊而与苔藓动物具有可比性，内肛动物与哪类动物关系较近，这一系列的问题均有待研究。

在假体腔动物的各门类中，线虫动物门从其种类数量和对人类的影响来说，无疑是最重要的（图 8-1）。因此，在本章中重点介绍线虫动物门，其次是轮虫动物门。其余均作为附门加以简要介绍。

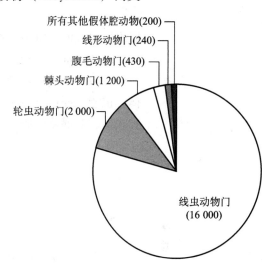

所有其他假体腔动物(200)
线形动物门(240)
腹毛动物门(430)
棘头动物门(1 200)
轮虫动物门(2 000)
线虫动物门
(16 000)

■ 图 8-1　假体腔动物各门已知的种类数量示意图

8.2　线虫动物门（Phylum Nematoda）

线虫又名圆虫（roundworm），已命名的约 16 000 种，据估计约有 50 万种，分布于世界各地，生活在海水、淡水和土壤中，大部分营自由生活，也有许多是寄生的，寄生在人、动物或植物体内。有些是严重危害人类的寄生虫，如钩虫、丝虫等；有些严重危害畜禽及作物；但是有一种小小的线虫——秀丽线虫（*Caenorhabditis elegans*）却对科学作出了突出贡献，它已被研究得颇为深入，已成为模型动物（model animal）之一。研究者由此获得了 2002 年诺贝尔奖。

8.2.1　代表动物 1——人蛔虫（*Ascaris lumbricoides*）

成虫寄生于人的小肠中，是人体常见的肠道寄生线虫，感染率较高，其中尤以儿童为重，世界各国均有分布，据估计约有 1/4 人类被感染。

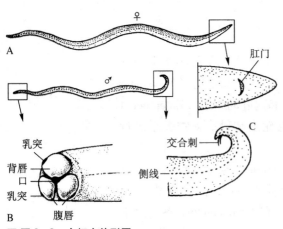

■ 图 8-2　人蛔虫外形图

A. 雌雄成虫；B. 人蛔虫的前端，示 3 个唇片及其上的小乳突（仿扫描电镜照片绘）；C. 雌、雄虫后端（自刘凌云）

8.2.1.1　外形特征

人蛔虫成体为细长圆柱形，两端渐细，体表光滑，生活时为淡的肉红色，雌虫长为 20～35 cm，雄虫较短，长为 15～30 cm，其后端向腹侧弯曲。虫体两侧从前到后各有一条明显的侧线，背腹线不明显，体前端有口，其周围有 3 个唇片（一背唇片，二腹唇片），呈品字形排列。唇片上有司感觉的小乳突（papillae，背唇上两个，两腹唇上各有一个）（图 8-2），距离口几个毫米的腹线上有一排泄孔，很小不易见。肛门位于后端腹侧呈一横裂缝，雌性生殖孔位于体前端腹线 1/3 处，雄虫的肛门和生殖孔为一共同的开口，称为泄殖孔（cloacal pore），自泄殖孔伸出一对交合刺（spicule），能自由伸缩，可辅助交配用。

8.2.1.2　结构与机能

（1）体壁、假体腔与运动　体壁是由角质膜、上皮层和肌肉层构成的皮肌囊（图 8-3，图 8-4）。体表为角质膜，由其下的上皮层细胞（也称下皮层，hypodermis）分泌，主要为胶原蛋白（collagen），有 3 层，由交织的网格纤维构成（图 8-5），它使虫体有一定程度的纵向弹性，但限制了其侧向扩展。角质膜能透过水和气体，也能选择地透过某些离子和有机化合物，调节体内外环境间这些物质运动。角质膜对保护虫体、对保持由假体腔液产生的流体静力压有重要作用。

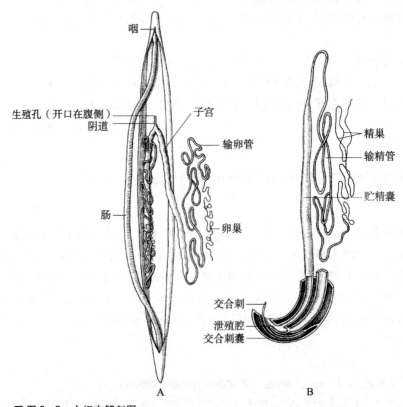

■ 图 8-3　人蛔虫解剖图

A. 雌虫；B. 雄虫（自刘凌云）

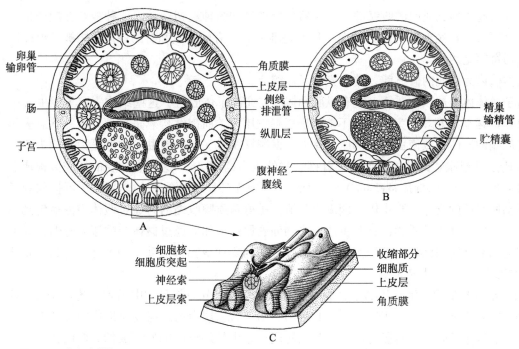

■ 图8-4 人蛔虫横切面图

A. 雌虫；B. 雄虫；C. 体壁部分立体观示意图（A，B. 自刘凌云；C. 仿 Hickman 等）

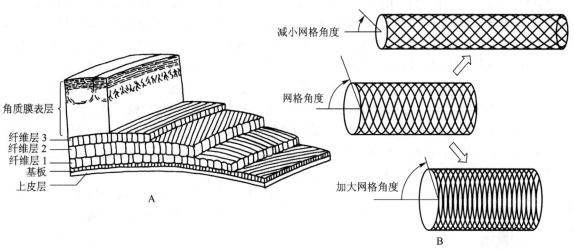

■ 图8-5 线虫角质膜结构示意图

A. 示线虫角质膜的多层结构；B. 在角质膜中单个的胶原纤维无弹性，但这些纤维彼此交叉所成角度的改变可使动物改变形状（A. 仿 Bird 和 Deutsch，曾丽瑾改绘；B. 自 Wells）

　　上皮层是合胞体，细胞界限不清，在背、腹及两侧部分向内侧加厚，称为背、腹及两侧上皮层索，形成背线、腹线及两侧线。背、腹线内分别有背神经和腹神经。两侧线内各有一排泄管（图8-4）。

　　在上皮层内侧为肌肉层，只有纵肌，无环肌。肌细胞仅在其基部分化有肌原纤维（为斜纹肌），其余大部分为细胞质，包括细胞核。细胞质伸出突起连到背腹神经（图8-4）。这种细胞质突起有学者称其为轴突样神经支配突起（axonlike innervation process）。它伸展到与其最近的背、腹神经索，与运动神经元形成突触（synapses）。从中枢神经系统来的运动信号，通过这些突起传递到肌肉的收缩部分。显然，背神经和腹神经司运动。这种神经支配类型在动物界（一般是神经伸出突起到肌肉）虽不是唯一的（有的扁虫和有的棘皮动物被发现过），但也是稀奇罕见的。

在体壁内为广阔的假体腔，其内充满了体腔液。

由于虫体体表被以角质膜，只有纵肌和体腔内充满了体腔液，这些结构决定了蛔虫（一切线虫）的运动机制。因为角质膜不能扩展以释放压力，肌肉结构总是呈部分收缩状态去压缩不易压缩的液体，致使虫体内部压力较大。据测算线虫（包括蛔虫）内部压力平均为 70~100 mmHg，比已报道的其他大部分无脊椎动物的压力高 10 倍。这种假体腔的体腔液构成了流体静力骨骼（hydrostatic skeleton）。由于线虫体壁无环肌颉颃纵肌的作用，它可提供颉颃纵肌活动所必需的支撑。当虫体一侧纵肌收缩，压迫角质膜收缩的力通过假体腔液被传到虫体另一侧，肌肉弛缓角质膜伸展时虫体恢复到伸展原位。如此通过假体腔的流体骨骼传导的压力变化来颉颃肌肉活动，这样虫体产生背腹方向的摆动或拍打运动。这种运动行为也是线虫（包括蛔虫）的一大特征。

（2）摄食与消化　消化管简单，为一直管纵贯全身，分为前肠、中肠和后肠。前肠包括口和咽，咽部肌肉发达，可吸吮食物，其后为中肠，为一层由内胚层发育形成的柱状上皮细胞组成，后肠包括较短的直肠与肛门，与前肠同样是由外胚层内陷发育成的。肛门开口于体后端。雄虫直肠开口于泄殖孔（图 8-3）。蛔虫通过口吸食人肠内已消化的或半消化的食物，夺取人的大量营养。现在的问题是，消化管处在假体腔液的高压下，为什么没被压坏？如何进行取食？这涉及其取食行为问题，线虫（包括蛔虫）的消化管具有肌肉性的咽部，通过肌肉性咽部的活性，虫体不断地吸取食物，不断排出，保持消化管腔处于开放状态，以对抗假体腔液的高压作用。有实验表明，有些线虫在液体中吸食速率达到每秒 4 个脉冲，废物从肛门排出为 1~2 min 一次。消化作用主要是细胞外的，通过肠壁的单层细胞吸收营养物，然后经体腔液输送到身体各部分。蛔虫（一切线虫）没有循环系统，假体腔的体腔液起了循环系统的作用。

（3）呼吸与排泄　蛔虫没有呼吸器官，与寄生吸虫一样行厌氧呼吸。但近些年来实验表明，大多数寄生虫都消耗氧，一些寄生虫的线粒体已能适应低氧分压环境，可在氧张力低至 5 mmHg 环境下进行活动，已证实蛔虫等多种蠕虫具有有效细胞色素呼吸链。问题是它能否进行氧化磷酸化，与厌氧呼吸有何关联，有待研究。

排泄系统虽与扁形动物的原肾管（protonephridia）不同，没有焰细胞，没有纤毛，但它仍属于原肾型，是一种特殊的原肾管。主要分为腺型与管型两类。原始种类属于腺型，有一或两个大型的腺肾细胞（renette）进行水分调节和排泄，开口在前端腹面。蛔虫的排泄系统是由腺肾细胞延伸成管状（管型），两条侧管纵贯于侧线内，实际为细胞内管，两管间有横管在前端相连，略呈"H"形（图 8-6）。由横管处伸出一总的短管，开口在前端腹中线上的排泄孔。溶于体腔液中的代谢废物通过侧线处的上皮进入排泄管经排泄孔排出。

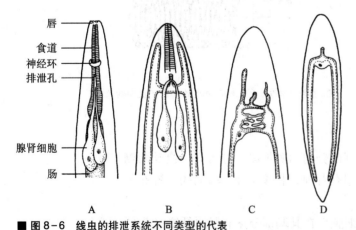

■ 图 8-6　线虫的排泄系统不同类型的代表

A. 小杆线虫的腺型排泄系统；B. 秀丽线虫管型与腺型结合；
C~D. 蛔虫的管型排泄系统（A. 仿 Hyman；B. 仿 Nelson 和 Albert 等；
C，D. 仿 Hickman 等）

（4）神经与感官　在咽部有一围咽神经环（circumpharyngeal nerve ring），其上连有腹、侧、背神经节（图 8-7）。由神经环向前伸出的神经到

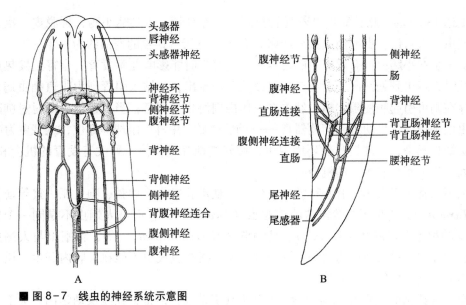

■ 图 8-7　线虫的神经系统示意图

A. 体前端；B. 体后端（仿 H. D. Crofton 重画，稍改）

头端唇乳突等感觉器；向后伸出腹、侧、背神经索，在尾端汇集（图 8-7B）。各神经索均埋在上皮层中。其中腹神经索和背神经索最发达，分别埋在腹线和背线内（图 8-4）。腹神经索是由神经环腹侧发出一对短的神经索汇合而成。腹神经索中有些运动神经元（motor neuron）经过神经连合（nerve commissure）伸入背神经索。背神经索司运动，腹神经索司运动和感觉，侧神经索主要司感觉并作用于排泄管。

蛔虫的感觉器官不发达，唇片上的唇乳突（papillae）和雄虫泄殖孔前后的乳突均有感觉功能。

8.2.1.3　生殖和发育

生殖系统发达，生殖能力强。生殖器官为细长管状结构，盘曲在假体腔内（图 8-3）。雌性有一对细丝状卵巢，各连一输卵管及膨大的子宫，两子宫在前端汇合成一短的阴道，开口于雌性生殖孔。雄性有一条细丝状的精巢，连一输精管、较粗大的贮精囊，及其端部变细的射精管，射精管开口于直肠腹面的泄殖腔（cloaca），其开口为泄殖孔。在泄殖腔背侧有两个肌肉性小囊，其内各有一交合刺（spicule）（图 8-3B）。雌雄成虫在人小肠内交配时，两交合刺伸出，撑开雌性生殖孔，将精子排入雌体。精子沿阴道下行至输卵管的末端（或子宫上端）与卵结合成受精卵。大量受精卵储存于子宫内，据估计有 2 700 多万粒。一条雌虫每天能产卵 20 万粒。受精卵呈卵圆形（大小为 45~75 μm×35~50 μm），卵壳厚而透明，其外有一层粗糙不平的蛋白膜。未受精卵为长圆形，两端稍平（大小为 88~93 μm×38~45 μm），卵壳及蛋白膜均较薄（图 8-8）。

蛔虫的发育为直接发育。受精卵随人的粪便排出时，尚未开始发育，必须在合适的温度（20~30 ℃）、湿度和富有氧气的条件下才进行发育。卵裂属不典型螺旋式，约经两周，卵内即发育成幼虫，幼虫脱皮一次才成为感染性虫卵（图 8-8C），这种卵对环境抵抗力很强，在土壤中可生存 1~5 年。因此，被粪便污染的土壤，经长年累积其虫卵数量会相当可观。人误食感染性虫卵后，在小肠内卵壳被消化，数小时内幼虫破壳而出（长 200~300 μm×10~15 μm），穿过肠壁，顺着血流（或淋巴管）经过肝、心脏到肺泡里生长发育，脱皮两

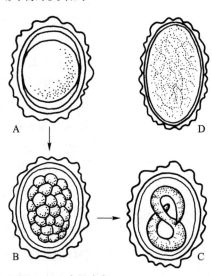

■ 图 8-8　人蛔虫卵

A. 受精卵；B. 发育中的卵（多细胞期）；C. 感染性卵；D. 未受精卵

次，长可达 1~2 mm，此后幼虫沿着气管至咽，再经食管、胃到达小肠，再脱皮一次，逐渐发育为成虫。人自误食虫卵至成虫再产卵，需 60~75 天。蛔虫的寿命约为一年。

成虫寄生在小肠内可夺取寄主的营养，大量寄生时能影响儿童发育。当寄主发热或胃肠功能紊乱时，蛔虫到处钻窜，能从口吐出或从肛门排出，如钻入胆管则为胆道蛔虫病，如虫体大量存在则可引起肠梗阻。蛔虫幼虫在人体内周游很多器官，当大量幼虫同时过肺时，可引起蛔虫性肺炎。如果幼虫到其他器官——脑、脊髓、中耳、眼球等部位，危害更为严重。

预防蛔虫感染，关键是改善环境卫生，做好粪便处理，使虫卵没有发育的机会和条件；加强个人卫生，不给它入口的机会。

蛔虫不只寄生于人体，有些种类也寄生于其他动物肠内。如猫、狗、狐、狼等动物的弓蛔虫（*Taxocara*），寄生于鸡等家禽的鸡蛔虫（*Ascaridia*），它们与人蛔虫不是同一个属。属于 *Ascaris* 的种还有猪蛔虫（*A. suum*）、马蛔虫（*A. megalocephala*）等，猪蛔虫与人蛔虫的形态结构极为相似，过去曾认为它们是同一种。但是猪蛔虫成虫不能在人肠内寄生，说明其生理生化不同，具体原因尚不清楚。

人蛔虫（或猪蛔虫）是动物学学习的典型代表动物，但是，在线虫动物门，大部分是自由生活、体型较小的种类（仅寄生的体型大），因此以人蛔虫为代表动物也有其不足之处。随着科学发展，已知有一种自由生活的小线虫——秀丽线虫可以补充其不足。

8.2.2　代表动物 2——秀丽线虫（*Caenorhabditis elegans*）

秀丽线虫是重要的模型动物之一。早在 20 世纪 60 年代中期 S. Brenner 为了研究动物的发育和神经，领先选择了以秀丽线虫为研究的实验动物。他与其学生们先对此虫作了解剖和遗传分析，然后进行细胞谱系的研究。如同人的家谱一样，机体的每个细胞也有谱系关系。直到 80 年代初才完成了这一小线虫的细胞谱系（cell lineage）研究，并发现了一些控制细胞谱系的基因。也发现了细胞程序性死亡（programmed cell death，即细胞凋亡 apoptosis），研究了细胞凋亡的分子机制等。1998 年又作为人类基因组测序的一个项目，完成了 *C. elegans* 的基因组测序工作；约有 40 % 的基因与人类的相似。这是首次对多细胞动物基因组的测序工作。这些对深入研究复杂有机体、人类基因组功能可提供重要数据。可以说小线虫对生命科学许多方面的研究如发育、神经生物学、细胞生物学以及衰老、凋亡等分子生物学，都是重要的基础。

为什么这一小线虫被研究得如此深入？这主要与其结构和生活周期的特点有关。

8.2.2.1　结构特征

秀丽线虫成体长度约 1 mm，自由生活在土壤（或尘土）中，主要以细菌等微生物为食，易于培养在有大肠杆菌的琼脂板上。它具有两个性别的个体——雌雄同体和雄性体。从大体解剖看前者很似雌性体（图 8-9A）。其最大的特点是角质膜透明，从体表可以看到其体内的结构；体细胞数目恒定可数，这也是 S. Brenner 等以其作细胞谱系研究的原因之一。

雌雄同体的成虫体细胞为 959 个加上约 2 000 个生殖细胞；雄性体为 1 031 个体细胞加上约 1 000 个生殖细胞，这是通过电镜技术系列连续切片重建确知的。体细胞数目恒定是由于在线虫的发育过程中，一旦器官发生（organogenesis）完成了，除了生殖细胞系以外，所有体细胞的有丝分裂停止，因此，虫体的生长不像一般动物是由于细胞数目的增加，而是由于细胞大小的增加。这种动物体细胞数目恒定又称为 eutely。这是所有线虫动物的特征之一。但是在大型的线虫是难以观察的。

8.2.2.2　生殖和发育

雌雄同体的成体是雄性先成熟，产生精子储存在受精囊（spermatheca）内，然后卵子成熟，从输卵管移向子宫之前，在受精囊内（图 8-9B）进行自体受精，也可与少有存在的雄性体进行交配生殖。受精卵发育进行卵裂，第一次卵裂是不对称的，即细胞质中的 P 颗粒集中在其后端，形成 P 细胞及前端的 AB 细胞，经过前 3 次分裂形成 AB、MS、E、C 谱系，这些谱系细胞进一步发育分化形成不同的组织器官（图 8-10）。然后孵化出幼虫（新孵出的幼

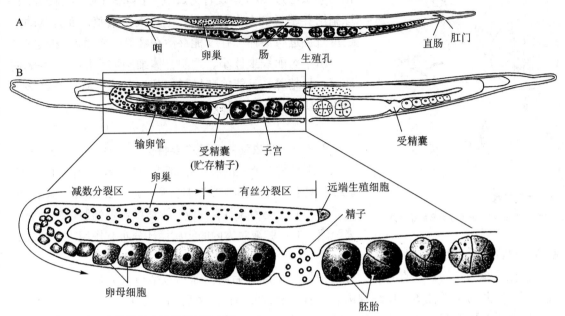

■ 图 8-9　秀丽线虫结构及生殖腺部分放大图

A. 雌雄同体，成虫侧面观；B. 生殖腺部分放大图示生殖腺远端的生殖细胞先进行有丝分裂，然后进入减数分裂形成精子储存在受精囊内，经减数分裂形成的卵，当通过受精囊时成为受精卵（自 Scott F. Gilbert，仿 Pines，Sulston 等）

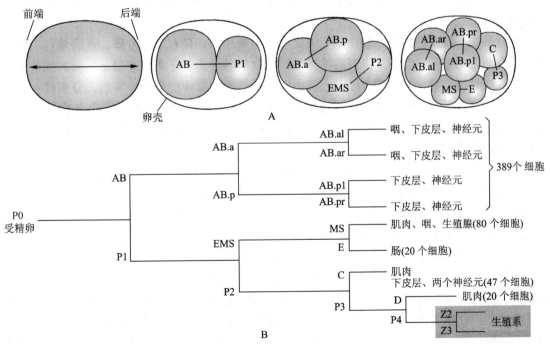

■ 图 8-10　秀丽线虫早期胚胎发育和细胞谱系

A. 秀丽线虫受精卵早期发育；B.（缩写的）细胞谱系简图。P 细胞谱系（被命名为 P0、P1、P2、P3、P4）是最后形成生殖细胞的干细胞（stem cell），P4 为原始生殖细胞。P 颗粒（P granules）只分配到生殖细胞中，而不分配到注定成为体细胞的姊妹细胞中（自 S. F. Gilbert，仿 Pines，Sulston 等）

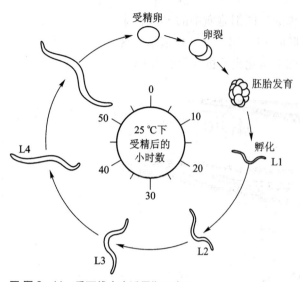

■ 图8-11 秀丽线虫生活周期示意图

L1~L4 示幼虫经4个蜕皮阶段，发育为成虫（仿樊启昶等稍改）

虫为556个细胞）。幼虫经4次蜕皮，其中有些细胞继续分裂，形成959个体细胞的成体。秀丽线虫的生活周期较短，在25℃条件下从受精卵开始的胚胎发育只需15 h，孵化的幼虫经过50 h便发育为成虫（图8-11）。秀丽线虫在琼脂培养基（加上大肠杆菌）上可大量繁殖，而且其幼虫还可直接进行活体冻存（能存活在液氮-196℃）和复苏。

由于秀丽线虫体小、透明，体细胞数目恒定，生活周期短，易培养，且能冻存复苏，因此它是生命科学许多方面深入研究的重要模型动物。

8.2.3 线虫动物门的主要特征

线形动物与所有的假体腔动物一样，体为两侧对称，三胚层，具有假体腔。体形为细长圆柱形（或线形），体壁由角质膜、上皮层和纵肌层构成，由体壁包围的假体腔内充满体腔液。假体腔液对体内的物质循环分布有作用，对颉颃纵肌活动起着流体静力骨骼的作用。

消化系统为一简单的直管状，分为前肠、中肠和后肠。前肠包括口（口腔）、肌肉性咽或食道；中肠为单层柱状上皮细胞构成，后肠短，肛门位于体后端。

排泄系统属原肾管型，是一种特殊的原肾，分为腺型和管型，原始的种类有一或两个腺肾细胞（renette）开口于体前端腹面的排泄孔；管型的是细胞内管（如蛔虫）。有的线虫幼虫时为腺型的，成虫时为管型排泄系统。

没有呼吸器官，自由生活的种类主要通过体表进行气体交换，体内寄生的种类主要行厌氧呼吸。

神经系统，线虫的神经系统在整个线虫动物门都相似，只有某些差异。在前端有一围咽神经环及与之相连的神经节。由围咽神经环向前向后各发出若干条神经索。向前的到前端的感觉器，向后端有背、腹、侧神经索，其中以背神经索和腹神经索最为发达，分别埋在背线和腹线中，所有的神经索均埋于上皮层中。背、腹、侧神经索在虫体后端会合在腰神经节（lumbar ganglion），由此神经节发生尾神经至尾感器。具有神经分泌细胞能分泌神经激素影响角质膜的形成和蜕皮。

感觉器官不太发达，在体前端和后端常分别有乳突（papillae）围绕口和肛门（图8-12）。对机械刺激敏感，有触觉功能；在前端和后端常分别有头感器（化感器，amphid）和尾感器（phasmid），被认为是化学感觉器。寄生种类头感器常退化，尾感器发达，又有许多种类无尾感器。有些自由生活的种类有眼点（ocelli）。

生殖和发育，绝大多数是雌雄异体的，少数为雌雄同体。生殖器官为细长管状。一般雌性有一对卵巢、输卵管、子宫，两子宫汇合成阴道，开口于雌性生殖孔；雄性有一个精巢、输精管、贮精囊和射精管，射精管通至直肠腹面的泄殖腔，开口于泄殖孔。在泄殖腔背侧的一或两个肌肉性小囊内各有一或两个交合刺。雌雄成虫交配受精。线虫的精子较特殊，一般为圆形或圆锥形。精子由生殖孔进入，经阴道至子宫，在子宫上端（近输卵管处，有的种类在此处形成了受精囊如秀丽线虫）与卵结合成受精卵。储存于子宫内形成卵壳，然后经生殖孔排出。排出的卵，其成熟程度往往不同，如蛔虫卵是在单细胞期，钩虫一般在4细胞期，还有的在多细胞期，蛲虫卵在被排出时，其中胚胎已发育为幼虫；丝虫、旋毛虫等从生殖孔

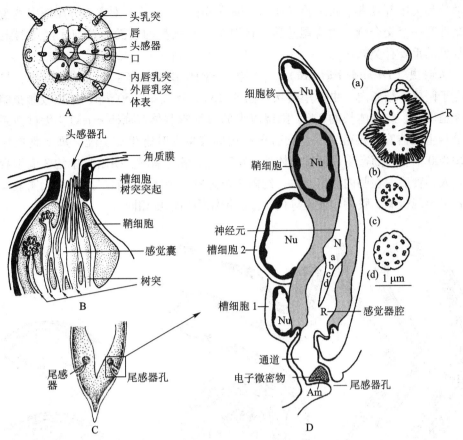

■ 图 8-12　线虫的感觉器官

A. 推测的原始一般线虫口面观，示典型的感觉结构；B. 秀丽线虫的头感器纵切图解；C. 小杆线虫尾感器外形；D. 尾感器电镜连续切片重建结构图（背腹面观），神经细胞的感觉末端是变异的纤毛伸入感觉器腔开口于体外。神经细胞被鞘细胞（sheath cell）包围，其外又部分或全部包以槽细胞（socket cell）。（a）～（d）神经细胞的感觉末端在不同部位的横切，可见（c）（d）类似纤毛结构。小箭头示细胞间连接（A. 自 E. E. Ruppert 等；B. 仿 K. D. Wright 稍改；C. 仿 Hyman；D. 自 L. K. Carta 等）

产出的已经是幼虫，为卵胎生。

线虫在发育中有蜕皮现象（一般蜕皮 4 次），有些为直接发育，即幼虫与成虫形态除大小不同、性器官未成熟外，无甚差别。许多线虫是间接发育的，其幼虫有不同类型。

线虫发育的一个奇异的特征，即在其器官发生完成后，除生殖细胞系外，所有体细胞有丝分裂停止，因此其体细胞数目恒定（eutely），如秀丽线虫雌雄同体个体体细胞为 959 个。虫体的生长不是由于细胞数目的增加，而是由于细胞体积的增大。轮虫也是如此。

8.2.4　线虫动物门的分类

线虫分类较为复杂，在目和超科水平上还较令人满意；分纲主要根据不显著的特征，初学者难以区分。这里根据现在较常用的分法，分为腺肾纲和胞管肾纲，最近已得到 Kampfer 等的分子生物学工作的支持。这两个纲代表了两个有效进化枝（valid clade）。

8.2.4.1　腺肾纲（Adenophorea＝无尾感器纲 Aphasmida）

大部分种类是自由生活的，生活在淡水、海水中，几乎包括所有海产种类，也有寄生的。大部分种类尾部具有一对尾腺（用以附着在物体上），且有上皮腺分泌润滑物覆盖于体表面。雄性有一个交合刺，没有尾感器。排泄系统是腺型的或无（这与无尾感器纲相同）。其中较常见的重要种类如：

（1）人鞭虫（*Trichuris trichiura*）　又名毛首鞭形线虫。寄生于人体盲肠内，严重感染者也寄生于阑尾、结肠内。虫体呈鞭状（图8-13），体长30~50 mm，雄虫较雌虫略小。口无唇，食道较长，约占体长的2/3，围绕以大的单细胞腺体（stichocytes）。无排泄系统。雌性有一单套生殖器官，雄性有一个交合刺；雌雄成虫在其寄生处交配，每个雌虫每天产卵3 000~20 000个。卵随寄主粪便排出体外，在适宜土壤（潮湿、阴暗）中约3周发育为感染性虫卵。人误食后，在肠内孵出幼虫，约需3个月发育为成虫。轻度感染者无明显症状，重度感染者可出现腹痛、腹泻和便血等症状。防治原则与蛔虫相同。

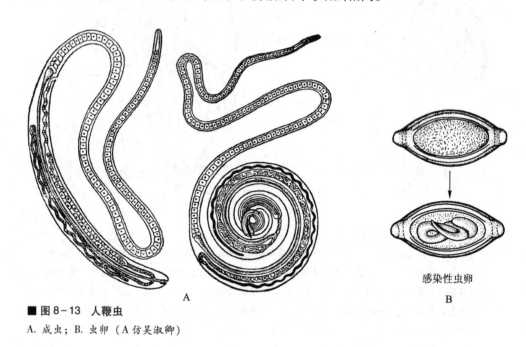

■ 图8-13　人鞭虫

A. 成虫；B. 虫卵（A仿吴淑卿）

（2）旋毛虫（*Trichinella spiralis*）　在世界上分布广泛，欧美较普遍，尤其是北美，我国云南、西藏等地曾有报道。对人危害严重。它是一种小的寄生线虫（图8-14A），雌虫长3~4 mm，雄虫长约1.5 mm，生殖系统为单套管状，雄性无交合刺，在体末端有一对拟交合囊（copulatory pseudobursa）。成虫和幼虫生活在同一寄主的不同器官。成虫寄生在人、猪、鼠、猫和狗的小肠黏膜内，在该处雌雄交配后，雌虫不是产出卵，而是直接产出幼虫（卵胎生）。一个雌虫在4~16周内能产生几百到几千个幼虫。幼虫长0.08~0.12 mm，大部分幼虫侵入肠壁的血管或淋巴管，经血循环带到寄主身体的各组织器官，当其到达横纹肌时，钻入横纹肌细胞内，成为细胞内最大的寄生虫。惊人的是，幼虫颠覆寄主细胞的活性方向，改变了寄主细胞的基因表达，使横纹肌细胞变为滋养细胞（nurse cell），以滋养幼虫［已有实验证明这是由于幼虫的单细胞腺体（stichocytes）分泌的S-E（secretory-excretory）物质所致］，并由邻近的成纤维细胞分泌胶原蛋白以及形成小血管网包围寄生虫-滋养细胞复合体（parasite-nurse cell complex）（图8-14B，C）。这一整个结构被称为胞囊（cyst）。胞囊逐渐钙化，但有时钙化胞囊内的幼虫可继续存活数年以上。据文献记载在人体内的幼虫生活可长达39年。

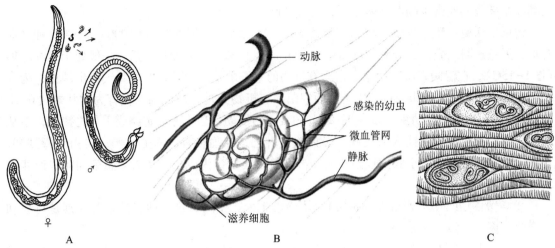

■ 图 8-14 旋毛虫

A. 雌雄成虫；B. 图示一个寄生虫滋养细胞复合体；C. 旋毛虫幼虫在横纹肌细胞中形成胞囊（B. 自 D. D Despommier；A，C. 仿陈心陶稍改）

当人误食了感染幼虫的未熟猪肉，幼虫在人小肠内从胞囊中被释放出来，进入肠黏膜，在黏膜上皮中在感染的 30～32 h 内蜕皮 4 次，生长发育为成虫。大量的旋毛虫成虫寄生时引起人胃肠机能发生障碍，引发高热；当幼虫在体内移行并在肌细胞中形成胞囊时引起肌肉疼痛及其机能障碍，特别是幼虫易于侵入眼、舌的肌肉和咀嚼肌、膈肌和肋间肌，最后是臂和腿的肌肉，可致患者死亡。预防：主要是不吃未熟猪肉，加强对猪的科学管理和检疫工作。

8.2.4.2 胞管肾纲（Secernentea＝尾感器纲 Phasmida）

几乎全部陆生，约 50％寄生于动物、植物和人体，无尾腺及上皮腺，排泄系统为管型的，所有种类全具尾感器（这与尾感器纲相同）。蛔虫和秀丽线虫属于此纲。此外，尚有许多常见的重要种类。

（1）**钩虫** 能引起钩虫病，为世界性的，在我国分布较广，受害最严重的是华中、华南和华西的四川等地区，为我国五大寄生虫病之一。在我国危害较重的是十二指肠钩虫和美洲钩虫。

① 十二指肠钩虫（*Ancylostoma duodenale*）：成虫寄生于人的十二指肠或小肠上段，为小型线虫，长约 1 cm，雌虫较雄虫稍大，头部渐向背侧弯曲，尾部垂直或向背侧弯曲，形成背凹腹凸。其显著特点：（a）口囊发达，为横卵圆形（图 8-15A），腹侧有钩齿两对（在钩齿内缘有一对小副齿），背侧有一对三角形齿板。（b）雄虫尾端有由皮肤延伸形成的一翼状物，称为交合伞或称交合囊（copulatory bursa），辅助交配用，其形状及其辐肋为属种鉴别特征（图 8-15B，C）。钩虫以口囊和钩齿吸附于肠壁，咬破肠壁，吸食血液（也有谓除血液外还吃肠黏膜及淋巴等），同时虫体分泌抗凝血酶，使血流不止，又时常更

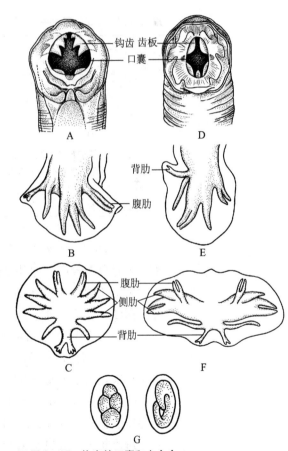

■ 图 8-15 钩虫的口囊和交合伞

A～C. 十二指肠钩虫；D～F. 美洲钩虫，示口囊及交合伞的侧面观（B，E）和顶面观（C，F）。注意：十二指肠钩虫的交合伞背肋分两支后又分为 3 支，侧肋均等分为 3 支；美洲钩虫交合伞的背肋分两小支，侧肋 3 支不完全均等分开；G. 钩虫虫卵（仿中国医科大学：人体寄生虫学，王福溢等修改）

换其吸血部位，使寄主肠壁伤痕累累，大量失血。

钩虫生活史：雌雄成虫交配后，雌虫产卵。每条雌虫每天可产卵 10 000~30 000（卵为卵圆形，无色透明，壳薄，长约 60 μm，宽 40 μm）。虫卵随人粪便排出后，一般处于 4 细胞期（图 8-15G），在温暖潮湿、阴暗、富含有机物的土壤中，虫卵发育，1~2 天孵出幼虫，为一小杆状蚴（rhabditiform larva），以土中的细菌和有机物为食，蜕皮两次发育为丝状蚴（filariform larva），为感染性幼虫，多在 1~2 cm 的表土内活动，当人赤脚走路或手与之接触，多从足趾间或手指间嫩皮处钻入人皮肤，经血液或淋巴进入血循环，过心、肺，再由气管到咽、食道，经胃到小肠。在小肠内逐渐长大，再蜕皮两次发育为成虫，从人受感染到雌虫产卵需 5~6 周。

② 美洲钩虫（Necator americanus）：体略小于十二指肠钩虫，两者的显著区别是口囊和交合伞（图 8-15），见表 8-1。

其生活史、危害与十二指肠钩虫基本相同。当幼虫侵入人体时，可使皮肤出现出血点或皮疹皮炎等，数日后可消失。其对人危害最大的是成虫，能使患者贫血，严重影响健康，以至丧失劳动力。对儿童更影响其发育。防治原则是切断钩虫生活史的各环节。

■ 表 8-1　十二指肠钩虫和美洲钩虫主要特征比较

特征＼种类	十二指肠钩虫	美洲钩虫
体长	♀ 10~13 mm×0.6 mm ♂ 8~11 mm×0.4~0.5 mm	9~11 mm×0.4 mm 7~9 mm×0.3 mm
体形	头渐向背侧弯曲，背凹腹凸，尾垂直或微向背侧弯曲	头显著向背侧弯曲，如小钩状，背凸腹凹，尾向腹侧弯曲
口囊	横卵圆形，腹侧有钩齿两对	纵卵圆形，腹侧有齿板一对
交合伞	宽，背肋分两支后再分 3 小支，3 侧肋均等分开	长，背肋分为两长支后再分为两小支，3 侧肋不均等分开
生殖孔	在体中部之后	在体中部或稍前方
尾刺	有	无

（2）丝虫　世界上一种骇人的疾病——象皮病是由丝虫所致，实际也称之为丝虫病。丝虫在世界分布较广，尤其是热带、亚热带最常见。据报道在热带的一些国家约有 2 亿 5 千万人感染。我国曾流行在山东以南沿海地带，长江流域，特别是江河湖海地区（如山东、江苏、浙江、安徽、福建、广东、广西、江西、海南和台湾等）。感染人的丝虫至少有 8 种。在我国发现寄生于人体的丝虫有两种：班氏丝虫（Wuchereria bancrofti）和马来丝虫（Brugia malayi）。后者原属于 Wuchereria 属，有的分类者仅根据雄虫尾部微小差异而定为 Brugia，又由于马来丝虫以 Brugia 的名字累积了大量文献，因此，我们与一些作者一样，勉为其难地用现在较普遍应用的 Brugia 属名。马来丝虫分布远不如班氏丝虫广泛，前者主要在东南亚各国，不存在于非洲和美洲；而班氏丝虫，据统计全球丝虫病的 95% 为班氏丝虫感染所致。

班氏丝虫，成虫寄生于人下半身接近较大淋巴结的输入淋巴管中，虫体乳白色，细长如丝，端部钝圆，头稍膨大，有两圈乳突，口小，无口囊，雌虫体长 6~10 cm，宽 300 μm，生殖孔靠近食道中部，雄虫长约 4 cm，宽约 100 μm。雌雄成虫交配。卵胎生，产出几千幼虫称为微丝蚴（microfilaria）（图 8-16）。微丝蚴顺着淋巴管最后到血液中，新鲜标本呈无色透明，运动活泼，长约 200 μm，体外包着鞘膜（由卵膜发育成的）。染色后可见体内充满了细胞核。根据核的存在状态可区分它与马来丝虫微丝蚴（图 8-16）。

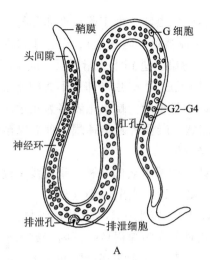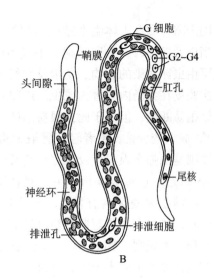

■ 图8-16 丝虫的微丝蚴

A. 班氏丝虫微丝蚴；B. 马来丝虫微丝蚴

① 班氏丝虫微丝蚴体呈波形大弯曲，核圆形，各个分开清楚，马来丝虫微丝蚴虫体在大弯曲中又有许多小弯曲，细胞核椭圆形，排列重叠、不均；② 微丝蚴的头间隙（前端无核部分）。班氏丝虫微丝蚴的头间隙长度约为宽度的一半或相等，马来丝虫微丝蚴的头间隙长度约等于宽度的两倍；③ 尾端两者也不同（仿王福溢、陈心陶等改绘）

微丝蚴一般白天集中在人体深部组织的血管中，更多的在肺部微血管，夜间随血流到人体表外周微血管中，当蚊子（如库蚊、按蚊）叮人时，将微丝蚴吸入其胃内脱去鞘膜，穿过胃壁到胸肌发育成腊肠形的幼虫，经过两次蜕皮发育为感染性幼虫（长1.4~2.0 mm）。感染性幼虫离开蚊肌肉进入血腔，再到蚊唇部和喙，当蚊子再叮人时，感染性幼虫顺着伤口侵入人体，最后到淋巴管，蜕皮两次发育为成虫。从人感染微丝蚴到其成熟，雌虫开始产出微丝蚴需要6~12个月。成虫在人体内可活5~10年。

在淋巴管的丝虫，其致病作用主要决定于炎症和免疫反应。班氏丝虫感染作用显示的范围较宽，从临床无症状到中、重度淋巴炎症到梗阻反应。在无症状期，被感染的人没有明显炎症和寄生虫损伤，但其血液内通常有高含量的微丝蚴。看来免疫反应对其是下行调节，在急性炎症期，炎症反应是由于成虫（特别是雌虫）抗原引起的，现在看来许多炎症是由于皮肤表面细菌入侵所致。在淋巴管内的成虫引起淋巴管肿胀，并干扰淋巴流动，导致淋巴水肿，有淋巴水肿的患者周期性发病——淋巴管炎和淋巴结炎（包括睾丸炎症），寒战、高热、疼痛。最后梗阻期，由于淋巴炎症反复发作致使淋巴管管壁增厚，管腔缩小或阻塞，再加上成虫死亡，使淋巴循环受阻。结缔组织增生使皮肤及皮下组织加厚、粗糙，呈象皮样。男性的象皮病是阴囊、腿和臂；女性普遍发生在腿和臂（感染阴门和乳房较罕见）。马来丝虫引起的象皮病多发生在腿和臂的末端。对此病的防治，主要是治疗患者，消灭蚊虫及其孳生地。个人防护不被蚊虫叮咬。

（3）蛲虫（*Enterbius vermicularis*）　　世界性分布。成虫寄生在人的大肠上部（盲肠结肠处）附于肠黏膜上。虫体乳白色，如白线头。雌虫体长8~13 mm，雄虫长2~5 mm，两端尖细，前端略膨大为翼膜，食道有两个膨大部分，后者呈球形为食道球（为分类依据之一），雌虫后端垂直，雄虫后端向腹侧强力卷曲（图8-17）。生活史简单，雌、雄成虫在寄生部位交配。交配后雄虫死亡，雌虫于夜间移行

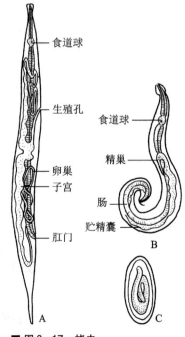

■ 图8-17 蛲虫

A. 雌虫；B. 雄虫；C. 虫卵（仿陈心陶）

145

至肛门周围产卵，卵在人体温度经6 h即发育为感染性虫卵。由于雌虫产卵爬行于皮肤上引起刺痒，当患者抓痒时，虫卵随附于手或指甲上（或被单、内衣上），误送于口内，行自体感染，也可由虫卵污染的衣物、灰尘及空气经吸入感染。进到十二指肠后，幼虫孵出，2~4周后经两次蜕皮在大肠内发育为成虫。产卵时又移行肛门。雌虫产卵后不久即死去，因此如不继续感染很易断绝，但由于此虫很易感染，所以不易根绝。蛲虫患者多为儿童（特别是集体生活者），成人较少见，患者轻度感染无明显症状，严重者影响睡眠、食欲以至烦躁消瘦等。防治原则是加强个人卫生及家庭托儿所等环境卫生。

（4）小麦线虫（*Anguina tritici*）　植物寄生线虫中最著名的一种。小麦线虫侵害小麦的所有品种。我国主要麦区均有发生，严重影响小麦产量，成虫体小（雌虫3~5 mm，雄虫1.9~2.9 mm），雌虫向腹侧弯曲盘绕（图8-18A，B），寄生在小麦初生的麦穗上形成虫瘿。虫瘿近卵圆形不太规则（图8-18C），到小麦成熟时渐变为深褐色，其内有数千条小麦线虫幼虫。虫瘿混在麦种中播入土内，幼虫出来，侵入麦苗，先聚集在叶腋间为害，影响小麦发育，甚至使其不能抽穗或死亡。当小麦抽穗即侵入麦花的子房，迅速长大发育为成虫。麦花子房因受刺激使其不长麦粒而形成虫瘿。雌雄虫在其内交配产卵，每条雌虫可产卵2 000~2 500个。卵在虫瘿内孵出幼虫，蜕皮两次，幼虫停止活动进入休眠状态。此时虫瘿已干燥，在此条件下，幼虫在虫瘿内能生存10余年。

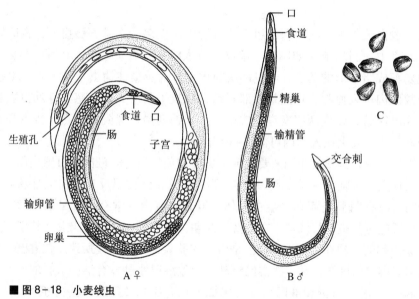

■图8-18　小麦线虫

A，B. 雌雄成虫；C. 虫瘿

这类植物寄生线虫，口腔内具有特殊的刺状结构——吻针。能向外伸出，食道腺的分泌物可经吻针内的细管分泌出来，并能有效地钻入植物组织，在其中移动（仿Кирьянова）

8.3　轮虫动物门（Phylum Rotifera）

轮虫在假体腔动物中是相当繁盛的一个类群，其种类数量仅次于线虫动物（见图8-1），约2 000种。其中大部分种类（约1 600种）属单巢纲（Monogononta，雌虫具单个卵巢），其余属双巢纲（Digononta，雌虫具两个卵巢，包括蛭态目Bdelloidea和只有一个属的Seisonidea

目。也有将此两目各立为纲）。许多种属世界性分布。大部分生活在淡水的各种水域环境，少数生活在海水（约 5 %），也有在潮湿土壤中，也有共生或寄生的。在淡水和海水中营自由游动的种类为浮游生物的重要组成部分。

8.3.1 形态结构与机能

轮虫体微小（40 μm~3 mm），多为 100~500 μm，一般无色透明，体一般分为头、躯干和尾 3 部分（图 8-19），体外被以由下皮层分泌的角质膜。角质膜在躯干部常增厚称为兜甲（lorica），其上往往有棘和刺。有些部位因角质形成的硬度不同而形成折痕，形状酷似体节，在尾部最常见。尾部又称为足。足内有足腺，足端有趾（toe），这些有助于附于物体上或爬行作用。在整个角质膜之下，为合胞体的下皮层，纵肌、环肌成束存在，使虫体可伸缩自如。当轮虫收缩时，其前后端向体中部缩入。轮虫的细胞数目固定，成体约 1 000 个细胞。

这类动物的体形结构具高度多样性（图 8-20）。但又有明显共同的主要特征：① 体前端有纤毛冠（ciliated corona）或称纤毛轮盘（trochal disc），在轮虫头部前端有一略平盘状顶区（apical field），其周围有一圈或两圈纤毛（轮虫体表的纤毛仅存在于此），这些纤毛有力地向一个方向摆动，形似车轮，故名纤毛轮盘，轮虫也因此而得名。纤毛冠是轮虫特有的运动器官，也有摄食功能。有些纤毛冠的纤毛特化成刚毛，有感觉作用。纤毛冠的形式不一，是分类的依据。② 口后有咀嚼囊（mastax）和咀嚼器（trophi）。轮虫的消化管，包括口、咽、胃、肠、肛门，口位于头部腹面，其后的咽部膨大，肌肉发达又称为咀嚼囊。其内有咀嚼

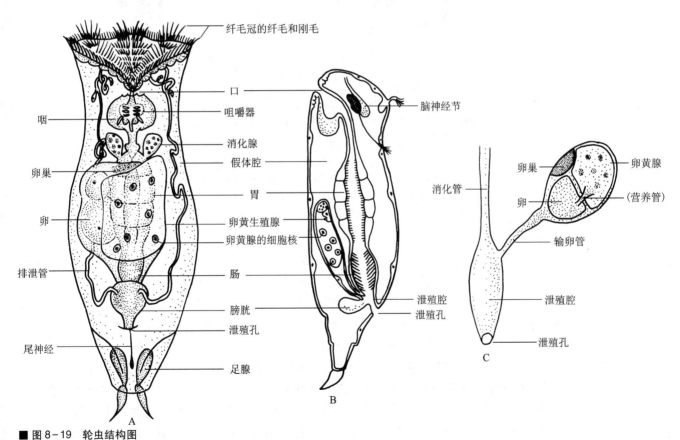

■ 图 8-19 轮虫结构图

A. 水轮虫（*Epiphanes*，属单巢纲），腹面观；B. 侧面观；C. 部分结构图解示卵巢、卵与卵黄腺的关系（A. 曾丽瑾绘；B. 仿 Remane 及 Ruppert 等，C. 自 Brusca 等）

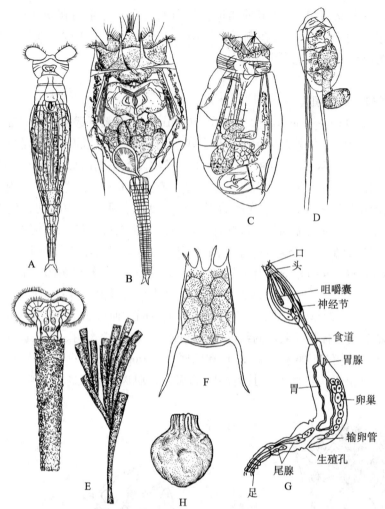

■ 图 8-20　轮虫形态的多样性及轮虫的隐生形态

A. 旋轮虫 (*Philodina*，双巢纲蛭态目)；B. 臂尾轮虫 (*Brachinus*)；C. 晶囊轮虫 (*Asplanchna*)；D. 三肢轮虫 (*Filinia*)；E. 沼轮虫 (*Limnias*) 的个体和群体管室；F. 龟甲轮虫 (*Keratella*)；G. *Seison* (Seisonidea 目)，与海产甲壳类共生仅有此一属 (两个种)；H. 宿轮虫 (*Habrotrocharosa*) 的隐生形态 (A~F. 自王家楫；G. 仿 Nogrody；H. 自 R. L Wallace 等)

器，是由咽内壁角质膜硬化形成的咀嚼板构成，结构较复杂 (图 8-21)，咀嚼器的结构形式不同，是分类的重要依据。轮虫以微生物和有机物质为食，经纤毛冠纤毛摆动将水流中的食物摄入口内，经咽部咀嚼器不停地咀嚼活动以磨碎食物。咽部有一对或数对唾液腺，食物从咽经食道入胃 (一般胃前有一对消化腺，分泌酶)，胃是消化吸收的主要部分，肠管状连于泄殖腔，开口于躯干后端的泄殖孔 (肛门)。

　　轮虫的排泄系统为一对排泄管和焰球 (flame bulb) 组成的原肾管，位于假体腔的两侧，为合胞体细胞衍生的细胞核位于排泄管的管壁中。这与线虫动物不同，而与扁形动物涡虫的原肾更为接近，又不完全相同。左右排泄管在体后端汇合到泄殖腔，也称为泄殖膀胱 (cloacal bladder) (图 8-19)，开口于泄殖孔。原肾的功能主要是水分调节，随水分排出一些代谢废物。气体交换和含氮废物排出通过体表进行。神经系统，在咽的背侧有一脑神经节，它发出两条神经索到体后端，向前发出神经到感觉器，如纤毛冠上的感觉毛、刚毛和眼点等。

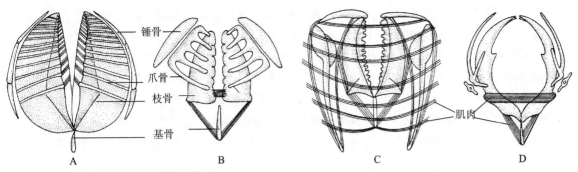

■ 图 8-21 轮虫的有代表性咀嚼器的类型

A，B. 压碎研磨型；C，D. 抓持捕获型（自 Brusca 等，参考 Ruppert 等）

注：基骨（fulcrum）、枝骨（ramus）、爪骨（uncus）、锤骨（manubrium）

8.3.2 生殖与发育

轮虫为雌雄异体。雄虫体小（为雌虫 1/8～1/3），体内仅有一套生殖器官，其他器官退化，交配后不久即死亡，因此很罕见。雌虫的卵巢、输卵管、卵黄腺等大部分为单套的（单巢纲），少部分种类生殖器官成对存在（双巢纲）。其特点是卵巢与卵黄腺结合成为合胞体的卵黄生殖腺（germovitallaria）（图 8-19C），在卵巢中产生的卵直接从卵黄腺接受卵黄（这与扁形动物的不同），经输卵管到泄殖腔。有的种类（如 *Asplanchna*）缺乏消化道的这一部分，输精管直接通生殖孔排出；Seisonidea 没有卵黄腺。

轮虫可进行两性生殖，或孤雌生殖（parthenogenesis），孤雌生殖是大部分轮虫的主要特征，双巢纲轮虫只行孤雌生殖，无雄虫；单巢纲轮虫大部分生殖是孤雌生殖，仅在有限的时间内出现雄虫，进行两性生殖。

轮虫的生殖有周期性变化（图 8-22），在环境条件良好时行孤雌生殖，雌虫产的卵不需受精（称为非需精卵，amictic egg），此卵成熟时不经减数分裂，染色体为二倍体（diploid，$2n$），即可直接发育成（称为非混交雌体，amictic female）雌性个体。经多代孤雌生殖，当环境条件不良时，孤雌生殖产生混交雌体（mictic female）。它产的卵成熟时经减数分裂，染色体为单倍体（haploid），这种卵才能受精，因此称为需精卵（mictic egg）。轮虫在体内受精。一般雄虫以阴茎刺破雌虫体壁，将精子送入假体腔内，也可通过阴茎进入雌虫泄殖孔。卵受精后，分泌一层较厚的卵壳称为休眠卵（resting egg），可抵御不良环境，当环境好

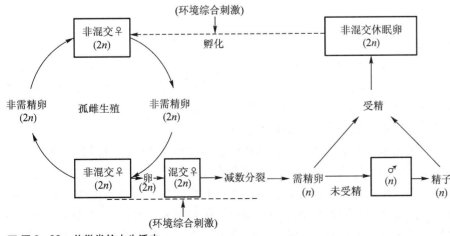

■ 图 8-22 单巢类轮虫生活史

转时，又发育成非混交雌体，继续进行孤雌生殖。如果需精卵未能受精，则发育为雄虫。每年轮虫的非混交雌体可出现数十代，而混交雌体仅出现1~2代。轮虫这种有性生殖和孤雌生殖的周期变化，无疑对调节维持发展种群数量有重要意义。在环境适宜时行孤雌生殖，迅速增加种群数量，当环境不良时行有性生殖，形成休眠卵，抵抗不良环境。关于混交雌体的形成，目前多数人认为：当非混交雌体受到综合的环境刺激（如温度、饥饿、种群密度、光照变化等）且其强度超过阈值，使其生理机制发生变化，产生混交雌体，进入有性生殖。但也有不同看法，因此对混交雌体与非混交雌体的差异以及混交雌体形成机制，尚无确切定论，有待进一步研究。

8.3.3　隐生

轮虫还有一奇异的特性——隐生（cryptobiosis），即当环境条件恶化时（如水体干枯、温度变化等），有些轮虫停止活动像死一样状态，称为隐生或称失水蛰伏（anhydrobiosis）。当环境适宜时又复活。动物进入隐生必须缓慢进行干燥若干天。隐生时轮虫头足缩进呈球形（图8-20H），缩小到约为正常大小的25%，代谢几乎不能测量，低到正常的0.01%或者没有，体内水分含量减少到不足1%。这种蛰伏（dormant）状态能度过干燥和不适于生命的温度极限，已有记录隐生动物抗温可达150~200℃几分钟到几天。短时间接近绝对零度仍能复苏。隐生动物能保持隐生几个月或几年甚至1个世纪。问题是，处于隐生的动物代谢停止，几乎全部干燥但又能复苏，那么它们生命基本的结构状态必然以某种形式保存在一种稳定的晶体状态，直到有水，生命恢复。已知甘油和海藻糖（trehalose）对晶体化和保存是重要的，两者在动物缓慢进入隐生时合成。甘油能保护组织免于氧化，取代水结合到生物大分子上，海藻糖取代膜上的水分子，这样保护生物大分子结构。隐生是个有趣又有意义的问题，对其分子机制的研究已引起关注。

由于轮虫分布广，生殖率高，繁殖快，周期短，在自然水体中是鱼虾蟹的天然饵料。且其体内含有鱼虾蟹和贝类早期发育必需的氨基酸，在名特水产品的育苗阶段作为饵料有着不可替代的重要作用。又由于轮虫结构简单，体细胞数目恒定（约1 000）和生活史的特殊性（孤雌生殖和两性生殖分别或同时存在），因此已逐渐成为分子生物学、发育生物学和进化生物学研究的实验动物。

8.4　假体腔动物的起源和演化

假体腔动物各门类的演化关系是一个较复杂、混乱而又模糊的问题，其说不一。按一般传统看法：假体腔动物是从无体腔的扁形动物祖先发展来的。现存的假体腔动物——轮虫，既有假体腔动物特征，又有无体腔动物的一些特征，如体前端有纤毛，原肾管与一些淡水涡虫很相似，卵巢和卵黄腺也有相似之处，说明可能来源于最早的两侧对称的后生动物的祖先。腹毛类的特征也说明了假体腔动物与原始涡虫类的关系。

一般认可的在动物演化中体腔的发展，由无体腔到假体腔到真体腔，假体腔出现在无体腔动物之后，是体腔发展的一个自然阶段，又是动物演化史上一个盲枝。属于这一阶段的各门类动物都有假体腔、角质膜、完全的消化管、肌肉性咽和黏附腺等，说明这些门类之间的关系。问题的困难是如何辨别区分同源特征与趋同演化的相似特征（具有不同系统发育的动物在同一环境下发展有些相似的性状）。现在也有学者认为，以假体腔存在本身使其构成一单源类群（或进化枝），是根据不足的。认为假体腔是囊胚腔的保留，是趋同演化（convergence）的滞留发生特征（paedomorphic characteristic），没意义。并认为原口类的基本亲缘关系，根据螺旋卵裂、囊胚腔的保留、体表纤毛、原肾管等推测袋形动物（Aschelminthes）类群可能来自真体腔原口动物祖先或是幼态延续（neoteny）。

还有学者将假体腔动物（及其他动物）分为两大分类群（或进化枝）：一类环神经动物（Cycloneuralia），包括腹毛动物门、线虫动物门、线形动物门、曳鳃动物门、兜甲动物门和动吻动物门，都具有神经环，围绕消化管前端为一环形带，由3个相等邻接的称为前脑、中脑和后脑构成。前脑和后脑是神经节，主要由细胞体构成，中脑几乎是由神经轴突和突触构成的神经纤维网。其中动吻动物、兜甲动物和曳鳃动物已经分子证据和形态学研究证实为一自然分类群。另一类是有颚动物（Gnathifera），包括轮虫动物、棘头动物、颚口动物和微颚动物（后两者为无体腔动物），都具颚器，认为是从具有复杂咽部、以独特的角质颚器为特征的祖先进化来的。

从小亚单位核蛋白体RNA（small subunit ribosomal RNA，SSU-rRNA）基因序列分析表明，在前寒武纪，祖先后口动物从原口动物分出后，原口动物再分为两大类群（或超门）：蜕皮动物（Ecdysozoa）和触手冠担轮动物（Lophotrochozoa）。前者包括线虫动物、线形动物、曳鳃动物和动吻动物等，在发育过程中进行一系列的蜕皮；后者包括触手冠动物及其幼虫像担轮幼虫的门类——轮虫动物、棘头动物、腹毛动物和内肛动物等。根据分子数据的系统发育，将假体腔动物的轮虫和线虫在原口进化枝中分别属于不同的两个分支。轮虫属触手冠担轮动物；线虫属蜕皮动物，且线虫和其他蜕皮动物与节肢动物的关系最近；在触手冠担轮动物这一进化枝中并列有无体腔的扁形动物、假体腔动物和真体腔动物。可见上述的分子系统发育尚未反映出体节、体腔这样重大的动物体制进化，仅凭蜕皮现象，认为线虫与节肢动物关系较近，看来不符合动物自然演化的实际。但是应考虑到上述的分子系统发育是根据SSU-rRNA gene一个基因，这些重大性状一般应不是单基因控制的。多数动物学者还是相信体制等级系统发育，期盼有更多分子证据，结合胚胎学、解剖学、细胞学等研究建立一个令人信服的分子系统发育树。

附门：

1. 腹毛动物门（Phylum Gastrotricha）

腹毛类是身体微小的水生动物。多生活在海洋中，少数在淡水，一般在水底沉积物或水生动、植物的表面。已知约500种。淡水中常见的种类，如鼬虫（Chaetonotus），海水中的如尾毛虫（Urodasys）、侧毛虫（Pleurodasys）等（图8-23A，D，E）。体长多为50~1 000 μm，最长达4 mm。体分头和躯干两部分（图8-23A，B，C）。这类动物既具有假体腔动物的特征：如体背面有发达的角质膜（其上有鳞片，刚毛或刺司感觉，并常有一叉状尾）；角质膜下有合胞体的上皮（或细胞上皮）；上皮下纵肌成束（也有环肌或无）；完全的消化道，有肌肉性咽（咽壁由肌肉上皮细胞构成）；上皮内的神经系统由脑和一对腹侧纵神经索构成，脑是典型的神经环围绕咽部；又有扁形动物的一些特征：在躯干部的腹面及头部有纤毛，在平的腹面具若干纵行或横排的纤毛司运动，头部在口周围有长纤毛或棘毛丛司感觉，排泄器官为原肾管，成对存在于淡水种类，很少在海水种类。绝大多数（海水种类）为雌雄同体，行有性生殖，大多数淡水种类精巢退化，行孤雌生殖（这一点又与轮虫相似）。一直认为它具有假体腔，属假体腔动物，现在有学者认为它属于无体腔动物，但应考虑到这类动物出现了有口有肛门完全的消化道，这在无体腔的扁形动物是不存在的，且多数特征与假体腔动物一致，可以说由腹毛类的特征可以看到假体腔动物与扁形动物涡虫的关系，或者说它更近于假体腔动物。

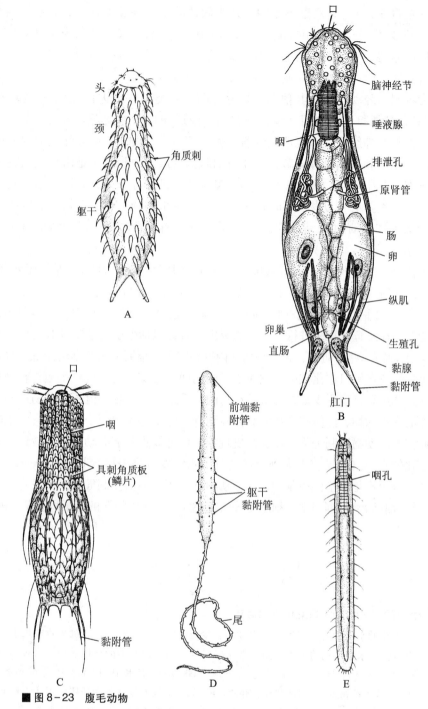

■ 图8-23 腹毛动物

A，B. 鼬虫的外形及内部结构；C. *Aspidophorus*；D. 尾毛虫；E. 侧毛虫（A，B. 自 Brusca 等；C，D. 自 Hyman；E. 自 Hummon）

2. 线形动物门（Phylum Nematomorpha）

这类动物体呈线形，细长，一般 30 cm ~ 1 m，直径仅为 1 ~ 3 mm。已知约 325 种，绝大多数种属于铁线虫纲（Gordioida）；仅有 1 属 4 种属于游线虫纲（Nectonematoida），生活在远洋沿海区域。铁线虫纲动物成体生活在世界上温暖、热带地区各种类型的淡水和潮湿土壤中；幼虫寄生在节肢动物，特别是昆虫体内。例如铁线虫（*Gordius*）、拟铁线虫（*Paragordius*）（图 8-24A ~ C）。成虫很像生锈的铁丝，体壁有较硬的角质膜，其内侧为上皮层和纵肌（与线虫的体壁相似），上皮层具腹上皮索，也有的具背、腹上皮索（图 8-24D）。神经系统包括神经环和一腹神经索与腹上皮索相连。假体腔内大部分充以间质、结缔组织（图 8-24D）。消化系统退化，成体和幼虫往往无口，不能摄食；幼虫以体壁吸收寄主的营养物质。成虫主要以幼虫期储存的营养物为生，也可通过体壁及退化的消化管吸收一些小的有机分子。缺乏排泄系统。雌雄异体，雌、雄虫各有一对生殖腺和一对生殖导管。雌雄交配产卵到水中，卵黏成索状，幼虫从卵孵出，具有能伸缩的有刺的吻（图 8-24E），借以运动，钻入寄主（昆虫）体内或被吞食，在寄主血腔内营寄生生活，几个月后发育为成虫，离开寄主在水中营自由生活。

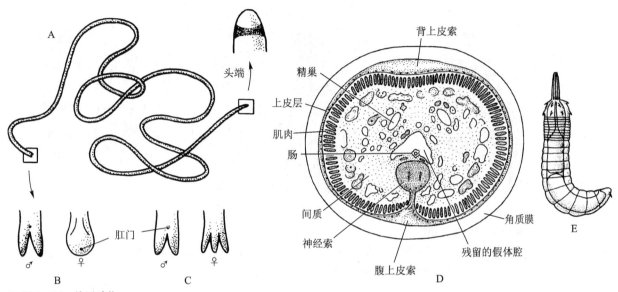

■ 图 8-24　线形动物

A. 铁线虫成虫（约 90 cm 长，拟铁线虫约 30 cm 长）；B. 铁线虫后端；C. 拟铁线虫的后端；D. 拟铁线虫的横切面；E. 铁线虫的幼虫（A~C. 自刘凌云；D. 自 Brusca 等，自 Hyman；E. 自 Hyman）

　　线形动物从其形态结构看，与线虫接近，但有些线形动物幼虫的形态像曳鳃动物，因此，线形动物的演化关系尚不十分明确。

3. 棘头动物门（Phylum Acanthocephala）

　　棘头动物全部营内寄生生活，生活史中有两个寄主。成虫寄生在脊椎动物（鱼、鸟、哺乳动物）的肠管内；幼虫寄生于节肢动物的甲壳类和昆虫体内。世界性分布。已记载的有 1 100 种。这类动物体长差异很大，从不到 2 mm 到 1 m，通常为 1~2 cm，常不超过 20 cm。体呈长圆筒形或稍扁平，体前端有一能伸缩的吻（proboscis）可缩入吻囊（proboscis sac）内，吻上有许多带钩的棘刺（spine）（图 8-25A，B），为附着器，用以钻入并钩挂在寄主肠壁上。没有口和消化管，通过体表吸收寄主的营养物。体壁结构特殊，经电镜观察，体表无角质膜。体壁主要由上皮层和肌肉层（环肌、纵肌）构成。合胞体的上皮层较厚，核的数目（6~20）因种而异，核很大（直径可达 5 mm）（图 8-26A）。上皮表面有很多凹进的隐窝（crypts）以增加食物吸收的表面积。在合胞体的上皮层内贯穿着一个复杂具分支小管的腔隙系统（lacunar system）（图 8-25B，图 8-26B），它是一独特的液体运输系统，稀奇的体壁肌肉是管状的，充满液体。肌肉中的管与腔隙系统是连续的。由腔隙液的循环可给肌肉带来营养物并带走废物。肌肉收缩可推动腔隙液体的循环。在上皮细胞质膜的内侧有一薄的蛋白质丝的合胞体内板（intrasyncytial lamina，也称为 terminal web）对上皮层和体壁起支撑作用。在合胞体上皮质膜的外侧有由黏多糖（mucopolysaccharides）和糖蛋白（glycoprotein）等构成的细胞被（cell coat）覆于虫体表面，可保护虫体免受寄主消化酶的消化及免疫反应。

　　在假体腔内，不仅无消化管，其他器官系统也趋于退化，如排泄器官（如有，为一对原肾管），神经系

153

统仅在吻囊腹侧有一神经节，由此发出神经至体各部。感官退化，仅生殖系统发达。雌雄异体（图8-25C，图8-26A）。雄虫有精巢1对及输精管、阴茎、雄生殖孔；雌虫有卵巢一对或一个，然后碎裂成很多游离的卵球称为游离卵巢（free-ovary），可释放卵，最后游离卵巢和卵全散布在假体腔中。体后有一肌肉性漏斗形管的子宫钟（uterine bell），其上有两对孔，前一对通假体腔，后一对通阴道到雌生殖孔。雌雄交配，体内受精。受精卵在假体腔内发育，发育成含有胚胎的卵。未成熟的卵由子宫钟的前一对孔又返回假体腔，成熟的卵才可通过后一对孔，到阴道由雌生殖孔排出体外，随寄主粪便排出。卵被中间寄主昆虫、甲壳类等吞食，在其体内发育，幼虫从卵孵出称为棘头幼虫（acanthor），当终寄主吞食中间寄主时则被感染，在其肠内发育为成虫。

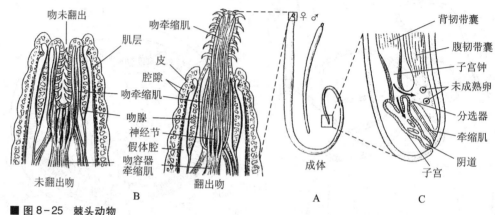

■ 图8-25 棘头动物

A. 棘头动物♀♂成虫外形；B. 虫体前端放大示吻翻出和未翻出的结构状态以及体壁结构等；C.♀虫体后端放大示子宫钟的结构与机能（自Hickman等）

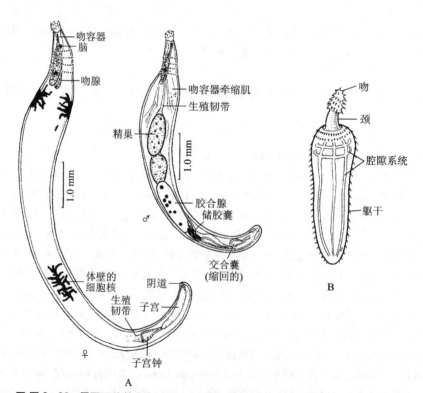

■ 图8-26 尾冠四旋棘头虫（*Quadrigyrus nickoli*）

A. 示雌、雄棘头动物的基本形态结构；B. 示一般棘头动物的腔隙系统（A. 自 G. D. Schmidt 和 E. H. Hugghins；B. 自 J. Moore）

常见的如猪巨吻棘头虫（*Macracanthorhychus hirdinaceus*）。寄生在猪小肠内，是最大的一种棘头虫，雌虫体腔内可有上千万个含胚胎的卵。繁殖力强。中间寄主是金龟子的幼虫蛴螬。猪吞食蛴螬被感染，影响猪的生长发育，严重时可致猪死亡。

4. 动吻动物门（Phylum Kinorhyncha）

动吻动物是小型的海生动物，体长不大于 1 mm。从南极到北极、从潮间带到 6 000 m 的海底都有分布，大部分生活在泥沙中，也有些生活在藻类的支架、海绵和其他海生无脊椎动物体表。主要以硅藻类为食。其体形结构见图 8-27，体分 13 或 14 节带（zonite）。体表无纤毛，不能游泳。体前端的吻能伸缩，每个节带之间角质膜很薄，可伸缩自由。通过吻伸缩及节带活动钻动前进。体壁由角质膜、合胞体上皮层及纵肌构成（很像线虫的）。假体腔内含有液体和变形细胞，神经系统与上皮层接触，有一多叶的脑围绕咽部，伸出一腹神经索。感觉器官，有些种类具眼点或感觉刺毛。其他结构见图 8-27B，C 所示。

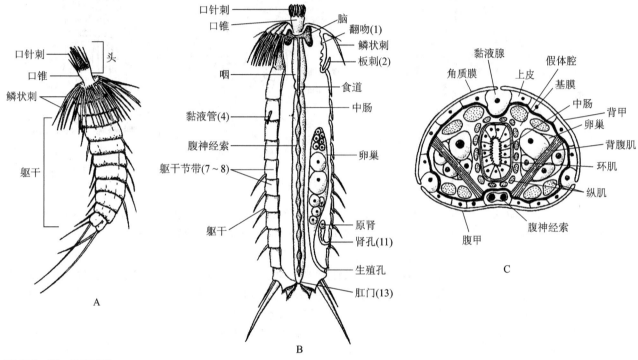

■ 图 8-27　动吻动物

A. 刺节虫外形；B. 示动吻动物一般内部结构（腹面观），括号内的数字是节带数；C. 动吻动物（♀）躯干部横切

（A. 仿 Hyman；B，C. 自 Ruppert 等，仿 Kristensen 和 Higgins）

已知的动吻动物约 150 种。其中研究较多的属为刺节虫（*Echinoderes*）、壮吻虫（*Pycnophyes*）和动吻虫（*Kinorhynchus*）。

5. 兜甲动物门（Phylum Loricifera）

兜甲动物（也称铠甲动物）首次由丹麦动物学者 Reinhant Kristensen（1983）鉴定和命名，第 1 个被鉴定的种是分布广泛的 *Nanaloricus mysticus*。此后又发现约 100 种（大部分还未鉴定）。这类动物全为海生，分布广，生活在从两极到热带海域，不同深度沉积底物或砂砾间的空隙。体微小（<500 μm），牢牢地附着在砂砾或其他底物上。兜甲动物为一小的分类群，已描述约 14 种。

兜甲动物的结构较复杂，约由上万个细胞构成。体分为头（颈不明显）、胸和腹 3 部分（图 8-28A）。头是指翻吻（introvert），其上有口锥（mouth cone），口锥上有口及口针（stylets）。翻吻和胸部具 7~9 排鳞状刺（scalid），可能有感觉和运动功能。鳞状刺的形态和排列，有的在两性不同（图8-28A，B）。腹部居于角质的兜甲中，翻吻和胸部可缩回到兜甲的前端。有由口到肛门完全的消化管（图8-28B），一对原肾位于生殖腺内。神经系统是上皮内的，有一大的脑神经节位于翻吻内。由脑神经节分出若干神经及神经节。雌雄异体。发育中经过一独特的Higgins幼虫（图8-28D），很像成体，但它有一对趾用于运动。

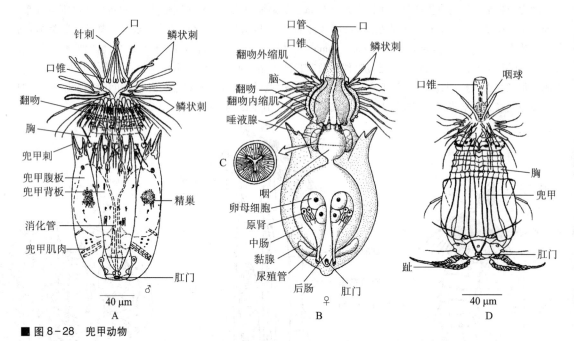

■ 图8-28 兜甲动物

A. *Nanaloricus mysticus* 雄性成体（背面观）；B. 雌性成体内部结构；C. 咽的横切面示上皮肌肉及咽腔；D. 兜甲动物的Higgins幼虫背面观（A，C. 自R. M. Kristensen；B. 自Ruppert等，仿Kristensen）

关于兜甲动物的行为、运动、取食及食性、生理和发育等知之甚少，主要因为：① 虫体微小，在海里砂砾底物的大环境中为低密度群体，不易发现和采集。② 由于虫体附着底物非常牢固，需用淡水处理，由渗透压冲击，致使虫体脱离底物，再经过滤，获得标本。由此所研究的全为死标本（仅有幼虫为生活标本）。因此，有待改革采集和标本处理的技术方法，进一步深入研究。

6. 曳鳃动物门（Phylum Priapulida）

曳鳃动物已记载仅有18种，全部生活在浅海和深海的泥沙中，从潮间带到几千米深海。大部分体形较大的种类生活在冷水中；有一些小型种类（如 *Tubiluchus*）分布较为广泛，包括热带海洋。曳鳃动物是中寒武纪海洋底栖生物（benthos）的重要成员。已描述的11个化石种，它们是寒武纪海洋中占优势的无脊椎动物。现在的种类与其寒武纪的祖先没什么大变化。

这类动物体长0.5 mm~40 cm，体呈圆柱形，躯干较大，其前端有一翻吻（introvert），后端常有一或两个尾附器（caudal appendages）（图8-29A）。关于体壁结构、体腔内的消化系统、排泄器官、生殖系统以及尾附器的结构等见图8-29B，C。尾附器与体壁连续，其表面角质膜变薄，有学者认为它有气体交换、渗透调节和化学感受的功能，但没有证据证明。神经系统：围绕咽部有一神经环和一腹神经索。在体腔中有吞噬的变形细胞、红细胞并含有蚯蚓血红蛋白（hemerythrin）。体腔液也有流体静力骨骼的作用。学者们一直认为它具有假体腔，但也有学者认为它具有真体腔，从图8-29可见它具有在中胚层之间形成的腔，但没有体腔上皮；而有假体腔的功能，因此，或者说它具有处于萌芽状态的真体腔。

曳鳃动物仅是现在开始受到关注，了解其进化关系，从其具有神经环，前端的口和翻吻以及分子证据，认为它与动吻动物、兜甲动物亲缘关系较近。

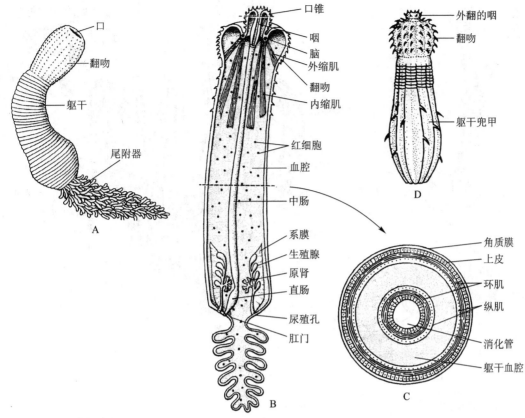

■ 图8-29 曳鳃动物

A. 大曳鳃虫（*Priapulus caudatus*），体长8 cm，生活在冷水域中；B. 曳鳃虫的内部结构（主要根据小曳鳃虫 *Meiopriapulus*）；C. 通过体中部的横切面示体壁与消化管的结构及体腔的特征；D. 曳鳃动物的幼虫体背腹扁，翻吻可缩回（A~D. 自 Ruppert 等；A. 自 Hyman；B. 仿 V. Storch 等）

7. 内肛动物门（Phylum Entoprocta＝Kamptozoa）

内肛动物过去曾将其与外肛动物（Ectoprocta）合为苔藓动物门。由于内肛动物为假体腔动物，外肛动物为真体腔动物，现行分类将这两类动物各独立为门。

内肛动物约有150种，为小型的（不超过5 mm）单体或群体营固着生活的动物。除湖苔虫（*Urnatella*）生活在淡水外，所有的全部生活在海中，固着在浅海底部的岩石、贝壳或海生无脊椎动物体上。单体的内肛动物体分为萼（calyx）、柄（stalk）及基部附着盘（attachment disk）。群体可以由2~3个柄共有一个附着盘（图8-30）。柄端的萼部一般为杯形，其边缘有一圈带纤毛的触手（数目8~30个，在触手的侧面和内面有纤毛），形成触手冠（tentacular crown），是这类动物的特征之一，其他特征（U形消化管、原肾管、神经节等）见图8-30。内肛动物具无性生殖和有性生殖。通过无性出芽生殖产生群体。有性生殖时，受精卵经螺旋卵裂，个体发育中经过的幼虫像担轮幼虫。

关于内肛动物的分类地位，它与哪类动物亲缘关系较近，尚不清楚，有争议。

8. 圆环动物门（Phylum Cycliophora）

在一般不被人注意的地方，却发现了一种新的生命类型——一类奇异的动物，它蕴含生命的奥秘。预示着广阔的未被注意的地方，值得探索、发现、研究。

圆环动物首次是由 P. Funch 和 R. M. Kristensen 于 1995 年报道，他们是在丹麦采集的海螯虾（*Nephrops norvegicus*）口器上发现的，目前仅描述一个种——实球共生虫（*Symbion pandora*）。

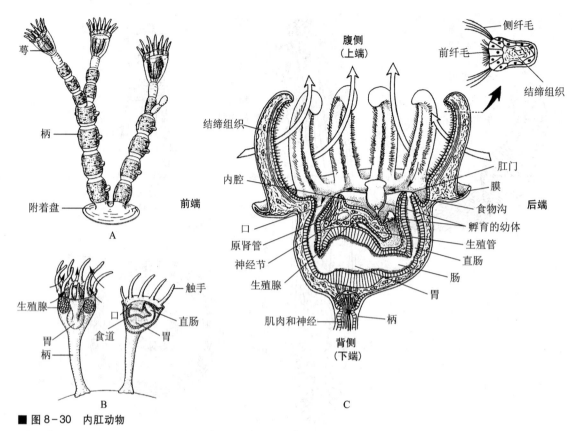

■ 图8-30　内肛动物

A. 湖苔虫小型群体，淡水生活，从附着盘伸出2~3柄；B. 小曲体虫（*Loxosomella*）单体；C. 内肛动物的解剖，大箭头示由侧纤毛引起的水流，小箭头示食物颗粒从触手经食物沟到口的移动途径（A，B. 自 Hickman 等；C. 自 Ruppert 等）

　　圆环动物的生活史复杂，其优势阶段是固着的无性的摄食阶段（feeding-stage）。只有这一时期它有消化管，能够摄食。体长约350 μm，体呈小囊状（图8-31）。前端为口漏斗（buccal funnel），由一短颈连接到卵圆形的躯干部，其后有一短柄（stalk）连到黏附盘（adhesive disc），通过黏附盘附着于海螯虾体上。体壁由角质膜、上皮层和基膜构成。柄与黏附盘主要为上皮分泌的角质。口漏斗的前端是一大的开放的口（图8-31），其周围环绕以由多纤毛的上皮细胞和无绒毛的上皮肌细胞（epitheliomuscular cell）形成的口环（mouth ring），其内的皮肌细胞收缩能使口区关闭。由于上皮细胞纤毛的摆动引起水流带有食物颗粒进入消化管。消化管 U 形，沿其全长（除直肠外）均具有纤毛，包括口腔、食道（呈 S 形弯曲）、胃（由大的腺细胞构成）、肠、直肠到肛门。在生活史的其他大部分阶段均无消化系统。

　　每个摄食阶段个体的口漏斗和消化系统不断地衰退，由内芽（inner buds）发育成新的口漏斗和消化系统给以补充和更新。这类似于苔藓动物个员的再生特性。在体壁上皮层和消化管之间没有充以液体的体腔，而是很多间质细胞含有大的凝胶状的液泡，可能是作为储存的食物分子。大部分肌肉是中胚层来源的肌细胞（myocyte）。单个肌细胞围绕食道并形成在口腔和食道连接的括约肌。此外，还有一些斜纹肌连于虫体其他部分。具有多纤毛端细胞的原肾管仅存于类索幼虫（chordoid larva），在其他生活时期包括摄食时期尚未观察到。气体交换、循环推测主要通过扩散作用完成。神经系统，在口漏斗基部有一脑神经节，对其他的尚了解不够。

　　生活史有无性和有性周期的交替。无性生殖：在摄食阶段的圆环动物体内有成团的干细胞（stem cell）（图8-32A），由干细胞产生无性的实球（pandora）幼虫，具有口漏斗和消化管，一旦成熟，实球幼虫即用其腹部的纤毛游出母体，仍在原来的虾体上附着，并发育成为摄食阶段的个体。有性生殖：为雌雄异体。由不同的摄食阶段的个体无性地产生雄虫和雌虫，在一个摄食阶段个体的干细胞产生雄性幼虫（prometheus larva），而在另一个体的干细胞则产生雌虫。雄性幼虫从母体出来，很快发育成有功能的成熟的雄虫，它游泳到将要产生雌虫的摄食阶段的个体并黏附于其体上，等待雌虫出世（图8-31B，图8-32A）。雌虫在摄食阶段的个体内由干细胞发育成熟，形似实球幼虫的雌虫，仅有一卵母细胞，从摄食阶段的母体一出现，即被等待的雄虫受精，受精后雌虫离开母体，然后，附着后退化死亡。受精卵发育成为能游动的幼虫，称为类索幼虫（chordoid larva）（图8-32B）。类索幼虫游动、附着到另一海螯虾体，变态发育为新的摄食阶段的圆环动物。

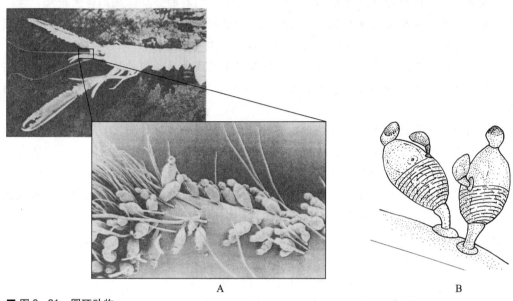

■ 图8-31　圆环动物

A. 图中可见约40个实球共生虫（*Symbion Pandora*）附着在挪威海龙虾（*Nephsops norvegicus*）口器上；

B. 两个放大的 *Symbion*，其体上各附一♂体（A. 自 Brusca 等；B. 仿 Peter Funch 的照片绘制）

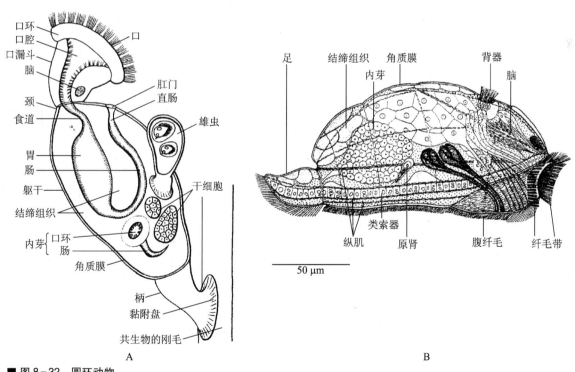

■ 图8-32　圆环动物

A. 实球共生虫的结构示意图；B. 类索幼虫（侧面观）（自 Peter Funch 和 Kristensen）

思考题

1. 何谓假体腔，假体腔动物的共同特征是什么？哪些门动物属于假体腔动物？

2. 在假体腔动物中你认为哪个门类对人的影响最大？哪个门类的分类归属尚有问题？

3. 试述人蛔虫形态结构和机能以及生活史的特征，并说明它的哪些特征代表了线虫动物门的特征。什么是流体静力骨骼，它在动物活动中如何起作用？

4. 秀丽线虫的结构和生殖发育有何特征，哪些特征代表了线虫动物门的特征？什么是eutely？秀丽线虫为什么会成为模型动物，它对生命科学的发展在哪方面作出了贡献？对你有何启示？

5. 线虫动物门的主要特征是什么？它分为几个纲，各纲的主要特征是什么？

6. 人鞭虫和旋毛虫属于哪个纲？两者结构的主要特征以及生活史有何不同？旋毛虫幼虫进入寄主横纹肌细胞后如何使寄主细胞形成胞囊？两者的感染途径有何不同，如何预防？

7. 钩虫和丝虫属于哪个纲？在我国危害最严重的是哪种钩虫，哪种丝虫？它们的结构和生活史的主要特点是什么？危害和感染途径有何不同，如何预防？

8. 轮虫动物门的主要特征是什么？在显微镜下在众多的微小生物中如何根据轮虫最主要的特征分辨其是否为轮虫？

9. 轮虫的生殖和发育有何特点，有哪些值得思考的问题？

10. 理解并掌握轮虫隐生特性的概念，为什么对其分子机制的研究已引起关注？

11. 为什么轮虫正逐渐成为分子生物学、发育生物学和进化生物学关注的实验动物？

12. 假体腔动物的系统演化较为复杂、模糊。对传统的看法和现在有争议的问题，你有何见解？如何分析根据SSU-rRNA的基因序列所建立的分子系统发育树关于假体腔动物各门类动物关系的分子分析结果？

第 9 章

环节动物门（Phylum Annelida）

环节动物在动物演化上占重要位置，不仅两侧对称、三胚层，而且身体分节，出现了真体腔，这对动物结构和机能多方面的复杂、完善和发展有着深远影响。如出现了循环系统、后肾管、消化系统分工及复杂化、神经系统进一步集中等。可以说这类动物发展到了较高的阶段。有谓这是高等无脊椎动物的开始。

常见的蚯蚓、蚂蟥、水蛭、沙蚕等均属于环节动物，已记载的约 16 500 种。世界性分布。生活在海水、淡水和潮湿的陆地，极少数为寄生的，多数生活在海水中。

9.1 环节动物门的主要特征

9.1.1 体分节

从环节动物开始出现了体节。环节动物的身体由许多形态相似的体节（metamere）构成，是为分节现象（metamerism）。每个体节之间在体内以隔膜（septum）相分隔，体表相应地形成节间沟（intersegmental furrow），为体节的分界。虫体的前端为口前叶（prostomium），最后端为尾节（pygidium）（包括肛门）。两者外形上酷似体节，但一般不认为是体节。因为它们不是从节生长区（segmental growth zone）发育来的。节生长区位于尾节前的区域（图 9-1）。在这个区域的细胞是成对的形成中胚层的端细胞（teloblastic cell），经分裂、分化形成每一个新的体节。因此，身体生长 [也称为端细胞生长（teloblastic growth）] 是从后

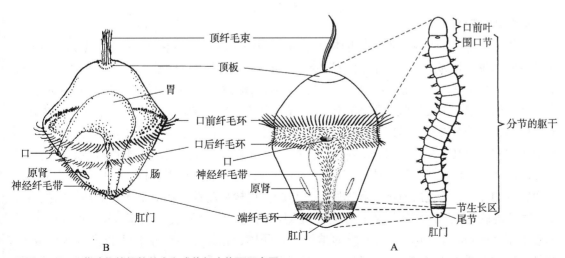

■ **图 9-1　环节动物的担轮幼虫和成体相应体区示意图**

A. 担轮幼虫腹面观与成体体区对应图，注意节生长区的位置；B. 一般担轮幼虫结构侧面观（A. 自 E. E. Ruppert 等，仿 C. Nielsen；B. 自刘凌云）

端连续增加体节的结果。这样，最年轻的体节位于尾节之前。最老的体节是在口前叶之后的第一个体节（围口节）。

体节的内部结构，许多是分节存在的，也有些器官组织跨过了各体节整合成为一整体（图9-2）。主要整合的结构为消化系统、血循环系统、神经系统等；其余的器官——附肢、体腔、肌肉、肾管和生殖腺等在每个体节内重复出现。环节动物身体的各个体节，外部与内部形态上大部分基本相同，称其为同律分节（homonomous segmentation），这是由于环节动物的各体节在个体发育中具有相同的遗传基础和共同的发育来源所致。所产生的本质上相同的重复的身体结构，具系列同源性（serious homology），正是这种同源性的身体重复导致了分节现象。

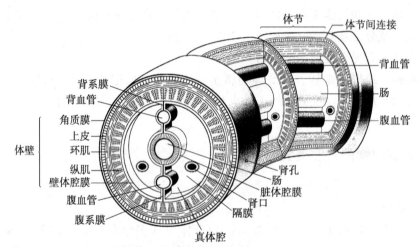

■ 图9-2　环节动物的体节体腔等基本结构模式图

（参考 E. E. Ruppert 等改画）

环节动物体分节无疑增强了运动的灵活性和有效性；也为动物体的进一步发展分化提供了基础。如同律分节进一步发展为异律分节（heteronomous segmentation），逐渐分化出头、胸、腹各部分（详见第11章节肢动物门）。

9.1.2　真体腔

真体腔（true coelom）又称次生体腔（secondary coelom）。环节动物每个体节内有两侧成对的体腔，每个相邻体节的体腔由隔膜分开，每一体节的左右体腔以背、腹系膜（mesentary）分开（图9-2）。何以形成如此结构？实际真体腔的形成和体节的出现是密不可分的。在胚胎或幼虫期，由端细胞分裂增殖形成左右两中胚层带，继续发育，左右中胚层带内逐渐充以液体，并分节裂开，形成每节1对体腔。这样，真体腔位于中胚层之间，是由中胚层裂开形成的腔，故又名裂体腔（schizocoel）。每个体腔继续发育扩大，其外侧的中胚层附在外胚层的内面，分化成肌肉层和体腔膜（peritoneum），与体表上皮形成体壁；内侧的中胚层附在内胚层的外面，分化成肌肉层和体腔膜，与肠上皮构成肠壁。在每个体腔的前、后按各节，由体腔膜形成双层膜的隔膜；在背、腹侧与消化道结合形成背系膜（dorsal mesentery）和腹系膜（ventral mesentery）。系膜的结构类似隔膜，是每一体节左右体腔膜接触形成的。这是典型的、原始的。在低等种类肠的背面、腹面都有肠系膜与体壁相连。在体腔膜外和肠系膜之间有背血管和腹血管。血管腔代表了原体腔。

真体腔内充满了体腔液，其内含有体腔细胞（coelomocyte），有内部防卫功能，有的体腔细胞含有血红蛋白，也有气体运输功能。环节动物的体腔液具有强有力的流体静力骨骼的作用。由于体腔和肌肉分节排列，隔膜上虽有小孔，但有括约肌（sphincter muscle）调节，其体腔液体积是相对恒定的，在每节内流体静力骨骼颉颃肌肉的力远不是假体腔动物的流体静力骨骼所可比拟的，实际增强了流体静力骨骼的作用，结果体节形状局部的变化，成为环节动物游泳、爬行和钻洞的基础。典型的应用附肢或全身蠕动进行运动的环节动物都有发育很好的隔膜；而半固着生活或以其他方式运动的环节动物隔膜不完全或退化。这些事实也能说明这一问题。

真体腔和体节的出现不仅增强了运动机能，提高了运动的灵活性和有效性，而且促进了动物结构和机能多方面的复杂化、完善及进一步发展。如消化管壁有了肌肉层，增强了蠕动，提高了消化机能，进而促进消化管分化为明显的前肠、中肠和后肠。同时由于结构复杂化，简单借助体腔液循环输送营养物质已不敷用，由此促进了循环系统的出现和排泄系统的发展。又由于各器官系统趋于复杂，机能增强完善，也增强了对机体精细调控的需要，逐渐地促进了神经系统的进一步集中和发展。

此外，环节动物这种体分节、真体腔的结构减少了受损伤的影响。如果有一个体节或少数几个体节受到损伤，其邻近的体节由隔膜将其与受伤的体节隔开，仍能保持接近正常的机能，使动物幸免于创伤或死亡。

9.1.3　疣足和刚毛

从环节动物开始出现了原始的附肢——疣足（parapodium）。海产种类一般具有疣足，每个体节1对，它是由体壁向外突出的扁平叶状结构（图9-3A），体腔也伸入其中。典型的

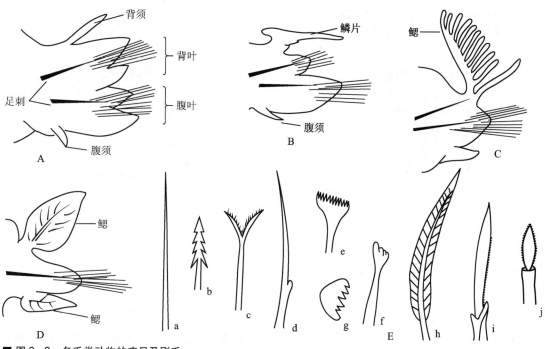

■ 图9-3　多毛类动物的疣足及刚毛

A. 典型的疣足；B. 疣足的背须特化为鳞片（或背鳞，如多鳞虫 *Polynoe*）；C. 疣足的背叶特化为鳃，注意背侧的丝状鳃（如矶沙蚕 *Eunice*）；D. 背叶和腹叶特化为叶片状鳃（如叶须虫 *Phyllodoce*）；E. 不同多毛类动物的刚毛：a~h 简单刚毛（如针形、倒钩、叉形、梳形、钩形、小钩及羽形等）；i，j 复合刚毛（A. 自刘凌云；B~D. 仿 Brusca 等稍改；E. 仿陈义等）

疣足分成背叶（notopodium）和腹叶（neuropodium）。背叶的背侧和腹叶的腹侧各有一指状的背须（dorsal cirrus）和腹须（ventral cirrus），有触觉作用。有些种类的背须特化成疣足鳃（parapodial gill）或鳞片等。在背叶和腹叶内各有一起支撑作用的足刺（aciculum）。在背叶和腹叶边缘各生一束（有的腹叶为两束）刚毛（chaetae）。疣足有运动功能，由于疣足内密布微血管网，也可进行气体交换。除海产种类外，其他环节动物没有疣足，而具有刚毛（图9-3）。刚毛是由几丁质构成的，由上皮内陷成为滤泡壁（follicle wall）的刚毛囊，其底部有一单个的成刚毛细胞（chaetoblast cell），围绕着成刚毛细胞表面长的微绒毛分泌几丁质物质，形成刚毛（图9-4A）。由此已形成的刚毛中留下一束中空的小管，刚毛伸出体表。由于牵引肌的作用，刚毛能伸缩活动，使动物能进行爬行运动。在每一体节上刚毛的数目、着生部位和排列方式等因种类不同而异。疣足和刚毛的出现，无疑增强了运动功能，使其运动迅速、有效。无疣足、无刚毛的种类主要依吸盘和体壁肌肉收缩及流体静力骨骼进行运动。

这里应注意，环节动物刚毛的英文名是 chaeta，而不是过去常用的 seta。seta 存在于节肢动物的甲壳类和昆虫，是一种机械感受器（mechanoreceptor），两者的结构与机能完全不同，不能等同混淆（详见图9-4B）。

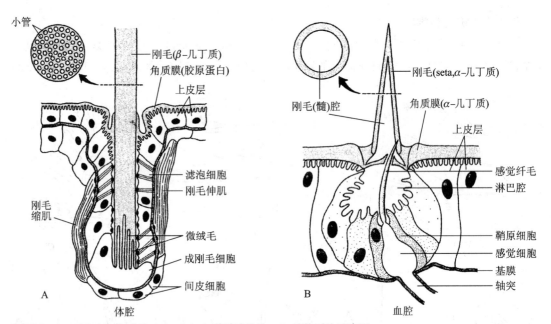

■ 图9-4 环节动物的刚毛（chaeta）与节肢动物的 seta 结构对比示意图

A. 环节动物刚毛（chaeta），在毛干中的许多小管是成刚毛细胞微绒毛遗留的痕迹；B. 节肢动物昆虫的 seta（或 bristle sensillum）结构（自 E. E. Ruppert 等；A. 仿 T. Bartolomaeus；B. 仿 T. A. Keil）

9.1.4 循环系统

环节动物循环系统（circulatory system）的形成与真体腔的发生密切相关。由于真体腔在形成中不断发展，使原体腔（囊胚腔）不断缩小，最后只在"心脏"（动脉弧）和血管内腔留下遗迹——残留的原体腔。环节动物典型循环系统是闭管循环系统（closed vascular system），结构复杂，由纵行血管和环行血管及其分支血管以及与各血管相连的微血管网组成。血液始终在血管内流动，不流入组织间的空隙中，故称闭管式循环。血流循环有一定方向，流速较恒定，有效地提高了营养物与代谢废物的运输及携气机能。一般环节动物（除了最原始的种类外）的血浆中含有血红蛋白（hemoglobin）、蚯蚓血红蛋白（hemerythrin）和血绿蛋白（或称血氯蛋白 chlorocruorin）3 种呼吸色素。有的种类同时具有一种或两种呼吸色素。这无疑提高了循环系统的作用。

有一些环节动物（蛭类），真体腔为结缔组织所填充，并形成了不同的腔隙（lacuna），这些腔隙成为血循环系统的一部分。血液在其中流动，实际血液为血体腔液（haemocoelomic fluid）。

9.1.5 排泄系统

随着体分节、真体腔的出现，动物整体结构复杂化，代谢水平提高，由此产生的代谢废物也随之增多，相应地出现了后肾管的排泄系统。原肾管的功能主要是调节水分的渗透压，同时也排出一些代谢废物；而后肾管（metanephridium）不仅可调节水分和离子平衡，而且更有效地排出代谢废物。环节动物，一些较原始的种类仍保留有原肾管的排泄系统，它与扁形动物的原肾管不同点是，不具焰细胞，而有管细胞（solenocyte），浸在体腔液中（图 9-5B，C），大部分环节动物的排泄系统为后肾管（图 9-5A），一般按体节排列，每节一对或多个。典型的后肾管为一条迂回盘曲的管子（常包括一像膀胱的储存区域），一端开口于前一体节的体腔，称为肾口（nephrostome），具有带纤毛的漏斗；另一端开口于本体节腹侧体表，称为肾孔（nephridiopore）。这样的肾管常称为大肾管（meganephridium）。有些种类后肾管特化成为小肾管（micronephridium）。有的小肾管无肾口，肾孔开口于体壁或开口于消化道。后肾管的功能，通过肾口非选择地摄入大量的体腔液入肾管腔内；由于在肾管上密布血管网，又通过血循环系统的入肾血管（afferent nephridial blood vessel）有选择地使代谢废物（如氨、尿素、尿酸等）经过管壁进入肾管内，然后沿着肾管远端部分（粗管）的肾管壁、输出血管壁选择回收非废物成分到体腔液和血液中。这样有效排出代谢废物并维持离子平衡和渗透调节。

有些较原始的环节动物，在每个体节上除一对肾管外还有一对由中胚层形成的体腔管（coelomoduct），一端开口于体腔，另一端开口于体表，与肾管相似，有排除代谢废物功能，

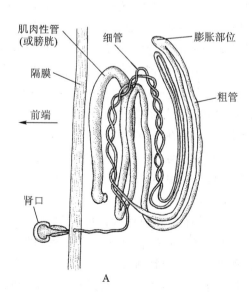

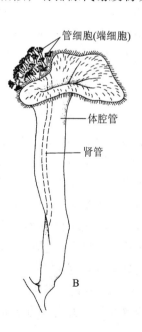

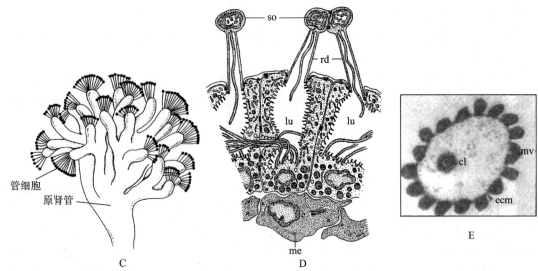

■ 图9-5 环节动物的后肾管与原肾管

A. 环节动物典型的后肾管示意图；B. 多毛类的原肾管和体腔管结合（如叶须虫 *Phyllodoce*）；C. 原肾管分支末端放大，示管细胞和原肾管；D. 3 个管细胞和原肾收集小管（lu）的超微结构（如吻沙蚕 *Glycera*），管细胞（so）从肾表面突出到体腔液中，并有由微绒毛（rd. mv）构成的过滤筒（E 横切面）的作用，体腔液通过筒壁被过滤，在原肾小管内发生再吸收，再吸收的代谢物行细胞内消化，最后以糖原储存在邻近细胞（me）内（A. 自 Edwards 和 Lofty；B，C. 自 Goodrich；D，E. 自 P. R. Smith）

在生殖季节还有排出生殖细胞的功能。有的原肾管与体腔管结合（图 9-5B~E）或后肾管与体腔管结合，分别称为混合原肾管（protonephromixium）、混合后肾管（metanephromixium）。大多数后肾管与体腔管高度融合称为后肾管。

9.1.6 神经系统

环节动物的神经系统比扁形动物、假体腔动物的神经细胞更为集中。一般环节动物的中枢神经系统（central nervous system）（图 9-6）包括，体前端背侧由一对咽上神经节（suprapharyngeal ganglion）组成的脑，或称脑神经节（cerebral ganglion），其左右由一对围咽神经（circumpharyngeal connectives）与一对已愈合的咽下神经节（subpharyngeal ganglion）相连。咽下神经节是腹神经索（ventral nerve cord）的第一个神经节，由此向后的腹神经索纵贯全身（图 9-6A）。腹神经索是由 2 条纵行的腹神经合并而成，外包一层结缔组织。在此神经索上每个体节内都有一神经节。环节动物的神经系统形似索链，又称索式神经系统。较原始的类群具有双腹神经索和每节一对神经节，但在不同类群又有不同程度的愈合（图 9-6C~E）。从进化趋势看，完全愈合为一条腹神经索是环节动物神经发展的最高点。

脑神经节常分化为 3 个区域，典型的称为前脑（forebrain）、中脑（midbrain）和后脑（hindbrain）（图 9-6B）。前脑神经支配口前叶的感觉器；中脑支配眼和口前叶的触手或触须；后脑支配化学感受器（项器）；中脑还分出交感神经到消化管，可控制吻、咽的活动（图 9-6B）。围咽神经是从前脑和中脑发出的。脑神经节有控制全身感觉和运动的功能。咽下神经节是身体运动控制中心，脑神经节通过抑制影响介导其活性。咽下神经节有调节远距离体节运动的功能，又对运动有启动作用。如果去除咽下神经节，所有的运动都停止；如果去除脑神经节，虽然运动继续进行，但对外界刺激全无反应。

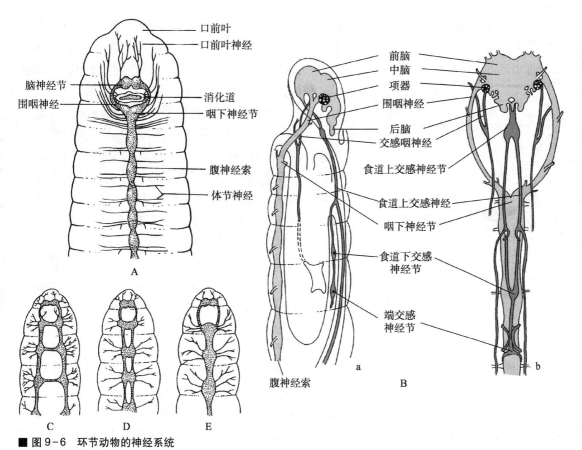

■ 图9-6 环节动物的神经系统

A. 蚯蚓神经系统背面观，注意脑神经节位于头部之后；B. 多毛类矶砂蚕（*Eunice*）神经系统的前端，注意脑神经节分化为前脑、中脑和后脑：（a）侧面观，（b）背面观；C~E. 推测不同类群的多毛类神经索逐渐愈合的进化顺序：C. 原始梯形；D. 分开的神经索神经节融合；E. 单一的神经索。注意多毛类脑神经节位于口前叶之内，与蚯蚓的不同（A，C~E. 自 R. C. Brusca 等；B. 仿 Meglitsch 修改）

各体节内的神经节又分出几对（常为 3 对）神经到体壁的感觉器和肌肉，经过足神经节到疣足，支配本体节的感觉和运动的反射动作。综合上述，可以理解环节动物每个体节的活动，既有独立性又相互协调，成为统一整体活动。

大多数环节动物的腹神经索中，存在一种大直径的巨纤维（giant fiber）或称巨轴突（giant axon）。由于大直径（一般约 50 μm 直径，最大可达 1.7 mm）电阻低，兴奋传导快，沿着体长任何部位都能被兴奋，并快速向两个方向传导一个脉冲。传导速度为 20~30 m/s（一般 4 μm 直径的小纤维仅为 0.5 m/s）。巨纤维有分支到纵肌，引起快速收缩使虫体缩短，以逃避敌害。巨纤维的功能仅在于逃避反应，而不是正常的运动。

此外，环节动物有神经分泌细胞（neurosecretory cell）和内分泌腺（endocring gland，如精巢和卵巢）。神经分泌细胞位于神经节的边缘，其大小、形状和普通神经元一样，但常是单极的神经元。已知沙蚕脑神经节的分泌细胞能分泌保幼激素；蚯蚓的神经分泌细胞有 4 类；能分泌肾上腺素和奴佛卡因等；蛭类的也有类似的分泌作用。环节动物的激素，对其色素转移、繁殖、发育、变态、再生等有调节控制作用。

9.1.7 生殖与发育

生殖系统的发育与真体腔的形成密切相关。环节动物的生殖细胞都是直接或间接来自中

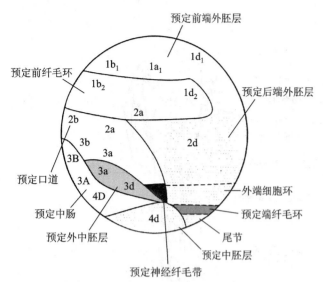

预定前端外胚层

预定前纤毛环

1b₁　1a₁　1d₁

1b₂　　　1d₂

2a

2b　　2a

3b　　2d

3a

3B　3a　3a

预定口道　3A　3d

4D

预定中肠

4d

预定外中胚层

预定中胚层

预定神经纤毛带

外端细胞环

预定端纤毛环

尾节

预定后端外胚层

■ 图9-7　多毛类（尖锥虫 *Scoloplos*）囊胚细胞发育命运图（左侧面观）

（仿 Anderson）

胚层形成的体腔膜。有些种类形成固定的生殖腺和生殖导管（输卵管或输精管等）；有些种类没有固定的生殖腺，仅在生殖季节由体腔上皮产生生殖细胞，成熟后，破体壁排到水中或由体腔管、肾管排出。

环节动物的个体发育，受精卵经螺旋卵裂、定型发育（determinate development）（图9-7）通过内陷或外包，或两者结合形成原肠胚。在原肠胚之后，陆生和淡水类群直接发育为成虫。海产种类胚胎迅速发育为担轮幼虫（trochophora）（见图9-1）。一般担轮幼虫，形似陀螺，体可分为：① 口前纤毛区（prototroch region），包括口前纤毛环（prototroch）、口和感觉板（sensory plate，在顶纤毛束基部，由神经组织构成或称顶板 apical plate）；② 口后纤毛区（metatroch region，也称尾区），包括口后纤毛环（metatroch）和肛门区；③ 生长带区（growth zone region），包括口前纤毛环和口后纤毛环之间的区域。担轮幼虫有许多原始特点：无体节，有原体腔、原肾管，神经与上皮相连，幼虫以纤毛环为运动器。变态时，口前纤毛区发育为成体的口前叶及其触手等感觉器，口区常与躯干的第一个体节愈合形成围口节；口后纤毛区发育为尾节，包括肛门；生长带区（即节生长区）在尾节之前，该区的细胞不断分裂增殖、分化形成躯干的所有体节和其体腔，最后发育为成虫。担轮幼虫不仅发生于环节动物，也存在于其他一些动物类群，对探讨动物演化关系很有意义。

环节动物一般分为3个纲：多毛纲、寡毛纲、蛭纲。最近的系统发育研究提出寡毛纲和蛭纲应合并为环带纲（Clitellata）。还有工作指出，须腕动物是高度特化的多毛类，应归属于多毛纲。关于它们在多毛纲中的确切位置问题，工作在继续。我们仍将其作为附门处理。以下按环节动物所分的3个纲进行阐述。

9.2　多毛纲（Polychaeta）

多毛纲是环节动物中比较原始的、种类最多的一类，已记载的有10 000种以上。除极少数为淡水生活或寄生外，绝大多数生活在海洋中。有些种类营自由生活，包括在海底泥沙表面爬行或钻洞或自由游泳以及远洋漂浮生活的种类；另一些种类不能自由游动，而是在泥沙中固定穴居或营管栖生活。

9.2.1　代表动物——沙蚕（*Nereis*）

这类动物在海水中营游动生活，在沿海潮间带最常见，白天多藏在石下、海藻间或泥沙中，夜间出来活动。

9.2.1.1　形态结构与机能

沙蚕（图9-8）体细长圆柱形，背腹略扁。体节分明，同律分节，体节数目不恒定。体前端有一明显的头部（图9-8A，B），由口前叶和围口节构成。其上感官发达，在口前叶背面有两对眼（其他多毛类眼一至多对），可感光；前缘有 1 对口前触手（prostomial tentacles），两侧各有一个粗大触须（palp，也有译为触角、触条）。围口节两侧各有细长的4条围口触手（peristomial tentacles），触手、触须有触觉功能。在口前叶后端两侧有一对纤毛窝，称为项器（nuchal organ），为化感器，有嗅觉功能。口在腹面，以小的无脊椎动物或其他微小动物为食。捕食时咽部能翻出成吻（proboscis），吻上有小齿，前端有一对几丁质的颚（jaw）。围口节之后的每个体节均具一对疣足（尾节除外）（9-8A，B，图9-3）。疣足主要为游泳器官，也可进行气体交换。在疣足的腹侧基部各具1排泄孔。

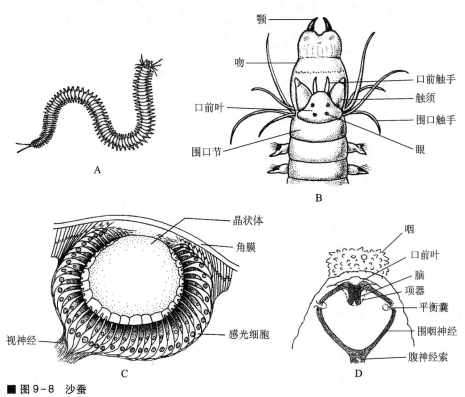

■图9-8　沙蚕

A. 外形；B. 头部结构；C. 眼结构；D. 沙蠋的项器及平衡束（B. 自刘凌云；C. 仿 Hesse，自 Fauvel；D. 自 Wells）

　　体壁（图9-9）外被由上皮细胞分泌的角质膜，其内为柱状上皮细胞，一些发光种类的发光物质存在于上皮细胞分泌的黏液中。在上皮之内有一薄层结缔组织，其内为一层环肌和一层厚的纵肌，纵肌分为4束肌肉，其内为体腔膜。每节均具两束联系正腹方和背侧方的背腹斜肌，可牵动疣足活动，故又称疣足肌。体腔膜覆盖于体壁内侧和消化道的外侧，其间为广阔的体腔。每节的体腔由背、腹系膜将其分隔成左右两个体腔。

　　消化系统简单，有口、咽、食道、胃（在固着生活的种类）、肠、直肠和肛门。食道两侧有一对食道腺（oesophageal gland），能分泌蛋白酶，具消化机能。消化管外有明显的肌肉层促进肠蠕动推动食物运行。闭管式循环系统（图9-9）由背血管、腹血管以及在每一体节中连接背腹血管的环血管组成，血液内含有血红蛋白。血液在背血管中由后向前流，经环血管入腹血管；腹血管的血液由前向后流动；环血管有分支分布身体各部分，在疣足背腹叶中都具微血管网，司呼吸作用。每节有一对后肾管，排除体内的代谢废物。索式神经系统，包括脑神经节、围咽神经、咽下神经节及其后纵贯全长的腹神经索。在每一体节上有一神经节分出侧神经至体壁肌肉和器官。腹神经索内有巨纤维。

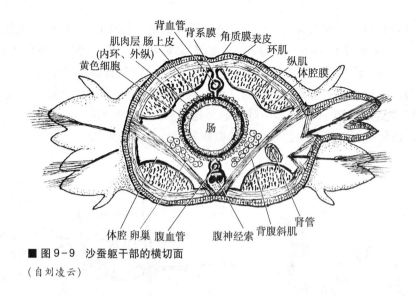

■ 图9-9 沙蚕躯干部的横切面

（自刘凌云）

9.2.1.2 生殖与发育

沙蚕为雌雄异体。无固定的生殖腺和生殖导管。在生殖季节由体腔上皮发育为精巢或卵巢。雄虫有精巢一对（位于19~25体节间）或多对，精巢产生精母细胞在体腔中分裂、成熟形成精子，由肾管排出；雌虫几乎每节有一对卵巢。卵巢产生卵在体腔中成熟后，由背侧临时开口或背纤毛器（体腔管遗迹）排出。卵在海水中受精，经螺旋卵裂，定型发育，实囊胚，以外包法形成原肠胚。经担轮幼虫发育为成虫。

已知沙蚕科（Nereidae）以及裂虫科（Syllidae）、矶沙蚕科（Eunicidae）的不少种类具有一种特征性的生殖现象，称为生殖态（epitoky）。即在生殖时期，通过整个个体的变态（meta-morphosis）（如沙蚕类）或通过体后部体节的分化（differentiation）（如矶沙蚕和裂虫类），体后部体节发生显著的变化，变为生殖节（epitoke），是产生生殖细胞的体节；体前部的体节基本上保持原来的形态，不产生生殖细胞，称为无性节（atoke）。使其身体明显分成两个不同区域，因此过去也称其为异沙蚕相（heteronereis phase）。如露斑沙蚕（Nereis irrorata）、N. succinea，眼变大，口前叶的触手、触须退化（图9-10），前端15~20体节无大变化，后部的生殖节，体节变宽、疣足扩大且具特殊的新刚毛，体壁肌肉细胞、消化管等发生组织分解，体节内包含大量的生殖细胞。这种沙蚕，雌、雄生殖腺同步成熟。当其成熟时，同时从海底（底栖的）游向海水表面，雌、雄虫各释放卵或精子。这种同步的行为称为群游现象（swarming）。有实验证据表明，雌虫产生外激素（pheromone）吸引雄虫并刺激其释放精子，精子又刺激卵的排放。如裂虫类的一种自裂虫（Autolytus）雄虫围绕雌虫转圈游动，用其触须碰触雌虫并释放精子。这种同步化群游现象通常是由光信号变化引起的，如在月明之夜或黎明、黄昏时，个别的种类在阴天的夜里，离开海底升至水面。总的看，不同种类，月光的时相引起群游时期不同。从体内机制看，多毛类的生殖事件是由激素控制调节的。激素是由脑神经节产生的神经分泌物（neurose-cretions）或在裂虫是由吮吸前肠（sucking foregut）的神经成分分泌的。激素是调节整个生殖时期。至于控制群游的精确机制以及群游与正常生殖控制之间的关系仍知之甚少。

生殖的同步群游，在南太平洋接近Samoa的一些岛屿附近发生在11月望月之后的一周，主要为矶沙蚕，当其大量地同步群游到海面，正为当地居民准备了最大的丰盛的年宴。他们用勺盛到网内、篮子里，然后烧烤或用面包树（breadfruit，产于南太平洋诸岛）叶卷着吃。但年宴是短暂的，生殖群游仅历时两天。

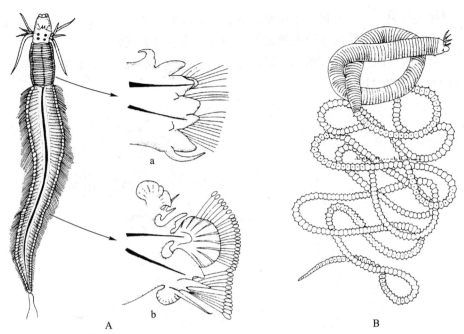

■ 图 9-10　多毛类的生殖态

A. 露斑沙蚕无性节（a）和生殖节（b）的疣足，注意其疣足刚毛的差异；B. 绿漂沙蚕（*Palola viridis*，矶沙蚕科），注意生殖节与无性节的不同（自 Barnes，仿 Fauvel 等）

9.2.2　多毛纲的主要特征

多毛纲是环节动物门中较为原始的一类，主要生活在海水中，极少数生活在淡水。多营自由游动生活或少数管栖穴居，极少数寄生。

（1）一般头部明显，感觉器官发达，头部由口前叶和围口节构成，其上常有眼、触手、触须和项器；营管栖或穴居种类头部和感官常退化。

（2）体节一般明显，同律分节（原始种类体节不明显）。在每一体节两侧生有一对疣足，疣足是原始的附肢，是由体壁延伸形成的叶状结构，分为背叶、腹叶、背须和腹须，疣足上有刚毛（刚毛形态及疣足形态的变化常是分类依据）。疣足是运动器官，也有呼吸功能。

（3）体壁主要由角质膜、上皮、环肌、纵肌及体腔膜构成。此外，尚有背腹斜肌，体腔内有背、腹系膜将每节体腔分隔成左右两个。

（4）消化系统，包括口、咽或吻（如吻不存在则为口腔与咽）、食道、胃、肠、直肠和肛门。消化管具有肌肉层，可促进肠蠕动。不同种类的消化管适于不同的生活习性也有不同的改变。原始的种类消化管无明显分化。

（5）循环系统，大多数多毛类为闭管式循环系统（如沙蚕），也因种类不同而有变化，如最原始的种类无循环系统，而由体腔液进行物质运输；也无呼吸器官，而是通过体表进行气体交换。大部分多毛类通过疣足或由疣足背须或背叶特化的鳃进行呼吸。

（6）排泄系统，大多数多毛类为后肾管，一些原始种类具有原肾管，或原肾管与体腔管结合，呈不同程度的结合形态。

（7）神经系统，大多数多毛类的神经系统与沙蚕的相似，较原始的种类具有双腹神经索和每节 1 对神经节，在不同种类又有不同程度的愈合。

（8）生殖与发育，大多数多毛类为雌雄异体，无固定的生殖腺和生殖导管。在生殖季节，生殖腺来自体腔上皮，精子由肾管排出；卵成熟后由体背侧临时开口排出，在海水中卵子受精，经螺旋卵裂，定型发育，经担轮幼虫发育为成虫。多毛类的沙蚕科、矶沙蚕科、裂虫科的一些种类具有一种特征性的生殖现象——生殖态和群游现象。

多毛类少数种类能行无性生殖，主要进行出芽生殖或分裂生殖，如裂虫（*Syllis*）和自裂虫（*Autolytus*）（图 9-11）。

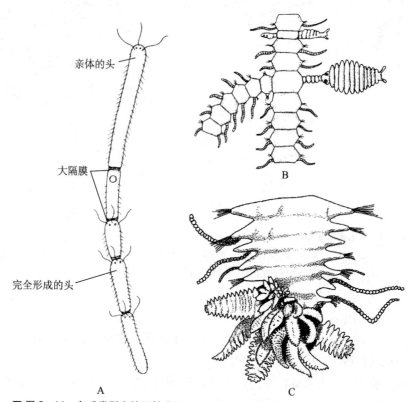

亲体的头

大隔膜

完全形成的头

A

B

C

■ 图 9-11　多毛类裂虫的无性生殖

A. 一种 *Syllis* 的横分裂；B. 另一种 *Syllis* 的出芽生殖，从疣足出芽；C. *Trypanosyllis*（属裂虫科）后端示芽生的成丛的生殖节（A，B. 自 Brusca 等，A 仿 Russell-Hunter，B 自 Meglitsch；C. 自 Ruppert 等，仿 Potts，自 Fauvel）

9.2.3　多毛纲的分类

关于多毛纲的分类，过去分为两个亚纲：游走亚纲（Errantia）和隐居亚纲（Sedentaria），现在认为这两个亚纲中的一些种类，其表面的相似性是趋同演化（convergence）的结果。因此认为它在分类上不再具有有效性。现在多毛纲的分类也不一致，我们根据现在的分类趋势，将多毛纲根据口前叶上触须的有无分为 2 个亚纲。

（1）蠕形亚纲（Scolecida）　口前叶上无触须（或其他附属物），体蠕虫形，尾节上有两个或多个触须，具有能突出的球形吻，穴居或管栖，为"隐居"的多毛类。如沙蠋（*Arenicola*）形似蚯蚓，俗称海蚯蚓，栖于海底泥沙中的"U"形穴内，头不明显，无触须及触手，吻外翻呈球形，疣足退化，体分胸、腹、尾 3 个区，仅腹区有羽状鳃（图 9-12A）。又如臭海蛹（*Travisia*）、阿曼吉虫（*Armandia intermedia*）等（图 9-12B，C），两者皆属于海蛹科（Opheliidae），体呈蛹形，口前叶尖锥形，疣足退化。多穴栖于泥沙海岸，有的海滩其数量多达惊人，是海滩有机物循环的重要环节之一。

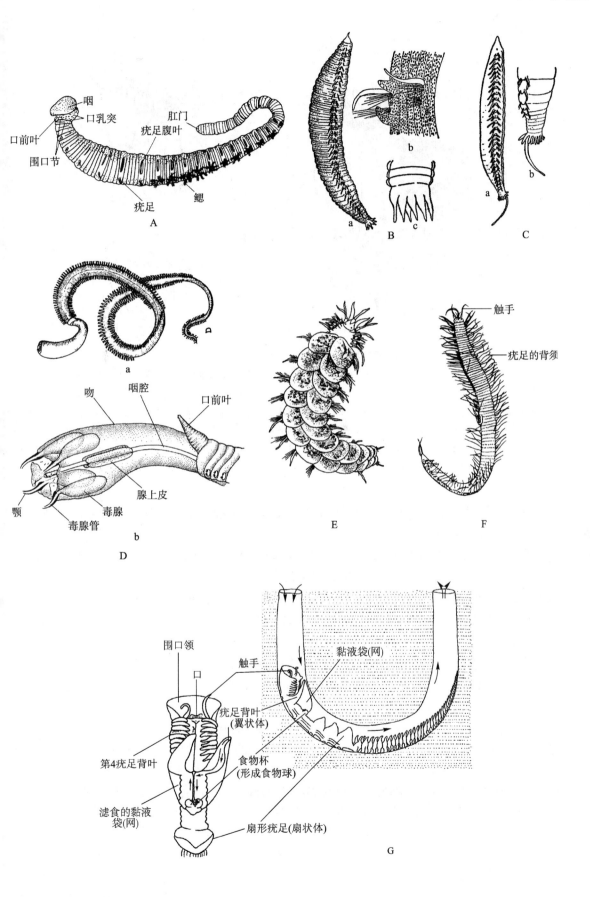

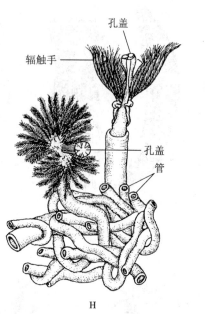

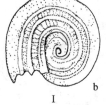

■ 图9-12 多毛纲几个重要类群的代表动物

A~C. 蠕形类：A. 沙蝎外形；B. 臭海蛹：(a) 侧面观，(b) 第14~15刚节疣足，(c) 肛部6个指状肛须；C. 阿曼吉虫：(a) 侧面观，(b) 尾部侧面观；D~F. 足刺类：D. 吻沙蚕：(a) 外形，(b) 前端，吻结构；E. 哈鳞虫；F. 裂虫；G~I. 管栖触须类：G. 磷沙蚕在栖管内及其前端腹面观，生活时扇状体不断摆动（约60次/min）引起水流经过栖管，翼状体分泌黏液，经黏液袋（网）滤出食物颗粒到食物杯形成食物球，经纤毛沟送入口内；H. 龙介虫；I. 螺旋虫：(a) 虫体，(b) 栖管（A. 仿 Sheman；B，C. 自陈瑞平；D，E. 自吴宝铃，D (b) 自 Brusca 等；F. 自高哲生；G. 自 Brusca，仿 Borradaile 等；H. 自 Brusca 等，仿 Benham；I. 自吴宝铃)

（2）触须亚纲（Palpata） 与蠕形亚纲为姐妹分类群。在口前叶（有的在围口节）上有一对感觉触须。分两个超目：

① 足刺超目（Aciculata）：全部具发达的疣足，其背叶或腹叶上至少有一足刺（aciculum），围口节上有触手，有多样的生活方式和取食方式。全能游走（即过去称为游走亚纲的多毛类）。例如沙蚕（*Nereis*）、鳞沙蚕（*Aphrodita*）、哈鳞虫（*Harmothoë*）体背侧覆有较大的鳞片（疣足背侧部分特化的）（图9-12E），吻沙蚕（*Glycera*）具较长大的吻，吻上有4个颚（图9-12D），裂虫（*Syllis*）、模裂虫（*Typosyllis*，均属裂虫科）口前叶有3个细长触手和1对短的触须，疣足背须较长呈念珠状；能行无性生殖（图9-12F）。隐毛虫（*Hermodice*）及其相关的种被称为头虫，其刚毛是空心、脆的，并含有毒分泌物，当碰触时，刚毛断在伤处，用以防卫捕食者。

② 管栖触须超目（Canalipalpata）：与足刺超目为姐妹分类群，管栖或穴居，是"隐居"种类。口前叶（或在围口节）上有触手，或有带纵沟的触手。如磷沙蚕（*Chaetopterus*）生活在海底泥沙里，皮质样的"U"形管中，能发磷光（图9-12G）；龙介虫（*Serpula*）生活在石灰质管中（图9-12H）；蛰龙介（*Terebella*）以沙粒、贝壳碎片和海藻等作管居住；螺旋虫（*Spirorbis*）在海藻上成扁卷螺样的钙质壳（图9-12I）。

9.3 寡毛纲（Oligochaeta）

寡毛纲有 6 000 余种，主要为陆生（约占此纲的 4/5）和水生，大部分在淡水，极少数生活在海水或微咸水中，也有的寄生。

9.3.1 代表动物——环毛蚓（*Pheretima*）

在国内最常见的蚯蚓为环毛蚓。本属有五六百种，分布广，国内有 100 多种。各种环毛蚓的大小很不一致，最长可达 70 cm（如海南岛保宁县的巨环毛蚓 *P. magna*），常见的多为二三十厘米。一般生活在潮湿土壤中，昼伏夜出，以腐败的有机物为食，连同泥土吞进。也食一些植物茎叶碎片。蚯蚓不仅能使土壤疏松，改善土质，而且具有医药用、食用、饲料用等多种价值，近几年国内外对蚯蚓的研究空前活跃，蚯蚓保健食品、蚯蚓纤溶酶（蚓激酶）等更是研究的热点。

9.3.1.1 外形特征

蚯蚓体呈细长圆柱形（图 9-13A，B）。各体节相似，通常由 100 个左右同形体节构成。头部不明显，由口前叶、围口节组成。感觉器官（如眼、触手、触须）退化。口前叶膨胀时，可伸缩蠕动，有掘土和触觉等功能。在口前叶的腹面有口，肛门在体末端为一竖的开口。全身除第 1 节（围口节）及最末的尾节外，其余各节中部着生一圈刚毛（刚毛着生位置、数目为分类依据之一）。腹面的刚毛有行动的功能，背部刚毛与钻穴活动有关。蚯蚓是雌雄同体，在体表有雌、雄生殖孔。在 14 节腹面中央有一雌性生殖孔。常见的（如直隶环毛蚓 *P. tschiliensis*、威廉环毛蚓 *P. guillelmi*、湖北环毛蚓 *P. hupeiensis* 等习见种）在第 6~7、7~8、8~9 各节间于腹面两侧有 3 对小孔，为受精囊孔（seminal receptacle opening）（图 9-13B），也有 2 对（如参环毛蚓 *P. aspergillum*）或 4 对（如中材环毛蚓 *P. medioca*、异毛环毛蚓 *P. diffringens*）的，交配时可接受另一个体的精子。在 18 节腹面两侧有 1 对突起，为雄性生殖孔所在处。在性成熟时第 14~16 节 3 节的上皮变为腺体细胞，比其他部分肥厚，无节间沟，色暗呈环状，称为环带（或生殖带 clitellum），它与生殖有关（环带所占的节数位置与形状为属的分类依据之一）。

9.3.1.2 结构与机能

（1）体壁、体腔与运动　蚯蚓的体壁结构与沙蚕的基本相同，由角质膜、表皮、环肌层、纵肌层和体腔膜组成（图 9-13C）。不同点是在柱状上皮细胞间夹杂许多不同的分泌黏液的腺细胞，能分泌黏液，使体表湿润光滑，便于钻洞和呼吸作用；上皮细胞间还有感觉细胞（sensory cell，也称 receptor cell），聚集形成感觉器（sense organ），司感受刺激；在上皮细胞基部尚有感光细胞（photoreceptor cell）。这些细胞的基部与神经纤维相连。在上皮层下神经纤维内侧为环肌层和纵肌层，肌肉层为斜纹肌。纵肌层较厚，肌细胞成束排列，一端附于肌束间含有微血管的结缔组织膜上，另一端游离。肌肉层内侧为单层扁平上皮组成的体腔膜。体壁上的刚毛是由上皮内陷所形成的刚毛囊内伸出的。刚毛的基部有肌肉与之相连，由于肌肉收缩可使刚毛伸缩或改变方向。蚯蚓在蠕动时，体前端的环肌收缩，身体伸长变细，推动前端向前，在前端的刚毛锚定，然后纵肌收缩，环肌舒张，体缩短变粗，拉动后端向前，这样沿着整个身体的收缩波使其逐渐向前运动。即蚯蚓的蠕动运动和挖洞活动主要依靠体壁环肌与纵肌的交替收缩，在流体静力骨骼和刚毛的辅助作用下完成。

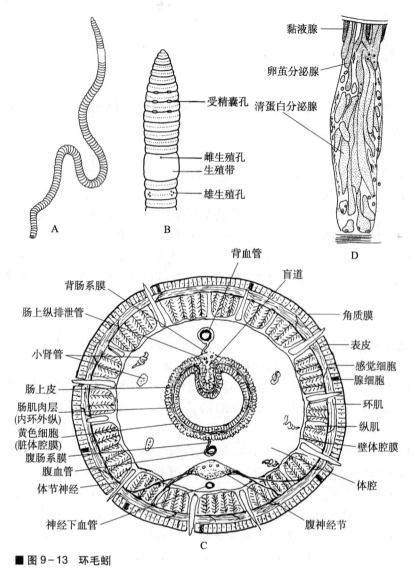

黏液腺

卵茧分泌腺

清蛋白分泌腺

受精囊孔

雌生殖孔
生殖带
雄生殖孔

A

B

D

背血管

背肠系膜

盲道

肠上纵排泄管

角质膜

小肾管

表皮

感觉细胞
腺细胞

肠上皮

环肌

肠肌肉层
(内环外纵)

纵肌

黄色细胞
(脏体腔膜)

壁体腔膜

腹肠系膜

体腔

腹血管

体节神经

腹神经节

神经下血管

C

■ 图 9-13 环毛蚓

A. 成虫外形；B. 体前端腹面现；C. 体中部横切面；D. 生殖带的上皮，示 3 种
类型的分泌细胞（C. 自刘凌云；D. 自 Brusca 等）

　　在体壁之内为真体腔，内脏器官位于其中，体腔内充满体腔液，含有淋巴细胞、变形细胞、黏液细胞等体腔细胞。各体节间的隔膜将体腔分成一系列的体腔室（coelomic compartment），各隔膜上有小孔，由其上的括约肌（sphincter muscles）调节体腔液通过。体腔通过体腔孔（coelomopore，或称背孔 dorsal pore，在背中线自 11~12 节开始的各体节间）与外界相通。这些小孔也由括约肌保护调节体腔液逸出到体表。遇有干燥或剧烈刺激，体腔液从背孔逸出或喷出，有湿润体表和防卫功能。

　　蚯蚓的背、腹肠系膜退化，仅残留有腹血管与肠之间的部分腹肠系膜。也有的还存在部分背肠系膜。

　　（2）摄食与消化　蚯蚓的消化管位于体腔中央，纵贯全身，穿过隔膜，分化为口、口腔、咽、食道、嗉囊、砂囊、（胃）肠、肛门等部分（图 9-14）。蚯蚓为食腐动物，主要以腐烂的有机物、植物叶茎碎片等为食。食物由口入口腔，咽部有单细胞咽腺分泌黏液和蛋白酶，可湿润食物和初步消化，由厚壁肌肉性咽（咽壁肌肉放射状连于体壁）的肌肉收缩，咽

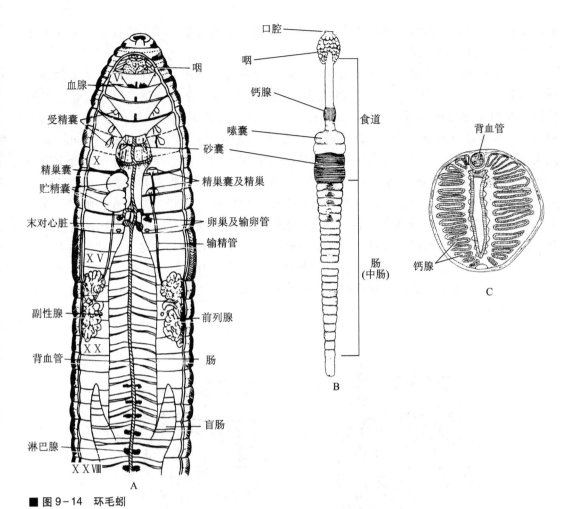

■ 图 9-14 环毛蚓

A. 环毛蚓的解剖背面观；B. 消化系统，注意钙腺位置；C. 钙腺横切面（A. 自陈义；B. 自 Jamieson；C. 自 Barnes）

腔扩大，使咽部如吸管样将食物吞下。咽后为一短而细的食道，其壁有钙腺（calciferous gland）（图 9-14B，C），能分泌钙离子到消化管，可中和酸性物质。由于蚯蚓随着食物吞入土中的钙易引起血钙升高，这样减低了其血液中钙离子浓度，因此，钙腺实际司离子调节，而不是消化腺，它也调节体腔液的酸碱平衡。食物经食道进入薄壁的嗉囊（crop），暂时储存，然后进入砂囊（gizzard），在砂囊内由于囊壁肌肉收缩和囊内壁厚的角质膜的摩擦，可将食物磨碎。由口至砂囊是外胚层形成的，属前肠。其后为肠（在肠之前段较细部分常称为胃），消化吸收主要在肠内进行。在肠壁背侧中央凹入成一纵沟称为盲道（typhlosole），可增加消化吸收面积。在肠的两侧（在 26 或 27 节处）向前伸出 1 对锥形盲囊（caeca），能分泌多种酶，为重要的消化腺。（胃）肠来源于内胚层，属中肠。肠之末端变细较短（有人称直肠），无盲道，无消化功能，开口于肛门，这一段来源于外胚层，属后肠。不能消化的食物连同大量的泥土经肛门排出体外，称为蚓粪。它被誉为新型全价复合肥料，含有大量的有机质和腐植酸以及氮、磷、钾多种微量元素和氨基酸等。

围绕肠、背血管和盲道中有大量的黄色细胞（chloragogen cell，也称黄色组织 chloragogen tissue）（图 9-13C），来源于体腔膜。过去认为它可能有排泄作用，现已知这种细胞在中间代谢中有活性，类似于肝的功能。黄色细胞是糖原（glycogen）和脂肪合成和储存的主要中心，毒素的储存和去毒性，血红蛋白的合成以及蛋白质的分解作用、氨的形成和尿素的合成，也发生在这些细胞内。

（3）循环和呼吸　蚯蚓的循环系统较复杂，为闭管式循环（图9-15）。主要的血管包括3条纵行血管（背血管、腹血管和神经下血管）、环行血管（动脉弧、壁血管）及微血管网（在组织细胞间）。背血管（dorsal vessel）位于消化管的背面中央，较粗，管壁较厚，肌肉性，可搏动（犹如心脏），其中血液自后向前流动，主要经过动脉弧（aortic arches）到腹血管（ventral vessel）（一部分经背血管在体前端至咽、食道等处，分支入食道侧血管至肠壁）。环毛蚓的动脉弧为4对（或5对）。在动脉弧和背血管内有瓣膜，过去称动脉弧为心脏，现在认为它有助于推动血流并维持平稳的血压到腹血管。腹血管的血液由前向后流动，每体节都有分支至体壁、肠、肾、隔膜等处。在体壁上形成微血管网，进行氧体交换。富含氧的新鲜血液经神经下血管（subneural vessel，在腹神经索之下）和壁血管（parietal vessel，连接神经下血管和背血管）收集后到背血管，背血管又有分支收集从消化道来的含丰富养料的血液，继续向前流动，再至身体各部分，使多氧气、多养料的血液循环不息，供全身需要。

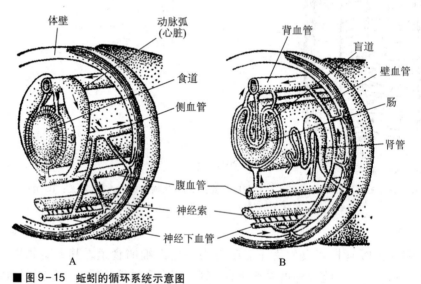

■ 图9-15　蚯蚓的循环系统示意图

A. 前端；B. 后端（仿 Storer 和 Usinger）

蚯蚓无呼吸器官，主要通过体表进行气体交换。氧溶于湿润的体表，再渗入角质膜及上皮到达微血管网，血浆中的血红蛋白与氧结合，输送到体内各部分。蚯蚓的上皮分泌黏液，体腔孔排出体腔液，经常保持体表湿润，有利于呼吸。

（4）排泄与渗透调节　排泄器官为后肾管（图9-5A）。蚯蚓的后肾管是一种高效选择排泄和渗透调节的器官。一般种类每体节一对大肾管。环毛蚓无大肾管，而具有小肾管，可分为3类：隔膜小肾管（septal micronephridium）、咽头小肾管（pharyngeal micronephridium）和体壁小肾管（parietal micronephridium）。隔膜小肾管位于14体节以后各隔膜的前后侧，为典型的后肾管，只是肾孔开口于肠内；咽头小肾管位于咽部和食道两侧，无肾口，肾孔开口于咽；体壁小肾管位于体壁内面，很小，数目多（200余条），无肾口，肾孔开口于体表。这3类小肾管富微血管，有的肾口开口于体腔，可排除血液中及体腔液的代谢废物。

（5）神经和感官　蚯蚓的神经系统为典型的索式神经系统。中枢神经系统包括：脑神经节、围咽神经、咽下神经节及其后的腹神经索，在每个体节内有一神经节（图 9-6A，B）。从脑神经节分出神经至口前叶、口腔壁等处；从围咽神经分出神经到口腔壁和第一节；从咽下神经节分出神经到体前端几个体节的体壁上；腹神经索的每个神经节均发出 3 对神经，分布在体壁和各器官。这些从中枢神经分出的神经称为周围神经系统（peripheral nervous system）。周围神经系统的每条神经都含有感觉神经纤维和运动神经纤维。感觉神经细胞将上皮接受的刺激传导到腹神经索的中间神经元（interneuron，或称调节神经元 adjustor neuron）。再将冲动传导至运动神经细胞，经神经纤维传导到肌肉等反应器，发生反应（图 9-16）。这是简单的反射弧。

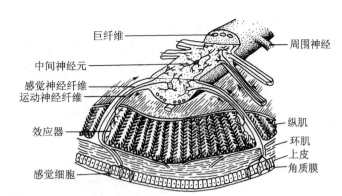

■ 图 9-16　蚯蚓神经系统部分纵切与横切，示简单的反射弧
（仿 Storer 等）

　　蚯蚓还有由脑神经节伸出神经至消化管，称交感神经系统（sympathetic nervous system）（图 9-6B）。在腹神经索内具有巨纤维（图 9-16），其分支到纵肌，当蚯蚓受到刺激时，传导冲动极快，引起纵肌快速收缩，避开敌害。

　　感觉器官不发达，体壁上有小突起样的体表感觉乳突，有触觉功能；分布在口腔的口腔感觉器有味觉和嗅觉功能；光感觉器分布于体表上皮细胞间，在口前叶及前端几节较多，可分辨光的强弱，蚯蚓避强光趋弱光。

9.3.1.3　生殖与发育

　　蚯蚓为雌雄同体，结构较复杂。雄性生殖系统（图 9-17，图 9-14A）：有精巢两对，被包在两对精巢囊（seminal sac）内（囊壁由体腔膜发育而成），在第 10 及 11 节内腹神经索两侧。囊内有精巢和精漏斗（sperm funnel）。各囊向后通入第 11 和 12 节内的两对大的贮精囊（seminal vesicle）。每一精漏斗向后连一条细的输精管，两侧的两条输精管并列后行至第 18 节内与前列腺（prostate gland）的导管汇合，通至雄性生殖孔（图 9-14A）。前列腺分泌黏液，与精子活动和营养有关。精细胞自精巢产生，先入贮精囊中成熟，已成熟的精子进入精巢囊，由精漏斗经输精管到雄性生殖孔排出。雌性生殖系统：卵巢一对，很小，由许多极细的卵巢管组成，附于第 13 节前面的隔膜上，位于神经索的两侧。在后隔膜前有一对输卵管漏斗（oviduct funnel），后接短的输卵管，穿过隔膜，在第 14 节汇合开口于雌性生殖孔。

还有受精囊（纳精囊，seminal receptacle）3 对（*P. diffringens* 为 4 对，*P. aspergillum* 和 *P. californica* 为 2 对），各由一个长圆形的囊和一个细的盲管构成（位于 7、8、9 三个体节内消化道之两侧），开口于受精囊孔。有接受、储存对方精子的作用。

　　蚯蚓虽为雌雄同体，但必须异体受精。当其性成熟，两个个体交配时，它们的前端腹面相对，借生殖带分泌的黏液紧贴在一起（图 9-18A，B）。各自的雄生殖孔贴紧对方的受精囊孔（有谓"阴茎"插入孔内），彼此放出精液到受精囊内，然后两蚯蚓分开，待卵成熟时，生殖带分泌大量黏稠物，于生殖带周围形成革质的蛋白质套管（即形成卵茧的管），管内有由生殖带分泌的大量白蛋白，卵排于其中，此后蚯蚓身体

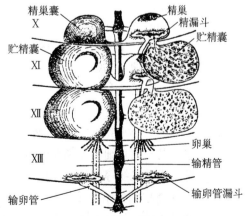

■ 图 9-17　环毛蚓的生殖器官
去掉右侧贮精囊和精巢囊的囊壁示其内部结构，注意精巢、精漏斗、精巢囊与贮精囊的位置关系（自陈义）

向后退，含有卵的卵茧管相对向前移，当其移至受精囊孔时，受精囊内的精子排入套管内，在白蛋白的基质中与卵结合成为受精卵。最后，蚯蚓前端完全退出套管（图9-18C）。管留在土中，两端封闭，形成卵茧（cocoon），呈麦粒状，色淡褐，内含1~3个受精卵。蚯蚓为直接发育，无幼虫期。受精卵经完全不均等卵裂发育成有腔囊胚，以内陷法形成原肠胚，经2~3周孵化出小蚯蚓。

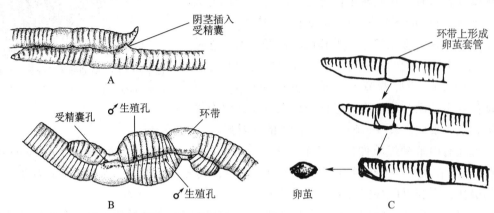

■ 图9-18 蚯蚓交配及卵茧的形成示意图

A. 环毛蚓交配；B. 正蚓交配，雄生殖孔不直接对着对方的受精囊孔，精子出来后需经过精沟到达受精囊孔；C. 示卵茧的形成（A，B. 自Ruppert等，A仿Oishi自Avel，B仿Grove等自Avel；C. 自刘凌云）

9.3.2 寡毛纲的主要特征

寡毛纲中大多数陆栖者为高等种类（或类群），少数水栖者属于低等种类（或类群）。由于前者的种类数量在寡毛纲中占绝对优势，因此环毛蚓的形态结构和机能、生殖和发育足以代表寡毛纲的主要特征。这类动物适应土壤穴居生活，其形态结构和机能与多毛纲营自由游动生活的种类相比有明显不同。

（1）头部（口前叶和围口节）不明显，感觉器官不发达。

（2）同律分节的体节一般明显，仅水栖低等种类如颤体虫（*Aeolosoma*）体节不明显。无疣足，而具刚毛。刚毛有辅助运动的功能。刚毛着生在体节的部位、形态数目是分类的依据之一。

（3）在一定体节上，性成熟时具有环带（生殖带），其分泌物可形成卵茧，受精卵在其内发育。生殖带所在的体节数在不同属的陆栖者不同，如环毛属生殖带在第14~16体节，爱胜属（*Eisenia*）在25~33体节，杜拉属（*Drawida*）在10~13体节，异唇属（*Allolobophora*）在26~34体节；而在水栖种类生殖带所占的体节数和位置各不相同，占1节或数节。

（4）体壁结构与多毛纲的基本相同，但无背腹斜肌，在上皮层内夹杂大量不同的腺细胞，以及感觉细胞和感光细胞。前者分泌黏液以湿润体表，利于钻洞和呼吸，后者分别司触觉、感受光线等刺激的作用。体腔内的背、腹系膜常不发达。

（5）消化系统较复杂，前肠、中肠、后肠分化明显，包括口、口腔、咽、食道、嗉囊、砂囊、胃、肠、直肠和肛门，并有咽腺、盲囊腺。在摄食和消化食物时各有其不同的功能。食道钙腺有调节离子平衡的功能。蚯蚓为食腐性动物，不能消化的食物和大量泥土经肛门排出，为蚓粪。水栖低等种类消化管变化很少，或有扩大的胃，或胃肠不分。

（6）循环系统为典型的闭管式循环，在体壁上有丰富的微血管网，主要通过体表进行气体交换。

（7）排泄系统为后肾管，一般每个体节有一对大肾管。有些种类无大肾管，而有许多小肾管。

（8）神经系统为典型的索式神经系统。有中枢神经系统、周围神经系统及交感神经系统。在腹神经索内有巨纤维，其分支连到纵肌，传导冲动极快，利于动物避开敌害，感官不发达。

（9）雌雄同体，生殖系统较复杂，通常位于体前部，且生殖器官的不同部分各位于特定的体节内。雄生殖器官：精巢两对或一对，通常每个精巢与精漏斗被包在精巢囊内，精巢囊向后连有贮精囊，精子在其内成熟，然后经精漏斗、输精管到雄生殖孔排出。输精管远端常连有前列腺，其分泌物有滑润和营养精子作用。雌生殖器官：卵巢一对，由输卵管漏斗及输卵管通至雌生殖孔。受精囊一至数对，常在生殖带之前。有几种水栖种类无受精囊。精子和卵非同时成熟。生殖时需进行交配，异体受精。在卵茧内精卵结合、发育。卵裂为不等全裂，虽有很多变化，但仍属螺旋卵裂，保持环节动物基本发育程序。直接发育。发育时间根据种和环境条件不同而异，从一周到几个月。在适宜稳定条件下发育时间较短。每个卵茧内受精卵的数目根据种类而不同，从一个到约 20 个，然而仅有 1 个或少数达到孵化阶段。卵茧的形状、大小常因种而异。

9.3.3 寡毛纲的分类

寡毛类的分目，意见不一。多年来不少学者根据雄生殖孔在具精巢、精漏斗体节的前后位置，分为近孔目（Plesiopora，在同一体节的后半部）、前孔目（Prosopora，在该体节的隔膜之前）、后孔目（Opisthopora，在该体节的后一节或后几节）。Jamieson（1978）根据生殖腺、环带和刚毛等结构将寡毛纲分为 3 个目：带丝蚓目（Lumbriculida）、颤蚓目（Tubificida）和单向蚓目（Haplotaxida）。也有根据生境分为水蚓目（Limnicolae）和陆蚓目（Terricolae）。前者生殖带在第 11 节之前，♂孔在♀孔之前，常有无性生殖；后者生殖带在第 11 节之后，♂孔在♀孔之后，没有无性生殖。现在有倾向认为水栖和陆栖种类各为不同的分类群。

水栖类群（Aquatic taxa）或水蚓目：世界性分布，大部分生活在淡水，底栖钻洞，很少构建栖管，有些生活在水生植物上；少数生活在海洋的潮间带或潮上带。这类动物一般体型较小。体壁通常透明，可见其内部结构，生殖带多由单层细胞组成，这样的生殖带几乎不分泌白蛋白（albumen），代偿地是卵较大，卵内卵黄较多。如颗体虫（Aeolosoma）、颤蚓（Tubifex）、尾鳃蚓（Branchiura）、头鳃蚓（Branchiodrilus）、仙女虫（Nais）、水丝蚓（Limnodrilus）以及蛭形蚓（Branchiobdella）等（图 9-19）。

陆栖类群（Terrestrial taxa）或陆蚓目：所有陆地生活的蚯蚓全属此类。为大型环虫，一般在土壤中挖洞生活，生殖带由多层细胞组成（图 9-13D），能分泌白蛋白，卵相对无卵黄。如环毛蚓、杜拉蚓（Drawida）、爱胜蚓（Eisenia）、异唇蚓（Allolobophora）等（正蚓属 Lumbricus 在欧美极普遍，东方没有）。这些属可根据生殖带所在的体节数的不同加以鉴别（见 9.3.2）。赤子爱胜蚓（Ersenia foetida）、毛里巨蚓（Megascolex mauritii）和无锡微蠕蚓（Microscolex wuxiensis）为我国著名的发光蚯蚓。国外发光蚯蚓有十几种。

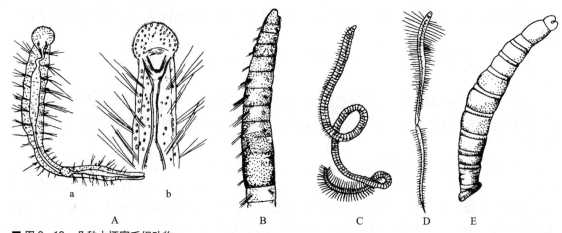

■ 图9-19 几种水栖寡毛纲动物

A. 颗体虫（a整体，b体前端），体节不明显，自第两节起每节有4束刚毛；B. 颤蚓，体细长，微红色；C. 尾鳃蚓，体后端每节有丝状鳃一对；D. 头鳃蚓，体前端有较长的鳃；E. 蛭形蚓，寄生于虾类体表，体圆柱形，末端有一吸盘（自陈义）

9.4　蛭纲（Hirudinea）

蛭俗称蚂蟥，约有500种，绝大多数生活在淡水中，极少数生活在海水，个别种类生活在热带温暖潮湿的丛草林中，多营暂时性外寄生生活，以吸食脊椎动物（包括人）和无脊椎动物的血液或体液为食；有的种类是永久性寄生的；少数种类是肉食性的，以小的无脊椎动物为食。蛭类体长多为2~6 cm，有的更小或更长，最大的当属亚马孙流域的一种蛭（*Hermenteria ghilianii*），长可达45 cm。在蛭类中最受人关注的是医蛭（*Hirudo*，也有译为水蛭），因为它在医药方面有价值。在我国北方和东北亚主要有日本医蛭（*Hirudo nipponia*）。此外还有欧洲医蛭（*Hirudo medicinalis*，也译为医用蛭）、澳洲医蛭（*Hirudo quinquestria*）、埃及医蛭（*Hirudo aegyptiaca*）等。我们以医蛭为重点阐述蛭类的主要特征。

9.4.1　形态结构与机能

（1）体节、体环与吸盘　蛭纲动物体背腹扁，体节数目固定，一般为33节（也有认为34节，是将口前叶包括在内；或认为头部由前端4个体节愈合而成。这由胚胎发育期及其后的神经节的分布可以鉴别。棘蛭为30节，鳃蛭为15节）。末端7节愈合为吸盘。故体节仅可见26节。每个体节又有数个形似节间沟的体环（annulus）（图9-20）。头部不明显（由退化的口前叶和前端几个体节构成），其背侧常有数对眼点。体表（除棘蛭外）无刚毛。体前端和后端各有一吸盘（sucker），称为前吸盘（口吸盘）和后吸盘，有吸附功能，可辅助蛭类进行成环运动（looping movements），即蛭形运动。

（2）体壁、体腔和循环　体壁结构较其他环节动物复杂（图9-21）。在上皮层之下尚有较厚的真皮（dermis），其中有色素细胞，以使体表出现色泽；在环肌与纵肌之间有一层斜肌（oblique muscles），还有背腹肌（dorsoventral muscles）。

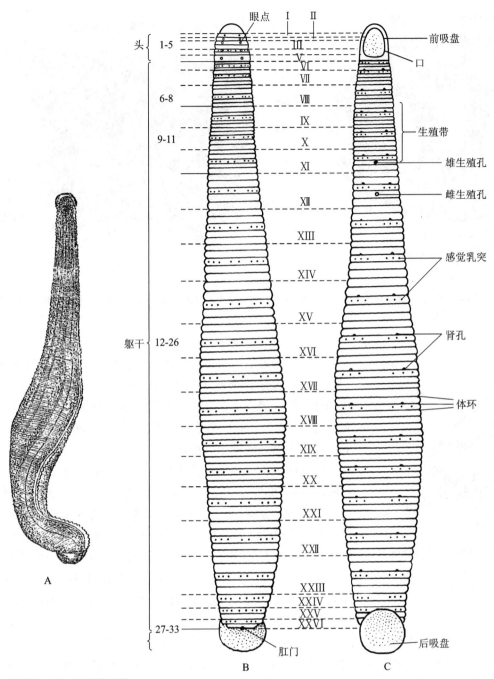

■ 图 9-20　医蛭外形图

A. 欧洲医蛭（自然状态）；B，C. 示体节、体环及其上的结构：B. 背面观；C. 腹面观（A. 自 Аверинцев；B，C. 参考 Parker & Haswell，Ruppest 等修改绘制）

　　体腔退化缩小，大部分被结缔组织和来源于体腔上皮的葡萄状组织（botryoidal tissue）所占据，仅留下一些腔隙（lacuna）或管道（channel）（图 9-21）。其中主要的管道有背管道（dorsal channel）、腹管道（ventral channel）及侧管道（lateral channel）或称为背、腹、侧血窦（sinus）。原来的循环系统完全被缩小的体腔管道所取代。循环的液体实为血体腔液（haemocoelomic fluid）。实际是血体腔系统（haemocoelomic system）代替了血循环系统。血循环主要依侧管道壁肌肉收缩和蛭体运动来完成。

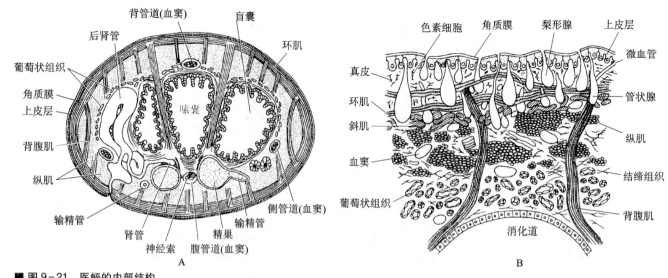

■ 图9-21 医蛭的内部结构

A. 医蛭的横切面，注意其血管系统已消失，并由体腔管道所取代；B. A图的部分放大，注意体壁结构，并考虑为什么它成为"无体腔"的结构（自 Brusca 等；A. 仿 Kaestner；B. 仿 Mann）

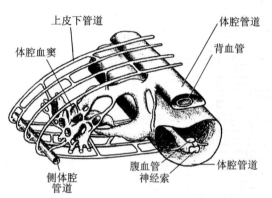

■ 图9-22 盾蛭（*Placobdell costata*）血体腔循环系统的一部分，示血管和体腔管道并存

（自 E. E. Ruppert 等，仿 Oka，自 Harant & Grasse）

较原始的棘蛭，真体腔发达，血管系统仍存在，为闭管式，如寡毛类。大部分吻蛭类（Rhynchobdellida）既有缩小体腔形成的背、腹、侧管道，又有祖先环节动物的背、腹血管位于背、腹管道中；在背、腹、侧管道间有体腔血窦网相连（图9-22），有些蛭类在循环液体中有血红蛋白。

蛭类呼吸，主要通过体表进行气体交换，鳃仅存在于鳃蛭（Branchiobdellida）。排泄主要通过按体节成对排列的肾管进行。

（3）摄食和消化　在已知的蛭类中约有 3/4 的种类是吸血的，其余是肉食性的。肉食者主要捕食、吞噬一些小的无脊椎动物。吸血种类不是局限于一种寄主，通常以动物的一个类群为寄主，侧如盾蛭（*Placobdell*）几乎以任一种海龟或鳄鱼为寄主，很少吸食两栖或哺乳动物血液。哺乳动物是医蛭选择的寄主。蛭类的消化管分化为口、口腔、咽、食道、嗉囊（胃）、肠和肛门（图9-23A）。吸血蛭类如颚蛭类包括医蛭，口腔中有 3 个边缘具齿的颚片（背侧一个，侧面两个）（图9-23B）。当其遇到寄主时，以口吸盘吸住寄主皮肤较薄部分并以颚片切破皮肤，寄主伤口被一种不知来源的物质所麻醉，蛭类咽部如吸管样吸食血液，咽部的单细胞唾液腺分泌蛭素（hirudin），有抗血凝作用。在无颚吸血的种类中，还可能产生一些酶，有助于吻钻入寄主皮肤（图9-23C）。吸入的血液经短的食道进入发达的嗉囊，在其两侧有数对盲囊（医蛭有 11 对，蚂蟥 5 对）（肉食者食道通入长管状胃或也具胃盲囊，现在多认为嗉囊即为胃，属中肠部分），嗉囊有储存血液功能。在嗉囊之后为肠，开口于肛门。

许多种蛭类的消化管分泌物没有淀粉酶、脂酶及内肽酶（endopeptidase 也称肽链内切酶），只有外肽酶（exopeptidase 也称外肽端解酶）。这可能解释消化缓慢的原因。而在消化管中有共生细菌帮助消化，医蛭（*Hirudo medicinalis*）的共生菌为嗜水气单胞菌（*Aeromonus hydrophila*），能降解大分子的蛋白质、脂肪和糖类，而且，随着蛭类吸血，细菌群落显著增加，细菌也产生蛭类所需的维生素和其他化合物。

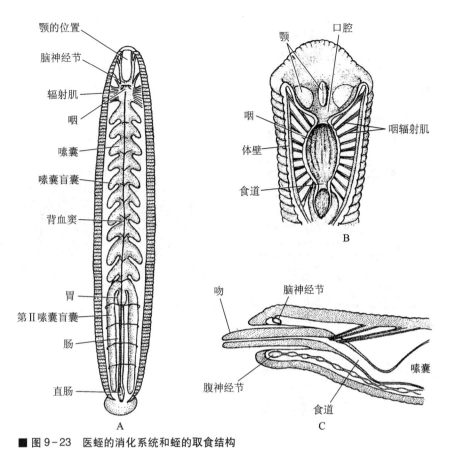

■ 图 9-23　医蛭的消化系统和蛭的取食结构

A. 医蛭的解剖，示消化系统；B. 医蛭体前端解剖腹面观；C. 吻蛭前端纵切示吻及前端
结构，实际吻是咽突出形成的（A. 仿 Mann；B，C. 仿 Barnes）

　　吸血蛭类一般遇到寄主的机会较少，当其一遇机会，就饱餐一顿，如山蛭（*Haemodipsa*）一顿血餐体重可增加 10 倍，医蛭体重可增加 2~3 倍。摄食后，从血液中去除水分，并通过肾管排泄。已知医蛭消化一顿饱餐需要 200 天，它能忍受饥饿几个月，甚至长达一年半之久。

　　（4）神经和感官　蛭类的神经系统与其他环节动物基本相似，不同点是其前、后端神经节集中愈合。一般前端 5 对神经节愈合形成咽上神经节和咽下神经节，其后，腹神经索由 21 对神经节组成（6~26 体节），它构成躯干神经索。后端的 7 对神经节（27~33 节）愈合成尾神经节与后吸盘结合。整个中枢神经系统被包围在腹体腔管道中（图 9-21A）。

　　神经元相对数目少，细胞体较大，在医蛭 21 个体节的神经节每个含有 175 对神经细胞体，它围绕中枢的神经纤维两侧排列成神经纤维网（neuropil）（图 9-24）。在其中形成突触连接。由于细胞体较大，足以用电极探测并制图，因此它是研究神经结构与功能的好材料，深受神经解剖学者和神经生理学者的关注。

　　蛭类的感觉器官，包括 2~10 对眼点（医蛭 5 对）和感觉乳突，每个感觉乳突是由一丛感觉细胞和支持上皮组成的，呈突出的圆盘形，在体背部成排排列或在体节的一个体环上成环排列（图 9-20）。感觉器官的敏感性通常适应于蛭类发现寄主或捕获物。

　　（5）生殖和发育　蛭类全部行有性生殖，雌雄同体，经交配异体受精，具有生殖带，生殖腺在体前部占一定的体节。这些与寡毛类相似。雌性生殖器官有 1 对卵巢（包在卵巢囊内），1 对输卵管，阴道开口为雌性生殖孔（医蛭在第 11 体节）。雄性生殖器官有 4~12 对精巢（医蛭为 10 对），每个精巢都包在精巢囊中，经输精小管通入两侧的输精管至贮精囊、射

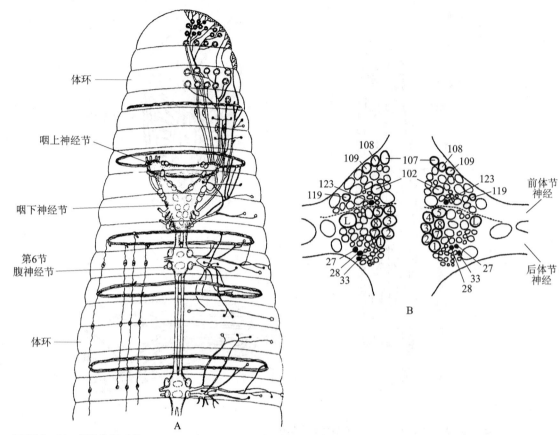

■ 图 9-24　蛭的神经系统

A. *Erpobdella punctata* 的神经系统，脑位于第 5 节，包括成对的咽上神经节（原来的口前叶和围口节的神经节），腹部前 4 对神经节（2~5 节）愈合成为咽下神经节；B. 蛭的一个体节的神经节的背面观，圆圈代表细胞体，实心黑圈——中间神经元，粗线圈——运动神经元（A. 自 E. E. Ruppert 等，仿 Bristol，自 Harant & Grassé；B. 自 G. S. Stent）

精管，两射精管联合成阴茎，雄性生殖孔开口在腹中线（医蛭在第 10 体节）。在生殖季节（常在春季）生殖带明显，两个体交配、异体受精、形成卵茧，受精卵在卵茧内直接发育。这与蚯蚓相同。不同点，蛭类没有受精囊，交配时两个体雌、雄生殖孔彼此相对，借助阴茎将精子注入对方生殖孔。有少数种类（如许多吻蛭类和咽蛭类）没有阴茎，而是将精荚（spermatophore）注入对方生殖带的皮下，然后精子到卵巢囊内与卵结合。受精卵产于卵茧内，卵茧落入水底或潮湿土壤中。发育过程也相似于蚯蚓。约经 1 年成熟。成体寿命 2~5 年。

9.4.2　蛭纲的分类

对蛭纲分目，虽有不同意见，但是被认可的传统的分为 3 个目（现正被重新评价）。简述如下：

（1）棘蛭目（Acanthobdellida）　体长约 3 cm，有 30 个体节，只有后吸盘，在前端体节有刚毛，体腔明显，具隔膜，仅棘蛭科（Acanthobdellidae）一科，一种（*Acanthobdella peledina*）（图 9-25A），生活在冷的淡水湖泊中，其生活史的一部分是外寄生于淡水鱼体上。曾在芬兰和俄罗斯的西伯利亚发现过。

（2）鳃蛭目（Branchiobdellida）　体长通常不到 1 cm，有 15 个体节，具前、后吸盘，无刚毛，体腔明显，仅有鳃蛭科（Branchiobdellidae）一科，如鳃蛭（*Ozobranchus*）。我国长江流域寄生于龟体上的杨子鳃蛭（*Ozobranchus yantseanus*），体两侧有指状鳃（图 9-25B）。最近有工作表明，鳃蛭类与寡毛类关系比与蛭类关系更近。

（3）水蛭目（Hirudinida）　有谓其为"真正"水蛭，包括吸血的和少数肉食性的种类，体节为 33 个，具前、后吸盘（有的种类无前吸盘），无刚毛，体腔退化成复杂的一系列的腔隙或管道。约有 12 个科。两个重要的亚目：吻蛭亚目（Rhynchobdellae）和无吻蛭亚目（Arhynchobdellae）。前者头端有一能伸出的吻，如扁蛭（*Glossiphonia*）、盾蛭（*Placobdella*）和鱼蛭（*Piscicola*）；后者前端无吻，如山蛭（*Haemadipsa*）、医蛭（*Hirudo*）和蚂蟥（*Whit-mania*）等（图 9-25）。

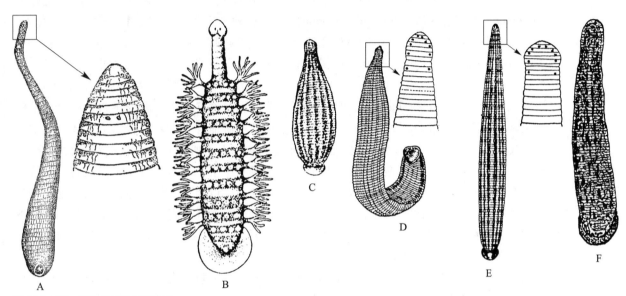

■ 图 9-25　蛭纲各目的代表动物

A. 棘蛭；B. 杨子鳃蛭；C. 喀什米亚扁蛭（*Hemiclepsis kasmiana*），寄生于无齿蚌体上，体呈棍状；D. 宽身蚂蟥（*W. pigra*），背部有 5 条由黑黄斑点组成的纵纹，眼 5 对，吸盘发达；E. 日本医蛭，体狭长，眼 5 对，为习见种类；F. 天目山蛭（*H. tianmushana*），陆生，栖于潮湿的山林间，体两侧各有一条黄色纵纹（A. 仿 Аверинцев；B~E. 自沈嘉瑞；F. 自宋大祥）

9.5　环节动物与人类

环节动物的三大类群对人类各有贡献，也有些种类给人类带来麻烦。人们总想如何利用它们。多毛纲的大多数种类如沙蚕等为鱼类和许多海产动物的重要饵料。沙蚕的担轮幼虫又为对虾幼体的优良食物。原苏联里海中缺乏沙蚕，其中的鱼类生长极为缓慢瘦弱。为了发展渔业，将亚速海的沙蚕移至里海驯化繁殖，可见其对渔业发展的重要性。我国、日本和俄罗斯均以多毛类作为鱼饵。日本沙蚕可溯长江上游至南京一带，如将其引入繁殖，可促进渔业发展。少数管栖种类如龙介、螺旋虫等危害海带等人工养殖业；附于船底影响船的航速；有的腐蚀贝类，如才女虫（*Polydora*）能蚀透珍珠贝壳，对育珠业及其他食用贝类养殖危害较大。

寡毛类的水栖种类可作为淡水鱼类的饵料，也可作为水质污染的指标。但它们繁殖过多时可损害鱼苗或堵塞管道。陆栖种类，所有生活在土壤中的蚯蚓，由于其吞食土壤排出蚓粪改变了土壤的理化性质，蚓粪呈颗粒状（似团粒结构），增强了吸水、保水和透气性。蚓粪中含有大量有机酸（42%多）、腐殖质（25%多）、氮、磷、钾及多种微量元素和 17 种氨基酸，被誉为新型全价复合肥料。有的国家向农民提倡生产这种有机肥料，推广蚯蚓养殖业，改良土质。蚯蚓还对环境保护作出了突出贡献：利用蚯蚓处理造纸厂的污泥、酒厂的废弃物以及城市垃圾等。蚯蚓还有聚集土壤中某些重金属（如镉、铅、锌等）的能力。英美等国在重金属矿附近的耕作区和农药污染的农田放养蚯蚓以减少和清除污染。另一方面，蚯蚓入药在我国已有 4 000 多年历史，《本草纲目》称其"治大腹黄疸"、"治中风疾病"、"疗伤寒"等。我国蚯蚓有 3 000 余种，现供药用者仅有 5 种（秉氏环毛蚓 *Pheretima carnosa*，直隶环毛蚓 *Pheretima tschiliensis*，参环毛蚓 *Pheretima aspergillium*，赤子爱胜蚓 *Eisenia foelide* 和背暗异唇蚓 *Allolobophora caliginosa*）。其干制品即为中药的"地龙"。蚯蚓体内含有丰富的蛋白质，且含量较高（占干重的 50 % ~ 65 %），含有 18 ~ 20 种氨基酸和丰富的酶类，还有蚯蚓素（lumbricin）、蚯蚓解热碱（lumbrofebrifugine）以及多种维生素和微量元素。具有活血化瘀、溶栓降压、平喘止咳等功效，中医临床用于治疗支气管哮喘、中风、降压、伤寒、流行性腮腺炎和带状疱疹等。自 20 世纪 80 年代初日本学者 H. Mihara 教授从蚯蚓提取出具极高活性的纤溶酶（fibrinoclase）以来，国内外对蚯蚓的研究空前活跃，有关纤溶酶的研究已成为热点。纤溶酶又称蚓激酶（lumbrokinase），是一组蛋白水解酶，含有直接水解纤维蛋白的纤溶酶活性，还具有激活血纤溶酶原的类尿激酶活性，不仅能溶解血栓、抑制血栓形成，还具有抗凝作用。我国已广泛用于临床，治疗心脑血管栓塞疾病。由于蚯蚓含有丰富的粗蛋白，比鱼、大豆、肉类含量还高，精制的蚯蚓制品国外已用于焙制饼干、面包以及与牛肉混合制成汉堡包。日本食品工业运用现代技术研制出蚯蚓粉保健食品，近年来经济发达国家已兴起蚯蚓保健食品热。又由于蚯蚓含的氨基酸，其中有 10 余种为畜禽所必需，因此，蚯蚓是一种动物性蛋白添加饲料，对家畜、家禽、鱼类及珍稀水产动物（如牛蛙、林蛙等）增产效果明显。国内外正在推广或大力发展蚯蚓养殖业。

蛭纲的吸血种类，吸食人、畜等动物血液，对人、畜威胁危害较大。内侵袭吸血蛭类可随家畜饮水进入鼻腔、咽喉等部位寄生，蛭类寄生于鱼体，影响鱼的生长发育。但是蛭类的吸血习性，又被人类用于医学上为患者吸取脓血，在外科手术中，用医蛭吸血，可使静脉血管通畅，减少坏死，提高手术成功率。我国于 1987 年首次用日本医蛭治疗断指再植术后瘀血。医蛭唾液含有多种活性物质，其唾腺不仅分泌抗血凝的水蛭素，还有溶解血栓的纤维蛋白酶和另一种能分解动脉粥样硬化斑块的纤维蛋白酶。因此受到各国科学家的广泛重视。1984 年在英国创建了世界首家水蛭养殖场兼生化药物公司，生产的水蛭素销往欧美及日本，后来美国也建立了医蛭养殖场，法国和德国已将水蛭素基因重组到酵母菌和大肠杆菌中。

9.6　环节动物的起源和演化

环节动物的起源，一般传统认为环节动物起源于扁形动物的涡虫纲。根据：环节动物和涡虫的胚胎发育都经过螺旋型卵裂；环节动物多毛纲的担轮幼虫和扁形动物的牟勒氏幼虫很相似；有些环节动物较原始的多毛类还保持了具有管细胞的原肾管，这与扁形动物的焰细胞的原肾管在本质上相同；涡虫纲三肠目有些涡虫的神经、肠、生殖腺均有类似分节的表象。另一学说认为环节动物来自一种现在已不存在的假设的担轮动物（trochozoan）。主要根据：环节动物多毛类在个体发育中经过担轮幼虫期。且假想的担轮动物与现存的轮虫动物门的球轮虫很相似，甚至认为轮虫可能是它们的祖先。这仅是一种看法而已。在现存的 3 个纲中，多毛类比较原始，生殖腺由体腔上皮产生，无固定的生殖腺和生殖导管，具担轮幼虫。寡毛类是从多毛类较早分出的一支，适应陆地穴居生活，头部感官退化，无疣足而有刚毛。蛭类和寡毛类亲缘关系较近，两者均为雌雄同体，具有环带、交配现象，形成卵茧等相似，可能是由原始寡毛类演化而来。

现在有些学者认为寡毛类是较原始的。据推测原始环节动物（protoannelid）是相对简单的同律分节，分隔的体腔，成对的上皮刚毛，由口前叶和围口节构成头部，很似现代寡毛类，为蠕虫状的穴居者。原口动物的体腔可能是对蠕动穴居的一种反应的进化。寡毛类没有任何共有新征（共同衍征 synapomorphy），而是完全保留了原始特征——共同祖征（symplesiomorphies）。多毛类的疣足和发达的头部是在成为现代多毛类的过程中发展的。现代的趋向认为环节动物包括两大谱系（lineage）：多毛类和环带动物。从古生物学的证据分析，多毛类的起源和环带动物的发生更接近，相当于姐妹分类群。而环带动物由寡毛类的祖先发展为寡毛类和蛭类。也有不同的看法，认为环带动物支是从多毛类的原种（stock）通过失去疣足、复杂的头部退化等演化来的。有些学者还支持传统一般的看法。实际这是一个复杂的问题，涉及体腔和体分节的起源。对体腔和体分节的起源问题，众说纷纭，但迄今尚无真正令人满意的解释，有待进一步研究。

附门：

1. 螠虫动物门（Phylum Echiura）

螠虫全部为海洋底栖动物，分布于各海域，主要在浅海海底穴居泥沙中，或岩石缝隙和珊瑚礁中。少数生活在深海底。约有 200 种。

螠虫体呈圆柱形或卵圆形，体不分节（图 9-26A）。一般体前端常具吻（proboscis）（也有的种类无吻，如无吻螠 *Arhynchite*）。实际吻与环节动物的口前叶同源。吻上有纤毛沟通到口，可协助摄食。吻后常具一对

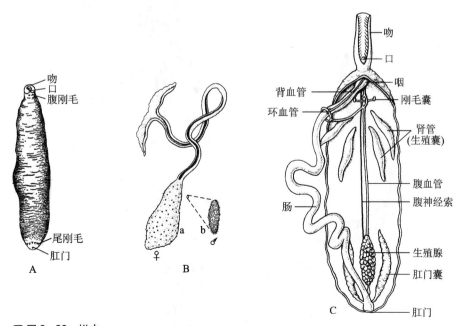

■ **图 9-26　螠虫**

A. 单环刺螠；B. 叉螠（a♀ b♂，雄虫被放大）；C. 螠虫的内部结构（A. 自张玺；B. 自 Ruppert 等，仿 MacGinitie G E；C. 自 Delage 等）

腹刚毛。肛门位体末端，周围有成圈的尾刚毛1~2圈（有的则无）。体壁结构与环节动物相似，仅纵肌发达，肌肉排列成片状或束状；真体腔发达，无隔膜，消化管较长，常为体长的数倍；循环系统一般为闭管式（图9-26C）（也有开管式），如刺螠科（Urechidae）；后肾管数目不等，兼有生殖导管功能；雌雄异体，发育经担轮幼虫，变态时也由后端分节，最后体节消失。如我国北部沿海常见的单环刺螠（*Urechis unicon ctus*）（图9-26A）。

叉螠（*Bonellia viridis*，过去有译为后螠）雌雄异形，雌雄个体差异显著（图9-26B）。雌体为卵圆形（约8 cm），有一前端分叉的长吻伸展后可达2 m；雄体极小，仅1~3 mm，体表被绒毛，所有器官均退化，只有生殖器官，寄生在雌体肾管或体腔内，成熟的叉螠在海中产卵，发育成幼虫。幼虫不具性别，落到海底的幼虫发育为雌虫，附到雌虫吻部的幼虫，则发育为雄虫。如果将落在吻部的幼虫取下，使其离开雌体继续发育，则成为中间性，且雄性程度决定于它在雌虫吻上停留的时间，显然这是由于雌虫吻分泌激素所致。这是环境条件决定雌雄性别的典型例证。

由于螠虫体腔发达、体壁结构、具刚毛、雌雄异体、后肾管兼作生殖导管等特征，说明它与环节动物多毛纲接近，又由于螠虫在发育中经螺旋卵裂、担轮幼虫，也与多毛类一致，说明螠虫可能是原始多毛类在演化中较早分出的一支。

2. 星虫动物门（Phylum Sipuncula）

星虫类也是全部为海洋底栖动物，其分布、生活环境和生活方式与螠虫相似。已知约300种。

体呈长圆筒形，不分节，无刚毛（图9-27A）。体前端有一能伸缩到躯干部前端的吻，称为翻吻（introvert）。吻可协助摄食和钻穴。吻前端为口，周围有触手，展开如星芒状，故得名。肛门位体前端背侧，消化管呈"U"形。真体腔发达，无循环系统，有一对后肾管，腹神经索无神经节（图9-27B）。雌雄异体。生殖细胞来自体腔上皮，经肾管排出，体外受精。经螺旋卵裂，或直接发育，或经担轮幼虫期。世界性分布，我国沿海常见的如方格星虫（*Sipunculus*），体光滑，体表面可见由纵、环肌束交叉形成的整齐的方格（图9-27A）。

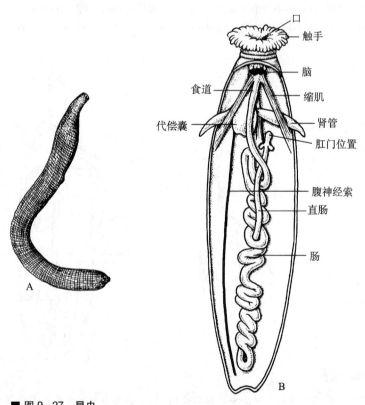

■ 图9-27 星虫

A. 方格星虫；B. 方格星虫的内部结构（A. 自张玺；B. 自 Selensky）

星虫类真体腔发达、体壁结构、后肾管兼有生殖导管作用、雌雄异体、螺旋卵裂、担轮幼虫等特征与环节动物多毛类相似，但星虫的成体和幼体均不分节、无刚毛、U形消化道等，显然又不同于环节动物。因此其演化地位不易确定。根据星虫类有担轮幼虫等特征，有人认为它是在环节动物出现分节之前分出的一支。现在分子系统分析，根据核蛋白体和线粒体基因序列，说明星虫或是星虫和纽虫是环节动物的姐妹群。

3. 须腕动物门（Phylum Pogonophora）

须腕动物是荷兰考察队在印度尼西亚马来群岛附近的深海区（462~2 062 m）海底采到的，首次由法国动物学者 Maurice Caullery 描述和报道（1900）。此后陆续被发现。原苏联学者伊万诺夫（Д. В. Иванов）曾观察研究其胚胎发育，发表专著（1960）记载了44种，迄今已报道至少145种。须腕动物分布较广，大多分布在150~1 500 m深处，最深可达数千米至万米。在浅海，在我国东海也有发现。

这类动物在海底营管栖固着生活，体细长呈蠕虫状，栖于其自身分泌的几丁质和蛋白质形成的细管中。管垂直插于海底淤泥或其他沉积物里，部分管露出泥外。虫体长一般为 5 cm~3 m，直径 0.5 mm~3 cm。体为两侧对称，分为头叶（cephalic lobe）、前体部（forepart，也称为腺体部 glandular region）、躯干部（trunk）和后体部（opisthosome）4部分（图 9-28A）。也有分为3部分：前体部（包括头叶）、躯干部和后体部。每一部分通常都有体腔。头叶小，为三角形，位于体前端，从其上向前伸出须状触手（或称鳃触手 branchial tentacles）。触手的数目（常为1~200余条，可高达上万条）和排列方式因种类不同而异（图 9-28B~D）。

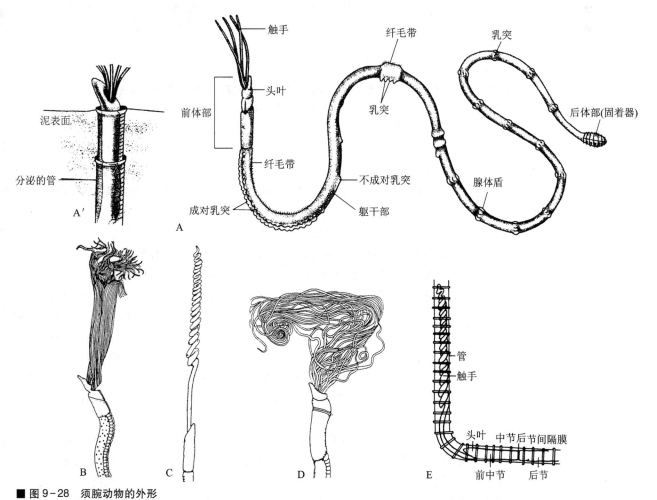

■ 图 9-28 须腕动物的外形

A. 典型的须腕动物图解，示外形主要特征，A'. 虫体在管中的状态；B.~D. 3种须腕动物的前端部分，示触手的数目和排列方式；
E. 西伯达虫（Sibcglium）体前一部分（在栖管内）（A，A'. 自 Hickman 等；B~D. 自 Barnes 等；E. 自 Caullery）

须腕动物的触手很特殊。通常由许多触手围成一中空的筒形，其中每个触手向心的一面有由单个上皮细胞延伸形成的毛枝（pinnule）（图 9-29）。有些种类无毛枝。在触手内有体腔、血管、神经伸入其中。这种触手结构为须腕动物所特有。在头叶之后为一短的前体部（腺体部），其分泌物形成虫管。前体部与躯干部之间有明显的隔膜。在躯干部有不同形态的乳突（papillae）；单个排列或成双、成堆排列；有些虫体具刚毛，有些区域具纤毛，这些结构使虫体能在管内黏附，并可支持在管内上下移动。躯干部的分泌物能加厚虫管。躯干的后体部（也称固着器 holdfast），由 5~30 个具刚毛的体节组成，每体节具有体腔，是一种固着和挖掘的器官。

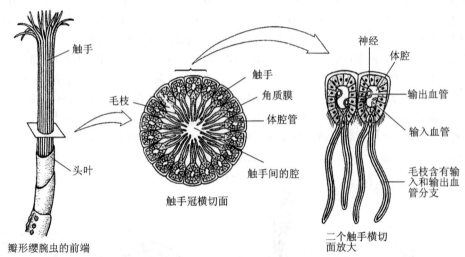

■ 图 9-29 须腕动物（瓣形缨腕虫 *Lamellisabella*）触手冠（fentacular crown）横切
示由触手围成的触手内腔及由触手上皮细胞形成的毛枝成为一种营养摄取网，食物分子可被吸收入血液（自 Hickman 等）

须腕动物的体壁由角质膜、上皮、环肌和纵肌组成。角质膜的结构与环节动物和星虫相似。成体无消化道、无口、无肛门。如何取食消化令人迷惑。经实验工作表明，大部分须腕动物能从流过触手的海水中，通过触手上的毛枝和微绒毛吸收溶解的有机物，直接摄入葡萄糖、脂肪酸和氨基酸等。也能够经过上皮细胞进行胞饮作用和吞噬作用。然而一些较大型的虫体，它们所需能量的大部分显然是来自另一种机制，已发现其体内有共生的化能自养细菌（chemoautotrophic bacteria）生活在虫体内的营养体（trophosome）来自胚胎的中肠内。这些共生细菌能合成有机物，可利用氧化合成有机物释放的能。闭管式循环系统，由位于头叶内的心脏和在体中央纵贯全身的背、腹血管组成。虫体血液内的血红蛋白能结合硫化氢，运输给共生的化能自养细菌，对虫体组织无毒性反应。气体交换可能发生在通过触手的薄壁。排泄器官为一对似后肾管的排泄管（在头叶内）。神经系统与上皮没分开。在头叶内有一神经环和一大的腹神经节，其后连一条腹神经索。在体分区的连接处似有神经节，在后体部大部分种类有 3 个清楚的体节神经节。雌雄异体，长形的生殖腺 1 对，位于躯干部。雄孔开口于躯干部近前端两侧，雌孔开口于躯干部中段。受精卵经完全不均等螺旋式卵裂形成实囊胚，以分层法或外包法形成原肠胚，通常认为由裂体腔法形成中胚层。幼虫时期具纤毛（有口前纤毛环、口后纤毛环等）类似多毛类的担轮幼虫。

过去长期认为须腕动物属后口动物，由于早期采集的标本大都缺乏后体部。直到 1964 年才采到了完整的标本，后体部具明显分节和刚毛，其结构和来源与环节动物相似，但考虑其成体没有口和消化道，幼虫如果有，也转变为含有细菌的营养体组织。因此，多数学者认为须腕动物与环节动物关系较近，应属于原口动物。一般将其列为一门。也有学者将其列为环节动物门的一或两个纲，现在有学者将其放入环节动物门作为高度特化的多毛类的一个科——西伯达虫科（Siboglinidae）。这些有争议的问题及这类不平常动物，谜一般未解问题均有待进一步研究。

思考题

1. 掌握环节动物门的主要特征。从环节动物开始出现了体节和真体腔，两者是如何形成的，对动物的生存和演化有何意义？如何理解体节和真体腔出现与循环系统、后肾管和索式神经系统出现的内在联系？
2. 什么是同律分节，形成同律分节的基础是什么，有何意义？为什么环节动物的口前叶和尾节一般不认为它是体节？
3. 真体腔为什么比假体腔高等，如何理解环节动物的流体静力骨骼比假体腔动物的有更强的作用力？
4. 哪类环节动物具有疣足和刚毛？疣足与刚毛的基本结构和机能是什么？刚毛 chaeta 与 seta 的结构与机能有何不同？
5. 环节动物的闭管式循环系统与开管式循环系统主要区别何在？各存在于哪类动物？
6. 后肾管和原肾管的结构与机能各有何特点，为什么说前者更为高等？
7. 环节动物的神经系统主要包括哪几部分，根据什么说它比扁形动物和假体腔动物的高等？
8. 环节动物分为几纲？掌握各纲的主要特征。
9. 沙蚕、环毛蚓、医蛭的哪些特点分别代表了多毛纲、寡毛纲和蛭纲的主要特征？
10. 沙蚕、蚯蚓、医蛭适应不同环境不同生活习性在形态结构和生殖发育上有何主要差异？
11. 在环节动物的3个纲中一般认为多毛纲较为原始，根据是什么？
12. 了解环节动物与人类的利害关系，现在在哪方面最受人关注或成为研究利用的热点？
13. 初步了解环节动物的起源和演化。

第 10 章
软体动物门（Phylum Mollusca）

软体动物和环节动物是由共同的祖先发展来的，因为软体动物的成体两侧对称（不对称的种类为次生性），具真体腔、后肾管，个体发育经螺旋卵裂，由裂体腔法形成中胚层和体腔，经担轮幼虫，这些与环节动物极为相似。且 18S rRNA 核苷酸序列也与之相似。说明它们起源于共同祖先，在长期发展过程中，适应不同环境条件，营不同生活方式，形成体形结构不同的类群。

软体动物为仅次于节肢动物的动物界第二大类群，已定名的现生种类超过 10 万种，包括常见的蛤蜊、螺、乌贼、章鱼等。广泛分布于湖泊、沼泽、海洋、山地等各种环境中，适应于不同的生境，各类群的形态结构、生活方式等差异很大。还有数万化石种类。

10.1 软体动物门的主要特征

10.1.1 身体分区

软体动物一般可分为头、足、内脏团、外套膜 4 部分，体外常具分泌的贝壳，软体部各部分的结构和功能在不同的动物中有较大变异（图 10-1）。

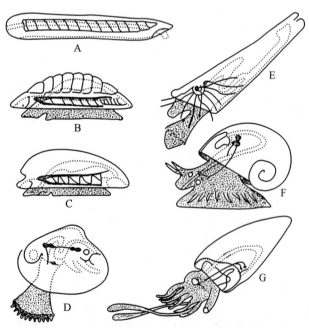

■ 图 10-1 软体动物各纲模式图（粗线示神经系统）
A. 无板纲；B. 多板纲；C. 单板纲；D. 双壳纲；E. 掘足纲；
F. 腹足纲；G. 头足纲（自张玺）

（1）头 位于身体的前端，有口、触角、眼等器官，是感觉和摄食的中心，不同类群头部的结构变化很大：乌贼、蜗牛等运动敏捷的种类，头部发达，有眼、触角等器官；蚌类、牡蛎等营底埋或固着生活的种类，头部的感觉器官已消失。

（2）足 为软体动物身体腹侧发达的肌肉质器官，因动物的生活方式不同而形态各异，主要通过肌肉伸缩和其内血窦压力的变化来完成运动。蜗牛足扁平、宽大，利于爬行；河蚌足侧扁，呈斧状，可掘开泥沙，钻入其中；牡蛎因固着生活，足退化；乌贼足的一部分特化成腕，为捕食器官，另外一部分特化为漏斗，为快速运动中喷水加速器官。

（3）内脏团（visceral mass） 常位于足的背侧，内脏器官集中分布于此。多数软体动物的内脏团为左右对称，螺类的内脏器官扭曲为螺旋状，失去了对称。

（4）外套膜（mantle） 外套膜是由内脏团背侧的皮肤褶向下延伸而成，像外衣一样包在内脏团外面。外套膜的内外表面为单层上皮，上皮之下为结缔组织和肌肉（图 10-2）。靠近体外侧的上皮细胞分泌形成贝壳，靠近

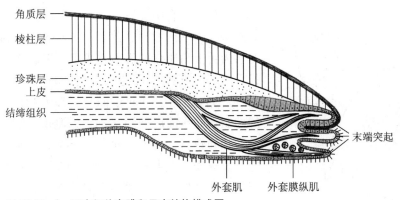

■ 图 10-2　双壳纲外套膜和贝壳结构模式图

（仿 Ruppert 等）

内脏团的上皮细胞具纤毛，纤毛摆动，可形成水流，边缘的上皮细胞具有分泌和感觉的功能。外套膜与内脏团之间形成的空隙称外套腔（mantle cavity），肛门、肾孔、生殖孔等直接或间接开口于外套腔中。外套膜前端或者后端常形成出水管（exhalant siphon）和入水管（inhalant siphon），是水进出外套腔的通道。外套腔内的水循环可辅助完成呼吸、排泄、摄食、排遗等。

（5）贝壳　软体动物多具有一个或多个贝壳，以保护身体的软体部分。贝壳是由外套膜外侧和边缘的上皮层中的腺细胞分泌的贝壳素（conchiolin）、碳酸钙等形成的。贝壳的形态和大小各异，贝壳一般由壳皮层（periostracum）、棱柱层（prismatic layer）和珍珠层（pearl layer）3 层结构组成（图 10-3）。壳皮层位于最外层，薄而透明，有色泽，主要成分为贝壳硬蛋白。不受酸碱的侵蚀，淡水软体动物的壳皮层要比海洋环境中的壳皮层厚。中层为棱柱层，由致密的方解石（calcite）构成。内层为珍珠层（nacreous layer），富光泽，由霰石（aragonite）构成（图 10-2）。其中方解石和霰石均为碳酸钙晶体化合物。贝壳的外层和中层由外套膜边缘分泌形成，随动物体和外套膜的生长，这 2 层的面积也不断扩大，一旦形成后则不增厚；内层由与之紧贴的外套膜上皮细胞分泌形成，并在动物的生长过程中不断增厚。若微小生物、砂粒等异物进入外套膜与贝壳之间，异物会刺激外套膜细胞分裂、内陷，形成珍珠囊，珍珠囊不断分泌霰石将异物包住，最终形成珍珠（图 10-3），珍珠的组成与贝壳内层完全相同。食物、温度等因素都会影响外套膜分泌机能，贝壳的生长不是匀速的，故在贝壳表面形成了类似植物"年轮"一样的生长线。

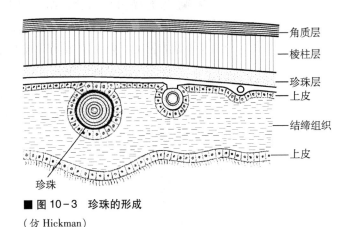

■ 图 10-3　珍珠的形成

（仿 Hickman）

10.1.2 消化系统

软体动物的消化管和消化腺都比较发达，消化管由前肠（包括口、口腔、咽、食道）、中肠（包括胃、盲囊、肠）和后肠（包括直肠和肛门）组成；消化腺包括唾液腺、消化盲囊（digestive ceca，也称肝、胰）等，分泌消化液促进细胞外消化，并在消化盲囊中进行细胞内消化、营养物质的吸收及存储。在口腔底部有齿舌囊（radula sac），内有齿舌（radula），齿舌为软体动物特有的器官，它是许多角质齿有规则地排列而成，似锉刀（图 10-4），在每一

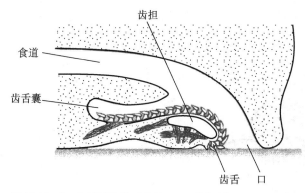

齿担

食道

齿舌囊

齿舌 口

■ 图 10-4 齿舌的构造 （仿 Ruppert 等稍改）

排角质齿中，有中央齿（median tooth）一个，侧齿（lateral teeth）一到数对，缘齿（marginal teeth）一对或多对。齿舌上角质齿的排列方式用一组数字表示，即齿式。齿舌之下、支撑齿舌的软骨（chondroid tissue）为齿担（也称为舌突起，odontophore），齿舌和齿担在多束肌肉的控制下，作前后伸缩运动，以刮取食物。齿舌上小齿的形状和数目，在不同种类间各异，为分类的重要特征之一。双壳纲动物适应于滤食生活，齿舌次生性消失，有些软体动物（如乌贼）除齿舌外，还有角质颚可切碎食物。滤食或植食性软体动物常具一晶杆（crystalline style），晶杆位于胃后部外突成的晶杆囊（crystalline sac）中，晶杆上有与消化有关的水解酶，可溶解后释放到胃中。一些软体动物胃壁有几丁质的胃盾（gastric shield）和纤毛分选区（cilia sorting field），胃盾处于与晶杆囊相对的位置，保护胃壁免受晶杆的摩擦；食物颗粒经纤毛分选区的"过滤"，小颗粒进入消化盲囊中进行消化，大颗粒则被移入肠中消化。

10.1.3 体腔和循环系统

软体动物的真体腔极度退化，仅残留围心腔（pericardial cavity）及生殖腺和排泄器官的内腔。

软体动物一般为开管式循环（open circulation），循环系统由心脏、血管、血窦（blood sinus）及血液组成。心脏一般位于内脏团背侧围心腔内，由心耳和心室构成。心室一个，壁厚，能搏动，为血循环的动力；心耳一个或成对，心耳与心室间有瓣膜，防止血液逆流。血窦为组织之间不规则的空隙，无血管壁包围，大的血窦存在于足、内脏团等器官之内。血窦内的血液充满组织间隙，组织浸润在血液中。血液循环的形式为：心脏—动脉—血窦—静脉—心脏。开管式循环血压低、血流速度慢，运送氧气和营养物质的效率相对较低。一些快速游泳的种类，则基本为闭管式循环。

软体动物的血液无色，内含有变形细胞（amebocytes），多数种类的血浆的呼吸色素为血蓝蛋白（haemocyanin），少数种类（如蚶）为血红蛋白（haemoglobin）。血蓝蛋白含铜离子，氧化时为淡蓝色，还原时无色，所以多数软体动物的血液呈淡蓝色或无色。血红蛋白的携氧能力为血蓝蛋白的 5~10 倍。

10.1.4 呼吸器官

软体动物出现了专司呼吸的器官，水生软体动物具鳃，鳃为外套膜内表皮伸展而成。鳃的中央常具一长的鳃轴，鳃轴是由外套膜或体壁向外伸出，其中包含有血管、肌肉和神经，鳃轴的两侧有许多鳃丝，鳃丝的前缘（即腹缘）具有几丁质的骨棒支持。不同类群，鳃的数目从一个到数十对不等，鳃的形态也各异：有的种类仅鳃轴一侧生有鳃丝，呈梳状，称栉鳃（ctenidium）；有的种类鳃轴两侧均生有鳃丝，称羽状鳃或双栉状（bipectinate）鳃；有些种类鳃成瓣状，称瓣鳃（lamellibranch）；有些种类的鳃延长成丝状，称丝鳃（filibranch）；有些种类鳃消失，又在背面或腹面的外套膜表面生出次生鳃（secondary branchium），也有些种类无鳃。陆生软体动物用肺呼吸，肺是由外套腔内一定区域的微血管密集成网形成，可直接摄取空气中的氧。

10.1.5 排泄系统

软体动物的排泄器官多属于后肾管，称为肾，只有少数种类幼体的排泄器官为原肾管。无板类无肾，单板类有 3~7 对后肾管，鹦鹉螺有两对肾，多数腹足纲动物只有一个肾，其他软体动物都有一对肾。后肾管由腺体部和膀胱部两部分组成，腺体部富血管，以密布纤毛的漏斗形肾口通围心腔；膀胱部为薄壁的管子，内壁具纤毛，以肾孔通向外套腔。另外，围心腔内壁上有围心腔腺，微血管密布，可将代谢产物排于围心腔内，再由后肾管排出体外。这种通过后肾管与围心腔共同完成代谢废物的收集和排泄的结构也称为心-肾复合体（heart-kidney complex）。

10.1.6 神经和感官

原始的种类无分化显著的神经节，高等种类的中枢神经系统多由脑神经节（cerebral ganglion）、足神经节（pedal ganglion）、侧神经节（pleural ganglion）、脏神经节（visceral ganglion）4 对神经节及神经连索组成，这些神经节分别发出神经到身体各处，完成感觉、运动等功能。有些种类的主要神经节集中在一起形成脑，外有软骨包围，如乌贼。软体动物还分化出触角、眼、嗅检器（osphradium）、平衡囊（statocyst）、磁受体（magneto receptor）等感觉器官。

10.1.7 生殖和发育

软体动物多为雌雄异体、体外（在海水或外套腔中）受精，卵裂方式多为完全不均卵裂，少数为不完全卵裂。个体发育中经担轮幼虫和面盘幼虫（veliger larva）（图 10-5），担轮幼虫的形态与环节动物多毛类的幼虫近似，面盘幼虫发育早期背侧有外套的原基，且分泌外壳，腹侧有足的原基，口前纤毛环发育成缘膜（velum）或称面盘。淡水蚌类的发育经历钩介幼虫（glochidium），头足类、淡水螺类等为直接发育。

依据软体动物的贝壳、足、鳃、神经及发生等特征，一般将其分为无板纲（Aplacophora）、多板纲（Polyplacophora）、单板纲（Monoplacophora）、腹足纲（Gastropoda）、头足纲（Cephalopoda）、双壳纲（Bivalvia）和掘足纲（Scaphopoda）7 个类群。

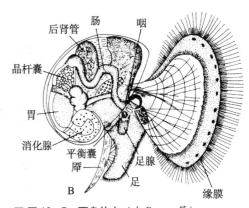

■ 图10-5　面盘幼虫（自 Barnes 等）

10.2 无板纲（Aplacophora）

无板纲为软体动物中原始的类群，体蠕虫状，无贝壳。外套膜发达，包在身体外面，表面生有角质层和各种石灰质的骨针。腹侧中央有一腹沟，沟中有一小型具纤毛的足，有运动功能。外套腔位于体后，腔内有一对鳃，肛门和生殖孔通于生殖腔中。

无板类有口，取食腔肠动物或海底沉积有机物。无眼和触角，齿舌很小或退化，胃中有晶杆囊，无消化盲囊，肠直管状。心脏由一心室一心耳组成，血管退化。神经系统梯状，神经节不发达，体前端有一围食道神经环，其后为纵行的一对足神经链和一对侧神经链，足神经链和侧神经链之间分别有横神经相连。身体后端有化学感受器。多为雌雄同体，少数种类雌雄异体，体内或体外受精，个体发生中有担轮幼虫期。

无板类有 300 多种，分属腹沟亚纲（Chaetodermiomorpha，Caudofoveata）及尾腔亚纲（Nemeniomorpha，Solenogastres），前者身体腹面有纵沟，后者体末有外套腔。体长一般小于 5 cm，全球分布，多生活在低潮线下 20 m 至深海海底，底栖或附于腔肠动物上，腐食性或以腔肠动物为食。在我国南海海域曾采得龙女簪（Proneomenia）。常见种类还有毛皮贝（Chaetoderma）、新月贝（Neomenia）（图 10-6）等。

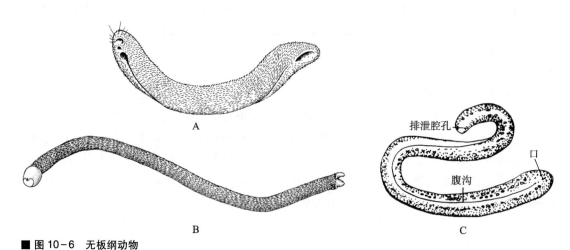

■ 图 10-6 无板纲动物

A. 新月贝；B. 毛皮贝；C. 龙女簪（A，B. 仿 Ruppert 等，修改；C. 自张玺等）

10.3 单板纲（Monoplacophora）

单板纲多为化石种类，见于寒武纪到泥盆纪的地层中，具一扁圆形的贝壳。直到 1952 年，才在哥斯达黎加（Costa Rica）西岸附近 3 570 m 的深海底采集到了第一批活标本，后定名为新碟贝（Neopilina galathea），这些标本被称为"活化石"，为研究软体动物的起源与演化提供了新的资料。

新碟贝具一扁圆的贝壳，壳顶指向前端。体为两侧对称。腹足扁平，周缘肌肉发达，中央薄，无吸附能力，仅适于在海底滑行。足四周为外套沟，沟内有鳃排列分布。足前端为口，后端为肛门。口前有一对具纤毛的口盖（velum），口后有扇状触手一对，具齿舌，取食硅藻、有孔虫、海绵动物等。体腔包括围心腔和生殖内腔。心脏位围心腔内，由一心室及 2 对心耳构成。许多器官重复排列于体两侧（图 10-7）：栉鳃 5~6 对，排列在外套沟中；缩足肌 8 对，分列于足的周围，各缩足肌一端连于足，另一端贴于贝壳内表面；肾 6~7 对，肾口开于外套沟中；雌雄异体，生殖腺两对，位于体中部，有生殖导管，开口于肾，生殖细胞由肾排出体外。神经系统由围食道神经环及向后伸出的侧神经和足神经组成，无眼和嗅检器等感官，体前具一对平衡囊（statocyst）。

单板纲动物体小型，体长数 mm 到 3 cm，迄今已在大西洋、印度洋、太平洋 1 800~7 000 m 深的海底采集到 20 多种活标本，美国加利福尼亚附近海域 200 m 深处分布的单板类，是单板纲动物分布最浅的记录。

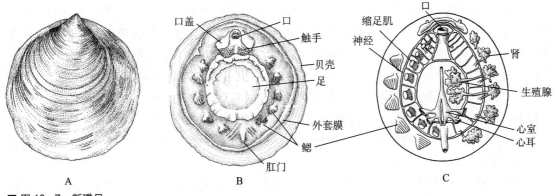

■ 图 10-7　新碟贝

A. 背面观；B. 腹面观；C. 腹面观（移去足）（仿 Hickman 和 Brusca 等）

10.4　多板纲（Polyplacophora）

多板纲动物如石鳖（*Chitons*），体椭圆形，两侧对称，背稍隆，腹部扁平。石灰质贝壳 8 块，覆瓦状排列覆在背部的外套膜上（图 10-8）。壳面有各种刻纹与花纹。除覆瓦状排列的后缘外，贝壳的边缘均嵌入外套膜中。在 8 块贝壳周围一圈裸露的外套膜，称环带（girdle），其上有鳞片、短棘、刚毛等。最前面的贝壳称头板（cephalic plate），中间 6 块结构一致，称中间板（intermediate plate），最后一块称尾板（tail plate），各板间可前后相对移动，因此动物脱离岩石后，身体可以卷曲。足位于腹侧，足宽扁，吸附力强，缩足肌分别连于足和贝壳内表面，可在岩石表面缓慢爬行或像吸盘一样紧紧吸附在岩石上。足与周围外套膜之间有一狭沟，即外套沟，两侧各有多对楯鳃。

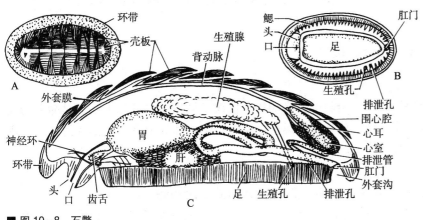

■ 图 10-8　石鳖

A. 背面观；B. 腹面观；C. 纵剖面观（自 Storer）

石鳖头部不发达，位前端腹侧。口位于头腹面中央，口腔底部有一长的齿舌囊，内有发达的齿舌（齿舌具 17 行齿）。齿舌由软骨性齿担支撑，在肌肉的牵引下挫食海藻。口腔前有一对唾液腺，可分泌黏液将食物颗粒黏成细条，便于食物向胃运输。食道后有一对食道腺（esophagus glands，sugar glands），胃腹面有肝，均可分泌消化酶。胃后接发达的肠，直肠以肛门通向外套沟。

围心腔位于体后，心脏位于身体后侧，由一个心室和两个心耳组成。排泄器官为一对后肾管，肾口开于围心腔，收集自围心腔内的代谢废物，经肾过滤、重吸收后，由肾孔排于体末端的外套沟中。多雌雄异体，生殖腺位于围心腔前端，生殖导管末端的生殖孔开口于外套沟内。受精卵经完全不均等卵裂，个体发育经担轮幼虫期。神经系统较不发达，似单板类。由围食道的神经环与向后伸出的侧神经索和足神经索组成（图10-9）。神经索间有许多细神经相连，呈梯状。多数种类在外套腔后端、肛门附近有一对嗅检器，外套膜上有光感受器（photoreceptors）和机械感受器（mechanoreceptors），有的种类贝壳上有微眼（aesthetes），也称壳板感觉器，司感觉。

多板类约有1 000种，全部生活在沿海潮间带，以足吸附于岩石或藻类上。多数种类体长2~5 cm，最大的种类为美国阿拉斯加海域的巨石鳖（*Cryptochiton stelleri*），体长可达43 cm。我国沿海习见种类有毛肤石鳖（*Acanthochiton*）、鳞带石鳖（*Lepidozona*）、锉石鳖（*Ischnochiton*）（图10-10）。

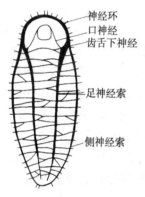

■ 图10-9 石鳖的神经系统
（自 Thiele）

■ 图10-10 我国常见石鳖
A. 毛肤石鳖；B. 鳞带石鳖；C. 锉石鳖（自张玺等）

10.5 腹足纲 (Gastropoda)

腹足纲为软体动物中最大的一个类群，是动物界仅次于昆虫纲的第二大纲，已命名的现生种类约6万种，化石1.5万种，包括各种螺类、蛞蝓、帽贝和海兔等。生活在海洋、淡水及陆地等多种生境中，分布遍及全球。

10.5.1 代表动物——中国圆田螺 (*Cipangopaludina chinensis*)

中国圆田螺为淡水习见螺类，生活于湖泊、河流、水库、池塘及稻田内，以宽大的肌肉质足在水底爬行，尤其喜栖息在水草茂盛的水域。与中华圆田螺（*Cipangopaludina cathayensis*）相似，但后者壳壁较前者薄。两者在我国分布甚广，中国圆田螺为世界性分布。

10.5.1.1 外部形态

壳大，薄而坚，黄褐色到深褐色，表面较光滑，壳高40~60 mm，宽25~40 mm，螺层6~7层。圆田螺缝合线较深，螺层明显。壳口近卵圆形，厣角质，薄片状，梨形，具有同心圆花纹。中国圆田螺的头、足、内脏团等均可藏于壳内，以厣封住壳口。活动时，仅头、足可自壳口伸出。

头部发达，为感觉和摄食的中心。头的最前端有一突出的吻，吻腹侧中央为口。触角一对，较长，位于吻基部两侧。雄性右触角粗短，为交配器官，雄性生殖孔位于顶端，据此可从外形区分雌雄。眼一对，位于触角基部外侧的隆起上。头后方两侧有褶状的颈叶，右侧形成发达的出水管，左侧较小，贴在外套膜上，为入水管。足位于头后方、内脏团下方，宽大，肌肉质，前缘较平直，后端较狭。足背方为内脏团。外套膜包围着内脏团，头背后方、壳口与头足部间的空腔为外套腔（图 10-11）。

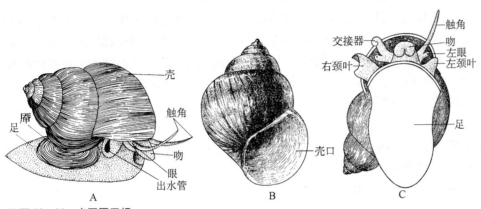

■ 图 10-11 中国圆田螺

A. 外形；B. 贝壳；C. 雄性腹面观（仿张明俊，修改）

10.5.1.2 结构与机能

（1）摄食和消化 圆田螺以水生植物和藻类为食。口位于吻前端腹面，在口腔内，具齿舌，由齿舌和齿担前后伸缩活动，刮取食物。（齿式为 2·1·1·1·2，即每排有一个中齿，一对侧齿和两对缘齿。）唾液腺一对，以导管通入口腔。唾液腺分泌黏液，无消化作用，咽后为细的食道，后接膨大的胃。肝发达，位于最后几个螺层内，由分支的管状腺组成，有肝管通入胃，能分泌糖酶和蛋白酶，是圆田螺的主要消化腺。胃后为肠，肠扭转 180°，复向前伸，肛门开口于外套腔右侧，出水孔附近（图 10-12）。

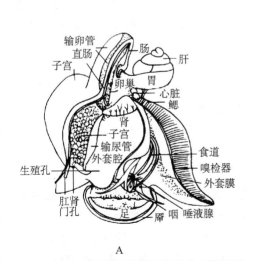
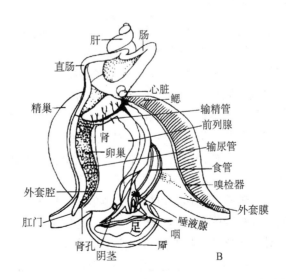

■ 图 10-12 中国圆田螺的内部结构（背面观）

A. 雌性；B. 雄性（自张明俊）

（2）呼吸和循环 栉鳃，一个，位于外套腔左侧，入水管内侧（图 10-12）。鳃的上皮细胞具纤毛，内有血管。水流经入水管进入外套腔，鳃摄取水中的氧，将二氧化碳排于水中，气体交换后，水自出水管排出，排遗物、排泄物随同水流一同排出。长的出水管可以保证将这些水流排到远离入水管的地方。

循环系统为开管式循环，由心脏、血管和血窦组成。心脏位于围心腔内，由一心室和一心耳构成。心耳壁薄，位于前方，心室壁厚，位于心耳后方（图 10-12）。由心室发出一主动脉，后分两支，一支为前大动脉（也称头动脉），通入头、足、外套膜等中；另一支为后大动脉（也称内脏动脉），通到内脏团中。动脉血管分支后通入各血窦中。从外套窦中出来的血液直接由静脉送回心耳，其他血液由静脉收集后，经肾后，由入鳃动脉送入鳃中，完成气体交换后，由出鳃动脉将血液送回心耳。圆田螺血液无色，含有变形细胞，血浆中的呼吸色素为血蓝蛋白。除具有运送氧气和营养物质的功能外，血液同时有流体静力骨骼的功能，可协同肌肉完成一些动作，如自壳内伸出头、足等。

（3）排泄 肾一个，略呈三角形，浅褐黄色，位于围心腔之前。肾口开口于围心腔底部，后接围心腔管（renopericardial canal），围心腔管通入肾，肾后接一薄壁、细长的输尿管（图 10-12），输尿管与肠平行向前，末端（肾孔）开口于外套腔中、出水管的内侧，便于排泄物尽快排出体外。圆田螺的排泄最终产物为氨。

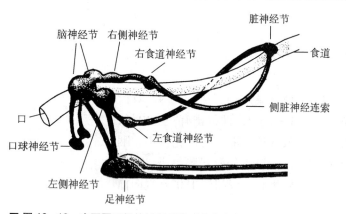

■ 图 10-13 中国圆田螺的神经系统（自李赋京）

（4）神经和感官 神经系统主要由多对发达的神经节及其间的神经索组成（图 10-13）。身体前部有 4 对主要的神经节：脑神经节（cerebral ganglia）一对，位于口球之后、食道的背侧，较大，发出神经到头部的触角、眼、口等器官，两个脑神经节间有神经索相连；侧神经节（pleural ganglia）一对，较小，位于脑神经节之后，发出神经到外套膜等器官；食道腹侧、内脏团与足交界处有一对发达的足神经节（pedal ganglia），发出神经到足，两足神经节间以神经索相连；食道神经节（esophageal ganglia）一对，较小，位于侧神经之后、食道的背腹两侧，位于食道之上的称为食道上神经节（supraesophageal ganglia），食道之下的为食道下神经节（subraesophageal ganglia）。身体中后部有一对脏神经节（visceral ganglia），形小，位于食道末端，发出神经到内脏器官，两个脏神经节间以神经索相连。

每侧的脑神经节、侧神经节、足神经节间均有神经连索相互连接。左侧的侧神经节通过神经索与食道下神经节相连，食道下神经节再以神经索与右侧的脏神经节连接；同样，右侧的侧神经节与食道上神经节以神经索相连，食道上神经节则以神经索与左侧的脏神经节连接。一般将侧神经节经食道神经节连接脏神经节的神经称为侧脏神经连索，可见侧脏神经连索在食道上下左右交叉形成"8"字形。

圆田螺感官发达，包括眼、触角、嗅检器、平衡囊。眼一对，为视觉器官，由皮肤内陷形成，有视网膜和晶体。触角一对，为感觉器官，其顶端有感觉细胞及神经末梢分布。平衡囊一对，似脊椎动物的内耳，位于足神经节内侧，由纤毛上皮内陷形成，囊内有一细小的钙质耳石（otolith）于纤毛之上，由脑神经节发出的神经支配，可维持身体平衡。嗅检器一个，为皮肤突起，是化学感受器，位于外套腔前部，靠近鳃的游离端，呈弯曲线状，色黄，由食道神经节发出的神经支配。此外，在足的边缘、出水管和入水管处还分布有许多化学感受器。

（5）生殖与发育 雌雄异体，从外形上看，雄性右侧触角较雌性右侧触角粗短。雄性具精巢一个，较大，肾形，黄色，位于外套腔右侧，与直肠并行。精巢后端左侧为输精管，较短，向左横行，折向前伸，膨大成贮精囊（前列腺），贮精囊与前面细长的射精管相连，射精管伸入右侧触角中，雄田螺的右侧触角特化成交接器，雄性生殖孔开口于触角的顶端（图10-14B）。雌性具卵巢一个，为不规则的细长带状，黄色，与直肠上部平行。卵巢后接输卵管，后端通入膨大的子宫。子宫位于右侧，为一腺质壁的大型薄囊，内侧缘有一个导精沟，保证子宫内充满受精卵或幼螺的时候，精子仍然能够沿子宫上行，在输卵管中与卵结合。子宫可分泌蛋白质液包裹卵，有营养和保护卵的作用。子宫末端变细成管状，顶部为雌性生殖孔，位于肾孔的右侧（图10-14A）。田螺为体内受精，受精卵在子宫内发育生长，生下即为幼螺。卵胎生。

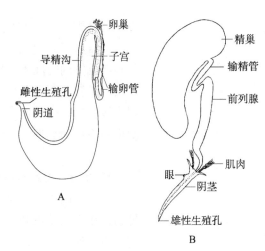

■ 图 10-14 中国圆田螺的生殖系统
A. 雌性生殖系统；B. 雄性生殖系统（仿金志良）

10.5.2 腹足纲的主要特征

腹足类多营活动性生活，可栖息于各种生境中。体外多被一个螺旋形贝壳，有些种类为内壳或无壳。贝壳形态为分类的重要依据。壳分螺旋部（spire）和体螺层（body whorl）两部分，前者容纳内脏器官，由多个螺层（spiral whorl）构成，后者容纳头和足，为壳的最后一层（图10-11，10-15），有些种类的螺旋部退化（如鲍）。壳顶端为壳顶（apex），壳顶是外套膜最早分泌形成的。各螺层间的界限为缝合线（suture），深浅不一。体螺层的开口称壳口（aperture），壳口的内侧缘为内唇（inner lip），外侧缘为外唇（outer lip）。多数种类的壳口具厣（operculum），厣角质或石灰质，薄片状或半球状，常位于足的背后方，由足的后端分泌形成。螺遇到危险时，头先缩回壳内，然后足的前部与后部对折，再缩回到壳中，最后由厣封闭壳口。有些种类无厣（肺螺类）。螺轴为整个贝壳旋转的中轴，位于贝壳内部中央。体螺层底部、壳轴基部的孔为脐（umbilicus），有的种类由于内唇外转而形成假脐（如红螺，*Rapana*）。将一螺壳的壳顶指向上方，壳口对着观察者，壳口在壳轴的左侧，就称这个螺是左旋的，反之则为右旋。多数种类为右旋，少数左旋，也有一些种类中既有左旋的个体，又有右旋的个体。发育过程中，由于内、外唇处外套膜边缘分泌形成壳的速度不一样，外唇的生长速度大于内唇，最后形成了螺旋形的壳。

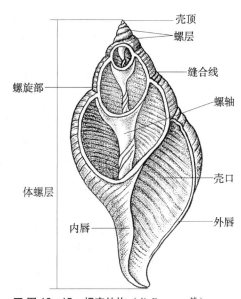

■ 图 10-15 螺壳结构（仿 Ruppert 等）

腹足类头部发达，具眼一对，触角1~2对。腹侧有发达的肌肉质足，足上有许多单细胞黏液腺，可分泌黏液，利于整个身体向前滑动。口腔内常具齿舌和颚片，口前常具吻，消化腺有唾液腺和肝，前者是一种黏液腺，无消化作用，有将食物黏结成食物索的作用，后者可分泌糖酶及蛋白酶，有的种类肝尚有排泄功能（肺螺类）。鳃一般呈栉状，一个，但原始腹足类（archaeogastropoda）有一对楯鳃；有些种类本鳃消失，生有次生鳃，如蓑海牛（*Eolis*）；陆生种类无鳃，由外套膜内壁形成了肺，如蜗牛。心脏位于围心腔内，具一个心室，1~2个心耳；一般有一个肾，原始腹足类为有两个肾。神经系统主要由脑、足、侧、脏4对神经节以及神经连索组成，感觉器官有触角、眼、嗅检器、平衡囊及外套膜边缘的感觉乳突。雌雄异体（如圆田螺）或雌雄同体（如蜗牛），雌雄同体的个体的生殖腺为两性腺（ovotestis），两性腺后接一条两性管（hermaphroditic duct），是输出精子和卵的通道。由于精子和卵成熟的时间不一致，它们也不会同时出现在生殖导管中。两性管后劈为一条输精管和一条输卵管，两者最后开口于生殖腔中。异体受精，受精过程多在体内完成，多卵生，圆田螺为卵胎生。受精卵完全均等卵裂，经囊胚，以外包或内陷法形成原肠胚，海产种类经担轮幼虫和面盘幼虫期。

10.5.3 腹足类体制不对称的起源和演化

腹足类的头部和足为两侧对称，内脏团和壳呈螺旋形，这是腹足类最独特之处。多数腹足动物在担轮幼虫和面盘幼虫早期是两侧对称的，在面盘幼虫后期身体开始出现扭转，最后内脏团、外套膜沿逆时针发生180°旋转，结果使原来位于身体后面的肛门、外套腔移到了身体前面，在幼虫期间左右两侧的内脏器官也扭转了180°，食道末端的一对脏神经节随内脏团扭转后，左右神经节位置对调，而原来位于食道两侧的食道神经分别扭转到食道上方和食道下方，最终使侧脏神经连索扭转成"8"字形。有些种类后来又发生了反扭转（detorted），身体旋转90°或180°，肛门移到了后部或右侧。

在面盘幼虫后期的发育过程中，身体在垂直方向的卷曲（coling）与水平方向的扭转（torison）几乎是同时发生的。但化石证据显示，腹足类卷曲远远早于旋转，古生物学的研究还表明寒武纪的腹足类有一个扁平的、两侧对称的斗笠状壳。腹足类的祖先与单板纲动物相似：身体为左右对称，内脏器官成对，左右对称排列，口在前端，肛门位于体末，背侧有一斗笠状贝壳，腹面有足，在水底爬行生活。当遇到危险时，它们则将身体缩入贝壳内，以保护软体部分。随着不断适应于海底爬行生活，足和内脏团也逐渐加大，贝壳相应地也随之加长，容积增大，以保证身体可以完全缩入壳内。在寒武纪地层中，发现了许多种具有这种形态的腹足类贝壳化石。但这样的贝壳给腹足动物的海底爬行带来很大阻力，身体也难以在波动的海水中保持平衡。在后来的演化中，高耸的贝壳再由壳顶垂直向下卷曲，演化为一扁平的螺旋形壳，类似鹦鹉螺的壳，肠等内脏器官也随之卷曲，这时的腹足动物仍是两侧对称的。如在寒武纪的地层中的 *Strepsodiscus* 化石，其壳为两侧对称、平面盘旋。平面盘旋后，整个壳的直径很大，壳内的空间却较小，能容纳软体部分的空间有限。内脏团和壳沿身体纵轴发生了180°的扭转，使原来位于后面的外套腔转向身体前方，外套腔中的肛门、鳃、排泄孔等随之移到了身体前部。关于扭转的原因，研究者提出了不同的看法：有研究者认为，演化过程中，原来扁平的螺层膨大并向身体一侧水平突出，由于重心偏于一侧，很难保持平衡，在后来的演化中，壳及其内的内脏团转向与体轴一致的角度；有假说指出扭转后，外套腔移到了体前，在体前留出了足够的空间，便于动物遇到危险的时候把头缩回壳内；也有人提出由于螺壳影响了外套腔中水流的畅通，使排遗物、排泄物、生殖细胞等不能顺利排出，而外套腔扭到达身体前端，水可以从头附近的管道畅通流出。由于内脏团沿顺时针方向或逆时针方向的扭转，致使一侧的器官受压迫而消失，心耳、鳃、肾等均成为单个，侧神经节和脏神经节间的侧脏神经连索从平行而扭成"8"字形。这一扭转过程基本在腹足类个体发生过程中进行了重演。在腹足类的演化历史上，这个扭转过程自寒武纪开始，至奥陶纪末期才完成，经历了千万年的演化过程。腹足纲中的后鳃类，其侧脏神经连索并不扭成"8"字形，这是它们又发生了逆扭转的结果。因已发生过扭转，身体一侧已经消失的器官没有再恢复。

10.5.4 腹足纲的分类

依据呼吸器官的类型、侧脏神经连索是否扭转成"8"字等特征，本纲分为以下 3 个亚纲。

10.5.4.1 前鳃亚纲（Prosobranchia）

具螺旋形外壳，外套腔位于身体前部，头部具一对触角；鳃 1~2 个，位于心室前方，侧脏神经连索左右交叉成"8"字形，雌雄异体。主要生活在海洋中，也包括一些淡水种类。

鲍（*Haliotis*）贝壳大而低，螺旋部退化，壳口大，壳的边缘有一列小孔，无厣；双栉状鳃两个，足极肥大，为海味中的珍品。壳可入药，称石决明（图 10-16）。翁戎螺（*Pleurotomaria*）双栉状鳃两个，体螺层上有一个裂缝（图 10-16），生活于 3 000 m 左右的大洋深处，数量稀少，有螺类中的"活化石"之称，我国台湾北部的海域为主要的分布区之一。笠贝（*Notoacmea*）壳低圆锥形，斗笠状，无螺旋部，壳两侧对称，壳口卵圆形，无厣（图 10-16）。

滨螺（*Littorina*）壳小，壳质坚厚，近球形，外唇薄，内唇厚；分布于海滨岩石上，退潮后可暴露在空气中生活（图 10-16）。玉螺（*Neverita*）贝壳扁椭圆形，体螺层非常发达，壳面光滑（图 10-16）；厣角质，半透明；为贝类养殖业的敌害。钉螺（*Oncomelania*）形似螺钉，个体小，尖圆锥形；壳面光滑或有粗、细纵肋（图 10-16）；壳口呈卵圆形，外唇背侧有隆起唇嵴或无；为血吸虫的中间宿生。沼螺（*Parafossarulus*）壳短圆锥形（图 10-16），厣石灰质，淡水产，为华枝睾吸虫的中间宿主。福寿螺（*Ampullaria*）贝壳圆，大且薄，体螺层膨大，螺旋部极小，壳面光滑，多呈黄褐色或深褐色，卵为鲜红色，常附着于岸边（图 10-16）；原产于南美亚马孙地区，为广州管圆线虫（*Angiostrongyliasis cantonensis*）的中间寄主和危害严重的生物入侵种。宝贝（*Cypraea*）壳的螺旋部退化，极小，埋于体螺层内（图 10-16）；色鲜艳，富光泽，我国南海估计约有 50 种。圆田螺也属于该亚纲。

红螺（*Rapana*）壳陀螺形，大而厚；内、外唇均外卷（图 10-16），肉食性，危害贝类养殖业。芋螺（*Conus*）贝壳呈倒锥形，壳质坚厚。有的种类如织锦芋螺（*C. textile*）（图 10-16）有毒腺，毒性比较强，人受到攻击后，会出现红肿、刺痛、麻木等现象，严重时有生命危险。

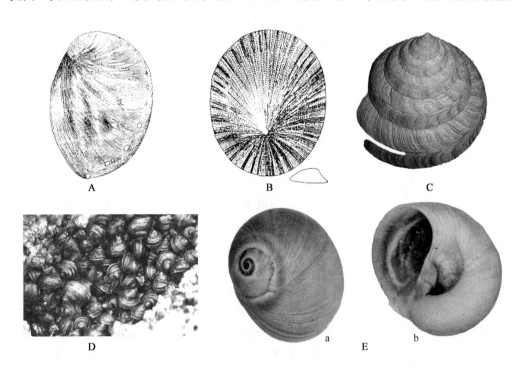

A

B

C

D

E a b

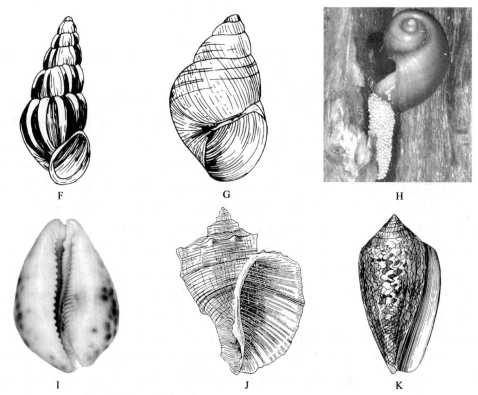

■ 图 10-16　前鳃亚纲的重要种类

A. 鲍；B. 笠贝；C. 翁戎螺；D. 滨螺；E. 玉螺（a. 顶面观；b. 腹面观）；F. 钉螺；G. 沼螺；H. 福寿螺和卵块；I. 宝贝；J. 红螺；K. 织锦芋螺（A，B，F，J，K. 自张玺等；C. 仿 Ruppert 等；D，E，H，I. 自郭冬生；G. 自刘月英）

10.5.4.2　后鳃亚纲（Opisthobranchia，直神经亚纲 Euthyneura）

贝壳不发达，有的为内壳（被鳃类），有的壳退化，有的无壳；触角常 1~2 对；鳃位于心室后方；侧脏神经连索经反扭转不交叉成"8"字形；多雌雄同体，全部海产。

海兔（*Aplysia*）（图 10-17）身体肥厚，触角两对，较大，形似兔，贝壳退化，足宽大；有些种类体长可达 1 m。蓑海牛（*Eolis*）（图 10-17）蛞蝓状，体背侧有成列的锥状突起。经氏壳蛞蝓（*Philine kinglipini*）体呈蛞蝓状，壳薄，完全被外套膜包被，足肥大。

10.5.4.3　肺螺亚纲（Pulmonata）

无鳃，以外套膜特化成的肺囊呼吸，一些水生种类有次生的鳃；水生种类有一对触角，陆生种类有两对触角，眼位于第两对触角端部；贝壳无厣；直接发育，侧脏神经连索不交叉成"8"字形；雌雄同体，栖于陆地或淡水中。椎实螺（*Lymnaea*）（图 10-17）壳薄，半透明，体螺层膨胀，头部具有短宽的吻部，触角扁平，宽大，呈三角形。椎实螺是肝片吸虫的中间宿主。扁卷螺（*Hippeutis*）（图 10-17）贝壳小，作水平旋转，扁平呈盘状，触角细长，眼位于触角基部的内侧；为姜片虫的中间宿主。褐云玛瑙螺（*Achatina fulica*）（图 10-17）又称非洲大蜗牛、花螺、白玉蜗牛；贝壳厚，体较大，壳高和壳宽分别可达 130 mm 和 55 mm，体螺层膨大，壳面为黄褐色或深黄底色，足发达；原产于东非，后引入我国，是严重危害农业和园林业的外来生物入侵种。壳条华蜗牛（*Cathaica fasciola*）（图 10-17）壳黄褐色，呈低圆锥形，体螺层有一条黄褐色带，全国分布。蛞蝓（*Agriolimax*）（图 10-17）体呈长叶状，具退化的内壳。世界性分布。石磺（*Oncidium verruculatum*）（图 10-17）外形似

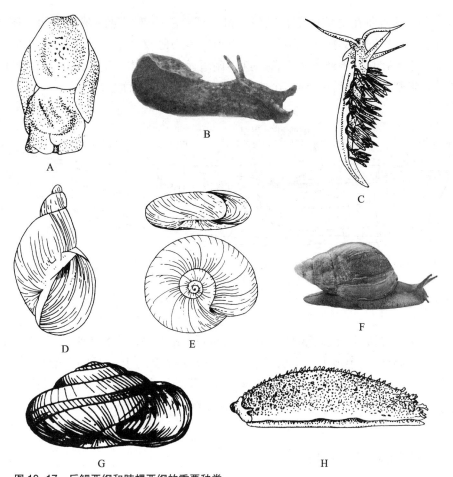

图 10-17　后鳃亚纲和肺螺亚纲的重要种类

A. 蛞蝓；B. 海兔；C. 蓑海牛；D. 椎实螺；E. 扁卷螺；F. 褐云玛瑙螺；G. 条华蜗牛；H. 石磺（A. 自张玺等；B, F. 自张雁云；D, E. 自刘月英；C, H. 自 Hirase；G. 自陈德牛）

海牛，近长椭圆形，无壳；肺囊退化，体背侧具枝状鳃，发育经过担轮幼虫和面盘幼虫，沿海有分布。

10. 6　掘足纲（Scaphopoda）

　　掘足类为两侧对称的动物，具一个两端开口的长圆锥形管状贝壳，稍弯曲，似象牙。贝壳由前到后逐渐变细，前端的开口为前壳口，又称头足孔，足可自此伸出；后端的开口为后壳口，又称为肛门孔，为海水进出外套腔的开口。贝壳略拱，凹的一面为背方，凸的一面为腹方。外套膜管状，衬于贝壳内表面，末端背方伸出贝壳之外，为重要的感觉器官。头部不明显，前端有一个能伸缩的吻，吻前端中央为口，在吻的基部两侧生有许多细长、末端膨大的头丝（captacula）。头丝的伸缩性很强，可由前壳口伸出壳外，是捕食和触觉的重要器官。足在吻的腹部，钝圆锥状，近端部两侧有一对脊状突起。足的伸缩性强，善挖掘泥沙。运动时，先将足插入沙中，然后通过肌肉的牵引，使两侧的脊状突起竖起，足犹如锚一样插在沙中，然后通过缩足肌牵拉贝壳，使动物潜入沙中，仅留后端于海水中。

　　掘足类为肉食性，取食原生动物和双壳类的幼虫等微小生物。吻后为口球，具颚片和齿舌，食道、胃和肠盘曲在身体中部，肛门开口在外套腔中部、足的基部腹侧（图 10-18）。无鳃，以外套膜进行气体交换。无血管，只有血窦，心脏仅一室，由一血窦构成。肾一对，位于体中部，排泄孔开口于外套腔中部、肛门附近。雌雄异体，生殖腺一个，位于体后部，无生殖导管，生殖细胞由肾管排出，个体发生中有担轮幼虫和面盘幼虫。

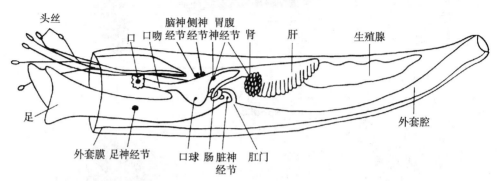

■ 图 10-18　掘足类模式图（自张玺）

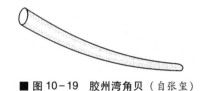

■ 图 10-19　胶州湾角贝（自张玺）

掘足类分布于潮间带至 7 000 m 深海的海底，约 500 种。大角贝（*Dentalium vernedei*）个体大，壳长可达 100 mm，贝壳象牙状，足的先端尖，有两个翼状褶。我国东海及南海由浅海至 100 m 深处均有分布。胶州湾角贝（*D. kiaochow-wanensis*）个体小，中国沿海均有分布（图 10-19）。

10.7　双壳纲（Bivalvia）

双壳纲也称斧足纲（Pelecypoda，瓣鳃纲 Lamellibranchia），约有 2 万种，包括各种蛤蜊、牡蛎、贻贝、蚶、船蛆等。双壳类多潜居泥沙中，也有营固着生活，或凿木凿石而居。全部生活在水中，大部分海产，少数生活在淡水，极少数为寄生（如内寄蛤 *Entovalva*、恋蛤 *Peregrinamor*），分布遍及全球。许多种类有重要的经济价值，部分种类危害渔业生产。

10.7.1　代表动物——无齿蚌（*Anodonta*）

无齿蚌又称河蚌，生活在淡水湖泊、河流等水底，身体大部分埋于泥沙中，仅体后端的出、入水管外露，水由此进出外套腔，以完成摄食、呼吸等生命活动，并排出粪便和代谢产物。背角无齿蚌（*A. woodiana*）是我国分布最广的淡水蚌类之一。

10.7.1.1　外部形态

无齿蚌体侧扁，左右各具一卵圆形贝壳，两壳同形，壳顶突出。壳前端较圆，后端披针形，腹缘弧形，背缘平直。软体部分可完全缩入到壳内。绞合部无齿，故得名无齿蚌，其外侧有黑色韧带，两壳借韧带的弹力张开。壳外表为褐色的壳皮层，其上密布围绕壳顶的同心圆弧线，为生长线（图 10-20）。

外套膜两片，紧贴于壳内表面。两外套膜在背部长在一起，腹缘、前后缘游离，但常贴在一起，外套膜间的空腔为外套腔。左右外套膜后端特化为"ε"、"3"，贴在一起形成"8"形水管。其中入水管位于腹侧，边缘褶皱，上有许多乳突状感觉器；出水管位于背侧，边缘光滑。外套膜内表面上皮具纤毛，纤毛摆动可带动水流进出外套腔。

足呈斧状，左右侧扁，富肌肉，位于内脏团腹侧，为外套膜所包围，可向前下方伸出，为河蚌的运动器官（图10-20）。

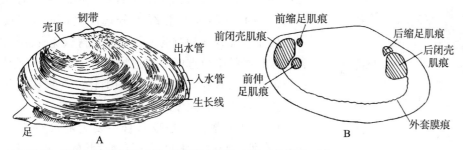

■ 图10-20 无齿蚌外形（A）及贝壳内面观（B）（仿 Matbeeb）

10.7.1.2 结构与机能

（1）肌肉和运动　肌肉包括闭壳肌（adductor）、缩足肌（retractor）和伸足肌（protractor）。闭壳肌粗大，圆柱状，前后各一，分别为前闭壳肌（anterior adductor）和后闭壳肌（posterior adductor），肌肉两端分别于两壳相连，肌肉收缩可使壳关闭。缩足肌前后各一，分别为前缩足肌（anterior retractor）和后缩足肌（posterior retractor），一端附着在壳内面，附着点位于闭壳肌的内侧上方，另一端与足相连。缩足肌收缩，可将足缩回壳内。伸足肌（protractor）一，一端与足相接，另一端附于贝壳内表面、闭壳肌的内侧下方，伸足动作的完成受伸足肌的控制，还与足血窦压力变化有关。此外，在空贝壳上可看到闭壳肌、缩足肌和伸足肌的肌痕（图10-20）。

（2）摄食和消化　口位于前闭壳肌之下，足的背方，为一横缝。两侧各有一对发达的三角形唇片（labial palp），密生纤毛，有感觉和摄食功能。河蚌以有机质颗粒和微小动植物为食。由水流带入外套膜腔的食物颗粒经鳃表面纤毛滤食作用，将食物颗粒送至唇片，由唇片上纤毛摆动使食物颗粒进入口，经食道进入膨大的胃，胃周围有一对不规则状的消化盲囊，消化盲囊可分泌消化酶到胃中，小的食物颗粒可直接进入消化盲囊，在其内完成细胞内消化和吸收。大的食物颗粒由胃进入肠，肠盘曲于足背方的内脏团中，直肠通入围心腔，穿过心室，以肛门开口于后闭壳肌背后方、出水管附近（图10-21）。在胃肠交界处，由胃向后突

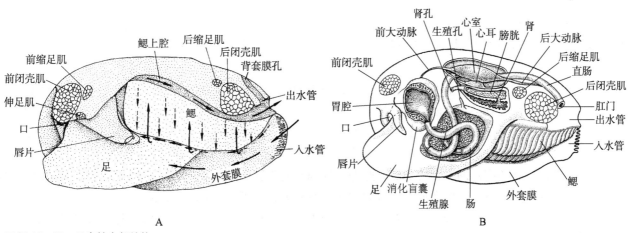

■ 图10-21 无齿蚌内部结构

A. 除去壳和左侧部分外套膜；B. 内部结构剖面（仿 Hickman 等）

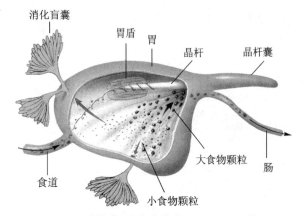

消化盲囊
胃盾 胃
晶杆
晶杆囊
大食物颗粒
肠
食道
小食物颗粒

■ 图 10-22 消化道和晶杆囊的关系 (仿 Miller 等)

起一囊，为晶杆囊（图 10-22）。囊内有一细长的晶杆，晶杆由囊壁上皮细胞分泌形成，富含消化酶。晶杆在囊壁纤毛驱动下转动，释放消化酶于胃中。河蚌胃壁有几丁质的胃盾（gastric shield）和纤毛分选区（cilia sorting field），胃盾处于与晶杆囊相对的位置，保护胃壁免受晶杆的摩擦；食物颗粒经纤毛分选区的"过滤"，小颗粒进入消化盲囊中进行消化，大颗粒则被移入肠中消化。食物在消化道内的转运主要依靠消化道壁纤毛的摆动来完成。

（3）呼吸器官　呼吸器官主要为鳃（外套膜也有作用）。在外套腔内蚌体两侧各具两片状的瓣鳃，外瓣鳃短于内瓣鳃。每个瓣鳃由内外两鳃小瓣构成，鳃小瓣由许多纵行排列的鳃丝（branchial filament）构成，每条鳃丝表面有 5 列纤毛，鳃丝之间通过丝间隔（interfilamental junction）相连，丝间隔上有小孔，称鳃孔（ostrium）。每个瓣鳃的两片鳃小瓣前、后缘及腹缘愈合成"U"形，两鳃小瓣之间有多条背腹纵行的瓣间隔（interlamellar junction），将鳃小瓣围成的鳃腔分隔成许多背腹纵行的小管，称为水管（water tube）。但瓣间隔未伸到鳃小瓣的背端，在瓣鳃的背缘有一个由内、外鳃小瓣围成、前后贯通的管状结构，为鳃上腔（suprabranchial chamber）（图 10-23）。鳃丝、丝间隔与瓣间隔内均有血管分布，水经过鳃时，即可完成气体交换。

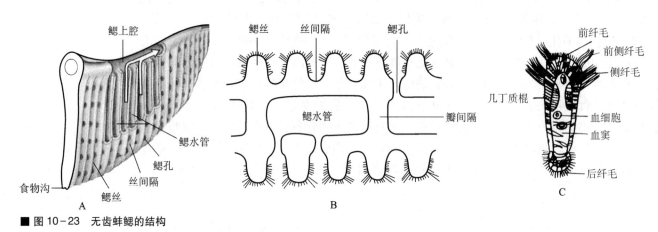

鳃上腔
鳃丝　丝间隔　鳃孔
前纤毛
前侧纤毛
侧纤毛
几丁质棍
血细胞
血窦
鳃水管
鳃孔
丝间隔
鳃丝
食物沟
鳃水管
瓣间隔
后纤毛

A
B
C

■ 图 10-23 无齿蚌鳃的结构

A. 瓣鳃的结构模式图；B. 瓣鳃的横切面模式图；C. 鳃丝的构造（A. 仿 Hickman，修改；B. 仿 Miller 等；C. 自 Peck）

鳃及外套膜上的纤毛打动水流，使水及浮于水中的细小食物颗粒由入水管进入外套腔，水经鳃孔到鳃水管内，上行达鳃上腔，再向后流动，进入外套腔，经出水管排出体外；而食物颗粒由于鳃表面纤毛的阻挡，无法进入鳃内，由于重力而沿鳃表面下落，鳃分泌的黏液可以将这些食物颗粒黏起来，经鳃腹缘食物沟（food groove）内纤毛的摆动将食物送至口。因此，鳃还有辅助摄食的功能。此外，外鳃瓣的鳃腔又是受精卵发育的地方，外鳃瓣常因内含许多发育着的胚胎而加厚，这时的外鳃瓣称为育儿囊（marsupium）。

（4）循环系统　心脏位于内脏团背侧的围心腔内，由一心室及两心耳构成（图 10-24）。心室肌肉质，长圆形，直肠从心室中央穿过（即直肠为心室所包围）；心耳薄膜状，三角形。心室向前、后各伸出一条大动脉。向前伸的前大动脉沿直肠的背侧前行，后大动脉沿直肠腹侧后行，前、后大动脉各分支成小动脉至身体各部，经血窦（如足窦）后，由静脉收集血液进入肾、鳃等器官，完成代谢废物和气体交换，经出鳃静脉回到心耳。外套窦中的血液不经肾和鳃，直接由外套膜静脉入心耳（图10-24）。

无齿蚌血液中含血蓝蛋白（haemocyanin），氧化时呈淡蓝色，还原时无色，其与氧结合能力远不及血红蛋白，100 mL血液中含氧通常不超过3 mg。血液中含变形细胞，有吞噬作用，行排泄功能。

（5）排泄器官　包括肾和围心腔腺。围心腔腺位于围心腔前壁，为分支的腺体，可收集血液中的代谢产物，排入围心腔。后肾管来源的肾一对，长管状，位于围心腔腹面左右两侧，肾的前半部分为海绵状的腺体部，废物在此过滤，后半部为薄壁的管状部，管状部折向上，位于腺体部之上，使整个后肾管呈"U"形。肾口开口于围心腔前端底部，肾孔开口在内瓣鳃的鳃上腔前端（图10-25）。

（6）神经系统　无齿蚌具有3对神经节（图10-26）。脑神经节一对，很小，位于前闭壳肌下方、食道两侧，由脑神经节和侧神经节合并形成，亦称脑侧神经节。足神经节一对，埋于足的前1/3处、足与内脏团交界处，左右两足神经节结合在一起（图10-26）。脏神经节一对，呈蝶状，位于后闭壳肌的腹侧的上皮内，较大。脑神经节与脏神经节、脑神经节与足神经节之间有神经连索相连接。蚌的感官不发达，足神经节附近有一平衡囊，为足部上皮下陷形成，内有耳石，司身体的平衡。脏神经节上面的上皮成为感觉上皮，相当于腹足类的嗅检器，为化学感受器。外套膜、唇片及水管周围有感觉细胞分布。

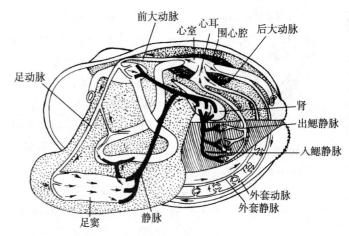

■ 图10-24　无齿蚌血循环（自 Buchsbaum）

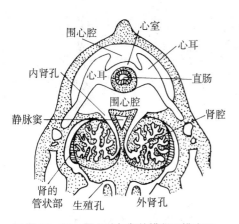

■ 图10-25　围心腔与肾的横断面模式图
（自 Lang）

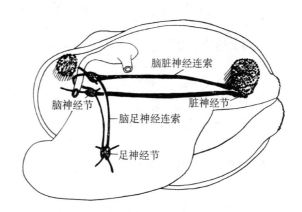

■ 图10-26　双壳类神经节与神经连索
（自 Buchsbaum）

（7）生殖和发育　蚌为雌雄异体，生殖腺位于足部背侧的内脏团中，包于肠的周围，为葡萄状腺体，精巢乳白色，卵巢淡黄色。生殖导管短，生殖孔开口在内鳃瓣鳃上腔的前端，位于肾孔的后下方，很小（图10-21）。

蚌的生殖季节一般在夏季，精卵在外瓣鳃的鳃腔内受精，受精卵由于母体的黏液作用，不会被水流冲出，而留在鳃腔中发育。经完全不均等螺旋卵裂，发育成囊胚，以外包和内陷法形成原肠胚，后发育成幼体，在鳃腔中越冬。来年春季，幼体孵出，发育成无齿蚌特有的

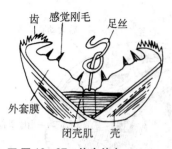

■ 图 10-27 钩介幼虫
（自 Lefeure）

钩介幼虫（图 10-27）。幼虫具双壳，壳的游离端有钩与齿，两壳之间有发达的闭壳肌。腹部中央生有一条有黏性的细丝，称足丝。壳侧缘生刚毛，有感觉作用。幼虫有口无肛门。幼虫可借双壳的开闭而游泳。淡水中鳑鲏鱼（*Rhodaus sinensis*）等，以长的产卵管插入蚌的入水管，产卵于蚌的外套腔中。钩介幼虫可乘机附着在鳑鲏鱼身上，寄生在鱼的鳃、鳍等处。鱼皮肤受其刺激而异常增殖，形成囊，将幼虫包在其中。幼虫以外套膜上皮吸取鱼的养分。经 2~5 周，变态成幼蚌，破囊离开鱼体，沉入水底生活，经 5 年方达性成熟。

10.7.2 双壳纲的主要特征

双壳纲动物两侧对称，身体侧扁，一般具两枚发达的贝壳。身体腹面有一侧扁形如斧状的足。贝壳一般左右对称，也有不对称的（如不等蛤 *Anomia*、牡蛎 *Ostrea*）。壳的形态为分类的重要依据。贝壳背面中央特别突出的一部分，略向前方倾斜，称为壳顶（umbo），这是贝壳最先形成的部分。壳顶所指的方向，为壳的前方。相对的一端为后方。围绕壳顶形成许多细密的同心环，为生长线，有的种类自壳顶向腹缘有放射的肋或沟。壳顶前方常有一小凹陷，称小月面，壳顶后的为楯面。壳的背缘较厚，此处常有齿和齿槽，左右壳的齿及齿槽相互吻合，构成绞合部（hinge），绞合部常具绞合齿。绞合齿的数目和排列方式不一，为分类的主要特征。绞合齿中正对壳顶的为主齿，主齿常具 1~3 枚；主齿之前的齿称前侧齿，其后为后侧齿。在绞合部连结两壳的背缘有一角质的、具弹性的韧带（ligament），可使两壳张开。壳自背至腹为其高度，自前至后为其长度，两壳左右最宽处为其宽度（图 10-28）。

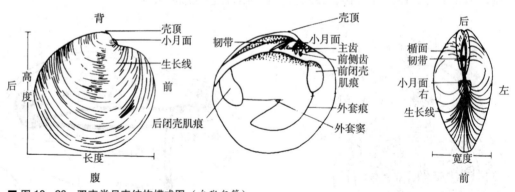

■ 图 10-28 双壳类贝壳结构模式图（自张玺等）

双壳类多底埋生活，一些种类（如贻贝、蚶、扇贝等）依靠足丝（byssus）附着在礁石或者其他基质上，足丝为足丝囊分泌的硬蛋白，经足丝孔排出，遇水即变成贝壳素的丝状物黏附在基质上。也有一些种类（如牡蛎）由外套膜分泌的贝壳则直接黏在基质上，固着面的壳一般较小，完全失去了运动的能力。

口为一横缝，两侧具唇，唇多为三角形，具纤毛，可摄食。胃肠间有晶杆囊（crystalline style sac），细长棒状，内有晶杆。胃中有胃盾（gastric shield），有保护胃的作用。

鳃在原始种类（湾锦蛤 *Nucula*）为楯状；有的为丝状或瓣状；有的鳃瓣互相愈合，且退化，形成一有孔的隔膜，为隔鳃（孔螂类 Poromyacea）（图 10-29），已无呼吸作用。

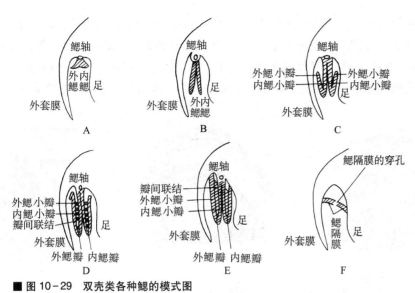

■ 图10-29　双壳类各种鳃的模式图

A. 湾锦蛤；B. 日月贝；C. 蚶；D. 贻贝；E. 无齿蚌；F. 孔螆（自张玺，齐钟彦）

心脏由一心室两心耳构成，开管式循环；排泄器官为一对后肾管来源的肾；神经节主要有脑、足、脏神经节3对，神经节间有神经连索，感官不发达。多数雌雄异体，少数雌雄同体（如牡蛎），个体发生中有担轮幼虫及面盘幼虫，淡水蚌类发育经历钩介幼虫期（图10-27）。

10.7.3　双壳纲的分类

依鳃的结构、取食方式等，将其分为原鳃亚纲（Protobranchia）、瓣鳃亚纲（Lamellibranchia）和隔鳃亚纲（Septibranchia）3个亚纲。

10.7.3.1　原鳃亚纲（Protobranchia）

具栉鳃，前、后两闭壳肌相等，滤食，全部海产。

湾锦蛤（*Nuculo*）（图10-30）两壳大小相等，壳卵圆形或三角形，绞合部具许多细齿，无水管。

10.7.3.2　瓣鳃亚纲（Lamellibranchia）

鳃发达，呈丝状或瓣状，鳃丝间及鳃瓣间有纤毛，滤食。

■ 图10-30　湾锦蛤
（自姜乃澄和丁平）

毛蚶（*Arca subcrenata*）（图10-31）绞合部直，具许多相似的细齿，鳃丝状，无丝间联结。贻贝（*Mytilus edulis*）（图10-31）壳略呈三角形，壳顶尖，腹缘平直。具足丝。其干制品称淡菜，味鲜美。贻贝已大量进行人工养殖。栉孔扇贝（*Chlamys farreri*）（图10-31）壳呈扇状，放射肋明显，壳的前耳大于后耳。其后闭壳肌干制品称干贝，为海味中的上品。三角帆蚌（*Hyriopsis cumingii*）（图10-31）为淡水育珠的优良品种，壳背缘向上伸出一三角形帆状翼。珍珠贝（*Pteria*）左右壳大小不等，无绞合齿，为生产珍珠的母贝。江瑶（*Pinna*）（图10-31）为大型种类，两壳等大，壳质脆，三角形。其闭壳肌的干制品称江瑶柱，为海味中的珍品。广东、海南、西沙群岛等地有分布。牡蛎（*Ostrea*）（图10-31）左壳大，略凹；右壳小，平。无绞合齿；壳面有放射肋和鳞片层；为海产贝类中主要养殖种类。文蛤（*Meretrix meretrix*）（图10-31）壳呈三角形，壳皮黄褐色，有棕色"W"形花纹，以前常被用做盛放面油的容器。库氏砗磲（*Tridacna cookiana*）（图10-31）又名大砗磲，壳大，长超过1 m，生长线明显，有5条强大的放射肋，两壳各有一个主齿和一个后侧齿；属国家Ⅰ级重点保护野生动物，我国西沙群岛和南沙群岛有分布。竹蛏（*Solen*）（图10-31）壳长形，薄，双壳合抱似竹筒状，两端有开口，绞合部常只具一枚主齿，足发达，圆柱形。海笋（*Martesia*）（图10-31）壳质薄，背缘反折在壳顶上；绞合部无齿；凿石而居，危害海港岩石建筑。船蛆（*Teredo*）（图10-31）体呈蠕虫状，壳小而薄，球形，仅包住身体的前端一小部分，钻木而栖。船蛆繁殖力强，生长迅速，对沿海码头、木桩、木船等木建筑破坏严重。

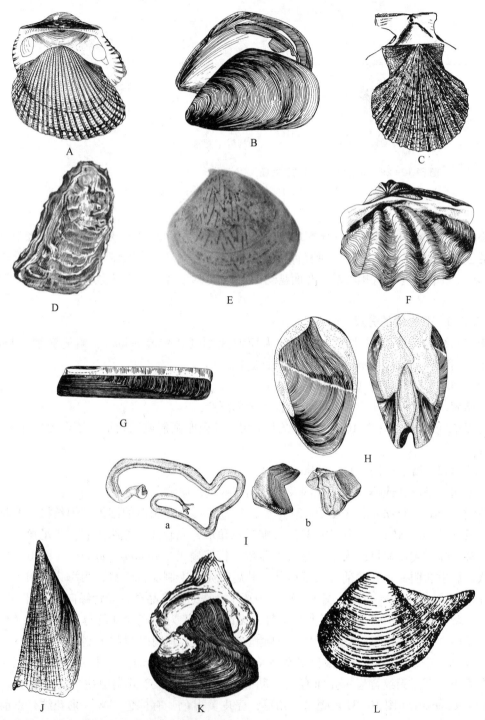

■ 图10-31 瓣鳃亚纲和隔鳃亚纲代表种类

A. 毛蚶；B. 贻贝；C. 栉孔扇贝；D. 牡蛎；E. 文蛤；F. 库氏砗磲；G. 竹蛏；H. 海笋；I. 船蛆（a 软体部，b 贝壳）；J. 江珧；K. 三角帆蚌；L. 中国枸蛤（D，E. 自郭冬生；其余自张玺等）

10.7.3.3 隔鳃亚纲（Septibranchia）

鳃退化，着生鳃的位置出现肌隔板，板上有小孔。由外套膜进行呼吸，全部深海生活。如中国杓蛤（*Cuspidaria chinensis*）（图10-31）等。

10.8 头足纲（Cephalopoda）

头足类为软体动物中高度特化的类群，包括鹦鹉螺、乌贼、柔鱼和章鱼等，现存700多种（化石种类有10 000种以上），全部生活于海洋中，肉食性，游泳或次生性底栖生活。

10.8.1 代表动物——乌贼（*Sepia*）

乌贼俗称墨鱼，生活在温暖海洋中，游泳快速，主要以甲壳类为食，也捕食鱼类及其他软体动物等，在我国沿海均有分布，常见种类有金乌贼（*Sepia esculenta*）和曼氏无针乌贼（*Sepiella maindroni*）。

10.8.1.1 外形

乌贼两侧对称，身体由头、足、内脏团和外套膜4部分组成，内脏团完全包裹于外套膜内，所以从外形上看身体可分为头、足和躯干3部分（图10-32）。依据运动方式和生活状态来划分，乌贼的头端为前，躯干端为后，有漏斗的一侧为腹，相对的一侧为背（图10-32）。

头呈球形，顶端中央为口，口周围具口膜，外围有5对腕。头两侧具一对发达的眼（图10-32）。外套膜厚，肌肉质，主要由放射状肌纤维和环肌构成，筒状，包在内脏团周围，仅腹面前缘游离，与头足部之间形成一缝隙，为外套膜孔。

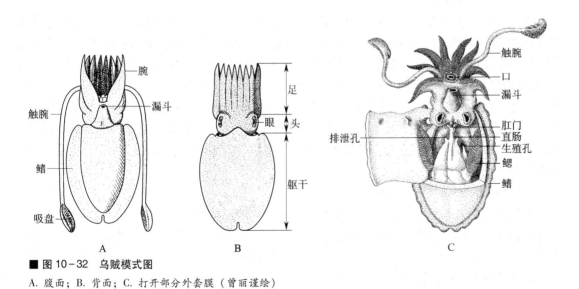

■ 图10-32 乌贼模式图

A. 腹面；B. 背面；C. 打开部分外套膜（曾丽谨绘）

外套膜包围着整个内脏团，形成躯干部。躯干背腹略扁，两侧具鳍，鳍在躯干末端分离，在游泳中起平衡作用。

足特化成腕和漏斗。腕10条，左右对称排列，背部正中央为第一对，向腹侧依次为2~5对，其中第4对腕特别长，末端膨大呈舌状，为触腕（tentacular arm），可缩入其基部的触腕囊内。腕的内侧均具4列带柄的吸盘，触腕只在末端舌状部内侧有10行小吸盘。腕具有捕食功能，有的种类也用于海底爬行。雄性左侧第 5 腕的中间吸盘退化，为茎化腕（hecto-cotylized arm），可将精荚送入雌体内，起到交配器的作用。依据茎化腕可鉴别乌贼的性别。

漏斗喇叭形，基部宽，包于外套腔内；末端窄，游离于外套腔外。内有一舌瓣，可防止水逆流。漏斗腹面两侧各有一椭圆形的软骨凹陷，称闭锁槽（adhering groove），外套膜与之相对处有两个软骨凸起，为闭锁突（adhering ridge）。闭锁槽和闭锁突镶嵌成子母扣状，称闭锁器（adhering apparatus），可控制外套膜孔的开闭（图 10-32）。闭锁器开启，外套膜环肌舒张，海水自套膜孔流入外套腔；闭锁器扣紧，外套膜孔封闭，外套膜环肌收缩（图 10-33），外套腔中海水通过漏斗快速喷出，乌贼借水喷出的反作用力快速运动。乌贼也可通过外套膜的缓慢收缩，慢速喷水前行，并通过调整漏斗的方向改变运动的方向，还可利用鳍的波浪状摆动而缓慢游行。

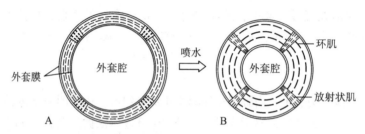

■ 图 10-33　乌贼外套膜横切示意图
A. 在放射状肌纤维的牵引下，外套腔增大；B. 喷水后，环肌收缩，外套腔减小
（自 Ruppert 等）

10.8.1.2　结构和机能

（1）**体壁**　由上皮及其下的结缔组织、肌肉等组成。上皮为单层细胞，表皮之下、真皮中含有许多色素细胞（chromatophore）。色素细胞中含有色素颗粒，细胞周围有微小的肌纤维向四周辐射并附着在其他细胞上。在神经及激素的控制下，肌纤维收缩，色素细胞向四周扩展，细胞变成扁平状，色素颗粒展露，体色变深；当肌肉松弛时，色素细胞恢复为原来的形状，色素颗粒在细胞内集中并隐蔽，体色变浅（图 10-34）。每一种色素细胞只包含一种色素，不同的细胞有红色、黄色、黑色等多种色素。乌贼的真皮中还有虹彩细胞（irido-cyte），这类细胞内无色素颗粒，但细胞膜经拉伸、折叠后，形成了衍射光栅一样的结构，使动物体表呈现各种光泽。

（2）**内壳及软骨**　体背面皮肤下的壳囊内具一石灰质内壳，称海螵蛸（图 10-35），内壳背侧坚硬，腹侧疏松，多空隙。内壳不但可以增加身体的坚强性，也可使身体密度减小，有利于游泳，并有助于保持平衡。软骨包括头软骨、颈软骨、腕软骨等，头软骨发达，包围中枢神经系统和平衡囊。与腹足类的软骨——齿担相比，乌贼软骨的组织学结构与脊椎动物相似，只是细胞有较长的分支。

（3）**消化**　乌贼主要依靠腕来捕食，消化系统由消化管和消化腺组成。口位于腕的基部中央，口周围为围口膜，口后为一肌肉质发达的口球，口球内的空腔为口腔，口腔的前面有一对鸟喙状的颚片，称鹦鹉颚，由强大的肌肉支配，可撕咬、切碎食物。口腔底部为齿舌（齿式为 3·1·3），可辅助输送和吞咽食物。口腔内前、后各有唾液腺一对，分别有导管通入口腔。前唾液腺位于口球背面，可分泌消化酶；后唾液腺位于食道前端背侧，可分泌消化酶和神经毒素，杀伤、麻痹和消化猎物。口球后接细长的食道，食道末端连于胃。食物在乌

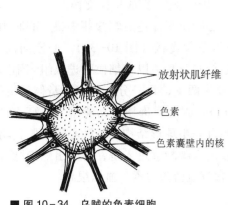

■ 图 10-34 乌贼的色素细胞

（自 Parker 等）

放射状肌纤维
色素
色素囊壁内的核

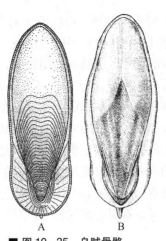

■ 图 10-35 乌贼骨骼

A. 腹面观；B. 背面观（曾丽谨绘）

A　　B

贼食管内的转运主要靠食道壁肌肉的收缩和舒张来完成，这与软体动物的其他类群主要依靠纤毛摆动来运送食物不同。胃长囊状，壁富肌肉，左侧有一膨大的胃盲囊。肠短而粗，自胃向前伸，末端为直肠，以肛门开口于外套腔、漏斗基部后方。肛门两侧有一对肛门瓣。在食道两侧有一对发达的肝，前端钝圆，后端略尖。肝各发出一条导管，两导管后部会合，通入胃盲囊。在肝导管周围有弥散状的胰（图 10-36），肝和胰可分泌消化酶于胃盲囊中。消化后的食物入盲囊吸收，残渣由肛门排出体外。

在内脏团腹侧后端有一梨形小囊，为墨囊（ink sac），墨囊向前伸出墨囊管，与直肠共同开口于肛门。囊内腺体可分泌墨汁，贮存于墨囊中。遇到危险或进攻时，墨囊收缩，墨汁经墨囊管后由肛门排出，将使周围海水染成墨色。墨汁中含有生物碱，可麻痹天敌或鱼类的化学感受器，借以隐藏避敌或捕食。墨囊和墨囊管实际上为一特化的直肠盲囊（图 10-36）。

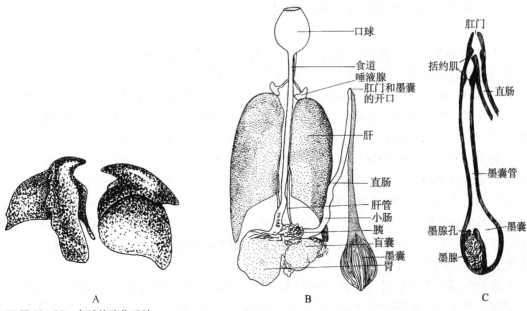

口球
食道
唾液腺
肛门和墨囊的开口
肝
直肠
肝管
小肠
胰
盲囊
墨囊
胃

肛门
括约肌
直肠
墨囊管
墨囊
墨腺孔
墨腺

A　　　　　B　　　　　C

■ 图 10-36 乌贼的消化系统

A. 鹦鹉颚；B. 消化系统；C. 墨囊（A. 自张雁云；B，C. 仿南京师范学院《无脊椎动物学》）

（4）呼吸与循环　羽状鳃一对，位于外套腔前端两侧（图10-32）。每鳃有一鳃轴，两侧生有鳃叶，鳃叶由许多鳃丝组成。鳃上密布微血管，水流经鳃，完成气体交换。

乌贼的循环系统基本为闭管式，仍有一些血窦。围心腔位于体近后端腹侧中央，心脏由一心室两心耳组成。心室为不规则的菱形，壁厚，心耳壁薄囊状（图10-37）。心室向前、后分别伸出前大动脉和后大动脉，它们分别向前、后运行并分支，以毛细血管进入组织细胞之间。头部及身体前端的血液汇集成前大静脉，末端分为两支，每一分支与来自身体后端、外套膜及内脏的静脉汇集后，通入鳃心（branchial heart）。鳃心肌肉质，功能相当于高等脊椎动物的右心室，可增加血液入鳃的压力。鳃心之下各有一半球形结构，为鳃心附属腺，功能可能与双壳纲的围心腔腺类似。经过鳃心加压的血液由入鳃静脉进入鳃，再由出鳃静脉入左、右心耳，返回心室（图10-37）。头足类的血液中含有血蓝蛋白素，血压很高。

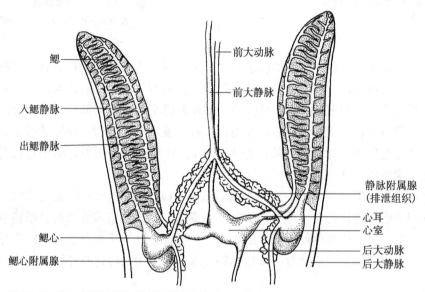

■ 图10-37　乌贼的呼吸系统和循环系统（仿江静波）

（5）排泄系统　后肾管来源的肾一对，囊状，称肾囊。肾囊由一对腹室和一个背室组成，腹室位于直肠两侧，左右对称，背室位于腹室的背侧，有孔与腹室相通。肾囊通过肾围心腔管（renopericardial canal）与围心腔相通，一对肾口（也称为肾围心腔孔）位于围心腔中；肾孔一对，位于直肠后部两侧。围心腔产生的原尿经肾口、肾围心腔管导入肾囊中，经重吸收后，形成终尿（final urine），由肾孔排到外套腔中（图10-38）。

在肾静脉和前大静脉周围有海绵状的结构，称为静脉附属腺（renal appendages），为排泄组织，能从血中收集废物，排入肾囊中。乌贼的排泄物不含尿酸，而是鸟嘌呤（guanine）。

（6）神经与感官　乌贼的神经系统发达，由中枢神经系统、周围神经系统组成（图10-39）。中枢神经系统高度集中，主要由食道周围的脑神经节、侧脏神经节和足神经节等3对神经节组成（图10-40），外有软骨包围。食道背侧为一对侧脑神经节，腹侧为一对足神经节和一对侧脏神经节，两者前后排列。

周围神经系统由中枢神经发出的神经和神经节组成。脑神经节发出视神经、口球上神经、口球下神经等；侧脏神经节向后发出外套神经、头缩肌神经、脏神经、漏斗神经等，并在漏斗两侧的外套膜上形成发达的星芒状神经节；足神经节发出10条神经到腕。

交感神经系统，由口球下神经节发出的神经沿食道两侧后行，在胃前端腹面形成胃神经节，由此发出盲囊神经、胃神经、肠神经等（图 10-39）。

感官发达，有眼、平衡囊、化学感受器等。眼结构复杂（图 10-41），与脊椎动物类似，但胚胎发生中有较大差异。最前面为透明的角膜，其后为透明的晶状体，晶状体的两侧有睫状肌（ciliary muscle）牵引，其前缘两侧还有虹膜（iris），虹膜可调节瞳孔（pupil）的大小，控制进光量。晶状体后为胶状液体所充满，眼球的底部为视网膜（retina），由含有色素的杆状细胞组成，视网膜外为视神经。

平衡囊一对，为软骨所包围，介于足神经节和侧脏神经节之间。囊内充满液体，有一耳石，囊内前端背面有平衡斑（macula statica），另有突起称平衡嵴（crista statica），为感觉作用部分。乌贼的嗅觉感受器位于眼后下方，由上皮内陷形成，具有感觉细胞，脑神经节分出神经至此，为化学感受器。

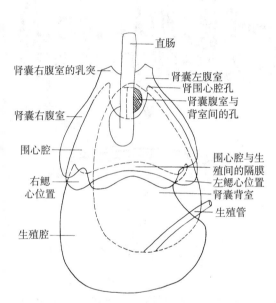

■ 图 10-38 乌贼的排泄系统（自张彦衡）

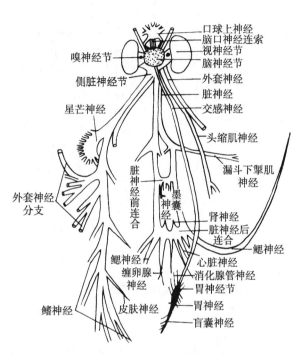

■ 图 10-39 乌贼的神经系统（自张彦衡）

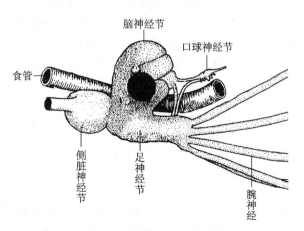

■ 图 10-40 乌贼的中枢神经系统（去掉软骨）
（自张雁云）

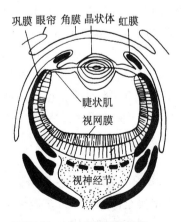

■ 图 10-41 乌贼眼的结构
（自 Borradalle 和 Potts）

（7）生殖、发育和洄游　乌贼为雌雄异体。

雌性具卵巢一个，位于内脏团后部的生殖腔中，输卵管前部粗大，末端较细，雌性生殖孔开口于鳃基部前方外套腔内。输卵管近末端处有一输卵管腺，在卵的外面分泌物形成一层膜。直肠两侧、紧贴内脏团有一对发达的缠卵腺（nidamental gland），开口于外套腔，其分泌的黏性物质将卵黏着在一起，形成卵群。缠卵腺前还有一对小的副缠卵腺（accessory nidamental gland），功能不明（图10-42）。

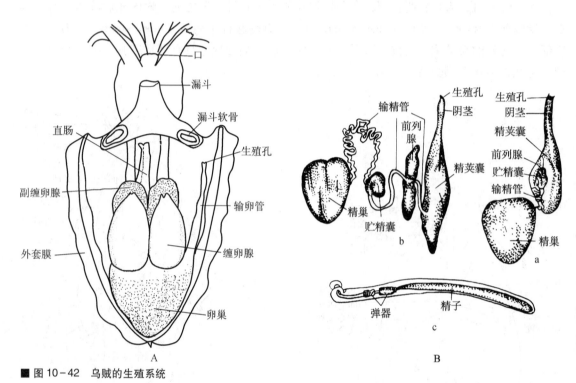

■ 图 10-42　乌贼的生殖系统
A. 雌性；B. 雄性：a. 自然状态；b. 各器官展开；c. 精荚（A. 仿江静波；B. 自江静波，张玺）

雄性具精巢一个，精巢由许多小管组成，精子在精巢小管内发育。输精管长，盘旋曲折，并膨大形成贮精囊及前列腺（prostate gland），输精管后端形成精荚囊（spermatophoric sac），内有大量的精子（图10-42）。末端为阴茎，雄性生殖孔开口于外套腔左侧。精荚囊内有极多的精荚（spermatophore），精荚成球棒状，外包几丁质鞘，由帽、弹器（ejaculatory organ）、精子等组成。雄性先将精荚产于外套腔中，再以茎化腕将其送入雌体外套腔中。此时精荚帽翻开，精子弹出，精卵在外套腔内完成受精。

每年春夏之际，乌贼由深水游向浅水内湾处产卵，称为生殖洄游。交配不久后，雌性排出受精卵，受精卵聚积在一起，表面黑色，黏于外物上，俗称"海葡萄"。乌贼卵含大量卵黄，属端黄卵。经不完全卵裂（盘式卵裂），以外包法形成原肠胚，直接发育。

10.8.2　头足纲的主要特征

头足类全部为海产，多数种类善于运动、肉食性。身体由头、足、内脏团、外套膜4部分组成，但在体制结构上可分为头、躯干及漏斗3部分。原始的种类体外有一发达的螺旋外壳，如鹦鹉螺；其他种类身体两侧对称，壳不发达形成内壳，如乌贼；或壳完全退化消失，如章鱼。头足类的外套膜发达，肌肉质。一些头足类躯干的两侧形成鳍，鳍的摆动可推动其缓慢游泳或在快速运动中起平衡作用。足特化为腕和漏斗，漏斗和外套膜协同作用，调节运动的速度。腕是捕食器官，鹦鹉螺有数十条腕，其他头足类具 10 条或 8 条腕，两侧对称排列，腕的内侧有许多吸盘，吸盘有柄或无柄。

呼吸器官为双栉鳃，鳃的数目同心耳的数目一致，鹦鹉螺具 4 鳃，其他头足类两鳃。鳃的基部有一对鳃心，它的收缩可使血液迅速通过鳃。消化管由口、口球（内有颚和齿）、食道、胃、胃盲囊、肠、肛门等组成，鹦鹉螺及八腕类食道上有一嗉囊；消化腺包括唾液腺、肝、胰等。除鹦鹉螺及深海生活的种类外，多具有一墨囊。头足类为软体动物中唯一闭管式循环的类群，围心腔中有一个心室及 2~4 个心耳，心耳数目与鳃、肾数目相一致。血液中含有血蓝蛋白。排泄器官为后肾管，囊状，排泄物主要是鸟嘌呤。神经与感官发达，中枢神经包括脑、侧脏、足等神经节，集中在头部食道的周围，并由软骨包围。由此发出神经到身体各部；感官包括眼、平衡囊、嗅检器等，眼的结构复杂，与脊椎动物的眼相似，平衡囊发达，为软骨包围。雌雄异体，雄性具茎化腕，十腕目中多数种类左侧的第 5 腕变成了茎化腕，八腕目多数种类右侧的第 3 腕变成了茎化腕。生殖腺位于体后部的生殖腔内，生殖孔开口于外套腔内。体内受精，受精卵为端黄卵，经盘状卵裂，直接发育，不经历幼虫期。产卵后母体多很快死亡。

10.8.3 头足纲的分类
依据鳃、腕的数目等将头足类分为四鳃亚纲（Tetrabranchia）和二鳃亚纲（Dibranchia）。

10.8.3.1 四鳃亚纲（Tetrabranchia）
具外壳，壳在一个平面上卷曲（如鹦鹉螺）或长直（如箭石）。腕数十个（60~90），无吸盘；鳃、心耳和肾各两对。绝大多数为化石种，生存种类仅存鹦鹉螺属（*Nautilus*），共 4 种。鹦鹉螺外壳的隔膜与壳壁结合的缝合线为直线，不曲折。无墨囊，眼无晶状体，鹦鹉螺（*N. pompilius*）（图 10-43）生活在南太平洋热带海区，在数百米的海底营底栖生活，也可短暂的浮动和游泳。生殖期间由深海向浅海移动，在我国台湾、海南岛、南海诸岛均有发现（图 10-43）；被列为我国国家 I 级重点保护野生动物。化石种类如菊石（*Ammononite*）和箭石（*Belemnite*）。

 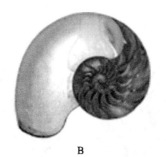 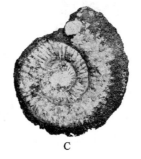

A   B   C

■ 图 10-43 四鳃亚纲
A. 鹦鹉螺；B. 鹦鹉螺（示壳内部构造）；C. 菊石化石（自郭冬生）

10.8.3.2 二鳃亚纲（Dibranchia）
具内壳或无壳，腕 8 或 10 条，具吸盘，具一对鳃、心耳和肾。

十腕目（Decapoda）：腕 5 对，右侧第 5 腕为茎化腕，吸盘有柄，内壳。金乌贼（*Sepia esculenta*）（图 10-44）躯干卵圆形，长达 200 mm；内壳末端有粗大的骨针，主要见于我国北部沿海。曼氏无针乌贼（*Sepiella maindroni*）（图 10-44）体卵圆，长可达 150 mm，内壳末端无骨针，鳍前窄后宽，是我国产量最大的一种头足类，盛产于我国东南，占全国乌贼产量的一半以上。玄妙微鳍乌贼（*Idiosepius paradoxa*）（图 10-44），体长约 10 mm，鳍微小，略呈方形，位体末端，贝壳极退化，雄性第 5 对腕均为茎化腕。我国沿海产。中国枪乌贼（*Loligo chinensis*）鳍三角形，占体长 1/2 以上，体长一般为 300~500 mm，内壳角质，为食用种类。日本大王乌贼（*Architeuthis japonica*）体巨大，长可达 1 m 以上，腕长 4 m，为无脊椎动物中最大者。柔鱼（*Ommatostrephes*）（图 10-44）体略呈圆筒状，鳍三角形，不及体长 1/2，内壳角质。

八腕目（Octopoda）：腕 4 对，躯干部短，略呈球形，吸盘无柄，内壳退化或完全消失，雌体无缠卵腺。

章鱼（*Octopus*）体椭圆形，无鳍，右侧第 3 腕为茎化腕。长蛸（*O. variabilis*）（图 10-44）腕长，第一对腕极长。短蛸（*O. ochellatus*）（图 10-44）腕短，各腕长度相近。这两种我国沿海均有分布，肉嫩味美，长蛸还作为钓捕大型经济鱼类的饵料。船蛸（*Argonauta*）（图 10-44）雄体小，无外壳。雌体大，背腕具翼状腺质膜，能分泌两石灰质壳。我国南海有分布。

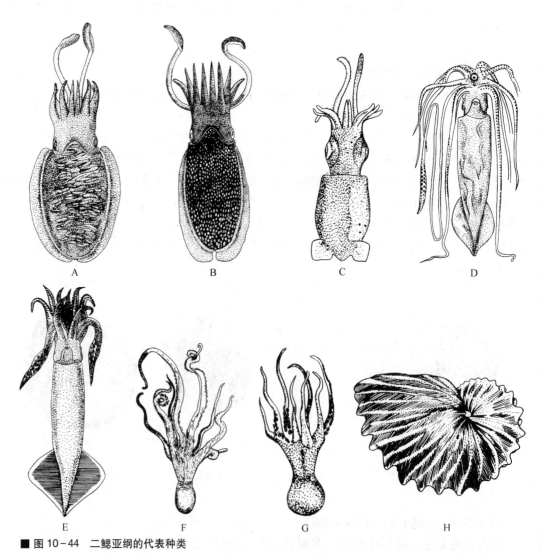

■ 图 10-44　二鳃亚纲的代表种类

A. 金乌贼；B. 曼氏无针乌贼；C. 玄妙微鳍乌贼；D. 日本大王乌贼；E. 柔鱼；F. 长蛸；G. 短蛸；H. 船蛸（自张玺等）

10.9 软体动物与人类

软体动物种类多，分布广，大多数种类与人类关系密切，有的可食用、药用或为家禽家畜的饲料等，也有一些种类危害农业和渔业生产，并与疾病的传播有关，还有一些种类属于危害严重的生物入侵种，给侵入地区带来了严重的生态问题。

软体动物含丰富的蛋白质、无机盐和各种维生素，低脂肪，易消化吸收，淡水种类的田螺、蚬等，海产的鲍、泥螺、蚶、扇贝、牡蛎、乌贼和柔鱼等均为食用美味。可入药的如鲍的壳（石决明）、乌贼内壳（海螵蛸）、海兔的卵群（海粉）等。利用帆蚌、珍珠贝等育珠，珍珠为高贵装饰品，又为工业原料，亦可药用。不少贝类的壳可制纽扣、螺钿等。许多螺类和双壳类为一些鱼类的天然饵料，淡水螺、蚌等可作家禽家畜的饲料，促进其生长发育，提高产量。许多种类（如扇贝、鲍鱼、帆蚌等）已进行人工养殖。

有些软体动物如船蛆和海笋，喜钻木凿石而栖，危害海港建筑；附着生活的种类，如牡蛎和贻贝，可堵塞工业输水管道；有些螺类如蜗牛、蛞蝓、玉螺等危害农作物或破坏贝类养殖；锈凹螺等则为害海藻养殖；不少淡水螺为寄生虫的中间寄主，危害极大，如钉螺、沼螺、扁卷螺等为吸虫的中间寄主，福寿螺为广州管圆线虫的中间寄主；有的种类属于危害严重的生物入侵种，如褐云玛瑙螺（也称非洲大蜗牛）引入我国以来，已经成为危害农作物、蔬菜和生态系统的有害生物，该物种也是人畜寄生虫和病原体的中间寄主。我国国家环保总局于 2003 年公布了我国 16 种危害严重的外来入侵物种，其中就包括褐云玛瑙螺和福寿螺 2 种软体动物。

10.10 软体动物的起源和演化

海产软体动物与环节动物、星虫和螠发育过程中经螺旋卵裂、担轮幼虫期，排泄器官为后肾管，一般认为软体动物和这些动物在系统发生中有着共同的起源，分子系统学的研究结果也支持这一观点。

一些动物学家认为，软体动物是由身体分节的祖先演化而来的。因为一些软体动物的内脏器官是前后重复排列的，如单板类的鳃和肾、石鳖的鳃和缩足肌、鹦鹉螺的鳃和心耳等。可能是在后来的长期演化中，软体动物体节消失，出现了贝壳，运动器官和神经感官均趋于退化。也有观点认为软体动物和环节动物有很大的相似性，他们可能共同起源于扁形动物样的祖先。还有学者依据卵裂和幼虫的特点，提出软体动物是由身体不分节的动物演化而来的，软体动物和星虫是姐妹群。

比较解剖学、胚胎学和古生物学的证据显示，软体动物的祖先可能是早寒武纪时代生活于海底的蠕虫状动物，其背部的外套膜上有角质层或覆有钙质鳞片，外套腔中有成对的鳃，腹部具足，有齿舌，有成对的脑神经节，有嗅检器，发育过程中经历担轮幼虫阶段等。

无板纲体呈蠕虫形，无壳，可能是软体动物中最原始的类群，是贝壳形成前演化形成的一支，是软体动物最早分出来的一个类群。单板纲和多板纲的部分器官前后重复排列，它们也属于原始的类群，但没有证据显示它们之中的哪一个是从另外一个起源的。它们是无板纲之后，各自独立发展出来的两个类群。其中，多板纲的环带上有棘、鳞片和刺的特征与无板类相近，壳的结构和形成与其他类群均不同，应当是早于单板类从进化主干上分化出来的类群。腹足类和头足类头部、神经和感官、运动器官发达，外套腔部发达，常局限于肛门附近，头足类的原始种类和腹足类都具有卷曲的壳，表明它们是姐妹群，是软体动物进化里程中朝着快速运动的方向进化的类群。掘足纲和双壳类头部退化，神经和感官不发达，外套腔发达，包裹着整个身体，是软体动物进化里程中朝着缓慢运动、适应底埋生活方式演化的类群。掘足类无鳃，无心脏，贝壳筒形，显示其与其他纲动物在演化上较远。

思考题

1. 试述软体动物门的主要特征。
2. 软体动物与环节动物在演化上有何亲缘关系，根据是什么？
3. 软体动物分哪几纲？简述各纲的主要特征。
4. 分析软体动物种类多、分布广与其形态结构和生活习性的关系。
5. 分析比较腹足类、双壳类及头足类的适应于不同的生活方式，在结构上的差异。
6. 简述腹足纲各亚纲的主要特点。
7. 简述双壳纲各亚纲的主要特点。
8. 试述头足类对环境适应的结构特点。
9. 了解软体动物与人类的关系。
10. 了解软体动物的系统发生关系。

第 11 章

节肢动物门（Phylum Arthropoda）

节肢动物比环节动物高等。节肢动物的身体是异律分节，出现了分节的附肢。体壁发展为几丁质的外骨骼。肌肉是横纹肌，形成肌肉束附于外骨骼内面，其他结构和行为也有进一步发展，因此成为无脊椎动物成功进化到陆地的一个类群。

在已知的 100 多万种动物中，节肢动物占 90 % 以上。如虾、蟹、蜘蛛、蜈蚣和昆虫等，它们分布广泛，个体数量也很庞大。

11.1　节肢动物门的主要特征

11.1.1　身体异律分节

环节动物的身体，多为同律分节。但在节肢动物中，普遍出现异律分节（heteronomous segmentation）现象，即某些体节进一步愈合、集中为不同的体区（tagmata 或称体段）：有的节肢动物身体明确分为头、胸、腹 3 部分，有的头部与胸部愈合，分头胸部与腹部两个体区，有的只分头和躯干。每个体区具有各自的形态和功能。节肢动物胚胎时期身体最前端的一节称顶节（acron），相当于环节动物的口前叶，最末端的一节着生肛门，称尾节。这两节都不是真正的体节。

11.1.2　几丁质外骨骼

节肢动物体壁的结构，自内向外，依次为很薄的基膜（basement member）、单层的上皮细胞和含几丁质（chitin）的表皮（cuticle）。表皮由上皮细胞分泌而成，覆盖在身体表面，形成具有很强的保护和支持功能的外骨骼（exoskeleton）。它的构造非常复杂，简单概括如下：表皮由上表皮和原表皮组成（图 11-1）。上表皮（epicuticle）很薄，覆盖在身体的最外面，仅占表皮厚度的 3 % 或更少，主要含脂蛋白（lipoprotein），但不含几丁质。许多动物上表皮的最表面还有蜡质层，可防止水分丧失或渗入体内。原表皮（procuticle）又分外表皮和内表皮，各自又由许多片层组成。其主要成分为几丁质与蛋白质的合成物。几丁质既轻又结实，是一种含氮的多糖类化合物，不溶于水和碱、弱酸、乙醇。外表皮（exocuticle）的蛋白质经某些化学变化而变为坚硬的骨片。这一基本过程是血液中的酪氨酸（tyrosin）进入表皮，在多酚氧化酶（polyphenal oxydase）的作用下氧化成醌。表皮中的蛋白质分子侧链通过醌的苯环而交互连接在一起，使柔软而具可溶性的蛋白质转化为坚硬、不可溶的骨蛋白（sclerotin），同时颜色变深，这一过程称蛋白质鞣化作用（sclerotization）。内表皮（endocutile）比较柔软，通常含更多的几丁质和较少的蛋白质。有些甲壳类动物具有坚硬的外壳，是由于在原表皮中部沉积了大量钙盐所致。

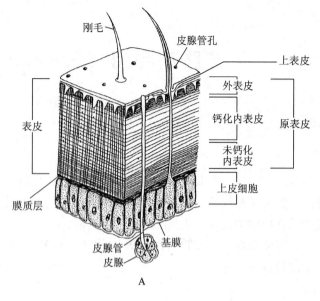

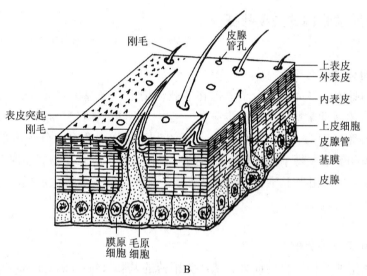

■ 图 11-1 节肢动物表皮结构模式图

A. 甲壳类体壁；B. 昆虫体壁（A. 自 Brusca 等；仿 Richards）

　　外骨骼虽然像盔甲那样能很好保护内部器官，但是限制了个体的生长和活动，因此节肢动物有定期的蜕皮（ecdysis）现象，以解决生长受限的问题。蜕皮之前，动物停止进食，上皮细胞开始分泌新的上表皮，并分泌富含几丁酶和蛋白酶的蜕皮液到新、旧表皮之间。蜕皮液分解旧的内表皮，使新旧表皮分离，旧表皮中的有用成分被吸收参与新表皮的重建，同时形成新的外表皮（图 11-2）。蜕皮时，动物吞咽水（陆栖动物吞咽空气），增大体内压力，使表皮沿一定部位裂开，动物体挣脱出旧的外骨骼。蜕皮以后，再分泌新的内表皮，表皮开始沉积钙质或鞣化的过程。在身体和附肢需要折曲活动的地方，外表皮变薄，通常以内表皮为主，形成柔软的节间膜，有利于各种活动。

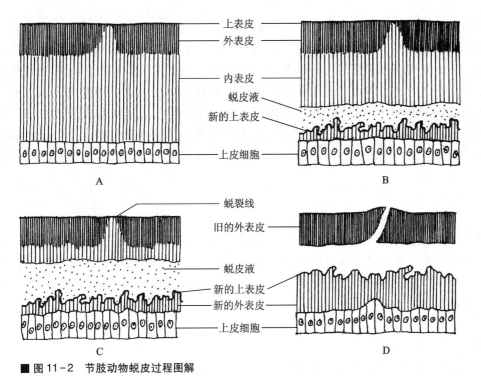

上表皮
外表皮
内表皮
蜕皮液
新的上表皮
上皮细胞
A
B

蜕裂线
旧的外表皮
蜕皮液
新的上表皮
新的外表皮
上皮细胞
C
D

■ 图 11-2 节肢动物蜕皮过程图解

A. 蜕皮前的体壁；B. 分泌蜕皮液，表皮与上皮细胞层分离；C. 旧表皮被消化，上皮细胞分泌新的外表皮；D. 旧表皮将沿蜕裂线裂开而褪掉（据 Ruppert 重绘）

11.1.3　附肢分节

每个体节原则上生有一对分节的附肢（appendage），其基部和身体侧面相连，相连处形成关节。附肢的原始构造包括最基部的原肢（protopod）和与其相关节的端肢（telopod）。原肢由一或两个肢节（podites）组成。端肢也可分若干肢节，肢节之间有肌肉连接。肢节的内侧或外侧常长出附属突起，分别称内叶（endite）、外叶（exite）。原肢外侧的突起往往分支，具呼吸功能，又称为上肢（epipodite），内侧的突起，可以形成颚基（gnathobasis）等构造，用以捣碎食物。当端肢基部的外叶甚为发达，甚至和端肢相当时，此类附肢称为双枝型（biramous）附肢（图 11-3A），如三叶虫和甲壳动物，其外叶称外肢（exopodite），端肢的其他各节称内肢（endopodite）。螯肢类、多足类和六足类附肢的外叶缺失或退化，只有端肢，称单枝型（uniramous）附肢。附肢及其内、外叶的形态变化很大，能适应多种生理需求。

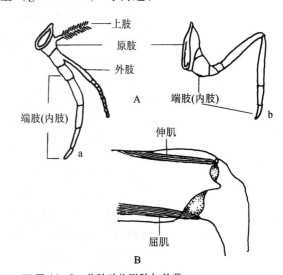

上肢
原肢
外肢
端肢(内肢)
A
b
端肢(内肢)
a
伸肌
屈肌
B

■ 图 11-3 节肢动物附肢与关节

A. 附肢模式图：a. 双枝型；b. 单枝型；B. 附肢关节，示一组颉颃肌（仿 Snodgrass）

11.1.4　肌肉系统的特点

扁形动物、线形动物和环节动物的肌肉主要为斜纹肌，且与体壁结合成皮肌囊。节肢动物的肌肉为横纹肌，由肌纤维集合成肌肉束，伸缩更迅速有力。肌肉束多成对排列，起相互颉颃作用（图 11-3B）。

11.1.5　体腔与循环系统

节肢动物体腔的形成方式，在发育早期和环节动物相同，后来两侧中胚层带形成成对的细胞团，其内部裂开，成为次生体腔。这些体腔囊的囊壁，大部分解体而互相打通，和初生体腔混合为混合体腔。中胚层带中部的有些细胞成为游离的血细胞，另一些细胞形成结缔组织和肌肉。中胚层带两侧的细胞在身体背中线处相向会合成为心脏。残余的次生体腔只见于生殖腺和排泄器官的内腔。混合体腔内充满血液，所以又称血腔（haemocoel）。循环系统为开管式，血液经心脏、动脉流入血腔或血窦，浸润各器官组织，再由心孔回心。它的主要功能是传送营养和代谢物质、激素。由于血液在血腔和血窦中运行，压力较低，当附肢受伤折断时，不致大量失血，这也是对环境的一种很好适应。

11.1.6　呼吸系统

水生节肢动物多以鳃或书鳃呼吸。陆生的节肢动物以书肺（book lung）或气管（tracheae）呼吸。循环系统的复杂程度和呼吸系统的结构密切相关，用鳃呼吸的节肢动物，血管较发达，以气管呼吸的节肢动物，血管就不发达。前者的血液中含呼吸色素，后者的血液中，通常无呼吸色素。

11.1.7　排泄系统

水生节肢动物的排泄器官为基节腺（coxal gland）、触角腺（antennal gland）或下颚腺（maxillary gland）。陆栖种类主要为马氏管（Malpighian tubule）。

11.1.8　神经系统

基本上同环节动物，但脑更发达，神经节有愈合趋势。感觉器官复杂。

11.2　节肢动物种类繁多的原因

重要的因素之一是它们拥有一个坚实的外骨骼。表皮的复杂构造，不仅能保持它们固定的外形，足以抵抗相当的机械和化学损伤，也使附肢具有支撑身体爬行的能力。表皮能防止水分散失，为节肢动物从水生生活向陆地生活创造了条件。在体节与体节之间、体节与附肢之间以及附肢各节之间的表皮变薄而柔软可屈，形成可活动的关节，使身体既有坚硬的外表又不失其自由活动的能力。在昆虫翅的关节或靠近足的侧板处的表皮，还含有一种橡皮状的节肢弹性蛋白（resilin），当此处伸展或受到压缩时，可迅速恢复原状，同时将积聚的能量释放出来，配合肌肉的收缩使运动更为有力。表皮可向体内折曲，成为表皮内突，为横纹肌提供附着点，加上附肢的分节，使节肢动物的运动快速而又灵活。

异律分节的发展，使身体各部有所分工。此种分工和该部分附肢的形态功能变化密切相关，而附肢的分节，为这种变化提供了多种可能。例如：头部的附肢特化成触角及不同类型的取食器官而成为感觉和取食的中心。胸部附肢适于步行或游泳，昆虫的胸部还有翅，成为运动器官集中的部位。腹部主要容纳包括生殖系统在内的多种脏器。

陆栖节肢动物的气管系统由表皮内陷而成，可以减少因呼吸所致的水分流失，而且可将氧气直接送到各组织和细胞，二氧化碳也通过气管直接排出体外，当剧烈活动时，代谢率得以迅速升高。在能飞翔的昆虫中其重要性尤其明显。

变态现象是节肢动物成功的又一因素。节肢动物在发育过程中，常依次出现一种或几种不同形态的幼体，这些幼体的栖息地、行为，甚至食性都可以不同，因而在很大程度上减少了物种内部幼体与成体之间的竞争。例如，蟹的成体在海滩爬行，寻找活的猎物或腐败的有机物为食，幼体则在海水中游动，取食浮游植物。有些金龟子的幼虫在土中取食植物的根，成虫在植物体上取食叶、花、果实。

复杂的神经系统和发达的感觉器官，使节肢动物比其他无脊椎动物有更复杂的行为。某些本能更加高级，而且还发展了学习的能力。多种信息素的产生，也使种内和物种间的关系变得很复杂。

如上所述，形态结构的多种变化和生理功能的发展，加上微小的身体，使节肢动物更能适应多种变化的环境，也是其繁盛的原因之一。

节肢动物门的分类

三叶虫亚门（Subphylum Trilobitomorpha） 全部种类在 2 亿年前即绝灭。身体被两条纵沟分为三叶。体段划分为头部、胸部或躯干、腹部或尾甲。附肢为双枝型。仅有一纲。

三叶虫纲（Trilobita）

甲壳亚门（Subphylum Crustacea） 头胸部具背甲，有两对触角，一对上颚和两对下颚。腹部分节。附肢双枝型，形态变化很大，适应于多种功能。

桨足纲（Remipedia） 海生。很小。1980 年初次发现，已知 10 种。身体分头部和躯干（胸腹部），有 25~38 个体节，各具形状相同的双枝型游泳足一对，足向两侧伸展。原始。

头虾纲（Cephalocarida） 海生。很小。1950 年初次发现，仅有 9 种。身体分头部、胸部和腹部。无眼和背甲。胸部附肢双枝型，形状相同，足向下伸展。腹部无附肢。雌雄同体。

鳃足纲（Branchiopoda） 水生。身体分头胸部和腹部或头部、胸部及腹部。有或无背甲。胸部附肢扁平，呈叶状。腹部无附肢。

介形纲（Ostracoda） 水生。背甲双瓣状，覆盖身体。取食和游动多靠两对触角。胸肢仅有 2~4 对。腹部极小。

颚足纲（Maxillopoda） 水生。通常头部 5 节，胸部 6 节。腹部多为 4 节及一分叉的尾节，无附肢。有些种类营寄生或固着生活。

软甲纲（Malacostraca） 水生。为甲壳亚门最大的一纲。身体分头胸部和腹部。有背甲覆盖头胸部。通常头部 6 节，胸部 8 节，腹部 6 节及一尾节。各节均有附肢。胸部前 3 对附肢常形成颚足。

螯肢亚门（Subphylum Chelicerata） 身体分头胸部（前体部）和腹部（后体部），通常不分节。6 对附肢：第一对为螯肢，第二对为须肢，余为步足。无触角和大颚。

肢口纲（Merostomata） 海生。头胸部附肢基部围在口旁。有些附肢具鳃。现存者仅 4 种。

蛛形纲（Arachnida） 陆生。身体分头胸部和腹部。头胸部 6 对附肢，其中 4 对为步足。腹部分节或不分节。

海蛛纲（Pycnogonida） 海生。头胸部发达，通常有 4 对步足。腹部短小。无呼吸和排泄器官。

多足亚门（Subphylum Myriapoda） 陆生。头部明显，有一对触角。口器 2~3 对。躯干部由若干同形的体节组成。每节通常 1 对单枝型附肢。以气管呼吸。

唇足纲（Chilopoda） 每体节一对足。15 对足以上，具毒爪。

倍足纲（Diplopoda） 身体前 3 节无足。其余各体节成对愈合，因此每节有两对足。

烛蛾纲（Pauropoda） 小型，长 0.5~2 mm。体软，只有 11 节。9 对足。

综合纲（Symphyla） 长 2~10 mm。10~12 对足。

六足亚门（Subphylum Hexapoda） 陆生。身体分头、胸、腹三部。头部一对触角，3 对口器。胸部有 3

对足，通常有两对翅。腹部除生殖肢之外，一般无足。以气管或通过体表呼吸。

内颚纲（Entognatha） 无翅。口器藏于头部内一个可翻缩的囊里。上颚仅有一个关节与头部连接。

昆虫纲（Insecta） 无翅或有翅。口器外露。上颚有两个关节与头部连接。

11.3 三叶虫亚门 (Subphylum Trilobitomorpha)

三叶虫纲 (Trilobita)

本纲动物通称三叶虫，是节肢动物中最原始的类群之一。生活于海洋中，在古生代的寒武纪、奥陶纪最繁荣，二叠纪以后全部灭绝，仅有化石留存。三叶虫（图11-4）身体卵圆形，体长1 mm至近1 m，一般长3~10 cm。几丁质背壳的某些部分因沉积碳酸钙而变硬。背面隆起，有两条纵沟把背壳分为3部分，即中央的轴叶和两侧很宽的肋叶。头部半圆形，有一对触角、一对复眼和4对足状附肢。胸部有若干体节，腹面每节一对双枝型附肢。腹部很短，各节愈合，最后一节没有附肢，称尾节（pygidium）。三叶虫的幼体呈圆形。发育时头部先出现，包括5个体节及一背甲。其次为尾，在头尾之间再陆续生出其余体节。三叶虫遗留的化石主要为背壳，对于研究早古生代地层有重要意义。

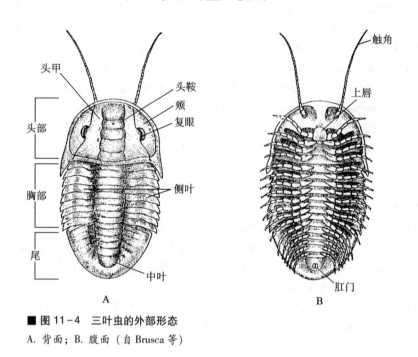

■图11-4 三叶虫的外部形态
A. 背面；B. 腹面（自 Brusca 等）

11.4 甲壳亚门 (Subphylum Crustacea)

甲壳亚门是节肢动物中很大的一类，已知在65 000种以上，估计还有更多种类甚至新的类群待发现。最常见的甲壳动物如各种虾、蟹。许多种类不为人熟悉，有的则几乎难以从外表辨认为何类动物。它们大多生活于海水，有些类群见于淡水，少数种类营固着生活或陆地生活。日本海附近的一种蜘蛛蟹（*Macrocheira kaempferi*），步足伸展时直径接近 4 m，而最小的甲壳动物生活在桡足类甲壳动物的小触角上，体长不到 0.1 mm。甲壳动物个体的数量也很庞大，例如，南极磷虾（*Eupausia sperba*）的生物量据估测在任何时候都可达到 5 亿吨。

11.4.1　代表动物——中国对虾（*Penaeus orientalis*）

中国对虾是我国黄海、渤海的重要水产资源，现已广泛采用人工饲养。对虾（图 11-5）多生活于泥沙底的浅海，以小型甲壳类及其他无脊椎动物的幼体为食。有洄游习性。

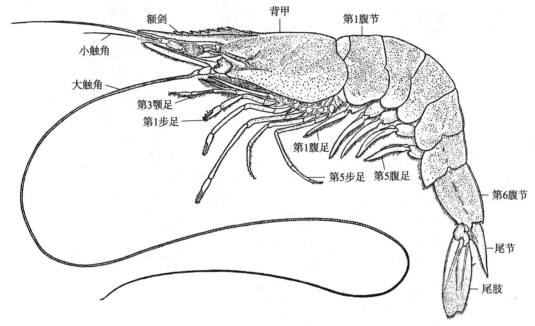

■ 图11-5　中国对虾的外部形态（自刘瑞玉）

11.4.1.1　外形

身体侧扁，生活时颇透明。雌虾青色，长 18~24 cm，雄虾略呈黄色，长 13~17 cm。体节数和其他软甲纲动物相同。头部背缘的体壁向后生成一褶，成为覆盖头胸部背面和两侧的背甲（carapace），背甲前端长而尖，向前伸出，上下缘都有带锯齿的额剑，额剑下方有一对复眼，着生在可活动的眼柄上。腹部长圆柱形。

各体节附肢的形态变异较大（图 11-6），适应于不同的功能。头部附肢 5 对，依次为：第 1 触角（小触角 antenule），原肢 3 节，生有长短不等的触鞭 2 根。原肢第 1 节最长，背面的凹陷处可容纳复眼，凹陷内侧的丛毛中为平衡囊。第 1 触角司触觉、嗅觉和平衡。第 2 触角（大触角 antenna），原肢粗短，外叶为一大的薄片，内叶为触鞭，长度可超过身体的 2 倍。司触觉作用。大颚（mandible），由原肢特化而来，粗短而坚硬，为咀嚼器。内肢呈叶片状，无外肢。第 1 小颚（maxilla），原肢为两薄片，内缘密生硬毛，内肢亦为片状，无外肢。具抱握食物功能。第 2 小颚，原肢为两薄片，内缘也生硬毛，内肢细短，外肢宽大，称颚舟片（scaphognathite），扇动时使水流不断流经鳃室，以供呼吸之用。胸部附肢 8 对：第 1~3 对为颚足（maxilliped），原肢两节，基部具鳃，外肢片状，内肢 5 节，均多毛。第 1 颚足内肢细长，第 2 颚足内肢较粗短，末端两节折向基部。第 3 颚足细长，雌、雄虾的末端两节形态

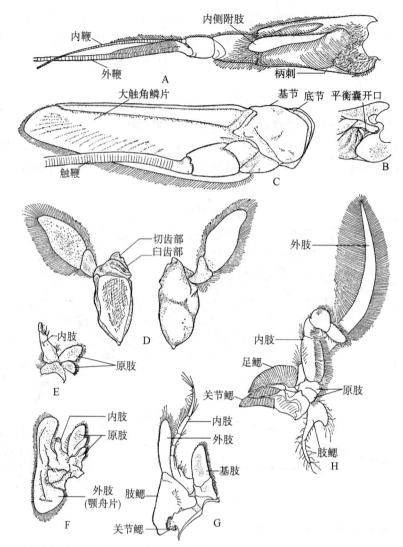

■ 图 11-6　中国对虾的部分附肢

A. 小触角；B. 同前，已除去背面密毛；C. 大触角，腹面；D. 大颚内面（左），外面（右）；E. 第 1 小颚；F. 第 2 小颚；G. 第 1 颚足；H. 第 2 颚足（自刘瑞玉）

各异。步足 5 对，具捕食和爬行功能，原肢两节，外肢短小，内肢 5 节。前 3 对步足末端呈钳状，后两对步足末节似爪。腹肢 6 对，适于游泳，原肢一节，内、外肢均不分节，边缘密生硬毛。第 6 对足的内肢和外肢宽大，称尾足（uropod），与尾节共同组成尾扇。雄虾第 1 腹肢的内肢特化为交接器，雌虾的内肢极小。

11.4.1.2　结构与机能

对虾的肌肉为横纹肌，前后体节之间或每个附肢的关节之间，都有形成颉颃作用的肌肉束，例如，屈肌（flexors）和伸肌（extensors）就是一对颉颃肌。腹部的肌肉很发达，特别是腹面的屈肌非常强大，收缩时使邻近两节骨片之间的角度减少，腹部弯曲，配合尾扇向前方拨动，身体即迅速后退。

（1）消化　口在头的腹面，前方有一上唇，两侧为大颚，连同小颚和颚足构成对虾的口器。食道很短（图 11-7），通到胃，胃分成两部分，前部是膨大的贲门胃（cardiac stomach），内有表皮钙化形成的胃磨（gastric mill），能磨碎食物，贲门胃的后部为较狭的幽门胃（pyric stomach），内面密布刚毛，能分流细小的食物颗粒和不能消化的粗大颗粒。中肠细长，来源于内胚层，沿腹部背中线后行，其前部两侧伸出很大的盲囊，各由许多分支的盲管组成，又称肝胰脏，分泌消化液进入贲门胃，食物在此进行细胞外消化。肝胰脏内，可进行细胞内消化，并贮存营养物或将其释放入血液。中肠内壁有许多皱褶，可增加吸收营养的面积。中肠后为后肠，其前部较膨大，向后渐狭，开口于尾节腹面为肛门。

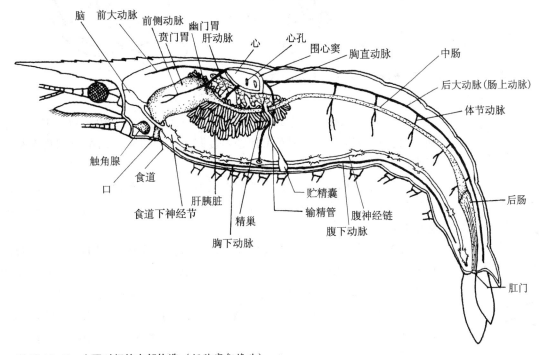

■ **图 11-7　中国对虾的内部构造**（据陈宽智修改）

（2）**呼吸与循环**　对虾的鳃位于背甲两侧形成的鳃室内，鳃室前后及腹面和外界以缝相通。鳃多呈羽状，共 25 对，着生在胸部侧壁或胸肢基部，表皮极薄，血流通过鳃时进行气体交换。鳃室内有颚舟片不断摆动，使新鲜水流由后面和腹面进入，向前流出。循环系统为开管式。心脏为扁的多角形肌肉质囊，位于头胸部背侧的围心窦内（图 11-8），心孔 4 对，两对在背面，一对在后端两侧，另一对在心脏腹面近后端处，有瓣膜控制血液流向。心脏向前发出 3 条动脉，中央有前大动脉，对虾的前大动脉很短。前侧动脉（又称触角动脉）一对，供血至脑、复眼和触角，腹面另有一对动脉至肝，心脏向后为一条肠上动脉，其基部分出一条胸直动脉向腹面穿过腹神经索分成前、后两支。血液流经组织间隙的血窦，汇集入胸部腹面的胸窦，经入鳃血管→鳃→出鳃血管至围心窦，从心孔回心。

（3）**排泄**　排泄器为一对由后肾演变而来的触角腺，因呈绿色，也称绿腺，位于第 2 触角基部，通常由一个腺体部分和一个囊状的膀胱组成（对虾的排泄管不膨大为膀胱）（图 11-9）。腺体部的内端为一盲囊，称端囊（end sac），代表残余的体腔。血液中的代谢废物进入腺体部后，经盘曲的排泄管至膀胱储存，由排泄孔排出。不过，蛋白质代谢的终末产物——氨，却由鳃排出。触角腺的另一功能是从血液中回收有用的离子，在调节血液的离子平衡方面发挥重要作用。对虾幼体的排泄器官为第 2 小颚内的小颚腺。

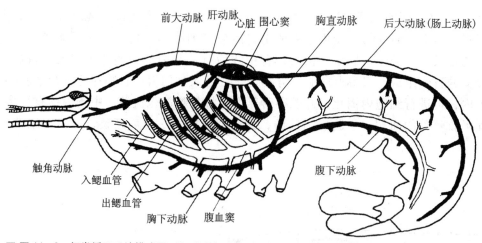

■ 图 11-8　虾类循环系统模式图（据堵南山修改）

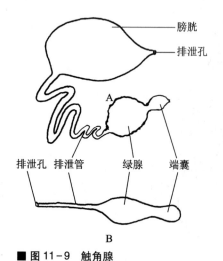

■ 图 11-9　触角腺

A. 蟹类；B. 对虾（A. 仿 Parker 和 Haswell；B. 自陈智宽）

（4）神经系统　为链式神经系统。脑在食道上方，由前脑、中脑、后脑 3 对神经节合成，分别发出神经至复眼、触角等处。后脑以围食道神经和腹面的食道下神经节相连，该神经节由头后部 3 对神经节和胸部前 3 对神经节合成。腹神经链上有 5 个胸神经节和 6 个腹神经节。它们发出神经到相应的肌肉和器官。腹神经链在第 12 和 13 体节间，形成一环，胸直动脉由此通过。

（5）生殖和发育　雄性交配器由左、右内肢合成（图 11-10A），背面和腹面中央有一纵槽。雌虾在第 4、5 步足基部之间的骨片上有一圆盘状的受精囊（seminal receptacle）（图 11-10B），由骨片向内凹陷而成，表面中央有一纵行开口，可接受和储存精子。雌虾的卵巢一对，位于身体背面，繁殖期呈暗绿色，可从头部直到尾节前方，输卵管在肝的附近，短而直，开口于第 3 对步足基部的雌性生殖孔。雄虾精巢一对，白色，输精管后段较细，末段膨大为精囊，在第 5 对步足基部开口。每年秋末交配时，雄虾用交配器将精子送入雌虾的受精囊中储存。翌年春季雌虾成熟产卵，精子从受精囊出来进行受精。受精卵落在海水中发育孵化，经无节幼体、前溞状幼体、溞状幼体、糠虾幼体（图 11-11）而为幼虾。对虾的生殖受内分泌腺产生的激素调控。

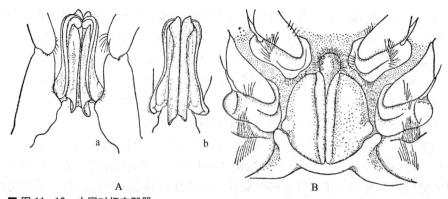

■ 图 11-10　中国对虾交配器

A. 雄性交配器：a. 背面观；b. 腹面观；B. 雌性交配囊（自刘瑞玉）

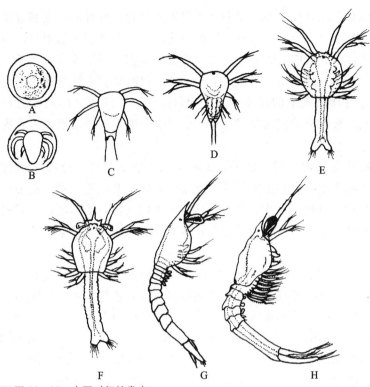

■ 图 11-11　中国对虾的发育

A. 卵；B. 将出壳的幼体；C. 无节幼体；D. 后无节幼体；E. 前溞状幼体；F. 中溞状幼体；
G. 后溞状幼体；H. 糠虾期（自山东海洋学院）

（6）洄游　对虾有洄游习性，成体在黄海分散越冬，随水温升高，活动能力增强，雌虾卵巢逐渐发育，3月底相继集中，向山东半岛南部迁移，为春季洄游。4月初进入渤海，一部分北上到辽东湾，另一部分沿朝鲜西海岸游向鸭绿江口及大同江口。在此期间产卵。10月底11月初，新生的个体长大，交配后又向黄海转移，是为越冬洄游。

11.4.2　甲壳亚门的主要特征

甲壳类动物和其他节肢动物最主要的区别是身体前部有两对触角。它们的身体至少分头和躯干两部分。但在不同类群中，体节愈合的程度不同，因此体段的划分有相当大的变化。对虾等高等甲壳类分头胸和腹两部分。头部由6节组成（包括顶节），胸部8节，腹部6节，还有一尾节。其他较低等甲壳动物的胸部和腹部的体节数不等。背甲覆盖的体节数不等。也可完全无背甲。甲壳动物的典型附肢为双枝型，是较原始的附肢，内、外肢呈叶状，均不分节。较特化的附肢通常失去外肢而成单枝型。由于附肢形态变化多样，相应而有取食、防御、步行、游泳、呼吸等功能。

消化系统和其他节肢动物相似。前、后肠均由体壁陷入形成。前肠包括短的食道和膨大的胃，有些甲壳动物胃的内壁有表皮形成的坚硬的齿状或嵴状突起，用以研磨较大的食物颗粒。中肠来源于内胚层，常有一对或数对盲囊，能分泌消化酶和吸收分解的食物。后肠以肛门开口于尾节基部。

循环与呼吸：心脏位于身体背面的围心腔内，呈长管状或囊状，有些种类无心脏或仅以一血管代之。血液通过血管或直接从心脏前端或两端进入血腔。血管的长度和数量以及有无辅助的搏动器和身体的大小有关。回流的血液通过心孔回心。血液含血蓝蛋白，而贫氧水体中生活的甲壳类，血液含血红蛋白。血液中还有多种变形细胞，当身体受到伤害，附肢自断时，有些细胞分解，释放出一种物质，将血浆中的纤维蛋白原转变为纤维蛋白，把血浆凝集成一些小块彼此连接，再和血液中的其他细胞一起封闭伤口。气体交换主要通过鳃。鳃由胸部附肢体壁外凸而成，有背甲的侧面覆盖其外。小型甲壳类直接通过很薄的表皮进行气体交换。

排泄和渗透调节的器官通常一对，位于第2触角或小颚的基部，分别称触角腺及小颚腺。甲壳动物蛋白质代谢产生的废物主要是氨，因此称为排氨型代谢动物。氨很容易通过身体表面（一般为鳃）扩散到四周的水中，所以触角腺及小颚腺在氮的排泄中，只起很小的作用。它们的主要功能大概是维持体内的离子和水分平衡，尤其是在淡水生活的甲壳动物中更为重要。

中枢神经系统包括脑、围咽神经、食道下神经节和腹神经链，腹神经链上有一系列独立的神经节。在不同种类中，神经节有不同程度的集中和愈合的趋势，一般是体形较短者，集中的趋势更明显，蟹类的胸神经节和食道下神经节一起在腹面愈合为一块很大的神经节，腹神经节则很小。原始的甲壳动物有一对腹神经链而无神经节，只有一些横的神经连接，保持着梯形神经系统的特点。成体主要的视觉器官为一对复眼，其结构和昆虫的复眼相似，常着生在能活动的眼柄上。甲壳动物的无节幼体具中眼（median eye），由数个感光单位组成，每个感光单位包括一色素杯和少数网膜细胞，有视神经与脑相连（图11-12）。中眼不能成像，可以感觉到光源的强度和方向。少数类群的成体也保留有中眼。甲壳动物体表及附肢有许多毛状感觉器，触角和口器上还有味觉感觉器。高等甲壳类在触角上有表皮内陷生成的平衡囊，囊内有砂粒或分泌生成的平衡石，囊壁有刚毛丛，其末端有神经与脑相连。平衡石的位置偏移时，就会刺激脑，产生相应的运动保持身体平衡。

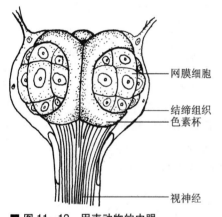

网膜细胞

结缔组织
色素杯

视神经

■ 图 11-12　甲壳动物的中眼
（自 Hickman 等）

甲壳动物为雌雄异体。生殖孔所在位置依不同类群而异。多数种类的雄性有交配器行直接授精，也有一些种类以特化的附肢，将精荚送到雌性的受精囊。极少种类如藤壶，为雌雄同体。受精卵一般附于雌体的腹足上，有的存于孵育室内，有的散落于水底。孵出的幼体不分节，有3对附肢（两对触角，一对大颚），一个中眼，营浮游生活，称无节幼体（nauplius），是甲壳动物最典型的幼体。经几次蜕皮，体节及附肢逐次增加而分别称为前溞状幼体（protozoaea），有7对附肢，溞状幼体（zoaea）体节及附肢均已生成，后期幼体（postlarvae）还需脱几次皮才达到成体。不同类群中，经历的幼体期不同，有些种类某个阶段或某几个阶段是在卵中度过的，螯虾的发育全在卵中完成，孵出即为幼虾。其他类型幼体还有糠虾幼体（mysis）、蟹类的大眼幼体（megalopa）等。

内分泌腺（endocrine glands）：甲壳动物的蜕皮、生殖和体色变化受内分泌腺和神经分泌细胞产生的激素所控制。激素通过血液传送，作用于一定的组织和细胞。但甲壳类的上述生理活动只在软甲纲的十足目中有详细的研究。内分泌腺有两类：一类分泌器与神经有关，最重要的是位于眼柄中的 X 器（图11-13），它包括几群有分泌功能的细胞，有些细胞分泌抑制蜕皮的激素，其轴突伸到邻近的一个窦腺（sinus gland）。窦腺是储存和释放多种激素的中心，自身并无分泌功能。另一类内分泌腺和神经组织没有直接关系，如位于小颚附近的 Y 器。

Y 器分泌的激素使动物蜕皮。正常情况下，窦腺释放出抑制蜕皮的激素（moulting inhibition hormone，MIH）通过血液传到 Y 器，抑制其活动。在一定条件下，窦腺停止释放此种激素，Y 器的细胞分泌蜕皮激素（moulting hormone，MH），引起蜕皮（图 11-14）。对虾体色能很快变化和色素细胞有关。色素细胞分布在表皮细胞下面的结缔组织中。每个细胞具很多辐射状的细胞质突出及色素颗粒，色素中的红、黄、蓝色来源于食物中的胡萝卜素衍生物，色素颗粒集中时体色变深，当它们分散时，体色就变浅。色素颗粒的集散同样受窦腺释放的激素所控制。虾蟹类在生活时，色素中的类胡萝卜素和蛋白质结合成虾青素，身体呈现青色，经蒸煮后，其中的蛋白质变性而成红色。

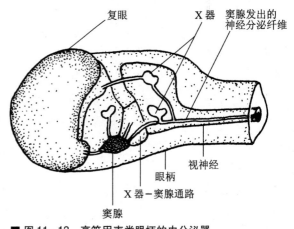

■ 图 11-13　高等甲壳类眼柄的内分泌器
（仿 Brusca）

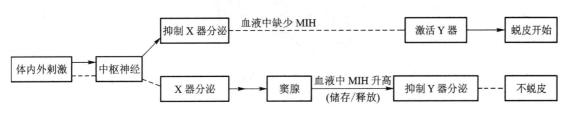

■ 图 11-14　甲壳类蜕皮过程的激素控制
虚线示缺少刺激或停止分泌活动（据 Brusca 简化）

　　虾类的生殖也受激素调控。雌虾在非繁殖期间，窦腺释放的抑卵巢激素（gonad-inhibiting hormone，GIH）抑制卵巢的成熟。繁殖期到来，可能由中枢神经系产生的促卵巢激素（gonad-stimulating hormone，GSH）使血液中的 GIH 含量下降，卵巢开始发育。雄虾在输精管末端有一小团腺体，称促雄腺（androgenic glands），它受 X 器分泌的激素所抑制，但脑或食道下神经节的分泌物可激活它，使之分泌激素促使精巢发育。若将促雄腺植入雌虾体内，则能生出精巢，出现雄性交配肢。

11.4.3　甲壳亚门的重要类群

11.4.3.1　鳃足纲（Branchiopoda）

多为淡水生活的小型种类。胸部附肢扁平似叶。腹部一般无附肢，身体末端常有尾叉。已知有 900 余种。鳃足纲的胸足可协助取食和运动，以前认为具有鳃的作用，因以为名。现已明确它的功能主要是调节身体的渗透压。常见种类如蚤状溞（*Daphnia pulex*）（图 11-15），为淡水池塘的常见种类，为鱼类的重要食饵。体长 1.5～3.0 mm。卵圆形，侧扁。背甲两瓣，在背面愈合，包住大部分身体，末端呈棘状。成体保留中眼，第 2 触角发达，双枝型，多刚毛，适于游泳。心脏为袋形，血浆中含血红蛋白，水体的含氧量越低，血红蛋白的含量越高，身体的颜色也越红。体背面有孵育室（brood chamber），卵在其中发育，离开母体时即似成体。春、夏季为孤雌生殖，雌性不经交配产不受精卵，发育成雌体，经数代而繁殖大量个体。当气温降低，光照变短，食物短缺时，雌溞产的卵可发育为雄溞和雌溞行有性生殖，受精卵脱离母体至翌年回暖，继续发育为成体，行孤雌生殖。卤虫（*Artemia*）体长约 1 cm，生活于含盐很高的有时是间歇性存在的水体，甚至能忍受饱和盐水的浓度。卤虫的无节幼体

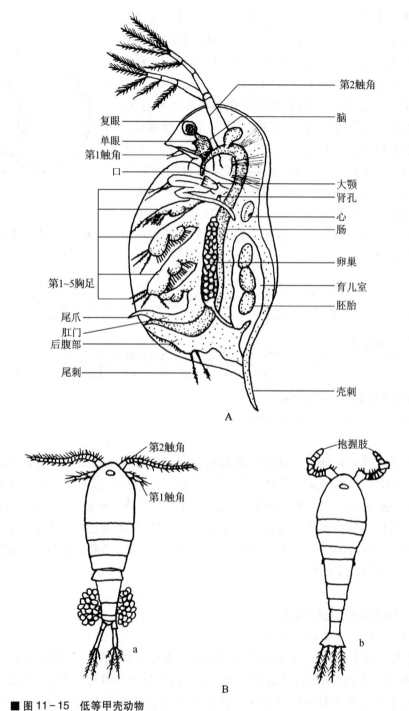

第2触角
脑
复眼
单眼
第1触角
口
大颚
肾孔
心
肠
卵巢
育儿室
胚胎
第1~5胸足
尾爪
肛门
后腹部
尾刺
壳刺

A

第2触角
第1触角

抱握肢

a

b

B

■ 图 11-15 低等甲壳动物

A. 蚤状溞（鳃足纲）；B. 剑水蚤（颚足纲）：a. 雌性；b. 雄性（A. 仿 Ruppert 等；

B. 据南京师范学院生物系重绘）

是人工饲养鱼和虾蟹幼苗的很好饲料。卵可在低温下长期保存，需用时投入常温的盐水即可孵出幼体。鲎虫（*Apus*）体长 3～4 cm，胸肢很多，有宽大的背甲和细长的腹部，尾叉长而分节，常见于春季的稻田和水沟中。

11.4.3.2　颚足纲（Maxillopoda）

多在海水中生活。体短，胸部和腹部的体节在 10 节以下。成体具中眼。胸肢双枝型。腹部无附肢。已知约 12 000 种。淡水种常见的如剑水蚤（*Cyclops*）（图 11-15B），长 1~3 mm，头胸部长圆形，第 1 触角小，第 2 触角发达，单枝型，常与身体纵轴伸成直角，触角上多刚毛，为主要的游泳器官，在雄性则特化为抱握肢在交配时把握雌性之用。腹部较细，末端具尾叉。雌性腹部两侧常携带卵囊。镖水蚤类为海洋鱼类及某些鲸的主要食料。它们的第 1 触角发达，而第 2 触角较小。中华哲水蚤（*Calanus sinicus*）长 1~2 mm，为黄渤海和东海的优势种。藤壶（*Balanus*）雌雄同体。成体固着在海中的岩礁或其他物体上生活，形似马的白齿，体周围有 6 块钙质壳板，顶部还有 4 片壳盖，胸肢 6 对，双枝型，当壳盖打开时，伸出体外拨动水流以获取新鲜的氧和食物。发育要经过自由生活的无节幼体及其他类型的幼体。鲤虱（*Argulus*）常寄生于鲤科鱼类体表。身体扁平，背甲圆形。触角不发达，第 1 对小颚特化成圆形的吸盘，吸附于寄主的皮肤，取食其体液。离开寄主时，用 4 对胸肢游泳。蟹奴（*Sacculina*）寄生于海蟹身体。成体只是一个无固定形状的软囊附在蟹的腹部，既不分节，也无附肢，除生殖腺外，内部器官几乎全退化。它生出许多根状分支到寄主体内吸收营养，使寄主的蜕皮受到抑制，也不能生育。有的雄蟹被寄生后腹部变宽而似雌蟹。

11.4.3.3　软甲纲（Malacostraca）

此纲包括常见的虾、蟹，是甲壳亚门最大的类群，已知约 4 万种。体节数相当恒定：头部 6 节，胸部 8 节，腹部 6 节及一尾节，极少例外。背甲覆盖的胸节不等，原始类群中，胸肢为双枝型。腹肢均为双枝型。一般为雌雄异体，雌性生殖孔在第 6 胸节，雄性生殖孔在第 8 胸节。水生，少数种类为陆生或寄生。

十足目是软甲纲中最大的类群，除对虾外，其他常见的种类如日本沼虾（也称青虾、河虾）（*Macrobrachium nipponensis*），淡水生活，分布广泛。螯虾（*Cambarus*），淡水中爬行生活，东北地区有 3 种，体红色，江苏等地的螯虾为另一种，由日本传入。毛虾（*Acetes*），身体透明，长约 3 cm，辽宁、山东、江苏沿海均有分布。蟹类腹部扁而短，折向头胸部，腹肢消失或退化。淡水产的如中华绒螯蟹（*Eriocheir sinensis*），我国南北均有分布。三疣梭子蟹（*Portunus trituberculatus*），背甲菱形，最后一对步足扁平，用于游泳，广泛分布于我国沿海。寄居蟹（*Diogenes*），生活在浅海，腹部弯曲，栖于空的螺壳内，身体长大后，另觅新的空螺壳居住。琵琶虾（*Squilla*），生活于浅海底，体略扁平，尾足特发达，第 2 对胸肢折刀状，用以捕食。海蟑螂（*Ligia exotica*）体长不到 1 cm，第 1 触角短小或退化。胸部只有第 1 节和头部愈合，其他 7 个胸节分明。胸足单枝型。常成群爬行于海边的岩石间。平甲虫（*Armadillidium vulgare*）生活于陆地和居室的潮湿之处，灰褐色。鼠妇（*Porcellio*）某些腹足的外肢有呼吸器官，称伪气管，是一些内陷的有分支的盲囊，囊壁很薄，与外界有小孔相通。溪流石下的钩虾（*Gammurus*），身体侧扁，复眼无柄，第 1 胸节或前两个胸节和头部愈合。腹部后 3 对足颇坚硬，适于跳跃、掘穴和游泳。磷虾目（Euphausiacea）在海中浮游生活，背甲不向两侧伸展，因此无鳃室。足的基节有发光构造，能发出磷光，如华丽磷虾（*Euphausia superba*），俗称南极虾，长约 5 cm，产南极海区，生物量极大，为蓝鲸、海豹和鱼类的主要食物。

11.4.3.4　五口亚纲（Pentastomida）

此纲约 100 种。全部寄生于脊椎动物（90 % 都在爬行类）的肺和鼻腔中。体长 1~14 cm，仅分头部和躯干。头部有 5 个突起，最前端呈吻状，着生有口。两侧排列头部附肢两对，不分节，末端有表皮质爪，用以钩附寄主组织（有些种类的口两侧仅有 4 对爪而无突起）。躯干长形，表面具环。肌肉虽为环肌和纵肌，但具横纹。假体腔。无呼吸、

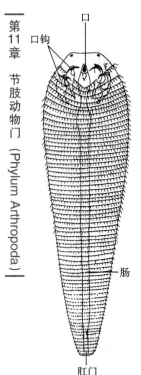

排泄、循环系统。舌形虫 (*Linguatula serrata*) (图 11-16) 在印度和中东, 偶寄生于人。舌形动物的分类地位一直有争议, 近年来通过线粒体的 DNA 分析以及对其精子形态学研究, 认为它和软甲纲中的鳃尾亚纲相近, 将它列为舌形亚纲。也有人把它提为甲壳亚门的一个纲。

图 11-16 舌形虫

(自 Sedgwick)

11.5 螯肢亚门 (Subphylum Chelicerata)

螯肢亚门的动物生活于海洋或陆地。身体分头胸部 (前体 prosoma) 和腹部 (后体 opis-thosoma) 两部分。头胸部 (cephalothorax) 有附肢, 但绝无触角。第 1 对附肢端部为钳状, 用以取食, 称螯肢 (chelicerae), 第 2 对附肢称须肢 (pedipalps), 在不同纲的动物中, 其功能各异。其后为 4 对步足。腹部 (abdomen) 有或无附肢。已知有 90 000 余种。重要的类群有:

11.5.1 肢口纲 (Merostomata)

肢口纲动物生活于海洋中。在古生代的奥陶纪已有化石纪录, 繁荣于志留纪和泥盆纪, 但大部分种类已经灭绝。现存者仅有 3 属 4 种 (图 11-17)。我国已知 3 种。均分布在南部海域: 东方鲎 (*Tachypleus tridentatus*)、南方鲎 (*T. gigas*)、圆尾鲎 (*Carcinoscorpius rotundicauda*)。东方鲎体长 50~60 cm。头胸部有宽阔的背甲, 形似马蹄。上有单眼和复眼各一对。腹面 6 对附肢: 螯肢短小, 分 3 节。第 2 至 5 对附肢各为 6 节, 适于步行, 足的末端呈钳状。第 6 对附肢 7 节, 末端特化适于掘土和爬行。雄性第 2 对附肢无钳而呈钩状。第 2 至 6 对附肢的基部排列于口的两侧, 用以咀嚼食物。最末一对步足之后, 有一唇状瓣 (chilarium), 可

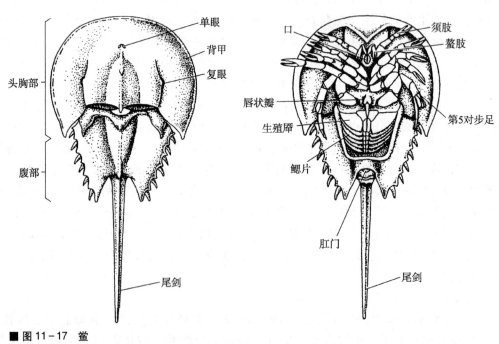

图 11-17 鲎

A. 背面; B. 腹面 (自 Pechnik)

能是和头胸部愈合的第 1 腹节的附肢。腹部背面坚硬，呈六角形，两侧具缺刻和短刺。尾端有长大而能活动的尾剑（telson），当身体偶尔被翻转时，可赖以扶正。腹部不分节，第 1 对附肢愈合成生殖厣（genital operculum）遮盖生殖孔，其后的 5 对附肢为双枝型，每对附肢内缘相互愈合。外肢扁宽，其后壁呈叶片状，重叠似书页，称书鳃（book gill），血液流经书鳃时与海水进行气体交换。

鲎生活于浅海，爬行或用腹部附肢游动。取食泥沙中的蠕虫和小的软体动物。生殖时期来到海岸的高潮线下，雌的在沙中挖沟产卵；雄鲎用须肢把握雌鲎的腹部背面，把精子排到卵上，产卵后用沙覆盖。鲎的幼体很像三叶虫的幼体。血液内含呼吸色素血蓝蛋白及鲎素（limulin），后者有抗菌和抗病毒的作用，目前正用于抗肿瘤的研究。

11.5.2 蛛形纲（Arachnida）

11.5.2.1 主要特征

蛛形纲动物多生活于温暖干燥的地方。已知约 80 000 种，如蜘蛛（图 11-18）、蝎子等。头胸部愈合，腹部分节或不分节。蜱螨类的头胸腹完全愈合在一起。头胸部除螯肢和须肢外，还有 4 对步足。腹部无附肢，或变化为书肺等构造。

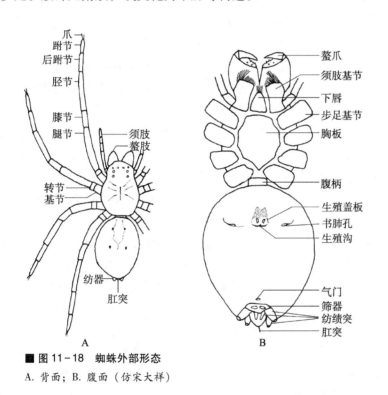

■ 图 11-18 蜘蛛外部形态
A. 背面；B. 腹面（仿宋大祥）

（1）营养 通常捕食小型节肢动物，由中肠分泌消化液至附肢基部和背甲形成的口前腔内，把猎物消化后吸入前肠。前肠和后肠都由表皮内陷而来。前肠包括食道，食道后常有一吸胃（图 11-19），胃壁肌肉发达，吸胃的背面还有强大的肌肉束和体壁相连。肌肉收缩可使吸胃膨大，用以吮吸液汁。中肠向外发出一些盲囊，可增大吸收和储存食物的体积。后肠常将水分再次吸收，以适应干旱环境的生活。排出的粪便也包括代谢产生的废物。

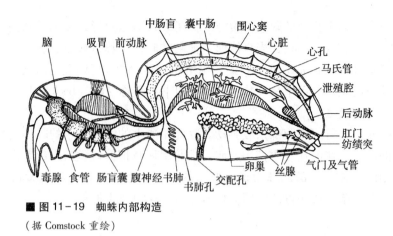

■ 图 11-19 蜘蛛内部构造

（据 Comstock 重绘）

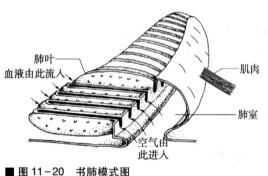

■ 图 11-20 书肺模式图

（仿 Morre）

（2）气体交换 呼吸器官包括书肺（book lungs）和气管（tracheae）或仅有气管。通常有书肺一对，位于腹部腹面，由体壁内陷形成囊状的肺室，肺室壁伸出若干中空的薄片状叶瓣（图 11-20）。空气从腹壁两侧的裂缝进入肺室，流经叶瓣之间和叶瓣内面的血液进行气体交换。气管也是腹面体壁内陷形成的细管，有少数分支或不分支。空气由气门进入体内，通过气管直接到达组织。气体交换在体内进行，可减少水分的丧失，是对陆地生活的一种适应。有些小型动物直接通过体表呼吸，没有呼吸器官。

（3）循环 循环系统为开管式。心脏为肉质的长管状构造，位于腹部背侧的围心窦内（图 11-19），收缩时血液通过末端开放的前、后动脉及其分支进入器官组织间，在书肺交换气体后，经肺静脉直接返回围心窦，经心孔入心脏。心孔 2～7 对，因不同类群而异。血液中含血蓝蛋白，器官组织通过血液进行气体交换。体小的蜘蛛和螨类，心脏退化，只有网络状的血窦。

（4）排泄 排泄器官为基节腺（coxal glands）和马氏管（Malpigian tubules）。基节腺在头胸部内，一对或两对，为薄壁的球状囊，由体腔囊演变而来，血液中的代谢废物通过很薄的囊壁，被吸收入囊中，经过一条盘曲的排泄管，由步足基节开口为排泄孔排出体外。在同一动物中可以兼有这两种排泄器。马氏管来源于内胚层，是中肠后部伸出的一对或两对向前伸并且分支的细管，浸泡在血液中，吸收血液中的代谢废物排入肠内，经肛门排出体外。水生节肢动物的含氮废物为氨，排出时要求大量水分。陆栖生活的蛛形纲动物的含氮代谢物为鸟嘌呤及尿酸，它们不溶于水，毒性也低，能以半固体状态排出体外。同时，后肠上皮细胞将代谢物中的钾离子和水分重新回收到血中加以利用，以此减少水分的丧失。

（5）神经系统 神经系统很集中。脑在食道上方，发出神经至眼和螯肢，还有一对围咽神经连接食道下神经节。蛛形纲许多动物胸部和腹部的全部或大部神经节前移与食道下神经节愈合，由此发出神经至其他附肢和器官。只有蝎类保持腹神经索和分散的腹神经节（图 11-21）。体表有许多由表皮生成的各类感觉毛，毛的基部与神经相连，能感觉细微的震动。须肢、口周围和步足表皮末端有许多中空的，端部有孔的毛，是化学感觉器，有嗅觉和味觉功能。视觉器官为 3～5 个单眼，通常视力很弱。

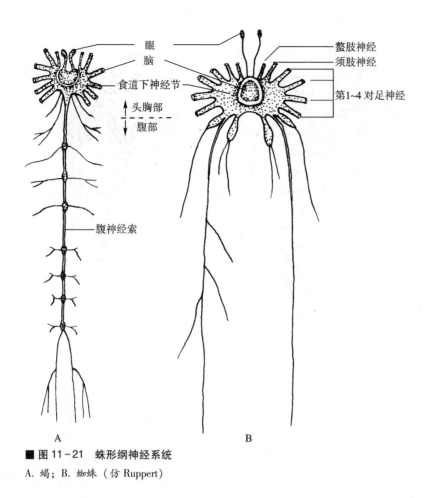

■ 图 11-21　蛛形纲神经系统

A. 蝎；B. 蜘蛛（仿 Ruppert）

11.5.2.2　蛛形纲的重要类群

（1）蝎目（Scorpionida）　很早登上陆地的节肢动物。但在古生代志留纪和泥盆纪发现的化石为水生的蝎类，用鳃呼吸。陆栖的蝎类化石出现较晚，呼吸器为书肺，见于石炭纪。现存种类多分布于热带和温带。生活在山坡、石砾、洞穴及墙缝中，昼伏夜出，捕食昆虫、蜘蛛等。头胸部短小，背面中央一对大的单眼，两侧 2~5 对小的单眼。螯肢小，向前伸。须肢强大，末端钳状，为捕食器官。此外，还有步足 4 对。腹部分前腹和后腹。头部和腹部之间没有细柄。前腹短宽，分 7 节，生殖孔在第 1 节腹面。第 2 节腹面一对栉状器（pectines），具感觉功能。第 3~6 节各有一对缝状的呼吸孔。后腹狭长，5 节，可向背面弯曲，末端为尾节演变成的毒刺，被刺后，毒液可使皮肤肿胀疼痛，但大多数蝎子不会致人死命。蝎的交配行为近似舞蹈，雄蝎尾部上举，用须肢夹住雌蝎的须肢，前后拖动，来回多次，雄蝎排出精荚（spermatophore），黏附地面，再将雌蝎拖至精荚处，雌性生殖孔接触精荚时，精子逸出进入雌蝎体内。受精卵发育为幼蝎后，从生殖孔出来，爬到母蝎背面，聚在一起。第一次脱皮后才分散独立生活。全世界记载约 600 种，我国有 15 种，常见种类如东亚钳蝎（*Buthus martensi*）（图 11-22），长 4~5 cm，分布广泛，是重要的中药材。

（2）蜘蛛目（Araneae）　蛛形纲最大的一类，已知约 40 000 种，我国约 300 种。蜘蛛身体分头胸部和腹部，两者之间有细柄。头胸部有隆起的背甲，前方有 3~4 对单眼。螯肢有两节，基部一节短粗，末端的节具爪，有毒腺开口于爪尖，称螯爪（fang），捕食时能刺穿猎

243

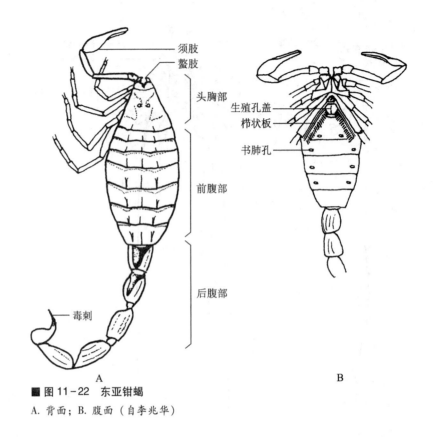

图 11-22 东亚钳蝎

A. 背面；B. 腹面（自李兆华）

物体壁，毒腺分泌的毒液可麻痹或杀死猎物，同时注入含消化酶的消化液使猎物内脏变为液体，再吸入体内。须肢细长，分 6 节，基部一节围在口的两侧，其内缘有刚毛和细齿用以把持和撕裂食物。雄蛛须肢的末节膨大成交配器。头胸部的其余 4 对附肢为步足，各由基节（coxa）、转节（trochanter）、腿节（femur）、膝节（patella）、胫节（tibia）、后跗节（metatarsus）和跗节（tarsus）组成，跗节末端具 2~3 爪，爪下有硬毛丛，适于织网或爬行。腹部膨大，球形或略长，不分节（某些原始种类有分节现象）。腹面前部正中有一生殖盖板，是腹部附肢的遗迹，盖住下面的生殖孔。生殖盖板两侧为横向的裂缝状书肺孔。腹面后部中央，有一气门，紧接气门后方有 2~3 对纺绩突（图 11-19），也是腹部附肢的遗迹。纺绩突连同体内的丝腺合称纺绩器，是本目动物特有的结构。丝腺布满腹腔的后部，不同类型的丝腺，功能也不相同。有些丝腺分泌物用于结网时的辐射线，有的分泌黏性物盖在网上，有的用于捆缚猎物，有的用以制造卵茧等。纺绩突上有无数的小孔，丝腺的分泌物最初为液体，由于蛋白质的构造发生变化，在和空气接触前便变成细丝。蛛丝是一种复合的蛋白质，主要由甘氨酸、丙氨酸和丝氨酸组成，具有很强的弹性和韧性，据称它的弹性是尼龙的 2 倍，强度是钢的 5 倍。织网时，蜘蛛常依靠风力和爬动建立蛛网的支点，形成初步框架，再在框架内织出一些辐射线和螺旋线构成的网，螺旋线有黏性，用以捕捉飞来的昆虫。有些蜘蛛不结网，营游猎生活，如蝇虎、狼蛛等。

雄蛛的个体小。交配前，先织一小网，把精液排在网上，用须肢将精液吸入交配器，然后追逐雌蛛。交配时把交配器插入雌蛛的生殖孔内，释放出精子，迅即离去，但常有被雌蛛吃掉的情形。受精卵产出，用蛛丝包裹，形成卵茧。

常见蜘蛛如：大腹园蛛（*Araneus ventricosus*），雌蛛长 20~50 mm，黑或黑褐色，雄蛛较小。常在庭院屋檐下织车轮状的网。网多与地面垂直。螲蟷，又称拉土蛛（*Latouchia*），步足粗短，须肢粗大如步足。穴居土中，以丝铺盖，洞口有圆盖可以启闭。水蛛（*Argy-ronecta aquatica*），在水中用丝做巢，在其中藏身、产卵。体表多毛，可从水面携带气泡到巢中。捕食也在水面。蝇虎（*Plexippus*），常见于墙壁、窗户上，不结网。白昼活动，善跳，捕食蝇类。壁钱（*Uroctea*），在田间、墙角结白色卵茧，扁圆如钱币。夜间捕食。蟏蛸（*Tetragnatha*），身体和步足细长，螯肢颇长。结水平圆形网（盲蛛目的足也很细长，但腹部分节，螯肢具钳）。几乎所有蜘蛛的毒腺都能分泌蛋白质类的神经毒素，其毒性强弱不等，少数蜘蛛对人生命构成威胁。如红斑毒蛛（*Latrodectus mactaus*）又称黑寡妇，体黑亮，腹部腹面有鲜明红斑，我国海南有记录。新疆和内蒙古的穴居狼蛛（*Lycosa singoriensis*）亦有剧毒。但大多数蜘蛛对人无害，它们捕食大量昆虫，有益农林业，应当加以保护。

（3）蜱螨目（Acarina）　包括螨（mites）和蜱（ticks）两大类。已知约40 000种，其中大多数为螨，估计尚待发现的种类远大于此数。多数种类营自由生活，在潮湿的土壤、苔藓、腐木或落叶的碎屑中捕食其他节肢动物或为腐食性。少数螨类生活于水中。但也有许多种类危害人、畜及农林作物甚至仓库的储粮。蜱螨类显著的特点是头胸部和腹部合为一体（图11-23），大多数种类的腹部也不分节。有的螨类可见一横沟把身体分为前、后两部分，但这是次生性的，并不代表真正的头胸部和腹部。身体多呈圆形或卵圆形。前端部分称颚体（gnathosoma）或假头（capitulum）（图11-24），由螯肢、须肢和部分体壁构成。螯肢和须肢在口的周围形成口器，它们的形态变化很大，螯肢常呈钳状，有的钳上还具齿，用以钩住寄主。有些螨类的螯肢呈针状，适于刺吸。须肢上的感觉毛是蜱螨的重要感觉器官。颚体之后的部分称躯体（idiosoma），由腹部和头胸部的大部分愈合而成。有步足4对。用气管或体壁呼吸。个体发育经卵、幼螨（蜱）、若螨（蜱）和成螨（蜱）4个阶段。自卵孵出的幼体只有3对足，蜕一次皮为4对足的若螨（蜱），再蜕皮1~2次而为成体。成螨体长多在1 mm以下，甚至可寄生在蜜蜂的气管中或人的毛囊及皮脂腺中。螨类体表通常多毛。自由生活或寄生生活。常见的如：人疥螨（*Sarcoptes scabie*），蠕虫状，体长不到0.5 mm，寄生于人的皮肤，在皮下穿凿孔道，并在其中产卵，患处奇痒，因搔破皮肤受感染而引起疥疮，可通过接触传播。地里纤恙螨（*Leptotrombidium deliensis*）（图11-23B），若螨和成螨营自由生活，幼螨吸血，寄生鼠类或人体。当携带立克次体的幼螨吸血时即将病原传给人而得恙虫病，患者高烧，可能致命。有的恙螨也寄生于各种昆虫。叶螨类吸食叶子的汁液，导致叶片枯干脱落，严重影响作物产量，如棉红叶螨（*Tetranychus telarius*）（图11-23A）和柑橘叶螨（*Panonychus citri*）等。粗脚粉螨（*Acarus siro*），咀嚼式口器；危害储存的粮食，使其发霉变质。伪钝绥螨（*Amblyseius fallacis*）是果园中捕食苹果害螨的重要天敌，已用于生物防治。蜱的个体比螨大，吸食哺乳类、鸟类和爬行类的血液，吸饱血后，体长可达2~3 cm。依据蜱的背面是否有一块硬的盾板而把它们分为硬蜱和软蜱两类。雄性硬蜱体小，盾板覆盖整个背面（图11-24），雌性硬蜱体形大，盾板只占背面前部的小部分。硬蜱在寄主身上吸血数日至数周，软蜱每次吸血不到1 h即跌落地面，蜕皮后再寻找寄主。蜱类常在野生动物和人畜间传播多种病原体，如森林脑炎病毒、回归热螺旋体、斑疹伤寒立克次体、鼠疫杆菌等，危害很大。全沟硬蜱（*Ixodes persulcatus*），在我国分布于东北、新疆的原始林区，是森林脑炎的主要传播者。

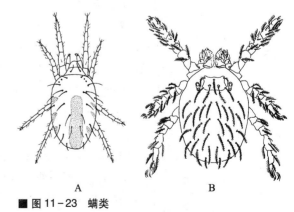

■ 图11-23　螨类

A. 棉红叶螨；B. 地里纤恙螨的若螨（A. 自宋大祥；B. 自温廷桓）

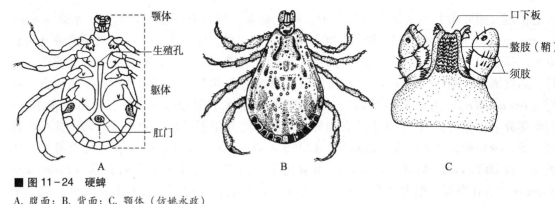

■ 图 11-24 硬蜱

A. 腹面；B. 背面；C. 颚体 (仿姚永政)

11.6 多足亚门 (Subphylum Myriapoda)

11.6.1 多足亚门的主要特征

现存的多足动物约 13 000 种，均生活于陆地。大多数种类喜潮湿温暖的环境，栖居石下、枯枝落叶间或土中。身体长形，分头和躯干两部分。头部由胚胎期的 6 个体节愈合而成，原第 1 体节有前脑和眼，无附肢。原第 2 体节有中脑，附肢为一对触角，相当甲壳亚门动物的第 1 对触角。原第 3 体节退化，也无附肢，因此没有甲壳亚门的第 2 触角。第 4、5、6 体节分别着生大颚、第 1、2 小颚，3 对脑神经节愈合为食道下神经节。有些类群的第 1 或第 2 小颚愈合，或第 2 小颚缺失。有时头壳前面向下延伸为唇基和上唇，但均非附肢。多足动物没有背甲，上表皮通常缺脂质和蜡质，保持水分的能力有限，难以脱离潮湿环境。躯干由一系列基本相同的体节组成，每节一对附肢，很少发生变化。

消化管长而直，没有盲囊。大颚或小颚有腺体，分泌物可润滑或软化固体食物。心脏是一长管，向前变窄成动脉，每体节一或两对心孔。以气管呼吸，气管系统和昆虫相似，由气门 (spiracles) 和气管组成。气管是体壁内陷形成的管道系统，气管在体壁的开口即是气门，每体节一对气门，着生位置依不同类群而异。气门向内为气室 (atrium)，室壁常有粗短的刚毛阻止尘土和异物的进入。但多足动物的气门不能关闭。气室连接气管，最后直接到达各器官。蚰蜒的气门不成对，位于背片后缘的中线上，气室向内为两丛短的气管浸在围心窦的血液中，供氧给血液。排泄器官和昆虫相同，为马氏管，排泄物为尿酸，但它们和昆虫的马氏管可能并非同源。生活于潮湿环境中的种类，其排泄物的主要成分可能为氨。触角为主要的感觉器，眼是由若干单眼聚在一起的，可辨别光线强弱和方向。中枢神经系统和其他节肢动物相同，由脑、食道下神经节、腹神经索组成，腹神经索上的神经节没有愈合现象。雌雄异体，直接或间接受精。孵出的幼体除体形大小外，有的和成体几乎相同，有的则要经过几次蜕皮，逐渐增加体节和足。

11.6.2 多足亚门的重要类群

11.6.2.1 唇足纲 (Chilopoda)

本纲动物通称蜈蚣。已知约 2 800 种。躯干体节数 15~193。第 1 对步足粗大，末端为毒爪，爪尖有毒腺开口。爬行迅速，全为捕食性。热带大型蜈蚣的毒液可制服小的青蛙和爬行类，咬人产生剧痛，但一般不致危及人的生命。生殖孔开口于倒数第 2 节腹面中央。长江中下游常见的如少棘蜈蚣（*Scolopendra mutilans*）（图 11-25A），墨绿或黑褐色，头部及第 1 背板红褐色，体长约 11 cm，步足 21 对。已进行人工养殖，干燥虫体入药。我国宜昌地区采到的多棘蜈蚣（*S. multidans*）体长可达 24 cm。蚰蜒（*Thereuopoda*）（图 11-25B），长约 25 mm，灰白色。足细长易断。背面可见大的背板 8 个，气门 7 个，生于背板后缘中央。爬行迅速，捕食小昆虫，室内常可见到。

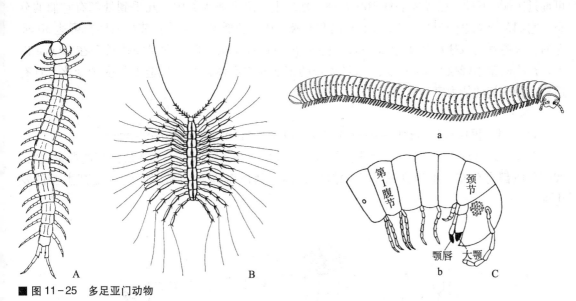

■ 图 11-25 多足亚门动物
A. 少棘蜈蚣；B. 蚰蜒；C. 马陆：a. 外形；b. 身体前部（A. 自张崇州；B. 自 Remane；C. 自堵南山）

11.6.2.2 倍足纲（Diplopoda）

本纲动物通称马陆（图 11-25C）。已知约 10 000 种，栖于石块、落叶或树皮下，也见于潮湿的路边，以腐烂的植物碎屑为食。体多呈圆筒形，长 0.2～30 cm。具足体节 11～192 个。触角短。第 1 小颚愈合称为颚唇，第 2 小颚消失。躯干的前 4 节被认为是胸部，第 1 节称颈，短而无足。2～4 节各有一对步足。其后的每个节由胚胎期的两个体节合成，每节有两对足，两对气门，两对心孔和两对腹神经节。生殖孔开口于躯干第 3 节腹面。马陆的爬行缓慢，逃避敌害的方式除具有钙化的坚硬体壁外，遇攻击或惊扰时，常将身体盘卷起来。许多马陆的多数体节有臭腺，分泌挥发性的毒液，对无脊椎动物有毒，如欧洲的一种马陆（*Glomeris marginata*）的分泌物能使捕猎它的狼蛛麻痹达数日。倍足纲一般对人无害，热带大型马陆的分泌物可使人的皮肤起泡。我国常见的马陆如雅丽酸带马陆（*Oxidus gracilis*），体长约 2 cm，背腹略扁平，背面黑色，体两侧有一条断续的黄色条纹。

倍足纲为目前所知最早登上陆地的动物，新近在苏格兰发现的中志留纪化石（*Pneumodesmus newmani*）距今已 4.25 亿年，体长约 1 cm，表皮有许多小孔，据信由此吸入空气中的氧气。

11.6.2.3 综合纲（Symphyla）

已知约 160 种，体形甚似蜈蚣，生活于落叶下和土中，体长 10 mm 以下。无眼。3 对口器，第 2 对小颚愈合成下唇。躯干 14 节，前 12 节各有一对足，第 13 节有一对纺绩突，末节卵圆形，很小，有一对感觉毛。多数步足基部具有可翻缩的基节囊和一个小的针突。马氏管一对。气门一对，位于头部两侧。雌雄异体，生殖孔一个，在第 4 躯干节的腹面中央。间接受精。幼体孵出仅有 6～8 对足，每蜕皮一次，增加一对足。如幺蚣（*Scolopendrella*）体长将近 8 mm。

11.7　六足亚门（Subphylum Hexapoda）

　　六足亚门包括种类众多的昆虫纲和种类不多而又较原始的内颚纲。六足动物的种类估计可能近 1 000 万种，已描述的约 100 万种。地球上，除了海水之中，几乎到处都有它们的分布，它们甚至能忍受温泉中 80 ℃的高温和北极−20 ℃的低温。虽然竹节虫的体长可达 30 cm 左右，有些蛾的双翅展开接近 28 cm，但它们的身体并不很粗壮。六足类体长多在 10 mm 以下，最小的寄生蜂仅 0.2 mm 长。六足动物的繁盛和它们体形小、构造上的多种变化、具有适应多种环境的能力密切相关。

11.7.1　昆虫纲代表动物——东亚飞蝗（*Locusta migratoria manilensis*）

　　东亚飞蝗（图 11-26），是禾本科作物的大害虫，在我国历史上曾造成许多次严重蝗灾。我国各地都有分布，水位涨落不定的滨湖河滩、盐碱荒地及内涝、河泛区是其主要的发生地。

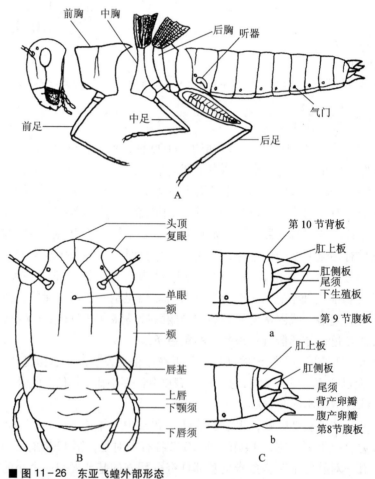

■ 图 11-26　东亚飞蝗外部形态

A. 示头胸腹各部；B. 头部前面观；C. 腹部末端；a. 雄性；b. 雌性（据赵汝翼重绘）

11.7.1.1 外形

体色通常绿或黄褐，但常有变化。雌蝗体长 40～55 mm，雄蝗体长 35～40 mm。头部：由一些骨片合成一卵圆形的头壳，原来的分节界线已不可辨。骨片结合处表皮内陷成内骨骼以加固头壳，或成为肌肉的附着处，在外面，内陷处形成一些沟，把头部划分为若干区域。这些沟和划分出的区域都有各自的名称。头的后部以膜质的颈与胸部相连。头部有丝状触角一对，复眼一对，单眼 3 个（图 11-26B）。摄食器官称口器，飞蝗为咀嚼式口器（图 11-27），由 3 对附肢和并非附肢的上唇与舌组成。上唇（labrum）与唇基相连，为一双层的短宽骨片，可略作活动，其前壁骨质化，后壁柔软，具味觉器和毛。上唇掩盖后方的上颚，防止食物外落。

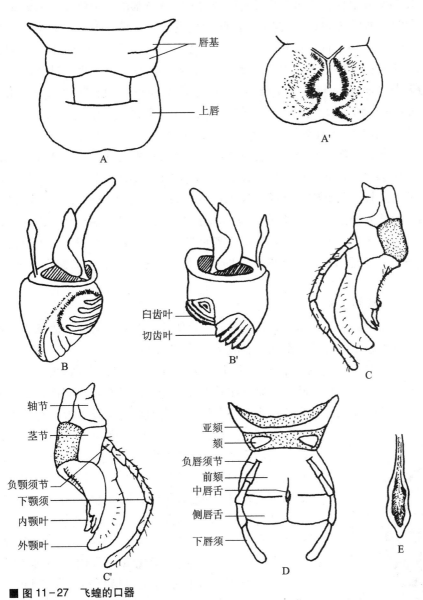

■ 图 11-27 飞蝗的口器

A. 上唇；A′. 上唇内面；B. 右上颚；B′. 左上颚；C. 右下颚；C′. 左下颚；D. 下唇；E. 舌（据陆近仁等重绘）

上颚（mandibles，昆虫学中习惯将大颚称上颚、将小颚称下颚）一对，近似三角形，坚硬而不分节，由原肢特化而来。上颚有关节和后颊连接，内缘具切齿叶和臼齿叶，有切断和研磨食物的功能。下颚（maxillae）一对，在上颚后方，基部两节：轴节（cardo）和茎节（stipes），前者和头壳相连，茎节端部为外颚叶和内颚叶，协助上颚刮切和握持食物。茎节外缘还有一个分 5 节的下颚须（maxillary palpus），为感觉器官。下唇（labium）在下颚后方，基部与头后方腹缘的膜相连。下唇原为一对，已愈合成一片，其基本构造同下颚，基部两节称后颏（postmentum）和前颏（prementum）。前颏两侧各着生一个分 3 节的下唇须（labial palpus），端部为侧唇舌和中唇舌，分别相当于下颚的外颚叶和内颚叶。舌（hypopharynx）是口腔底壁一个狭长的囊状构造，位于上、下颚之间，司味觉。

胸部：由前胸、中胸、后胸 3 节紧密结合而成，各节都由一个背板（tergum）、一个腹板（sternum）和两个侧板（pleura）构成。前胸背板发达，呈马鞍形，覆盖中、后胸背板及其部分侧板（图 11-26A）。前胸侧板仅为一小片，腹板狭长。中、后胸各具翅一对，分别称前翅、后翅；背板、腹板各分若干骨片，侧板又分前侧片和后侧片两个骨片。各胸节具足一对。每足分基节（coax）、转节（trochanter）、腿节（femur）、胫节（tibia）、跗节（tarsus）和前跗节（pretarsus）。飞蝗的跗节分 3 小节，前跗节具两爪及一中垫。

腹部：由 11 节组成，腹节只有背板和腹板，两侧为膜质，没有骨片。各节之间有很宽的节间膜相连，所以腹部可充分伸缩或扭动。第 1 腹节背板两侧有鼓膜器（tympanal organ），是蝗虫类的听觉器官。腹部末端变化较大，第 9、10 节背板短，而且部分愈合。第 11 节背板呈三角形，称肛上板，两侧称肛侧板，代表该节腹板，生有尾须一对。雄蝗腹板可见 9 个，第 9 腹板被一横缝分为前、后两部分，呈匙状上弯（图 11-26C），内有钩状的雄性外生殖器。雌蝗腹板可见 8 个，腹末有两对锥状的产卵瓣，分别称背产卵瓣和腹产卵瓣，适于掘土产卵（图 11-26C），还有一对很小的内产卵瓣，藏于背瓣之内。产卵瓣由第 8、9 腹节的附肢变化而来。

11.7.1.2 结构与机能

体腔为充满血液的血腔，背面和腹面各有一个隔膜，分别称背膈、腹膈，把血腔分为背血窦、围脏窦和腹血窦，各脏器都浸在血液中（图 11-28）。

（1）消化 消化管分前肠、中肠、后肠 3 部分（图 11-29）。前肠之前为口器围成的口前腔，食物被咀嚼后与舌基部排出的唾液在此搅拌，送至唇基与舌之间的口，进入咽。前肠包括咽、食道、嗉囊和前胃。嗉囊和前胃的内壁有表皮形成的嵴或小齿，有助于研磨食物。食物经贲门瓣入中肠。中肠又称胃（ventriculus），内胚层来源，为消化、吸收食物之处，胃的前端伸出 6 个锥形盲囊，以增加消化吸收的面积。后肠分回肠、结肠和直肠，内壁也衬有外胚层来源的表皮，功能是排出消化和代谢产生的废物，保持体液的水分和离子平衡。唾液腺一对，位于胸部腹面，由许多葡萄状的腺体构成，通过若干细管集合成一对唾液管，最后成一总管开口于下唇与舌之间。唾液含消化酶，可湿润和初步分解食物。

（2）呼吸 呼吸系统是包括气门、气管和气囊的气管系统。气门是氧和二氧化碳出入昆虫身体的门户。飞蝗有 10 对气门，中胸、后胸各一对，腹部 8 对，各具启闭装置，以防止水分过多流失和外物入侵（图 11-30）。气管由体壁内陷而成，自气门向内为一条短气管，连接身体两侧纵行的主气管干，背

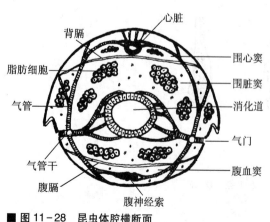

■ 图 11-28 昆虫体腔横断面
（据 Snodglass 重绘）

图中标注：心脏、背膈、脂肪细胞、气管、气管干、腹膈、腹神经索、围心窦、围脏窦、消化道、气门、腹血窦

面和腹面也各有纵气管一对，有一些横行气管连接这些纵气管。气管壁具表皮增厚形成的螺旋丝，可保持其扩张以利于气体畅通（图11-31A）。气管经一再分支到身体各部，末端伸达一掌状的端细胞内成为不含螺旋丝的微气管（图11-31B），其直径不超过0.2 mm，内有液体，故微气管和细胞之间的气体交换依赖液体。气管的某些部位膨大成很薄的气囊（胸部气囊尤其发达），囊壁无明显的螺旋丝。气囊的张、缩，可增加气管内的通风作用，也有助于减轻飞行时自身的重力。

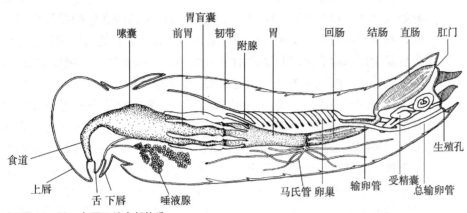

■ 图 11-29 东亚飞蝗内部构造

（仿刘玉素等）

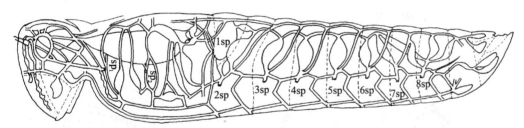

■ 图 11-30 东亚飞蝗的气管系统

sp_1，sp_2：胸部气门；1~8sp：腹部气门（据 Albrecht 重绘）

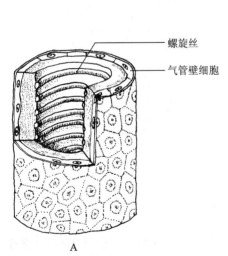
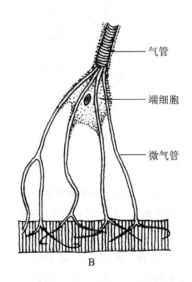

■ 图 11-31 昆虫的气管

A. 气管构造；B. 端细胞和微气管（A. 仿 Weber；B. 据 Wigglesworth 重绘）

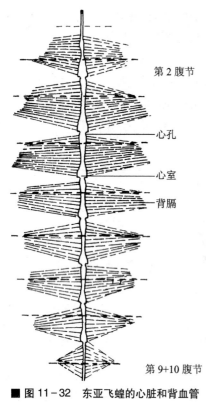

第2腹节

心孔

心室

背膈

第9+10腹节

■ 图 11-32 东亚飞蝗的心脏和背血管
（仿 Albrecht）

（3）循环与排泄 循环系统为开管式。仅有一条背血管，位于围心窦内，分心脏和大动脉两部分。心脏有 7 个略大的心室，各心室侧面一对心孔，其边缘形成心门瓣，当心脏收缩时，掩盖心门，血液只能前行。心脏后端封闭，前端延伸为背血管，直到头部（图 11-32）。血液流入头部后，经胸部、足至围脏窦，由身体后部入围心窦。血液无色，可输送养料、代谢废物及激素等。血细胞呈变形虫状，有吞噬功能。

排泄器官主要为马氏管。马氏管是细长的盲管，着生于中肠与后肠交界处（图 11-29），约有 12 束，每束 25 条，从周围血液中摄取离子、尿酸盐和毒素到管内，形成初始的尿液送入后肠。盐和其他可利用的代谢物由后肠上皮细胞有选择地重吸收回到血中。直肠腺进一步吸收水分、盐、氨基酸等，尿酸则成为结晶沉淀下来，随其他废物排出体外。

（4）神经系统 飞蝗的中枢神经系统由脑、食道下神经节和腹神经索组成。脑位于食道前端的背面，分前脑、中脑、后脑 3 部分（图 11-33）。前脑最发达，发出神经至单眼和复眼，中脑一对，球形，发出神经至触角。后脑略呈锥形，发出一对围咽神经在食道下与咽下神经节相连。咽下神经节发出神经至口器，向后与胸神经节连接。胸部有 3 个神经节，其神经分布到胸部肌肉和器官。后胸神经节还分出神经至腹部前 3 节的器官。腹部神经节 5 个。交感神经系统包括与后脑相连的额神经节及有关神经，控制消化道前部的蠕动，又如第 5 腹神经节分出的神经至生殖器官和直肠等处。

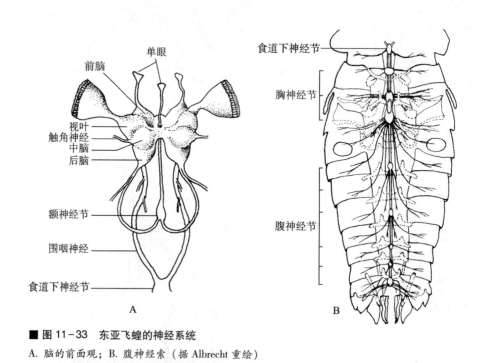

前脑

单眼

视叶
触角神经
中脑
后脑

额神经节

围咽神经

食道下神经节

A

食道下神经节

胸神经节

腹神经节

B

■ 图 11-33 东亚飞蝗的神经系统

A. 脑的前面观；B. 腹神经索（据 Albrecht 重绘）

（5）生殖与发育 雌蝗：一对卵巢，覆盖在消化道背面及侧面。每个卵巢有 40 多个紧密排列的卵巢小管组成，内有若干卵粒。卵巢小管的背侧变细为端丝，沿背中线向前集合成韧带附于胸部背板。卵巢小管的底侧开口于同侧的输卵管，左、右输卵管向后到消化道下方，在第7腹节处会合为阴道，开口于导卵器成雌生殖孔（图11-34）。阴道背面有一盘曲的受精囊管，末端为受精囊，是交配后储存精荚处。每侧输卵管前端发展为附腺。雄蝗：一对精巢，在腹部消化道背面，紧密贴在一起。每个精巢由许多精巢小管组成，精细胞在其中发育。各精巢小管通至同侧的输精管，在直肠下面合成短粗的射精管，两侧各有15条附腺开口入内（图11-34）。射精管向后为射精囊（ejaculatory sac），弯向背方的精荚囊（spermatophore sac），通至阴茎。射精囊和精荚囊都包在强大的肌肉团中，和其他阴茎结构一起形成雄性交配器。精子成熟后在输精管内接受附腺的分泌物，形成精荚，储存在精荚囊中。

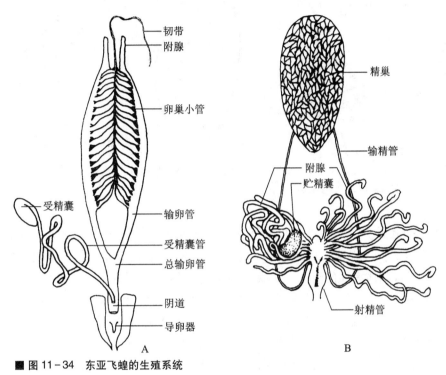

■ 图 11-34 东亚飞蝗的生殖系统
A. 雌性；B. 雄性（A. 仿刘玉素等；B. 仿 Albrecht）

飞蝗行两性生殖。雄蝗将精荚送至雌蝗受精囊中。成熟卵经受精囊孔，精子逸出使卵受精。产卵时，用产卵器掘土，腹部深入土中，每产数十粒。有黏液包在卵粒外形成硬的卵块。在适宜条件下，卵孵化为蝗蝻，蜕5次皮为成虫。

11.7.2 六足亚门的主要特征

11.7.2.1 外形

六足动物的共同的特点是身体分头、胸、腹3部分。头部有一对触角，胸部3对单枝型的附肢。多数种类在胸部有1~2对翅。

（1）头部　关于六足动物头部体节的组成，有不同意见，多数观点同意由6节组成。各节的附肢，有的仅在胚胎时出现。孵化后触角、上颚、下颚、下唇分别代表第2、4、5、6体节附肢。

触角（antennae）　除内颚纲的原尾类无触角外，均有一对触角，着生于膜质的触角窝内。每个触角分3部分，由基部向外依次为柄节、梗节和鞭节。鞭节的变化最多，常分成多数亚节而形成各种类型，如丝状、膝状、鳃片状等（图11-35）。

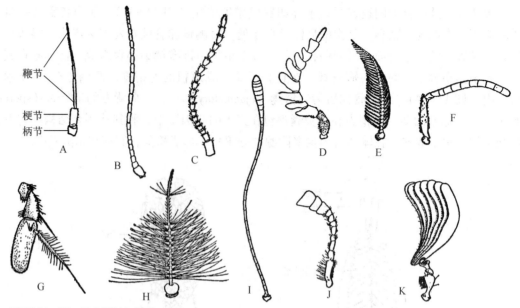

■ 图 11-35 昆虫的触角类型

A. 刚毛状；B. 丝状；C. 念珠状；D. 锯齿状；E. 双栉齿状；F. 膝状；G. 具芒触角；H. 环毛状；I. 球杆状；J. 锤状；K. 鳃片状（自管致和）

口器（mouthparts）　主要分为咀嚼型和吸食型两大类。飞蝗的口器为典型的咀嚼型，也是最原始的形式，适于取食固体食物。吸食型口器大体上又可分 3 类：① 虹吸式口器（图 11-36），吸食物体表面的液汁，如蝶、蛾类的口器，上颚退化，下颚发达，形成管状的喙，平时卷曲在头的下方，吸食时伸展成一直管。② 舐吸式口器，如家蝇等的口器，其特点为下唇发达，端部膨大成唇瓣（图 11-37），由唇瓣上的环状细沟吸食唾液分解后的液体食物。③ 刺吸式口器，能刺入动、植物组织内吸食液体。如蝉、蚊等的口器（图 11-38），其基本特点是上颚和下颚特化成细长的口针，左右下颚互相嵌接，合成食物道和唾液管道。上颚包在下颚外侧。下唇也变长，背面有凹槽容纳上、下颚。口针末端常有倒刺，在刺入组织后起固定作用。雌蚊的舌和上颚也成针状，上唇形成食物道，舌内为唾液道。④ 嚼吸式口器（图 11-39），如蜜蜂。上颚发达，可咀嚼固体的花粉，下颚和下唇变长，吸食花蜜时合成喙，中唇舌内有唾液道，中唇舌与下颚之间形成食物道。

（2）胸部　3 个胸节的发达程度，常和着生于各胸节的运动器官发达程度相关。每个胸节一对足（legs），大多数昆虫在中胸和后胸各有一对翅（wings）。足的形态有多种变化（图 11-40）：如蝗虫，其前、中足为典型的步行足，后足显然较大，腿节很发达，为跳跃足。螳螂的前足发达，为捕捉足。腿节具凹槽，槽的边缘有刺，胫节也有刺，两者弯折时似折刀一样，使捕获的猎物难以逃脱。蝼蛄前足粗短，为开掘足。胫节宽大并有坚硬的齿，适于掘土。虱的足为抱握足，胫节、跗节与爪合抱，适于握持毛发。蜜蜂的后足胫节、跗节多毛，其构造适于携带花粉，称携粉足。水生昆虫具游泳足，中、后足扁平，后缘还有长毛，适于划水。翅（wings）的出现，使昆虫更易于逃避敌害，寻求有利的生存环境，这是它们繁荣昌盛的重要因素之一。原始的六足动物没有翅。有翅的动物，在一年的不同时期（如蚂蚁）或不同的发育阶段（如幼虫期）可以无翅，或由于寄生生活（如跳蚤）而双翅退化。翅是体壁向外突出形成的膜状结构，具有两层紧贴的体壁，中间有一些增厚的管道，称翅脉（vein），用以支持翅面。翅脉内含有气管、神经和血流（图 11-41）。翅脉的排列有一定规律，其分布型式称脉序或脉相（venation）。各类昆虫的脉序不同，在分类上有重要意义。从翅基伸向翅外缘的翅脉称纵脉，连接两纵脉之间的短脉称横脉，各翅脉均有特定的名称和缩写符号。翅通常呈膜状，透明而薄，称膜翅。蝗虫的前翅略厚似革，半透明，称复翅。甲虫的前翅更厚，不见翅脉，称鞘翅。蝽类的前翅基半部略厚似革，端半部膜质透明，称半鞘翅，蝶蛾类的翅膜上覆盖鳞片，称鳞翅。

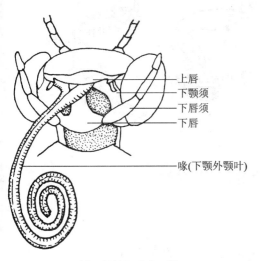

■ 图 11−36　蝶、蛾的虹吸式口器
（据 Weber 修改）

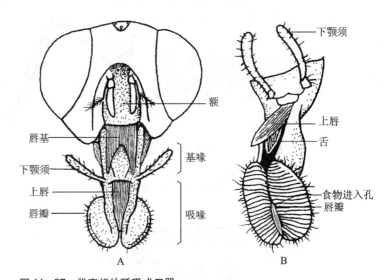

图 11−37　雌家蝇的舐吸式口器
A. 头部前面观；B. 喙的斜侧面（仿 Snodgrass）

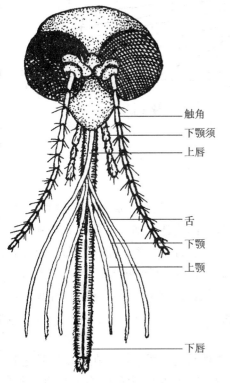

■ 图 11−38　雌蚊的刺吸式口器
（仿 Metcalf 等）

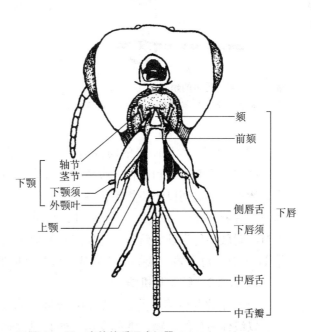

■ 图 11−39　蜜蜂的嚼吸式口器
（据 Snodgrass 重绘）

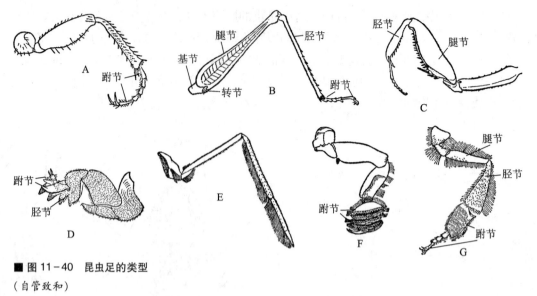

■ 图 11-40　昆虫足的类型

（自管致和）

A. 步行足；B. 跳跃足；C. 捕捉足；D. 开掘足；E. 游泳足；F. 抱握足；G. 携粉足

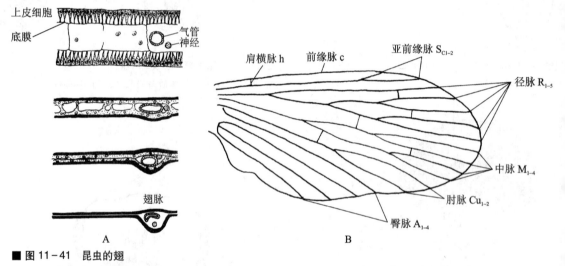

■ 图 11-41　昆虫的翅

A. 翅的横断面；B. 脉相模式图（A. 仿 Weber；B. 仿 Elzinga）

（3）腹部　六足动物的腹部有 11 节，胚胎期还有一尾节。只有在原始的类群可见 12 节。由于腹节的合并和退化，腹节数常有减少的情形。腹节的构造比胸节简单。通常侧板缺失，背板与腹板间以侧膜相连，各腹节之间以节间膜相连，腹部可伸缩、扭曲，也可膨大和缩小，有利于呼吸、蜕皮、产卵等生理活动。腹部一般缺少附肢，雌性第 8、9 节，雄性第 9 腹节的附肢特化为外生殖器，外生殖器的构造相当稳定，是物种鉴定的重要依据。有些昆虫第 11 节有一对尾须。低等类群的某些腹节可见附肢遗迹。

11.7.2.2　结构与机能

（1）消化与营养　前肠、后肠由外胚层陷入而成，内壁具几丁质表皮，在蜕皮时随之脱落。以液体为食的动物，咽部发达，外有肌肉连到头部体壁，构成有力的吸泵，食道延长，常生出盲囊储存花蜜之类的食物。取食较硬食物的昆虫，前肠常有肌肉质的前胃，内壁具几丁质齿状突起，用以磨碎食物，中肠能分泌管状的围食膜包住食物颗粒，避免擦伤肠壁细胞。部分消化酶可通过围食膜上的微孔入内，初步被水解的食物亦可从微孔出来，进一步被消化吸收。中肠前端常伸出 2~6 个盲囊，除扩大食物的消化、吸收面积外，还有回收水分的功能。以液体为食者，中肠多形成几个胃室，有的消化糖类和脂质，有的消化蛋白质。后肠的主要功能之一是吸收食物中的水分。在干燥环境中生活的动物，几乎回收全部水分而排出很干的粪便。大量吸食液体的有些昆虫，后肠回旋向前和前肠相近，共同封闭在一个囊中，过多的液体可迅速进入后肠而排出。

（2）循环与气体交换　循环系统为开管式，除心脏和其前方的大动脉外，无另外的血管。心脏的搏动力不强，血液循环还要依靠身体和附肢的活动增加其压力。由于血压较低，附肢因伤折断时，不致流出大量的血。血液的功能是运送营养、代谢废物和激素。当组织缺水时可从血液中得到补充。血细胞有多种类型，有的具吞噬作用，有的能凝血和愈合伤口，但均无携带、运送氧的能力。陆栖节肢动物的呼吸往往会伴随大量水分的丧失，而内陷的气管系统很好地解决了这一矛盾。气门是气体出入身体的门户，通常胸部两对，腹部 8 对。有特别的关闭机构控制气体出入。当氧气不足，二氧化碳积聚多时，气门开放。所以气门往往是有节奏的开闭或部分气门经常处于关闭状态，必要时才开放以避免水分的损失。少数小型动物无气管，通过体壁交换气体。水生六足动物利用溶解在水中的氧呼吸，或从水面获得大气中的氧。

（3）排泄与渗透调节　马氏管是六足动物的主要排泄器官，来源于外胚层。在不同类别中，数量为 4 至 200 多条。含氮物质代谢的产物主要是不溶于水的尿酸。马氏管从血液中吸收离子、尿酸、水和有毒物质进入管腔形成原始的尿，当进入后肠时，直肠上皮细胞有选择地吸收所需要的离子、水和其他营养物回到血中，不溶于水的尿酸结晶沉淀下来随粪便排出。有些低等的六足动物无马氏管，可通过脂肪中的某些细胞收集尿酸等代谢废物。

（4）神经系统和感觉器　六足动物的神经系统基本上和飞蝗相同，但有些类群胸、腹部的神经节常有不同程度的愈合。六足动物依靠多种感觉器（sensilla）能敏感地感受外界的机械、化学、视觉等刺激。机械感觉器（mechanoreceptors）能感觉空气和固体振动产生的压力变化。它们广泛分布于触角、足和身体表面。最简单的感觉器为毛状感觉器（hair sensillum）（图 11-42），位于体壁上皮细胞之间，包括一根刚毛，基部有毛原细胞、膜原细胞和感觉细胞各一个，刚毛基部连接到感觉细胞，感觉细胞的另一端成为感觉神经纤维通向中枢神经系统。机械感觉器也可以是表皮的膜状隆起。鼓膜器（tympanic organs）是特化的机械感觉器，司听觉。蝗虫和蝉的鼓膜器在腹部基部，蟋蟀在前足胫节上。夜蛾的鼓膜器在胸部与腹部交界处，能感受蝙蝠发出的超声脉冲。化学感觉器多分布于口器、触角和足上，能感受味觉和嗅觉刺激，在取食、寻偶、选择产卵场所以及在群居型昆虫中保持社会的结构稳定方面有重要作用。视觉器官包括单眼和复眼。成虫通常有 2~3 个单眼（ocelli），每个单眼表面为 1 透明的角膜（cornea），有集光功能，下面为感光部分，包括若干视网膜细胞（retina cells），其周围常有色素细胞（图 11-43）。单眼只能感光，不能成像。复眼（compound eyes）的基本构造同甲壳纲动物。每个复眼由许多小眼组成（图 11-44A）。每个小眼的集光部分包括一透明的六角形角膜和下面的晶体细胞（图 11-44B）。感光部分主要包括 6~8 个视网膜细胞（亦称视觉细胞），它们的向心部分形成视杆（rhabdoms），视杆周围有色素细胞防止透入的光线干扰邻近的小眼。视杆可将光能转化为神经脉冲，由视网膜细胞下端的视神经传入大脑的视叶。每个小眼只能接受物体的一个光点，各光点反映该物体某处的色泽和光的强度不同，许多光点拼接起来形成一"镶嵌"的影像。复眼的视力较差，一般只能辨别近处物体，但对于运动的物体非常敏感。复眼能感知不同的光波，多数昆虫不能识别红色，却偏好紫外线，蜜蜂、蚂蚁还能利用偏振光导航。

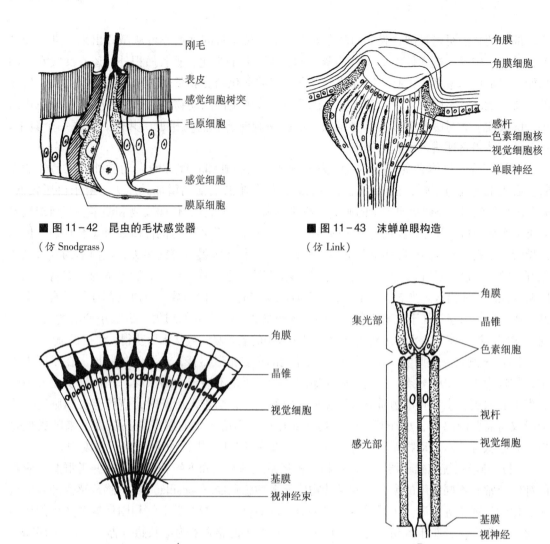

■ 图 11-42 昆虫的毛状感觉器

（仿 Snodgrass）

■ 图 11-43 沫蝉单眼构造

（仿 Link）

■ 图 11-44 复眼构造模式图

A. 昆虫复眼纵切面；B. 昆虫小眼的纵切面（A. 部分，仿 Weber；B. 仿 Snodglass）

11.7.2.3 生殖和发育

六足动物的卵和其他节肢动物一样，多为中黄卵。卵黄丰富，充填于卵中央呈网筛状的原生质空隙中。只有卵表面的原生质不含卵黄，称卵周质（periplasm）。卵裂主要在卵周质内进行，称表面卵裂。卵的腹面细胞增厚成胚盘，即囊胚层，由此发育为胚胎。六足动物有多种生殖方式。有些类群中，如雌性蚜虫，可以不经交配而产生后代，此种生殖方式称孤雌生殖（parthenogenesis），有些寄生蜂将卵产在其他昆虫体内，一个卵可产生许多个后代，称多胚生殖（polyembryony）。有的瘿蚊（如 Miastor）的幼虫，卵巢内的卵提前发育为幼虫，取食母体组织，以后破母体而出行自由生活，称幼体生殖（paedogenesis）。多样的生殖方式有利于物种在恶劣环境下的繁衍和扩大分布范围。但大多数种类为两性生殖，体内受精。受精卵在卵内发育的阶段称胚胎发育，幼虫破壳而出称孵化（hatching），个体在卵外的发育阶段称胚后发育。初孵化的幼体为一龄，每蜕一次皮即增加一龄，每种动物常有固定的蜕皮次数，多数种类一生蜕皮 4~5 次，最后一次蜕皮达到成虫期，称羽化（emergence）。和甲壳动物不同，六足动物成虫一般不再蜕皮。六足动物的胚后发育要经历体躯的增长以及形态、习性的变化，此种变化称为变态（metamorphosis）。少数原始类群，幼体和成体很相似，只有个体大小和生殖腺发育程度不同，成虫仍有蜕皮现象，如衣鱼，常称之为无变态发育（ametabolous development）。多数类群的发育还要经历形态和生理的变化，除蜉蝣目成虫还要蜕一次皮外，其他各类昆虫成虫不再蜕皮。通常可将六足动物的变态分不全变态（incomplete metamorphosis）和完全变态（holometabolous metamorphosis）两类。不全变态中，如蝗螂、蝗虫等，幼体和成体形态相似（图 11-45A），食性和生活环境也相同，只是生殖器官和翅待进一步发育。幼体称若虫（nymph），此类变态又称渐变态（paurometabolous metamorphosis）；蜻蜓、蜉蝣的幼体生活于水中，具临时性的呼吸器官，称稚虫（nymph），它们的变态称半变态（hemimetatabolous metamorphosis）。完全变态的发育类型，幼体和成体的形态完全不同，生活环境与食物也各异，要经过蛹期才能变为成虫（图 11-45B），其幼体称幼虫（larva），如甲虫、蜂、蝶等。昆虫的生长、发育亦受激素控制。

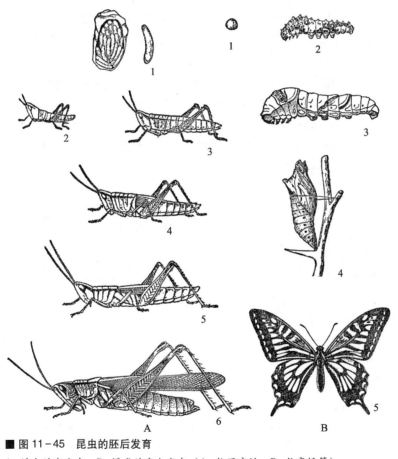

■ 图 11-45 昆虫的胚后发育

A. 蝗虫的渐变态；B. 蝶类的完全变态（A. 仿厉守性；B. 仿高桥等）

昆虫的主要内分泌器如图 11-46 所示。通过切去头部、结扎、移植有关器官或注射血液等试验，表明六足动物的蜕皮、发育变态以及表皮骨化、性腺发育、滞育等生理功能都受激素的调节控制。分泌激素的器官称内分泌腺（endocrine glands）。主要的内分泌构造有：① 神经分泌细胞（neurosecretory cells），集中分布于前脑中央和两侧，称脑神经分泌细胞。此外，也存在于心侧体和其他神经节中。脑神经分泌细胞的产物称促蜕皮激素（ecdysiotropin），可沿神经细胞轴突输送到心侧体。促蜕皮激素能活化咽侧体和前胸腺。② 心侧体（corpora cardiaca），

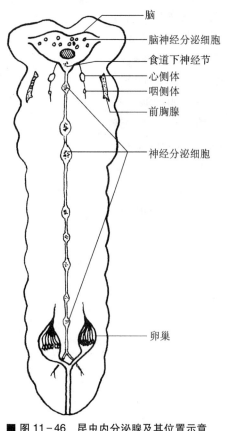

■ 图 11-46 昆虫内分泌腺及其位置示意
（仿郭郭）

位于脑后，紧贴在背血管上。心侧体的功能主要是储藏促蜕皮激素或将它释放到血液中。③ 咽侧体（corpora allata），一对或合为一个。位于食道或背血管两侧，有神经与脑和心侧体相连，分泌物称保幼激素（juvenile hormone），能抑制成虫体征的出现。在动物发生变态期间，咽侧体停止活动，变态完成后，可继续分泌激素。促使卵巢发育。④ 前胸腺（prothoracic glands），通常位于前胸，常在第1气门附近。分泌物称蜕皮激素（ecdysone），能引起上皮细胞分泌新的表皮而开始蜕皮过程。几种激素协同控制六足类的蜕皮变态。当中枢神经受到外部或内部因子变化的刺激时（如温度、日照的变化，肠壁的膨胀），脑神经分泌细胞分泌促蜕皮激素到心侧体逐渐积累。心侧体释放储存的激素到血液中，促使咽侧体和前胸腺分泌相关激素而引发蜕皮、变态。在蜕皮激素和大量保幼激素的共同作用下，蜕皮之后，仍为幼虫，只是个体较大。渐变态类的动物到末龄若虫时，咽侧体停止分泌，成虫的特征得以发展，前胸腺则正常分泌蜕皮激素，蜕皮后变为成虫。在完全变态类动物中，末龄幼虫的咽侧体未完全停止活动，血液中的保幼激素含量相对减少，在正常量的蜕皮激素作用下，成虫特征有一定程度发育，蜕皮之后变为蛹。蛹期的咽侧体停止分泌，成虫器官得到充分发育，在蜕皮激素的单独作用下，蜕皮之后变（羽化）为成虫（图11-47）。绝大多数的六足动物到成虫期后，前胸腺解离，就不再蜕皮。

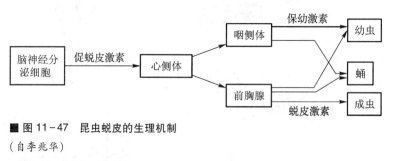

■ 图 11-47 昆虫蜕皮的生理机制
（自李兆华）

11.7.3 昆虫的行为

六足动物表现出多种多样的行为，基本上可归纳为两类，即本能和学习行为。本能是与生具有的行为，如寻食、筑巢、求偶和逃避敌害等。如有些甲虫遇到惊扰时，会立即从枝叶上掉落地面，佯死不动，逃避危险。蜣螂把卵产在粪中，雌雄合力将其滚成粪球埋藏起来，为后代准备安全的住所和充足的食物。学习行为则是通过多次失败与成功的反复经验之后才获得的。蜚蠊厌光，如把它放到一端有光，一端黑暗的笼中，当它爬到暗端时给以电击，经历多次电击后，蜚蠊形成逃避黑暗而趋向有光一端的行为。蜜蜂通常不到苜蓿花上采蜜，但用含有苜蓿花香的糖浆饲喂，经过训练的蜜蜂就可采苜蓿的花蜜。

社群行为（social behavior）：有些集群生活的昆虫发展了严密的社会结构，其成员有明确的分工。一群蜜蜂（Apis mellifera）由4万~8万个体组成。绝大多数个体为雌性但不能生育的工蜂，它们在群体中担任饲喂蜂后（queen）和幼虫、御敌、筑巢、采蜜和花粉等工作。蜂后专司产卵。雄蜂数百个，承担和蜂后交配的任务。雄蜂由未受精卵孵出，蜂后和工蜂来自受精卵。蜂后在整个幼虫期都被饲以王浆（royal jelly，工蜂唾液腺的分泌物），卵巢得到充分发育。而工蜂和雄蜂在幼虫时只有孵化后的前几天得到王浆，以后仅用花粉和花蜜喂养。每一蜂群通常只有一个蜂后，它不断分泌一种阶级调控信息素（caste-regulating phero-mone），接触到此物质的工蜂，将其传递给其他工蜂，以此抑制工蜂卵巢的发育。当蜂后衰老或死亡，该信息素逐渐减少，工蜂的卵巢即开始发育，构筑较大的蜂室并产卵，这些蜂室中的幼虫得到充分的王浆饲喂，哺育出新的蜂后。先后出现的蜂后之间进行激烈争斗，直到剩下一个为止。当工蜂出外寻觅到食物源后，回到巢中，用舞蹈向其他工蜂表示蜜源的方向和距离。蜜源距蜂巢100 m以内时，在巢脾上以或左或右的圆圈舞表示，若超过100 m，爬行的轨迹呈"8"字形（图11-48），进入两个圆相交的直线处腹部摇摆，直线的距离愈长，表示蜜源愈远。此直线与垂直摆放的巢脾形成角度时，表明蜜源的方位。获得信息的工蜂，到

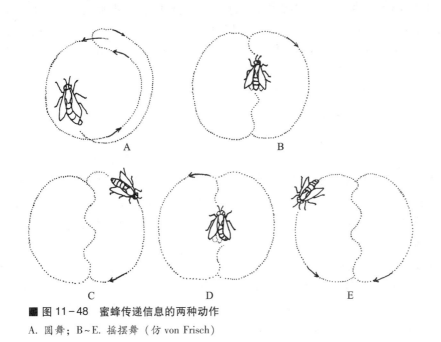

■ 图11-48 蜜蜂传递信息的两种动作
A. 圆舞；B~E. 摇摆舞（仿von Frisch）

达目的地后，再用环绕飞行来准确定位。胡蜂的社会结构较简单。一群蜂的建立者，可以是一个或数个雌蜂，但统治者只有一个，其他雌蜂只能出外捕食和饲喂此蜂后，它们若产卵，卵必被蜂后所食。最近研究表明，马蜂（*Polistes dominutus*）蜂后唇基上黑色斑纹的分布特点是其统治者的标记（图11-49），其他马蜂对她表现出从属者的姿态。又如等翅目的白蚁，一个蚁群的成员可达数百万。一般有3类分工（亦称阶级 castes）。① 生殖蚁，为脱去翅的雌、雄白蚁。复眼发达。一个蚁群有一对原始的蚁王和蚁后，专司繁殖。蚁后的体长可达10 cm，腹部特大，寿命达6~10年，终生产卵数百万个。有的类群有短翅型的补充生殖蚁，当蚁后夭折或产卵力减退时，可由补充生殖蚁发育为生殖蚁。② 工蚁，包括雌蚁和雄蚁。复眼退化。无翅。不能生育。负责觅食、筑巢、饲喂其他白蚁等。③ 兵蚁，和工蚁形态相似，也包括雌、雄性，但上颚发达，用以保护蚁群。因无法取食，只能依靠工蚁饲喂。

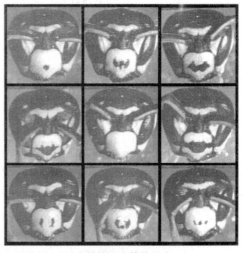

■ 图11-49 马蜂蜂后唇基的斑纹
（自Tibbetts 等，2004）

信息交流（communication）：六足动物之间，利用视觉、听觉和化学信号获得信息或进行交流。萤的腹部有发光器官，当发光细胞中的荧光素被荧光酶氧化时就发出荧光，吸引异性前来交配。雄蟋蟀前翅摩擦产生的声音可吸引雌性。雌性埃及伊蚊飞翔时，翅的振动频率可吸引雄蚊。蝽类昆虫遇惊扰时，常散发出难闻的气味，拒避敌害。信息素（pheromones）是动物个体释放的化学物质，能引起同种或异种个体的行为和生理反应。如性信息素（sex pheromones），可吸引异性个体前来交配，试验表明人工释放的雄性绿尾大蚕蛾（Actias selene）中，有1/4能找到11 km以外关在笼内的雌蛾。聚集信息素（aggregation pheromones），如有些瓢虫分泌此类信息素使同种的其他个体聚集到一起休眠。踪迹信息素（trial-marking pheromones），如蚂蚁找到食物后，在返巢途中，从腹部末端释放信息素到地面，以指引同巢的个体循此化学标记找寻食物。报警信息素（alarm pheromones），如蚜虫遭捕食者攻击时，释放信息素通知周围个体分散逃逸，还能促使保护它们的蚂蚁去攻击捕食者。利他信息素（kairomones），动物个体释放的此种化学物只对其他物种有利，如蛾类卵散发出的物质能吸引寄生蜂前来产卵。近来发现当植物受到昆虫的侵袭时，会释放出含有多种化合物的挥发性物质，能吸引相关的寄生蜂前来消灭该害虫。

11.7.4 六足动物的主要类群

自林奈（1758）以后，随着科学研究的进展，学者对六足动物的分类地位不断提出新的见解。20世纪的许多著作，都把六足动物归于节肢动物门、有气管亚门的昆虫纲。在昆虫纲下分无翅亚纲和有翅亚纲，前者包括弹尾目、原尾目、双尾目及缨尾目等原始无翅的目。或把昆虫纲、唇足纲、倍足纲等归在单肢亚门（Uniramaia）之下。也有学者把甲壳类、多足类和昆虫归在颚肢亚门（Mandibulata）之下。但近年的趋势是把原来的昆虫纲提为六足亚门，下分内颚纲和昆虫纲。

11.7.4.1 内颚纲（Entognatha）

原始无翅类六足动物。口器基部隐于头壳之内，上颚只有一个关节和头壳相接。触角大多数节内具肌肉。马氏管不发达或全无。足的跗节只有一节。腹部有附肢痕迹。包括3个目：弹尾目（Collembola）、原尾目（Protura）、双尾目（Diplura）。后两个目总计有1 000余种，如原尾目的华山曙蚖（Eosentotomon huashanensis）（图11-50A）。弹尾目较常见，已知约6 000种，体长多在6 mm以下。触角4节。无气门或气门在颈部。也无马氏管。腹部6节或更少。第1腹节具黏管，功能不详。第3腹节具一对部分愈合的小形握器，第4或第5节有一弹器，具弹跳功能。此类动物多生活于树叶、石下、水池边等潮湿之处。如绿圆跳虫（Sminthurus viridis）身体略呈圆球形（图11-50B），鲜绿色，善跳，危害稻、麦、茄子及豆科作物等。

11.7.4.2 昆虫纲（Insecta）

成虫有翅或无翅。口器完全伸出于头壳之外。上颚有两个关节（罕有例外）。触角各鞭节内无肌肉。马氏管发达。

（1）缨尾目（Thysanura） 已知约360种。体长而扁。触角丝状。体表覆盖鳞片。复眼小或退化。无翅。跗节3~5节。腹部11节，有侧刺突2~8对。腹末有一对分节的长尾须和由背板变化来的一条中尾丝。多栖于潮湿环境。室内常见的如栉衣鱼（Ctenolepisma villosa）（图11-50C），危害古旧书籍和丝绸衣物。

（2）蜉蝣目（Ephemeroptera） 已知约2 500种。体细长柔弱。成虫口器退化，不进食。翅三角形，膜质透明，两对，后翅小或无，静息时竖立于身体背面。腹末一对长尾须，有或

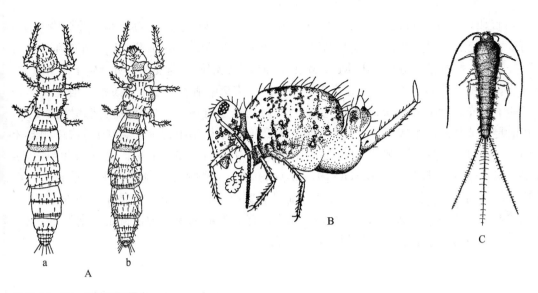

■ 图 11-50 原始无翅昆虫

A. 华山曙蚖（内颚纲）：a. 背面；b. 腹面；B. 绿圆跳虫（内颚纲）；C. 栉衣鱼（昆虫纲）（A，C. 自周尧；B. 自素木得一）

无中尾丝（图 11-51A）。寿命仅数小时至数天。发育为半变态。幼体生活于淡水中，咀嚼式口器，取食微小植物或有机质。腹部两侧有气管鳃。腹末有长尾须和中尾丝（图 11-51A）。羽化后有翅，但不很透明，也不活泼，称亚成虫（subimago），再蜕一次皮才为真正成虫。此种现象未见于其他昆虫中。蜉蝣常为鱼类的饵料，稚虫生活于多种类型的水体环境，一些种类可做环境监测的指标。

（3）等翅目（Isoptera）　本目昆虫通称白蚁（termites）。已知约 2 700 种，主要分布于热带和亚热带。触角念珠状。咀嚼式口器。通常无翅。有翅时（生殖蚁），前、后翅相似，狭长，膜质透明（图 11-51B），静止时平放于腹部背面。尾须一对，很短。发育为渐变态。营社会性生活。在一定季节，巢内产生大量有翅繁殖蚁，群出飞舞，落地后自断双翅，雌蚁分泌性信息素吸引雄性，进行交配。落地的白蚁多数被捕食者取食，幸存者雌、雄成对寻找附近场所建立新巢。地栖性白蚁在土中筑巢，大白蚁（*Macroterms*）的巢可高出地面 6 ~ 10 m，巢中有菌圃，能培养菌类为食。木栖性白蚁可在建筑物的木材中作巢，取食木质，是居室的重要害虫。其肠道内有共栖的原生动物和细菌帮助消化木质纤维。

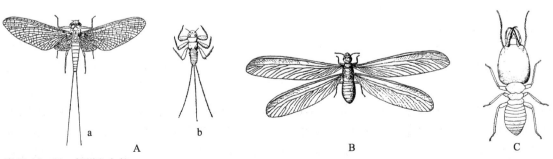

■ 图 11-51 蜉蝣和白蚁

A. 蜉蝣：a. 成虫（*Siphlonurus*）；b. 稚虫（*Heptagenia*）；B. 白蚁：黑翅白蚁（*Odontotermes formosanus*）的有翅个体；C. 黄翅白蚁（*O. barneyi*）的兵蚁（自周尧）

（4）直翅目（Orthoptera）　已知约 20 000 种。中大型昆虫。触角丝状。前胸背板大。前翅为复翅，后翅膜质透明，呈扇状。后足为跳跃足。尾须短，不分节。多为植食性。本目昆虫可分3类：蝗亚目，触角短于体长，雄虫常能以后足刮擦前翅发声。听器生于第1腹节。跗节3节。雌虫产卵器锥状，适于在土中产卵。常在草丛中活动。如东亚飞蝗、稻蝗（*Oxya* spp.）和中华蚱蜢（*Acrida chinensis*）。螽亚目，触角长于身体。雄虫常以两前翅摩擦发声。听器在前足胫节基部。跗节4节。产卵器佩刀状，产卵于植物组织中（螽蟖）。或产卵器矛状，卵产于土中（蟋蟀）。常见的种类如纺织娘（*Mecopoda elongata*）、北京油葫芦（*Teleogryllus emma*）和布氏螽蟖（*Gampsocleis buergeri*）等。蝼蛄亚目，触角较短。前翅短，后翅伸达腹部末端。发声器和产卵器不发达。前足短宽有力，适于掘土，是作物的地下害虫，如单刺蝼蛄（*Gryllotalpa unispina*）（图 11-52F），有的类群前足不为挖掘足，则后足发达，善跳。直翅目均为陆地生活。发育为渐变态。若虫一般5龄。

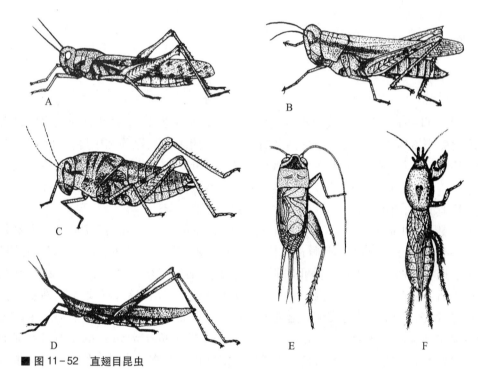

■ 图 11-52　直翅目昆虫

A. 云斑车蝗（*Gastrimargus marmoratus*）；B. 中华稻蝗；C. 笨蝗（*Haplotropis brun-neriana*）；D. 中华蚱蜢（*Acrida chinensis*）；E. 北京油葫芦；F. 单刺蝼蛄（自李兆华）

（5）半翅目（Hemiptera）　已知约 82 000 种。触角丝状或刚毛状，常为 4~5 节。口器刺吸式。无尾须。发育为渐变态。大多数半翅目昆虫可归在同翅亚目（Homoptera）和异翅亚目（Heteroptera）下（以前常把上述两个亚目作为独立的目，即同翅目和半翅目）。一般吸食植物液汁，多为农林害虫。同翅亚目昆虫有翅或无翅，有翅时前后翅均为膜质，透明或不甚透明，静止时成屋脊状放置背面。喙似从两个前足基部之间伸出（图 11-53C，D）。大型种类如黑蚱（*Cryptotympana atrata*），体长 40~48 mm（图 11-54A）。触角刚毛状。雄蝉在腹部第1节腹面有发声器。若虫在土中食害幼嫩树根，历经数年出土。飞虱类为害水稻，如灰飞虱（*Laodeopax striatella*），体长 2.5~4.0 mm，翅灰色，半透明。蚜虫类体长多在 5 mm 以下。触角丝状。生活史复杂。如棉蚜（*Aphis gossipii*），体长不到 2 mm。秋末有翅雌

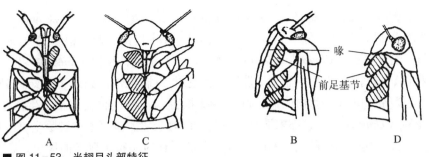

■ 图11-53 半翅目头部特征

异翅亚目：A. 腹面；B. 侧面；同翅亚目：C. 腹面；D. 侧面（仿黄可训等）

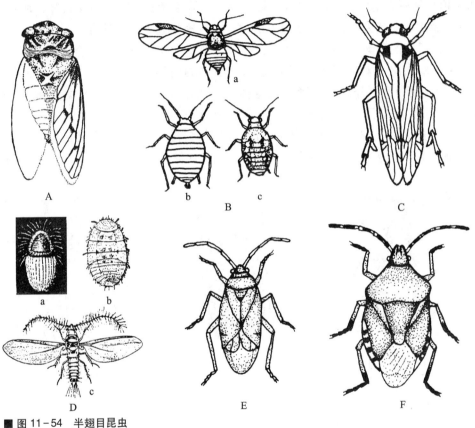

■ 图11-54 半翅目昆虫

A. 黑蚱；B. 棉蚜：a. 有翅胎生雌蚜；b. 无翅胎生雌蚜；c. 有翅若蚜；C. 灰飞虱；D. 吹绵蚧（Icerya purcharsi）：a. 除去蜡层雌虫；b. 孕卵雌虫；c. 雄虫；E. 绿盲蝽（Lygus lucorum）；F. 斑须蝽（Dolycoris baccarum）（B，C，D. 自周尧；A，E，F. 自李兆华）

蚜产卵于花椒等枝条上，早春孵化后全为雌蚜，从越冬寄主上飞到棉田，以孤雌胎生方式产出无翅的雌蚜在棉株上为害，繁殖若干代。密度甚高时也能产生有翅蚜。秋末，产生有翅的雌、雄蚜，飞到越冬寄主上交配产卵。介壳虫类是本目最特化的昆虫。雌虫在寄主植物上营固着生活，触角和足常退化。体壁坚韧或覆盖蜡粉或坚硬的蜡质。雄虫有一对翅，后翅退化成平衡棒，口器退化。完成交配任务后，很快死亡。蚜虫和介壳虫不仅取食作物使其受害，而且因它们的消化管结构特殊，所吸取的大量水分及糖分能迅速从肛门排出，形成所谓的蜜露，导致霉菌滋生，影响叶的光合作用。异翅亚目昆虫通称为蝽。前翅为半鞘翅，静止时覆盖于膜质的后翅上。喙从头的前端伸出（图11-53A，B）。后足基节附近常有臭腺，遇惊扰时放出挥发性臭液御敌。如荔枝蝽（*Tessaratoma papillosa*），大型，体长 23~28 mm，粟黄色，为害荔枝、龙眼等果树。多种盲蝽（*Lygus* spp.）为害棉叶和蕾、铃。稻缘蝽（*Leptocorisa* spp.）为害水稻。温带臭虫（*Cimex lectularius*）翅退化，红褐色，长约 5 mm，体扁，略呈卵圆形，吸食人和鼠、猫等哺乳动物血液。猎蝽科的昆虫为捕食性，如红带猎蝽（*Triatoma rubrofasciata*），吸食鸟类和哺乳动物的血，可能传播锥虫病。有些种类水栖，生活于稻田、池塘，如蝎蝽（*Nepa chinensis*），腹部末端有一对很长的呼吸管，伸至水面呼吸空气。黾蝽科昆虫可在水面上滑行，其中的海黾属（*Halobates*）则是罕有的分布于海面的昆虫，距离陆地可达数公里。

　　（6）鞘翅目（Coleoptera）　本目昆虫通称甲虫（图 11-55）。已知约 370 000 种，占六足动物的 40 % 和所有动物种类的 30 %。触角丝状、鳃片状、膝状、短棒状等，常不超过 11 节。口器咀嚼式。前翅为鞘翅，坚硬而无翅脉，左右翅相遇于背中线处，后翅膜质，有少数翅脉。有些缺后翅的种类（如象甲、拟步甲等），鞘翅常在背中线处愈合。腹部无尾须。发育为全变态。幼虫除 3 对胸足外，腹部无足，某些钻蛀性生活的幼虫，胸足也退化（如象甲）。蛹的翅、足和身体分离，不紧贴在身体上。鞘翅目的绝大多数种类分属于肉食亚目（Adephaga）和多食亚目（Polyphaga）。肉食亚目常见的种类如金星步甲（*Calosoma maderae*），爬行迅速，常在农田中捕食黏虫、地老虎等为害作物的蛾类幼虫。龙虱（*Cybister*），体呈流线型。生活于池沼中，鞘翅和腹部背面之间形成储藏气体的空间，呼吸时，到水面交

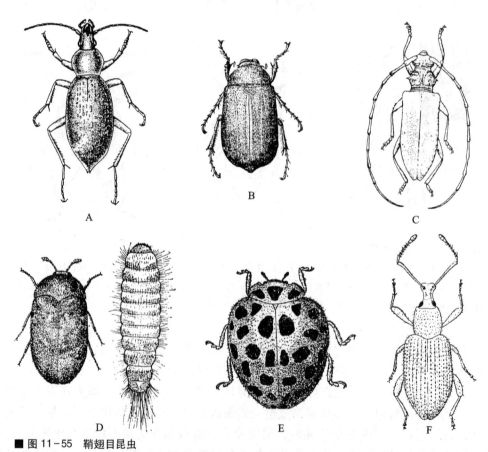

■ 图 11-55　鞘翅目昆虫

A. 皱鞘步甲（*Cychrus convexus*）；B. 棕色金龟子（*Holotrichia litamus*）；C. 橘褐天牛（*Nadezhdiella cantori*）；D. 谷斑皮蠹成虫和幼虫；E. 马铃薯瓢虫；F. 棉尖象甲（*Phytoscaphus gossypii*）（自周尧）

换空气。后足特化为游泳足，在鱼塘里捕食鱼苗，幼虫为害尤烈。个大的成虫可做药材和食品。多食亚目的种类最多，常见的如各种叶甲取食植物叶片，有的幼虫蛀茎。象甲类额部向前延伸成象鼻状，食叶或钻蛀果实、种子。金龟甲类成虫食叶、花和果实，幼虫食根。粪金龟子取食哺乳动物粪便。天牛幼虫钻蛀林木枝干。瓢甲中多数捕食同翅类昆虫，但马铃薯瓢虫（*Epilachna vigin-tiomaculata*）为害马铃薯。有些种类为仓储害虫，如谷斑皮蠹（*Trogoder-ma granarium*）成虫、幼虫取食皮革、毛、干肉和昆虫标本等。黄粉虫（*Tenebrio molitor*）为害储粮。芫菁类成虫以豆科植物为食，血液内含芫菁素，能使皮肤发泡，可作药用，幼虫寄生于蝗虫卵内或蜂巢内。

（7）双翅目（Diptera）　已知有 120 000 种以上。常称蚊、虻和蝇（图 11-56）。触角丝状或短而具芒。刺吸式或舐吸式口器。雄性的两个复眼通常紧密并接，雌性的复眼互相离开。仅有一对膜质前翅，后翅退化成火柴状的平衡棒，寄生种类可无翅。雄性外生殖器复杂。雌性无真正的产卵器。发育为完全变态。幼虫无足，有的具明显的头，有的头部退化，前端尖，内部仅有一对钩状口器，身体向后渐变粗，常称为蛆。较高等类群的蛹外有蛹壳，是老龄幼虫蜕掉的皮所形成。双翅目分两个亚目：长角亚目昆虫触角细长而多于 6 节（各节有环生的毛），下颚须长，3～5 节，常称为蚊。如库蚊（*Culex*）、伊蚊（*Iedes*）、按蚊（*Anopheles*）等（表 11-1），幼虫称孑孓，头部发达，在水中取食微小生物。雌成虫不仅吸血，而且传播疾病，如多种库蚊传播丝虫病，有些伊蚊传播乙型脑炎、登革热，多种按蚊传播疟疾（雄蚊不吸血）。雌白蛉子（*Phlebotomus*）吸食人畜血液，可传播黑热病。短角亚目昆虫触角短，少于 6 节，下颚须 1～2 节。虻类触角末节长，有分节痕迹，或端部具芒。牛虻（*Tabanus*），体粗大，雌虻刺破哺乳动物皮肤吸食血液，伤口处常血流如注。盗虻科（Asilidae）飞翔迅速，能在空中捕食蝇类等昆虫。蝇类触角末节多为卵圆形，触角芒一般生于该节背面。食蚜蝇成虫取食花粉或花蜜，是重要的传粉昆虫，许多种类的幼虫捕食蚜虫。如分布广泛的中斑黑带食蚜蝇（*Episyrphus balteatus*）。家蝇（*Musca domestica*）为居室害虫，体多毛，

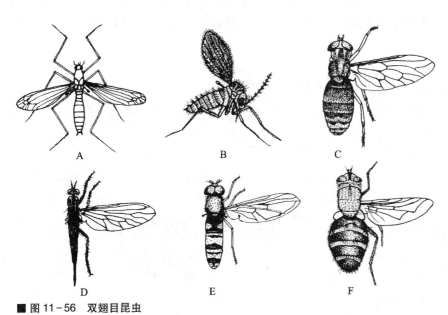

■ 图 11-56　双翅目昆虫

A. 大蚊（*Tipula praepotens*）；B. 白蛉；C. 布虻（*Tabanus budda*）；D. 残底损盗虻（*Cerdistus dibiois*）；E. 中斑黑带食蚜蝇；F. 火红绒毛寄蝇（A. 仿周尧；B. 仿姚永政；C～F. 自李兆华）

■ 表 11-1　库蚊、伊蚊和按蚊属的主要区别

属　名	库　蚊	伊　蚊	按　蚊
雌成虫	静止时，身体长轴与着落面平行。多在夜间吸血	静止时，身体长轴与着落面平行。多在白昼吸血	静止时，身体长轴与着落面成一角度。多在夜间吸血
卵	长圆形，一端较粗。集成卵块，浮在水面	长圆形，两端略细。分散，常沉于水底	梭形，中段两侧有浮器。分散，浮在水面
幼虫	静止时头部向下，身体与水面成一角度	静止时头部向下，身体与水面成一角度	静止时身体与水面平行
蛹	呼吸管细长，开口小	呼吸管短，开口小	呼吸管短宽，漏斗状

可携带多种病菌，常取食粪便、痰液等，到饭菜上，先吐出唾液做初步溶解，再吸入体内。主要传播消化道疾病。非洲的舌蝇（Glossina）传播锥虫病，使人昏迷不醒。寄蝇类在鳞翅目幼虫和蛹上产卵，大多有益，如火红绒毛寄蝇（Servilla ardens），为松毛虫的天敌。牛皮蝇（Hypoderma bovis）幼虫寄生于牛、马皮下，化蛹时钻出皮肤，造成孔洞，严重影响皮革质量。

（8）鳞翅目（Lepidoptera）　已知约 165 000 种。常称蝶、蛾（图 11-57）。成虫口器虹吸式或退化而不取食（只有少数种类为咀嚼式）。两对膜质翅，覆盖有鳞片和毛，多彩的鳞片构成翅面美丽的花斑和线纹。身体和足上也常有毛和鳞片，有些种类的雌性无翅。雄性外生殖器复杂，雌性有产卵器。发育为完全变态。幼虫常被称为毛虫或蠋，口器咀嚼式，绝大多数为植食性。除 3 对胸足外，5 对腹足分别在第 3~6 腹节和第 10 腹节上。蛹的翅、足和身体紧贴在一起，幼虫体内有丝腺，通过下唇上的吐丝器常在化蛹前结丝质的茧。本目昆虫可简要地分蝶、蛾两大类。蝶类的触角为棍棒状。静息时翅竖立。白昼活动。多数种类的蛹无茧。如柑橘凤蝶（Papilio xuthus），翅展 60~90 mm，黄色有黑斑，幼虫为害柑橘。菜粉蝶（Pieri rapae），翅展 42~55 mm，白色，前翅有两黑斑。幼虫为十字花科蔬菜大害虫。蝶类成虫传播花粉。蛾类约占本目种类的 80 %，触角丝状或双栉状。静息时翅呈屋脊状或平放于腹部背面，有些种类的雌蛾无翅。多数种类的蛹有茧。重要害虫如黏虫（Mithimna separata），

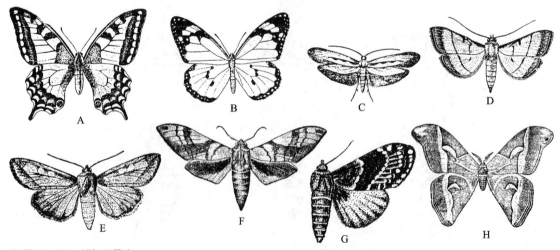

■ 图 11-57　鳞翅目昆虫

A. 金凤蝶（Papilion machaon）；B. 金斑蝶（Danus chrysippus）；C. 小菜蛾（Plutella xylostella）；D. 稻纵卷叶螟（Cnepjhatocrocis medinalis）；E. 黏虫；F. 豆天蛾（Clanis bilineata）；G. 赤松毛虫（Dendrolimus spectabilis）；H. 蓖麻蚕（Philosamia cynthia ricini）（A~F, H. 自周尧；G. 自刘友樵）

翅展 35~40 mm，灰褐色。幼虫为暴食性害虫，取食玉米、小麦、水稻的叶片。棉铃虫（*Heliothis armigera*），翅展 30~40 mm，灰褐或灰绿色。前翅近外缘有宽的深色带纹。幼虫钻蛀棉蕾和棉铃。二化螟（*Chilo suppressalis*），翅展 20~30 mm。前翅近方形，黄褐色，外缘有 7 个小黑点。幼虫钻蛀水稻心叶和茎秆。松毛虫（*Dendrolimus* spp.）有多种，成虫翅展可达 60 mm 以上，常为黑褐或深灰褐色。触角双栉状。幼虫多毛，取食松叶。家蚕（*Bombyx mori*）、蓖麻蚕（*Philosamia cynthia ricini*）、柞蚕（*Antheraea pernyi*）的茧，可用以纺丝织绸。

（9）膜翅目（Hymenoptera）　本目昆虫通称蜂或蚁（图 11-58）。已知约 198 000 种。触角丝状、膝状、锤状。口器咀嚼式或嚼吸式。两对膜质翅，前大后小，后翅前缘有一列小钩与前翅后缘连接，有利于前、后翅协同飞行。腹部第 1 节并入胸部。发育为完全变态。幼虫腹部有足或无足。蛹的翅和足与身体分离。膜翅目昆虫分为两亚目。广腰亚目的腹部和胸部的连接部没有细腰。翅脉较多。产卵器锯状或管状。如小麦叶蜂（*Dolerus tritici*），雌虫产卵器锯状。幼虫绿色，有 8 对腹足，为害麦叶，在土中作茧化蛹。细腰亚目的腹部第 2 节缩小为细腰状或成柄状。翅脉常较少。产卵器针状，藏于体内或外露。幼虫腹足退化或全无。如著名的社会性昆虫蜜蜂和蚂蚁。蚂蚁的触角膝状，腹部第 1、2 节呈结节状。蚁类捕食蜘蛛、昆虫，有的种类掠取其他蚁巢的幼蚁作为奴隶。有的取食植物或为杂食。小黄家蚁（*Monomorium pharaonis*）侵入居室窃食，还可能叮咬人类皮肤。我国 1 600 年前已利用黄猄蚁（*Oecophylla smaragdina*）防治柑橘上的害虫。红火蚁（*Solenopsis invicta*）原产于南美洲，危害农林作物，也能攻击鸟类甚至小型哺乳动物，人被叮咬后，皮肤红肿，痛痒难堪。2003 年入侵台湾，翌年，已侵袭到广东。一些小型寄生蜂已广泛用于控制农林害虫，如赤眼蜂（*Trichogramma*）防治稻螟和松毛虫。金小蜂（*Dibrachys cavus*）防治棉铃虫。胡蜂（*Vespa*）和各种泥蜂都是捕食害虫的能手。蜜蜂类传播花粉，对提高作物产量发挥着重要作用。

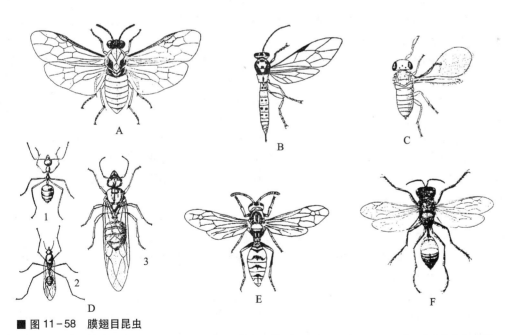

■ 图 11-58　膜翅目昆虫

A. 日本芜菁麦叶蜂（*Athalia japonica*）；B. 螟黑点姬蜂（*Xamthopimpla stemmator*）；C. 稻螟赤眼蜂（*Trichogramma japonicum*）；D. 黄猄蚁；E. 果马蜂（*Polistes olivaceus*）；F. 红腰泥蜂（*Ammophila aemulans*）（自周尧）

六足亚门 (Subphylum Hexapoda) 的分类

内颚纲 (Entognatha) 原始无翅类。口器在头部内。上颚仅有一个关节。发育无变态。大多数居于潮湿环境。

弹尾目 (Collembola) 已知约 6 000 种。触角 4~6 节。腹部 6 节,第 4 腹节有弹器。

原尾目 (Protura) 已知约 500 种。体长在 2 mm 以下。无眼和触角。前足高举于头的上面。

双尾目 (Diplura) 已知约 800 种。体长多在 4 mm 以下。触角多节。无眼。有一对分节的尾须。

昆虫纲 (Insecta) 成虫有翅或无翅。口器在头壳外。上颚有两关节。变态有多种情形。适应于干燥环境,有些昆虫后来进入水生环境。

石蛃目 (始颚目) (Archaeognatha) 已知约 350 种。体呈柱状。咀嚼式口器,上颚只有一个关节。胸部背面隆起。无翅。腹部具附肢遗迹,尾端有一对尾须和中尾丝。发育为无变态。善跳。

缨尾目 (Thysanura) 已知约 360 种。体扁,被有鳞片。咀嚼式口器。无翅。腹部具附肢遗迹。尾端有一对尾须和中尾丝。发育为无变态。爬行迅速。

蜉蝣目 (Ephmeroptera) 已知约 2 500 种。体柔弱。触角刚毛状。成虫口器退化。翅 1~2 对。尾端有一对尾须和一个中尾丝。发育为半变态。

蜻蜓目 (Odonata) 已知约 5 000 种。体细长。触角刚毛状。咀嚼式口器。两对相似的膜质翅 (蜻蜓),静息时平放或斜向竖立于背 (蟌,豆娘)。半变态。成虫和稚虫均为捕食性。

襀翅目 (Plecoptera) 已知约 2 000 种。本目昆虫又称为石蝇。触角丝状。咀嚼式口器,不发达或无功能。两对膜质翅,前翅狭于后翅。腹末有一对长尾须。半变态。

蜚蠊目 (Blattodea) 已知约 4 000 种。体背腹扁平。前胸背板宽大,盖住头部。触角丝状。咀嚼式口器。前翅革质,后翅膜质。腹末一对尾须。渐变态。

等翅目 (Isoptera) 已知约 2 700 种。体柔软。触角念珠状。两对膜质翅,大小形状相同,或无翅。尾须短。社会性昆虫。渐变态。

螳螂目 (Mantodea) 已知约 2 000 种。头部三角形。触角丝状。咀嚼式口器。前足为捕捉足。前翅革质,后翅膜质。尾须短。渐变态。

蛩蠊目 (Grylloblattodea) 已知仅 20 余种。触角长,丝状。咀嚼式口器。无翅。尾须长。栖于有冰的环境中。渐变态。

革翅目 (Dermaptera) 已知约 1 900 种。体长略扁。触角丝状。咀嚼式口器。前翅革质,很短,不能遮盖腹部。后翅半圆形,折叠于前翅下。尾须革质,铗状。渐变态。

直翅目 (Orthoptera) 已知约 20 000 种。触角丝状。咀嚼式口器。前胸背板大。前翅革质,后翅膜质。后足为跳跃足。渐变态。

竹节虫目 (Phasmatodea) 已知约 2 600 种。体细长柱状或叶状。触角丝状。口器咀嚼式。前胸短。前翅革质,后翅膜质。或无翅。尾须短。渐变态。

纺足目 (Embioptera) 已知约 200 种。体柱状或略扁。触角丝状。口器咀嚼式。两对膜质翅或无翅。前足跗节内有丝腺,能织网。尾须短。渐变态。

啮虫目 (Psocoptera) 已知约 3 000 种。头大,前胸较小。触角丝状。口器咀嚼式。两对膜质翅或无翅。渐变态。

虱目 (Phthiraptera) 已知约 5 000 种。身体扁平,多数短于 5 mm。触角粗短,3~5 节。刺吸式或咀嚼式口器。取食温血动物的血,或羽毛、毛和皮屑。无翅。足适于攀援。无尾须。渐变态。

半翅目 (Hemiptera) 已知约 82 000 种,包括以前的同翅目昆虫。触角丝状或刚毛状,1~5 节。刺吸式口器。前翅为半鞘翅,后翅膜质透明,或两对翅均为膜质,也有两对翅近于革质者。无尾须。渐变态。

　　缨翅目（Thysanoptera）　已知约 4 500 种。体细长，一般在 3 mm 以下。触角丝状，4~9 节。刺吸式口器，植食性。两对很狭长的翅，边缘有长毛，无翅脉或翅脉不明显。有些种类的翅退化或全无。跗节端部有能翻缩的泡状结构。渐变态，在发育过程中有不食不动类似蛹的阶段。

　　广翅目（Megaloptera）　已知约 300 种。触角长，丝状，或为栉齿状。咀嚼式口器。前胸方形。两对膜质翅，后翅基部宽大。静息时翅呈屋脊状置于背面。无尾须。完全变态。幼虫水生。

　　蛇蛉目（Rhaphidioptera）　已知约 200 种。通称蛇蛉。触角丝状。头略扁，中部大，向后渐狭。咀嚼式口器。前胸细长如颈。两对膜质翅，形状相似。无尾须。雌虫有细长产卵器。完全变态。

　　脉翅目（Neuroptera）　已知约 5 000 种。触角丝状。咀嚼式口器。两对相似的膜质翅，静息时呈屋脊状置于背面。翅脉多。无尾须。完全变态。

　　鞘翅目（Coleoptera）　已知约 370 000 种。触角多样。咀嚼式口器。前翅角质化，在背中线处相遇。后翅膜质。无尾须。完全变态。

　　捻翅目（Strepsiptera）　已知约 560 种。雄虫自由生活，体长 4 mm 以下。触角分叉。咀嚼式口器，但退化而不取食。前翅退化呈棒状，后翅膜质，形似扇，翅脉简单。雌虫和幼虫寄生于其他昆虫体内。无尾须。完全变态。

　　长翅目（Mecoptera）　已知约 550 种。通称蝎蛉。触角很长，丝状。头部向下延长成喙状。咀嚼式口器。两对狭长的膜质翅，静息时平放于身体两侧。雌虫有一对尾须。雄虫腹末端膨大成铗状并上举似蝎。完全变态。

　　蚤目（Siphonaptera）　已知约 2 500 种。体两侧扁平，多在 5 mm 以下。触角很短。刺吸式口器。绝大多数寄生于哺乳动物体表，少数寄生于鸟类。无翅。后足为跳跃足。无尾须。完全变态，为鼠疫杆菌、犬、猫等寄生蠕虫的中间寄主。

　　双翅目（Diptera）　已知在 120 000 种以上。通称蚊、虻和蝇。触角丝状或短而具芒。口器刺吸式、舐吸式。前翅膜质，后翅退化为平衡棒。无尾须。完全变态。

　　毛翅目（Trichoptera）　已知约 7 000 种。外形似蛾，身体和翅面有短毛。触角丝状，很长。咀嚼式口器，但不发达或全不进食。两对膜翅，静息时呈屋脊状置于背面。幼虫水生，能吐丝把细沙和草茎缀成管，居于其中。无尾须。完全变态。

　　鳞翅目（Lepidoptera）　已知约 165 000 种。通称蝶或蛾。触角棒状、丝状或双栉状。虹吸式口器或口器退化。两对膜质翅，身体和翅面覆盖鳞片。无尾须。完全变态。

　　膜翅目（Hymenoptera）　已知约 198 000 种。通称蜂或蚁。触角丝状或膝状。咀嚼式或嚼吸式口器。两对膜质翅，前大后小，或无翅。许多种类有"细腰"。雌性常有锯状、针状产卵器或螫刺。无尾须。完全变态。

11.8　节肢动物与人类

　　地球上几乎无所不在的节肢动物，是人类生活中不可缺少的一部分。

　　在水体生态系统的能量和物质转换中，甲壳类是非常重要的环节，为鱼类（还有海洋中的某些鲸）提供了必要的营养来源，同时又清除了水底的腐败有机物。而六足动物，尤其是昆虫，在陆地上扮演着同样重要的角色。在沙漠和热带，蚂蚁替代了蚯蚓，成为疏松土壤的重要因素，白蚁则是朽木和落叶的主要分解者。动物的腐烂尸体，经过蝇类的幼虫和一些甲虫取食，很快便成为枯骨。澳大利亚的牧场由于没有专门取食牛粪的金龟子，致使牛粪成灾，牧场面积缩小。昆虫为地球上的大约 25 万种开花植物授粉，其中有许多农作物，包括果树、蔬菜、棉花等，传粉的昆虫主要为膜翅目、鞘翅目、鳞翅目和双翅目，没有它们的授粉，我们将缺少丰富的营养来源。昆虫本身又为其他节肢动物和许多脊椎动物提供能量。

虽然人类蛋白质营养的主要来源并不依赖节肢动物，但是虾、蟹仍是餐桌上的美味。在欠发达地区，昆虫不仅是美味，还可作为重要的蛋白质补充来源。世界各国已开发出许多昆虫食品，如蝗虫、甲虫、白蚁、蚂蚁和鳞翅目幼虫等。我国山东有些地区采集松毛虫蛹作食品，既消灭了害虫又为村民脱贫提供了机会。昆虫为我们贡献的蚕丝、各种蜂产品都是大家所熟知的。在医学上，用蝇蛆清除伤口的腐肉，有利于创伤的愈合。法医学根据不同种类蝇蛆出现的时段，可判断尸体受害的时间。我国的医药宝库中，不乏节肢动物，如甲壳亚门的平甲虫（*Armadillidium vulgare*），螯肢亚门的东亚钳蝎（*Buthus martensi*），多足亚门的少棘蜈蚣（*Scolopendra mutilans*）。昆虫纲入药的更多，如地鳖、蚱蝉若虫出土后蜕掉的皮、螳螂的卵块、斑蝥虫体（芫菁科）、胡蜂的蜂巢等。近年发现鲎的血液中含有抗菌和抗病毒的成分。此外，节肢动物外骨骼中的几丁质提取物可用以治疗烧伤，并可广泛用于纺织、印染、涂料及废水净化等。

在科学研究方面，果蝇为遗传学作出了重大贡献。有些水生昆虫的幼虫可作为环境监测的指标，如水体中仅有摇蚊幼虫，表明受到严重污染，而石蝇幼虫的存在表明该水体有充足的溶解氧。工程师们从昆虫的结构得到启发，制造出各种机器人。艺术家们可从美丽的昆虫获得宝贵的灵感。

利用节肢动物防治有害生物可以减少或避免对环境的污染，这方面的研究正在广泛开展中。例如用捕食螨来防治果树害螨，用寄生蜂防治有害昆虫等。20世纪60年代，美国曾引进两种甲虫（*Microlarinus lareymii*，*M. lypriformis*）有效地控制了传入的外来植物蒺藜。

但是昆虫也给人类带来麻烦，植食性昆虫每年要夺走大量粮食、果实、蔬菜和其他经济作物。不同种类的蝗虫，在亚洲、非洲甚至美洲都曾经或还在造成灾荒。已经收储的粮食、皮毛、木材、干果以及标本室内的动植物标本也逃不过它们的危害。另一些节肢动物则是寄生虫的中间宿主或病原的携带者。有些淡水虾、蟹是肺吸虫的中间宿主，多种剑水蚤（*Cyclops* spp.）是阔节裂头绦虫（*Diphyllobothrium latum*）的中间宿主。蜱类传播森林脑炎，人虱传播斑疹伤寒，跳蚤传播鼠疫，蚊子传播疟疾、乙型脑炎和丝虫病等。有的蜘蛛、蜈蚣、蝎及马蜂可能致人死命，应注意避免伤害它们或干扰它们的生活。

总之，节肢动物微小的体形，强大的繁殖力，无所不在的栖息地和多种多样的生活方式给人类既增添了许多困扰，也带来了众多的利益、启迪和乐趣。

11.9　节肢动物的起源和演化

节肢动物的种类如此繁多，它和其他动物之间以及本身各类群之间的亲缘关系，一直是学者们研究和争辩的热门课题。

缓步动物和有爪动物身体都有几丁质的表皮，经过蜕皮才能生长；有成对的附肢，且末端具爪；体腔为血腔。有爪动物的管状心脏位于背面，有成对心孔。缓步动物的肌肉为横纹肌，与上皮分离，成束或为带状。这些特点和节肢动物相同。虽然有人曾把有爪动物作为一个纲或一个亚门，置于节肢动物门中，但这两类动物的体壁通透性强，足不分节等，又是较低等的特征，和环节动物相似。因此，学者普遍同意把它们分别作为独立的门，认为它们和节肢动物之间的关系密切，具有共同祖先。有的学者把缓步动物、有爪动物和节肢动物合称为广节肢动物（Panarthropoda）。至于缓步动物和节肢动物更近还是有爪动物和节肢动物更近，尚有不同意见。

　　节肢动物和环节动物之间有许多共同特征，因此将近 200 年来，主流的看法认为这两大门类有着共同的祖先。但上世纪后期，基于对核苷酸 18S rDNA 序列的分子研究，有学者提出另一种论点，认为节肢动物、缓步动物、有爪动物、线虫、线形动物、动吻动物、曳鳃动物有着共同祖先，而把它们统称为蜕皮动物（Ecdysozoa）。随后发表的研究结果，有支持这一看法的，也有反对这一看法的。然而，节肢动物的索式神经系、位于背面的管状心脏，还有，在个体发育中，由端细胞法形成体节进而以裂体腔方式产生的体腔，诸多的共同特点把环节动物和节肢动物联系在一起。很难仅仅根据分子学的研究，就把节肢动物和环节动物彻底分割开来而无视这些形态学和胚胎学的依据。

　　节肢动物和环节动物的祖先大约是由前寒武纪有体腔、身体分节的原口动物发展而来。可能一支向原始的环节动物演化，具有侧面生长的疣足。另一支向原始的节肢动物发展：附肢更靠近腹面；随着外骨骼的硬化，体腔失去其在运动中的作用而退缩；身体前面的几个体节逐渐愈合，其附肢形成口器。根据化石和几种核基因以及线粒体基因的分子研究，新近的看法认为节肢动物的祖先是类似甲壳类而形态上有多种分化的动物，此后它们分别进化为其他几个类群的动物。

　　节肢动物门内各阶元关系的争论更是从未中断过。以前的观点认为节肢动物的共同祖先沿着 4 个不同的方向发展，三叶虫类是最早演化的一支，其他 3 支分别是甲壳类、螯肢类和单肢类（Uniramia，包括多足类和六足类）。三叶虫和甲壳类的附肢都是双枝型，所以两者的亲缘关系较近。螯肢类鲎的幼体的身体也纵分为 3 部分，与三叶虫相似，螯肢类可能也由三叶虫类发展而来。多足动物和六足动物的附肢都是单枝型，两者的关系密切，把它们合放在单肢类中，但和其他节肢动物关系较远。也有人认为甲壳类和单肢类关系更近而和螯肢类更远。分歧最大的是多足类和六足类的关系。由于这两个类群具有以下共同特征：如单枝型的附肢、有马氏管、缺第 2 对触角、用气管呼吸等，多年以来都认为两者为姐妹群的关系，但最近的研究表明，这些特征可能为趋同演化，它们或许由共同的祖先独立进化而来，其中，六足类和甲壳类关系更密切。根据如下：近 20 年来，在瑞典、加拿大和我国澄江发现了大量寒武纪时期保存完好的节肢动物化石，包含许多甲壳类动物。研究表明有些甲壳类至少在寒武纪早期，或许前寒武纪晚期即已出现，说明甲壳类可能比三叶虫更早出现，很有可能从那时多种类型的原始甲壳类演化为以后的节肢动物各类群。其次，比较解剖学表明甲壳动物和六足动物的复眼结构相似而和多足类动物、螯肢类动物显然不同；甲壳动物和六足动物的中枢神经是由各体节外胚层膨大的成神经细胞（neuroblasts）发育而来。在多足类中未见到这样的细胞。最后，用多种核苷酸序列分析以及线粒体基因的分子演化研究也证明甲壳类和六足类的关系很稳定。我们支持这一看法。

　　然而各种假说，既有合理的部分也有值得探讨的问题，有待今后更多的发现和新的技术来澄清各种疑点。

附门：

1. 有爪动物门（Phylum Onychophora）

　　有爪动物是一个很小而又古老的类群，最早的化石见于 5.3 亿年前的中寒武纪，至今很少变化。现存的动物约 110 种。它们大多生活于热带或亚热带潮湿的落叶、石头下或土中。昼伏夜出，爬行缓慢，靠足的移动和身体的收缩前行。捕食小型无脊椎动物。身体圆柱形不分节，很像有足的蚯蚓（图 11-59）。体长 0.5～

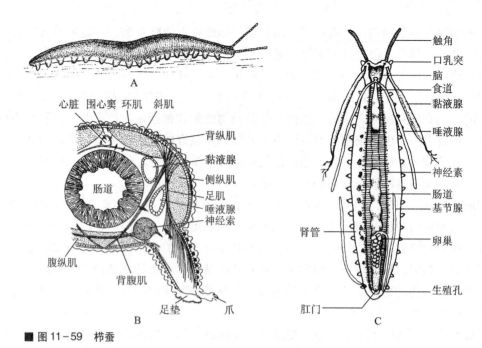

心脏　围心窦　环肌　斜肌

背纵肌
黏液腺
侧纵肌
足肌
唾液腺
神经索

肠道

腹纵肌

背腹肌

足垫　　爪

B

触角
口乳突
脑
食道
黏液腺

唾液腺

神经索

肠道
基节腺

卵巢

生殖孔

肾管

肛门

C

■ 图 11-59　栉蚕

A. 外形；B. 身体横断面；C. 内部构造（A. 自 Cuénot；B，C. 自 Brusca，C 有修改）

15 cm。呈绒毛状绿、蓝、橙、黑或深灰色。身体表面为薄而柔软的几丁质表皮，其结构和化学组成类似节肢动物的表皮，但没有骨板。表皮上有许多小结节，围绕躯干和足排列成环或带。前端有一对具环的触角，触角基部有单眼。口的两侧各有一口乳突，口内有一对爪状的大颚。足 14~43 对，不分节，末端有一对爪。爬行时，某个体节伸展，随即抬起该节的足移向前方，如此从前向后形成收缩波。

体壁结构很像环节动物：表皮下为单层上皮细胞，下为薄的结缔组织，肌肉不形成肌束，纵肌和斜肌排列似环节动物。循环系统似节肢动物，管状心脏在围心窦内，两端开口，每体节一对心孔，血液从前端流出，经宽大的血腔和组织间的血窦由心孔回心。身体前部一对黏液腺，开口于口乳突，当捕食或遇惊扰时，喷出两股黏液缠绕对方，很快变硬。一对细长的唾液腺，开口于颚。唾液注入猎物体内，消化为半液体，再吸入口。每体节一对排泄器（有生殖孔的一节除外），排泄器的内端是一个小囊，连接纤毛漏斗和弯曲的排泄管，外端膨大为膀胱，除第 4、5 足外，开口于足的基部附近。黏液腺、唾液腺都是变化的排泄器，雌性生殖导管代表最后一对排泄器。呼吸器官包括气门和气管。气门无关闭机制，数量很多，分布于体表的结节环带之间，气管分支只到达邻近组织。神经系统为典型的梯式神经系。雌雄异体，多为体内受精，一般为胎生或卵胎生。直接发育，孵出时，已具备全部体节和成体器官。我国西藏高原记载有盲栉蚕（*Typhloperipatus*）。

2. 缓步动物门（Phylum Tardigrada）

缓步动物俗称水熊或熊虫，是一类高度特化的小型动物，体长小于 0.5 mm。已知约 800 种。最早化石见于白垩纪，仅有一例，直到最近在我国云南澄江发现了下寒武纪的化石，在瑞典和西伯利亚的中寒武纪地层也有发现。缓步动物多为陆栖，常见于半水生的环境如苔藓、地衣周围的水膜中或土壤和森林的落叶中，有些生活在淡水水藻或水底的杂物中。少数生活于海水。

身体圆柱形或长卵圆形，不分节。头和躯干无明显分界（图 11-60）。体壁外层为薄的表皮，表皮含骨化的蛋白质和几丁质，但不含钙质。表皮下面的上皮细胞数通常恒定。有 4 对短而不分节的足，各具 4~8 个爪。口在身体前端或腹面，食道两侧各有一可伸缩的口针，用以穿刺植物细胞壁或其他小动物，吸食其液体。有些种类的粪便随蜕皮一起排出。体腔为血腔，真体腔主要限于生殖腔，内部器官浸于血液中。肌肉包括平滑肌和横纹肌，形成肌束附在表皮之下。运动时依靠颉颃肌群或屈肌的控制，和有爪动物等不同。中肠和后肠之间有 3 个大腺体可能有排泄功能。脑通过围咽神经连接咽下神经节，两条腹神经索上有 4 对神

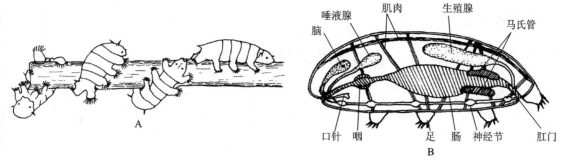

唾液腺　肌肉　生殖腺

脑　　　　　　　　　　　　　马氏管

口针　咽　　　　　　足　肠　神经节　肛门

B

■ 图 11-60　熊虫

A. 在丝状藻类上爬行的熊虫；B. 内部构造（A. 仿 Marcus，1929；B. 仿 Brusca 等）

经节。雌雄异体。受精卵孵出后，体细胞数相对固定，经几次蜕皮，细胞渐次增大而为成体。缓步动物能将新陈代谢降低到难以察觉的水平以渡过恶劣的环境，例如在逐渐干燥的条件下，身体含水量可从 80% 降至 3%，体形缩短，分泌双层的几丁质膜包在外面。重新获得水分时，数小时就可恢复活动。它们能忍受 −272~+149℃ 的极端温度和一些剧毒的化学物质。

思考题

1. 节肢动物有哪些重要特征？比较节肢动物和环节动物的异同。

2. 讨论节肢动物繁荣发展的重要因素。

3. 老旧的教材中，把表皮硬化称为"几丁化"，有无根据？为什么？

4. 本章对节肢动物的表皮仅作了初步描述，表皮更详细的结构和功能请参考其他资料。

5. 节肢动物分哪几个亚门，各有何主要特征？

6. 简述甲壳类动物附肢的结构特点及其功能分化。

7. 除了虾、蟹之外，举出 3~5 种你知道的甲壳动物。

8. 甲壳动物的内分泌腺位于何处，有何生理功能？

9. 说明螯肢类动物的呼吸系统和排泄系统的特点。

10. 举出几种蛛形纲动物，说明它们与人类的利害关系。

11. 蜈蚣和马陆的食性不同，在构造上如何表现？

12. 节肢动物由水生发展到陆地生活，会遇到什么困难，如何克服这些障碍？

13. 举例说明昆虫口器的类型和结构。不同类型的口器和食性有何关系？

14. 描述昆虫的呼吸系统。血液有无运送氧的功能？各器官组织的气体交换是如何进行的？

15. 举例说明昆虫发育的变态类型。昆虫的内分泌腺如何控制其蜕皮和变态发育？

16. 举例说明昆虫之间是如何进行信息交流的。

17. 任意举出昆虫的 7 个目，说出它们的简要特征。每个目举出你知道的 3~5 种昆虫及其习性。

18. 你如何理解节肢动物的系统发育？

第 12 章
触手冠动物 (Lophophorates)

触手冠动物包括苔藓动物门（＝外肛动物门）、腕足动物门和帚虫动物门。这 3 类动物之间以及它们与原口、后口动物之间的关系，尚不十分了解，颇有争议。因为它们既有原口动物的特征，又有后口动物的特征。

这类动物绝大多数生活在海水中，极少数在淡水，营固着生活。如苔藓动物群体很像苔藓植物；腕足动物的海豆芽、酸浆贝等都具两片介壳，貌似软体动物（过去曾称这类动物为拟软体动物）；帚虫呈蠕虫状，外具栖管。它们的形态结构各异，但却有一些共同的特征。

12.1 触手冠动物的共同特征

（1）适应于固着生活，头部不明显，神经感官不发达，而发展有发达的外骨骼（介壳、栖管或虫室）司保护作用。在体前端（上端）都有由一圈触手环绕口形成圆形或马蹄形的触手冠（lophophore，也称总担），触手具纤毛，是由体壁延伸形成的，其内与体腔相通，有滤食性摄食与呼吸功能。消化管一般呈 "U" 字形，肛门位于体前方。其排出废物可顺水流漂去，远离虫体。

（2）都具有真体腔和后肾管，且后肾管也兼有生殖导管作用（这些是原口动物特征）。长期以来，触手冠动物的身体和体腔被认为是由 3 部分组成（trimeric）（图 12-2）：前端的前体（protosome，即指口上突 epistome）具有前体腔（protocoel），中间的中体（mesosome）具有中体腔（mesocoel），后端的后体（metasome）具有后体腔（metacoel）。这是后口动物的特征。然而对过去的报道进行重新检查和研究表明，口上突的腔不是前体腔，这说明触手冠动物的基本体制是由两部分组成（dimeric），这一问题尚有争议。

（3）据 18S rDNA 核苷酸序列测定显示，触手冠动物的这 3 个类群与环节动物、软体动物为伴，全属于原口动物。

12.2 苔藓动物门 (Phylum Bryozoa＝外肛动物门 Phylum Ectoprocta)

过去苔藓动物门包括内肛动物（Entoprocta）和外肛动物。由于内肛动物是假体腔的，故将其列入假体腔动物类群。因此，苔藓动物门就是指外肛动物。

苔藓动物约 5 000 种，是触手冠动物中最大的、最被了解的、分布最广泛的一个类群。这类动物为一类小型群体，底栖，营固着生活。大多数生活在温带海域滨海地带（在深海也有发现），少数（约 50 种）在淡水中。一般附着于坚实的底物上，如浅海中的岩石、具壳、海藻或其他物体上。群体中的个体（zooid）很小，一般不到 1 mm（常不超过 0.5 mm），外被由其自身分泌的外骨骼（exoskeleton）——虫室（zooecium）。而群体的形状大小不一，有树枝状、片状、块状等，绝大多数由成百上千甚至上万个个体组成（图12-1）。通常群体较小，不过几平方厘米，有的小到在显微镜下才可看到，有的可达几十，甚至上百平方厘米。苔藓动物群体形状大小的诸多变化、差异，与其个体的形态和出芽生殖方式（芽体数目和位置）密不可分。

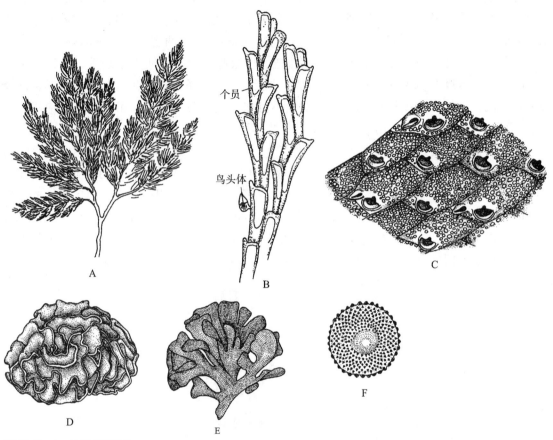

图12-1 几种苔藓动物

A. 草苔虫具很多分支的群体；B. A图的一部分，示二列虫体；C. 裂孔苔虫（*Schizoporella*）群体的一部分；D. 五孔苔虫（*Pentapora*）像甘蓝样群体一部分；E. 藻苔虫（*Flustra*）叶状群体；F. 蜮苔虫（*Cupuladria*）圆盘状群体（A，B. 自 Hyman；C～F. 自 Brusca 等）

12.2.1 个体的形态结构与机能

群体中的个体也称为个员（zooid）。海产种类常有多态现象（polymorphism，淡水种类没有）。即在群体中典型的正常摄食个体或称独立个体（autozooid）构成群体的大部分；另一些改变的、非摄食个体转化成具有不同功能的个体，统称为异个体（heterozooid）。这里介绍的重点是独立个体。

一般个体由翻吻（introvert）和躯干两部分组成（图12-2）。翻吻的前端为触手冠。淡水种类的触手冠一般为马蹄形，如羽苔虫（*Plumatella*）（图12-3B）；海产种类的为简单的圆形，如草苔虫（*Bugula*）（图12-3A）。在触手冠的中央为口（肛门在触手冠之外）。由于触手上纤毛摆动，引起水流经过触手，并将顺水流带入的微小食物颗粒过滤，进入口内。翻吻、触手冠可通过虫室顶端的开口——室口（orifice）伸出或缩入虫室。伸出时主要由于体内肌肉收缩和流体静力骨骼的作用；缩入时，由于牵缩肌收缩，触手聚成一束，连同翻吻缩入体内，翻吻则成为触手鞘（tentacle sheath）（图12-2），触手冠触手内均与体腔（中体腔）相通。但是除少数淡水种类外，大部分种类（所有海产的）没有口上突（episome，在口上背侧的一个小突起）。

躯干占虫体大部分，这部分相当于后体，整个虫体的体壁很薄，由上皮层、基膜、肌肉和体腔上皮构成。后体的上皮层分泌保护性的外骨骼——虫室（zooecium）。其成分是有机物（几丁质、多糖类或蛋白质）或矿物质（碳酸钙），也通称为角质外骨骼，或有些学者称其为外囊（cctocyst），而将其内的体壁称为内囊（endocyst），两者合称为囊状体（cystid）。而将虫体其余部分——触手冠、翻吻、消化道、生殖腺、神经和肌肉系统等，统称为虫体（polypide）。cystid 和 polypide 这两个名词是最古老的、一种怪异的观点，认为 zooid 是由两个动物组成的，称其为 cystid 和 polypide。显然不可取。但是现在在一些书上却广泛应用。看来，不可避免地会遇见或应用它们。因此，简要提及。

在躯干体壁之内为发达的真体腔（后体腔）。其中除体腔液外，有重要的内脏器官。消化管呈"U"形（图12-2，图12-3），口后依次为咽、食道、胃、肠和肛门。肛门开口在触手冠之外，翻吻的背侧。消化管内壁上皮除胃以外都具纤毛。从胃中心部向后突出成盲囊（cecum），其底部有由体腔上皮形成的胃绪（funiculus），以使消化管位置固定。食物经咽、食道内壁纤毛作用进入胃，行胞外消化和胞内消化。盲囊是胞内消化的重要场所。消化不了的废物经肠、肛门排出。营养物储存在消化管上皮和胃绪上。胃绪还有营养运输功能。

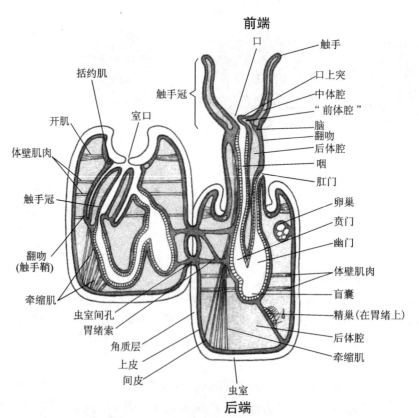

■ 图 12-2　苔藓动物两个个员一般结构模式图

左：已缩回翻吻和触手冠；右：翻吻和触手冠伸展呈取食位置（自 Ruppert 等仿 Hyman）

　　苔藓动物没有专用的呼吸、循环和排泄器官。通过触手冠及体表进行气体交换，体腔液司体内的循环，其中体腔细胞（coelomocyte）能吞噬代谢废物。神经系统简单，仅在口和肛门之间（虫体背部）有一神经节，由其发出神经到触手、消化管和肌肉等处。

　　在多态性的群体中，除上述正常摄食个体外，有一些形状改变、失去独立营养机能而具其他功能的异个体。例如鸟头草苔虫（*Bugula avicularia*）（图12-3A），在正常个体的虫室外有鸟头体（avicularium），形如鸟头，有发达的不同形态的颚骨及肌肉，颚能开闭，生活中不断地开闭以驱除附于体表的微小生物或其他异物。草苔虫的卵室（ovicell）也是改变的个体，是由虫体顶端体壁向外突出的一个囊形成的。卵在其中孵育。又如粗胞苔虫（*Scrupocellaria*）的振鞭体（vibraculum），鞭状，摆动时可清除体外异物。

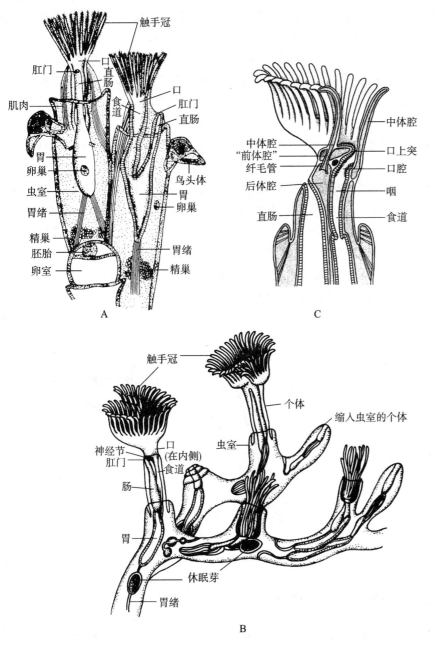

■ 图12-3　草苔虫和羽苔虫

A. 草苔虫；B. 羽苔虫；C. 羽苔虫触手冠体前端近于矢状切面，示口上突、口和触手的位置（A. 自 Parker Haswell；B. 仿 Marshall Williams，稍改，重画；C. 自 Ruppert 等，仿 P. Brien）

12.2.2　生殖和发育

苔藓动物有无性和有性两种生殖方式。无性生殖为出芽生殖（类似腔肠动物水螅），是群体形成生长的重要方式。此外，淡水种类还可形成休眠芽（statoblast）（图12-5A，B）以越冬和繁殖。如羽苔虫在秋季胃绪上的体腔上皮细胞分裂成团，其内富含营养，其外分泌有几丁质的壳，呈圆盘形等不同形态（为淡水苔虫分类依据之一）（图12-3B）。当秋后母体死亡解体后，才被释出，漂于水面或沉于水底，渡过寒冷和干旱环境。当环境适宜时，再发育成新的群体。

有性生殖，一般为雌雄同体，仅少数海水种类为雌雄异体。生殖腺来自体腔上皮细胞。精巢（一至多个）发生在胃绪上，卵巢（一或两个）常位于虫体中部的壁体腔膜上（也有在脏体腔膜上）（图12-3A）。配子成熟到体腔。无生殖导管。精、卵同时产生（在某种情况下可能发生），自体受精很罕见。更普通的是雄性先熟（protandry），在同一群体内个体之间受精。但是在群体之间会发生足够的异体受精（cross-fertilization），确保远系繁殖（outbreeding），才能维持种的延续。精、卵可通过体腔孔（coelomopore，在最背侧两个触手基部之间，是一个简单的开口，或在称为触手间器 intertentacular organ 突起的顶端开口）出入个体（图12-4A，B）。精子还能通过两个或更多触手尖上的端孔（terminal pore）出入，进行体内或体外受精。

受精卵发育，经辐射或两辐射（biradial）完全等裂或近等裂，形成有腔囊胚（coeloblastula）。中胚层、体腔形成的方式不清楚，有争议。胚孔封闭，口来自一个新的开口。从受精卵发育为胚胎极少发生在体腔内（如在体腔内发育者则母体消化道触手冠退化提供卵发育的空间）。大部分种类卵孵育在不同的孵育室内。典型的有卵室（如草苔虫等多种唇口类 Cheilostomata）（图12-4C）；胚胎囊（embryo sac）（如淡水种类，是由体壁一部分凹陷，突出到母体体腔而成），还有在翻吻腔等处。有些海水种类如环口类（Cyclostomata），胚胎发育具有多胚现象（polyembryony），即由一个胚胎无性产生许多次级胚胎，依次又产生三级胚胎。所有这些在遗传上是一致的（克隆），且能形成一新的群体。这样，一个受精卵可产生上百个胚胎。

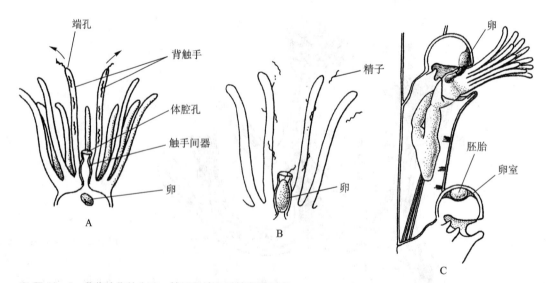

■ 图12-4　苔藓动物的生殖：精子释放和受精卵的孵育

A，B. 琥珀苔虫（*Electra posidoniae*）触手冠背面观，示精子释放，卵将进入触手间器（A）；精子进入并在触手间器与卵结合（B）；C. 草苔虫的一个独立个体，示卵从体腔孔挤出到卵室（上）和受精卵在卵室内的位置（自 Ruppert 等；A，B. 仿 Silen；C. 仿 Brien）

苔藓动物幼虫，形状虽有不同，但所有的都具环绕身体的运动纤毛冠（ciliated corona）、顶纤毛束和腹面的后体囊（metasomal sac）。例如少数海水种类：琥珀苔虫（*Electra*）和膜孔苔虫（*Membranipora*）的微黄卵发育成长寿的浮游生物营养的（planktotrophic）双壳幼虫（cyphonautes larva）（图 12-5C）。体呈三角形，侧扁，外被几丁质双壳，有消化管和原肾管。许多方面与帚虫的辐轮幼虫（actinotroch larva）相似。这样的幼虫可生活几个月才固着下来，发育为成虫。而大部分海水种类，孵育是以卵黄营养的（lecithotrophic）幼虫（图 12-5D）。其幼虫期短暂，不摄食，如草苔虫、克神苔虫（*Crisia*）等。淡水种类在胚胎囊内的胚胎，发育成体表具纤毛的幼虫（图 12-5E）。幼虫一端凹入形成前庭（vestibule），其中出芽产生一至几个早熟虫体（precocious polypide）。这样，幼虫含有产生的幼群体。幼虫游动一段时间后，附着，此后幼虫外被的纤毛上皮退化，留下幼群体，继续出芽形成更多个体，直到形成成熟的群体。

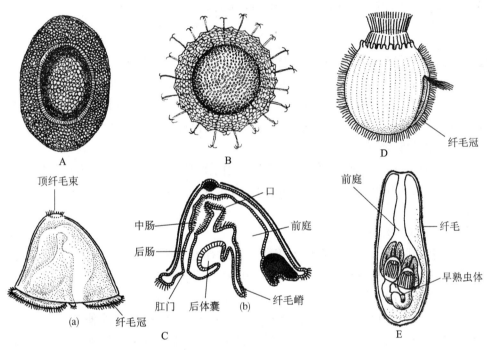

■ 图 12-5　苔藓动物的休眠芽及幼虫

A. 淡水的玻璃苔虫（*Hyalinella punctata*）的休眠芽；B. 鸡冠苔虫（*Cristatella mucedo*）的休眠芽；C. 双壳幼虫外形（a），矢状切面右侧观（b）示其内部结构；D. 草苔虫的幼虫；E. 一种淡水苔虫的幼虫（自 Ruppert 等；A. 仿 Rogick；B. 仿 Allman；C.b 仿 Stricker；D. 仿 Nielsen；E. 仿 Brien）

12.2.3　苔藓动物门的分类

苔藓动物已知约 20 000 种，除现存 5 000 种外，有 15 000 化石种。一般分为两个纲。

被唇纲（Phylactolaemata），全部生活在淡水中，个体圆柱形，触手冠马蹄形（弗雷苔虫除外），有口上突，体壁具肌肉——环肌和纵肌，虫室无钙化，有时为胶质的。个体间躯干体腔相通。群体是单态的，所有个体全为独立个体，无异个体。许多种例如苏特弗雷苔虫（*Fredericella sultana*）、匍匐羽苔虫（*Plumatella repens*）为世界分布，我国杭州、北京、南京、沈阳、河南、旅顺港、塘沽新港、烟台港和连云港等地均有同种或不同种的羽苔虫分布。

裸唇纲（Gymnolaemata），几乎全部海水生活。个体圆柱形、盒形、瓶形等，触手冠圆形，无口上突，体壁无肌肉结构，虫室角质或钙化，群体常有多态现象。例如鸟头草苔虫（*Bugula avicularia*）（图 12 - 1A，B）、裂孔苔虫（*Schizoporella*）（图 12 - 1C）、膜孔苔虫（*Membranipora*）以及藻苔虫（*Flustra*）（图 12-1E）等。其中唇口目（Chellostomata）是现代海洋中最昌盛的苔藓动物。

海水苔藓动物为海洋污损生物的主要成员之一，其生态特点是附着生活于坚实的底物上，如在船底及一些设施上形成一定的生物群落。沿海工厂的冷却水管、船底、码头、浮标、海水养殖网箱等设施及养殖的海带、贝类等常有苔藓虫群落附着，造成不同程度的危害，影响贝类养殖及海带的生长发育，影响产量。另一方面，也可作为海洋某些鱼类的饵料，或为鱼类及其他饵料生物提供适宜的生长环境，从而有利于鱼类的生长繁殖。

12.3 腕足动物门（Phylum Brachiopoda）

这类动物体外具背腹两壳，很像软体动物的双壳贝类，长期将其放在软体动物门内，直到 19 世纪中叶，后又将其列入拟软体动物门。实际这两类动物的内部结构差异极大。

腕足动物全部生活在海洋，底栖。从潮间带到深海，最多在大陆架区域。它们是单体（没有群体），大部分种类附于岩石表面或其他硬的底物表面生活；有些种类（如海豆芽 *Lingula*），生活在泥砂底垂直的穴中。

根据这类动物背腹两壳连接的结构不同分为两个纲：无铰纲（Ecardines＝Inarticulata），如海豆芽；有铰纲（Testicardines＝Articulata），如酸酱贝（*Terebratula*）。

12.3.1 形态结构和机能

腕足类的背腹两壳，一般腹壳略大于背壳，或有的几乎相等，壳多由几丁质（无铰类）或多由钙质（有铰类）构成。腹壳后端常具一肉质柄（pedicle 或 pedicel 或 peduncle），它是由体壁延伸形成的，用以附着于底物上（图 12-6A，B）。无铰类与有铰类的肉质柄来源与结构不同。前者较长，在角质膜、上皮之内有一层纵肌，其内有后体腔伸入。如海豆芽遇刺激，柄收缩迅速缩入泥沙中，以避敌害。后者柄短，无肌肉，其中心大部分为结缔组织，无体腔，其远端有像根样的突出物或短的乳突用以固着于底物上。有很少腕足动物完全没有柄（如无铰类，髑髏贝 *Crania* 和有铰类，拉卡茨贝 *Lacazelle*），而以腹壳直接黏附在底物上。

腕足动物体由触手冠（中体）和躯干（后体）两部分组成（图 12-6C）。躯干位于两壳之间的后部，由体壁两个褶向前延伸形成背、腹套膜（mantle）。两套膜之间的腔为套膜腔（mantle cavity）。触手冠占据套膜腔的大部分（图 12-6C）。适应腕足类增大的体积，触手冠较大。触手冠前端扩展成两个腕（brachia），腕可为环形或螺旋形等呈复杂排列。这大为增加了触手冠摄食和呼吸的表面积。每个腕一排触手冠触手，平行于其基部，具有纤毛的腕沟（brachial groove）。由纤毛引起的带食物颗粒的水流，进入套膜腔，在触手冠上，触手过滤的食物颗粒，经腕沟纤毛摆动沿着腕到口。在每个腕中常有一软骨样的轴支撑并有两个体腔管（coelomic canal），体腔管分支到触手。腕和触手的体腔（中体腔）中有体腔液，作为流体静力骨骼，可保持触手正常直立形态。至于前体（protosome）的存在，尚有问题，有铰类的口上突（epistome）是实心的；无铰类的，虽有一小空间，但与触手冠体腔相连续，尚无支持它是前体腔的证据。

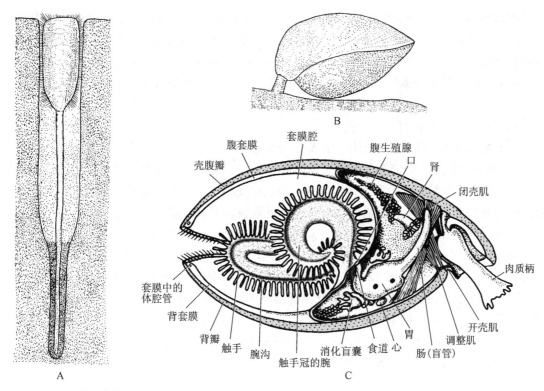

■ 图 12-6 腕足动物

A. 无铰类海豆芽；B. 有铰类酸酱贝；C. 酸酱贝的结构（A，B. 自 Richardson；C. 参考 William 和 Rowell 等多作者修改绘制）

躯干，体壁紧贴于双壳内侧，由上皮层、一层结缔组织和体腔上皮构成。所有腕足类的上皮都是单层，所有带纤毛的细胞都是单纤毛的。体壁肌肉，在壳底下的发育不良，大部分特化为成束的发达的闭壳肌（adductor muscle）、开壳肌（diductor muscle）、调整肌（adjustor muscle）等。在中体腔的体腔上皮中的上皮肌肉细胞（epitheliomuscular cell），可活动腕骨（brachidia）和触手。

体壁内的体腔（后体腔）发达，后体腔也伸入到柄中（无铰类），进入套膜的体腔——套膜管道（mantle channels）也来自后体腔。体腔上皮具纤毛。体腔液中有几种体腔细胞（coelomocytes），有的细胞含有蚯蚓血红蛋白（hemerythrin），有携氧功能。通过套膜管道有一定的循环作用（至少在一些种类）。除了体腔和套膜管道外，所有腕足类都有一心脏（在胃上的背系膜中）（图 12-6C），并由此向前、后各分出一条血管，再分支到身体各部分血窦，与体腔相通，因此是开管式循环。血液即为体腔液。血液无色，血系统（hemal system）的功能尚不完全确定，其主要功能可能是输送营养到组织。

消化管（图 12-6C）包括口、咽、食道、胃、消化盲囊（digestive ceca）和肠，肛门有或无。消化管壁有环、纵肌层，胃壁有纤毛，围绕胃有分支的消化盲囊（每侧有 1~3 个管与胃相通），消化作用主要在消化盲囊内行细胞内消化。无铰类消化管完全 "U" 形。有铰类肠为盲端，无肛门（图 12-6C）。在消化管两侧有 1~2 对后肾，腕足类是排氨代谢，大部分排泄物通过体表扩散（特别是触手冠及套膜），后肾有生殖导管作用，排泄作用不明显。神经系统围绕食道有一围食道神经环并具有食道上神经节和食道下神经节，前者发出神经至触手冠、触手，后者发出神经到背腹套膜、消化管及柄等，一般无专门感觉器官（除有的种类有平衡囊外）。大部分种类在套膜边缘具有长的几丁质刚毛（chaetae），结构与环节动物的相似，而不同于节肢动物的 setae，有保护或有感觉功能。有实验表明，套膜长的刚毛排列成所谓的感觉栅（sensory grills），有影像反应（shadow response），当影像通过时，壳有关闭反应。尚未发现明显的光感受器，不知是什么细胞反应，它们位于何处。

12.3.2 生殖和发育

腕足类是雌雄异体，很少例外。但雌雄异形已知仅有一种。生殖腺通常有 4 个（每瓣 1 对），来自体腔上皮（有铰类在套膜管道体腔上皮之后发育，无铰类在消化道系膜内）。精、卵成熟时排入后体腔，经后肾管排出体外，海水中受精。有些有铰类是在套膜腔中孵育发育的胚胎（有时在后肾中）。卵裂是辐射全裂、近等裂，形成有腔囊胚，通常经内陷形成原肠胚，有时通过分层法形成。胚孔封闭，口和肛门重新产生。体腔形成，无铰类经裂体腔法，有铰类经肠体腔法产生中胚层、中体腔和后体腔。胚胎最后发育为自由游动的幼体或幼虫。无铰类的幼虫很像成体（图 12-7A，B），也可称其为幼体，有成对套膜叶、壳，包围身体和触手冠，带纤毛的触手冠为幼虫游动及摄食器官，以浮游生物为营养，随着壳分泌的加多，幼虫变重，落入海底，柄附于底物上，基本上没有变态，发育为成体。有铰类的幼虫不像成体（图 12-7C，D），有带纤毛的前叶、套膜叶和柄叶。发育中有变态，幼虫为卵黄营养，短时间游动后，固着下来，经变态发育为成体。

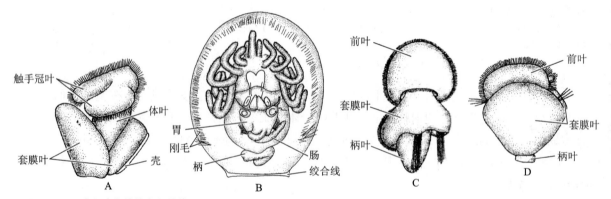

■ 图 12-7 腕足动物的幼虫和幼体

A. 无铰类海豆芽的幼体；B. 在固着时柄伸出前的海豆芽幼体；C. 有铰类 *Waltonia* 的幼虫；D. 酸酱贝的幼虫固着后的状态（自 Brusca 等；A, B, D. 仿 Hyman；C. 仿 Rudwick）

12.3.3 腕足动物门的分类

现存的腕足动物约 350 种，已灭绝的化石种类一般认为约 30 000 种。分为两个纲：

无铰纲（Ecardines＝无关节纲 Inarticulata）：背腹两壳由闭壳肌连接，两壳几乎相等，壳多为几丁质，或大部分为几丁磷酸盐的。消化管完全 U 形，有肛门。如海豆芽，我国沿海特别是山东沿海分布较多。

有铰纲（Testicardines＝有关节纲 Articulata）：背腹两壳由齿和槽铰合连接（即由铰合齿连接）；腹壳常略大于背壳；壳多为钙质，无肛门。如酸酱贝柄短。山东沿海及南极海域有分布。

腕足动物出现于下寒武纪，繁盛于古生代的海洋中，在泥盆纪时多样性达到高峰。此后，显然它们与双壳软体动物竞争底栖、滤食生态位（niche），腕足类在二叠纪（有一冰期）大灭绝时数量减少了，现代的种类，有限的数量，局限的分布，就是二叠纪那段天灾插曲的结果。现代生存的海豆芽就是从古生代走来，到现在变化不大，故有"活化石"之称。大部分化石种类，对确定地层和石油开采有重要参考价值。

12.4 帚虫动物门（Phylum Phoronida）

帚虫是触手冠动物中种类最少的一门。仅两属 20 余种。全部生活在浅海海底。体呈蠕虫形，生活在由其自身分泌的几丁质管中，常埋于浅海泥沙中，也有附于岩石、贝壳或其他物体上。有些聚集成群，虫管相互附着缠绕在一起。

12.4.1 形态结构与机能

帚虫体呈细长圆柱形，体长各家报道不一，从几 mm 到 30 cm。体分为触手冠和躯干两部分（图 12-8A）。位于体前端的触手冠，原始的呈圆形，排列的触手围绕口和口上突（epistome）。但一般是背侧向内压扁呈新月形或马蹄形。马蹄形的两腕各自向内卷曲成螺旋状。触手冠的体腔（中体腔）——在触手冠基部形成一环，并有分支到每个触手（中体腔）。口上突内虽有一腔，常被称为前体腔，但有争议。它可能是囊胚腔衍生的，不是体腔。触手冠有滤食性摄食和气体交换机能。触手冠卷曲数量的增加，无疑增加了触手数目，扩大了摄食与气体交换的面积。卷曲的量与虫体大小成正相关。肛门在虫体背侧，接近触手冠，但在触手冠之外。

体壁包括一层柱状细胞上皮，在上皮层内有感觉神经元和不同的腺细胞。后者分泌黏液和几丁质。在上皮层、基膜之内为一层薄的环肌和一厚层的纵肌（图 12-8C）。在体壁之内为发达的体腔。躯干的体腔（后体腔）被由体腔膜分化的 4 个纵系膜分成 4 个室（图 12-8C）。系膜有支持消化管和血管作用。体壁肌肉和体腔液流体静力骨骼的颉颃作用，使虫体能在管内活动以及触手冠从管口伸出或缩回。纵肌可使触手冠躯干快速缩回，环肌可使其缓慢伸出。

帚虫也是纤毛滤食动物（suspension feeder）。由于触手冠纤毛摆动引起水流，经触手纤毛滤食最后将食物颗粒带入口内。消化管 U 形（图 12-8B），包括口、食道、胃、肠和肛门。胃膨大，位于躯干近后端。在胃内行细胞外消化。也有谓在胃壁上有些临时性的合胞体突起，是胃中细胞内消化的场所。

循环系统发达，基本为闭管式，包括两条主要纵行血管（图 12-8B）。过去根据血管在体内的位置而有种种不同的名字，较混乱。我们沿用输入和输出血管（afferent & efferent vessel）（指与触手冠相关的血流方向）。一条输入血管从体后端（也称为端球区域）伸到触手冠基部，没有分支。在触手冠基部形成输入"环"血管（afferent "ring" vessel），U 形，由其分支到每个触手。这些血管每一个又与输出"环"血管（efferent ring vessel，也为 U 形）连接。由其收集的血液到输出血管。输出血管伸展到整个躯干，分出很多分支或称为微血管盲囊（capillary ceca）的简单盲管。它携带血液到消化管壁和其他器官。在后端围绕胃，血液从输出血管到输入血管，经过胃血网 [hemal (stomachi) plexus]，即胃与其脏体腔膜之间的空间（实际血液在此离开血管流动），从胃获得营养的血液，经输入血管循环运输到全身，而触手冠触手是气体交换的场所，带 O_2 的血流从触手冠到输出血管，分布到躯干各部分。无心脏。血液流动主要是血管壁肌肉的作用。血液中含有核的红细胞，其内含血红蛋白。排泄器官为一对后肾，肾口开口在体腔，肾孔开口在肛门两侧，肾管也有生殖导管作用。上皮层内的神经系统，在触手冠基部有一神经环，由其发出神经到触手和体壁肌肉。

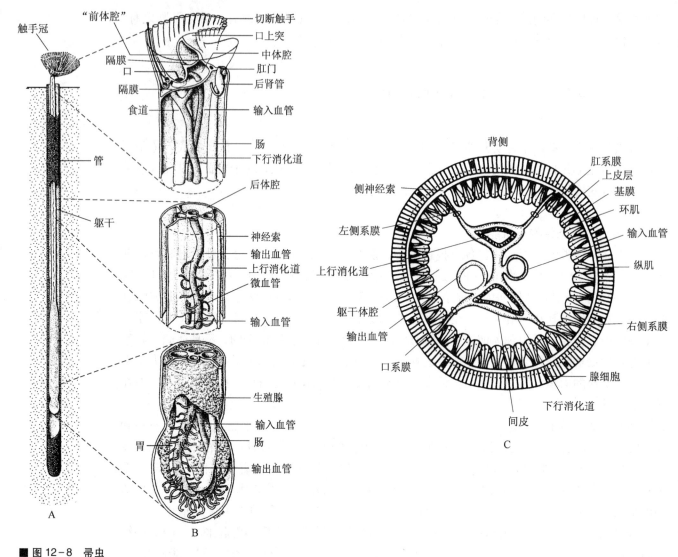

■ 图12-8 帚虫

A. 外形（自然状态）；B. 内部结构；C. 横切面，注意体壁结构及体腔被4个纵系膜分成4个室
（自 Ruppert 等；A，B. 仿 T. L. Vandergon 和 J. M. Colacino，1991；C. 仿 L. H. Hyman 修改）

12.4.2 生殖和发育

大多数帚虫为雌雄同体，少数为雌雄异体。生殖腺是暂时的，由体腔上皮产生，围绕血网的脏体腔膜形成。已形成的配子释放到后体腔经肾管排出［卵冠帚虫（*Phoronis ovalis*），雌的自切其触手冠端部，释放卵］。通常体外受精，少数种类体内受精。精子被一对触手冠器（lophophore organ）包装成精荚（spermatophore）释放到海水中，精荚被其他个体触手冠获得，精子呈变形虫样，穿过体壁进入后体腔，与卵结合。受精卵通过后肾出去，孵育在触手冠或释放到海水中。卵裂是辐射、全裂，有腔囊胚，内陷法形成原肠胚，体腔形成为裂体腔法，也有认为是改变的肠体腔法形成的。除了卵冠帚虫外，所有帚虫都经过明显的辐轮幼虫（actinotroch larvae）（图12-9），它有直的消化管，在口上有一大的口前笠（preoral hood），有一纤毛触手环，部分围绕口，围绕肛门的后纤毛环，可能是主要运动器。幼虫还有一对管细胞的原肾，后体囊（metasomal sac，为外胚层结合中胚层的一个内陷，靠近腹面中央。变态时，后体囊翻出发育为成体躯干的体壁）。辐轮幼虫经一定时间自由游动生活后，

迅速变态，沉入海底，并分泌虫管，发育为成体。

很少种类的帚虫能进行无性生殖、通过出芽或横分裂产生群体。帚虫的再生能力较强，对不适条件，帚虫可自切（autotomize）其中体触手冠，2~3 天内后体又长出其失去的部分。有的种类被切成很多小片，每个都能长成新个体。

12.5　触手冠动物的起源和演化

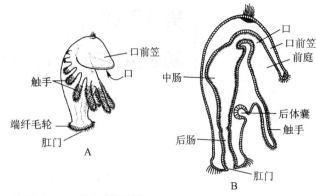

■ 图 12-9　帚虫的辐轮幼虫
A. 外形；B. 矢状切面右侧观，示内部结构，注意其小的后体囊位置（自 Ruppert 等）

苔藓动物门、腕足动物门和帚虫动物门都具触手冠等共同特征，统称为触手冠动物，已为一般人所认可。但是这三类动物之间的关系，以及触手冠动物与原口、后口动物之间的关系，尚不甚明了，是一个有争议的问题。这三类动物之间的关系：苔藓动物的双壳幼虫和帚虫的辐轮幼虫有相似之处（图 12-5C，图 12-9B），两者都有后体囊和原肾管，可认为它们是姐妹群；腕足类和帚虫具有后体的后肾管和单纤毛的上皮层，也被认为是姐妹群。至于触手冠动物与原口、后口动物的关系，形态学的和分子的证据常是不一致的。一般形态学倾向支持与后口动物有关，胚胎方面既有原口的某些特征，又有后口的某些特征。长期认为触手冠动物是三分体制（体由 3 部分组成），辐射卵裂，有些腕足动物以肠体腔法形成体腔和中胚层，这些是后口的特征。但不被分子证据支持，分子序列表明它属于原口动物。对形态的重新研究，认为口上突的腔不是前体腔。没有前体和前体腔，表明触手冠动物的基本体制是由两部分组成（二分体）。这直接削弱了认为是后口的重要依据。此外，腕足动物和苔藓动物的几丁质刚毛（chaetae）的超微结构与担轮幼虫、环节动物、软体动物的相似。几丁质在后口动物是异常的，但它却普遍存在于触手冠动物，这说明它与原口动物的关系。胚胎发育由胚孔形成口（帚虫），由裂体腔法形成体腔（帚虫），这是原口的特征。而苔藓和腕足动物的胚孔闭合，其命运尚不清楚，苔藓动物的体腔如何形成也不确定，这是胚胎方面研究的缺欠。综上可见触手冠动物既有原口动物的特征，又有后口动物的特征，是介于原口和后口动物之间一个类群。根据分子的证据，结合形态与胚胎的研究结果，可以认为触手冠动物是具有后口特征的原口动物。

思考题

1. 触手冠动物包括哪几个动物类群，它们有何共同特征？
2. 苔藓动物门、腕足动物门和帚虫动物门各有何主要特征？它们对人类有何利弊？哪类动物有"活化石"之称？
3. 触手冠动物从形态、胚胎和分子方面看既有原口动物的某些特征，又有后口动物的某些特征，对它们的演化地位，争议较大，你如何分析？

第13章

棘皮动物门（Phylum Echinodermata）

棘皮动物为后口动物（deuterostome），是无脊椎动物中最高等的类群。大多数无脊椎动物为原口动物（protostome）。原口动物的口是胚胎发育原肠胚期的原口形成的，后口动物的原口发育形成成体的肛门，在与原口相对的一端形成口。棘皮动物、毛颚动物、半索动物、脊索动物等均属后口动物。棘皮动物还有一些高等动物所具有的特征，如中胚层来源的骨骼，以体腔囊法形成中胚层和体腔等。也有特殊的结构如水管系、围血系统等。

棘皮动物现存约 6 000 种，全部生活于海洋中，包括海星、海蛇尾、海百合、海胆和海参等类群，因其体表粗糙，具许多突出的棘或刺，故名。栖息于潮间带到深海，营底栖生活。体形变化较大，有枝状（海百合）、星形（海星）、球形（海胆）和圆柱形（海参），大小从不足 1 cm 到数 m 不等。

13.1　棘皮动物门的主要特征

棘皮动物是动物界形态和结构非常独特的一个类群，身体分口面和反口面，五辐射对称，真体腔发达且部分形成水管系，具中胚层来源的内骨骼，神经系统退化。

13.1.1　辐射对称

棘皮动物多为五辐射对称（pentamerous radial symmetry），其幼虫却是两侧对称的。与腔肠动物原始的辐射对称不同，棘皮动物的五辐对称是次生性的。棘皮动物体中部为中央盘（central disc），向周围辐射的突出结构为腕；有些种类的腕向上翻并愈合形成球形（如海胆）或圆柱形（如海参）。有口的一侧为口面（oral surface），没有口的一侧为反口面（aboral surface）。口面是原来幼虫的左面，反口面为右面。

13.1.2　体腔和水管系统

水管系统（water vascular system）为棘皮动物特有的结构。由体腔囊法生成 1 对体腔囊，随着胚胎的发育，左、右体腔囊也不断延长，并由前到后依次裂为前体腔囊（也称轴体腔 axocoel）、中体腔囊（也称水系腔 hydrocoel）和后体腔囊（也称躯体腔 somatocoel）3 对体腔囊（图 13-1）。在发育过程中，左前体腔囊分化成轴窦，左中体腔囊形成水管系；左右两侧的后体腔囊愈合，形成广阔的次生体腔，左后体腔囊的一部分从愈合的后体腔囊中分离出来，形成围血系统；右前体腔囊和右中体腔囊在胚胎发育中逐渐退化。此外，左前、中体腔囊部分相连，以一共同的短管通向背侧，这个短管后来发育为水管系的石管（stone canal），石管在体表的开口最后发育为水管系的筛板（madreporite）。

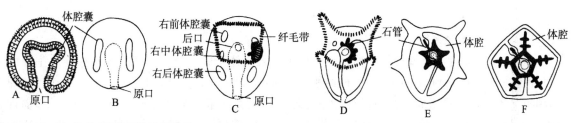

■ 图 13-1　棘皮动物海星体腔的发育

A. 体腔囊突起；B. 成对的体腔囊形成；C. 每侧的体腔囊分成 3 个体腔囊；D. 左中体腔囊形成辐水管雏形（黑色部分），左右后体腔囊扩大；E. 体腔形成；F. 辐水管、侧水管形成

水管系包括筛板、石管、环管（ring canal）、辐管（radial canal）、侧管（lateral canal）、管足（podium）和壶腹（ampulla）（图 13-2）。环管由左中体腔囊围绕消化道形成，环管经石管与筛板相连，海水通过筛板上的小孔经石管进入环管。环管向周围发出 5 条辐管，每一辐管向两侧发出侧管，侧管的末端为管足和壶腹，侧管与管足之间有瓣膜相隔，管足末端有吸盘。管足内水压的变化可使管足伸长或缩短，以此来拖动身体完成运动。管足除完成运动外，还有呼吸、排泄及辅助摄食的功能。环管上还有 4～5 对帖氏体（Tidmann's body）和 1～5 个波氏囊（Polian's vesciles），分别有产生变形吞噬细胞和调节水压的功能。

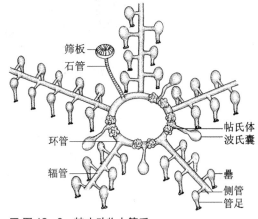

■ 图 13-2　棘皮动物水管系
（仿 Ruppert 等）

13.1.3　血系统和围血系统

棘皮动物的血系统（hemal system）多退化，仅海胆类和海参类的血系统较明显。由一系列与水管系统相应的管道组成，包括环血管、辐血管（radial haemal canal）、轴腺（axial gland）、反口环血管（aboral haemal ring canal）等（图 13-3），血系统可能与物质的输送有关。

围血系统（perihemal system）是体腔的一部分发育来的，它包围在血系统之外并与之伴行，如在环血管、辐血管、轴腺等相应的血系统外形成环窦（ring sinus）、辐窦（radial sinus）、轴窦（axial sinus）（图 13-3）等。

13.1.4　骨骼

棘皮动物与其他无脊椎动物不同，具中胚层形成的内骨骼。除海参纲的骨骼退化、散布在体壁中外，其他类群的骨骼多由小骨片（ossciles）组成，小骨片形状各异，经结缔组织连接，结成网状，覆于皮下，包围着动物体，起支持、保护作用。小骨片上有穿孔，这样既可减轻质量，又可增加强度，骨片可随动物的生长而增大。小骨片还可以形成棘和刺，突出体表之外。

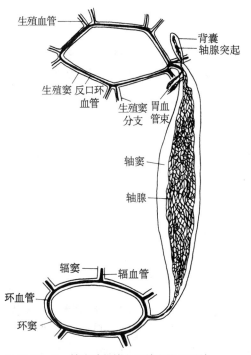

■ 图 13-3　棘皮动物的血系统和围血系统
（自 Hyman）

13.1.5 神经系统

棘皮动物无神经节或神经中枢，神经位于体表或体壁中，与上皮细胞紧密相连。主要由口神经系 (oral neural system)、下神经系 (hyponeural system) 和反口神经系 (aboral neural system) 3 个神经系组成。其中口神经系是外胚层发育而来，由神经环 (nerve ring) 和辐神经 (radial nerves) 组成，位于围血系统之下，司感觉功能，是棘皮动物最重要的神经结构。下神经系和反口神经系由中胚层发育而来，这是动物界的一个特例，这两个神经系司运动功能。下神经系位于围血系统的管壁上，与口神经系平行；反口神经系位于反口面体壁内，棘皮动物中海百合的反口神经系最发达，是该类群最主要的神经结构，其他类群的反口神经系多不发达，在有些类群甚至消失（如海参）。

棘皮动物的感官不发达，在上皮间散布着触觉和化学感觉细胞，在腕的端部有一眼点，由感光细胞和色素细胞构成，可感光。海参等在口神经系的辐神经基部有许多平衡器。

13.1.6 生殖和发育

棘皮动物多雌雄异体，体外受精。生殖系统比较简单，不同类群的生殖腺数目不同，生殖腺后为短的生殖导管，生殖孔开口于体外。不同类群个体发育过程中经历不同的幼虫期，如海星为羽腕幼虫 (bipinnaria)，海蛇尾及海胆为长腕幼虫 (pluteus)，海参为耳状幼虫 (auricularia)，海百合为樽形幼虫 (doliolaria)。

13.2　代表动物——海盘车 (*Asterias*)

海盘车又称海星，多色彩鲜艳，且体色变异大。广布于世界各海区，其中太平洋北部海域种类最多。海盘车栖息于潮间带的礁岩间或海底，营爬行生活，运动缓慢。肉食性，主要以双壳类为食，对人工养殖的双壳类（如扇贝、牡蛎等）有一定的危害。雌雄异体，体外受精，再生能力强。我国常见的种类有多棘海盘车 (*Asterias amurensis*)、罗氏海盘车 (*A. rollestoni*) 等。

13.2.1 外部形态

海盘车体扁平，由中央盘和5条腕组成，为典型的五辐射对称动物，中央盘与腕之间的界限不明显（图 13-4）。

口面向下，平坦，浅黄色；反口面向上，稍隆起，颜色鲜艳。口面中央盘正中为口，口周围为柔软的围口膜 (peristomial membrane)。各腕腹面中央均有一条自口伸向腕端部的步带沟 (ambulacral groove)（图 13-4），其内有两列管足，管足的末端有吸盘。步带沟两侧有可动棘（图 13-7），可搭在步带沟之上，起保护作用。反口面近体盘中央处有一非常小的肛门。各腕的基部两侧各具一对生殖孔。腕末端有触手，其下具一红色眼点（图 13-4）。在两腕之间有一圆形多孔的筛板。海盘车体表粗糙，有许多棘、叉棘 (pedicellaria) 和皮鳃 (papula)（图 13-5）。棘和叉棘由内骨骼外突形成。棘较粗大，叉棘很小，呈钳状或剪刀状，可在肌肉牵引下活动，清除体表污垢。皮鳃泡状，为体腔膜经骨片间隙达于体表后，与表皮共同外凸形成（图 13-5），与体腔相通，有呼吸和排泄的功能。

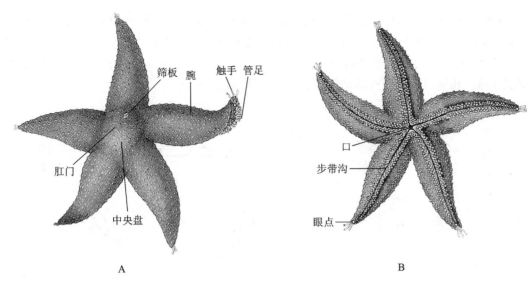

■ 图 13-4　海盘车

A. 反口面；B. 口面（自 Hickman）

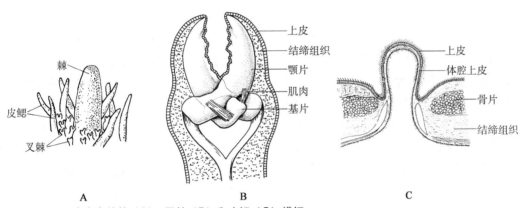

■ 图 13-5　海盘车的棘（A）、叉棘（B）和皮鳃（C）横切

（A. 仿 Storer，修改；B，C. 仿 Ruppert 等）

13.2.2　结构与机能

（1）体壁　主要由角质层、表皮、真皮和肌肉组成。体壁的最外面是一层薄的角质膜，其下为一层柱状纤毛上皮。上皮细胞间散布有腺细胞和神经感觉细胞，表皮下有一层神经细胞，为海盘车的神经系（图 13-6）。真皮较厚，由结缔组织层组成，真皮细胞分泌小骨片，经结缔组织连成网状骨骼，内骨骼常常突出于体表形成棘。真皮之下为肌肉层，较薄，由外层的环肌和内层的纵肌组成。体壁最内层为体腔上皮，为一层柱状纤毛上皮。

（2）骨骼　内骨骼埋于体壁结缔组织中，多列骨片排列成网状，围绕腕分布。口面腕中央两列不带棘的骨片为步带板（ambulacral plate），前后步带板间有排列整齐的小孔，管足即由此孔伸出体外。步带板两侧各有一列侧步带板

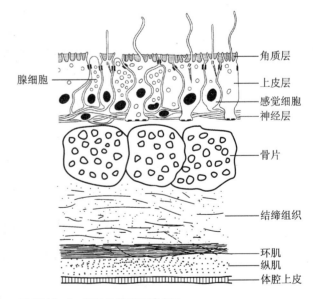

■ 图 13-6　海星体壁切面模式图

（仿陈义、Ruppert 等）

（adambulacral plate），其上有细长的可动棘，有保护管足的功能。侧步带板上方依次为下缘板（supramarginal plate）和上缘板（inframarginal plate）。反口面腕中央为一块龙骨板（carinal ossicle），龙骨板与上缘板之间为一系列背侧板（dorsolateral plate）（图13-7）。骨片经结缔组织和肌肉相连，骨板间有活动关节，腕可灵活运动。

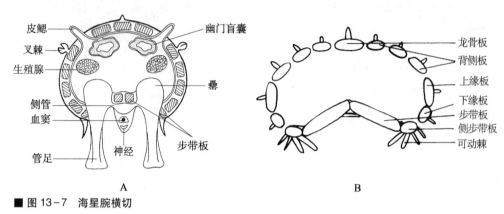

■ 图13-7 海星腕横切

A. 腕横切模式图；B. 骨板的排列（A. 张雁云仿绘；B. 自 Hyman）

（3）摄食与消化 消化道短，内壁均为纤毛上皮，自口面伸向反口面依次为口、食道、胃、肠和肛门（图13-8，图13-9）。口位于口面中央盘正中，周围为柔软的围口膜。围口膜上有环肌和放射状肌纤维，可调节口的张闭。口后为短的食道，之后为宽大充满体盘的胃。胃分为靠近口面的贲门胃和靠近反口面的幽门胃两部分，两者之间有一缢缩。贲门胃大，多皱褶。幽门胃小，扁平，向各腕伸出一幽门管（pyloric duct），幽门管进入腕后分为两支，直达腕的端部，形成幽门盲囊（pyloric caeca）。胃后为很短的肠，肠上有2~3个肠盲囊（diverticulum），肠的末端开口为肛门，肛门已无排遗功能，不能消化的食物通常仍由口吐出。

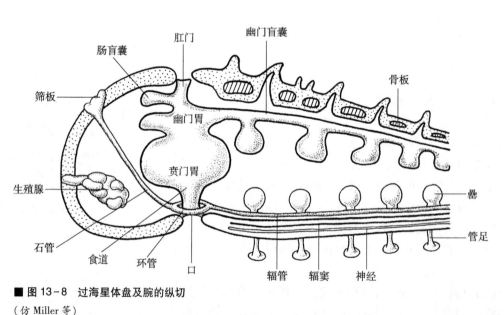

■ 图13-8 过海星体盘及腕的纵切

（仿 Miller 等）

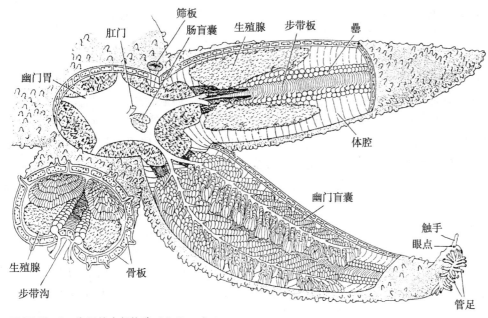

图 13-9 海星的内部构造（仿 Storer）

贲门胃壁上有发达的腺细胞，可分泌消化酶，幽门盲囊的上皮细胞有腺细胞、储存细胞和黏液细胞，可分泌蛋白酶、淀粉酶及脂肪酶。肠盲囊的上皮多皱，含有黏液细胞和腺细胞。食物可进行部分的体外消化，在胃内主要进行胞外消化，在幽门盲囊中可进行胞内消化。

海盘车肉食性，以软体动物、棘皮动物、蠕虫等为食，口能在围口膜上肌肉的牵引下张大，可吞入较大的动物。捕食双壳类时，身体作弓形隆起，以多条腕抱住动物的双壳，管足吸在贝壳上，将两壳拉开后，将贲门胃翻出，包住动物的软体部分并进行初步消化，然后将包着食物的贲门胃缩回体内进行进一步的消化。消化主要在幽门胃中进行，已消化的营养物质为幽门盲囊吸收贮存，养分可透过盲囊入体腔液内，运送至身体各部分。不能消化的食物残渣仍由口排出。

（4）体腔和水管系统 海盘车真体腔发达，体腔的一部分形成了水管系和围血系统。真体腔围绕消化道和生殖腺，体腔内充满体腔液。体腔上皮细胞的纤毛摆动，使体腔液流动，完成物质运输。体腔液内含两种变形细胞，由体腔上皮产生，有吞噬作用。

水管系统是由真体腔的一部分特化形成的，其内壁具体腔上皮，并充满液体。水管系由筛板、石管、环管、辐管、侧管、管足和罍组成，环管位于口的周围。筛板位于反口面中央盘的一侧，为一圆形小骨板，其上有许多辐射排列的小沟纹，沟底有许多小孔（约 200 个）。筛板下连石管，石管末端连于环管。环管为口周围的一环形细管，上有 4～5 对帖氏体（Tidmann's body）和 1～5 个波氏囊（Polian's vesciles），帖氏体是一种不规则的腺体组织，可生成变形吞噬细胞；波氏囊有调节水管系内水压的作用。环管向每条腕发出一辐管，辐管向两侧伸出多条侧管，侧管末端连于管足（图 13-2）。每侧的侧管长短不一，长的侧管和短的侧管相间排列，每侧的管足亦随之交错排列，外观上每条辐管的一侧犹如两列管足。侧管和管足之间有瓣膜，可控制水流的方向。管足中空，壁肌肉质，末端具吸盘，从前后步带板之间的缝隙伸到步带沟中。管足上部为一肌肉质囊，称罍（ampulla）。运动时，侧管与管足之间的瓣膜关闭，罍收缩，管足末端压力增大，吸盘吸附于硬的底物上，并通过腕的弯曲来拉动身体移动。而在一些软的底物上，管足可以像节肢动物多足纲动物的足一样拖动身体移动。

（5）血系统和围血系统　血系统位于水管系之下，与水管系平行排列。退化，多数结构只有在切片上方可看清。由环血管、辐血管、轴腺、反口环血管、生殖血管丛等组成。环血管位于环水管之下，向各腕伸出一辐血管（图13-3），辐血管位于辐水管之下，分支到管足。环血管向反口面伸出一条由许多小血窦组成的海绵状腺体结构，与石管伴行，为轴腺，轴腺具一定的搏动能力。轴腺在靠近反口面处发出一分支，形成胃血管束，再分支到各腕的幽门盲囊；轴腺在到达反口面处发出另一分支，形成反口面血环，血环分支到生殖腺。在靠近筛板处有一背囊，也有搏动能力（每分钟搏动5~6次），可推动液体的流动。血系统可能与物质运输有关。

围血系统为真体腔的一部分特化形成，包围着主要的血管，故称围血系统。包括环窦、辐窦、轴窦和生殖窦（genital sinus）等（图13-3）。环窦位于口面，口的周围，环管之下，为一圆形管。环窦向各腕发出一条辐窦。轴窦（axial sinus）为一薄壁管状的囊，位于环窦之上，包在石管和轴腺之外，轴窦和轴腺合称轴器（axial organ）。轴窦在口面连于环窦，在反口面与生殖窦相通。生殖窦位于反口面中央盘体壁下方，为一五边形管，向每一生殖腺伸出一分支，后膨大成包围生殖腺的薄囊。

（6）呼吸与排泄　气体交换主要通过皮鳃进行，代谢产物由体腔液中的变形细胞吞食，经皮鳃排出，排泄出的废物主要是氨和尿素。皮鳃从骨板间突起，外覆上皮，内衬体腔上皮，两层上皮均属于纤毛上皮。其内腔连于次生体腔，体腔上皮的纤毛驱动体腔液在其内流过，表皮的纤毛打动体表的水流，保证气体交换的顺利进行。管足也起着一定的呼吸和排泄作用。

（7）神经和感官　海盘车的神经系统与上皮细胞紧密相连。主要由口神经系和下神经系2个主要的神经系和不太发达的反口神经系组成，口神经系来源于外胚层，司感觉；下神经系和反口神经系来源于中胚层，司运动。口神经系由神经环、辐神经及神经丛组成，神经环呈五角形，位于围口膜周围，环窦下面，有神经通向围口膜及食道。神经环向各腕发出一条辐神经，位于步带沟底，辐窦之下，横切面呈"V"形（图13-7A）。神经丛位于体壁中，与辐神经相连。下神经系位于环窦壁的侧面，为一神经环及5条辐神经组成。下神经系位于口神经系上方，有分支至腕、管足、叉棘等器官的肌肉，司运动。反口神经系位于反口面，无神经环，只有5条辐神经，不显著。

海盘车的感觉器官不发达，在上皮间散布着许多呈菱形的神经感觉细胞（neurosensory cell），为触觉和化学感受器。在管足的吸盘处感受器数目最多，在棘和叉棘基部的上皮处的感受器数量也非常多。在各腕的顶端触手的基部口面有一眼点，由一群感光细胞和色素细胞构成，可感光（图13-4）。

（8）生殖和个体发育　海盘车各腕内均有一对生殖腺（图13-9），生殖腺在繁殖期特别发达，可充满腕内。精巢为白色，卵巢为黄色。每一生殖腺后接一短的生殖导管，导管开口于反口面腕基部。

海盘车雌雄异体，精卵在海水中受精，经完全均等卵裂，形成球状囊胚，以内陷法形成原肠胚。原肠胚表面有纤毛，可自由游泳。海盘车以体腔囊法形成中胚层和体腔。此后体表纤毛退化，只保留纤毛带，每侧的体腔裂为3对体腔囊，并出现两条短腕，称为羽腕幼虫（bipinnaria）（图13-10）。羽腕幼虫已经有完全的消化道：胚孔成为肛门，在胚孔相对的一侧，动物极内陷，与原肠相接并贯通形成口。羽腕幼虫生活一段时间后，在前端出现3个短腕，腕的基部有吸盘，称短腕幼虫（brachiolaria）。短腕幼虫开始于海水中游泳生活，后沉入水底，营固着生活，进入变态期。变态期幼虫的口和肛门消失，仅消化道中间一段保留。身体发生扭转，体轴旋转了90°，前肠从原来前腹面转到左面，后肠从前面转到右面。3对体腔囊也分别发育为次生体腔、水管系、围血系统等（13-1），身体并沿辐水管发生的方向外突形成腕。在身体的左侧和右侧分别生成了口和肛门，胚的左侧发育为口面，右侧成为反口面。最后，黏在基质上具吸盘的短腕消失，发育为辐射对称的海星。

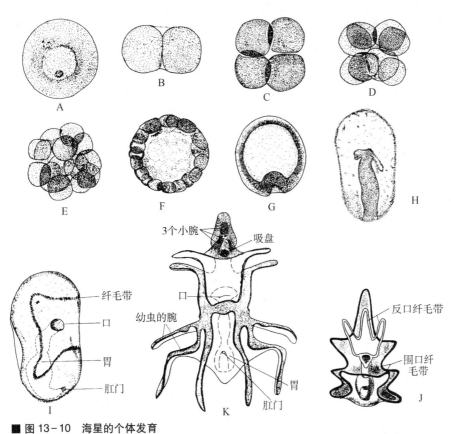

■ 图 13-10　海星的个体发育

A. 受精卵；B~D. 卵裂；E, F. 囊胚；G, H. 原肠胚；I. 纤毛幼体；J. 羽腕幼虫；K. 短腕幼虫（A~I. 自和振武；J. 自 Osterud；K. 自 Leuckart 和 Nitsche）

　　海盘车有很强的再生能力，腕、体盘受损，甚至整个腕断落，均能再生。有些种类（如蓝指海星 Linckia laevigata）能通过单独的腕再生出完整的身体。有些海盘车（如吕宋棘海星 Echinaster luzonicus）以二分裂的方式进行无性繁殖：中央盘裂为两部分，然后再各自长出完整的中央盘和其他腕。

13.3　棘皮动物的分类

　　棘皮动物为古老的类群，化石种类始见于距今5.7亿年前的早寒武纪地层中，并在志留纪、石炭纪、泥盆纪达到繁盛。现存种类约6 000种，化石种类达13 000种，我国海域的现生棘皮动物有300多种。依据动物的体形、有无柄和腕、筛板的位置、管足的结构等，现生棘皮动物可分为两亚门、5纲。

13.3.1 有柄亚门 (Pelmatozoa)

幼体具柄，营固着生活。成体似植物。口面向上，反口面向下，肛门位于口面；骨骼发达；神经系统主要在反口面。现存约 700 种，隶属于海百合纲 (Crinoidea) 一纲。

海百合纲是现生棘皮动物中最古老的一个类群。多生活在深海中，底栖，营固着生活。现存有 700 多种，可分为两类：一类称海百合类 (stalked crinoids)，终生具柄，固着生活，有 100 多种，可长达 1 m；一类为海羊齿类 (comatulids)，幼体以柄附着生活，成体无柄，爬行或者游泳，有 600 多种。

海百合体由细长的柄 (stalk) 和放射状排列的冠 (crown) 组成 (图 13-11A)。柄上常有轮生的卷枝 (cirri)，下端有根状卷枝，柄和卷枝均由许多小骨片围成；海羊齿柄消失，但冠的反口面有卷枝 (图 13-11B)。冠由中央盘和腕构成，中央盘的反口面骨板发达，围成杯状或圆锥状，为萼 (calyx)；口面常具膜质盖板 (tegmen)，口一般位于盖板中央，肛门位于口面的肛锥 (anal cone) 上。由冠部向周围辐射状伸出腕，原始的种类有 5 个腕，多数种类每条腕分为两支或更多支，每个分支均向两侧伸出羽枝 (pinnules)。口向腕发出 5 条步带沟，步带沟同时也见于腕的分支和羽枝上 (图 13-11C)。步带沟内的管足无吸盘，但有纤毛，纤毛可以驱动步带沟中的细小食物颗粒向口移动。水管系类似其他棘皮动物，但无筛板，海水从口面的众多小孔进入水管系。消化道完整，主要以浮游动物为食。海百合的神经系统也包括 3 个神经系，但反口面神经系为最重要的部分，由它发出神经到柄、腕及其分支，完成各种运动。海百合雌雄异体，无固定的生殖腺，生殖腺位于生殖羽枝 (genital pinnule) (羽枝的一种) 内。个体发育中有桶形的樽形幼虫 (doliolaria)。海百合类再生能力极强，腕或者萼等断落，均可数周内再生出来。

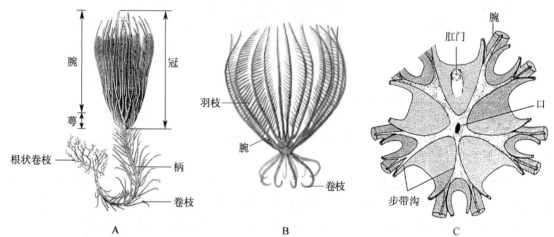

■ 图 13-11 海百合 (A) 模式图、海羊齿 (B) 和海羊齿口面局部放大 (C)
(A. 张雁云仿绘；B. 自 Miller 和 Harley；C. 仿 Hickman，修改)

海百合 (*Metaerinus*) 具长柄，卷枝多，我国海南有分布，生活在水深 200 m 处。海羊齿 (*Antedon*) 无柄，营自由生活。

13.3.2 游移亚门 (Eleutherzoa)

无柄，自由生活。口面向下，口位于口面或体前端，肛门位于反口面或体后端。骨骼发达或不发达；主要神经系统在口面。分 4 纲。

13.3.2.1 海星纲（Asteroidea）

体扁平，多为五辐射对称，体盘和腕分界不明显。生活时口面向下，反口面向上。腕的口面中央具步带沟，沟内有管足。内骨骼的骨板以结缔组织相连，柔韧可弯曲。体表具棘和叉棘，为骨骼的突起。具皮鳃，水管系发达。个体发育中经羽腕幼虫和短腕幼虫。本纲约有 1 600 种，砂海星（*Luidea quinaria*）为我国常见种类，腕尖长，叉棘无柄，非交叉型，皮鳃成簇分布，管足无吸盘。口面与反口面间的上缘板和下缘板大而显著，如镶边状（图 13-12A）。海燕（*Asterina pectinifera*）体形近五角形，中央盘与腕无明显界限，反口面骨板呈覆瓦状排列，体表具颗粒状小棘（图 13-12B）。陶氏太阳海星（*Solaster dawasoni*）腕 10~15 条，中央盘大而圆（图 13-12C）。鸡爪海星（*Henricia leviuscula*）腕狭长，细圆柱状，背面骨板厚而隆起，口面与反口面无明显界限（图 13-12D）。罗氏海盘车（*Asterias rollestoni*）为华北沿海习见种类。

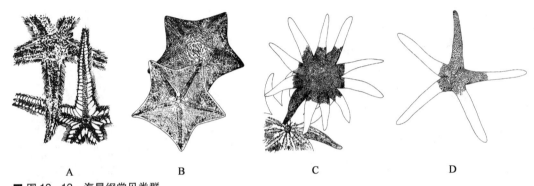

■ 图 13-12 海星纲常见类群

A. 砂海星；B. 海燕；C. 陶氏太阳海星；D. 鸡爪海星（A. 自大岛；B~D. 自张凤瀛）

13.3.2.2 海胆纲（Echinoidea）

体呈球形、盘形或心脏形。口面向下、平坦，口位于中央；反口面中央为肛门。口与反口面之间相间排列着 5 个具管足的步带区和 5 个无管足的间步带区，每个步带区和间步带区均由两列步骨板组成，各骨板上均有疣突和可动的长棘，有的棘很粗大。口周围为围口膜，围口膜的步带区上有 5 对发达的管足，称口管足（buccal podia）（图 13-13）。围口膜的边缘有 5 对分支的鳃，为呼吸器官。反口面中央为围肛部（periproct），围肛部膜状，上有数目不等的骨板。围肛部周围由 5 个生殖板（gential plate）和 5 个眼板（ocular plate）组成。生殖板上各有一生殖孔，有一块生殖板多孔，形状特异，兼有筛板的作用。眼板上各有一眼孔，辐水管末端自孔伸出，为感觉器。

海胆以藻类、水螅、蠕虫等为食。口位于口面围中央，口腔内由骨板、齿及肌肉骨板组成结构复杂的咀嚼器，称亚里斯多德提灯（Aristotle lantern）（图 13-13）。口腔后为食道、肠、直肠和肛门，肠盘曲于体内。肠上有一并行的细管，称为虹吸管（siphon）（图 13-13），细管的两端均开口于肠，可快速带走食物中的多余水分。多为雌雄异体，体外受精，个体发生中经海胆幼虫，后经变态发育为幼海胆，1~2 年后性成熟。

海胆有 900 多种，习见种类有马粪海胆（*Hemicentrotus pulcherrimus*）（图 13-14A），壳半球形，褐色，棘短而多，状如马粪。细雕刻肋海胆（*Temnopleurus toreumaticus*）（图 13-14B），壳较低平，棘大而长。光棘球海胆（*Strongylocentrotus nudus*），又名大连紫海胆，是辽宁、山东两省海胆的主要经济种，最大壳径可达 10 cm；大棘粗状，生活于潮间带至水下 180 m、海

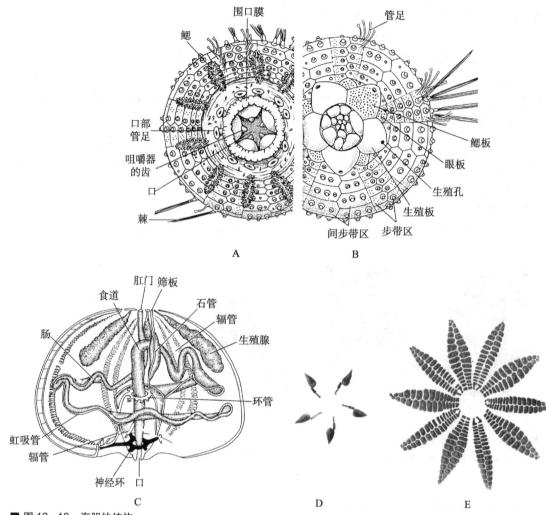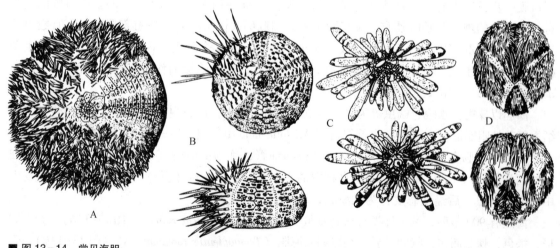

■ 图13-13 海胆的结构

A. 口面；B. 反口面；C. 内部结构；D. 咀嚼器的齿；E. 平展开的骨板（A，B. 仿 Ruppert 等；C. 仿 Brusca；D、E. 郭冬生）

■ 图13-14 常见海胆

A. 马粪海胆；B. 细雕刻肋海胆；C. 石笔海胆；D. 心形海胆（自张凤瀛）

藻繁茂的岩礁海底。石笔海胆（*Heterocentrotus mammillatus*）（图13-14C），棘粗大如石笔状，我国西沙群岛有分布。心形海胆（*Echinocardium cordatum*）（图13-14D），壳似心形，薄而脆，口和肛门均位于口面。

13.3.2.3　蛇尾纲（Ophiuroidea）

体扁平，中央盘呈扁圆形或五角形，腕细长，两者分界明显。中央盘口面中央为口，口周围由许多骨板组成了5个咀嚼板，其中的一个咀嚼板特化为筛板；反口面鳞片状。

腕由4列纵行骨板包围形成，位于腕的上下和两侧，分别称为侧腕板、口面腕板和反口面腕板。腕内还有一列腕骨（vertebra），几乎充满了腕内空间，每个腕骨及其周围的4块骨板组成一个腕节（article）。前后腕节的骨骼间有可动关节，腕可在肌肉的控制下，在水平方向灵活运动。侧腕板上有发达的腕棘，不同种类的腕棘数目、形态不同。管足退化，触手状，无运动功能，但可收集辅助摄食，还有呼吸和感觉功能。管足从侧腕板与口面腕板间的触手孔伸出，一般每一腕节有一对管足。消化道退化，食道短，后连盲囊状的胃。无肠，无肛门。以藻类、有孔虫、有机质碎屑为食，也食多毛类、甲壳类等小动物。蛇尾的再生能力很强，一些种类可以像海盘车那样进行无性繁殖。多雌雄异体，体外受精，个体发生中经蛇尾幼体（ophiopluteus）；少数种类雌雄同体，胎生。

蛇尾类约有2 000种，是棘皮动物中最大的一个类群，依据腕是否分支等可以分为蔓蛇尾目（Euryalae）和真蛇尾目（Ophiura）。蔓蛇尾目动物腕分支，腕口面或反口面的骨板常缺失；如海盘（*Astrodendrum*），腕分支，筛板多个，产海南东部海区（图13-15A）。真蛇尾目动物腕不分支，腕上有4列骨板。如滩栖阳遂足（*Amphiura vadicola*）腕极长，可达180 mm以上，青岛有分布。刺蛇尾（*Ophiothrix fragilis*）（图13-15B）可集群，密度可达10 000个/m²。真蛇尾（*Ophiura*）见于我国黄海海域（图13-15C）。

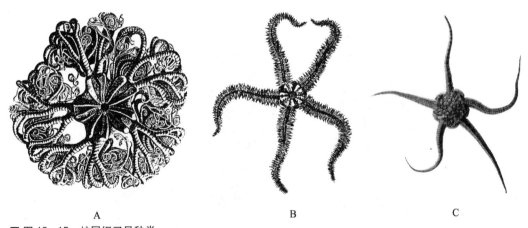

■ 图13-15　蛇尾纲习见种类
A. 海盘；B. 刺蛇尾；C. 真蛇尾（A. 自 Ludwig；B. 自 Macbride；C. 自 Lycaon）

13.3.2.4　海参纲（Holothuroidea）

圆柱形，背腹略扁，两侧对称，无腕。管足散布在体表，腹面的管足常具吸盘，背部和体侧的管足则特化为疣足（papillate podium）。口面—反口面体轴加长，口位于体前端，周围有管足特化形成的触手，触手形状与数目因种而异；肛门位于体末，肛周常具小的乳突或钙质骨板。内骨骼退化为许多极微小的小骨片，如一条丑海参（*Holothuria impatiens*）有约2 000万个微小骨片。骨片形状规则，为分类的重要依据。口后为肌肉质的咽，咽的前部由

10块小骨板围成一钙环（calcareous ring），起支持作用，也为体壁纵肌提供附着点。

肠长管状，盘折于体内，末端膨大成泄殖腔。许多海参肠与泄殖腔交界处向体两侧发出一对细管，细管发出的分支再逐级分支后，形成树状结构，称呼吸树（respiratory tree）或水肺，为海参特有的呼吸器官。泄殖腔附近有许多细长的白色或淡红色的盲管，开口于呼吸树的基部，或者直接开口于泄殖腔，称居维尔氏器（Cuvierian organ），是海参的防御器官。受刺激时，居维尔氏器、呼吸树以及其他内脏器官可从肛门射出，抵抗和缠绕敌害，排出的内脏器官可以再生。环水管围绕在咽的基部，通过很短的石管与筛板相连，筛板位于体腔中。不同于其他棘皮动物，海参水管系中流动的液体并非海水，而是体腔液。环水管向前分出一些小管，进入口周围的触手，向后发出5条辐水管，辐水管位于体壁中。海参在海底匍匐，食物为混在泥沙内的有机质碎片、藻类及原生动物等，摄食时，连同泥沙一同吞入，消化其中的有机颗粒，不能消化的东西由肛门排出。海参为狭盐性动物，在半咸水或低盐海水中很少见。对水质的污染也很敏感，在污染的海水里，海参难以生存。

海参类具有很强的自切及再生能力，身体的一部分损伤，能很快痊愈。海参多雌雄异体，体外受精，发育几天后形成耳状幼虫（auricularia）（图13-16），经过一段时间的浮游生活后，耳状幼体缩短变为樽形幼虫（doliolaria）期，变态成幼参。

全世界有海参1 000多种，我国有140多种。我国华北沿海习见种类有：刺参（*Stichopus japonicus*）（图13-17A），为大型食用参，体壁厚，含蛋白质高，味鲜美。梅花参（*Thelenota ananas*）（图13-17B），体长700 mm左右，大的可达1 m，是海参中最大的种类，体上肉刺基部相连，成梅花瓣状，为我国南海产的食用参中最好的一种。以上海参的触手不分支，末端有小突起。海棒槌（*Paracaudina chilensisvar*）（图13-17C），又称海老鼠，体呈纺锤形，后端延长成尾状，体表光滑。管足和肉刺均退化。

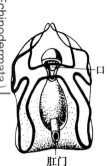

■ 图13-16 海参的耳状幼虫

（自Leuckart 和 Nitsche）

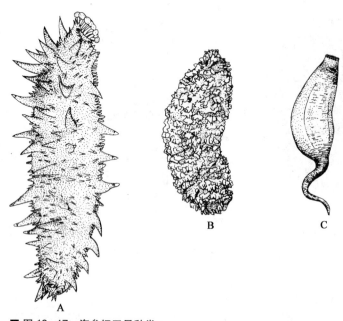

■ 图13-17 海参纲习见种类

A. 刺参；B. 梅花参；C. 海棒槌（自张凤瀛）

13.4 棘皮动物与人类

棘皮动物多对人类有益，但也有一些不利影响。我国有 40 多种可供食用，刺参、梅花参等为常见的食用参。海参含蛋白质高，营养丰富，是优良的滋补品。干海参含粗蛋白 55％，粗脂肪 1.8％，同时还含有人体所需的微量元素，是一类高蛋白、低脂肪、低胆固醇的滋补品。海参含有多种生物活性成分，如固醇、多糖、脂肪酸、酶和多肽等，具有提高免疫力、镇痛等作用。研究发现阿氏辐肛参（*Actinopyga agassizi*）所含的海参素（holothurin）对小鼠 S180 具有抑肿瘤作用。海胆的生殖腺含有大量的蛋白质、氨基酸、高度不饱合脂肪酸（二十烷酸）、糖类和其他生理活性物质，因而海胆不但具有较高的食用价值，同时还有极好的药用功能。海胆卵为少黄卵，完全均等卵裂，故常被作为发育生物学的重要实验材料。海星及海燕等干制品可作肥料，并能入药。自海星中提取的粗皂苷对大白鼠的实验性胃溃疡有较强的愈合作用。蛇尾为一些冷水性底层鱼（如鳕鱼）的天然饵料。

海胆喜食海藻，故为藻类养殖之害；有些种类的棘有毒，可造成对人类的危害。海星喜食双壳类，一个 30 天的小海星，6 天中可食 50 多个小海螂；一个成体海星一天吞食和破坏牡蛎可达 20 多个，故海星为贝类养殖之敌害。而筐蛇尾则为珊瑚的重要天敌，大量捕食珊瑚虫，导致珊瑚虫局部消失。

13.5 棘皮动物的起源和演化

棘皮动物体呈辐射对称，但它们的幼虫为两侧对称，因此辐射对称是次生的。棘皮动物的化石中也有一些种类为两侧对称，如出现于寒武纪地层中的海林檎类（Cystidea）化石和海蕾类（Blastoidea）化石。因此有人认为棘皮动物起源于两侧对称的对称幼虫（dipleurula），对称幼虫具有 3 对体腔囊，且形态结构与现存棘皮动物幼虫类似。也有一些人认为棘皮动物的祖先为固着生活的五触手幼虫（pentactula），这些幼虫也是两侧对称体形，具 3 对体腔囊和 5 条中空触手。后来适应于这种生活，其体形逐步转化为辐射对称；后来大部分种类营自由生活，但其体形仍保持着辐射对称。

海百合纲为最古老的一类，出现于寒武纪，泥盆纪以后逐渐衰落。它们大多数营固着生活。海星纲与蛇尾纲体形一致，均为五辐射对称，具有中央盘和腕，这两类的演化关系较为接近。海胆纲与蛇尾纲的幼虫均为长腕幼虫，在结构上相似，两者关系较近；而海胆与海参的步带板均位于口与肛门两极之间，由于步带板和间步带板向上包，反口面仅存肛门周围的区域，显示海胆纲与海参纲处于同一分类支上，表明海胆是系统发育中处于海参与蛇尾之间的一个类群。海参纲其体呈蠕虫状，两侧对称，口与肛门位于体的前后两端，是棘皮动物中特殊的一类。

棘皮动物不同于大多数无脊椎动物，而与脊索动物一样，同属后口动物。次生体腔由肠腔囊发育形成，中胚层产生内骨骼，这也是脊索动物的特征。海参纲的耳状幼体与半索动物肠鳃类的柱头虫幼虫（tornaria）在结构上非常相似，因此棘皮动物是无脊椎动物中与脊索动物最为相近的类群。

附门：

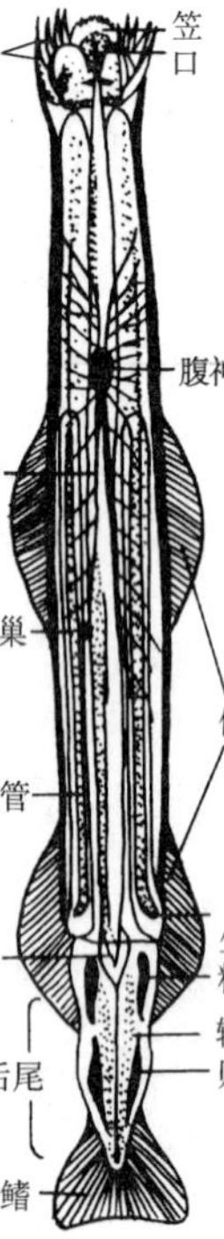

■ 图 13-18 箭虫
（自 Hickman）

刚毛
笠口
腹神经节
小肠
卵巢
侧鳍
输卵管
雌雄生殖孔
精巢
肛门
输精管
贮精囊
肛后尾
尾鳍

毛颚动物门（Phylum Chaetognatha）

毛颚动物体形似箭，较小，体长多在 40 mm 以下，半透明。全部海产，多营浮游生活，运动迅速，并可跳跃。

毛颚动物体分为头、躯干和尾 3 部分，各部在体内有隔膜分开。头端圆，腹侧为一纵裂的口，左右两侧具几丁质的刚毛，可帮助摄食，有颚的功能。以小鱼或小的甲壳类为食。躯干部有 1~2 对侧鳍，尾部具一个三角形的尾鳍，肛门位于躯干部末端腹面（图 13-18）。体腔为次生体腔，起源于体腔囊，被横隔分为头、躯干和尾 3 部分。

体腔内充满体腔液，有运输功能。无循环系统和排泄系统。复层上皮，这与其他无脊椎动物完全不同。咽背侧有一脑神经节，以围咽神经连于体前腹侧的肠下神经节，形成一神经环。自脑神经节两侧向后伸出一对纵神经，至体中部与腹神经节相连。感官有眼一对，位于头部。毛颚类为雌雄同体，体后部两侧有卵巢一对，雌性生殖孔位于体末端侧面；精巢一对，成熟精子由体壁破裂排出体外。多为异体受精，完全均等卵裂，经有腔囊胚，以内陷法形成原肠胚。于原肠胚前端形成口，故属后口动物。个体发育中尾部先分化，无幼虫期。

毛颚动物有 60 多种，我国东海已记录 21 种，其中箭虫属（*Sagitta*）有 14 种。肥胖箭虫（*S. enflata*）为东海的优势种，垂直分布为 0~250 m，但 99 % 个体在距海平面 100 m 以内的上层，其中 75 % 在 0~50 m，少数分布在 250~500 m。另外，尚有龙翼箭虫（*Pterosagitta draco*）、太平洋虫（*Krohnitta pacifica*）等分布在 0~50 m 上层的种类。深水种有钩刺真虫（*Eukrohnia hamata*）。

毛颚动物的体腔形成及成体口的来源与后口动物相同，但其结构简单，复层上皮，体腔有隔膜等特点，可能为原始后口动物中极特化的一支，与其他后口动物的亲缘关系不很密切。

思考题

1. 棘皮动物门的主要特征是什么？
2. 为什么说棘皮动物为无脊椎动物中的高等类群？
3. 比较棘皮动物各纲动物的外形特点与其生活方式的适应性。
4. 了解棘皮动物的经济意义。
5. 试述棘皮动物的系统发育及其对了解动物演化的意义。

第 14 章

半索动物门（Phylum Hemichordata）

半索动物是无脊椎动物中的一个高等门类，是后口动物的一支。

半索动物全部海产，有 90 余种。本门动物的体长为 2.0~250 cm，体最长者属巴西沿海的巨柱头虫（*Balanoglossus gigas*）。多数种类分布于热带海和温带海的沿海，主要栖息于潮间带或潮下带的浅海沙滩、泥地或岩石间，单独自由生活或集群固着生活。

半索动物门分为肠鳃纲（Enteropneusta）和羽鳃纲（Pterobranchia）两大类，其中 77 % 以上的种类属于肠鳃纲。最常见的代表动物为肠鳃纲的柱头虫（*Balanoglossus*）。

14.1 半索动物的形态结构和重要种类

14.1.1 代表动物——柱头虫（*Balanoglossus*）

柱头虫具有鳃裂、口索、前端有空腔的背神经索、真体腔等重要特征。

14.1.1.1 外形和生活习性

柱头虫体呈蠕虫状，两侧对称，分为吻（proboscis）、领（collar）和躯干（trunk）三部分。最前端的吻圆锥状，内有空腔（吻体腔），腔内液体压力的变化使吻有很强的伸缩力。吻通过一段较细的柄与领相接。躯干部细长，前端背侧有成对的鳃孔与鳃裂相通，鳃孔数目随躯体生长而有所增加；躯干前部两侧向外延伸呈翼状，称生殖嵴，内有生殖腺。躯干末端为肛门（图 14-1）。

柱头虫体表黏滑，有腺细胞分泌黏液，体表具有纤毛的柱状表皮层。纤毛的运动可将黏着在吻上的浮游生物驱赶到口中。身体借吻部伸缩运动挖掘 U 形通道并藏身在其内，营底栖少动生活。

14.1.1.2 结构与机能

（1）体壁和体腔　体壁由表皮和肌肉层组成。吻和领部肌肉层由环肌与纵肌组成，躯干部主要为纵肌。

体腔分化为吻腔、领腔和躯干体腔 3 部分。吻腔在吻内，在吻后以中背孔（吻孔）与外界相通，有进入水流和排出排泄废物的功能；领腔一对，由位于背中线两侧的成对的孔通体外；躯干体腔一对，与外界不相通。这 3 部分体腔之间有横隔膜分开。柱头虫的体腔为真体腔，由肠体腔囊法形成中胚层，再形成体腔（图 14-2，图 14-3）。

（2）消化和呼吸系统　柱头虫的消化管是从前往后纵贯身体的一条直管。口位于吻和领交界处腹面；口腔位于领部，其背壁向前延伸一个短盲管至吻腔基部，称为口索（stomochord）。口索曾被认为是不完全的脊索，并把具有这一结构的动物称为半索动物。

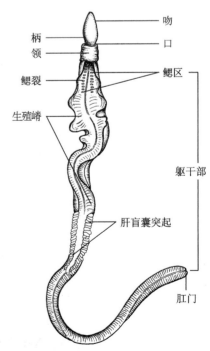

吻
柄
口
领
鳃区
鳃裂
生殖嵴
躯干部
肝盲囊突起
肛门

■ 图 14-1　柱头虫外形（自郑光美）

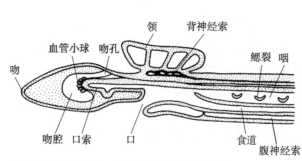

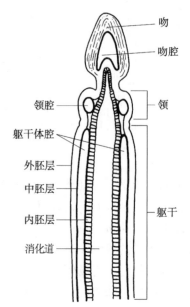

■ 图14-2 柱头虫身体前端纵剖示内部结构

■ 图14-3 柱头虫身体前端纵剖示体腔

口腔进入躯干部，称为咽部，其背部两侧各有一列 U 字形鳃裂（7～700 对），每个鳃裂开口到鳃囊，再经鳃孔通向体表。鳃裂间布有丰富的微血管，水从口进入消化道，经过咽部鳃裂和鳃囊的鳃孔排出体外，在这一过程中完成气体交换的呼吸作用（图14-4）。

咽后为食道、肠，最后由直肠末端通过肛门开口于体外。尚无胃的分化。

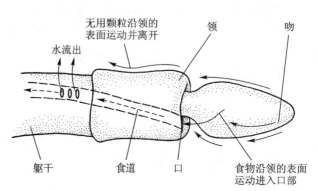

■ 图14-4 柱头虫的呼吸、摄食与水流出入

（3）循环和排泄系统　血液循环属于开管式，由血管、血窦组成。血管包括背血管和腹血管。血液循环方式与蚯蚓类似，背血管的血液由后向前流动，腹血管的血液由前向后流动。背、腹血管之间有连络血管。背血管在吻腔基部略为膨大称静脉窦，再往前进入中央窦。中央窦内的血液通过附近的心囊搏动压入其前方的血管小球（glomerulus）。血管小球突入吻腔中，是排泄器官（图14-2），血液在此过滤并排出代谢废物至吻腔，再从吻孔流出体外。从血管小球发出 4 条血管，其中两条分布到吻部，另外两条后行，在领部腹面汇合成腹血管，将血管小球中的大部分血液输送到身体各部。

（4）神经系统　由一条背神经索和一条腹神经索组成，背、腹神经索在领部相联成环。背神经索在伸入领的部分出现狭窄空腔（图14-2），曾被认为是雏形的背神经管。在表皮下还有神经细胞体和神经纤维交织形成的神经层。

（5）生殖和发育　雌雄异体。生殖腺成对排列于躯干前半部两侧，各有小孔开口于体外。性成熟时卵巢灰褐色，精巢黄色。体外受精，卵和精子由生殖孔排至海水中。柱头虫受精卵为均等辐射卵裂，以内陷法形成原肠胚，以肠腔法形成中胚层和体腔。幼虫称柱头幼虫（tornaria），体小而透明，体表布有粗细不等的纤毛带，营自由游泳生活，与棘皮动物的羽腕幼虫（bipinnaria）很相似（图14-5）。幼虫游泳一段时间后沉入海底，变态为柱头虫。

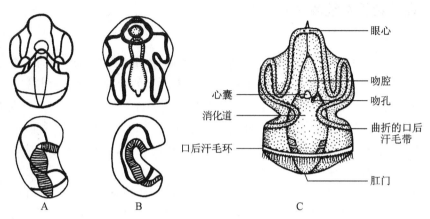

■ 图14-5　柱头幼虫（A，C）与羽腕幼虫（B）的比较

14.1.2　半索动物羽鳃纲（Pterobranchia）的结构和代表种类

已知羽鳃纲约有20种，多是固着于深海底群居的小型半索动物，外形像苔藓虫。体长2～14 mm，代表动物有头盘虫（*Cephalodiscus dodecalophus*）和杆壁虫（*Rhabdopleura*）等（图14-6）。

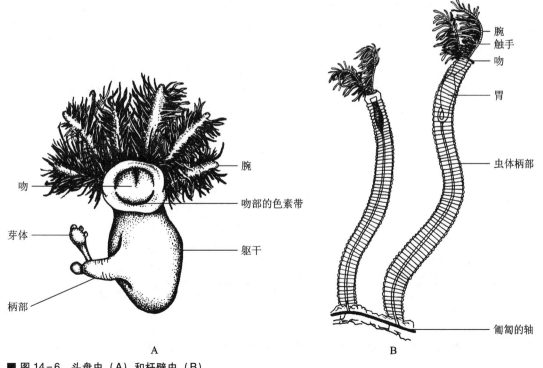

■ 图14-6　头盘虫（A）和杆壁虫（B）

头盘虫的体长仅 2~3 mm，群栖于一个有许多小孔的公共管鞘内，彼此独立。头盘虫的身体分吻、领、躯干 3 部分，因吻扁平似盘而得名。该虫与柱头虫的主要不同处是领背部有腕状突起，腕上附生 5~9 对羽状触手，可摆动造成水流，使食物沿着腕和触手上的食物沟导入口内。领部只有大神经节以及分布到吻部和腕状突起的神经。咽部有一对鳃裂；肛门因肠道弯向背面而开口于领背。雌雄异体，除有性生殖外，也可以出芽方式进行无性生殖。

14.2 半索动物在动物界系统演化的地位

19 世纪下半叶曾有学者将其隶属于脊索动物门中的一个亚门，其理由是半索动物的 3 个结构：① 口索，相当于脊索动物的脊索；② 咽部有鳃裂；③ 有空腔的背神经索，相当于脊索动物的背神经管。这 3 个结构与脊索动物的主要特征基本相符。但许多学者不同意这个观点。近年来的组织学与胚胎学研究发现柱头虫的口索并不是脊索，与脊索不同源也不同功，很可能是一种内分泌器官。此外，半索动物具有许多非脊索动物的特点，如实心的腹神经索、开放式血液循环系统、肛门位于身体末端等。

就目前的研究资料来看，更多的人认为半索动物应归入无脊椎动物并作为一个单独的门——半索动物门。它们与棘皮动物亲缘关系较近，两者可能是由自由生活的共同的祖先分支进化而来。其根据是：

（1）半索动物和棘皮动物均是后口动物。

（2）半索动物和棘皮动物的中胚层都是由原肠以肠腔法形成。

（3）柱头幼虫与棘皮动物的短腕幼虫形态结构极为相似。

（4）脊索动物肌肉中含有肌酸（creatine）化合物，非脊索动物肌肉中含有精氨酸（arginine）化合物。棘皮动物和柱头虫的肌肉中都同时含有肌酸和精氨酸。

上述理由说明半索动物与棘皮动物有着共同的起源，但半索动物又有相似于脊索动物的特征。由此可见半索动物与棘皮动物、脊索动物均有某种亲缘关系，是重要的过渡类型，在进化生物学上占据十分重要的地位。

近年我国古生物学家在距今 5.3 亿年的澄江的寒武纪早期沉积岩中发现海口虫化石，其皮肤、肌肉、呼吸及循环等器官系统与脊索动物明显不同，而且兼有背、腹神经索的"过渡型"神经系统，与半索动物相一致。这种动物还具有半索动物典型的吻—领—躯干的三分体型，没有任何脊索构造和肌节的痕迹，但有咽和鳃孔，可能是地球上已知最古老的半索动物（图 14-7）。

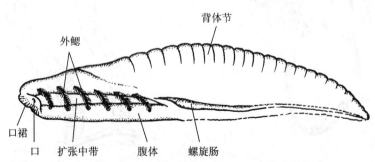

■ 图 14-7 尖山海口虫（*Haikouella jianshanensis*）模式复原图

思考题

1. 简述半索动物代表柱头虫的主要结构和特征。
2. 半索动物在动物界中处在什么地位？
3. 半索动物与哪一类动物的亲缘关系最近？其根据是什么？

第15章
脊索动物门（Phylum Chordata）

15.1 脊索动物门的主要特征和分类

15.1.1 脊索动物门的主要特征

脊索动物门是动物界中最高等的一门。现存种类不论在外部形态和内部结构以及生活方式上，都存在极显著的差异，但在个体发育的某一时期或整个生活史中具有如下共同特征（图 15-1），这些特征完全区别于无脊椎动物。

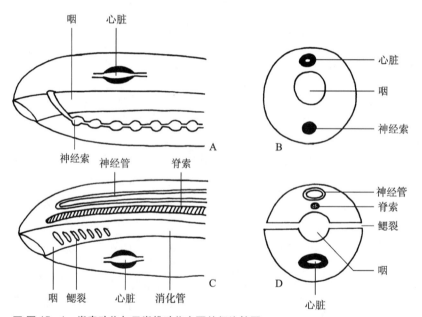

■ **图 15-1** 脊索动物与无脊椎动物主要特征比较图

A. 无脊椎动物体的纵断面；B. 无脊椎动物体的横断面；C. 脊索动物体的纵断面；D. 脊索动物体的横断面

（1）脊索（notochord） 脊索是身体背部起支持作用的棒状结构，位于消化道背面、背神经管腹面。在发生上来自胚胎的原肠背壁，后与原肠脱离形成。典型的脊索由富含液泡的脊索细胞组成，外面围有脊索细胞分泌形成的结缔组织鞘，即脊索鞘（notochordal sheath）。脊索鞘常包括内、外两层，分别为纤维组织鞘和弹性组织鞘。充满液泡的脊索细胞由于产生膨压，使脊索既具弹性又有硬度（图 15-2）。脊索终生存在于低等脊索动物中（例如文昌鱼）或仅见于幼体时期（例如尾索动物）。脊椎动物中的圆口类脊索终生保留，其他类群只在胚胎期出现脊索，后来被脊柱（vertebral column）所取代，成体的脊索完全退化或保留残余。

脊索的出现是动物进化历史上的重大事件，它强化了对躯体的支持与保护功能，提高了定向、快速运动的能力和对中枢神经系统的保护功能，也使躯体的大型化成为可能，是脊椎动物头部（脑和感官）以及上下颌出现的前提条件。

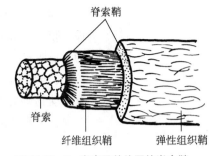

■ 图 15-2　脊索及其外围的脊索鞘

（2）背神经管（dorsal tubular nerve cord）　背神经管是脊索动物的神经中枢，位于脊索背面。在发生上由胚胎背中部的外胚层加厚下陷卷曲所形成。脊椎动物的背神经管的前、后分别分化为脑和脊髓。神经管腔（neurocoele）在脑内形成脑室（cerebral ventricle），在脊髓中为中央管（central canal）。这些中空部分不断循环流动着脑脊液，为中枢神经系统的发展和扩大提供了内部环境。

（3）鳃裂（gill slits）　消化管前端的咽部两侧有一系列成对排列、数目不等的裂孔，直接开口于体表或以一个共同的开口间接地与外界相通，称为鳃裂。低等水栖脊索动物的鳃裂终生存在，在鳃裂之间的咽壁上着生布满血管的鳃，为呼吸器官。陆栖脊索动物仅在胚胎期或幼体期（例如两栖纲的蝌蚪）具有鳃裂，成体完全消失。

（4）如果具有尾，总是位于肛门后方，称为肛后尾（post-anal tail）。

（5）心脏位于消化管的腹面，循环系统为闭管式（不包括尾索动物）。大多数脊索动物血液中具有红细胞。

上述特征中，具有脊索、背神经管和鳃裂是区别脊索动物和无脊椎动物的基本特征。此外，脊索动物还有一些性状在一些高等无脊椎动物中也具有，例如三胚层、后口、次级体腔、两侧对称以及躯体和某些器官的分节现象等。这些共同点表明脊索动物是由无脊椎动物进化而来的。

15.1.2　脊索动物的分类

现存的脊索动物约有 41 000 种，分为 3 个亚门。

15.1.2.1　尾索动物亚门（Urochordata）

脊索和背神经管仅存于幼体的尾部，成体退化或消失。鳃裂终生存在。成体的体表被有被囊。常见种类有海鞘和住囊虫，营自由或固着生活。有些种类有世代交替现象。本亚门包括尾海鞘纲（Appendiculariae）、海鞘纲（Ascidiacea）、樽海鞘纲（Thaliacea）等。

15.1.2.2　头索动物亚门（Cephalochordata）

脊索和神经管纵贯全身，并终生保留。鳃裂众多。本亚门仅头索纲（Cephalochorda）一个类群，体呈鱼形，头部不明显，故称无头类（Acrania）。身体分节。

15.1.2.3　脊椎动物亚门（Vertebrata）

脊索只在胚胎发育阶段出现，随后或多或少地被脊柱所代替。脑和感官集中在身体前端，形成明显头部，故称有头类（Craniata）。本亚门包括 6 个纲。

（1）圆口纲（Cyclostomata）　无颌，又名无颌类（Agnatha）。缺乏成对的附肢。单鼻孔。脊索为主要支持结构，但出现雏形的椎骨（vertebra）。皮肤裸露。

（2）鱼纲（Pisces）　具上、下颌，与四足类脊椎动物合称为有颌类（Gnathostomata）。体表大多被鳞。鳃呼吸。具有适于水生生活的成对的胸鳍和腹鳍。鱼类可分为两大类群：

软骨鱼类（Chondrichthyes）　骨骼为软骨。体被盾鳞。鳃裂直接开口于体表。

硬骨鱼类（Osteichthyes）　骨骼一般为硬骨。体被骨质鳞。鳃裂不直接开口于体表。

（3）两栖纲（Amphibia）　皮肤裸露湿润。幼体用鳃呼吸，成体营肺呼吸，皮肤为辅助呼吸器官。五趾型附肢，和高等脊椎动物一起称为四足类（Tetrapoda）。

（4）爬行纲（Reptilia） 皮肤干燥，体表被以角质鳞或角质盾片。在胚体发育过程中出现羊膜（amnion），与鸟纲、哺乳纲合称为羊膜动物（Amniota）。其他各纲脊椎动物则合称为无羊膜动物（Anamniota）。

（5）鸟纲（Aves） 体表被羽。前肢特化为翼。恒温，与哺乳类合称为恒温动物。其他脊椎动物则为变温动物。卵生。

（6）哺乳纲（Mammalia） 体表被毛。恒温。胎生（卵生的单孔类除外），哺乳。

15.2 尾索动物亚门（Urochordata）

尾索动物和头索动物两个亚门是脊索动物中最低级的类群，总称为原索动物（Protochordata）。

本亚门的动物多数在幼体时期是自由游泳生活的，具有脊索动物特征但脊索只在尾部存在，所以称为尾索动物。幼体经过变态尾部消失，营固着生活。因身体外包在胶质（gelatinous）或近似植物纤维素成分的被囊（tunic）中，又被称为被囊动物（tunicate）。全世界有2 000多种，常见种类有柄海鞘（*Styela clava*）、樽海鞘（*Doliolum*）、玻璃海鞘（*Ciona*）、菊花海鞘（*Botryllus*）等，分布遍及世界各地的海洋。早在2 000多年前，尾索动物就已经被记载并被归类到无脊椎动物，直到1866年俄国学者柯瓦列夫斯基仔细研究了海鞘的胚胎发育及其变态后，才正式判定其属于脊索动物门。

15.2.1 代表动物——柄海鞘（*Styela clava*）

15.2.1.1 成体形态结构

（1）外形 海鞘的成体形似囊袋，基部以长柄附着在海底或被海水淹没的物体上，顶部有两个相距不远的孔：顶端的是入水孔（incurrent siphon），位置略低的是出水孔（excurrent siphon）（图15-3），水流从入水孔进入而由出水孔排出。受惊扰时可引起体壁骤然收缩，体内的水分别从两个孔中似乳汁般喷射而出，待缓解后会逐渐恢复原状。

（2）外套膜（mantle）和被囊 外套膜构成柄海鞘的体壁。外套膜由表面一层外胚层的上皮细胞和中胚层的肌肉纤维及结缔组织组成。动物体外的被囊由外套膜分泌而来。在整个动物界中具有被囊的动物仅见于尾索动物和少数原生动物。外套膜在入水孔和出水孔的边缘处与被囊汇合，并有环行括约肌控制管孔的启闭（图15-4）。

（3）围鳃腔（atrial cavity） 外套膜内有围鳃腔围绕咽部（以及咽壁上的鳃裂）。宽大的围鳃腔是由身体表面陷入内部所形成的空腔，其内壁是外胚层。因其不断扩大，从而将身体前部原有的体腔逐渐挤小，最终在咽部完全消失。

（4）消化和呼吸系统 消化管包括口、咽、食道、胃、肠和肛门。肛门开口于围鳃腔。入水孔的底部有口，连通咽部。口四周有由触手组成的缘膜，其作用是滤去粗大的物体，只容许水流和微小食物进入消化管。口缘膜下方是宽大的咽，咽几乎占据了身体的大半部（3/4），咽壁被许多细小的鳃裂所贯穿。从口进入咽内的水流经过鳃裂到达围鳃腔中，然后经出水孔排出。咽腔的内壁生有纤毛，其背、腹侧的中央各有一沟状结构，分别称为背板（dorsal lamina）或咽上沟（epipharyngeal groove）和内柱（endostyle），沟内有腺细胞和纤毛细胞。背板和内柱在咽的前端以围咽沟（peripharyngeal groove）相连。腺细胞分泌黏液，将进入咽部的食物黏结成食物团。由于内柱纤毛的摆动，将食物团从内柱推向前行，经围咽

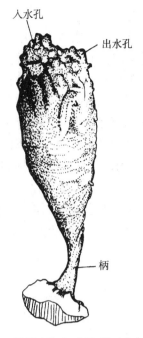

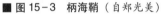

■ 图 15-3　柄海鞘（自郑光美）

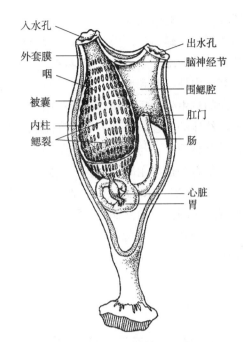

■ 图 15-4　成体柄海鞘的内部结构（自郑光美）

沟、沿背板往后导入食道、胃及肠进行消化。不能消化的残渣通过肛门排入围鳃腔，随水流经出水孔排出体外（图 15-4）。

在鳃裂周围的咽壁上分布着丰富的毛细血管，当水流通过鳃裂时进行气体交换，完成呼吸作用。

（5）循环系统　心脏位于身体腹面靠近胃部的围心腔（pericardial cavity）内，两端各发出一条血管：前端一条为鳃血管，分布到鳃裂间的咽壁上；后端一条称肠血管，分布到各内脏器官，经多次分支进入器官组织的血窦之间。所以海鞘具有开管式的血液循环，而且还具有一种特殊的可逆式血液循环流向，即心脏收缩有周期性间歇，当它的前端连续搏动时，血液不断地由鳃血管压出至鳃部；接着心脏有短暂的停歇，容纳鳃部的血液流回心脏，然后心脏后端开始搏动，将血液注入肠血管而分布到内脏器官的组织间隙。柄海鞘的血管无动脉和静脉之分，血液双向流动，这种血液循环方式在动物界中是绝无仅有的。

（6）排泄和生殖系统　柄海鞘在肠附近有一堆具有排泄机能的细胞，称为尿泡（renal vesicles），其中常堆积尿酸结晶。排泄物进入围鳃腔随水流排出体外。

柄海鞘为雌雄同体（hermaphroditism），异体受精。精子和卵子不同时成熟，从而避免了自体受精。精巢和卵巢均位于外套膜内壁。精巢大，呈分支状；卵巢较小，圆球状；分别以生殖导管将成熟的生殖细胞输入围鳃腔，然后经出水孔排出体外，或在围鳃腔内与异体的生殖细胞相遇受精。受精卵排出体外在海水中发育。

（7）神经系统和感官　柄海鞘的成体营固着生活，神经系统和感觉器官都很退化。神经中枢只是一个神经节（nervus ganglion），位于入水孔和出水孔之间的外套膜上，由此分出若干神经分支到身体各部（图 15-4）。没有集中的感觉器官，但在触手、缘膜、外套膜、入水孔和出水孔等处有散在的感觉细胞。神经节腹面有一无色透明而略为膨大的腺体，其功能还不清楚，但就位置来看可能与脊椎动物的脑下垂体有同源关系。

15.2.1.2 幼体及变态

幼体形似蝌蚪，自由游泳，长 1~5 mm，尾内有发达的脊索，脊索背方有中空的背神经管，神经管的前端甚至还膨大成脑泡（cerebral vesicle）；具有眼点和平衡器官等。消化管包括口、咽、内柱、肠和肛门，咽壁上有少量成对的鳃裂。心脏位于身体腹侧。幼体经过几小时至一天的自由生活后，用体前端的附着突（adhesive papillae）黏着在其他水中物体上，开始变态。幼体的尾连同内部的脊索和尾肌逐渐被吸收而消失，神经管退化而残存为一个神经节，感觉器官消失。与此相反，咽部却大为扩张，鳃裂数目急剧增多，同时形成围绕咽部的围鳃腔；附着突被海鞘的柄所替代：附着突背面生长迅速，把水管口孔的位置推移到另一端（背部），于是造成内部器官的位置也随之转动了 90°~180°。随后由体壁分泌形成被囊，变为营固着生活的柄海鞘（图 15-5）。柄海鞘经过变态，失去了一些重要的构造，形体变得更为简单，柄海鞘成体的形态结构与典型的脊索动物有很大差异，这种变态称为逆行变态（retrogressive metamorphosis）。

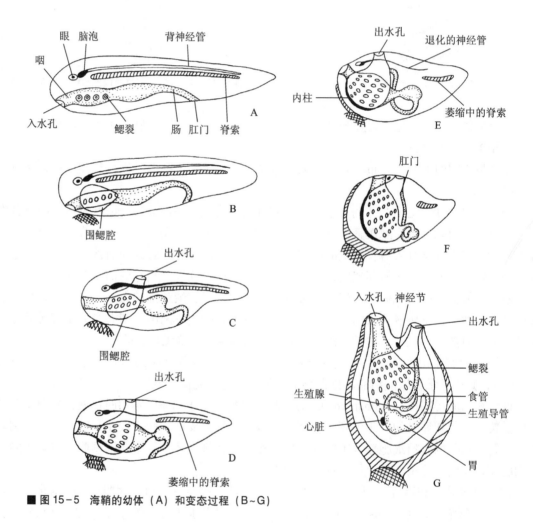

■ 图 15-5　海鞘的幼体（A）和变态过程（B~G）

15.2.2　尾索动物的分类

本亚门有 2 000 多种，分为 3 个纲（图 15-6），我国已知有 14 种左右。体呈袋形或桶状，包括单体或群体两个类型，绝大多数无尾种类只在幼体时期自由生活，成体于浅海潮间带营底栖固着生活，少数终生有尾种类在海面上营漂浮式的自由游泳生活。

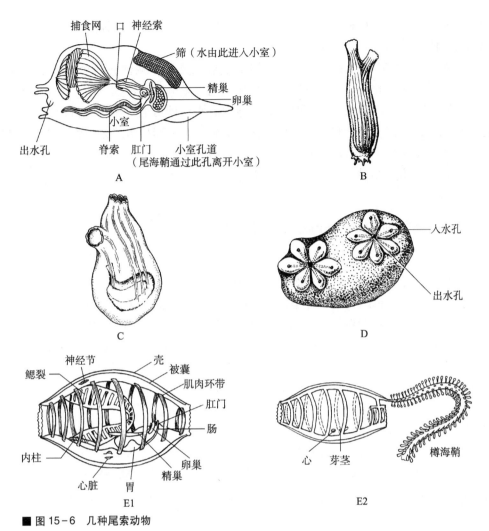

■ 图 15-6　几种尾索动物

A. 住囊虫；B. 玻璃海鞘；C. 长条海鞘；D. 菊花海鞘；E1. 樽海鞘有性世代；E2. 樽海鞘无性世代

15.2.2.1　尾海鞘纲（Appendiculariae）

尾海鞘纲是尾索动物中最原始的类型，有 60 余种。体长不超过 5 mm，体外无被囊，缺乏围鳃腔，只有一对直接开口体外的鳃裂。终生保留带尾的幼体状态。营自由游泳生活，生长发育过程中无逆行变态。代表动物为住囊虫（Oikopleura）和尾海鞘（Appendicularia）。住囊虫包藏在由皮肤分泌的透明胶质囊内，有入水孔和出水孔，住囊虫在囊中借助尾巴摆动而进入水流，并使囊中的水由出水孔排出，推动动物体前进，同时通过虫体口外特有的网筛，从流水中滤取微小的浮游生物作为食物。每隔数小时，住囊的出、入水孔被堵塞。此时住囊虫就激烈摆动长尾，破囊冲出至海中，并在很短的时间里再形成新的住囊。

15.2.2.2　海鞘纲（Ascidiacea）

海鞘是尾索动物亚门中最主要的类群，占全部种数的 90% 以上，有 1 250 多种。单体或群体，附着于水下物体营固着生活。单体种类最大体长可达 200 mm，群体全长可超过 0.5 m。群体种类除有性生殖外也营无性的出芽生殖，出芽生殖后的个体都以柄与母体相连，成为群体，以各自的入水孔进水，有共同的出水孔。群体种类具各自的或公共的被囊。代表种类有柄海鞘、菊花海鞘（Botryllus）、玻璃海鞘（Ciona intestinalis）等。柄海鞘是海鞘类中的优势种，经常与盘管虫（Hydroides）、藤壶（Balanus）及苔藓虫（Bugula）等一起固着在码头、船坞、船体以及海带筏和扇贝笼上，是沿海污染的重要生物指标种。

15.2.2.3 樽海鞘纲（Thaliacea）

本纲约有 65 种，大多营自由漂浮生活，体呈桶形或樽形，咽壁有两个或更多的鳃裂。成体无尾、无脊索。入水孔和出水孔分别位于身体的前后端。被囊薄而透明，囊外有环状排列的肌肉带。肌肉带自前往后依次收缩时，流入体内的水流即可通过出水孔排出，以此推动身体前进，在此过程中完成摄食和呼吸作用。生活史较复杂，繁殖方式是有性与无性的世代交替。代表动物有樽海鞘（*Doliolum deuticulatum*）、磷海鞘（*Pyrosoma atlanticum*）等。后者因其口孔内缘有磷光器，漂浮时能发出闪烁的磷光而得名。

15.3 头索动物亚门（Cephalochordata）

头索动物终生具有发达脊索、背神经管、咽鳃裂以及肛后尾等典型脊索动物特征，在原索动物中较为进化。其脊索纵贯全身并延伸到神经管的前方，故称头索动物。无真正的脑和头部，又称为无头类。本亚门仅一纲一科，即头索纲（Cephalochorda）、鳃口科（Branchiostomidae），约 25 种，分为文昌鱼（*Branchiostoma*）和偏文昌鱼（*Asymmetron*）两个属。偏文昌鱼体长明显小于文昌鱼属，生殖腺仅存在于身体右侧，不对称。头索动物分布很广，遍及热带和温带的浅海海域。代表动物为白氏文昌鱼（*Branchiostoma belcheri*）。

15.3.1 文昌鱼的形态结构

文昌鱼喜栖于浅海水质清澈的沙滩上，平时很少活动，常把身体半埋于沙中，前端露出沙外，或者左侧贴卧沙面，借水流携带矽藻等浮游生物进入口内。夜间较为活跃，凭藉体侧肌节的交错收缩左右摆动，可短暂地游动。寿命为 2 年 8 个月左右。5—7 月为生殖季节，一生中可繁殖 3 次。

15.3.1.1 外形和皮肤

体形略似小鱼，无明显的头部，左右侧扁，半透明，可隐约见到皮下的肌节和腹侧块状的生殖腺。一般体长约 50 mm。产于美国的加州文昌鱼（*B. californiense*）体长可达 100 mm，是已知文昌鱼中个体最大的一种。无偶鳍，仅有奇鳍。身体背中线全长有一条低矮的背鳍（dorsal fin），向后与尾部的尾鳍（caudal fin）相连。尾鳍延伸到肛门之前，为肛前鳍（preanal fin）。在身体前部的腹面两侧各有一条由皮肤下垂形成的纵褶，称为腹褶（metapleura fold）。腹褶和肛前鳍的交界处有一腹孔（atripore）（图 15-7）。

身体前端的腹面有漏斗状的口笠（oral hood），其边缘环生口笠触须（cirri），上有感觉细胞。口笠触须能阻止大型沙粒进入口内，允许小微生物进入。口笠内的空腔为前庭（vestibule）。

皮肤薄而半透明，有表皮和真皮。表皮由外胚层的单层柱状上皮细胞构成，真皮为一薄层胶冻状结缔组织，表皮外覆有一层角皮层（cuticle）。

15.3.1.2 骨骼和肌肉

文昌鱼主要是以纵贯全身的脊索作为支持结构。脊索外围有脊索鞘，并与背神经管的外膜、肌节之间的肌隔、皮下结缔组织等连续。脊索细胞呈扁盘状，超微结构显示与双壳类软体动物的肌细胞相似，收缩时可增加脊索的硬度。此外，在口笠、缘膜触手、轮器内部有类似软骨的结构支持；奇鳍内的鳍条（fin rays）和鳃裂之间的鳃棒（gill bar）由结缔组织支持。

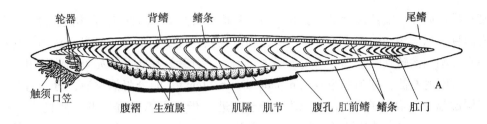

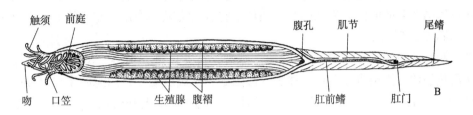

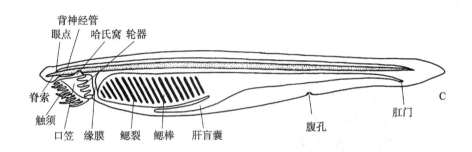

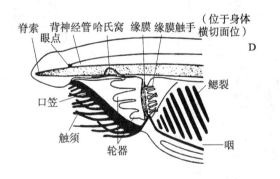

■ 图15-7 文昌鱼外形和内部结构

A. 侧面观；B. 腹面观；C. 纵剖面；D. 身体前部结构

文昌鱼背部的肌肉厚实，而腹部比较单薄，与无脊椎动物周身体壁肌肉均匀分布不同。全身肌肉主要是60多对按体节排列于体侧的"<"字形肌节（myomere），尖端朝前；肌节之间被结缔组织的肌隔（myocomma）所分开。两侧的肌节交错排列互不对称，有利于文昌鱼躯体摆动。此外，在围鳃腔腹部有属于平滑肌的横肌，收缩时可使围鳃腔缩小，以控制排水；口缘膜上有括约肌控制口的大小。

15.3.1.3 消化和呼吸器官

文昌鱼为被动取食。口位于一环形缘膜（velum）的中央，缘膜的周围环生缘膜触手（velar tentacle），阻止沙粒入口。前庭内壁有由纤毛构成的指状突起，称为轮器（wheel organ），可搅动水流进入口内。触手和轮器可保证足够的水流携带食物进入口内，而泥沙则被阻隔在口外。水流经口入咽，食物被滤下留在咽内，而水则通过咽壁的鳃裂至围鳃腔，然后由腹孔排出体外。咽部极度扩大，几乎占据身体全长的1/2。咽腔内的构造与柄海鞘相似，也具有内柱、咽上沟和围咽沟等。咽内的食物微粒被内柱细胞的分泌物黏结成团，再由纤毛运动使它经围咽沟转到咽上沟，后进入肠内。肠为一直管，在肠管起始处向前伸出一个中空盲囊，突入咽的右侧，称为肝盲囊（hepatic diverticulum），能分泌消化液，可能与脊椎动物的肝为同源器官。食物在肝盲囊后部的肠管中进一步进行消化和吸收。肠内有一回结环（ileo-colon ring），混合消化液的食物团在这里被它剧烈搅动，可使消化更彻底。肠的末端开口于偏向身体稍左侧的肛门（图15-7）。内柱细胞有富集碘的作用，在系统发生上是甲状腺的前驱，属同源关系。

咽壁两侧有7~180多对（随年龄增加）鳃裂，彼此以鳃棒分开，咽壁上布有大量毛细血管。文昌鱼幼体的鳃裂直接开口于体表，待围鳃腔形成后则开口围鳃腔中，以腹孔与外界相通（图15-8，图15-12）。水流进入口和咽时，通过鳃裂，与血管内的血液进行气体交换，最后，再由围鳃腔经腹孔排出体外。文昌鱼纤薄皮肤下的淋巴窦可能也具有直接从水中摄取氧气的能力。

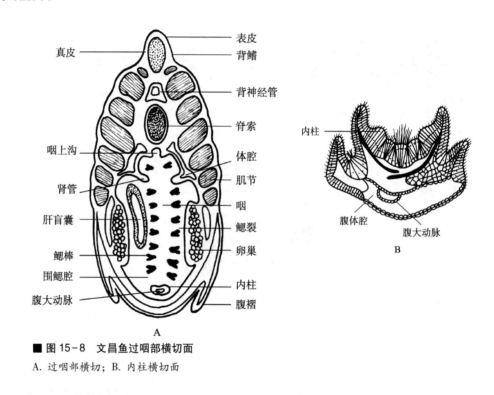

■ 图15-8 文昌鱼过咽部横切面

A. 过咽部横切；B. 内柱横切面

15.3.1.4 循环系统

文昌鱼的血液无色，也没有血细胞，氧气靠渗透进入血液。其循环系统属于闭管式，即血液完全在血管内流动。血液在体内的流动方向是脊椎动物式的：在腹面由后向前，在背面由前向后；相当于心脏的血管位于消化管腹面。

无心脏，位于消化管腹面的腹大动脉（ventral aorta）和每一个入鳃动脉基部具搏动能力，称为鳃心。腹大动脉向两侧分出许多成对的鳃动脉（branchial arteries）进入鳃间隔，鳃动脉不再分为毛细血管，它在完成气体交换作用后，在鳃裂背部汇入两条背动脉根。左、右背动脉根向前为身体前端运送血液，向后汇合成一条背大动脉（dorsal aorta），并由此分出血管到身体各部。动脉中的血液通过组织间隙进入静脉。

从身体前端返回的血液通过体壁静脉 (parietal vein) 注入一对前主静脉 (anterior cardinal vein);尾静脉 (caudal vein) 与体壁静脉一起收集大部分身体后部血液流进后主静脉 (posterior cardinal vein)。左、右前主静脉和后主静脉的血液汇流至一对横行的总主静脉 (common cardinal vein),左、右总主静脉会合处为静脉窦 (sinus venosus),然后通入腹大动脉。从肠壁返回的血液由毛细血管网集合成肠下静脉 (subintestinal vein),尾静脉的部分血液也注入其中;肠下静脉前行至肝盲囊处血管又形成毛细管网,称肝门静脉 (hepatic portal vein)。肝盲囊的毛细血管汇合成肝静脉 (hepatic vein) 离开肝,将血液注入静脉窦 (图15-9)。

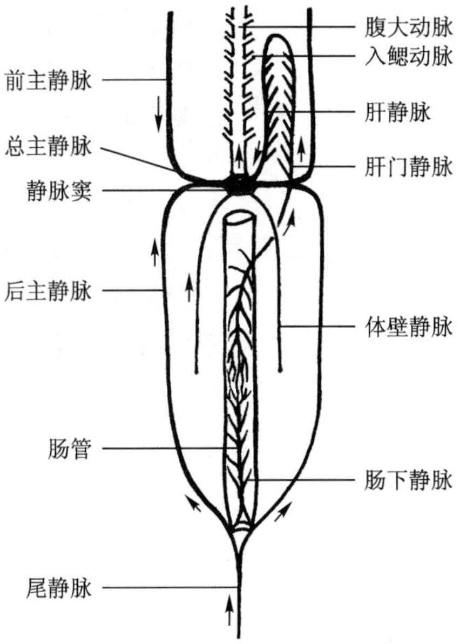

15.3.1.5 排泄和生殖系统

排泄器官由 90~100 对按体节排列的肾管 (nephridium) 组成,位于咽壁背方的两侧 (图15-8)。每个肾管是一短而弯曲的小管,一端借肾孔 (nephrostome) 开口于围鳃腔,另一端连接着 5~6 束管细胞 (solenocytes)。管细胞来源于体腔上皮细胞,其远端呈盲端膨大,紧贴体腔,内有一长鞭毛。代谢废物通过体腔液渗透进入管细胞,经鞭毛的摆动到达肾管,再由肾孔送至围鳃腔,随水流排出体外 (图15-10)。此外,在咽部后端背侧各有一褐色漏斗体 (brown funnel) 的盲囊,有人认为有排泄功能,也有人推测可能是一种感受器。

文昌鱼雌雄异体。生殖腺26对,按体节排列于围鳃腔壁两侧的体腔内,性成熟时精巢为白色,卵巢呈现淡黄色。成熟的精子和卵都是通过生殖腺壁的破口释出,穿过体腔壁坠入围鳃腔,再随同水流由腹孔排出,在海水中完成受精作用 (图15-7,图15-8)。

15.3.1.6 神经系统和感觉器官

文昌鱼的背神经管几乎无脑和脊髓的分化。神经管的前端内腔略为膨大,称为脑泡 (cerebral vesicle)。幼体的脑泡顶部有神经孔与外界相通,成体封闭,所残留的凹陷称嗅窝 (Kolliker's pit),功能不清楚。神经管的背面并未完全愈合,尚留有一条裂隙,称为背裂 (dorsal fissure)。

周围神经包括由脑泡发出的 2 对"脑神经"和自神经管两侧发出的、按体节分布的脊神经。神经管在与每个肌节相应的部位,分别由背、腹发出一对背神经根及几条腹神经根,或简称背根 (dorsal root) 和腹根 (ventral root)。背根和腹根在身体两侧的排列形式与肌节一致,左右交错而互不对称,且其背根和腹根之间也不像脊椎动物那样合并成一条脊神经。背根无神经节,是兼有感觉和运动机能的混合性神经,接受皮肤感觉和支配肠壁肌肉运动。腹根内不包含神经纤维,而是一束细肌丝,来自体壁横纹肌肌纤维,进入脊髓与神经纤维接触,直接接受刺激。

文昌鱼少活动的生活方式,致使感觉器官很不发达。沿文昌鱼神经管两侧有一系列黑色小点,称为脑眼 (ocelli),是光线感受器。每个脑眼由一个感光细胞和一个色素细胞构成,可通过半透明的体壁起感光作用。神经管的前端有单个大于脑眼的色素点 (pigment spot),又称眼点 (eye spot),但无视觉作用,有人认为是退化的平衡器官,有人则以为有使脑眼免受阳光直射的作用。口笠内背中央纵行沟的前端是一个窝状结

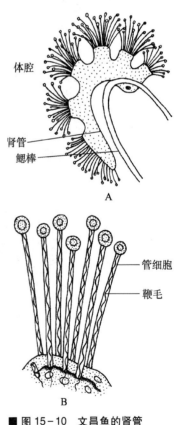

图15-9 文昌鱼的循环系统
示腹大动脉和主要静脉,箭头示血流方向

图15-10 文昌鱼的肾管
A. 肾管;B. 管细胞

构，称哈氏窝（Hatschek's pit）。免疫细胞化学和电镜结构证明其与脊椎动物脑下垂体同源。哈氏窝上皮细胞产生促性腺激素释放激素，具有原始激素调控功能。此外，全身皮肤中还散布着零星的感觉细胞，其中尤以口笠、触须和缘膜触手等处较多，可感觉水流的化学性质。

15.3.2 胚胎发育

文昌鱼在6—7月产卵，产卵和受精都在傍晚进行。卵径为0.1~0.2 mm；含卵黄少，为均黄卵（isolecithal egg），受精卵进行几乎均等的全分裂（holoblastic）。文昌鱼的发育经历受精卵—桑椹胚—囊胚—原肠胚—神经胚等各个时期，然后孵化成幼体(图15-11)。

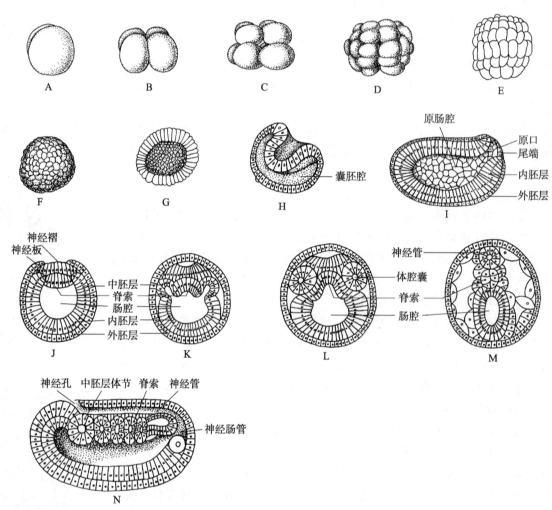

■ 图15-11　文昌鱼的胚胎发育

A→D. 卵裂期；E. 桑椹期；F→G. 囊胚及剖视；H→I. 原肠期剖视；J→M. 神经胚各阶段横切面；N. 神经管、脊索、中胚层体节的形成（纵切面）（自Romer）

15.3.2.1 卵裂和原肠胚的形成

受精卵经过多次相互垂直的细胞等分裂后，许多细胞结成一个形似实心圆球的桑椹胚（morula）。桑椹胚在继续细胞分裂的同时，中心的细胞逐渐向胚体表面迁移，变成一个内部充满胶状液的空心囊胚（blastula），其中的腔称为囊胚腔（blastocoel）。囊胚上端的细胞略小，称动物极（animal pole）；下端的细胞较大，为植物极（vegetative pole）。以后囊胚植物极细胞以内陷方式向囊胚腔陷入，最终与动物极细胞的内壁互相紧贴，囊胚腔因受挤压而消失，被新形成的原肠腔（archenteron）所代替。原肠腔以植物极细胞内陷所形成的胚孔（又称原口 blastopore）与外界相通。原口相当于胚体的后端，相对的另一端为前端。此时胚胎已形成内、外两层细胞，分别称为内胚层（endoderm）和外胚层（ectoderm）。胚体表面长有纤毛并能在胚膜中进行回旋运动。此时的胚胎称为原肠胚（gastrula）。

15.3.2.2 神经胚的形成

原肠胚自前端沿背中线至胚孔的外胚层细胞下陷，形成神经板（neural plate），其两侧的外胚层细胞同神经板脱离，向中线靠拢并完全愈合，是将来的表皮部。神经板两侧向上隆起形成神经褶（neural fold），在背中线汇合成留有一条缝隙的神经管（neural tube），管内为神经管腔（neurocoel）。其前端以神经孔（neuropore）和外界相通，后端经胚孔与原肠连通成神经肠管（neurenteric canal）。成体的神经孔关闭成嗅窝，神经肠管也闭塞，因此神经管和原肠已互不相通。原肠在胚孔部形成肛门。此时的胚胎称为神经胚（neurula）。

15.3.2.3 脊索和中胚层的形成

在背神经管形成的同时，脊索和中胚层也在形成。原肠背面正中出现一条纵行的隆起，即脊索中胚层，它与原肠分离后发育成脊索。脊索两侧的原肠出现一系列按节排列和随后彼此通连的肠体腔囊（enterocoelic pouch），以后与原肠分离，这就是新发生的中胚层。肠体腔囊所形成的空腔即体腔（coelom）。文昌鱼躯体前部的中胚层是以上述的肠体腔囊法所形成，与棘皮动物及半索动物相同；身体中后部（14 体节后）中胚层是从一条独立的细胞条带发生，体腔从其中裂开形成。这种方式又与脊椎动物一致，由此可见文昌鱼在两大类动物中处于中间过渡的地位。

15.3.2.4 中胚层的分化

每个体腔囊随着扩展和增大，分化成上、下两部分。上部称体节（somite），下部称侧板（lateral plate），体节内的空腔以后自行消失，侧板内的空腔最初因体腔囊彼此独立而保存；以后体腔囊壁前后贯通而形成左右两条体腔；最后，由于腹肠系膜的消退，左右侧体腔沟通，在体内形成一个完整的体腔，或称次级体腔，是真正由中胚层所构成的体腔。

体节进一步分化为 3 个部分，其内侧分化为生骨节（sclerotome），将来形成脊索鞘、背神经管外的结缔组织和肌隔等；体节中部形成生肌节（myotome）；体节外侧部分为生皮节（dermatome），以后形成皮肤的真皮。

侧板的外层为体壁中胚层（somatic mesoderm），将来形成紧贴着体腔壁的腹膜或体腔膜（peritoneum）；内层称脏壁中胚层（splanchnic mesoderm），以后形成肠管外围组织。

15.3.2.5 内胚层的分化

内胚层形成原肠及其衍生物。原肠在胚体的前端与原口相对处向外突出，此处外胚层同时内陷，相遇穿孔而形成后口（deuterostome）。身体后端的原口形成肛门。

15.3.3 幼体期和围鳃腔的形成

经过 20 多个小时后，文昌鱼的胚胎发育基本结束。全身被纤毛的幼体就能突破卵膜，到海水中活动。此时的生活规律是：白天游至海底，夜间升上海面，进行垂直洄游。幼体期约 3 个月，然后沉落海底进行变态。幼体在生长发育和变态的过程中，身体日益长大，出现前庭，鳃裂的数目因发生次生鳃棒而增加，并由原来直接开口体外而变为通入后来发生的围鳃腔中（图 15-12）。1 龄的文昌鱼体长约 40 mm，性腺发育成熟，可参与当年的繁殖。

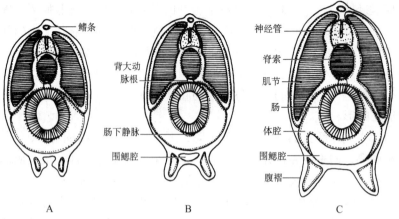

■ 图 15-12　文昌鱼围鳃腔的形成

A. 腹褶开始出现；B. 左右腹褶相连形成围鳃腔；C. 围鳃腔扩大

鳃裂发展的同时形成围鳃腔。开始时先在身体腹面出现一对纵行腹褶，并从两侧向中间延伸，最后彼此相连，形成一个管状腔，这就是围鳃腔的开始，其腔壁属于外胚层细胞。以后围鳃腔逐渐向上扩大，从腹面和两侧包围咽部，从而将体腔向上推挤到咽的背侧成为一对纵行的体腔管（图 15-12）。内柱腹侧也留下一狭窄的体腔。原来直接开口体外的鳃裂已改为通入围鳃腔。围鳃腔前端开口关闭，后端开口成为腹孔。

15.4　脊椎动物亚门（Vertebrata）

脊椎动物是脊索动物门中进化地位最高的一个亚门，结构复杂，数量最多。

15.4.1　脊椎动物的主要特征

脊椎动物的主要特征见图 15-13。

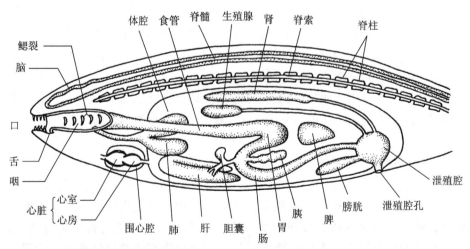

■ 图 15-13　脊椎动物的主要结构模式图

（1）神经系统发达，神经管的前端分化为脑，又进一步分化为大脑、间脑、中脑、小脑和延脑。眼、耳、鼻等重要的感官集中在身体前端并具有保护它们的头骨，形成了明显的头部。神经管后端分化成脊髓。由于头部的出现，脊椎动物又称有头类（Craniata）。

（2）脊柱（vertebral column）代替了脊索，成为身体的有力支柱，同时保护着脊髓。脊柱由单个的脊椎骨（vertebra）连接组成，大大提高了运动的灵活性和支持、保护的强度。脊椎动物的骨骼系统属于内骨骼，与无脊椎动物不同。在低等脊椎动物中脊索仍是主要支持结构，并终生保留；在较高等的脊椎动物中只在胚胎期出现，成体退化或留有残余。

（3）水生脊椎动物用鳃呼吸，鳃裂终生存在；陆生脊椎动物只在胚胎期间出现鳃裂，成体用肺呼吸。脊椎动物在胚胎早期，咽部的内胚层向两侧各突出 5~6 个咽囊（pharyngeal pouch）。在水生脊椎动物中，与咽囊相对的身体表面外胚层向内凹陷，最后与咽囊打通形成鳃裂。而陆生脊椎动物的少数咽囊用上述方式形成鳃裂，但只短时间存在，以后关闭。各咽囊以后形成其他结构。

（4）除圆口类外，均出现了能动的上、下颌，极大地加强了动物主动摄食和消化食物的能力，这是动物进化历史上的又一次重大飞跃。

（5）循环系统完善，出现了位于身体腹面的能收缩的心脏，有效促进血液循环。血液中具有红细胞，其主要成分为血红蛋白，能高效率携带氧气。

（6）排泄系统出现构造复杂的肾，代替了简单的分节排列的肾管，提高了排泄系统的机能，使新陈代谢所产生的废物更有效地排出体外。

（7）除了圆口类之外，出现了成对的附肢作为运动器官。这就是水生种类的偶鳍（胸鳍和腹鳍）和陆生种类的成对附肢（前肢和后肢）。极大加强了脊椎动物的运动、摄食、求偶和躲避敌害的能力。

15.4.2 脊椎动物各胚层的分化

脊椎动物的发育经历受精卵、囊胚、原肠胚、神经胚等各个时期，然后孵化成幼体。原肠胚期是胚胎发生中一个极为重要的阶段。细胞经过一系列的重新排列，形成 3 个胚层，即外、中、内胚层，为以后复杂的组织和器官的形成打下基础。脊椎动物的早期胚胎都要经过种系特征性发育阶段，即脊椎动物共同具有的结构如背神经管、脊索、咽囊、体节等都优先发生，而不同纲的特征结构在以后发生。因而脊椎动物早期胚胎较为相似，随着进一步发育依次出现各纲、各目等不同结构。在脊椎动物中，各胚层形成的器官如下（图 15-14）。

15.4.2.1 外胚层

（1）体壁外胚层　皮肤的最外层即表皮并延伸进消化管的两端；表皮衍生物有毛、蹄、羽毛、皮肤腺等，鼻腔和内耳的感觉上皮，感觉器官的感觉部分，眼的晶体，腺垂体，牙齿的釉质，除圆口类外的脊椎动物的鳃等。

（2）神经外胚层　包括神经管和神经嵴部分。

神经管：脑和脊髓，脑神经和脊神经的运动神经，视网膜和视神经，神经垂体，松果体，鱼类的脊髓尾垂体等。

神经嵴：为脊椎动物在神经管背部两侧的细胞带，由部分神经褶细胞形成，以后与神经管断开，成为神经嵴（neural crest）。由神经嵴发育成脊神经节和感觉神经，植物性（自主）神经系统，肾上腺髓质，鳃部骨骼及衍生物，色素细胞，头部真皮等。

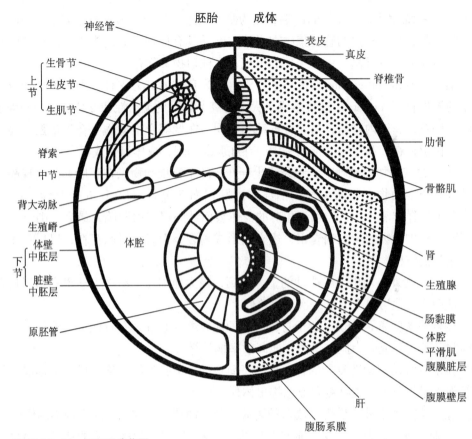

■ 图 15-14 三胚层分化图

15.4.2.2 中胚层

脊索中胚层形成脊索，在脊椎动物则被脊椎骨所代替。脊椎动物躯体的中胚层由背向腹分化为上节、中节、下节3个部分。

（1）上节　分化为生皮节、生肌节和生骨节，分别分化为真皮、骨骼肌和脊柱。

（2）中节　排泄系统（肾和输尿管）以及大部分生殖系统。

（3）下节

体壁中胚层：腹膜，一部分骨骼肌。

脏壁中胚层：浆膜，肠系膜，循环系统，血液，生殖系统，平滑肌，一部分骨骼肌。肾上腺皮质。

体腔：上述两胚层之间的空腔为体腔。

来自中胚层的间充质细胞（某些情况下外胚层神经嵴和内胚层也能产生）具有潜在的很大的分化能力，形成成体的结缔组织，包括软骨、硬骨、循环系统（血液和血管、淋巴管和淋巴腺）、平滑肌、心肌和附肢骨骼肌。

15.4.2.3 内胚层

内胚层分化为原肠及其衍生物，包括消化管内层上皮和消化腺（肝、胆囊和胆管、胰）、气管和肺的内层、膀胱和尿道内层、多个内分泌腺（甲状腺和甲状旁腺、胰岛、胸腺和后鳃体）、扁桃体、咽囊及圆口类的鳃等。

15.5 寒武纪大爆发与脊索动物门的起源和演化

15.5.1 寒武纪大爆发和澄江动物群

距今 5.6 亿年至 6 亿年前地球上生存的几乎都是简单的单细胞生物。至寒武纪开始的 5.44 亿年之前的 1 600 万年期间没有多细胞生物的化石记录。大量化石发现证明在距今 5 亿 3 千多万年前的地球上，生命发生了一次大规模的进化事件。当时多细胞动物突发性地在海洋中出现而且迅速地发展出形体多样、构造复杂的类群。地球上从此开始出现多姿多彩的生物世界。这一事件被认为是地球生物史上的霹雳，称为"寒武纪大爆发"。

1984 年我国古生物学家在我国云南的澄江发现了 5.3 亿年前的生物化石，由此揭开了寒武纪大爆发形成的早寒武纪澄江生物群的面纱，为科学家们提供了一个揭示地球上动物多样性起源的绝好材料。至今科学家们已经发掘出许多化石，为生物的进化尤其是脊索动物的起源进化提供了珍贵的证据（图 15-15）。澄江生物群所展示的演化模式与达尔文所预示的模式完全不同，它不但证实了大爆发式演化事件在 5.3 亿年前确实曾经发生，最令人震撼的则是这一事件发生在短短的数百万年（可能只有一两百万年）期间。几乎所有的现生动物的门类和许多已绝灭了的生物突发式地出现于寒武纪地层，而以前的地层却完全没有它们的祖先化石发现。因此，"寒武纪大爆发"可看成是"动物门类结构蓝图诞生的大事件"。

"寒武纪大爆发"事件之后，地球的生物世界完全改观，丰富的化石记录显示这个事件是地球生命的革新和发展，是地球生物多样性的开端。"进化的突变性"和"突变的自发性"是"寒武纪大爆发"事件中生命进化的两大特征。对这次事件的假说和看法有多种，如收成原理说、含氧量上升说、广义演化论、细胞说等。

有人提出，上述事实与达尔文进化理论有矛盾。达尔文对于自己的进化论也写下过："我的理论还存在许多难点，其中之一就是为什么会有大量动物在寒武纪突然出现……对此我还没有一个令人满意的解释。"综观寒武纪大爆发的全过程，动物进化的总体路径和基本格局与达尔文的推测是一致的。

15.5.2 脊索动物的起源和演化

原索动物是最低等的脊索动物，而其中的尾索动物是一种变态的脊索动物。在整个动物界的 30 多个门类中，只有原索动物同时具有脊椎动物和无脊椎动物中的一些共同特点，因而历来是科学家追溯脊椎动物起源的最佳研究领域。由于无脊椎动物与脊椎动物两大类别之间在形态解剖和分子水平上都存在着巨大差别，所以以探索无脊椎动物和脊椎动物的进化关系是进化生物学中最引人注目的核心论题之一。

15.5.2.1 原索动物的起源和进化

由于现存的最低等脊索动物体内没有坚硬的骨骼，迄今尚未发现它们的化石祖先。关于脊索动物的起源问题主要依据比较解剖学和胚胎学的证据来分析推测。脊索动物和无脊椎动物之间是有显著区别的，此外从比较生化学上看，无脊椎动物具精氨酸（arginine）而不具肌酸（creatine），脊索动物则不具精氨酸而具肌酸。一般认为脊索动物起源于无脊椎动物中的棘皮动物和半索动物，即棘皮动物说，理由是：

（1）棘皮动物和半索动物均是后口动物。

（2）棘皮动物和半索动物的中胚层都是以肠体腔囊法形成的。

（3）棘皮动物幼虫（短腕幼虫）与半索动物幼虫（柱头幼虫）形态结构极为相似。

（4）棘皮动物和半索动物的肌肉中同时含有精氨酸和肌酸。

从这些共同特征可见棘皮动物和半索动物之间、它们与脊索动物之间有比较近的亲缘关系，处于无脊椎动物和脊索动物之间的过渡地位。这表明脊索动物与棘皮动物可能来自共同的祖先。推测脊索动物的祖先可能类似尾索动物的幼体，具有脊索、背神经管和鳃裂，可称为原始无头类。它发展出两个特化支，一是经过变态，成体为固着生活，具鳃裂作为取食和呼吸器官，即尾索动物；另一个方向是半自由活动的头索动物。其主干动物通过幼体期延长和幼体性成熟的方式适应新的生活环境，不再变态，产生生殖腺并进行繁殖，进而发展出自由运动的脊椎动物。

在加拿大不列颠哥伦比亚的伯尔吉斯页岩中发现了寒武纪中期的一种动物的化石，命名为皮克鱼（*Pikaia gracilens*）（图15-15），身体鱼形，约5 cm长，具有脊索和"<"形分节的肌节，与文昌鱼很相似。毫无疑问它是一个脊索动物，但在缺乏其他相关化石的情况下，不大可能确定它与最早的脊椎动物的关系。

中国学者于1999年在澄江生物群化石中发现了"始祖长江海鞘"标本，经研究被认为是距今5.3亿年的、已知的最古老的尾索动物。由于这一标本为海洋特定环境条件下的"泥暴"快速活埋，使其软体构造得以保存完好。"始祖长江海鞘"的构造同现存的海鞘动物极为相似，由上下两部分组成。它既有尾索动物的过滤取食系统，同时还残留着其祖先的取食触手，这对于进一步探寻脊椎动物起源具有十分重要的意义。澄江生物群化石中发现的华夏鳗（*Cathaymyrus diadexus*）十分像现代的文昌鱼，但却比皮克鱼早了1 000万年，它的最重要的特征是咽鳃裂，据推测是最早的原索动物（图15-16）。

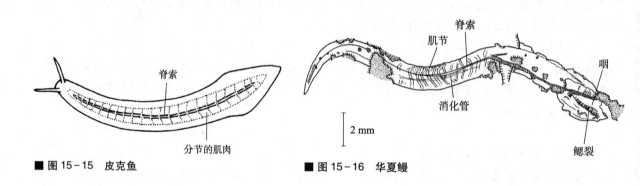

■ 图15-15 皮克鱼　　　　■ 图15-16 华夏鳗

15.5.2.2 脊椎动物的起源和进化

原始无头类的主干发展出原始有头类，即脊椎动物的祖先。它朝两个方向发展，一是较原始的、没有上、下颌的无颌类，另一类即是具有上、下颌的有颌类。有颌类的进化可分3个阶段，第一阶段在水中，即软骨鱼类和硬骨鱼类的进化；第二阶段是由水上陆，即水陆两栖的两栖类的出现，并由此进化出完全适应陆生的羊膜动物爬行类；第三阶段是羊膜动物中的两支高等脊椎动物即鸟类和哺乳类的进化。进而是人类的进化。

已知最早的脊椎动物是无颌类，它们的化石出现在5亿年前亚洲和美洲的海洋沉积中。其中最早的种类是牙形动物（conodonts），距今约5.15亿年前的几乎完整的真牙形动物化石，除了部分骨骼外，还带有软组织。基于对这些化石解剖学和组织学的研究，绝大多数学者认为它们是脊索动物。目前争论的焦点在于它们究竟是脊椎动物还是原索动物。认为是脊椎动物的人占大多数。

1998 年我国学者在云南昆明西山海口地区的约 5.3 亿年前早寒武纪地层又发现了"海口鱼"化石（图 15-17），海口鱼具有背鳍、腹鳍、"之"字形肌节等重要性状，而且已具备低等脊椎动物形态学和胚胎发育学上的基本性状，即原始脊椎、头部感觉器官及神经嵴的衍生构造；另一方面它却保留着无头类祖先的原始生殖构造特征。海口鱼这种独有的镶嵌构造特征表明，它不仅是已知最古老的，而且还很可能是最原始的绝灭脊椎动物（早寒武纪），很可能就是学术界期盼已久的有头类始祖、脊椎动物最古老的祖先。

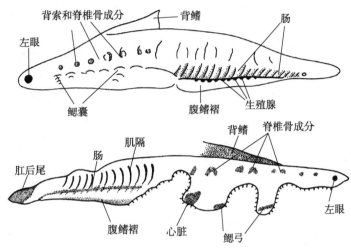

■ 图 15-17　海口鱼（*Haikouichthys ercaicunensis*）标本复原图

寒武纪生命大爆发中一直没有见到真正的脊椎动物，海口鱼化石如果确如上述所说，则填补了这一空白，并将脊椎动物出现的记录至少提前 4 000 万年。

从海口鱼化石研究提出脊椎动物起源假说的几个阶段是：

（1）古虫动物类，开始出现鳃裂构造，引发了动物体在取食和呼吸两大基本新陈代谢作用上的重大革命，标志着从原口动物向后口动物迈出了至关重要的第一步。

（2）出现云南虫类（包括云南虫、海口虫等）、半索动物和棘皮动物的多门类辐射（含外鳃型、内鳃型、发育扭转型）。

（3）尾索动物长江海鞘的出现，可能代表着由非脊索动物迈向脊索动物的起始点。

（4）出现最靠近脊椎动物的似头索动物华夏鳗。

（5）神经嵴的产生、头化作用及脊椎骨等结构的出现，演化出了有头类，最终使低等脊索动物完成了向高等脊索动物的跨越。

思考题

1. 脊索动物的主要特征是什么？试加以简略说明。
2. 脊索动物门可分为几个亚门、几个纲？简要记述一下各亚门和各纲的特点。
3. 什么是逆行变态？试以海鞘为例来加以说明。
4. 尾索动物的主要特点是什么？
5. 头索动物何以得名？为什么说它们是原索动物中最高等的类群？

6. 简述文昌鱼的外形和躯体结构。分析文昌鱼形态结构中的原始性、特化性和进步性。

7. 试绘制文昌鱼的血液循环连线图。

8. 理解和掌握文昌鱼的胚胎发育各阶段的特征。

9. 文昌鱼在动物学上有什么重要地位?

10. 试述脊索动物的起源。

第 16 章

圆口纲（Cyclostomata）

　　圆口纲动物是现存的脊椎动物中最原始的一类，没有上、下颌，又称无颌类（Agnatha）。本纲现生种类有 70 多种，主要包括七鳃鳗和盲鳗两类。生活于海洋或淡水中，无成对附肢，营寄生或半寄生生活，以大型鱼类及海龟类为寄主。

　　本章主要以东北七鳃鳗（*Lampetra morii*）为代表（图 16-1），了解圆口纲在脊椎动物中的原始性以及与半寄生生活方式有关的特化特征。

16.1　代表动物——东北七鳃鳗（*Lampetra morii*）

16.1.1　外形

　　七鳃鳗体呈鳗形，分头、躯体和尾 3 部分，尾部侧扁。体长约 30 cm。皮肤柔软，表面光滑无鳞，富黏液腺。头侧有眼，头顶部两眼之间有一短管状的单个鼻孔（nostril），因此又称单鼻类（Monorhina）。鼻孔后方的皮下是松果眼（pineal eye）所在位置。每个眼后有 7 个圆形鳃裂开口。头部腹面有圆形的口漏斗（buccal funnel），是一种吸盘式的构造，周边附生着细小的乳头状突起，称口触须（oral tentacles），有吸附功能；其内壁有角质齿，舌端也有角质齿形成锉舌。背中线上有两个背鳍、一个尾鳍。尾鳍为原尾型。雌性另有一个臀鳍。尾的前腹面有肛门，其后为泄殖突（urogenital papilla），突起末端为泄殖孔。

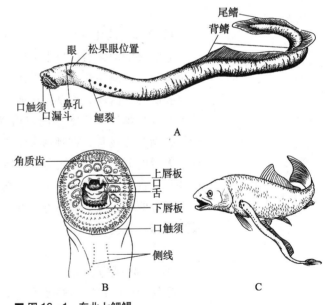

■ 图 16-1　东北七鳃鳗
A. 外形；B. 口漏斗；C. 吸附鱼体

16.1.2　骨骼和肌肉系统

　　（1）终生保留脊索，外围很厚的脊索鞘，是身体主要支持中轴。脊索由充满液泡的脊索细胞组成，外包纤维质脊索鞘。在脊索背侧面按体节排列有两对软骨椎弓，相当于形成脊椎骨椎弓的弓片，虽无支持作用，但代表了雏形的脊椎骨（图 16-2）。

　　（2）没有完整的软骨脑颅，只有脑底部的软骨板和两侧稍向上延伸的侧壁；嗅囊软骨和听囊软骨独立，相当于脊椎动物头骨胚胎发育早期阶段。

　　（3）具软骨鳃篮（branchial basket），由 9 对横向弯曲的软骨条和 4 对纵向的软骨条联结而成。鳃篮末端有保护心脏的杯状围心软骨。鳃篮紧贴皮下，包在鳃囊外面，不分节，与鱼类的分节并着生在咽壁内的咽弓不同。

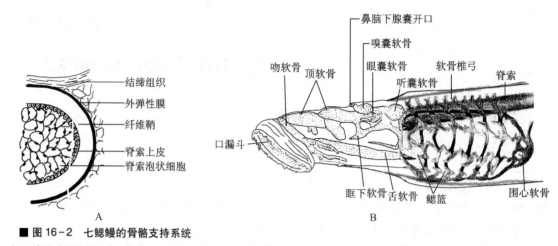

■ 图 16-2　七鳃鳗的骨骼支持系统

A. 脊索的横切面；B. 骨骼系统侧面观（B. 自郑光美）

（4）无成对的偶鳍。支持奇鳍的是不分节的辐鳍软骨。尾鳍的内外叶完全对称，称为原尾型（protocercal），是脊椎动物中最原始的尾型。

（5）不具上、下颌，属于无颌类。

（6）肌肉原始，为一系列按体节排列的原始肌节及附着于肌节前后的肌隔组成。肌节呈"W"形，尖端朝前。

16.1.3　消化系统

七鳃鳗的消化器官由于适应半寄生生活而发生特化。口位于口漏斗深处，借口漏斗吸附在鱼体上，以漏斗壁和舌上的角质齿锉破鱼体，吸食血肉。角质齿损伤脱落后可再生。舌位于口腔底部，由环肌和纵肌构成，能作活塞样的活动。口腔内有一对特殊腺体，以细管通至舌下，其分泌物可使寄主创口血液不凝固。口腔后面为咽，咽分背、腹两部分，背面为食管，腹面为呼吸管，在呼吸管入口有缘膜（velum），当食物进入咽时它能将呼吸管入口挡住。无胃的分化，食管接通肠。肠为一直管。肠管内有螺旋状的黏膜褶，可增加肠的吸收面积并延长食物通过肠管的时间。肠管末端为肛门（图16-3）。

肝分两叶，位于围心囊后方。成体无胆囊。无独立的胰，仅有成群的胰细胞散在肠壁以及食管与肠管交界处。

16.1.4　呼吸系统

咽部腹面的盲管称呼吸管（respiratory tube）。呼吸管最前端有5~7个触手；管的两侧各有内鳃孔7个。每个内鳃孔通入一个球形的鳃囊（gill pouch），囊的背、腹及侧壁都长有来源于内胚层的鳃丝，其上有丰富的毛细血管，在此处进行气体交换。每个鳃囊以一个外鳃孔与外界相通。圆口纲动物由于具有这种独特的鳃囊结构，所以又称为囊鳃类（Marsipobranchii）（图16-3）。盲鳗所有的外鳃孔不直接开口于外界，而是通入一个长管即总鳃管，在远离头部的后方以一个共同的开口通体外。

成体七鳃鳗在吸附在寄主体表或头部钻入鱼体内时，水流的进出都通过外鳃孔，鳃孔周围有强大的括约肌和缩肌控制鳃孔的启闭。七鳃鳗的幼体营自由生活，呼吸方式由口腔进水，经内鳃孔于囊鳃完成气体交换后，从外鳃孔流出。

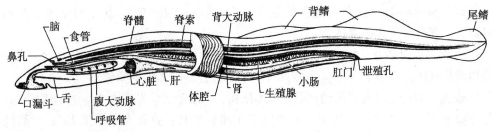

■图16-3　七鳃鳗的内部解剖

16.1.5　循环系统

循环系统及血液循环方式与文昌鱼十分相似。但开始出现心脏，由静脉窦、一个心房（atrium）和一个心室（ventricle）组成。心脏位于鳃囊后方的围心囊内。无肾门静脉。

16.1.6　神经系统

七鳃鳗的脑已经分化为 5 个部分，即大脑（cerebrum）、间脑（diencephalon）、中脑（mesencephalon）、小脑（cerebellum）和延脑（myelencephalon）。但 5 部分排列在同一平面上，尚无任何脑弯曲（图16-4）。大脑半球不发达，嗅叶较大；脑顶部无任何神经细胞。间脑顶部有松果体、松果旁体，底部有漏斗体和脑下垂体。中脑背方有一对稍大的视叶，顶部有脉络丛。小脑仅为一狭窄的横带。

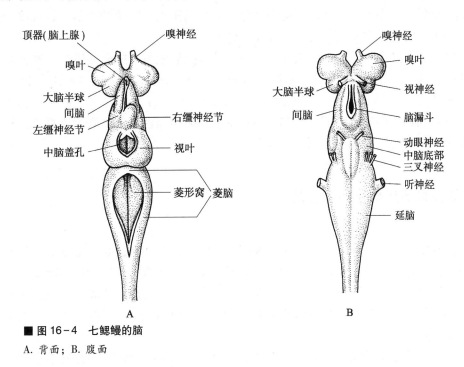

■图16-4　七鳃鳗的脑

A. 背面；B. 腹面

脑神经 10 对，视神经（optic nerve）在间脑腹面不形成视交叉。脊神经的结构与文昌鱼基本相同，但背根上已经有神经节。

16.1.7　感官

（1）嗅觉　单鼻孔，通入一个嗅囊（胚胎期为一对）。嗅囊向后下方突出一个大的鼻垂体囊（naso-hypophysial sac）从脑底部的软骨板上的脑垂体孔穿出，止于脊索前端腹面，此囊壁细胞的一部分分化为腺垂体。

（2）听觉 仅具内耳，且只有前、后两个半规管（semicircular canal），无水平半规管；椭圆囊和球状囊还没有明显分化。盲鳗只有一个半规管。内耳司平衡感觉。

（3）视觉 眼已经具有脊椎动物眼的基本结构，但由于适应半寄生或寄生生活而退化。盲鳗眼完全隐于皮下，失去视觉功能。七鳃鳗眼角膜扁平状；瞳孔大小不能调节；晶体圆形，位置靠前，适于视近物。视觉调节依靠角膜肌（cornealis muscle）的收缩使角膜变平，把晶体压向后而视远物。

间脑顶部有松果体，即松果眼（pineal eye），位于鼻孔后方的皮下。松果体中空，上壁结构似晶体（lens），下壁似视网膜（retina），含有感光细胞及节细胞。节细胞发出神经纤维束通过松果体柄连到间脑右侧。松果体的腹面为松果旁体（parapineal body），又称顶器或顶眼，其结构、功能均与松果体相似（图16-5），能感光而不能成像。头顶部中央的皮肤色素消失而透明。

（4）侧线 头部腹面和身体两侧有感觉细胞群，位于体表的纵行的浅沟内，也称侧线，是感觉水流的机械感受器。

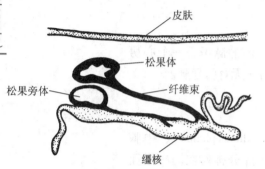

■ 图16-5 七鳃鳗的松果体和松果旁体

皮肤
松果体
松果旁体
纤维束
缰核

16.1.8 泄殖系统

七鳃鳗具一对肾，长条形，从体腔中部向后延伸到肛门附近。胚胎期为前肾，成体为后位肾或中肾。由输尿管导入泄殖窦，经泄殖孔排出体外。

七鳃鳗为雌雄异体。生殖腺单个，无生殖导管。性成熟后的精子或卵突破生殖腺壁进入体腔，后经过生殖孔（genital pore）进入泄殖窦（urogenital sinus），再通过泄殖孔排出体外。体外受精。盲鳗为雌雄同体，但在生理上两性是分开的。在盲鳗幼体期，生殖腺前部为卵巢，后部是精巢。在以后的发育中如果前部发达后部退化则为雌性；反之则为雄性。这种情况在脊椎动物中是仅有的，表现出很原始的状态。

16.2 圆口纲的生殖行为和变态

七鳃鳗生活在江河或海洋中（例如日本七鳃鳗），每年五六月间，成鳗常聚集成群，溯河而上或由海入江进行繁殖。选择具有粗砂砾石的河床及水质清澈的环境，用口吸盘移去砾石造成浅窝，雌体吸住窝底的石块，雄体又吸在雌体的头背上，肛门彼此靠拢，急速摆动尾部以排出精子和卵子，水中受精。每尾雌鳗的产卵总量可达1.4万~2万枚。亲鳗在生殖季节后期疲惫衰竭，最终死亡。

受精卵进行不均等的全分裂。一个月后孵出体长10~15 mm的幼体。幼鳗的形态结构均与成体相差很大，曾被误认是一种原索动物而命名为沙隐虫（Ammocoete），与文昌鱼有很多相近之处（图16-6）：眼被皮肤遮蔽，背鳍和尾鳍为一条连续的鳍褶，口前有马蹄形的上唇和横列的下唇，合围成口笠，不具口吸盘，也无角质齿。咽尚未分化为食管和呼吸管，咽部两侧的内鳃孔经由鳃囊并通过外鳃孔直接到达体外，摄食和呼吸的方式与文昌鱼相似。幼体营独立生活，大部分时间身体埋在水底淤泥中；咽底部有内柱，变态后成为成体的甲状腺。沙隐虫在淡水或返回海中生活3~7年后，才在秋冬之际经过变态成为成体，再经数月的半寄

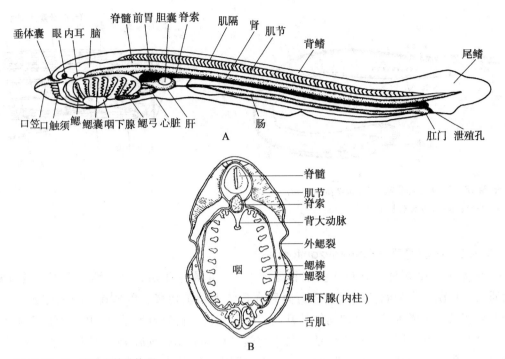

■ 图 16-6　沙隐虫的结构图
A. 纵切面；B. 咽部的横切面

生生活便达到性成熟时期，并开始了集群和繁殖活动。沙隐虫所呈现的原始构造及其生活习性与文昌鱼的相似，显示了它与原索动物之间存在着亲缘关系。

16.3　圆口纲的分类

现存的圆口纲动物有 70 多种，分为两个目：

16.3.1　盲鳗目（Myxiniformes）

盲鳗目是圆口纲中较为低等的一类，有 30 多种，均为海生。营寄生生活，曾在一条鱼体内发现 100 多条盲鳗，严重危害渔业。无背鳍；单鼻孔开口于吻端；皮肤黏液腺极度发达。头骨极不发达；仅尾部脊索背面有软骨弓片。脑很小，无大脑和小脑的明显分化。无口漏斗而代以软唇。身体前端有 4 对口缘触须。眼隐于皮下，无晶体，无松果眼；内耳仅有一个半规管。鼻垂体囊向后开口于口腔。鳃囊 6~15 对，多数种类的鳃裂是借一个长管开口体外。无呼吸管的分化。鳃篮退化。成体仍保留胚胎期的前肾（图 16-7）。

雌雄同体。幼体生殖腺前部是卵巢，后部是精巢，如前端发达后端退化则为雌性，反之则为雄性。雄性先成熟；卵大，包在角质卵壳中，无变态，受精卵直接发育成小鳗。体液与海水等渗。

由于盲鳗具有许多低等原始特征，有学者将盲鳗与脊椎动物（包括七鳃鳗和有颌类）并列互为姐妹群，共同组成有头类。

常见种类有分布在大西洋的盲鳗（*Myxine glutinosa*）以及产于日本海和我国南方沿海的蒲氏黏盲鳗（*Eptatretus burgeri*）、杨氏拟盲鳗（*Paramyxine yangi*）等。

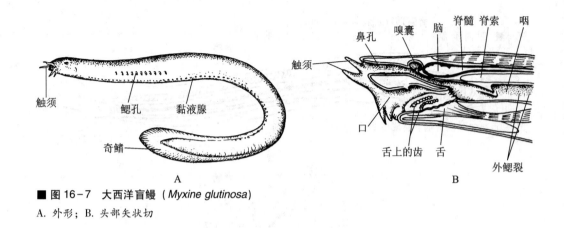

■ 图 16-7 大西洋盲鳗 (*Myxine glutinosa*)

A. 外形；B. 头部矢状切

16.3.2 七鳃鳗目 (Petromyzoniformes)

七鳃鳗目有40多种，分布在淡水和海洋中，营半寄生生活，也是渔业大害。具口漏斗和角质齿。口漏斗作为取食工具，还可附着在鱼体上随鱼转移。单鼻孔；鼻垂体囊为盲管，不与咽部相通。鳃囊7对，分别向体外开口，鳃篮发达。脑分为5部分。内耳有两个半规管。卵小，有变态，幼体期长，独立生活。海七鳃鳗 (*Petromyrzon marinus*) 平时生活在大西洋沿岸海水中，每年春季溯江而上到淡水中产卵。我国东北产的东北七鳃鳗 (*Lampetra morii*)、日本七鳃鳗 (*Lampetra japonicus*) 和瑞氏七鳃鳗 (*Lampetra reissneri*) 等为淡水种类。

16.4 圆口纲的起源和演化

现存的圆口纲的两个目至今没有发现化石，但于约5.1亿年前的寒武纪晚期或早期奥陶纪、志留纪和泥盆纪的地层中发现了最早的脊椎动物化石甲胄鱼类 (Ostracoderms) (图16-8)，生活于淡水中，与现存的圆口类近似。它们具有以下特征：

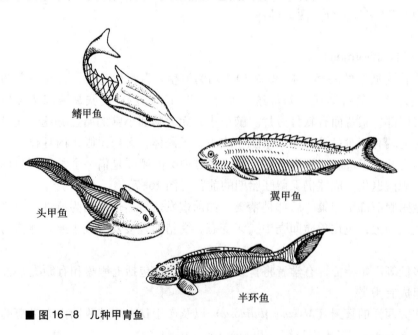

■ 图 16-8 几种甲胄鱼

（1）无上下颌，口位于前腹面，无牙齿。可能为滤食性。

（2）身体前部（尤其在头部）被坚硬的大块骨甲所覆盖（缺甲类 Anaspid 例外），无中轴骨或脊椎骨。

（3）早期种类无成对的附肢，但在头甲类（Cephalaspid）的头甲后两侧出现一对扁平状突起，可能对运动的方向起着一定的控制作用。

（4）头顶部具单一外鼻孔；头部正中线两侧有一对眼，两眼间有一松果孔；内耳有两个半规管；嗅囊与鼻垂体囊在内部相通。

（5）在头甲和腹甲交界处有数对鳃孔。

基于上述特征，可推测甲胄鱼类是有一定游泳能力的底栖动物，与现生圆口类可能有共同的祖先。甲胄鱼类经历了奥陶纪、志留纪、泥盆纪时期，繁盛了约 1.5 亿年，最终在泥盆纪绝灭。

思考题

1. 为什么说圆口纲是脊椎动物亚门中最原始的一个纲，简述其主要特征。
2. 七鳃鳗的消化、呼吸系统有什么特点？这些结构和七鳃鳗的生活习性有何关系？
3. 七鳃鳗目和盲鳗目有什么重要区别？
4. 简述七鳃鳗的生活史及幼鳗的变态发育。为什么沙隐虫被认为是原始脊椎动物的躯体结构模式？
5. 从甲胄鱼与圆口类在结构上的相似性来思考其进化关系。

第 17 章

鱼纲 （Pisces）

水是鱼类的生存环境，水的密度远远大于空气，对动物运动产生较大的阻力，同时又能给鱼体以一定浮力，使其不需附肢支撑体重。水的热容量大，水温变化幅度较小，海洋的温度几乎趋于恒定。鱼类是能在水中生活的较低等脊椎动物，具有一系列适应水生环境的形态特征及其生理机能。鱼类在离水后会因鳃的粘连和干燥，造成窒息而很快死亡。

17.1 鱼纲的主要特征

17.1.1 外形
鱼类由于生活习性和栖息环境不同，形成各种不同的体型。

17.1.1.1 软骨鱼类
以白斑角鲨（*Squualus acanthias*）为代表。海生，体长约 70 cm，呈纺锤形。头部扁平，躯体向后逐渐变细。身体两侧各有一条白色的侧线。体分为头、躯干和尾，最后一个鳃裂为头和躯干的分界，泄殖腔孔为躯干和尾的分界（图 17-1）。

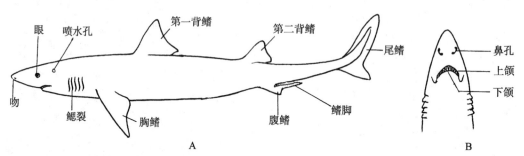

■ 图 17-1 白斑角鲨（*Squualus acanthias*）外形
A. 身体侧面观；B. 头部腹面观，示鼻孔和口

头部向前突出形成吻突（snout），口在腹面，横裂。口前方有一对鼻孔，其内有皮瓣将鼻孔分隔，使水流从一侧流入，从另一侧流出。头侧有眼。眼后有喷水孔（spiracle）（有些种类没有）与咽相通。喷水孔后有 5 对鳃裂开口于体外。

躯干部具有胸鳍（pectoral fin）和腹鳍（pelvic fin），以及背鳍（前后两个）和臀鳍。胸鳍水平位，紧接在鳃裂后方。泄殖腔孔（cloacal opening）的两侧是腹鳍，较胸鳍小。雄鲨的腹鳍内侧有一对鳍脚（clasper）是交配器官。每一个鳍脚内侧有一个深沟，当两个鳍脚对合时形成一管，插入雌性泄殖腔后可将精液输入，进行体内受精。

尾部侧扁，尾鳍两叶，上叶大下叶小，上叶内有尾椎骨支持，称歪尾型（heterocercal tail）（图 17-2）。

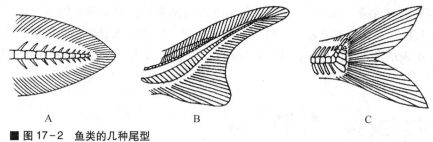

■ 图 17-2　鱼类的几种尾型
A. 原尾型；B. 歪尾型；C. 正尾型

17.1.1.2　硬骨鱼类

以鲤鱼（*Cyprinus carpio*）为代表。栖于淡水。体梭形，侧扁，体长可达 50 cm。分为头、躯干和尾 3 部分。头和躯干之间以鳃盖后缘为界，躯干与尾的分界线是肛门和泄殖孔。臀鳍在此后方。

口位于头的前端，口侧有一对触须。一对鼻孔，在吻背面，由瓣膜分隔为前鼻孔和后鼻孔。眼侧生。头的后侧有一骨质鳃盖（opercular），鳃盖下方为容纳鳃的鳃腔（branchial cavity），进入口中的水流通过鳃腔，由鳃盖后缘排出体外（图 17-3）。

硬骨鱼类口的位置分为端位（多数种类，如鲤、鲫、鳢）、上位（中上层鱼类，例如鲢、鳙）和下位（中下层鱼类，例如鲟、鳇、泥鳅）。

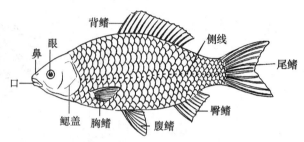

■ 图 17-3　鲤鱼（*Cyprinus carpio*）外形

躯干两侧各有一条侧线，由埋在皮肤内的侧线管开口在体表的小孔组成。被侧线孔穿过的鳞片为侧线鳞。在分类学上用鳞式表示鳞片的排列方式。鳞式为：

$$侧线鳞数\frac{侧线上鳞数（侧线至背鳍前端的横列鳞）}{侧线下鳞数（侧线至臀鳍起点基部的横列鳞）}$$

偶鳍包括胸鳍和腹鳍各一对。胸鳍位于鳃盖后方，腹鳍位于肛门前方的腹部。一些较低等的鱼类如鲱形目、鲤形目、鲇形目等的腹鳍为腹位；鲈形目等鱼类的腹鳍位于胸鳍下方，称腹鳍胸位；有些鱼类的腹鳍可移至喉部，称腹鳍喉位。奇鳍包括背鳍、臀鳍和尾鳍。背鳍位于背部正中，它的形状、大小和数目因种类而异。臀鳍位于肛门和尾鳍之间。尾鳍为正尾型（homocercal），上、下叶对称，尾椎骨上翘（图 17-3）。鱼鳍内有鳍条支持，鳍条包括棘（spine）和鳍条（ray）两类。棘刚硬不分节；鳍条柔软分节，末端分叉或不分叉。棘和鳍条的数目是分类特征之一。

17.1.2　皮肤及其衍生物

鱼类的皮肤由表皮和真皮组成，均含多层细胞。表皮是上皮组织，由外胚层形成；真皮是结缔组织，由中胚层形成。皮肤衍生物包括黏液腺、毒腺、鳞片和色素细胞等。鱼类皮肤与肌肉连接很紧，可减少水的阻力，加快游泳速度。

17.1.2.1　软骨鱼类

皮肤基本结构与圆口类相似。表皮内分布大量单细胞的黏液腺，能分泌黏液以润滑体表，减少游泳时与水的摩擦阻力。黏液还能保护鱼体使之免遭病菌、寄生物和病毒的侵袭，并能迅速凝结和沉淀泥沙等污物。少数种类具多细胞腺，例如魟、鳐的毒腺。皮肤中有色素细胞。

鲨鱼体表被有盾鳞（placoid scale），是由菱形的基板和其上的棘突组成（图 17-4）。棘突向后伸出皮肤，基板埋在真皮内，内有髓腔，血管、神经进入髓腔内。盾鳞的外层为釉质（enamel），由表皮形成，内层为齿质（dentine），由真皮形成。盾鳞的这种结构与牙齿相似，是同源器官。

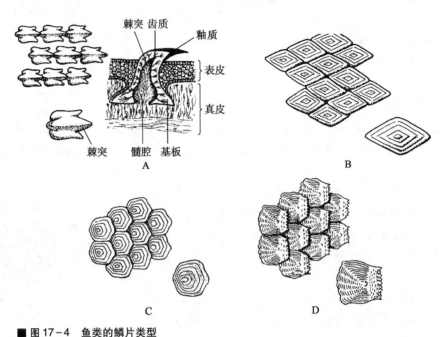

■ 图 17-4　鱼类的鳞片类型
A. 盾鳞（鲨鱼）；B. 硬鳞（雀鳝）；C. 圆鳞（鲤鱼）；D. 栉鳞（黄鲈）

17.1.2.2　硬骨鱼类

皮肤结构与软骨鱼相似。真皮内富有色素细胞，构成丰富多彩的体色。许多深海鱼类的体表具有由多细胞腺形成的发光器，由下部的发光腺、上部的晶体以及包裹在外面的反光层等组成。发光腺可分泌一种含磷的荧光素，形成不同颜色的冷光，用于照明、觅食或种间识别。

硬骨鱼类具有骨鳞（bony scale），属于真皮衍生物。骨鳞分 3 种，即硬鳞（ganoid scale）、圆鳞（cycloid scale）和栉鳞（ctenoid scale）（图 17-4）。硬鳞存在于硬骨鱼类的硬鳞总目和全骨总目的部分鱼类中（例如鲟鱼、多鳍鱼、弓鳍鱼、雀鳝等），鳞质十分坚硬，多呈菱形。鲟鱼和鳇鱼只在尾鳍上叶保留若干硬鳞，位于体侧的 5 条纵列骨片是骨板而非硬鳞。圆鳞和栉鳞存在于较高等硬骨鱼类中，圆鳞呈圆形，前端斜埋在真皮的鳞袋内，呈覆瓦状排列于表皮下，后端游离的部分边缘圆滑。栉鳞位置和排列与圆鳞相似，游离端带有齿突。

圆鳞鳞片的最厚处位于中央部，并随同鱼鳞增大逐年加厚。鱼鳞数目终生不变，但能继续增大，表面有环圈状的隆起线称鳞嵴；鳞嵴间距随生长强度而变化，是环境影响及体内营养状况在鳞片上的反映。每年形成一个宽、窄相间的生长带，即为年轮，可用作确定鱼龄的依据。鳞片还是鱼类分类特征之一。

17.1.3　骨骼系统

骨骼系统分为中轴骨骼（axial skeleton）和附肢骨骼（appendicular skeleton）两部分。中

轴骨骼包括头骨（skull）、脊柱（vertebral column）和肋骨（rib），附肢骨骼包括鳍骨（fin bone）及悬挂鳍骨的带骨，而鳍骨又可分为奇鳍骨和偶鳍骨。

17.1.3.1 软骨鱼类

骨骼系统完全由软骨组成（图 17-5）。

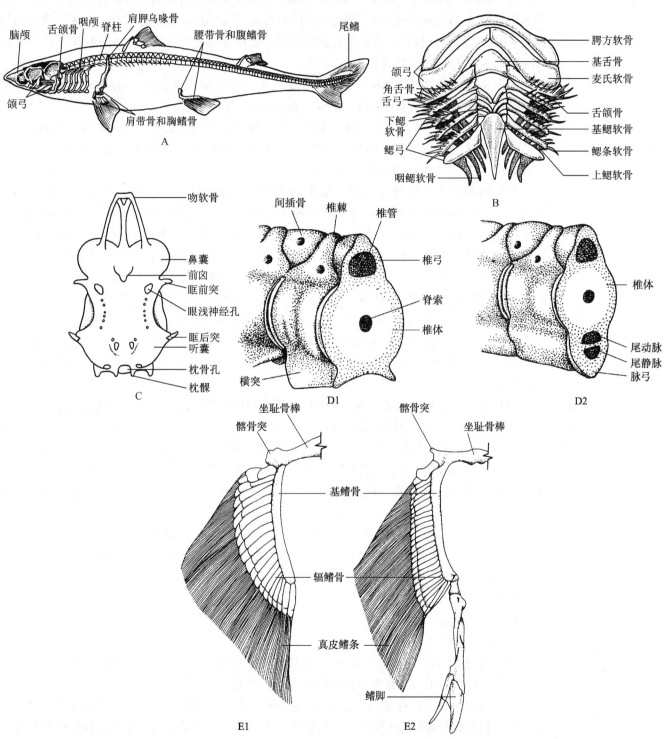

■ 图 17-5 软骨鱼类的骨骼系统

A. 全身骨骼侧面观；B. 咽颅腹面观；C. 脑颅背面观；D1. 躯干椎；D2. 尾椎横切面；E1. 雌性腰带骨和腹鳍骨；E2. 雄性腰带骨和腹鳍骨

（1）脊柱和肋骨 脊柱由一连串软骨的脊椎骨关连而成，按体节排列，取代了脊索，构成强有力的支持及保护脊髓的结构。脊柱分为躯干椎和尾椎两部分。脊椎骨的典型结构（以尾椎为例）：中央的支撑部分为椎体（centrum）；椎体背面是椎弓（neural arch），容纳和保护脊髓；椎体腹面是脉弓（haemal arch），包围尾动脉和静脉；椎弓和脉弓分别向背腹延伸成椎棘（neural spine）和脉棘（haemal spine）。鲨鱼椎体的两端凹入，是脊椎动物中最原始的双凹型椎体（amphicoelous）。相邻椎体间所形成的球形腔内仍留有残存的脊索，并通过椎体正中的狭窄孔道，使整条脊索串连成念珠状。躯椎无脉弓和脉棘，椎体两侧有横突（transverse process）与短小的肋骨相连。

（2）头骨 头骨可分为保护脑及嗅、视、听等感觉器官的脑颅（cranium）和围绕消化管前段、支持颌、舌、鳃的咽颅（splanchnocranium）两部分。

鲨鱼具有完整的软骨脑颅，底部平坦，无骨缝，在背前方留有一孔，称囟（fontanelle），孔上覆盖结缔组织纤维膜。脑颅前端有支持吻部的吻软骨，其基部两侧是鼻囊（olfactory capsule），眼窝后方有一对听囊（otic capsule）。

鲨鱼咽颅由7对软骨弓组成。第1对为颌弓（mandibular arch），形成上下颌，由一对位于上方的腭方软骨和一对位于下方的麦氏软骨组成，是脊椎动物最早出现的原始颌，属于初生颌（primary jaw）。具有上下颌骨支持口缘的动物又称颌口类（Gnathostomata），是脊椎动物进化历史上的重要革新，它极大地增强了口的主动捕食和防御功能，提高了生存竞争能力。第2对为舌弓（hyoid arch），支持舌部，包括背面一对舌颌骨（hyomandibular）、侧面的一对角舌骨和位于腹面的一块基舌骨。舌颌骨的上端连于脑颅，下端与颌弓相接，充当了悬器的作用。鱼类这种颌弓与脑颅的连接方式称为舌联型（hyostylic）。第3至第7对咽弓是鳃弓（branchial arch），由背向腹成半环状以支持鳃部。鳃弓的每一侧都由4~5块骨软片组成，在背腹交界处的两块骨片的后缘向后伸出许多软骨条以支持鳃间隔。

（3）带骨 带骨是直接或间接地将偶鳍悬挂到中轴骨上的骨骼，悬挂胸鳍的带骨为肩带（pectoral girdle），悬挂腹鳍的带骨为腰带（pelvic girdle）。软骨鱼类的肩带呈半环形，紧位于咽颅的后方，横列在身体腹面，不与头骨或脊柱直接关连，称为肩胛乌喙骨（scapulocoracoid cartilage），其两侧各有一关节面与胸鳍关节，称肩臼（glenoid fossa）。腰带位于泄殖腔前方，为一横列的坐耻骨，两端通过关节面与腹鳍骨关连。鱼类的腰带不与中轴骨直接相连。

（4）鳍骨 软骨鱼类的鳍骨由基鳍骨（basipterygium）、辐鳍骨（radialium）和鳍条（fin rays）组成，由近到远依次排列。雄性软骨鱼类的腹鳍内侧一块基鳍骨延伸形成一对棒状交配器官，称为鳍脚（clasper）。奇鳍骨的结构排列与偶鳍骨的近似，歪型尾的末端也有鳍条。

17.1.3.2 硬骨鱼类

多数种类骨骼完全硬骨化（图17-6）。

（1）脊柱和肋骨 基本结构与软骨鱼类相似。肋骨发达，弯刀形，与躯干椎的横突相关节，以保护内脏。尾椎具有典型脊椎骨的结构，但无肋骨。

（2）头骨 头骨骨片增加并复杂化。脑颅在软骨鱼类的基础上骨化成许多骨片，并在顶部、后部和腹部覆盖新的硬骨骨片，骨块数多于脊椎动物中的任何一纲。软骨脑颅的骨化区分别为筛骨区、蝶骨区、耳骨区、枕骨区。筛骨区有中筛骨（mesethmoid）一块和外筛骨（ectoethmoid）一对；两侧蝶骨区有眶蝶骨（orbitosphenoid）、翼蝶骨（alisphenoid）各一对、基蝶骨（basisphenoid）、前蝶骨（presphenoid）各一块；耳骨区包括前耳骨（protic）、蝶耳骨（sphenotic）、后耳骨（opithotic）、上耳骨（epiotic）和翼耳骨（pterotic）各一对；枕骨区由围绕枕大孔的上枕骨（supraoccipital）、外枕骨（exoccipital）各一对和一块基枕骨（basioccipital）组成。脑颅背面从前向后还覆有成对的鼻骨（nasal）、额骨（frontal）、顶骨（parietal）、泪骨（lacrimal）以及围绕眼眶四周数目不等的围眶骨（circumorbital）等；腹面则有犁骨（vomer）和副蝶骨（parasphenoid）各一块。

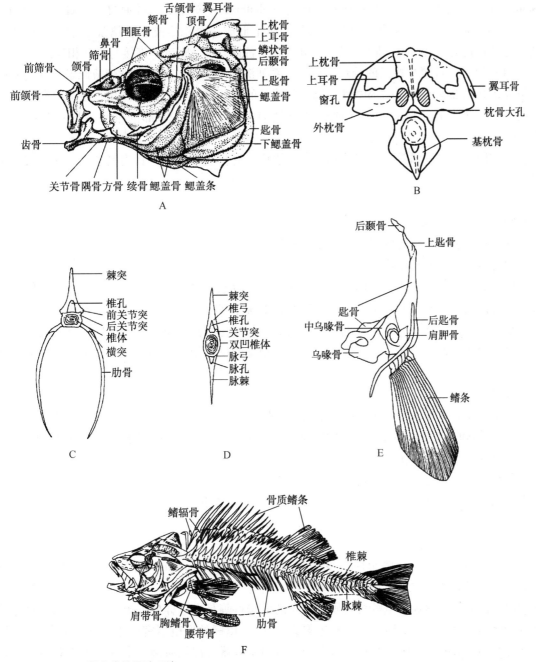

■ 图 17-6　硬骨鱼类的骨骼系统
A. 鲤鱼头骨侧面观；B. 鲤鱼头骨后面观；C. 躯干椎；D. 尾椎；E. 肩带和胸鳍；F. 鲈鱼全身骨骼

硬骨鱼类咽颅第一对颌弓的上颌被前颌骨（premaxilla）和颌骨（maxilla）取代，下颌被齿骨（dentary）和隅骨（angular）取代，构成新的次生颌（secondary jaw）。原来组成初生颌的腭方软骨骨化为腭骨和方骨，麦氏软骨骨化为关节骨。第2对舌弓的舌颌骨仍作为悬器连接咽颅和脑颅。硬骨鱼类的其余5对鳃弓骨化并着生鳃丝。鲤形目鱼类的最后一对鳃弓为下咽骨，其上有咽齿（pharyngeal teeth），与基枕骨腹面的角质垫相互研磨以嚼碎食物。覆盖在鳃弓外侧并构成鳃腔的是由3~4块骨片组成的鳃盖骨（opercular）。

（3）带骨　硬骨鱼类肩带位置靠前，由伸向背面的肩胛骨（scapule）、腹面的乌喙骨（coracoid）、上匙骨（supracleithrum）、匙骨（cleithrum）等组成，并通过上匙骨与头骨的后颞骨（posttamporal）相愈合，使头、肩带、躯干形成一个稳定支架，增加了游泳运动的力度，是硬骨鱼类所特有的。腰带简单，由一对无名骨构成。腰带不直接与脊柱相连。

（4）鳍骨　背鳍和臀鳍的骨片主要由一系列深埋于体肌内并插在椎棘或脉棘之间的基鳍骨组成，其上部有不发达的辐鳍骨，每个基鳍骨的上部支持一根棘或鳍条。尾鳍是鱼类游泳时的主要推进器官，最后几枚尾椎骨愈合翘向上方，借上、下部的椎弓或脉弓支持尾鳍鳍条。

多数硬骨鱼类偶鳍骨中的基鳍骨消失，辐鳍骨退化或不存在，真皮鳍条常直接连接在带骨上。

17.1.4　肌肉系统

软骨鱼类和硬骨鱼类的肌肉系统基本相似。

17.1.4.1　躯干肌和鳍肌

躯干肌位于躯干两侧，由体节肌分化而来，保留原始肌节形态。由水平生骨隔把躯干肌分隔为背部的轴上肌（epaxial muscle）和腹部的轴下肌（hypaxial muscle）。鱼类的轴上肌发达，轴下肌较薄（图17-7）。借助于连续的肌节收缩与舒张，使收缩波传向尾部，尾部将收缩的力传给水，这个力被水以同等大小但方向相反的反作用力作用于尾部，是鱼类向前运动的主要推进力。

17.1.4.2　眼肌

每个眼球上附有6条眼肌，由胚胎期头部最前面的3对耳前肌节分化而成（图17-8，图中的前后示眼眶的前后或内外位置，可根据此分左右眼）。眼肌在脊椎动物各纲中均很稳定。

17.1.4.3　与取食和呼吸有关的肌肉

鱼类着生在颌弓、舌弓和鳃弓上的肌肉为横纹肌，称鳃节肌（branchiomeric muscle），控制上下颌以及舌弓和鳃弓的运动，与取食和呼吸动作相关，受三叉神经（Ⅴ）、面神经（Ⅶ）、舌咽神经（Ⅸ）和迷走神经（Ⅹ）等脑神经支配。

17.1.4.4　发电器官

有些鱼类的轴下肌或鳃节肌演变为发电器官（electric organ），能储存和放出电，与防御、攻击、定位及求偶等活动有关。发电器官内含大量电板，每一个电板是一个特化的多核肌细胞。例如软骨鱼类的电鳐科和硬骨鱼类的电鳗科等具有这样的发电器官。电鳐的发电器官位于胸鳍内侧，由鳃节肌演变，放电量为100 V。电鳗的发电器官位于尾部，来自轴下肌，电压可达500~600 V（图17-9）。但并非所有的发电器官都是肌肉演变的，产于非洲的电鲇（*Malapterucus electricus*）的发电器官就是特化的皮肤腺。

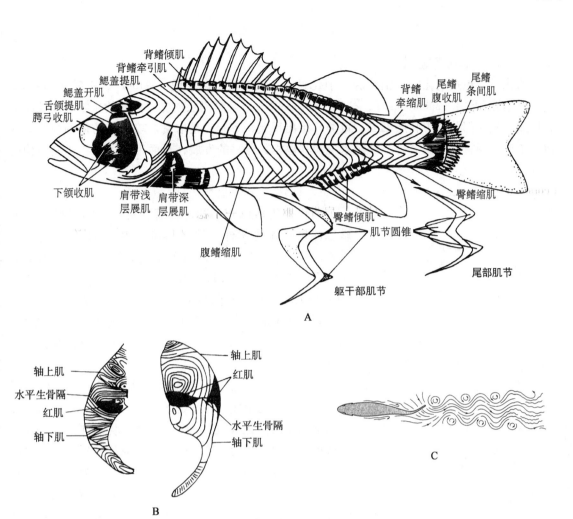

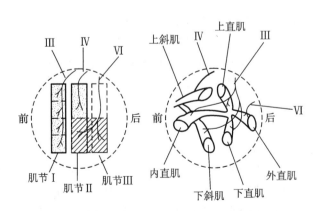

■ 图 17-7 鱼类的肌肉

A. 鲈鱼的肌肉系统；B. 躯干部红肌位置；C. 鲤鱼的运动

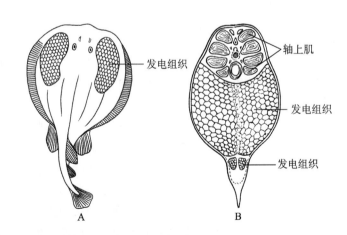

■ 图 17-8 鱼类左眼眼眶中的动眼肌的发育及其神经支配

A. 3 个耳前肌节；B. 6 条眼肌及其神经支配

■ 图 17-9 几种鱼类的发电器官

A. 电鳐（*Torpedo*）背面，皮肤已移去；B. 南美电鳗（*Cymnotus*）尾部横切面

17.1.5　消化系统

消化系统包括消化管和消化腺。消化管由 4 层组成，即浆膜（serosa）、肌层（muscular layer）、黏膜下层（submucosa）、黏膜（mucous layer）。最内层的黏膜和其衍生物为内胚层原肠形成，其他部分由中胚层形成。鱼类开始出现上、下颌，是取食、攻击和防御的器官。它促进了运动器官、感觉器官、神经系统和其他相关器官的发展，从而带动了动物体制结构的全面进化。

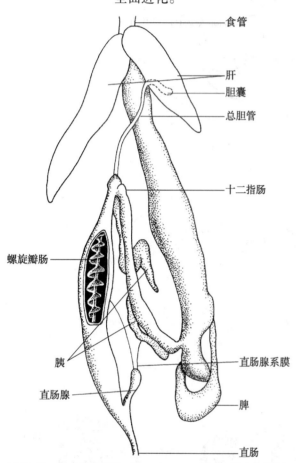

食管
肝
胆囊
总胆管
十二指肠
螺旋瓣肠
胰
直肠腺系膜
直肠腺
脾
直肠

■ 图 17-10　白斑角鲨（*Squalus acanthias*）的内部解剖
（自郑光美）

17.1.5.1　软骨鱼类

消化管包括口腔、咽、食管、胃、肠和泄殖腔，末端以泄殖腔孔通体外。颌缘具齿，用于捕捉咬住食物。舌不能活动。口腔上皮富含单细胞黏液腺。咽的侧壁被喷水孔和后方的 5 对鳃裂所洞穿，咽后连接短的食管（esophagus）。水经咽两侧的鳃裂流出，食物经咽进入食管。胃（stomach）呈"J"形，是消化管最膨大的部分，前、后以贲门（cardia）和幽门（pylorus）分别与食管及肠相接。

肠分化为十二指肠、螺旋瓣肠和直肠。十二指肠很短，与胃的幽门相接。螺旋瓣肠内有肠壁突出形成的螺旋瓣以增加肠的消化吸收的面积，延缓食物团向下的移动；一些种类如斜齿鲨为卷筒状肠，肠壁成片状延伸扩大并以肠长为轴卷成多层。直肠短而细，开口于略为膨大的泄殖腔。直肠的背面有直肠腺，分泌高浓度氯化钠溶液，是软骨鱼的肾外排盐结构，可排出体内多余盐分。泄殖腔接纳直肠、输尿管和生殖管的开口，是排遗、排尿和生殖管道的共同通道，以泄殖腔孔开口体外。

鲨鱼的消化腺包括肝和胰。肝大，占体重的 20 %～25 %，含有大量油脂（占肝重的 75 %），使鱼体密度（0.95 g/mL）稍低于海水的密度（1.03 g/mL），在调节鱼体密度方面起着重要作用。胆囊储存肝分泌的胆汁，以胆管通入小肠前部。胰位于十二指肠与胃之间的肠系膜上，分泌的胰液由胰管通入十二指肠（图 17-10）。

17.1.5.2　硬骨鱼类

消化管包括口腔、咽、食管、肠和肛门（图 17-11）。鲤鱼的上下颌及口腔内无齿，然而许多硬骨鱼类不仅具有颌齿，牙齿也着生于犁骨、腭骨、翼骨、副蝶骨上。舌不能活动。咽部被 5 对鳃裂洞穿而通到鳃腔。鳃弓内侧有两排并列的骨质突起，称鳃耙（gill raker），是阻拦食物和沙粒随水流出鳃裂的滤食结构，也有保护作用。鳃耙的长短和疏密程度与鱼的食性有关，肉食性鱼类的鳃耙短而疏（例如乌鳢 10～13 个，鳜鱼 7～8 个）；以浮游生物为食的鱼类，鳃耙细长而稠密，形成筛网状以滤过微小的食物，例如鲱鱼第一鳃弓上的鳃耙就有 680 个左右，鲢鱼鳃耙数可高达 1 700 个；杂食或草食性的鲤鱼及草鱼其鳃耙数分别为 14～18 个及 20～25 个。鲤科鱼类在最后一对鳃弓的下咽骨上着生的咽喉齿，在不同种类中的形状、数目和排列方式各异，也与食性有关，如肉食性青鱼为臼状，以水草为食的草鱼为梳状等，常用于鲤科鱼类分类。

食管很短，直接通肠部。胃是消化管较为膨大的部分，鲤鱼没有胃的分化，大、小肠也没有明显区别。肠管较长，在胸腹腔内迂回盘旋，为体长的2~3倍，最后以肛门结束。有些鱼类在幽门和肠的交界处有许多突出的幽门盲囊（pyloric ceacum），其黏膜有丰富的褶皱和血管，有辅助消化和吸收功能。肠的长度随种类、食性和生长特性而不同，草食性鱼类的肠都很长，为体长的6~7倍，肉食性种类的肠管最短，只及体长的1/3~3/4。鲤科鱼类的肝呈弥散状分布在肠管之间的肠系膜上，胰也呈弥散状，混杂于肝中，称肝胰脏（hepatopancreas）（图17-11）。肝分泌的胆汁通过肝管储存在胆囊中，再以胆管将胆汁输入肠内。胰所分泌的胰液由胰管输入肠部。

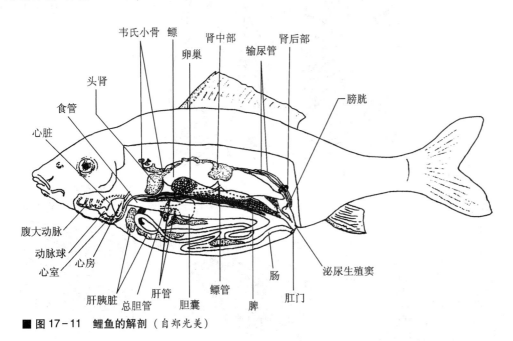

■ 图 17-11 **鲤鱼的解剖**（自郑光美）

17.1.6 呼吸系统

鱼类的呼吸器官是鳃，对称排列于咽部两侧，是由外胚层形成的。鳃具有壁薄、气体交换面积大、分布丰富的毛细血管等特点。鳃瓣着生在鳃间隔（软骨鱼类）或鳃弓（硬骨鱼类）上（图17-12）。

17.1.6.1 软骨鱼类

鲨鱼有5对鳃裂，直接开口于体表。鲨鱼的鳃弓后缘生有发达的鳃间隔一直延伸至体表，其间有软骨条支持。鳃是由上皮折叠成的鳃褶贴附在鳃间隔上形成，因此鲨鱼类又称板鳃类（Elasmobranchii）。由于鳃节肌的收缩，上下颌开闭，鳃弓得以收缩和舒张，使水进入口腔和鳃腔，再经鳃裂流出体外。在流经鳃裂时，水中的氧气和鳃血管中血液进行气体交换。

17.1.6.2 硬骨鱼类

5对鳃裂，经鳃腔通体外，鳃腔外覆有鳃盖骨，其边缘附有鳃膜。鳃间隔退化，鳃褶呈丝状着生在鳃弓上。水流经鳃的方向与血流方向呈逆流交换，摄取氧量效率可高达85%，比同向流高5倍（图17-12）。

鱼类主要依靠鳃盖的运动完成呼吸。硬骨鱼类有两对呼吸瓣，一对是上下颌内缘的口瓣（oral valve），闭嘴时可防止口中的水倒流；另一对是鳃膜，可阻止水从鳃孔倒流入鳃腔，对口腔及鳃腔内的压力改变起着重要作用。当鳃盖上提时，鳃膜由于外部水流压力而紧贴体表，盖住鳃孔，鳃腔容积增大，内压减小，于是水流由口腔进入鳃腔；当鳃盖关闭时，口瓣也关闭，使鳃腔内的压力增大，水流流经鳃裂冲开鳃膜从鳃孔流出体外（图17-12）。

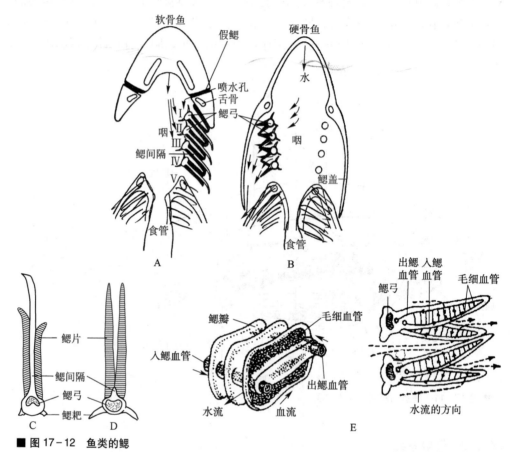

■ 图17-12 鱼类的鳃

软骨鱼（A）和硬骨鱼（B）头部水平切面示鳃的区别；鲨鱼（C）和鲤鱼（D）鳃的结构比较；E. 鳃结构中血流和水流构成逆流系统

硬骨鱼中的一些种类为适应特殊的生活条件，还可通过皮肤（例如鳗鲡、鲇鱼、弹涂鱼等）、肠管（例如泥鳅）、鳃上器（例如攀鲈、斗鱼、乌鳢等）及鳔（例如肺鱼）等各种器官进行辅助呼吸。此外，鳃还有排泄含氮的代谢废物以及参与鱼体内、外环境的体液调节等机能。

绝大多数硬骨鱼类有鳔（swim bladder），快速游泳的金枪鱼以及底栖生活的鮟鱇等无鳔。鳔是位于肠管背面的囊状器官，内壁为黏膜层，有许多血管和毛细血管，中间是平滑肌层，外壁为纤维膜层。鳔的腹面伸出一条鳔管（pneumatic duct）通入食管背面。根据鳔管的有无可将有鳔鱼类分为开鳔类（例如鲤形目、鲱形目等）和闭鳔类（例如鲈形目等）（图17-13）。鳔内的气体中主要含氮、氧和二氧化碳。一般情况下，生活在浅水水域的鱼类鳔内的含氧量甚低，以鲤鱼为例，氧含量仅占鳔内气体总量的2.42%，相当于它在4 min内生活所需的氧气量。鱼鳔内的含氧量随同鱼的活动水层下降而逐渐升高，例如鲂鮄鱼在

1 m 水深时，鳔的含氧量为 16 %，降至 16 m 水深时，含氧量增高至 50 %，而在水深 175 m 处活动的康吉鳗，鳔内的含氧量可高达 87 %。

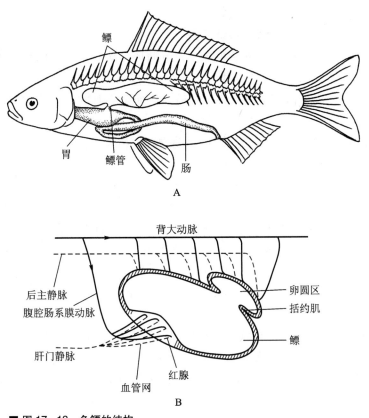

■ 图 17-13　鱼鳔的结构

A. 开鳔类的鳔及鳔管；B. 闭鳔类的鳔（示红腺及卵圆区结构）

　　鳔是大多数硬骨鱼类身体密度的调节器官。开鳔类鳔内气体的调节主要通过鳔管直接由口吞入或排出，或由血管分泌或吸收一部分。闭鳔类则是通过特有的红腺（red gland）和卵圆区调节鳔内气体。红腺位于鳔前腹面内壁上，集中了大量毛细血管网。例如一条长短适中的鳗鲡的红腺集中着 11.6 万条小动脉，8.8 万条小静脉，总面积 200 cm^2。红腺的腺上皮细胞分泌乳酸呼吸酶和碳酸酐酶进入毛细血管，乳酸能促进与血红蛋白结合的氧气分离和进入鳔内，而碳酸酐酶则可加速血液中碳酸的脱水作用，释出 CO_2 进入鳔内。卵圆区位于鳔的后背方，有吸收鳔内气体的功能，呈薄壁囊状，厚度仅 10~20 μm，毛细血管丰富，以一小孔与鳔腔沟通，孔口围绕括约肌管理孔口启闭。在气体分泌和渗入鳔内时，括约肌收缩；当需要回收气体时括约肌松弛，孔口扩大，便于鳔内气体扩散到卵圆区周围的毛细血管中（图 17-13）。分布到红腺的动脉血管来自背大动脉的分支腹腔肠系膜动脉，离开红腺的静脉血管注入肝门静脉系统；通入卵圆区的血管是背大动脉，返回的血管是后主静脉。

　　鳔内气体的分泌和吸收直接影响到鱼鳔的容积大小，在一定程度上可引起鱼体密度的变化。但鳔内气体的分泌和吸收过程相当缓慢，不能快速地适应水压的变化，所以鳔的主要功能是使鱼体悬浮在限定的水层中，以减少鳍的运动而降低能量消耗。鱼类实现升降运动的主要器官则是借鳍和体侧肌的运动。

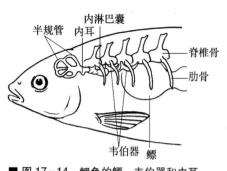

■ 图17-14 鲤鱼的鳔、韦伯器和内耳

半规管 内淋巴囊 内耳 脊椎骨 肋骨 韦伯器 鳔

鲤形目鱼类的鳔借韦伯器 (Weberian organ) 与内耳联系 (图17-14)。水中的声波能引起鳔内气体的同样振幅的振动，通过韦伯器传到内耳，产生类似陆生脊椎动物的听觉。

17.1.7 循环系统

鱼类血液循环路线为单循环。从心室压出的缺氧血，经鳃部交换气体后，汇合成背大动脉，将多氧血运送至身体各个器官组织中去；离开器官组织的缺氧血最终返回至心脏的静脉窦内，然后再开始重复新一轮血液循环 (图17-15C)。

鱼类的心脏构造和血液循环方式与圆口纲动物基本相同。

17.1.7.1 心脏

（1）软骨鱼类 鲨鱼的心脏位于围心腔 (pericardium cavity) 内，围心腔后方以横隔与侧腹腔分开。软骨鱼类的心脏占体重的 0.6%~2.2%，由静脉窦、心房、心室、动脉圆锥 (conus arteriosus) 4部分构成。静脉窦是一个薄壁的囊，接收由全身返回的血液；心房的壁较薄；心室的肌肉壁较厚，是把血液压出的主要部位，起着泵的作用；动脉圆锥是心室向前的延伸，其肌肉壁属于心肌，能有节律地搏动。窦房之间、房室之间有瓣膜，动脉圆锥基部有半月瓣 (semilunar valve)。瓣膜具有防止血液倒流的功能 (图17-15A)。

（2）硬骨鱼类 心脏的结构与软骨鱼类相似，但不具动脉圆锥而代之以动脉球 (bulbus arteriosus)。动脉球不是心室的延伸而是腹大动脉基部的膨大，由平滑肌构成管壁，无搏动能力，基部也没有瓣膜。硬骨鱼体内的血量很少，仅为体重的 2% 左右，心跳频率一般为每分钟 18~24 次 (图17-15B)。

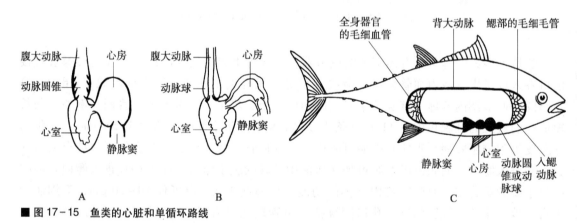

腹大动脉 心房 动脉圆锥 心室 静脉窦

腹大动脉 心房 动脉球 心室 静脉窦

全身器官的毛细血管 背大动脉 鳃部的毛细毛管 静脉窦 心房 动脉圆锥或动脉球 入鳃动脉

A   B   C

■ 图17-15 鱼类的心脏和单循环路线

A. 鲨鱼心脏；B. 鲤鱼心脏；C. 鱼类的单循环路线

17.1.7.2 动脉

（1）软骨鱼类 鲨鱼的动脉圆锥的前端发出一条腹大动脉 (aorta ventralis)，向两侧各发出5支入鳃动脉，在鳃部分支形成毛细血管网进行气体交换。出鳃动脉汇合为一条背大动脉，再由此发出许多动脉，将血液分别送到身体各部，例如锁骨下动脉、腹腔动脉、胃脾动脉、前肠系膜动脉、后肠系膜动脉、肾动脉、腰动脉、髂动脉和生殖动脉等。背大动脉的后端为尾动脉，进入尾部。

（2）硬骨鱼类　与鲨鱼的类似。

17.1.7.3　静脉

鱼类的静脉系统包括从身体前端返回的一对前主静脉（anterior cardinal vein），从尾静脉（caudal vein）与体壁静脉收集身体后部以及肾的血液而汇集成的一对后主静脉（posterior cardinal vein）；两侧的前主静脉和后主静脉汇成总主静脉（common cardinal vein）。收集体侧和偶鳍来的血液的一对侧腹静脉（lateral abdominal vein）也汇入总主静脉（图17-16）。

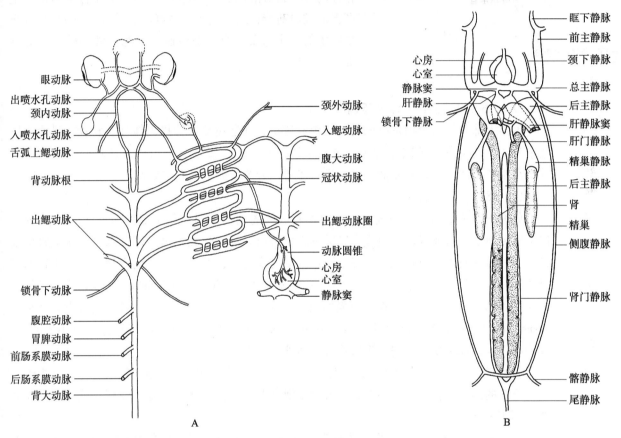

■ 图 17-16　鲨鱼血液循环
A. 动脉；B. 静脉（自郑光美）

鱼类的肝门静脉（hepati portal vein）很发达，汇集从消化管以及胰、脾等处毛细血管返回的血液进入肝，在肝内散成毛细血管，再汇成肝静脉离开肝，将血液汇入静脉窦。肝门静脉血管的两端均为毛细血管，有这种特点的静脉称为门静脉（portal vein）。除上述的入肝的肝门静脉外，从尾部毛细血管汇集的尾静脉进入肾并分散为毛细血管，形成肾门静脉（renal portal vein）。肾静脉出肾并汇入后主静脉。大多数静脉分支都与动脉分支伴行分布。

17.1.7.4　鳔循环

鳔动脉来自背大动脉的分支。从鳔返回的血液经过肝门静脉、肝静脉、后主静脉的路线回到静脉窦。但肺鱼的鳔循环不同，鳔动脉从第6对动脉弓发出，鳔静脉则直接返回心脏的左侧（肺鱼心脏具有不完全分隔将心房和心室不完全分为左右两部分），与陆生脊椎动物的

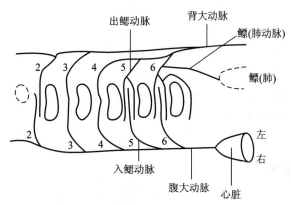

出鳃动脉　背大动脉

鳔(肺动脉)

鳔(肺)

左
右

入鳃动脉

腹大动脉　心脏

■ 图 17-17　肺鱼的动脉

肺循环相似（图 17-17）。

鱼类供应心脏的血液来自背大动脉或出鳃动脉以及锁骨下动脉的分支；离开心脏的血液注入前主静脉，再返回静脉窦。

17.1.7.5　淋巴系统

鲨鱼在背大动脉两侧各有一条淋巴管从头向尾部延伸。硬骨鱼类的淋巴管在最后一枚尾椎骨的下方扩大成左、右相连的两个圆形淋巴心（lymph heart），能不停地搏动，把淋巴液推向前行，最后流入后主静脉。脾（spleen）是淋巴系统中的一个重要器官，是造血、过滤血液和破坏衰老红细胞的场所。

17.1.8　排泄系统和渗透压调节

鱼类大部分代谢废物是以尿的形式由肾滤出，并通过输尿管排出体外。软骨鱼排泄物以尿素为主，硬骨鱼以排铵盐为主。排泄系统由肾、输尿管及膀胱组成，其功能除排泄尿液外，在维持鱼体内正常的体液浓度、进行渗透压调节方面也具有重要作用。

17.1.8.1　肾和输尿管

鱼类的肾位于体腔背中线，但胚胎期和成体的结构不同。胚胎期为前肾（pronephros），位于体腔前端，由前肾小管组成，管的一端以肾口开口于体腔，另一端汇入总的排泄管即前肾管，其后端通入泄殖腔或泄殖窦。肾口附近有血管球，所排出的代谢废物被前肾小管的肾口收集，汇入前肾管，最终排出体外。鱼类成体肾为后位肾（opisthonephros）。后位肾位于体腔中后部，其肾小管一端膨大内陷形成肾小囊（renal capsule），将血管球或肾小球（renal glomerulus）包在囊内，形成肾小体（renal corpuscle）。血液中的废物直接进入肾小囊滤出，经肾小管（renal tubule）进入输尿管排出体外。

（1）软骨鱼类　雄性肾的前部较狭小退化，其输尿管功能改为输送精液。肾后部内侧发出数条细的副输尿管，在后端汇合并开口于泄殖腔。雌性的输尿管专司输尿。软骨鱼类无膀胱（图 17-18）。

（2）硬骨鱼类　胸腹腔背前端有头肾（head kidney），可能是淋巴器官。后端为肾，左右有部分相连。输尿管沿胸腹腔背壁后行合并，膨大成膀胱，最后通入泄殖窦，以泄殖孔开口于肛门后方（图 17-19）。

17.1.8.2　渗透压的调节

（1）软骨鱼类　鲨鱼等软骨鱼类适应海水生活，在血液中积累大量尿素，含量达血液的 2%～2.5%（其他脊椎动物为 0.01%～0.03%），使体内体液的浓度和渗透压高于海水，因而不致产生失水过多的现象，周围海水还会通过鳃部和皮肤渗透进入体内。这时需要通过肾排出多余水分。多余盐分则通过直肠腺排出（图 17-10，图 17-18）。

（2）硬骨鱼类　淡水鱼类体液的浓度一般高于周围淡水，体外的淡水会不断地渗入体内。由于肾的肾小球数目多，泌尿量大，能及时排出浓度极低的大量尿液，尿液中的含水量达 95% 以上。尿液中含氮废物以氨或铵盐的形式排出。肾小管具有重吸收作用，可将尿液中的盐分重新吸收回血液内，因而在尿液的排泄过程中丧失的盐分很少，有些鱼类还能通过食物或依靠鳃的泌氯腺从外界吸收盐分。

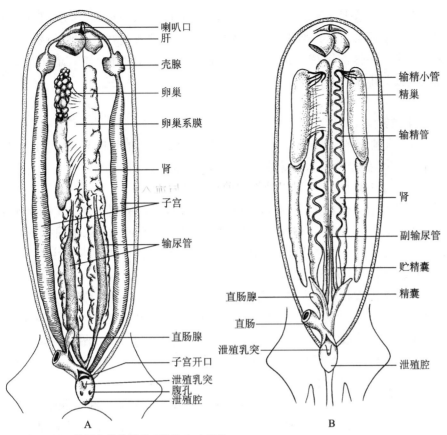

喇叭口
肝
壳腺
卵巢
卵巢系膜
肾
子宫
输尿管
直肠腺
子宫开口
泄殖乳突
腹孔
泄殖腔

输精小管
精巢
输精管
肾
副输尿管
贮精囊
精囊
直肠腺
直肠
泄殖乳突
泄殖腔

A

B

■ 图 17-18 软骨鱼类的排泄系统和生殖系统

A. 雌性；B. 雄性（自郑光美）

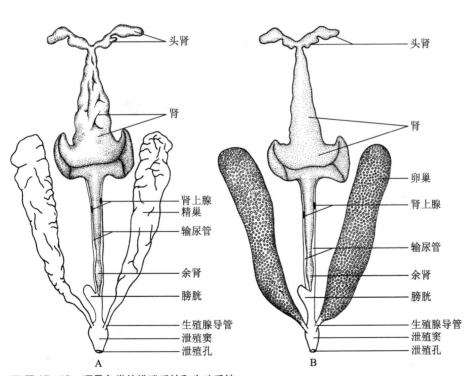

头肾
肾
肾上腺
精巢
输尿管
余肾
膀胱
生殖腺导管
泄殖窦
泄殖孔

头肾
肾
卵巢
肾上腺
输尿管
余肾
膀胱
生殖腺导管
泄殖窦
泄殖孔

A

B

■ 图 17-19 硬骨鱼类的排泄系统和生殖系统

A. 雄性；B. 雌性

海洋硬骨鱼类体液浓度比海水略低，体内水分会不断地从鳃和体表向外渗出。若不加以调节，可因大量失水而死亡。为维持体内外水分平衡，必须大量吞饮海水。体内过多的盐分由鳃的泌氯腺排出，使体液维持正常的浓度。海洋鱼类肾内的肾小体数量比淡水鱼类少得多，甚至完全消失，排尿量非常少。

17.1.9　生殖系统

生殖系统由性腺（精巢和卵巢）及输送生殖细胞的生殖导管组成（图17-18、图17-19）。一般是体外受精；体内受精的鱼类，雄性有特殊的交配器。

17.1.9.1　软骨鱼类

（1）雄性　雄鲨有一对精巢（testis）。由精巢发出许多输精小管（vasa efferentia），通入肾前部的输精管（vas deferens）。输精管后端膨大为贮精囊（seminal vesicle），精子自此导入尿殖窦（urogenital sinus），经尿殖乳头入泄殖腔，以泄殖腔孔通体外。雄性的腹鳍内侧骨骼延伸形成特有的鳍脚（图17-20），是交配器官。每一个鳍脚的内侧有一条沟，在交配时两个鳍脚合并，两沟成为管状，插入雌性泄殖腔内，使精液流入雌性输卵管内。

（2）雌性　大多数雌性鲨鱼有一对卵巢（ovary）。输卵管前端以喇叭口（ostium）开口在体腔前部。输卵管的前段有壳腺（shell gland），后段膨大为子宫。两侧输卵管末端汇合后开口在泄殖腔。成熟卵落入胸腹腔内，在喇叭口纤毛作用下被吸入输卵管前段与精子相遇受精，经过壳腺后被包上蛋白和蛋壳。

（3）生殖方式　软骨鱼类的生殖方式有3种，即卵生、卵胎生和假胎生。卵生（oviparous）种类其胚胎的发育完全靠自身的卵黄囊中的营养，例如虎头鲨（*Heterodontus*）和猫鲨（*Scyliorhinus*），卵壳大而厚，有不同的缠丝，可将卵缠绕在海水中的物体上。卵胎生（ovoviviparous）种类例如角鲨（*Squalus*）的卵壳较薄，胚胎的发育在母体输卵管内完成，但所需营养完全靠卵黄囊提供。假胎生（pseudoviviparous）种类例如星鲨（*Mustelus*）的胚胎发育在母体输卵管内完成，前期发育靠卵黄囊内营养，后期胚胎卵黄囊壁伸出许多褶皱嵌入母体子宫壁，形成卵黄囊胎盘（yolk-sac placenta），胎儿以此从母体血液中获得营养，完成最后的发育。

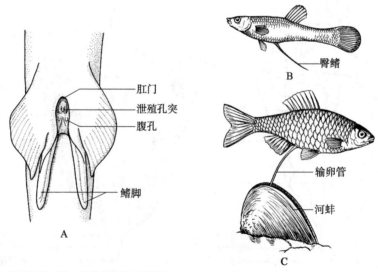

肛门
泄殖孔突
腹孔
鳍脚
A

臀鳍
B

输卵管
河蚌
C

■ 图17-20　鱼类的几种交配器

A. 鲨鱼（雄）；B. 食蚊鱼（雄）；C. 鳑鲏鱼（雌）

17.1.9.2 硬骨鱼类

（1）**雄性** 一对精巢，在生殖季节增大，几与体腔等长。输精管是由精巢外膜向后延续而成，与肾和输尿管无任何联系，这在脊椎动物中是绝无仅有的。左、右输精管常在后段连合开口于泄殖窦，再以泄殖孔通体外。精子排至水中，营体外受精。

（2）**雌性** 一对卵巢，在性成熟时非常发达，充满胸腹腔的两侧空隙。由外被的卵囊膜向后延伸成输卵管。成熟卵直接进入输卵管，最后以泄殖孔开口于体外。有些鱼类例如黄鳝（*Monopterus albus*）和银汉鱼（*Atherina hepsetus*）只有左侧卵巢发达。

（3）**两性异形** 有些硬骨鱼为两性异形（sexual dimorphism），例如食蚊鱼（*Gambusia affinis*）的臀鳍鳍骨特化成交配器；雌性鳑鲏鱼（*Rhodeus*）的生殖孔延长成产卵管伸出体外（图17-20）。角鮟鱇和康吉鳗的雌性大于雄性 10~30 倍以上，也有雄性略大于雌性例如黄颡鱼和棒花鱼等。雄性鳡鱼和马口鱼的臀鳍前部鳍条显著延长；雄银鱼的臀鳍上方有一横列大鳞；雄泥鳅的胸鳍约与头长相等，而雌性短小；雌、雄鳜鱼的生殖孔分别为横形和圆形等。

雄鱼常出现某些与繁殖活动有关的第二性征，在生殖期结束后即消失或复原，其中较明显的有婚色（nuptial color）、珠星（nuptial organ）等。例如棒花鱼在生殖期间，全身变黑，背鳍也变得比平时更为宽大；泥鳅后背部加厚；鳑鲏鱼臀鳍下缘出现艳丽的红、黄、黑三色镶边；中华多刺鱼的腹棘内侧出现小锯齿，并在半透明的腹棘内呈现鲜蓝色；斗鱼在体侧出现绚丽而呈蓝宝石形的小圆斑。这些婚色的出现都是生殖腺分泌的性激素在血液中作用的结果。珠星是表皮细胞特别肥厚和角质化的产物，外观为白色坚硬的锥状体，主要分布在吻、颊、鳃盖及胸鳍上，而香鱼的珠星几乎遍及全身。

鲱鱼、鳕鱼、黄鲷等有雌雄同体（hermaphrodite）现象。两性同体的鮨鱼甚至还有自体受精能力。此外，黄鳝、剑尾鱼、鲹鱼等少数种类还有性逆转现象，即性腺的发育从胚胎期一直到性成熟期都是卵巢，只产生卵子；经第一次繁殖后，卵巢内部发生了改变，逐渐转变成精巢而呈现出雄鱼特征。

17.1.10 神经系统

神经系统由中枢神经系统和周围神经系统组成。中枢神经系统由脑和脊髓组成，分别位于脑颅及脊柱的椎管内。周围神经系统由脑和脊髓发出的脑神经、脊神经以及自主神经系统组成。

17.1.10.1 脑

（1）**软骨鱼类** 鲨鱼的脑比七鳃鳗的脑大得多并且发达。脑已经明显分化为大脑、间脑、中脑、小脑和延脑 5 部分（图17-21）。

大脑半球（cerebral hemisphere）较明显，但还没有完全

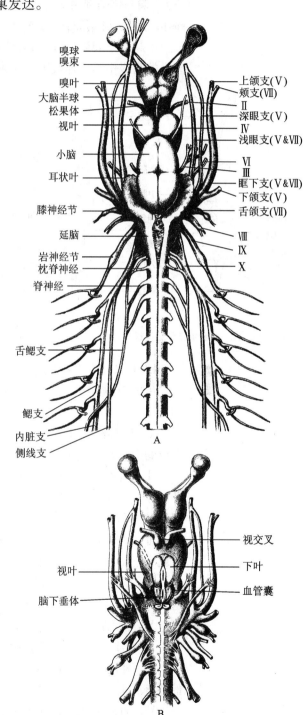

■ **图 17-21 鲨鱼的脑和神经**

分开，左右半球内各有一侧脑室。神经物质（神经细胞、神经胶质细胞、神经纤维）不仅出现在大脑的底部、侧面，也出现在了大脑的顶部。大脑前端有嗅球、嗅束和嗅叶。鲨鱼外鼻孔中的嗅囊通过嗅神经与嗅球相连。大脑底部神经组织主要接收嗅觉刺激，因此大脑的功能是产生嗅觉并协调相应运动。

大脑后部为间脑，内部有第三脑室，顶部突出松果体，腹面的前方有视神经形成的视交叉（optic chiasma），交叉后方有一漏斗体（infundibulum）和与其相连的脑下垂体（hypophysis）。漏斗体基部两侧有一对下叶（inferior lobe），它的后方是一个血管囊（sacculus vasculosus），是鱼类特有的压力感受器，可感受水的深度。

中脑位于间脑后方，其顶墙称视叶（optic lobe），是鱼类的视觉中枢，也是综合各部分感觉的高级中枢。连接第三与第四脑室的脑腔变细。小脑呈长椭圆形，是躯体运动的主要调节中枢，具有维持鱼体平衡、协调和节制肌肉张力等作用。鲨鱼的小脑发达与其能快速游泳有关。

延脑位于脑的最后部，背面覆盖后脉络丛，其下方为第四脑室。脑室与脊髓内的中央管相通。延脑前部两侧有耳状突，为听囊和侧线的感觉中枢。延脑是多种生理机能以及感觉（例如听觉、皮肤感觉、侧线感觉）和呼吸的中枢，还是调节色素细胞作用的中枢。

（2）硬骨鱼类 基本结构与软骨鱼的脑相似，但简单得多。据测定，鳗鲡的脑仅占体重的1/2 000，江鳕的脑为体重的1/720，而大多数鸟类和哺乳动物则为0.5%~2.0%。其中大脑尤其小，顶部很薄，只有上皮组织而无神经细胞。延脑的前部有面叶，两侧与小脑相接之处有一对迷走叶（图17-22）。

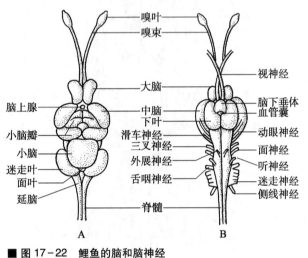

■ 图17-22 鲤鱼的脑和脑神经

17.1.10.2 脑神经

鱼类有脑神经（cranial nerves）10对，其名称、发出部位及分布在脊椎动物中大致相同。

Ⅰ. 嗅神经（olfactory nerve）：嗅神经的神经元胞体分布在嗅囊的黏膜上，由胞体轴突集合成的嗅神经终止于大脑嗅球。嗅神经的功能专司嗅觉。

Ⅱ. 视神经（optic nerve）：视神经的神经元胞体位于眼球的视网膜上，由轴突合成的视神经穿过眼球壁和眼窝，在间脑腹面形成视神经交叉，交叉后为视束（optic tract）入间脑。视神经专司视觉。

Ⅲ. 动眼神经（oculomotor nerve）：由中脑腹面发出，分布到眼球的上直肌、下直肌、内直肌和下斜肌，与滑车神经和外展神经同为支配眼肌的运动神经。

Ⅳ. 滑车神经（trochlear nerve）：由中脑侧背面发出，穿入眼窝，分布到眼球的上斜肌上，为支配这一眼肌的运动神经。

Ⅴ. 三叉神经（trigeminal nerve）：三叉神经发自延脑的前侧面，既支配颌的运动，也接受来自吻部、唇部、鼻部及颌部的感觉刺激。

Ⅵ. 外展神经（abducens nerve）：由延脑腹面靠近腹中线处发出，穿入眼窝分布于眼球的外直肌上，支配其运动。

Ⅶ. 面神经（facial nerve）：从延脑侧面发出，紧接三叉神经发出处，彼此关系也很密切。面神经支配舌弓肌肉的运动，并接受来自皮肤、触须、舌部、咽鳃部、侧线和罗伦瓮等处的感觉刺激。

Ⅷ. 听神经（auditory nerve）：由延脑腹侧面发出，与三叉神经、面神经、舌咽神经的发出处彼此靠近，分布至内耳的半规管壶腹、椭圆囊、球状囊上，感知听觉和平衡觉。

Ⅸ. 舌咽神经（glossopharyngeal nerve）：从延脑腹侧面紧接听神经发出处之后发出，到达第一鳃弓，分为鳃裂前支、咽支和鳃裂后支。

Ⅹ. 迷走神经（vagus nerve）：发自延脑侧面最粗大、最长、分布最远最广的一对脑神经，有数个根起源于发出处，然后分为 3 支：鳃支、脏支及侧线支。鳃支分布到第二至第五对鳃裂的前后壁；脏支分布于心脏及消化器官等内脏器官；侧线支后行发出许多小分支分布到侧线器官上；硬骨鱼类还有小分支到鳔。

17.1.10.3 脊髓

脊髓位于脊柱的椎管内，前面与延脑连接，向后延伸到最后一块尾椎骨。鱼类的脊髓由前向后逐渐变细，但在胸鳍和腹鳍的相应部位略显膨大。脊髓中部有中央管，前方与延脑的第四脑室相通，里面流着脑脊液。脊髓的横切面上显示在其背、腹部的中线处分别具有背中沟和腹中沟的纵向凹陷。脊髓的白质（white matter）在外，只有神经纤维；灰质（gray matter）在内，是神经细胞胞体所在，围绕中央管。

17.1.10.4 脊神经

脊髓具有明显的分节现象，每节的两侧发出一对脊神经与外周相联系。脊神经由背根和腹根组成。背根连于脊髓背面，在靠近脊髓处有一脊神经节（spinal ganglion），聚集感觉神经元的胞体，背根为感觉神经或称传入神经；腹根发自脊髓灰质部，经脊髓腹面传出，为运动神经或称传出神经。鱼类的背根和腹根穿出椎管后相互合并为混合的脊神经，在偶鳍的相应部位，脊神经的腹支形成神经丛（nerve plexus），分别称为臂神经丛和腰神经丛，以支配胸鳍和腹鳍的较复杂的运动。

17.1.10.5 自主神经系统

自主神经系统（autonomic nervous system）是专门支配和调节内脏、血管平滑肌、心肌及腺体的神经，与内脏器官的生理活动、新陈代谢有着密切的关系。自主神经的传出支由脑或脊髓发出，并不直接到达所支配的器官，而是先进入交感或副交感神经节，转换神经元后再发出节后神经纤维到达所支配的器官。可分为交感神经系统（sympathetic nervous system）和副交感神经系统（parasympathetic nervous system），其神经纤维分布到各种内脏器官，产生颉颃作用，器官在两种对立作用的制约下，才能维持正常的生理功能。

所有的鱼类都有交感神经，大多数都有位于脊柱两侧的交感神经节。但软骨鱼类没有完整的交感神经干（sympathetic trunk）；脑部发出的副交感神经随第Ⅲ、Ⅶ、Ⅸ、Ⅹ对脑神经走行而无荐部的副交感神经。硬骨鱼类开始有两条完整的交感神经干，但较细弱，干上的交感神经节分布和大小都不规则；副交感神经较软骨鱼原始，只有随第Ⅲ、Ⅹ对脑神经走行的副交感神经。

17.1.11 感觉器官

17.1.11.1 侧线系统（lateral line system）

侧线器官分布于头部和体侧。头部侧线有分支，躯干两侧的侧线向后延伸直到尾部。侧线器官陷在皮肤内，呈管状或沟状。侧线管以一系列小管穿过皮肤及鳞片通到体表形成侧线孔与外界相通。其内充满黏液，感受器就浸埋在黏液里，并按一定距离分布。感受器由一群感觉细胞和支持细胞组成，感觉细胞具有感觉毛，感觉神经末梢分布于感觉细胞之间（图17-23）。当水流流经鱼体时，水压通过侧线孔，影响管内的黏液并使感受器内的感觉毛摆动。感受器能感受低频率的振动，可感觉水流的大小、速度和方向，在鱼类生活中具有重要的生物学意义。

软骨鱼类除具有上述的侧线器官外，头部的背面和腹面还具有另一种特殊皮肤感受器——罗伦瓮（ampulla of Lorenzini）（图17-23），尤其在吻部和颌部最为丰富。罗伦瓮基部膨大成球状，内有腺细胞和感觉细胞，壶腹上部是罗伦小管，管内充满胶质，其上端以小孔开口于皮肤表面。罗伦瓮是电感受器官，能感受水中微弱的电刺激。水中动物在肌肉收缩时产生的电位差就可被近距离的鲨鱼的罗伦瓮接收到。

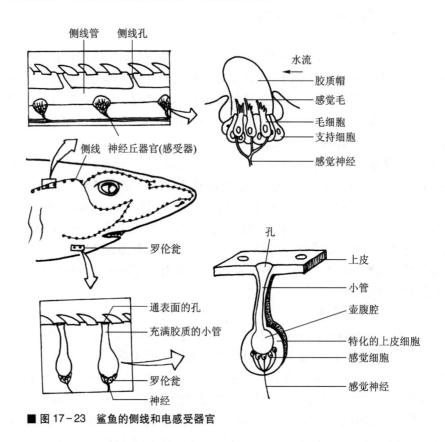

■ 图17-23 鲨鱼的侧线和电感受器官

17.1.11.2 耳

鱼类有一对内耳，主要为感觉平衡的器官。

（1）软骨鱼类 软骨鱼的内耳已具有脊椎动物的基本结构。每侧内耳由3个半规管（semi-circular canal）、椭圆囊（utriculus）和球囊（sacculus）组成，彼此连通（图17-24A、B）。膜迷路（membrane labryinth）位于软颅的耳软骨囊内，其内充满内淋巴液。膜迷路与软骨囊的软骨之间是外淋巴液。球囊前方伸出一内淋巴管，通过头骨的内淋巴窝开口于体外。前半规管、水平半规管和后半规管互相垂直，各管的一端膨大成壶腹（ampulla），内有壶腹嵴。椭圆囊和球囊内由感觉上皮和上方的耳石（otolith）共同构成椭圆囊斑和球囊斑。壶腹嵴和囊斑上覆有感觉上皮，由毛细胞和支持细胞构成，其上分别覆以胶质终帽和耳石膜，毛细胞插入其中，是鱼类平衡觉的主要感受部位。半规管是动态平衡感受器，椭圆囊和球囊是静态平衡感受器。当鱼体移位时，由于内淋巴液的流动，使终帽和耳石对毛细胞产生刺激，感觉信息通过听神经传递到中枢神经系统，引起平衡感觉和肌肉反射性运动。球囊后方有一小突起，即瓶状囊（lagena），为高等脊椎动物的耳蜗，但在软骨鱼类中作用很小。

（2）硬骨鱼类　与软骨鱼类内耳的结构基本相同，但由球囊伸出的内淋巴管末端封闭。椭圆囊和球囊中的耳石很大，尤其在球囊中。耳石随鱼体增长而增大，并出现同心圆环纹，类似鳞片的年轮，可以推算鱼的年龄。如耳石特别大的石首鱼科（Sciaenidae）。

鲤形目鱼类具有特有的韦伯器（见图17-14）。韦伯器后端与鳔壁接触，其功能见"鳔"的一节。

17.1.11.3　视觉器官（optic organ）

鱼类眼的结构与一般脊椎动物相同（图17-24），但有一些适应于水生环境的特点。

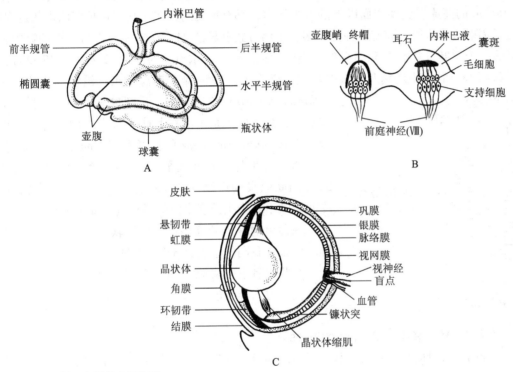

■ 图17-24　鱼类的内耳和眼
A. 内耳的半规管及椭圆囊、球囊；B. 壶腹内的听嵴和椭圆囊及球囊内的囊斑放大；C. 硬骨鱼类眼的结构

（1）软骨鱼类　眼具3层被膜：外层是软骨质或纤维质的巩膜（sclera），巩膜在前方形成透明而扁平的角膜（cornea）；中层是脉络膜（choroid），具有大量血管和色素以及鱼类所特有的反光结构，在透光很弱的水中可将射入眼球的微弱光线反射到视网膜上，使鱼类可看清周围水域中的物体。鲨鱼的反光结构为亮层（tapetum lucidum），内含大量能够反光的结晶体。脉络膜向前延伸成虹膜（iris），虹膜中央的孔即瞳孔（pupil）。眼球最内层为视网膜（retina），是产生视觉作用的部位，由数层神经细胞组成，其中包括由感受弱光的视杆（rod）和感受强光与色觉的视椎（cone）两种细胞组成的感光层，但多数鲨鱼眼中的视网膜上仅有视杆细胞。眼的折光系统包括角膜、晶状体（crystalline lens）、玻璃体（vetreous humor）以及角膜与晶状体之间的房水。晶状体大而圆，无弹性，背面藉悬韧带连接在虹膜上，紧接于角膜后方，由于晶状体的凸度不能改变，视觉调节依靠移动晶状体的前后位置来进行。软骨鱼类的晶状体位置适宜看远物，在晶状体腹面有一条晶状体牵引肌，可牵引晶状体前移以看近物。

（2）硬骨鱼类 硬骨鱼的眼基本结构与鲨鱼一致。镰状突（falciforme process）是硬骨鱼类移动晶状体的特有结构，是脉络膜的一个膜质突起，富含血管和肌肉，其前缘伸出一条晶状体缩肌连到晶状体腹面，在远视时通过该肌的收缩能向后移动晶状体（图17-24C）。硬骨鱼类眼内的反光层称银膜（argentea），位于巩膜和脉络膜之间。

17.2 鱼纲的分类

鱼类是以鳃呼吸、用鳍运动和以颌摄食的变温水生脊椎动物。除极少数地区外，由海拔6 000 m的高原溪流到洋面以下的万米深海，都有鱼类的存在。它们在长期的进化过程中，经历了辐射适应阶段，演变成种类繁多、生活方式迥异的24 000多种，成为脊椎动物中种类最多的一个类群，其中约58.8%的鱼类生活在海洋，淡水鱼类约占41.2%（图17-25），这一现状与海洋的面积辽阔及复杂的环境条件有关。1954年于南海广东省沿岸捕获的鲸鲨（*Rhincodon typus*）长达20 m，重超过5 t，可谓是世界上最大的鱼；最小的鱼是生活在菲律宾淡水湖内的邦达克虎鱼（*Pendaka pagmaeae*），成鱼体长仅12 mm，不及鲸鲨的1/1 600，是世界上最小的脊椎动物。鱼类中既有栖息于52℃山间温泉的斑鳉（*Cyprinodon macularius*），也有可忍受北极零下数十摄氏度水温的黑鱼（*Dallia pectoralis*）。

现存鱼纲有24 400多种，分为软骨鱼和硬骨鱼两大类群。分布在我国的鱼类有3 000多种。

有些学者主张将原来的"亚纲"提升为"纲"，本书从简化学习内容考虑，以下述分类框架介绍。

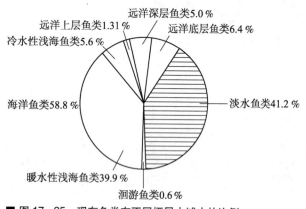

远洋深层鱼类5.0%
远洋上层鱼类1.31%
远洋底层鱼类6.4%
冷水性浅海鱼类5.6%
海洋鱼类58.8%
淡水鱼类41.2%
暖水性浅海鱼类39.9%
洄游鱼类0.6%

■ 图17-25 现存鱼类在不同栖居水域中的比例

17.2.1 软骨鱼类（Chondrichthyes）

内骨骼为软骨的海生鱼类；体被盾鳞；鳃裂4~7对，多直接开口于体表。尾常为歪型尾。无鳔。肠内具螺旋瓣。雄性具有鳍脚，营体内受精。全世界约846种，我国产260多种。分为两个亚纲。

17.2.1.1 全头亚纲（Holocephali）

头大而侧扁，尾细，体表光滑无盾鳞。上颌与脑颅愈合，"全头"名由此而来。4对鳃裂，鳃腔外被一膜质鳃盖，后具一总鳃孔通体外。背鳍两个，第一背鳍有一强大硬棘能竖立。雄性除腹鳍内侧的鳍脚外，还有一对腹前鳍脚及一个额鳍脚。无泄殖腔，以泄殖孔和肛门通体外。

全世界有一目，即银鲛目（Chimaeriformes）。我国产银鲛科（Chimaeridae）的黑线银鲛（*Chimaera phantasma*）（图17-26A），栖息于深海。

17.2.1.2 板鳃鱼亚纲（Elasmobranchii）

体呈纺锤形或扁平形。口大并横裂于头部腹面，鳃裂5~7对，直接开口于体外；上颌不与脑颅愈合。雄性具有位于腹鳍内侧的鳍脚。有泄殖腔。分两总目。

（1）鲨总目（Selachomorpha） 体呈纺锤形，眼和鳃裂侧位。胸鳍与头侧不愈合；臀鳍有或无；歪型尾（图17-26B~I）。

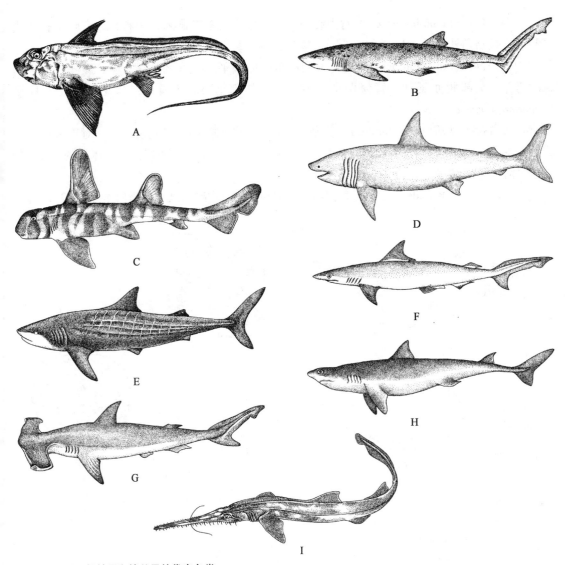

■ 图 17-26 银鲛目和鲨总目的代表鱼类

A. 黑线银鲛；B. 扁头哈那鲨；C. 宽纹虎鲨；D. 姥鲨；E. 鲸鲨；F. 尖头斜齿鲨；G. 锤头双髻鲨；H. 短吻角鲨；
I. 日本锯鲨

① 六鳃鲨目（Hexanchiformes）：鳃裂 6~7 对，背鳍一个，无硬刺，有臀鳍。我国常见的有扁头哈那鲨（*Notorhynchus platycephalus*），分布于黄海、渤海。

② 虎鲨目（Heterodontiformes）：头大吻钝，眼上侧位；鳃裂 5 对。背鳍两个，前方均有一个硬刺；有臀鳍。颌前方的牙尖细，后方的牙平扁呈白齿状。宽纹虎鲨（*Herterodontus japonicus*）分布于我国沿海。

③ 鲭鲨目（Isuriformes）或鼠鲨目（Lamniformes）：背鳍两个，无硬棘；具臀鳍。鳃裂 5 对。代表种类有噬人鲨（*Carcharodon carcharias*）。

④ 须鲨目（Orectolobiformes）：有鼻口沟或鼻孔开口于口内。前鼻瓣常有一鼻须或喉部具一对皮须。最后 2~4 对鳃裂位于胸鳍基底上方。代表种类有世界上最大的鲸鲨（*Rhicodon typus*），体长可达 20 m。

⑤ 真鲨目（Carcharhiniformes）：是软骨鱼类中种类最多的一个类群，共 208 种。常见种类有白斑星鲨（*Mustelus manazo*）和锤头双髻鲨（*Sphyrna zygaena*）等。

⑥ 角鲨目（Squaliformes）：5 对鳃裂，两个背鳍，大多有硬棘，无臀鳍，有喷水孔。我国常见有短吻角鲨（*Squalus brevirostris*），吻短圆钝，鼻孔接近吻端。卵胎生。

⑦ 扁鲨目（Squatiniformes）：是鲨总目中唯一体型平扁宽大的类群。胸、腹鳍扩大，前缘游离并向头部侧面延伸；背鳍两个，小并位于尾部上方，无臀鳍。常见种为日本扁鲨（*Squatina japonica*）。

⑧ 锯鲨目（Pristiophoriformes）：头平扁，吻长似剑状突出；鼻孔前方有一对皮须；具瞬膜及喷水孔。无臀鳍。我国产日本锯鲨（*Pristiophorus japonicus*），吻特长，为体长的 1/4。分布于黄海、东海和渤海。

（2）鳐总目（Batoidei） 体形背腹扁平，鳃裂腹位，胸鳍前缘与头侧相连（图 17-27）。

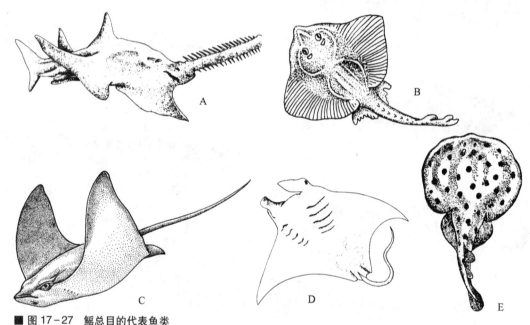

■ 图 17-27 鳐总目的代表鱼类

A. 尖齿锯鳐；B. 孔鳐；C. 鸢鲼；D. 日本蝠鲼；E. 电鳐

① 锯鳐目（Pristiformes）：身体为梭形，吻扁平而狭长，似剑状突出，边缘具一行大而尖利的吻齿。尾鳍发达。我国南海和东海产尖齿锯鳐（*Pritis cuspidatus*），鱼体最长可达 6 m。

② 鳐形目（Rajiformes）：吻圆钝或突出，侧缘无吻齿。胸鳍扩大，尾粗大。代表种类有孔鳐（*Raja porosa*）等。

③ 鲼形目（Myliobatiformes）：胸鳍往前延伸到达吻端，或前部分化为吻鳍或头鳍。腹鳍前部不分化成足趾状构造。身体扁圆或菱形。代表种类有赤虹（*Dasyatis akajei*）、鸢鲼（*Maliobatis tobijei*）等。

④ 电鳐目（Torpediniformes）：体盘椭圆形，头侧与胸鳍之间的皮下具有特化的卵圆形发电器官，其质量可达体重的 1/6，用于捕食和防御。常见种类有黑斑双鳍电鳐（*Narcine maculata*）和日本单鳍电鳐（*Narke japonica*）等。

17.2.2 硬骨鱼类（Osteichthyes）

骨骼大多由硬骨组成；体被硬鳞、圆鳞或栉鳞。鼻孔位于吻的背面。鳃间隔退化，鳃丝直接长在鳃弓上；鳃裂 4 对，不直接开口于体外，鳃腔外有骨质鳃盖保护。鳍的末端生有骨质鳍条，大多为正型尾。通常有鳔，肠内大多无螺旋瓣；生殖腺壁延伸为生殖导管，两者直接相连。多数体外受精。包括 3 个亚纲：

17.2.2.1　腔棘鱼亚纲（Coelacanthimorpha）

脊索发达，无椎体，头下有一块喉板（gular plate），无内鼻孔，鳔退化。体被圆鳞。偶鳍为原鳍型，基部有一多节的中轴骨支持，且在鳍基部有较发达的肌肉，外被有鳞片，呈肉叶状。分一目一科两属。

有些学者将之隶属于总鳍鱼亚纲（Crossopterygiomorpha）。总鳍鱼是出现于泥盆纪的古鱼，也是当时数量最多的硬骨鱼类。具有一系列原始特征：脊索发达，脊椎骨还未发育出椎体，头下有一块喉板，肠内有螺旋瓣等。长期以来，总鳍鱼类一直被认为已于中生代末期的白垩纪时完全绝灭，但是 1938 年 12 月 22 日却在南非沿海哈隆河河口水深 70 m 处首次捕获一条体长 1.8 m 体重 95 kg 的鱼，依据其尾形定名为矛尾鱼（*Latimeria chalumnae*），标本保存于东伦敦博物馆内（图 17-28）。以后又在科摩罗群岛附近的海域中陆续捕得 150～200 条矛尾鱼，为动物界最珍贵的活化石之一；隶属于腔棘鱼目（Coelacanthiformes）腔棘鱼科（Coelacanthidae）；身体粗大，头部每侧有 3 个鼻孔，一个前鼻孔，两个后鼻孔，有喷水孔。尾鳍圆尾，背鳍两个。

（1）矛尾鱼属（*Latimeria*）　矛尾鱼（*L. chalumnae*）体长 1～2 m，重 13～80 kg。肉叶状偶鳍较长。尾鳍呈特殊的三叶式矛头形。无内鼻孔。无鳃盖。鳔退化。肠内具螺旋瓣，动脉圆锥发达，无泄殖腔，卵胎生。肉食性。生活在水深 70～400 m 的海洋中，游泳迅捷。

（2）马兰鱼属（*Malania*）　马兰鱼（*M. anjouanae*）体长 1.38 m，背鳍两个，后背鳍较大，尾鳍无矛形副叶，无中轴，全部为鳍条。体表被齿鳞，脊索粗大。

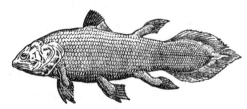

■ 图 17-28　矛尾鱼

17.2.2.2　肺鱼亚纲（Dipnoi）

大部分骨骼为软骨；无次生颌；终生保留发达的脊索，脊椎骨无椎体，仅有椎弓和脉弓。肺鱼有内鼻孔通口腔；鳔有鳔管与食管相通，有丰富的血管供应，能执行肺的功能。偶鳍内具双列式排列的鳍骨；有高度特化而适应于压碎无脊椎动物甲壳的齿板。肠内具螺旋瓣。尾鳍为原型尾。

本亚纲在世界各地曾广泛分布，最早出现在早泥盆纪，但现生种类仅有 2 目 3 科 5 种，并被隔离分布于南美洲、非洲和大洋洲（图 17-29）。我国四川省境内曾出土肺鱼化石。

（1）单鳔肺鱼目（Ceratodontiformes）　分布于澳大利亚昆士兰的淡水河流中。体形侧扁，胸、腹鳍粗壮，成桡状；体鳞大；鳔（肺）不成对；具相等的角质齿板。幼鱼无外鳃，成体不休眠。仅澳洲肺鱼（*Neoceratodus forsteri*）一种。

（2）双鳔肺鱼目（Lepiosireniformes）　体呈鳗形，胸鳍鞭状或较狭短；体鳞小，埋于皮下。鳔（肺）成对。旱季或枯水期钻入水底淤泥中，以皮肤分泌的黏液黏起泥土包住自己的身体形成特殊的鱼茧，进入休眠，此时仅用鳔进行呼吸。雨季来临时，水位升高，肺鱼即苏醒，破茧而出进行活动，并行鳃呼吸。幼鱼具外鳃。本目包括两科。

① 美洲肺鱼科（Lepidosirenidae）：鳃弓 5 对。偶鳍细小而短，奇鳍低矮。幼鱼的外鳃存

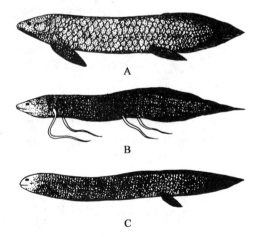

■ 图 17-29　肺鱼

A. 澳洲肺鱼；B. 非洲肺鱼；C. 美洲肺鱼

在期短。仅一种，美洲肺鱼（*Lepidosiren paradoxa*），产于南美洲淡水流域。

② 非洲肺鱼科（Protopteridae）：鳃弓 6 对。偶鳍细长成鞭状，奇鳍高。外鳃保留于整个幼鱼期。本科 3 种，较常见的是非洲肺鱼（*Protopterus annectens*），分布于非洲中部淡水流域。

上述 2 个亚纲动物因偶鳍多呈肉叶状，又合称为肉鳍鱼类（Sarcopterygii）。

17.2.2.3　辐鳍亚纲（Actinopterygii）

本亚纲占现生鱼类总数的 90% 以上。体被硬鳞、圆鳞或栉鳞，或裸露无鳞。各鳍由真皮性辐射状鳍条支持。无内鼻孔。多数种类骨化程度高。身体后部有肛门和泄殖孔与外界相通，无泄殖腔。生殖管由生殖腺壁延伸而成。分 3 个总目。

（1）软骨硬鳞鱼总目（Chondrostei）　本总目是在古生代占主要地位的原始鱼类，只有少数种类残留到现代。骨骼大部分为软骨，体被硬鳞；心脏具动脉圆锥；肠内有螺旋瓣；尾鳍为歪型尾或原尾型。包括两目（图 17-30）。

① 多鳍鱼目（Polypteriformes）：背鳍 5~18 个小鳍，故名多鳍鱼。偶鳍基部有肉质的基叶；尾鳍为原尾型。鳔开口于食管腹面，可用于呼吸。头骨和偶鳍骨有部分软骨，脊椎骨完全骨化。幼鱼有外鳃。本目鱼类全产于非洲淡水河流中，代表种类有多鳍鱼（*Polypterus bichir*）。

② 鲟形目（Acipenseriformes）：吻长。体被 5 行纵行骨板；或完全裸露，仅在尾的上叶具硬鳞。歪尾型。骨骼大部分为软骨，仅在头部有几块膜骨；脊索终身存在且发达，仅有椎弓和脉弓，无椎体。具动脉圆锥，肠内具螺旋瓣。分布在北半球。

鲟科（Acipenseridae）　体被 5 行纵列骨板。口前有吻须 4 条。在我国代表种类有：中华鲟（*Acipenser sinensis*），具半洄游习性，是北半球溯河性鱼类。性成熟较晚，每年夏秋聚集于长江口，溯河到长江上游金沙江一带产卵，孵化后的幼鱼顺江而下，返回海里成长，体长可达 4 m，体重达千斤。葛洲坝建成后，我国进行中华鲟人工繁殖研究获得成功，并成功地在长江进行人工放流。

白鲟科（Polyodontidae）　吻很长，吻须两条。体表无成行骨板，仅尾鳍上叶有棘状硬鳞。白鲟（*Psephurus gladius*）为我国特有种，产于长江和钱塘江，具洄游习性，春季在重庆以上长江段产卵。

（2）全骨总目（Holostei）　硬骨较发达，具硬鳞或圆鳞，无喷水孔，鳃间隔退化，肠螺旋瓣和动脉圆锥退化。在中生代繁盛，在鱼类中占优势。但从白垩纪开始衰退，现在仅存极少数种类（图 17-30）。

① 雀鳝目（Lepidosteiformes）：具长吻，上下利齿，鼻孔位于吻端。体被较厚的菱形硬鳞。背鳍靠近尾部与臀鳍相对。鳔辅助呼吸。椎体为后凹型。代表动物有雀鳝（*Lepidosteus oculatus*），分布于北美洲淡水湖泊。1990 年作为观赏鱼引入我国。

② 弓鳍鱼目（Amiiformes）：体被薄的圆形硬鳞，硬骨发达。鳔分成许多小室，为辅助呼吸器官。现仅存一种，即弓鳍鱼（*Amia calva*），生活于北美的水草丛生的水域。

（3）真骨鱼总目（Teleostei）　体被圆鳞或栉鳞，骨化程

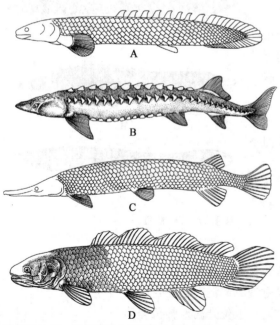

■ 图 17-30　软骨硬鳞鱼总目和全骨总目的代表鱼类

A. 多鳍鱼；B. 中华鲟；C. 雀鳝；D. 弓鳍鱼

度高。鳃间隔消失，具动脉球。无肠螺旋瓣。正型尾。此总目鱼类包括约 96 % 的现存鱼类，常见种类有：

① 海鲢目（Elopiformes）：是硬骨鱼类中的低等类群。体被圆鳞。腹鳍腹位。喉板发达。代表种类有海鲢（*Elops saurus*）（图 17-31）。

② 鳗鲡目（Anguilliformes）：体为长圆筒形；无腹鳍；背鳍、臀鳍和尾鳍相连；各鳍均无棘。体被圆鳞或无鳞。脊椎骨数目多，可达 260 个。幼鱼发育经过变态。几乎所有种类栖息于热带和亚热带水域，多在太平洋海域。平时在沿岸浅海内生活，生殖期游离海岸，将卵产到很深的海水中。幼鳗经变态后再游向近海（图 17-32）。

鳗鲡科（Anguillidae） 鳞小，埋于皮下呈铺席状排列。头每侧有两个鼻孔。前孔短管状，后孔裂缝状。鳃孔位于胸鳍前下方，肛门位于身体前半部。一般在淡水生活，可自由出入咸淡水。皮肤可辅助呼吸，因此可短时间离水。我国常见种类有日本鳗鲡（*Anguilla japonica*），为降河性洄游鱼类。在淡水中生活到 6 龄左右，鳗鲡开始降河入海，进行产卵、受精活动，以后亲鱼全部死亡。幼鳗为透明柳叶状小鱼，经过生长变态后发育为鳗形，又称线鳗。每年春季大批幼鳗自海洋上溯进入江河，在淡水河湖中长大。

海鳗科（Muraenesocidae） 身体无鳞，胸鳍发达，尾侧扁。口腔中生有犬齿形牙。例如海鳗（*Muraenesox cinereus*）。

③ 鲱形目（Clupeiformes）：体被圆鳞，无侧线。背鳍一个，腹鳍腹位。各鳍均无棘。有鳔管。鳃耙较长而密，多为浮游生物食性。本目中许多种类是世界重要经济鱼类（图 17-33）。

鲱科（Clupeidae） 体侧扁。口前位，较小，口裂达眼的前方或下方。臀鳍长，腹部通常有锯齿状棱鳞。无侧线或仅见于前 2~5 个鳞片上。本科大部分生活在热带水域，大多分布在印度 — 太平洋地区，在世界渔业中占据重要地位。其中最具代表性的鱼有鲱鱼（*Clupea pallasi*）、鲥鱼（*Maccrura reevesii*）、鳓鱼（*Ilisha elongata*）等。

鳀科（Engraulidae） 口大，下位，上颌骨很长，超过眼的后缘；臀鳍长；无侧线。代表种类有鳀鱼（*Engraulis japonicus*），臀鳍与尾鳍分离；腹部无棱鳞，体侧有一明显的银色纵带。凤鲚（*Coilia mystus*），臀鳍长，与尾鳍连接，又称凤尾鱼，春、夏季进入河口咸淡水区域产卵；为名贵鱼类，在我国分布于沿海。

④ 鲤形目（Cypriniformes）：腹鳍腹位；鳔有管与食管相通；具韦伯器。体被圆鳞或裸露。广泛分布于世界各地，包括许多重要的经济鱼类和养殖鱼类，我国有 700 多种，一些重要的科和种类有（图 17-34）：

胭脂鱼科（Catostomidae） 体侧扁而高，背鳍高；上颌由前颌骨和上颌骨组成；口小，下位或亚前位；咽喉齿一行；唇厚。多见于美洲，我国仅一种胭脂鱼（*Myxocyprinus asiaticus*），分布在长江上游和闽江、嘉陵江等流域。中下层鱼，以无脊椎动物为食。生长快，已有人工繁殖。

■ 图 17-31 海鲢

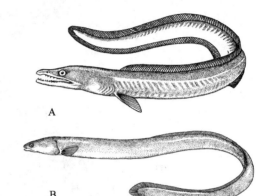

■ 图 17-32 鳗鲡目代表
A. 海鳗；B. 鳗鲡

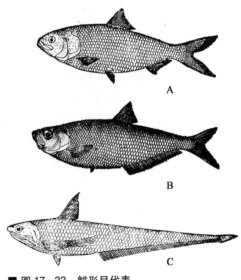

■ 图 17-33 鲱形目代表
A. 鲥鱼；B. 鳓鱼；C. 凤鲚

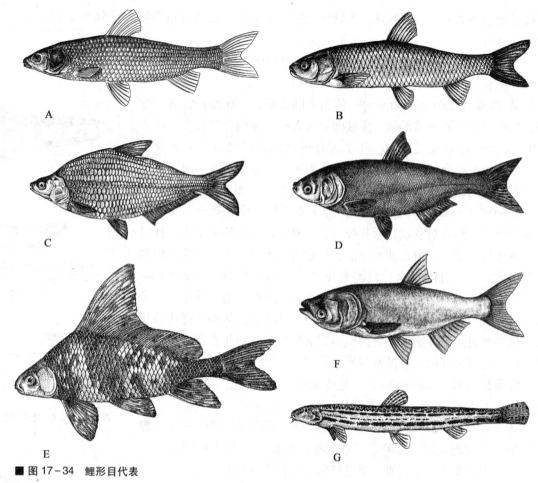

■ 图 17-34　鲤形目代表

A. 青鱼；B. 草鱼；C. 鳊鱼；D. 鲢鱼；E. 胭脂鱼；F. 鳙鱼；G. 花鳅

鲤科（Cyprinidae）　上颌的骨块仅由前颌骨组成；咽喉齿 1~3 行。口内无牙；无脂鳍。在我国分布约 500 种，是我国淡水以及池塘养殖和捕捞的主要对象。

重要代表种类有：青鱼（*Mylopharyngodon piceus*），咽喉齿一行，臼齿状，以螺、蚌等软体动物为食。草鱼（*Ctenopharyngodon idellus*），梳状咽喉齿两行，是中上层草食性鱼。团头鲂（*Megalobrama amblycephala*），中、下层鱼，以水生高等植物为主要食物；腹鳍至肛门之间有腹棱；主要分布于长江中游，有"武昌鱼"之称。鳙鱼（*Aristichthys nobilis*），俗称花鲢或胖头鱼；头长约为体长的 1/3；体侧有许多不规则黑色斑点；胸鳍大，其末端超过腹鳍基部；鳃耙细密彼此交织，主要摄食浮游动物；中上层鱼类，是重要的淡水经济鱼类。白鲢（*Hypophthalmichthys molitrix*），体银白色，头长约为体长的 1/4；眼下侧位；鳃耙细密，相互交织如海绵状，主要食物为浮游植物；上层鱼类。中华鳑鲏（*Rhodeus sinensis*），雌鱼在生殖期间有长的产卵管插入河蚌外套腔内并产卵于其中，雄鱼随后排精（图 17-20）。鲤鱼（*Cyprinus carpio*）（图 17-11），两对口须；咽喉齿 3 行，臼齿状，杂食性。鲫鱼（*Carassius auratus*），无口须；咽喉齿一行，杂食性；由人工选择成为品种繁多的金鱼。

鳅科（Cobitidae）　体呈长圆筒形，体表覆有细鳞或裸露；口须 3 对或更多；咽喉齿一行；鳔小，前端包在骨质囊内，后端细小或退化。我国较常见的有泥鳅（*Misgurnus anguillicaudatus*），体呈棍状，口周围有触须 5 对；尾鳍圆形。多生活在淤泥中。

⑤ 鲇形目（Siluriformes）：体裸露或被骨板；口须 1~4 对；颌骨退化，有颌齿，咽骨有

细齿；有韦伯器；口大，常具脂鳍，胸鳍位置较低，并与背鳍均有一强大的骨质鳍棘。我国常见种类有鲇鱼（*Silurus asotus*）（图 17-35）、黄颡鱼（*Pelteobagrus fulvidraco*）。

⑥ 鲑形目（Salmoniformes）：具脂鳍；具颌齿；幽门盲囊发达。主要分布于北半球高纬度水域内，经济价值很高。本目包括在世界渔业中占重要地位的鲑、鳟鱼类，我国有 16 种。代表种类有大麻哈鱼（*Oncorhynchus keta*）（图 17-43），分布于太平洋沿岸水域，为溯河洄游性鱼。每年秋季生殖鱼群由太平洋上溯至黑龙江、乌苏里江、松花江等河流产卵，在此期间停止摄食，体色由银色转变成暗灰色，雄鱼身上出现红棕色斑点，两颌变为钩状。亲鱼产卵后死亡，受精卵于翌年春季孵化，仔鱼生长到 50 mm 时开始降河入海，在海中生活 3~5 年，到性成熟时成群洄游至江河中原处产卵。哲罗鱼（*Hucho taimen*）是栖于黑龙江、乌苏里江、松花江及新疆额尔齐斯河的冷水性大型鱼类，最重可达 50 kg，性凶猛，以鱼类、青蛙及水生昆虫为食。繁殖期间体色变红，溯河上游到水质清澈的砾质河床掘穴产卵，新疆地区俗称大红鱼。

■ 图 17-35 鲇鱼

⑦ 鳕形目（Gadiformes）：体长，背鳍和臀鳍长，腹鳍喉位或颏位；无鳍棘；身体多被圆鳞；闭鳔类；为世界渔业重要捕捞对象。代表种类有：江鳕（*Lota lota*），下颌中央有一条颏须；背鳍两个，第 2 背鳍长，并与臀鳍等长；尾鳍圆形；以鱼类为食；分布于黑龙江水系及新疆额尔齐斯河水系。大头鳕（*Gadus macrocephalus*），背鳍 3 个，臀鳍两个，均不长；有颏须；肉食性底栖鱼类，在我国分布于黄海、渤海和东海北部（图 17-36）。

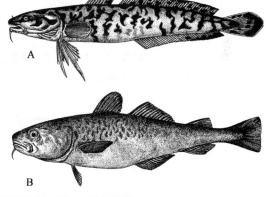

■ 图 17-36 鳕形目代表
A. 江鳕；B. 大头鳕

⑧ 鮟鱇目（Lophiiformes）：为底栖海鱼类。体粗短，背腹扁或侧扁。身体无鳞。眼位于头背面或侧面。胸鳍适应海底爬行而呈足状。腹鳍喉位。背鳍的鳍棘移至头额部，末端常形成肉质的瓣膜状、叶片状或球状的吻触手，作为诱饵器官诱捕小鱼为食。代表种类如黄鮟鱇（*Lophius litulon*）（图 17-37）。

⑨ 刺鱼目（Gasterosteiformes）：体长，侧扁或呈管状，许多种类体表有骨板。吻大多呈管状，口小。背鳍 1~2 个，有时第 1 背鳍为游离的棘组成。常见种类有中华多刺鱼（*Pungitius sinensis*），产卵期有筑巢并护卫鱼卵和幼鱼的习性。日本海马（*Hippocampus japonicus*），头与躯干成直角，分布于我国台湾、黄海等地（图 17-37）。

⑩ 合鳃目（Synbranchiformes）：身体鳗形，无胸鳍，奇鳍彼此相连，无鳍棘。左、右鳃孔合而为一位于头的腹面，成一横裂，鳃小不发达，咽和肠具有呼吸功能。无鳔。身体裸露无鳞。我国仅产一种，即黄鳝（*Monopterus albus*），全身黄褐色，散布不规则的黑褐色斑点；栖于淡水水域，喜穴居，肉食性；具有性逆转现象。除青藏高原外，分布遍及全国淡水水域。

⑪ 鲈形目（Perciformes）：是真骨鱼类中种类最多的一个目，全世界有 9 300 多种，我国有 1 685 种。腹鳍胸位或喉位，有鳍条 1~5 枚；背鳍两个，前一个为鳍棘，后一个为鳍条，并与臀鳍相对。体大多被栉鳞。鳔无鳔管（图 17-38）。

鮨科（Serranidae） 体被栉鳞，头、鳃盖和颊部常被鳞；鳃盖骨上有 1~3 个棘。代表种类有鲈鱼（*Lateolabrax japonicus*）、鳜鱼（*Siniperca chuatsi*）和石斑鱼（*Epinephelus malabaricus*）。

鲈科（Percidae） 腹鳍胸位，体被栉鳞。代表种类有河鲈（*Perca fluviatilis*），背鳍两个，身体有 7~9 条黑色横斑；分布于我国新疆水系。

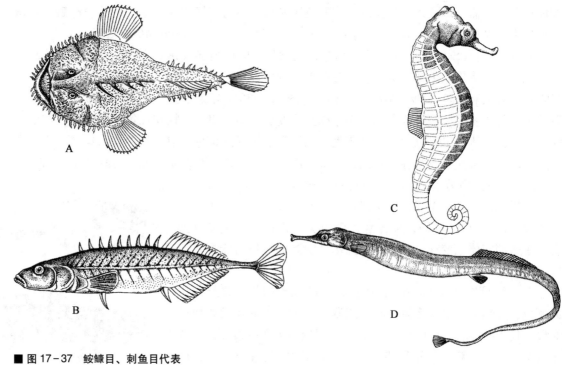

■ 图 17-37　鮟鱇目、刺鱼目代表

A. 黄鮟鱇；B. 中华多刺鱼；C. 日本海马；D. 尖海龙

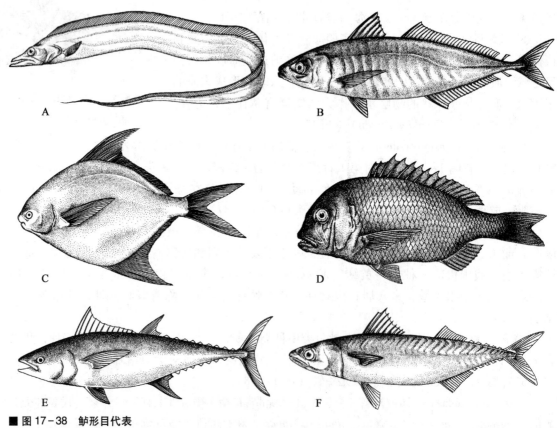

■ 图 17-38　鲈形目代表

A. 带鱼；B. 蓝圆鲹；C. 银鲳；D. 真鲷；E. 黄背金枪鱼；F. 鲐鱼

鲹科（Carangidae） 尾柄细小；侧线完全，侧线鳞部分或全部特化成棱鳞。代表种类有：蓝圆鲹（*Decapterus maruadsi*），是东海和南海的主要经济鱼类。

石首鱼科（Sciaenidae） 头部黏液腔发达，颏部具小孔；背鳍长，鳔常有多对侧支，结构复杂；耳石大；是重要经济鱼类。代表种类有大黄鱼（*Larimichthys crocea*）和小黄鱼（*L. polyactis*）。它们的体形相似，但大黄鱼的尾柄长为尾柄高的 3 倍多，小黄鱼的尾柄长仅为尾柄高的 2 倍多。

鲷科（Sparidae） 体高而侧扁，头大，口小；背鳍连续，腹鳍胸位。栖息于热带亚热带海域，我国常见的种类有真鲷（*Pagrosomus major*）。

蝴蝶鱼科（Chaetodontidae） 身体极侧扁，菱形或卵圆形。尾鳍常为短截形或圆凸形。代表种类有蝴蝶鱼（*Chaetodon modestus*）。

丽鱼科（Cichlidae） 体高而短，被大圆鳞或栉鳞，侧线前后中断。尾鳍圆形或截形。代表种类有尼罗罗非鱼（*Oreochromis niloticus*），原产非洲，1978 年引入我国养殖。

鰕虎鱼科（Gobiidae） 腹鳍发达，胸位，愈合形成吸盘。无侧线。代表种类有大弹涂鱼（*Boleophthalmus peotinirostris*），眼突出于头顶，具两个分离的背鳍，胸鳍基部有肌肉柄，呈臂状，可爬行，腹鳍愈合成吸盘；鳃腔可膨大以储藏空气，在离水时辅助呼吸。

带鱼科（Trichiuridae） 身体侧扁并延长呈带状，尾渐细呈鞭状。无鳞。背鳍和臀鳍延长达尾端，胸鳍短小，腹鳍消失或退化。带鱼（*Trichiurus haumela*）为常见种类。

鲭科（Scombridae） 身体呈梭形，体被小圆鳞。两个背鳍，相距较远，第二背鳍与臀鳍相对，鳍后均有数个分离的小鳍；尾柄基部两侧各具两个小隆起脊。鲐鱼（*Pneumatophorus japonicus*）为本科代表。

金枪鱼科（Thunnidae） 尾柄细长，尾鳍深叉呈新月形，为快速游泳类群，速度可达 130 km/h。尾柄两侧各具一个发达的隆起脊。代表种类有金枪鱼（*Thunnus tonggol*）。

鲳科（Stromateidae） 体侧扁而高，卵圆形。口小，吻圆钝，颌齿细弱；臀鳍与背鳍同形，无腹鳍，尾鳍叉形。我国最常见的是银鲳（*Pampus argenteus*）。

鳢科（Channidae） 口大前位。头顶有大型鳞片，全身被圆鳞。鳃上腔有发达的鳃上呼吸器官，潮湿条件下可离开水较长一段时间。鳍无硬棘。鳔无鳔管。喜在泥底水草较多的淡水中生活。亲鱼有衔草筑巢、保护鱼卵和幼鱼的习性。我国常见的有乌鳢（*Channa argus*），又称黑鱼。

⑫ 鲽形目（Pleuronectiformes）：即通常所说的比目鱼类。体形侧扁平，成鱼身体左右不对称，两眼均位于身体一侧，无眼的一侧通常无色，并以此侧平卧海底生活。身体两侧被圆鳞或栉鳞，或有眼侧被栉鳞，无眼侧被圆鳞。背鳍和臀鳍的基底长，腹鳍胸位或喉位。肛门常不在腹面正中线。成鱼无鳔。本目是重要的海洋经济鱼类。主要代表有：褐牙鲆（*Paralichthys olivaceus*）（图 17-39）、半滑舌鳎（*Cynoglossus semilaevis*）。

⑬ 鲀形目（Tetrodontiformes）：体短粗，皮肤裸露或被有小刺、骨板、粒鳞等。颌骨与前颌骨愈合，牙齿锥形或门齿状，或愈合为喙状牙板。鳃孔小。有些种类具气囊，能使胸腹部充气和膨胀，用以自卫或漂浮水面。大多为海洋鱼类，少数种类定居淡水或在一定季节进入淡水。河鲀的生殖腺、内脏及血液等有剧毒。代表种类有：绿鳍马面鲀（*Thamnaconus septentrionalis*）、虫纹东方鲀（*Takifugu vermicularis*）和翻车鱼（*Mola mola*）等（图 17-40）。

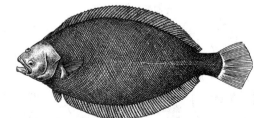

■ 图 17-39 褐牙鲆

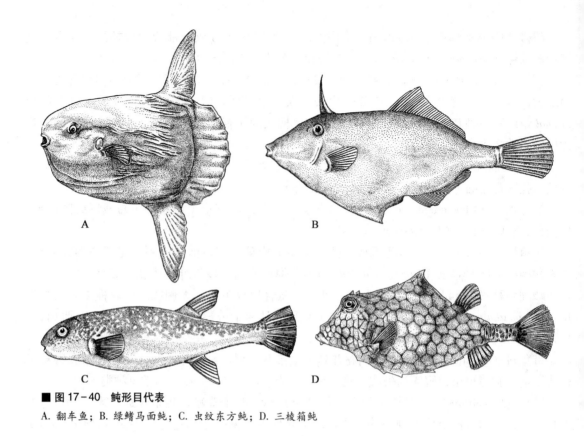

■ 图17-40　鲀形目代表

A. 翻车鱼；B. 绿鳍马面鲀；C. 虫纹东方鲀；D. 三棱箱鲀

17.3　鱼类的洄游

　　某些鱼类在生命周期的一定时期会有规律地集群，并沿一定路线作距离不等的迁移活动，以满足重要生命活动中生殖、索饵、越冬等需要的特殊的适宜条件，并在经过一段时期后又重返原地，这种现象叫做洄游（migration）。

　　依据鱼类洄游的不同类型，可分为生殖洄游（breeding migration）、索饵洄游（feeding migration）和越冬洄游（overwintering migration）。它们三者间的关系如图17-41所示。

17.3.1　生殖洄游

　　当鱼类生殖腺发育成熟时，脑下垂体分泌的促性激素和性腺分泌的性激素会促使鱼类集合成群而向产卵场所迁移，称为生殖洄游。由于它们是从越冬场或育肥场来的，生殖洄游具有集群大、肥育程度高、游速快和目的地远等特点。

　　（1）由远洋向近海　成鱼生活在海洋，其生殖洄游是从海洋游向近海浅海。例如小黄鱼、大黄鱼、带鱼、鳓鱼、鲷鱼等，其中的大黄鱼从渤海湾外的黄海游至渤海湾内产卵。

　　（2）降河产卵洄游　成鱼生活在淡水水域，生殖期沿江河顺流而下到深海产卵。产于我国的鳗鲡是降河产卵洄游的著名例子。鳗鲡性成熟后，在河口集群游向深海进行产卵，亲鳗产卵后疲累而死。幼鳗周身透明，身体似柳叶状，经过生长和变态成为鳗形（图17-42）并开始向亲鳗栖息的江河进行溯河洄游，进入适合它们的淡水水域生长。

■ 图17-41　鱼类的洄游

（3）溯河产卵洄游　成鱼生活在海洋，产卵季节溯江河而上到淡水水域产卵。例如鲥鱼、大麻哈鱼、鲟鱼、鲚鱼和大银鱼等。大麻哈鱼在溯河洄游中一天可溯游 30~50 km，历尽艰难险阻，繁殖活动结束后几乎全部死亡（图 17-43）。

另一种溯河产卵洄游是从淡水的下游至上游，例如青鱼、草鱼、鲢鱼和鳙鱼等鱼类一直生活在淡水的江河中，它们从江河下游及其支流上溯到中、上游产卵，其行程可长达 1 000~2 000 km。

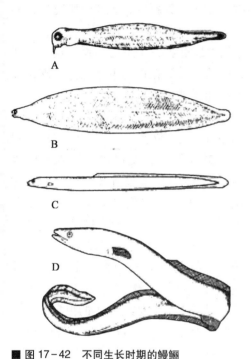

■ 图 17-42　不同生长时期的鳗鲡

A. 稚鳗（7 mm）；B. 柳叶鳗（1.5 岁，75 mm）；
C. 线鳗（3 岁，65 mm）；D. 成鳗

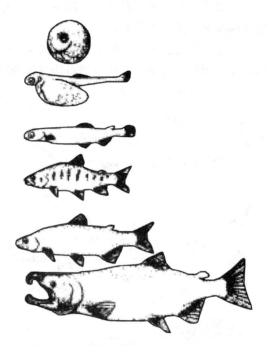

■ 图 17-43　大麻哈鱼在生活史中不同时期的形态

17.3.2　索饵洄游

鱼类为追踪捕食对象或寻觅饵料所进行的集群洄游，称索饵洄游。一般在繁殖期结束后或接近性成熟时表现得较明显，它们需要通过索饵洄游摄取和补充因繁殖过程中所消耗的巨大能量，恢复体能，积蓄营养以供生长、越冬和来年的生殖。例如我国福建南部的蓝圆鲹追食犀鳕（*Bregmaceros* spp.）以及带鱼追食拟隆头鱼（*Pseudolabrus* spp.）和海猪鱼（*Halichoeres* spp.）的集群索饵洄游。

17.3.3　越冬洄游

冬季即将来临时，鱼类常集结成群从索饵的海区或湖泊中转移到越冬海区或江河深处，以寻求水温、地形对自己适宜的区域过冬，称为越冬洄游。例如大黄鱼在 11 月后返回黄海越冬。

生殖洄游、索饵洄游和越冬洄游是鱼类生活周期中不可缺少的环节。洄游为鱼类创造最有利于繁殖、营养和越冬的条件，是保证鱼类维持生存和种族繁衍的适应行为，是在长期进化过程中形成并遗传下来的。引起鱼类洄游和决定洄游路线的原因是极其复杂的，与鱼类自身的生理状况以及外界环境的变化如季节、温度、食源、海流和水质变化等有关，同时也与

遗传性密切相关。研究鱼类洄游的规律，不但具有理论意义，而且在渔业生产上也有重大的经济价值。

17.4　鱼类的起源和演化

鱼类的发展经历了泥盆纪的初生时代、中生代的中兴时代，到新生代达到全盛时代，成为脊椎动物中最大的类群。

在泥盆纪就已出现了鱼类的主要类群，但鱼类的进化中最重要的事件是"颌"这一特征的出现。颌的出现和最早的鱼类可能要追溯至奥陶纪，原始有头类在进化中分化为两支，一支向无颌类（甲胄鱼和圆口类）发展，另一支为有颌类即鱼类的祖先。

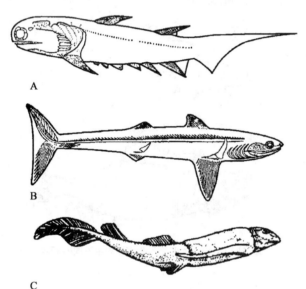

棘鱼类（Acanthodii）是最早出现的原始有颌鱼类，可能出现在奥陶纪，最早的化石发现在大约 4.5 亿年前的地层中，繁盛于志留纪和泥盆纪。棘鱼类体长仅几 mm，体表覆盖菱形鳞片，头侧有骨质鳃盖，奇鳍前方有一枚棘，两对偶鳍之间有 5 对小棘；上颌与下颌相咬合。由于具有骨质鳞片、部分骨化的骨骼和鳃盖而被普遍认为是现代硬骨鱼类的祖先。代表动物为梯棘鱼（Climatius），身体纺锤形，具偶鳍，歪尾。棘鱼类于 3 亿年前的石炭纪绝灭。

盾皮鱼类（Placodermi）是大约 3.95 亿年前出现于泥盆纪早期的另一有颌鱼类，为典型的底栖鱼类，例如胴甲

■ 图 17-44　泥盆纪的几种鱼
A. 梯棘鱼；B. 裂口鲨；C. 盾皮鱼

鱼类（Antiarchi）（如沟鳞鱼 Bothriolepis）和节颈鱼类（Arthrodira）。体小而扁平，体被盾甲，具偶鳍、歪型尾和软骨骨骼；上颌与头骨牢固愈合；具有成对外鼻孔；被认为是软骨鱼类的祖先。盾皮鱼类绝灭于 3.45 亿年前的泥盆纪晚期，极少数延续到石炭纪（图 17-44）。

软骨鱼类（Chondrichthyes）出现于 3.7 亿年前的泥盆纪，起源于盾皮鱼类，其软骨的结构可能是次生性的起源。最早发现的古软骨鱼类化石是裂口鲨（Cladoselache），发现于上泥盆纪，肉食性，体被盾鳞，歪尾，已具有许多现代软骨鱼类的特征。软骨鱼很早就分为两大类，即鲨鳐类和全头类。泥盆纪时期软骨鱼大量辐射发展，在石炭纪已很普遍，随后许多原始类群绝灭，而现代软骨鱼出现。

硬骨鱼类（Osteichthyes）出现于 3.95 亿年前的志留纪晚期或泥盆纪早期，一般认为是从棘鱼类发展而来。最古老的硬骨鱼是古鳕类（Palaeoniscoidea），如古鳕（Palaeoniscus），由此分为两支，一支是辐鳍鱼类（Actinopterygii），化石发现于泥盆纪，后来成为而且现在仍然是在全球水域中最繁盛的类群。另一支是肉鳍鱼类（Sarcopterygii），包括总鳍鱼和肺鱼，具肌鳍和内鼻孔，出现于 3.9 亿年前的泥盆纪早期，例如古总鳍鱼中的骨鳞鱼（Osteolepis）和古肺鱼的双鳍鱼（Dipterus）。中生代末期接近绝灭。现存的仅有矛尾鱼。在泥盆纪期间，

由这一支演化出陆生脊椎动物的祖先。

思考题

1. 鱼类是脊椎动物中最适于水生生活的一大类群。试从它们的形态结构上加以说明。
2. 鱼类和圆口类有何异同点，这些异同点说明什么？
3. 鱼类的鳞、鳍和尾有哪些类型？
4. 比较软骨鱼类和硬骨鱼类的骨骼系统，各有些什么特点？
5. 鱼类消化管的结构是如何与它们的食性相适应的？
6. 鳔的功能是什么，有什么类型，各有什么特点？
7. 比较软骨鱼类和硬骨鱼类循环系统的主要不同点。
8. 简述淡水和海水鱼类肾在调节体内渗透压方面所起的作用。
9. 鱼类感觉器官的结构如何适应水生生活？
10. 简述鱼类的脑和脊髓的基本结构和功能。
11. 总结鱼类受精、生殖和发育的几种类型。
12. 列举软骨鱼类和硬骨鱼类的形态结构在各个系统的特征。
13. 软骨鱼类和硬骨鱼类各有哪些亚纲及总目，其主要特征有哪些？熟悉常见的或有重要经济价值的种类。
14. 鱼类的洄游可分为几种类型？研究洄游有什么实际意义？
15. 总结鱼类的起源和进化要点。

第 18 章

两栖纲 （Amphibia）

两栖类是脊椎动物从水生到陆生的过渡类群，是低等四足动物。其躯体结构和机能以及行为等方面还不能很好地适应陆地环境，特别是幼体在水中发育、成体水生或水陆兼栖的生活方式以及体温不能保持恒定的生物学特性，限制了其生存和分布，是脊椎动物中种类和数量较少的一个类群。

18.1 从水生到陆生的转变

大约在古生代泥盆纪末期（距今 3.5 亿~4 亿年前），某些具有肺的总鳍鱼类尝试登陆并获得成功，这在脊椎动物演化史上是一个划时代的事件。生命起源于水中，动物躯体组成成分的绝大部分是水，所有细胞活动也都是在水环境下进行的，有这种结构和机能的水生生物一旦登陆，首先面临着严峻的环境条件，存在着一系列有待解决的矛盾。

18.1.1 水陆环境的主要差异

陆地环境与水环境之间存在着巨大的差异，除了温度条件最为明显之外，还有一些重要的不同，例如：

（1）空气含氧量比水中充足　水中的溶氧量只及空气的 1/20，每升水仅含氧 3~9 mL，加以水中溶氧量的弥散率较空气中低，所以只适于新陈代谢水平低、用鳃进行气体交换的鱼类以及一些低等动物生活。

（2）水的密度比空气大　水的密度约比空气大 1 000 倍，比黏液约大 50 倍。这大约等于动物体的原生质的密度。因而尽管它对于动物运动的阻力比空气大得多，却很容易使动物躯体漂浮起来，因而不存在支撑躯体的矛盾。而陆生动物所面临的关键问题，首先是如何把躯体支撑起来并完成运动。

（3）水温的恒定性　水体是由含有巨大热能的介质构成，水温的变化幅度较小，一般不超过 25~30 ℃，海洋温度近于恒定。而陆地温度则存在着剧烈的周期性变化，例如冰冻与解冻，干旱与洪水等，都大幅度地造成温差。

（4）陆地环境的多样性　陆地环境地形复杂、植被多样，例如苔原、针叶林、针阔混交林、热带雨林、草原、沙漠、沼泽、高山和盆地等，为动物的栖居、隐蔽等提供了较水域优越的条件。对卵和幼体来说，陆地条件比水中较易受到保护，但同时存在着在陆地发育方面的困难。

18.1.2 从水生过渡到陆生所面临的主要矛盾

鱼类是高度适应于水生生活的类群，它的躯体结构和机能对于水生生活是较为完善的。

从水生过渡到陆生，环境条件的巨大差异，就使登陆动物面临着一系列新的矛盾，主要有：

（1）在陆地支持体重并完成运动。

（2）呼吸空气中的氧气。

（3）防止体内水分蒸发。

（4）在陆地繁殖。

（5）维持体内生理生化活动所必需的温度条件。

（6）适应于陆上的感官和完善的神经系统。

这些矛盾从古总鳍鱼类登陆到两栖类进而到哺乳类的漫长进化过程中，通过体型的改造、原有器官结构和机能的转变以及新器官的发生而逐步加以解决，并日臻完善。矛盾是事物发展的根本原因，在水陆生活转变所面临的许多矛盾中，首当其冲的主要矛盾就是陆上运动器官以及呼吸器官的改造和新生问题。

18.1.3　五趾型附肢及其在脊椎动物演化史上的意义

对于陆地动物来说，重力是一个重要的限制因素。鱼类在水中生活，由于水的浮力，重力的影响较小，仅借尾和躯体的摆动即可完成运动。因而偶鳍结构简单，与带骨之间仅借单支点的杠杆运动——摆动，即可完成其主要作为平衡器官的辅助运动。但陆地动物则不然，由于空气密度较低，不仅需要以强大的四肢将身体支撑起来以抵抗重力，而且还必须能驱动躯体在地面上移动。这就要求具有强有力的附肢以及具有多支点的杠杆运动的关节。五趾型附肢（pentadactyle limb）就是这种类型的运动器官。

与硬骨鱼类的肩带（连同胸鳍）悬挂在头骨后缘不同，两栖类的肩带借肌肉间接地与头骨和脊柱联结，这是四足动物肢骨与中轴骨联结的共同特点，也是与鱼类的根本区别。肩带借肌肉联结，获得了较大的活动范围，与前肢功能的多样性有关，例如大多数陆地动物的前肢均具有捕食及协助吞食的功能。腰带直接与脊柱联结，构成对躯体重力的主要支撑。不少种类还发展了跳跃运动，提高了运动的灵敏性。

化石证据表明，古总鳍鱼类中的某些骨鳞鱼类（Rlipidistia）的胸鳍内骨骼与古两栖类十分相似，已具有类似的肱骨、桡骨、尺骨和一些腕骨，但仍以鳍条支持鳍叶。迄今发现的最早的两栖类棘螈（*Acanthostega*）的前肢和后肢均已进化为五指（趾）型，但肢骨尚较短小，指（趾）数多于5个（7~8个），推测尚不能充分支持体重，仍以鱼类的摆动躯体方式运动。稍后期的鱼头螈（鱼石螈 *Ichthyostega*）已有发育良好的肩带和肢骨以及五指（趾）型四肢，能支撑身体在陆上运动，奠定了四足动物的模式结构（图 18-1）。

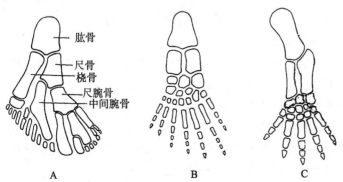

■图 18-1　古总鳍鱼类鳍骨与古两栖动物肢骨的比较（模式图）

A. 骨鳞鱼；B. 棘螈；C. 鱼头螈（仿 Hildebran 修改）

18.1.4　两栖类对陆生的初步适应和不完善性

两栖类在适应于陆生的斗争中，基本上解决了在陆地运动、呼吸、适宜于陆生的感觉器官和神经系统等方面的问题。这是通过发生新的结构以及对于旧有器官的结构和机能加以改造而实现的。例如感知声波装置中的听骨（耳柱骨），就是由相当于鱼类的舌颌骨演变来的。这种"废物利用"的方式在脊椎动物演化史上几乎随处可见。

新生事物在刚刚出现时，总是不十分完善的。两栖类对于陆生生活的适应也不例外，例如它的肺呼吸尚不足以承担陆上生活所需的气体代谢的需要，必须以皮肤呼吸和鳃呼吸加以辅助。特别是两栖类尚不能从根本上解决陆地生活防止体内水分的蒸发问题（其皮肤防止蒸发的抗透水性与皮肤呼吸相矛盾）以及在陆地繁殖问题（卵必须在水内受精，幼体在水中发育，完成变态以后上陆），因而未能彻底地摆脱"水"的束缚，只能局限在近水的潮湿地区分布或再次入水栖息生活。皮肤的透性还使两栖类在盐度高的地区难以生存。因而它是脊椎动物中种类和数量较少、分布较狭窄的一个类群。

18.2　两栖纲的主要特征

两栖纲是从水生开始向陆生过渡的一个类群，具有初步适应于陆生的躯体结构，但大多数种类卵的受精和幼体发育需在水中进行。幼体用鳃呼吸，没有成对的附肢，经过变态（metamorphosis）之后营陆栖生活。这是两栖类区别于所有陆栖脊椎动物的根本特征。两栖类由于新陈代谢水平低，保温与调温机制不完善，属于变温动物。

18.2.1　外形

现存两栖类的体型大致可分为：穴居生活种类的四肢趋于退化，外观略似蠕虫，例如版纳鱼螈（*Ichthyophis bannanicas*）；水栖生活种类外观似鱼，四肢趋于退化，例如大鲵（娃娃鱼）（*Andrias davidianus*）；陆栖生活种类体型多数似蛙，是适应于跳跃生活的特化类群。由此可见，现存两栖类适应于多种生活方式，在很多方面均已改变了其原始祖先所具有的模式，发生了不同程度的特化。

18.2.2　皮肤

皮肤裸露、富于腺体，是现代两栖类的显著特征。古两栖类皮肤被鳞，有些种类（例如一些迷齿螈）的背部及头部具有骨板。现代两栖类的皮肤鳞片已经退化，只有少数无足目种类在皮下尚保留退化的鳞片痕迹。

皮肤由表皮组织和真皮组成，富于腺体及血管，具有呼吸功能。皮肤呼吸在两栖类占有重要位置，在某些水生种类以及冬眠期间的两栖类，几乎全靠皮肤呼吸。表皮由多层细胞构成，有不同程度的轻微的角质化现象，有些种类的头顶及体背可形成角质突起，有的在胸喉部形成角质须。皮肤内具有色素细胞（chromatophores），它是一种带有色素的间充质细胞，在表皮层及真皮层内均有分布。色素细胞有 3 种，即黄色素、虹色素及黑色素，色素细胞的不同配置以及变形，能产生多种色泽，构成保护色。

两栖类的皮肤腺主要是遍布全身的黏液腺（mucous gland）。有些种类的某些黏液腺可变形成为毒腺（poison gland）。黏液腺为多细胞腺体，属于泡状腺，来源于表皮。与鱼类的单细胞腺不同的是：泡状腺下沉于皮肤深层的真皮层内，是减少水分蒸发的一种适应（图18-2）。黏液腺的基本功能是保持皮肤湿润和空气及水的可渗透性，完善皮肤呼吸，也是通过蒸发冷却来调节体温的一种途径。

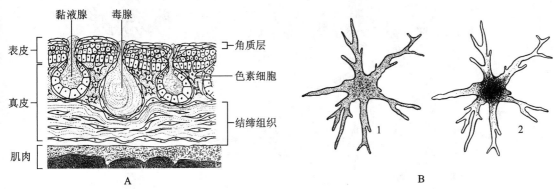

■ 图18-2　两栖类的皮肤切面（A）及色素细胞（B）的色素分布

两栖类的皮肤除了容许空气及水分渗透之外，对一些化合物的透过具有选择性，例如钠可以活跃地进入体表而尿素则不能通过皮肤。这对于调整体内渗透压的浓度十分重要，并有助于陆生种类从外环境向体内摄取水分。

18.2.3　骨骼系统

18.2.3.1　脊柱

两栖类的脊柱比鱼类有较大的分化，由颈椎（cervical vertebra）、躯干椎、荐椎（sacral vertebra）和尾椎所组成。具有颈椎和荐椎是陆地脊椎动物的特征。颈椎与头骨的枕髁相关节，从而使头部有了上下运动的可能性。荐椎与腰带的髂骨联结，使后肢获得了稳固的支持。但与真正陆栖脊椎动物相比较，两栖类尚处于不完善的水平，例如颈椎与荐椎均仅为一枚，其运动及支持的功能尚不够强。

脊椎骨的椎体除少数水生种类为类似鱼类的双凹型外，多为前凹型或后凹型，增大了椎体间的接触面，提高了支持体重的效能。椎弓的前后方具有前、后关节突（zygapophysis或articular process），加强了脊柱的牢固性和灵活性，这是四足动物的特征（图18-3）。

18.2.3.2　头骨

古代两栖类（例如坚头类）的头骨膜性硬骨骨化良好，与古代总鳍鱼类的头骨极为类似，只是缺乏鱼类所特有的鳃盖骨。但是在头骨轮廓上有显著差异：古总鳍鱼的头骨膜性硬骨顶罩的鼻区短，镶嵌有一些小骨块，顶骨孔位置靠前，位于眶骨之间。而古两栖类的鼻区发达，具有显著的吻部，顶骨孔位于头骨后端。这实际上是鱼类与四足动物的重要区别，长的吻部可增强掠食效能。鱼类由于肩带联结在头骨后方，不具颈部；只有当肩带与头骨分离，并保持一定的距离，才出现可以弯曲的颈部，吻部也随之得到发展（图18-4）。

现代两栖类的头骨特点大致可归纳为：头骨扁而宽，脑腔狭小。枕骨具两个枕髁，为侧枕骨所形成。眼眶周围的膜性硬骨大多消失。脑腔背侧膜骨只余额骨、顶骨（青蛙愈合为额顶骨）和鳞骨。此外有鼻骨覆盖鼻囊。脑颅腹面膜骨仅余副蝶骨。

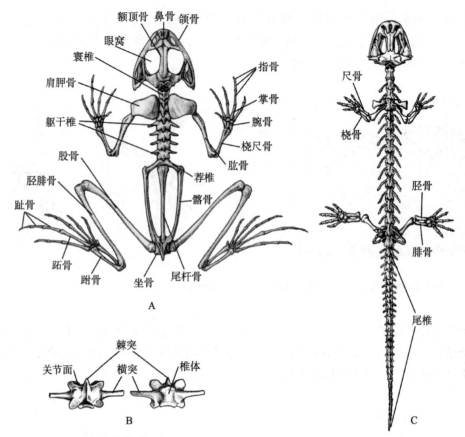

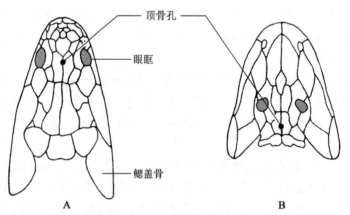

■ 图 18-3 两栖类的骨骼系统

A. 青蛙；B. 青蛙椎骨；C. 蝾螈

■ 图 18-4 古总鳍鱼（A）与古两栖类（迷齿螈）（B）头骨轮廓的比较

　　颌弓与脑颅为自联式联结。腭方软骨趋于退化，由其外所包的膜性硬骨（前颌骨、颌骨、腭骨、翼骨）执行上颌功能。前颌骨、颌骨以及犁骨常带有牙齿。下颌主要为膜性硬骨（齿骨和隅骨）执行功能。牙齿沿口缘分布是四足动物的特征。

　　鱼类的舌颌骨演化为两栖类的听骨——耳柱骨（columella）。

　　相当于鱼类的鳃弓骨骼退化。其残余部分演化为支持喉和气管的软骨。

18.2.3.3　带骨及肢骨

　　两栖类肩带不连头骨，腰带借荐椎与脊柱联结，这是四足动物与硬骨鱼类的重要区别。

肩带借肌肉和韧带与头骨及脊柱相连，使前肢的活动范围大为扩大，并能缓冲在陆地运动时对脑的剧烈震动。现代两栖类肩带主要由肩胛骨、乌喙骨、前乌喙骨和锁骨构成，并与腹中央的胸骨（sternum）相连。胸骨在四足动物是通过肋骨与脊柱相连构成胸廓，以保护内脏。现代两栖类的肋骨退化，是一种特化现象（图18-5）。腰带由髂骨、坐骨及耻骨构成骨盆，但耻骨大多并未骨化。蛙类适应于跳跃生活，腰带有很大变形：髂骨极度前伸，左右耻骨、坐骨在中央相互贴合，"骨盆"消失。

典型四足动物的四肢骨包括上臂（股）、前臂（胫）和手（足）3部分，软骨性骨肩带与腰带、前肢与后肢的结构成分是同源的（图18-6）。青蛙的前肢骨由肱骨（humerus）、桡尺骨（radioulna）、腕骨（carpus）、掌骨（metacarpus）和指骨（phalanx）组成。第1指骨隐于皮下，外表只能见4个指骨。后肢骨包括股骨（femur）、胫腓骨（astragalus）及腓跗骨（calcareum）、跗骨（tarsus）、跖骨（metatarsus）及趾骨（phalanx）。此外，拇趾内侧尚有一个距（calar）。肢骨的延长、愈合和变形，与跳跃的生活方式有关。

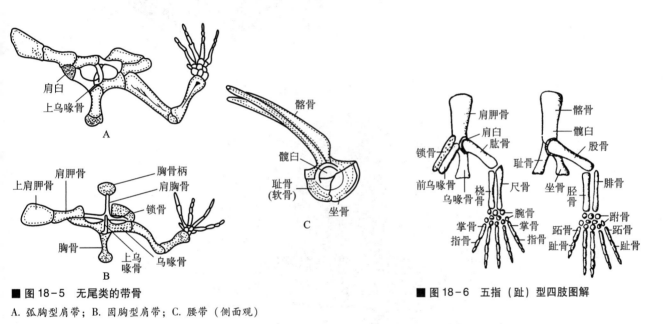

■ 图18-5　无尾类的带骨
A. 弧胸型肩带；B. 固胸型肩带；C. 腰带（侧面观）

■ 图18-6　五指（趾）型四肢图解

18.2.4　肌肉系统

有尾类仍然保留着鱼类的以躯干摆动为主的运动方式，四肢较弱。无尾类适应于陆上跳跃生活，运动形式复杂，四肢肌肉发达。

躯干肌肉在水生种类特化不甚显著。陆生种类由于运动方式的复杂化而导致躯干肌原始分节现象被破坏，改变为纵行或斜行的长短不一的肌肉群，以调节控制头骨及脊柱运动。腹侧肌肉多连成片状并有分层现象，各层肌纤维走向不同，增强了机动性和坚韧性（图18-7）。

四足动物的四肢肌环绕带骨及肢骨四周分布，因而运动功能大为增强。这种分布方式也利于平衡。带骨的肌肉与头骨和脊柱（或肩带）或与脊柱（或腰带）相联结，使四肢获得有力的支持。

鳃肌退化。少部鳃肌改为调节控制咀嚼、舌和喉的运动。

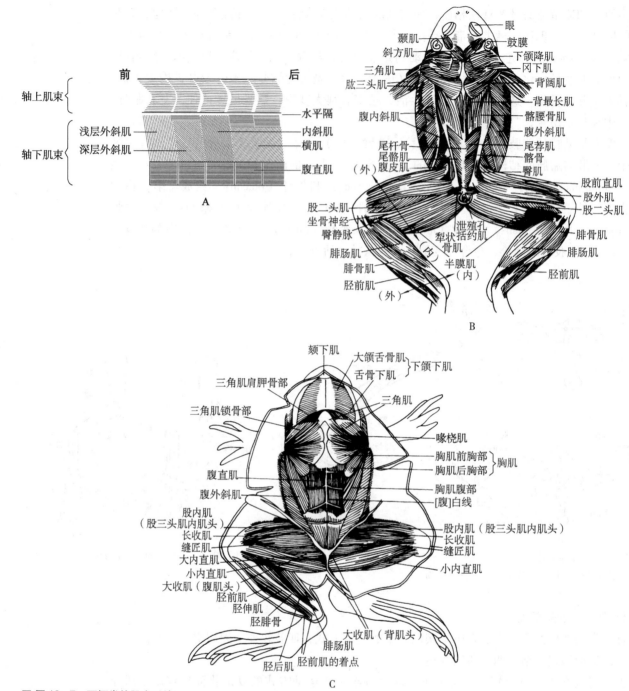

前　　　　　　　后

轴上肌束

水平隔

浅层外斜肌
深层外斜肌

轴下肌束

内斜肌
横肌
腹直肌

A

颞肌
斜方肌
三角肌
肱三头肌
腹内斜肌
尾杆骨
尾髂肌
腹皮肌
（外）
股二头肌
坐骨神经
臀静脉
腓肠肌
腓骨肌
胫前肌
（外）

眼
鼓膜
下颌降肌
冈下肌
背阔肌
背最长肌
髂腰骨肌
腹外斜肌
尾荐肌
髂骨
臀肌
股前直肌
股外肌
股二头肌
腓骨肌
腓肠肌
胫前肌

泄殖孔
犁状括约肌
骨
半膜肌
（内）

（内）

B

颏下肌
三角肌肩胛骨部
三角肌锁骨部
腹直肌
腹外斜肌
股内肌
（股三头肌内肌头）
长收肌
缝匠肌
大内直肌
小内直肌
大收肌（腹肌头）
胫前肌
胫伸肌
胫腓骨

大颌舌骨肌
舌骨下肌
三角肌
喙桡肌
胸肌前胸部
胸肌后胸部
胸肌腹部
[腹]白线
股内肌（股三头肌内肌头）
长收肌
缝匠肌
小内直肌

下颌下肌

胸肌

大收肌（背肌头）
腓肠肌
胫后肌
胫前肌的着点

C

■ 图 18-7　两栖类的肌肉系统

A. 蝾螈体壁肌肉侧面模式图；B. 蛙肌肉系统背面；C. 蛙肌肉系统腹面（自周本湘）

18.2.5　消化系统

　　两栖类的口咽腔结构比较复杂，反映了陆生动物与鱼类的重大区别。消化管及消化腺与鱼类没有本质差别。具有泄殖腔（图18-8）。

　　水生脊椎动物不存在吞食的困难，陆地动物则存在着干燥食物难以吞咽的矛盾。两栖类出现的肌肉质舌和分泌黏液的唾液腺，能使食物湿润和便于吞咽，这是四足动物的共同特征。两栖类的口腔腺不含消化酶，对食物无消化功能。青蛙舌的结构比较特殊，是作为捕食器官的一种特化。两栖类的牙齿为多出性的同型齿，能终生更换受损脱落的牙。牙齿通常着生在颌骨、下颌骨和犁骨上，其功能主要是咬住食物，防止滑脱。现生种类的牙齿着生部位有多种形式，例如颌齿、腭齿、翼齿等，是分类的依据之一。口咽腔内具有内鼻孔、耳咽管孔、喉门和食管开口。蛙类在口咽腔两侧或底部有时具有一对或单个的声囊（vocal sac）开口。声囊为发声的共鸣器。

18.2.6 呼吸系统

蝌蚪和水生两栖类（有尾类）成体的主要呼吸器官为鳃及皮肤。蝌蚪具有带分支的外鳃，在发育过程中被舌弓上向后着生的皮肤褶（鳃盖）所覆盖。随后又着生几排短的内鳃（internal gill），至变态为成体时则消失。有尾类鳃的对数及形态有很大变异，一般营钻穴生活的鳃孔数目趋于减少，有的完全消失。

两栖类具一对囊状的肺，是陆地脊椎动物的重要特征。不过结构还十分简单，肺的内壁仅有少数褶皱，呼吸表面积不大。有些水生种类（例如一些蝾螈）的肺完全退化。因而皮肤呼吸及口腔呼吸在两栖类占有重要地位。肺借短的喉气管开口于咽部。喉和气管是肺呼吸动物的特有结构，内壁具有环状的软骨支撑，对保证气体畅通具有重要意义。两栖类的喉与气管结构尚不够完善（图18-9），皮肤呼吸仍占有重要地位，尤其在蛰眠阶段。

无尾两栖类由于不具肋骨和胸廓，肺呼吸是采用特殊的咽式呼吸完成：吸气时口底下降、鼻孔张开，空气进入口咽腔。然后鼻孔关闭，口底上升，将空气压入肺内。当口底下降，废气借肺的弹性回收再压回口腔。这个过程可以反复多次，以能充分利用吸入的氧气并减少失水。待呼气时借鼻孔张开而排出（图18-10）。

18.2.7 循环系统

不完善的双循环和体动脉内含有混合血液，是两栖类的特征之一。肺呼吸导致双循环的出现，双循环提高了血循环的压力和流速。

18.2.7.1 心脏

心脏由4部分组成，即静脉窦、心房、心室和动脉圆锥。心房出现分隔，形成左心房和右心房。左心房接受含有丰富氧气的肺静脉血液，右心房接受富含二氧化碳的来于静脉窦的血液。左右心房血液共同汇入单一的心室（图18-11）。心室内的肌柱可以减少动、静脉血液的混合。动脉圆锥自心室的右侧发出，远端陆续分为肺动脉、体动脉和颈动脉，分别把含氧量不同的血液输送到相应的器官。动脉圆锥内具有螺旋瓣（spiral valve），能随动脉圆锥的收缩而转动，具有辅助分配不同含氧量血液的作用。

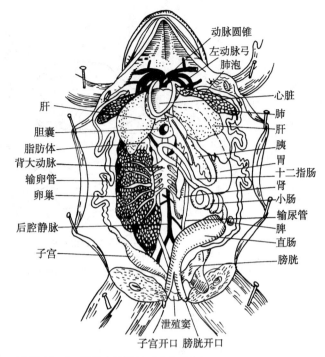

■ 图18-8 蛙的内脏解剖（自郝天和）

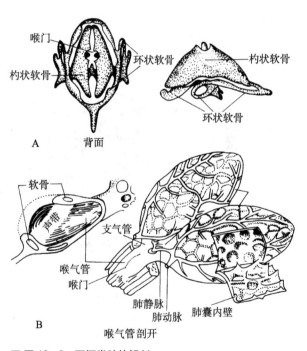

■ 图18-9 两栖类肺的解剖

A. 蛙类支持喉头的软骨；B. 蛙的呼吸器官（自赵肯堂）

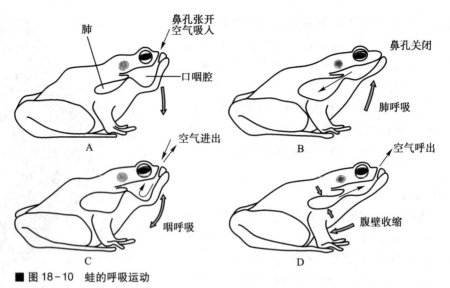

■ 图 18-10 蛙的呼吸运动

A. 吸气 (口底下降)；B. 空气入肺 (口底上升)；C. 空气回咽 (口底下降)；D. 呼气 (口底上升)

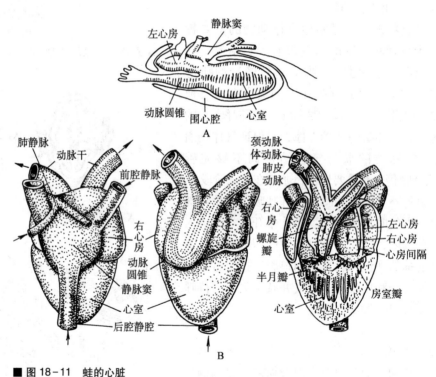

■ 图 18-11 蛙的心脏

A. 侧面；B. 蛙心构造 (背、腹及腹剖面) (自 Torrey 等)

18.2.7.2 动脉

肺循环出现和鳃循环的废弃 (水生两栖类有些尚保留鳃血管)，使原有的鳃动脉弓发生重大变革：相当于原始鱼类的第 1、2、5 对动脉弓消失。第 3 对动脉弓构成颈动脉，供应头部血液。第 4 对动脉弓构成体动脉，供应全身血液。第 6 对动脉弓构成肺皮动脉，供应肺及皮肤血液。从而出现了肺循环与体循环，通称双循环。这种模式奠定了四足动物循环系统的基本原型。然而两栖类尚不能完全避免动、静脉血液在心脏内的混合，这是其代谢水平较低的一个因素 (图 18-12)。

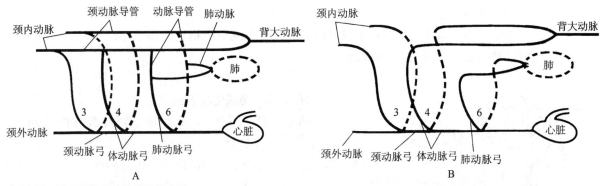

图 18-12 两栖类的动脉弓模式图

A. 有尾类；B. 无尾类（自郑光美）

18.2.7.3 静脉

肺静脉（pulmonary vein）进入左心房。前腔静脉（precaval vein）、后腔静脉（postcaval vein）以及肝静脉分别汇集头部、体躯、皮肤、肾以及肝血液注入静脉窦。肝门静脉与肾门静脉分别汇集消化管、尾以及后肢血液注入肝及肾。两栖类的腹静脉也收集后肢、腹壁以及膀胱血液注入肝门静脉。因而后肢血液需经过肾门静脉或肝门静脉始能返回心脏（图18-13）。

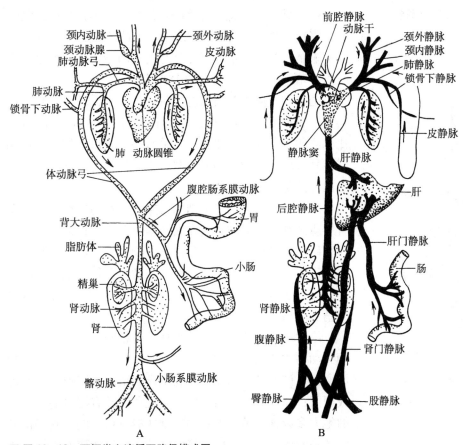

图 18-13 两栖类血液循环路径模式图

A. 动脉系统；B. 静脉系统（自新津恒良）

18.2.7.4 淋巴

两栖类淋巴系统在皮下扩展成淋巴腔隙；具有两对能搏动的淋巴心（lymph heart）以推动淋巴液回心；两栖类不具淋巴结。

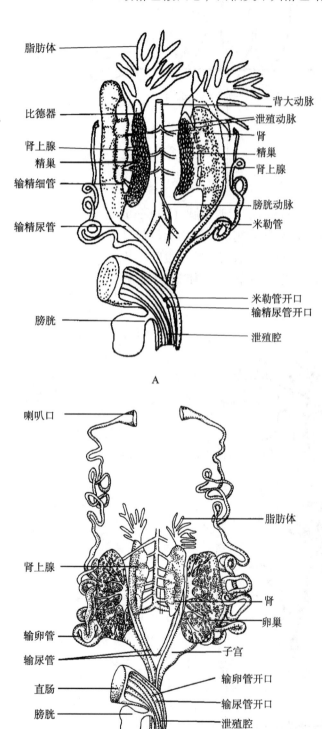

脂肪体
比德器
肾上腺
精巢
输精细管
输精尿管
膀胱

背大动脉
泄殖动脉
肾
精巢
肾上腺
膀胱动脉
米勒管
米勒管开口
输精尿管开口
泄殖腔

A

喇叭口
肾上腺
输卵管
输尿管
直肠
膀胱

脂肪体
肾
卵巢
子宫
输卵管开口
输尿管开口
泄殖腔

B

■ 图 18-14 蟾蜍的泌尿生殖系统

A. 雄性；B. 雌性（自黄正一）

18.2.8 泌尿生殖系统

两栖类具有一对肾。尿经输尿管入泄殖腔（cloaca）。泄殖腔腹面有膀胱（urinary bladder）开口。两栖类皮肤的可透性使之面临严峻的渗透压维持问题。浸入水内的两栖类，会有大量水分透入体内，上陆之后又存在失水而干枯的问题。因而肾小球滤过效能甚高，每日滤水量可达体重的 1/3（人为 1/50），在水内时可维持体内条件恒定。然而两栖类肾小管重吸收水分的效能差，肾所滤出的尿比血液的渗透压低。在失水超过 50% 的情况下，尿的渗透压仍低于一般脊椎动物，因而水生种类能经受失水 20%~40%，荒漠种类能忍受 50%~60% 的失水。膀胱的重吸收水分有助于减少失水，一般愈在干燥地区栖息的种类膀胱愈大，沙漠地区种类膀胱中的尿量可等于或超过体重。所有这些，都是两栖类对陆生极端条件的特殊适应。

雄性具一对精巢。输精小管经肾、输尿管到达泄殖腔，将精液排出体外。因此雄性的输尿管兼有输精功能，或称输精尿管。生殖腺前方具有黄色的脂肪体，为繁殖期间供生殖细胞营养之用（图 18-14）。

蟾蜍和南美短头蟾属的一些种类，雄性的生殖腺前端具有一黄褐色圆形结构，称为比德器（Bidder's organ）。比德器相当于残余的卵巢，在手术去势之后，雄性的比德器能发育成为有功能的卵巢并产生后代。有人认为它可能是内分泌腺，但尚无确证。

雌性生殖系统的基本结构与鲨鱼以及高等脊椎动物没有本质区别。成对的卵巢在繁殖季节充满黑色的卵，成熟卵突破卵巢壁进入体腔，再经腹腔膜纤毛摆动以及腹肌收缩而进入输卵管的喇叭口，在输卵管内下行时包被以胶质膜，储存于"子宫"内。待交配时排入水中，与雄性排出的精子相遇，完成受精。

绝大多数两栖类为体外受精，受精卵在水中发育。两栖类动物的卵属于多黄卵类型，卵粒外周包被有透明的胶原卵膜，许多种类的卵更以胶质囊联结成不同形式的卵带或卵团；卵在水中受精。但是无足目以及有尾目的蝾螈中的绝大多数种类为体内受精，雄性借泄殖腔的突起将精液输送到雌体内，或以精包将精子纳入雌体泄殖腔内；受精卵在输卵管内发育（图 18-15）。

受精卵在水中发育成蝌蚪（tadpole），形态似鱼，具有外鳃、尾鳍，其呼吸、循环和消化系统的结构和机能以及运动方式均与成体不同。在发育中经过变态转变成初步适应于陆生的成体（图18-16）。

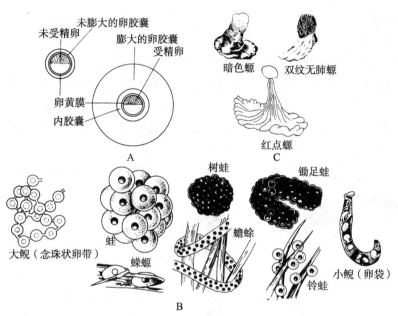

■ 图18-15　两栖类的卵带和精包

A. 卵在受精前、后的比较；B. 卵带及卵块；C. 3种蝾螈的精包（自 Halliday，Терентьев，Hewer）

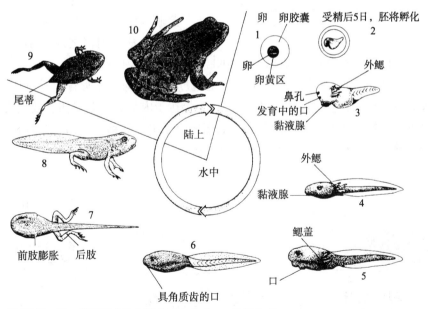

■ 图18-16　蛙的变态和生活史（自黄正一，Halliday）

18.2.9　神经系统

两栖类的脑基本上与鱼类相似：中脑视叶发达，构成高级中枢。但两栖类的大脑半球分化较鱼类明显，顶壁出现一些零散的神经细胞，仍司嗅觉。小脑不发达，与运动方式简单有关。

脊髓与鱼类无显著区别，但有缩短的趋势。此外，由于四肢出现，肩及腰部脊神经集聚成神经丛。

此外，交感神经与副交感神经比鱼类发达。

18.2.10 感官

18.2.10.1 视觉

两栖类适应于陆生的特征表现在眼球角膜呈凸形，晶状体在陆生类型（如蛙）已略呈扁圆，有助于把较远的物体聚焦。虹膜具环肌及辐射肌来调节瞳孔的大小，节制眼球内的进光程度。具有晶状体牵引肌（lens protractor muscles），能将晶体前拉聚焦。此外，在眼的脉络膜与晶状体之间尚有一些辐射排列的肌肉，可协助晶状体牵引肌调节，这种肌肉可能相当于高等四足类的睫状肌（ciliary muscle）（图18-17）。

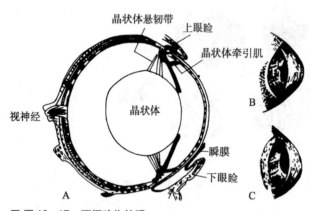

■ 图18-17　两栖动物的眼
A. 眼球纵切；B. 眼肌松弛；C. 眼肌收缩，晶状体前移
（仿Young）

陆生脊椎动物必须有保护眼球、防止干燥的结构。青蛙已经具有可动的下眼睑（eyelid）和泪腺（lachrymal gland），并具有半透明的瞬膜（nicitating membrane）。水栖两栖类的眼球与鱼类的相似，晶状体为圆形，不具眼睑及泪腺。

18.2.10.2 听觉

两栖类适应感觉声波而产生了中耳（middle ear），中耳腔（鼓室，tympanic cavity）借咽鼓管（欧氏管）（Eustachian tube）与咽腔通连。中耳腔的外膜即为鼓膜（tympanic membrane）。耳柱骨为鼓膜与内耳卵圆窗之间的小骨，声波对鼓膜的振动可经耳柱骨传入内耳。咽鼓管通过咽腔可平衡鼓膜内外的气压。

两栖类感受高频声波（1 000~5 000 Hz）是通过鼓膜振动，经听骨传导到内耳；而低频（100~1 000 Hz）声波则是通过前肢，经肩带、头骨达于内耳。高频鸣叫主要出现于繁殖期，而低频鸣叫用于警告。许多水生两栖类以及蚓螈适应于水生和钻穴生活，其耳柱骨改为通过头骨或肩带来感知水中或地下的声波振动（图18-18）。

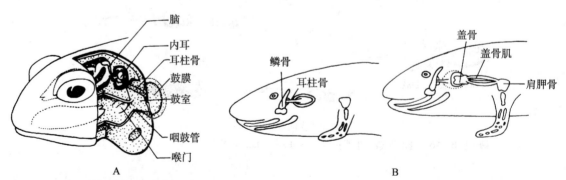

■ 图18-18　两栖动物的听觉器官
A. 蛙；B. 鲵螈类（仿Orr等）

18.2.10.3　嗅觉

两栖类嗅觉尚不完善，鼻腔内的嗅黏膜平坦。但嗅黏膜的一部分变形为犁鼻器（vomero-nasal organ 或 Jacobson's organ），是一种对空气的味觉感受器，为四足动物所特有的感官。有尾目的犁鼻器仅为鼻囊外侧的一个沟，开口于内鼻孔与口腔的通连处。无尾目及无足目的犁鼻器已趋于独立，与鼻囊分开。

18.2.10.4　侧线器官

有尾类、无尾类蝌蚪以及少数无尾类成体具有结构与功能似鱼类的侧线器官。侧线器官能感觉水压变化，在头部及躯体两侧为对称排列，有助于对有关物体的方位及大小作出准确检测。

18.3　两栖纲的分类

现存两栖纲约有 5 500 种，分别隶属于无足目、有尾目及无尾目 3 大类，代表着穴居、水生和陆生跳跃 3 种特化方向。各目的主要特征及代表动物如下：

18.3.1　蚓螈目（Gymnophiona）

又称无足目（Apoda）。体细长（65～1 600 mm），呈蚯蚓状，四肢及带骨均退化，无尾或具短尾。体裸露，布满环状缢纹；皮肤腺发达，体表富黏液，有利于在土壤中钻穴生活。皮下具有来源于真皮的骨质小鳞，是现生两栖类中仅有的、与古两栖类皮肤鳞片同源的结构。眼小，无鼓膜。头骨膜性硬骨数目多，椎骨双凹型，多具长肋骨，无胸骨。体内受精，卵生或卵胎生。幼年在水中生活，变态后上陆穴居。

蚓螈目约有 5 科 165 种，分布于南美、非洲和亚洲的热带地区。代表动物为产于我国云南、广西的版纳鱼螈（*Ichthyophis bannanicus*）。

18.3.2　有尾目（Urodela）

大多生活于淡水水域中。具长尾、四肢（少数种类只有前肢），体表裸露。头骨膜性硬骨比无尾目消失得少，但头骨边缘不完整。椎体在低等种类为双凹型，高等种类为后凹型。具分离的尾椎骨，有肋骨和胸骨。耳一般无鼓室及鼓膜。不具眼睑或具不活动的眼睑。大多为体内受精，仅小鲵科和隐鳃鲵科为体外受精。体内受精为对激流流水中生活的一种适应。蝾螈体内受精的方式是：雄体向水中产出精囊（spermatophore），雌体以后腿将其纳入泄殖腔的贮精囊（spermatheca）内。少数种类的受精卵在母体内发育，长成为幼体后产出。有尾目约 500 种，几遍布全球的温、热带地区。代表种类有：

18.3.2.1　小鲵科（Hynobiidae）

全长不超过 30 cm，皮肤光滑无疣粒。成体不具外鳃。多数种类有肺。有眼睑。具颌齿及犁齿，犁骨齿呈"U"型排列或左右两短列。椎体双凹型。体外受精。代表种类例如极北小鲵（*Hynobius keyserlingii*）（图 18-19）。

18.3.2.2　隐鳃鲵科（Cryptobranchidae）

全长 50～200 cm。眼小。不具眼睑。口裂大。幼体有外鳃，成体消失，有或无鳃孔。颌骨具齿，犁齿横列。椎体双凹型。体外受精，雌鲵不具受精器。分布于亚洲东北部及美洲东部。我国的大鲵（*Andrias davidianus*）为本科代表。主产于华南、西南的山地溪流间，大者可达200 cm以上（图18-19），为我国国家重点保护动物。

18.3.2.3　蝾螈科（Salamandridae）

全长小于230 mm。头、躯略扁平，皮肤光滑或有疣瘰，肋沟不明显。具可活动的眼睑。犁齿多呈"∧"形。椎骨多为后凹型。成体有肺。体内受精。以水栖为主。全世界约60种，广泛分布于北半球温带地区。我国华南所产的东方蝾螈（*Cynops orientalis*）和肥螈（*Pachytriton brevipes*）为本科代表（图18-19）。

18.3.2.4　洞螈科（Proteidae）

成体有外鳃和肺。不具眼睑。具犁齿。椎骨双凹型。雌螈具受精器，体内受精。分布于北美及南欧。洞螈（*Proteus anguineus*）产于南欧巴尔干半岛的洞穴水中，体色纯白，眼退化、隐于皮下。泥螈（*Necturus maculatus*）产于北美淡水中（图18-19）。

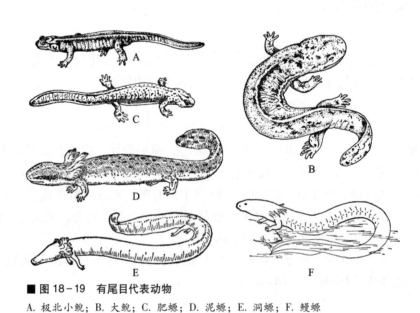

■ 图18-19　有尾目代表动物

A. 极北小鲵；B. 大鲵；C. 肥螈；D. 泥螈；E. 洞螈；F. 鳗螈

18.3.3　无尾目（Anura）

体形似蛙，后肢发达，趾间具蹼。成体不具尾。体表光滑，有些种类具疣粒。头骨骨化不佳但边缘完整。椎体以前凹型或后凹型为主。具尾杆骨。一般无肋骨。胸骨发达。营两栖，跳跃生活。口宽阔，舌后端多游离，可翻出口外摄食。耳具鼓室及鼓膜。眼具可动眼睑。陆生，在水中产卵，体外受精。一般产卵量较大，例如蟾蜍每次可产10 000枚卵。幼体称蝌蚪，在水中生活，变态后陆生。蝌蚪以植物性食物为食，口部角质齿的排列和数目是分类依据之一。全世界约4 800种，分布几遍及全球。代表种类有：

18.3.3.1　负子蟾科（Pipidae）

幼体具肋骨。椎体后凹型。肩带为固胸型。无舌。南美所产的负子蟾（*Pipa americana*）雌蟾繁殖期背皮成海绵状，其众多的凹窝内藏有受精卵，蝌蚪孵出后入水，是两栖类保护后代的著名代表。

18.3.3.2　盘舌蟾科（Discoglossidae）

第2~4椎骨具有肋骨。椎体后凹型。肩带为弧胸型。舌盘状，不能伸出口外。产婆蛙（*Alyles obstetricans*）为著名代表。分布于欧洲西南部。繁殖期雄蛙将卵带系绕于后足上隐伏，

3周后入水，蝌蚪在水中发育（图18-20）。我国华北及东北地区分布的东方铃蟾（*Bombina orientalis*），腹部具橘红色与黑色相间的花纹，背部褐色，具疹状小刺疣，能分泌毒液。东方铃蟾遇惊时常将四肢翻起，木然不动，为著名的"警戒色"事例。

18.3.3.3 蟾蜍科（Bufonidae）

体短而粗壮，皮肤有大小不一的疣粒。具有耳后腺，能分泌毒液。不具齿。舌后端自由。瞳孔水平。椎体前凹型，肩带为弧胸型。我国常见代表为大蟾蜍（*Bufo bufo*），陆栖性较强，体色暗褐，腹面乳黄色，具有黑褐色花斑。耳后腺的提取物为著名中药"蟾酥"（图18-20）。

18.3.3.4 雨蛙科（Hylidae）

体细瘦，腿较长，皮肤光滑。有颌齿及犁齿。椎体前凹型。指（趾）末端膨大成指垫，有助于吸附在植物上。瞳孔垂直，水平或三角形。肩带为弧胸型。主要分布在温热带地区。我国常见种类为无斑雨蛙（*Hyla immaculata*），背嫩绿色，腹白色，体侧及股前无黑斑。常栖于草茎或矮树上。雄蛙口底具有单个的内声囊，鸣声尖而清脆（图18-20）。

18.3.3.5 蛙科（Ranidae）

皮肤大多光滑，少数个体具有疣粒。脊柱的1~7椎体前凹型，第8枚为双凹型。舌后端自由，端部多少具缺刻。上颌具齿，多数种类有犁齿。瞳孔水平或为垂直的椭圆形。肩带为固胸型。我国常见种类有黑斑蛙（*Rana nigromaculata*）、金线蛙（*Rana plancyi*）和中国林蛙（*Rana chensinensis*）。这些蛙类在民间统称青蛙（图18-20）。

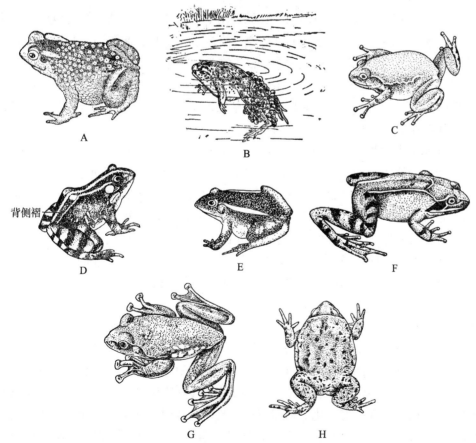

■ 图18-20 无尾目代表动物
A. 大蟾蜍；B. 产婆蛙；C. 无斑雨蛙；D. 黑斑蛙；E. 金线蛙；F. 中国林蛙；G. 大树蛙；H. 狭口蛙

18.3.3.6 树蛙科（Rhacophoridae）

外形与生活习性与雨蛙相似，肋骨、椎骨、肩带以及筛骨特性均似蛙科，但指（趾）末端具膨大的足垫。主要分布在热带地区。我国长江以南分布的大树蛙（*Rhacophorus dennysi*）可做本科的代表（图18-20）。

18.3.3.7 姬蛙科（Microhylidae）

肋骨、椎骨、肩带以及筛骨特性均似蛙科，头狭，口小，大多数种类无颌齿和犁齿。舌端不分叉。指（趾）间无蹼。瞳孔常垂直。我国北方常见的狭口蛙（*Kaloula borealis*）为本科代表（图18-20）。体短圆，背皮近褐色，具疣状突起。雄蛙具单个咽下外声囊，叫声尖而短促。喜陆栖，所栖洞穴常深达数尺。

18.4 两栖类的起源和演化

两栖类究竟是起源于哪一类硬骨鱼类以及现存两栖类的各个类群与古两栖类的亲缘关系，至今仍然存在一些争议。这主要是由于化石材料不足的缘故。

肺鱼虽然具有内鼻孔以及能呼吸空气的肺，但其头骨和脊柱的结构十分特殊，与古总鳍鱼类和古两栖类均显著不同；牙齿也是具有特殊功能的板状"磨齿"；偶鳍细弱，与四足动物的肢骨不同源。20世纪80年代以来，有些学者采用分子生物学技术对现代肺鱼和腔棘鱼（矛尾鱼）的线粒体DNA（mtDNA）序列与青蛙等动物进行比较，认为肺鱼与蛙类的关系比腔棘鱼近，提出肺鱼与四足动物是姊妹群的假说，给古老的"肺鱼起源说"以新的支持。但由于这一学说存在的缺陷较多，至今被大多数古生物学家和鱼类学家所拒绝。

两栖类起源于古总鳍鱼的假说一直是主流观点。古总鳍鱼所具有的能呼吸空气的鳔以及内鼻孔、偶鳍叶状、鳍骨结构等均与原始两栖类相似，而且支配鳍骨的肌肉发达，能够使叶状肉鳍支撑躯体在泥沼中爬行。

总鳍鱼类分为两大类群，即骨鳞鱼类（Osteolepiform）和腔棘鱼类（Coelacanthini）。骨鳞鱼类约在4亿年前的泥盆纪时广泛分布，其中的新翼鱼（*Eusthenopteron foordi*）经过仔细研究比较，发现与古两栖类迷齿螈（*Labyrinthodontia*）极为相似（图18-21），是两栖类的近祖。腔棘鱼类是海生的、远离进化主干的总鳍鱼类，其偶鳍骨骼以及头骨（特别是额骨）均趋于退化，而且不具内鼻孔，现存的矛尾鱼是其后裔。20世纪90年代以来，有些学者通过分析比较血红蛋白的氨基酸序列，认为腔棘鱼（矛尾鱼）与两栖类的幼体的亲缘关系比所测试的其他脊椎动物（包括软骨鱼类和硬骨鱼类）更近。然而由于对于已灭种的骨鳞鱼类不可能做分析比较，其结论也受到质疑。

最早的两栖类化石见于古生代泥盆纪地层中，当时古大陆的位置处于赤道的格陵兰地区，水陆之间的温差较小，空气湿度很高，有利于古总鳍鱼类登陆。在晚泥盆纪地层中发现的一种属于坚头类（Stegocephalia）的迷齿螈化石——鱼头螈，是已知最古老的两栖类化石。鱼头螈体长约70 cm，头骨膜性硬骨的数目和排列以及具有迷齿（图18-22）等特征均与古总鳍鱼十分相似，而且尚残存着退化的前鳃盖骨以及带有骨鳍条的尾鳍。鱼头螈也具备古两栖类的特征，例如五指（趾）型附肢，头骨的吻部显著加长，有两个枕髁，具有耳裂（otic notch）以支撑陆生动物特有的鼓膜，脊椎骨具有陆生动物特有的前、后关节突，肩带不与头骨联结等。

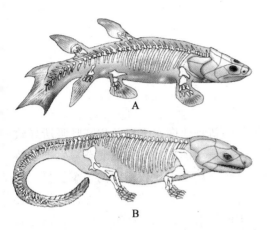

■ 图 18-21　上泥盆纪骨鳞鱼（新翼鱼）与坚头类

A. 上泥盆纪骨鳞鱼；B. 坚头类（仿 Linzey）

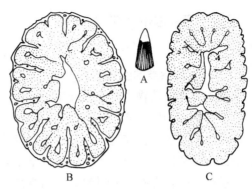

■ 图 18-22　骨鳞鱼与两栖类的迷齿

A. 外形；B. 古总鳍鱼类迷齿切面；C. 坚头类迷齿切面
（自 McFarland）

　　古生代的石炭纪和二叠纪是古两栖类的繁盛时期，此期的气候温暖潮湿，沼泽中的苔藓与蕨类植物繁茂，水生无脊椎动物和昆虫非常丰富，有利于两栖类繁衍和适应辐射。但是到中生代三叠纪末期，所有的古代两栖类类群均已灭绝，它们与现代两栖类之间的过渡类型以及现代两栖类各类群的起源证据至今尚未发现。就目前已知资料，比较一致的看法是：古两栖类可分为两大类群，即块椎类（Apsidospondyli）和壳椎类（Lepospondyli）。块椎类是古生代两栖类的系统演化主干，著名的坚头类以及鱼头螈等均属此。这一类群与壳椎类一样，体表均被覆大型骨板或鳞片，但脊椎骨的椎体发生过程不同：块椎类经历软骨阶段，而壳椎类不经历软骨阶段，由膜性硬骨直接骨化为线轴状的椎体。块椎类中的离椎目（Temnospondyli）是早石炭纪至二叠纪的优势两栖动物类群，广泛辐射成陆生、半陆生和次生水生类型。其前肢常具 4 指，与现生两栖类相似，反映出可能有较近的亲缘关系。

　　现代两栖类皮肤不被骨板或鳞片，称为无甲类或滑体类（Lssamphibia），可能是复系起源（polyphyletic orgin），其中有尾目与无足目亲缘关系较近（图 18-23）。

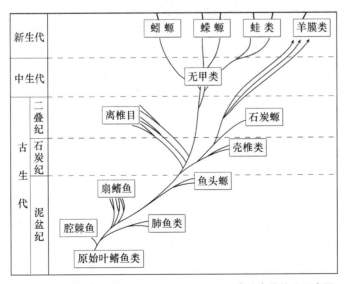

■ 图 18-23　早期四足动物起源及与现代两栖类的亲缘关系示意图

18.5 两栖类的生存与环境

18.5.1 两栖类的生存压力

两栖类是脊椎动物从水生到陆生的过渡类型，较低的新陈代谢水平以及皮肤呼吸所导致的皮肤的可透性和保水能力差，特别是受精需在水中进行、幼体在水中完成变态等生物学特征，极大地限制了其在陆地上的分布和栖息地选择，是脊椎动物中比较脆弱的一个类群。由于两栖类大多数体型较小，主要以捕食昆虫和小型无脊椎动物为生，防御能力差，是许多爬行类、鸟类和哺乳类的捕食对象，因而既是生态系统中的消费者，又是次级生产者，在生态系统的能量转化以及维持生态系统的稳定性方面具有重要作用。

人类对自然的大规模开发和城市化的加速进行，正在严重地威胁着两栖类的生存。据国际自然保护联盟（IUCN）近年对世界受胁物种（threatened species）的调查结果显示，全球两栖类物种中超过 1/3（39.1％）处于受胁状态。其中已在野外灭绝（EX 和 EW）占 0.9％，极危（CR）占 7.7％，濒危（EN）占 13.0％，易危（VU）占 11.3％，近危（NT）占 6.2％。此外，还有 23.4％物种由于资料缺乏而不能评估（图 18-24）。所以真正可以判断为未受到威胁的物种只占所有两栖类物种数的 37.0％左右。

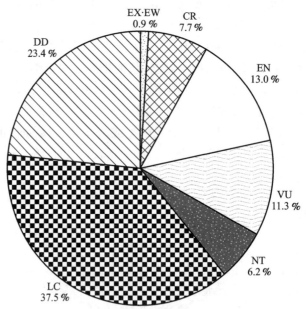

■ 图 18-24 世界两栖类物种的受胁状况（％）

EX 灭绝，EW 野生灭绝，CR 极危，EN 濒危，VU 易危，NT 近危，LC 极少关注，DD 资料缺乏

国际自然保护联盟的调查还表明，影响全球两栖类生存的主要致危因素是栖息地破坏和环境污染（包括气候变化），其他因素依次是疾病、生物入侵、人类干扰、自然灾害和过度利用（图 18-25）。栖息地破坏和环境污染所造成的危害，对两栖类的存活是毁灭性的。例如森林破坏后的水土流失和干旱，湿地内的大规模排水造田所导致的缺水和盐碱化，草原的过度放牧和开垦引起的荒漠化，农田超量农药对土壤的污染随降雨排水而广泛散布以及江河

水系的污染等，都能使两栖类绝迹。大型水坝的建立，会使下流不定期地出现缺水甚至断流，搅乱了两栖类正常的生活与繁殖节律，这些都是工业化所面临的、应设法解决的问题。近年来全球气候变暖对生物所造成的影响正在引起关注，这些微小的变化所产生的效应是长期的，有时是间接的，但一般说来对变温动物的影响更为显著。例如有人认为：近 20 年来澳大利亚与美洲热带地区水域中的一种真菌 *Batrachochytrium dendrobatidis* 种群数量由于气候变暖而陡增，触发了本地蛙类流行病蛙壶菌病猖獗，致使当地蛙类种群显著衰退。

外来种入侵和滥捕乱猎对两栖类的危害有时是极为严重的。人们通过有意或无意的活动（例如"放生"或将捕捉的野生动物"放归自然"）将一些具有近似生态位但竞争力强的非本地物种、特别是凶猛的肉食性动物引入，会对两栖类（特别是卵和蝌蚪）造成难以挽回的灾难。最明显的就是从美洲引入的牛蛙（*Rana catesbeiana*）对我国本地蛙类的侵害。实际上外来种入侵的灾难不限于两栖类，例如自 20 世纪 80 年代大量引入我国的原产美洲的红耳龟（*Trachemys scripta elegans*）（巴西龟），目前已在华南广大水域内排挤掉本土龟鳖类，形势十分严峻。

图 18-25 中所示的全球两栖类物种约 7 % 被过度利用，这个比例在我国及东南亚地区应该是被严重低估了，再加上滥捕蛙类作为肉食动物饲养业（例如养蛇业）的饲料，已使许多常见的两栖类成为稀有物种甚至绝迹。

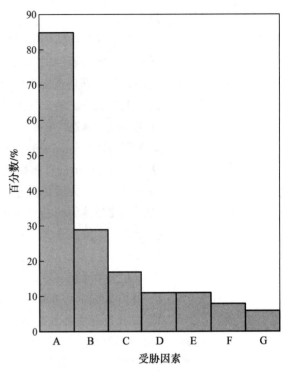

■ 图 18-25　影响两栖类生存的主要因素
A. 栖息地破坏；B. 环境污染（包括气候变化）；C. 疾病；
D. 生物入侵；E. 人类干扰；F. 自然灾害；G. 过度利用

18.5.2　两栖类对胁迫环境的适应——休眠

休眠（dormancy）是动物有机体对不利的环境条件的一种适应。当环境恶化时，通过降低新陈代谢率进入麻痹状态，待外界条件有利时再苏醒活动。除了两栖类以外，很多昆虫、甲壳类、蜗牛、某些淡水鱼类、爬行类以及少数鸟类和哺乳类也都具有休眠现象，但更普遍地见于陆生低等动物，例如很多种类的无脊椎动物、两栖类和爬行类。这是由于它们代谢水平低，缺乏调温与保温机制的缘故。动物的体温是产热与失热条件所决定的。尽管所有的动物都在不停地产热，但低等动物所能产生的热不足以抵消其所丢失的热量，因而体温会随环境温度而变化并主要借吸收太阳热能来提高温度，所以称为变温动物（poikilotherm）或外温动物（ectotherm），俗称冷血动物。体温不受环境条件影响而相对保持恒定的动物称恒温动物（homeotherm）或内温动物（endotherm），俗称热血动物。鸟类与哺乳类是恒温动物，其余均为变温动物。但是恒温动物中的个别种类，例如鸟类中的蜂鸟、夜鹰以及哺乳类中的蝙蝠、黄鼠、獾和熊等，虽然在正常情况下体温是恒定的，但在食物及气候条件不利时，也有程度不同的休眠。这时它们的体温及代谢率虽也有下降，但与变温动物显著不同，因而有人用异温动物（heterotherm）的名称来加以区别。

休眠通常是与暂时或季节性（周期性的）环境条件的恶化相联系。根据休眠的特点可分为冬眠（hibernation）、夏眠（夏蛰）（aestivation）和日眠（diurnation）。熊的冬眠比较特殊，它虽然在 3 个月左右可以不进食，呼吸频率降低到每分钟 2～3 次，体重消耗达 25 %，但体温降低不多（35～35.5 ℃），一遇惊动能立即奋起自卫。为了和一般冬眠动物相区别，常称之为冬睡。

休眠是动物体内部和复杂的外界因素综合作用所产生的，有关引起休眠的诱因和机制问题尚未得出普遍性的结论。但一般说来，低温是冬眠的主要诱因，干旱及高温是夏眠的主要诱因，两者都是直接或间接地通过食物产生影响。食物短缺是日眠的主要诱因。变温动物对温度尤为敏感，例如气温低于 10 ℃时昆虫进入麻痹状态；8 ℃以下青蛙开始入地；3 ℃以下蛇进入麻痹状态。冬眠动物一般在 0 ℃以下的环境条件下便不易存活。有尾两栖类以及一些蛙类在水底越冬，水中缺氧是其所面临的生理致死问题，而耐冻力又有赖于血糖水平以及对水压（water stress）的反应。一般认为，耐脱水的物种也耐冰冻。此外，也与个体的大小和体重有关，体大者更抗冻结。无尾两栖类通常采用 3 种策略越冬，即：进入水底、在陆地掘洞以及使身体耐冻结（freez-tolerance）。许多蛙类一般选择能缓冲极端温度的地点，例如冻土层以下的沙质土壤或带有空隙的枯枝落叶层下 3~7 cm 处冬眠，蟾蜍甚至能挖掘 1 m 多深的穴道。

近些年研究发现，一些蛙科和树蛙科的种类，可以在地表的积叶和地衣层下冬眠，并能在-6 ℃低温下耐冻结达数天之久。其耐冰冻的条件是：① 体内产生抗冻物葡萄糖或糖原；② 由于冻结而导致血液循环暂时停止，提高了耐缺氧能力；③ 冻结情况下，水分在器官内形成细胞外冰结，从而产生耐脱水（desication tolerance）效应而耐冰冻。

休眠动物的新陈代谢水平、氧和二氧化碳的消耗量均显著降低。从冬眠动物所分离出的心脏线粒体耗氧量比夏季对照实验低。休眠蜥蜴肝内的琥珀酸脱氢酶和葡萄糖-6-磷酸脱氢酶（glucose-6-phosphate dehydrogenase）活性均显著降低。

水是很多变温动物进入夏眠以及休眠后复苏（出蛰）的重要影响因素。荒漠干旱地区变温动物常钻到土层深处湿度较大地点夏眠。尽管如此，其体内水分的丢失仍是严重的。例如将夏眠的蝾螈（Ensatina）迅速放到湿土上时，在几小时之内可因皮肤吸水而使体重增大 40 %。两栖类夏眠时，其淋巴和血液的盐离子浓度增高，借提高体内的渗透压而减少失水。不少材料指出，早春出蛰与第一次降雨之间有一定关系。

已知两栖类在进入冬眠以前，体内糖原和甘油贮备增加。研究发现越冬的变色树蛙（Hylaversicolor spp.）的细胞内、外液和尿液内均含有甘油，而在迁徙的青蛙体内未见。目前已肯定甘油与脊椎动物抗冻有关。已发现冬眠的哺乳动物体内调控基因 PDK4（pyruvate dehydrogenase kinase isoenzyme 4，丙酮酸脱氢酶激酶 4 型）和 PTL（pancreatic triacylglycerol lipase，胰甘油三酯酶）主要参与能量代谢的调控，将糖类的代谢通路转变为以三酰甘油为主的脂肪代谢过程。

休眠动物体内生理生化活动改变的主要诱因尚未查清。有人认为血液中的低血糖和甲状腺机能减退与产生麻痹有关，但注射蔗糖并不能使休眠动物提前苏醒，口服或注射甲状腺素也不能抑制休眠。将休眠类型的黄鼠血液移入到不休眠的个体体内，能使后者在 7 ℃下进入休眠。说明血液内一定存在诱发休眠的"扳机"（trigger）。向已休眠的旱獭体内注射脑下垂体前叶提取物，可使其苏醒。这提示着神经内分泌系统对休眠有着重要影响。

研究休眠机制在理论上及实践上都有重要意义。"活鱼干运"就是利用鱼类的休眠特性来减少在长途运输中的死亡率。低温麻醉业已在医疗实践中广为应用。掌握控制休眠的因素必定能为生物多样性保护以及生物医药和临床医学开辟新途径。

思考题

1. 结合水陆环境的主要差异总结动物有机体从水生过渡到陆生所面临的主要矛盾。

2. 两栖类对陆地生活的适应表现在哪些方面？其不完善性表现在哪些方面？

3. 简要总结两栖类躯体结构的主要特征。

4. 简述两栖纲动物各目的主要特征，各主要科的特点和代表动物。

5. 了解两栖类起源和进化的脉络。

6. 影响两栖类存活的主要因素有哪些？就本地区的实际情况开展调查访问，提出你的看法。

7. 什么是休眠或蛰眠，联系已学过的昆虫等动物的习性，理解其特性以及生物学意义。

第 19 章

爬行纲（Reptile）

爬行类是体被角质鳞片、在陆地繁殖的变温羊膜动物（Amniota）。

脊椎动物从水栖过渡到陆地生活，在生存斗争中必须要解决陆上存活和种族延续这两个基本问题。两栖动物初步解决了一些与陆上存活有关的矛盾，但是还必须回到水中繁殖，没有从根本上摆脱水的束缚。因而能否在陆地上繁殖就成为进一步发展的主要矛盾。古生代石炭纪末期，从古代两栖类中演化出来一支以羊膜卵繁殖的动物，从而获得了在陆地繁殖的能力，而且在防止体内水分蒸发以及在陆地运动等方面，均超过两栖类的水平，是真正的陆栖脊椎动物的原祖，称为爬行动物。鸟类和哺乳类就是爬行类向更高水平发展的后裔，由于它们的胚胎也具有羊膜结构，因而统称羊膜动物。

19.1 爬行纲的主要特征

19.1.1 羊膜卵及其在脊椎动物演化史上的意义

羊膜动物的卵膜和胚胎与无羊膜动物有显著不同，羊膜卵的结构和发育特点确保了在干燥的陆地上繁殖成为可能。

羊膜卵的卵外包有卵膜（蛋白膜、壳膜及卵壳）。卵壳（蛋壳）是石灰质的硬壳或不透水的韧性纤维质厚膜，能防止卵的变形、损伤和水分的蒸发。卵壳具有通气性，不影响胚胎发育时的气体代谢。卵的结构在卵生种类均含有丰富的卵黄，使发育着的胚胎始终得到丰富的养料。

羊膜卵的胚胎早期发育过程中，在胚胎周围的胚膜向上发生环状的皱褶，皱褶从背方包围胚胎之后互相愈合打通，在胚胎外构成两个腔，即羊膜腔和胚外体腔。羊膜腔的壁称为羊膜（amnion），胚外体腔的壁称绒毛膜（chorion）（图 19-1）。羊膜腔内充满羊水，使胚胎浮

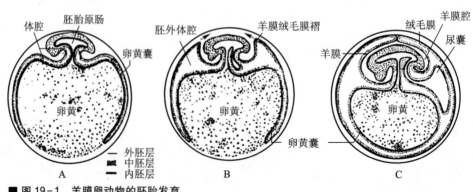

■ 图 19-1 羊膜卵动物的胚胎发育

A. 早期；B. 中期；C. 晚期

于液体环境中，能防止干燥以及机械损伤。绒毛膜紧贴于卵壳内面。在羊膜形成的同时，自胚胎的消化管后端发生突起，形成尿囊（allantois）。尿囊外壁与绒毛膜紧贴，其上富有血管，是胚胎的呼吸和排泄器官。

羊膜卵的出现为登陆动物征服陆地、向各种不同的栖居地纵深分布提供了空前的机会，这是中生代爬行类在地球上占据统治地位的重要原因之一。

19.1.2 爬行纲动物的躯体结构

19.1.2.1 外形

爬行类是适应于陆栖生活的类群，具有四足动物的基本形态。体表被覆角质鳞片，指（趾）端具爪是其在外形上与两栖类的根本区别。蜥蜴和鳄的体型可作为典型代表。四肢较两栖类强健，颈部外观明显，尾发达。某些类群适应于穴居及水栖生活，在外形上有较大的特化。

19.1.2.2 皮肤

皮肤干燥，缺乏腺体，具有来源于表皮的角质鳞片（例如蛇）或兼有来源于真皮的骨板（例如龟甲），是爬行类皮肤的主要特点（图19-2）。角质鳞片的相邻部分以薄层相联，因而构成完整的鳞被，对于防止体内水分蒸发有重要作用。

爬行类透过皮肤的水分蒸发率大致与哺乳类相等，但它比哺乳类更适应于在干旱地区生活，这主要是它的新陈代谢率低，经由呼吸所丢失的水分甚少的缘故。新陈代谢的废物以半固态的尿酸排出体外以及某些种类借特殊的皮肤腺——盐腺排出盐分等，都减少了体内水分的丢失。爬行类的皮肤腺退化，与减少失水有密切关系。蜥蜴类有些在大腿内侧或泄殖孔前有股腺（fomoral gland）或臀腺（preanal gland）的开口，在繁殖期分泌物在孔外堆积风干，可吸引异性并有利于交配时防止滑脱（图19-3）。蜥蜴和蛇的角质鳞定期更换，称为蜕皮（ecdysis）。蜕皮次数与生长速度有关，快速生长的蛇每两个月可蜕皮一次。龟及鳄的真皮内生有骨板，紧贴于角质鳞下面；鳄不具角质鳞而代以革质皮。龟鳖与鳄的各个鳞板依同心圆式增长，没有蜕皮现象。

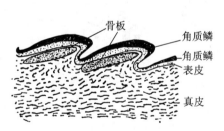

■ 图19-2 石龙子的皮肤切面模式图

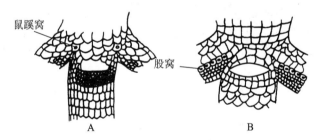

■ 图19-3 蜥蜴的股腺和臀腺

A. 草蜥；B. 麻蜥（自 Терентьев）

真皮由致密结缔组织构成，分布有感觉小体、神经和血管，某些蜥蜴以及龟鳖、鳄等的骨板在此形成。真皮内的色素细胞发达，在自主神经系统和内分泌腺（脑下垂体后叶、肾上腺素）的调节下能迅速变色，具有调温和保护色的功能。吸收辐射热对于外温动物提高体温和加速代谢进程起着重要作用。爬行类的变色能力在陆地动物中甚为显著，避役有"变色龙"之称。

19.1.2.3 骨骼系统

爬行类骨骼系统发育良好，适应于陆生。主要表现在：脊柱分区明显，颈椎有寰椎和枢椎的分化，提高了头部及躯体的运动性能。躯干部具有发达的肋骨和胸骨，加强了对内脏的保护并协同呼吸动作的完成。头骨骨化良好，很多种类具有颞孔和眶间隔。具单一枕骨髁。

（1）头骨 头骨的膜性硬骨和软骨均骨化良好。头骨顶墙比两栖类隆起，颅腔膨大。眼窝之间具有薄骨片形成的眶间隔。颞部的膜性硬骨缩小或消失形成颞孔。颞孔的出现与咬肌的发达有密切关系：咬肌（颞肌）收缩时，其肌腹可自颞孔突出，从而提高了咬合力（图19-4）。最原始的古代爬行类头骨不具颞孔，称无孔类，在演化过程中出现了各种各样的颞孔类型。

爬行类的大多数（例如恐龙、蜥蜴、蛇和鳄）以及鸟类，都是双孔类的后代。哺乳类为下孔类的后代。现存各类动物的头骨结构在进化过程中均有不同程度特化，以致颞孔的原型模式形态已难见到。一般认为，龟鳖类头骨属无孔类，然而其颞部骨块显现与原始模式不同。

爬行类头骨具体结构模式，可以蜥蜴为代表（图19-5）。蜥蜴和蛇的头骨结构与鳄、龟类的一个显著不同是：前者的头骨膜性硬骨后缘骨块消失，因而将其所覆盖的软骨性硬骨——方骨露出。方骨是与下颌的关节骨形成关节的骨块，由于其周围缺乏膜性硬骨的束缚，因而具有可动性，使口能张得更大，但也使闭口的力量减弱。某些毒蛇的方骨具有更大的活动性，并与颅底的一些骨块形成可动关节，致使张口时上颌亦能高举，这在脊椎动物中是罕见的；加上左右下颌前端以韧带联结，因而能吞噬较大的猎物（图19-6）。

下颌除关节骨外，尚有一系列膜性硬骨，例如齿骨、夹板骨、隅骨等。

（2）脊柱、肋骨及胸骨 脊柱分区明显，有颈椎、躯干椎（胸腰椎）、荐椎和尾椎的分化。颈椎数目多，前两枚颈椎特化为寰椎和枢椎。寰椎与头骨的枕骨髁关连，能与头骨一起在枢椎的齿突上转动，从而使头部有了更大的灵活性，是陆栖脊椎动物的重要特征。不过爬行类的寰、枢椎结构尚处于萌芽阶段，到鸟类和哺乳类才达于完善的地步。椎骨的一般结构和

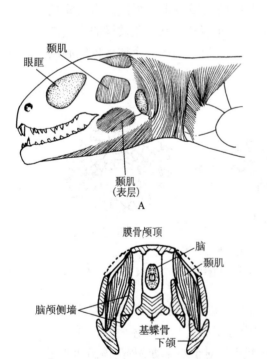

■ 图19-4 爬行类颞孔和颞肌示意图
A. 头部侧面观；B. 头部横切（自 Adems & Fürbinger；Romer 等）

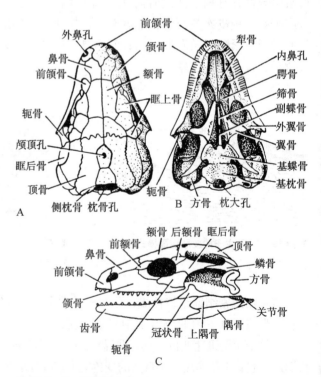

■ 图19-5 蜥蜴的头骨
A. 背面观；B. 腹面观；C. 侧面观

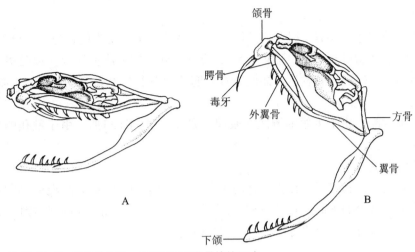

■ 图 19-6 蝰蛇的头骨，示张口时有关骨块的运动

A. 闭嘴；B. 张嘴

关节方式似两栖类，低等种类的椎体为双凹型，高等种类为前凹或后凹型。躯干椎具有发达的肋骨，与胸骨一起构成坚固的支架，使支持和保护的功能进一步完善。原始四足动物从颈椎到荐椎（以及部分尾椎）均着生肋骨，在进化过程中肋骨逐步向胸部集中并构成胸廓。胸椎与腰椎的分化，到哺乳类才达于完善。因此，严格地说，爬行类的有关区域应统称为胸腰椎或躯干椎。肋骨的运动可协同呼吸运动的完成。蛇不具胸骨，其肋骨具有较大的活动性，并借皮肤肌支配腹鳞活动，以完成特殊的运动方式。鳄和楔齿蜥的腹部后下方有腹膜肋，是埋于皮肤内的来源于真皮的骨板，与脊柱没有联系，在胚胎发生上与胸廓的肋骨不同源。爬行类有两枚荐椎，加强了对腰带和后肢的支持。

（3）带骨及肢骨　爬行类的带骨及肢骨均较发达。肩带的膜性硬骨和软骨性硬骨骨化良好，骨块数目较多。左右肩带在腹中线与胸骨联结，使前肢获得稳固的支持。腰带的髂骨与荐椎联结，左右坐、耻骨在腹中线联合，构成后肢的坚强支架。前、后肢骨的基本结构与两栖类相似，但支持及运动功能显著提高（图 19-7）。前后肢均具 5 指（趾），指（趾）端具爪，是对陆栖爬行运动的适应。蛇以及某些蜥蜴适应于钻穴生活，带骨及肢骨均有不同程度的退化和消失。

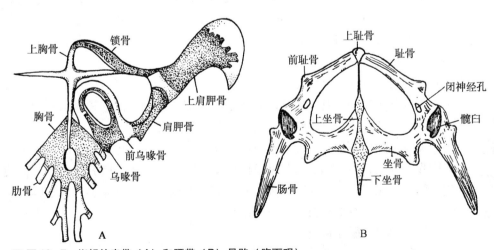

■ 图 19-7 蜥蜴的肩带（A）和腰带（B）骨骼（腹面观）

19.1.2.4 肌肉系统

爬行类与陆上运动相适应，躯干肌及四肢肌均较两栖类进一步复杂化。特别是出现了肋间肌和皮肤肌，是陆地动物所特有的。肋间肌调节肋骨升降，协同腹壁肌肉完成呼吸运动。皮肤肌节制鳞片活动，在蛇类尤其发达，能调节腹鳞起伏而改变与地表的接触面，从而完成其特殊的运动方式。

始于颞部及上颌后部、止于下颌的颞肌和咬肌，是爬行类的闭口肌，由于颞孔的出现，咬切及碾压力大为增强。

19.1.2.5 消化系统

陆栖种类口腔腺发达，起着湿润食物、有助于吞咽的作用。口腔腺包括腭腺、唇腺、舌腺和舌下腺。毒蛇及毒蜥等的毒腺（图19-8）就是某些口腔腺的变形。毒腺与特化的毒牙相通连，借肌肉运动压迫毒腺，可将毒液注入捕获物体内。

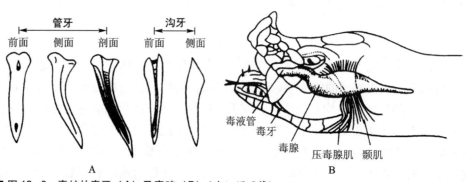

■ 图 19-8　毒蛇的毒牙（A）及毒腺（B）（自江耀明等）

肌肉质舌也是陆栖脊椎动物的特征。很多种类的舌除完成吞咽的基本功能外，还特化为捕食器及感觉器。避役的舌具有特殊装置，当充血后能迅速"射"出，黏捕昆虫，舌长几与体长相等。蛇的舌尖分叉并具有化学感受器小体，能把外界的化学刺激传送到口腔顶部的犁鼻器，起着特殊的味觉感觉器的作用。

爬行类的牙齿有多种型式：低等种类为端生齿，大多数蜥蜴与蛇类为侧生齿，鳄类则为槽生齿（图19-9）。各种齿于脱落后可不断更新。龟鳖类无齿而代以角质鞘。

消化管的基本结构与四足动物无本质差别。大肠末端开口于泄殖腔。爬行类的大肠及泄殖腔（以及膀胱）均具有重吸收水分的功能，这对于减少体内水分丢失和维持水盐平衡具有重要意义。大、小肠交接处为盲肠。盲肠是从爬行动物开始出现的，与消化植物纤维有关。

19.1.2.6 呼吸系统

爬行类的肺较两栖类发达，外观似海绵状，气管分支复杂，呼吸表面积加大。具有喉头和以软骨环支持的气管。气管的发达是与颈部发达相关的。某些蜥蜴的肺末端连结一些膨大的气囊，这种结构到鸟类获得显著发展。

爬行类除像两栖类一样能借口底运动吞吐空气外，还发展了陆地动物所特有的胸腹式呼吸，借肋间肌与腹壁肌肉运动升降肋骨而改变胸腔大小，从而使空气进入肺部，完成呼吸。这种呼吸方式到哺乳类得到进一步完善。水生爬行类的咽壁和泄殖腔壁富有毛细血管，可辅助呼吸。

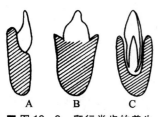

■ 图 19-9　爬行类齿的着生方式

A. 侧生；B. 端生；C. 槽生

19.1.2.7 循环系统

爬行类的循环系统的特点表现在心脏4腔，心室具不完全的分隔，因此是尚不完善的双循环。

（1）心脏　由静脉窦、心房和心室构成。静脉窦趋于退化，它收集躯体和内脏静脉血液后注入右心房。在低等脊椎动物由于心缩压及动脉压均低，因而膨大的静脉窦起着增大回心血流的作用。随着心脏收缩压及动脉压的增高，静脉窦逐渐趋于退化和消失。蜥蜴、蛇和龟鳖类的心室不完全分隔，当心室收缩时，其室间隔可在瞬间将左右心室隔开，使离心动、静脉血液有较好的分流。鳄类心室为完全分隔，但在左、右体动脉基部尚有一潘氏孔相通连（图19-10）。

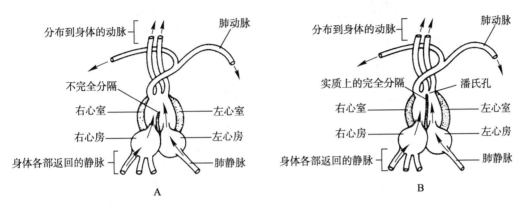

■ 图19-10　爬行类的心脏剖面模式图（腹面观）
A. 龟鳖、蜥蜴；B. 鳄（自Halliday）

（2）动脉　相当于原始形态的腹大动脉与动脉圆锥一起纵裂为3条大动脉：肺动脉（右侧）、左体动脉（中央）以及右体动脉（左侧），分别与心室的右、中和左侧联结。右体动脉向前发出颈总动脉，然后左右体动脉在背面合成背大动脉后行（图19-11）。

当心脏收缩时，自静脉窦经右心房至心室右侧的缺氧血液，经右侧肺动脉入肺。自肺静脉回心血液经左心房至心室左侧。靠中央的混合血液进入左体动脉。靠左侧的含氧量多的血液进入右体动脉。显然爬行类体动脉内具有比两栖类含氧多的混合血，颈动脉内为含氧多的动脉血。心电图记录表表明：当心室收缩时，血液首先进入肺动脉。当肺动脉阻力增大时再注入体动脉。左体动脉中的血量比右体动脉中的血量少。

（3）静脉　基本模式似两栖类，但肺静脉与后腔静脉有较大的发展，肾门静脉趋于退化。

19.1.2.8　排泄系统

爬行类与所有羊膜动物的肾在系统发生上均属于后肾（metanephros），胚胎期经过前肾和中肾阶段。在胚胎发育后期，来源于中胚层中节（生肾节）的细胞，在身体后方积聚，形成肾单位。从中肾导管基部向后肾突出一管，最后与后肾的肾单位相联结，即为后肾导管（输尿管）以及肾的肾盂部分。肾的基本结构和功能与两栖类没有本质区别，但肾单位的数目已大为增加，而且通过专用的输尿管将尿输到泄殖腔排出（图19-12）。有些爬行类泄殖腔腹面具有膀胱。

羊膜动物较高的新陈代谢水平需要更为有效的肾，中肾动物所具有的肾门静脉系统因其两端均为毛细管、血流速度缓慢而不能满足需

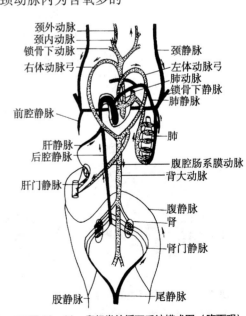

■ 图19-11　爬行类的循环系统模式图（腹面观）

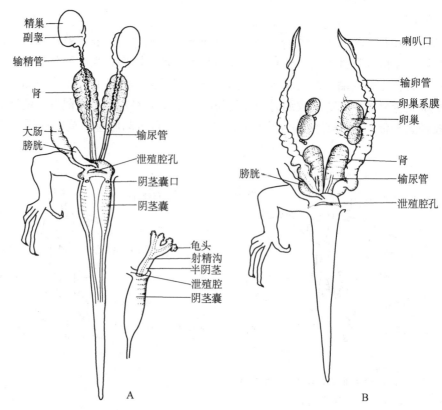

■ 图 19-12 蜥蜴的泌尿生殖系统 (腹面观)

A. 雄性；B. 雌性 (自赵肯堂)

要。从尾部流来的血液大多直接穿过肾。背大动脉发出分支进肾，然后经后腔静脉回心。肾门静脉趋于退化。

大多数爬行动物排泄的含氮废物主要是尿酸和尿酸盐。尿酸比尿素相对不溶于水，很容易在尿中沉淀，成为白色半固态物质。这种物质为一种复杂的化合物，包括钠、钾以及尿酸的氮盐。当其沉淀时，水即被重吸收入血液内，用于再产生尿和沉淀。这种重复周转对爬行类十分重要，使肾内不致形成高于血浆的渗透压。膀胱、泄殖腔和大肠均具有重吸收水分的功能，有大量的钠、钾以尿酸盐的形式沉淀于泄殖腔内，因而爬行类通过排尿所失去的体内水分很少。

此外，某些爬行类具有的盐腺 (salt gland) 是一种肾外排泄器官 (图 19-13)。盐腺位于海蛇、海龟和一些鳄类的头部，能分泌高浓度的钠、钾和氮，并可以利用空气中的饱和水。盐腺的重要性甚至超过肾，对于调节体内水盐平衡和酸碱平衡均有重要意义。

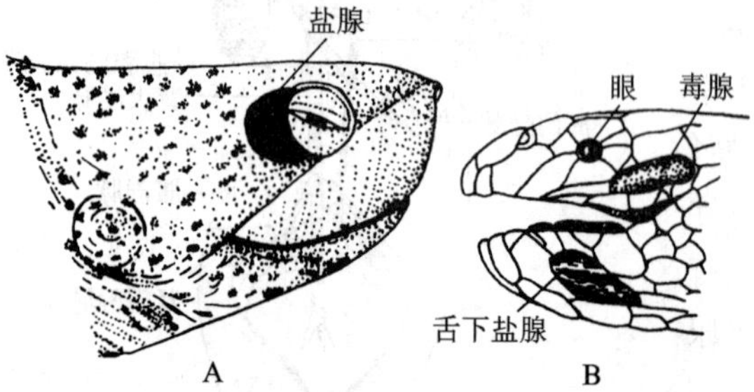

排泄尿酸盐类代谢废物对于爬行类的胚胎发育是一种重要的生物学适应。爬行类的羊膜卵结构不但能保护卵和胚胎、减少蒸发失水，而且通过尿囊所排泄的尿酸盐废物能以较少的失水量以及较小的容积来解决胚胎在蛋壳内完成发育的难题。

19.1.2.9 生殖系统

雄性有一对精巢。精液借输精管到达泄殖腔。爬行动物

■ 图 19-13 爬行类的盐腺

A. 泥龟；B. 海蛇 (自 Gans)

多为体内受精。除楔齿蜥外，雄性的泄殖腔具有可膨大而伸出的交配器（图19-12）。交配器有的成对，有的为泄殖腔中央的单个突起。借交配器上的沟可将精液输送到雌性体内。龟与鳄的交配器与哺乳动物的交配器同源。

雌性有左右成对的卵巢和输卵管。输卵管前端的喇叭口开口于体腔，中段是蛋白分泌部，下段是能分泌形成革质或石灰质卵壳的壳腺部，末端开口于泄殖腔。雌性的龟和鳖在泄殖腔壁上有一个不甚明显的阴蒂，是与雄体阴茎同源器官的结构。爬行类产多黄卵，受精在输卵管上端进行。受精卵沿输卵管下行，在输卵管下段陆续被包裹由管壁所分泌的蛋白和卵壳。卵产出后借日光温度或植物腐败发酵产生的热量孵化。少数爬行类具有孵卵行为。某些毒蛇及蜥蜴为卵胎生（ovoviviparity），即受精卵留于母体的输卵管内发育，直至胚胎完全发育成为幼体时产出。显然这种生殖方式进一步提高了后代的成活率，对于高山及寒冷地区生活的种类尤为有利。通常认为卵胎生爬行动物类的卵在发育中与母体没什么联系，母体只是起着安全保护的作用。但近年已证实，一些卵胎生种类的发育中的胚胎不仅能与母体交换水、氧气和二氧化碳，还能交换含氮物质。这一发现不仅充实了对于爬行类繁殖方式的认识，也沟通了卵生与胎生之间的界限。

19.1.2.10 神经系统

爬行类的脑较两栖类发达。大脑半球显著，但主要是底墙（纹状体）的加厚。在大脑表层的新皮层（neopallium）开始聚集成神经脑细胞层。中脑视叶（optic lobe）仍为高级中枢，但已有少数神经纤维自丘脑达于大脑。这是把神经活动集中于大脑的开端，到哺乳动物则达于顶峰。间脑顶部的顶体（parietal body）发达。爬行类已开始具有12对脑神经（图19-14）。

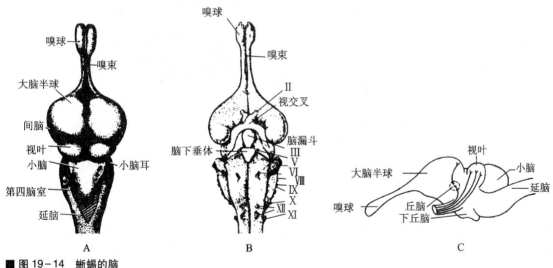

■ 图19-14 蜥蜴的脑

A. 背面观；B. 腹面观，示脑神经；C. 侧面观，示中枢神经联络（自 Romer，Villee 等）

19.1.2.11 感官

（1）嗅觉 爬行类嗅觉比两栖类发达，鼻腔及嗅黏膜均有扩大。此外，蜥蜴和蛇的犁鼻器十分发达，开口于口腔顶部（而不与鼻腔通连），具有探知化学气味的感觉功能（图19-15）。

（2）视觉 具有活动的眼睑和瞬膜以及泪腺（lachrymal gland）以保护和湿润眼球。爬行类与其他羊膜动物一样，借改变晶状体距视网膜的位置和形状来调节视力。借横纹肌构成的睫状肌收缩来改变晶状体的曲度。此点与鸟类相似而与哺乳动物不同（图19-16）。后眼房内有一锥状突，含有丰富血管，有营养眼球的作用。

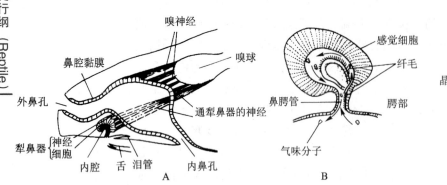
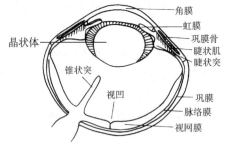

■ 图19-15　蜥蜴的犁鼻器（A）及局部放大（B）（自 Halliday 等）　　　■ 图19-16　爬行类的眼球剖面图（自 Pearson）

　　间脑背方的顶体发达，在楔齿蜥、一些鬣蜥、蜥蜴（以及一些两栖类的幼体）的颅顶中央形成顶眼（parietal eye），顶眼具晶状体、视网膜和神经，可透过头骨的颅顶孔和皮肤的顶间鳞感知光线变化（图19-17）。这对于外温动物通过行为方式来调节体温和活动规律，以有效地利用太阳能是十分重要的。

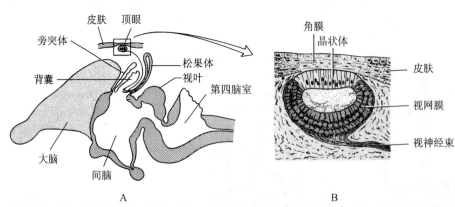

■ 图19-17　爬行类脑的矢状切（A），示旁突体、松果体和顶眼（B）（自 Hildebrand）

　　（3）听觉　耳的基本结构似两栖类，但内耳司听觉感受的瓶状囊（lagena）显著增长，而且在鳄类有卷曲。蜥蜴的听觉发达，鼓膜内陷，出现了雏形的外耳道。蛇类适应于穴居生活，其鼓膜、中耳和耳咽喉管均退化，声波沿地面通过头骨的方骨而传导到耳柱骨，从而使内耳感知。

　　（4）红外线感受器（infrared receptor）蛇类中的蝰科（蝮亚科）以及蟒科部分种类具有感知环境温度微小变化的热能感受器，即红外线感受器。蝮蛇、竹叶青、五步蛇及响尾蛇的鼻孔与眼睛之间的颊窝（facial pit）以及蟒类的唇窝（labial pit）就是这类器官。窝腔被薄膜分为内外两个小室，内室借一小管开口于皮肤，可调整内外腔间的压力。膜内有三叉神经末梢分布，是一种极灵敏的热能检查器，仅约 123.68×10^{-5} J/cm^2 的微弱能量就能使之激活并在 35 ms 内产生反应，为现在最灵敏的红外线探测仪所不及。电子显微镜研究指出，当有关神经末梢接受刺激之后，细胞线粒体的形状发生改变，这提示线粒体构成初级热感受器（图19-18）。

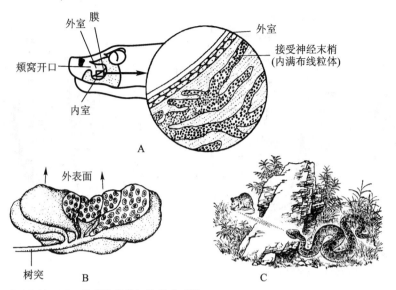

■ 图 19-18 蝰科蛇类的红外线感受器

A，B. 颊窝的内、外室及膜上三叉神经末梢里的线粒体；C. 借红外线感受器捕食示意图（自丁汉波，Terashima）

19.2 爬行纲的分类

现存爬行类有 5 000 多种，分隶于 4 个目。

19.2.1 龟鳖目（Chelonia）

陆栖、水栖或海洋生活的爬行类。体背及腹面具有坚固的甲板，甲板外被角质鳞板或厚皮。躯干部的脊柱、肋骨和胸骨多变形并常与甲板愈合。头骨不具颞孔（某些现存种类颞部的孔为后生的特化现象）。不具齿而代以角质鞘。方骨不能活动。舌不具伸展性。具眼睑。泄殖腔孔纵裂。雄性具单个交配器官。分布于温带及热带，约 250 种。代表种类有：

19.2.1.1 龟科（Testudinidae）

陆栖性。四肢粗壮，不呈桨状，爪钝而强。具坚强的龟壳，由背甲和腹甲构成，甲板外被以角质鳞板（图 19-19）。颈部可呈 S 型缩入壳内。约 90 种，遍布于除大洋洲外的世界各地。代表种类有：

乌龟（*Chinemys reevesii*） 背甲与腹甲在侧面联合成完整的龟壳（而非以韧带联结），背甲上具有 3 条纵走的棱嵴，指、趾间有全蹼。分布几遍全国淡水水域。

四爪陆龟（*Testudo horsfieldii*） 背甲半球形，四肢圆柱状，4 爪，指、趾间无蹼；尾短，末端有一角质的爪状结节。栖于我国新疆霍城地区的沙漠中，每年 4—7 月为活动季节，挖洞隐居，白昼外出，其余诸月均深埋沙穴，处于滞眠状态，有旱龟之称（图 19-20）。

19.2.1.2 棱皮龟科（Dermochelyidae）

大型海龟。四肢特化为桨状。甲板外不具角质鳞板而代以革皮。背面具有 7 条纵棱，各棱在背甲后方汇合。产于热带及亚热带海洋。本科仅一属一种，即棱皮龟（*Dermochelys cori-acea*）。我国东海及南海有分布（图 19-20）。

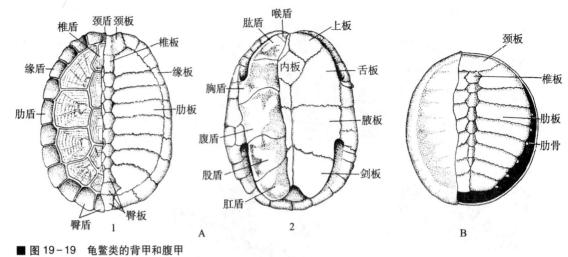

■ 图19-19 龟鳖类的背甲和腹甲

A. 龟的背甲 (1) 和腹甲 (2)；B. 鳖的背甲 (自赵肯堂)

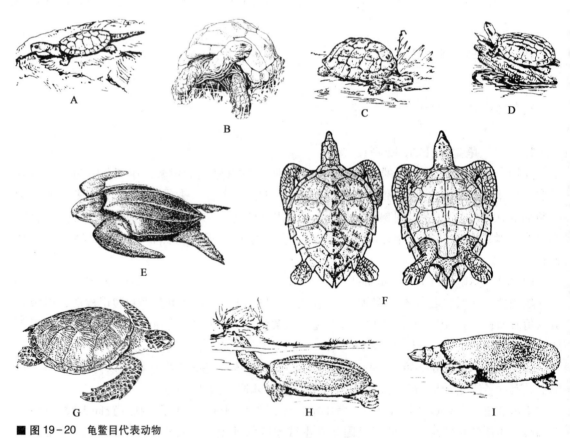

■ 图19-20 龟鳖目代表动物

A. 大头龟；B. 象龟；C. 四爪陆龟；D. 黄缘闭壳龟；E. 棱皮龟；F. 玳瑁；G. 海龟；H. 鳖；I. 斑鼋

19.2.1.3 海龟科 (Cheloniidae)

中、大型海龟。四肢特化成桨状。甲板外具角质鳞板，背、腹甲之间藉韧带联结。头颈和四肢不能缩入壳内。生活于热带及亚热带海洋。我国代表种类有海龟 (*Chelonia mydas*) 和玳瑁 (*Eretmochelys imbricata*)，其角质鳞板为高级工艺品原料。我国东海及南海均有分布

（图 19-20）。

19.2.1.4　鳖科（Trionychidae）

中、小型淡水龟类。甲板外被有革质皮。指、趾间具蹼。吻延长成管状。分布于东南亚、非洲和北美。我国常见种类为鳖（甲鱼）（*Trionyx sinensis*）（图 19-20）。

19.2.2　喙头目（Rhynchocephalia）

现存爬行动物中的原始陆栖种类。体呈蜥蜴状，体长 50~70 cm，体外被覆细颗粒状鳞。头骨具原始形态的双颞孔。嘴长似鸟喙，因而称喙头蜥。椎体双凹型。方骨不可动。端生齿。顶眼十分发达。泄殖腔孔横裂。雄性不具交配器官。本目仅一种，即喙头蜥（楔齿蜥）（*Sphenodon punctatum*）。分布于新西兰的部分岛屿上，数量稀少，不足千只。其所具的一系列类似于古代爬行类的结构特征，具重要科学研究价值，有"活化石"之称（图 19-21）。喙头蜥白天蛰居于洞穴内，夜间觅食蠕虫、昆虫和鱼虾等。性成熟较晚，20年左右成熟。每年 8 月至翌年 2 月产卵 8~15 枚，孵化期近 15 个月。寿命可达百年。属于世界濒危物种。

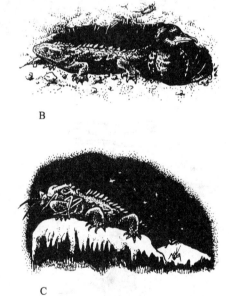

■ **图 19-21　喙头蜥**
A. 喙头蜥；B. 与海鸟洞穴共栖；C. 夜出捕食昆虫

19.2.3　有鳞目（Squamata）

陆栖、穴居、水栖及树栖生活类群。体表满被角质鳞片。头骨具特化的双颞孔，下颞孔下缘膜性硬骨丢失，将方骨露出，因而方骨可动。椎体双凹或前凹型。具端生或侧生齿。泄殖腔孔横裂。雄性具成对交配器官。分布几遍全球。分为两个亚目：

19.2.3.1　蜥蜴亚目（Lacertilia）

中、小型爬行动物。大多具有附肢、肩带及胸骨。左右下颌骨在前端并合，联结处有骨缝。眼睑可动。鼓膜、鼓室及咽鼓管一般均存在。除南极洲外，广布于全球。约 3 800 种，代表性种类有：

（1）壁虎科（Gekkonidae）　夜行性或树栖生活类群。眼大，瞳孔常垂直。具眼睑。体外被颗粒状鳞。指（趾）端常具膨大的吸盘状趾垫，适于攀援。椎体双凹型。尾有自残及再生功能。以昆虫为食。我国常见种类为无蹼壁虎（*Gekko swinhonis*），常在住房附近捕食蚊蝇，有益于人（图19-22）。

（2）避役科（Chamaeleonidae）　树栖生活。眼大而突出并具厚眼睑。每一眼可独立活动和调距，此点与众不同。舌极发达，为黏捕昆虫的利器。四肢适于握枝，指（趾）并合成内外二组。尾具缠绕性。皮肤有迅速变色的能力。主要分布于非洲，少数种类见于南欧和南亚。代表种类为避役（*Chamaeleon vulgaris*）（图19-22）。

（3）石龙子科（Scincidae）　中、小型陆栖类群。体粗壮，四肢短或缺。常具圆形光滑鳞片、覆瓦状排列。角质鳞下具有来源于真皮的骨鳞。眼睑常透明。我国常见种类为蓝尾石龙子（*Eumeces elegans*），见于华南地区（图19-22）。

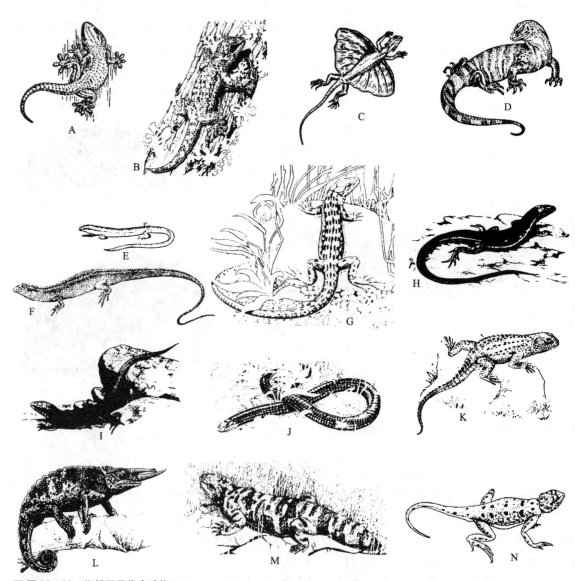

■ 图 19-22　蜥蜴亚目代表动物

A. 多疣壁虎；B. 大壁虎；C. 斑飞蜥；D. 巨蜥；E. 滑蜥；F. 蓝尾石龙子；G. 胎生蜥；H. 丽斑麻蜥；I. 北草蜥；J. 蛇蜥；K. 鳄蜥；L. 三角避役；M. 短尾毒蜥；N. 草原沙蜥

（4）蜥蜴科（Lacertidae） 中、小型陆栖类群。体鳞一般具棱嵴。头部具大型对称鳞板，紧贴于头骨上。四肢发达，有股窝或鼠蹊窝，指（趾）端具爪。我国常见种类有丽斑麻蜥（*Eremias argus*）（图19-22）。

（5）蛇蜥科（Anguidae） 体蛇形，四肢退化，后肢骨有残迹。体被圆鳞，鳞下有骨板。眼小，有活动眼睑。尾断后可再生。我国南方分布的脆蛇蜥（*Ophisaurus harti*）为本科代表（图19-22）。

（6）鳄蜥科（Shinisuridae） 体长30~40 cm，形似蜥蜴，尾似鳄，躯体圆柱形，四肢粗壮，指（趾）端具有钩爪。背部鳞片杂有大型棱鳞，形成数行纵棱。舌短，前端分叉。卵胎生。本科仅一种，即鳄蜥（*Shinisaurus crocodilurus*），主要分布于广西瑶山，在广东韶关和越南广宁亦有少量分布。为我国国家 I 级重点保护动物（图19-22）。

（7）巨蜥科（Varanidae） 多为大型的陆栖类群。骨鳞退化或消失，背鳞颗粒状。头、颈和尾相对较长。四肢适于爬行。分布于南亚、非洲和澳洲。我国海南岛等地所产的圆鼻巨蜥（*Varanus salvator*）为本科代表（图19-22）。

19.2.3.2　蛇亚目（Serpentes 或 Ophidia）

体长0.1~11 m的穴居及攀援爬行动物。附肢退化，不具肩带及胸骨。左右下颌骨在前端以弹性韧带相联结。眼睑不可动。外耳孔消失。舌伸缩性强，末端分叉。除南极洲以外，广布于全球，约3 200种。代表种类有：

（1）盲蛇科（Typhlopidae） 体似蚯蚓，满被圆鳞，尾短。眼退化，隐于鳞下。口小，下颌无齿。腰带退化，后肢有痕迹。世界约50种，分布于大洋洲、非洲及东南亚。我国产5种，以钩盲蛇（*Ramphotyphlops braminus*）最常见，广布于长江以南地区。

（2）蟒科（Boidae） 地栖或树栖性种类，体长从不足1 m的沙蟒到可达11 m的蟒蛇，是蛇类中较低等的类群。体被较小型鳞片，腰带退化，尚具有退化的股骨痕迹。在泄殖腔两侧有一对角质的爪状物，即退化的后肢残迹。有成对的肺。卵生或卵胎生（沙蟒）。卵生种类中有的具有孵卵行为，母蟒借肌肉节律性收缩能升高体温，有助于卵的孵化。分布于热带及温带的某些地区。

本科种类不具毒牙，主要是将捕获物缠绕绞杀致死，这种习性与众不同。以热血动物为食，大多数种类发展了与这种食性相适应的热能感受器——唇窝（labral pit）。我国西北荒漠地带分布的沙蟒（*Eryx miliaris*）以及南方林栖的蟒蛇（*Python molurus*）为本科的典型代表（图19-23）。

（3）蝰科（Viperidae） 陆栖、树栖或水栖。颌骨短而且可以活动，张口时借头骨上一系列可动骨骼的推动，能将颌骨及毒牙竖直。颌骨具有管状毒牙。体粗壮，尾短。主要以热血动物为食，一般采用伏击方式毒杀后吞食。

本科分为蝰亚科（Viperinae）和蝮亚科（Crotalinae）。两者的主要区别在于蝮亚科的眼与鼻孔之间具有颊窝，蝰亚科则无。在地理分布方面，蝮亚科主要分布区在美洲、亚洲和欧洲。蝰亚科的分布中心在非洲（欧、亚洲也有）。在蝰亚科分布占优势的地区，不具蝮亚科种类。

蝰亚科在我国的代表种类为草原蝰（*Vipera ursini*）。蝮亚科在我国的代表种类有蝮蛇（*Agkisirodon halys*）、五步蛇（尖吻蝮）（*Agkistrodon acutus*）、烙铁头（龟壳花蛇）（*Trimeresurus mucrosquamatus*）和竹叶青（*Trimeresurus stejnegeri*）（图19-23）。其中蝮蛇在我国分布较广。

（4）游蛇科（Colubridae） 陆栖、树栖或水栖。颌骨水平着生并构成上颌的大部分。

无沟牙（aglyphous）或后沟牙（opisthoglyphous）。卵生或卵胎生。本科种类繁多（蛇类的9/10属此），分布几遍全球。我国常见种类有赤练蛇（*Dinodon rufozonatum*）、黑眉锦蛇（*Elaphe taeniurus*）和中国水蛇（*Enhydris chinensis*）（图19-23）。

（5）眼镜蛇科（Elapidae） 陆栖或树栖。颌骨一般较短，有一对长形前沟牙（proteroglyphous）。尾不侧扁（与海蛇科的主要区别）。分布于美洲、亚洲、非洲和澳洲。我国常见种类有眼镜蛇（*Naja naja*）、金环蛇（*Bungarus fasciatus*）和银环蛇（*Bungarus multicinctus*），均为剧毒蛇类，主要分布于华南一带（图19-23）。

■ 图19-23 蛇亚目的代表种类

A. 盲蛇；B. 蟒蛇；C. 黑眉锦蛇；D. 红点锦蛇；E. 黄脊游蛇；F. 赤练蛇；G. 眼镜蛇；H. 银环蛇；I. 丽纹蛇；J. 长吻海蛇；K. 蝮蛇；L. 尖吻蝮；M. 竹叶青；N. 响尾蛇；O. 草原蝰

19.2.4　鳄目（Crocodylia）

水栖类型。体被大型坚甲。头骨具有完整的双颞孔和下颌孔。有发达的次生腭，适应在水中捕食和呼吸。方骨不可动。槽齿。胸肋具钩状突，腹部皮下有腹膜肋。四肢健壮，趾间具蹼。尾侧扁。泄殖腔孔纵裂，雄体具单个交配器。本目共 22 种，分布于非洲、美洲、大洋洲和亚洲的温带地区。扬子鳄（*Alligator sinensis*）为本目代表，是我国特产，国家 I 级重点保护动物（图 19-24）。

■ 图 19-24　扬子鳄

19.3　爬行类的起源及适应辐射

19.3.1　爬行类的起源

爬行类是从古两栖动物的坚头类演化来的。最早的羊膜动物骨骼化石发现于距今 3 亿 3 千 8 百万年前的位于苏格兰的下石炭纪地层。推断大约在上石炭纪已经演化出无孔类、双孔类和合孔类 3 大支系，然而直接的证据尚缺乏。目前比较普遍认为：在中生代下二叠纪地层中发现的古老的两栖类，属于坚头类的蜥螈（Seymouria），可能类似于爬行类的远祖。蜥螈具有一系列近于两栖类的特征以及爬行类的特征（图 19-25），是不足 60 cm 长的蜥蜴形动物，它的头骨形态和结构很像坚头类，颈特别短，肩带紧贴于头骨之后，

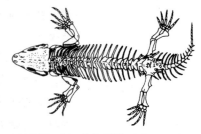

■ 图 19-25　蜥螈骨骼（自 Young）

脊柱分区不明显，具有迷齿和耳裂等，都与古两栖类相似；有些与蜥螈亲缘关系很近的化石种类，尚可见侧线管的痕迹。但是蜥螈还存在类似爬行类的特征，例如头骨具单个枕髁，肩带具有发达的间锁骨，有两枚荐椎，前肢 5 指（而不似古坚头类以及现存两栖类的 4 指），各指的骨节数目也比两栖类多（指式为 2、3、4、5、3 或 4）；腰带与四肢骨均较粗壮，更适于陆生爬行。所有这些都表明它是两栖类与爬行类之间的过渡类型。不过蜥螈化石所出现的地层年代太晚了，不可能是爬行类的直接祖先，更可能是进化成爬行类的较原始的两栖类中的一员。迄今还缺乏最原始爬行类的羊膜卵以及早期发育的化石证据。

从地质资料证实，石炭纪末期地球上的气候曾经发生剧变，部分地区出现了干旱和沙漠，使原来的温暖而潮湿的气候转变为大陆性气候——冬寒夏暖，这些地区的蕨类植物大多被裸子植物所代替，致使很多古代两栖类绝灭或再次入水。而具有适应于陆生结构以及羊膜卵的古代爬行类则能生存并在剧烈的竞争中不断发展，到中生代几乎遍布全球的各种生态环境，因而人们常称中生代为爬行类时代。

19.3.2　爬行类的适应辐射

最原始的爬行类为杯龙类（Cotylosauria），出现于古生代古炭纪末期，至中生代三叠纪绝灭。杯龙类具有一系列类似于古代两栖类的特征。与其他爬行纲类群相比较，其最主要的差别是头骨不具颞孔，称无孔类（Anapsida）。所有各类爬行动物均为杯龙类的后裔。

杯龙类的后裔大致可归结为 5 大类群（图 19-26）：

19.3.2.1　龟鳖类

龟鳖类为适应水栖生活，具有消极保护适应（龟壳）的类群，从三叠纪中期生活至今。现存龟鳖类有的头骨不具颞孔，但其膜骨排列与原始形态差异较大；有的具一不完整颞孔

（后缘膜性硬骨消失）。目前多数学者将其归入无孔类（Anapsida），但因早期化石缺乏，其起源进化关系尚不清楚。

19.3.2.2　鱼龙类（Ichthyosaurs）

鱼龙类头骨每侧具一个颞孔，位于颞部靠背方，由后额骨与上颞骨构成下缘，称上孔类（Parapsida）；是适应于海洋生活的鱼形爬行动物，在中生代早期比较繁盛，后期绝灭。

19.3.2.3　蛇颈龙类（Plesiosaurs）

蛇颈龙属于调孔类（Euryapsida），头骨每侧具一个靠背方的颞孔，其下缘由后眶骨与鳞骨构成（图19-26）；为具有长颈、鳍足的海洋生活的爬行动物。出现于三叠纪，至中生代末期绝灭。

19.3.2.4　盘龙类（Pelycosuria）

出现于石炭纪末期至二叠纪。头骨每侧具一个位置较低的颞孔，其上缘是后眶骨与鳞骨，称下孔类（Synapsida）（图19-26）。盘龙类后代中的一支——兽齿类（Theriodontia），其基枕骨趋于不参与枕髁构成（向两个枕髁方向发展），牙齿有分化现象，有次生腭以及下颌的齿骨发达，这些都是类似哺乳类的特征，为哺乳类的远祖。兽齿类在三叠纪绝灭。

19.3.2.5　双孔类（Diapsida）

头骨每侧具有上、下两个颞孔，其间以后眶骨和鳞骨相隔开（图19-26）。原始种类以及现生的喙头蜥具此典型形式。在进化过程中，颞孔周围的骨块有不同程度的变形或消失，致使与下颌关节的方骨可以随上下颌（张口）运动而活动。双孔类是古爬行类中种类及数量均极为繁多的一个类群。从古生代二叠纪出现，一直延续至今，构成中生代爬行类以及现存爬行类的主体。有些学者将鱼龙类与蛇颈龙类亦归入双孔类。双孔类的主干为初龙类（Archsauria）和鳞龙类（Lepidosauria）。初龙类的后裔包括恐龙、翼龙和鳄类等，大多具有槽齿、眶前孔。鳞龙类包括原始的和现存的喙头目与有鳞类的爬行动物（蜥蜴、蛇等）。现就初龙类中的几个重要类群加以简述：

（1）槽齿类（Thecodontia）　生存于三叠纪，是原始的初龙类主干。翼龙、恐龙、鳄类等均系从此类演化出来的。传统观点认为，槽齿类后代的一支——假鳄类（Pseudosuchia）演化为鸟类。

（2）翼龙类（Pterosauria）　翼龙类为适应于飞翔生活的一支，但其飞行器官是由连于体侧、前后肢及尾的翼膜构成，翼膜前缘以第四指支持，这些都与鸟类不同。翼龙在中生代后期绝灭。

（3）恐龙（Dinosauria）　恐龙为中生代古爬行动物中种类众多、分布极广的一个类群，于中生代末期绝灭。体型小者不足1 m，大者达30 m，为陆栖动物中体型最大的。恐龙中大多数的四肢紧贴体侧下方，能像哺乳动物那样将躯体支撑起来快速运动。根据腰带的结构可分为两大类，即蜥龙类与鸟龙类（图19-27）。

① 蜥龙类（Saurischia）：腰带三射。即髂骨前后伸

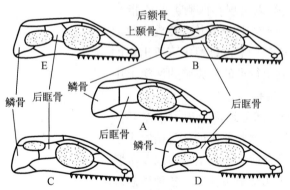

■图19-26　古爬行类的颞孔类型

A. 无孔类；B. 上孔类；C. 调孔类；D. 双孔类；E. 下孔类

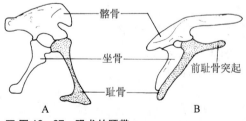

■图19-27　恐龙的腰带

A. 蜥龙类；B. 鸟龙类

展，耻骨向前下方伸展，坐骨向后下方伸展，很像蜥蜴的腰带类型。蜥龙类的原始种类多是肉食性的，称为兽脚类（Theropoda），头部的相对比例比草食性者为大，前肢短小，以后肢着地。例如著名的霸王龙（*Tyrannosaurus*）、异龙（*Allosaurus*）就属此。我国云南省禄丰所发现的禄丰龙（*Lufengosaurus huensi*）也是这一类型，但据研究它是草食性的。近年许多化石研究表明，某些小型的兽脚恐龙骨骼结构与原始鸟类很相似，有可能是鸟类的原祖。

蜥龙类在发展过程中出现了草食性的、四足着地的巨型恐龙，称为蜥脚类。它们栖居于沼泽地区，体重可达百吨，具长颈、长尾和小头，脑的质量还不足 500 g，可以说是体形巨大，骨骼空虚，四肢发达，头脑简单。著名的梁龙（*Diplodocus*）、迷惑龙（*Apatosaurus*）属此。我国在四川省合川县所采到的合川马门溪龙（*Mamenchisaurus hachuanensis*）就是相当完整的蜥脚类化石。合川马门溪龙全长 22 m，体重达 50 t，估计它的四肢难以支撑起这么大的质量，因而可能栖居于沼泽之内，借水的浮力来解决这个矛盾。

② 鸟龙类（Ornithischia）：腰带四射。即髂骨前后伸展，耻骨和坐骨一起向后伸展，在耻骨前方有一向前伸的前耻骨突起，略似鸟类的腰带。鸟龙类的原始种类是草食性的，以后肢着地，如禽龙（*Iquanodon*）以及我国的棘鼻青岛龙（*Tsintaosaurus spinorhinus*）和山东龙（*Shantungosaurus giganteus*），都是著名代表。晚期的鸟龙类以四肢行走，很多种类披有坚甲和利角，例如剑龙（*Stegosaurus*）和三犄龙（*Triceratops*）（图 19-28）。

■ 图 19-28　各种代表性恐龙化石的复原图
A. 异龙；B. 迷惑龙；C. 梁龙；D. 禽龙；E. 剑龙；F. 三犄龙

上述中生代爬行动物的起源和演化概况，可用图 19-29 示意。图中涉及鸟类起源的两个假说，见后文"鸟类的起源"。

中生代是爬行类的时代，在地球上的各种生态环境中充斥着各式各样的古爬行动物，尤以体躯巨大的恐龙，成为地球上的一霸。它们在这一亿年的漫长岁月中，躯体结构、生活习

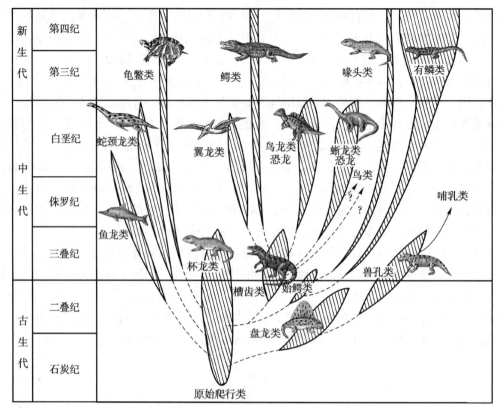

■ 图19-29　爬行动物的起源和演化

性和食性均向着专一化的方向发展，能较好地适应于所栖居的特定环境条件。由于中生代的气候十分稳定，季节的以及纬度变化的温差均轻微。以电子计算机模拟这种条件下的大型爬行动物体温表明，仅依靠其自身的热惰性（thermal inertia）就能维持较为稳定的体温。但到了中生代末期，地球发生了强烈的地壳运动——造山运动（我国的喜马拉雅山和欧洲的阿尔卑斯山就是这个时期形成的）。由于地壳运动导致的气候、环境的剧变，使植物类型也发生了改变，被子植物出现并居于优势。这些都给狭食性的古爬行类带来严重的威胁。加以恒温动物特别是哺乳动物的兴起，使古爬行类在生存斗争中居于劣势，导致大量死亡和绝灭。到中生代末期终于结束了盛极一时的"爬行类的黄金时代"。

　　关于盛极一时的恐龙为什么突然消失，至今仍然是科学家很感兴趣的问题。除了上述的解释外，近年还提出一些假说：例如① 白垩纪晚期太阳黑子爆发，地球上宇宙射线大量增加，大型爬行动物吸收剂量大，致使基因突变导致死亡。② 若将太阳系绕银河系中心运行一周分为四季，每季历时约4 000万至4 500万年，冬夏季对地球生物不利，恐龙正是这种时候绝灭的。③ 在白垩纪和第三纪界限前20万至30万年时，气候干燥，微量元素（如锌、铅、铜、锰、锶等）量异常。电子显微镜观察，发现此时的恐龙蛋具病态构造，壳易碎，无法正常繁殖而逐渐绝灭，此过程延续了20万年至30万年。④ 体型愈来愈大的恐龙，卵也趋向大型化，孵化时所需热量或积温也高，当地球气候变冷时，大型卵的孵化所需的热量或积温不够，难以孵出幼体，只有小型卵或卵胎生的小型爬行动物能繁衍后代而生存下来。⑤ 太阳有个伴星，其扁长的运行轨道每隔2 600万年靠近太阳一次，这时彗星轨道会被扰乱，而引起彗星撞击地球，造成周期性集群绝灭（mass extinction）。此外还有"地球板块的愈合"、"海平面的升降"、"地磁的逆转"等假说。

在众多的假说中，近年来被广泛接受的是巨大的行星撞击地球的假说。人们发现，在地球各大陆的白垩纪与第三纪的交界处的地层中普遍含有丰富的铱元素沉积物。已知铱元素在地球上如白金一样稀少，但在陨星上却含量十分丰富。据此事实推测：恐龙与一些古爬行类在白垩纪的绝灭是由于大的流星撞击地球引起的。巨大的撞击可能造成陨星的汽化和大量的灰尘遮天蔽日，以及高温使海水蒸发所形成的水蒸气长期覆盖地表，挡住阳光，降低了光合作用甚至达到光合作用的临界点之下。所有这一切使绿色植物得不到阳光和所需的能量而导致死亡，破坏了所有的食物链，从而造成了爬行类时代的结束。

19.4 爬行动物和人类的关系

19.4.1 爬行类的益害

爬行类与两栖类一样为外温动物，它们的新陈代谢率低，体温不恒定，主要借吸收太阳的辐射热来提高体温。由于新陈代谢率低，对自然界内营养物质（能量）的消耗也低，因而在陆地生态系统中有着特殊的作用。恒温动物对食物的消耗比外温脊椎动物大得多，据估算，1 kg 体重哺乳类维持一天生活的能量，可以维持 12 个 1 kg 体重的爬行类。恒温动物每天所摄入的能量中，约有 90 % 用于维持高而恒定的体温，只有不足 10 %（常为少于 1 %）的同化能用于净生产力（个体生长及产仔）。而外温脊椎动物所摄入的大部分能量均转化为自身的生物量，其净生产力在 30 % ~ 90 % 之间。由此可见，它们对于维持陆地生态系统的稳定性以及为自然界提供能量贮存来说，具有重要意义。

大多数蛇类能消灭田间害鼠，是鼠类的天敌。蜥蜴、壁虎等主食昆虫，其中不少是农林害虫（例如鞘翅目、膜翅目和直翅目昆虫），因而有一定的益处，在维持生态系统的稳定性以及生物多样性方面有重要作用。

爬行类的主要危害是毒蛇对人畜的伤害，尤其在毒蛇密度较高的地区较为严重。据过去估计，全世界每年因蛇伤致死的达 3 万 ~ 4 万人，其中 5/6 在亚洲热带地区。草原牧场（特别是早春季节）的毒蛇常对畜群造成伤害，例如我国新疆伊犁地区的蝮蛇、草原蝰和阿勒泰地区的极北蝰毒蛇，都危害人畜安全。然而从毒蛇的毒液中提炼出来的蛇毒制品，又是具有极高医疗价值的药品，是一种高效的镇痛剂以及局部止血剂，所提取出的抗栓酶，用于心血管疾病治疗。

爬行类的生存正遭受严重的威胁，尤以龟鳖类和蛇类最为严重。根据 IUCN 近年的调查，全球爬行类的受胁物种比例以及致危因素均与两栖类相当，尤以发展中国家及东南亚洲最为严峻。这是由于人口密度大，环境开发所造成的栖息地破坏和消失速度过快以及河流、土壤等的化学污染十分严重。除此之外，一些地区传统上食用龟鳖类和蛇类的陋习相当普遍，刺激或诱发了滥捕野生动物和野生动物的黑市贸易。这必须依靠政府的坚决执法和提高全民的保护野生动物及其赖以生存的自然环境的意识来加以遏制。

19.4.2 毒蛇的防治原则

我国蛇类共有 205 种，其中 50 种为毒蛇。分布较广、数量较多且具剧毒的毒蛇有 10 余种。此外，海洋中分布的海蛇科种类也均为毒蛇。

毒蛇的头部有一对毒腺，是一种特化的唾液腺，能分泌含有剧毒的激素，经毒牙注入被咬者体内。蛇毒是一种复杂的蛋白质，能随淋巴及血液扩散，引起中毒症状，一般可分为神经毒（neuroroxic）及血循毒（hemotoxic）两类。前者引起麻痹无力、昏迷，最后导致中枢神经系统麻痹而死；金环蛇、银环蛇和眼镜蛇等均是以神经毒为主。血循毒引起伤口剧痛、水肿，渐至皮下出现紫斑，最后导致心脏衰竭；蝮蛇、竹叶青及五步蛇等均是以血循毒为主。实际上毒蛇（以及其他有毒爬行类）毒液的成分十分复杂，有神经毒素、心脏毒素、出血毒素、溶血毒素和肌肉毒素等，并含有丰富的活性酶，例如蛋白水解酶、乙酰胆碱酯酶、磷脂酶 A_2、腺苷三磷酸酶、透明脂酸酶、凝血酶样酶、精氨酸脂酶等数十种。

我国的毒蛇中，有 10 种属于游蛇科的后沟牙类，不会对人造成危害。海蛇科的毒蛇约有 16 种，终生生活在海域中，只有沿海的渔民偶尔被咬的病例。其他 20 余种毒蛇中，至少有 13 种十分罕见或分布区极其狭窄。所以毒性较强、分布较广、数量较多和经常引起蛇伤的毒蛇，通常只占毒蛇种类的 1/5 左右。长江以北广大地区内的主要毒蛇是蝮蛇。包括四川、云贵高原及横断山脉的西南地区，主要毒蛇有蝮蛇、尖吻蝮和几种烙铁头。由长江中、下游沿岸，向南到达南岭山脉的华中地区，丘陵地带有蝮蛇、眼镜蛇及银环蛇，山区则有尖吻蝮和竹叶青等。南岭山脉及其以南的华南地区，是我国蛇种甚多的区域，主要毒蛇有眼镜蛇、银环蛇、金环蛇、眼镜王蛇、尖吻蝮、烙铁头和竹叶青等。青藏高原的主要毒蛇有眼镜王蛇、高原蝮、墨脱竹叶青、西藏竹叶青及菜花烙铁头等。

毒蛇的体色和头型是多样的，一般没有共同的外形特征。不过在野外对于头部成膨大三角形、尾部骤然变细的种类应提高警惕，尤应切忌用手捉弄不熟悉的蛇类。所谓"抓住蛇尾抖动就能把脊椎骨抖散致死"的说法是没有根据的。对于毒蛇也要以预防为主，在毒蛇较多地区从事野外工作时，要穿高筒靴袜、携带木棍，注意观察周围动向。

我国几种常见毒蛇的头部形态及体纹特征见图 19-30 和图 19-31。

如果被毒蛇咬伤，在条件许可下应立即将蛇击毙，即刻带蛇就医，根据毒蛇的种类来采取对症治疗是极为必要的。假如确系毒蛇所咬，就会在伤处留有两个大而深的牙痕，发红的伤口灼热疼痛，在几分钟内显著地肿胀起来，并迅速扩展肿胀范围，同时还会发生头晕、眼花、抽搐、昏睡等征状。

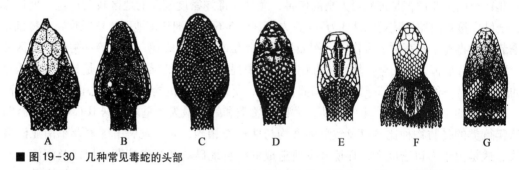

■ 图 19-30　几种常见毒蛇的头部

A. 尖吻蝮；B. 烙铁头；C. 竹叶青；D. 草原蝰；E. 白头蝰；F. 眼镜蛇；G. 海蛇（自赵肯堂）

■ 图 19-31　几种常见毒蛇的体纹

A. 银环蛇；B. 竹叶青；C. 眼镜蛇；D. 丽纹蛇；E. 蝮蛇；F. 尖吻蝮；G. 蝰蛇；H. 草原蝰（自赵肯堂）

　　毒蛇咬伤的紧急局部处理原则是尽快排除毒液，延缓蛇毒的扩散，以减轻中毒症状。一般应立即在伤口上方 2~10 cm 处用布带扎紧，阻断淋巴和静脉血的回流，并每隔 15~20 min 放松布带 1~2 min，以免血液循环受阻，造成局部组织坏死；结扎后，应用清水、盐水或 0.5% 的高锰酸钾溶液反复冲洗伤口。注射抗蛇毒血清后，可解除结扎。此外，还可使用扩创排毒（被尖吻腹或蝰蛇咬伤不宜采用此法）、拔火罐或口吸法等排除蛇毒。紧急处理后，要及时就近求医治疗。

　　我国在蛇毒分析和蛇伤防治方面的研究均已取得重大成就。目前，除运用单价及多价抗蛇毒血清和 α-糜蛋白等特效药物治疗蛇伤外，还采用多种草药及研制成各种蛇药，极大地提高了毒蛇咬伤的治愈率。

思考题

1. 简述羊膜卵的主要特征及其在动物进化史上的意义。
2. 归纳爬行类适应于陆上生活的主要特征。
3. 比较爬行类与两栖类的皮肤、骨骼、循环系统和泌尿生殖系统的主要结构和功能有何不同。
4. 颞孔在陆地动物进化中有何意义？爬行类的颞孔有哪些主要类型？现生种类是哪些颞孔类的后裔？
5. 简述恐龙的主要特征、类群和演化历史；了解有关恐龙灭绝原因的假说。
6. 简述现存爬行类各目特征和主要代表动物。
7. 简述现生爬行类的致危因素以及保护的主要途径。有条件的可开展社会调查，写成报告交流。
8. 熟悉本地常见的毒蛇以及毒蛇咬伤的防治原则。

第 20 章

鸟纲（Aves）

20.1 鸟纲的主要特征

鸟类是体表被覆羽毛、有翼、恒温和卵生的高等脊椎动物。从生物学观点来看，鸟类最突出的特征是新陈代谢旺盛并能飞行，这也是鸟类与其他脊椎动物的根本区别，使其成为在种数上仅次于鱼类，分布遍及全球的脊椎动物。

鸟类起源于爬行类，在躯体结构和功能方面有很多类似爬行类的特征，过去有人曾把它们归入蜥形类（Sauropsida），近年一些古生物学家将鸟类归为鳄鱼的姊妹群。然而，鸟类与爬行类的根本区别，在于有以下几方面的进步性特征：

（1）高而恒定的体温（37.0~44.6℃），减少了对环境的依赖性。

（2）迅速飞翔的能力，能借主动迁徙来适应多变的环境条件。

（3）发达的神经系统和感官以及与此相联系的各种复杂行为，能更好地协调体内外环境的统一。

（4）较完善的繁殖方式和行为（筑巢、孵卵和育雏），保证了后代有较高的成活率。

学习鸟类的躯体结构和功能，应以上述内容作为线索，在注意总结鸟类与爬行类相近似的特征以及鸟类的进步性特征的基础上，重点归纳鸟类由于适应飞翔的生活方式，在躯体结构、功能以及生活方式方面所引起的改变。

20.1.1 恒温及其在动物演化史上的意义

鸟类与哺乳类都是恒温动物，恒温的出现是动物演化历史上的一个极为重要的进步性事件。恒温动物具有较高而稳定的新陈代谢水平和调节产热、散热的能力，从而使体温保持在相对恒定的、稍高于环境温度的水平。这与无脊椎动物以及低等脊椎动物有着本质的区别，后者称为变温动物。变温动物的热代谢特征是：新陈代谢水平较低，体温不恒定，缺乏体温调节的能力。

高而恒定的体温，促进了体内各种酶的活动、发酵过程，使数以千计的各种酶催化反应获得最优的化学协调，从而大大提高了新陈代谢水平。根据测定，恒温动物的基础代谢率至少为变温动物的 6 倍。有人把恒温动物比喻为一个活的发酵桶，以说明它对促进热能代谢方面的意义。在高体温下，机体细胞（特别是神经和肌细胞）对刺激的反应迅速而持久，肌肉的黏滞性下降，因而肌肉收缩快而有力，显著提高了恒温动物快速运动的能力，有利于捕食及避敌。恒温还减少了对外界环境的依赖性，扩大了生活和分布的范围，特别是获得在夜间积极活动的能力和得以在寒冷地区生活，而不像变温动物一般在夜间处于不活动状态。有人认为，这是中生代鸟类和哺乳类之所以能战胜在陆地上占统治地位的爬行类的重要原因。

恒温动物的体温均略高于环境温度，这是由于在冷环境温度下，有机体散热容易。在低于环境温度下生活，会引起"过热"而致死。但恒温动物的体温又不能过高，这除了能量消耗因素以外，很多蛋白质在接近 50 ℃时即变性（denaturation）。

恒温是产热和散热过程的动态平衡。产热与散热相当，动物体温即可保持相对稳定；失去平衡就会引起体温波动，甚至导致死亡。鸟类与哺乳类之所以能迅速地调整产热和散热，是与具有高度发达的中枢神经系统密切相关的。体温调节中枢（丘脑下部）通过神经和内分泌腺的活动来完成协调。由此可见，恒温是脊椎动物躯体结构和功能全面进化的产物。产热的生物化学机制的基本过程是，脊椎动物的甲状腺素作用于肌肉、肝和肾，激活了与细胞膜相结合的、依赖于 Na^+、K^+ 的 ATP（腺苷三磷酸）酶，使 ATP 分解而释放出热量。

恒温的出现是动物有机体在漫长的发展过程中与环境条件对立统一的结果。大量实验证实，即使是变温动物，其中的个别种类也可通过不同的产热途径来实现暂时的、高于环境温度的体温。例如，以遥测技术探知，某些快速游泳的海产鱼类（例如一些金枪鱼及鲨鱼），通过特殊的产热肌肉群的收缩放热，以及复杂的血液循环通路，使血液中所含有的高代谢热量不致因血液流经鳃血管而散失于水中，从而获得高于水温的体温。长距离放流遥测的蓝鳍金枪鱼（*Thunnus thynnus*）表明，当水温在 10 ℃变化范围（5~14 ℃）的情况下，胃内温度仍可稳定在 18 ℃左右。多形平咽蜥（*Liolaemus multiformis*）在接近冰点的稀薄冷空气下，测得体温为 31 ℃，这是借皮肤吸收太阳的辐射热而提高体温的。一种雌印度蟒蛇，可借躯体肌肉的不断收缩而产热，比环境温度高 7 ℃，从而把所缠绕的卵孵出。这些都是从变温向恒温进化的不同形式。

20.1.2 鸟纲动物的躯体结构

20.1.2.1 外形

鸟类身体呈纺锤形，体外被覆羽毛（feather），具有流线型的外廓，从而减少了飞行中的阻力。头端具角质的喙（bill），是啄食器官。喙的形状与食性有密切关系。颈长而灵活，尾退化，躯干紧密坚实，后肢强大，这些都是与飞行生活方式密切相关的：躯干坚实和尾骨退化有利于飞行的稳定；颈部发达可弥补前肢变成翅膀后的不便；眼大，具眼睑及瞬膜可保护眼球。瞬膜是一种近于透明的膜，能在飞翔时遮覆眼球，以避免干燥气流和灰尘对眼球的伤害。鸟类瞬膜内缘具有一种羽状上皮（feather epithelium），在地栖性的鸟类（例如鸽与雉鸡）尤为发达，能借以刷洗灰尘。耳孔略凹陷，周围着生耳羽，有助于收集声波。夜行性鸟类（例如鸮）的耳孔极为发达。

前肢变为翼（wing），后肢具 4 趾，这是鸟类外形上与其他脊椎动物不同的显著标志。拇趾朝后，适于树栖握枝。鸟类足趾的形态与生活方式有密切关系。

尾端着生有一排扇状的正羽，称为尾羽，在飞翔中起着舵的作用。尾羽的形状与飞翔特点有关。

20.1.2.2 皮肤

鸟类皮肤的特点是薄、松而且缺乏腺体。薄而松的皮肤，便于肌肉剧烈运动。鸟类的皮肤缺乏腺体，这与爬行类颇为相似（图 20-1）。鸟类唯一的由多细胞构成的大型皮肤腺是尾脂腺（oil gland 或 uropygial gland），它能分泌油质以保护羽毛不致变形，并可防水，因而水禽（鸭、雁等）的尾脂腺特别发达。有些种类，例如鸸鹋、鹤鸵、鸨及鹦鹉等缺乏尾脂腺。尾脂腺的分泌物是一种类脂，可能

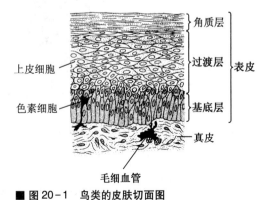

■ 图 20-1 鸟类的皮肤切面图

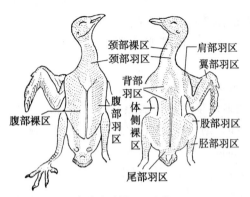

■ 图20-2　鸟类皮肤的羽区和裸区

颈部裸区
颈部羽区
肩部羽区
翼部羽区
背部羽区
腹部裸区
体侧裸区
腹部羽区
股部羽区
胫部羽区
尾部羽区

还含有维生素 D。在鸡、鸽和鹌鹑的皮肤里，含有大量的能分泌脂肪的单个细胞。鸟类外耳道的表皮也能分泌一种蜡质物，其中含有脱鳞细胞（desquamated cell）。

鸟类的皮肤外面具有由表皮所衍生的角质物，例如羽毛、角质喙、爪和鳞片等。一些鸟类的冠（comb）及垂肉（wattle）是由富于血管的、增厚的真皮所构成，其内富有动静脉吻合（anastomosis）结构。

羽毛是鸟类特有的皮肤衍生物，它着生在体表的一定区域内，这些区域称为羽区（pteryla）。不着生羽毛的区域称裸区（apteria）（图20-2）。羽毛的这种着生方式，不致限制皮肤下的肌肉收缩，有利于剧烈的飞翔运动。鸟类腹部的裸区，还与孵卵有密切关系；雌鸟在孵卵期间，腹部羽毛大量脱落，称"孵卵斑"。根据这个特点可判断在野外所采集的鸟类是否已进入繁殖期。羽衣的主要功能是：① 保持体温，形成隔热层。通过附着于羽基的皮肤肌，可改变羽毛覆盖体表的紧密程度，从而调节体温。② 构成飞翔器官的一部分——飞羽及尾羽。③ 使外廓更呈流线型，减少飞行时的阻力。④ 保护皮肤不受损伤。羽色还可成为一些鸟类，例如地栖性鸟类及大多数孵卵雌鸟的保护色。

根据羽毛的构造和功能，可为以下几种类型：

（1）正羽（contour feather） 又称翈羽，为被覆在体外的大型羽片。翅膀及尾部均着生有一列强大的正羽，分别称为飞羽（flight feather）和尾羽（tail feather）。飞羽及尾羽的形状和数目，是鸟类分类的依据之一。正羽由羽轴和羽片所构成。羽轴下段不具羽片的部分称为羽根，羽根深插入皮肤中。羽片是由许多细长的羽支所构成。羽支两侧又密生有成排的羽小支。羽小支上着生钩突或节结，使相邻的羽小支互相钩结起来，构成坚实而具有弹性的羽片，以搧动空气产生升力和冲力（飞羽）以及平衡和制动（尾羽）（图20-3）。鸟类的体羽比较柔软，呈覆瓦状覆盖全身。由外力分离开的羽小支，可借鸟喙的啄梳而再行钩结。鸟类经常啄取尾脂腺所分泌的油脂，于啄梳羽片时加以涂抹，使羽片保持完好的结构和功能。

（2）绒羽（plumule；down feather） 位于正羽下方，呈棉花状，构成松软的隔热层。绒羽在水禽特别发达，有重要经济价值的鸭绒就是这种羽毛。绒羽的结构特点是羽轴纤弱，羽小

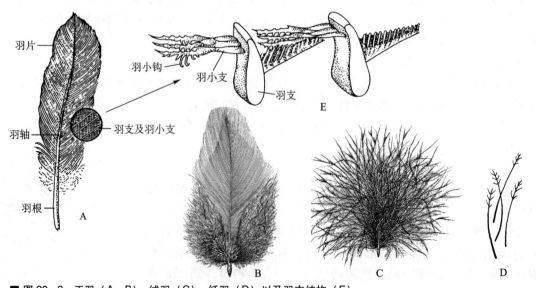

羽片
羽小钩
羽小支
羽支
E
羽轴
羽支及羽小支
羽根
A
B
C
D

■ 图20-3　正羽（A，B）、绒羽（C）、纤羽（D）以及羽支结构（E）

支的钩突不发达，因而不能构成坚实的羽片。幼雏的绒羽不具羽小支（图20-3）。

鸟类的正羽与绒羽之间存在一系列的过渡类型。许多鸟类（例如水禽和猛禽）部分体羽羽片的下部呈绒羽状，增强了保温功能。

（3）纤羽（filoplume；hair feather）　又称毛状羽，外形如毛发，杂生在正羽与绒羽之中，拔掉正羽与绒羽之后可见到（图20-3）。纤羽的基本功能为触觉。

鸟类羽毛是表皮细胞所分生的角质化产物，在系统进化上与爬行类的角质鳞片是同源的。有一种假说认为，鸟类的爬行类祖先在朝着适应于飞翔生活方式的进化过程中，角质鳞片逐渐增大延伸，然后劈裂成支，即成羽毛。我国河北丰宁早白垩纪发现的原羽鸟（*Protopteryx fengningensis*）化石，其中央尾羽的羽轴扁平，羽近端以及羽轴附近区域均为鳞片状，羽远端具有羽支，显示从鳞片向羽支演化的过渡形态。

从个体发育可见，羽毛最初源于由真皮与表皮所构成的羽乳头。随着羽乳头的生长，其表层形成许多纵行的角质羽柱，即为未来的羽支。随后，位于背方的羽柱发育迅速，成为未来的羽轴；羽轴两侧的羽柱随羽轴的生长而移至其两侧排列，即为羽支，由它们再分出羽小支并构成羽片（图20-4）。

鸟类的喙缘及眼周大多具须（bristle），为一种变形的羽毛，仅在羽干基部有少数羽支或不具羽支，有触觉功能。

鸟类的羽毛定期更换，称为换羽（molt）。通常一年有两次换羽：在繁殖结束后所换的新羽称冬羽（winter plumage），或称基本羽（basic plumage）。冬季及早春所换的新羽称夏羽（summer plumage）或婚羽（nuptial），或称替换羽（alternate plumage）。换羽的生物学意义在于有利于完成迁徙、越冬及繁殖过程。鸟类的换羽有完全换羽和不完全换羽（局部换羽）两种类型。前者是更换全部羽饰（体羽、飞羽及尾羽），多数秋冬季换羽属之；后者是只更换体羽以及尾羽或飞羽，春季换羽多属之。不同的鸟类类群具有其特定的换羽模式和以及飞羽和尾羽的换羽顺序，在系统分类学研究上有重要意义。甲状腺的活动是换羽的生理诱因，在实践中注射甲状腺素或饲以碎甲状腺，能引起鸟类脱羽。

飞羽及尾羽的更换大多是逐渐更替的，使换羽过程在不影响飞翔力的情况下进行。雁鸭类的飞羽更换则为一次全部脱落，在这个时期内丧失飞翔能力，隐蔽于人迹罕至的湖泊草丛中。在研究雁鸭类迁徙的工作中，常利用这个时机张网捕捉，进行大规模的环志。对于繁殖期及换羽期的雁鸭类，应严禁滥捕。

许多鸟类，特别是雄鸟，常常具有华丽的羽色和光泽，这是由于羽毛上皮表面的复杂物理结构、羽小支内的气腔和液泡等对光线的折射作用，以及羽支、羽小支内沉淀的色素（黑色素、脂色素等）的不同配比所构成的。

20.1.2.3　骨骼系统

鸟类适应于飞翔生活，在骨骼系统方面有显著的特化，主要表现在：骨骼轻而坚固，骨骼内具有充满气体的腔隙，头骨、脊柱、骨盘和肢骨的骨块有愈合现象，肢骨与带骨有较大的变形（图20-5）。

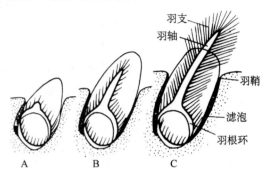

■ 图20-4　正羽发生的图解（自 Feduccia）

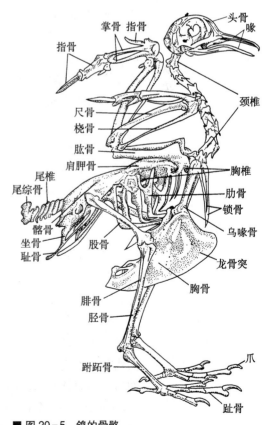

■ 图20-5　鸽的骨骼

（1）脊柱及胸骨　脊柱由颈椎、胸椎、腰椎、荐椎及尾椎5部分组成。颈椎数目变异较大，从8枚（一些小型鸟类）至25枚（天鹅）不等，家鸽为14枚，鸡为16～17枚。颈椎椎骨之间的关节面呈马鞍形，称异凹型椎骨（heteracoelous centrum）。这种特殊形式的关节面使椎骨间的伸屈和旋转运动十分灵活。此外，鸟类的第一枚颈椎呈环状，称为寰椎；第二枚颈椎称为枢椎。与头骨相联结的寰椎，可与头骨一起在枢椎上转动，大大增大了头部的活动范围。鸟类头部运动灵活，转动范围可达180°，鸮类甚至可转270°。颈椎具有这种特殊的灵活性，是与前肢变为翅膀以及脊柱的其余部分大多愈合密切相关的。

胸椎5～10枚。借肋骨与胸骨联结，构成牢固的胸廓。鸟类的肋骨不具软骨，而且借钩状突彼此相关连，这与飞翔生活有密切联系：胸骨是飞翔肌肉（胸肌）的起点，当飞翔时体重是由翅膀来负担，因而坚强的胸廓对于保证胸肌的剧烈运动和完成呼吸，是十分必要的。鸟类胸骨中线处有高耸的龙骨突（keel），以增大胸肌的固着面。不善飞翔的鸟类（如鸵鸟）胸骨扁平。

愈合荐骨（综荐骨）（synsacrum）是鸟类特有的结构。它是由少数胸椎、腰椎、荐椎以及一部分尾椎愈合而成的，而且它又与宽大的骨盘（髂骨、坐骨与耻骨）相愈合，使鸟类在地面步行时获得支持体重的坚实支架。

鸟类尾骨退化，最后几枚尾骨愈合成一块尾综骨（pygostyle），以支撑扇形的尾羽。具有尾综骨是善于飞翔的鸟类特征之一。鸟类脊椎骨骼的愈合以及尾骨退化，就使躯体重心集中在中央，有助于在飞行中保持平衡。

（2）头骨　鸟类头骨的一般结构与爬行类相似，例如，具有单一的枕髁。化石鸟类尚可见头骨后侧有双颞孔的痕迹、听骨由单一的耳柱骨所构成以及崎底型脑颅等。但它适应于飞翔生活所引起的特化是非常显著的，主要表现在：

① 头骨薄而轻，组成颅骨的骨块已愈合为一个整体，而且骨内有蜂窝状充气的小腔。这就解决了轻便与坚实的矛盾。

② 上下颌骨极度前伸，构成鸟喙。这是鸟类区别于所有脊椎动物的结构。鸟喙外具角质鞘，构成锐利的切喙或钩，是鸟类的取食器官。现代鸟类均无牙齿，通常认为这也是对减轻体重（牙齿退化连同咀嚼肌肉不发达）的适应。

③ 脑颅和视觉器官的高度发达，在颅型上所引起的改变：颅腔的膨大，使头骨顶部呈圆拱形，枕大孔移至腹面。眼眶的扩大，使这一区域的脑颅侧壁被压挤至中央（因而将脑颅腔后推），构成眶间隔。眶间隔在某些爬行类即已存在，但鸟类由于眼球的特殊发达，从而更强化了这个特点。（图20-6）。

（3）带骨及肢骨　鸟类带骨和肢骨也有愈合及变形现象，这也是对特殊生活方式的适应。肩带由肩胛骨、乌喙骨和锁骨构成。三骨的联结处构成肩臼，与前肢的肱骨相关节。鸟类的左右锁骨以及退化的间锁骨在腹中线处愈合成"V"形，称为叉骨（furcula），是鸟类特有的结构。叉骨具有弹性，在鸟翼剧烈搧动时可避免左右肩带碰撞。前肢特化为翼，手部骨骼（腕骨、掌骨和指骨）愈合和退化，使翼的骨骼构成一个整体，搧翅才能有力。鸟类的腕骨仅余两枚，其余的与掌骨愈合成腕掌骨（carpometacarpus）。指骨退化，仅余第2、3、4指的残余。现代鸟类大都无爪（图20-7）。少数种类，例如南美的麝雉（*Opisthocomus hoazin*）幼鸟指端尚具两爪，用于攀缘。鸟类手部（腕、掌骨及指骨）着生的一列飞羽称初级飞羽（primaries），前臂部（尺骨）所着生的一列飞羽称次级飞羽（secondaries）。飞羽是飞翔的主要羽毛，它们的形状和数目（特别是初级飞羽）是鸟类分类学的重要依据（图20-8）。

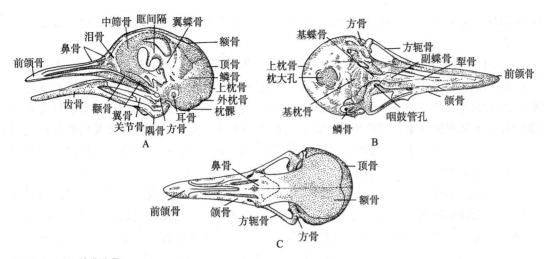

■ 图 20-6 鸽的头骨
A. 侧面观；B. 腹面观；C. 背面观

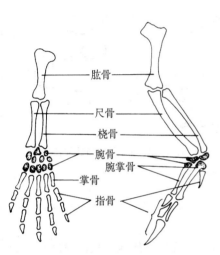

■ 图 20-7 鸟的前肢骨（右）与模式四足动物（左）的比较（自郑光美）

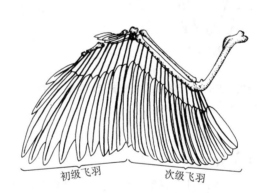

■ 图 20-8 初级飞羽和次级飞羽的着生位置

鸟类腰带的变形，与用后肢支持体重和产大型具硬壳的卵有密切关系。腰带（髂骨、坐骨及耻骨）愈合成薄而完整的骨架，其髂骨部分并向前后扩展，与愈合荐骨相愈合，这就使后肢得到强有力的支持。耻骨退化，而且左右坐骨、耻骨不像其他陆生脊椎动物那样在腹中线处相汇合联结，而是一起向侧后方伸展，构成所谓"开放式骨盘"。极少数陆栖原始种类（例如鸵鸟），左右耻骨或坐骨在腹中线处尚有联合现象。

鸟类的后肢强健，股骨与腰带的髋臼相关节。下腿骨骼有较大变化：腓骨退化成刺状；相当于一般四足动物的胫骨，与其相邻的一排退化的跗骨相愈合，构成一细长形的腿骨，称为胫跗骨（tibiotarsus）。远端一排的退化跗骨与其相邻的跖骨相愈合，构成一块细长形的足骨，称为跗跖骨（tarsometatarsus）。跗间关节是鸟类普遍具有的，这种结构始见于某些恐龙。跗骨的简化和加长，能增强起飞时的弹跳力和降落时的缓冲力。大多数鸟类均具4趾，拇趾向后，以适应于树栖握枝（图20-9）。鸟趾的数目及形态变异是鸟类分类学的依据。

20.1.2.4 肌肉系统

鸟类的肌肉系统与其他脊椎动物一样，是由骨骼肌（横纹肌）、内脏肌（平滑肌）

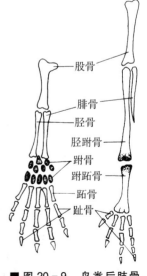

■ 图 20-9 鸟类后肢骨（右）与四足动物后肢骨（左）的比较（自郑光美）

和心肌组成。鸟类由于适应于飞翔生活，在骨骼肌的形态结构上有显著改变，这些改变主要可归结为：

（1）由于胸椎以后的脊柱的愈合而导致躯干背部肌肉退化。颈部肌肉则相应发达。

（2）扬翅（胸小肌）及搧翅（胸大肌）的肌肉十分发达（善飞种类可占整个体重的1/4），两者的起点均在胸骨，通过特殊的联结方式而使翼搧动（图20-10）。由于鸟类在陆上靠后肢行走和支撑体重，因此后肢的运动肌群十分发达。不论是支配前肢及后肢运动的肌肉，其肌体部分均集中于躯体的中心部分，借长的肌腱来"远距离"操纵肢体运动。这对保持重心的稳定，维持在飞行中的平衡，有着重要意义。

（3）后肢具有适宜于栖树握枝的肌肉。这些与树栖有关的肌肉（例如栖肌、贯趾屈肌和腓骨中肌）能够借肌腱、肌腱鞘与骨关节三者间的巧妙配合，而使鸟类栖止于树枝上时，由于体重的压迫和腿骨关节的弯曲，导致与屈趾有关的肌腱拉紧，足趾自然地随之弯曲而紧紧抓住树枝（图20-11）。足部屈肌的肌腱与其外部的腱鞘棱嵴互相扣锁，能防止松脱。

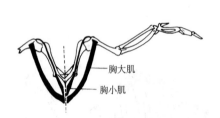

■ 图20-10 鸟类胸肌支配翼运动的模式图
（仿 Wessells 修改）

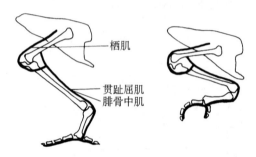

■ 图20-11 鸟类栖止肌肉节制足趾弯曲的示意图
（自郑光美）

栖肌（ambiens）并非鸟类所特有，它始见于爬行类，在高等鸟类（例如雨燕目和雀形目）缺失。

（4）具有特殊的鸣肌，可调节鸣管（以及鸣膜）形状，改变气流压强，从而发出多变的鸣声。鸣肌在雀形目鸟类（鸣禽）特别发达。

（5）皮肤肌发达，能支配羽毛及某些裸露皮肤的运动，以调节体温和进行求偶炫耀等行为。鸟类的颌肌、前后肢肌和鸣肌，常作为鸟类分类和功能进化的研究内容。

20.1.2.5 消化系统

鸟类消化系统的主要特点是：具有角质喙，喙的形状因食性和生活方式不同而有很大变异。绝大多数鸟类的舌均覆有角质外鞘，舌的形态和结构与食性和生活方式有关；取食花蜜鸟类的舌有时呈吸管状或刷状；啄木鸟的舌具倒钩，能把树皮下的害虫钩出。某些啄木鸟和蜂鸟的舌，借特殊的构造而能伸出口外甚远，最长者可达体长的2/3。口腔内有唾液腺，其主要分泌物是黏液；仅在食谷的燕雀类唾液腺内含有消化酶。在鸟类中以雨燕目的唾液腺最发达，其内含有黏的糖蛋白（glycoprotein），以唾液将海藻黏合而造巢，其中金丝燕的巢即为传统的滋补品"燕窝"，目前国际上为保护金丝燕，已禁止采集。

有些鸟类的食管一部分特化为嗉囊（crop），它具有贮藏和软化食物的功能。雌鸽在繁殖期间，嗉囊壁能分泌一种液体，称为"鸽乳"，用以喂饲雏鸽。食鱼鸟类（例如企鹅、鸬鹚和鹈鹕）以贮于嗉囊内的食糜饲雏。鸟类的胃分为腺胃（前胃）（glandular stomach 或 proventriculus）和肌胃（砂囊）（muscular stomach 或 gizzard）两部分。腺胃壁内富有腺体，分泌含有盐酸的黏液和含有胃蛋白酶的消化液；肌胃外壁为强大的肌肉层，内壁为坚硬的革质层（中药"鸡内金"就是这个部分），腔内并贮有鸟类不断啄食的砂砾。在肌肉的作用下，革质壁与砂砾一起将食物磨碎。砂砾对于种子的消化有密切关系，实验证明，胃内容有砂砾的鸡，对燕麦的消化力提高 3 倍，对一般谷物及种子的消化力可提高 10 倍。肉食性鸟类的肌胃不发达。肌胃连通十二指肠的开口称幽门。鸟类的幽门与其前胃进入肌胃的入口紧邻，前胃内的液状消化物可直接经幽门进入十二指肠。鸟类的直肠极短，不贮存粪便，且具有吸收水分的作用，有助于减少失水以及飞行时的负荷。在小肠与大肠交界处着生有一对盲肠，在以植物纤维为主食的鸟类（如鸡类）特别发达。盲肠具有吸水作用，并能与细菌一起消化粗糙的植物纤维。有人认为盲肠液有显著的汇集维生素 B 的作用。

肛门开口于泄殖腔，这一点还保留着似爬行类的特征（图 20-12）。鸟类泄殖腔的背方有一个特殊的腺体，称为腔上囊（bursa fabricii）。腔上囊在幼鸟发达，到成体则失去囊腔成为一个具有淋巴上皮的腺体结构（图 20-13），能产生具有免疫功能的 B 细胞。腔上囊还被用做鉴定鸟类年龄的一种指标，特别在鉴定鸡形目鸟类的年龄方面已被广泛应用。

鸟类消化生理方面的特点是消化力强，消化过程十分迅速，这是鸟类活动性强，新陈代谢旺盛的物质基础。饲喂雀形目鸟类的谷物、果实或昆虫，经 15 h 后即可通过消化管。高度的消化力和能量消耗，使鸟类食量大，进食频繁。雀形目鸟类一天所吃的食物相当于体重的 10 %~30 %。蜂鸟一天所吃的蜜浆等于其体重的 2 倍。

肝和胰分别分泌胆汁和胰液注入十二指肠，在功能上与其他脊椎动物没有本质的区别。

20.1.2.6　呼吸系统

鸟类的呼吸系统十分特化，表现在具有非常发达的气囊（air sac）系统与肺气管相通连。气囊广布于内脏、骨腔以及某些运动肌肉之间。气囊的存在，使鸟类产生独特的呼吸方式——双重呼吸（dual respiration），这与其他陆栖脊椎动物仅在吸气时吸入氧气有显著不同。鸟类呼吸系统的特殊结构，是与飞翔生活所需的高氧消耗相适应的，实验表明，一只飞行中的鸟类所消耗的氧气，比休息时大 21 倍。气囊也是保证鸟类在飞翔时供应足够氧气的装置。鸟类在栖止时，主要靠胸骨和肋骨运动来改变胸腔容积，引起肺和气囊的扩大和缩小，以完成气体代谢。当飞翔时，胸骨作为搧翅肌肉的起点，趋于稳定。因而主要靠气囊的扩展和缩小来协助肺完成呼吸。扬翼时气囊扩张，空气经肺而吸入；搧翼时气囊压缩，空气再次经过肺而排出。因而鸟类飞翔越快，搧翼越猛烈，气体交换频率也越快，这样就确保了氧气的充分供应。

鸟类肺与气囊的构造十分复杂，这里只着重阐明结构的特点和机能（图 20-14）。鸟类的肺相对体积较小，是一种海绵状缺乏弹性的结构，主要是由大量的细支气管组成，其中最细的分支是一种呈平行排列的支气管，称为三级支气管或平行支气管（parabronchi）。在三级

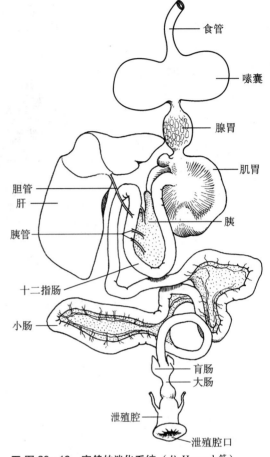

■ 图 20-12　家鸽的消化系统（仿 Haward 等）

食管
嗉囊
腺胃
肌胃
胆管
肝
胰管
胰
十二指肠
小肠
盲肠
大肠
泄殖腔
泄殖腔口

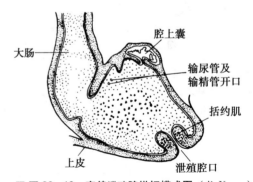

■ 图 20-13　家鸽泄殖腔纵切模式图（仿 Young）

大肠
腔上囊
输尿管及输精管开口
括约肌
上皮
泄殖腔口

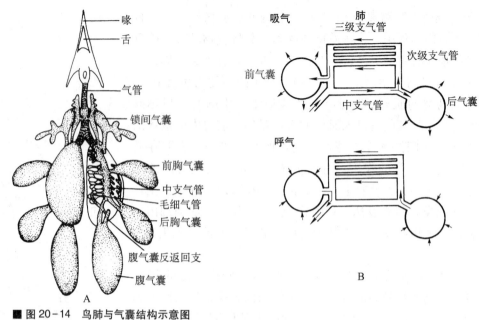

■ 图 20-14　鸟肺与气囊结构示意图

A. 肺与气囊的关系；B. 气体交换途径（仿 Wessells，Bligh 等修改）

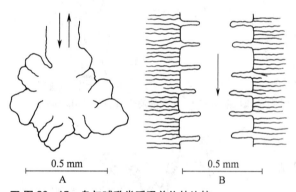

■ 图 20-15　鸟与哺乳类呼吸单位的比较

A. 哺乳类肺泡；B. 鸟类三级支气管与微气管

（自 Schmidt-Nielsen）

支气管周围有放射状排列的微气管，其外分布有众多的毛细血管，气体交换即在此处进行，是鸟肺的功能单位。微气管相当于其他陆栖脊椎动物（特别是哺乳类）的肺泡，但在结构上又有本质的区别，即肺泡乃系微细支气管末端膨大的盲囊，而鸟类的微气管却与背侧及腹侧的较大支气管相通连，因而不具盲端（图 20-15，图 20-16）。鸟类的微气管直径仅有 $3 \sim 10\ \mu m$，其肺的气体交换总面积（cm^2/g 体重）比人约大 10 倍。

气管入肺之后，成为贯穿肺体的中支气管（也称初级支气管）。中支气管向背、腹发出很多次级分支，称为背支气管与腹支气管，它们又总称为次级支气管。背、腹支气管借数目众多的平行支气管（三级支气管）相互联结，气体在肺内沿一定方向流动，即从背支气管→平行支气管→腹支气管，称为"d-p-v 系统"。也就是呼气与吸气时，气体在肺内均为单向流动。这与其他陆栖脊椎动物的"双向流动"完全不同，因而在肺内没有"死的空间"，始终有新鲜空气通过。

气囊是鸟类的辅助呼吸系统，主要由单层鳞状上皮细胞构成，有少量结缔组织和血管，缺乏气体交换的功能。鸟类一般有 9 个气囊，其中与中支气管末端相通连的为后气囊（腹气囊及后胸气囊），与腹支气管相通连的为前气囊（颈气囊、锁间气囊和前胸气囊）；除锁间气囊为单个的之外，均系左右成对。气囊遍布于内脏器官、胸肌之间，并有分支伸入大的骨腔内。

大体而言，当鸟类吸气时，新鲜空气沿中支气管大部分直接进入后气囊，与此同时，一部分气体经次级支气管（背支气管）和三级支气管在微气管处进行碳氧交换。吸气时前、后气囊同时扩张，呼气时同时压缩。当鸟类呼气时，肺内含 CO_2 多的气体经由前气囊排出。此时后胸气囊中所贮存的气体经由"返回支"进入肺内进行气体交换，再经前气囊、气管而排出。通过对标记气流的实验发现，一股吸入的空气要经过两个呼吸周期才最后排出体外。

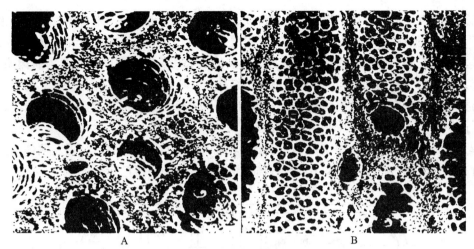

■ 图 20-16　鸟肺的扫描电镜照片，示三级支气管与微气管的关系

A. 横切；B. 纵切（自 Schmidt-Nielsen）

　　气囊除了辅助呼吸以外，还有助于减轻身体的密度，减少肌肉间以及内脏间的摩擦，并起着快速热代谢的冷却系统作用。

　　鸣管（syrinx）是由气管所特化的发声器官，位于气管与支气管的交界处（图 20-17）。此处的内外侧管壁均变薄，称为鸣膜。鸣膜可因气流振动而发声。鸣管外侧着生有鸣肌，它的收缩可导致鸣管壁形状及其出口（内、外唇）的紧张程度发生改变，从而改变气流的流速和流量，发出复杂多变的鸣声。鸟类双重呼吸的特点，使吸气及呼气时均能振动鸣管而发出悦耳多变的鸣啭，这一点与其他动物也有所不同。一般陆栖脊椎动物（例如哺乳类）的发声器官均位于气管上端，且绝大多数仅在呼气时发声。鸟类的喉门由 4 块未充分骨化的软骨构成，虽非发声器官，但能通过喉门的运动而调节声调。

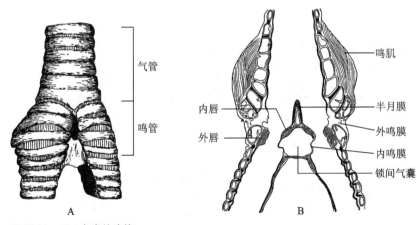

■ 图 20-17　鸟类的鸣管

A. 外观；B. 矢状切面（仿 Wessells）

20.1.2.7　循环系统

　　鸟类的循环系统反映了较高的代谢水平，主要表现在：动静脉血液完全分流，完善的双循环，心脏四腔，具右体动脉弓。心脏容量大，心跳频率快，动脉压高，血液循环迅速，因而代谢十分旺盛。

　　（1）心脏　鸟类心脏的相对大小占脊椎动物中的首位，为体重的 0.4 % ~ 1.5 %。心房与心室已完全分隔。低等脊椎动物心脏的静脉窦，在鸟类已完全消失。来自体静脉的血液，经右心房、右心室而由肺动脉入肺。在肺内经过气体交换，含氧丰富的血液经肺静脉回心注入左心房，再经左心室送入体动脉到达全身。鸟类的右心房与右心室间的瓣膜为肌肉质构成，此点与其他陆栖脊椎动物不同，仅鳄鱼有类似结构。

鸟类心跳的频率比哺乳类快得多，一般均在 150~350 次/min 之间。动脉压较高，一些家禽可达 300~400 mmHg，因而血液流通迅速。

（2）动脉 鸟类的动脉系统基本上继承了较高等的爬行动物的特点，但左侧体动脉弓消失，由右侧体动脉弓将左心室发出的血液输送到全身（图 20-18）。

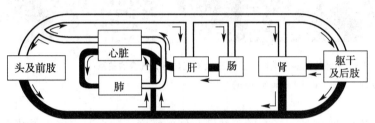

■ 图20-18 鸟类血液循环路径模式图（自 Schmidt-N）

（3）静脉 鸟类的静脉系统也基本上与爬行类相似，但有两个特点：

① 肾门静脉趋于退化：自尾部来的静脉血液只有少数入肾，其主干系经后腔静脉回心。肾门静脉主要收集后肠系膜静脉血液入肾，形成毛细血管，再集合成大静脉回心。鸟类在肾门静脉腔内具有一种独特的含有平滑肌的瓣膜，可根据需要而把静脉血液送入肾或绕过肾。

② 具尾肠系膜静脉（caudal mesenteric vein）：尾肠系膜静脉是一支来于尾部的血管，其分支分别与后肠系膜静脉和肾门静脉相联结，收集消化管后部的静脉血送入肾，其中的大部分直接穿过肾进入后腔静脉回心脏，小部分在肾内形成毛细血管网再经肾静脉入后腔静脉（图 20-19）。

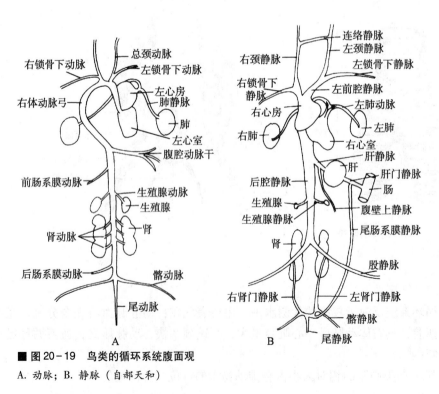

■ 图20-19 鸟类的循环系统腹面观

A. 动脉；B. 静脉（自郝天和）

（4）血液及淋巴 与陆栖脊椎动物相似。鸟类红细胞具核，一般为卵圆形。红细胞中的血红蛋白含量稍少于哺乳类，但携带氧气的效能高。

鸟类具有一对大的胸导管，收集躯体的淋巴液，然后注入前腔静脉。肠内糖类、蛋白质和脂肪的代谢产物，均经过肝门静脉直接进入肝贮藏和利用。雁形目、鹳形目等少数水鸟有淋巴结，具有过滤和补充淋巴细胞的功能。少数种类（例如鸵鸟及雁鸭类）在身体背后方具有能搏动的淋巴心，而大多数种类的淋巴心均在胚胎发育完成后消失。

20.1.2.8 排泄系统

鸟类的肾与爬行类近似，成体行使泌尿功能的为后肾。鸟肾的相对体积比哺乳类大，可占体重的 2 % 以上。肾小球的数目比哺乳类多 2 倍，这有利于在旺盛的新陈代谢过程中迅速排除废物，保持水盐平衡。肾经输尿管开口于泄殖腔（图 20-20）。

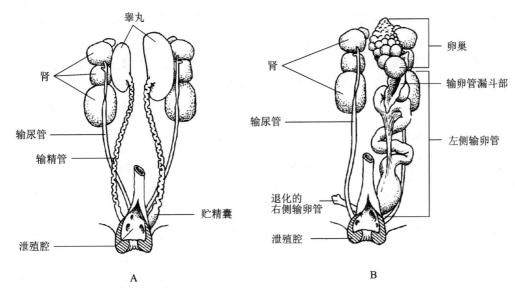

■ 图 20-20 家鸽的泌尿生殖系统
A. 雄性；B. 雌性（仿 Parker）

鸟类的肾通常由头、中、尾 3 个肾叶组成，左右成对。每一肾叶含有众多的、外观成梨形的肾小叶，各肾小叶外环包以肾门静脉所发出的小静脉和肾的收集管。肾小叶中央有中央静脉与外周的小静脉借毛细血管相通连。肾小叶动脉位于中央静脉附近，其分支形成肾小球和出肾小动脉（图 20-21）。这种结构与哺乳类不同，显示两者没有同源关系。

鸟类与爬行类的尿大都由尿酸构成，而不是两栖类、哺乳类等的尿素。尿酸不像尿素那样易溶于水，常呈半凝固的白色结晶。这对于胚胎在卵壳内发育阶段中不断排除废物以及减少水分的散失是有利的。再加上成鸟的肾小管和泄殖腔都具有重吸收水分的功能，所以鸟类排尿失水极少。

鸟类不具膀胱，所产的尿连同粪便随时排出体外，通常认为这也是减轻体重的一种适应。

在鸟类的水盐平衡调节方面，还需提到海鸟所特有的盐腺（salt

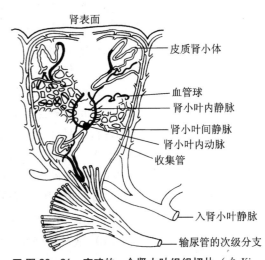

■ 图 20-21 家鸡的一个肾小叶组织切片（自 King & McLelland）

425

gland）。盐腺位于眼眶上部，开口于鼻间隔，它能分泌出比尿的浓度大得多的氯化钠（分泌物中含有 5 % 盐溶液），借以把进入体内的海水所带来的盐分排出，维持正常的渗透压。一些沙漠中生活的鸟类（例如鸵鸟）以及隼形目的鸟类，其盐腺也有调节渗透压的功能，使之能在缺乏淡水、蒸发失水较高以及食物中盐分高的条件下生存。鸟类与一切羊膜动物一样，面临着保存体内水分的问题。由于鸟类皮肤干燥、缺乏腺体，体表覆有角质羽毛及鳞片，这些都减少了体表水分的蒸发。加以排尿及排粪中所失水分很少，因而水的需求量比其他陆生动物为少。

20.1.2.9　生殖系统

鸟类生殖腺的活动，存在着明显的季节性变化。在繁殖期生殖腺的体积可增大几百倍到近千倍。一般认为这也与适应于飞翔生活有关。

（1）雄性生殖系统　基本上与爬行类相似，具有成对的精巢和输精管，输精管开口于泄殖腔（图 20-20）。鸵鸟和雁鸭类等的泄殖腔腹壁隆起，构成可伸出泄殖腔外的交配器，起着输送精子的作用。在某些鹳形目及鸡形目等鸟类，还残存着交配器的痕迹。这些都可以作为鉴别雌雄性别的标志。但在大多数鸟类，均不具交配器官，借雌雄鸟的泄殖腔口接合而授精。鸟类的精子在泄殖腔和输卵管内存活寿命比哺乳类长，例如将雌家鸭与雄鸭隔离之后，第 1 周产 64 % 受精卵，第 3 周为 3 %，最后一枚受精卵在第 17 天产出。

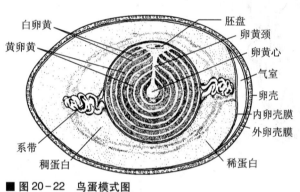

白卵黄　黄卵黄　系带　稠蛋白

胚盘　卵黄颈　卵黄心　气室　卵壳　内卵壳膜　外卵壳膜　稀蛋白

■ 图 20-22　鸟蛋模式图

（2）雌性生殖系统　绝大多数雌鸟仅具左侧有功能的卵巢，右侧卵巢退化（图 20-20）。但某些鹰类（尤其是雀鹰、鹞和隼）雌鸟有半数个体具有成对的卵巢。鸟类一侧卵巢退化，通常认为与产生大型具硬壳的卵有关。成熟卵通过输卵管前端的喇叭口进入输卵管。受精作用发生于输卵管的上端。在受精卵于输卵管内下行的过程中，依次被输卵管壁所分泌的蛋白（albumen）、壳膜（shell membrane）和卵壳（shell）所包裹。卵在输卵管中移动时，由于管壁肌肉的蠕动而旋转，逐渐被包裹以均匀的蛋白层，两端稠蛋白层随着扭转而成系带（图 20-22）。被系带所悬挂着的卵黄，由于重力关系而使胚盘永远朝上，有利于孵化，这是一种重要的生物学适应。卵壳为碳酸钙（89 %～97 %）及少数盐类和有机物构成，其表面有数千个小孔，以保证卵在孵化时的气体交换。很多鸟类的卵壳上有各种颜色和花纹，它们是输卵管最下端管壁的色素细胞在产卵前 5 h 左右所分泌的。卵最后经泄殖腔排出。

幼鸟的输卵管为白线状，产过卵的输卵管虽也萎缩，但上下端的直径不等。这个特点可作为野外工作时鉴定年龄的依据。

光线能刺激家禽提早产蛋以及在秋冬季节产更多的蛋。已知一些野禽如环颈雉、黄腹角雉、麻雀也对光照刺激有反应，而另一些种类则不敏感。增大光照能促进"光敏"鸟类的运动和进食，另外还通过脑下垂体分泌激素刺激卵巢。12～14 h 光照对脑下垂体分泌和产卵的刺激最大。有人认为红光的刺激大于白光。有人用紫外线（加入微量的可见光）能提高 10 %～19 % 产卵率，并增加维生素 D 的合成。

鸟类具有孵卵、育雏等一系列本能，保证了后代有较高的成活率。

20.1.2.10　神经系统和感官

（1）脑及脑神经　鸟类脑的基本构造与爬行类相似但显著发达（图 20-23），尤其是大脑、中脑（视叶）和小脑，这与鸟类飞翔生活密切相关。鸟类的脑重占体重的 2 %～9 %，这个比例与大多数哺乳类相似。

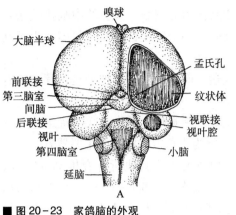
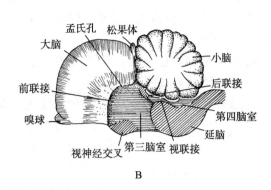

■ 图 20-23　家鸽脑的外观

A. 背面；B. 侧面（仿 Parker）

　　鸟类的大脑是复杂的本能活动以及学习、认知和语言的中枢，主要由大脑皮层和纹状体（相当于低等四足动物的基底核）构成。过去认为鸟类的大脑皮层很薄，只有两层细胞（哺乳类有 6 层），因而其高级神经中枢主要位于纹状体背部和外侧部区域，即上纹状体（hyperstriatum）和新纹状体（neostriatum）（图 20-24A）。然而近年根据分子遗传学、发育生物学、认知生理学和行为学的多方面研究，已经证实鸟类的上纹状体、新纹状体和原纹状体（archistriatum）是与哺乳类的大脑皮层（pallium）同源的，并具有类似的功能。尽管鸟类的大脑皮层是核团结构，而不是像哺乳类那样的"分层"并具有脑沟和脑回，然而在认知、语言和使用工具能力等方面，已证实一些鸟类（例如乌鸦）强于许多非灵长类哺乳动物。根据鸽与斑胸草雀大脑矢状切面的计算，鸟类的大脑皮层的容量约占整个端脑容量（telencephalic volume）的 75%，这个比例也与哺乳类相当。因此 2005 年在美国召开的"鸟脑术语论坛"（Avian Brain Nomenclative Forum）建议将旧称"上纹状体"改称上皮层（hyperpallium）和中皮层（mesopallium），将旧称"新纹状体"改称皮层套（nidopallium），将旧称"原纹状体"改称纹状体（图 20-24）。

　　鸟类的间脑由上丘脑、丘脑和丘脑下部 3 部分构成，其中丘脑下部（下视丘）（hypothalamus）构成间脑的底壁，为体温调节中枢并节制自主神经系统。丘脑下部还对脑下垂体

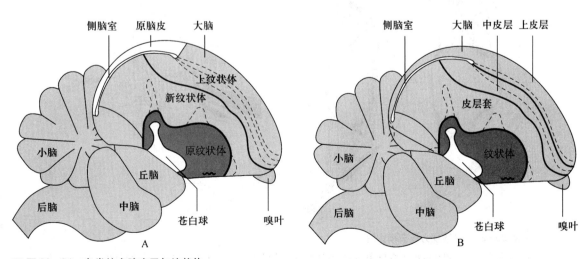

■ 图 20-24　鸟类的大脑皮层与纹状体

A. 传统命名；B. 新命名（自 Avian Brain Nomenclature Consortium）

的分泌有着关键性的影响，通过脑下垂体的分泌而激活其他内分泌腺。鸟类的中脑接受来自视觉以及一些低级中枢传入的冲动，构成比较发达的视叶。小脑比爬行类发达得多，为运动的协调和平衡中枢。

鸟类有12对脑神经。但第11对（副神经）不甚发达，而且对这一对神经是否存在曾有争议，直至1965年始证明其存在。

（2）感官　鸟类的感官中以视觉最为发达，听觉次之，嗅觉最为退化。这些特点是与飞行生活密切联系的。视觉为飞翔定向定位的主要器官。

① 视觉：鸟眼的相对大小比其他所有脊椎动物都大，大多数外观呈扁圆形，为扁平眼（flat eye）；鹰类眼球为球状（globular eye），鸮类眼球为筒状（tubular eye）。眼球最外壁为坚韧的巩膜，其前壁内着生有一圈覆瓦状排列的环形骨片，称巩膜骨（sclerotic ring），构成眼球壁的坚强支架，使在飞行时不致因强大气流压力而使眼球变形。在后眼房内的视神经背方伸入一个具有色素的、多褶的和富有血管的结构，称为栉膜（pecten）。栉膜的确切功能还不很清楚，它在演化上与爬行类眼内的圆锥乳突（conus papillaris）同源，一般认为有营养视网膜的功能，并可借体积的改变而调节眼球内的压力；也有一些证据指明它可在眼内构成阴影，减少日光造成的目眩（图20-25）。

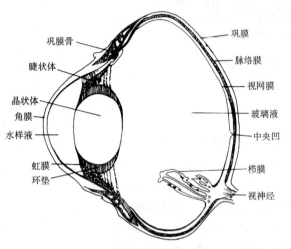

■ 图20-25　鸟眼矢状切面图（自 Welty）

（图中标注：巩膜骨、睫状体、晶状体、角膜、水样液、虹膜、环垫；巩膜、脉络膜、视网膜、玻璃液、中央凹、栉膜、视神经）

鸟眼的晶状体调节肌肉为横纹肌，此点与除爬行类以外的所有其他脊椎动物不同，对于飞行中迅速聚焦是有利的。眼球的前巩膜角膜肌（anterior sclerocorneal muscle）能改变角膜的屈度（鸟类所特有的调节方式），后巩膜角膜肌（posterior sclerocorneal muscle）能改变晶状体的屈度（羊膜动物共有的调节方式），因而它不仅能改变晶状体的形状（从而也改变晶状体与角膜间的距离），而且还能改变角膜的屈度，有人称之为双重调节（图20-26）。

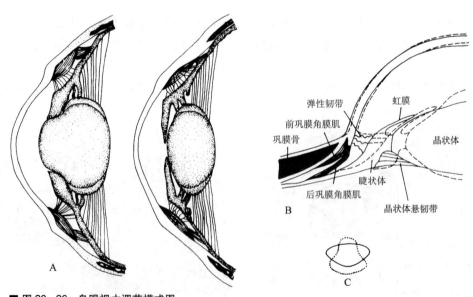

（图中标注：弹性韧带、虹膜、前巩膜角膜肌、巩膜骨、晶状体、睫状体、后巩膜角膜肌、晶状体悬韧带；A、B、C）

■ 图20-26　鸟眼视力调节模式图

A. 从近视（左）调至远视（右）；B. 眼球局部切面，示调节肌；C. 晶体调节前、后的形状（自 Young 等）

鸟类的虹彩呈黄、褐及黑色。虹彩肌也是横纹肌，与哺乳类不同。潜水鸟类在水下时，能借虹彩肌的收缩来压迫晶状体前部，协助调焦。

由于鸟类具有这种精巧而迅速的调节机制，使其能在一瞬间把扁平的"远视眼"调整为"近视眼"，鹰类的眼球甚至可被调节成筒状，这是飞翔生活所必不可少的条件。鹰在高空中能察觉田地内的鼠类，并在几秒钟内俯冲抓捕，其视力比人强 8 倍；燕子在疾飞中能追捕飞虫，这都与其具有良好的视力调节是分不开的。否则越临近目的物就会越看不清楚。

② 听觉：鸟类听觉器官基本上类似爬行类，具有单一的听骨（耳柱骨）和雏形的外耳道。夜间活动的种类，听觉器官尤为发达。

③ 嗅觉：大多数鸟类鼻腔内具有 3 个不甚发达的鼻甲（nasal concha），鼻甲外覆以嗅黏膜。但鸟类的嗅觉退化，一般认为是与飞行生活有关。少数种类（例如兀鹫）的嗅觉相当发达，能靠嗅觉寻食、定位。

20.2 鸟纲的分类

现存鸟类有 9 700 余种，分为 3 个总目、33 目、约 200 科，代表性鸟类有：

20.2.1 平胸总目（Ratitae）

本目为现存体型最大的鸟类，体重大者达 135 kg，体高 2.5 m，适于奔走生活。翼退化，胸骨无龙骨突起。不具尾综骨及尾脂腺。羽毛均匀分布，无羽区及裸区之分；羽支不具羽小钩，因而不形成羽片。雄鸟具发达的交配器官。足趾适应奔走生活而趋于减少，为 2～3 趾。分布限在南半球，见于非洲、美洲和澳洲南部。

平胸总目的著名代表为鸵鸟（*Struthio camelus*），或称非洲鸵鸟（图 20-27B）。适应于沙漠荒原中生活，一般成小群（40～50 只）活动，奔跑迅速。跑时以翅搧动相助，一步可达 8 m，每小时可跑 60 km，为快马所不及。食植物、浆果、种子及小动物。雌雄异色，雄鸟背、翅色黑。繁殖期为一雄多雌，雌鸟把蛋产在一个公共的巢穴内，每穴可容 10～30 枚。卵乳白色，重约 1 300 g。孵卵期为 6 周，白天雌鸟有时孵卵，夜间则由雄鸟担任。

■ 图 20-27 平胸总目的代表
A. 几维鸟；B. 鸵鸟（仿 Van Tyne）

本总目的其他代表尚有仅分布美洲的美洲鸵鸟（*Rhea americana*）及仅分布澳洲的鸸鹋（*Dromaus novachollandeae*）。此外在新西兰尚有几维鸟（*Apteryx oweni*），为仅产在此区有限岛屿上的稀有鸟类。体大如鸡，翼与尾均退化，喙长而微弯，鼻孔位于喙的尖端，与众不同。夜出挖取蠕虫等为食，白天钻入地面的洞穴或树根下隐藏。叫声有如尖哨声，并常发出"kiwi…"声，故称几维鸟。产1~2枚近白色的卵于洞内，卵的相对大小为鸟类之冠。雄鸟孵卵（图20-27A）。

20.2.2 企鹅总目（Impennes）

潜水生活的中、大型鸟类。前肢鳍状，适于划水。具鳞片状羽毛；羽轴短而宽，羽片狭窄，均匀分布于体表。尾短。腿短而移至躯体后方，趾间具蹼，适应游泳生活。在陆上行走时躯体近于直立，左右摇摆。皮下脂肪发达，有利于在寒冷地区及水中保持体温。骨骼沉重而不充气。胸骨具有发达的龙骨突起，与前肢划水有关。游泳快速，有人称为"水下飞行"。分布限在南半球。

代表种类为王企鹅（*Aptenodytes patagonicus*）（图20-28）。分布于南极边缘地区，可深入到内陆数百km处集成千百只大群繁殖。繁殖后可沿海北上至非洲南部。每产一卵。孵卵期约56天。孵卵由雄鸟担任（其他种企鹅为雌雄共同孵卵），此时雄鸟将卵置于脚面上，并以下腹部垂下的袋状皮褶将脚面覆盖。企鹅繁殖期配对是在南极的黑夜季节下进行的，待白昼到来前，卵已产出。当雄鸟孵卵时，雌鸟长途跋涉到海边生活，2个月后再返回。雄鸟在此期间全不进食，靠消耗脂肪维持。这一点是哺乳类所不及的。因而企鹅是深入南极冰原内最远的脊椎动物。企鹅虽步行笨拙，但遇警时可将腹部贴地，双翅快速划雪，后肢似活塞般的快蹬，滑行甚速。

有人用10年以上的时间连续到一种企鹅的繁殖地做了973次观察，并将研究对象做了标志。结果发现有82％的鸟第二年还是原配偶，其中有一对在一起11年。

企鹅的主要食物是磷虾、鱼和乌贼等，在极地海域生态系统的能量流转中占重要地位。其所排出的粪便，是极地苔藓、地衣等的主要肥料来源，在土壤形成方面有重要作用。

A

B

■ 图20-28 企鹅

A. 巴布亚企鹅；B. 阿德利企鹅

20.2.3 突胸总目（Carinatae）

突胸总目包括现存鸟类的绝大多数，分布遍及全球。它们共同的特征是：翼发达，善于飞翔，胸骨具龙骨突起。最后4~6枚尾椎骨愈合成一块尾综骨。具充气性骨骼。正羽发达，构成羽片，体表有羽区、裸区之分。雄鸟绝大多数均不具交配器官。

我国所产突胸总目鸟类，计有24目101科。根据其生活方式和结构特征，大致可分为6个生态类群，即游禽、涉禽、猛禽、攀禽、陆禽和鸣禽。现就常见种类略加概述。

20.2.3.1 䴙䴘目（Podicipediformes）

中等大小的游禽，善于潜水。趾具分离的瓣状蹼。嘴短而钝。羽毛松软如丝，可制上等毛革制品。尾羽几为绒羽构成。在水面以植物茎叶营浮巢。

本目鸟类极善潜水，遇警时能背负幼鸟在水下潜逃，与所有其他游禽不同（潜鸟、秋沙鸭及天鹅可背负幼鸟在水面游逃）。我国常见种类为小䴙䴘（*Tachybaptus ruficolli*）（图20-29）。

20.2.3.2 鹱形目（Procellariiformes）（信天翁目）

大型海洋性鸟类。外形似海鸥，但体型粗壮，大者体长可近1 m。嘴强大具钩，由多数角质片所覆盖。鼻孔呈管状。趾间具蹼。翼长而尖，善于翱翔。产卵于岸边的地上或洞穴中，有时卵下略垫以草叶。卵白色，每产一枚。两性均参加孵卵，孵卵期70~80 d。雏鸟尚需哺育42 d，为晚成鸟。我国较常见的种类有短尾信天翁（*Diomedea albatrus*）（图20-30）。

20.2.3.3 鹈形目（Pelecaniformes）

大型游禽。4趾间具一完整蹼膜（全蹼）。嘴强大具钩，并具发达的喉囊以适应食鱼的习性。著名代表有斑嘴鹈鹕（*Pelecanus philippensis*）和鸬鹚（*Phalacrocorax carbo*）（图20-31）。

■ 图20-29 小䴙䴘　　　■ 图20-30 信天翁　　　■ 图20-31 鹈鹕

小军舰鸟（*Fregata minor*）及褐鲣鸟（*Sula leucogaster*）为我国西沙群岛的著名鸟类，均属热、温带海洋性鸟类。前者是掠夺性鸟类，以其快速敏捷的飞行，于高空夺食鲣鸟、鹈鹕、鸬鹚和海鸥等嘴内所衔鱼类。当它鸟不堪啄击而张嘴时，军舰鸟可在瞬间把行将落水的鱼类追获啄食。这种习性在鸟类中是罕见的（图20-32）。

20.2.3.4 鹳形目（Ciconiiformes）

大中型涉禽。栖于水边，涉水生活，嘴、颈及腿均长。胫部裸露。趾细长，4趾在同一平面上（此点与鹤类不同）。雏鸟晚成。我国常见的有两类，即鹳与鹭。它们外形很相似，但前者中趾爪内侧不具栉状突，颈部不曲缩成"S"型（图20-33）。

■ 图20-32 军舰鸟 (A) 及褐鲣鸟 (B)

■ 图20-33 苍鹭 (A) 和白鹳 (B) 及其足趾

本目代表有黑鹳 (*Ciconia nigra*)、东方白鹳 (*Ciconia boyciana*) 和朱鹮 (*Nipponia Nippon*) 以及在我国东北繁殖的大白鹭 (*Egretta alba*) 和苍鹭 (*Ardea cinerea*) 等。

20.2.3.5 雁形目 (Anseriformes)

大中型游禽，是重要经济鸟类。嘴扁，边缘具有梳状栉板，有滤食功能，嘴端具加厚的"嘴甲"。腿后移，前3趾间具蹼。翼的飞羽上常有发闪光的绿色、紫色或白色的斑块，称为"翼镜"。气管基部具膨大的骨质囊，有助于发声时的共鸣。雄鸟具交配器官。尾脂腺发达。雏鸟早成。遍布于全世界，主要在北半球繁殖。多具有季节性的长距离迁徙的习性，其中在我国繁殖、过路及越冬的种类有40余种。通常所说的野鸭、雁及天鹅均属此目 (图20-34)。

常见鸭类代表有绿头鸭 (*Anas platyrhynchos*) 及斑嘴鸭 (*Anas poecilorhyncha*)。它们都是家鸭的原祖。

常见的雁类有鸿雁 (*Anser cygnoides*) 及豆雁 (*Anser fabalis*)。体型较鸭类大，雌雄羽色相似，以暗棕色为主。鸿雁为我国家鹅的原祖。雁类的一般生活习性似鸭，但陆栖性较强，以植物为主食。

雁形目中体型最大的是天鹅 (*Cygnus cygnus*)。全体洁白，嘴黄具黑斑，游泳时长颈直伸于水面。体姿优美，稀少而珍贵，为我国重点保护鸟类。

■ 图20-34 天鹅 (A) 及其蹼足 (B)

20.2.3.6 隼形目 (Falconiformes)

肉食性猛禽，体多大、中型。嘴具利钩以撕裂猎物。脚强健有力，借锐利的钩爪撕食鸟类、小兽、蛙、蜥蜴和昆虫等动物。善疾飞及翱翔，视力敏锐。幼鸟晚成性。白昼活动。雌鸟较雄鸟体大。常见种类有红脚隼（*Falco vespertinus*）、鸢（*Milvus migrans*）。鹗（*Pandion haliaetus*）是专以鱼类为食的猛禽，其外趾能后转，各趾下及爪侧均具锋利的鳞状突起，以利于抓捕鱼类。秃鹫（*Aegypius monachus*）为我国境内的大型猛禽，主要栖息在我国西部及北部的高山上，嗜食动物尸体，头部光秃或仅具绒羽（图20-35）。

■ 图20-35 隼形目鸟类代表
A. 秃鹫；B. 苍鹰；C. 游隼

隼形目鸟类绝大多数以鼠类为主食，有益于农田。所有种类均已被列入我国重点保护动物。

猛禽具有吐出"食丸"的习性，即在其栖息地休息时，将所食猎物不能消化的骨骼及羽、毛等吐出。采集和分析这些食丸，对于查明当地有害啮齿类的种类和数量变动，能提供很有价值的资料。

20.2.3.7 鸡形目（Galliformes）

陆禽。腿脚健壮，具适于掘土挖食的钝爪。上嘴弓形，利于啄食植物种子。嗉囊发达。翼短圆，不善远飞。雌雄大多异色，雄鸟羽色鲜艳，繁殖期间好斗，并有复杂的求偶炫耀。雏鸟早成。

鸡形目为重要的经济鸟类，除肉、羽以外，还有很多种类为著名的观赏鸟，其中有不少是我国特产。我国鸡形目种类十分丰富，而且大多是留鸟，为很多国家及地区所不及。我国东北北部的柳雷鸟（*Lagopus lagopus*）和花尾榛鸡（*Tetrastes bonasia*）是北方类型的代表，它们的跗跖部具有羽毛，无距，以及鼻孔被羽，与其他鸡类有别。雷鸟适应于苔原地带生活，繁殖期羽毛褐色，冬季变为白色，在雪原中生活，是动物保护色的著名事例。绿孔雀（*Pavo muticus*）、白鹇（*Lophura nycthemera*）、红腹锦鸡（金鸡）（*Chroysolophus pictus*）、环颈雉（*Phasianus colchicus*）、白冠长尾雉（*Syrmaticus reevesii*）和原鸡（*Gallus gallus*）等，均为有经济价值并可供观赏的鸟类。黄腹角雉（*Tragopan caboti*）、褐马鸡（*Crossoptilon mantchuricum*）、白冠长尾雉、白颈长尾雉（*Syrmaticus ellioti*）、黑长尾雉（*S. mikado*）、绿尾虹雉（*Lophophorus lhuysii*）和红腹锦鸡等多种雉类为我国特产的珍稀鸟类，是国家重点保护鸟类。原鸡是家鸡的祖先。鹌鹑（*Coturnix coturnix*）、鹧鸪（*Francolinus pintadeanus*）、石鸡（*Alectoris chukar*）等，均为产量甚高的狩猎鸟，许多已被驯化为家养品种（图20-36）。

■ 图 20-36　鸡形目鸟类代表

A. 柳雷鸟；B. 褐马鸡；C. 原鸡；D. 红腹锦鸡；E. 环颈雉；F. 白鹇；G. 鹧鸪

20.2.3.8　鹤形目（Gruiformes）

涉禽。腿、颈、喙多较长，胫部通常裸露无羽，趾不具蹼或微具蹼，4 趾不在一平面上（后趾高于前 3 趾）。雏鸟早成。著名代表丹顶鹤（*Grus japonensis*），在我国东北及内蒙古自治区北部繁殖，是我国重点保护鸟类。鹤的鸣声高亢洪亮与具特殊的发声器有关：它的气管下端盘卷在胸骨附近，并随年龄而逐渐延伸，老鹤可盘成多圈，并穿入胸骨内。

秧鸡类与白骨顶（*Fulica atra*）也属鹤形目种类。大鸨（*Otis tarda*）是能飞翔的鸟类中体重最大的，栖于草原荒地，以奔走为主，在我国东北及内蒙古自治区繁殖，是我国重点保护鸟类（图 20-37）。

■图20-37 鹤形目鸟类代表

A. 丹顶鹤；B. 白骨顶；C. 秧鸡；D. 大鸨

20.2.3.9　鸻形目（Charadriiformes）

包括鸻和鸥两个亚目。鸻鹬类为涉禽，多为中小型鸟类，种类很多，主要分布在北半球。体多为沙土色或灰色，奔跑快速。翼尖善飞。雏鸟为早成鸟。体色具有隐蔽性。常见种类有金眶鸻（*Charadrius dubius*）、白腰草鹬（*Tringa ochropus*）、燕鸻（*Glareola maldivarum*）（图20-38）。

■图20-38　鸻形目鸟类代表

A. 金眶鸻；B. 白腰草鹬；C. 燕鸻；D. 红嘴鸥；E. 燕鸥

鸥类习性近于游禽。常栖息于水边捕食，又似涉禽。前3趾间具蹼。翼尖长而善飞翔。巢置于地表，雏鸟在形态上为早成鸟，但孵出后留巢待哺，习性似晚成鸟。我国常见种类有红嘴鸥（*Larus ridibundus*）及燕鸥（*Sterna hirundo*）。常深入到内陆繁殖（图20-38）。

20.2.3.10　鸽形目（Columbiformes）

陆禽。嘴短，基部大多柔软。鼻孔外具有蜡膜（cere）。腿脚健壮，4趾位于一个平面上。嗉囊发达，在育雏期能分泌鸽乳喂雏。雏鸟晚成。我国常见种类有毛腿沙鸡（*Syrrhaptes paradoxus*），其特征介于鸡与鸽之间。栖于荒漠沙地，在内蒙古自治区繁殖。原鸽 (*Columba livia*) 为家鸽的祖先，分布几遍全球，我国仅在甘肃、新疆西部有分布。山斑鸠 (*Streptopelia orientalis*) 和珠颈斑鸠 (*S. chinensis*) 均为平原及山地常见的鸠鸽类（图 20-39）。

■ 图 20-39　鸽形目鸟类代表

A. 毛腿沙鸡；B. 珠颈斑鸠

20.2.3.11　鹦形目 (Psittaciformes)

攀禽。对趾型足，第 4 趾后转。嘴坚硬具利钩，上嘴能上抬，有利于在树上攀缘及掰剥种子的种皮。为热带鸟类，是著名的观赏鸟。我国云南、广西的极南部以及海南岛所产的绯胸鹦鹉 (*Psittacula alexandri*) 可做本目代表。此外，原产澳洲的虎皮鹦鹉 (*Melopsittaccs undulatus*) 已广泛作为笼鸟饲养。此目鸟类有多种以谷物为食，数量多时危害严重。善效人言是鹦鹉的著名习性。

20.2.3.12　鹃形目 (Cuculiformes)

攀禽。对趾型。外形似隼，但嘴、爪不具钩。多数分布于欧亚大陆的种类为寄生性繁殖，将卵产于它鸟巢中。我国常见种类有大杜鹃 (*Cuculus canorus*) 和四声杜鹃 (*C. micropterus*)（图 20-40）。大杜鹃可在雀形目鸟类（例如莺科、雀科、画眉科、鸫科、伯劳科、山雀科、鸦科等）100 余种鸟类的巢中产卵，其所产的卵色与义亲的卵很相像。

我国最常见的大杜鹃义亲是大苇莺。幼雏孵出早（大约 13 d），出壳后具有特殊的本能，能将巢内义亲的卵和雏抛出巢外（图 20-41），而独受义亲的哺育。杜鹃目为著名益鸟，嗜食松毛虫，这是其他食虫鸟类所不及的。

■ 图 20-40　四声杜鹃

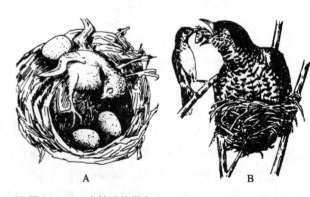

■ 图 20-41　大杜鹃的巢寄生

A. 大杜鹃雏鸟和义亲的卵；B. 义亲饲喂大杜鹃雏鸟（自郑光美）

20.2.3.13　鸮形目（Strigiformes）

夜行性猛禽，足趾结构属于攀禽。除外形具备猛禽类特征以外，其外趾能后转成对趾型，以利攀缘。两眼大而向前，眼周有放射状细羽构成的"面盘"，有助于夜间分辨声响。脸形似猫，俗称"猫头鹰"。听觉为夜间的主要定位器官，耳孔特大，耳孔周缘具皱襞或具耳羽，有利于收集声波。羽片柔软，飞时无声。我国常见种类有长耳鸮（Asio otus）（图20-42）。

20.2.3.14　夜鹰目（Caprimulgiformes）

夜行性攀禽。前趾基部并合，称并趾型，中爪具栉状缘。羽片柔软，飞时无声。口宽阔，边缘具成排硬毛，适应于飞捕昆虫。体色与枯枝色相似，为白天潜伏时的保护色（图20-43）。不营巢，置1~2枚卵于地表。我国常见种类为夜鹰（Caprimulgus indicus）。嗜食蚊虫，曾在一鸟胃中检出500多只蚊虫，故又名蚊母鸟。夜鹰目种类具有休眠现象，以度过缺食的寒冷季节。

20.2.3.15　雨燕目（Apodiformes）

攀禽，代表种类雨燕科的后趾向前，称前趾型。羽多具光泽。雏鸟晚成。我国常见种类为雨燕（Apus apus）（图20-44），常集成大群于高空疾飞捕虫。分布于热带海岛上的金丝燕（Collocalia spp.）繁殖期以唾液腺分泌物营巢，即著名的滋补品"燕窝"。

■ 图20-42　长耳鸮

■ 图20-43　夜鹰

■ 图20-44　雨燕

20.2.3.16　蜂鸟目（Trochiliormes）

攀禽。为世界上最小的鸟类，小者体重仅1 g左右，是新大陆特有类群，包括一科329种，主要分布于南美洲，少数种类见于中、北美。以花蜜为食，能在花朵前快速搧翅而悬停，此时每分钟搧翼达50余次，伸出吸管状长舌吸吮花蜜。在蜜源不足时有短期的休眠行为，称为日眠。代表种类有蓝胸蜂鸟（Polyerata amabilis）（图20-45）。

20.2.3.17　佛法僧目（Coraciiformes）

攀禽。脚为并趾型。种类较多，形体各异。营洞巢。佛法僧目各类群鸟类的系统进化关系较远，近年的研究结果趋向于将之分立为佛法僧目、戴胜目（Upupiformes）和犀鸟目（Bucerotiformes）3个目。

■ 图20-45　蜂鸟

本目在我国的常见代表有翠鸟（*Alcedo atthis*）和戴胜（*Upupa epops*）。翠鸟嘴形粗大似凿，背羽翠绿色，以鱼虾为主食。沿岸崖穿凿土穴为巢。戴胜嘴细长而微下弯，以地面蠕虫等小动物为食。头顶具扇状冠羽。雌鸟在孵卵期间，能自尾脂腺分泌一种特臭的黑棕色液体，对巢、雏有保护作用。

双角犀鸟（*Buceros bicornis*）为产于我国云南南部的珍贵观赏鸟类。嘴巨大而下弯，上嘴顶部有角质隆起物。在高大树洞中筑巢，孵卵期雌鸟伏于洞内，用雄鸟衔来的泥土混以从胃内呕出的分泌物将洞口封闭，仅留略可伸出嘴尖的洞隙，以接受雄鸟喂食。这是免遭天敌（猴、松鼠及蛇等）伤害的一种适应。孵卵期28～40 d。直到雏鸟快出飞时，雌鸟始"破门而出"（图20-46）。

A   B   C

■ 图20-46 佛法僧目代表
A. 双角犀鸟；B. 普通翠鸟；C. 戴胜

20.2.3.18 䴕形目（Piciformes）

攀禽。脚为对趾型。嘴形似凿，专食树皮下栖居的害虫（例如天牛幼虫）。尾羽的尾轴坚硬而富有弹性，在啄木时起着支架的作用。为著名的森林益鸟，除能消灭树皮下面的害虫之外，其所凿的废弃洞巢常成为多种在树洞内筑巢的雀形目食虫鸟类（例如椋鸟、山雀等）的巢址。我国常见种类有斑啄木鸟（*Picoides major*）（图20-47）。

20.2.3.19 雀形目（Passeriformes）

鸣禽。占现存鸟类的绝大多数（5 000余种）。鸣管及鸣肌复杂，善于鸣啭。足趾分离，3前一后，后趾与中趾等长，称离趾型；跗跖后部的鳞片大多愈合成一块完整的鳞板。大多营巢巧妙，雏鸟为晚成鸟。

雀形目为鸟类中最高等的类群，在鸟类进化的历史上较其他各目出现晚，并处于剧烈的辐射进化阶段，种类繁多（多达约100个科），分布遍及全球。常见代表有百灵（*Melanocorypha mongolica*）、家燕（*Hirundo rustica*）、喜鹊（*Pica pica*）、秃鼻乌鸦（*Corvus frugilegus*）、画眉（*Garrulax conorus*）、黄眉柳莺（*Phylloscopus inornatus*）、大山雀（*Parus major*）、麻雀（*Passer montanus*）和燕雀（*Fringilla montifringilla*）等（图20-48）。

■ 图20-47 斑啄木鸟

■ 图 20-48　雀形目鸟类代表

A. 百灵；B. 家燕；C. 红尾伯劳；D. 喜鹊；E. 红点颏；F. 画眉；G. 黄眉柳莺；H. 大山雀；I. 麻雀；
J. 黄胸鹀

20.3　鸟类的起源和适应辐射

化石标本是研究生物起源和进化的重要证据，然而由于鸟类的骨骼薄而充气，十分脆弱，再加上能在突发的地质灾害时迅速逃脱的飞翔能力，被压复而形成化石的概率相对较低，迄今发现的完整的古鸟化石非常稀缺，以致有关鸟类的起源问题百余年来一直是学术界争论的热点，至今尚难定论。

迄今研究最为详尽的、原始的鸟类化石是始祖鸟（*Archaeopteryx lithographica*），模式标本是 1861 年报道，现藏于伦敦博物馆。始祖鸟化石迄今共报道 10 例，即：1860 年（单一羽

■图20-49 始祖鸟化石拓印（依1876年柏林博物馆藏标本）

毛印痕标本）、1861年（模式标本，仅头骨不齐全的完整骨架，有翅羽、尾羽和体羽的清晰印痕）、1876年（完整骨架以及翅羽、尾羽和体羽的清晰印痕，现藏柏林博物馆）（图20-49）、1956年（残缺标本）、1970年（为1855年出土的残缺标本）、1973年（为1951年出土的非常精美而完整的骨架以及翅羽、尾羽和体羽的清晰印痕，足趾及爪显示树栖鸟类特征）、1987年、1992年（曾被定为新种，实为始祖鸟幼鸟）、2004年（残缺标本）、2005年（完整标本）。所有化石标本均采自德国巴伐利亚省索伦霍芬附近的海相沉积印板石灰岩内，在地质年代上属于距今1.45亿年前的中生代晚侏罗纪。

始祖鸟是大小有如鸽子的鸟类，具有爬行类和鸟类之间的过渡形态，将它归入鸟类的主要特征之一是"具有羽毛"。此外还具有由锁骨、间锁骨愈合变形的"叉骨"以及前肢变形为"翼"，这两个特征都与飞翔的生活方式有关。它具有开放式骨盆以及后肢4趾，3前一后，也是鸟类所特有的。然而始祖鸟还残留着一些类似爬行类的原始特征，主要是：具有槽齿；双凹型椎体；保有18~21枚分离尾椎骨支撑的长尾；前肢残留3枚分离的掌骨，指端具爪；腰带各骨尚未愈合；胸骨无龙骨突；肋骨无钩状突；具腹膜肋等（图20-50A）。

迄今尚未发现早于始祖鸟的化石鸟类确证。1986年报道的在美国得克萨斯晚三叠纪地层中发现的原鸟（*Protoavis*）化石，由于是残缺骨骼标本，也无羽毛印痕，因而它究竟是鸟还是小型恐龙一直存在争论。我国辽宁西部出土的中华龙鸟（*Sinosauropteryx prima*）和原始祖鸟（*Protarchaeopteryx robusta*），原来认为是比始祖鸟还古老的化石鸟类，后经研究应该属于小型的兽脚恐龙中的虚骨龙类（Coelurosauria）。

上世纪90年代以来，在我国辽宁、甘肃、山东、河北等地区出土的大量中生代鸟类和兽脚恐龙化石，引起世界轰动。辽宁的"热河生物群"对于研究鸟类起源和进化有重要的科学贡献。辽西等地发现的以孔子鸟（*Confuciusornis*）和华夏鸟（*Cathayornis*）为代表的古鸟（Archaeornithes）类群，代表着始祖鸟以后鸟类演化历史上的大规模适应辐射。著名代表有孔子鸟、中国鸟（*Sinornis*）、原羽鸟、始反鸟（*Eoenantiornis*）、华夏鸟、波罗赤鸟（*Boluochia*）和长翼鸟（*Longipteryx*）等。孔子鸟始见于早白垩纪，约比始祖鸟晚2 500万年，它具有与始祖鸟相似的3个分离的掌指骨和爪以及原始鸟类的腰带，尾椎缩短愈合成棒状，后肢4趾。拇趾朝后并具弯爪，显示树栖飞翔能力的增强，同时具有类似现代鸟类的喙，这在古鸟中系首次出现；头骨具有比始祖鸟还清晰、完整的双颞孔。这些特征都显现出古鸟进化的过渡类型（图20-50B）。迄今孔子鸟已出土千余件化石标本，被学者命名的许多物种，其中有些是群栖性鸟类。华夏鸟、始反鸟、长翼鸟、原羽鸟、波罗赤鸟等都是晚于孔子鸟的中生代古鸟，是朝向树栖、水栖等不同生态环境适应辐射的代表。所有上述类群均在中生代末期与恐龙一道灭绝。

今鸟（Ornithurae）化石最早出现于中生代白垩纪，是现代鸟类的近祖。主要特征是：具喙，无齿；异凹型椎体；尾椎退化，大部愈合成尾综骨；胸骨具龙骨突；不具分离的掌指骨。我国辽西出土的朝阳鸟（*Choyangia bishanensis*）（图20-50C）、燕鸟（*Yanornis martini*）等属此。进入新生代则是鸟类的大发展时期。到第三纪始新世末，几乎所有现在生活的各目鸟类均已出现，成功地适应辐射于多种多样的生态环境内（图20-50C、D）。

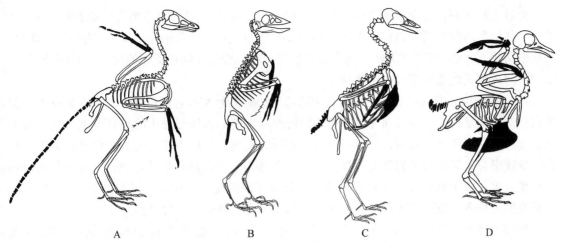

■ 图 20-50 古鸟与今鸟尾椎骨、胸骨和手骨的比较，示进化趋势

A. 始祖鸟；B. 孔子鸟；C. 朝阳鸟；D. 家鸽（自 Hou 等修改）

有关鸟类起源问题，百余年来一直存在着许多假说和激烈的争论，至今集中在两大学派，即槽齿类（Thecodonts）起源说和兽脚类（Theropots）起源说。近 20 年来中国出土的大量兽脚恐龙以及古鸟化石、"带羽毛的恐龙"化石等，使支持兽脚类恐龙起源的学者受到鼓舞，成为科学热点问题。

（1）槽齿类起源假说 槽齿类是原始爬行动物主干初龙类（Archosauris）于早三叠纪（距今约 23 000 万年前）分异出的一支，这一支系是许多爬行动物（包括恐龙、翼龙、鳄鱼等）的原祖，其标志性的特征是头骨具槽齿。最早的槽齿类中的假鳄类（Pseudosuchia）有的体型纤细，骨骼具空腔气窦，头骨有双颞孔，有眶前孔和下颌孔，槽齿等（图 20-51），这些均与始祖鸟有相似之处，因而曾被认为可能是鸟类的祖先（图 20-52）。

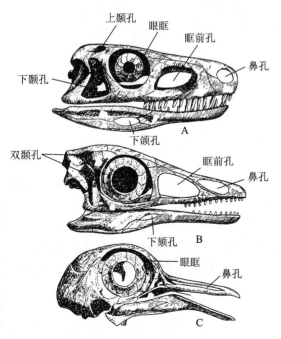

■ 图 20-51 槽齿类与鸟类头骨的比较

A. 派克鳄；B. 始祖鸟；C. 鸽（自 Heilmsen，Feduccia 等）

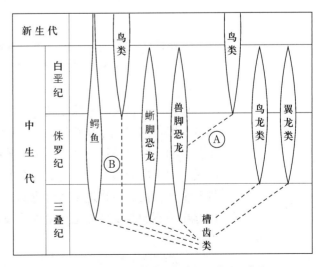

■ 图 20-52 槽齿类、兽脚类与鸟类起源学说示意图

A. 兽脚类恐龙起源；B. 槽齿类起源（仿 Ostrom）

槽齿类起源假说长期以来被许多学者支持，并派生出"鳄类与鸟类是姊妹群"的假说。然而一些似鸟的假鳄类，例如派克鳄（*Euparkeria*）、喙头鳄（*Sphenosuchus*），均产于三叠纪，与始祖鸟化石间隔 5 000 多万年，迄今尚未发现从晚三叠纪至晚侏罗纪的化石。时间跨度大、缺少中间环节是此假说难以克服的缺欠。

（2）兽脚类恐龙起源假说　认为鸟类起源于蜥臀类恐龙的后代兽脚恐龙，它是属于小型的肉食性、两足行走、颈长而灵活、骨骼轻便而具空腔的兽脚恐龙中的虚骨龙类。这一假说从 20 世纪 70 年代以后复活，历经多年研究和新的发现，已成为当前鸟类起源说的主流。特别是发现虚骨龙类也有类似鸟类锁骨（叉骨）的雏形、手部出现半月形腕骨以及尾骨缩短和愈合现象等，表明其适应飞翔的进化趋势。我国辽西发现的"带羽毛的恐龙"，更鼓舞了这一假说的支持者，以致有人认为"羽毛作为鸟类的专有特征"已经动摇。

兽脚类恐龙起源假说的反对意见主要是：① 已知似鸟类的兽脚恐龙〔例如驰龙（*Velociraptor*）〕均出土于晚白垩纪，比始祖鸟晚 7 000 多万年，在进化顺序上有矛盾。② 鸟类前肢比后肢长，而驰龙类适于两足奔走，前肢已高度特化和缩短，不可能再进化出似鸟类的前肢。而且，对鸡的胚胎发育研究表明，成鸟前肢所保留的是第 2、3、4 指，而兽脚恐龙是第 1、2、3 指（图 20-53A）。③ 虚骨龙的后肢跗骨主要由第 2、第 4 跗骨构成，而鸟类是以第 3 跗骨为主（图 20-53B）。而且，兽脚恐龙后肢拇趾趋于退化或消失，而鸟类的拇趾（后趾）发达，适于栖树握枝。

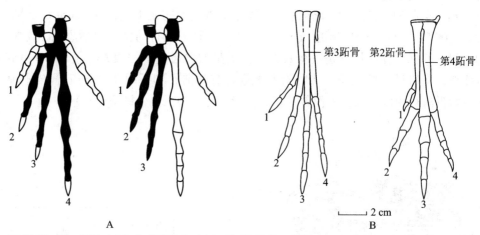

■ 图 20-53　鸟类（左）与兽脚恐龙（右）的手与跗骨示意图
A. 手骨发生示意图；B. 跗骨（仿 Osmolska，Martin 等）

兽脚恐龙是否具有原始的毛状羽毛，一直存在争议。2007 年报道的对中华龙鸟化石的皮肤及其覆盖的"羽毛状构造"，经采用最新的显微技术分析，证实是一种结缔组织纤维，并不具有羽毛结构特征。其实，不论兽脚恐龙中是否能找到带羽毛的成员，都不能动摇"鸟类是具有羽毛的动物"这一定义。分类和进化学家所遵循的原则之一就是综合权衡以及区分共性和个性特征。生物进化所形成的多样性以及亦此亦彼现象，几乎是无处不在，正如鸭嘴兽的存在并不能改变鸟类是卵生以及哺乳类是胎生的共性特征一样。

20.4 鸟类的繁殖、生态及迁徙

20.4.1 鸟类的繁殖

鸟类繁殖具有明显的季节性，并有复杂的行为（例如占区、筑巢、孵卵、育雏等），这些都是有利于后代存活的适应。

鸟类的性成熟大多在生后一年，多数鸣禽及鸭类通常不足一岁就达到性成熟，少数热带地区食谷鸟类幼鸟经3~5个月即可繁殖。鸥类性成熟需3年以上，鹰类4~5年，信天翁及兀鹰迟至9~12年性成熟。性成熟的早晚一般与鸟类种群的年死亡率相关（图20-54）；死亡率愈低的，性成熟愈晚，每窝所繁殖的雏鸟数也少。

大多数鸟类的配偶关系维持到繁殖期结束、雏鸟离巢为止。少数种类为终生配偶，已知的有企鹅、天鹅、雁、鹳、鹤、鹰、鸮、鹦鹉、乌鸦、喜鹊及山雀等。在世界鸟类中，有2%科和4%亚科鸟类是一雄多雌，例如松鸡、环颈雉、蜂鸟及织布鸟等；约0.4%科和1%亚科鸟类是一雌多雄，例如三趾鹑及彩鹬等；其余大多为一雄一雌。不过近年采用分子生物学的亲子鉴定技术发现，鸟类的婚外配相当普遍，尤以雀形目鸟类为多，可占20%~40%。

大多数鸟类每年繁殖一窝（brood）。少数如麻雀、文鸟及家燕等，一年可繁殖多窝。在食物丰富、气候适宜的年份，鸟类繁殖的窝数和每窝的卵数均可增多；一些热带地区的食谷鸟类甚至几乎终年繁殖。鸟类性腺的发育和繁殖行为的出现，是在外界条件作用下，通过神经内分泌系统的调节加以实现的。每年春季，光照条件的改变以及环境景观的变化等因子，通过鸟类的感官作用于神经系统，影响丘脑下部的睡眠中枢，使鸟类处于兴奋状态。丘脑下部的神经分泌神经元（肽能神经元）向脑下垂体门静脉内分泌释放因子（RF），引起脑下垂体分泌。脑下垂体所分泌的卵泡刺激素（FSH）和黄体生成素（LH）促使卵巢的卵细胞发育并分泌性激素（性类固醇），使生殖细胞成熟并出现一系列繁殖行为。脑下垂体所分泌的促甲状腺激素（TSH）促使甲状腺分泌甲状腺素，以增进有机体的代谢活动，提高生殖行为的敏感性。脑下垂体所分泌的促肾上腺皮质激素（ACTH）促使肾上腺分泌肾上腺素，提高了有机体对外界刺激的应激能力，有利于完成与繁殖有关的迁徙等行为（图20-55）。鸟类在整个繁殖周期内，雄鸟的求偶炫耀、交配、筑巢和孵卵等一系列活动，也

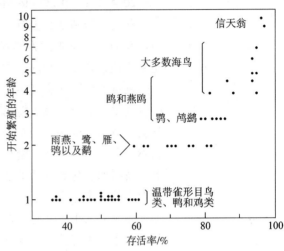

■ 图20-54 鸟类成体的存活率与性成熟开始之间的关系（自 Farner）

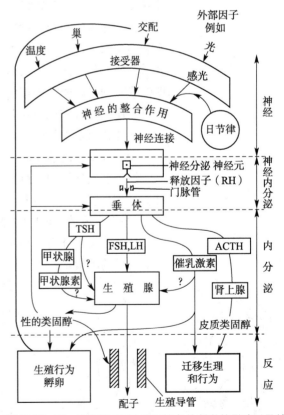

■ 图20-55 鸟类繁殖受内外环境条件刺激的影响以及神经内分泌的控制（自 Farner）

都不断地通过感官作用于神经内分泌系统，强化着鸟类性周期的生理活动和行为。日节律（昼夜节律）（circadian rhythm）的体内生物钟，对繁殖周期活动也有影响。

鸟类进入繁殖季节以后，随着性腺的发育，出现一系列的繁殖行为，例如向繁殖地区迁徙、占区、求偶炫耀、筑巢、产卵和孵卵以及育雏活动等。待雏鸟离巢之后，亲鸟开始秋季换羽并陆续离开营巢地点，到适宜的地区越冬。现就一些主要的繁殖行为加以介绍：

20.4.1.1 领域（territory）

鸟类在繁殖期常占有一定的领域，不许其他鸟类尤其是同种鸟类侵入，称为占区现象。所占有的一块领地称为领域。占区、求偶炫耀（courtship display）和配对（pair formation）是有机地结合在一起的，占区成功的雄鸟也是求偶炫耀的胜利者。

领域的生物学意义主要表现在：① 保证营巢鸟类能在距巢址最近的范围内，获得充分的食物供应。所以飞行能力较弱的、食物资源不够丰富和稳定的，以及以昆虫及花蜜为食的鸟类，对领域的保卫最有力。② 调节营巢地区内鸟类种群的密度和分布，以能有效地利用自然资源。分布不过分密集，也可减少传染病的散布。③ 减少其他鸟类对配对、筑巢、交配以及孵卵、育雏等活动的干扰。④ 对附近参加繁殖的同种鸟类心理活动产生影响，起着社会性的兴奋作用。

领域的大小可从鹰、鹛、鹭等的几平方千米（km²）到雀形目小鸟的几百平方米（m²）。领域大小是可变的：在营巢的适宜地域有限、种群密度相对较高的情况下，领域可被其他鸟类"压缩"或"分隔"而缩小。这在我国东部地区的某些雀形目鸟类中尤为明显，以致我们可以推断：由于环境条件的改变，适宜栖息地的消失和破碎化，使营"独巢"的鸟类被迫压缩其领域，而成"松散的群巢"；再进一步压缩，则形成"群巢"。

鸟类在占区和营巢过程中，雄鸟常伴以不同形式的求偶炫耀（图20-56）。求偶炫耀姿态和鸣叫都是使繁殖活动得以顺利进行的本能行为，使神经系统和内分泌腺处于积极状态，并激发异性的性活动，从而使两性的性器官发育和性行为的发展处于同步（synchronize）。求偶炫耀对同种内两性的辨认十分重要。它对于亲缘关系较近的不同种鸟类，起着生物学的隔离机制作用，可避免种间杂交。求偶炫耀活动衰退，或被领域附近的新的"入侵者"所超过时，常导致繁殖进程中断。

20.4.1.2 筑巢（nest-building）

绝大多数鸟类均有筑巢行为。低等种类仅在地表凹穴内放入少许草、茎叶或羽毛；高等种类（雀形目）则以细枝、草茎或毛、羽等编成各式各样精致的鸟巢。鸟巢具有以下功能：① 使卵不致滚散，能同时被亲鸟所孵化。② 保温。③ 使孵卵成鸟、卵及雏鸟免遭天敌伤害。鸟类营巢可分为"独巢"和"群巢"两类。大多数鸟类均为独巢或成松散的群巢。鸟类集群营巢的因素是：① 适宜营巢的地点有限。② 营巢地区的食物比较丰富，可满足成鸟及幼雏的需要。③ 有利于共同防御天敌。这些因素中，可能"适宜营巢地点不足"是主要原因。随着人类对自然界的大规模开发，适宜巢址的进一步减少，集群营巢的趋势将更加明显。

我国常见的鸟巢，依其结构特点，可分为以下几类（图20-57）：

（1）地面巢 地面巢代表着低等地栖或水栖鸟类的巢式，鸵鸟、企鹅以及大部陆禽、游禽、涉禽的巢属此。巢的结构简陋，卵色与环境极相似，孵卵鸟类也具同样的保护色。某些鸟类（如百灵、鹨、柳莺及地鸦等）也可在地表编织精巧的巢，是雀形目鸟类辐射进化的产物。

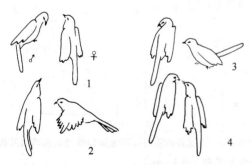

■ 图20-56 红尾伯劳的求偶炫耀（自郑光美）

■ 图 20-57　鸟巢类型
A. 夜莺（无巢材）；B. 蓑羽鹤（零星巢材）；C，D. 大天鹅（巢塚及卵）；E. 血雉（地面巢）；F. 黄腹
角雉（树上巢）；G. 白骨顶（水面浮巢）；H. 棕头鸦雀（雀形目典型编织巢）

（2）水面浮巢　某些游禽及涉禽能将水草弯折并编成厚盘状，可随水面升降。

（3）洞巢　产卵于树洞或其他裂隙内，一些猛禽、攀禽及少数雀形目鸟类属此。洞穴的
位置、结构与鸟类的生活习性有密切关系。其中较低等的种类都不再附加巢材，产白色卵，
反映了原始森林鸟类似爬行类的卵色。雀形目洞巢种类则于洞内置以复杂的巢材，卵色也多

样，是一种后生辐射适应的巢址选择。

（4）编织巢　以树枝、草茎或毛、羽等编织的巢。低等种类例如鸠鸽目、鹭类、猛禽的巢型简陋。雀形目鸟类则能编成各种皿状、球状、瓶状的精致鸟巢。以编织巢著名的鸟类有织雀（织布鸟）（*Ploceus philippinus*）和缝叶莺（*Orthotomus sutorius*）。前者以喙将植物纤维如织布般地穿梭编织成瓶状巢；后者以植物纤维贯穿大型树叶的侧缘，缝合成悬于树梢的兜状巢。

随着人类的出现，有不少鸟类已转入在建筑物上营巢。对于这些与人类接触较密切的鸟类，要注意研究其益害。

20.4.1.3　产卵（egg-laying）与孵卵（incubation）

鸟卵的形状、颜色和数目以及卵壳的显微结构、蛋白电泳等特征，在同一类群间常常是类似的，能反映出不同类群之间的亲缘关系，可作为研究系统分类的依据。

每种鸟类在巢内所产的满窝卵数目称为窝卵数（cluth）。窝卵数在同种鸟类是稳定的。一般说来，对卵和雏的保护愈完善、成活率愈高的，窝卵数愈少。就同一种鸟而言，热带的比温带的产卵少；食物丰盛年份的产卵数多。所以窝卵数是自然选择所赋予的、能养育出最大限度后代的卵数。

鸟类中存在着定数产卵（determinate layer）与不定数产卵（indeterminate layer）两种类型。前者在每一繁殖周期内只产固定数目的窝卵数，如有遗失亦不补产，例如鸠鸽、鲱鸥、环颈雉、喜鹊和家燕等。不定数产卵者，在未达到其满窝卵的窝卵数以前，遇有卵遗失即补产一枚，排卵活动始终处于兴奋状态，直至产满其固有的窝卵数为止。已知一些企鹅、鸵鸟、鸭类、鸡类、一些啄木鸟以及一些雀形目鸟类（例如家麻雀）均有此特性。驯养培育卵用家禽（鸡、鹌鹑、鸭、鹅及火鸡等）就是利用了鸟类的这种特性。

孵卵大多由雌鸟担任，例如伯劳、鸭及鸡类等；也有雌雄轮流孵卵，例如黑卷尾、鸽、鹤及鹳等；少数种类为雄鸟孵卵，例如鸸鹋、三趾鹑等。雄鸟担任孵卵者，其羽色暗褐或似雌鸟。除企鹅、鸬鹚、鸭及鹅等少数种类以外，参与孵卵的亲鸟腹部均具有孵卵斑。孵卵斑有单个（例如很多雀形目鸟类、猛禽、鸽及鹦鹉）、两个侧位（例如海雀及鸻形目鸟类）以及一个中央和两个侧位（例如鸥与鸡类）。卵与孵卵斑的类型能反映鸟类类群间的亲缘关系。孵卵斑的大小与窝卵数多少之间没有什么相关。

已知鸟类孵卵时的卵温为34.4～35.4℃。在孵卵早期，卵外温度高于卵内温度；至胚胎发育晚期，卵内温度略高于卵外温度。

每种鸟类的孵卵期是相对稳定的。一般大型鸟类的孵卵期较长，例如鹰类29～55天，信天翁63～81天，家鸽18天，家鸡21天，家鸭28天，鹅31天；小型鸟类孵卵期短，一般雀形目小鸟为10～15天。

20.4.1.4　育雏（parental care）

胚胎完成发育后，雏鸟即借喙端背方临时着生的角质突起——"卵齿"将壳啄破而出。

鸟类的雏鸟分为早成雏（precocial）和晚成雏（altricial）。早成雏于孵出时即已充分发育，被有密绒羽，眼已张开，腿脚有力，待绒羽干后，即可随亲鸟觅食。大多数地栖鸟类和游禽属此。晚成雏出壳时尚未充分发育，体表光裸或微具稀疏绒羽，眼不能睁开，需由亲鸟饲喂从半个月到8个月不等（因种而异），继续在巢内完成后期发育，才能逐渐独立生活（图20-58）；雀形目和攀禽、猛禽以及鹈鹕、信天翁等属此。实际上在早成雏与晚成雏之间还存在着一系列的过渡类

■ 图20-58　晚成雏（A）与早成雏（B）（自郑光美）

型，这反映了鸟类进化过程中行为适应的多样性。一般而言，凡筑巢隐蔽而安全或亲鸟凶猛足可卫雏的鸟类，其雏鸟多为晚成雏。早成雏是低等种类提高后代成活率的一种适应性，其卵与雏的死亡率都比晚成鸟高得多，因而产卵数目也多。

晚成雏的发育一般表现为"S"型生长曲线，即从早期的器官形成和快速生长期过渡到物质积累和中速生长期，至晚期的物质消耗大于积累生长期。在雏鸟发育早期，尚缺乏有效的体温调节机制，需靠亲鸟坐巢来维持雏鸟的体温。随着雏鸟内部器官的发育、产热和神经调节机制的完善以及羽衣的出现而转变为恒温。对我国多种晚成雏体温发育测定的结果，发现在羽衣的羽鞘破裂并形成羽片的当日，常是恒温出现的转折。例如红尾伯劳（*Lanius cristatus lucionensis*）的羽鞘破裂期为孵出后 10 日龄，对其体温的测定结果为：

日龄	破壳雏（0）	1~6	7~9	10~15
体温	32~38.6 ℃	34~38 ℃	38~40 ℃	40~41 ℃

很多种晚成雏（例如企鹅、鹈鹕、信天翁、雨燕、鹦鹉、翠鸟及食蜂鸟等）在离巢前的体重超过成鸟，为脂肪积累所致。这种适应有助于雏鸟渡过由于阴雨等因素所造成的食物短缺，并为离巢前的飞羽、肌肉等的生长提供较充分的能量。即使为此，由于雏鸟在离巢前活动频繁、能量消耗巨大，常见有体重显著下降现象。阴雨是造成雏鸟大量死亡的一个重要因素。

晚成雏鸟类在育雏期的食量很大，而且许多是以昆虫为主食，此期大多数的种类有益于农林。

20.4.2 鸟类的迁徙

迁徙（migration）并不是鸟类所专有的本能行为。某些无脊椎动物（例如东亚飞蝗）、某些鱼类、爬行类（例如海龟等）和哺乳类（例如蝙蝠、鲸、海豹、鹿类等）也有季节性的长距离更换住处的现象，其中海龟与鲸的迁徙距离可从数百千米到上千千米。但是作为整个动物类群来说，鸟类的迁徙是最普遍和最引人注目的，因而多年来一直成为动物学研究的一个重要领域。通过对鸟类迁徙行为的了解，可能对理解其他动物的迁徙行为会有所启示。

鸟类的迁徙是对改变着的环境条件的一种积极的适应本能，是每年在繁殖区与越冬区之间的周期性的迁居行为。这种迁飞的特点是定期、定向而且多集成大群。鸟类的迁徙大多发生在南北半球之间，少数在东西方向之间。

根据鸟类迁徙活动的特点，可把鸟类分为留鸟（resident）和候鸟（migrant）。留鸟终年留居在出生地，不发生迁徙，例如麻雀、喜鹊等。候鸟则在春、秋两季，沿着固定的路线，往返于繁殖区与越冬区域之间，我国常见的很多鸟类就属于候鸟。其中夏季飞来繁殖，冬季南去的鸟类称夏候鸟（summer resident），例如家燕、杜鹃等；冬季飞来越冬，春季北去繁殖的鸟类称冬候鸟（winter resident），例如某些野鸭、大雁、白鹤等。夏季在我国某地以北繁殖，冬季在我国某地以南越冬，仅在春秋季节规律性地从我国某地路过的鸟类称旅鸟（transient）或过路鸟（on passage），例如极北柳莺等。

严格地说，现今所说的留鸟，有不少种类在秋冬季节具有漂泊或游荡的性质，以获得适宜的食物供应，有人称这种鸟为漂鸟（wanderer）。

20.4.2.1 迁徙的原因

引起鸟类迁徙的原因很复杂，至今尚无肯定的结论。大多数鸟类学者认为，迁徙主要是对冬季不良食物条件的一种适应，以寻求较丰富的食物供应，尤其以昆虫为食的鸟类最为明显。此外，有人认为北半球夏季的长日照（昼长夜短）有利于亲鸟以更多的时间捕捉昆虫喂养雏鸟。这两种意见可以相辅相成，但是还不能解释有关迁徙方面所涉及的各种复杂事实。有人从地球历史来推测鸟类迁徙的起源问题。在新生代第四纪（约10万年前）曾发生多次冰川运动，自北半球向南侵袭。冰川所到之处，气候剧变，冰雪遍地，不利于鸟类生存。冰川周期性的侵袭和退却，使鸟类形成了定期性往返的生物遗传本能。从这种认识出发，提出两种互相对立的假说：① 现今的繁殖区是候鸟的故乡，冰川到来时迫使它们向南退却，但遗传的保守性促使这些鸟类于冰川退缩后重返故乡，如此往返不断而形成迁徙本能。② 现今的越冬区是候鸟的故乡，由于大量繁殖，迫使它们扩展分布到冰川退却后的土地上去，但遗传保守性促使这些鸟类每年仍返回故乡。

冰川说并不能解释有些鸟类为什么不迁徙。而且有人指出冰川期（第四纪更新世）仅占整个鸟类历史的1%，因而它对鸟类遗传性的影响终究是有限的，所以也还不能排除在冰川期以前鸟类即已存在着迁徙的事实。

20.4.2.2　迁徙的诱因

光照、食物、气候以及植被外貌的改变，都可以引起鸟类迁徙。实验证明，光照条件的改变，可以通过视觉、神经系统而作用于间脑下部的睡眠中枢，引起鸟类处于兴奋状态。光刺激还增强了脑下垂体的活动，促进性腺发育和影响甲状腺分泌，增强机体的物质代谢，进一步提高对外界刺激的敏感性，从而引起春季迁徙。

我们认为，迁徙是多种条件刺激所引起的连锁性反射活动。其中物种历史所形成的遗传性是迁徙的"内因"，外界刺激为引起迁徙的"条件"。

20.4.2.3　迁徙的定向

迁徙的最显著特点是每一物种均有其较固定的繁殖区和越冬区，它们之间的距离从数百千米到千余千米不等。而且已知很多鸟类（例如家燕、冠纹柳莺、白腹蓝鹟和企鹅等）次年春天可返回到原来的巢址繁殖。即使是用飞机将迁徙鸟类运至远离迁徙路线的地区内，释放数天之后其仍可返回原栖息地。因而就存在着"鸟类究竟依靠什么来定向"的问题。根据野外观察、环志、雷达探测、月夜望远镜监视、卫星追踪以及各种实验，曾提出不少假说，但尚未获得肯定结论。目前比较流行的看法有：

（1）训练和记忆　认为鸟类具有一种固有的、由遗传所决定的方向感（an innate sense of direction），这种方向感，随着幼鸟跟随亲鸟迁徙的过程中，不断地加强对迁徙路线的记忆。

（2）视觉定向（visual orientation）　依靠居留及迁徙途径的地形、景观，例如山脉、海岸、河流以及荒漠等作为向导，并不断从老鸟领会传统的迁徙路线。实验表明，视觉定向对于鸟类短距离的归巢，可能不是主要的。例如在训练的家鸽眼上装以隐形雾镜，使其仅能看清3 m以内景象，然后于距巢15～130 km处放飞，发现大部分仍能归巢，可见一定存在着视觉以外的定向机制。

（3）天体导航（celestial navigation）　很多实验表明鸟类能利用太阳和星辰的位置定向。把具有迁徙习性的椋鸟，放在四面有窗的笼内，以激素处理使其进入迁徙状态，则可见椋鸟朝着其迁徙方向搧翼（图20-59），而且搧翼行为在阴天不出现。如果用镜子代换太阳的方位，则搧翼方向可按人所预定的方向变更。把企鹅移至远离巢区的茫茫雪原内释放之后，则于晴天沿直线走向

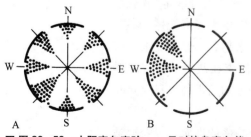

■ 图20-59　太阳定向实验——云对椋鸟定向能力的影响

A. 阴天时椋鸟随机分布；B. 晴天时椋鸟向其迁飞方向集中（仿Orr）

原居住地；在阴天则乱走；一俟天晴，又立即寻获正确方位。在太阳定位方面，有人认为鸟类根据太阳的方位角（sun azimuth）来确定方向。有人认为鸟类是借当地中午时太阳的顶空高度与其所记忆的原居住地的情况加以比较，来测定所在的纬度。有人认为以日落的方向定标，再根据星辰、风向等加以校正。这些均是尚待充分验证的假说。

星辰定向对于大多数夜间迁徙的鸟类异常重要，许多实验证明，鸟类能够根据夜空中星辰的位置定向。而且用改变人造星辰位置的方法，也可以像上述的太阳定向的实验一样，使鸟类按预定的方向改变其"迁飞"方向。

把太阳及星辰作为航行的指针时，由于地球的自转，有机体必须具有一个内部的生物钟（biological clock），借以不断调整太阳及星辰与其迁徙轴之间的角度，以准确定位迁徙方向。

（4）磁定向（magnetic orientation） 这是近年非常活跃的研究领域。鸟类能借地磁感应来确定迁徙方向，将鸟笼放在四周为铁壁的室内，能使鸟类丧失定向机能。选择性地改变人工磁场的方向的实验证实，即使在鸟类能看到满布星辰的夜空情况下，它们也随着人工磁场方向的改变而变更着其"迁徙"的方向。因此认为夜间迁徙鸟类的方向选择，主要是靠对磁场的感应，而迁徙方向的保持则与星辰位置有关；也就是说，星辰用于校准地磁罗盘的定向，星辰定向是基于磁定向的信息。

在鸥的幼鸟头上装以陶瓷磁铁，能干扰其定向机能。用雷达干扰带有磁片的家鸽，能使之丧失"归巢"定位。这些都证明磁场对鸟类定向是重要的。近年在一些迁徙和非迁徙鸟类的头和颈部肌肉中，均发现含有富集的永久性磁铁氧化物（可能是 Fe_3O_4），推测这些物质是与颌肌肉磁感应器肌梭（muscle spindle）配套。有人认为鸟类头部松果体、眼球都可感受磁场变化。此外还发现，至少城市里的家鸽能感知大气中存在的碳氢化合物挥发出的微量气味变化。

除了依靠地形、景观、天体、磁场等定向之外，目前还有大量资料以及人造地球卫星所摄制的照片证实，鸟类在一定的地理条件下，能依靠气象条件（主要是季节性的风）来选择迁徙方向，并借助风力进行迁徙。

所有上述事实及假说还均处于探索阶段，对于彻底揭示鸟类迁徙与定向之谜，还有待于深入探索。

20.4.2.4 研究迁徙的意义

对迁徙途径和定向机制的研究，在理论上和实践上都具有重要意义。在理论上能够揭示迁徙本能的形成及其发展过程，为生物进化论以及有机体与环境之间的复杂关系提供更为深入的理论解释。在实践上，深入了解重要类群的迁徙路线和规律，对于动物流行病（例如禽流感）的控制、机场鸟撞的预防以及猛禽、水禽（例如雁鸭类）和涉禽（例如鸻鹬类）资源的监测和保护，以及自然保护区的科学管理等方面提供科学依据。鸟类定向机制研究还为仿生学提供了广阔的研究领域。现今所设计制造的定向导航系统，尽管已日益精确，但从某种意义上说，还远不如生物定向系统。

20.5 鸟类与人类的关系

本节试图以鸟类为例，通过讨论来阐明动物在人类生活中的重要性、怎样判断益害以及保护和合理利用野生动物资源方面所涉及的复杂性。

家养动物有史以来给人类生活所带来的巨大利益及其在人类生活中的重要性，已是不言而喻的，迄今世界各国仍一直在寻求和培育新的驯养品种，以满足日益增长的社会需求。以鸟类而论，除了家鸡、家鸭、鹅、火鸡、珠鸡和鹌鹑等是早已从野生原祖驯化而来的以外，近年来大量引入我国并广泛饲养作为肉、蛋、皮革及羽用的非洲鸵鸟、印度孔雀、环颈雉以及"美国鹧鸪"〔实为原产欧、亚大陆的石鸡（*Alectoris chukar*）〕等，都是近几十年培育出的新家禽品种。探求将有巨大经济价值和驯养繁殖前景的野生动物变为家养，具有广阔的前景，也是保护和利用野生动物资源的一种途径，需要有大量动物学家来从事这项研究。至于家禽品种的进一步培育和饲养增殖，则是遗传学家和农学家的主要任务。本节仅就野生鸟类与人类的关系作些介绍。

绝大多数鸟类以及野生动物是有益于人类的，它们是维护人类的生存环境以及生态系统稳定性的重要因素。近年来，生物多样性的保护问题已成为全球关注的热点之一，1992年联合国环境与发展大会上通过了《生物多样性公约》，我国是最早缔约国之一，承担了保护我国生物多样性的义务，其中当然包括野生动物。这实质上是人们对野生动物"利"与"害"认识方面的一个根本性的转变。从历史发展看，人类对事物的认识是随着科学的发展而不断革新和深化的。早期人们考虑野生动物的益和害时，视野比较狭窄，往往只是看到与人类的直接利害，例如食、用价值高不高，是吃害虫还是吃庄稼，是否传布疾病等。随着研究的深入才发现，不仅在回答上述问题时要涉及非常复杂的因素，需要进行大量深入的科学研究，而且当把一个物种作为生态系统中的成员来加以考虑时，就会知道我们对所面临的问题了解得太少，有些只是皮毛，要有许多工作去做。从生态系统的稳定性和生物多样性保护这一基本原则出发，对野生动物特别是目前尚缺乏全面认识的绝大多数野生动物，首先要妥善地加以保护，然后才是在此基础上进行科学的、合理的永续利用。对于局部地区和时间内造成危害的动物，要在科学指导下进行适当的控制。"引入"或"消灭"一个物种，要采取极为审慎的态度，"外来种入侵"已是世界范围内的生态学危机。

保护的目的在于利用。在使生态系统保持相对稳定的、健康的良性物质循环的基础上，要合理地利用动物资源，取用那些通过繁殖而增长的种群中的剩余部分。否则让其自生自灭也是一种浪费。鸟类在动物类群中是益处极大、害处极小的一个类群，除了所提供的生态效益和经济效益之外，它在科学和社会文明的发展上一直起着重要作用。生物进化理论以及许多生物学和生态学的理论，都是首先从鸟类学研究中揭示并进而在其他类群中得到验证的。鸟类在城市园林中的点缀及其在文学、艺术创作方面的贡献，更是众所周知的。因而"爱鸟"和"观鸟"早已成为先进国家的一种广泛的群众运动，近年在我国也开始蓬勃发展。

鸟类与人的直接利害关系主要有：

20.5.1 鸟类的捕食作用

20.5.1.1 对捕食作用的估价

大多数鸟类能捕食农林害虫，即使是主食植物性食物的鸟类，在繁殖期间也以富含营养及水分的昆虫（特别是鳞翅目幼虫）来饲喂雏鸟，在抑制害虫种群数量的增长上有相当的作用。猛禽是啮齿动物的天敌，许多小型猛禽也主食昆虫，因而在控制鼠害和虫害、清除动物的尸体和降低动物流行病的传布等方面，都有重要作用。鸟类的种类和数量众多，分布于多种生态环境内，特别是飞行生活的习性使之能追随集群移动的蝗虫、鼠类等的机动性捕食能力，是其他捕食动物类群所不可比拟的。所以从总体上看，特别是从整个生态系统中鸟类的作用来考虑，要对食虫鸟类和猛禽予以全面的保护，已是世界的共识。

然而要判断每一种鸟类在具体地区和时间内的捕食作用，也就是它究竟有多大益处，却是难以回答的，必须进行大量的科学研究，而不能简单地以某鸟一天的食量来估算出全年能消灭多少害虫或害鼠，甚至再折算出相当于保护了多少粮食。以食虫鸟类而论，它涉及：① 食虫鸟类所吃的虫子中有多少是害虫，有多少是捕食性昆虫（益虫），通过捕食之后对二者之间的关系有无影响；② 在特定地区内食虫鸟类的种群数量及其主要猎物的数量动态，特别是在鸟类捕食前后的猎物种群密度。事实上判断鸟类捕食效果（益处大小）的唯一标准是"通过鸟类的捕食作用，其主要猎物的种群密度是否已被抑制在不致为害的水平"。以昆虫的繁殖潜力而论，如果天敌不能使其种群密度降低到 90% 以上，所残留的个体会通过繁殖而迅速地恢复到原有水平。

就是由于上述问题的难度，迄今达到这一深度的研究成果不多。不过就已有的材料可以认为，鸟类在害虫的密度较低时，有较明显的捕食作用，它能阻滞或防止害虫的大发生或延长大发生的间隔期。例如对美国卷叶蛾的数量动态研究发现，在正常年景有 20%～65% 幼虫被鸟捕食，而在害虫大发生时仅被捕食 3.5%～7.0%。我国浙江马尾松人工林内的大山雀对松毛虫的捕食，在一般年景为 4.71%～22.19%，而在松毛虫大暴发的年份仅为 0.22%，降低 20 倍。这主要是由于食虫鸟类种群数量的增长远远低于害虫数量的增长。尽管已知某些鸟类在猎物丰盛的年份可以借提高繁殖力以扩大种群，但与其猎物的增长相比，是微不足道的。有人计算在美国某林区的卷叶蛾大发生年份，其种群数量增大 8 000 倍，而对此反应最强的栗胸林莺（*Dendroica castanea*）仅增加 12 倍。当然，在自然界捕食某种害虫的不止一种鸟类。由于食虫鸟类的种类多、分布广，其对害虫的抑制作用，特别是在维持正常年景下的生态系统的稳定方面，是相当重要的。同时也应认识到，在林业经营中企图单纯靠鸟类去控制虫害是不现实的。这特别是由于大多数人工林以幼林居多、林型单一，其所吸引和栖居的鸟类本来就十分稀少。所以在森林害虫的防治工作中应提倡综合防治的策略，即：发展低成本的高效、无残毒化学杀虫剂，利用多种天敌生物（病毒病原体、真菌、捕食及寄生性昆虫、食虫鸟类等）以及林型的合理配置。任何单一的防治方法均有其局限性。

20.5.1.2 食虫鸟类的保护与利用

保护食虫鸟类的根本原则是保护和改善它的栖息环境，控制带有残毒的化学杀虫剂的使用以及禁止乱捕滥猎。这是一项长期的任务，要广泛开展宣传教育工作，提高全社会的认识。我国自 1988 年颁布《中华人民共和国野生动物保护法》和从 1981 年开始每年在全国开展"爱鸟周"活动以来，已经收到了相当显著的效果。

在园林地区悬挂人工巢箱来招引食虫鸟类，为那些在洞穴内筑巢的鸟类提供更多的巢址，是国内外早已广泛采用的方法，特别在缺乏树洞的幼林内有比较明显的效果。但是对悬挂人工巢箱招引食虫鸟类的措施也要适度，并不是悬挂巢箱愈多招引来的鸟类就愈多。这首先是由于食虫鸟类中只有少数种类是在洞穴内筑巢并喜欢选用人工巢箱的；其次是食物资源或环境载力的制约，在有限的条件下不可能允许食虫鸟类种群数量无限增多。迄今国内外的研究均证实，麻雀是小型鸟类中的霸主，在有麻雀分布的城市园林内的人工巢箱中，90% 以上被麻雀所侵占。所以在城市园林地区悬挂人工巢箱主要更应着眼于通过这些活动对青少年以及社会风尚所带来的积极影响。"十年树木、百年树人"的思想对于野生动物的保护工作是很恰当的。一些宣传媒介所谓的某城市公园通过"招鸟工程"使鸟类在几年内增加了十几倍的报道，就是对上述常识缺乏了解的一种浮夸风。

我国曾一度兴起的"驯鸟放飞捉虫"活动，也是一种劳民伤财的、对群众性爱鸟热情的误导。首先，所驯养的灰喜鹊、红嘴蓝鹊等并不是典型食虫鸟，而是杂食性鸟类；其次，这种"养兵千日、用在一时"的作法既耗费人力、物力，又易造成鸟类在饲养中的死亡；而且在现场放飞时，放飞人员所能达到的地点极为有限，有限环境所能提供的食物也是有限的。"哨声一响就回笼"的原因就在于笼内食物优于自然界。所以这是一种驯鸟杂技表演而不是"生物防治"。即使是对于真正的食虫鸟类，唯一可行的保护和利用途径也应是在自然界内予以保护，使其自食其力地繁衍生息，而不必耗费大量财力及人力去强当"鸟类保姆"。把爱鸟活动从笼内转变为大自然，需要广泛深入的科学普及工作以及对传统的某些社会意识进行彻底变革。

20.5.1.3 鸟类捕食对植物散布的影响

许多鸟类是花粉的传播及植物授粉者，例如蜂鸟、花蜜鸟、太阳鸟、啄花鸟及绣眼鸟等。以植物种子或果实为食的鸟类，都会有一些未经消化的种子随粪便排出，这些经过鸟类消化管并与粪便一起排出的种子更易于萌发，会随着鸟类的飞移而广为扩散。已知一些海洋岛屿上的植物就是经由鸟类扩散分布的。星鸦、松鸦及某些啄木鸟有在秋季贮藏植物种子的习性，可将数以百计的针叶树球果或栗树种子贮藏到数千米以外的洞穴内，有人认为这是历史上欧、美栗林扩展的主要原因。

20.5.2 狩猎鸟类

狩猎鸟类主要包括一些鸡形目、雁形目、鸠鸽目、鸻形目以及一些秧鸡、骨顶等鸟类。它们都是种群数量增长较快的、有季节性集群的以及肉、羽等经济价值高的鸟类。在对其繁殖成效以及种群数量动态进行充分研究的基础上，合理狩猎会带来巨大的经济收益。

运动或休闲狩猎在许多发达国家甚为流行，在规定的狩场和猎期内定量狩猎是一种娱乐，国家发放狩猎证以及其他的服务性收入，每年获利数以亿美元计。为了适应这种需要，有专门的研究机构对猎物的生态学和种群数量动态进行长期的研究，人工饲养、繁殖大批猎物（例如环颈雉、灰山鹑等），定期释放到野外供狩猎之用。所以这既是一种在有效地保护野生动物资源下、尽量满足人类文化生活需要的措施，也是将谷物等转化为高蛋白肉质品的经营方式。

20.5.3 鸟害

鸟类所造成的危害常是局部的，而且是因时、因地以及因人们的认识程度和具体需求而异。最明显的是农业鸟害，例如雁、鹦鹉、雉类、鸠鸽以及雀形目中的鸦科、雀科、文鸟科的许多种类都嗜食谷物或啄食秧苗，其中最著名的就是麻雀。这要在权衡得失的基础上，选择适宜的方法加以控制。"人、鸟争食"的矛盾在生产力水平以及生活水平比较低的情况下十分尖锐，随着农作技术水平的提高以及社会需求的变化，在认识上会有所改变的。变害为益也是可能的。前文提到的放养雉类以供狩猎的做法就是一例。

进入21世纪以来，以亚洲、非洲和欧洲为主要地区的高致病性禽流感的爆发和传播，引起了人们的恐慌。经过研究，它是在家禽、野鸟和人类之间可以相互传染的一种动物流行病，病原体主要是H5N1病毒。已有的调查显示，迁徙的水禽（例如雁鸭类、鸥类）有可能携带和传播病原体，特别是与家禽（鸡、鸭）接触之后，能引起后者发病，并可能进一步在人群中扩散。然而究竟是家禽还是野鸟是原发宿主，尚不清楚。有证据表明，家禽出口贸易以及野鸟走私贸易也是禽流感传播途径之一。相信在鸟类生态学家、流行病学家、医学家等的通力合作下，是可以彻底查清并且能够有效防治的。

鸟撞（鸟击；bird strike）是飞机航行中与鸟类相撞而引发的事故，通常多发生在飞机起、落或在较低空飞行的情况下。自上世纪60年代以来，涡轮喷气发动机取代了螺旋桨推进器之后，由涡轮机进气口将飞鸟吸进而引起空难的事故日益增加。因此在选址机场，特别是沿海选址机场时要了解该地迁徙鸟类的种类、出现季节和飞迁方向、飞行高度等。机场建成之后也应对鸟类的活动规律进行全天、全年的监测。要通过对机场附近生态环境的改造，减少吸引鸟类栖息和觅食的条件以及发展一些物理、化学及生物的综合技术进行驱鸟工作。

思考题

1. 总结鸟类形态结构的主要特征以及与爬行类相似的要点。
2. 总结鸟类适应飞翔生活方式，在各个器官系统上的结构特点。
3. 鸟类进步性特征表现在哪些方面？
4. 鸟类的 3 个总目在分类特征上有哪些主要区别？
5. 总结鸟类的各种生态类群由于适应不同的环境和生活方式，在形态结构上有哪些趋同性特征。
6. 始祖鸟化石的发现有何意义，它具有哪些重要特征？
7. 我国在古鸟研究中有何重要贡献？
8. 概述鸟类起源的主要假说及其证据。
9. 什么叫迁徙？鸟类迁徙、定向的假说有哪些？主要根据是什么？
10. 鸟类繁殖行为有哪些主要特征？试述其生物学意义。
11. 简述鸟类与人类的关系。
12. 有余力的同学可查阅资料，概述禽流感与野生鸟类、家禽和人之间的关系。

第 21 章
哺乳纲（Mammalia）

21.1 哺乳纲的主要特征

哺乳动物是全身被毛、运动快速、恒温、胎生和哺乳的脊椎动物。它是脊椎动物中躯体结构、功能和行为最复杂的一个高等动物类群。

鸟类和哺乳类都是从爬行动物起源的，它们分别以不同的方式适应陆栖生活所遇到的许多基本矛盾，例如陆地上快速运动、防止体内水分蒸发、完善的神经系统和繁殖方式复杂的行为等，并在新陈代谢水平全面提高的基础上获得了恒温。因而鸟类与哺乳类又称为恒温动物。哺乳动物的进步性特征表现在以下几个方面：

（1）高度发达的神经系统和感官，能协调复杂的机能活动和适应多变的环境条件。

（2）出现口腔咀嚼和消化，大大提高了对能量的摄取。

（3）高而恒定的体温（25~37 ℃），减少了对环境的依赖性。

（4）快速运动的能力。

（5）胎生、哺乳，保证了后代有较高的成活率。

这些进步性特征，使哺乳类能够适应各种各样的环境条件，分布几遍全球，广泛适应辐射，形成了陆栖、穴居、飞翔和水栖等多种生态类群。

学习哺乳类的躯体结构和功能时，应以上述内容作为线索。同时要注意到，尽管鸟纲与哺乳纲都是从古代爬行动物起源的，但在系统进化历史上，哺乳类比鸟类出现早，它是从具有若干类似古两栖类特征的原始爬行动物起源的。而鸟类则是从较高等的（特化的）古代爬行动物起源的。因而在哺乳类的躯体结构上往往能保持着某些与两栖纲类似的特征，例如头骨具两个枕髁，皮肤富于腺体，排泄尿素等；而鸟类则更保持着一些类似现代爬行动物的特征，例如头骨具单个枕髁，皮肤干燥，排泄尿酸等。

21.1.1 胎生、哺乳及其在动物演化史上的意义

哺乳动物发展了完善的在陆上繁殖的能力，使后代的成活率大为提高，这是通过胎生和哺乳而实现的。绝大多数哺乳类均为胎生（vivipary），它们的胎儿借一种特殊的结构——胎盘（placenta）和母体联系并取得营养，在母体内完成胚胎发育过程——妊娠（gestation），直到发育成为幼儿时产出。产出的幼儿以母兽的乳汁哺育。哺乳类还具有一系列复杂的行为来保护哺育中的幼兽。

胎生方式为哺乳类的生存和发展提供了广阔前景。它为发育的胚胎提供了保护、营养以及稳定的恒温发育条件，是保证酶活动和代谢活动正常进行的有利因素，使外界环境条件对胚胎发育的不利影响减低到最小程度。这是哺乳类在生存斗争中优于其他动物类群的一个重要方面。

胎盘是由胎儿的绒毛膜（chorion）和尿囊（allanto-is）与母体子宫壁的内膜结合起来形成的（图21-1）。胎儿与母体这两套血液循环系统并不通连，而是被一极薄（约2 μm厚）的膜所隔开，营养物质和代谢废物是透过膜起弥散作用来交换的。但这又不同于简单的物理学的弥散，而是有高度特异的选择性。一般说来可以允许盐、糖、尿素、氨基酸、简单的脂肪以及某些维生素和激素通过。大蛋白质分子、红细胞以及其他细胞均不能透过。氧和二氧化碳、水和电解质均能自由透过胎膜。电子显微镜研究表明，胎盘细胞具有许多种类型，

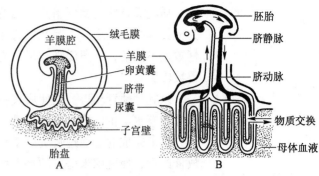

■ 图21-1　哺乳类胚盘结构模式图
A. 胚胎；B. 胎盘局部放大（仿Weisz）

以控制母体与胎儿间的物质交换，它同时具有胎儿暂时性的肺、肝、小肠和肾的功能，并能产生激素。由于胎盘是含有双亲抗原的胚胎结构，因而它在免疫学方面的意义受到重视。上述这些物质运输，是通过胚胎绒毛膜上的几千个指状突起（绒毛膜绒毛）像树根一样插入子宫内膜而实现的，绒毛极大地扩展了吸收接触的表面积。以人的胎儿为例，整个绒毛的吸收表面积约为皮肤表面积的50倍。近年从人体胚盘内提取干细胞（stem cell）技术已经成熟。

哺乳类的胎盘分为无蜕膜胎盘和蜕膜胎盘。前者胚胎的尿囊和绒毛膜与母体子宫内膜结合不紧密，胎儿出生时就像手与手套的关系一样易于脱离，不致引起子宫壁大出血。蜕膜胎盘的尿囊和绒毛膜与母体子宫内膜结为一体，因而胎儿产生时需将子宫壁内膜一起撕下产出，造成大量流血。显然蜕膜胎盘的效能高，更有利于胚胎发育，一般认为是属于哺乳类的较高等的类型特征。但是哺乳类的胎盘结构类型并不完全符合躯体结构和地质史研究所提供的各目的亲缘关系，而且所谓"效能差"的无蜕膜胎盘（例如马、牛）类型的幼仔，可以在产出时发育良好。

无蜕膜胎盘一般包括散布状胎盘和叶状胎盘，前者的绒毛均匀分布在绒毛膜上，鲸、狐猴以及某些有蹄类属之。叶状胎盘的绒毛汇集成一块块小叶丛，散布在绒毛膜上，大多数反刍动物属之。蜕膜胎盘一般包括环状胎盘（绒毛呈环带状分布，食肉目、象、海豹等属此）和盘状胎盘（绒毛呈盘状分布，食虫目、翼手目、啮齿目和多数灵长目属此）（图21-2）。人的胎盘即为一种盘状胎盘。

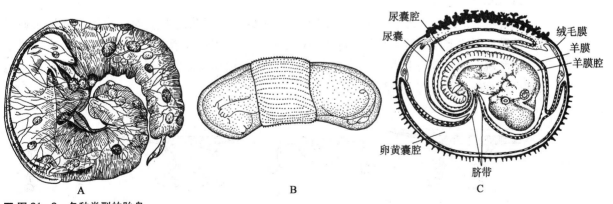

■ 图21-2　各种类型的胎盘
A. 多叶胎盘；B. 环状胎盘；C. 盘状胎盘（自郝天和）

哺乳类自卵受精到胎儿产出的期限为妊娠期。各类动物的妊娠期都是较为稳定的，可作为分类学的依据之一。胎儿发育完成后产出，称为分娩（child birth）。不同类群的兽类所产仔数是不同的，一般说来，母兽乳头的对数与产仔个数相关；后代成活率高的类群，所产仔兽数较少。

以乳汁哺育幼兽，是使后代在较优越的营养条件和安全保护下迅速成长的生物学适应。乳汁含有水、蛋白质、脂肪、糖、无机盐、酶和多种维生素。生乳作用是通过神经-体液调节方式来完成的。通过吸吮刺激和视觉，反射性地引起丘脑下部——神经垂体径路分泌，释放催产素，使乳腺末房旁的平滑肌收缩而泌乳；同时还引起丘脑下部分泌生乳素释放激素和生乳素抑制激素，以调节脑垂体分泌生乳素，使排空了的腺泡制造乳汁。

哺乳类幼仔的生长速度因种类而异，新生儿的生长率一般与该种动物乳汁内所含蛋白质的量相关。一些有代表性的哺乳动物乳汁成分见表21-1。

■ 表21-1　一些哺乳动物的乳汁成分

种类	乳的主要成分/（g·L⁻¹）			
	糖	蛋白质	脂肪	无机盐
牛	45	35	40	9
羊	50	67	70	8
骆驼	33	30	55	7
象	72	32	190	6
鲸	4	95	200	10

哺乳是使后代在优越的营养条件下迅速地发育成长的有利适应，加上哺乳类对幼仔有各种完善的保护行为，因而具有远比其他脊椎动物类群高得多的成活率。与之相关的是哺乳类所产幼仔数目比其他脊椎动物显著减少。

胎生、哺乳是生物体与环境长期斗争中的产物。鱼类、爬行类的个别种类，例如鲨鱼和某些毒蛇，已具有"卵胎生"繁殖方式。低等哺乳类（例如鸭嘴兽）尚遗存卵生繁殖方式，但已用乳汁哺育幼仔。高等哺乳类胎生方式复杂，哺育幼兽行为各异。这说明现存种类是各以不同方式、通过不同途径与生存条件作斗争，并在不同程度上取得进展而保存下来的后裔。

21.1.2　哺乳纲动物的躯体结构

21.1.2.1　外形

哺乳类外形最显著的特点是体外被毛。躯体结构与四肢的着生均适应于在陆地快速运动：前肢的肘关节向后转，后肢的膝关节向前转，从而使四肢紧贴于躯体下方，大大提高了支撑力和跳跃力，有利于步行和奔跑，结束了低等陆栖动物以腹壁贴地，用尾的摆动作为运动辅助器官的局面（图21-3）。

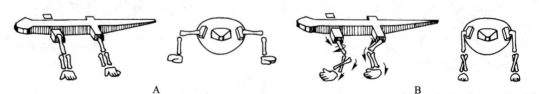

■ 图21-3　低等四足动物（A）与哺乳类（B）四肢的比较模式图

A. 低等陆栖脊椎动物；B. 哺乳类（自郑光美）

适应于不同生活方式的哺乳类，在形态上有较大改变。水栖种类（例如鲸）体呈鱼形，附肢退化呈桨状。飞翔种类（例如蝙蝠）前肢特化成翼，具有翼膜。穴居种类（例如鼹鼠）体躯粗短，前肢特化如铲状，适应掘土。

21.1.2.2 皮肤及其衍生物

哺乳类的皮肤与低等陆栖脊椎动物的皮肤相比较，不仅结构致密，具有良好的抗透水性，而且具有敏锐的感觉和调控体温的功能。致密的皮肤还能有效地抵抗张力和阻止细菌侵入，起着重要的保护作用，是脊椎动物皮肤中结构和功能最为完善、适应于陆栖生活的防卫器官。

哺乳类的皮肤在整个生命过程中是不断更新的，在不断更新中保持着相对稳定，使之具有一定的外廓。皮肤的质地、颜色、气味、温度以及其他特性，能够与环境条件相协调。这是物种的遗传性所决定的，并在神经、内分泌系统的调节下来完成，以适应多变的外界条件。

哺乳类的皮肤有以下特点（图21-4）：

（1）表皮和真皮均加厚 表皮的角质层发达，小型啮齿类的表皮只有几层细胞，人有几十层，象、犀牛、河马及猪有几百层厚，称硬皮动物（pachyderms）。真皮为致密的纤维性结缔组织构成，内含丰富的血管、神经和感觉末梢，能感受温、压及痛觉。真皮的坚韧性极强，为制革的原料。表皮及真皮内有黑色素细胞（melanocytes），能产生黑色素颗粒，使皮肤呈现黄、暗红、褐及黑色。在真皮下有发达的蜂窝组织，能贮蓄丰富的脂肪，构成皮下脂肪层，起着保温和隔热作用，也是能量的贮备基地。

（2）体表被毛（hair） 毛为表皮角质化的产物（图21-5），由毛干及毛根构成。毛根埋在皮肤深处的毛囊里，外被毛鞘；毛根末端膨大部分为毛球，毛球基部即为真皮构成的毛乳突，内具丰富的血管，供应毛生长所需的营养物质。在毛囊内有皮脂腺的开口，所分泌的油脂能滋润毛和皮肤。毛囊基部有竖毛肌附着。竖毛肌是起于真皮的平滑肌，收缩时可使毛直立，有辅助调节体温的作用。哺乳类的鼻、唇及生殖孔周围等区域皮肤少毛而富有血管，起着调节体温中的冷却作用。

毛是保温的器官。水生哺乳类（例如鲸）的毛退化，皮下脂肪层发达。毛的颜色使与所栖息的环境相协调。这些功能都与毛的结构相联系。毛干是由皮质部和髓质部构成的，内具有黑色素，色素主要集中于皮质部内。髓质部内含空气间隙。髓质部愈发达的毛，保温性能愈强。

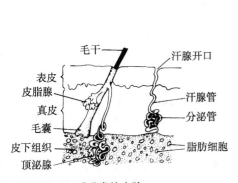

■ 图21-4 哺乳类的皮肤

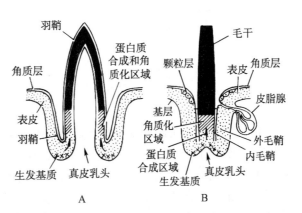

■ 图21-5 哺乳类毛与鸟羽比较的模式图
A. 羽毛；B. 毛（自Young）

毛是重要的触觉器官，例如猫、鼠等吻端的触毛。

根据毛的结构特点，可分为针毛（刺毛）、绒毛和触毛。针毛长而坚韧，依一定的方向着生，称为毛向。绒毛位于针毛的下层，无毛向，毛干的髓部发达，保温性强。触毛为特化的针毛。

毛在春秋季有季节性更换，称为换毛。

（3）皮肤腺特别发达　哺乳类皮肤腺来源于表皮的生发层，为多细胞腺，种类繁多，功能各异，主要有4种类型，即皮脂腺（sebaceous gland）、汗腺（sweat gland）、乳腺（mammary gland）和味腺（臭腺）（scent gland）。皮脂腺为泡状腺，多开口于毛囊基部。汗腺为管状腺，下陷入真皮深处，盘卷成团，外包以丰富的血管。血液中所含的一部分代谢废物（例如尿素），从汗腺管经渗透而达于体表蒸发，即通常所说的出汗。体表的水分蒸发散热，是哺乳类调节体温的一种重要方式。哺乳类散热的主要方式为出汗、呼吸加速以及饮水排尿，从这种意义上说，哺乳类的皮肤还具有排泄和调温的功能。汗腺不发达的种类（例如狗），体热散发主要靠口腔、舌和鼻表面蒸发。乳腺为哺乳类所特有的腺体，是一种管状腺与泡状腺复合的腺体，也可认为是特化的汗腺。乳腺常丛聚开口于躯体的特异部位，如鼠蹊部（例如牛、羊）、腹部（例如猪）和胸部（例如猴），在胚胎发生上来源于胎儿腹部上皮的一对乳嵴（mammary ridge），从腋部延伸至鼠蹊部，以后在特定的部位加厚形成乳腺。乳腺借乳头开口于体表，乳头数目因种类而异，一般乳头对数与所产幼仔的数目相当，例如猪为4~5对，牛羊为两对，猴与蝙蝠为一对。鸭嘴兽不具乳头，乳腺分泌的乳汁沿毛流出，供幼兽舐吮。味腺为汗腺或皮脂腺的衍生物（例如麝的麝香腺、黄鼠狼的肛腺），对于同种的识别和吸引异性繁殖配对有重要作用，有些种类（例如臭鼬）并具防御功能。味腺的出现是与哺乳类以嗅觉作为主要的定位器官相联系的，以视觉作为主要定位器官的类群（例如灵长目动物），嗅觉以及味腺均较退化。

哺乳类的皮肤衍生物，除了上述的毛和皮肤腺以外，还有爪（claw）和角（horn）。哺乳类的爪与爬行类的爪同源，皆为指（趾）端表皮角质化的产物，为陆栖步行时指（趾）端的保护器官。常见的类型除爪以外，尚有蹄（hoof）和指甲（nail），均为爪的变形（图21-6）。

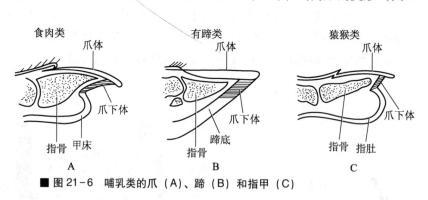

■ 图21-6　哺乳类的爪（A）、蹄（B）和指甲（C）

角（horn）为头部表皮或真皮部分特化的产物，为有蹄类的防卫利器。常见的有洞角（牛角）及实角（鹿角）。洞角不分叉，终生不更换，为头骨的骨角外面套以由表皮角质化形成的角质鞘构成。实角为分叉的骨质角，通常多为雄兽发达，且每年脱换一次，真皮骨化后，穿出皮肤而成。刚生出的鹿角外包富有血管的皮肤，此期的鹿角称鹿茸，为贵重的中药。长颈鹿的角终生包被有皮毛，是另一种特殊结构的角。犀牛角则为毛的特化产物（图21-7）。

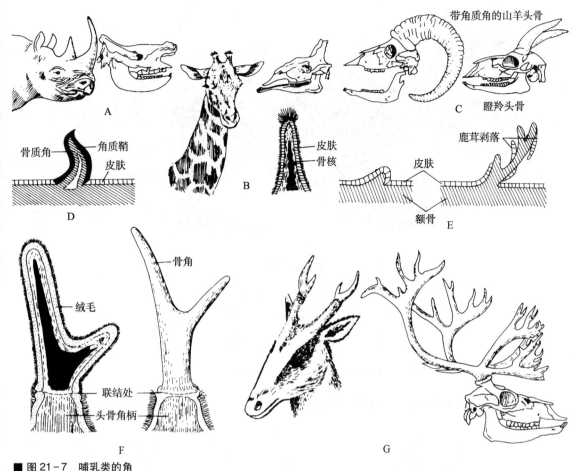

■ 图 21-7　哺乳类的角

A. 犀牛角及头骨，示头骨没有骨质成分参与的角的结构；B. 长颈鹿的角及头骨；C. 山羊与瞪羚的角及头骨；D. 洞角的结构；E. 鹿角的结构及发生模式图；F. 鹿茸（左）与鹿角（右）；G. 简单（左）及复杂（右）的鹿角（仿 MeFarland 修改）

21.1.2.3　骨骼系统

哺乳类的骨骼系统十分发达，支持、保护和运动的功能进一步完善。表现在脊柱分区明显，结构坚实而灵活。四肢下移至腹面，出现肘（elbow）和膝（knee），将躯体撑起，适宜在陆上快速运动。头骨因脑与嗅囊的高度发达而在形态上有较大变化。颈椎 7 枚，下颌由单一齿骨构成，头骨具 2 个枕髁以及牙齿异型，是哺乳类骨骼的鉴别性特征。

哺乳动物骨骼系统的演化趋向是：① 骨化完全，为肌肉的附着提供充分的支持；② 头骨和带骨有愈合和简化现象，增强了坚固性和轻便性；③ 脊柱的颈、胸、腰出现弯曲，提高了弹性和韧性，使四肢可以较大的速度和步幅运动；④ 长骨的生长限于早期，与爬行类的终生生长不同，提高了骨的坚固性并有利于骨骼肌的完善。

（1）脊柱、肋骨及胸骨　脊柱分为颈椎、胸椎、腰椎（lumbar vertebra）、荐椎及尾椎 5 部分（图 21-8）。鲸由于后肢退化而无明显的荐椎。颈椎数目大多为 7 枚，这是哺乳类特征之一。第 1、2 枚颈椎特化为寰椎和枢椎，这种结构使寰椎与头骨间除可作上下运动外，寰椎还能与头骨一起在枢椎的齿突上转动，更扩大了头部的运动范围，能充分利用感官、寻捕食物和防卫（图 21-9）。胸椎 12～15 枚，两侧与肋骨相关节。胸椎、肋骨及胸骨构成胸廓（thoracic basket），是保护内脏、完成呼吸动作和间接地支持前肢运动的重要支架。荐椎多 3~5 枚，有愈合现象，构成对后肢腰带的稳固支持。尾椎数目不定而且退化。

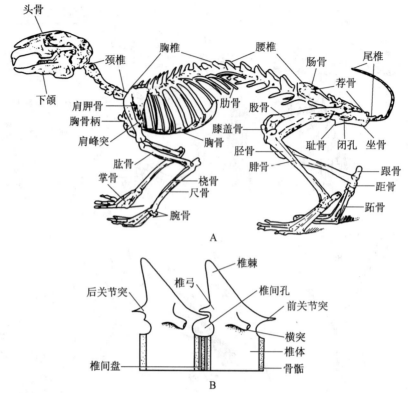

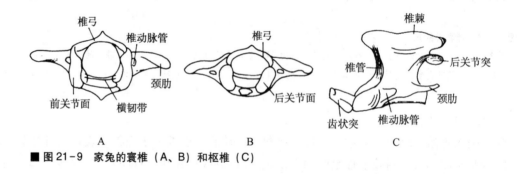

■ 图21-8 兔的骨架（A）及脊椎骨（B）

■ 图21-9 家兔的寰椎（A、B）和枢椎（C）

哺乳类的脊椎骨借宽大的椎体相联结，称双平型椎体（amphiplatyan centrum），这种椎体类型提高了脊柱的负重能力。相邻的椎体之间具有软骨构成的椎间盘。椎间盘内有髓核，是脊索退化的痕迹。坚韧而富有弹力的椎间盘，能缓冲运动时对脑及内脏的震动，扩大了活动范围。

（2）头骨　哺乳类的头骨由于脑、感官（特别是鼻囊）的发达和口腔咀嚼的产生而发生显著变形。脑颅和鼻腔扩大以及发生次生腭（假腭）（图21-10），使头骨的一些骨块消失、变形和愈合，所余留下的骨骼因而获得扩展的可能性。顶部有明显的"脑杓"以容纳脑髓，枕大孔移至头骨的腹侧（图21-11）。

头骨骨块的减少和愈合，是哺乳类的一个明显特征。例如哺乳类的枕骨、蝶骨、颞骨和筛蝶骨等，均系由多数骨块愈合而成的。骨块愈合是解决坚固与轻便这一矛盾的途径。

哺乳类的嗅觉和听觉十分发达，在鼻囊容积扩大的同时，鼻腔内出现复杂的鼻甲，嗅黏膜即覆于鼻甲表面，使嗅觉表面积增大，这是哺乳类嗅觉灵敏的基础。相当于爬行动物的副蝶骨向前伸入鼻腔，构成鼻中隔的一部分。哺乳类头骨因鼻腔的扩大而有明显的脸部，与低等种类不同。陆地动物所特有的犁鼻器，在哺乳类中的单孔目、有袋目和食虫目比较发达，其他类群大多退化。在听觉的复杂化方面，表现在中耳腔被硬骨（鼓泡）所保护，腔内有 3 块互为关节的听骨（锤骨、砧骨及镫骨）将鼓膜与内耳相联结。鼓膜受到声波的轻微震动，即被这些巧妙的装置加以放大并传送入内耳。

鼻腔扩大必然导致内鼻孔的扩大，再加上哺乳类口腔咀嚼的出现，就产生了当咀嚼食物时"消化"与"呼吸"的矛盾。哺乳类解决这一矛盾的途径是具有分割口腔内呼吸与消化通路的隔板——次生腭或硬腭（hard palate）。硬腭是由前颌骨、颌骨及腭骨的突起拼合成的，它与肌肉质的软腭一起进一步将鼻通路后延，使空气沿鼻通路向后输送至喉，从而使咀嚼时能完成正常呼吸。

哺乳类头骨的一个标志性特征是下颌由单一的齿骨构成。齿骨与头骨的颞骨鳞状部直接关节，这种关节的支点位置和关节的方式，加强了咀嚼力。与此相联系的是头骨具有颧弓（zygomatic arch），它是由颌骨与颞骨的突起以及颧骨本体所构成，是强大的咀嚼肌的起点。颧弓的特点常作为分类的一种依据。

（3）带骨及肢骨　哺乳类的四肢主要是前后运动，肢骨长而强健，与地面垂直，指（趾）朝前。疾走种类的前后肢均在一个平面上运动，与屈伸无关的肌肉退化，以减轻肢体质量。

肩带薄片状，由肩胛骨、乌喙骨及锁骨构成。肩胛骨十分发达，乌喙骨已退化成肩胛骨上的一个突起，称乌喙突（图 21-12）。锁骨多趋于退化，仅在攀缘（例如猴）、掘土（例如鼹鼠）和飞翔（例如蝙蝠）等类群发达。在单孔目尚保留有前乌喙骨及间锁骨。哺乳类肩带的简化与运动方式的单一性有密切关系。前肢骨的基本结构与一般陆生脊椎动物类似，但肘关节向后转，提高了支撑和运动的能力。

腰带由髂骨、坐骨和耻骨构成。髂骨与荐骨相关节，左右坐骨与耻骨在腹中线缝合，构成关闭式骨盘（图 21-13）。哺乳类的腰带愈合，加强了对后肢支持的牢固性。后肢骨的基本结构与一般陆生脊椎动物类似，但膝关节向前转，提高了支撑、奔跑和跳跃的能力

陆栖哺乳动物适应于不同的生活方式，在足型上有跖行、趾行和蹄行式（图 21-14）。其中蹄行式与地表接触最少，是适应于快速奔跑的一种足型。

21.1.2.4　肌肉系统

哺乳类的肌肉系统基本上与爬行类相似，但结构与功能均已进一步复杂化，特别表现在四肢肌肉强大以适应快速奔跑。此外还具有以下特点：

① 具有特殊的膈肌：膈肌起于胸廓后端的肋骨缘，止于中央腱，构成分隔胸腔与腹腔的膈（diaphragm）。在神经系统的调节下发生运动而改变胸腔容积，是呼吸运动的重要组成部分。

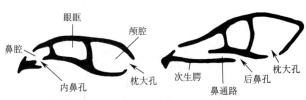

■ 图 21-10　哺乳类次生腭的形成（自郑光美）

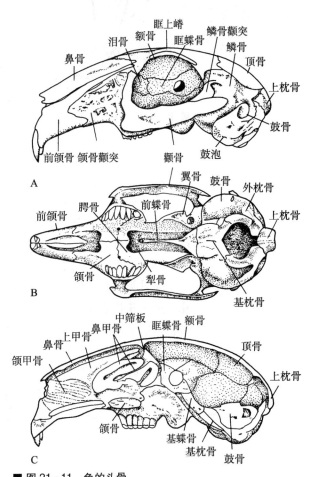

■ 图 21-11　兔的头骨

A. 侧面；B. 腹面；C. 矢状切面

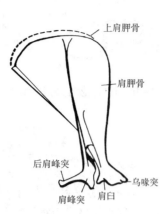

■ 图21-12 兔的肩带

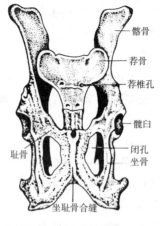

■ 图21-13 兔的腰带

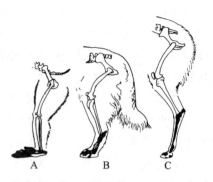

■ 图21-14 哺乳类的足型

A. 跖行式（猞猁）；B. 趾行式（狐）；
C. 蹄行式（羊、驼）

② 皮肤肌发达。

③ 咀嚼肌强大：具有粗壮的颞肌和嚼肌，分别起自颅侧和颧弓，止于下颌骨（齿骨）。这与口为捕食和防御的主要武器以及用口腔咀嚼密切相关。

21.1.2.5 消化系统

哺乳类消化系统从结构和功能方面看，主要表现在消化管分化程度高，出现了口腔消化，进一步提高了消化功能。与之相关联的是消化腺十分发达。从行为方面看，哺乳类凭借各种灵敏的感官和有力的运动器官，能够积极主动地寻食，这是其他动物所不及的。

（1）口腔及咽部　哺乳类的咀嚼和口腔消化方式面临着一系列新的矛盾，例如口腔咀嚼与呼吸的矛盾，食物的粉碎、湿润和酵解问题等，因而引起口和咽部结构发生改变（图21-15）。

哺乳类开始出现肉质的唇（lip），有颜面肌肉附着以控制运动，为吸乳、摄食及辅助咀嚼的重要器官。草食种类的唇尤其发达，有的在上唇还具有唇裂（例如兔）。唇为人类发音吐字器官的组成部分。

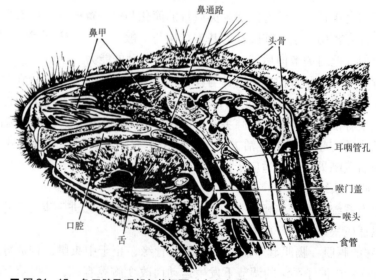

■ 图21-15 兔口腔及咽部矢状切面（自郑光美）

与口腔咀嚼活动相适应，哺乳类的口裂已大为缩小，在两侧牙齿的外侧出现了颊部（cheek），使咀嚼的食物碎屑不致掉落。某些种类，特别是树栖生活类群如松鼠和猴的颊部还发展了袋状的颊囊（cheek pouch），用以暂时贮藏食物。

口腔的顶壁是由骨质的硬腭以及从硬腭向后的延伸部分——软腭（soft palate）所构成。它把内鼻孔与口腔分隔开，使鼻通路沿硬腭、软腭的背方后行，直至正对喉的部位，借后鼻孔而开口于咽腔。腭部常有成排的具角质上皮的棱，与咀嚼时防止食物滑脱有关。草食及肉食种类角质棱发达；鲸须（whalebone）即为此种角质棱的特化物所构成的特殊滤食器官。

肌肉质的舌（tongue）在哺乳类最为发达。与摄食、搅拌及吞咽动作有密切关系。舌表面分布有味觉器官称味蕾（taste bud），为一种化学感受器。舌也是人的发音辅助器官。

哺乳类的前颌骨、颌骨及下颌骨（齿骨）与某些爬行类（例如鳄鱼）一样着生有槽齿，但齿型有分化现象，称异型齿（heterodont），即分化为门齿（incisor）、犬齿（canine）、前臼齿（premolar）和臼齿（molar）（图21-16）。门齿有切割食物的功能，犬齿具撕裂功能，臼齿具有咬、切、压、研磨等多种功能。由于牙齿与食性的关系十分密切，因而不同生活习性的哺乳类，其牙齿的形状和数目均有很大变异。齿型和齿数在同一种类是稳定的，这对于哺乳动物分类学有重要意义。通常以齿式（dental formula）来表示一侧牙齿的数目，原始的哺乳动物牙齿数目较多，为 $\frac{3\cdot1\cdot4\cdot3}{3\cdot1\cdot4\cdot3}=44$，猪以及食虫类动物仍为这种齿式。而大多数种类在辐射适应过程中，牙齿数目趋于减少，例如牛为 $\frac{0\cdot0\cdot3\cdot3}{4\cdot0\cdot3\cdot3}=32$；鼠为 $\frac{1\cdot0\cdot0\cdot3}{1\cdot0\cdot0\cdot3}=16$；猴与人的齿式均为 $\frac{2\cdot1\cdot2\cdot3}{2\cdot1\cdot2\cdot3}=32$。

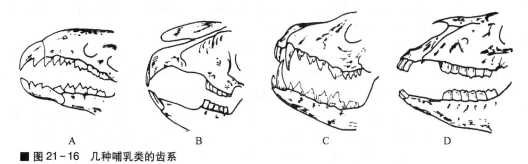

■ 图21-16　几种哺乳类的齿系

A. 食虫目（鼩鼱）；B. 兔形目（兔）；C. 食肉目（狐）；D. 奇蹄目（马）（自郝天和）

哺乳类的牙齿从发育特征看，有乳齿与恒齿的区别。乳齿脱落以后即代以恒齿，恒齿终生不再更换。此种生齿类型称为再出齿。它与低等种类的多出齿不同，后者牙齿易脱落，一生中多次替换，随掉随生。哺乳类的前臼齿和门齿、犬齿有乳齿。臼齿无乳齿。

从哺乳动物的系统发展历史可见，中生代白垩纪（距今约7 000万年）的胎盘哺乳动物为食虫类（insectivorous）。在进化过程中出现各种适应辐射，发展出肉食动物（carnivorus）、草食动物（herbivore）和杂食动物（omnivore）。这一方面反映了哺乳动物在食性上的高度适应能力，同时也必然引起齿的形态上的剧变。现在一般认为，原始哺乳动物（以现存食虫目为代表）臼齿的基本形态为三角形，其上着生3个齿尖（cusp），以增大对食物的研磨功能。下颌臼齿的三角形齿后方，尚有带有两个齿尖的附属结构。在进化过程中发生"方化"（squaring up）现象以扩大臼齿的研磨面，成为四方形的臼齿。而以干草为食者，其齿冠加高成高冠齿（hyposodont）。臼齿面上的椎尖也特化为各种形态，以加强臼齿的耐磨寿命。这些结构既可作为分类依据，又是根据磨损程度鉴定年龄的一种手段。猛食性哺乳动物除了犬齿发达之外，还具有裂齿（carnassial tooth），用以撕裂捕获物。裂齿是由上颌最后 1 枚前臼齿与下颌第 1 枚臼齿特化而成。

牙齿是真皮与表皮的衍生物，是由齿质（dentine）、釉质（enemel）和齿骨质（cement）所构成（图 21-17）。齿质内有髓腔，充有结缔组织、血管和神经，供应牙齿所需营养。釉质是体内最坚硬的部分，覆盖于齿冠部分。齿骨质覆于齿根外周，与颌骨的齿槽相联合，它的成分是以磷酸钙为主。齿根外有齿龈包被，仅齿冠露出齿龈之外。啮齿类的门齿仅在前面覆以釉质。

哺乳类动物口腔内有 3 对唾液腺（salivary gland），即耳下腺（parotid gland）、颌下腺（submaxillary gland）和舌下腺（subingual gland）。其分泌物中除含有大量黏液外，还含有唾液淀粉酶（ptyalin），能把淀粉分解为麦芽糖，进行口腔消化。哺乳类的唾液（以及眼泪）中还含有溶菌酶，具有抑制细菌的作用。通过唾液腺蒸发失水，是很多哺乳类利用口腔调节体温的一种形式。

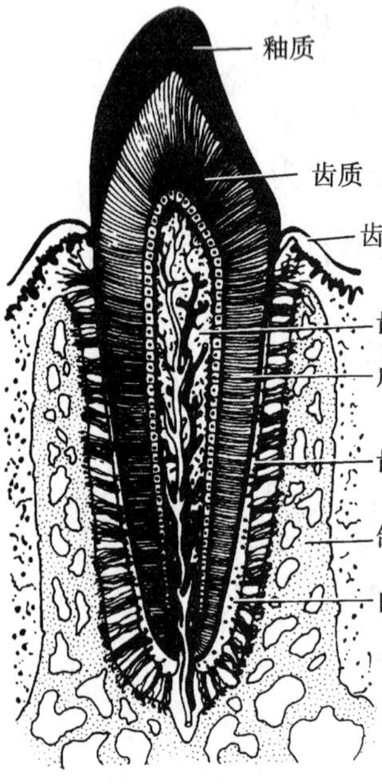

口腔后方即为咽。后鼻孔即开口于软腭后端而达于咽。在咽两侧还有咽鼓管（欧氏管）的开口。咽鼓管连通咽部与中耳腔，可调整中耳腔内的气压而保护鼓膜。咽周围还分布有大的淋巴腺体，即扁桃体（tonsil）。哺乳动物适应于吞咽食物碎屑、防止食物进入气管，而在喉门外具有一个软骨的"喉门盖"，即会厌（epiglottis）。当完成吞咽动作时，先由舌将食物后推至咽，食物刺激软腭而引起一系列的反射：软腭上升，咽后壁向前封闭咽与鼻道的通路；舌骨后推，喉头上升，使会厌紧盖喉，封闭咽与喉的通路。此时呼吸暂停，食物经咽部而进入食管，以吞咽反射的完成，解决咽交叉部位呼吸与吞咽的矛盾。

（2）消化管　消化管的基本功能是传送食糜、完成机械消化和化学消化以及吸收养分。哺乳动物消化管的基本结构和功能与一般脊椎动物没有本质的区别，只是进一步完善化。直肠直接以肛门开口于体外（泄殖腔消失），是哺乳类与低等脊椎动物的显著区别。由于胃的扩大和扭转，使胃系膜的一部分下垂呈袋状，即为大网膜。其上常有丰富的脂肪贮存。

哺乳类胃的形态与食性相关。大多数哺乳类为单胃。食草动物中的反刍类（ruminant）具有复杂的反刍胃。反刍胃一般由 4 室组成，即瘤胃（rumen）、网胃（reticulum）、瓣胃（omasum）和皱胃（abomasum）。其中前 3 个胃室为食管的变形，皱胃为胃本体，具有腺上皮，能分泌胃液。新生幼兽的胃液中凝乳酶特别活跃，能使乳汁在胃内凝结。从胃的贲门部开始，经网胃至瓣胃孔处，有一肌肉质的沟褶，称食管沟。食管沟在幼兽发达，借肌肉收缩可构成暂时的管，有如自食管下端延续的管，使乳汁直接流入皱胃内。至成体则食管沟退化。

反刍（rumination）的简要过程是：当混有大量唾液的纤维质食物进入瘤胃以后，在细菌、纤毛虫和真菌作用下发酵分解。存于瘤胃和网胃内的粗糙食物上浮，刺激瘤胃前庭和食管沟，引起逆呕反射，将粗糙食物逆行经食管入口再行咀嚼。咀嚼后的细碎和密度较大的食物再经瘤胃与网胃的底部，最后达于皱胃。瘤胃分泌蛋白水解酶（proteolytic enzyme）并进行消化。这种反刍过程可反复进行，直至食物充分分解为止（图 21-18）。

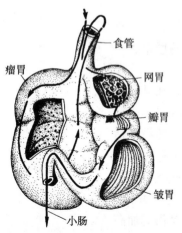

■ 图 21-17　哺乳类犬齿的剖面
（仿 Torrey）

釉质
齿质
齿龈
齿髓
成齿质细胞
齿膜
颌骨
白垩质

■ 图 21-18　哺乳类的反刍胃
（仿 Hickman）

食管
瘤胃
网胃
瓣胃
皱胃
小肠

哺乳类小肠高度分化，小肠黏膜富有绒毛、血管和淋巴管，加强了对营养物质的吸收作用。小肠具乳糜管（lacteal），为输送脂肪的一种淋巴管，外观呈现乳白色（图21-19）。小肠与大肠交界处为盲肠，草食性种类特别发达，在细菌的作用下，有助于植物纤维质的消化。大肠分为结肠与直肠，直肠经肛门开口于体外。

（3）消化腺　哺乳类的消化腺除口腔的唾液腺以外，在小肠附近尚有肝和胰，分别分泌胆汁和胰液，注入十二指肠。

21.1.2.6　呼吸系统

哺乳类的呼吸系统十分发达，空气经外鼻孔、鼻腔、喉、气管而入肺。

（1）鼻腔　分为上端的嗅觉部分和下端的呼吸通气部分。嗅觉部分有发达的鼻甲，其黏膜表面满布嗅觉神经末梢。哺乳类鼻腔并有伸入到头骨骨腔内的鼻旁窦，加强了鼻腔对空气的温暖、湿润和过滤作用。鼻旁窦也是发声的共鸣器。

（2）喉（larynx）　喉为气管前端的膨大部，是空气的入口和发声器官（图21-20）。喉除喉盖（会厌软骨）外，由甲状软骨和环状软骨构成喉腔。在环状软骨上方有一对小形的杓状软骨。甲状软骨与杓状软骨之间有黏膜皱襞构成声带（vocal cord），为哺乳类的发声器官。声带紧张程度的改变以及呼出气流的强度可调节音调。

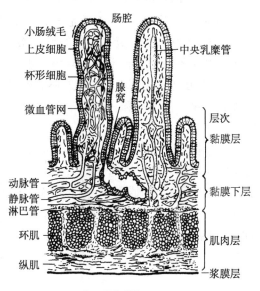

■ 图21-19　小肠局部纵切面

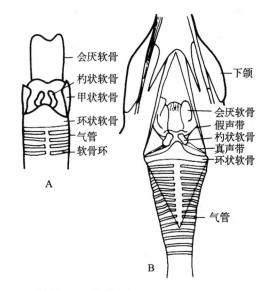

■ 图21-20　兔的喉和气管

A. 背面；B. 腹面剖开

（3）肺与胸腔　哺乳类的肺为海绵状，由很多微细支气管和肺泡构成。肺泡（alveolus）是细支气管末端的盲囊，由单层扁平上皮组成，外面密布微血管，是气体交换的场所。因此哺乳类的肺是由复杂的"支气管树"所构成，其盲端即为肺泡（图21-21）。这种结构使呼吸表面积极度增大，例如人的肺泡约有 7 亿，总面积可达 $60 \sim 120 \text{ m}^2$。肺泡之间分布有弹性纤维，伴随呼气动作可使肺被动地回缩。肺的弹性回位，致使胸腔内呈负压状态，从而使胸膜的壁层和脏层紧紧地贴在一起。胸腔为哺乳类特有的、容纳肺的体腔，借横膈与腹腔分隔。横膈的运动可改变胸腔容积（腹式呼吸），肋骨的升降能扩大或缩小胸腔容积（胸式呼吸），使哺乳类的肺被动地扩张和回缩，以完成呼气和吸气（图21-22）。四足动物的胸廓参与支持体重而趋于稳定，加以肩带及前肢位于胸廓两侧，使肋骨的活动范围受到限制，因

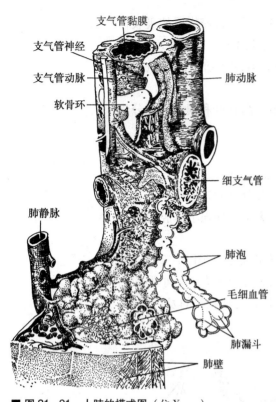

■ 图 21-21　人肺的模式图（仿 Young）

支气管黏膜
支气管神经
支气管动脉
软骨环
肺静脉
肺动脉
细支气管
肺泡
毛细血管
肺漏斗
肺壁

而哺乳类膈肌的出现，对于加强呼吸功能具有重要意义。肋间肌和膈肌均受来自于脊髓的运动神经元支配。呼吸中枢位于延脑。血液中二氧化碳含量的改变以及肺内压力的变化，均能反射性地刺激呼吸中枢，借以调整节律性的呼吸频率。吸气运动使肺泡膨大，位于肺泡周围的牵张感受器兴奋，所产生的冲动沿迷走神经传入延脑的吸气中枢，使其抑制而产生被动的呼气运动，称为肺牵张反射。大脑皮质控制着呼吸中枢的活动，可直接调整呼吸运动和发声。

21.1.2.7　循环系统

哺乳类由于生命活动比变温动物强得多，在维持快速循环方面尤为突出，以保证氧气和燃料来完成代谢和维持恒温。在恒温下各种反应均被促进，并能快速运动。当然这也进一步增加了对能量的需要。只要了解普通人的一生中心脏搏动达 260 亿次，从心室所搏出的血流有 150 000 t（在规律性搏动下，心动周期不得超过 0.75 s），就可知其重要性了。

有机体含有大量水分，约占体重的 60 %，这些水和溶解在水中的各种物质，总称为体液。其中大约 66 % 是分布在细胞内，称为细胞内液。其余的称为细胞外液，包括细胞间液、血浆、淋巴液及脑脊液等。细胞外液是细胞生活的环境，也是组织细胞与外界进行物质交换的媒介。因此常把细胞外液称为机体的内环境。尽管外环境经常发生剧烈变化，但内环境的各种理化因素（例如酸碱度、温度、渗透压和各种化学成分的浓度）都是相对恒定的。这些都是在血液参与运输下得以完成的。

哺乳类和鸟类一样，心脏分为 4 腔，但哺乳类具有左体动脉弓，这一点与鸟类根本不同。此外，哺乳类的大静脉主干趋于简化，肾门静脉消失（图 21-23）。

（1）心脏　分为 4 腔。右心室血液经肺动、静脉回左心房，构成肺循环。左心室血液经体动、静脉回右心房，构成体循环。右侧心房与心室壁均较薄，内贮静脉血，房室间有右房室瓣（三尖瓣）。左侧心房与心室壁较厚，内贮动脉血，房室间具有左房室瓣（二尖瓣）。从心脏发出的大动脉基部内也有 3 个半月瓣。所有这些瓣膜的功能，全是防止血液逆流，以保证血液沿一个方向流动。心脏肌肉的血液供应由冠状循环完成。

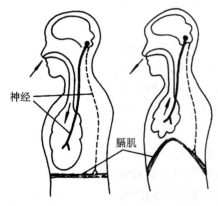

神经
膈肌

■ 图 21-22　膈肌与呼吸运动（自郑光美）

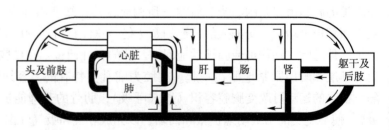

头及前肢
心脏
肺
肝
肠
肾
躯干及后肢

■ 图 21-23　哺乳类血液循环路径模式图（自 Schmidt-Nielsen）

（2）动脉　自心脏发出的体动脉弓弯向背方为背主动脉，直达尾端。沿途发出各个分支到达全身。新出现奇静脉（右侧）及半奇静脉（左侧），相当于低等四足动物的退化的后主静脉前段，收集背侧及肋骨间静脉血液，注入前腔静脉回心。

（3）静脉　哺乳动物静脉系统趋于简化，主要表现在：

① 相当于低等四足动物的成对的前主静脉和后主静脉，大体上被单一的前腔静脉和后腔静脉所代替。

② 肾门静脉消失。来自于尾部及后肢的血液直接注入后腔静脉回心。肾门静脉（以及腹静脉）的消失，使尾及后肢血液回心时，减少了一次通过微细血管的步骤，有助于加快血流速度和提高血压。

③ 腹静脉在成体消失（图21-24）。

（4）淋巴　哺乳动物的淋巴系统极为发达。淋巴管发源于组织间隙间的、先端为盲端的微淋巴管，组织液通过渗透方式进入微淋巴管，微淋巴管再逐渐汇集为较大的淋巴管，最后主要经胸导管（thoracic duct）注入前腔静脉回心，是辅助静脉血液回心的系统。哺乳类淋巴系统发达，可能与动静脉内血管压力较大，组织液难于直接经静脉回心有关。肌肉收缩可以促进淋巴液流动。淋巴管内有瓣膜防止淋巴液逆流。来于小肠的淋巴管（乳糜管）携带脂肪经胸导管注入前腔静脉回心。

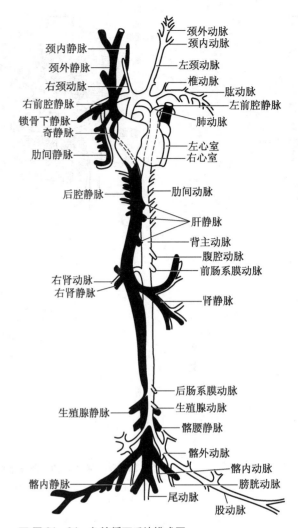

■ 图21-24　兔的循环系统模式图

微淋巴管的管壁的缺口时开时闭，可将不能进入微血管的大分子结构如蛋白质、异物颗粒、细菌以及抗原等从组织液中摄入，并把它们过滤掉或加以中和。过滤异物是在淋巴结内进行的。淋巴结遍布于淋巴系统的通路上，在某些重要部位（例如颈部、腋下、鼠蹊部以及小肠）尤为发达。扁桃体、脾和胸腺也是一种淋巴器官。淋巴结除具有阻截异物、保护机体机能之外，还制造各种淋巴细胞。实验将感染了葡萄球菌的液体注射入狗的后腿后，检查其胸导管内的淋巴仍然无菌。这种过滤功能主要是由淋巴结的巨噬细胞完成的。有人认为，哺乳类淋巴结的极度发达和遍布于全身，可能是热血动物对于防御细菌等异物滋长的一种特殊机制。

（5）血液　哺乳类红细胞呈双凹透镜形（骆驼为卵圆形），成长后无核，与其他脊椎动物不同。

21.1.2.8　排泄系统

哺乳动物的排泄系统是由肾（泌尿）、输尿管（导尿）、膀胱（贮尿）和尿道（urethra）（排尿途径）所组成（图21-25）。此外，皮肤也是哺乳类特有的排泄器官。排泄器官也参与体温调节：水随汗蒸发，可使体温降低。肾的主要功能是排泄代谢废物，参与水分和盐分调节以及酸碱平衡，以维持有机体内环境理化条件的稳定。此外，肾内肾小球附近的球旁细胞（juxtaglomerular cell）能产生肾素（renin），有助于促进内分泌腺所分泌的血管紧张素（angiotensin）的活性。

哺乳类的新陈代谢异常旺盛，高度的能量需求和食物中含有丰富的蛋白质，致使在代谢过程中所产生的尿量极大。要避免这些含氮废物的迅速积累，就需要有大量的水将废物溶解并排出体外，而这又与陆栖生活所必需的"保水"形成尖锐矛盾。哺乳类所具有的高度浓缩尿液的能力就是解决这一矛盾的重要适应（表21-2）。

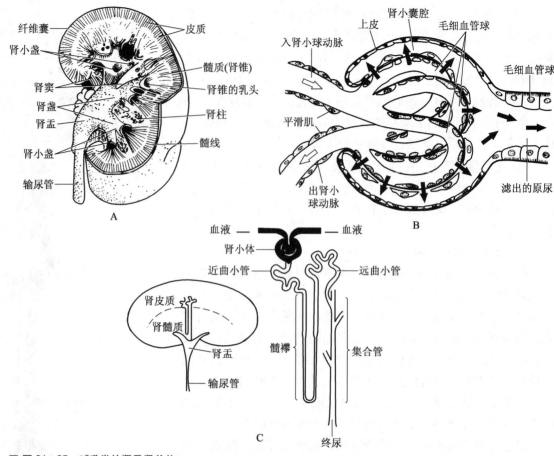

■ 图21-25 哺乳类的肾及肾单位

A. 肾纵剖面；B. 肾小体；C. 肾及肾单位示意图，示肾单位的结构及其在肾中的位置（自 Schmide-rsielsen）

■ 表21-2 一些哺乳类与蛙最大尿浓度的比较

种 类	最大尿浓度/（mOsm·L^{-1}）
蛙	600
猪	1 000
人	1 430
骆驼	2 800
大家鼠	2 900
猫	3 250
袋鼠	5 500
跳鼠	9 400

　　脊椎动物的肾小体是由肾小球和肾小囊组成的，来自于肾动脉的微血管经过肾小球后出肾，此时血液中的含氮废物、盐类和水分等经渗透作用滤入肾小囊和肾小管。哺乳类的肾单位数目十分众多，例如人肾的肾单位有300万个，因而尿过滤的效率极高。肾的血液供应量大而恒定，例如人的肾每天供应血量为心脏输出血量的1/5，约1 700 L。肾内动脉分布成直角分支以及肾素的分泌，使肾动脉血压在体动脉收缩压从9.3～22.66 kPa 的变化下，不受太大影响。

　　哺乳类尿的浓缩，主要是借肾小管对尿中水分及钠盐等的重吸收而实现的。肾小管分为近曲小管、髓襻以及远曲小管等部分。很多肾小管汇入一个集合管，众多集合管汇成一个肾盏，所有肾盏开口于肾髓质部内的空腔——肾盂。肾盂通过输尿管最终将尿排出体外。刚刚渗透入肾球囊内的尿称为原尿，经过肾小管和集合管重吸收水分、无机盐（主要是钠盐）以及葡萄糖等以后的尿液称为终尿。原尿中的水分约仅有 1 % 从终尿排出体外。

哺乳类尿的浓缩能力通常从 30 毫渗透压单位至 2 100 毫渗透压单位，相当于血浆浓度（300 毫渗透压单位）的 1/10 到 7 倍，幅度达几十倍。这种浓缩能力在沙漠中生活的动物中尤为突出，有些沙漠地区啮齿类的尿几呈结晶状态。

血液中盐类浓度的恒定，是在中枢神经系统的影响下，通过内分泌腺改变肾小管对盐类的选择性而起重吸收作用，以及抗利尿素对远曲小管水分的主动吸收调节作用实现的。

21.1.2.9 生殖系统

（1）结构和功能　雄兽有一对睾丸，通常位于阴囊（scrotum）中。睾丸是由众多的生精小管（seminiferous tubule）构成，它是产生精子的地方。生精小管间具有间质细胞（interstitial cell），能分泌雄性激素促进生殖器官发育、成熟和第二性征的形成及维持（图 21-26）。生精小管经输出小管（vas efferens）而达于附睾（epididymis）。附睾是大而卷曲的管，它的壁细胞分泌弱酸性黏液（氢离子浓度比生精小管大 10 倍），构成适宜于精子存活的条件；精子在这里经过重要发育阶段而成熟。附睾下端经输精管而达于尿道（urethra）。精液经尿道、阴茎（penis）而通体外。重要的附属腺体有精囊腺（seminal vesicle）、前列腺（prostate gland）和尿道球腺（bulbourethral gland），它们的分泌物构成精液的主体，所含的营养物质，能促进精子的活性。前列腺还分泌前列腺素，对于平滑肌的收缩有强烈影响。精液中含有高浓度的前列腺素，可使子宫收缩，有助于受精。尿道球腺在交配时首先分泌，腺液为偏碱性的黏液，起着冲洗尿道及阴道、中和阴道内的酸性，以利于精子存活的作用。

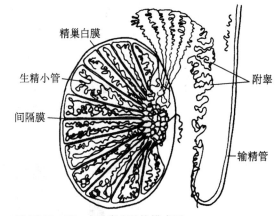

■ 图 21-26　人的睾丸结构模式图

温度对于精子生成过程有显著影响。阴囊中的温度比腹腔低 3~4 ℃，可以保证精子在生成过程的正常进行和存活。哺乳类的睾丸有的种类终生下降于阴囊中，例如有袋类、食肉类、有蹄类、灵长类；有的在繁殖期下降于阴囊中，例如啮齿类、翼手类；少数终生保留在腹腔内，例如单孔类、鲸、象等。睾丸终生下降的种类，在胚胎发育早期，睾丸仍位于腹腔内，至后期则降入阴囊。其降入的通路即为鼠蹊管（inguinal canal）（图 21-27）。

阴茎为雄兽的交配器官，由附于耻骨上的海绵体（corpus cavernosum）所构成，海绵体包围尿道。尿道兼有排尿及输送精液的功能（图 21-27）。

雌兽有一对卵巢。主要由 3 部分构成：① 结缔组织构成的基质。② 围绕表层的生殖上皮（germinal epithelium）。③ 数目繁多、处于不同发育阶段的滤泡（follicle）（图 21-28）。每个滤泡内含有一个卵细胞，滤泡液含有雌性激素，能促进生殖管道及乳房的发育以及第二性征的成熟。卵成熟后，滤泡破裂，卵及滤泡液一起排出。所残余的滤泡即逐渐缩小，并由一种黄色细胞所充满，成为黄体（corpus luteum）。黄体是一种内分泌组织，所分泌的激素（孕酮）可抑制其他滤泡的成熟和排卵，并促进子宫和乳腺发育，为妊娠做好准备。成熟卵排出后，进入输卵管前端的开口（输卵管伞），沿输卵管下行达于子宫（uterus）。受精作用发生于输卵管上段。已受精的卵即植于子宫壁上，在这里接受母体营养而发育。子宫经阴道（vagina）开口于体外（图 21-27）。

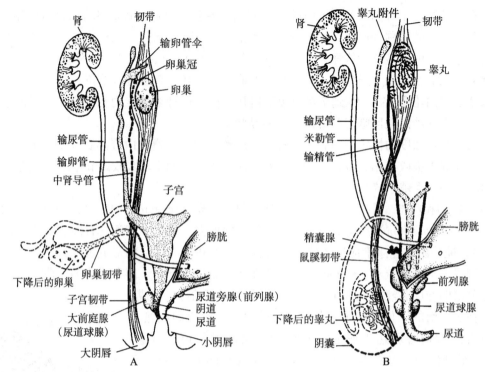

■ 图21-27 哺乳类雌雄生殖系统的发育模式图

A. 雌性；B. 雄性（自 Young）

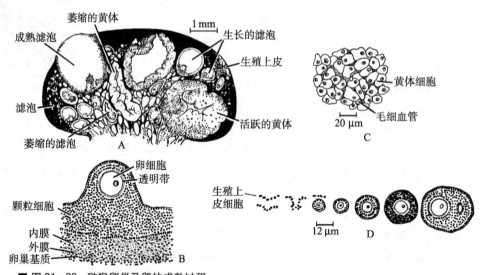

■ 图21-28 猕猴卵巢及卵的成熟过程

A. 卵巢切面示不同发育阶段的卵和滤泡；B. 成熟卵的壁细胞；C. 黄体细胞；D. 生殖上皮细胞（自 Young）

哺乳类的子宫有多种类型（图21-29）。原始类型为双体子宫（例如啮齿类），较高等种类则为分隔子宫（例如猪）、双角子宫（例如有蹄类、食肉类）和单子宫（例如蝙蝠、灵长目）。单子宫一般产仔数目较少。

（2）动情周期（oestrous cycle） 哺乳类性成熟的时间从几个月到数年不等。性成熟与体成熟并不一致（体成熟较晚），因而在畜牧业实践中，只有在体成熟之后才允许配种，否则对成兽及仔兽生长发育均不利。

性成熟以后，在一年中的某些季节内，规律性地进入发情期，称为动情（oestrus）。卵在动情期排出，非动情期卵巢处于休止状态。掌握家畜的性周期规律，可以有计划地调节分娩时间、产乳量、防止不孕或空怀。大多数哺乳类一年中仅出现 1~2 次动情期，例如某些单孔类、有袋类、偶蹄类、食肉类；少数为多动情期，在一年的某些时期内不断地出现几天为一周期的动情，例如啮齿类及灵长类。大家鼠的每一动情周期为 4~5 天。旧大陆猿猴具有 28 天的周期，与人相同，在此期间具有月经（menstral flow）。

（3）控制繁殖期的因子　繁殖行为是内外因子综合影响的结果。在神经系统控制下，通过脑下垂体的分泌以及性腺分泌的激素，调节着性器官的活动，这是主要方面。但是内因必须通过一定的条件（外因）而起作用（参看第 20 章鸟纲图 20-55）。

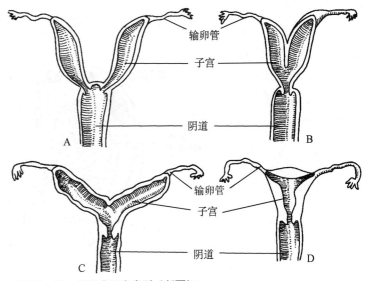

■ 图 21-29　哺乳类子宫类型（剖面）
A. 双体子宫；B. 分隔子宫；C. 双角子宫；D. 单子宫（自郝天和）

例如，猕猴尽管一年中间有多次月经周期，但仅在有限的动情期内发生妊娠，其余时期则处于不排卵状态。啮齿类的动情期也具有季节性。显然环境因子的季节变化有重要影响。

环境因子主要涉及营养、光照变化、异性刺激等方面。在营养条件充足的情况下，家畜可从野生种类的单动情周期改变为多动情周期。人工控制光照的改变，可诱使春季动情的毛皮兽（狐、貂）提前在冬季配种。异性刺激可产生类似激素（外激素，pheromones）的效果，通过嗅觉引起反射。兔的滤泡只有经过交配（交配后 10 h）才能排卵。外激素对于哺乳类的性引诱、性成熟、母兽的性周期、妊娠以及母性行为等，都有明显的影响。这种个体间交换信息的形式称为化学通讯。研究和掌握这些控制因素，对于提高驯养动物的产量和质量，具有重要意义。

21.1.2.10　神经系统

哺乳动物具有高度发达的神经系统，能够有效地协调体内环境的统一并对复杂的外界条件的变化迅速做出反应。神经系统也是伴随着躯体结构、功能和行为的复杂化而发展的。哺乳类神经系统主要表现在大脑和小脑体积增大、神经细胞所聚集的皮层加厚和表面出现了沟和回。

大脑皮层（质）（cerebral cortex）由发达的新皮层构成，它接受来自于全身的各种感觉器传来的冲动，通过分析综合，并根据已建立的神经联系而产生合适的反应。低等陆栖脊椎动物的高级神经活动中枢——纹状体在哺乳类已显著退化。低等动物的古皮层（paleopallium）在哺乳类称梨状叶，是嗅觉中枢；原皮层（archipallium）萎缩，主要仍为嗅觉中枢，称为海马（hippocampus）。左右大脑半球通过许多神经纤维互相联络，神经纤维所构成的通路称胼胝体（corpus callosum），它随着大脑皮层的发展而出现，是哺乳类特有的结构（图 21-30）。

间脑大部被大脑所覆盖。视神经从间脑腹面发出，构成视神经交叉。其后借一柄联结脑下垂体。脑下垂体为重要的内分泌腺。间脑顶部尚有松果腺，也是内分泌腺，可抑制性早熟和降低血糖。间脑壁内的神经结构主要包括背方的丘脑（视丘）与腹面的丘脑下部（hypothalumus）。丘脑是低级中枢与大脑皮层分析器之间的中间站，来自于全身的感觉冲动（嗅觉除外）均集聚于此，经更换神经元之后达于大脑。丘脑下部与内脏活动的协调有密切关系，是交感神经中枢，也是体温调节中枢。

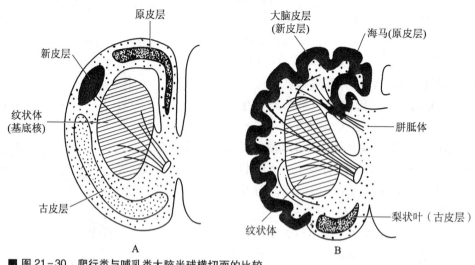

图中标注：
原皮层、新皮层、纹状体（基底核）、古皮层、大脑皮层（新皮层）、海马（原皮层）、胼胝体、梨状叶（古皮层）、纹状体、A、B

■ 图 21-30　爬行类与哺乳类大脑半球横切面的比较

A. 爬行类；B. 哺乳类（仿 Romer）

　　哺乳类的中脑比低等脊椎动物的中脑相对地不发达，这与哺乳类的大脑取代了很多低级中枢的作用有关。中脑背方具有四叠体（corpora quadrigemina），前面一对为视觉反射中枢，后面一对为听觉反射中枢。中脑底部的加厚部分构成大脑脚（cerebral peduncle），为下行的运动神经纤维束所构成。

　　后脑的顶部有极为发达的小脑，是运动协调和维持躯体正常姿势的平衡中枢。小脑皮层又称新小脑，是哺乳类所特有的结构。在延脑底部，由横行神经纤维构成的隆起，称为脑桥（ponsvarolii），它是小脑与大脑之间联络通路的中间站，是哺乳类所特有的结构，愈是大脑及小脑发达的种类，脑桥愈发达。

　　延脑后连脊髓，两者的构造可互相比较。延脑除了构成脊髓与高级中枢联络的通路外，还具有一系列的脑神经核。脑神经核的神经纤维与相应的感觉或运动器官相联系。延脑还是重要的内脏活动中枢，调节控制呼吸、消化、循环、汗腺分泌以及各种防御反射，例如咳嗽、呕吐、泪分泌、眨眼等，又称活命中枢（图 21-31，图 21-32）。

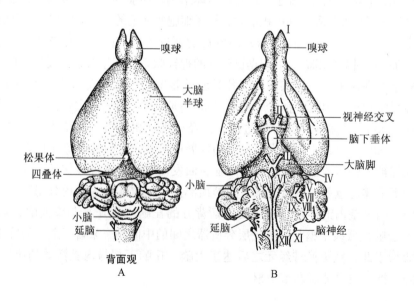

图中标注：
嗅球、大脑半球、松果体、四叠体、小脑、延脑、背面观、A、嗅球、视神经交叉、脑下垂体、大脑脚、小脑、延脑、脑神经、B

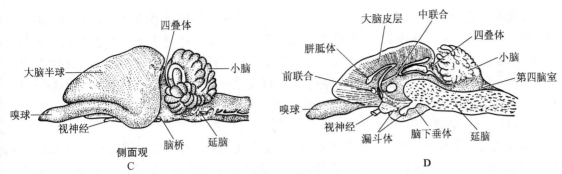

■ 图 21-31 兔脑外形（A，B，C）及矢状切面图（D）（自郝天和）

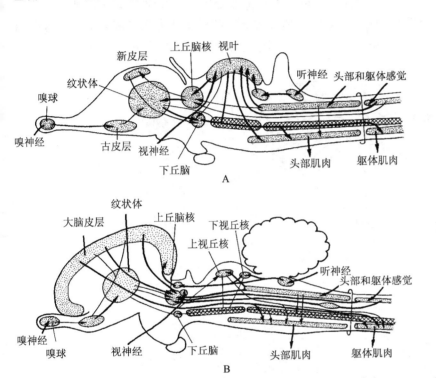

■ 图 21-32 爬行类（A）与哺乳类（B）脑主要神经传导通路比较示意图（仿 Romer）

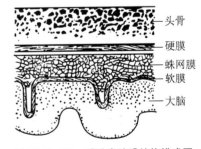

■ 图 21-33 哺乳类脑膜结构模式图

脑内具有脑室，与脊髓的中央管相通连。脑与脊髓外面包有硬膜、蛛网膜和软膜等脑膜（图 21-33）。在脑室、脊髓中央管以及各种脑膜之间，充满脑脊液，它对保证脑颅腔内压力的稳定、缓冲震动、维持内环境（盐分和渗透压）平衡和营养物质代谢，均具有重要作用。

哺乳类的自主神经系统十分发达，其主要机能是调节内脏活动和新陈代谢过程，保持体内环境的平衡。自主神经系统与一般脊神经和脑神经的主要不同有以下方面：① 中枢位于脑干、胸、腰、荐髓的特定部位；② 传出神经不直接达于效应器，而是在外周的自主神经节内更换神经元，再由其节后神经元支配有关器官；③ 协调内脏器官、腺体、心脏和血管以及平滑肌的感觉和运动。

自主神经系统包括交感神经系统和副交感神经系统，它们一般均共同分布到同一器官上，其功能是互相颉颃、对立统一的：交感神经兴奋引起心跳加快，血管收缩，血压升高，呼吸加深加快，瞳孔放大，竖毛肌收缩，消化管蠕动减弱，有些腺体（例如唾液腺）停止分泌，使有机体处于应激状态。副交感神经兴奋所引起的效果与此相反。

交感神经的中枢位于胸髓至腰髓前段的侧角，所发出的节前神经纤维达于脊柱两侧的交感神经链（sympathetic chain），在其神经节上更换神经元或越过交感神经链至独立的神经节（如肠系膜上的神经节）上更换神经元，然后以节后神经纤维支配效应器。副交感神经的中枢位于脑干的一些神经核以及荐髓的侧角，它的副交感神经节位置距效应器很近或就在效应器上，因而节后神经纤维很短，这与交感神经有显著不同（图21-34，图21-35）。

21.1.2.11 感官

哺乳类的感觉器官十分发达，尤其表现在嗅觉和听觉的高度灵敏。感官是动物体得以感知环境条件的变化，并通过中枢神经系统的控制而产生反应的重要器官。通常所称的感官，是指外感受器，包括物理感觉（例如光、热、声和压力变化）和化学感觉（例如嗅、味变化）。哺乳类对于光（视觉）、声（听觉）和嗅（嗅觉）的感觉能力强，例如空气中含有的极微量（$4×10^{-5}$ mg·L^{-1}）麝香即能被嗅知。这对于远距离定向、定位都有着积极意义，因

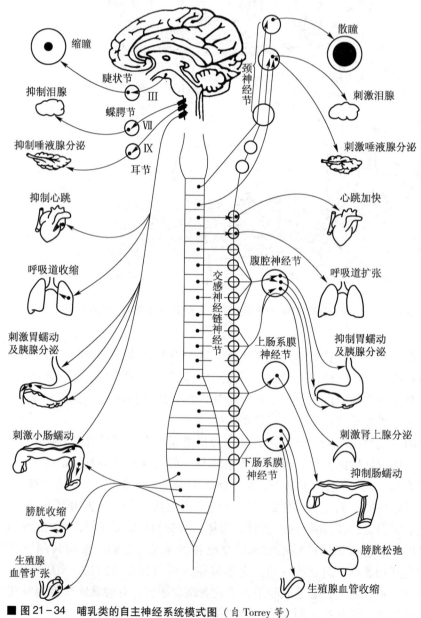

■ 图21-34 哺乳类的自主神经系统模式图（自 Torrey 等）

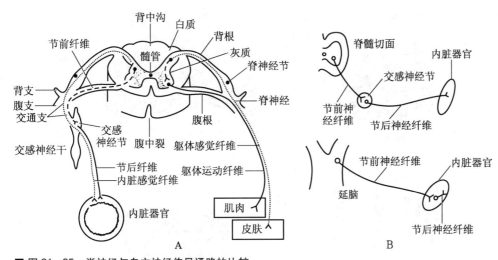

■ 图 21-35　脊神经与自主神经传导通路的比较

A. 脊神经；B. 交感（上）与副交感神经（下）（仿 Romer）

而是哺乳类觅食、寻找配偶、躲避敌害的重要器官。某些哺乳类在视力不足的条件下快速运动时，还发展了特殊的高、低频声波脉冲系统，借听觉感知声波回声定位（echolocate）。例如，蝙蝠能以 100 000 Hz 的高频声波进行回声定位，而人的听觉高限为 20 000 Hz；海豚能以高频及低频水内声波（声呐）回声定位。这些都是仿生学研究的课题。

（1）嗅觉　哺乳类嗅觉高度发达，表现在鼻腔的扩大和鼻甲骨的复杂化（图 21-36）。鼻甲骨是盘卷复杂的薄骨片，其外覆有满布嗅神经的嗅黏膜，使嗅觉表面积大为增加，例如兔的嗅神经细胞多达 10 亿个。因而嗅觉是哺乳类，特别是多数夜行性哺乳类的重要感官。水栖种类（例如鲸、海豚、海牛）的嗅觉器官则退化。

（2）听觉　哺乳类的听觉敏锐，表现在：内耳具有发达的耳蜗（cochlea）、中耳内具有 3 块彼此相关节的听骨（锤骨、砧骨和镫骨）以及发达的外耳道和耳壳。耳壳可以转动，能够更有效地收集声波。鼓膜随声波的振动以推动听骨，听骨撞击耳蜗的卵圆窗，引起管内淋巴液的震动，从而刺激听觉的感受器（螺旋器，又称科尔蒂器），将神经冲动传入脑而产生听觉（图 21-37，图 21-38）。在水中，由于哺乳类的躯体与水的密度相近，声波可以直接通

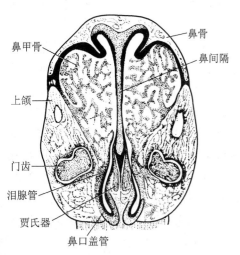

■ 图 21-36　兔的鼻腔构造

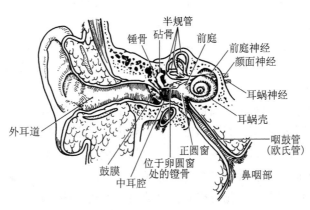

■ 图 21-37　人耳及内耳结构（自 Young）

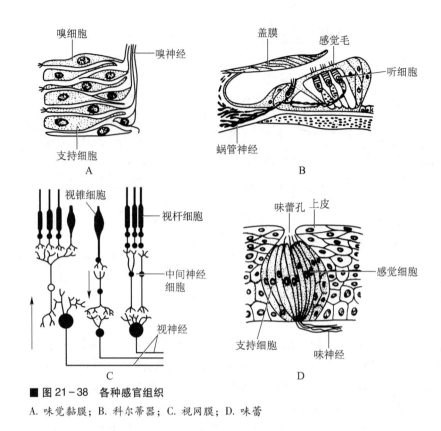

■ 图 21-38　各种感官组织
A. 味觉黏膜；B. 科尔蒂器；C. 视网膜；D. 味蕾

过躯体而达于耳。某些齿鲸的下颌骨是空的，其中充满油液，为声波的优良导体，可将声波迅速地传至紧靠其后面的中耳和内耳。

（3）视觉　哺乳类的眼球与低等陆栖种类的结构无本质的差异。哺乳类对光波的感觉灵敏，但对色觉感受力差，这与大多数兽类均为夜间活动有关。灵长目辨色能力以及对物体大小和距离的判断均较准确。

21.1.2.12　内分泌系统

哺乳类的内分泌系统极为发达，对于调节有机体内环境的稳定、代谢、生长发育和行为等，都具有十分重要的意义。内分泌腺（endocrine gland）是不具导管的腺体，其所分泌的活性物质称为激素（hormone）。激素随血液循环达于全身的靶器官或组织。含氮类（蛋白质类、肽类）激素对于靶细胞的作用，是通过 cAMP 的媒介而实现的。内分泌细胞所分泌的激素，随血液循环作为第一信使作用于靶细胞膜，使膜内的腺苷环化酶活化。腺苷环化酶促使细胞内的 ATP 分解，产生 cAMP。cAMP 作为第二信使再促使细胞内酶活化、细胞膜通透性改变和蛋白质合成，从而引起一系列生理生化效应。固醇类激素（性激素、肾上腺皮质激素）是进入细胞质后先和某种受体蛋白结合，形成激素受体复合物而起作用。内分泌调节并非取决于单一激素，只有在各激素间处于相对平衡状态时，才能体现正常的调节机能。例如，血糖水平在血液内的相对恒定，除了受胰岛素和胰高血糖的主要控制外，还受甲状腺素、生长素、肾上腺素、肾上腺皮质激素以及促肾上腺皮质激素的影响。这体现了内分泌腺之间和激素之间的相互作用、颉颃统一。一种腺体所分泌的激素进入血液后，当达到一定浓度时，就转而抑制自身的分泌，这是内分泌的自我调节形式。这种由于血液中激素浓度的变动而引起内分泌腺受到抑制或兴奋的机制称为反馈（feed-back）。

哺乳类的内分泌腺主要有脑垂体（pituitary gland）、甲状腺（thyroid gland）、甲状旁腺

（parathyroid gland）、胰岛（islets of Langerhans）、肾上腺（adrenal gland）、性腺（gonad）和胸腺（thymus）等（图21-39）。

（1）脑垂体　位于间脑腹面，由神经垂体（neurohypophysis）和腺垂体（adenohypophysis）两部分组成。前者在胚胎发生时来源于间脑的下丘脑，通称脑垂体后叶；后者来于口腔背方所突出的囊，通称脑垂体前叶。

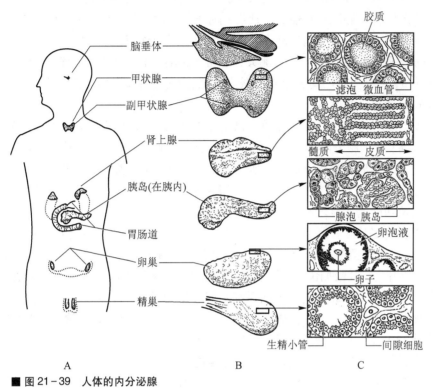

■ 图21-39　人体的内分泌腺

A. 内分泌腺的分布；B. 腺体的外形；C. 组织结构（自Storer）

神经垂体分泌两种八肽激素，即加压素或称抗利尿激素（ADH）以及催产素。前者的主要作用是引起小动脉平滑肌收缩，促进肾对水分的重吸收。后者是分娩时促进子宫收缩及泌乳，在鸟类则刺激输卵管运动。

腺垂体分泌多种肽激素，其所作用的组织及功能见表21-3。

■ 表21-3　腺垂体分泌的激素及其作用

激　素	靶器官或组织	作　用
促肾上腺皮质激素（ACTH）	肾上腺皮质	促进皮质激素（类固醇化合物）的生成与分泌
促甲状腺激素（TSH）	甲状腺	保进甲状腺激素的合成与分泌
生长激素（GH）	所有组织	促进组织生长，RNA与蛋白质的合成，脂解与抗体形成，葡萄糖与氨基酸的运输
促卵泡激素（FSH）	卵泡，曲精细管	促进卵泡成熟或精子生成
促黄体素（LH）	卵巢间质细胞，精巢间质细胞	促进卵泡成熟，雌激素分泌、排卵，黄体生成，孕酮分泌，促进雄激素合成与分泌
催乳素（PRL）	乳腺	促进乳腺生长，乳蛋白合成，分泌乳汁
促黑素（MSH）	黑色素细胞	促进黑色素的合成及黑色素细胞的散布

脑垂体的胚胎发生和功能在脊椎动物有很大的一致性，只是哺乳类最为发达，研究得也深入。我国学者首次证实文昌鱼的哈氏窝上皮细胞能合成似鱼类和哺乳类的促性腺素释放素（LHRH），在分子结构上有同源性，从而为原索动物与脊椎动物的亲缘关系提供了新证据。

（2）甲状腺　为一对位于喉部甲状软骨腹侧的腺体，在胚胎发生上来自于咽囊，与文昌鱼的内柱同源。

甲状腺激素是唯一含有卤族元素的激素。其主要作用是提高新陈代谢水平，促进生长发育。它作用于肝、肾、心脏和骨骼肌，使肝糖原分解，血糖升高；并促进细胞的呼吸作用，提高耗氧量和代谢率。因而对恒温动物的体温调节有重要作用。

（3）甲状旁腺　位于甲状腺的背侧方，通常为两对，普遍见于陆栖脊椎动物。在胚胎发生上来自于第3、4对咽囊。其所分泌的激素对血液中的钙和磷的代谢有重要作用，它作用于骨基质及肾，使血钙浓度升高。

（4）胰岛　为散布于胰中的细胞群。胰岛组织含有 α、β 细胞。α 细胞分泌胰高血糖素，能促进血糖升高；β 细胞分泌胰岛素，能促使血液中的葡萄糖转化成糖原，提高肝和肌肉中的糖原贮藏量。当胰岛素分泌不足时，血糖含量就会升高并由尿排出，出现糖尿病。

（5）肾上腺　位于肾前方内侧的一对小型腺体，由表皮的皮质和深层的髓质构成，两者在发生、结构及功能上均显著不同。

肾上腺皮质分泌与性腺同类的类固醇激素，能调节盐分（钠、钾）和糖分代谢以及促进第二性征的发育。肾上腺髓质分泌肾上腺素，其作用是使动物产生应急反应，例如心跳加快，血管收缩，血压升高，呼吸加快，血糖增加，内脏蠕动变慢等类似交感神经兴奋时的反应。

（6）性腺　睾丸的生精小管间的间质细胞能分泌雄激素，主要是睾丸酮和雄烷二酮。雄激素促进雄性器官发育、精子发育成熟和第二性征的发育，也促进蛋白质（特别是肌原纤维蛋白层）合成和身体生长，使雄性具有较粗壮的体格和肌肉。

雌激素由卵巢的卵泡产生，主要是雌二醇，能促进雌性器官发育、第二性征形成以及调节生殖活动周期。哺乳类的黄体能分泌孕酮（黄体酮），能使子宫黏膜增厚，为胎儿着床准备条件并且抑制卵泡的继续成熟和促进乳腺的发育等。低等脊椎动物的卵泡壁或间质组织可分泌孕酮，主要影响输卵管的发育和生理活动。

胎盘也是暂时的内分泌器官，分泌与妊娠和分娩有关的激素如孕酮、雌激素、促性腺激素、催乳素等。

（7）胸腺　位于心脏的腹前方，在胚胎发生上来源于咽囊，幼体较发达。胸腺究竟是内分泌腺还是淋巴腺尚有争议，其所分泌的胸腺素能增强免疫力。

（8）其他内分泌腺　松果体（松果腺）位于间脑顶部，分泌的激素主要是褪黑激素，可能与体色、生长和性成熟有关。消化管分泌的激素有促胃液素、促胰液素、促肠液素等，能激发有关消化液的分泌。雄性哺乳动物的前列腺能分泌前列腺素，它对精子的生长、成熟以及全身的许多生理活动均有影响。前列腺素还存在于卵巢、子宫内膜、脐带甚至一些植物组织中。

21.2　哺乳纲的分类

现存哺乳类约有 5 400 种，分布几遍全球，其中有 600 余种见于中国。哺乳纲可分为 3 个亚纲：

21.2.1　原兽亚纲（Prototheria）

现存哺乳类中的最原始类群。具有一系列接近于爬行类和不同于高等哺乳类的特征。主要表现在：卵生，产具壳的多黄卵，雌兽具孵卵行为。乳腺仍为一种特化的汗腺，不具乳头。肩带结构似爬行类（具有乌喙骨、前乌喙骨及间锁骨）。有泄殖腔，因而本类群又称单孔类。雄兽尚不具高等哺乳类那样的交配器官。大脑皮层不发达，无胼胝体。成体无齿，代以角质鞘。

除哺乳外，原兽亚纲体外被毛，能维持体温基本恒定，波动在 26~35 ℃之间。原兽亚纲的一系列原始结构，使其缺乏完善的调节体温的能力：当环境温度降低到 0 ℃时，体温波动在 20~30 ℃之间；当环境温度升至 30~35 ℃时，则失去热调节机制而导致热死亡。这是其活动能力不强、分布区狭窄的重要原因之一。原兽类动物一般在寒冷季节冬眠，热天蛰伏不出。现存种类仅产于澳洲塔斯马尼亚及其附近的一些岛屿上。

原兽亚纲的典型代表为鸭嘴兽（*Ornithorhynchus anatinus*）及针鼹（*Tachyglossus aculeatus*）（图 21-40）。前者嘴形宽扁似鸭，无唇而具角质鞘，尾扁平，指（趾）间具蹼，无耳壳。这些均是对游泳生活的适应。栖居于河川沿岸，穿洞为穴，以软体动物、甲壳类、蠕虫及昆虫为食。每年 10—11 月繁殖，每产 1~3 卵（卵径 16 mm×14 mm），经 14 天孵出。孵出的幼仔舐食母兽腹部乳腺分泌的乳汁，4 个月后开始独立生活。针鼹体型略似刺猬，全身被有夹杂着棘刺的毛。前肢适于掘土，吻部细尖，无齿。具有长舌，嗜食蚁类等昆虫。穴居于陆上，夜间活动。每产一卵，母兽在繁殖期间腹部皮肤皱成育儿袋，用嘴将卵移入袋内，约 10 d 孵出。幼兽再继续舐食乳汁发育。

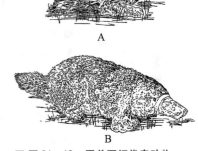

21.2.2　后兽亚纲（Metatheria）

较低等的哺乳动物类群，主要特征为：胎生，胚胎借卵黄囊与母体的子宫壁接触，因而幼仔发育不良（妊娠期 10~40 d），需继续在雌兽腹部的育儿袋中长期发育。因而本类群又称有袋类。泄殖腔已趋于退化，但尚留有残余。肩带表现有高等哺乳类的特征（前乌喙骨与乌喙骨均退化，肩胛骨增大）。具有乳腺，乳头位于育儿袋内。大脑皮层不发达，无胼胝体。异型齿，但门牙数目较多，常为 5/3，3/2，属低等哺乳类性状。

■ 图 21-40　原兽亚纲代表动物
A. 针鼹；B. 鸭嘴兽

后兽亚纲的体温更接近于高等哺乳类，为 33~35 ℃，而且能在环境温度大幅度变动的情况下维持体温恒定。主要分布于澳洲及美洲。典型代表有灰袋鼠（*Macropus giganteus*），栖于澳洲草原，适应于跳跃生活方式，后肢强大，趾有并合现象，一步可跳 5 m。尾长而粗壮，是栖息时的支持器官和跳跃中的平衡器（图 21-41）。集小群活动，植食性为主。育儿袋发达，幼仔尚未充分发育，不能吸吮乳汁。母兽乳房具有特殊肌肉，能将乳汁喷出；幼仔唇部紧裹乳头，喉上升直伸入鼻腔，因而乳汁得以畅流进入食管。负鼠（*Didelphis* spp.）产于美洲森林、沼泽地区，体形似鼠，腹部有育儿袋。刚离开育儿袋的幼仔，尚需要母兽背负生活一段时间，因此得名。

澳洲大陆由于很早即与地球的主要大陆隔离，高等哺乳类（有胎盘类）未能侵入。有袋类适应于各种不同的生活方式，发展了类似有胎盘类的各种生态类群。例如，以肉食为生的袋狼、袋鼬；草食类的袋鼠以及类似于啮齿类生活方式的袋熊、袋貂和袋兔。因而是研究动物的适应辐射和进化趋同的重要对象。

■ 图 21-41　袋鼠

21.2.3　真兽亚纲（Eutheria）

真兽亚纲又称有胎盘类，是高等哺乳动物类群。种类繁多，分布广泛，现存哺乳类中的绝大多数（95%）属此。本亚纲的主要特征是：具有尿囊胎盘，胎儿发育完善后再产出。不具泄殖腔。肩带为单一的肩胛骨所构成。乳腺充分发育，具乳头。大脑皮层发达，有胼胝体。异型齿，但齿数趋向于减少，门牙数目少于5枚。有良好的调节体温的机制，体温一般恒定在37℃左右。

真兽亚纲的现存种类有18个目，其中14个目在我国有分布，现就重要代表简述如下：

21.2.3.1　食虫目（Insetivora）

本目为比较原始的有胎盘类。个体一般较小，吻部细尖。四肢多短小，指（趾）端具爪，适于掘土。牙齿结构比较原始。体被绒毛或硬刺。主要以昆虫及蠕虫为食，大多数为夜行性。

常见代表种类有刺猬（*Erinaceus europaeus*）。鼩鼱（*Sorex araneus*）为外貌略似小鼠的食虫目代表。缺齿鼹（*Mogera robusta*）为我国常见的一种鼹鼠，适应于在地下穿穴生活，体粗短，密被不具毛向的绒毛，有利于在地道内进退。眼小，耳壳退化，锁骨发达，前肢短粗，掌心向外侧翻转，具粗大的长爪，为掘土的利器（图21-42）。

■ 图21-42　食虫目代表动物

A. 刺猬；B. 鼩鼱；C. 鼹鼠

21.2.3.2　树鼩目（Scandentia）

外形略似松鼠，在结构上似食虫目但又有似灵长目的特征，例如嗅叶较小，脑颅宽大，有完整的骨质眼眶环等。代表动物树鼩（*Tupaia glis*）分布我国云南、广西及海南岛（图21-43）。由于树鼩形态和生理的某些方面似低等灵长目动物，体小，易于饲养，是理想的实验动物、受重视的研究对象。

21.2.3.3　翼手目（Chiroptera）

飞翔的哺乳动物。前肢特化，具特别延长的指骨。由指骨末端至肱骨、体侧、后肢及尾间，着生有薄而柔韧的翼膜。前肢仅第1或第1及第2指端具爪。后肢短小，具长而弯的钩爪，适于悬挂栖息。胸骨具胸骨突起，锁骨发达。齿尖锐，适于食虫（少数种类以果实为主食）。夜行性。本目常见代表为东方蝙蝠（*Vespertilio sinensis*）（图21-44）。

21.2.3.4　灵长目（Primates）

树栖生活，除少数种类外，拇指（趾）多能与它指（趾）相对，适于树栖攀缘及握物。锁骨发达，手掌（及跖）裸露，并具有两行皮垫，有利于攀缘。指（趾）端部除少数种类具爪外，多具指甲。大脑半球高度发达。眼眶周缘具骨，两眼前视，视觉发达，嗅觉退化。雌兽有月经。广泛分布于热带、亚热带和温带地区。群栖。杂食性。本目代表性种类有：

■ 图 21-43　树鼩

■ 图 21-44　东方蝙蝠

（1）懒猴科（Lorisidae）　体小，四肢细长，尾甚短。第 2 趾端尚具爪，为本科主要特征。树栖性强，昼伏夜出，行动迟缓。我国云南所产的蜂猴（*Nycticebus bengalensis*）为本科代表（图 21-45）。

（2）卷尾猴科（Cebidae）　鼻间隔宽阔，左右鼻孔距离甚远且向两侧开口，因而归入阔鼻类（Platyrrhines），仅分布于西半球南部，又称新大陆猴。其余大多数猿猴属于狭鼻类（Catarrhines），分布于东半球，又称旧大陆猴。本科代表有白喉卷尾猴（*Cebus capachinus*），产南美，尾长具缠绕性，有"手"的功能。拇指（趾）不能与它指（趾）相对。口内不具颊囊。臀部不具臀胼胝。

（3）猴科（Cercopithecidae）　鼻间隔狭窄，鼻孔向下开口。拇指（趾）能与它指（趾）相对。尾不具缠绕性。多具颊囊和臀胼胝。脸部有裸区。后肢一般比前肢长。分布于南非及亚洲温热带区域。代表种类有猕猴（*Macaca mulatta*）（图 21-45）。川金丝猴（*Rhinopithecus roxellanae*）为我国特产珍贵动物，分布于川南、陕南、甘南以及湖北省神农架的高山上。体被金黄色长毛（可达 23 cm），眼圈白色，尾长，无颊囊。以植物性食物为主食。

（4）长臂猿科（Hylobatidae）　臂特长，站立时手可及地。无尾，具小的臀胼胝。不具颊囊。我国云南南部的黑冠长臂猿（*Hylobates concolor*）（图 21-45）为本科代表。

（5）猩猩科（Pongidae）　与长臂猿科类似，但体型较大，不具臀胼胝，前肢长可过膝，耳与脸部少毛。黑猩猩（*Pans troglodytes*）、猩猩（*Pongo pygmaeus*）和大猩猩（*Gorilla gorilla*）为本科代表。除猩猩产于加里曼丹、苏门答腊外，其余两种均在非洲热带雨林内分布。大脑发达，行为复杂，在分类地位上接近人类（图 21-45）。

（6）人科（Hominidae）　直立步行，臂长不过膝，体毛退化，手足分工。大脑极为发达。有语言。劳动和语言使人类与猿类有本质的不同。

A　　　　　　　　B　　　　　　　　C　　　　　　　　D

■ 图 21-45　灵长目代表动物

A. 懒猴；B. 猕猴；C. 长臂猿；D. 黑猩猩

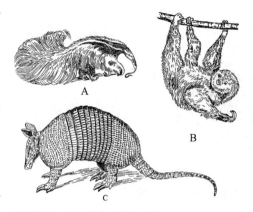

■ 图21-46 贫齿目代表动物

A. 大食蚁兽；B. 三趾树懒；C. 懒犰狳

■ 图21-47 穿山甲

■ 图21-48 兔形目代表动物

A. 鼠兔；B. 草兔

21.2.3.5 贫齿目（Edentata）

牙齿趋于退化的一支食虫哺乳动物。不具门牙和犬牙；若白齿存在时亦缺釉质，且均为单根齿。大脑几无沟、回。后足5趾，前足仅有2~3个趾发达，具有利爪以掘穴。分布于中、南美的森林中。著名的代表动物有大食蚁兽（*Myrmecophaga tridactyla*）、三趾树懒（*Bradypus tridactylus*）和懒犰狳（*Tolypeutes matacus*）（图21-46）。

21.2.3.6 鳞甲目（Pholidota）

体外覆有角质鳞甲，鳞片间杂有稀疏硬毛。不具齿。吻尖，舌发达，前爪极长，适应于挖掘蚁穴、舐食蚁类等昆虫。代表动物有我国南方所产的穿山甲，又称鲮鲤（*Manis pentadactyla*）（图21-47）。

21.2.3.7 兔形目（Lagomorpha）

上颌具有两对前后着生的门齿，后一对很小，隐于前一对门齿的后方，又称重齿类（Dupilicidentata）。门牙前后缘均具珐琅质。无犬齿，在门齿与前白齿间呈现空隙，便于食草时泥土等杂物溢出。上唇具有唇裂，也是对食草习性的适应。主要分布在北半球的草原及森林草原地带。常见代表有达乌尔鼠兔（*Ochotona daurica*）及草兔（*Lepus capensis*）（图21-48）。欧洲地中海周围地区的穴兔（*Oryctolagus cuniculus*）是所有家兔品种的原祖。

21.2.3.8 啮齿目（Rodentia）

本目为哺乳类中种类及数量最多的一个类群（约占种数的1/3），适应于在多种生态环境中生活，遍布全球。主要特征为：上下颌各具一对门齿，仅前面被有釉质，呈凿状，终生生长。无犬齿，门齿与前白齿间具有空隙。白齿常为3/3。我国常见种类有：

（1）松鼠科（Sciuridae） 适应于树栖、半树栖及地栖等多种生活方式。头骨具眶后突，颧骨发达，构成颧弓的主要骨骼。代表性种类有松鼠（灰鼠）（*Sciurus vulgaris*）、花鼠（*Tamias sibiricus*）、达乌尔黄鼠（*Spermophilus dauricus*）、草原旱獭（*Marmata bobak*）和复齿鼯鼠（*Trogopterus xanthipes*）（图21-49）。

（2）河狸科（Castoridae） 为半水栖的大型啮齿动物，全世界仅两种，限在北半球北部水域分布。以树枝、树皮及水生植物的根茎为主食，能以树干筑堤坝以维持洞口水位。我国新疆分布的河狸（*Castor fiber*）为珍贵毛皮兽（图21-49）。

（3）仓鼠科（Cricetidae） 不具前白齿。颧骨不发达，构成颧弓偏后方的极小部分。我国常见种类有黑线仓鼠（*Cricetulus barabensis*）、长爪沙鼠（*Meriones unguiculatus*）、中华鼢鼠（*Myospalax fontanieri*）和麝鼠（*Ondatra zibethica*）（图21-49）。

（4）鼠科（Muridae） 中小型鼠类，种类极多，全世界在730种以上，分布极广，繁殖及适应能力均强。多具长而裸露、外被鳞片的尾。颧弓结构似仓鼠科。不具前白齿。白齿齿尖常排成三纵列。常见种类有小家鼠（*Mus musculus*）及褐家鼠（*Rattus norvegicus*）（图21-49）。

（5）跳鼠科（Dipodidae） 荒漠鼠类。后肢显著加长，跖骨及趾骨趋于愈合及减少，适于跳跃。尾长而具有端部丛毛，有助于栖止及跳跃。我国内蒙古地区的三趾跳鼠（*Dipus sagitta*）可作为本科代表（图21-49）。

■ 图 21-49 啮齿目代表动物

A. 松鼠；B. 黄鼠；C. 旱獭；D. 鼢鼠；E. 麝鼠；F. 小家鼠；G. 跳鼠；H. 鼹鼠；I. 河狸

21.2.3.9 鲸目（Cetacea）

水栖兽类。适应于游泳。体毛退化，皮脂腺消失，皮下脂肪增厚，前肢鳍状，后肢消失，颈椎有愈合现象，具"背鳍"及水平的叉状"尾鳍"。鼻孔位于头顶，其边缘具有瓣膜，入水后关闭，出水呼气时声响极大，形成甚高的雾状水柱，因而又称喷水孔（blowhole）。肺具弹性，体内具有能贮存氧气的特殊结构，从而能在 15 min 至 1 h 出水呼吸一次。外耳退化。齿型特殊，具齿的种类为多数同型的尖锥形牙齿。雄兽睾丸终生位于腹腔内。雌兽在生殖孔两侧有一对乳房，外为皮囊所遮蔽，授乳时借特殊肌肉的收缩能将乳汁喷入仔鲸口内。

本目大体分为须鲸类（Mystacoceti）和齿鲸类（Odontoceti）（图 21-50）。前者不具齿（胎儿期具齿），上腭角质板成行自口顶下垂，滤食小型水生生物，称为鲸须（baleen）。须鲸为现存最大的哺乳动物，约为最小的哺乳类（例如鼩鼱）体重的 2 000 万倍。动脉直径达 30 cm，心脏每次收缩可唧出 45～68 dm³ 的血液。我国沿海所见的小鳁鲸（*Balaenoptera acutorostrata*）属此。齿鲸类的代表有抹香鲸（*Physeter macrocephalus*）和白鳍豚（*Liptes vexillifer*），后者为我国长江流域特产的极危物种。通常所说的海豚（Dolphins）亦属齿鲸，由于大脑发达、具有特殊的声波定位结构，已被训练用于各种海下作业，并为仿生学研究对象之一。

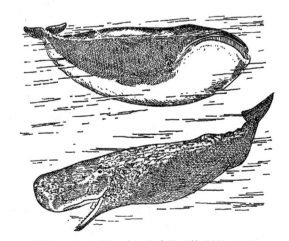

■ 图 21-50 须鲸（上）和齿鲸（抹香鲸）（下）

21.2.3.10 食肉目（Carnivora）

猛食性兽类。门齿小，犬齿强大而锐利，上颌最后一枚前臼齿和下颌第一枚臼齿的齿尖变形，有如剪刀状相交，称为裂齿。指（趾）端常具利爪以撕捕食物。脑及感官发达。毛厚密而且多具色泽，多为重要毛皮兽。我国常见代表有：

（1）犬科（Canidae） 体型类犬，颜面部长而突出，四肢适于奔跑，后足常具4趾，爪钝、不能伸缩。肉食性。我国常见的有狼（*Canis lupus*）、赤狐（*Vulpes vulpes*）、貉（*Nyctere-utes procyonoides*）和豺（*Cuon alpinus*）等（图21-51）。

（2）熊科（Ursidae） 中大型兽类。体粗壮，头圆，颜面部长。具5指（趾）。爪不能伸缩。尾短。裂齿不发达。代表种类为黑熊（*Selenarctos thibetanus*）（图21-51）。

■ 图21-51 食肉目代表动物

A. 狼；B. 狐；C. 貉；D. 黑熊；E. 大熊猫；F. 紫貂；G. 水獭；H. 黄鼬；I. 獾；J. 虎；

K. 猞猁

（3）大熊猫科（Ailuropodidae）　体似熊但吻短。以竹叶为主食，为食肉目中的"素食"种类。本科仅存一种，即我国特产珍兽大熊猫（*Ailuropoda melanoleuca*）。仅产于四川省西北部、甘肃省最南部以及陕西省秦岭南麓（图21-51）。

（4）鼬科（Mustelidae）　中小型兽类。体型细长，腿短，具5指（趾），爪不能伸缩。多数种类在肛门附近具有臭腺。紫貂（*Martes zibellina*）、黄鼬（*Mustela sibirica*）、狗獾（*Meles meles*）和水獭（*Lutra lutra*）为本科著名种类（图21-51）。

（5）猫科（Felidae）　中大型兽类。头圆吻短，后足4趾，爪能伸缩，多数善于攀缘及跳跃，以伏击方式捕杀其他热血动物。裂齿及犬齿均发达。本科著名种类有狮（*Panthera leo*）、虎（*P. tigris*）、豹（*P. pardus*）和猞猁（*Lynx lynx*）等。除狮产于非洲及印度西部外，其余在我国均有分布。我国虎的野生种类及数量均甚稀少，是国家Ⅰ级重点保护动物（图21-51）。

21.2.3.11　鳍脚目（Pinnipedia）

海产兽类。四肢特化为鳍状，前肢鳍足大而无毛，后肢转向体后，以利于上陆爬行。不具裂齿。代表种类为斑海豹（*Phoca largha*）（图21-52）。

21.2.3.12　长鼻目（Proboscidea）

现存最大的陆栖动物。具长鼻，为延长的鼻与上唇所构成，体毛退化，具5指（趾），脚底有厚层弹性组织垫。上门齿特别发达，突出唇外，即通称的"象牙"。臼齿咀嚼面具多行横棱，以磨碎坚韧的植物纤维。植食性。代表动物有我国云南南部所产的亚洲象（*Elephas maximus*）为国家Ⅰ级重点保护动物（图21-53）。

21.2.3.13　奇蹄目（Perissodactyla）

草原奔跑兽类。主要以第3指（趾）负重，其余各趾退化或消失。指（趾）端具蹄，有利于奔跑。门齿适于切草，犬齿退化，臼齿咀嚼面上有复杂的棱脊。胃简单。本目代表种类有：

（1）马科（Equidae）　马型兽类。仅第3指（趾）发达承重，其余各趾均退化。颈背中线具一列鬃毛。腿细而长。尾毛极长。门齿凿状，臼齿齿冠高、咀嚼面复杂。野马（*Equus przewalskii*）和藏野驴（*Equus kiang*）为本科代表，均为国家重点保护动物。

（2）犀牛科（Rhinocerotidae）　体粗壮。前后足各具3个负重的趾。头顶具1~2个单角，系由毛特化所构成。皮厚而多裸露。腿短。亚洲犀（*Rhinoceros unicornis*）为本科代表，为世界濒危物种（图21-54）。

21.2.3.14　偶蹄目（Artiodactyla）

第3、4指（趾）同等发育，以此负重，其余各指（趾）退化。具偶蹄。尾短。上门牙常退化或消失，臼齿结构复杂，适于食草。除澳洲外，遍布各地。代表性种类有：

（1）猪科（Suidae）　猪型。吻部延伸，在鼻孔处呈盘状，内有软骨垫支持。毛鬃状。尾细，末端具鬃毛。足具4指（趾），侧指（趾）较小。具门齿，犬齿在雄兽外突成獠牙，臼齿具丘状突，杂食，胃简单。繁殖力强。我国常见种类野猪（*Sus scrofa*）为本科代表，是家猪的原祖。

（2）河马科（Hippopotamidae）　中、大型兽类。体躯粗壮，具有

■ 图21-52　斑海豹

■ 图21-53　亚洲象

■ 图21-54　亚洲犀

大而圆的吻部，眼凸出、位于背方，耳小。体毛稀缺。腿短，具4指（趾）。门齿与犬齿呈獠牙状。仅分布于非洲草原。河马（*Hippopotamus amphibius*）为本科代表。营半水栖生活。

（3）驼科（Camelidae）　头小、颈长，上唇延伸并有唇裂。足具两趾。趾型宽大，具有厚弹力垫，负重时两趾分开，适于在沙漠中行走。体毛软而纤细，驼绒为优质保暖材料。胃复杂，分为3室。双峰驼（*Camelus fenrus*）为本科代表。双峰驼在我国自古已被驯化役用，现今野生种类极为稀缺，栖息于中亚荒漠地区。目前我国在甘肃、新疆等地尚有少量分布，为国家重点保护动物（图21-55）。

（4）鹿科（Cervidae）　鹿形兽类。具4指（趾），中间一对较大。常具眶下腺及足腺。多数雄兽具有分叉的鹿角，鹿角的分叉数及特征为分类依据。上颌无门齿，臼齿齿面具新月状脊棱。我国所产鹿类共22种，代表种类有梅花鹿（*Cervus nippon*）、马鹿（*Cervus elaphus*）、麋鹿（四不像）（*Elaphurus davidianus*）和原麝（香獐）（*Moschus moschiferus*）等。麋鹿是我国特产珍贵兽类，原产我国东部、长江中下游地区，野生种群早已灭绝。1980年从国外引进80只饲养种群，进行半野化驯养，至今已繁殖出2 000余只（图21-55）。

■ 图21-55　偶蹄目代表动物

A. 双峰驼；B. 梅花鹿；C. 原麝；D. 麋鹿；E. 野牛；F. 黄羊；G. 羚牛；H. 盘羊；I. 长颈鹿

（5）长颈鹿科（Giraffidae）　具长颈、长腿。头顶具 2~3 个不分叉并包有毛皮的角，终生不脱落。脚具两蹄。限产于非洲。代表种类为长颈鹿（*Giraffa camelopardalis*）（图 21-55）。

（6）牛科（Bovidae）　偶蹄。绝大多数雄兽具一对洞角（少数具 2 对）。代表种类有印度野牛（*Bos gaurus*）、黄羊（*Procapra gutturosa*）、羚牛（*Budorcas taxicolor*）、藏羚（*Pantholops hodgsoni*）及盘羊（*Ovis ammon*）等（图 21-55）。

牛科种类中有不少已被驯化成家畜，例如黄牛、水牛（*Bubalus bubalus*）、牦牛（*Bos grunniens*）、山羊（*Cepra hircus*）、绵羊等。为肉食、毛皮及役用的重要畜类。进一步养殖驯化有前途的野生种类和采用克隆杂交育种等培育新品种，存在着广阔的前景。

21.3　哺乳类的起源和适应辐射

21.3.1　哺乳类的起源

大约在距今 2.25 亿年的中生代三叠纪，由古爬行类的盘龙类（Pelycosaurs）进化出一支较先进的兽孔类（Therapsids）。兽孔类后裔中的一支兽齿类（Theriodonts）是哺乳类的祖先。兽齿类的化石已具备了一些哺乳类的特征：四肢位于身体腹侧，能将身体抬离地面运动；头骨具下颞孔，具槽生的异型齿，双枕髁，下颌齿骨特别发达，某些种类已具原始的次生腭；脊椎、带骨及四肢骨的构造均似哺乳类；脑和感官较发达。代表动物为发现于南非三叠纪地层的犬颌兽（*Cynognathus*），体长约 2 m，似狗（图 21-56），我国云南省禄丰地区发现的晚三叠纪化石卞氏兽（*Bienotherium*）也属兽齿类。

最早的哺乳类都是一些个体大小如鼠的种类。小的体型在中生代早期可能是一种很好的适应性特征，有利于在大型肉食性恐龙所占据的生态位中栖居。到中生代末期，随着爬行类的大灭绝而得以充分发挥其体制结构的优越性，从而广泛适应辐射并占领绝灭的爬行类所空出的众多生境，标志着哺乳动物时代的开始。到第三纪的始新世和渐新世时，哺乳动物已十分繁盛，称为哺乳动物时代。

■ 图 21-56　兽齿类爬行动物——犬颌兽

21.3.2　哺乳类的适应辐射

一般认为现存的哺乳类很可能是多系起源的。根据化石资料，哺乳类的祖先为三锥齿类（Triconodont），形态与兽孔类极相似，但下颌为单一齿骨构成，臼齿有 3 个齿尖，排成直行（图 21-57），以小型无脊椎动物为食，外形似鼠，具初步攀爬能力。大多数后兽亚纲与真兽亚纲的哺乳动物是侏罗纪（距今 1.5 亿年前）古兽类的后代。而原兽亚纲则是从不同的祖先进化而来的，可能是在中生代三叠纪末出现的多结节齿类（Multituberculata）的后代。

哺乳动物的进化经历了 3 个基本辐射阶段：

（1）中生代侏罗纪　此期所见的三结节齿类（Trituberculata）的臼齿齿尖已从直行排列演变成三角形排列。由三结节齿类演化出 3 支：三齿兽类（Triconodonta）、对齿兽类（Symmetrodonta）和古兽类（Pantotheria）。前两支生存到侏罗纪与白垩纪交替时期绝灭，而古兽类却得到蓬勃发展。古兽类的臼齿齿尖为三角形排列，但下颌臼齿后方具有带两个齿尖的"下跟座"（talonid）。古兽类是后兽亚纲和真兽亚纲的祖先（图 21-58）。此时期多结节齿类还很兴旺。

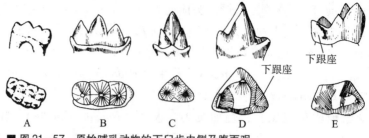

■ 图 21-57　原始哺乳动物的下臼齿内侧及腹面观

A. 多结节齿类；B. 三锥齿类；C. 三结节齿类；D. 古兽类；E. 原始食虫类（自 Viller 等）

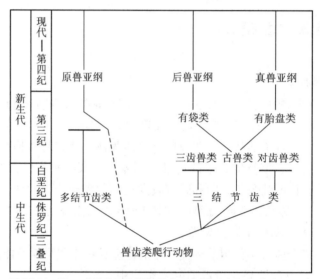

■ 图 21-58　哺乳类适应辐射简化示意图（自郑光美）

（2）中生代末期　到白垩纪出现了后兽亚纲与真兽亚纲。多结节齿类尚存在。

（3）新生代　从新生代初期开始，哺乳类的一系列进步性特征在生存斗争中占据有利地位，因而得到空前发展。现存各目哺乳类多是此时期辐射出来的，5 000 万年以来一直成为陆生占优势的动物类群。多结节齿类在此期绝灭。单孔类化石出现，可能是三叠纪末出现的多结节齿类的后裔。

现存真兽类哺乳动物是在第四纪更新世及其以后发展起来的，它们在各大陆间进行迁徙混杂，遗传的、地理的和生态的因子导致产生各种动物类群。澳洲由于较早（白垩纪）与其他大陆隔离，真兽类哺乳动物未能入侵，因此澳洲的新生代便成为有袋类的辐射时期，与他大陆的真兽类的辐射形成许多平行进化现象。

21.3.3　类人猿和人类的起源与进化

灵长目包括原猴亚目和类人猿亚目。类人猿亚目包括卷尾猴科、猴科、长臂猿科、猩猩科和人科。最古老的灵长类是原猴类，它们是一些体型小，拇指（趾）与它指（趾）能对持的树栖种类。地史上发现的最早的一些灵长类化石，出现于距今 4 000 万年前的始新世晚期至渐新世早期，包括几个属的猴类以及类人猿亚目的动物，它们个体小，明显呈猴样，栖居于多河流的热带雨林中。据此推测，至少到渐新世时期，原猴亚目与类人猿亚目的动物已由原猴主干分成两大支进化。其中类人猿亚目中的一些猴类通过某些途径迁至当时的南美洲，再经地理隔离发展成今天的新大陆猴——卷尾猴类（图 21-59）。新大陆猴从古代类人猿亚目中分离出较早，因而尚具有许多较原始的形态特征，例如拇指（趾）不能与它指（趾）对持，阔鼻，卷尾等。旧大陆猴（例如狒狒、猕猴等）晚于新大陆猴与古代类人猿分离，其分支时间尚不清楚。

现代类人猿（包括长臂猿、猩猩、大猩猩与黑猩猩）与人类关系十分密切，具有共同的祖先，都是由一种古猿演化而来。距今 3 000 万年渐新世晚期地层发现的埃及古猿（*Aegyptopithecus*）有类人猿的特征，大小似犬，齿式明显像类人猿，但颅骨像猴，代表了向人类发展的早期过渡类型。

距今 2 500 万年的中新世，地球变冷，许多地方变得冬长夏短，北美、欧洲和亚洲的广大地区的热带亚热带森林被草原替代，类人猿开始了适应辐射。出现于约 3 000 万年前渐新世晚期的森林古猿（*Dryopithecu africanus*），在中新世十分繁盛，直至距今约 1 000 万年前绝灭，是一个多分化的类群，兼具猴、类人猿和人的特征，广布于非洲、欧洲和印度等地。一般认为森林古猿的非洲种（*D. major*）是现代黑猩猩的祖先。另一类森林古猿非洲酋猴（*Proconsul africanus*）是大小似狒狒的类人猿，可能是所有类人猿的共同祖先，与黑猩猩有明显的

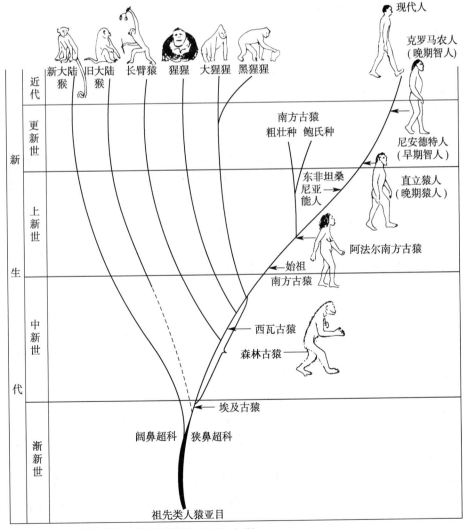

■ 图 21-59　类人猿和人类的进化树（仿 Mitchell）

亲缘关系。以猩猩为代表的亚洲类人猿的进化谱系不很清楚，它们已具有人类和其他类人猿的共同特征，如拇指（趾）能与它指（趾）对持，相对发达的大脑，眼前视，大多为跖行等。此外，它们的臂长几乎与腿长相等，说明是适于陆地与树栖生活。因此可以认为森林古猿是长臂猿科和猩猩科的祖先，同样有可能是人科的祖先。换句话说，人类与类人猿有共同祖先是无疑的，近年分子生物学、生物化学和免疫学的研究也已证明类人猿之间和类人猿与人类之间的亲缘关系很近。它们之间的准确谱系关系尚有待进一步研究。

根据现有材料可将人类的起源与进化大致分为 4 个阶段：

（1）古猿　早期代表有南非和印度的拉玛古猿（*Ramapithecus*）和西瓦古猿（*Sivapithecus*），发现于距今 1 200 万~1 500 万年前的中新世。具有一些人类的特征，如颌骨与齿型属于人的类型，齿冠比类人猿的低矮。由于未发现完整的骨骼，故对拉玛古猿是否直立尚难以判断。

作为过渡阶段的晚期代表有非洲的阿法尔南方古猿（*Australopithecus afarensis*）。化石发现于距今 300 万~400 万年前的上新世。这些古猿主要生活在东非，直立或半直立，以双脚行走，臂长于腿，可能是部分树栖，犬齿大于现代人而小于类人猿，骨盆似人而不同于猩猩类，脑容量为 430~530 cm³，小于人脑，大于类人猿的脑。在埃塞俄比亚发现的始祖南方古猿（*A. ramidus*），距今 500 多万年前，臼齿较小，已能直立行走，与人科动物相似，颅骨也不同于猿类。生活在被森林覆盖的平原上，与其共同生活的有猴、羚羊、大型猫科动物、熊和鸟类等。在进化上是处于人类与类人猿分支进化的分歧点，是人类的直接祖先。研究者认为，它们在森林中居住是为了躲避敌害，直到数十万年后，其直系后裔阿法尔南方古猿才从森林迁往空旷地带生活。

（2）能人　此阶段的代表有东非坦桑尼亚能人（*Homo habitis*），生活于 160 万~300 万年前。已能制造和使用原始的木制和石制工具。脑容量为 657 cm³，大于南方古猿，小于现代人。关于能人与古猿的关系仍有争论，有人认为两者无明显的区别。

（3）直立人　直立猿人（*Homo erectus*）已是真正的人类，出现于第四纪更新世早期，距今 30 万~180 万年前。直立猿人是更进步、具文化的类群，已能使用骨器与石器工具和火，体高 150~170 cm，额低，眉嵴粗壮，无颏，上下颌粗大，牙齿比现代人的大，脑容量为 800~1 000 cm³。根据脑的大小与外形推测，它们已可能使用语言进行交流。住洞穴，群居，使用兽皮包裹身体等。直立猿人分布广，是第一个遍布旧大陆的人科动物。著名的代表有我国的北京猿人（*H. e. pekinensis*）、蓝田猿人、元谋猿人、爪哇猿人和德国海德堡猿人等。

（4）智人　智人（*Homo spiens*）代表现代人，可能是由直立人进化而来。分为古代类型（古人）和现代类型（新人）。古代类型智人在更新世晚期的旧大陆各地占统治地位，其代表有欧洲各地发现的尼安德特人（*Homo sapiens neanderthalensis*）、我国的山西丁村人、陕西的大荔人、广东的马坝人和湖北的长阳人。此类智人生活于 10 万~30 万年前。不过，2008 年对从尼安德特人化石中提取的线粒体 DNA 组分析表明，尼安德特人与现代人类的线粒体 DNA 在 660 000±140 000 年前发生分化。现代人已能直立行走，但膝部略弯曲，牙齿较小，头盖骨较薄，介于直立猿人与现代智人之间。脑容量 1 200~1 300 cm³（现代人平均为 1 400 cm³）。头部尚保留猿人特点，如眉嵴突出，额部低平，下颌缩后。此时期的智人能制造比较精细的石器，如刀片、矛头、刮片、斧、钻孔器及一些特殊工具。它们不仅能利用天然火，还会人工取火。住山洞，群居，已有埋葬死者并举行仪式的习俗，相当于旧石器时代的中期。

现代类型的智人生活于距今 3 万~4 万年前的更新世晚期直至现代，其化石遍布五大洲，典型代表克罗马农人（*Homo sapiens sapiens*），化石发现于法国克罗马农。我国发现的这一类型的化石有：北京周口店山顶洞人，广西的柳江人，云南的丽江人，四川的资阳人，内蒙古的河套人等。这种类型的智人已相同于现代人。所制造的工具更精致，如渔叉、用兽骨或石头制成的针、石镞和带尖的矛头等，能烧制陶器。农牧业已有初步分工，会建造原始房屋。居于山洞，洞壁上绘有与狩猎有关的绘画或雕刻艺术。现一般认为克罗马农人是尼安德特人的后裔，是现代人的祖先，由他们逐渐发展成为现代世界的各色人种。

已有的一些化石和分子生物学研究证据表明，现代智人很可能是起源于非洲，以后扩散至世界各地。但也有人主张是多地区起源进化的，尚有待更深入的研究加以阐明。

21.4 哺乳类的保护、持续利用与害兽防治原则

哺乳类具有重大的经济价值，与人类生活有着极为密切的关系，更是维系自然生态系统稳定的积极因素。家畜是肉食、皮革及役用的重要对象，某些兽类（主要是啮齿类）对农、林、牧业构成威胁，并能传播危险的自然疫源性疾病（例如鼠疫、出血热、土拉伦斯病等），危害人、畜健康及经济建设。

家畜是在人类定向控制下进行驯化育种、繁育和增产的，是农学中的畜牧学主要研究对象。而动物学家所面临的主要任务是如何保护、发展以及持续利用野生动物，并设法有效地控制某些动物所带来的危害。就全局而论，当前大多数野生动物，特别是有重大经济价值的动物所面临的是栖息地被破坏或消失，乱捕滥猎等因素所导致的资源枯竭、濒危以至绝灭。所以保护自然、保护生物物种多样性，已成为全球关注的热点。本节以哺乳类为例对有关方面作一些简介，其原则也适用于其他动物类群。

21.4.1 野生动物资源的持续利用与保护

野生动物是可更新的自然资源，通过繁殖、衰老和病死以及迁出迁入，保持着种群的动态平衡。科学管理和有计划地适量开发，取用种群中每年通过繁殖所增加的剩余部分，可以最大限度地开发利用并使资源相对保持稳定，是野生动物资源利用的基本原则。

狩猎、驯养和自然保护是最大限度地、长期地合理利用野生动物资源的重要内容。三者之间存在着互为依赖、互相促进的辩证关系。不重视对资源的保护和繁殖驯养，就不可能长期、稳定地利用野生动物资源。例如，砍伐森林、环境污染以及过猎，都可导致动植物的组成、数量甚至气候条件发生改变。为了追求利润而大规模地破坏野生动物赖以生存的环境以及乱捕滥猎，曾导致大量珍贵动物灭绝，例如大海牛、大盘马、野马、麋鹿、鼠形袋鼠和褐色斑马等100余种哺乳类，都是近几百年间灭绝或野生灭绝的。欧洲野牛和美洲野牛也是濒于灭绝的珍兽，只是由于有关各国划定禁猎区严加保护，才幸免于难。

21.4.1.1 猎场、猎期和猎量

确定狩猎动物的猎场、猎期和猎量，是合理狩猎的前提。它涉及对动物的分布、区系组成、种群密度、数量变动规律（涉及繁殖率、死亡率、营养、疾病和天敌等一系列影响因素）以及生活习性等方面的综合研究，是广大动物学工作者面临的艰巨任务。

在猎场确定之后，必须制定合理的猎期和猎量。猎期就是从生物学和经济价值两方面考虑的适宜狩猎时期。猎期存在着周期性，这是因为动物的生命活动存在着周期变化。例如，在繁殖期和换毛期应禁猎。繁殖期狩猎会对种群数量造成严重危害；换毛期毛皮及肉、脂的

经济利用价值大为降低。兽类毛皮以冬季毛绒质量最佳，对重要毛皮兽在有关猎场内的换毛规律的研究，有助于最大限度地获得高质量毛皮。例如，根据对黄鼬换毛序的研究，把我国长江流域的黄鼬开猎期从立冬推迟到小雪，使收购的等内皮从 65％上升到 90％。

猎量的确定是在保持种群正常增长速度的前提下，最大限度地利用猎区内的产量。同时也应根据国家当前的实际需要来加以统筹。这就必须开展对有关种类的数量动态的研究。

对于狩猎方法和技术也必须加以重视，因为它不仅关系到捕获率问题，也是合理利用动物资源的重要内容。对皮张造成损坏的工具以及严重威胁种群数量的方法（例如毒杀，不分老幼的聚歼），影响人、畜安全的猎具等均应加以淘汰或改革。当前，在大多数野生动物资源面临枯竭的形势下，必须严格执行国家制定的有关野生动物保护法令，对选定的狩猎对象和数量必须进行充分调查和论证。

21.4.1.2　野生动物的驯养

对于经济价值高的珍贵动物以及有饲养前途的种类，采用人工方法加以驯化、饲养，是提高毛皮、肉类、药材等产量的重要途径。驯化包括对名贵兽类（例如紫貂、貂、狐、梅花鹿、马鹿和麝等）的驯养以及对国外优良品种的引种驯化（例如麝鼠、海狸鼠、银狐、水貂和绒鼠等）。新中国成立以来，我国驯养业获得很大发展，目前珍贵动物饲养场已遍布各地。驯化工作一般采用散放（或半野化放养）及栏养（或笼养）两种形式。散放就是将经济兽类放养于适宜其生存的自然环境中，它的优点是管理费用大为降低。对于散放种类的选择必须事前加以周密调查研究，例如散放地的自然条件、食物供应量、天敌以及散放种类可能造成害处的估计等，以免带来消极影响。显然这都是动物学工作者所面临的研究课题。栏养（或笼养）是当前提供优质毛皮的重要途径之一。人工饲养为选育优良品种、控制生长和繁殖提供了优越条件。但是把野生变家养，面临着一系列有待解决的生物学问题，首先是饲料问题。它是成本核算的重要内容，尤以饲养肉食性毛皮兽最为突出。如何选用饲料并改变动物的食性，是关系着驯养业发展速度的一个方面。其次是毛皮质量退化以及与之相关的选育优良品种以及疾病防治等，都是需要认真研究的。

21.4.1.3　野生动物资源的保护

（1）栖息地的保护　这是野生动物资源保护工作中最根本的措施。栖息地与野生动物之间是"皮"与"毛"的关系，"皮之不存，毛将焉附"？大规模地砍伐森林、污染水源、大型水利工程的实施等，都有可能剧烈改变甚或消除野生动物赖以生存的条件。同样，植树造林、绿化荒山、改善湿地等，会为野生动物的生存和发展创造机会。

野生动物是自然生态系统中的重要组成部分和维护生态系统稳定的积极因素，动物与动物之间以及与其他生物与非生物之间，有着复杂的、彼此依赖、互相依存的关系，"牵一发而动全身"。人们从实践中逐渐认识到，仅仅对单一的或有限的物种进行保护是不可能的，必须着手对其所栖息的自然综合体进行总体规划、管理和保护，也就是对生物物种多样性的保护，才能奏效。生物物种多样性愈丰富，生态系统愈趋于稳定和健康的发展。

建立自然保护区是保护野生动物资源的重要措施之一，它确保了尚未开拓的、具有典型代表的自然综合体不被破坏，使其成为物种基因库保存和科学研究的基地，并使已遭到局部破坏的自然环境能在严格保护下加以恢复。至 2006 年底，我国已建成各种类型的自然保护区 2 395 个，约占国土面积 15.16％，这是十分重大的成就。然而，人口增长和经济发展所构成的压力，使得对自然保护区的管理面临许多问题。消极的、封闭式的保护不是出路。1985 年世界自然与自然保护联盟（IUCN）拟定了自然保护区的等级系统，将之划分为科学保护区、国家公园、自然纪念物、经营性保护区、景观保护区、资源保护区、自然生物保护区、多种经营区等。前 3 种类型置于严格保护之下，作为科研、教育基地；后 5 种类型可供不同程度的开发、多种经营和持续利用。将野生动物的保护和持续利用纳入当地农村综合性发展项目，从而既能为当地群众生活带来收益，也为自然保护区的巩固和发展创造了条件。

（2）受胁物种的保护　保护生存受到威胁的野生动物是十分紧迫的任务，是各国政府高度重视的问题。1986 年我国颁布《中华人民共和国渔业法》对渔业资源的保护进行了规范。1988 年颁布了《中华人民共和国野生动物自然保护区条例》，随后颁布了《中华人民共和国野生动物保护法》及《国家重点保护野生动物名录》。2000 年又进一步颁布了《国家保护的有益的或者有重要经济、科学研究价值的陆生野生动物名录》（简称《"三有"保护动物名录》），从而把野生动物保护纳入法制的轨道，是极其重要的成就。

受胁物种（threatened species）的确定需要大量的科学研究工作，在对种群数量及其分布进行调查的基础上，要对种群的生存力进行分析，并根据受胁的严重程度排队，制订合宜的保护对策。受胁物种包括极危（critical）、濒危（endangered）和易危（vulnerable）等不同等级，需要实际调查确定并制定相应的保护、管理措施。。

受胁物种保护的根本措施是就地保护（*in situ* conservation），也就是在其栖息地内进行保护，研究如何改善赖以生存的条件以及减少致危因素的压力，使种群得以复壮和发展。对于一些极危种或是栖息地已遭受严重破坏的种类，可以采取易地保护（*ex site* conservation）的办法，通过建立人工饲养繁殖种群来保存其基因库，待日后条件成熟时再放归原有分布区的适宜栖息地内，称为再引入（reintroduction）。近年我国对麋鹿、野马以及朱鹮等珍稀动物进行了野放实验并取得进展。当然，就野生动物的保护而论，对这一途径的贡献要有客观的估价。野生动物在长期饲养繁殖过程中，在形态、生理、行为以及遗传特性上均会发生变异，最终难以重返自然。而且要建成一个稳定的人工种群，需要有数以百计的、具有足够的遗传多样性的群体，难度太大。至于近年开展的以细胞遗传工程保存濒危物种基因库并希望发展出克隆"新"物种的技术，在理论及方法上会对科学及医学、农学、畜牧等方面做出重大贡献。但是从野生动物自然保护的角度看，其实际价值尚需商榷。一个物种得以生存至今，是经历了千百万年的自然选择、淘汰和适应的洗礼，从而构成生态系统中的有机组成成分。从试管中培育出的"新种"，大自然能接受吗？因此，归根结底，如何保护好自然界内的生存的野生动物及其栖息地，应是最紧急、最根本和最现实的任务。

21.4.2　害兽及与其斗争的原则

哺乳类中对人类危害最大的是啮齿类，这与它们种类繁多、分布广泛、密度极高有关。评定动物的益害，不能离开它的数量，没有数量也就没有质量。数量稀有的种类一般说来，它所能带来的益处或害处都是有限的。鼠类除了对农、林、牧业造成危害以外，还是多种疾病的病原体与媒介动物的宿主和携带者，其中与人有关的细菌病就有十几种之多。啮齿类啃咬硬物的习性还能破坏工业设施；穿挖洞穴的习性可破坏堤坝，引起水灾。

此外，某些兽类在局部地区或时期内密度过高时也能造成危害。例如，农作区（特别是山区）的野猪、猕猴，平原地区的野兔，高原草地的鼠兔等，都可造成农作物减产和林地、草场破坏。这些动物又都是狩猎动物，采取适当的控制手段，定期开展适量猎捕，可以化害为利。从其所提供的产品价值而言，得大于失。

与害兽做斗争的基本原则就是控制数量，降低它们的种群密度。例如，实践证明，在自然疫源地使黄鼠和大沙鼠（*Rhombomys opimus*）的密度降低到少于一只/km^2 时，可以抑制鼠疫暴发。而控制密度的最经济有效时期，应在繁殖前期或繁殖期。繁殖期之后是种群数量最高期，控制其数量的难度最大，成本也高。在与害兽斗争中必须在政府的领导下，科学工作者和广大群众相结合，土洋结合，深入研究害兽的生活习性和为害规律，制订有效的防除措施，常年不懈，持之以恒，才能获得满意的效果。对于繁殖力强的种类，偶有较长时期的松懈，则种群密度就会迅速回升。

预防措施对于灭鼠工作有着重要意义。例如，农作物收割后应及时打谷入仓。居民点应经常清扫，断绝鼠类接触食物和水源的可能性。结合农田基本建设平整土地，减少田基数量和田间荒地，尽可能不留堆稻草等，都有助于减少鼠类栖息生存的机会。

灭鼠工作通常包括器械、药物和生物灭鼠。使用器械灭鼠对居民点较为方便。不过由于褐家鼠具有强烈的"怀疑"本能，不少动物学家主张在最初布放鼠夹的一周内，先不支起机关，待其习惯鼠夹之后，再集中全力进行捕打，可获得较好的效果。药物灭鼠是大面积灭鼠的主要方法，由于收效迅速，节省人力，是器械灭鼠所不及的。但药物灭鼠的鼠尸残毒会引起食鼠天敌甚至人、畜的二次中毒，所以必须严加管理；而且应严禁生产和使用国内外禁用的剧毒鼠药。采用驱鼠剂保护电缆、工业器材和树木不致被破坏，也是与害鼠斗争的一种手段。生物灭鼠除了要保护自然界内的天敌动物——猛禽、鼬类及蛇类等以外，主要内容是采用病原微生物灭鼠，这些病原微生物是在鼠类流行病期间分离出来的。目前使用较多的是沙门氏菌，也采用病毒。然而，由于啮齿类能迅速地产生免疫力，能使种群数量很快回升；而且，沙门氏菌等也有可能感染人畜。采用人工合成的性激素来控制啮齿类繁殖，从而造成不育，也是科学家努力寻求的一种灭鼠途径。总之，与鼠害做斗争是一项艰巨的工作，需要将多种领域的科研成果及时引入，同时深入进行有关生物学的研究，在实践中不断地总结经验，借以筛选出更为有效的技术。

思考题

1. 哺乳类的进步性特征表现在哪些方面？结合各个器官系统的结构功能加以归纳。
2. 恒温及胎生、哺乳对于动物生存有什么意义？
3. 简要总结哺乳类皮肤的结构、功能以及皮肤衍生物类型。
4. 哺乳类骨骼系统有哪些特征？简要归纳从水生过渡到陆生的过程中，骨骼系统的进化趋势。
5. 简述口腔消化的意义及吞咽反射的完成过程。
6. 简述哺乳类牙齿的结构特点。举例说明齿式在分类学上的意义。
7. 简述哺乳类完成呼吸运动的过程。
8. 总结哺乳类血液循环系统的特征。理解动脉、静脉、毛细血管以及淋巴管之间的关系。
9. 试述哺乳类肾的结构、功能与泌尿过程。
10. 绘哺乳类生殖系统结构简图，并结合内分泌腺活动来了解繁殖过程。
11. 试述哺乳类脑的主要结构特征和各部的功能，脑神经、脊神经和自主神经系统的主要结构和功能。
12. 简要总结脊椎动物主要内分泌腺及其功能。
13. 简述哺乳类各亚纲和主要目的特征及代表动物。
14. 试述哺乳类的起源与适应辐射概况。

15. 简要了解人类的起源与进化。
16. 熟悉我国的国家重点保护野生动物有哪些，Ⅰ级和Ⅱ级重点保护动物在管理上有何不同。
17. 了解什么是我国"三有"保护动物。
18. 举例简述就地保护、易地保护和再引入的基本原则。
19. 野生动物资源的保护与持续利用的原则是什么？就所感兴趣的领域收集实例加以介绍。
20. 与有害动物做斗争的原则和途径有哪些？

22.1 生命起源

地球上存在着形形色色的生物，据估计有 30 多万种植物，150 万种动物，以及 10 余万种微生物，而且新物种逐年均有发现。如此众多的生物种究竟是怎样产生的？地球上生命又是从何而来的？这涉及生命起源问题，历史上曾有不少人提出过各种设想和理论。

100 多年来的自然科学的发展和成就越来越证明，生命的起源是通过化学途径实现的。20 世纪 20 年代奥巴林（A. Oparin）和霍尔丹（J. Haldane）各自独立地提出：最早的生命是经过无机分子逐渐聚集而成为复杂的有机分子，而后逐渐产生最简单的生命，形成了活的微生物。他们认为早期地球的原始大气缺乏氧气，主要是由水（H_2O）、二氧化碳（CO_2）、甲烷（CH_4）、氨（NH_3）、氢（H_2）和其他还原性化合物组成，这类还原性大气是由地球内部排出的气体所产生的。来自原始大气的一些分子集合成更复杂的生物分子，集合这些分子所需的能量可能是来自闪电和太阳的紫外辐射或火山爆发所释放的，在这种还原性大气里自然形成了生命所需的有机化合物。霍尔丹还相信早期的有机分子会沉积在原始海洋里形成"热稀溶液"，在这种初始的溶液里，糖类、脂肪、蛋白质和核酸可能装配成最早的微生物。

奥巴林-霍尔丹的上述假说极大地促进了生命起源的理论性探索。到 1953 年，美国的米勒（S. Miller）和尤里（H. Urey）首次在实验室条件下模拟那种被认为是早期地球的条件，测试了这一假说。他们将水、甲烷、氨和氢气置于一封闭的烧瓶装置中，这种混合气体类似早期地球的还原性大气。然后采用电火花模拟闪电穿过此"大气"，所产生的一些水蒸气被浓缩收集在此装置的底部，类似于早期地球的海洋或池塘的水（图 22-1）。大约一星期之后，底部的水变得有颜色了。经化验分析，发现有一些小分子并包含有 11 种氨基酸，其中的甘氨酸、丙氨酸、天冬氨酸和谷氨酸，是生物蛋白质的构成成分（表 22-1）。自此之后又有许多相类似的实验，只不过有的是使用紫外线，有的是以加热作为能源。这些实验证实：在模拟早期地球特征的条件下，能够产生一些形成生命的化学成分。例如在这些实验中已获得腺嘌呤、鸟嘌呤、胞嘧啶、胸腺嘧啶、尿嘧啶，一些氨基酸和某些核苷酸等。

从模拟初始地球大气的实验中能获得一些小分子有机物。然而构成生命的基础是大分子的多聚物，例如蛋白质、脂肪、多糖和核酸等。已知生物大分子的形成需要有其他大分子存在，

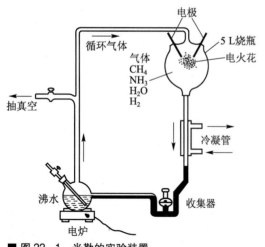

图 22-1 米勒的实验装置

模拟早期地球的还原性大气，通过电火花，合成氨基酸和一些小分子有机化合物（自 Mitchell）

■ 表22-1 对 CH_4、NH_3、H_2O 和 H_2 混合物进行火花放电所形成的产物和产量（自 Miller，Orgel）

化 合 物	产量/μmol	产量/%
甘氨酸	630	2.1
羧基乙酸	560	1.9
胱氨酸	50	0.25
丙氨酸	340	1.7
乳酸	310	1.6
N-甲基丙氨酸	10	0.07
α-氨基-n-丁酸	50	0.34
α-氨基异丁酸	1	0.007
α-羟基丁酸	50	0.34
β-丙氨酸	150	0.76
琥珀酸	40	0.27
天冬氨酸	4	0.024
谷氨酸	6	0.051
亚氨基二乙酸	55	0.37
亚氨基乙酰丙酸	15	0.13
甲酸	2 330	4.0
乙酸	150	0.51
丙酸	130	0.66
脲	20	0.034
N-甲基脲	15	0.051

加入的碳（由 CH_4 提供）是 59 mmol（710 mg）。产量的百分比是以碳为基础计算。

还需蛋白酶，形成蛋白质还应有核酸。推测前生命的合成可能发生在小分子浓度较高的有限区域内。例如在原始海洋中，随着水分蒸发，小分子不断地浓缩，尤其在死水和海洋的泡沫中或在干泥土表面以及一些水域结冰等情况下，小分子有机物更有可能浓缩、集聚成大量有机分子，从而促进大分子形成的合成反应。在无催化剂存在时，形成早期大分子的化学反应是随机的和缓慢的。

在米勒实验的基础上，福克思（S. Fox）等人发现，在无氧条件下将 20 种氨基酸粉末混合后加热至 180 ℃，可形成大量多肽（长链氨基酸）。再将这种混合多肽加水后加热，产生出一些类蛋白微球。微球（图 22-2）直径不超过 2 μm，形状大小如同球菌，其外壁似乎是两层，具有渗透与选择扩散的能力。它们以增加体积的方式长大，以出芽的方式增殖，从溶液中累积糖和氨基酸，并具有酶活性。

福克思的微球为我们提供了原始海洋的化学混合物与第一个细胞之间的桥梁。在漫长的地质年代中，一些微球或类似的化学集合体可能已具备产生具有新陈代谢能力的能量，并通过核苷酸反应形成核酸。核酸是自我复制的，同时也获得少量具有原始催化作用的蛋白质分子，可能含有一种遗传机制。这样，一种具有能量代谢和一定结构，并发展成一种遗传系统的细胞样实体，已具有了生命的基本特征。

现已证明，一切生物的遗传密码大体相同，这对于"地球上现存生命是具有同一起源"的论断提供了重要证据。

最早的细胞可能类似现今的原核细胞（例如蓝绿藻和细菌），它们缺乏细胞核，也不具细胞器（例如线粒体、质粒、染色体、中心体和液泡等），遗传系统较简单，DNA 分子裸露并存在于胞质中，不与 RNA 或蛋白质相结

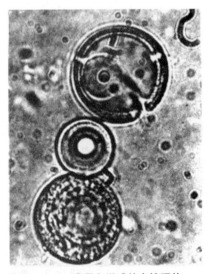

■ 图22-2 类蛋白微球的电镜照片
这些蛋白质状的小体能在实验室里从多氨基酸产生，可能是前细胞形式，它们有一定的内部超微结构（×1 700）（自 Hickman）

合，通过裂殖或出芽方式生殖。原核生物大约出现于距今35亿年前。距今大约10亿年前出现了真核生物。真核生物的细胞具有以膜包围的核，细胞核内有染色体，染色体中的DNA与RNA、蛋白质结合在一起，还具有各种细胞器，以有丝分裂方式进行生殖。真核细胞的核膜与一些细胞器（如线粒体和叶绿体）的膜来自原始的原核细胞质膜，因此真核细胞起源于原核细胞。可能是这些原核细胞侵入或被吞噬并寄生在其他细胞中，逐渐在"寄生者"与"宿主"之间出现了一种相互依赖的代谢作用，使两者之间都不能独立生存，从而形成了真核细胞。再经若干亿年的发展，真核细胞逐渐由单细胞生物发展出各级多细胞生物（图22-3）。

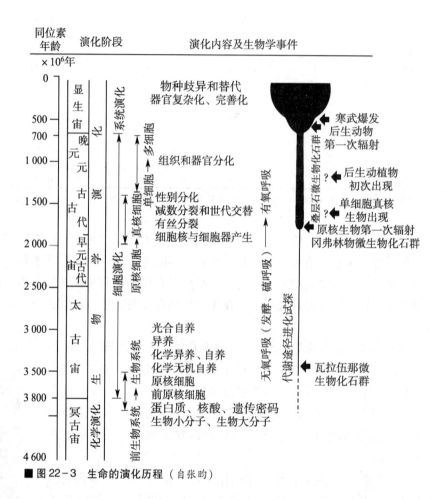

■ 图22-3 生命的演化历程（自张昀）

距今6亿年的寒武纪前至寒武纪初的短短几百万年内，大多数主要的无脊椎动物门就已出现，称为"寒武纪爆发"时期。至距今5亿年的奥陶纪出现了最早的脊椎动物。地球上由没有生命的无机物逐步发展至今天的生命世界，大体上经历了5个阶段：

（1）由原始大气和原始海洋中的甲烷、氰化氢、一氧化碳、二氧化碳以及水、氮、氢、硫化氢、氯化氢等无机物，在一定条件下（紫外线、电离辐射、闪电、高温、局部高压等），形成了氨基酸、核苷酸、单糖等有机物。

（2）简单的有机物（氨基酸、核苷酸等）聚成生物大分子（蛋白质、核酸等）。

（3）众多的生物大分子聚集而成多分子体系，呈现出初步的生命现象，构成前细胞型生命体。

（4）前细胞型生命体进一步复杂化和完善化，演变成为具有完备生命特征的原核细胞。由原核细胞发展出真核细胞。

（5）由单细胞生物发展成为各级多细胞生物。

22.2 动物进化的例证

22.2.1 比较解剖学

比较各类动物的体制结构可以发现一些与进化适应相关的线索与亲缘关系。

同源器官（homologous organ）是指不同类群动物的某些器官尽管外形与功能不同，但其基本结构和胚胎发育的来源是相同的。例如脊椎动物中的鸟翅与蝙蝠的翼、鲸的鳍状肢、狗的前肢以及人的手臂等（图22-4），在外形和功能上很不相同，但内部结构却很相似，在胚胎发育中有共同的原基与过程。这种一致性证明这些动物有共同的祖先，其外形的差异则是由于适应不同的生活环境，执行不同的功能所致。哺乳类中耳中的3块听小骨（镫骨、砧骨和锤骨）与其祖先的一部分咽弓（舌颌骨、方骨和关节骨）也是同源器官。3块听小骨是传导声波的装置。鱼类与镫骨同源的舌颌骨作为悬器将颌弓连于脑颅，与砧骨和锤骨同源的方骨和关节骨则是上、下颌的组成部分。陆生脊椎动物的肺与鱼类的鳔的同源关系可以从肺鱼鳔的血液循环路径中得到证明；在胚胎发生上，鳔与肺均系原肠突出的盲囊所形成。

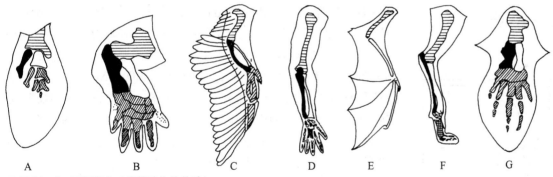

■ 图22-4 同源器官（脊椎动物的前肢）
A. 新翼鱼；B. 引龙（古两栖类）；C. 鸟类；D. 人；E. 蝙蝠；F. 狗；G. 鲸（自Torrey）

与同源器官相对应的是同功器官（analogous organ），是指在功能上相同，有时形状也相似，但其胚胎发生的来源和基本结构却不同。例如蝶翅与鸟翼均为飞翔器官，但蝶翅是膜状结构，由皮肤扩展形成；而鸟翼是由前肢形成，内有骨骼，外有羽毛。鱼鳃与陆栖脊椎动物的肺均是主要的呼吸器官，但鱼鳃鳃丝是由胚胎的外胚层发育而成，而肺的肺泡则来源于内胚层。

痕迹器官（vestigial organ）是指动物体中一些残存的器官，它们的功能已经丧失或衰退。例如鲸类残存的腰带证明其为次生性转变为水栖的哺乳类，其祖先应是陆生哺乳动物；最原始的鲸化石头骨和牙齿与古食肉类十分相似，它可能是由古食肉类适应辐射进入水生的一支。蟒蛇泄殖腔孔外侧的角质爪以及所残留的退化腰带，表明其祖先应是四足类型的爬行动物。

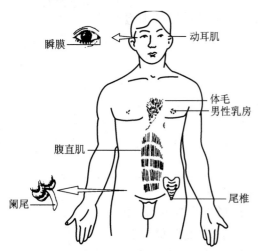

■ 图22-5 人的痕迹器官

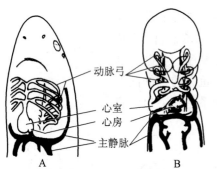

■ 图22-6 人胚（A）与鲨动脉弓（B）比较
（自 Storer 等）

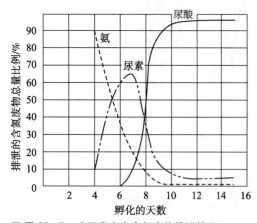

■ 图22-7 鸡胚发育中含氮废物排泄情况
（自 Kimball）

人体也有许多痕迹器官（图22-5）。退化的盲肠与蚓突、腹直肌的肌节残遗、眼角的瞬膜、动耳肌、体毛、尾椎骨以及男性的乳头等痕迹器官的存在，表明人类是由具有这些器官的祖先进化而来。这些器官在其祖先动物的身上是有用的，只是后来因无用而退化了。

22.2.2 胚胎学

不同纲的脊椎动物早期胚胎发育很相似，都具有鳃裂和尾，头部较大，身体弯曲。胚期越早，体形也越相似，以后逐渐分化才显出差别。而且分类地位上越相近的动物，其相似的程度也越大。

为什么陆生动物（例如蜥蜴、鸡、猪等）在胚胎期会出现鳃裂，人的胚胎曾出现尾？生物的遗传性把过去一些演化的痕迹，即种系特征发育阶段（phylotypic stage）的特征，保留在胚胎时期中，因而才有胚胎初期的相似。陆生脊椎动物都是从水生的原祖进化而来，所以在胚胎时期出现鳃裂（或鳃囊）。早期发育的人胚和鱼类相似的动脉弓，也是亲缘关系的一个例证（图22-6）。蛙的个体发育中由蝌蚪到成蛙变态的一系列体制结构的变化，十分清晰地反映出脊椎动物由水生到陆生的演变。

胚胎发育过程中的进化适应转变也见于生理生化方面。例如动物代谢过程中，体内分解蛋白质后产生氮代谢废物氨（NH_3），氨具有毒性，易溶于水。鱼类可通过鳃呼吸使其迅速地扩散到周围的水中，所以氨的排出对水生的鱼不成问题。而陆栖脊椎动物必须将氨转变为相对无毒的尿素［$CO(NH_2)_2$］和尿酸（$C_5H_4O_3N_4$）。两栖类与哺乳类排出尿素，鸟类和大多数爬行类排泄尿酸。然而蛙的蝌蚪却是与鱼类一样排泄氨；鸡的胚胎早期排泄物为氨，稍后排泄尿素，最后则排泄尿酸（图22-7），这些事实都显示了其演变的历史进程。

22.2.3 古生物学

地层可以说是生物进化历史的档案馆。人们可根据从地层中发掘出来的生物化石遗骸，例如骨骼、牙齿、介壳等甚至整个动物体（例如猛犸象）以及遗迹（羽毛、足迹和生物体的印痕）和遗物（粪、卵等），对地球上出现生命以来生物发展进化的基本历程有较正确的了解。当然，化石的发现有相当的偶然性，所发掘出的标本也不可能非常整齐完善，古生物学材料所能提供的进化证据也会有一定的欠缺，这些都有待于不断累积和补充。

科学家根据地层形成的先后顺序与生物出现的早晚，将地质年代分为5个"代"：太古代、元古代、古生代、中生代和新生代。每代可分为若干个"纪"，纪下又可分为"世"（表22-2）。就动物进化的史实看，最初出现的是水生的无脊椎动物，以后依次出现水生的无颌类至有颌鱼类，然后是开始登陆的两栖类，登陆成功的爬行类，又由爬行类演化出鸟类与哺乳类，最后才出现人类。不同生物类群在演化过程中相互交替，是由于自然条件的改变以及从而引起某些类群的灭绝和另一些类群的出现、发展和繁盛。

■ 表 22-2 地质年代与生物进化历史

代	纪	世	距今（年）	生物进化历史	
新生代	第四纪	全新世	1.1 万	近代无脊椎动物类型出现。节肢动物与软体动物繁盛	现代人
		更新世	50 万到 300 万		早期人
	第三纪	上新世	700 万		大型食肉哺乳动物
		中新世	2.5 万		食草哺乳类繁盛
		渐新世	4 000 万		灵长类（猿猴）、鲸类兴起
		始新世	6 000 万		有胎盘动物辐射发展，近代鸟类适应辐射
		古新世	7 000 万		有胎盘哺乳类初现
中生代	白垩纪		1.35 亿	菊石类灭绝，昆虫类发展	被子植物兴起，裸子植物衰退；大型海、陆生爬行类达顶峰与灭绝，鸟的种类增加，有袋类出现并适应辐射
	侏罗纪		1.8 亿	菊石类繁盛，昆虫兴起	恐龙繁盛，鸟类初现，原始哺乳类（如古兽类）发展
	三叠纪		2.3 亿	鲨类繁盛，海产无脊椎动物减少	恐龙初现，鸟类初现（?），哺乳类初现
古生代	二叠纪		2.8 亿	三叶虫灭绝，菊石类兴起，昆虫初现	裸子植物初现；爬行类辐射发展并取代两栖类
	石炭纪		3.45 亿	海百合类繁盛	鲨鱼类繁盛，两栖类辐射发展，爬行类初现
	泥盆纪		4.05 亿	三叶虫衰退，腕足类繁盛	蕨类植物兴起，淡水鱼繁盛，两栖类初现
	志留纪		4.25 亿	珊瑚类、板足类繁盛，陆生无脊椎动物初现	有颌类脊椎动物初现
	奥陶纪		5 亿	海产无脊椎动物如三叶虫，头足类，珊瑚类繁盛	陆生植物初现；脊椎动物初现（甲胄鱼类）
	寒武纪		6 亿	许多无脊椎动物的门和纲起源；三叶虫占优势，海藻繁盛	
元古代			18 亿	原始生物海藻，有海绵及穴居虫	
太古代			46 亿	32 亿年前，古代细菌和蓝藻	

动物演化过程的典型例证是马、象和骆驼的化石证据，其中尤以马的化石最为完善和具说服力。关于马的进化可追溯到约 5 400 万年前的北美洲始新世所提供的资料，表明马的系统演化有许多分支，其中大多分支现已绝灭。从地史看，马的演化历程亦存在着广泛的适应辐射，总的趋势为体形逐渐变大，四肢由短变长，趾（指）数由多变少，牙齿由低齿冠变为高齿冠（图 22-8）。最早的马出现于新生代第三纪始新世，称为始马（*Hyracotherium*），外形似狐，大小如狗，前肢 4 趾，后肢 3 趾，适于在当时炎热的北美的松软的林地活动；齿冠低而齿根长，适于吃灌木的嫩叶。到距今约 4 000 万年的渐新世，中北美洲逐渐出现广阔的草原，此时的渐新马（*Mesohippus*）体形比始马略大，前后肢均为 3 趾，中趾最发达，前肢第 5 趾遗迹尚存，齿冠仍为低冠，但较始马略高，逐渐由食树叶变成食草。在距今约 2 600 万年的中新世由渐新马适应辐射出几支，其中一支为中新马（*Merychippus*），是现代马的直接祖先。此时期地球的气候变得冷且干燥，大草原遍布全球，中新马已成为草原动物。食草与快速奔跑致使体形更高，中趾特别发达，第 2、4 趾较退化，臼齿齿冠成为高齿冠，咀嚼

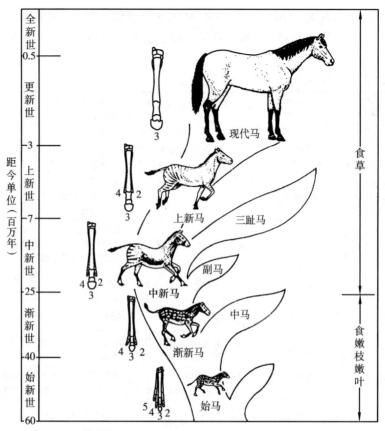

距今单位（百万年）

全新世 0.5

更新世 —3

上新世 —7

中新世 —25

渐新世 —40

始新世 —60

3 现代马

4 2 3 上新马

4 2 3 中新马 三趾马

4 3 2 渐新马 副马

5 4 3 2 始马 中马

食草

食嫩枝嫩叶

■ 图 22-8　马的演化（仿 Hickman 修改）

面也出现复杂的皱褶，适于研磨。我国内蒙古与江苏发现的中新马称安琪马（*Anchitherium*）。在距今约 700 万年的上新世，出现了作为中新马后裔的上新马（*Pliohippus*），它一直留存至更新世。距今约 200 万年时期，上新马的体型已接近现代马，前后肢仅剩发达的中趾，第 2 与 4 趾仅留遗迹。到上新世后期出现马属（*Equus*）的现代马。我国华北地区的上新世地层中有多种多样的三趾马（*Hipparium*）。于更新世冰期时，马属由北美向南美以及欧亚大陆和非洲扩展。斑马和野驴也是由马属内的近祖演化而来。

象的化石也十分齐全，从第三纪由始新世晚期到渐新世早期的始祖象（*Moeritherium*）开始，历经古乳齿象、乳齿象、剑齿象、猛玛象直到现存的非洲象与印度象。其演化过程为：体型由小变大，始祖象大小似猪，上颌第 2 门齿由正常大小到突出的象牙，臼齿冠也由低到高，臼齿冠也从小的乳状突演变为一条条粗的横崤；鼻子也由正常大小逐渐加长为长的象鼻。

22.2.4　动物地理学

达尔文关于地球上生物进化和物种演变的观念，是在对一些地区的动物地理分布特征的观察之后产生的。他在对加拉帕戈斯群岛（Galapagos islands）动植物考察后开始萌发了生物进化观念，尽管这里和美洲远隔 500 海里或 600 海里宽的海洋，然而动植物区系和南美洲的动植物既有显著的亲缘关系，又有很大差异。群岛的每个岛上都存在着独特的动物类群，而又同其他岛上的动物在形态上有一定的相似性。由此可知，该群岛曾与南美大陆相连接，岛上的生物起源于南美洲，后来与南美大陆脱离成为群岛，在不同的隔离的地理环境中产生变异而演化成现在各岛的动物地理群。著名的适应与变异进化的例子是：达尔文发现该岛的 26 种地栖鸟类全属于南美类型，其中 23 种为该群岛的特有种。在该群岛有 14 种雀科鸟类（通称"达尔文雀"）是源于同一原祖，由这种鸟的一个小建群种群（founder population）经过适应辐射而发展的，它们之间喙的大小、形状与生活习性都很不同（图 22-9）。根据喙形与取食习性可分为 4 个属，即树雀属（*Camarhynchus*）6 种，地雀属（*Geospiza*）6 种，一种树栖的莺雀（*Certhidea olivacea*）以及一种居住在北部与其他岛相隔较远的可可斯岛上的可岛雀（*Pinaroloxia inornata*）。可岛雀与莺雀均以昆虫为食，喙细长，它们的外形十分相似，可能是同一祖先的后裔。由于可可斯岛是一个孤立小岛，不存在地理隔离条件，所以没有新的种群迁入定居。6 种树雀中，最大的是植食树雀（*C. crassirostris*），以水果及种子等植物为食，具短而粗的喙；其他 5 种均以昆虫为食，其中较突出的是拟䴕树雀（*C. pallidus*）与红树林树雀（*C. heliobates*），它们虽缺乏啄木鸟样的喙与舌，但能利用仙人掌的刺作为工具，从树的枝干里获取昆虫；其他 3 种以昆虫为食的树雀的喙形与大小不同，这可能与它们取食不同类型的昆虫有关。6 种地雀多以种子为食，分别具有不同形态的喙，以取食不同硬度与大小的种子。其中大仙人掌地雀（*G. conirostris*）与仙人掌地雀（*G. scandens*）主要以仙人掌为食，喙形适于啄食仙人掌。上述 14 种雀类中，除一种远栖于一孤立小岛上，与群岛上的莺雀十分相似外，分别形成了不同形状与大小的喙，以便消费不同形态和质地的种子与昆虫，从而减少或避免了竞争。

由于岛屿隔离而形成特有动物类群的例子甚多，参见第 23 章动物地理。

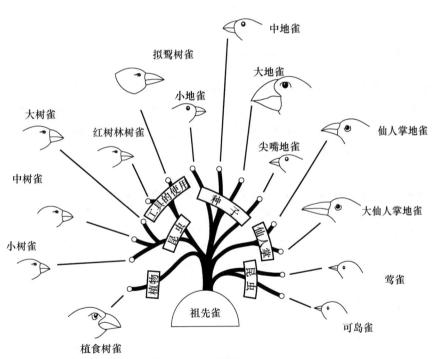

■ 图 22-9 加拉帕戈斯群岛达尔文雀的适应辐射（仿 Hickman）

22.2.5 免疫学

证明动物有亲缘关系的一个经典实验是血清免疫实验，即用某种动物的血清作为抗原给另一种动物作免疫注射。经多次注射后，接受血清注射的动物体内就会产生抗体，从这种动物血液制备的血清中即含有此种抗体，名为抗血清。将此种抗血清与作为抗原的血清相混合会发生沉淀现象。如用其他动物的血清作为抗原与此种抗血清混合，则亲缘关系愈近者产生的沉淀愈多，由此可判断亲缘关系的远近。例如用人的血清经一定时间的间隔给家兔注射多次，制成含有抗人抗体的血清，再用此种血清与人血清混合即可出现百分之百的沉淀现象。用此兔血清与其他一些动物的血清相混合，则会产生不同量的沉淀，据此可判定各种动物与人之间的亲缘关系（表22-3）。

■表22-3 兔抗人血清免疫实验（仿杨安峰）

测试种类	沉淀量（测试种类血清+兔抗人血清）/%
人	100
黑猩猩	97
大猩猩	92
长臂猿	79
狒狒	75
蛛猴	58
狐猴	37
刺猬	17
猪	8

实验表明黑猩猩和大猩猩与人的关系最为密切，其次为长臂猿和狒狒。原始的灵长类狐猴与人的亲缘关系在灵长类中最远，但比食虫类近。而食虫类的刺猬比偶蹄类的猪为近。以人、黑猩猩和长臂猿的抗血清分别对一些灵长类的白蛋白之间进行的免疫学测试，所获结果与上述实验相吻合（表22-4）。

■表22-4 几种旧大陆（欧亚和非洲）灵长类之间的免疫学差异（自 Ayala, Kiger）

测试种类白蛋白	抗血清		
	人	黑猩猩	长臂猿
人	0	3.7	11.1
黑猩猩	5.7	0	14.6
大猩猩	3.7	6.8	11.7
猩猩	8.6	9.3	11.7
希孟猿	11.4	9.7	2.9
长臂猿	10.7	9.7	0
旧大陆猴类（6个种的平均数）	38.6	34.6	36.0

注：数据代表测试种类的白蛋白与3种抗血清之间的反应量，数字愈高，反应程度愈低，代表免疫学的差异愈大，亦即亲缘关系愈远。

根据上表的数据可将各被测试种类之间的系统进化关系作一种系发生图（图22-10）。

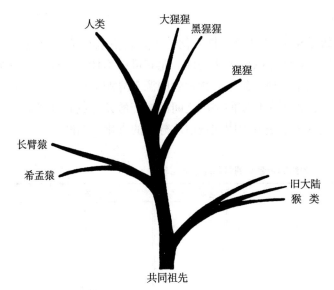

■ 图22-10　应用免疫学数据建立旧大陆几种灵长类种系发生图

22.2.6　分子生物学

生物进化是以生物大分子进化为基础的。对分子进化的研究始于20世纪50年代，这与生物化学和分子生物学以及一些生化新技术的发展是分不开的。研究表明，所有生物的基因都一直以稳定的速率积累着突变。在漫长的生物进化史中，有的物种进化了，有的灭绝了，但它们的遗传物质，即编码蛋白质的基因却大量地保存至今。尽管基本的遗传变异发生在DNA上，但由于蛋白质是构成生物形态和发挥生物功能的基础，因此比较同源基因产物的差异，即比较同源蛋白质中氨基酸顺序的差异，从中可获取分子进化的信息。来自不同生物的同源蛋白质的肽链长度一般相同或相似，而且在氨基酸顺序中有许多位置上的氨基酸都是相同的，称不变残基，表示它们有共同的祖先；在其他位置上存在不同的氨基酸，称可变残基，可变残基在不同种属可有相当大的变化，在不同种属的同源蛋白质中，可变残基的数目是与这些种属在系统进化上的位置密切相关，可变残基愈多即表现在氨基酸顺序的差异愈大，说明它们的亲缘关系愈远。

在细胞色素c（cytochrome c）、血红蛋白（haemoglobin）、肌红蛋白（myoglobin）、血纤肽（fibrinopeptide）和组蛋白（histone）等几十种大分子中进行同源蛋白质的氨基酸顺序分析表明：在进化过程中，蛋白质分子一级结构的改变是以大致恒定的速率进行的。不同的蛋白质有不同的进化速率。按每变化1%的氨基酸残基所需时间计，血纤肽约为110万年，血红蛋白约为580万年，细胞色素c约为2 000万年，而组蛋白Ⅳ需6亿年。

细胞色素c的氨基酸顺序在很多生物中已被测定。与其他许多蛋白质相比较，细胞色素c变化较慢，而且在不同种属生物之间的氨基酸顺序差别也较少，甚至在一些亲缘关系比较远的生物间差别也不大，故便于亲缘关系较远的不同种属间的比较（表22-5，图22-11）。

从表22-5与图22-11中可看出，在细胞色素c的104个氨基酸中，黑猩猩与人的差异为0；猕猴与人的差异为1，差异在第66位的氨基酸，人是异亮氨酸，而猕猴为苏氨酸；猕猴与马之间有11个氨基酸的差别。这些氨基酸的数据反映了相应的系统发育的距离。细胞色素c的氨基酸顺序资料除可用以核对各物种之间的分类学关系和绘制进化树（evolutionary tree）外（图22-12），还可粗略估计各类生物的进化分歧（divergence）时间

（表22-6）。

应用蛋白质一级结构差异讨论生物进化的独特优点表现为：氨基酸序列的基因背景清楚；进化速率较恒定；适于用数学方法处理，尤其可以用计算机通过某种数学模型对提供的信息加以处理，以便更精确地比较不同物种的同源和异源的差距。差异程度可以用氨基酸差异数目和百分比表示，也可用相应的基因之间的核苷酸差异的最小数目来表示。将这些差异的数据处理后即可表示为系统发生图或蛋白质分子的进化关系图。

■ 表22-5　人与其他生物的细胞色素C的氨基酸序列比较

生物名称	氨基酸差异	生物名称	氨基酸差异
黑猩猩	0	金枪鱼	21
猕猴	1	鲨鱼	23
狗	10	天蚕蛾	31
豹	11	小麦	35
马	12	链孢菌	43
鸡	13	酵母菌	44
响尾蛇	14		

```
                                 1-8  9  10                              20
人    -Gly-Asp-Val-Glu-Lys-Gly-Lys-Lys-Ile-Phe-Ile-Met-
猕猴  -Gly-Asp-Val-Glu-Lys-Gly-Lys-Lys-Ile-Phe-Ile-Met-
马    -Gly-Asp-Val-Glu-Lys-Gly-Lys-Lys-Ile-Phe-Val-Gln-

21                           30                          40
Lys-Cys-Ser-Gln-Cys-His-Thr-Val-Clu-Lys-Gly-Gly-Lys-His-Lys-Thr-Gly-Pro-Asn-Leu-
Lys-Cys-Ser-Gln-Cys-His-Thr-Val-Clu-Lys-Gly-Gly-Lys-His-Lys-Thr-Gly-Pro-Asn-Leu-
Lys-Cys-Ala-Gln-Cys-His-Thr-Val-Clu-Lys-Gly-Gly-Lys-His-Lys-Thr-Gly-Pro-Asn-Leu-

41                           50                          60
His-Gly-Leu-Phe-Gly-Arg-Lys-Thr-Gly-Gln-Ala-Pro-Gly-Tyr-Ser-Tyr-Thr-Ala-Ala-Asn-
His-Gly-Leu-Phe-Gly-Arg-Lys-Thr-Gly-Gln-Ala-Pro-Gly-Tyr-Ser-Tyr-Thr-Ala-Ala-Asn-
His-Gly-Leu-Phe-Gly-Arg-Lys-Thr-Gly-Gln-Ala-Pro-Gly-Phe-Thr-Tyr-Thr-Asp-Ala-Asn-

61                           70                          80
Lys-Asn-Lys-Gly-Ile-Ile-Trp-Gly-Glu-Asp-Thr-Leu-Met-Glu-Tyr-Leu-Glu-Asn-Pro-Lys-
Lys-Asn-Lys-Gly-Ile-Thr-Trp-Gly-Glu-Asp-Thr-Leu-Met-Glu-Tyr-Leu-Glu-Asn-Pro-Lys-
Lys-Asn-Lys-Gly-Ile-Thr-Trp-Lys-Glu-Glu-Thr-Leu-Met-Glu-Tyr-Leu-Glu-Asn-Pro-Lys-

81                           90                          100
Lys-Tyr-Ile-Pro-Gly-Thr-Lys-Met-Ile-Phe-Val-Gly-Ile-Lys-Lys-Lys-Glu-Glu-Arg-Ala-
Lys-Tyr-Ile-Pro-Gly-Thr-Lys-Met-Ile-Phe-Val-Gly-Ile-Lys-Lys-Lys-Glu-Glu-Arg-Ala-
Lys-Tyr-Ile-Pro-Gly-Thr-Lys-Met-Ile-Phe-Ala-Gly-Ile-Lys-Lys-Lys-Thr-Glu-Arg-Glu-

101                          110  112
Asp-Leu-Ile-Ala-Tyr-Leu-Lys-Lys-Ala-Thr-Asn-Glu-
Asp-Leu-Ile-Ala-Tyr-Leu-Lys-Lys-Ala-Thr-Asn-Glu-
Asp-Leu-Ile-Ala-Tyr-Leu-Lys-Lys-Ala-Thr-Asn-Glu
```

■ 图22-11　人、猕猴与马的细胞色素C的氨基酸序列比较（自 Michell）

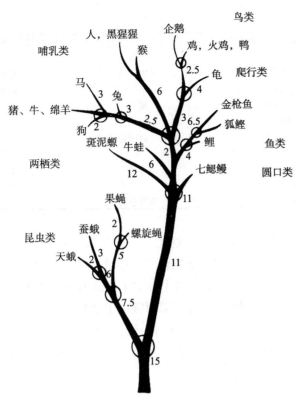

■ 图22-12 根据细胞色素c的氨基酸顺序的种属差异绘制的进化树

每一个圆圈表示一种细胞色素c的氨基酸顺序是从此圈发出的各分支种属
的祖先,每一分支旁的数字表示从祖生的每100个氨基酸中的变异残基。
因此,鲤鱼的细胞色素c与它的祖先比较,每100个氨基酸中有4个不同
(仿伦宁格)

■ 表22-6 几种(类)生物的细胞色素c中,氨基酸顺序的差异及分歧时间(自沈同,王镜岩)

名 称	氨基酸差异数	分歧时间(单位:百万年)
人-猴	1	50~60
人-马	12	70~75
人-狗	10	70~75
猪-牛-羊	0	
马-牛	3	60~65
哺乳类-鸡	10~15	280
哺乳类-鲔	17~21	400
脊椎动物-酵母	43~48	1 100

　　蛋白质是基因表达的产物,真正的遗传物质是DNA。在生物进化过程中,DNA复制时的随机突变和这种突变的积累才导致蛋白质分子中氨基酸残基的突变,从而最终造成物种的改变而形成新种。随着生物的进化,反映在DNA的含量上是由少到多(表22-7)。DNA的含量随着生物由简单(低等)到复杂(高等)而增加是必然的,愈是高等的生物其体制结构与机能愈是复杂,这就需要有更多的基因才能维持其生命与机能并繁衍后代。

　　从表22-7看,愈高等的生物其DNA含量愈高,而表中肺鱼与蛙所含的核苷酸对却大于哺乳动物,这可能是由于它们的DNA中含有更多的重复序列所致。

■ 表22-7 各类生物的 DNA 含量

生　物	平均每基因组的核苷酸对/bp	生　物	平均每基因组的核苷酸对/bp
类病毒	3.6×10^2	果蝇	0.1×10^9
$\Phi \times 174$	6×10^3	棘皮动物	0.8×10^9
λ 噬菌体	1×10^5	文昌鱼	0.5×10^9
T4 噬菌体	2×10^5	鲨鱼	2.9×10^9
大肠杆菌	4×10^6	肺鱼	111.7×10^9
链孢菌	4×10^7	大多数硬骨鱼	0.9×10^9
玉米	7×10^9	蛙	6.2×10^9
海绵	0.06×10^9	蜥蜴	1.9×10^9
腔肠动物	0.3×10^9	鸟	1.2×10^9
乌贼	4.4×10^9	哺乳动物	3.2×10^9

测定不同生物之间的核苷酸差异对了解生物间的亲缘关系很有帮助，在这方面 DNA 杂交技术是常用的方法。其程序为分离 DNA，加热使之解链成单股，之后让一个种的一些单股链与其他种类的单股链反应，在冷却后，如果两个种的单股链有相同的碱基序列，它们将融合在一起（即杂交）形成种间的双螺旋。在种间双螺旋链中杂交程度的大小要视两者有多少碱基对能相配对，由此可测出两个种之间的核苷酸差异的百分比。据此可分析两个种之间的亲缘关系的远近，核苷酸的差别愈小，则亲缘关系愈近。表22-8 中所列的 6 种灵长类动物中，黑猩猩与人的关系最近，狐猴最远。

■ 表22-8　根据 DNA 杂交估计核苷酸差异的百分比

用于比较的 DNA	核苷酸差异/%
人-黑猩猩	2.5
人-长臂猿	5.1
人-青猴	9.0
人-猕猴	9.3
人-卷尾猴	15.8
人-狐猴	42.0

DNA 杂交方法是一种可直接计算两个物种之间的遗传相似程度的方法，但此法只适用于研究亲缘关系相近的种。亲缘关系相差太远的物种，所解开的单股链的碱基序列相差太大而不能杂交，以致难以计算其核苷酸差异百分率。

22.3　进化原因的探讨——进化理论

22.3.1　达尔文学说

达尔文（C. Darwin，1809—1882）经过 20 余年的思考与综合分析，在 1859 年发表了他的名著《物种起源》，提出以自然选择理论为基础的进化学说，即现在所通称的"达尔文主义"或"达尔文学说"。以后又先后发表了《动物和植物在家养下的变异》（1868）、《人类起源及性的选择》（1871）以及《人类和动物的表情》（1872）等重要著作，进一步充实和发展了他的进化学说的内容。

在达尔文的一些进化理论（例如物种形成学说，共同祖先学说，渐进进化学说，自然选择学说等）中，其核心是自然选择学说，是受人工选择和马尔萨斯人口论的启示而形成的。

（1）人工选择学说 人们通过人工选择得到了许多家养动物和栽培作物的品种。例如家鸽、鸡、鸭、马、牛、羊、猪、狗以及金鱼等都有许多品种，同种的许多品种间的差异可以很大，甚至像是不同的种或不同的属。

达尔文认为出现许多不同品种的原因是由 3 个因素造成，即变异、选择和遗传。人们将具有符合需要的变异的个体挑选出来，让其传种接代，而把不符合需要的个体淘汰掉。经过多代的选择，通过遗传就逐渐积累下有利的变异，变异为选择提供了原材料，选择又给变异确定了发展方向，遗传则起到积累和巩固变异的作用，最终便形成明显的符合人们需求的品种。

人工选择是改造生物的巨大力量，促使达尔文进一步考虑到地球上生物的变化发展，提出自然选择学说。

（2）自然选择学说 1798 年，马尔萨斯（Malthus）发表了他对于人类社会的一些见解，提出"人口论"，认为人口的增加是按几何级数（2，4，8，16，32，…），而食物的增加则按算术级数（1，2，3，4，5，…），因此，社会上必然有人口过剩的现象，而劳动人民的贫困和不幸，完全是由于生育过多。马尔萨斯把阶级社会中劳动人民的贫困现象简单地归之于单纯的生物学原因，这显然是不正确的。达尔文在一次偶然的情况下读到了马尔萨斯人口论，立即使他得到启发。在达尔文看来，生物繁殖过剩，但食物与空间有限，为了生存和留存后代，生物之间，尤其种内必然进行激烈的斗争。斗争结果在生物界，尤其在种内就体现为优胜劣汰。在一定条件下，变异总是朝着一定的方向累积发展，最终导致新类型的产生，表现为生物的进化。就是这样，达尔文把人工选择的原理与生存斗争的思想综合在一起，对生物进化的原因作了科学的解释。

达尔文所观察到的事实为：① 生物具有极高的繁殖率，即生物物种数量增长的潜在可能性是按几何级数甚或指数增长。② 尽管物种具有几何级数增长的巨大潜力，但在自然界各物种的数量在一定时期内却保持相对稳定，是由于各种原因致使其后代大多数被淘汰。他观察到自然资源也是有限的，在相对稳定的环境条件下也保持着相对的恒定。③ 生物普遍存在变异，每个种群都显示出极大的变异性，这种变异的很大一部分是可以遗传的。依据上述事实，即物种具有潜在的高繁殖率、物种数量的相对稳定和变异的普遍存在，作出了如下的一些推论：

推论 1：物种的巨大繁殖潜力在自然界未能实现，其原因是"生存斗争"使然。由于自然资源有限，不可能满足生物由繁殖产生的大量后代的需要，因此，生物总是处于生存的斗争中，与无机环境斗，与不同的物种斗（种间竞争），而最剧烈的斗争是在种内不同个体间（种内竞争）。

推论 2：由于生物普遍存在着变异，在生存斗争中凡具有有利变异的个体，就具有更好的生存机会与繁衍后代的机会，否则就会遭到淘汰。这一过程称之为"适者生存"或"自然选择"。

推论 3：通过这种"自然选择"的过程，经过许多世代，物种的有利变异被定向积累而使该种群不断地渐变从而形成亚种或新种，从而推动了生物进化的历程。

达尔文的进化理论科学地阐明了整个生物界的历史发展事实，在自然科学中实现了一次大的革命，推翻了特创论等唯心主义在自然科学领域的统治，完成了拉马克以及其他有进化思想的人们未完成的任务，从而极大地促进了生物科学的发展。然而限于当时的科学发展水平，达尔文的进化理论尚存在某些不足，例如达尔文承认获得性遗传；自然选择学说的演绎推理多于提出证据；强调生物进化的"渐进性"，完全否定"跳跃性"进化等。

22.3.2 达尔文以后的进化论发展

自拉马克–达尔文的进化学说问世至今 100 多年中，进化论随着一些自然科学学科的发展，尤其是生物学中的遗传学、细胞学、生物化学、分子生物学的发展而有了较大的发展。达尔文当时未能阐明的一些进化机制，如变异原因、生物性状的遗传等都有了较深入的理解，并产生一些新的学派，其中较为主要的有新拉马克主义、新达尔文主义、综合进化论、中性学说、间断平衡论和大进化与小进化等。

22.3.2.1 新拉马克主义（neo-Lamarckism）

最早出现于法国。代表人物有帕卡德（A. Packard）、科普（E. Cope）和居诺（L. Cuènot）等。这一学派强调用进废退，认为获得性遗传较自然选择重要，强调环境因素的作用较之生物体本身更为重要，强调功能决定结构。认为进化不能用突变来解释，突变只是种内的变异，是畸形和退化的变化，所以突变不发生进化等。

22.3.2.2 新达尔文主义（neo-Darwinism）

重要代表人物有魏斯曼（A. Weismann）、孟德尔（G. Mendel）、约翰森（W. Johannsen）、德弗里斯（H. de Vries）和摩尔根（T. Morgan）。本学派的特点是否认达尔文的"获得性遗传"与"融合遗传"，强调颗粒遗传与基因在遗传变异中的作用等。

魏斯曼曾用连续 22 代切断小鼠尾巴至第 23 代小鼠尾仍未变短的实验事实否定了拉马克与达尔文的获得性遗传观点；认为遗传物质存在于细胞核内；强调自然选择在进化中的重要作用，提出了性别选择优势在于迅速增殖扩大遗传的变异性，从而为自然选择提供了丰富的原材料。

孟德尔著名的豌豆杂交试验证明遗传物质在繁殖传代中可分离与重新组合。在他的豌豆杂交试验中，具一对相对性状（圆粒与皱粒）的纯合亲本杂交的第一代（F_1），所有植株的性状都只表现为一个亲本的性状（圆粒），另一个亲本性状不显现。前者为"显性"（prepotency 或 dominant），后者为"隐性"（recessive）。杂交第二代（F_2）的植株表现出性状分离现象，分离值大致为 $3:1$（显性性状为 3，隐性性状为 1），称分离定律或 $3:1$ 定律。继续测定 F_3，F_4，F_5…代，在所有世代中，杂交种的性状都呈现 $3:1$ 的比例。如用两对性状（如圆黄与皱绿）进行杂交，则 F_2 显出 $9:3:3:1$ 的比率，是 $3:1$ 之平方；3 对相对性状则 F_2 为 $27:9:9:9:3:3:3:1$，恰为 $3:1$ 之立方。由此得出 $(3:1)^n$ 的规律，n 为相对性状的数目，称为独立分配定律。孟德尔认为控制豌豆性状的遗传物质是"因子"（factor），并认为因子作为遗传单位可以隐而不显，但不会消失，它们在体细胞中是成对的，在遗传上具高度的独立性，在减数分裂形成配子时，成对因子可分开，并在繁殖过程中可重组。

约翰森 1909 年发表的"纯系说"（pure line theory），首先提出了"基因型"（genotype）与"表型"（phenotype），称可遗传的变异为基因型，不可遗传的变异为表型。在一定程度上接受达尔文的"自然选择"的思想，认为选择在分离基因型的纯系中起作用，而对表型不起作用。

突变论（mutation theory）的系统提出者德弗里斯在研究月见草（*Oenotnera odorata*）时，从一个大的种群中的两个与众不同的植株培育出至少 20 株以上，经过自花授粉检验确认稳定不变。他将产生这类新物种的过程称之为"突变"，认为自然选择在进化中的作用并不重要，只对突变起筛选作用。以后证明德弗里斯研究的"突变"既非正常变异的，也不是物种形成的正常过程，而是由于他的实验材料的特殊性所造成。另外，他还缺乏种群概念或物种是繁殖群体的概念。尽管如此，他的"突变"一词却为摩尔根所采用而保留下来，但已转用于十分不同的遗传现象。

摩尔根于 1926 年发表了他的名著《基因论》，将遗传因子称为"基因"，提出基因在染色体上呈直线排列的学说，确立了不同基因与性状之间的对应关系，可根据基因的变化来判断性状的变化。在果蝇的研究中发现生物体都有保持原有组合的倾向，称为"连锁遗传"，表明连锁基因的存在。连锁基因处在同一染色体上，是处在同一染色体上相邻近的基因作用的结果。连锁遗传定律表明，基因重组是按一定的频率必然要发生的，与外界环境并无必然联系，因此获得性状是不遗传的，这种基因重组导致的变异一经发生就在新的状态下稳定下来。

从魏斯曼、孟德尔到摩尔根对基因的研究，揭示了遗传变异的机制，从而克服了达尔文进化学说的主要欠缺，为进化论的进一步发展做出了卓越贡献。人们把他们和一些有关学说合称为"新达尔文主义"。"新达尔文主义"的主要不足处表现为在个体水平上研究进化，而进化应是在群体水平上进行的。此外，对自然选择在进化中的重要作用尚无统一认识，因此，新达尔文主义者也未能正确解释进化的过程。

22.3.2.3 综合进化论（the evolutionary synthesis）

自上世纪 30 年代以后，科学家综合了染色体遗传学、群体遗传学、物种概念与分类学、生态学、地理学、古生物学、胚胎学和生物化学等许多有关学科的研究成果而提出的综合进化论，综合了达尔文的进化论与新达尔文主义的基因论。这一学派的著名学者有杜布赞斯基（T. Dobzhansky）、赫胥黎（J. Huxley）、辛普森（G. Simpson）、壬席（B. Rensch）、迈尔（E. Mayr）、史太宾斯（G. Stebbins）、费希尔（R. Fisher）和霍尔丹（J. Haldane）等。其中最突出的是杜布赞斯基，他的《遗传学和物种起源》（1937）一书完成了对现代进化理论的综合。他认为群体是指在一定地区的一群可以进行交配的个体，享有共同的基因库。生物进化的基本单位应是群体，故进化机制的研究应属群体遗传学范畴。基因突变、自然选择和隔离是物种形成和生物进化的机制。基因突变提供了生物进化的材料；自然选择可保留有利的变异和消除有害突变，从而使基因频率定向改变；地理隔离在物种形成中起促进性状分歧的作用，是生殖隔离的先决条件，最终导致新物种出现。

1947 年于美国普林斯顿召开的国际会议上，综合进化论的观点为大多数学者和学派所公认：彻底否定了获得性遗传；强调进化的渐进性；认为进化是群体而非个体现象；将物种看作是一个生殖隔离的种群；肯定了自然选择的压倒一切的重要性，认为进化的速度和方向几乎完全是由自然选择所决定。从而继承和发展了达尔文的进化学说。

22.3.2.4 分子进化的中性学说

1968 年木村资生（Motoo Kimura）根据分子生物学累积的资料提出了"分子进化的中性学说"，简称中性学说（neutral theory）。1969 年，金（J. King）和朱克斯（T. Jukes）发表了"非达尔文主义进化说"，也以大量分子生物学资料阐述了这一学说。认为在分子水平上大多数进化改变和物种内的大多数变异，是通过选择中性或近乎中性的突变等位基因的随机漂变而偶然固定所引起的，非由自然选择所导致。所谓"中性突变"是指这种突变的结果对生物体本身既无好处也无害处，对"选择"来说处于"中性"，故保留有利的突变，消除有害突变的自然选择对其不起作用。例如，由于基因突变造成某些蛋白质多态现象，而没有改变该蛋白质原来的功能，这样的突变对生物体并未带来不利的后果，也未造成任何有利的优势，因此这种类型的突变对自然选择来说是"中性"的，自然选择对它不起作用。

中性学说的主要内容有：

（1）在分子水平上大多数的突变（包括蛋白质与 DNA 的多态性）是中性的，它们不影响蛋白质和核酸的功能，故对生物体的生存既无害也无益。属此类的突变有"同义"突变、"非功能性"DNA 顺序中的突变和结构基因中的一些突变等。例如在三联密码中，一个核苷酸发生置换往往不会造成氨基酸的改变，编码丙氨酸的密码子可有 GCA 和 GCU，U 和 A 之间可互相置换而不改变密码子的功能，由此编码产生的氨基酸的功能也不变，故这两个密码子就好比是"同义词"，因此，"同义"突变是中性的。将两组海胆的决定组蛋白Ⅳ的氨基酸的 mRNA 进行比较，发现其中有 5 个氨基酸的编码有置换现象，但氨基酸却完全一样（表 22-9）。

■ 表22-9　海胆 A 与 B 的 mRNA 的编码碱基置换情况（自木村资生）

海胆 A 的 mRNA	GAU	AAC	AUC	CAA	GGA	AUA	ACU	AAA	CCG	GCA	AUC
海胆 B 的 mRNA	GAC	AAC	AUC	CAA	GGU	AUC	ACG			GCU	AUC
组蛋白Ⅳ的氨基酸排列	天冬氨酸	天冬酰胺	异亮氨酸	谷氨酰胺	甘氨酸	亮氨酸	酪氨酸	亮氨酸	脯氨酸	丙氨酸	异亮氨酸

碱基改变而氨基酸维持原样，可以认为是"中性"的突变。木村资生对这种中性的同义突变的解释是："……基因 DNA 的信息被 mRNA 所转录，其信息使碱基进行排列，每 3 个碱基决定一个氨基酸。它的第 3 个位置的碱基被置换了，这个变化是同义的。就好比回答一个问题时说'是'，可以把'是'字换成'对'字。虽然字改了，但意义相同。像这样第 3 个位置上的碱基置换，一般是可以的"。而且这种置换进行的速度很快，频率也高，约为核苷酸置换的 1/4。Muto 等（1985）以及 Yamao 等（1985）在一种细菌（*Mycoplasma capricolum*）的 DNA 顺序的突变中发现该种中的 UGA（在标准编码中是"停止"）是色氨酸的编码（标准编码中色氨酸的编码是 UGG）。在此种菌的 DNA 基因组中 A+T 含量的比例非常高（约占 75%）。他们认为："这样高含量的 A+T 必定是由于 A+T 定向突变压（directional mutation pressure）所造成，即由 G/C→A/T 的高突变率所致。这种高的 A/T 突变率可能是由于 DNA 聚合酶系统的突变所造成的……A/T 压可导致 UGA 被 UAA 替换（两者均为终止码），伴随为复制色氨酸的 tRNA 基因中的一个反密码子从 CCA 改变为 UCA，然后在 A/T 压之下（G→A），色氨酸的标准密码子 UGG 就被 UGA 所替代了。"这种替代称之为"终止码的捕获"（capture of stop codon），将带来一系列的变化，这些变化是无害的（可能是中性的）。结构基因中的一些突变，尽管改变了由其编码的蛋白质的氨基酸的组成，从而形成蛋白质的多态现象，但并不改变该蛋白质原有的功能。这可能是由于所改变的那部分核苷酸位点并不产生表型效应，可以认为是中性的，例如一些同工酶的形成，如乳酸脱氢酶（LDH）、苹果酸脱氢酶（MDH）和葡萄糖-6-磷酸脱氢酶（G-6-PD）等均有多种同工酶，这些同工酶均不改变其蛋白质原有的功能，对生物体既未带来不利的后果，也未造成有利的优势。

（2）中性突变对生物体来说既不提高也不降低其对生活环境的生存适合度，它是通过群体中的随机婚配而使这些突变在该群体中逐渐积累而最终固定或消失。例如，处于进化上不同层次的许多物种的一些功能相同的蛋白质（细胞色素 c、血纤蛋白肽、血红蛋白、免疫球蛋白等），在不同物种中其氨基酸组成可有不同程度的区别（见表 22-5），但执行的功能相同。从进化看，近缘物种的区别小于远缘物种。这种区别是"中性突变"通过"随机漂变"而积累扩展，并在各个物种中固定下来。

（3）在进化过程中，分子进化的速率是由中性突变的速率所决定，即对每个蛋白质或基因来说，它们的氨基酸或核苷酸的每个位点每年的替代率对所有的生物几乎都是恒定的，称为"分子进化钟"（molecular evolurionary clock）。例如 Hayashida 等 1985 报道了一个 A 型流感病毒（influnza A virus）的碱基替代率极高，并证明了其替代速率像钟表一样准确。分子进化速率并不依赖群体大小，也不依赖环境的状态。

在表型层次上的进化速率有的极快（例如由圆口类到人类的进化线系），有的又极慢（例如鲨、喙头蜥、大熊猫等），而在分子层次上的进化速率则几乎是恒定的。通过计算，中性进化速率等于中性基因的突变率，在那些世代年限不同的生物中，中性突变产生速率（每年）近乎恒定。核苷酸替代的突变率可能依赖于配子世系中细胞分裂的次数，特别是雄性配子系，这导致核苷酸替代引起的突变率大体上与年（而非世代）成比例。最明显的是血红蛋白，它的进化速率是每个氨基酸每个位点每年的替代率为 10^{-9}，即血红蛋白的各个氨基酸每年以平均 10^{-9} 的速率变化着，对每个氨基酸来说要 10 亿年变化一次。而细胞色素 c 的变化速率为血红蛋白的 1/3（表 22-10）。同种分子在不同物种中的进化速率相同，因此，分子进化的速率与物种的世代长短、群体大小和环境状态无关。

■ 表 22-10　关于构成蛋白质的各种氨基酸平均 10 亿年的置换率（自佐佐木敏裕）

蛋 白 质	置 换 率	蛋 白 质	置 换 率
血纤蛋白肽	9.0	动物溶菌酶	1.0
核糖核酸酶	3.3	促胃液素	0.8
生长激素	3.7	胰岛素	0.4
血红蛋白	1.4	细胞色素 c	0.3
免疫球蛋白	3.2	组蛋白Ⅳ	0.006
肌红蛋白	1.3		

功能较少的分子或分子局部的进化要比功能强的快。换言之，那些引起现有结构和功能剧变的突变替代的发生频率较低，功能强的分子或分子局部的进化具有较强的"保守性"。在蛋白质分子中，进化最快的血纤蛋白肽比血红蛋白约快 6 倍，血纤蛋白肽在血凝时，从纤维蛋白原中分离出来后就没有什么功能了。又如，胰岛素原中的 C 肽片段即为分子局部，当胰岛素从胰岛素原形成时，C 肽即被舍弃而无作用，已知 C 肽的进化速率几乎 6 倍于胰岛素。从表 22-10 可见组蛋白Ⅳ的进化速率仅为血纤蛋白肽的 1/1 500，组蛋白Ⅳ是一种核蛋白，在真核细胞中它与核酸联在一起，对调节 DNA 的复制起重要作用。

RNA 病毒具有非常高的进化速率，按年计的进化改变速率大约为 DNA 生物的 100 万倍。由于它具高突变率和复制率，致使 RNA 病毒具非常高的进化改变速率。经常导致流感流行的流感病毒即属于 RNA 病毒，估计平均约每 10 年出现一种新的型或亚型流感病毒的流行，可见 RNA 病毒的进化速率尽管非常快但也具恒定性。

中性学说也承认自然选择，但认为大多数表型层次上的自然选择是属于稳定化选择（stabilizing selection），其作用是消除表型上极端的个体，而保留那些接近群体均数的个体。这与达尔文所认为的自然选择有所不同，达尔文认为自然选择是积累微小的对适应有利的变异，淘汰不适应的变异而造成进化。稳定化选择是将自然选择看成是一种保守力量，维持现有的状态，而不是产生定向的进化改变。

总之，中性学说是在分子层次上对进化的讨论，认为在分子水平上大多数突变在选择上是中性的；这种"中性突变"是通过"随机漂变"而固定或消失；中性突变造成的分子进化速率是恒定的。由于中性学说应用了分子生物学技术与数学理论方法，这有利于克服不同物种之间不能杂交而难以比较的局限，使之能对不同物种间的同源蛋白质的氨基酸顺序与DNA的核苷酸顺序等进行比较，并可计算出分子进化的歧异过程与速度，从而使进化理论的研究达到更高和更深入的水平。

由于分子进化的中性学说发展时日尚短，对一些问题的研究还刚刚开始，例如，分子进化与自然选择两者是否有联系，如何联系等，尚有待深入研究。

22.3.2.5 间断平衡论

埃尔德雷奇（N. Eldredge）和古尔德（S. Gould）于1972年提出间断平衡论（punctuated equilibrium），认为进化过程是由一种在短时间内爆发式产生的进化与在长时间稳定状态下的一系列渐变进化之间交替进行的过程。亦即物种可以在几百万年中保持稳定状态，在表型上不见明显变化，然后继之在短时间内的迅速的进化改变，之后又是长时间的稳定状态，如此交替进行。这里的"短时间"是指在地质年代中被视为一瞬时时间，例如5万年左右在数10亿年的地质年代中可被认为是短时间。间断平衡论更多地强调大多数物种是在短时间中迅速形成的（包括灭绝或伴随灭绝），不同于传统认为的物种是经自然选择的渐进演变过程形成的。

基因突变学说和地理隔离导致新种快速形成是间断平衡论的理论基础，因此该理论也特别强调变异的随机性和地理隔离对物种形成的重要性。认为新种的形成起因于突变，突变是无定向的，也可能是中性的，其中一部分突变有可能通过自然选择而在后代中固定下来，形成新种。同时还强调大多数新种是从亲种地理分布的边缘被隔离的某个地区中的小种群中起源的，因为小种群中的某些突变容易被选择保留，并随之产生生殖隔离而导致新的物种产生。一个明显的例子是达尔文在加拉帕戈斯群岛上发现的许多鸣禽形成的例子（见图22-9），如果在岛上被隔离的各个群体都很小，它们的基因库组成与基因频率可能相差很大。其次，各被隔离的小群体可能出现不同的突变，这些突变不会发生相互影响，加上各群体所在的岛屿地理与生态环境不同，而向着各自方向演化，最终形成不同的物种（图22-13）。

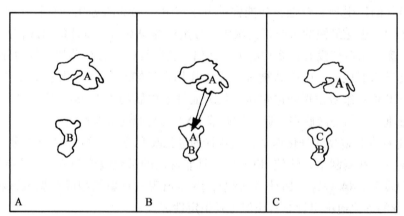

■ 图22-13 加拉帕戈斯群岛上物种分化的模型

A. 出自同一祖先分居两岛的群体，因互相隔离，最终进化成为不同的物种A和B；B. A群体中有些个体由于某些机会迁移到B群体所居的岛上生活，2个种虽然共存，但由于剧烈竞争的结果，使它们分别地进化；C. 在B所居的岛上的A由于对突变和重组的不断选择，终于形成新的亚种，并进一步发展到有足够多的差异而自成为一个新种C（仿Heïntze）

间断平衡论的提出已引起对进化论的许多争论，但其对化石记录的不连续性却给出较合理的解释。按通常的渐进进化观点，化石记录应是一个连续渐变的过程，但迄今的化石记录仍有许多"缺失"环节。而根据间断平衡论，既然新种以至新的门类可在地质史中忽略不计的短时间中突变产生，则在生物演化史中一些代表"连续环节"的"过渡物种"的缺失也就可以理解了。这种解释也许真正反映了生物史的原貌。中国南方的古生代与中生代之间的地质层序是无间断的连续沉积的，但从其中的生物演化看，却显示出明显的突变态势，如菊石类、有孔虫类、三叶虫类、腕足类、双壳类等都有突然的变化与灭绝；另一方面，由于突变的迅速和突变基因易于在小种群中保留，小种群的分布范围又十分狭窄，所以可能造成进化的中间环节难以找到。如果中间环节确实存在的话，也只有在某一狭小地区碰"运气"才能发现，例如始祖鸟的发现。

22.4 动物进化型式与系统发育

动物进化型式（patterns of evolution）涉及大进化（macroevolution）与小进化（microevolution）。最早把进化理论的研究分为大进化与小进化的是遗传学家戈德施米特（R. Goldschmidt, 1940），他认为自然选择只能在物种的范围内作用于基因而产生小的进化改变，即小进化。由一个物种变为另一个物种的进化不能单靠微小突变积累，而是由涉及整个染色体组的系统突变，才能产生出一个新种，甚至新属或新科。随后，古生物学家辛普森（G. Simpon）进一步将之分为两大领域：研究种和种下分类阶元的进化的为小进化，研究种及种上分类阶元进化的为大进化。大进化与小进化在物种这个层次上相衔接，实际上，两者也都研究物种的形成和演化。生物学家研究的进化主要是小进化，古生物学家主要以化石为对象研究大进化。小进化的研究内容包括个体与群体的遗传突变、自然选择、随机漂变等。大进化则研究物种及其以上分类阶元的起源、进化的因素、进化的型式、进化速度以及灭绝的规律与原因等。

22.4.1 进化型式

演变途径遵循着一定的进化型式。一般的进化型式有线系进化（phyletic evolution）、趋同进化（convergent evolution）、平行进化（parallel evolution）、停滞进化（stasigensis 或 stasis）以及趋异进化（divergent evolution）与适应辐射（adaptive radiation）。

（1）线系进化 也称前进进化（anagensis）。以时间为纵坐标，以物种的进化改变为横坐标，用一条由下向上的线代表一个在时间上世代延续的种，这条线就叫"线系"。在一条线系内的地质时间中发生的进化改变称线系进化，此线在坐标中的倾斜度则代表该线系的进化速度（图22-14A）。在进化过程中，一个物种沿着此直线的进化可以逐渐地演变为另一个物种，即在一段地质时间中第二个种替代了第一个种。在线系进化中，任何一个时间只存在一个物种，前后出现的物种由于在时间上的分隔而不得交配，这样的种被称为时间种（chronospecies）。在一个线系进化中的物种可随着所处环境的逐渐变化而改变。故在此线系中，有可能出现过若干个时间种。一般线系进化表现为前进进化，是物种的形态与功能由简单、相对不完善到较为复杂和相对完善的进步性改变，动物由低级向高级的发展。当然线系进化也可能有退行性的改变。

（2）趋同进化 两个完全不同的物种或类群，由于生活在极为相似的环境条件下，经选择作用而出现相类似的性状（图22-14B）。例如蝶翅与鸟翼，鱼鳍与鲸鳍，澳大利亚的多种有袋类显示出与其他大陆的有胎盘类的趋同进化等。

（3）平行进化 一般是指两个不同类群的动物共存于极为相似的环境中，具有一些共同的生活习性而出现相似的性状或相似的行为。在图22-14C中表现为两条线系的进化处于平行发展，例如灵长目的长臂猿和贫齿目的树懒都营树栖生活，都发展了悬挂的器官——长臂和钩爪。大袋鼠和跳鼠都营地面跳跃生活，它们都具有较长的后肢，尾具平衡与支持身体的功用。同样，在昆虫中，很多种蜜蜂与蚂蚁在它们所具有的复杂社会行为方面也存在着平行进化。通常平行进化与趋同进化不易区分。一般来说，如后裔的相似程度大于祖先的则为趋同，如相似程度差不多则为平行进化。

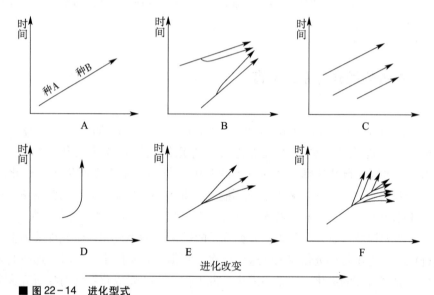

■ 图22-14 进化型式
A. 线系进化；B. 趋同进化；C. 平行进化；D. 停滞进化；E. 趋异进化；F. 适应辐射

（4）停滞进化 一个物种的线系在很长时间中没有前进进化也无分支进化（图22-14D）。一些物种在几百万年或相当长的时间中基本保持相同，常被称为"活化石"，如北美的负鼠，鲨和总鳍鱼类的现存种腔棘鱼。这些物种在几百万年中只有非常轻微的改变。

（5）趋异进化和适应辐射 趋异进化也叫分支进化（cladogenesis），是指由同一祖先线系分支出两个和多个线系的进化型式（图22-14E）。适应辐射是发生于一个祖先种或线系在短时间内经过辐射扩展而侵占了许多新的不同的生态位，从而发展出许多新的物种或新的分类阶元（图22-14F）。由适应辐射"快速"产生新分类阶元的例子是很多的，例如，在距今6.5亿~7亿年间的5 000万年左右时间中，世界各大陆的许多地方，在差不多同一时期的地层中发现多种多样的后生无脊椎动物。同样，在5.7亿~6亿年前的约3 000万年期间突然产生出许多具外骨骼的无脊椎动物；大部分哺乳动物的"目"是在白垩纪末到第三纪初之间很快产生的。在真兽亚纲中，从最原始的食虫目经辐射发展而产生出其他各目，它们中的许多物种适应着各自的环境，例如沙漠中的骆驼、善游泳的鲸、善飞的蝙蝠、树栖的猿猴和掘土生活的鼹鼠等。

适应辐射在一些群岛上最易于研究，例如加拉帕戈斯群岛上的达尔文雀的适应辐射（见图22-9）和夏威夷群岛上的裸鼻雀亚科（Thraupinae）的鸟类。具雀样喙形的管舌鸟在夏威夷群岛上经辐射形成了15个不同的物种，由于不同的食性而发展出各种形状的喙

（图 22-15）：以种子和某些昆虫为食的具雀样的喙，以果实和花为食的鹦鹉样的喙，以昆虫与花蜜为食的蜂鸟样的喙，以树居昆虫为食的啄木鸟样的喙等显著不同的喙形。

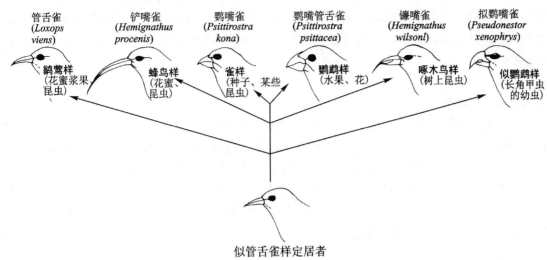

■ 图 22-15　夏威夷群岛的裸鼻雀亚科鸟类的喙形

适应辐射进化可有两种模式，也被认为是大进化的两种模式，即渐变模式（gradualistic model）和断续模式（punctuational model）（图 22-16）。这是对一共同祖先所形成的多种多样后裔的不同解释。渐变模式认为在整个物种生存时期中，物种的形态改变的速度是恒定的、匀速的和渐进的，线系分支只是增加了进化的方向。而断续模式则认为物种的形态进化速度不是匀速的，也不恒定，而是快速的和跳跃式的，并与长时期的相对稳定交替进行。即在物种形成时（主要的形态改变）进化速度加快，而随后是长期（可能几百万年）的保持相对稳定。迄今，这两种模式何者正确尚无定论。自达尔文至现代综合论赞成渐变模式，而间断平衡论则主张断续模式。

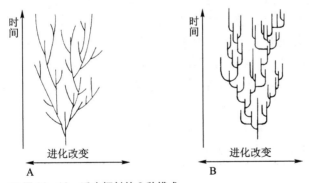

■ 图 22-16　适应辐射的 2 种模式

水平轴为线系或物种的形态改变程度，纵轴为地质时间。线系的分支代表趋异进化或适应辐射

A. 渐变模式中每一个分支线系表示随时间的逐渐延伸，而物种的形态逐渐改变；B. 断续模式中每一分支线系的起始处代表了迅速发生的最大程度的形态改变（水平线），随后的垂直线代表了长时期的稳定，在此期间没有形态改变或很少改变

（6）进化的不可逆性　动物在进化过程中所丧失的某些器官，即使后代回复到祖先的生活环境，所丧失的器官也不可能"失而复得"。同样，已演变的物种也不能回复其祖型，地史上已灭绝的物种也不会再重新出现。例如，陆生脊椎动物是用肺呼吸的，它们是从用鳃呼吸的水生脊椎动物进化而来；后来鳖、海蛇、鲸和海豚等又回到水中生活，它们的呼吸器官只能是肺，不可能再回复鳃的结构。又如动物的痕迹器官，一般也不会重新发达起来。

22.4.2　绝灭

在进化型式中，绝灭（extinction）表现为线系的终止，即物种的死亡。绝灭在进化过程中是一种正常的现象，它影响着进化的速率和进化的趋向。通常，地史上的大绝灭往往伴随着大的适应辐射，表现为物种及其以上分类阶元的替代以及替代的规模。例如白垩纪末恐龙类的集群绝灭，随之而来的是哺乳类的适应辐射。可能是由于绝灭类群所空出来的生态位可供那些已存在但并不发达的类群去占领并形成适应辐射。有关绝灭的类型、绝灭的原因以及绝灭的一些学说可参考有关进化论的专著。

22.4.3　系统发育

按照进化的规律，动物界是在不断地发展演化的。从第一个单细胞结构的动物大出现到形成了今天这样品类繁多的动物世界，经历了 10 亿年以上。

今天的单细胞动物绝不是远古时代的单细胞动物，它们在单细胞的组织形态下，独自走着进化的道路，和多细胞动物是分途平行发展的。今天的单细胞动物较之多细胞动物，固然非常低等，然而就细胞结构和功能的复杂性来说，没有一个多细胞动物身上的细胞能比得上今天的单细胞动物。像草履虫细胞在形态上和生理上那样复杂的情况，在多细胞动物身上的细胞中就找不到。不但一切高等动物是从古老的单细胞动物演变发展而来，就是现在的变形虫、眼虫、草履虫等也是从古老的单细胞动物演变发展而来。

从进化观点看，整个动物界可以回溯到一个共同祖先。因此，可以将现时生存的与曾经生存过的动物类群按它们的祖裔亲缘关系互相连接起来组成一个动物进化系统，即系统发育（phylogeny）或种系发生。系统发育可以形象化为一株树，此树从树根到树顶代表地质时间的延伸，主干代表各级共同祖先，大小分支代表相互关联的各个类群动物的进化线系，由此组成的树即谓之"进化树"或系统发育树（phylogenetic tree）。进化树的基部是最原始的种类，越往上所列的动物越高等，树的分支末梢为现存的分类类群（图 22-17，图 22-18）。

由于动物界发展历史悠久，关系错综复杂，科学资料也不可能十分完善，所以有关"进化树"的设计，各研究人员之间的观点并不完全一致。

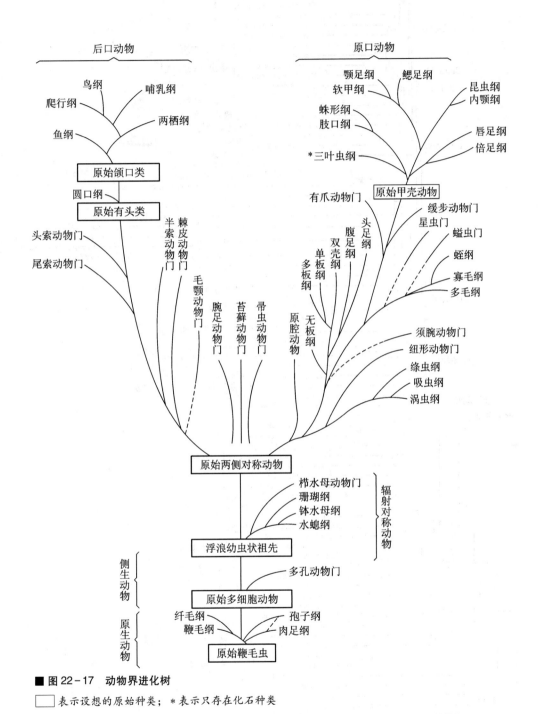

■ 图 22-17　动物界进化树

☐ 表示设想的原始种类；＊表示只存在化石种类

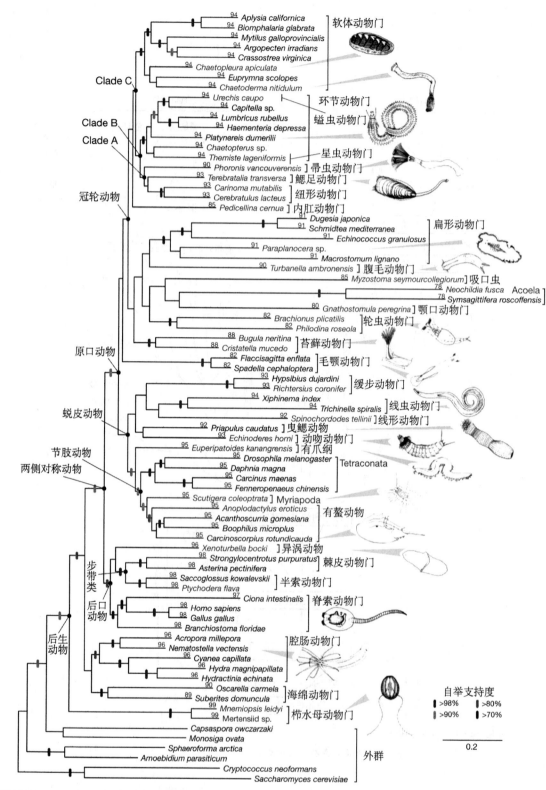

软体动物门
94 *Aplysia californica*
94 *Biomphalaria glabrata*
94 *Mytilus galloprovincialis*
94 *Argopecten irradians*
94 *Crassostrea virginica*
94 *Chaetopleura apiculata*
94 *Euprymna scolopes*
94 *Chaetoderma nitidulum*

Clade C

94 *Urechis caupo*
94 *Capitella sp.*
94 *Lumbricus rubellus*
94 *Haementeria depressa*
94 *Platynereis dumerilii*
94 *Chaetopterus sp.*
94 *Themiste lageniformis*
90 *Phoronis vancouverensis*
93 *Terebratalia transversa*
93 *Carinoma mutabilis*
93 *Cerebratulus lacteus*
85 *Pedicellina cernua*

环节动物门
蟥虫动物门
星虫动物门
帚虫动物门
鳃足动物门
纽形动物门
内肛动物门

Clade B
Clade A

冠轮动物

91 *Dugesia japonica*
91 *Schmidtea mediterranea*
91 *Echinococcus granulosus*
91 *Paraplanocera sp.*
91 *Macrostomum lignano*
90 *Turbanella ambronensis*
85 *Myzostoma seymourcollegiorum*
78 *Neochildia fusca*
78 *Symsagittifera roscoffensis*
80 *Gnathostomula peregrina*
82 *Brachionus plicatilis*
82 *Philodina roseola*
88 *Bugula neritina*
88 *Cristatella mucedo*
82 *Flaccisagitta enflata*
82 *Spadella cephaloptera*

扁形动物门
腹毛动物门
吸口虫
Acoela
颚口动物门
轮虫动物门
苔藓动物门
毛颚动物门

原口动物

93 *Hypsibius dujardini*
93 *Richtersius coronifer*
94 *Xiphinema index*
Trichinella spiralis
92 *Spinochordodes tellinii*
92 *Priapulus caudatus*
93 *Echinoderes horni*
95 *Euperipatoides kanangrensis*
95 *Drosophila melanogaster*
95 *Daphnia magna*
95 *Carcinus maenas*
95 *Fenneropenaeus chinensis*
95 *Scutigera coleoptrata*
95 *Anoplodactylus eroticus*
95 *Acanthoscurria gomesiana*
95 *Boophilus microplus*
Carcinoscorpius rotundicauda

缓步动物
线虫动物门
线形动物门
曳鳃动物
动吻动物门
有爪纲
Tetraconata
Myriapoda
有螯动物

蜕皮动物
节肢动物
两侧对称动物

96 *Xenoturbella bocki*
98 *Strongylocentrotus purpuratus*
98 *Asterina pectinifera*
98 *Saccoglossus kowalevskii*
98 *Ptychodera flava*
97 *Ciona intestinalis*
98 *Homo sapiens*
Gallus gallus
98 *Branchiostoma floridae*
96 *Acropora millepora*
96 *Nematostella vectensis*
96 *Cyanea capillata*
96 *Hydra magnipapillata*
96 *Hydractinia echinata*
90 *Oscarella carmela*
89 *Suberites domuncula*
99 *Mnemiopsis leidyi*
99 *Mertensiid sp.*

异涡动物
棘皮动物门
半索动物门
脊索动物门
腔肠动物门
海绵动物门
栉水母动物门

步带类
后口动物
后生动物

Capsaspora owczarzaki
Monosiga ovata
Sphaeroforma arctica
Amoebidium parasiticum
Cryptococcus neoformans
Saccharomyces cerevisiae

外群

自举支持度
■ >98% ■ >80%
■ >90% ■ >70%

0.2

■ 图22-18 以DNA相似性建立的动物界进化树（自Dunn等）

22.5 物种与物种形成

22.5.1 物种

物种（species）是生物在自然界中存在的一个基本单位，以种群的方式存在，占有一定的生境；同一物种个体的形态基本一致，如有差别，其差异在遗传上是连续的；个体之间可以互交繁殖并产生能育的后代，它们享有一个共同的基因库（gene pool），与其他物种之间由生殖隔离（reproductive isolation）分割开。

一个物种具有形态学、遗传学、生态学、生物地理学以及生理生化等方面的特有指标。但在目前分类学家的实际工作中，一般只是采用形态学标准进行分类，这是因为很难进行生殖与杂交试验的检验，尤其是对标本和化石更难以进行。传统的分类工作往往以"模式"（type）标本的特征，作为物种命名的标准。显然这有相对的局限性，因为物种是以种群的形式而非个体形式存在，任何一个种群中都存在着不同程度的连续的变异，因此，从一个个体提取的特征不能或不完全能代表一个物种。现代的分类学均采用统计学方法对种群内的变异进行分析，以确定物种、亚种或其他分类阶元。

亚种是物种下的分类阶元，是指一个物种内具有相同变异特征的个体组成的一个群体。一般是由于地理隔离（geographical isolation）或生态隔离（ecological isolation）所形成，并具有与邻近亚种相区别的稳定的形态特征和分布区，但尚未完全形成生殖隔离。

22.5.2 物种形成

物种进化过程中分化形成新的物种，即为物种形成（speciation）。换言之，当一个物种内的变异从"连续"发展至"不连续"时，即为新物种形成。一般而言，在物种的形成中，"隔离"具有十分关键的作用。

22.5.2.1 地理隔离

一般是由一些地理障碍如山脉、沙漠、海洋和岛屿等所构成，种群中的不同群体被这些障碍所阻隔，不能互相交流而独自发展。地理隔离所造成的影响程度与物种的特性密切相关，例如鸟类活动范围较大，有些地理障碍对其可能不起作用，而陆地蜗牛、马陆、蚯蚓等无脊椎动物活动范围小得多，一个不大的山崎也可成为不可逾越的障碍。因此，地理隔离与天然屏障和生物特性均有关。地理隔离是物种形成的第一步，继之为生殖隔离，经过这2种隔离就可能形成新的物种。

22.5.2.2 生殖隔离

这是物种形成的关键。当一个种群的不同群体为地理障碍所阻隔，失去了基因交流的机会，独立地累积基因突变，逐渐形成群体特有的基因库，并产生了生殖隔离，从而形成新物种。新种群与原种群之间就被生殖隔离的某种机制所隔开。生殖隔离机制可分为两类：

（1）合子前的生殖隔离机制　此类机制往往是防止不同种群间的异性成员彼此接触与杂交。不同种群间的异性成员相互缺乏性吸引力，往往表现在性行为的不同。特别是那些具有求偶行为的动物，不同种群成员间对各自的求偶行为相互不能辨识。有的种类具有特殊的信号，如雌雄蚊子以飞翔声音的基音频率的差别寻找对象；萤火虫的雌虫以发光吸引雄虫；蛙类、鸟类和一些昆虫的求偶鸣声等。许多动物释放外激素（pheromone）吸引异性，例如柳天蚕蛾（*Actias selene*）的雄蛾可以追踪雌蛾释放的气味飞行 46 km；小家鼠、沙鼠、大熊猫和棕熊等都能根据外激素的味道寻找同种异性个体。性外激素具种的特异性，只有同种异性个体才会被吸引。

有些近缘种的生殖隔离表现在性成熟的季节不同，如美国有两种亲缘关系十分近的白蚁，其中一个种的蚁后的婚飞发生在春季，另一种发生在秋季。有的近缘种可能在相同的季节繁殖，但有的在白天，有的在晚上，有的在晨昏。

合子前的生殖隔离还表现在生殖器官的隔离，例如雄性与雌性的生殖器官结构互不相配，使精子难以输送等。

（2）合子后的生殖隔离机制　这可能是由于两个种群间的基因不一致而使合子不可能发育而死亡。或者两个种群间可以杂交并产生杂交种，但这种杂交种不能生育，著名的例子是马与驴的杂种后代骡。骡不能繁育后代，其原因是马有64个染色体，驴为62个，而骡子为63个，因此在受精卵进行有丝分裂时，不能正常地联会形成四联体，导致不能正常发育而死亡。

上述这种经地理隔离，并在不同的地理区域保持隔离状态形成物种，称为异域物种形成（allopatric speciation）。这种方式的物种形成在动物进化中起主要作用。另一种方式是同域物种形成（sympatric speciation），这种方式在植物进化中较普遍而在动物进化中不常见。大多缘于特殊的遗传基因突变以及造成种间生殖隔离的突发事件的出现，导致快速的新种形成。第三种方式是邻域物种形成（parapatric speciation），此种方式的物种形成多见于分布区很广而活动能力很小的动物种群（如鼹鼠和无翅昆虫等）。分布区的边缘地带的一些群体，由于栖息地的环境差别，也可能成为基因流动的障碍，逐渐建立起自己独特的基因库并形成生殖隔离，最终导致物种形成。这种方式物种形成的普遍性是介于前两种方式之间。

物种形成在生物进化中具有极其重要的作用，是生物谱系进化和生物多样性的基础和基本环节。没有物种形成也就没有今天多彩多姿的生物世界。

思考题

1. 地球上生命起源的基本条件有哪些？
2. 试述"化学进化"到"生物进化"的演变过程。
3. 就你所知，举例说明生物进化的证据有哪些方面。
4. 试就近年分子生物学的进展，举例说明核酸分子进化的研究成果。
5. 简述达尔文进化理论的主要内容。
6. 试述新达尔文主义对进化论的贡献。
7. 试比较"综合进化论"、"分子进化中性学说"和"间断平衡论"的主要思想，提出你的认识。
8. 举例说明大进化与小进化。
9. 理解动物进化的型式假说及其各自的特点。
10. 物种的基本含义是什么？
11. 物种形成的主要方式有哪些？
12. 有余力的同学可查阅文献，了解近年有关达尔文雀的研究进展。

第 23 章

动物地理

　　动物地理学（zoogeography）主要研究动物在地球上的分布格局以及这种格局形成的历史原因。依据研究的主题可分为生态动物地理学和历史动物地理学。前者主要从较小的时间尺度（例如几十年）和地理尺度（例如栖息地）上分析现存物种或亚种的分布格局以及影响动物分布和扩散的生态因素，探讨动物与环境的相互关系及其区域分化；后者偏重从大的时间尺度（例如地质年代）和地理尺度（例如全球不同区域）上研究种或者种上单元的分布格局的形成原因和相近物种的演化关系，探讨动物在系统演化上的关系以及地质历史事件对动物分布的影响。

23.1　动物的分布

23.1.1　动物的栖息地

　　栖息地（habitat）动物是自然环境的组成部分，与地形、气候、水分、土壤和植物等要素互相依存和相互制约地融成一个整体，它是在长期历史发展中形成的。栖息地是动物能维持其生存所必需的全部条件的地区，例如海洋、河流、森林、草原和荒漠等。任何一种动物的生活，都要受到栖息地内各种要素的制约。一般说来，动物的栖息地常处于相对稳定状态，但又是时刻处在不断变化过程中，变化一旦超过动物所能耐受的范围，动物将无法在原地继续生存和繁殖，这个范围就是动物对环境适应的耐受区限。耐受区限决定着动物区域分布的临界线。通常每种动物的耐受区限是比较宽广的，但临界线却是很难逾越的，例如懒猴、亚洲象、长臂猿、犀鸟、太阳鸟、孔雀雉、蟒蛇等只能分布在常年无霜冻的地区，霜冻就成了它们的临界线。动物在其适宜环境以外的地区虽可暂时生存，但不能久居，更无法进行繁殖。

　　生活于不同栖息地的动物类群，其躯体结构和生活方式都与环境相适应。例如荒漠-半荒漠地区的跳鼠，背毛与沙漠环境协调一致，腹部洁白，能有效地反射地表的辐射高温而散热；吻端宽钝，鼻孔有活动性皮褶，适于推土封堵洞口和防止沙粒进入鼻内；眼大，能在夜间视物；耳壳长或听泡巨大，有利于在旷野中收集声浪及加强声波的共振；后肢强健，为前肢长的2~4倍，有发达的趾垫或趾下密生刷状硬毛，可增大与地面的接触范围，以免跳跃时陷足于沙内；尾长，是维持平衡及控制运动方向的工具。

　　不同动物对栖息地的适应能力存在差别。广适性动物对栖息地的要求不严，适宜区限较宽，栖息地的范围较大，例如褐家鼠、黄鼬、麻雀、大蟾蜍和鲤鱼等。窄适性动物对栖息地的要求甚严，适宜区限狭窄，栖息地的范围也小，如大熊猫、扬子鳄、白暨豚等。动物栖息地扩大可使它的分布区向邻近地区逐步拓展；栖息地恶化也可导致动物的分布区缩小或甚至灭绝。

23.1.2　动物的分布区与发生中心

分布区（distribution range）是动物占有的能够在此生存并繁衍后代的地理空间。动物只能生活在可以满足其生存所必需的基本条件的地方——栖息地中。因此分布区是地理概念，即占有地球上的一定地区；而栖息地是生态学概念，是动物实际居住的场所。实践上在地图上标出某种动物的分布点，然后用线将边界上的点连接起来，就能清晰地勾划出该种动物的分布区及其边界。

在理论上，每种动物的分布区都是从起源中心（center of origin）逐渐向周围地区扩展，其分布区应当是连续的。然而由于受地壳运动、气候变迁、人类活动以及动物自身扩散能力和适应性等因素的限制，动物的分布区往往很难形成以起源地为中心的连续的区域。一些种类甚至在其起源中心已经灭绝。例如化石资料显示：驼类祖先起源于北美洲，在更新世经阿拉斯加扩散到欧洲和非洲，演变为现在的骆驼；从北美扩散到南美洲的个体，其后代演化为现今的羊驼、小羊驼、美洲驼。然而现今驼类仅分布在欧亚大陆和南美洲，起源地北美地区的驼类已经灭绝了。鼷鹿科（Tragulidae）的 3 种鼷鹿分别分布于亚洲的中印半岛、马来半岛和我国云南等地，其起源中心却在内蒙古北部。由于栖息地退缩及地质变迁等原因，动物的分布区常常呈不连续的间断分布。如被分隔在长江和密西西比河的白鲟及匙吻白鲟、分布在亚洲东部和南部不连续分布区的虎、分布于我国东南 3 个不同区域的黄腹角雉以及分布在我国 6 个不同地区的细痣疣螈，都是分布区不连续的例证。

动物分布区能否向外扩展常依赖于两个重要因素，即动物的扩散能力以及是否存在限制其分布的屏障。一般来说，动物物种在地球上出现的时间愈早，则分布区愈广；反之，演化历程较短的动物，分布区也较狭小。草原沙蜥是沙蜥属中的原始种类，主要分布于亚洲北部草原和荒漠草原地区，以后扩展至我国的黄土高原和华北平原，再随同青藏高原隆起而分化出红尾沙蜥和西藏沙蜥。而鹦鹉螺、矛尾鱼、肺鱼、楔齿蜥和扬子鳄等均为动物中的古老种类，它们的现代分布区极其狭小，这是由于这些动物目前都处于自然衰退阶段和正经受着适应能力更强的种类排挤的结果。

限制动物分布的屏障有非生物屏障和生物屏障。前者是指地形、气候、海洋、河流和沙漠等自然因素，这些都可能成为动物在扩展过程中难以逾越或克服的阻限。生物屏障包括食源不足、缺乏中间宿主和种间斗争等因素。当动物具备克服各种阻限的能力时，便能有效地扩展分布区，否则，分布区就会退缩而日趋狭窄。

动物扩散的主要途径有：① 廊道（corridor）：是最广泛存在的一种通道，动物可沿廊道进行双向自由移动。例如欧亚大陆可看作中国与西欧的动物扩散的廊道，苏伊士运河修建前的苏伊士地峡也是一个廊道。② 滤道（filter route）：仅允许有特殊适应能力的动物通过。例如只有极端耐旱的动物才能穿越的沙漠就是一种滤道。③ 机会通过（sweepstake route）：利用偶然的机遇通过，例如极少数的动物种类可以借大风或漂浮物从大陆到达遥远的海岛。

屏障可导致动物区系的不协调（disharmonious），使不同区域的动物分布类群存在着较大的差异。

23.1.3　分子钟和分子系统地理学

化石记录是动物分布、扩散和演化的最有力证据。但由于所发现的化石的数量等局限性，仅仅依靠化石，很难构建完整的动物分布模式或系统演化图。分子生物学的发展，特别是分子钟假说提供了一条新的思路，可用来对基于化石记录的传统结论加以验证，这对化石记录不完整的生物类群起源历史的推测具有重要价值。

分子进化的中性学说指出：DNA 分子中多数突变都是中性的，这些突变对种群来说是没有"好"或"坏"影响的"中性突变"。在进化过程中，不同生物的同一种蛋白质或核酸大分子在单位时间内发生的突变位点数是恒定的，即蛋白质分子的氨基酸替换数或核酸分子的核苷酸替换数与进化时间成正比，这个恒定的速率称为分子钟（molecular clock）。利用分子钟，可根据已知资料来绘制"分子改变量–进化时间"曲线，估计生物有机体的分子变异和形态改变的速率，推测有关物种在进化历程中的分歧时间，建立动物系统发生树和分布图。然而目前通过分子钟理论推导出的一些生物类群的起源往往早于化石记录，而这种理论上的起源时间如果没有化石记录佐证，就难以被接受。此外，不同门类动物的分子钟各异，因而通过分子数据推测不同门类的分化时间时，就需要对相应的分子钟进行校正。只有获得某一类生物在不同地质历史时期的 DNA 序列，才能在时间序列上来校正相应的分子钟。近年来，随着新的化石记录的不断发现以及从古生物样品中提取 DNA 并测定序列技术的成功建立，对于修正分子钟和研究早期生命演化均有十分重要的意义。随着分子进化的中性学说和分子钟理论的提出和发展，利用分子生态学的理论和方法，分析不同地理种群（或近缘种）之间分布格局（distribution pattern）的演化历程、分布模式以及种群间的系统发育关系，已成为 21 世纪进化生物学的研究热点，并兴起了一门学科——分子系统地理学（molecular phylogeography）。

分子系统地理学研究的核心是遗传谱系空间分布的历史特征，通过种群遗传结构的分析来探讨种内系统地理格局的形成机制、系统发育关系以及现有分布特征，并结合种群的地理分布状况来发现和验证与其相关的地质事件，追溯和揭示种群的进化历程。通过分子系统地理学的理论和方法，研究者可突破时间和空间的限制，了解动物的起源中心、分化历史、不同地理种群的遗传亲缘度，推测物种或种群的扩散途径、现分布格局的成因以及古气候变化对动物分布和物种分化的影响。例如对欧洲、北非、亚洲的灰林鸮（*Strix aluco*）种群线粒体 DNA 控制区序列比较发现，北非、亚洲和整个欧洲的种群各为一支，其中北非的与欧洲的灰林鸮为姐妹群，欧洲西部的灰林鸮种群是在更新世冰期后由巴尔干半岛、西班牙和意大利的 3 个子遗种群向周围扩散形成的。依据新西兰的恐鸟、马达加斯加岛的象鸟、南美洲的美洲鸵鸟、非洲鸵鸟、澳洲的鸸鹋等平胸鸟类线粒体 DNA 基因组（包括一些古 DNA）的分析推断：在晚白垩纪（约 8 000 万年前），古大陆发生分裂漂移后，平胸鸟类祖先被海洋隔开而各自独立进化，形成现今该类群的分布格局，并构建了平胸鸟类系统发生树（图 23-1）。DNA 序列研究的结果还表明占现存鸟类一半的鸣禽的起源中心在澳大利亚，直到晚渐新世后才逐渐扩散到其他大陆。

23.1.4　动物分布

23.1.4.1　陆地的动物分布

地球呈椭圆形并依一定的轨道旋转，太阳投射在地表各个区域的热能很不均匀，使陆地自然条件（景观，landscape）自北向南呈现有规律的地带性分布：极区附近的苔原（tundra）带、远离海洋的温带草原（glassland）带、分布在温带和亚热带的荒漠（desert）带、苔原地带以南至阔叶林之间的针叶林（coniferous）（或泰加林 taiga）带、亚热带温湿海洋性气候的阔叶林（deciduous forest）带和赤道附近的热带雨林（tropical rainforest）带等。在山地条件下，自然条件也呈现类似纬度带的垂直更替，称为垂直分布（图 23-2）。在各种自然条件的地带内，分布着数量占优势的代表性的植物类型和生态地理动物群。生态地理动物群

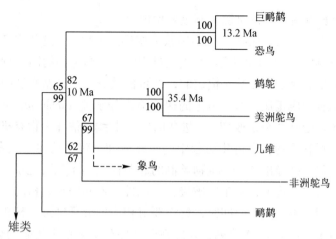

■ 图 23-1 平胸鸟类的分化时间和系统发生关系

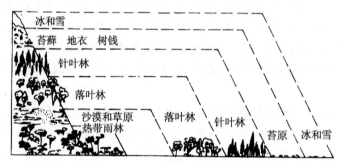

■ 图 23-2 陆地景观和山地类似自然条件的比较（自 Hickman）

内的优势种（dominant species）和常见种（frequent species）是组成动物群中的基本成分，对该地带的环境都有较强的适应性，也是自然环境中的一个积极因素，它们不但能对植被、土壤等外界因素产生明显的作用，而且与人类具有密切的利害关系。生态地理动物群与依据区系组成而划分的动物区系之间，存在着一定的关系，两者的配合反映了现代生态因素和历史因素对有关动物的共同作用，以及各动物区系的发展动态和形成过程。

23.1.4.2　水域的动物分布

（1）淡水生物群落（freshwater biomes）　依据水的流动状况不同，可分为流水水体（lotic）及静水水体（lentic）两个类型。

流水水体是指沿一定方向不断流动的水流，包括河流、山溪及泉水等。静水水体则指不沿一定方向流动的水体，如湖泊、池塘和沼泽等。由于不同类型水体的生态条件不同，因此在动物区系组成及动物的生态适应方面也均有明显差异。与海洋生物群落相比，陆地淡水水域中的动物类别显得较为贫乏：完全没有棘皮动物、尾索动物和软体动物的头足纲等，海绵动物、腔肠动物、苔藓动物、环节动物多毛纲等动物的种类也极少。流水栖息地由于水流不断地带走动物的代谢产物和植物尸体，并为流水中生活的动物提供充足的氧气，在激流处甚至可达到接近饱和状态。

湖泊和池塘等静水水体的水流平缓或不具水流，水生植物较为茂盛。底质因湖龄的长短而异。成湖期较短的为砂质和岩质，年代久远的湖泊则为腐殖质。湖水的垂直循环较河流弱，湖泊中的氧气垂直变化明显，含氧量随深度增加而递减。浅水湖泊因受热条件好，水生生物十分丰富，湖底沉淀含有大量处于不同分解阶段的有机残余物，这些物质的矿质化消耗大量氧气，造成浅水湖含氧较少。深水湖的深层由于水体循环差、光线透射浅、含氧少和水温低，不适于动植物的栖息和生存，水生生物贫乏。一般说来，湖泊可分为沿岸带、亚沿岸带和深水带3个水区。沿岸带始于水面而止于高等水生植物生长的下限，因具有水温高、阳光足、食物和氧气丰富等良好的生活条件，使之成为各种动植物汇集和繁殖产卵的场地，也是整个湖泊内生物量最大的地带。

（2）海洋生物群落（marine biomes） 海洋占地球表面的绝大部分，它不仅是生命的策源地，也是地球上生命最旺盛的区域，栖息着200 000种以上的海洋生物，其中90%以上是无脊椎动物。

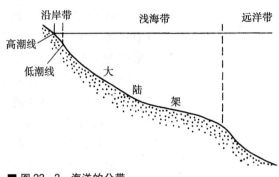

■ 图23-3 海洋的分带

海洋由3个大的带所组成，即沿岸带（littoral zone）、浅海带（neritic zone）和远洋带（pelagic zone）（图23-3）。沿岸带是海洋中的浅海区，是潮水（tide）每天涨落的高潮线与低潮线之间的区域，包括潮上带和潮间带。潮上带位于在高潮线的上限，也称浪击带，由于只受海洋冲击时所溅及的海水影响，因而缺乏严格的海洋生物；潮间带是海与陆地交接的区域，每昼夜有规律地经受两次涨潮的淹没、落潮的显露过程，理化条件极不稳定，动物种类较少，只有具备特殊适应能力的动物，例如沙蚕、牡蛎、寄居蟹及藤壶等才能生存。在沿岸生活的种类大多具有附着结构（例如海葵、贻贝、珊瑚等），还有一些爬行或滑行生活的螺类、海星、蟹类等。就潮间带动物的分布而言，一般在高潮线区域种类少；接近低潮线区域种类增多。这是因为潮间带动物以水生种类为主，暴露在空气中时间愈短的地带种类愈多。在热带海洋的沿岸带还有两种特殊的环境，即红树林和珊瑚礁。红树是一种常绿灌木至乔木，生长在潮间带的泥滩上，涨潮时海水淹没了红树林，仅露出一堆堆成丛的树冠；同时海水也带来了营养物质；加上可作为基质和动物隐蔽用的许多树根等，于是红树林就成了适合某些动物的栖息地。红树林动物群的种类较少，但数量众多而奇特，常由海洋动物、淡水动物，甚至还与陆生动物混合组成，例如海葵、牡蛎、弹涂鱼、海蛙、海蛇、一些鸟和鼠类等。珊瑚礁广泛分布在南、北纬30°范围内的热带浅海沿岸区（图23-4），主要由珊瑚群体的骨骼堆积而成。这里除有充足的光线、氧气和热量外，还有丰富的食源和供给动物安全藏身的避敌场所，因而具有种类繁多的动物群落。珊瑚礁不但有固着生活的各种海绵、海葵、海鞘以及牡蛎、珍珠贝等，也有多

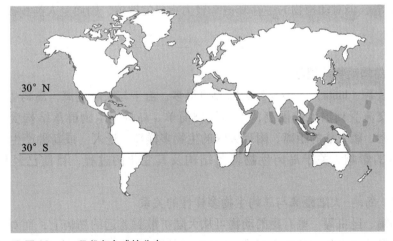

■ 图23-4 珊瑚在全球的分布

毛类环节动物、腹足纲软体动物、棘皮动物（例如海胆、海燕、蛇尾、海参等）和脊椎动物。体形侧扁及体色鲜艳的珊瑚礁鱼类，在我国海南岛和西沙群岛有 300 余种，是一项极有开发前途的海洋动物资源。

浅海带是由沿岸带以下至 200 m 左右深的海洋，很多地区（例如我国黄海和渤海）的海底坡度平缓，平均斜度约 0.1°，由此构成广阔的大陆架（continental shelf）。浅海区是海洋生物生长最繁盛的区域，其基本原因在于营养物质（食物）丰富、水中的光线充足、水温高和溶氧状况良好。光线在海水内透射的深度，与水域内所含溶质以及微小生物的数量等有关。一般的光照带（photic zone）即植物能进行光合作用的地带，多在 150 m 左右，所以浅海带或大陆架就成了浮游生物生长和多种动物、特别是绝大多数海洋鱼类的主要栖息地及一些远洋鱼类的产卵区，很多地区还因此而形成了著名渔场。浅海带动物群落中的优势种类有原生动物中的放射虫和有孔虫、腔肠动物中的水母类、桡足类等。此外，还有鲸类、海豹、海蛇、海龟和若干种头足类软体动物等。远洋带为浅海带以外的全部开阔大洋，其上层 200 m 处尚有阳光透入，但因缺乏底质，水底植物无法生长，只有浮游植物生存，其间的动物群落组成与大陆架内大体相仿。

海洋中有 86 % 以上的海区深度超过 2 000 m，因此远洋带的下层是世界上最大的动物生活环境区，也是一个既特殊又严峻的动物栖息地。该处的物理环境条件几乎是恒定的：阳光不能透入，终年黑暗；水温低，长期保持在 0~2 ℃；平均盐度高，为 34.8 ‰±0.2 ‰；压力大，水深每增加 10 m，流体静压就相应地增加一个大气压；植物和食源匮缺，致使深海动物都只能以肉食或碎屑为生。深海区的动物种类及数量均甚稀少，仅少数具有特殊适应结构的动物类群能在这样苛刻的条件中生存，常见的优势动物有海绵动物、棘皮动物以及叉齿鱼、柔骨鱼、树须鱼、宽咽鱼等深海鱼类。深海动物的体色黯暗，大多呈现黑色、紫色、蓝色或红色；由于骨骼骨化过程不完全，肌肉组织不发达和皮肤松弛，身体十分柔软，并能承受巨大的流体静压，甚至高达 1 000 个大气压力；普遍具有发光能力，有些海星、海鳃、海百合的整个身体表面都能发光，深海鱼类在身体的特定区域内具有能发出灰白色、浅绿色或淡红色冷光的发光器官；大多数鱼类的眼因晶状体大而外突，能在无光环境中感受其他鱼体的发光器官所发出的光源；也有相当数量的鱼类和其他动物丧失了视觉。用于弥补视觉缺失的常常是极为发达的触觉器官，例如长须鱼的触须长度几乎达到体长的 4 倍。

根据计算，在海洋的整个生物量中，沿岸带超过 1 000 g/m²，在 200 米深处为 50 g/m²，1 000 m 深处为 1 g/m²，深海处为 0.1 g/m²。由此可见，海洋的沿岸浅海区，尽管只占整个海洋总面积的 25 %，但对动植物的生存却占有极为重要的地位，因而是人类积极保护和开发海洋资源的重点。

23.1.5　岛屿动物地理学

岛屿生物区系（biota）一般要比大陆简单得多，由于与大陆隔离，岛屿生物与大陆生物之间的扩散与交流受到很大的限制，生物类群简单。岛屿上生物群落结构受岛屿面积、形状、栖息地类型、距大陆的距离、附近大陆的生物多样性、迁入（或新种产生）与迁出（或灭绝）等因素的影响。关于岛屿生物群落结构及其变化的过程，目前已经形成了许多的理论。

23.1.5.1　岛屿-大陆距离与岛屿生物多样性的关系

鸟类、蝙蝠、昆虫等一些有翅的动物可从大陆扩散到遥远的岛屿上，而对其他陆生动物来说，海洋是横亘在大陆与岛屿之间难以跨越的屏障，偶尔可凭借台风、漂浮物等越过海洋到达岛屿。随着大陆与岛屿距离的增加，动物跨越海洋的难度也会增大，岛屿生物多样性与岛屿和大陆的隔离程度显著相关（图 23-5）。

23.1.5.2 种-面积关系

距离是衡量岛屿隔离程度的重要指标，在气候条件相对一致的区域内，在面积大小不同的海洋岛屿中，各类群的物种数目随着岛屿的面积的增加而增加（表 23-1）。这个关系可以描述为：

$$S = cA^z$$

或者取对数表示为：

$$\lg S = \lg c + z \lg A$$

其中 S 是面积为 A 的岛屿上某类群物种的数目，c 和 z 为常数，c 反映地理位置变化对物种多样性的影响，z 为经过对数转换后直线的斜率，z 值一般处于 $0.20 \sim 0.35$ 之间。

■ 表 23-1　太平洋部分岛屿的面积和鸟类属的多样性（自 Barry 和 Moore）

岛屿名称	岛屿面积/km²	鸟类属的数目
所罗门群岛（the Solomon Islands）	40 000	126
新喀里多尼亚（New Caledonia）	22 000	64
斐济群岛（Fiji Islands）	18 500	54
新赫布里底群岛（New Hebrides）	15 000	59
萨摩亚群岛（Somoa islands）	3 100	33
社会群岛（Society Islands）	1 700	17
汤加岛（Tanga island）	1 000	18
库克群岛（the Cook Islands）	250	10

23.1.5.3 平衡理论

岛屿物种多样性取决于新物种的迁入和岛屿上原来物种的灭绝，当迁入和灭绝的速率相等时，岛上的物种数达到动态平衡状态，这就是岛屿动物地理学中的平衡理论。在初始时期，一些物种能够跨过海洋到达并适应新的岛屿，迅速在岛上居留下来。由于岛上原来没有物种，这些迁移过来的物种都是岛上的新移民，迁入率很高，种群数量不断增加。然而由于岛屿上生境的面积有限，已定居的种数越多，新迁入的物种能够成功定居的可能性就越小。从灭绝速率来看，岛上物种的数目越多，灭绝的概率也就越高。而随着越来越多的物种在岛上居留，竞争的加剧导致各物种的种群数量也会减少，小种群将面临更大的灭绝风险。

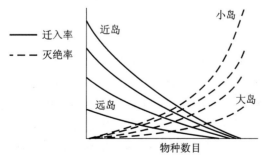

■ 图 23-5　平衡学说

不同大小和远近岛屿的物种迁入率和灭绝率

　　同一岛屿的迁入率和灭绝率会随岛屿物种丰富度的增加而分别呈下降和上升的趋势（图23-5）。就不同岛屿而言，物种迁入率和灭绝率还与岛屿的面积、岛屿与大陆的距离等有关（图23-5）。物种迁入率随岛屿与大陆种源库（species pool）距离的增加而降低，这种现象称为"隔离效应（distance effect）"。岛屿面积越大，种群数量也常常越大，物种灭绝的概率也越低。这种物种的灭绝概率随着岛屿面积的增大而降低的现象称为"面积效应（area effect）"。

　　Simberloff 和 Wilson（1969，1970）用溴甲烷将几个小岛上所有动物杀掉，然后观察各节肢动物类群的迁入率和灭绝率。熏蒸后几天，物种就开始迁入熏蒸过的岛屿，不到一年时间，多数动物又达到了熏蒸前的水平，但离大陆最远岛屿的迁入率也最低。在各个类群中，螨类的迁入速度最慢，蟋蟀、蚂蚁等占据空岛的速度最快，而蜈蚣、马陆两年内仍然没有重新迁入岛上。对美国南加州沿岸几个岛屿上鸟类的研究发现，经过50年的时间大约有30%的鸟类灭绝，迁入的鸟种数量同灭绝的几乎一样，尽管物种组成不同，这些岛屿上的物种数目经过50年几乎无变化。

　　上述理论主要是针对海洋岛屿提出的，实际上，被农田包围的林地、林窗、被沙漠围绕的高山等一些陆地生境，城市绿地等也可以看成是岛屿。岛屿理论已经被应用于自然保护区设计、生境破碎化等方面的研究。

23.2　动物地理区系划分

　　动物区系（fauna）是指在一定的历史条件下，由于地理隔离和分布区特性所形成的动物类群总体，也就是有关地区在历史发展过程中所形成和在现今生态条件下所生存的动物群。陆地上影响动物分布和扩散的屏障主要包括海洋、山脉和沙漠等，大陆被海洋所分隔，即使在同一个大陆内部，也常被山脉或沙漠等分隔而各地产生区域差异。这些被隔离的区域中的动物群，在很长的地质时期内相互缺乏交流，各自进化形成独立的动物区系。整个动物界可分为海洋动物区系和大陆动物区系两大类。两类动物区系的主要不同处在于海洋的环境条件相对来说比陆地稳定，所生活的动物不论在身体结构上还是在系统发生地位上，都显示出它们比较简单及其原始性。陆地的自然环境复杂，气候多变以及存在着众多影响动物分布的阻碍，致使物种分化非常激烈。150多万种动物中的85%以上分布在陆地上，且其身体结构也较同类的海洋动物复杂而高等，但高级分类阶元的动物门类则不及海洋动物齐全。

23.2.1　大陆漂移学说

23.2.1.1　大陆漂移学说（continental drift theory）概述

　　德国地球物理学家魏格纳（A. Wegener）于1912年提出大陆漂移假说（continental drift hypothesis）。这一假说指出，全世界的大陆在古生代古炭纪以前曾是一个统一的整体，称为泛古大陆（pangaea），在它周围则是辽阔的海洋。2亿年前，在潮汐和地球自转离心力的作用下，泛大陆分裂为北边的劳拉西亚（Laurasia）和南边的刚瓦纳（Gondwana）两个超级大陆，两个大陆中间为古地中海（tethys）。距今约1.35亿年前的侏罗纪晚期，两个超级大陆内部分别裂开并发生漂移：劳拉西亚大陆形成北美大陆和欧亚大陆的一部分，刚瓦纳大陆则分裂为非洲、南美洲、马达加斯加、南极、澳洲、阿拉伯、新几内亚岛和印度等大陆，在移动过程中脱落下来的大陆"碎片",形成了南亚等地区的许多岛屿。阿拉伯、印度和南亚"碎片"后来"漂"过了古地中海,附在劳拉西亚大陆上。直到第四纪初期才形成现今地球上大洲和大洋的分布格局,地球上的动物也随同大陆的漂移而分化,最后在各大洲分别形成不同的动物区系(图23-6)。

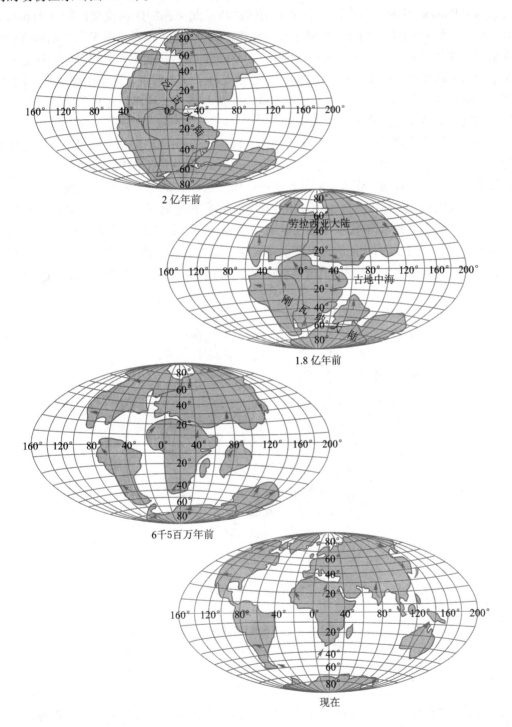

2 亿年前

1.8 亿年前

6千5百万年前

现在

■ 图23-6 大陆漂移过程不同时期的世界陆地版图(箭头示意大陆分裂后移动的方向)

23.2.1.2　大陆漂移学说的证据

大陆漂移学说提出以来，褒贬不一。20世纪50年代以来，越来越多的证据支持大陆漂移学说。如大西洋两边陆地上的岩性和构造以及其他很多地质现象也是非常吻合的：东西向的褶皱山脉在非洲南端的好望角（Cape of Good Hope）突然中止，但是在南美洲阿根廷的布宜艾诺斯（Buenos Aires）又有同样构造的山脉出现；北美洲的阿帕拉契山脉（Appalachian Mts）向东北延到加拿大的纽芬兰突然中止，而越洋到爱尔兰（Ireland）的海岸后同样的构造再度出现。此外，大西洋东西两侧1 000 m和2 000 m的等深线也可非常吻合地拼接起来。古生代早期发生的加里东尼亚（Caledonian）山脉更支持了这个假说，这个山脉呈东北向延伸，由挪威、格陵兰的东部向西南，延经英国的威尔斯及苏格兰，越洋到达北美洲的纽芬兰和新英格兰地区，直达非洲撒哈拉的西北部止。

大陆漂移学说的再次兴起也得益于古地磁（paleomagnetism）的研究成果。古地磁指矿物中的古地磁场，也称为化石磁性（fossil magnetism）。矿物中磁极的排列方向与地球磁场的南北磁极排列方向是一致的，在大陆漂移过程中，由于大陆在地球上所处的位置不同，致使不同地质时期大陆矿石的磁极方向也会发生变化并保存在相应地层中。把同一大陆不同地层中矿石的磁极方向按其地质年代顺序相连，就可得到一条连续路线，称磁极移动路线（polar wandering path）。当把所有大陆的磁极移动路线画出来的时候，就可以看出各个大陆相对移动的情况。例如依据南美洲和非洲的磁极移动路线可以看出这两个大陆的漂移情况（图23-7）。

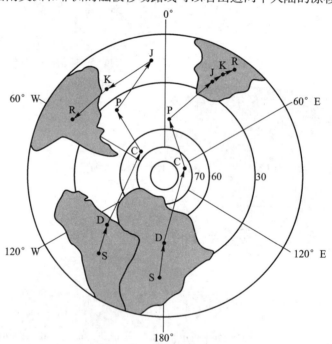

■ 图23-7　南美洲和非洲的磁极移动路线（自 Barry 和 Moore）

S：志留纪，D：泥盆纪，C：寒武纪，P：二叠纪，J：侏罗纪，
K：白垩纪，R：现在

大陆漂移学说很好解释了为什么在不同的大陆，特别是那些隔着大洋的大陆间，动物区系组成或古动物类群非常相似。大陆漂移学说也解释了大西洋两岸无脊椎动物化石组成相似、纬度相同区域动物区系近似等曾引起人们困惑的现象。有袋类在白垩纪中期（距今大约1亿年前）出现，当有胎盘哺乳动物尚未出现在澳洲大陆的时候，澳洲大陆从刚瓦纳古陆脱

离，致使有胎盘动物由于海洋的阻隔无法进入澳洲，有袋类得以在澳洲保留并进一步演化发展。而曾经在亚、欧、北美生活过的有袋类均被有胎盘哺乳动物排挤而灭绝，成为这些地区的化石种类。在大陆裂开并发生漂移以后，各大陆的动物很难彼此交流。到上新世末期，南美洲和北美洲之间有大陆桥（land bridge）将这两个大陆重新连接起来了，使得两个大陆上的哺乳动物相互扩散，这一扩散也被称为"大美洲扩散"，如今南美大陆生活的动物中，一半的祖先是当时从大陆桥到达南美的（图23-8）。

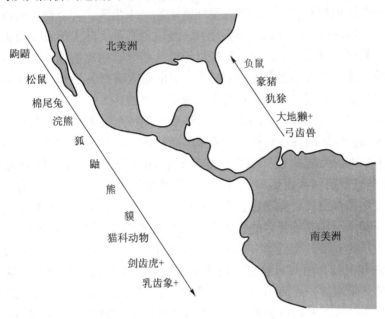

■ 图23-8　美洲大陆之间的物种交流（带+的表示已经灭绝）（自 Barry 和 Moore）

23.2.2　世界动物地理分区

在不同的地理环境中，经过长期的独立演化，不同大陆都形成了自己独特的生物区系，依据生物区系，世界陆地动物区系可划分为6个界（fauna realm）（图23-9）：

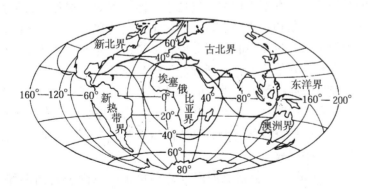

■ 图23-9　世界陆地动物地理分区

（1）澳洲界（Australian realm）　包括澳洲大陆、新西兰、塔斯马尼亚以及附近的太平洋上的岛屿。澳洲界动物区系是现今所有动物区系中最古老的，在很大程度上仍保留着中生代晚期的特征。其最突出的特点是缺乏现代地球上其他地区已占绝对优势地位的胎盘类哺乳动物，保存了现代最原始的哺乳类——原兽亚纲（单孔目）和后兽亚纲（有袋目），是后兽亚纲的适应辐射中心。真兽亚纲仅有少数几种蝙蝠和啮齿动物。澳洲界的鸟类也很特殊，鸸鹋（澳洲鸵鸟）、食火鸡和无翼鸟、琴鸟、极乐鸟及园丁鸟等均为本界所特有。现存最原始的爬行动物——喙头蜥，仅产于本界新西兰附近的小岛上。蛇、蜥蜴以及两栖类均奇缺，特有种有鳞脚蜥科的种类和极原始的滑跖蟾等。澳洲肺鱼为本区某些淡水河流中的特产。澳洲动物区系的特点有其历史上的因素。澳洲大陆与新西兰均在中生代末期即与大陆相隔离，当时地球上正是有袋类广泛辐射发展时期，胎盘类哺乳动物尚未出现。在亚洲、欧洲及北美大陆的白垩纪和第三纪早期地层中均见到有袋类化石。当以后其他大陆上出现真兽亚纲动物时，由于海洋阻隔而不能进入澳洲大陆，这是有袋类等低等哺乳动物类群能在澳洲界保留并得到进一步发展的原因。澳洲界现存的真兽亚纲动物，有的是人类带入后野化的，有的（例如部分啮齿类）可能是借漂浮的树干等物偶然迁入而获得发展的。

（2）新热带界（Neotropical realm）　包括整个中美、南美大陆、墨西哥南部以及西印度群岛。新热带界动物区系的特点是种类极为繁多而特殊。兽类中的贫齿目（犰狳、食蚁兽和树懒）、灵长目中的新大陆猿猴（狨猴、卷尾猴和蜘蛛猴等）、有袋目中的新袋鼠科（负鼠）、翼手目中的髯蝠科和吸血蝠科、啮齿目中的豚鼠科等均为本界所特有。在其他大陆的某些广布种类（例如食虫目、偶蹄目、奇蹄目和长鼻目等）在本界内甚为罕见。鸟类中有25个科为本界的特有科，其中最著名的代表为美洲鸵鸟和麝雉。蜂鸟科虽不是本界的特有科，但种类及数量均异常丰富。爬行类、两栖类和鱼类的种类甚多，其中以美洲鬣蜥、负子蟾、美洲肺鱼、电鳗和电鲶为本界所特有。新热带界动物种类繁盛且具特色，这不仅因为本区拥有世界最大的热带雨林，还与历史因素有重要关系。南美洲在第三纪以前曾与南极大陆、非洲和澳洲联系在一起，因而在动物区系上至今还残留着这种象征，例如均分布有袋类、鸵鸟和肺鱼等。在第三纪它与其他大陆分离，在此期间发展了许多特有种类（例如阔鼻类猿猴）。至第三纪末期南美大陆又与北美大陆相联结，致使两地区的动物互相渗入，形成现今的动物区系。

（3）埃塞俄比亚界（热带界）（Ethiopian realm）　包括阿拉伯半岛南部、撒哈拉沙漠以南的整个非洲大陆、马达加斯加岛及附近岛屿。埃塞俄比亚界动物区系的特点主要表现在区系组成的多样性和拥有丰富的特有类群。有30科动物为本区特产，其中哺乳类的著名代表有蹄兔、长颈鹿、河马等科。还有不少种类亦仅见于本区，例如黑猩猩、大猩猩、狐猴、斑马、大羚羊、非洲犀牛、非洲象和狒狒等。鸟类中的非洲鸵鸟和鼠鸟为本区的特有目。爬行类中的避役、两栖类中的爪蟾、鱼类中的非洲肺鱼和多鳍鱼均为本区著名代表种类。埃塞俄比亚界的动物区系与东洋界拥有某些共同的动物群，例如哺乳类中的鳞甲目、长鼻目、灵长目中的狭鼻类猿猴、懒猴科和犀科等；鸟类中的犀鸟科、太阳鸟科和阔嘴鸟科等。反映出这两个界在历史上曾经有过密切的联系。此外，有些在旧大陆普遍分布的科却不见于本区，如哺乳类中的鼹鼠科、熊科、鹿科以及鸟类中的河乌科和鸫鹟科。这显然是由于长期地理隔绝而限制了其他地区动物侵入的缘故。

（4）东洋界（Oriental realm）　包括亚洲南部喜马拉雅山以南和我国南部、印度半岛、斯里兰卡岛、中南半岛、马来半岛、菲律宾群岛、苏门答腊岛、爪哇岛和加里曼丹岛等大小岛屿。关于东洋界与澳洲界的分界线一直存在争论，问题集中在一些岛屿的归属上。华莱士（A. Wallace）发现龙目海峡两侧（例如龙目岛和巴厘岛）和望加锡海峡两侧（例如苏拉威西岛和加里曼丹岛）的动物区系有很大差异，海峡以西的巴厘岛和加里曼丹岛上的动物是典型的东洋界动物，以东则有西边无法见到的袋貂、葵花鹦鹉、冢雉等澳洲界物种，据此认为其中的分界线处于区分亚洲鸟类区系和澳洲鸟类区系的区域，这条线后来被称为"华莱士线"，并长期被作为东洋界和澳洲界的分界线。后来，莱德克（R. Lydekker）在印尼东面贴近新几内亚岛划了一条"莱德克线"，这条线是很多东洋界动物（如飞蜥）等向东渗透的边缘。莱德克线以东的新几内亚岛就是典型的澳洲界，以有袋类动物占优势，还有最原始的哺乳动物针鼹和原针鼹，也有极乐鸟、食火鸡和多种鹦鹉。韦伯（M. Webber）则在华莱士线和莱德克线之间找到了一个东洋界动物和澳洲界动物的平衡线，被称为"韦伯线"，位于苏拉威西岛和马鲁古群岛之间与帝汶岛和东南群岛之间。这条线也常被用作东洋界和澳洲界的分界线。现在的观点倾向于以亚洲大陆架边界的"华莱士线"和澳洲大陆架的边界的"莱德克线"作为两大动物地理界的边界，其间的区域作为一个过渡区——华莱士区（图23-10）。东洋界动物区系具有大陆区系的特征，由于气候温暖而湿润、植被丰盛茂密，动物种类繁多。哺乳类中的长臂猿科、眼镜猴科和树鼩科等均为本界特有。鸟类中的和平鸟科为特有科。爬行类中具有5个特有科（例如平胸龟、鳄蜥、食鱼鳄等科）。尚有一些种类分布虽不局限于本区，但仍为本界特色动物，例如猩猩、猕猴、懒猴、灵猫、鼷狗、犀鸟和阔嘴鸟等，其中有些种类或其近亲亦见于非洲。非洲狮在印度孟买北部瓦阿提卡半岛上亦存在。这也证明了本界与埃塞俄比亚界有着较密切的关系。东洋界内大型草食动物比较繁盛，例如，印度象、马来貘、犀牛、多种鹿类及羚羊。鸟类中的雉科、椋鸟科、卷尾科、黄鹂科、画眉科、鹎科和八色鸫的分布中心都在本界内。爬行类中的眼镜蛇、飞蜥、巨蜥、龟等在本地区的数量及分布也均较突出。

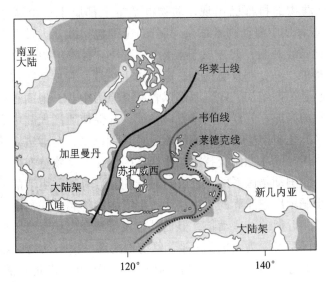

■ 图23-10 华莱士区和华莱士线

（5）古北界（Palearctic realm）　包括欧洲大陆、北回归线以北的非洲与阿拉伯半岛以及喜马拉雅山脉以北的亚洲。本区与新北界的动物区系有许多共同的特征，因而有人将古北界与新北界合称为全北界。鼹鼠科、鼠兔科、河狸科、潜鸟科、松鸡科、攀雀科、洞螈科、大鲵科、鲈鱼科、刺鱼科、狗鱼科、鲟科及白鲟科等，均为全北界所共有。古北界虽然不具固有的陆栖脊椎动物科，却具有不少特产属，例如鼹鼠、金丝猴、熊猫、狼、狐、貉、鼬、獾、骆驼、獐、羚羊、旅鼠以及山鹑、鸨、毛腿沙鸡、百灵、地鸦、岩鹨和沙雀等。

（6）新北界（Nearctic realm） 包括墨西哥以北的北美洲。本界动物区系所含科别总数不及古北界，但具有一些特产科，例如叉角羚羊科、山河狸科、美洲鳖蜥科、北美蛇蜥科、鳗螈科、两栖鲵科、弓鳍鱼科和雀鳝科等。此外，像美洲麝牛、大褐熊、美洲驼鹿和美洲河狸以及鸟类中的白头海雕等亦均系本区特有种类。

上述6大陆地动物地理界可以简单归结为以下几点：

（1）大陆上同一经度的不同部分，动物区系由北往南的差异越来越大。

（2）不同类群的古老动物（例如肺鱼、喙头蜥、鸵鸟、鸭嘴兽和袋鼠等）现仅存于北回归线以南地区，但在此线以北有化石发现。现存于北回归线以北的动物，在此线以南未曾发现过化石。

从大陆漂移学说的观点来看，非洲、澳洲和南美洲最初相距很近，隔离之前还曾经有过一段接壤时期，因而三洲具有一定程度类似的动物区系。以后随着南极向古赤道漂移而彼此逐渐分开。到第三纪末，南美洲与北美洲再次联结。欧亚大陆与北美洲在白令海峡地区也曾有过相连，所以具有某些共同的特产动物，如短吻鳄科和白鲟科等。澳洲与泛古大陆的分离较早，故哺乳纲中的真兽亚纲动物未曾侵入。

23.2.3　我国动物地理区系概述

23.2.3.1　动物区系的区域分化

我国现存陆生脊椎动物区系，可以追溯到距今1 200万年前的新生代第三纪后期（上新世）。那时我国的哺乳动物的科都已出现，动物群基本上都属于一个区系，这个区系称为"三趾马动物区系"（或称地中海动物区系），其分布范围包括欧亚大陆及非洲的大部分。当时动物区系的南北分化已经开始，北方属于亚热带-温带，有较广阔的草原和森林草原。草原动物丰富，有各种羚羊、马、犀及鸵鸟等；南方属于热带，森林动物占优势，草原动物很少。第三纪后期，特别是第四纪初，中国西部以青藏高原为中心，地面迅速上升，地表开始剧烈抬升，形成大面积的高原，气候往高寒方向发展，并促使亚洲大陆中心荒漠化。这个变化对于动物区系的地区分化也产生了重大的作用。更新世以来，全球进入第四纪大冰期，气候发生了多次变动，冰期与间冰期的交替对动物区系的演化及动物分布区的变迁，都有重要的影响。更新世早期，我国动物区系的差别已初显端倪。当时南方生活的动物属于巨猿动物区系，区系组成已初步显示出东洋界的特色；北方生活的动物属于泥河湾动物区系，其中出现了与现代北方种类相近似的一些动物，但仍具有大量至今仅见于南方的动物。更新世的中期和晚期，巨猿动物区系发展为大熊猫-剑齿象动物区系，这一动物区系的性质与东洋界益趋接近。该动物区系的分布范围甚广，除我国南方外，还包括华北一带，当时的有些属、种目前在我国已经绝灭，如猩猩、鬣狗、犀等，而象、长臂猿及大熊猫等的分布区也已大为缩小或仅存于一隅之地。北方的泥河湾动物区系又发展为中国猿人动物区系，到更新世晚期更进一步发展成沙拉乌苏动物区系。沙拉乌苏动物区系再一次于东北地区（包括内蒙古东部和华北北部）及华北一带分别分化为猛犸象-披毛犀动物区系和山顶洞动物区系。猛犸象-披毛犀区系中的河狸、鹿、驼鹿、狼、野马、野驴等一直生存至今，但分布情况已有很大变化。当时华北的气候比现在温暖潮湿，森林和草原的面积比较广阔，森林动物有猕猴、麝、多种鹿和牛属动物等；草原动物则有旱獭、鼢鼠、野马和野驴等，这个动物群向西一直延伸到新疆。全新世初期，我国陆地动物区系的区域分化，基本上已呈现代动物区系的轮廓（图23-11）。

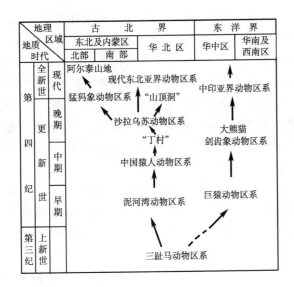

■ 图 23-11　我国第四纪动物区系演变示意图（自张荣祖，1979）

23.2.3.2　我国动物地理区系划分

我国动物区系分属于世界动物区系的古北界与东洋界两大区系。这两大区系的分界线西起横断山脉北端，经过川北岷山与陕南的秦岭，向东达于淮河一线。在我国东部地区由于地势平坦，缺乏自然阻隔，因而呈现广阔的过渡地带。由于我国疆域广阔和多样的自然条件，动物类群极为丰富，特别是古北界与东洋界均见于我国，这是其他国家和地区所不可比拟的，这为深入进行科学研究和广泛利用动物资源提供了优越条件。加以我国在第四纪以来，并未遭受像欧亚大陆北部那样广泛的大陆冰川覆盖，动物区系的变化不甚剧烈，因而保留了一些比较古老或珍稀种类，例如大熊猫、金丝猴、白鳍豚、褐马鸡、扬子鳄、鳄蜥和大鲵等。我国动物学和动物地理学家。根据对自然地理区划、动物区系和生态动物地理群的综合分析，把我国分为属于古北界的东北区、蒙新区、华北区、青藏区及属于东洋界的西南、华中区、华南区 7 个区，并对亚区分类也作了探讨。制定动物地理区系划分的最终目的在于合理地、有计划地保护利用动物资源，因而必须优先注意各区内数量占优势的种类以及有发展前途的种类。

（1）东北区　包括大兴安岭、小兴安岭、张广才岭、老爷岭、长白山地、松辽平原和新疆北端的阿尔泰山地。本区气候寒冷，冬季漫长，北部的漠河地区素有我国北极之称，夏季短促而潮湿。植被主要由云杉、冷杉、松和落叶松等组成针叶林带，或与桦树、山杨、蒙古栎、槭树及椴树等共同构成针阔混交林。林冠浓密郁闭，林下阴湿，遍布苔藓和地衣，层次结构简单。分布于本区的为寒温带针叶林动物群，主要由耐寒性和适应林中生活的种类组成，典型的代表动物有哺乳纲的麝、马鹿、驼鹿、驯鹿、野猪、灰鼠、红背䶄、紫貂、猞猁和白鼬；鸟纲的黑啄木鸟、三趾啄木鸟、黑琴鸡、花尾榛鸡、松鸡、雷鸟、戴菊、交嘴雀和星鸦；爬行纲的极北蝰、棕黑锦蛇、胎生蜥；两栖纲的极北小鲵、爪鲵、东方铃蟾和黑龙江林蛙等。其中驼鹿、驯鹿、东北虎以及狼獾、林旅鼠、河狸、雪兔、松鸡、榛鸡、黑啄木鸟、黑龙江草蜥、东北小鲵和爪鲵等均为本区的特有动物。

针叶林动物群的生态特点是：在林内的分布很不均衡，常聚集于生有乔木的河岸、次生林灌和林间的沼泽地区。主要分布在树顶层和地面层内：小型鸟类和灰鼠一般选择在枝叶繁茂的树上、树洞内营巢，大型松鸡科鸟类则筑巢于地面或在雪窝中栖身，地栖鼠类的挖掘活动能力不强，洞系离地表很浅，甚至就在雪下生活。林内食源单一，球果、浆果、真菌、树叶和嫩枝等是动物的主食或基本食物，这些食源尤其是球果具有周期性的丰歉变化规律，常是导致有关动物数量波动的直接原因。动物的昼夜相活动表现得不明显，典型的夜行性种类不多。冬季酷寒，地表积雪深，枝头覆冰厚，许多动物发展了各种特殊的适应结构，例如春夏季换成深色或带斑的毛羽、冬季换成白色（例如雪兔、白鼬、伶鼬和雷鸟等），有利于隐匿自身或接近捕猎对象。驼鹿和驯鹿的腿长，脚蹄宽大，每个趾瓣均能张开与地面接触，可避免在冰雪上跑动时摔跤或陷入松软的雪中；榛鸡的趾缘镶有尖长的角刺，能有效地握牢树枝以及有利于在雪地奔驰。

（2）华北区　北邻东北区和蒙新区，往南延伸至秦岭、淮河，东临渤海及黄海，西止甘肃的兰州盆地，包括西部的黄土高原、北部的冀北山地及东部的黄淮平原。本区位于暖温带，气候特点是冬季寒冷，植物多落叶或枯萎，夏季高温多雨，植物生长繁盛。区内广大地区已被开垦为农田，仅残留部分森林，零星分布于太行山、燕山、秦岭、子午岭和陇山等地，植被主要为草地和灌丛。华北区的动物种类比较贫乏，特有种类少，分布于本区以及东北针叶林地带以南地区的是温带森林-森林草原、农田动物群。

华北区动物区系的特点是原有的森林动物群趋于贫乏化，且其生态习性也已发生不同程度的改变，以适应森林面积不断缩小和草原、草甸环境的日益扩展。因此，东北森林中常见的马鹿、梅花鹿、黑熊、小飞鼠、棕背䶄和红背䶄等在本区的山林地区已甚罕见或只分布在局部地区；但出现了一些与南方共有的种类，例如岩松鼠、社鼠、复齿鼯鼠和沟牙飞鼠等。本区农业开发的历史极为悠久，具有大片农耕景观，野生麋鹿就是在这一背景下于19世纪中叶绝灭的，然而栖息于农田、荒山沟谷和黄土之间的小型兽类却得到很大发展，最普遍的有麝鼹、大仓鼠、北方田鼠、长尾仓鼠、黑线仓鼠、原鼢鼠、草兔和巢鼠等。许多鼠类不但以作物为食，并且还盗藏大量谷物越冬，对农业危害十分严重。广泛分布的食肉目动物有狐、黄鼬、果子狸、狗、猪和貉等。四季分明的季节变化，对动物的生命活动产生显著影响，每当春末夏初和秋季，许多广适性鸟类在本区常形成季节性高峰，到冬季则大多迁往南方越冬。森林鸟类中的优势种有三道眉草鹀、灰喜鹊、大山雀、红尾伯劳、黑枕黄鹂、山斑鸠、岩鸽、绣眼鸟、黑卷尾、山噪鹛和石鸡等。农田区的常见鸟类是金腰燕、家燕、白鹡鸰、喜鹊、麻雀以及群居的雨燕等。两栖爬行动物中以虎斑颈槽蛇、红点锦蛇、赤练蛇、白条锦蛇、蝮蛇、丽斑麻蜥、山地麻蜥、无蹼壁虎、蓝尾石龙子、北草蜥、大蟾蜍、花背蟾蜍、中国林蛙、金线蛙和北方狭口蛙等较常见。此外，乌龟和鳖在本区也有广泛的分布。一般认为，黑卷尾、山噪鹛、石鸡、大仓鼠、北方田鼠、原鼢鼠、麝鼹、无蹼壁虎、山地麻蜥和北方狭口蛙等是本区的代表性动物，而褐马鸡及复齿鼯鼠则为华北区的特有种类。

（3）蒙新区　本区的范围东起大兴安岭西麓，往西沿燕山、阴山山脉、黄土高原北部、甘肃祁连山、新疆昆仑山一线，直至新疆西缘国境线。包括内蒙古高原、鄂尔多斯高原、阿拉善沙漠、河西走廊、柴达木盆地、塔里木盆地、准噶尔盆地和天山山地等。境内大部分地区为典型的大陆性气候，属草原和荒漠生态环境。寒暑变化大，昼夜和季节温差剧烈，雨量少而干旱，土质贫瘠，致使森林不能生长，缺乏高大的乔木，耐干旱的草本植物十分繁盛。夏天和植物生长期短，动物的食源有周期性的丰歉变动；冬季漫长，积雪深厚，地表封冻期可长达5个月，绝对温度可降至-30℃以下。这些自然条件对本区动物区系的组成及其生态特征具有决定性的影响。

蒙新区分为东部草原和西部荒漠两个地带，两者大致以集（宁）二（连）铁路至鄂尔多斯西南部一线为分界线。本区东部为干草原及草甸草原,其动物区系由典型的温带草原动物群组成,代表动物有黄羊、达乌尔黄鼠、草原旱獭、五趾跳鼠、蒙古羽尾跳鼠、草原田鼠、狭颅田鼠、草原鼢鼠、草原鼠兔、背纹毛足鼠、长爪沙鼠、蒙古百灵、沙百灵、云雀、沙鵰)、穗(鵰)、地鸦、毛腿沙鸡、大鸨、蓑羽鹤、灰伯劳、草原沙蜥和丽斑麻蜥等。草原动物的生态特点是:以草本植物绿色部分为食的啮齿动物特别繁盛,在开阔的草原上集群而居,在地下洞穴生活、贮藏粮食或蛰眠越冬,对草场的破坏严重;中小型食肉目动物较多,常见种类有黄鼬、香鼬、艾鼬、雪鼬、伶鼬、石貂、黄喉貂和狐等,是啮齿目的主要天敌;黄羊的奔跑能力强,数量甚多。自然环境的急剧变化,可直接影响到产草量的丰歉,也是导致鼠类数量波动大起大落的一个主要原因。地栖性的雀形目鸟类繁多,少数种类有利用鼠洞栖居的习性而出现"鸟鼠同穴"现象。

蒙新区的西部荒漠-半荒漠地带包括内蒙古高原和鄂尔多斯高原的西部、青海柴达木盆地、宁夏、甘肃北部的河西走廊及新疆地区。境内戈壁和沙丘广布,植被稀疏,主要生长着白刺、琐琐、骆驼刺、柽柳和沙拐枣等旱生植物。动物区系由温带荒漠-半荒漠动物群组成,在种类和数量上均占绝对优势的啮齿目、有蹄类动物、鸟类中的百灵科以及蜥蜴目中的沙蜥等种类是构成动物群的主体。代表性动物及优势种有各种跳鼠(例如五趾心颅跳鼠、三趾心颅跳鼠、长耳跳鼠、小五趾跳鼠等)、沙鼠(例如柽柳沙鼠、红尾沙鼠、大沙鼠、短耳沙鼠等)、长尾黄鼠、兔尾鼠、小黄鼠、赤颊黄鼠、塔里木兔、荒漠猫、虎鼬、鹅喉羚、岩羊、原羚、双峰驼、蒙驴、凤头百灵、角百灵、漠鵰、白尾地鸦、黑腹沙鸡、紫翅椋鸟、原鸽、红沙蟒、花条蛇、草原蝰、沙虎、漠虎、长裸趾虎、沙蜥(例如大耳沙蜥、南疆沙蜥等)和麻蜥(例如荒漠麻蜥、网纹麻蜥)等。两栖动物少,仅新疆北鲵、绿蟾蜍、湖蛙和中国林蛙等。

由于生活环境比草原差,因此动物的栖息地较分散,各种环境中往往只为少数种类所占据,只有在局部水草丰盛的"绿洲"才可能成为多种动物的聚集处;荒漠动物为适应极端干旱的自然条件,它们的穴居生活、蛰眠、贮藏冬粮或善于奔驰的习性,较之草原动物有进一步的发展。小型动物的耐旱力强,能从植物中直接摄取水分和依靠特殊的代谢方式获得所需的水分,并在节缩水分的消耗方面具有一系列生理生态适应机制。

(4)青藏区 本区包括青海(柴达木盆地除外)、西藏和四川西北部,是东起横断山脉、南自喜马拉雅山脉、北由昆仑山、阿尔金山和祁连山等所围绕的青藏高原,海拔平均在4 500 m 左右,是世界上最大的高原。气候是冬季长而无夏天的高寒类型,原有的森林植被逐渐消失而代之以高山草甸、高山草原和高寒荒漠。动物区系主要由高地森林草原-草甸草原、寒漠动物群组成,最典型的代表有:哺乳纲中的白唇鹿、野牦牛、藏羚、藏盘羊、藏野驴、喜马拉雅旱獭、根田鼠、藏仓鼠和各种鼠兔;鸟纲中的雪鸡、雪鸽、黑颈鹤、藏马鸡、蓝马鸡、西藏沙鸡、雪鹑、虹雉、雉鹑、高原山鹑和岭雀,以及经常出入于旱獭和鼠兔洞并形成高原上"鸟鼠同穴"现象的棕颈雪雀、棕背雪雀、褐翅雪雀、褐背地鸦和藏雀等;两栖爬行动物中的温泉蛇、高原蝮、西藏竹叶青、喜山鬣蜥、红尾沙蜥、高山蛙、倭蛙和西藏蟾蜍等。

青藏高原的抬升和形成,从地质时间上来看是短促的。尽管现今的自然条件与蒙新区的差别相当明显,但是从动物区系的组成上分析,仍不难看出两者间存在着密切而深远的渊源关系,近缘种类的分化程度只达到种或亚种上的差异水平。值得注意的是本区盛产鼠兔类,且大多为仅见于青藏高原的特有种,可认为是鼠兔种、属的分布中心。

(5)西南区 包括四川西部、贵州西缘和昌都地区东部。北起青海和甘肃的南缘,南抵云南北部的横断山脉部分，往西包括喜马拉雅山南坡针叶林以下的山地。境内多高山峡谷，横断山脉呈南北走向，地形起伏很大，海拔高度在 1 600～4 000 m 之间，自然条件的垂直差异显著。与此相适应的是，动物的分布也具有垂直变化特征。组成动物区系的动物群有两大类：一类是分布于横断山脉等高山带的高地森林草原-草甸草原、寒漠动物群，代表动物有鼠兔、林跳鼠、喜马拉雅旱獭、斑尾榛鸡、戴菊、旋木雀和青海沙蜥等古北界种类；另一类是分布在喜马拉雅山南坡中、低山带的亚热带林灌、草地-农田动物群。这个动物群的种类几乎全是东洋界的成分，例如灵猫、竹鼠、猕猴、黑麂、鹦鹉、太阳鸟和啄花鸟等；而最具代表性的动物则为塔尔羊、长尾叶猴、红胸角雉、棕尾虹雉、血雉、南亚鬣蜥、喜山小头蛇、喜山蟾蜍和齿突蟾，以及大熊猫、金丝猴、牛羚和小熊猫等。大熊猫和牛羚是哺乳动物中的残存种，在地质历史时期曾有过广泛的分布区；金丝猴主要产于我国的西南区；小熊猫是浣熊科中唯一分布在东半球的种类，无疑是由于地理隔离所保存至今的孑遗种，也是动物地理中动物不连续分布的一个例证。

横断山脉在更新世时，未曾发生过广泛的冰盖，自然景观的变迁相对地比较稳定，大致与现代类似。高山垂直带为各类动物提供了不同的栖息环境，纵向平行的峡谷既有利于古北界动物的南下和东洋界热带动物北上，也为动物创造了良好的相对隔离环境，这对大熊猫、牛羚等古老动物种的保存，以及绒鼠属、雉科、画眉亚科、湍蛙属动物在此地形成分化中心都是极其有利的。

古北界和东洋界在横断山脉地区的分界线，大体位于北纬 30°，由若尔盖经黑水、马尔康、康定、理塘至巴塘一线，但仍普遍地存在着两界动物过渡交错现象。

（6）华中区 本区相当于四川盆地以东的长江流域地区。西半部北起秦岭，南至西江上游，除四川盆地外，主要是山地和高原，海拔大多在 1 000 m 以上，气候较干寒，森林、灌丛常与农田交错。东半部为长江中、下游流域，并包括东南沿海丘陵地区的北部，主要是平原和丘陵，大别山、黄山、武夷山和武功山等散布其间，气候温和，雨量充沛，丘陵低缓，平原广阔，河道和湖泊密布，农业发达，素称"鱼米之乡"。分布在本区的动物群与西南区的中、低山带同属于亚热带林灌、草地-农田动物群。

总的说来，华中区的主体动物是东洋界的成分，但有部分古北界的种类参与组成动物区系。东洋界的代表动物有红面猴、大灵猫、食蟹獴、豪猪、穿山甲（鲮鲤）、毛冠鹿、鬣羚、华南兔、黄嘴白鹭、牛背鹭、白颈长尾雉、眼镜蛇、尖吻蝮、竹叶青、王锦蛇、玉斑锦蛇、细痣疣螈、多疣壁虎和斑腿树蛙等，渗入本区的古北界动物大多是广布于我国东部的种类，例如狗獾、黄喉貂、日本雨蛙等。本区的特有动物是大伏翼、獐、黑麂、白鱀豚、灰胸竹鸡、白颈长尾雉、扬子鳄、大头平胸龟、隆肛蛙、东方蝾螈和中国雨蛙等。森林面积小，林栖动物仅有赤腹松鼠、长吻松鼠、小麂、毛冠鹿、林麝和野猪等。居民点及广大农耕地区以黑线姬鼠、黄胸鼠、褐家鼠、金腰燕、棕头鸦雀、珠颈斑鸠、画眉、大山雀、白头鹎、泽蛙、日本林蛙、红点锦蛇、乌梢蛇、鳖和乌龟等较为普通。

（7）华南区 本区地处我国的南部亚热带和热带地区，包括云南及两广的南部、福建东南沿海一带，以及台湾、海南岛和南海各群岛。自然环境复杂，气候炎热多雨，年均雨量一般在 1 500 mm 以上。植物生长繁茂而多层次，属热带雨林和季雨林，但目前原始森林已所剩不多，大多形成次生林灌、草坡和农田，动物种类繁多而数量较少。组成动物区系的是热带森林-林灌、草地、农田动物群。华南区是我国动物区系中热带-亚热带动物最集中的区域，特别明显地表现在西部的滇南山地，不仅具有鹦鹉、蟆口鸱、犀鸟、阔嘴鸟、懒猴、长臂猿、印度象、鼷鹿、原鸡、绿孔雀、绿鸠、飞蜥、蛤蚧、蟒、鱼螈、滇螈和黑蹼树蛙等典型的热带动物，而且还是全国动物种类最多的地区。此外，特有动物有：闽广沿海地区的黑叶猴、果蝠、白额山鹪鹛、花头鹦鹉、鹊鹂、鳄蜥、崇安地蜥和瑶山树蛙等；海南岛的黑长臂猿、白臀叶猴、海南坡鹿、海南孔雀雉、原鸡、海南兔、海南闭壳龟、海南湍蛙和海南树蛙等；台湾的台湾梅花鹿、台湾鬣羚、台湾猕猴、蓝鹇、黑长尾雉、高雄盲蛇和台湾小鲵等；但也有黄鼬、黑线姬鼠、（鸭）、鸲鹟和蝮蛇等古北界的成分，可以推测台湾在地质历史时期曾与大陆的北方动物区系有过一定联系；南海诸岛有红脚鲣鸟、乌燕鸥、白海燕及可能由人类携带迁至西沙群岛的缅鼠和黄胸鼠等。野猪、猕猴和鹿类是常见的大型兽类，主要农田害鼠为黄毛鼠、黄胸鼠、板齿鼠、青毛鼠、白腹巨鼠和褐家鼠等。麻雀、白腰文鸟、八哥、各种画眉、鸦类和太阳鸟则是常见鸟类。

思考题

1. 大陆漂移学说的证据是什么？
2. 世界分为哪些动物地理界，划分的依据是什么？各有哪些著名的代表动物？
3. 动物的分布区和栖息地有什么关系？
4. 我国各动物地理区的主要特征及代表动物有哪些？

第 24 章
动物生态

在自然界中，动物与其周围环境相互作用。动物需要从周围环境中获取生存和繁衍的基本条件，而周围环境也能够影响动物的各种生命活动。作为生态学（ecology）的一个分支，动物生态学（animal ecology）是一门研究动物与其周围环境相互关系的科学。

24.1 生态因子

生态因子（ecological factor）是对生物的生命活动和生活周期有着直接或间接影响的环境因素。生态因子通常可分为非生物因子（abiotic factor）和生物因子（biotic factor）。前者主要包括气候因子、土壤因子、地形因子等；后者则指动物、植物和微生物有机体。在自然界中，各种生态因子互相联系、彼此制约、综合地对动物有机体产生影响。但各种生态因子是非等价的，其中必有一些起着主导作用，是主导因子。动物在生长发育的不同阶段往往需要不同种类或不同强度的生态因子。同时，动物对生态因子具有一定的耐受限度，即对每一种生态因子的量都有其耐受的上限和下限，即谢尔福德的耐受性定律（Shelford's law of tolerance）。当某个生态因子的量接近或超过动物的耐受极限时，就会成为限制性因子（limiting factor）。

24.1.1 非生物因子
非生物因子包括温度、湿度、光照和降水量等。

24.1.1.1 温度（temperature）

温度对动物的影响十分显著。它直接影响动物的体温，从而影响其新陈代谢、行为活动、生长和发育等。温度也可以通过影响其他环境因子而对动物产生影响。极端温度常成为限制动物分布的重要因素。

变温动物对环境温度的依赖性比恒温动物显著，各种动物通常都具有其最适宜的环境温度，例如有些原生动物的最适温度为 24~28 ℃；爬行动物借皮肤吸收太阳的热能，使体温提高到一定程度时才积极活动。一般说来，动物生命活动的低限是冰冻，高限为 42 ℃。昆虫必须在发育起点温度以上才能开始发育，完成一定的发育阶段（一个虫期或一个世代）需要一定温度的积累。根据有效积温法则，可以推算出昆虫在某地一年内可发生的世代数，从而进行害虫预报。低温能引起变温动物及某些恒温动物冬眠。温度变化也是某些动物发生洄游的一个重要原因，例如我国沿海大、小黄鱼的洄游路线及时间就与水温变化有密切关系。

恒温动物对环境温度变化的适应性较强。例如，生活在高纬度地区的恒温动物的体型比低纬度地区的同类个体大（贝格曼规律），而身体突出部分（四肢、尾巴、外耳等）却有变小变短的趋势（阿伦规律）。在生理上，动物主要依赖增加体内的产热量来抵御严寒。在行为上，动物对极端温度的适应方式有休眠、迁徙、穴居、昼伏夜出等。

24.1.1.2　湿度（humidity）和降水（rainfall）

水是生物体的重要组成部分和必不可少的生活条件。水母体内含水量占体重的95%~96%，昆虫占46%~92%，蝌蚪占93%，人体占63%。水是生命过程中代谢活动的介质，所有生物化学反应都必须在水溶液中进行。水生动物渗透压的调节也离不开水。

湿度对于低等陆生动物的生长发育和生殖力常具有一定的影响。一般来说，低湿大气能抑制新陈代谢和延滞发育，高湿大气能加速发育。例如粉螟（*Ephestia*）的幼虫在同样温度下、相对湿度为70%时需33 d完成发育，而在相对湿度为33%时则需50 d。黏虫的生殖力在25 ℃的情况下，相对湿度为90%的产卵量比60%以下时增大一倍。对中国1 000多年来东亚飞蝗爆发规律的一项最新研究表明，在寒冷、湿润的年份，飞蝗的数量出现高峰（图24-1）。动物对栖息地的湿度条件具有一定的选择性，并因湿度大小的变化而发生迁徙、夏眠或滞育（Stige等，2007）。

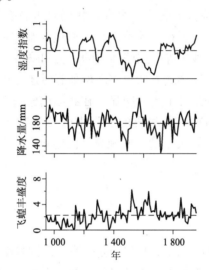

■ 图24-1　中国1 000年来东亚飞蝗的数量变化与温度、湿度的关系（自Stige等）

湿度和降水是限制许多动物（例如两栖类）分布的重要因子。

24.1.1.3　光（light）

生物有机体所必需的能量几乎全部直接或间接地来源于日光。由于植物依赖日光进行光合作用，它的分布对动物分布有着巨大影响。光照对于动物有机体的热能代谢、行为、生活周期和地理分布等都有直接或间接的影响。例如变温动物的活动、动物体内的"生物钟"、动物的洄游和迁徙等，均与光照有密切关系。实验证实，采用人工光照可以改变鸟类换羽和兽类换毛的时间和速度。不同波长的光对生物有不同的作用，例如紫外线是昆虫新陈代谢所必需的。

不同动物对于光的依赖程度不同，尤其在低等动物最为明显。一般有日出性（趋光性）动物和夜出性（避光性）动物的区别。日出性昆虫通常喜欢在光亮的白天活动，夜出性昆虫对紫外线最敏感，因此常利用黑光灯诱杀农业害虫。不同种类的昆虫或生活在不同地区的同种昆虫地理种群，对日照长度的反应不同。日照长度的变化是引起昆虫滞育的主导因子。

24.1.2　生物因子

生物因子在动物有机体的存活和数量消长方面具有重要作用。食物关系是这种影响的主要形式，这在狭食性种类尤为显著。食物不足将引起种内和种间激烈竞争。在种群密度较高的情况下，个体之间对于食物和栖息地的竞争加剧，可导致生殖力下降、死亡率增高以及动物的外迁，从而使种群数量（密度）降低，构成一种与密度有关的反馈调节机制，称密度制约作用或密度依赖性影响（density-dependent influence）。由于植物为动物提供食物、居住地和隐蔽所，与动物的关系十分密切，所以可以根据植被类型来推断出当地的主要动物类群。

生物有机体之间存在着寄生（parasitism）、共生（symbiosis）和捕食（predation）等关系。寄生是一种动物长期地或短暂地在寄主（宿主）的体表或体内生活，以寄主的体液、组织或营养物质为食，常对寄主造成严重危害。寄生动物与寄主之间的寄生关系是在长期进化过程中形成的，从动物分布的角度看，寄主就是寄生动物永久的或暂时的栖息地。共生是两种动物彼此在一起生活，双方受益称为互利共生，或其中一方获利而另一方既不获利也不受损称为偏利共生。最典型的例子是疣海葵（*Adamsia palliata*）和寄居虾（*Eupagurus prideauxi*），没有这种寄居虾，海葵就不能独立生存。我国自古就有记载的"鸟鼠同穴"也是著名的共生事例。我国动物学工作者在新疆荒漠地区通过详细的观察，证实了古籍的记载：当地的旱獭洞穴中栖居有漠鵰、沙鵰等，这些鸟类的惊飞和鸣叫，对于旱獭起着报警的作用。

生物之间的关系往往比上述形式复杂得多。例如有时还存在着对寄主无害的"寄生"关系，尤其在适宜栖息地有限的条件下更为明显。在我国内蒙古自治区巴胡塔地区半沙漠景观的防风林带内，曾观察到麻雀在红脚隼巢的缝隙中营巢育雏，即为一种特殊形式的"巢寄生"现象。有关生物之间的复杂关系的一些规律性问题将在后文概述。

24.2 种群

种群（population）是占有一定地域（空间）的一群同种个体的自然组合。在一定的自然地理区域内，同种个体是互相依赖、彼此制约的统一整体。同一种群内的成员栖于共同的生态环境中并分享同一食物来源，它们具有共同的基因库（gene pool），彼此间可进行繁殖并产出有生殖力的后代。种群是物种在自然界中存在的基本单位，也是物种进化的基本单位。

在生态系统中，种群是生物群落的基本组成单位。种群也是一种自我调节系统（self-regulating system），借以保持生态系统的稳定性。只要不受到自然或人为的过度干扰，总是保持着相对平衡的状态。一个种群内的个体在单位时间和空间内存在着不断地增殖、死亡、移入和迁出，但作为种群整体却是相对稳定的，这是借种群的出生率、死亡率、年龄比、性比、分布、密度、食物供应和疾病等一系列参数来加以调节的。例如种群密度增大引起因食物（营养）不足而导致的生殖力下降、生存竞争剧烈以及传染病流行，从而使密度下降，就是种群增长的反馈控制的一个事例。

24.2.1 种群特性

24.2.1.1 种群内个体的空间分布

组成种群的个体在其生活空间中的位置状态或布局，称为种群的分布型。种群的分布有3种类型：① 均匀分布，即个体在种群中有规律地分布，彼此保持一定的距离；② 随机分布，即每个个体在种群中出现的概率相等，并且彼此之间在分布上互不影响；③ 聚群（斑块）分布（图24-2）。均匀分布型在自然界内十分罕见，例如蜂巢内的蛹及海滩上的樱蛤

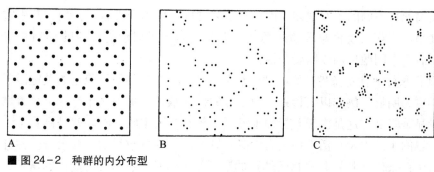

■ 图24-2　种群的内分布型

A. 均匀分布；B. 随机分布；C. 聚群分布（仿Smith）

（*Tellina tenuis*）；随机分布也较少见，仅见于单一环境和不表现任何聚群倾向的物种，如面粉中的拟谷盗（*Tribolium*）；聚群分布则为自然界内最普遍的分布类型，这与环境因子（例如湿度、食物、植被覆盖等）的分布常呈斑块状，很多动物又有集群行为有关。

24.2.1.2　种群的年龄结构

种群内各种年龄个体的比例称年龄结构或年龄分布。一般是指幼体（繁殖前阶段）、成体（繁殖阶段）及老年个体（繁殖后阶段）3 种成分的分布。由于各年龄组所具有的繁殖力和死亡率有很大的差异，了解种群的年龄结构可以预测其数量动态。表示种群年龄结构的锥体称年龄锥体（图24-3）。从图中可见，增长着的种群内有较多的幼体及成体，老年个体所占比例很小；稳定的种群内幼体、成体与老年个体的比例适中，每年种群内个体的死亡率与出生率相平衡。在自然界中有时还存在着"衰老的种群"，即其年龄锥体呈倒置状，老年个体最多，幼体很少。很多濒危物种就呈这种年龄结构，如不迅速采取措施保护及恢复其生存条件，该物种将会灭绝。

24.2.1.3　出生率（birth rate）

出生率是指在单位时间内一个种群所产后代个体的平均数。理论上的或最大的出生率是繁殖潜力（potential birth rate），即在理想条件下所能产出的后代数目。但具体的生活条件使繁殖力受到多方面的限制，例如并非所有雌性个体都有繁殖力、卵和幼体也并非全部能孵出或存活。动物的实际出生率又称生态出生率。

出生率的大小与以下因子有密切关系，即：性成熟的速度、胚胎发育所需的时间、每窝卵或幼仔的数目以及每年繁殖的次数等。例如鼠类 2~6 个月即可达性成熟，每年繁殖 3~10 窝，每窝 2~10 只幼仔；而象则为 20~25 岁达性成熟，2~3 年繁殖一次，每胎产一只幼兽。

繁殖力是物种进化历史上所形成的一种适应。一般说来低等动物的生殖力较高，以补偿其后代的低成活率。例如，每只黏虫的雌蛾一生产卵可达 1 000~2 000 个，人蛔虫的雌虫每天产卵多达 200 000 个。

种群的繁殖力也受环境条件影响，例如当地的食物、降雨、温度等自然条件以及种群本身的密度、年龄结构和性比等因子，在一定条件下都能成为主要的限制因子。

24.2.1.4　死亡率（death rate 或 mortality）

死亡率是单位时间内种群个体死亡的平均数。在理论上最小死亡率只涉及那些老年个体因生理寿命所致的死亡，但实际死亡率远远超过最小死亡率，而且随着种群密度的增大，生存斗争愈趋激烈，导致死亡率升高。这种实际死亡率又称生态死亡率。

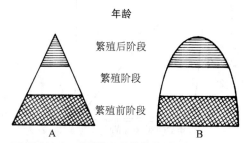

■ 图24-3　种群的年龄锥体类型图解

A. 增长型种群；B. 稳定型种群（自 Brewer）

影响动物死亡率的因子有很多，而且常是多种内、外因子综合起作用，其中重要的方面有气候、食物、疾病以及栖息环境的恶化。有关气候因子对动物存活的影响在前文已经述及，这里就后3个问题再加以简要介绍：

（1）食物条件　食物条件是影响种群数量变动的一个长期的、稳定的关键因子。特别在狭食性种类更为明显。例如以云杉种子为主食的松鼠数量，每隔4年有一个显著增高，随后的一年数量显著降低，这是由于云杉种子每隔4年有一次丰收，随后就是歉收年，而在种子丰收年份松鼠的生殖力及存活率均大为提高，导致次年种群数量的高峰出现。种群密度高就必然导致对生存条件（特别是食物条件）的激烈竞争以及疾病暴发可能性的增长，而这一年却是云杉种子歉收年份，因而造成松鼠数量锐减。在雪兔与以雪兔为主食的猞猁之间也存在着类似的相关关系（图24-4），这曾被作为捕食者与猎物之间受密度制约的、相互影响的一个著名实例。然而，2007年我国学者对相同资料的重新分析却发现，雪兔和猞猁的数量变动并不是捕食者与猎物之间的相互作用引起的，密度依赖性自我调节或许能更好地解释其数量变动，同时厄尔尼诺等气候因素对这种数量变动也可能产生一定的影响。掌握食物条件与种群数量之间的相关规律，对于准确地预报动物的种群数量具有重要的指导意义。

食物条件对动物种群数量的影响，有些是通过对繁殖力的影响而起作用的。在食物不足的年份已记录到很多肉食性鸟类及兽类繁殖率下降甚至停止繁殖。食物条件不仅影响食物的数量，还涉及食物的质量（营养价值）和水分，它们也都对动物种群的繁殖力产生影响。

（2）寄生虫和疾病　寄生虫和动物流行病都能引起动物种群数量发生巨大的周期性波动。动物在单位栖息地内所栖居的种群密度愈高，则种群内个体彼此间接触的机会愈多，感染寄生虫和疾病并发展成为动物流行病的可能性愈大。所以随着动物数量急剧上升之后，往往伴随着食物不足以及动物流行病的发生，使该种群的数量恢复到一个相对恒定的水平。

（3）栖息环境的恶化　栖息环境的恶化甚至消失，是影响动物种群死亡率的主要外因之一。此外像天敌等因素在局部地区和时间内，也有重要影响。栖息地是物种赖以生存的基本条件，随着人口增长和经济开发，人们在有意或无意地改变着动物栖息地的质量和面积。例如向江河中排放有毒污水可造成整个水域的动物大量死亡或完全灭绝；剧毒化学农药除直接或间接通过食物链使动物二次中毒外，还造成土壤、水域以及植物等含有残毒，使动物失去栖息条件。大规模地砍伐森林、开垦荒地以及修建大型水库等，都会给动物栖息地带来剧变，对动物种群存活的影响有时是毁灭性的。因此任何重大工程开工前必须进行慎重的科学论证，对环境影响做出评估并制订合理可行的实施方案。

在对种群数量进行预测时，除了要对各种限制因子进行研究和分析以外，还需特别注意种群的密度、性比和年龄分布，因为它们都与出生率和死亡率有密切关系。

24.2.1.5　种群存活曲线

描述一个动物种群从出生到死亡的存活状态特征的曲线称为存活曲线。动物界大致有3种类型的存活曲线，即凸型、对角线型和凹型（图24-5）。凸型是接近生理寿命的存活曲线，例如人类（假定生理寿命为100岁，出生后死亡率约有5%，5~60岁很少死亡，60岁以后死亡率上升）。饥饿状态的果蝇存

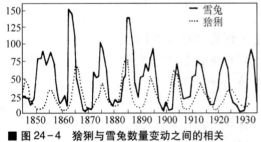

图 24-4　猞猁与雪兔数量变动之间的相关

（自 Vaughan）

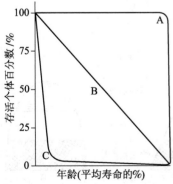

图 24-5　种群存活曲线类型

A. 凸型；B. 对角线型；C. 凹型（自 McNaughton 等稍改）

活曲线也是凸型，它们能存活 5 天，几乎同时死亡。大多数动物种群的存活曲线为对角线型，即每年的死亡率基本相似。但由于环境条件经常变动，因而实际的曲线是复杂的。凹型是极少见的存活曲线，其种群中的幼体死亡率极高，后期则死亡率极低，种群稳定。牡蛎就是这种类型，自由游泳的幼体大多死亡，少数找到适宜的固着地点之后，则很少死亡。

24.2.2 种群的增长及调节

24.2.2.1 种群的增长特性

动物种群的数量变动取决于一系列复杂的因子，其中两个基本因子是出生率与死亡率。种群数量的变动基本上是这一对矛盾相互作用的结果。此外，动物的行为（例如扩散、聚集和迁徙）也影响着种群的数量。种群数量在时间和空间上的变化称为种群动态（population dynamic）。种群动态是种群生态学研究的核心问题。种群的增长可用种群增长曲线（population growth curve）来描述。

如果不存在与其他种群或天敌的严重的生存斗争并具有足够的空间和食物供应的话，种群的增长曲线应该是直线上升的，即呈几何级数增长，为"J"型曲线。例如在实验室培养细菌、果蝇等的早期阶段以及一种动物侵入新形成的岛屿上。然而在自然界事实上并不存在这种增长曲线，种群增长不可能是永无限制的。这是由于随着种群密度的增长，各种竞争因子也在加大，种群密度增高还会引起传染病流行而使死亡率上升。因而所有动物种群的增长曲线均十分相似，即开始时有一段停滞期，随后进入对数期，种群数量呈对数上升，最后降低至相对稳定的平衡期，大致呈现"S"型曲线（图 24-6）。种群数量最终达于稳定状态时，其实际增长率为零，这就是生殖潜力受到环境阻力所制约的结果。在某一特定空间条件下，环境所能负担的（允许的）种群的最大密度，即为环境载力或容纳量（carrying capacity），一般用"K"表示。

"S"型曲线可用数学模型来表示，即逻辑斯谛模型。其表达式为：

$$\frac{\mathrm{d}N}{\mathrm{d}t} = rN\left(\frac{K-N}{K}\right)$$

其中的两个参数 r（物种的生殖潜力）和 K（环境容纳量）具有重要的生物学意义，是生活史进化理论中的重要概念。

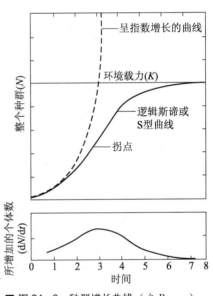

■ 图 24-6　种群增长曲线（自 Brewer）

24.2.2.2 种群数量的调节

单位空间内种群个体的数目称为种群密度（population density）。种群密度既受气候等非生物因子（又称非密度制约因子）所控制，也受密度制约因子（density-dependent factor）影响，例如种间关系、种内关系、营养、疾病、捕食等。当种群数量上升时，各种因子开始起作用，导致生存斗争激烈，死亡率上升，出生率下降，迁出增加，起着"负反馈"的调节作用（图 24-7）。

除了前述的外源性因子之外，种群内由于密度增加的过度拥挤，能导致紧张强度增大、神经内分泌系统失控、生长抑制、繁殖力下降，表现烦躁和富有侵略性。这是调节种群数量的内源性因子。在某些年份，当种群密度过度饱和时，能导致种群"崩

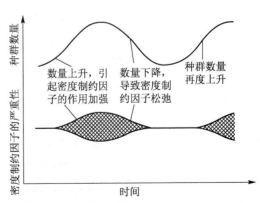

■ 图 24-7　密度制约因子调节种群数量的基本特征（自 Brewer）

溃"。最著名的例子就是欧旅鼠（*Lemmus lemmus*）。它在大发生的年份集成大群外迁，沿途残食掉一切作物，最终全部死亡。

种群每年越冬之后至繁殖前期的密度最低，繁殖之后的一段时间内是密度最高的时期。由于食物、疾病、天敌、气候等因素以及种群内部的制约因素，待越冬之后，种群密度又降低到一定的水平。种群数量的年间变动，有些是呈周期性的规则波动，有些是非周期性的不规则波动，前者如松鼠、交嘴雀，后者如毛腿沙鸡、太平鸟。但总的看来，大多数生物物种是属于不规则波动的。

在了解动物种群数量调节方面，应该注意到人类活动是影响种群密度的重要的因子。人类对动物栖息地的改变（例如砍伐森林、围垦湿地）、乱捕滥猎以及环境污染，能破坏种群的自然平衡，甚至最终会导致物种的灭绝。生物入侵（biological invasion）是指人类有意或无意地将一个外来物种引入到某个地区，经过一段时间后该物种分布区不断扩展，种群数量迅速增加，并对当地的生态系统或社会经济产生了显著危害的一种现象。生物入侵是造成一些本地物种濒危甚至灭绝的另一重要因素。

24.2.2.3 集合种群

由于生境破碎化（habitat fragmentation）导致以往连续分布的一个生物种群被分割成若干个局部种群，分别生活在不同的生境斑块中。这些局部种群在空间上存在着隔离，彼此之间又可以通过个体扩散而相互联系。这种生境斑块中的局部种群的集合，叫做集合种群（metapopulation）。了解集合种群的特征及其动态，对于开展珍稀物种的保护具有重要意义。

24.3 群落

24.3.1 群落特性

群落（community）是一定地区内所栖息的各种生物（动物、植物和微生物）的自然组合。每一群落内的各个生物互相联系，互为影响。群落有大有小，例如一株树上所栖息的各种不同的生物以及一片森林内所栖息的各种不同的生物，就是不同大小的群落。掌握群落生物有机体之间内在的关系和规律，才有可能制订维持（保护）、利用或控制动物数量的合理方案。例如采用控制害鼠数量的方法，能有效地阻止鼠疫等流行病在人畜间的传布。

24.3.1.1 物种多样性（species diversity）

群落内生物物种的多少以及种群数量的大小，均影响着群落的性质，亦即群落的复杂性和多样性。生物多样性包含着遗传多样性、物种多样性和生态系统多样性，其中物种多样性是基础。物种多样性可用物种的数目或种群的丰富度（richness）、相对丰度（relative abundance）等指数来表示。群落内物种的分布状况各不相同，影响着群落的性质，通常用均匀度（evenness）来表示。

群落进化的历史、结构的异质性、竞争和捕食以及食物资源等，均对群落的物种多样性产生影响。

24.3.1.2 生态优势（ecologic dominance）

一个典型的生物群落中，总有一种或数种动、植物占优势，它们的数量多、分布广，决定着局部地区的环境特征，称为优势种（dominant species）。群落中的其他成员，均适应或从属于优势种所创造的环境条件。通常以优势种来命名其特有的生物群落，例如云杉群落或云杉-山雀群落。

24.3.1.3 生态位（ecological niche）与集团（guild）

在所有的生物群落中，每一个有机体均有其自己的生态位。生态位是有机体在生物群落中的功能作用及其所占的（时间和空间的）特殊位置。就像没有两个物种在结构上完全相同一样，没有两个物种在生态功能上完全相同并具有绝对同一的环境需求。图 24-8 为一个含有三维（温度、湿度、营养类型）生态位的示意模型。实际上构成每一种生态位的物理的和生物的因子都十分复杂，都具有多维结构。

生态位的概念是与种间竞争排斥紧密结合的，事实上在很多情况下是对同一事物的不同解释。一般情况下，在一个稳定的群落内不可能有两个物种占据着同一生态位，并在同一时间内利用同样的资源。如果两个物种占有同一生态位的话，则或是通过生存斗争而将其中的一个种最终消灭，或是通过自然选择而分化出不同的生态位。例如在民宅内栖息的褐家鼠与黑家鼠的生活习性很近似，在其共同的分布区内，褐家鼠占据地表的生态位，而黑家鼠占据屋顶。森林里的鹰与猫头鹰分别是昼间和夜间活动，也是生态位隔离的明显事例。

生态位的多样性是群落结构相对稳定的基础。从理论上说，一个群落内物种多样性的发展与以下因素有关：① 有较多的可利用资源；② 群落内的物种种类尚不多，还有一些生态位未被利用；③ 各个物种的生态位均比较狭窄；④ 有较多的生态位重叠（图 24-9）。当然，生态位重叠越大，种间竞争愈剧烈。而且资源终究是有限的。资源的多样性也与群落形成的历史、气候及地理条件等有关。

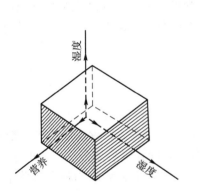

■ 图 24-8 具有三维结构的生态位模型

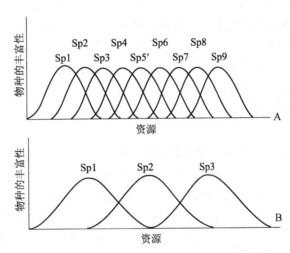

■ 图 24-9 群落中物种多样性与生态位及资源的关系
A. 窄的生态位；B. 宽的生态位（自 Brewer）

群落中的一些物种倾向于利用类似的生态位空间及资源而形成集聚，构成许多集团。不同集团之间有着生态分隔。显然在同一集团内的种间竞争十分激烈。因此，集团不仅是群落的结构单位，也是功能单位。

24.3.1.4 群落的分层（stratification）

群落成员因所占据的空间不同，常呈现垂直的和水平的分化。垂直分层明显是群落结构的一个重要特点。例如草原群落可分为地下层、地表层和草层。地下层具有植物的根、土壤细菌、多种类型的穴居无脊椎动物以及暂时性栖居的昆虫、爬行类和啮齿类等。地表层包括植物的根和茎、动植物有机体残体、蜘蛛、爬行类和啮齿类等典型动物，其中许多动物与地下层和草层有联系。根据植物种类和环境条件的不同，草层的变化也很大，例如可分为高草层和矮草层等。

森林是陆地群落中分层最复杂的生物群落，可分为地下层、地表层、草被层、灌丛及低植物层、乔木的树冠层等。各层内均栖息有复杂的、具有典型生活习性的动物类群。

很多种动物，特别是昼间活动的动物，常从某一层移动到另一层，有些种类能在几个层栖居。动物所栖居的层可随昼夜、季节或迁徙而发生改变。尽管如此，绝大多数动物所栖居的层是相对稳定的，而且尽管存在着地理隔绝，不同地区的很多动物均占据类似的层，这种现象称为生态等值（ecologic equivalent）。

除了上述的群落垂直结构以外，陆地植物的分布型也会影响群落水平分布的格局。植物呈斑块状的镶嵌分布是群落内环境因子（例如地形、土壤、温度等）的综合影响，而这又导致动物的不均匀分布。

24.3.1.5　群落演替（succession）

生物群落是相对稳定的，又是一个不断运动着的体系，按照一定的规律演变，这一过程称为群落演替。物理因子可引起群落演替。例如山被酸蚀而成平原，河流堵塞而成沼泽或平地，地表上升而成山岳等。但更普遍的则为生态的群落演替。例如池塘经过一系列的演替而变为陆地群落：池塘在开始形成时水底为沙质，水体清澈，岸边缺乏植物。随着河水把周围的土壤带入，沙底逐渐被淤泥和植物肥料所代替，浮游生物、底栖生物等逐渐繁盛，岸边植物也逐渐向池塘内部侵入。沉水植物及挺水植物的繁茂使水域败坏，鱼类等水生动物减少，两栖类和陆生动物增加。随后成为暂时性（雨季）的池塘，池底淤泥及腐殖质积累成陆地，生长着草甸群落。蚯蚓、蝗虫、啮齿类及地栖性鸟类在此聚集。最后灌木及乔木繁盛而演替为森林群落，整个动物生态群也彻底改变（图24-10）。

在群落演替的过程中，最先出现的群落为先驱群落，经过过渡群落而达于最终的顶极群落（climax community）。顶极群落一般与环境处于相对平衡状态，但这种"稳定"也是暂时的，变化是不可避免的。

24.3.2　影响群落结构的因素

24.3.2.1　竞争（competition）

群落内的种间竞争是与生态位密切联系的，一般说来，愈是生态位比较接近的种类之间，也就是在同一资源集团的内部，种间竞争愈激烈。竞争的结果，或是导致生态位的分化，或是导致处于劣势的物种在群落中消亡。集团内当某一物种消亡之后，另一些物种所占有的生态位会扩大。

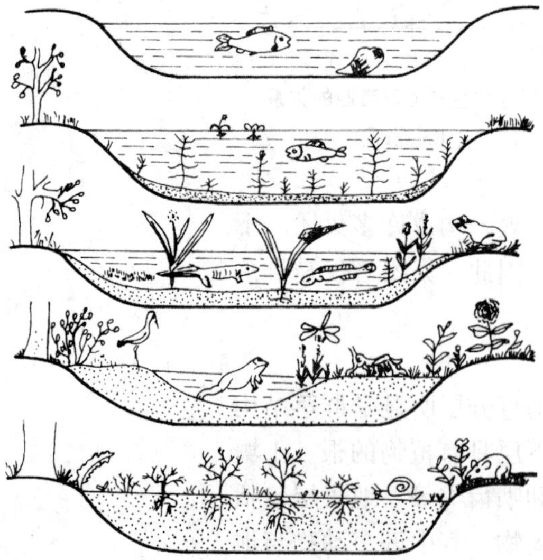

24.3.2.2　捕食（predation）

捕食、寄生以及疾病均能在特定条件下导致群落结构发生改变。从生态学角度考虑，它们都是群落内生物与生物、生物与微生物或病原体之间的种间关系，其中捕食作用是最普遍、最明显地表现出一个（或多个）物种对其他物种产生影响的例子。

捕食者对群落结构的影响与其食性有很大关系。通常广食性动物（例如牛、羊、啮齿类等）对其所食物种（例如草）的影响，取决于捕食强度以及被食种群的恢复能力。在捕食压力适中的情况下，群落内猎物中的优势种受到一定的抑制，为竞争中处于劣势的物种提供了机会，导致群落的多样性增加。随

■ 图 24-10　群落演替示意图（自郑光美）

着捕食压力的进一步增加，则多样性也随之降低。狭食性或选食性动物对其猎物的影响也有不同，如果猎物是优势种，则捕食能提高其多样性；如果猎物本来就是群落中的劣势种，则捕食会降低其多样性。特化的单食性捕食者（例如某些捕食性昆虫及吸血寄生虫）有时能控制群落中的被食物种，因而成为生物防治的应用对象。

24.3.2.3 干扰（disturbance）

自然突发事件（例如森林火灾）以及人类的经济活动（例如放牧、狩猎、污染等）、新的物种入侵等，可以影响群落的稳定性，导致群落结构发生改变。

生物入侵已经成为导致生物多样性丧失的一个重要因素，对社会经济甚至人类的健康也可能造成严重影响，因此应加强防范和治理。

24.3.2.4 岛屿效应

岛屿中的物种数目与岛屿面积成正比，群落中的物种数目取决于迁入物种与灭绝物种速率之间的平衡。物种数目也与岛屿的年龄以及距大陆种源地的远近有关。从生态学角度考虑，湖泊、城市以及各种类型的自然保护区和国家公园，都是相对于其周围环境的"岛屿"，也存在着上述的岛屿效应。在面积有限的一些自然保护区之间，有时需保留或兴建一些廊道，使不同保护区之间的种群或物种能够进行基因交流，以提高群落内物种的多样性和群落的稳定性。

24.3.2.5 协同进化（coevolution）

在生物群落中，当两个或两个以上的物种的种群相互作用时，每个物种都会发生改变，以能对影响自身进化适合度的另一物种的一些特征作出反应，这个过程称为协同进化。

24.4 生态系统

24.4.1 生态系统的结构

群落与其所生活的环境之间，通过物质循环和能量流动所构成的互相依赖的自然综合体称为生态系统（ecosystem）。生态系统所涉及的范围可大可小，小至一个池塘、一片森林，大至整个地球。所有的生态系统一般包括以下 4 个基本组成部分：

（1）非生物的物质　包括氧气、二氧化碳、水、盐、蛋白质和糖类等各种无机物质和有机物质以及能量。日光是生态系统能量的基本来源。

（2）生产者（producer）　自养生物（主要是绿色植物）。

（3）消费者（consumer）　异养生物（主要是动物）。根据其在食物链中所占的位置可分初级、次级及三级消费者等。寄生生物和腐生生物通常也归入此类。

（4）分解者（decomposer 或 reducer）　可将动植物尸体的复杂有机物分解为简单的无机物并释放于环境中，以供植物再一次利用。因而分解者也是生态系统中物质循环不可缺少的组成部分。

生产者、消费者和分解者又被称为生态系统的三大功能群。

24.4.2 食物链与食物网

生态系统中不同物种之间最主要的联系是食物联系。通过食物而直接地或间接地把生态系统中各种生物联结成一个整体，这种食物联系称为食物链（food chain）。食物链每个环节上的所有物种构成同一个营养级（trophic level）。例如，绿色植物为第一营养级，植食动物为第二营养级，捕食植食动物的肉食动物为第三营养级。

动物所利用的全部能量，最终来源于日光。植物借叶绿体利用日光的辐射能，通过光合作用把二氧化碳和水合成有机物，把日光能转变为化学能，储存在有机物的分子中。草食动物通过取食植物而获得能量。肉食动物通过捕食食草动物而获得能量。大型食肉鸟兽还捕食小型肉食动物。能量就是在这种形式下流转的。这种流转所联系的食物链事实上极为复杂，每一种生物都可能成为其他几种生物的食物，导致自然界中的食物链彼此交错联结，形成复杂的营养网络，称为食物网（food web）。图24-11就是一个简化了的食物网，从图中可见昆虫、鼠及兔均以桧树种子和杂草为食，它们同时又是猞猁、狼和狐的食物。

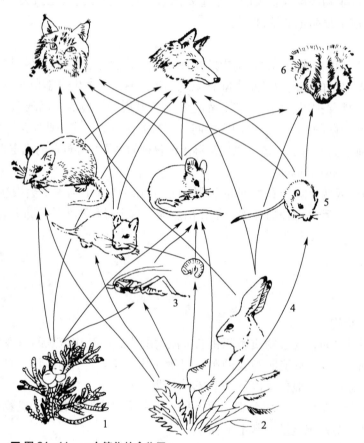

■ 图24-11 一个简化的食物网

1. 桧树；2. 草本植物；3. 节肢动物；4. 兔；5. 啮齿动物；6. 肉食动物（自 Vaughan）

生态系统内各种动物的营养关系多数是极为复杂的，这与许多动物所吃食物非常广泛有关。但也有比较简单的形式，例如须鲸以浮游生物为食，它们既是初级或第一级消费者，也是终极消费者。在水产养殖业中常选择食物链短的动物作为养殖对象。例如鲻鱼、梭鱼主食硅藻，已日益成为各国所重视的养殖鱼类。

复杂的食物网是生态系统保持稳定的重要条件，它具有较强的抵抗干扰的能力。食物链愈简单，生态系统就愈脆弱，对外力的干扰愈敏感，容易引起波动甚至破坏。

24.4.3 生态系统的能量流转

在生态系统中，食物链的营养级并不是无限增多的，通常只有4~5个营养级。这是由生态系统能流（energy flow）的特性所决定的。在生态系统能量流动过程中，从一个低营养级流向高一营养级，能量大约损失 90%，也就是说能量转化的效率只有 10% 左右。食物链越长，消耗于营养级上的能量越多。因此食物链的营养级很少有超过 6 个的。

能流和物质循环影响着有机体的生命过程、繁盛程度以及生物群落的复杂程度。它们是同时进行着的，但无机物质在自然界内可以反复循环利用，而能流则是单向的，在生态系统中逐次被利用、消耗而最终消失（图 24-12）。

地球上生态系统所需的能量均来自太阳能。由初级生产者（绿色植物）通过光合作用，把太阳能固定下来转化为化学能，所制造出的物质称初级生产力。据测定，射向地球的太阳能量，大约仅有 0.02% 用于植物的光合作用产生化学能。自然界内不同生态系统的初级生产力有很大差别，除去生产者用于呼吸的能量之外，所余的净生产力见表 24-1。从此表可见，陆地生态系统的净初级生产力以森林为最高，荒漠最低，农田居间。

净初级生产力是生态系统中一切消费者的能量来源。它被食物网中处于不同营养水平的动物所消耗，用于维持生命和构成自身的生物量，并成为较高营养水平动物的能量来源。由于并不是所有的生产者及较低营养级的动物均被吃掉和全部利用，以及生物体维持生命需消耗相当的能量（愈是恒温的肉食动物，能量消耗愈大），因而各级消费者所获得的能量呈递增性减少。此外还有相当一部分动植物尸体是被腐生细菌所分解。能量的递减，使各营养级呈金字塔状，称为生态锥体（ecological pyramid）（图 24-13）。生态锥体就其所涉及的不同内容，可分为数目锥体、能量锥体和生物量锥体。这里的生物量（biomass）是指单位面积内种群的总质量，也就是储存于不同营养级中有机体内的能量。

能量通过光合作用而积存下来，于不同的营养水平内以呼吸作用而消耗掉。如果一个生态系统的积存（收）和消耗（支）相当，则该生态系统处于稳定态。如果光合作用的收入大于各营养水平的支出，则多余的能量必以生物量的形式储存于生态系统内（例如树木生长、生物数量增多、腐殖质及落叶层加厚），呈正态，生物群落发展的早期阶段常为这种类型；如果入不敷出，则呈负态，如严重干旱所导致的后果。由此可见，良好的温度及湿度、较长的生长季节和高肥力等环境因子，都是获得高的年净生产力的有利因子。

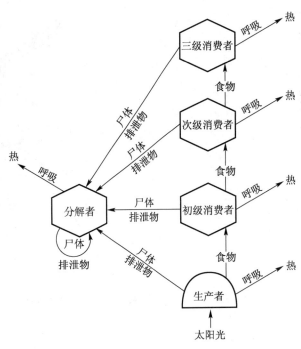

■ 图 24-12　一个生态系统中的能流（自 Brewer）

■ 表 24-1　世界各大陆地生态系统的净生产力

生态系统	面积/10^6 km²	每年所固定的能量	
		/10^6 kJ·m^{-2}	总面积固定的/10^6 kJ
森林	50	23.0	1 150.6
疏林	7	11.7	82.0
矮灌丛	26	1.7	42.7
草地	24	10.5	251.0
荒漠	24	+	0.4
农田	14	11.3	158.2
沼泽	2	35.1	70.3
湖泊河流	2	9.6	19.2
合计	149	—	1 774.4

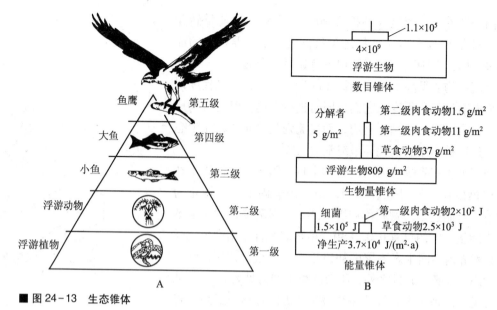

■ 图24-13　生态锥体

A. 营养水平；B. 数目锥体、生物量锥体和能量锥体（A. 自郑光美；B. 自 Smith）

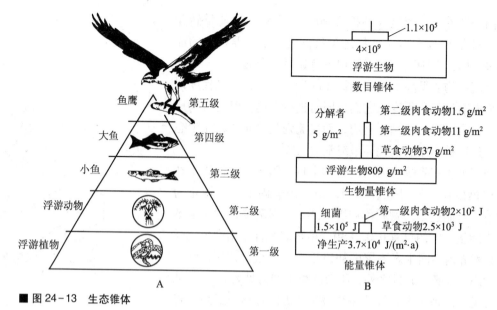

从生态锥体还可看出，较高营养级的动物所能利用的食物较少，而这些掠食者用于捕食活动及维持自身的新陈代谢水平，所需消耗的能量又大得多。有人计算，一只草食动物在一亩地内即可获得足够的食物，而同等体型的次级消费者则需 10 亩，三级消费者则需 100 亩。这就是为什么猛禽及猛兽一般均为生态系统中的稀有种，以及这些动物一般均保卫较大领域的原因之一，也是为什么不能乱捕滥猎这些动物以及必须为这些动物设立较大的自然保护区的原因。

24.4.4　自然保护

生态学所研究的多数问题均涉及自然保护。其目的就是维持地球上的生物多样性和最有效地利用并保护生物资源。从生态系统来考虑，不要轻易地消灭某些动植物，因为它们作为生态系统的一部分，对于维持生态系统的相对稳定是不可缺少的。

据近 2 000 年以来的记录表明，已有 110 多种兽类和 139 种鸟类被人类消灭了，其中大多数是在 1600 年以后消失的。以美洲旅鸽（Ecotopistes migratoris）为例，它一度多得"能将天空遮黑"，在 1810 年尚有几十亿只。由于商人竞相捕杀出售以及典型栖息地栎林的大规模破坏，使旅鸽的种群数量逐年下降，至 1914 年最后一只旅鸽死于美国辛辛那提动物园。世界自然保护联盟发布的 2007 年濒危物种红色名录（Red list）显示，目前全球有 16 306 个物种有灭绝危险，包括 1/4 的哺乳动物、1/3 的两栖动物及 1/8 的鸟类。导致物种受胁的原因有很多，但人类活动的影响是其中一个重要因素。

人类对环境的破坏，主要有 4 个方面，即①由于栖息地的丧失和片断化（例如砍伐森林、围垦湿地、城市化等），而导致的生态系统的破坏；②外来物种造成的生物入侵；③环境污染和④由于乱捕滥猎或过度利用而导致的生态平衡的破坏。这里着重就环境污染问题作些介绍。

生态系统的污染源可分为 3 类，即工业废物污染、农药污染以及放射性污染。工业设施所排出的有毒气体（二氧化碳、一氧化碳、硫、氯及氮的化合物等）能造成严重的大气污染，使动植物甚至人类的生存受到威胁。例如，煤和石油燃烧产生二氧化硫和氧化氮，与水蒸气结合而形成酸雨, 当其进入水域导致湖泊 pH 降低到 4.0 以下时, 足以阻碍鱼类和其他生物的生长发育, 甚至引起死亡。化工厂、造纸厂等所排出的工业废水进入河道之后, 能引起水质的严重污染, 致使整个水域中的生物特别是鱼类等水生动物中毒并死亡, 有机体内的残毒还能通过食物链的转移和富集, 最终危害食鱼鸟类及人类的健康。污水中的有机质, 还使江河的水质富营养化 (eutrophication), 细菌等腐生生物大量繁殖, 造成水中缺氧, 水色呈绿色及黄色, 带有恶臭, 使鱼类等大量水生动物缺氧窒息而死。近海地区的石油污染也是十分严重的问题, 据统计, 由于海底钻探和油船泄露, 全球每年损失的石油达到 300 万~600 万吨, 加上港口、炼油厂及油船的漏油, 能使大面积的海域污染, 造成鱼类及海鸟的成批死亡。例如 1967 年英伦海峡仅由于油船漏油就杀死了 30 000 只水鸟。

农业上大量使用农药 (特别是 DDT 等有机氯化合物), 在自然环境中不能降解或降解非常缓慢, 以致大量沉积于土壤中并随雨水流入河道或渗入地下。昆虫及作物等有机体内所吸收的这些有毒物质, 又通过食物链的形式富集而造成严重危害。在这些农药严重污染的地区, 很多鸟类 (例如一些地区的猛禽) 生存受到很大威胁, 所产的蛋壳变薄、不能孵出, 胚胎内积存有 DDT 成分, 不能正常发育, 导致种群数量急剧下降。水生生物富集 DDT 的速度极快, 在低浓度污染的水中所饲养的钩虾, 7 天以后体内即富集了相当于水内浓度 25 000 倍以上的 DDT 成分, 可见它们对生态系统的破坏是极为严重的。

放射性污染主要发生在开展核武器试验及建有核电厂等设施的附近地区, 它可以通过大气中的微尘和水流扩散, 也能在生物体内富集而产生危害。

此外, 随着人口增长和现代化城市的迅速发展, 城市内的噪声、汽车排出的废气、工业设施排出的粉尘等, 都是人们日益关注的 "公害"。城市生态系统的环境保护和改善问题, 目前社会各界都十分关注, 也需要将城市建设规划与生态学紧密地结合起来加以研究。

自然界中的任何一个物种都有其生存的价值。维持丰富的生物多样性, 是自然界保持进化潜力和人类社会可持续发展的前提条件。我国是世界上野生动物资源最丰富的国家之一, 同时也是一个资源受破坏严重的国家, 因此加强对野生动物的研究、保护及合理利用, 是我国一项具有重要意义的工作。

思考题

1. 什么是生态因子, 各种生态因子与动物有机体是如何相互作用的?
2. 什么是种群, 种群有哪些基本特征?
3. 什么是集合种群, 其主要特点是什么?
4. 举例说明种群的增长特性以及种群的数量变动及调节的基本内容。
5. 什么是群落, 群落有何特性? 群落的稳定性与多样性和生态位有什么关系?
6. 举例说明食物链、能流与生态系统的关系。
7. 结合自然保护理解生态平衡的重要性。

参 考 文 献

北京农业大学. 昆虫学通论. 北京：农业出版社，1978.

曹焯，陈茂生. 组织学实验指导. 北京：北京大学出版社，1993.

陈壁辉，花兆合，李炳华. 扬子鳄. 合肥：安徽科学技术出版社，1985.

陈宽智. 中国对虾的解剖. 生物学通报，1992：10，11.

陈世骧. 进化论与分类学（修订版）. 北京：科学出版社，1987.

陈守良. 动物生理学. 2版. 北京：北京大学出版社，1996.

陈心陶. 医学寄生虫. 北京：人民卫生出版社，1965.

陈义. 无脊椎动物学. 北京：商务印书馆，1956.

陈义. 中国蚯蚓. 北京：科学出版社，1956.

陈阅增. 普通生物学. 北京：高等教育出版社，1997.

丛林玉，侯连海，吴肖春，等. 扬子鳄大体解剖. 北京：科学出版社，1998.

丁汉波. 脊椎动物学. 北京：高等教育出版社，1985.

堵南山，等. 无脊椎动物学. 上海：华东师范大学出版社，1989.

堵南山，等. 无脊椎动物学教学参考图谱. 上海：上海教育出版社，1988.

堵南山. 甲壳动物学（上、下册）. 北京：科学出版社，1987，1993.

杜布赞斯基. 遗传学与物种起源. 谈家桢，等译. 北京：科学出版社，1964.

樊启昶，白书农. 发育生物学原理. 北京：高等教育出版社，2002.

方宗熙. 普通遗传学（修订本）. 北京：科学出版社，1979.

费梁，叶昌媛，黄永昭，等. 中国两栖动物检索及图解. 成都：四川科学技术出版社，2005.

费梁. 中国两栖动物图鉴. 郑州：河南科学技术出版社，1999.

冯孝义. 中华大蟾蜍的系统解剖. 北京：高等教育出版社，1988.

桂建芳，等. 鱼类性别和生殖的遗传基础及其人工控制. 北京：科学出版社，2007.

国际生物学会. 卜文俊. 国际动物命名法规. 4版. 郑乐怡，译. 北京：科学出版社，2007.

豪斯曼，胡斯曼，阿戴克〔德〕. 原生生物学. 宋微波，等译. 青岛：中国海洋大学出版社，2007.

郝守刚，马学平，董熙平，等. 生命的起源与演化——地球历史中的生命. 北京：高等教育出版社，2000.

郝天和. 脊椎动物学 上册. 北京：高等教育出版社，1959.

郝天和. 脊椎动物学 下册. 北京：人民教育出版社，1964.

胡金林. 中国农林蜘蛛. 天津：天津科学技术出版社，1984.

胡锦矗. 哺乳动物学. 北京：中国教育文化出版社，2007.

江静波，等. 无脊椎动物学. 3版. 北京：高等教育出版社，1995.

江静波，等. 无脊椎动物学. 北京：人民教育出版社，1982.

姜在阶，刘凌云. 烟台海滨无脊椎动物实习手册. 北京：北京师范大学出版社，1986.

蒋志刚. 动物行为原理与物种保护方法. 北京：科学出版社，2004.

李隆树，李云瑞. 蜱螨学. 重庆：重庆出版社，1988.

李难. 进化论教程. 北京：高等教育出版社，1990.

李难. 行为的进化. 上海：上海科技教育出版社，1989.

李永材，黄溢明. 比较生理学. 北京：高等教育出版社，1984.

刘承钊，胡淑琴．中国无尾两栖类．北京：科学出版社，1961.

刘德增．中国淡水涡虫．北京：北京师范大学出版社，1993.

刘凌云，薛绍白，柳惠图．细胞生物学．北京：高等教育出版社，2002.

刘瑞玉．中国北部经济虾类．北京：科学出版社，1955.

娄允东，郑德重．组织胚胎学．北京：农业出版社，1979.

马克勤，郑光美．脊椎动物比较解剖学．北京：高等教育出版社，1984.

孟庆闻，等．鱼类比较解剖学．北京：科学出版社，1987.

孟庆闻，等．鱼类学．上海：上海科学技术出版社，1989.

潘清华，王应祥，岩昆．中国哺乳动物彩色图鉴．北京：中国林业出版社，2007.

彭奕欣，黄诗笺．进化生物学．武汉：武汉大学出版社，1997.

曲淑蕙，李嘉泳，黄浙．动物胚胎学．北京：人民教育出版社，1980.

全国科学技术名词审定委员会．海峡两岸动物学名词．北京：科学出版社，2005.

任淑仙．无脊椎动物学．北京：北京大学出版社，1990.

戎嘉余．生物的起源．辐射与多样性演变——华夏化石记录的启示．北京：科学出版社，2006.

沈嘉瑞，等．中国动物志——淡水桡足类．北京：科学出版社，1979.

沈蕴芬，等．微型生物监测新技术．北京：中国建筑工业出版社，1990.

盛和林，等．哺乳动物学概论．上海：华东师范大学出版社，1985.

史新柏．原生动物分类的修订．动物学杂志，1991，26（3）：38-51.

宋大祥．中国农区蜘蛛．北京：农业出版社，1987.

孙儒泳．动物生态学原理．3版．北京：北京师范大学出版社，2001.

汪堃仁．细胞生物学．北京：北京师范大学出版社，1990.

汪松，解焱，王家骏．世界哺乳动物名典．长沙：湖南教育出版社，2001.

王家辑．中国淡水轮虫志．北京：科学出版社，1961.

王平，曹焯，樊启昶，等．简明脊椎动物组织与胚胎学．北京：北京大学出版社，2004.

王所安，和振武．动物学专题．北京：北京师范大学出版社，1991.

王义强，等．鱼类生理学．上海：上海科学技术出版社，1990.

王有琪，张作干．组织学．北京：人民教育出版社，1960.

吴观陵．人体寄生虫学．3版．北京：人民卫生出版社，2005.

吴汝康．人类的起源和发展．北京：科学出版社，1976.

徐芴南，甘运兴．动物寄生虫学．北京：高等教育出版社，1965.

许崇任，程红．动物生物学．2版．北京：高等教育出版社，施普林格出版社，2008.

杨安峰，程红，姚锦仙．脊椎动物比较解剖学．2版．北京：北京大学出版社，2008.

杨安峰，等．兔的解剖．北京：科学出版社，1979.

杨安峰．脊椎动物学（修订本）．北京：北京大学出版社，1992.

杨德渐，王永良，等．中国北部海洋无脊椎动物．北京：高等教育出版社，1996.

杨秀平．动物生理学．北京：高等教育出版社，2002.

尹文英，等．中国亚热带土壤动物．北京：科学出版社，1992.

翟中和，王喜忠，丁明孝．细胞生物学．北京：高等教育出版社，2000.

张崇洲．药用蜈蚣养殖技术．北京：科学出版社，1987.

张孟闻，黄正一．脊椎动物学．上海：上海科学技术出版社，1987.

张弥曼．热河生物群．上海：上海科学技术出版社，2001.

张弥曼．四足动物起源之争．化石，1983，1：52.

张荣祖，赵肯堂．关于《中国动物地理区划》的修改．动物学报，1978，24（2）：196-202.

张荣祖．中国动物地理．北京：科学出版社，1999.

张荣祖．中国自然地理——动物地理．北京：科学出版社，1979.

张天荫. 动物胚胎学. 济南：山东科学技术出版社，1996.

张玺，等. 贝类学纲要. 北京：科学出版社，1955.

张昀. 生物进化. 北京：北京大学出版社，1998.

赵尔宓. 中国蛇类（上、下）. 合肥：安徽科学技术出版社，2006.

郑光美. 鸟类学. 北京：北京师范大学出版社，1995.

郑光美. 世界鸟类分类与分布名录. 北京：科学出版社，2002.

郑光美. 中国鸟类分类与分布名录. 北京：科学出版社，2005.

郑乐怡. 动物分类原理与方法. 北京：高等教育出版社，1987.

郑重，等. 海洋浮游生物学. 北京：海洋出版社，1984.

郑作新. 脊椎动物分类学. 3 版. 北京：农业出版社，1982.

中山大学，等. 昆虫学. 北京：人民教育出版社，1980.

左仰贤. 动物生物学教程. 北京：高等教育出版社，施普林格出版社，2001.

Flower W H. 哺乳动物骨骼. 兰州：甘肃文化出版社，2004.

Fried G H，Hademenos G J. 生物学. 田清涞，殷莹，等译. 北京：科学出版社，2002.

Molles M C. 生态学. 4 版. 北京：高等教育出版社，2008.

Primack B. 保护生物学概论. 祁承经，译. 长沙：湖南科学技术出版社，1996.

Richard D. 动物生物学. 蔡益鹏，等译. 北京：科学出版社，2000.

Ricklefs E. 生态学. 5 版. 孙儒泳，尚玉昌，李庆芬，等译. 北京：高等教育出版社，2004.

〔德〕穆勒. 发育生物学. 黄秀英，劳为德，郑瑞珍，等译. 北京：高等教育出版社，施普林格出版社，
    1998.

Ahlberg P E，Clack J A. A firm step from water to land. Nature，2006，440：747-749.

Albrecht F O. The Anatomy of the Migratory Locust. New York：The Athlone Press，1951.

Alexander R M. The Invertebrates. London：Cambridge University Press，1979.

Atkins M D. Insects in Perspective. New York：Macmillan Publishing Co. Inc，1978.

Ballard W W. Comparative anatomy and embrology. New York：The Ronald Press Co，1964.

Banister K E，Campbell A C. The encyclopedia of aquatic life. New York：Facts on File，Inc.，1985.

Barnes R D. Invertebrate Zoology. Philadelphia：Saunder College/Holt，1980.

Barnes R S K，et al. The Invertebrates—A new synthesis. Oxford：Blackwell Scientific Publications，1993.

Barrington E J W. Invertebrate Structure and Function. New York：John Wiley & Sons，1979.

Beal G H，Preer J R，Paramecium Jr.. Genetics and Epigenetics. London：CRC Press，2008.

Benton M J. Late triassic extinctions and the origin of the dinosaurs. Science，1993，260（5 109）：769-770.

Bode H. Developmental Biology of Hydra. London：Cambridge University Press，2002.

Bone Q，Marshall N B. Biology of Fshes. New York：Chapman & Hall Press，1982.

Brewer R. Principles of Ecology. Philadelphia：W B Saunders Co，1979.

Brown J H，Gibson A C. Biogeography. London：The C. V. Mosby Company，1983.

Brusca R C，Brusca G T. The Invertebrates. 2nd ed. Sunderland：Sinauer Associates Inc，2003.

Buetow D E. The Biology of Euglena. New York：Academic Press，1989.

Bullough W S. Practical Invertebrate Anatomy. Macmillan：The Macmillan Press Ltd，1981.

Caras R. Venomous Animals of the World. New Jersey：Prentice-Hall，Inc Englewood Cliff，1974.

Chace G E. The World of Lizards. New York：Dodd. Mead & Co，1982.

Chapman R F. The Insects Structure and Function. London：Cambridge University Press，1982.

Cheng H，Huang S Q，Heatwole H. Ampullary organs，pit organs and neuromasts of the Chinese giant salamander
    Andrias davidianus. Journal of Morphology，1995，226（2）：149-157.

Cleveland P，Hickman，et al. Integrated Principles of Zoology. New York：McGraw-Hill，2004.

Colbert E H. Evolution of the Vertebrates—A History of the Backboned Animals Through Time. New York：Wiley，

1980.

Conway M S, Cohen B L, Gawthrop A B, et al. Lophophorate phylogeny. Science, 1996, 272: 283.

Cox B C, Moore P D. Biogeography: An Ecological and Evolutionary Approach. 7th ed. Oxford: Blackwell Publishing, 2005.

Crisci J V, Katinas L, Posadas P. Historical Biogeography—An Introduction. London: Harvard University Press, 2003.

Daeschler E B, Shubin N H, Jenkins F A. A devonian tetrapod-like fish and the evolution of the tetrapod body plan. Nature, 2006, 440: 757-763.

Dunn C W, et al. Broad phylogenomic sampling improves resolution of the animal tree of life. Nature, 2008, 452: 745-749.

Edwards C A, Lofty I R. Biology of Earthwarms. New York: Chapman & Hall Ltd, 1977.

Elzinga R J. Fundamentals of Entomology. New York: Pearson Education, Inc, 2004.

Emlen S T, Wiltschko W. Symposium on orientation in migratory birds. Berlin: Springer, 1980.

Farmer J N. The Protozoa—Introduction to protozology. St Louis: The C. V. Mosby Company, 1980.

Farner D S, et al. Avian Biology. New York: Academic Press, 1971—1982.

Feduccia A. Evidence from claw geometry indicating arboreal habits of Archaeopteryx. Science, 1993, 259: 790-793.

Feduccia A. The Origin and Evolution of Birds. New Haven: Yale University Press, 1996.

Fisher P E, Russell D A, Stoskopf M K, et al. Cardiovascular evidence for an intermediate or higher metabolic rate in an ornithischian dinosaur. Science, 2000, 288: 503-505.

Forey P L. The Evolving Biosphere. British museum (natural history). London: Cambridge University Press, 1981.

Funch P, Kristensen R M. Cycliophora is a new phylum with an affinities to Entoprocta and Ectoprocta. Nature, 1995, 378: 711-714.

Gall J G. The Molecular Biology of Ciliated Protozoa. Florida: Academic Press, Inc, Orland, 1986.

Gans C. Reptiles of the world. Aridge Book. New York: Crosset and Dunlap Publishers, 1975.

Gilbert S F. Developmental Biology. 7th ed. SunderLand: Sinauer Associates Inc, 2003.

Gill F B. Ornithology. 3rd ed. New York: W. H. Freeman and Company, 2007.

Gilliard E T. Living Birds of the World. London: Hamish hamilton, 1958.

Green R E, Malaspinas A S, Krause J, et al. A complete neandertal mitochondrial genome sequence determined by high-throughput sequencing. Cell, 2008, 134: 416-426.

Gunderson H L. Mammalogy. New York: McGraw-Hill Company, 1976.

Gutfreund H. Biochemical Evolution. London: Cambridge University Press, 1981.

Haddrath O, Baker A J. Complete mitochondrial DNA genome sequences of extinct birds: ratite phylogenetics and the vicariance biogeography hypothesis. Proc. R. Soc. Lond. B, 2001, 268: 939-945.

Haffaker C B. Diological Contiot. New York: Plenum Press, 1971.

Halanych K M, Bacheller J D, Aguinaldo A M, et al. Evidence from 18S ribosomal DNA that the Lophophorates are protostome animals. Science, 267: 1 641-1 643.

Hall R, Holloways J D. Biogeography and Geological Evolution of SE Asia. Leiden: Backhuys, 1998.

Hallam A. Patterns of Evolution. Elsevier: Biomedical Press, 1981.

Harrison F W, Cowden R. Aspects of Sponge Biology. New York: Academic Press, 1976.

Harrison F W, Woollacott R M. Microscopic Auatomy of Invertebrates. Vol. 13. Lophophorates, Entoprocta and Cycliophera. New York: Wiley-Liss, 1997.

Hausman K, Bradburg. Ciliates: Cells as Organisms. New York: Gustav Fisher Verlag, 1996.

Hayashida H, et al. Evolution of influenza virus genes. Mol Biol Evol, 1985, 2 (4): 289-303.

Heatwole H. Amphibian Biology-Osteology. Vol. 5. Chipping Norton: Surrey Beatty and Sons, 2003.

Hickman C P，Hickman F M，Kats L B. Integrated Principles of Zoology. 9th ed. Dubuque：WCB Publishers，1993.

Hickman C P，Roberts L S Jr，Larson A，et al. Integrated Principles of Zoology. 13th ed. New York：McGraw-Hill，2006.

Higgins R P，Kristensen R M. New Loricifera from southeastern Unisted States coastal Waters. Smithson. Cont. Zool，1986，638：1-70.

Hildebrand M. Analysis of Vertebrate Structure. 4th ed. New York：John Wiley & Sons，Inc，1995.

Hughes R N. A Functional Biology of Marine Gastropods. Baltimore：The Johns Hopkins University Press，1986.

Hyman L H. The Invertebrates. Vol Ⅰ：Protozoa through ctenophore. New York：McGraw-Hill Company，1940.

Hyman L H. The Invertebrates. Vol Ⅱ：Platyhelminthes and Rhynchocoela. New York：McGraw-Hill Company，1951.

Hyman L H. The Invertebrates. Vol Ⅲ：Acanthocephala, Aschelminthes & Entoprocta. New York：McGraw-Hill Company，1951.

James M A，Ansell A D，Curry G B，et al. The Biology of living brachiopods. Adv. Mar. Biol，1992，28：175-387.

Jarvis E D，Güntürkün O，Bruce L，et al. Avian brains and a new understanding of vertebrate brain evolution. Nature neurosci，2005，6：151-159.

Jeon K W. The Biology of Amoeba. New York：Academic Press，1973.

Jurd R D. Animal Biology. Oxford：BIOS Scientific Publishers Limited，1997.

Kardong K V. Vertebrates-Comparative Anatomy，Function，Evolution. 4th ed. Singapore：McGraw-Hill International Education，2006.

Kent G C，Larry M. Comparative Anatomy of the Vertebrates. 8th ed. St. Louis：Times Mirror/Mosby College Publishing，1997.

Khanna D R，Yadav P R. Biology of Protozoa. Delhi：Discovery Publishing House，2004.

Kimura M. The neutral theory of molecular evolution and the world view of the neutralists. Genome，1989，31：24-31.

King J L，Jukes T H. Non-Darwinian evolution. Science，1969，164：788-798.

Kluge A G. Chordate Structure and Function. 2nd ed. New York：Macmillan Publishing & Collier Macmillan Publishers，1977.

Kreier J P. Parasitic Protozoa. Vol. 8. 2nd ed. New York：Academic Press，1991—1994.

Kristensen R M，Funch P. Micrognathozoa：A new class with complicated jaws like these of Rotifera Gnathostomulida. J. Morphol，2002，246：1-49.

Kusserow A，Pang K，Sturm G，et al. Unexpected complexity of the *Wnt* gene family in a sea anemone. Nature，2005，7022（433）：156-160.

Lingham-Soliar T，Feduccia A，Wang X L. A new Chinese specimen indicates that 'protofeathers' in the Early Cretaceous theropod dinosaur Sinosauropteryx are degraded collagen fibres. Proc Biol Sci，2007，274（1 620）：1 823-1 829.

Linzey D. Vertebrate Biology. Singapore：McGraw-Hill Higher Education，2001.

Lomolino M V，Sax D F，Brown J H. Foundationsof Biogeography. Chicago and London：University of Chicago Press，2004.

Long J A，Young G C，Holland，et al. An exceptional Devonian fish from Australia sheds light on tetrapod origins. Nature，2006，444：199-202.

Macgavin G C. Essential Entomology. Oxford：Oxford University Press，2001.

Marquardt W C，Demare R S. Parasitology. New York：Macmillan Publishing Company，1985.

Marshall A J. Biology and Comparative of Birds. New York：Academic Press，1961.

Martinez A J. Free-living Amebas. London：CRC Press，1985.

Masatoshi N. Molecular Evolutionary Genetics. New York: Columbia University Press, 1987.

Maule A G, Marks N J. Parasitic Flatworms: Molecular Biology, Biochemistry, Immunology and Physiology. Cambridge: CABI Publishing, 2006.

Mayr E, Ashlock P D. Principles of Systematic Zoology. New York: McGraw-Hill, 1991.

Mayr E, Provine W. The Evolutionary Synthesis. Cambridge: Harvard University Press, 1980.

McFarland W N, et al. Vertebrate Life. New York: Macmillan Publishing Company, 1985.

Miller S A, Harley J P. Zoology. 5th ed. New York: McGraw-Hill Company, Inc, 2002.

Moore J. An Introduction to the Invertebrates. London: Cambridge University Press, 2001.

Neuhaus B, Higgins R P. Ultrastructure, biology phylogenetic relationship of Kinorhyncha. Integ. Comp. Biol, 2002, 42: 619-632.

Nielsen C. Entoprocts. Syn. Brit. Fauna N. S, 1989, 41: 1-131.

Okamura B, Curry A, Wood T S, et al. Ultrastructure of Buddenbrockia identifies it as a myxozoan and verifies the bilaterian origin of the Myxozoa. Parasitology, 2002, 124: 215-223.

Orr R T. Vertebrate biology. Philadelphia: W B Saunders Company, 1976.

O'Brien S J, et al. New perspective on evolution. New York: Wiley-liss, Inc, 1991.

Parker T J, Haswell W A. A textbook of zoology. New York: Macmillan Company Ltd, 1963.

Pechenik J A. Biology of Invertebrates. 3rd ed. Boston: McGraw-Hill Higher Education, 2005.

Pechenik J A. Biology of Invertebrates. 4th ed. Boston: DWS Publisher, 2000.

Podulla S, Rohrbaugh Jr. R W, Bonney R. Handbook of Bird Biology. 2nd ed. New York: Cornell Lab of Ornithilogy & Princeton University Press, 2004.

Pope C H. The Reptile World. New York: Alfred A. Knopf, 1956.

Prasad S N, et al. A Textbook of Vertebrate Zoology. Eastern India: Wiley, 1989.

Richards O W, Davies R G. Imms' General Textbooks of Entomoloty. New York: John Wiley & Sons, 1977.

Rieger R M, Tyler S. Sister-group relationship of Gnathostomulida Rotifera—Acamthocyphala, Invert. Biol, 1995, 114: 186-188.

Roberts L S, Janovy J Jr.. Foundations of Parasitology. 6th ed. New York: McGraw-Hill, 2000.

Romer A S. The Vertebrate Body. 2nd ed. Philadelphia: W B Sanders Company, 1955.

Ross M H, Kaye G I, Pawlina W. Histology. 4th ed. Lippincott Williams & Wilkins, 2003.

Ruppert E E, Fox R S, Barnes R D. Invertebrate Zoology. 7th ed. New York: Brooks/Cole-Thomson Learning, 2004.

Sandhu G S, Bhaskar H. Advanced Invertebrate Zoology. 9 Vols. New Delhi: Campus Books, 2002. (Vol. I: Protozoa, Vol. II: Porifera, Vol. III: Coelenterata, Vol. IV: Helminthes, Vol. V: Annelida, Vol. VI: Arthropoda, Vol. VII: Mollusca, Vol. VIII: Echinodermata, Vol. IX: Minor Phyla.)

Schmidt-Nielsen K. Animal Physiology, Adaptation and Environment. Cambridge: Cambridge University Press, 1977.

Shubin N H, Daeschler E B, Jenkins Jr. F A. The pectoral fin of *Tiktaalik rosese* and the origin of the tetrapod limb. Nature, 2006, 440: 764-771.

Simon H. Frog and Tods of the World. Philadelphia: J. B. Lippincott Company, 1975.

Sleigh M A. Protozoa and Other Protists. London: Edward Arnold, 1989.

Snodgrass R E. Principles of Insect Morphology. New York: McGraw-Hill, 1935.

Stidworthy J. Snakes of the World. New York: Grosset & Dunlap Publishers, 1974.

Stige L, Chan K S, Zhang Z B, et al. Thousand-year-long Chinese time series reveals climatic forcing of decadal locust dynamics. PNAS, 2007, 104: 16 188-16 193.

Storer T I, et al. General Zoology. 6th ed. New York: McGraw-Hill Book Company, 1979.

Sulston J E, Schierenberg J, White J, et al. The embryonic cell lineage of the nematode *Caenorhabditis elegans*.

Dev. Biol., 1983, 100: 64-119.

Tamplin J W, et al. Introductory Zoology Laboratory Guide. 2nd ed. Englewood: Morton Publishing Company, 1997.

Theodorou G E, Dermitzakis M D. Fossil Vertebrates. New York: Gordon and Breach Science Publishers Inc., 1988.

Thomson K S. Living Fossil. New York: W W Norton & Company, 1993.

Tibbetts E A, Dale James. A socially enforced signal of quality in a paper wasp. Nature, 2004, 432: 208-222.

Torrey T W. Morphogensis of the Vertebrates. New York: John Wiley & Sons, Inc., 1979.

Torry T W, Feduccia A. Morphogenesis of the Vertebrates. 4th ed. New York: John Wiley & Sons, 1979.

Tyler S. Turbellarian Biology. Dordrecht: Kluwer Academic Publishers, 1991.

Van Tyne J, Berger A J. Fundamentals of Ornithology. New York: John Wiley & Sons, Inc., 1976.

Welch D M B. Evidence from a protein coding gene that acanthocyphalans are rotifers. Invert. Biol.,2000, 119: 17-26.

Welsch U, Storch V. Comparative Animal Cytology & Histology. Washington: University of Washington Press, 1976.

Welty J C. The Life of Bird. Philadelphia: Saunders College Publishing, 1982.

Wichterman R. The Biology of Paramecium. 2nd ed. New York: Plenum, 1986.

Wigglesworth V B. The Principle of Insect Physiology. London: Methuen & Co. Ltd., New York: E. P. Dutton & Co. Inc, 1972.

Wollf R G. Functional Vertebrate Anatomy. Massachusetts: D. C. Heath and Company, 1991.

Wood W B. The Nematode, *Caenorhabditis elegans*. New York: Cold Spring Harbor, 1988.

Young J Z. The Life of Mammals. Oxford: Clarendon Press, 1975.

Young J Z. The Life of Vertebrates. 3rd ed. Oxford: Clarendon Press, 1981.

Zhang F C, Zhou Z H, Dyke G. Feathers and 'feather-like' integumentary structures in Liaoning birds and dinosaurs. Geol. J, 2006, 41: 395-404.

Zhang Z B, Tao Y, Li Z Q. Factors affecting hare-lynx dynamics in the classic time series of the Hudson Bay Company, Canada. Climate Research, 2007, 34: 83-89.

索　引

A

埃及古猿（*Aegyptopithecus*）　489

螯肢（chelicerae）　240

螯肢亚门（Subphylum Chelicerata）　240

B

八放珊瑚亚纲（Octocorallia）　90

班氏丝虫（*Wuchereria bancrofti*）　144

板鳃类（Elasmobranchii）　343

半规管（semi-circular canal）　354

瓣鳃（lamellibranch）　196

瓣鳃亚纲（Lamellibranchia）　213

孢子（spore）　130

孢子纲（Sporozoa）　46

胞肛（cytoproct）　53

胞管肾纲（Secernentea）　143

胞口（cytostome）　33

胞咽（cytopharynx）　52

胞饮作用（pinocytosis）　41

胞蚴（sporocyst）　111

杯龙类（Cotylosauria）　407

贝壳素（conchiolin）　195

背腹肌（dorsoventral muscles）　182

背孔（dorsal pore）　176

背鳍（dorsal fin）　314

背神经管（dorsal tubular nerve cord）　309

背系膜（dorsal mesentery）　162

背血管（dorsal vessel）　178

倍足纲（Diplopoda）　247

被唇纲（Phylactolaemata）　281

被囊（tunic）　309，310

被囊动物（tunicate）　310

贲门（cardia）　342

贲门胃（cardiac stomach）　232

鼻甲（nasal concha）　429，460

鼻囊（olfactory capsule）　338

比德器（Bidder's organ）　380

闭管循环系统（closed vascular system）　164

闭壳肌（adductor）　209

闭锁器（adhering apparatus）　216

壁血管（parietal vessel）　178

鞭毛（flagellum）　33

鞭毛纲（Mastigophora）　32

扁囊胚虫（plakula）　65，75

扁盘动物门（Phylum Placozoa）　74

扁桃体（tonsil）　464

扁细胞（pinacocyte）　67

变态（metamorphosis）　170，259，372

变温动物（poikilotherm）　389

变形体（plasmodium）　59

变形细胞（amoebocyte）　68，196

变形运动（amoeboid movement）　40

表面卵裂（peripheral cleavage）　62

表膜（pellicle）　32，51

表膜泡（pellicle alveoli）　51

表皮层（epidermis）　80

表皮取代细胞（epidermal replacement cell）　100

鳔（swim bladder）　344

鳔管（pneumatic duct）　344

柄（stalk）　157

波氏囊（Polian's vesciles）　293

玻璃体（vetreous humor）　355

钵口幼体（scyphistoma）　86

钵水母纲（Scyphozoa）　86

捕食（predation）　544，550

哺乳纲（Mammalia）　454

不定数产卵（indeterminate layer）　446

不完全卵裂（partial cleavage）　62

布氏姜片虫（*Fasciolopsis buski*）　115

步带板（ambulacral plate）　290，291

C

槽齿类（Thecodontia）　408，441

草履虫（*Paramecium caudatum*）　51

草食动物（herbivore）　463

侧板（lateral plate） 319

侧腹静脉（lateral abdominal vein） 347

侧神经节（pleural ganglion） 197，202

侧生动物（Parazoa） 67

侧线系统（lateral line system） 353

叉骨（furcula） 418

叉棘（pedicellaria） 290

缠卵腺（nidamental gland） 220

长腕幼虫（pluteus） 290

肠盲囊（diverticulum） 292

肠体腔法（enterocoelous method） 63

肠体腔囊（enterocoelic pouch） 319

成刚毛细胞（chaetoblast cell） 164

成骨针细胞（scleroblast） 68

成海绵质细胞（spongioblast） 68

成卵腔（ootype） 110

成熟节片（mature proglottid） 119

成新细胞（neoblast） 100，103

迟发型子孢子（bradysporozoite） 47

齿舌（radula） 195

齿舌囊（radula sac） 195

齿式（dental formula） 463

齿质（dentine） 336

翅（昆虫）（wings） 254

翅脉（vein） 254

虫室（zooecium） 277

出生率（birth rate） 545

出水管（exhalant siphon） 195

出芽（budding） 71

初级飞羽（primaries） 418

初龙类（Archsauria） 408，441

初生颌（primary jaw） 338

储蓄泡（reservoir） 33

触角（antennae） 253

触角腺（antennal gland） 228

触觉感受器（tangoreceptor） 104

触手冠（tentacular crown） 157，276

触手冠担轮动物（Lophotrochozoan） 133

触手冠动物（Lophophorates） 276

触手间器（intertentacular organ） 280

触手鞘（tentacle sheath） 278

触腕（tentacular arm） 215

触须（palp） 169

触须亚纲（Palpata） 174

垂唇（hypostome） 79

唇（lip） 462

唇片（labial palp） 209

唇窝（labial pit） 400

唇足纲（Chilopoda） 246

磁受体（magneto receptor） 197

雌雄同体（monoecism） 71，311，351

雌雄异体（dioecism） 71

次级飞羽（secondaries） 418

次生颌（secondary jaw） 340

次生体腔（secondary coelom） 162

刺胞动物门（Phylum Cnidaria） 77

刺丝囊（nematocyst 或 cnida） 80

刺细胞（cnidoblast 或 cnidocyte 或 nematocyte） 80

促卵巢激素（gonad-stimulating hormone，GSH） 237

促雄腺（androgenic glands） 237

D

大变形虫（*Amoeba proteus* Pallas） 39

大进化（macroevolution） 515

大陆架（continental shelf） 528

大陆漂移假说（continental drift hypothesis） 530

大脑（cerebrum） 329

大脑半球（cerebral hemisphere） 351

大脑脚（cerebral peduncle） 472

大脑皮层（质）（cerebral cortex） 427，471

大配子（macrogamete） 47

大配子母细胞（macrogametocyte） 47

大肾管（meganephridium） 165

大眼幼体（megalopa） 236

袋形动物门（Aschelminthes） 133

担轮幼虫（trochophora） 168

单板纲（Monoplacophora） 198

单倍体（haploid） 149

单巢纲（Monogononta） 146

单沟型（ascon type） 70

单节亚纲（Cestodaria） 122

单位膜（unit membrane） 15

单细胞腺体（stichocytes） 142

单眼（ocelli） 257

单殖亚纲（Monogenea） 112

蛋白（albumen） 426

蛋白质（protein） 14

底栖生物（benthos） 156

地理隔离（geographical isolation） 521

第二中间寄主（second intermediate host） 111

第一中间寄主（first intermediate host） 111

碟状幼体（ephyra） 86

顶复合器（apical complex）　49

顶体（parietal body）　399

顶突（rostellum）　119

顶眼（parietal eye）　400

定数产卵（determinate layer）　446

定型发育（determinate development）　168

东亚飞蝗（*Locusta migratoria manilensis*）　248

冬眠（hibernation）　389

冬羽（winter plumage）　417

动鞭亚纲（Zoomastigina）　37

动合子（ookinate）　47

动静脉吻合（anastomosis）　416

动脉弧（aortic arches）　178

动脉球（bulbus arteriosus）　346

动脉圆锥（conus arteriosus）　346

动情周期（oestrous cycle）　470

动态的组织（dynamic tissue）　73

动吻动物门（Phylum Kinorhyncha）　155

动物界（Animalia）　1

动物区系（fauna）　530

兜甲动物门（Phylum Loricifera）　155

窦腺（sinus gland）　236

毒腺（poison gland）　372

独立个体（autozooid）　277

端孔（terminal pore）　280

端细胞（teloblastic cell）　161

短腕幼虫（brachiolaria）　295，305

对虾（*Penaeus orientalis*）　231

盾腹亚纲（Aspidogastrea）　113

盾鳞（placoid scale）　336

多板纲（Polyplacophora）　199

多节亚纲（Cestoda）　122

多孔动物门（Phylum Porifera）　67

多毛纲（Polychaeta）　168

多能干细胞（multipotent stem cell）　80

多胚生殖（polyembryony）　258

多胚现象（polyembryony）　280

多态现象（polymorphism）　277

多足亚门（Subphylum Myriapoda）　246

E

额腺（frontal gland）　107

恶性疟原虫（*P. falciparum*）　46

萼（calyx）　157

颚（jaw）　169

颚口动物门（Phylum Gnathostomulida）　128

颚器（jaw apparatus）　128

颚体（gnathosoma）　245

颚足纲（Maxillopoda）　238

耳裂（otic notch）　386

耳石（otolith）　202

耳突（auricle）　99

耳蜗（cochlea）　475

耳下腺（parotid gland）　464

耳状幼虫（auricularia）　300

二倍体（diploid）　149

二鳃亚纲（Dibranchia）　221

F

翻吻（introvert）　156，190，277

繁殖潜力（potential birth rate）　545

反刍（rumination）　464

反刍类（ruminant）　464

反口孔（aboral pore）　82

非混交雌体（amictic female）　149

非神经的传导（non-nervous conduction）　78

非洲酋猴（*Proconsul africanus*）　489

肺静脉（pulmonary vein）　379

肺螺亚纲（Pulmonata）　206

分布格局（distribution pattern）　525

分布区（distribution range）　524

分层（delamination）　63

分节现象（metamerism）　161

分解者（decomposer；reducer）　551

分子系统地理学（molecular phylogeography）　525

分子钟（molecular clock）　525

丰富度（richness）　548

缝合线（suture）　203

跗跖骨（tarsometatarsus）　419

孵化（hatching）　258

孵卵（incubation）　446

孵育室（brood chamber）　237

浮浪幼虫（planula）　84

辐管（radial canal）　86

辐轮幼虫（actinotroch larvae）　286

辐射对称（radial symmetry）　77

辐足亚纲（Actinopoda）　45

附肢（appendage）　227

附肢骨骼（appendicular skeleton）　336

附着盘（attachment disk）　157

复沟型（leucon type）　71

复合纤毛（ciliophores）　130

复眼（compound eyes） 257

复殖亚纲（Digenea） 113

副缠卵腺（accessory nidamental gland） 220

副淀粉粒（paramylum granule） 35

副交感神经系统（parasympathetic nervous system） 353

腹孔（atripore） 314

腹毛动物门（Phylum Gastrotricha） 151

腹鳍（pelvic fin） 334

腹神经索（ventral nerve cord） 166

腹吸盘（acetabulum） 108

腹系膜（ventral mesentery） 162

腹血管（ventral vessel） 178

腹足纲（Gastropoda） 200

G

钙腺（calciferous gland） 177

钙质海绵纲（Calcarea） 73

杆状体（rhabdites） 99

杆状体腺细胞（rhabdite gland cell） 99

肝盲囊（hepatic diverticulum） 316

肝片吸虫（Fasciola hepatica） 113

感光细胞（photoreceptor cell） 175

感觉器（sense organ） 175, 257

感觉细胞（sensory cell） 80, 175

干细胞（stem cell） 158

刚毛（chaetae） 164, 284

肛后尾（post-anal tail） 309

肛前鳍（preanal fin） 314

高尔基器（Golgi apparatus） 17

隔膜（mesentery 或 septum） 89, 161

隔膜丝（mesenteric 或 septal filament） 89

隔膜小肾管（septal micronephridium） 178

膈（diaphragm） 461

个体发育（ontogeny） 64

个员（zooid） 277

根足亚纲（Rhizopoda） 43

巩膜骨（sclerotic ring） 428

共生（symbiosis） 544

共生学说（symbiosis theory） 66

共同祖征（symplesiomorphies） 189

共有新征（synapomorphy） 189

钩介幼虫（glochidium） 197

孤雌生殖（parthenogenesis） 149, 258

古鸟（Archaeornithes） 440

古细菌界（Archaebacteria） 2

股腺（fomoral gland） 393

骨鳞（bony scale） 336

骨鳞鱼类（Osteolepiform） 386

骨片（osciles） 289

骨组织（osseous tissue） 25

鼓膜（tympanic membrane） 382

鼓室（tympanic cavity） 382

固定实质细胞（fixed parenchyma cell） 100

固着器（holdfast） 192

寡毛纲（Oligochaeta） 175

管道（channel） 183

管细胞（tubule cell） 98, 165

光感受器（photoreceptor） 34, 200

光合营养（phototrophy） 35

H

哈氏窝（Hatschek's pit） 318

海参纲（Holothuroidea） 299

海胆纲（Echinoidea） 297

海马（hippocampus） 471

海绵动物门（Phylum Spongia） 67

海绵质纤维（spongin fiber） 68

海盘车（Asterias） 290

海星纲（Asteroidea） 297

海月水母（Aurelia aurita Lamarck） 86

海藻糖（trehalose） 150

海蜇（Rhopilema esculentum） 87

汗腺（sweat gland） 458

合胞体（syncytium） 108

合胞体学说（syncytial theory） 65

合子（zygote） 47

核仁（nucleolus） 19

核酸（nucleic acid） 14

核糖核蛋白体（ribosome） 17

颌弓（mandibular arch） 338

颌下腺（submaxillary gland） 464

黑色素细胞（melanocytes） 457

痕迹器官（vestigial organ） 499

恒温动物（homeotherm） 389

横裂体（strobila） 86

横突（transverse process） 338

横纹肌（striated muscle） 27

红外线感受器（infrared receptor） 400

红腺（red gland） 345

虹彩细胞（iridocyte） 216

虹膜（iris） 219, 355

喉（larynx） 465

后沟牙（opisthoglyphous）　406

后口（deuterostome）　319

后口动物（deuterostome）　288

后脑（hindbrain）　166

后期幼体（postlarvae）　236

后腔静脉（postcaval vein）　379

后鳃亚纲（Opisthobranchia）　206

后肾（metanephros）　397

后肾管（metanephridium）　165

后生动物（Metazoa）　59

后兽亚纲（Metatheria）　479

后体（metasome）　276

后体部（opisthosome）　191

后体囊（metasomal sac）　281

后体腔（metacoel）　276

后位肾（opisthonephros）　348

后主静脉（posterior cardinal vein）　347

候鸟（migrant）　447

鲎素（limulin）　241

呼吸树（respiratory tree）　300

华枝睾吸虫（Clonorchis sinensis）　108

滑体类（Lssamphibia）　387

化能自养细菌（chemoautotrophic bacteria）　192

化学感受器（chemoreceptor）　104

环带纲（Clitellata）　168

环管（ring canal）　86

环肌（circular muscle）　98，110

环境载力（carrying capacity）　547

环毛蚓（Pheretima）　175

环神经超门（Cycloneuralia）　133

缓步动物门（Phylum Tardigrada）　274

换羽（molt）　417

黄色细胞（chloragogen cell）　177

黄色组织 chloragogen tissue）　177

回声定位（echolocate）　475

洄游（migration）　366

会厌（epiglottis）　464

喙（bill）　415

婚色（nuptial color）　351

婚羽（nuptial）　417

混合后肾（metanephromixium）　166

混合原肾（protonephromixium）　166

混交雌体（mictic female）　149

J

机械感受器（mechanoreceptor）　164，200

肌层（muscular layer）　342

肌动蛋白（actin）　40

肌隔（myocomma）　315

肌节（myomere）　314，315

肌球蛋白（myosin）　40

肌肉组织（muscular tissue）　26

肌胃（砂囊）（muscular stomach；gizzard）　420

肌细胞（myocyte）　67，78，158

基节腺（coxal gland）　228，242

基膜（basement membrane）　110

基盘（basal 或 pedal disk）　79

基体（basal body）　33

基因（gene）　19

基因库（gene pool）　521

激素（hormone）　476

棘球蚴（hydatid cyst）　123

棘头动物门（Phylum Acanthocephala）　153

棘头幼虫（acanthor）　154

集合种群（metapopulation）　548

集团（guild）　549

脊索（notochord）　308

脊索动物门（Phylum Chordata）　308

脊柱（vertebral column）　308，321，337

脊椎骨（vertebra）　321

寄生（parasitism）　544

寄生虫-滋养细胞复合体（parasite-nurse cell complex）　142

颊囊（cheek pouch）　463

颊窝（facial pit）　400

甲壳亚门（Subphylum Crustacea）　230

甲状旁腺（parathyroid gland）　476

甲状腺（thyroid gland）　476

假鳄类（Pseudosuchia）　408，441

假胎生（pseudoviviparous）　350

假体腔（pseudocoelom 或 pseudocoel）　132

假头（capitulum）　245

坚头类（Stegocephalia）　386

间断平衡论（punctuated equilibrium）　514

间脑（diencephalon）　329

间日疟原虫（Plasmodium vivax）　46

间细胞（interstitial cell）　80

间隙连接（gap junction）　100

肩带（pectoral girdle）　338

肩胛骨（scapule）　340

减数分裂（meiosis）　21

荐椎（sacral vertebra）　373

浆膜（serosa） 342

交感神经链（sympathetic chain） 474

交感神经系统（sympathetic nervous system） 179，353

交合刺（spicule） 134，137

交合囊（copulatory bursa） 143

胶原蛋白（collagen） 134

角（horn） 458

绞合部（hinge） 212

接合生殖（conjugation） 53

节带（zonite） 155

节片（proglottid） 119

节生长区（segmental growth zone） 161

节肢动物门（Phylum Arthropoda） 225

结缔组织（connective tissue） 24

睫状肌（ciliary muscle） 219，382

界（fauna realm） 533

今鸟（Ornithurae） 440

进化分类学派（evolutionary systematics） 9

茎化腕（hectocotylized arm） 216

晶杆（crystalline style） 196

晶杆囊（crystalline style sac） 212

晶体（lens） 330

晶状体（crystalline lens） 355

精巢囊（seminal sac） 179

精荚（spermatophore） 186，220，243

精荚囊（spermatophoric sac） 220

精漏斗（sperm funnel） 179

鲸须（whalebone） 463

颈椎（cervical vertebra） 373

景观（landscape） 526

胫跗骨（tibiotarsus） 419

竞争（competition） 550

静脉附属腺（renal appendages） 218

就地保护（in situ conservation） 493

居维尔氏器（Cuvierian organ） 300

咀嚼囊（mastax） 147

咀嚼器（trophi） 147

巨纤维（giant fiber） 167

巨轴突（giant axon） 167

掘足纲（Scaphopoda） 207

均黄卵（isolecithal egg） 318

均匀度（evenness） 548

K

开管式循环（open circulation） 196

蝌蚪（tadpole） 381

壳顶（apex） 203

壳口（aperture） 203

壳膜（shell membrane） 426

壳皮层（periostracum） 195

壳下层（pearl layer） 195

壳椎类（Lepospondyli） 387

孔细胞（porocyte） 67

恐龙（Dinosauria） 408

口道（stomodaeum） 89

口道沟（siphonoglyph） 89

口盖（velum） 198

口沟（oral groove） 51

口笠（oral hood） 314

口漏斗（buccal funnel） 158

口器（mouthparts） 254

口前触手（prostomial tentacles） 168

口上突（episome） 278，282，285，303

口腕（orallobe） 86

口吸盘（oral sucker） 108

口针（stylets） 155

口锥（mouth cone） 155

块椎类（Apsidospondyli） 387

昆虫纲（Insecta） 262

扩散神经系统（diffuse nervous system） 79

括约肌（sphincter muscle） 163，176

L

劳氏管（Laurer's canal） 110

雷蚴（redia） 111

肋骨（rib） 337

泪腺（lachrymal gland） 382，399

类神经（neuroid） 78

类索幼虫（chordoid larva） 158

棱柱层（prismatic layer） 195

犁鼻器（vomeronasal organ） 383

利什曼原虫（Leishmania） 37

痢疾内变形虫（Entamoeba histolytica） 43

镰形细胞贫血（sickle cell anemia） 14

镰状突（falciforme process） 356

两侧对称（bilateral symmetry） 97

两辐射对称（biradial symmetry） 77

两囊幼虫（amphiblastula） 72

两栖纲（Amphibia） 370

两性管（hermaphroditic duct） 204

两性腺（ovotestis） 204

裂体腔（schizocoel）　63，162

裂体腔法（schizocoelous method）　63

裂体生殖（schizogony）　46

裂殖子（merozoite）　46

邻域物种形成（parapatric speciation）　522

淋巴心（lymph heart）　348，380

鳞龙类（Lepidosauria）　408

鳞状刺（scalid）　156

菱形虫纲（Rhombozoa）　59

领鞭毛虫（Choanoflagellates）　39

领细胞（choanocyte）　69

领域（territory）　444

留鸟（resident）　447

流体静力骨骼（hydrostatic skeleton）　132，136

六放海绵纲（Hexactinellida）　73

六放珊瑚亚纲（Hexacorallia）　91

六钩蚴（oncosphere）　120

六足亚门（Subphylum Hexapoda）　248

陆栖类群（Terrestrial taxa）　181

滤食动物（suspension feeder）　285

卵袋（cocoon）　102

卵黄管（vitelline duct）　110

卵黄囊胎盘（yolk-sac placenta）　350

卵黄生殖腺（germovitallaria）　149

卵黄腺（vitellaria）　99

卵黄营养的（lecithotrophic）　281

卵茧（cocoon）　180

卵壳（shell）　426

卵裂（cleavage）　61

卵囊（egg capsule）　47，102

卵生（oviparous）　350

卵胎生（ovoviviparous）　350，399

轮虫动物门（Phylum Rotifera）　146

轮器（wheel organ）　315

螺层（spiral whorl）　203

螺旋部（spire）　203

裸唇纲（Gymnolaemata）　282

裸区（apteria）　416

M

马来丝虫（Brugia malayi）　144

马氏管（Malpighian tubule）　228，242

脉弓（haemal arch）　338

脉棘（haemal spine）　338

脉序或脉相（venation）　255

芒状细胞（collencyte）　68

盲道（typhlosole）　177

盲囊（caeca）　177

毛（hair）　457

毛颚动物门（Phylum Chaetognatha）　302

毛蚴（miracidium）　111

毛枝（pinnule）　192

帽细胞（cap cell）　98

梅氏腺（Mehlis' gland）　110

美洲钩虫（Necator americanus）　144

迷齿螈（Labyrinthodontia）　372，386

密度制约作用（density-dependent influence）　544

蜜蜂（Apis mellifera）　260

面盘幼虫（veliger larva）　197

鸣管（syrinx）　423

膜迷路（membrane labryinth）　354

墨囊（ink sac）　217

N

囊胚（blastula）　62，318

囊胚层（blastoderm）　62，132

囊尾蚴（cysticercus）　120

囊蚴（metacercaria）　111

蛲虫（Enterbius vermicularis）　145

脑垂体（pituitary gland）　476

脑颅（cranium）　338

脑泡（cerebral vesicle）　317

脑桥（ponsvarolii）　472

脑神经节（cerebral ganglion）　166，197，202

脑室（cerebral ventricle）　309

脑下垂体（hypophysis）　352

脑眼（ocelli）　317

内唇（inner lip）　203

内颚纲（Entognatha）　262

内分泌腺（endocrine gland）　167，236，259，476

内肛动物门（Phylum Entoprocta）　157

内胚层（endoderm）　62，319

内肽酶（endopeptidase）　100，184

内温动物（endotherm）　389

内陷（invagination）　62

内芽（inner buds）　158

内移（ingression）　62

内脏团（visceral mass）　194

内质（endoplasm）　39

内质网（endoplasmic reticulum, ER）　17

内转（involution）　63

能流（energy flow）　552

能人（Homo habitis） 490

拟交合囊（copulatory pseudobursa） 142

逆行变态（retrogressive metamorphosis） 312

黏附盘（adhesive disc） 158

黏膜（mucous layer） 342

黏膜下层（submucosa） 342

黏体门（Phylum Myxozoa） 130

黏液体（mucus body） 33

黏液腺（mucous gland） 372

鸟龙类（Ornithischia） 409

鸟撞（鸟击）（bird strike） 452

尿囊（allantois） 393，455

牛带绦虫（Taenia saginatus） 122

纽形动物门（Phylum Nemertea） 126

疟色粒（pigment granules） 47

P

排泄系统（excretory system） 98

盘裂（discal cleavage） 62

盘龙类（Pelycosaurs） 487

膀胱（urinary bladder） 380

胚基（blastema） 104

胚孔（blastopore） 62

胚胎囊（embryo sac） 280

配对（pair formation） 444

喷水孔（spiracle） 334

皮层（tegument） 110

皮层套（nidopallium） 427

皮鳃（papula） 290

皮脂腺（sebaceous gland） 458

蜱螨目（Acarina） 245

胼胝体（corpus callosum） 471

漂鸟（wanderer） 447

平衡囊（statocyst） 197，198

平滑肌（smooth muscle） 28

平行支气管（parabronchi） 421

葡萄状组织（botryoidal tissue） 183

Q

栖息地（habitat） 523

脐（umbilicus） 203

鳍骨（fin bone） 337

鳍脚（clasper） 334

气管（tracheae） 228，242

气囊（air sac） 421

器官（organ） 29

器官发生（organogenesis） 138

迁徙（migration） 447

前沟牙（proteroglyphous） 406

前列腺（prostate gland） 99，101，179，220

前脑（forebrain） 166

前腔静脉（precaval vein） 379

前鳃亚纲（Prosobranchia） 205

前溞状幼体（protozoaea） 236

前肾（proncphros） 348

前体（protosome） 276，282

前体部（forepart） 191，276

前胸腺（prothoracic glands） 260

前主静脉（anterior cardinal vein） 347

腔肠动物门（Phylum Coelenterata） 77

腔棘鱼类（Coelacanthini） 386

腔上囊（bursa fabricii） 421

腔隙（lacuna） 165，183

腔隙系统（lacunar system） 153

蚯蚓血红蛋白（hemerythrin） 156，165，283

求偶炫耀（courtship display） 444

球虫类（Coccidia） 50

球囊（sacculus） 354

躯干部（trunk） 191

趋同演化（convergence） 151，172

全分裂（holoblastic） 318

全能细胞（totipotent cell） 100

颧弓（zygomatic arch） 461

群落（community） 548

群落演替（succession） 550

群体（colony） 31

群体学说（colonial theory） 64

群游现象（swarming） 170

R

染色体（chromosome） 19

染色质（chromatin） 19

人鞭虫（Trichuris trichiura） 142

人蛔虫（Ascaris lumbricoides） 133

韧带（ligament） 212

妊娠（gestation） 454

妊娠节片（gravid proglottid） 119

日本三角涡虫（Dugesia japonica） 99

日本血吸虫（Schistosoma japonicum） 115

日眠（diurnation） 389

绒毛膜（chorion） 392，455

绒羽（plumule；down feather） 416

溶酶体（lysosome）18
肉食动物（carnivorus）463
肉质柄（pedicle）282
肉足纲（Sarcodina）39
蠕形亚纲（Scolecida）172
乳嵴（mammary ridge）458
乳糜管（lacteal）465
乳突（papillae）134，140
乳腺（mammary gland）458
入水管（inhalant siphon）195
软腭（soft palate）463
软骨组织（cartilage tissue）25
软甲纲（Malacostraca）239
软体动物门（Phylum Mollusca）194

S

鳃触手（branchial tentacles）191
鳃的咽颅（splanchnocranium）338
鳃盖（opercular）335
鳃盖骨（opercular）340
鳃弓（branchial arch）338
鳃节肌（branchiomeric muscle）340
鳃孔（ostrium）210
鳃篮（branchial basket）327
鳃裂（gill slits）309
鳃耙（gill raker）342
鳃上腔（suprabranchial chamber）210
鳃丝（branchial filament）210
鳃心（branchial heart）218
鳃足纲（Branchiopoda）237
三分质膜（tripartite plasmalemma）33
三叶虫纲（Trilobita）230
三叶虫亚门（Subphylum Trilobitomorpha）230
桑椹胚（morula）318
溞状幼体（zoaea）236
色素细胞（pigment cell）100，216
森林古猿（Dryopithecu africanus）489
沙蚕（Nereis）168
砂囊（gizzard）177
珊瑚纲（Anthozoa）89
上孔类（Parapsida）408
上皮层（hyperpallium）427
上皮肌肉细胞（epithelio-muscular cell）78
上皮肌细胞（epitheliomuscular cell）158
上皮下神经网（subepithelial nerve net）104
上皮组织（epithelial tissue）23

上纹状体（hyperstriatum）427
舌（tongue）463
舌弓（hyoid arch）338
舌颌骨（hyomandibular）338
舌联型（hyostylic）338
舌下腺（subingual gland）464
蛇尾纲（Ophiuroidea）299
社群行为（social behavior）260
摄食阶段（feeding-stage）158
伸缩泡（contractile vacuole）35
伸足肌（protractor）209
神经肠管（neurenteric canal）319
神经垂体（neurohypophysis）477
神经分泌细胞（neurosecretory cell）167，259
神经感觉细胞（neurosensory cell）294
神经管腔（neurocoele）309
神经肌肉连接（neuromuscular junction）78
神经肌肉体系（neuromuscular system）79
神经肌肉突触（neuromuscular synapses）78
神经嵴（neural crest）321
神经胶质细胞（neuroglia cell）28
神经连合（nerve commissure）137
神经网（nerve net）78
神经系统（nervous system）98
神经细胞（nerve cell）80
神经下血管（subneural vessel）178
神经纤维网（neuropil）185
神经元（neuron）28
神经组织（nervous tissue）28
肾管（nephridium）317
肾上腺（adrenal gland）477
肾围心腔管（renopericardial canal）218
渗透营养（osmotrophy）35
生产者（producer）551
生长带区（growth zone region）168
生长因子（growth factor）104
生骨节（sclerotome）319
生肌节（myotome）319
生境破碎化（habitat fragmentation）548
生命世界（Vivicum）1
生皮节（dermatome）319
生态隔离（ecological isolation）521
生态位（ecological niche）549
生态系统（ecosystem）551
生态因子（ecological factor）542
生态优势（ecologic dominance）548

生态锥体（ecological pyramid）　553
生物发生律（biogenetic law）　63
生物量（biomass）　553
生物区系（biota）　528
生物入侵（biological invasion）　548
生殖带 clitellum）　175
生殖隔离（reproductive isolation）　521
生殖节（epitoke）　170
生殖腔（genital atrium）　101
生殖态（epitoky）　170
生殖体（gonangium）　83
生殖厣（genital operculum）　241
声带（vocal cord）　465
声囊（vocal sac）　377
失水蛰伏（anhydrobiosis）　150
十二指肠钩虫（Ancylostoma duodenale）　143
实胚幼虫（parenchymula larva）　73
实质（parenchyma）　97，100
食虫类（insectivorous）　463
食道（oesophagus）　110
食道神经节（esophageal ganglia）　202
食道腺（oesophageal gland）　169，199
食管（esophagus）　342
食物沟（food groove）　210
食物链（food chain）　551
食物泡（food vacuole）　40
食物网（food web）　552
始祖鸟（Archaeopteryx lithographica）　439
视神经（optic nerve）　329
视网膜（retina）　330，355
视叶（optic lobe）　352，399
视椎（cone）　355
嗜水气单胞菌（Aeromonus hydrophila）　184
受精（fertilization）　61
受精囊（seminel receptacle）　101，138，179
受精囊孔（seminal receptacle opening）　175
受胁物种（threatened species）　388，493
兽齿类（Theriodonts）　487
兽脚类（Theropoda）　409，441
书肺（book lung）　228，242
书鳃（book gill）　241
疏松结缔组织（loose connective tissue）　24
输出"环"血管（efferent ring vessel）　285
输出管（vas efferens）　101
输精管（vas deferens）　99，101
输卵管（oviduct）　99，101

输卵管漏斗（oviduct funnel）　179
输入"环"血管（afferent "ring" vessel）　285
输入和输出血管（afferent & efferent vessel）　285
数值分类学派（numerial systematics）　9
双凹型椎体（amphicoelous）　338
双巢纲（Digononta）　146
双重呼吸（dual respiration）　421
双沟型（sycon type）　70
双名法（binominal nomenclature）　11
双壳纲（Bivalvia）　208
双壳幼虫（cyphonautes larva）　281
双孔类（Diapsida）　408
双平型椎体（amphiplatyan centrum）　460
水沟系（canal system）　70
水管系统（water vascular system）　288，293
水流感受器（rheoreceptor）　104
水母型学说（medusa theory）　93
水栖类群（Aquatic taxa）　181
水螅（Hydra）　79
水螅纲（Hydrozoa）　83
水螅体（hydranth）　83
水螅型学说（polyp theory）　93
瞬膜（nicitating membrane）　382
丝间隔（interfilamental junction）　210
丝盘虫（Trichoplax adhaerens）　74
丝鳃（filibranch）　196
丝状蚴（filariform larva）　144
死亡率（death rate；mortality）　545
四叠体（corpora quadrigemina）　472
四鳃亚纲（Tetrabranchia）　221
四足类（Tetrapoda）　309
松果眼（pineal eye）　327，330
嗉囊（crop）　177，420
缩足肌（retractor）　209

T

胎盘（placenta）　454
胎生（vivipary）　454
苔藓动物门（Phylum Bryozoa）　276
糖类（carbohydrate）　15
糖酶（carbohydrases）　100
糖原（glycogen）　177
绦虫纲（Cestoidea）　118
套膜（mantle）　282
套膜管道（mantle channels）　283
套膜腔（mantle cavity）　282

梯型神经系统（ladder-type nervous system）　98
蹄（hoof）　458
体壁（body wall＝皮肌囊 dermo-muscular sac）　98
体壁小肾管（parietal micronephridium）　178
体环（annulus）　182
体节（metamere）　161，319
体螺层（body whorl）　203
体腔（coelom）　319
体腔管（coelomoduct）　165，282
体腔孔（coelomopore）　176，280
体腔膜（peritoneum）　132，162
体腔细胞（coelomocyte）　162，279
体区（tagmata 或称体段）　225
体细胞胚胎发生（somatic embryogenesis）　73
体细胞数目恒定（eutely）　141
调节神经元（adjustor neuron）　179
调孔类（Euryapsida）　408
铁线虫纲（Gordioida）　152
帖氏体（Tidmann's body）　293
听囊（otic capsule）　338
同功器官（analogous organ）　499
同律分节（homonomous segmentation）　162
同域物种形成（sympatric speciation）　522
同源器官（homologous organ）　499
瞳孔（pupil）　219，355
头板（cephalic plate）　199
头感器（化感器，amphid）　140
头骨（skull）　337
头节（scolex）　119
头丝（captacula）　207
头胸部（cephalothorax）　240
头叶（cephalic lobe）　191
头足纲（Cephalopoda）　215
突触（synapses）　135
蜕皮（ecdysis）　226，393
蜕皮动物（Ecdysozoan）　133
蜕皮激素（moulting hormone，MH）　237
吞噬虫（phagocitella）　65
吞噬营养（phagotrophy）　36
吞噬作用（phagocytosis）　40
臀腺（preanal gland）　393
椭圆囊（utriculus）　354
唾液腺（salivary gland）　464

W

外包（epiboly）　63

外肛动物（Ectoprocta）　157
外肛动物门（Phylum Ectoprocta）　276
外骨骼（exoskeleton）　225，277
外激素（pheromone）　170
外胚层（ectoderm）　62，319
外肽酶（exopeptidase）　100，184
外套膜（mantle）　194
外套腔（mantle cavity）　195
外温动物（ectotherm）　389
外质（ectoplasm）　39
完全卵裂（total cleavage）　61
晚成雏（altricial）　446
腕（brachia）　282
腕沟（brachial groove）　282
腕掌骨（carpometacarpus）　418
腕足动物门（Phylum Brachiopoda）　282
微颚动物门（Phylum Micrognathozoa）　129
微管（microtubule）　34
微管蛋白（tubulin）　34
微毛（microtriches）　119
微丝蚴（microfilaria）　144
微血管盲囊（capillary ceca）　285
微眼（aesthetes）　200
韦伯器（Weberian organ）　346
围口触手（peristomial tentacles）　169
围口膜（peristomial membrane）　290
围鳃腔（atrial cavity）　310
围心腔（pericardial cavity）　196，311，346
围心腔管（renopericardial canal）　202
围血系统（perihemal system）　289，294
围咽神经（circumpharyngeal connectives）　166
围咽神经环（circumpharyngeal nerve ring）　136
伪足（pseudopodium）　39
尾板（tail plate）　199
尾附器（caudal appendages）　156
尾感器（phasmid）　140
尾感器纲（Phasmida）　143
尾静脉（caudal vein）　347
尾鳍（caudal fin）　314
尾蚴（cercaria）　111
尾脂腺（oil gland；uropygial gland）　415
尾综骨（pygostyle）　418
未成熟节片（immature proglottid）　119
味蕾（taste bud）　463
味腺（scent gland）　458
胃（stomach）　342

胃层（gastrodermis） 80

胃盾（gastric shield） 196, 212

胃磨（gastric mill） 233

胃绪（funiculus） 278

胃血网［hemal（stomachi）plexus］ 285

吻（proboscis） 153, 169, 189

吻囊（proboscis sac） 153

涡虫纲（Turbellaria） 99

窝卵数（cluth） 446

乌喙骨（coracoid） 340

乌贼（*Sepia*） 215

无板纲（Aplacophora） 197

无变态发育（ametabolous development） 259

无齿蚌（*Anodonta*） 208

无沟牙（aglyphous） 406

无颌类（Agnatha） 309, 327

无铰纲（Ecardines） 284

无节幼体（nauplius） 236

无孔类（Anapsida） 407

无丝分裂（amitosis） 20

无头类（Acrania） 309

无尾感器纲（Aphasmida） 141

无性节（atoke） 170

无羊膜动物（Anamniota） 310

五辐射对称（pentamerous radial symmetry） 288

五趾型附肢（pentadactyle limb） 371

物种（species） 521

物种多样性（species diversity） 548

物种形成（speciation） 521

X

吸虫纲（Trematoda） 108

蜥龙类（Saurischia） 408

蜥螈（Seymouria） 407

膝（knee） 459

螅状幼体（hydrula） 86

系膜（mesentary） 162

系统（system） 30

系统发展（或系统发育 phylogeny） 64

细胞（cell） 13

细胞核（nucleus） 19

细胞膜（cell membrane） 15

细胞器（organelle） 16, 31

细胞外消化（extracellular digestion） 82

细胞质（cytoplasm） 16

细胞质基质（cytoplasmic matrix） 16

细胞周期（cell cycle） 19

细粒棘球绦虫（*Echinococcus granulosus*） 123

下颚腺（maxillary gland） 228

下孔类（Synapsida） 408

下皮层（hypodermis） 134

下视丘（hypothalamus） 427

夏眠（aestivation） 389

夏羽（summer plumage） 417

纤毛分选区（cilia sorting field） 196

纤毛纲（Ciliata） 51

纤毛冠（ciliated corona） 147, 281

纤毛轮盘（trochal disc） 147

纤毛黏附垫（ciliated adhesive pad） 130

纤溶酶（fibrinoclase） 188

纤羽（filoplume；hair feather） 417

限制性因子（limiting factor） 542

线虫动物门（Phylum Nematoda） 133

线粒体（mitochondrium） 18

线形动物门（Phylum Nematomorpha） 152

腺垂体（adenohypophysis） 477

腺肾纲（Adenophorea） 141

腺肾细胞（renette） 136, 140

腺胃（前胃）（glandular stomach；proventriculus） 420

腺细胞（gland cell） 80

项器（nuchal organ） 169

消费者（consumer） 551

消化盲囊（digestive ceca） 195, 283

消化系统（digestive system） 98

消化循环腔（gastrovascular cavity） 78

小杆状蚴（rhabditiform larva） 144

小进化（microevolution） 515

小麦线虫（*Anguina tritici*） 146

小脑（cerebellum） 329

小配子（microgamete） 47

小配子母细胞（microgametocyte） 47

小肾管（micronephridium） 165

蝎目（Scorpionida） 243

协同进化（coevolution） 551

斜肌（diagonal muscle） 98, 182

斜纹肌（obliquely striated muscle） 28

泄殖膀胱（cloacal bladder） 148

泄殖窦（urogenital sinus） 330

泄殖孔（cloacal pore） 134

泄殖腔（cloaca） 137, 380

泄殖腔孔（cloacal opening） 334

心-肾复合体（heart-kidney complex） 197

心侧体（corpora cardiaca）　259
心房（atrium）　329
心肌（cardiac muscle）　27
心室（ventricle）　329
新皮层（neopallium）　399
新纹状体（neostriatum）　427
信息交流（communication）　262
信息素（pheromones）　262
星虫动物门（Phylum Sipuncula）　190
星状纤维细胞（stellate fibre cell）　74
性腺（gonad）　477
胸导管（thoracic duct）　467
胸鳍（pectoral fin）　334
胸腺（thymus）　477
雄性先熟（protandry）　280
休眠（dormancy）　389
休眠卵（resting egg）　149
休眠芽（statoblast）　280
秀丽线虫（Caenorhabditis elegans）　138
须腕动物门（Phylum Pogonophora）　191
须肢（pedipalps）　240
需精卵（mictic egg）　149
嗅检器（osphradium）　197
旋毛虫（Trichinella spiralis）　142
血孢子虫类（Haemosporidia）　50
血窦（sinus）　183，196
血管囊（sacculus vasculosus）　352
血红蛋白（hemoglobin）　165，196
血蓝蛋白（haemocyanin）　196，211
血绿蛋白（chlorocruorin）　165
血腔（haemocoel）　228
血体腔系统（haemocoelomic system）　183
血体腔液（haemocoelomic fluid）　165
血系统（hemal system）　283，289，294
血液（blood）　26
寻常海绵纲（Demospongiae）　73
循环系统（circulatory system）　164

Y

芽球（gemmule）　71
亚里斯多德提灯（Aristotle lantern）　297
咽（pharynx）　110
咽侧体（corpora allata）　260
咽齿（pharyngeal teeth）　340
咽鼓管（Eustachian tube）　382
咽囊（pharyngeal pouch）　321

咽球（pharynx bulb）　128
咽上神经节（suprapharyngeal ganglion）　166
咽头小肾管（pharyngeal micronephridium）　178
咽下神经节（subpharyngeal ganglion）　166
延脑（myelencephalon）　329
盐腺（salt gland）　398，425
厣（operculum）　203
眼虫（Euglena）　32
眼点（stigma）　34，99，317
厌氧性（anaerobic）　110
焰球（flame bulb）　148
焰细胞（flame cell）　98
羊膜（amnion）　310，392
羊膜动物（Amniota）　310，392
腰带（pelvic girdle）　338
腰椎（lumbar vertebra）　459
叶绿体（chloroplast）　35
曳鳃动物门（Phylum Priapulida）　156
医蛭（Hirudo）　182
胰岛（islets of Langerhans）　477
异凹型椎骨（heteracoelous centrum）　418
异个体（heterozooid）　277
异律分节（heteronomous segmentation）　162，225
异沙蚕相（heteronereis phase）　170
异体受精（cross-fertilization）　101，110
异温动物（heterotherm）　389
异型齿（heterodont）　463
异域物种形成（allopatric speciation）　522
抑卵巢激素（gonad-inhibiting hormone, GIH）　237
抑制蜕皮的激素（moulting inhibition hormone, MIH）　237
易地保护（ex site conservation）　493
螠虫动物门（Phylum Echiura）　189
翼（wing）　415
阴道（vajina）　101
阴茎（penis）　101
阴茎囊（cirrus sac）　110
蚓激酶（lumbrokinase）　188
隐生（cryptobiosis）　150
隐窝（crypts）　153
营养肌肉细胞（nutritive muscular cell）　80
营养体（trophosome）　192
硬腭（hard palate）　461
硬鳞（ganoid scale）　336
幽门（pylorus）　342
幽门管（pyloric duct）　292

幽门盲囊（pyloric caeca） 292

幽门胃（pyric stomach） 233

疣足（parapodium） 163

疣足鳃（parapodial gill） 164

游离卵巢（free-ovary） 154

游线虫纲（Nectonematoida） 152

游移亚门（Eleutherzoa） 296

有柄亚门（Pelmatozoa） 296

有颚动物超门（Gnathifera） 133

有颌类（Gnathostomata） 309

有铰纲（Testicardines） 284

有丝分裂（mitosis） 20

有头类（Craniata） 309

有爪动物门（Phylum Onychophora） 273

幼体生殖（paedogenesis） 258

釉质（enamel） 336

鱼纲（Pisces） 334

鱼头螈（Ichthyostega） 371

羽化（emergence） 258

羽毛（feather） 310，415

羽区（pteryla） 416

羽腕幼虫（bipinnaria） 290，294

羽状鳃（bipectinate） 196

育雏（parental care） 446

育儿囊（marsupium） 210

愈合荐骨（综荐骨）（synsacrum） 418

原肠虫（gastraea） 64

原肠胚（gastrula） 319

原肠胚形成（gastrulation） 62

原肠腔（archenteron） 62，319

原核生物（Prokaryote） 1

原核细胞（prokaryotic cell） 13

原口（blastopore） 319

原口动物（protostome） 288

原鳃亚纲（Protobranchia） 213

原肾管（protonephridium） 98，136

原生动物门（Phylum Protozoa） 31

原生生物界（Protista） 1

原兽亚纲（Prototheria） 479

原索动物（Protochordata） 310

原体腔（protocoelom） 132

原尾型（protocercal） 328

原纹状体（archistriatum） 427

原细胞（archeocyte） 68

圆环动物门（Phylum Cycliophora） 157

圆口纲（Cyclostomata） 327

圆鳞（cycloid scale） 336

月经（menstral flow） 471

运动神经元（motor neuron） 137

Z

杂食动物（omnivore） 463

载色体（chromatophore） 100

再生（regeneration） 73

再引入（reintroduction） 493

脏神经节（visceral ganglion） 197，202

早成雏（precocial） 446

早发型子孢子（tachysporozoite） 47

早熟虫体（precocious polypide） 281

藻界（Chromista） 2

折叠咽（plicate pharynx） 100

蛰伏（dormant） 150

珍珠层（nacreous layer） 195

真核生物（Eukaryote） 1

真核细胞（eukaryotic cell） 13

真菌界（Fungi） 1

真皮（dermis） 182

真兽亚纲（Eutheria） 480

真体腔（true coelom） 162

真细菌界（Eubacteria） 2

正羽（contour feather） 416

支序分类学派（cladistic systematics） 9

肢口纲（Merostomata） 240

脂肪组织（adipose tissue） 24

脂酶（lipase） 100

脂质（lipid） 15

蜘蛛目（Araneae） 243

直立猿人（Homo erectus） 490

直泳虫纲（Orthonecta） 59

植鞭亚纲（Phytomastigina） 36

植物界（Plantae） 1

指甲（nail） 458

质膜（plasma membrane，plasmolemma） 15

栉板（comb plate） 94

栉鳞（ctenoid scale） 336

栉膜（pecten） 428

栉鳃（ctenidium） 196

栉水母动物门（Phylum Ctenophora） 94

栉状器（pectines） 243

致密结缔组织（dense connective tissue） 24

蛭纲（Hirudinea） 182

蛭素（hirudin） 184

智人（*Homo spiens*）　490

滞留发生特征（paedomorphic characteristic）　151

中耳（middle ear）　382

中国圆田螺（*Cipangopaludina chinensis*）　200

中间板（intermediate plate）　199

中间神经元（interneuron）　179

中胶层（mesoglea）　68，78

中脑（midbrain）　166，329

中胚层（mesoderm）　63，97

中皮层（mesopallium）　427

中生动物（Mesozoa）　59

中枢神经系统（central nervous system）　98，166

中体（mesosome）　276

中体腔（mesocoel）　276

中心粒（centriole）　18

中性学说（neutral theory）　511

中央管（central canal）　309

中质（mesohyl）　68

中轴骨骼（axial skeleton）　336

终寄主（final host）　112

种群（population）　544

种群动态（population dynamic）　547

种系发生（phylogeny）　518

种系发生树（phylogenetic tree）　518

种系特征发育阶段（phylotypic stage）　500

周围神经系统（peripheral nervous system）　179

轴上肌（epaxial muscle）　340

轴突样神经支配突起（axonlike innervation process）　135

轴下肌（hypaxial muscle）　340

肘（elbow）　459

帚虫动物门（Phylum Phoronida）　285

珠星（nuptial organ）　351

猪带绦虫（*Taenia solium*）　118

蛛形纲（Arachnida）　241

主动运输（active transport）　119

贮精囊（seminal vesicle）　101，179

柱头幼虫（tornaria）　305

筑巢（nest-building）　444

爪（claw）　458

椎弓（neural arch）　338

椎骨（vertebra）　309

椎棘（neural spine）　338

椎体（centrum）　338

滋养体（trophozoite）　46

滋养细胞（nurse cell）　142

子宫（uterus）　110

子宫钟（uterine bell）　154

自切（autotomize）　287

自体受精（self-fertilization）　110

自主神经系统（autonomic nervous system）　353

综合纲（Symphyla）　247

综合进化论（the evolutionary synthesis）　511

总卵黄管（common vitelline duct）　110

总主静脉（common cardinal vein）　347

纵肌（longitudinal muscle）　98，110

足（昆虫）（legs）　254

足神经节（pedal ganglion）　197，202

组织（tissue）　22

樽形幼虫（doliolaria）　300

读者意见反馈

为收集对教材的意见建议，进一步完善教材编写并做好服务工作，读者可将对本教材的意见建议通过如下渠道反馈至我社。

咨询电话　　400-810-0598

反馈邮箱　　gjdzfwb@pub.hep.cn

通信地址　　北京市朝阳区惠新东街4号富盛大厦1座
　　　　　　高等教育出版社总编辑办公室

邮政编码　　100029